电力工程设计手册

01 火力发电厂总图运输设计
02 火力发电厂热机通用部分设计
03 火力发电厂锅炉及辅助系统设计
04 火力发电厂汽轮机及辅助系统设计
05 火力发电厂烟气治理设计
06 燃气-蒸汽联合循环机组及附属系统设计
07 循环流化床锅炉附属系统设计
08 火力发电厂电气一次设计
09 火力发电厂电气二次设计
10 火力发电厂仪表与控制设计
11 火力发电厂结构设计
12 火力发电厂建筑设计
13 火力发电厂水工设计
14 火力发电厂运煤设计
15 火力发电厂除灰设计
16 火力发电厂化学设计
17 火力发电厂供暖通风与空气调节设计
18 火力发电厂消防设计
19 火力发电厂节能设计

20 架空输电线路设计
21 电缆输电线路设计
22 换流站设计
23 变电站设计

24 电力系统规划设计
25 岩土工程勘察设计
26 工程测绘
27 工程水文气象
28 集中供热设计
29 技术经济
30 环境保护与水土保持
31 职业安全与职业卫生

电力工程设计手册

换流站设计

中国电力工程顾问集团有限公司
中国能源建设集团规划设计有限公司 编著

Power Engineering Design Manual

中国电力出版社

内 容 提 要

本书是《电力工程设计手册》系列手册中的一个分册，是按换流站的设计要求编写的实用性工具书，可以满足换流站工程各阶段的设计要求。主要内容包括概述、系统研究、电气主接线、过电压与绝缘配合、主要电气设备选择、导体选择、配电装置及布置、防雷接地、站用电系统、电缆敷设、监控系统、直流控制系统、直流系统保护、二次辅助系统、操作电源系统、二次回路、二次设备布置、通信、阀厅、控制楼、户内直流场、其他建（构）筑物、给水系统、阀冷却系统、噪声控制和接地极设计等。

本书全面梳理了与换流站设计相关的国家标准、电力行业标准和研究成果，根据电力工程换流站设计工作的特点，系统地介绍了换流站设计的技术方案、计算公式、数据资料、图表曲线，并列举了工程实例和算例，体现了换流站最新科研成果及新设备、新材料的应用。

本书是电力工程变电专业工程设计人员的工具书，可作为从事电力工程变电专业建设管理、施工、运行和检修等专业人员的参考书，也可供高等院校相关专业的师生参考使用。

图书在版编目（CIP）数据

电力工程设计手册. 换流站设计 / 中国电力工程顾问集团有限公司，中国能源建设集团规划设计有限公司编著. —北京：中国电力出版社，2019.6（2022.9 重印）

ISBN 978-7-5198-2538-6

Ⅰ. ①电… Ⅱ. ①中… ②中… Ⅲ. ①换流站–设计–手册 Ⅳ. ①TM7-62 ②TM63-62

中国版本图书馆 CIP 数据核字（2018）第 244445 号

出版发行：中国电力出版社
地　　址：北京市东城区北京站西街 19 号（邮政编码 100005）
网　　址：http://www.cepp.sgcc.com.cn
印　　刷：三河市万龙印装有限公司
版　　次：2019 年 6 月第一版
印　　次：2022 年 9 月北京第三次印刷
开　　本：787 毫米×1092 毫米　16 开本
印　　张：35.75
字　　数：1320 千字　　5 插页
印　　数：2001—3000 册
定　　价：230.00 元

《电力工程设计手册》
编辑委员会

《电力工程设计手册》
秘 书 组

《换流站设计》
编 写 组

主　　编　梁言桥
副 主 编　王丽杰　邹荣盛　陈　俊
参编人员（按姓氏笔画排序）

马　亮　王　刚　王国兵　王娜娜　毛永东　尹　刚
刘　智　刘晓瑞　许　斌　杜明军　李　志　李　苇
李　倩　李　超　李莎莎　杨金根　肖　异　吴必华
张巧玲　张先伟　陈　岳　陈一军　陈传新　陈宏明
邵　毅　季月辉　周国梁　饶　冰　袁翰笙　高　湛
唐剑潇　曹　亮　戚　乐　彭开军　韩　琦　韩毅博
曾　静　曾连生　曾维雯　谢　龙　谢佳君

《换流站设计》
编辑出版人员

编审人员　王春娟　丰兴庆　马　青　郭丽然　华　峰
出版人员　王建华　黄　蓓　常燕昆　太兴华　陈丽梅　安同贺
王红柳　赵姗姗　单　玲

序 言

改革开放以来，我国电力建设开启了新篇章，经过40年的快速发展，电网规模、发电装机容量和发电量均居世界首位，电力工业技术水平跻身世界先进行列，新技术、新方法、新工艺和新材料得到广泛应用，信息化水平显著提升。广大电力工程技术人员在多年的工程实践中，解决了许多关键性的技术难题，积累了大量成功的经验，电力工程设计能力有了质的飞跃。

电力工程设计是电力工程建设的龙头，在响应国家号召，传播节能、环保和可持续发展的电力工程设计理念，推广电力工程领域技术创新成果，促进电力行业结构优化和转型升级等方面，起到了积极的推动作用。为了培养优秀电力勘察设计人才，规范指导电力工程设计，进一步提高电力工程建设水平，助力电力工业又好又快发展，中国电力工程顾问集团有限公司、中国能源建设集团规划设计有限公司编撰了《电力工程设计手册》系列手册。这是一项光荣的事业，也是一项重大的文化工程，彰显了企业的社会责任和公益意识。

作为中国电力工程服务行业的“排头兵”和“国家队”，中国电力工程顾问集团有限公司、中国能源建设集团规划设计有限公司在电力勘察设计技术上处于国际先进和国内领先地位，尤其在百万千瓦级超超临界燃煤机组、核电常规岛、洁净煤发电、空冷机组、特高压交直流输变电、新能源发电等领域的勘察设计方面具有技术领先优势；另外还在中国电力勘察设计行业的科研、标准化工作中发挥着主导作用，承担着电力新技术的研究、推广和国外先进技术的引进、消化和创新等工作。编撰《电力工程设计手册》，不仅系统总结了电力工程设计经验，而且能促进工程设计经验向生产力的有效转化，意义重大。

这套设计手册获得了国家出版基金资助，是一套全面反映我国电力工程设计领域自有知识产权和重大创新成果的出版物，代表了我国电力勘察设计行业的水平和发展方向，希望这套设计手册能为我国电力工业的发展作出贡献，成为电力行业从业人员的良师益友。

汪建平

2019年1月18日

总前言

电力工业是国民经济和社会发展的基础产业和公用事业。电力工程勘察设计是带动电力工业发展的龙头，是电力工程项目建设不可或缺的重要环节，是科学技术转化为生产力的纽带。新中国成立以来，尤其是改革开放以来，我国电力工业发展迅速，电网规模、发电装机容量和发电量已跃居世界首位，电力工程勘察设计能力和水平跻身世界先进行列。

随着科学技术的发展，电力工程勘察设计的理念、技术和手段有了全面的变化和进步，信息化和现代化水平显著提升，极大地提高了工程设计中处理复杂问题的效率和能力，特别是在特高压交直流输变电工程设计、超超临界机组设计、洁净煤发电设计等领域取得了一系列创新成果。“创新、协调、绿色、开放、共享”的发展理念和全面建成小康社会的奋斗目标，对电力工程勘察设计工作提出了新要求。作为电力建设的龙头，电力工程勘察设计应积极践行创新和可持续发展理念，更加关注生态和环境保护问题，更加注重电力工程全寿命周期的综合效益。

作为电力工程服务行业的“排头兵”和“国家队”，中国电力工程顾问集团有限公司、中国能源建设集团规划设计有限公司（以下统称“编著单位”）是我国特高压输变电工程勘察设计的主要承担者，完成了包括世界第一个商业运行的1000kV特高压交流输变电工程、世界第一个±800kV特高压直流输电工程在内的输变电工程勘察设计工作；是我国百万千瓦级超超临界燃煤机组工程建设的主力军，完成了我国70%以上的百万千瓦级超超临界燃煤机组的勘察设计工作，创造了多项“国内第一”，包括第一台百万千瓦级超超临界燃煤机组、第一台百万千瓦级超超临界空冷燃煤机组、第一台百万千瓦级超超临界二次再热燃煤机组等。

在电力工业发展过程中，电力工程勘察设计工作者攻克了许多关键技术难题，形成了一整套先进设计理念，积累了大量的成熟设计经验，取得了一系列丰硕的设计成果。编撰《电力工程设计手册》系列手册旨在通过全面总结、充实和完善，引导电力工程勘察设计工作规范、健康发展，推动电力工程勘察设计行业技术水平提升，助力电力工程勘察设计从业人员提高业务水平和设计能力，以适应新时期我国电力工业发展的需要。

2014 年 12 月，编著单位正式启动了《电力工程设计手册》系列手册的编撰工作。《电力工程设计手册》的编撰是一项光荣的事业，也是一项艰巨和富有挑战性的任务。为此，编著单位和中国电力出版社抽调专人成立了编辑委员会和秘书组，投入专项资金，为系列手册编撰工作的顺利开展提供强有力的保障。在手册编辑委员会的统一组织和领导下，700 多位电力勘察设计行业的专家学者和技术骨干，以高度的责任心和历史使命感，坚持充分讨论、深入研究、博采众长、集思广益、达成共识的原则，以内容完整实用、资料翔实准确、体例规范合理、表达简明扼要、使用方便快捷、经得起实践检验为目标，参阅大量的国内外资料，归纳和总结了勘察设计经验，经过几年的反复斟酌和锤炼，终于编撰完成《电力工程设计手册》。

《电力工程设计手册》依托大型电力工程设计实践，以国家和行业设计标准、规程规范为准绳，反映了我国在特高压交直流输变电、百万千瓦级超超临界燃煤机组、洁净煤发电、空冷机组等领域的最新设计技术和科研成果。手册分为火力发电工程、输变电工程和通用三类，共 31 个分册，3000 多万字。其中，火力发电工程类包括 19 个分册，内容分别涉及火力发电厂总图运输、热机通用部分、锅炉及辅助系统、汽轮机及辅助系统、燃气-蒸汽联合循环机组及附属系统、循环流化床锅炉附属系统、电气一次、电气二次、仪表与控制、结构、建筑、运煤、除灰、水工、化学、供暖通风与空气调节、消防、节能、烟气治理等领域；输变电工程类包括 4 个分册，内容分别涉及架空输电线路、电缆输电线路、换流站、变电站等领域；通用类包括 8 个分册，内容分别涉及电力系统规划、岩土工程勘察、工程测绘、工程水文气象、集中供热、技术经济、环境保护与水土保持、职业安全与职业卫生等领域。目前新能源发电蓬勃发展，编著单位将适时总结相关勘察设计经验，编撰有关新能源发电方面的系列设计手册。

《电力工程设计手册》全面总结了现代电力工程设计的理论和实践成果，系统介绍了近年来电力工程设计的新理念、新技术、新材料、新方法，充分反映了当前国内外电力工程设计领域的重要科研成果，汇集了相关的基础理论、专业知识、常用算法和设计方法。全套书注重科学性、体现时代性、强调针对性、突出实用性，可供从事电力工程投资、建设、设计、制造、施工、监理、调试、运行、科研等工作的人员使用，也可供电力和能源相关教学及管理工作者参考。

《电力工程设计手册》的编撰和出版，凝聚了电力工程设计工作者的集体智慧，展现了当今我国电力勘察设计行业的先进设计理念和深厚技术底蕴。《电力工程设计手册》是我国第一部全面反映电力工程勘察设计成果的系列手册，且内容浩繁，编撰复杂，其中难免存在疏漏与不足之处，诚恳希望广大读者和专家批评指正，以期再版时修订完善。

在此，向所有关心、支持、参与编撰的领导、专家、学者、编辑出版人员表示衷心的感谢！

《电力工程设计手册》编辑委员会

2019年1月10日

前言

《换流站设计》是《电力工程设计手册》系列手册之一。

本书较系统地总结了我国直流输电领域换流站工程设计经验，全面梳理了与换流站设计相关的国家标准、电力行业标准和研究成果，根据电力工程换流站设计工作的特点，系统地介绍了换流站设计的工作内容、设计方法和计算内容，体现了换流站最新科研成果及新设备、新材料的应用，同时均衡把握理论性与实践性的篇幅比重，理论性内容尽量简明扼要起引导和铺垫作用，实践性内容体现工程实际应用，辅以设计常用的技术方案、计算公式、数据资料、图表曲线及工程实例和算例。本书主要针对换流站中有关直流部分和换流站特殊要求的设计内容，与交流变电站设计相同的内容原则上不进行论述。

本书分为概述、系统研究、电气主接线、过电压与绝缘配合、主要电气设备选择、导体选择、配电装置及布置、防雷接地、站用电系统、电缆敷设、监控系统、直流控制系统、直流系统保护、二次辅助系统、操作电源系统、二次回路、二次设备布置、通信、阀厅、控制楼、户内直流场、其他建（构）筑物、给水系统、阀冷却系统、噪声控制和接地极设计共二十六章。

本书主编单位为中国电力工程顾问集团中南电力设计院有限公司，参加编写的单位有中国电力工程顾问集团东北电力设计院有限公司。本书由梁言桥担任主编，负责总体框架设计、全书校核等统筹性工作，王丽杰、邹荣盛、陈俊担任副主编。梁言桥、曾静编写第一章；许斌、彭开军编写第二章；张先伟、刘晓瑞、陈宏明编写第三章；马亮、韩毅博、周国梁编写第四章；谢龙、韩琦、谢佳君、杨金根编写第五章；马亮、韩毅博、陈宏明编写第六章；王丽杰、邵毅、王刚、杨金根编写第七章；邵毅、曾维雯编写第八章；杨金根、王丽杰编写第九章；王娜娜、李超、季月辉编写第十章；李倩、张巧玲编写第十一章；肖异、邹荣盛、李苇编写第十二章；曹亮、张巧玲编写第十三、十四章；尹刚、李苇编写第十五章；邹荣盛、张巧玲编写第十六、十七章；陈岳、杜明军、刘智编写第十八章；饶冰、吴必华、陈一军、毛永东、王国兵编写第十九章；陈俊、饶冰、唐剑潇、毛永东、王国兵编写第二十章；饶冰、陈传新、毛永东、王国兵编写第二十一章；袁翰笙、李志编写第二十二章；王国兵、李莎莎编写第二十三章；毛永东、吴必华编写第二十四章；高湛、陈俊编写第二十五章；戚乐、曾连生编写第二十六章。

本书是电力工程变电专业工程技术人员的工具书，能满足换流站工程各阶段的设计要求，既可作为电力工程变电专业建设管理、施工、运行和检修等专业人员的参考书，也可作为高等院校相关专业师生的参考书。

《换流站设计》编写组

2019 年 1 月

目　录

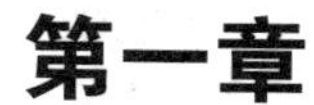

概　　述

我国幅员辽阔，直流输电技术对于西电东送、南北互供的电网发展战略实施发挥重要作用。我国1987年建成了自行设计、全部设备国产化的舟山±100kV直流输电工程；1990年建成了中国第一个超高压、大容量、远距离的直流输电工程——葛洲坝—上海±500kV直流输电工程，实现了华东与华中两大区域电网互联。此后，随着大规模西电东送的需求不断增长，我国直流输电技术飞速发展。到2020年，我国将建成大约四十多个高压直流输电工程，直流输电电压最高达到±1100kV，这些项目的建设为我国直流输电技术的发展提供了良好的发展机遇。

直流输电系统是将送端交流电变换为直流电，并通过直流输电线路进行输送，在受端将直流电变换为交流电的系统。直流输电工程按其结构来分，有两端直流输电工程和多端直流输电工程两大类；按工程性质来分，有远距离大容量直流架空线路工程、背靠背直流联网工程、跨海峡的直流海底电缆工程、向孤立的负荷点送电或从孤立的电站向电网送电的直流工程等；按技术实现方式来分，有采用电流源型换流器技术的常规直流输电工程和采用电压源型换流器技术的柔性直流输电工程。

本手册涵盖采用电流源型换流器技术的两端直流输电工程和背靠背直流联网工程换流站的设计内容，不涉及采用电压源型换流器技术的柔性直流输电工程的设计内容。

本手册各专业的设计内容主要针对换流站中有关直流部分和换流站有特殊要求的设计内容进行论述。换流站中有关直流部分的设计内容主要包括系统研究、换流区域和直流场的接线与布置、直流主要设备选择、直流控制系统和保护系统、阀厅和户内直流场建筑与结构、运输轨道和换流变压器广场、阀冷却系统、噪声控制、接地极设计等。换流站有特殊要求的设计内容主要包括交流滤波器的接线与布置、换流区域和直流场导体选择、换流区域和直流场的防雷接地、站用电系统、换流区域和直流场的电缆敷设、监控系统、二次回路与布置、控制楼建筑与结构、供水系统等。与交流变电站设计相同的内容，如交流配电装置的接线与布置、导体的力学计算、电缆选择和电缆防火、交流系统保护、总平面布置、土方平衡、道路和沟道设计等，在本手册中不做论述，可参考《电力工程设计手册　环境保护与水土保持》《电力工程设计手册　职业安全与职业卫生》《电力工程设计手册　变电站设计》分册。

第一节　直流输电系统的构成和特点

直流输电系统的一次电路主要由整流站、直流输电线路和逆变站三部分组成，其原理接线图如图1-1所示，交流系统1和交流系统2通过直流输电系统相连。交流电力系统1、2分别是送、受端交流系统，送端系统送出交流电经换流变压器和整流器变换成直流电，然后由直流输电线路把直流电输送给逆变站，经逆变器和换流变压器再将直流电变换成交流电送入受端交流系统。图1-1中完成交、直流变换的站称为换流站，将交流电变换为直流电的换流站称为整流站，而将直流电变换为交流电的换流站称为逆变站。对于可进行功率反送的两端直流输电工程，其换流站既可以作为整流站运行，也可以作为逆变站运行。

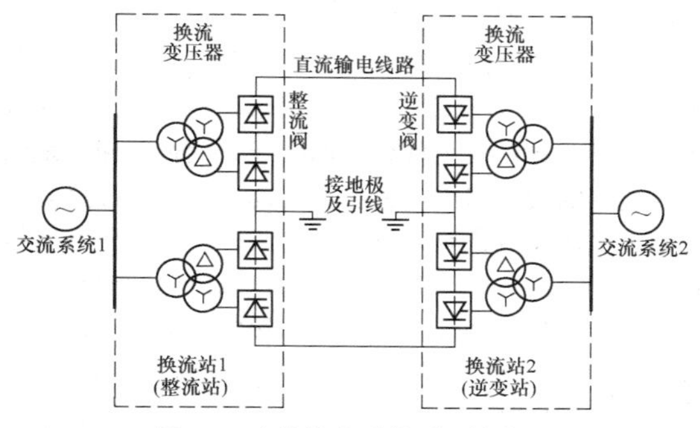

图1-1　直流输电系统原理接线图

一、两端换流站系统构成

两端换流站系统又可分为单极（正极或负极）直

流输电系统和双极（正、负两极）直流输电系统。

1. 单极直流输电系统

单极直流输电系统中换流站出线端对地电位为正的称为正极，为负的称为负极。与正极或负极相连的输电导线称为正极导线或负极导线，或称为正极线路或负极线路。单极直流架空线路通常采用负极性（即正极接地），这是因为正极导线电晕的电磁干扰和可听噪声均比负极导线的大。同时由于雷电大多为负极性，使得正极导线雷电闪络的概率也比负极导线的高。

单极系统的接线方式可分为单极大地回线方式和单极金属回线方式两种。图 1-2（a）和图 1-2（b）分别给出这两种方式的系统接线示意图。

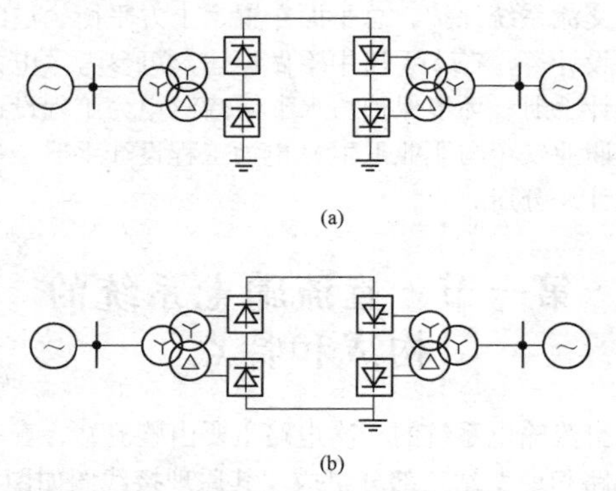

图 1-2　单极直流输电系统接线示意图
（a）单极大地回线方式；（b）单极金属回线方式

（1）单极大地回线方式。单极大地回线方式是利用一根导线和大地构成直流侧的单极回路，两端的换流站均需接地，见图 1-2（a）。这种方式利用大地作为回线，省去一根导线，线路造价低。但由于地下长期有大的直流电流流过，大地电流所经之处，将引起埋设于地下或放置在地面的管道、金属设施发生电化学腐蚀，以及使附近中性点接地变压器产生直流偏磁而造成变压器磁饱和等问题，这种方式主要用于高压海底电缆直流工程。

（2）单极金属回线方式。单极金属回线方式是利用两根导线构成直流侧的单极回路，其中一根采用低绝缘水平的导线（也称金属返回线）代替单极大地回线方式中的大地回线，见图 1-2（b）。在运行过程中，地中无电流流过，可以避免由此所产生的电化学腐蚀和变压器磁饱和等问题。为了固定直流侧的对地电压和提高运行的安全性，金属返回线的一端接地，其不接地端的最高运行电压为最大直流电流在金属返回线上的压降。这种方式的线路投资和运行费用均较单极大地回线方式高。通常只在不允许利用大地为回线或选择接地极较困难，以及输电距离又较短的单极直流输电工程中采用。在双极接线方式中需要单极运行时也可以采用。

单极直流输电系统运行的可靠性和灵活性不如双极系统好，因此采用单极直流输电系统的工程不多。

2. 双极直流输电系统

双极直流输电系统接线方式是直流输电工程普遍采用的接线方式，可分为双极两端中性点接地方式、双极一端中性点接地方式和双极金属中性线方式三种类型。图 1-3 所示为双极直流输电系统接线示意图。

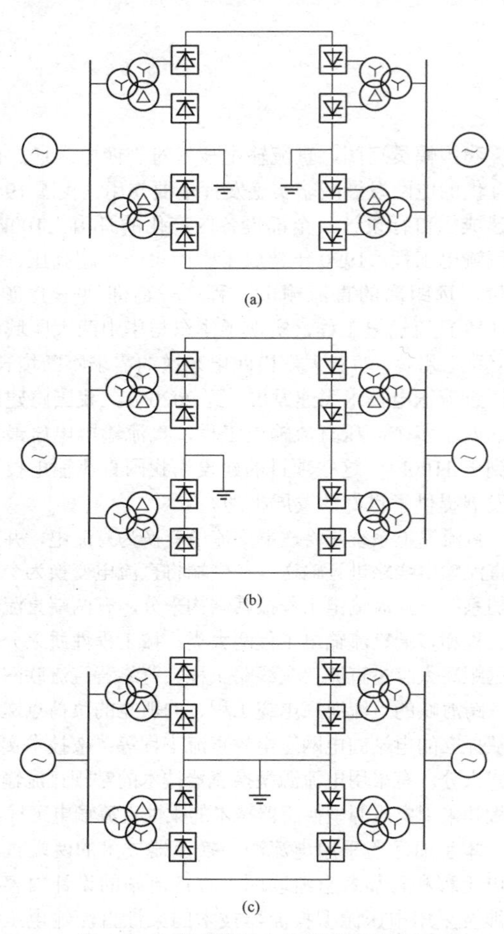

图 1-3　双极直流输电系统接线示意图
（a）双极两端中性点接地方式；（b）双极一端中性点接地方式；（c）双极金属中性线方式

（1）双极两端中性点接地方式。双极两端中性点接地方式（简称双极方式）的正负两极通过导线相连，两端换流器的中性点均接地，见图 1-3（a）。实际上它可看成是两个独立的单极大地回路方式。正负两极在大地回路中的电流方向相反，地中电流为两极电流之差值。双极对称运行时，地中无电流流过或仅有少量的不平衡电流流过，通常小于额定电流的 1%。因此，在双极对称方式运行时，可消除由于地中电流所引起的电腐蚀等问题。当需要时，双极可以不对称运行，这时两极中的电流不相等，地中电流为两极电流之差。

运行时间的长短由接地极寿命决定。

双极两端中性点接地方式的直流输电工程，当一极故障时，另一极可正常并过负荷运行，可减小送电损失。双极对称运行时，一端接地极系统故障，可将故障端换流器的中性点自动转换到换流站内的接地网临时接地，并同时断开故障的接地极，以便进行检查和检修。当一极设备故障或检修停运时，可转换成单极大地回线方式、单极金属回线方式或单极双导线并联大地回线方式运行。由于此接线运行方式灵活、可靠性高，大多数直流输电工程都采用此接线方式。

（2）双极一端中性点接地方式。这种接线方式只有一端换流器的中性点接地，见图 1-3（b）。它不能利用大地作为回路。当一极故障时，不能自动转为单极大地回线方式运行，必须停运双极，在双极停运后，可以转换成单极金属回线运行方式。因此，这种接线方式的运行可靠性和灵活性均较差。其主要优点是可以保证在运行时地中无电流流过，从而可以避免由此所产生的一系列问题。这种接线方式在实际工程中很少采用。

（3）双极金属中性线方式。双极金属中性线方式是在两端换流器中性点之间增加一条低绝缘水平的金属返回线。它相当于两个可独立运行的单极金属回线方式，见图 1-3（c）。为了固定直流侧各种设备的对地电位，通常中性线一端接地，另一端中性点的最高运行电压为流经金属线中最大电流时的电压降。这种方式在运行时地中无电流流过，它既可以避免由于地电流而产生的一系列问题，又具有比较高的可靠性和灵活性。当一极线路发生故障时，可自动转为单极金属回线方式运行。当换流站的一个极发生故障需停运时，可首先自动转为单极金属回线方式，然后还可转为单极双导线并联金属回线方式运行。其运行的可靠性和灵活性与双极两端中性点接地方式相类似。由于采用三根导线组成输电系统，其线路结构较复杂，线路造价较高。通常是当不允许地中流过直流电流或接地极极址很难选择时才采用。

二、背靠背换流站系统构成

背靠背换流站系统是输电线路长度为零（即无直流输电线路）的两端换流站系统，它主要用于两个异步运行（不同频率或频率相同但异步）的交流电力系统之间的联网或送电，也称为异步联络站。如果两个被联电网的额定频率不相同（如 50Hz 和 60Hz），也可称为变频站。背靠背直流系统的整流站和逆变站的设备装设在一个站内，也称背靠背换流站。在背靠背换流站内，整流器和逆变器的直流侧通过平波电抗器相连，其交流侧则分别与各自的被联电网相连，从而形成两个交流电网的联网。两个被联电网之间交换功率的大小和方向均由控制系统进行快速方便地控制。为降低换流站产生的谐波，通常选择 12 脉动换流器作为基本换流单元。图 1-4 所示为背靠背换流站原理接线图。

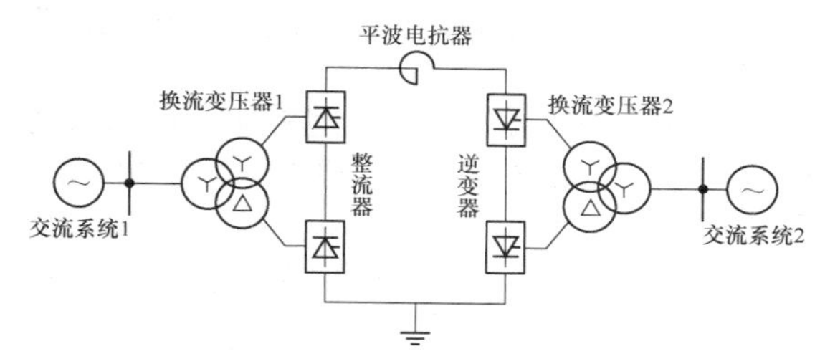

图 1-4 背靠背换流站原理接线图

背靠背直流输电系统的主要特点是直流侧可选择低电压、大电流（因无直流输电线路，直流侧损耗小），可充分利用大截面晶闸管的通流能力，同时直流侧设备（如换流变压器、换流阀、平波电抗器等）也因直流电压低而使其造价相应降低。由于整流器和逆变器装设在一个阀厅内，直流侧谐波不会造成对通信线路的干扰，因此可省去直流滤波器，减小平波电抗器的电感值。

三、直流输电技术和换流站工程的特点

（一）直流输电技术的特点

与交流输电技术相比，直流输电技术具有以下几方面的特点：

1. 直流输电不存在交流输电的稳定问题，有利于远距离大容量送电

交流输电的输送功率 P 为

$$P = \frac{E_1 E_2}{X_{12}} \sin\delta$$

式中 E_1、E_2——送端和受端交流系统的等值电势；

δ——E_1 和 E_2 两个电势之间的相位差；

X_{12}——E_1 和 E_2 之间的等值电抗，对于远距离输电，X_{12} 主要是输电线路的电抗。

当 $\delta = 90°$ 时

$$P = P_m = E_1 E_2 / X_{12}$$

式中 P_m——输电线路的静态稳定极限。

实际交流系统输电线路的输送功率均小于 P_m，因为在运行中如果输送功率接近 P_m，当系统受到微小扰动时，则可能使运行工况偏离到 $\delta > 90°$，此时送端因送出功率减小，频率上升，而受端则因接收功率减小，频率下降，两端交流系统将会失去同步，甚至导致两系统解裂。即使在 $\delta < 90°$ 状态下运行，当电力系统受到较大扰动时，也可能失去稳定。在一定的输电电压下，交流输电线路的容许输送功率和距离受到网络结

构和参数的限制，随着输电距离的增加，相应的 X_{12} 增大，容许输送功率随之减小，为增加输送功率必须采取提高稳定性的措施，除普遍采用的快速切除故障和重合闸、强行励磁、送端快速切机等措施外，必要时还需要增设串联电容补偿或增加输电线路的回路数，这将使输电系统的投资增加。

直流输电的两端交流系统经过整流站和逆变站的隔离，不存在两端交流发电机需要同步运行的问题，无需采取提高稳定的措施。因此，直流输电的输送容量和距离不受同步运行稳定性的限制，有利于远距离大容量输电。

2. 直流输电可以快速调节系统的功率，有利于改善交流系统的运行性能

由于直流输电的电流或功率是通过计算机控制系统改变换流器的触发角来实现的，它的响应速度极快，可根据交流系统的要求，快速增加或减少直流输送的有功和换流器消耗的无功，对交流系统的有功和无功平衡起快速调节作用，从而提高交流系统频率和电压的稳定性，提高电能质量和电网运行的可靠性。对于交直流并联运行的输电系统，还可以利用直流的快速控制来阻尼交流系统的低频振荡，提高交流线路的输送能力；在交流系统发生故障时，可通过直流输电系统对直流电流的快速调节，实现对事故系统的紧急支援。

3. 直流输电可实现电力系统之间的非同步联网

采用直流输电联网，被联交流电网可以是额定频率不同（如 50、60Hz）的电网，也可以是额定频率相同但非同步运行的电网，被联电网可保持自己的电能质量（如频率、电压）而独立运行，不受联网的影响。直流输电联网不会明显增大被联交流电网的短路容量，不需要采取更换交流系统断路器或其他限流措施。被联电网之间交换的功率可快速方便地进行控制，有利于运行和管理。

4. 直流输电线路造价低损耗小

直流输电架空线路只需正、负两极导线，导线数量减少，线路杆塔结构简单，与交流输电线路相比，输送同样的功率，直流输电架空线路可节省约 1/3 的导线和 1/3～1/2 的钢材，其造价约为交流输电线路的 2/3，在此条件下其线路损耗约为交流线路的 2/3。由于只有两根导线，还可减少线路走廊的宽度和占地面积。另在直流电压作用下，线路电容不起作用，不存在电容电流，线路沿线的电压分布均匀，不存在交流输电由于电容电流而引起的沿线电压分布不均匀问题，不需要装设并联电抗器。

（二）换流站工程的特点

从工程建设角度出发，与交流变电站工程相比，换流站工程具有以下几方面的特点：

1. 换流站内设备多且复杂，造价和损耗高，占地面积大

换流站内的主要设备分别布置在交流配电装置区域、交流滤波器区域、换流变压器区域、阀厅控制楼区域、直流配电装置区域。与交流变电站相比，增加了交流滤波器区域、阀厅控制楼与换流变压器区域、直流配电装置区域三部分。

交流滤波器区域主要承担着换流站无功补偿和交流侧滤波的功能，分成若干大组，每一大组又由若干小组组成，其设备主要包括交流滤波器小组回路的断路器、隔离开关、电流互感器、围栏内的电容器和电抗器以及电阻器等设备。阀厅控制楼与换流变压器区域是换流站的核心部分，承担着将交流整流成直流或将直流逆变成交流的功能，阀厅内安装有晶闸管换流阀及其相应的开关设备和过电压保护设备，阀厅外布置有换流变压器，控制楼中除计算机监控系统外，还安装有晶闸管换流阀控制保护设备和晶闸管换流阀内冷却系统及其控制保护设备。直流配电装置区域是按照一定的运行方式将直流电送出或接入的部分，其设备主要包括平波电抗器、直流滤波器、直流避雷器、转换直流接线方式用的金属回路和大地回路直流转换开关、旁路开关（每极双 12 脉动换流器串联接线时安装）等设备。换流变压器区域虽然与交流变电站的主变压器区域类似，但由于换流站内换流变压器数量多，安装方式与阀厅紧密相关，因此其占地面积和布置难易程度都远大于交流变电站。

因此，与交流变电站相比，换流站内设备种类和数量不仅多，而且技术复杂难度大，换流站工程投资要远高于交流变电站，占地面积也要远大于交流变电站。另由于换流站设备多，换流站的损耗和运行费用也相应增加，运行和维护也较复杂。

2. 换流站对外部条件要求高，实施难度大

变电工程的外部条件主要包括站址条件、站用电源、站用水源、大件设备运输、站址周边污秽条件等方面。与交流变电站相比，换流站对外部条件的要求较高，实施难度要大。

（1）换流站占地面积较大，±500kV 换流站围墙内占地面积约为 9～11ha，±800kV 换流站围墙内占地面积约为 16～20ha，对换流站的站址选择带来了较大的难度，特别是对于输送大型水电站电能的直流输电工程，其送端换流站通常位于偏远山区，地形起伏较大，换流站工程的土方和边坡挡墙的工程量均较大。

（2）换流站站用电源系统承担为换流阀和换流变压器等设备的冷却系统和换流站控制、保护等重要负荷供电的任务。换流站站用电系统的可靠性，直接影响直流输电及其连接的交流系统的安全稳定运行，因此换流站内均要求设置三回独立的站用电源。除换流

站与交流变电站合建以外，一般换流站内没有交流变压器，三回独立的站用电源均需从站外引接，或在换流站内单独设置两台降压变压器，这对换流站工程特别是送端换流站的实施带来较大难度。

（3）换流站的站用水源除满足生活用水和消防用水以外，主要是为晶闸管换流阀外冷却系统提供补充水，与交流变电站相比，对站用水源的可靠性要求较高，供水量要求较大。落实可靠的换流站水源也是换流站工程一项非常重要的工作。

（4）换流站的大件设备运输主要是指换流变压器和平波电抗器的运输。国内高压大容量直流输电工程大部分采用单相双绕组换流变压器，其运输重量和运输外形尺寸均较大，当采用铁路运输时，受铁路运输限值的影响，需采用最大型车辆为DK36型落下孔车型。特别是对于输送大型水电站电能的直流输电工程的送端换流站，大件设备交通运输条件的落实是一个非常艰巨而重要的环节，与换流变压器的型式、短路阻抗、是否需现场组装、工程投资等方面密切相关。

（5）电气设备外绝缘电气特性要求与站址所在地的污秽条件密切相关。对于交流变电站设备，一般根据污区分布图对应的污秽等级来确定。对于换流站内直流设备而言，由于直流电压的静电吸尘作用，直流外绝缘表面积污严重，外绝缘要求成为设备制造难度和价格的一个主要因素，需要准确评价站址的污秽水平。工程中一般需要通过实地测量和预测换流站站址的污秽值水平，通过研究确定技术经济合理的等值盐密来选择设备爬电比距。

3. 换流站及其接地极对周边环境存在一定的影响

（1）换流站噪声对周边环境的影响。与交流变电站不同，换流站内安装有数量较多的户外换流变压器和交流滤波器组等设备，且这些设备在运行中流过特征谐波电流和非特征谐波电流，会产生不同频谱的噪声，特别是有很强的绕射和透射能力、随距离衰减较慢的低频噪声，对周围环境存在一定的影响。为满足换流站工程环评的要求，在降低设备本体声功率级的基础上，都要通过噪声软件计算，采取换流变压器加装移动式隔声罩或隔声屏障，交流滤波器小组围栏处或围墙上加装隔声屏障等措施，来减少对周边环境的影响。

（2）接地极对周边环境的影响。直流输电工程在以大地作回流电路时，直流电流经接地极注入大地，在极址土壤中形成一个恒定的直流电流场，如果极址附近有变电站（变压器中性点接地）、埋地金属管道或铠装电缆等金属设施，存在对金属设施的电腐蚀问题。地中直流电流通过中性点接地变压器会使变压器产生直流偏磁，引起变压器磁饱和；可能产生对通信、航海磁性罗盘、天文台等的干扰，并可能引起附近中性点接地的变压器产生直流偏磁和磁饱和的问题。因此在接地极选址和设计过程中，需进行充分的论证或评估，并采取相应的技术措施来消除对周边设施的影响。

第二节 中国直流输电发展里程碑

我国直流输电技术起步较晚，20世纪60年代，科研单位开始直流输电理论研究、物理模拟装置试制以及试验站建设的工作。20世纪80年代，我国开始直流输电工程的建设，1980年确定依靠自身力量自主建设舟山直流输电工程，工程第一期为单极金属回线方式，−100kV、500A、50MW，线路全长54km，1987年投入试运行。该工程具有工业试验的性质，为直流输电在中国的发展起到了应有的作用。

1982年开始，国内对葛洲坝水电站送电华东进行可行性研究。由于直流输电在远距离输电和联网方面的优势，最终确定工程采用直流输电方案，即葛洲坝—南桥±500kV直流输电工程。该工程是我国第一个远距离、大容量直流输电和联网工程，建设规模为双极±500kV、1200A、1200MW，输送距离1045km。由于是第一个大型直流输电工程，国内缺乏设备制造能力和工程设计经验，因此工程设计和设备制造全部由国外承包商承担。1989年9月极1投入运行，1990年8月工程全部建成并投入商业运行。

为解决南方电网西电东送的问题，1991年开始对天生桥水电站送电广东进行可行性研究。为提高交流输送容量和系统运行的稳定性，确定建设一条±500kV、1800A、1800MW，输送距离960km的直流输电工程，即天生桥—广州±500kV直流输电工程。该工程的设计和设备制造仍由国外承包商承担，与葛洲坝—南桥±500kV直流输电工程相比，少量的换流阀在国内制造厂进行了组装和试验。2000年12月极1投入运行，2001年工程全部建成。

为解决三峡水电站向华东电网送电的问题，同时也加强华中与华东两大电网的非同期联网，确定先期建设三峡—常州±500kV直流输电工程。该工程是三峡水电站向华东电网的第一个送电工程，工程建设规模为双极±500kV、3000A、3000MW，输送距离860km。该工程仍由国外承包商承担，但与已投运的葛洲坝—南桥、天生桥—广州±500kV直流输电工程不同的是，在引进设备的同时进行了技术引进和技术转让，其中国内的设计单位参与了系统成套研究和工程设计，部分主要设备（如换流阀、换流变压器、平波电抗器、晶闸管元件等）在国内制造厂进行试制。

2002年12月极1投入运行，2003年5月工程全部建成投运。为解决贵州电力外送的问题，我国建设了贵州—广东第一回±500kV直流输电工程，建设规模为双极±500kV、3000A、3000MW，输送距离936km。与三峡—常州±500kV直流输电工程一样，采用了技术引进和技术转让的方式。

在高压直流输电技术引进和技术转让的基础上，我国于2005年建成投运了西北与华中联网的灵宝背靠背直流联网工程。工程建设规模为120kV、3000A、360MW。该工程全部采用国产设备，是我国第一个自主设计、自主制造、自主建设的直流工程，也是我国利用背靠背直流输电技术实现地区电网互联和检验引进技术成果的示范工程。

三峡—常州、贵州—广东±500kV直流输电工程和西北与华中联网的灵宝背靠背直流联网工程的建成投运，标志着我国已逐步掌握了高压直流输电的系统成套研究、设计、设备制造和试验、调试等技术，直流输电工程国产化比例大幅度提升。随着国内西电东送工程全面铺开，我国又先后自主建设了三峡—上海、贵州—广东第二回、荆门—枫泾、呼伦贝尔—辽宁、宝鸡—德阳、溪洛渡右岸—广东、云南金沙江中游电站送电广西、永仁—富宁等多项±500kV直流输电工程和东北与华北联网的高岭背靠背、中国与俄罗斯联网的黑河背靠背、西北与华中联网的灵宝背靠背二期直流联网等工程。

为实现西南水电以及大型火电基地大容量和远距离的电力送出，2003年我国启动了特高压直流输电技术研究工作，2006年开始实施云南—广东和向家坝—上海±800kV特高压直流输电示范工程的建设。云南—广东±800kV特高压直流输电示范工程建设规模为双极±800kV、3125A、5000MW，输送距离1373km。向家坝—上海±800kV特高压直流输电工程建设规模为双极±800kV、4000A、6400MW，输送距离1907km。两工程分别于2010年6月和7月双极正式投入运行。示范工程的顺利投运是我国电网建设史上一个重要里程碑，在世界电力工程史上也是一个重大突破，标志着我国在特高压直流输电技术集成领域达到了世界领先水平，从此拉开了我国±800kV特高压直流输电工程的建设序幕。2010年之后，我国又陆续建成投运或正在建设糯扎渡—广东、锦屏—苏南、哈密南—郑州、溪洛渡左岸—浙江、灵州—绍兴、酒泉—湖南、晋北—江苏、锡盟—泰州、滇西北—广东、上海庙—山东、扎鲁特—青州等十多项±800kV特高压直流输电工程。

为了更大容量和更远距离地将西部能源基地的电力输送到东部的负荷中心，在±800kV特高压直流输电工程建设经验的基础上，我国于2015年开始了准东—华东±1100kV特高压直流输电工程的建设，工程建设规模为双极±1100kV、5455A、12000MW，输送距离3319km。该工程是世界上电压等级最高、输送容量最大、输电距离最远、技术水平最先进的特高压输电工程，标志着我国特高压直流输电工程建设又迈向了更高的台阶。

我国建成投运和正在建设的直流输电工程见表1-1。表1-1中所列工程均为采用电流源型换流器技术的两端直流输电工程和背靠背直流联网工程，不包括采用电压源型换流器技术的柔性直流输电工程。

表1-1　我国建成投运和正在建设的直流输电工程一览表（截至2017年10月）

序号	工程名称（简称）	电压（kV）	功率（MW）	直流电流（A）	输电线路长度（km）	投运年份（年）	备　注
1	葛洲坝—南桥±500kV直流输电工程	±500	1200	1200	1045	1990	
2	天生桥—广州±500kV直流输电工程	±500	1800	1800	960	2001	
3	三峡—常州±500kV直流输电工程	±500	3000	3000	860	2003	
4	三峡—广东±500kV直流输电工程	±500	3000	3000	960	2004	
5	贵州—广东第一回±500kV直流输电工程	±500	3000	3000	936	2004	
6	三峡—上海±500kV直流输电工程	±500	3000	3000	1040	2006	
7	贵州—广东第二回±500kV直流输电工程	±500	3000	3000	1194	2007	
8	宝鸡—德阳±500kV直流输电工程	±500	3000	3000	534	2010	
9	呼伦贝尔—辽宁±500kV直流输电工程	±500	3000	3000	908	2010	
10	荆门—枫泾±500kV直流输电工程	±500	3000	3000	1019	2011	
11	溪洛渡右岸—广东±500kV 同塔双回直流输电工程	±500	2×3200	3200	2×1223	2014	

续表

序号	工程名称（简称）		电压（kV）	功率（MW）	直流电流（A）	输电线路长度（km）	投运年份（年）	备 注
12	云南金沙江中游电站送电广西直流输电工程		±500	3200	3200	1119	2016	
13	永仁—富宁±500kV直流输电工程		±500	3000	3000	569	2016	
14	青海—西藏±400kV直流输电工程		±400	600	750	1038	2011	
15	宁东—山东±660kV直流输电示范工程		±660	4000	4000	1333	2011	
16	灵宝背靠背直流联网工程	一期	120	360	3000	—	2005	西北与华中联网
		二期	±166.7	750	4500	—	2009	西北与华中联网
17	高岭背靠背直流联网工程	一期	±125	2×750	3000	—	2008	东北与华北联网
		二期	±125	2×750	3000	—	2012	东北与华北联网
18	黑河背靠背直流联网工程		±125	750	3000	—	2012	中俄联网送电
19	云南—广东±800kV特高压直流输电工程		±800	5000	3125	1373	2010	
20	向家坝—上海±800kV特高压直流输电工程		±800	6400	4000	1907	2010	
21	锦屏—苏南±800kV特高压直流输电工程		±800	7200	4500	2059	2012	
22	糯扎渡—广东±800kV特高压直流输电工程		±800	5000	3125	1413	2013	
23	哈密南—郑州±800kV特高压直流输电工程		±800	8000	5000	2210	2014	
24	溪洛渡左岸—浙江±800kV 特高压直流输电工程		±800	8000	5000	1653	2014	
25	灵州—绍兴±800kV特高压直流输电工程		±800	8000	5000	1720	2016	
26	酒泉—湖南±800kV特高压直流输电工程		±800	8000	5000	2383	2017	
27	晋北—江苏±800kV特高压直流输电工程		±800	8000	5000	1111	2017	
28	锡盟—泰州±800kV特高压直流输电工程		±800	10000	6250	1619	2017	
29	滇西北—广东±800kV特高压直流输电工程		±800	5000	3125	1959	2017	
30	上海庙—山东±800kV特高压直流输电工程		±800	10000	6250	1238	2017	
31	扎鲁特—青州±800kV特高压直流输电工程		±800	10000	6250	1200	2017	
32	准东—华东±1100kV特高压直流输电工程		±1100	12000	5455	3319	2018	

第三节 换流站设计内容和深度

换流站设计按照设计阶段可以分为可行性研究阶段、初步设计阶段、施工图设计阶段。我国已建的直流输电工程，在初步设计阶段中还包含系统成套设计研究，主要是开展主回路设计、交流系统等值、换流站无功补偿与控制、过电压与绝缘配合研究、动态性能研究、控制保护系统、交直流滤波器设计等研究工作和主要直流设备规范书编制工作，其研究报告和设备规范书基本上先于初步设计阶段完成，并成为工程设计的输入条件。

针对国内直流输电项目，在可行性研究阶段之前一般都进行了电网规划设计或大型电站输电系统规划设计等工作；在施工图设计阶段之后还包括施工配合（工代服务）、竣工图编制、设计总结回访等工作。

一、可行性研究阶段设计内容和深度

换流站可行性研究阶段设计应依据DL/T 5448《输变电工程可行性研究内容深度规定》进行。换流站可行性研究阶段设计主要包括换流站接入系统设计、规划选址和工程选址、可行性研究报告编制三部分。

（一）可行性研究阶段设计内容

1. 接入系统设计

换流站接入系统设计内容主要包括换流站接入系统方案论证、电力系统计算、换流站无功配置研究、

直流系统性能及主要技术参数要求、系统继电保护和安全稳定控制装置研究、系统调度自动化、系统通信方案。

2. 规划选址和工程选址

在换流站可行性研究阶段，针对换流站站址，一般要经历规划选址和工程选址两个阶段。

在电网规划设计或大型电站输电系统规划设计的基础上，在可能的区域范围内开展换流站规划选址工作，落实换流站建站的外部条件和站址条件，并通过综合技术经济比较和规划选址审查，确定两个合适的区域站址开展工程选址工作。

在换流站工程选址阶段，针对审定的两个合适的区域站址，开展初步勘测工作，并结合建站的外部条件和站址条件以及接地极极址，进行详细的综合技术经济比较，提出换流站的推荐站址。

3. 可行性研究报告编制

直流输电工程可行性研究报告编制的主要内容一般包括总报告、电力系统一次报告、电力系统二次报告、换流站工程选站及工程设想报告、线路工程选线及工程设想报告、换流站接地极及接地极线路报告、投资估算及经济评价报告等。总报告说明书还包括节能降耗分析和抵御自然灾害的评估内容（必要时，提出专题研究报告）。

对于换流站，在可行性研究报告编制中，主要是完成换流站工程选站及工程设想报告的编制工作，并配合完成总报告和投资估算及经济评价报告的编制工作。换流站工程选站及工程设想报告的主要内容包括工程概述、电力系统、站址概况及条件、工程设想、站址方案技术经济比较及结论、有关文件及协议、附图等。

对于换流站接地极，其可行性研究阶段设计内容主要包括接地极极址选择和可行性研究报告编制。接地极极址选择可根据换流站选址的情况，分为规划选址和工程选址两个阶段；可行性研究报告编制包括极址概况及条件、接地极本体设想、对周边设施影响分析、有关文件及协议、附图等。

（二）可行性研究阶段设计深度

1. 接入系统设计

换流站接入系统设计深度应满足 DL/T 5393《高压直流换流站接入系统设计内容深度规定》的要求。主要包括：

（1）电力系统发展规划应涉及电力市场需求、电源规划、电网发展规划等内容。

（2）换流站接入系统方案论证应进行必要的电力系统计算、接入系统方案远期适应性分析、方案的投资和年费用等经济比较、综合技术经济比较分析等。

（3）应开展潮流、稳定、换流站短路电流、工频过电压等电力系统计算，对于换流站附近有火电厂时，还要进行次同步谐振初步分析。

（4）根据接入系统方案，提出对直流输电运行方式、过负荷能力、可靠性、附加控制功能、电气主接线等直流系统性能要求，并提出换流变压器等主要技术参数要求。

（5）根据接入系统方案，对换流站无功平衡和无功补偿容量、无功分组容量等进行计算和分析，提出换流站需要安装的容性和感性无功补偿总容量以及无功分组容量的要求。

（6）根据系统对继电保护配置的要求，提出系统继电保护和换流站子站的配置原则和配置方案；通过对系统运行安全稳定分析，提出换流站是否配置安全稳定控制装置或者相关厂、站的安全稳定控制装置配置方案以及相关接口等要求。

（7）根据调度关系并结合换流站计算机监控系统配置，提出远动系统配置方案、调度数据网接入方案、换流站二次系统安全防护设备配置、电能量信息传送及通道配置等要求。

（8）结合电网的通信规划和换流站在通信网络中的地位与作用，提出换流站通信方案的通道组织、通道技术要求、数据通信网设备配置要求、网络接入方案和通道配置要求等。

2. 规划选址和工程选址

换流站规划选址和工程选址是换流站可行性研究阶段的重要环节，其工作内容的深度对直流输电工程确定合理的换流站站址起着至关重要的作用。换流站选址工作深度主要体现在：

（1）规划选址的范围能满足电网规划设计或大型电站输电系统规划设计的要求，在可能的区域范围内先后开展室内地形图上选址和现场踏勘选址工作。

（2）规划选址阶段要对各站址方案建站的外部条件和站址条件开展广泛的现场踏勘、调查和收资工作。建站的外部条件包括外引站用电源、水源，以及大件设备交通运输条件和周边大气污秽状况等。站址条件包括站址地形和地貌、地质和水文条件、进出线条件等。

（3）规划选址阶段提出参与综合技术经济比较的站址方案，如存在建站的外部条件或站址条件比较复杂，仅通过调查和收资工作，难以确定是否存在对站址有颠覆性的因素，就要有针对性地深入开展工作。

（4）工程选址阶段主要是在规划选址审定推荐的两个站址方案基础上，对建站的外部条件和站址条件开展细致深入的工作；根据系统规划和总平面布置，对站址方案进行局部的优化和初勘工作。

（5）在建设单位协助下完成政府有关部门行政许可协议和行业之间配合协议的取得工作；对拆迁赔偿

协议负责收集相关标准。政府有关部门行政许可协议包括规划、土地、环保、水利、矿产、文物、地震、交通、林业等。行业之间的配合协议包括站外电源、站外水源、排水等。

3. 可行性研究报告编制

换流站可行性研究报告编制工作深度主要体现在：

（1）编制可行性研究报告应以审定的电网规划为基础。

（2）编制可行性研究报告时，设计单位必须完整、准确、充分地掌握设计原始资料和基础数据。

（3）可行性研究报告中的附图应包括各站址方案地理位置图、各站址方案进出线走廊规划图、各站址方案总平面布置图、电气主接线图。对站址方案外部条件较复杂、有必要用图来表示，可视工程的具体情况增加，如输水管线规划图或换流站大件设备运输路线图等。

二、初步设计阶段的设计内容和深度

换流站初步设计阶段通常要完成两部分工作，一部分是系统研究，另一部分是工程设计。系统研究与工程设计是两个相对独立的部分，两者之间存在着一定的接口和配合。

（一）系统研究内容和深度

直流输电系统成套设计研究的基本任务是确定工程总体技术方案，实现直流输电系统的整体功能和性能要求，其内容主要包括主回路设计、交流系统等值、换流站无功补偿与控制、过电压与绝缘配合研究、动态性能研究、控制保护系统、交直流滤波器设计等的研究工作和主要直流设备规范书编制工作。

（1）主回路设计研究是根据系统要求，对系统构成、主回路参数以及运行特性等完成直流输电工程主回路参数的计算，确定换流站主设备基本参数和稳态条件下的运行特性，为后续直流系统过电压与绝缘配合研究、动态性能研究以及换流站主设备规范书提供必要的输入条件。主回路设计是利用主回路计算程序，在全压和降压条件下，对直流输电工程双极、单极大地、单极金属回线等运行方式进行计算来确定主设备基本参数，并研究、分析基本的稳态运行特性。

（2）交流系统等值研究是成套设计中动态性能研究、低次谐振研究、过电压研究、无功投切与控制研究、交流滤波器设计等的基础。交流系统等值涉及的运行方式主要包括工程设计水平年的典型方式和过渡年份的代表方式。交流系统等值研究的设计输入包括潮流数据、稳定数据、可行性研究确定的系统条件；设计输出为交流系统等值网络，主要包括用于AC/DC系统仿真研究的等值系统、用于无功投切及工频过电压研究的等值系统、用于AC/DC系统电磁暂态特性研究的等值系统及用于交流滤波器设计的等值系统。

（3）换流站无功补偿与控制研究主要是进行换流站无功补偿容量与配置设计，提出换流站无功平衡原则、无功补偿容量、无功分组配置等方面的技术要求，确定换流站的整体无功配置方案（换流站所需的无功补偿设备和型式、分组容量和总容量）及控制策略、参数等。

（4）过电压与绝缘配合研究是寻求一种避雷器配置和参数选择方案，保证换流站所有设备（包括避雷器本身）在正常运行、故障期间及故障后的安全，并使得全系统的费用最省。过电压研究主要包括选定避雷器配置和参数方案，确定设备保护水平。绝缘配合研究主要包括确定设备绝缘水平、空气间隙、雷电保护要求。

（5）动态响应性能研究主要包括电流、功率、电压、关断角控制器的响应性能，以及交流系统、直流线路故障后的响应性能。动态性能研究主要是针对交直流系统各种运行方式，采用电磁暂态仿真软件PSCAD/EMTDC进行研究计算，优化确定直流控制系统功能及参数，满足系统动态性能要求。

（6）控制保护系统研究包括换流站二次系统整体结构设计、换流站控制系统、直流系统及设备（含换流变压器、交直流滤波器）保护、远动通信设备、保护及故障录波信息管理子站、直流线路故障定位系统、直流故障录波系统（含交流滤波器、换流变压器）、与站内其他系统的接口等。

（7）交、直流滤波器设计研究主要包括滤波器性能、稳态定值和暂态定值计算。滤波器性能计算是根据输入的系统参数、运行方式和环境条件等因素，确定滤波器的结构，再计算滤波器性能是否满足规定的要求；稳态定值计算是考虑所有可能发生的稳态情况，计算滤波器上各元件设备在稳态中可能达到的最大电压和电流；暂态定值计算是为滤波器配置适当的避雷器，计算系统发生故障情况下各元件可能承受的暂态冲击电压和冲击电流。稳态定值计算和暂态定值计算都是用以确定滤波器各元件设备技术参数的基础。

（8）换流站主要直流设备包括换流变压器、换流阀、交直流滤波器、直流场设备及直流控制保护等。直流场设备主要包括直流隔离开关及接地开关、旁路断路器（特高压工程用）、直流断路器、直流滤波器内设备、直流电流电压测量装置以及直流避雷器等。对于背靠背工程，其直流接线部分结构简单，仅需极少量的测量装置和接地开关。直流设备规范书编制的依据是系统研究报告结论与成套计算的成果。

（二）工程设计内容和深度

1. 初步设计阶段工程设计内容

换流站初步设计阶段工程设计的主要内容包括换流站围墙内的全部生产及辅助生产设施、附属设施的工艺设计和建（构）筑物土建设计；换流站围墙外与换流站相关联的单项工程设计，如站外站用电源线路及间隔扩建、站外水源、大件运输道路、安全稳定控制装置等；换流站接地极设计。

换流站初步设计文件包含设计说明书、设计图纸、设备材料清册、概算书、专题研究报告、勘测报告等。

2. 初步设计阶段工程设计深度

换流站初步设计阶段工程设计深度应依据 DL/T 5043—2010《高压直流换流站初步设计内容深度规定》的要求进行。

（1）初步设计文件的编制应贯彻国家各项技术方针和政策，符合现行有关标准（规范）的规定；积极采用标准化设计和贯彻业主对换流站建设的有关要求；对设计中的重大问题，应进行多专业、多方案的技术经济综合比较，提出推荐方案。当进行专题论证时，应对各专业、各方案的技术优缺点、工程量及技术经济指标做详细论述。经济比较应做到概算深度。

（2）换流站设计说明书的内容主要包括总的部分、电力系统部分、系统保护及安全自动装置、系统调度自动化、通信、电气主接线及主要设备选择、过电压保护及绝缘配合、配电装置及电气总平面布置、电气二次、站用电源及辅助系统、总图、建筑结构、供水及消防、通风及空调系统、阀冷却系统、噪声预测及治理、施工组织措施及大件设备运输、环境保护和水土保持、概算部分等。

（3）系统成套设计研究的结论和换流站围墙以外与换流站相关联的单项工程设计结论应在初步设计说明书的相关章节中加以描述和说明，其费用列入总概算中。

对于换流站接地极，其初步设计阶段设计内容主要包括接地极极址条件的确定和接地极本体设计、对周边设施影响及其防护措施研究、投资概算等。

三、施工图阶段的设计内容和深度

施工图设计阶段主要是根据初步设计审批文件、换流站主要设备技术规范和生产厂商的技术资料、设计分工接口和必要的设计资料等开展工作，其设计内容包括图纸、说明书、计算书、设备材料清册等。换流站施工图设计图纸按卷册来划分，下面以表 1-2 所示为示例给出了±800kV 特高压换流站各专业施工图设计卷册目录。高压换流站和背靠背换流站施工图卷册目录可参照进行删减和调整。施工图卷册目录示例仅表示施工图设计阶段的设计内容，不作为设计单位分工和卷册划分的依据，也不作为卷册编排的顺序，具体工程可根据实际情况对卷册进行增减和编排。表中有些卷册名称所表述的内容会包含多个分册，实际工程可根据表中备注栏中的说明加以拆分。换流站施工图设计阶段深度要求依据 DL/T 5503《直流换流站施工图设计内容深度规定》的要求进行。

表 1-2　±800kV 特高压换流站各专业施工图设计卷册目录示例

专业	卷册名称	备注
电气一次	总的部分	
	主要设备及材料清册	
	换流变压器区域平断面布置及设备安装图	极 1 高端、低端和极 2 高端、低端分别成册
	阀厅电气设备平断面布置及设备安装图	极 1 高端、低端和极 2 高端、低端分别成册
	直流场极线平断面布置及设备安装图	极 1 和极 2 分别成册
	直流场旁路回路平断面布置及设备安装图	极 1 和极 2 分别成册
	直流场中性线回路平断面布置及设备安装图	
	交流配电装置平断面布置及设备安装图	有两个电压等级交流配电装置，分别成册
	交流滤波器配电装置平断面布置及设备安装图	有两个电压等级交流滤波器配电装置，分别成册
	交流滤波器小组平断面布置及设备安装图	不同电压等级和类型的滤波器小组，都应分别成册
	高压站用变压器低压侧配电装置平断面布置及设备安装图	如高压站用变压器低压侧接有无功补偿装置，则有此分册
	站用变压器布置及安装图	不同电压等级的站用变压器分别成册
	10kV 站用电接线、布置及安装图	

续表

专业	卷　册　名　称	备　　注
电气一次	380V 系统接线、布置及安装图	极 1 高端、低端和极 2 高端、低端以及公用分别成册
	防雷保护布置图	可按区域分别成册
	主接地网布置图	
	接地图	可按区域分别成册
	建筑物照明及小动力图	按建筑物不同分别成册
	户外照明图	可按区域分别成册
	电缆敷设	可按区域分别成册
电气及系统二次	电气及系统二次总的部分	
	全站计算机监控系统接线图	
	调度自动化	可不单独成册
	直流控制系统接线图	极 1 和极 2 分别成册，高端和低端可分别成册；如有站控系统，单独成册
	直流保护系统接线图	极 1 和极 2 分别成册，高端和低端可分别成册
	换流变压器保护及二次接线图	Y 型和 D 型换流变压器分别成册；极 1 高端、低端和极 2 高端、低端分别成册
	交流滤波器保护及二次接线图	可按大组或小组滤波器分别成册
	直流场测量回路接线图	极 1 和极 2 以及双极区分别成册
	直流场开关设备二次接线图	
	阀基电子设备二次接线图	极 1 高端、低端和极 2 高端、低端分别成册
	阀冷控制保护系统二次接线图	
	交流系统保护及二次接线图	不同电压等级、区域分别成册，母线保护单独成册
	高压站用变压器保护及二次接线图	不同电压等级的站用变压器分别成册
	低压站用电保护及二次接线图	极 1 高端、低端和极 2 高端、低端分别成册
	低压无功设备保护及二次接线图	如高压站用变压器低压侧接有无功补偿设备，则有此分册
	直流电源系统接线图	每套直流电源系统可单独成册
	交流不间断电源系统接线图	
	电能量计量系统接线图	
	相量测量系统接线图	
	保护信息管理子站系统接线图	
	故障录波系统接线图	
	时钟同步系统接线图	
	谐波监视系统接线图	如果有，可单独成册
	交直流线路故障定位系统接线图	
	接地极监视系统接线图	
	智能辅助控制系统接线图	
	全站在线监测系统接线图	
	火灾报警系统接线图	
	阀厅红外测温系统接线图	

续表

专业	卷册名称	备注
电气及系统二次	电动机二次线	
	蓄电池安装图	
	电气及系统二次施工图说明书	
	电气及系统二次设备材料清册	
通信	站内通信综合布线	
	系统调度交换机、行政管理交换机及站内通信	
	站内综合数据网	
	通信电源系统	
	广播系统	
	会议电视系统	
	机房动力和环境监测系统	
	施工图说明书	
总图	施工图说明	
	征地红线	
	进站道路	
	场地平整	
	站外排水图	
	总平面及竖向布置	
	站内道路及广场	可按区域分别成册
	站内电缆沟	
	换流站区域围栏	
	绝缘地坪及巡视小道	
建筑结构	建筑结构设计总说明及卷册目录	
	换流站桩位图	根据工程需要，可按区域分别成册
	阀厅建筑图	极1高端、低端和极2高端、低端分别成册。结构图可按基础和上部结构分别成册
	阀厅结构图	
	阀厅地坪及地面支架基础图	
	控制楼建筑图	主控制楼、极1辅控制楼、极2辅控制楼分别成册。结构图可按基础和上部结构分别成册
	控制楼结构图	
	户内直流场建筑图	根据工程需要，结构图可按基础和上部结构分别成册
	户内直流场结构图	
	户内交流配电装置建筑图	
	户内交流配电装置结构图	
	继电器小室建筑结构图	不同电压等级的各继电器小室分别成册
	阀外冷设备间建筑结构图	极1高端、低端和极2高端、低端分别成册
	综合水泵房建筑结构图	
	站用配电室建筑结构图	
	换流变压器基础图	极1高端、低端和极2高端、低端分别成册

续表

专业	卷册名称	备注
建筑结构	换流变压器搬运轨道基础图	
	构架图	可按区域分别成册，结构图可按基础和上部结构分别成册
	设备支架图	
	避雷线塔（针）结构图	结构图可按基础和上部结构分别成册
水工	总说明及卷册目录	
	设备材料清册	
	室外排水管道安装图	可按区域分别成册
	室外给水管道安装图	
	室内给、排水管道安装图	
	站外排水	
	供水水源	
	综合水泵房及水池安装图	
	生活污水处理设备安装图	
	换流变压器消防管道安装图	
	换流站消防设施配置图	
暖通	设计总说明及卷册目录	
	设备材料清册	
	控制楼通风及空调	可按主、辅控制楼分别成册
	阀外冷设备间通风及空调	
	继电器小室及站用电室通风及空调	
	综合水泵房及站公用配电室通风及空调	
	换流阀组冷却系统布置图（阀冷设备间及室外部分）	极1高端、低端和极2高端、低端分别成册

第二章

系　统　研　究

第一节　概　　述

直流输电工程系统研究的主要目的是确定直流工程总体技术方案，实现直流系统的功能需求和性能要求，达到科学合理、技术经济最优、安全可靠、保护环境和可持续发展的目标。直流输电工程系统研究技术作为核心技术，承担着贯穿工程设计、设备制造、试验和运行全过程的技术归口的重任。

直流输电工程系统研究的主要内容包括：

（1）交流系统数据和等值；

（2）主回路参数计算；

（3）直流系统动态性能；

（4）过电压与绝缘配合；

（5）无功补偿及控制；

（6）交流滤波器设计；

（7）直流滤波器设计；

（8）PLC/RI 滤波器设计；

（9）换流变压器中的直流偏磁电流；

（10）交流断路器和直流开关研究；

（11）外绝缘研究；

（12）换流站空气间隙；

（13）直流输电系统损耗；

（14）高压直流输电系统的可靠性；

（15）直流控制系统；

（16）直流系统保护。

本章针对系统研究的主要内容，从系统研究的主要目的、内容、方法和结论等方面进行简述，其中换流站过电压与绝缘配合、外绝缘研究和换流站空气间隙的内容在本手册第四章中体现；换流站直流控制系统和直流系统保护的内容分别在本手册第十二章和第十三章体现。

第二节　交流系统数据和等值

交流系统数据和系统等值是系统研究中主回路研究、动态性能研究、过电压及绝缘配合研究、无功投切与控制研究、交流滤波器设计和直流系统低次谐振研究等工作的基础。

一、交流系统数据

（1）交流系统电压。交流系统电压特性以系统额定运行电压、最高稳态电压、最低稳态电压、极端最高稳态电压（长期耐受）及极端最低稳态电压（长期耐受）表征。其特性会影响到换流变压器分接开关挡位的选择及交流滤波器元件定值等参数。

（2）交流系统频率。交流系统的频率特性主要包括系统额定频率、正常运行频率变化范围、事故后频率变化范围及持续时间以及故障清除后频率变化范围及持续时间。

（3）短路容量。最大和最小短路容量通常以短路电流方式给出，该参数会影响到设备短路电流水平、换流变压器短路阻抗、无功分组配置及直流系统短路水平的计算。

（4）负序电压。交流系统的负序电压等效为戴维南等效电压源，通常表示为交流系统电压的百分比。负序电压主要影响交流滤波器设计。

（5）背景谐波。交流系统背景谐波主要为电气化铁路、工业拖动负荷、整流负荷、家用整流负荷、其他整流工程和静止无功补偿工程等非线性负荷，以及交流系统变压器等设备饱和产生的低次谐波，等效为戴维南等效电压源。背景谐波主要影响交流滤波器设计。

（6）故障清除时间及单相重合闸时序。故障清除时间包括正常和后备清除时间，单相重合闸时序包括切除故障相、故障相重合和重合不成功跳三相的时间。上述规定的时间主要用于过电压及绝缘配合研究等目的。

二、系统等值

1. 用途及输入条件

交流系统等值的用途主要是 AC/DC 仿真模拟研究、无功投切及工频过电压研究、AC/DC 系统电磁暂态特性研究、交流滤波器设计以及交流系统低次谐振研究。

交流系统等值涉及的运行方式主要包括设计水平年的典型方式和过渡年份的代表方式。交流系统等值研究的设计输入包括潮流数据、稳定数据及可行性研究确定的系统数据。

2. 等值过程

交流系统等值的工作流程包括：

（1）根据所需开展的研究项目确定合适的运行方式。

（2）根据所需开展的研究项目确定合适的等值系统保留范围。用于 AC/DC 仿真模拟研究需保留较大范围，一般为以换流站为核心的 2 级节点以及所连接的主要元件，如发电机、大电动机负荷或动态无功补偿装置；而用于无功投切研究的等值系统范围较小，只保留与换流站直接相连的发电机即可。

（3）确定合适的等值方法，主要方法是静态等值和动态等值。

（4）建立等值网络的数学模型，并验证其与原始网络在主要特征上的一致性。

3. 等值工作内容

（1）用于 AC/DC 仿真模拟研究的等值系统及模型。通常采用动态等值方法，保证等值前后交流系统的稳态特性、短路特性以及 2～3s 的机电暂态特性的相似性。等值输出形式应包括每个典型方式下保留系统内发电机的开机方式、相关网络接线和直流输送功率水平等。等值模型可用于对直流控制及保护的功能进行评价；对直流输电系统在不同控制模式下的 AC/DC 系统性能进行评价；对直流侧发生故障时的直流输电系统性能进行评价；验证直流输电系统的响应是否符合规定；验证无功补偿大组和小组投切时直流输电系统的暂态响应；研究扰动时直流输电系统和发电机组之间的相互作用；对现场控制系统的子系统进行试验；对交流系统发生严重故障并引起交流母线电压下降及发生电压畸变时的直流输电系统性能进行评价。

（2）用于无功投切及工频过电压研究的等值系统及模型。通常采用静态等值方法，即采用网络等值程序得到等值系统从各保留母线看进去的戴维南等值阻抗，需通过比较等值系统和全系统的稳定模型计算得到的换流站母线电压变化来验证等值的有效性。等值输出形式为潮流稳定数据列表。等值模型可用于计算无功分组在投切瞬间换流站交流母线的电压变化，以及验证与直流输电系统设计方案相关联的由甩负荷引起的最大过电压值。

（3）用于 AC/DC 系统电磁暂态特性研究的等值系统及模型。用于 AC/DC 系统电磁暂态特性研究的等值处理方法与用于 AC/DC 仿真模拟研究的等值模型一致。等值模型可用于交流侧和直流侧操作过电压和铁磁谐振过电压的研究，以及由交流系统不对称故障引起的直流侧瞬态过电压研究。

（4）用于交流滤波器设计的等值系统及模型。采用谐波阻抗等值程序对换流站接入系统进行谐波阻抗等值工作，谐波阻抗的频率范围包括 50～2500Hz（1～50 次）。交流系统谐波等值阻抗值是在多方式谐波阻抗计算的基础上进行统计获得的，并不是一个确定的值，而是一个范围。系统谐波阻抗值通常以 *X-R* 平面区域表示，根据工程研究经验，一般将 2～13 次低次谐波阻抗用阻抗扇形图描述，14 次及以上的高次谐波阻抗用阻抗圆表示。等值模型可用于计算交流滤波器性能和稳态定值。

（5）用于交流系统低次谐振研究的等值系统及模型。对可能出现低次谐振的运行方式进行研究，扫描谐波阻抗并采用拟合的方式对谐波阻抗进行等值。等值模型可用于交流系统低次谐振研究。

第三节 主回路参数计算

直流输电的主回路参数是换流变压器、换流阀、交流无功功率补偿及交流滤波装置、平波电抗器、直流滤波器、直流线路、接地极及其引线等构成的直流输电系统主电流回路元件的电气参数。主回路参数需根据直流输电系统的性能要求以及其所连接的交流系统特性进行计算，是直流输电工程设计的基本内容。

一、主回路参数计算目的

（1）确定稳态条件下的运行特性，如触发角、关断角、换流变压器调压开关位置等。

（2）确定换流阀、换流变压器等主设备的稳态参数。

（3）确定无功功率补偿容量研究的基本条件。

（4）确定交流滤波器研究的基本条件。

（5）确定过电压和绝缘配合研究的基本条件。

（6）制定控制策略，提供基本的稳态控制参数。

二、主回路参数计算流程

（1）收集换流站的环境温度等气象条件。

（2）取得换流站交流系统数据，主要包括交流系统电压、短路容量、系统频率等。

（3）明确高压直流输电系统的主接线方式、基本运行方式和性能数据，主要包括直流电压、直流输送功率、直流感性和阻性压降、直流侧回路电阻（包括直流线路电阻、接地极电阻及接地极线路电阻）等数据。

（4）确定直流系统控制策略，收集系统控制参数如整流侧触发角、逆变侧关断角及其稳态工作范围等。

（5）收集一次、二次设备的制造公差和测量误差，如换流器相对感性压降制造公差、直流电压和电流的测量误差、触发角和关断角的测量误差等。

（6）在额定工况下，考虑一次设备和二次设备的误差，对直流电流、直流系统压降、阀侧电压和电流、空载直流电压额定值及各种限制值进行计算。

（7）基于以上计算结果，对换流变压器的额定容量和调压范围、换流变压器阀侧电压和电流等换流主设备参数进行设计。

（8）基于主回路计算参数，借助软件对直流输电系统典型工况的稳态运行特性进行计算。

三、主回路参数计算方法

1. 直流电压计算

6 脉动整流器两端的直流电压可按式（2-1）计算

$$\frac{U_{dR}}{n}=U_{dioR}\left[\cos\alpha-(d_{xR}+d_{rR})\times\frac{I_d}{I_{dN}}\times\frac{U_{dioNR}}{U_{dioR}}\right]-U_T \tag{2-1}$$

6 脉动逆变器两端的直流电压可按式（2-2）计算

$$\frac{U_{dI}}{n}=U_{dioI}\left[\cos\gamma-(d_{xI}-d_{rI})\times\frac{I_d}{I_{dN}}\times\frac{U_{dioNI}}{U_{dioI}}\right]+U_T \tag{2-2}$$

式中 U_{dR}、U_{dI}——整流侧、逆变侧单极换流器两端的直流电压，kV；

U_T——6 脉动换流器的正向固有压降，kV；

U_{dioR}、U_{dioI}——整流侧、逆变侧 6 脉动换流器的理想空载电压，kV；

U_{dioNR}、U_{dioNI}——整流侧、逆变侧 6 脉动换流器的额定理想空载直流电压，kV；

I_d——直流电流，kA；

I_{dN}——额定直流电流，kA；

d_{rR}、d_{rI}——整流侧、逆变侧 6 脉动换流器的相对阻性压降，%；

d_{xR}、d_{xI}——整流侧、逆变侧 6 脉动换流器的相对感性压降，%；

α、γ——整流侧触发角、逆变侧关断角，（°）；

n——每极 6 脉动换流器的数量。

2. 直流电压差计算

整流器和逆变器的极线对地电压差可按式（2-3）计算

$$\Delta U=U_{dLR}-U_{dLI} \tag{2-3}$$

也可以按式（2-4）计算

$$\Delta U=R_dI_d \tag{2-4}$$

式中 ΔU——整流侧和逆变侧的直流电压差，kV；

U_{dLR}、U_{dLI}——整流侧和逆变侧的直流极线对地电压，kV；

R_d——直流回路总电阻，Ω。

3. 相对感性和阻性压降计算

（1）相对感性压降。额定相对感性压降 d_{xN} 可按式（2-5）计算

$$d_{xN}=\frac{3}{\pi}\times\frac{X_tI_{dN}}{U_{dioN}} \tag{2-5}$$

式中 d_{xN}——6 脉动换流器额定相对感性压降，%；

X_t——6 脉动换流器对应的换相电抗，包括换流变压器短路阻抗和其他在换相电路中可能影响换相过程的电抗，Ω。

6 脉动换流器额定相对感性压降 d_{xN} 可按式（2-6）计算

$$d_{xN}\approx(u_k+\text{交流 PLC 滤波电抗器的相对电压降百分数})/2 \tag{2-6}$$

式中 u_k——换流变压器感性压降（短路阻抗），%。

（2）相对阻性压降。6 脉动换流器额定相对阻性压降 d_{rN} 可按式（2-7）计算

$$d_{rN}=\frac{P_{cu}}{U_{dioN}I_{dN}}+\frac{2R_{th}I_{dN}}{U_{dioN}} \tag{2-7}$$

式中 d_{rN}——6 脉动换流器额定相对阻性压降，%；

P_{cu}——6 脉动换流器运行在额定容量下，换流变压器和平波电抗器的负载损耗，MW；

R_{th}——单个晶闸阀正向压降的等值电阻，Ω（6 脉动换流器总有 2 个晶闸阀同时导通）。

4. 换相角计算

整流器换相角 μ_R 可按式（2-8）计算

$$\cos(\alpha+\mu_R)=\cos\alpha-2d_{xNR}\times\frac{I_d}{I_{dN}}\times\frac{U_{dioNR}}{U_{dioR}} \tag{2-8}$$

逆变器换相角 μ_I 可按式（2-9）计算

$$\cos(\gamma+\mu_I)=\cos\gamma-2d_{xNI}\times\frac{I_d}{I_{dN}}\times\frac{U_{dioNI}}{U_{dioI}} \tag{2-9}$$

式中 α、γ——整流侧触发角、逆变侧关断角，（°）；

μ_R、μ_I——整流器、逆变器换相角，（°）；

d_{xNR}、d_{xNI}——整流侧、逆变侧 6 脉动换流器额定相对感性压降，%；

I_d、I_{dN}——直流电流、额定直流电流，kA；

U_{dioR}、U_{dioI}——整流侧、逆变侧 6 脉动换流器的理想空载电压，kV；

U_{dioNR}、U_{dioNI}——整流侧、逆变侧 6 脉动换流器的额定理想空载直流电压，kV。

5. 无功功率消耗计算

12 脉动换流器消耗的无功功率可按式（2-10）、式（2-11）计算

$$Q_{\mathrm{d}}=2\chi I_{\mathrm{d}}U_{\mathrm{dio}} \tag{2-10}$$

$$\chi=\frac{1}{4}\frac{2\mu+\sin2\alpha-\sin2(\alpha+\mu)}{\cos\alpha-\cos(\alpha+\mu)} \tag{2-11}$$

式中　Q_{d}——12 脉动换流器无功消耗，Mvar；

I_{d}——换流器直流电流，kA；

U_{dio}——6 脉动换流器理想空载直流电压，kV；

μ——换流器换相角，rad；

α——整流侧触发角，rad。

对于逆变器，在式(2-11)中采用关断角 γ 代替 α。

6. 阀侧电压和电流计算

直流主回路计算时，空载阀侧线电压可按式（2-12）计算

$$U_{\mathrm{v0}}=\frac{U_{\mathrm{dio}}}{\sqrt{2}}\times\frac{\pi}{3} \tag{2-12}$$

阀侧交流电流有效值可按式（2-13）计算

$$I_{\mathrm{v}}=\sqrt{\frac{2}{3}}I_{\mathrm{d}} \tag{2-13}$$

7. 换流变压器额定容量计算

连接 6 脉动换流器的换流变压器三相容量额定值可按式（2-14）计算

$$S_{\mathrm{n}}=\sqrt{3}U_{\mathrm{vN}}I_{\mathrm{vN}}=\frac{\pi}{3}U_{\mathrm{dioN}}I_{\mathrm{dN}} \tag{2-14}$$

式中　S_{n}——连接 6 脉动换流器的换流变压器三相额定容量，MW；

I_{vN}——额定阀侧交流电流值，kA；

U_{vN}——额定阀侧交流线电压值，kV；

I_{dN}——额定直流电流，kA；

U_{dioN}——额定理想空载直流电压，kV。

连接 12 脉动换流器的单相三绕组换流变压器额定容量可按式（2-15）计算

$$S_{\mathrm{n3w}}=\sqrt{3}U_{\mathrm{vN}}I_{\mathrm{vN}}\times\frac{2}{3}=\frac{2\pi}{9}U_{\mathrm{dioN}}I_{\mathrm{dN}} \tag{2-15}$$

连接 12 脉动换流器的单相双绕组换流变压器的额定容量可按式（2-16）计算

$$S_{\mathrm{n2w}}=\frac{S_{\mathrm{n3w}}}{2}=\frac{\pi}{9}U_{\mathrm{dioN}}I_{\mathrm{dN}} \tag{2-16}$$

8. 换流变压器短路阻抗

换流变压器短路阻抗的确定应综合考虑换流阀晶闸管元件允许的浪涌电流、换流站无功补偿容量及换流站总体费用等因素确定。

9. 换流变压器变比和分接开关计算

相对于额定分接开关位置的换流变压器额定变比可按式（2-17）计算

$$n_{\mathrm{nom}}=\frac{U_{\mathrm{lN}}}{U_{\mathrm{vN}}}=\frac{U_{\mathrm{lN}}}{\dfrac{U_{\mathrm{dioN}}}{\sqrt{2}}\times\dfrac{\pi}{3}} \tag{2-17}$$

式中　n_{nom}——换流变压器额定变比标幺值；

U_{lN}——换流变压器网侧额定电压，根据交流系统条件确定，kV；

U_{vN}——换流变压器阀侧额定电压，kV；

U_{dioN}——额定理想空载直流电压，kV。

换流变压器最大变比和最小变比可按式（2-18）、式（2-19）计算

$$n_{\max}=\frac{U_{\mathrm{lmax}}}{U_{\mathrm{lN}}}\times\frac{U_{\mathrm{dioN}}}{U_{\mathrm{diominOLTC}}} \tag{2-18}$$

式中　$n_{\max}$——换流变压器最大变比标幺值；

U_{lmax}——交流侧的最高电压，根据交流系统条件确定，kV；

U_{lN}——交流侧的额定电压，根据交流系统条件确定，kV；

U_{dioN}——额定理想空载直流电压，kV；

$U_{\mathrm{diominOLTC}}$——用于计算换流变压器分接开关的最小空载直流电压，kV。

$$n_{\min}=\frac{U_{\mathrm{lmin}}}{U_{\mathrm{lN}}}\times\frac{U_{\mathrm{dioN}}}{U_{\mathrm{diomaxOLTC}}} \tag{2-19}$$

式中　$n_{\min}$——换流变压器最小变比标幺值；

U_{lmin}——交流侧的最低电压，根据交流系统条件确定，kV；

U_{lN}——交流侧的额定电压，根据交流系统条件确定，kV；

U_{dioN}——额定理想空载直流电压，kV；

$U_{\mathrm{diomaxOLTC}}$——用于计算换流变压器分接开关的最大空载直流电压，kV。

换流变压器一般采用有载调压，以便交流系统电压变化和运行方式转换时，使直流输电系统的触发角 α、关断角 γ 和直流电压保持在给定的参考值范围内。有载调压分接开关级数可按式（2-20）计算

$$TC_{\mathrm{step}}=\frac{n-1}{\Delta\eta} \tag{2-20}$$

式中　$\Delta\eta$——换流变压器抽头极差。

四、主回路参数计算结果

（1）直流电压、理想空载直流电压及各种限制值，换流变压器的短路阻抗、额定功率、电压和电流；换流变压器的调压范围和级差等参数。

（2）直流系统稳态运行特性，主要包括各种直流运行工况下的直流功率、直流电流、直流电压、理想空载直流电压、触发角、关断角、换流变压器工作的分接开关挡位等。

第四节　直流系统动态性能研究

一、直流系统的响应

高压直流输电系统的动态响应性能对交直流系统安全运行具有至关重要的作用。动态响应性能主要包括直流输电系统的控制器响应和故障响应，具体为：电流控制器的响应性能、功率控制器的响应性能、电压控制器的响应性能、关断角控制器的响应性能、交流系统故障后的响应性能、直流线路故障后的响应性能。

直流输电系统动态性能的研究通常采用电磁暂态仿真软件进行，针对直流系统的各种运行方式，验证所有影响动态性能的相关控制和保护功能，优化确定直流控制系统的功能参数，满足系统动态性能的要求。涉及的控制系统功能包括电流控制器、电压控制器、关断角控制器、直流功率控制环节、换流变压器分接开关控制环节、无功控制环节以及低压限流、换相失败保护和在交流电压扰动期间改善换相功能。

通过在电磁暂态仿真软件上建立交流和直流系统的模型，对直流输电系统的响应性能进行仿真研究和验证。交流系统模型采用全系统潮流稳定数据等值得到；直流系统建模时除了根据直流输电系统的主接线和主回路参数（换流变压器、换流阀、交流无功功率补偿及交流滤波装置、平波电抗器、直流滤波器、直流线路、接地极及其引线）搭建直流系统的物理模型外，还需要考虑所有影响动态性能的相关控制和保护的功能，包括通信系统的延时。对于所有运行方式，直流输送功率为最小值到额定值之间的任意值，所规定的性能要求都应得到满足。

二、换流器在交流系统故障期间的运行

在交流系统故障期间，维持换流器的触发和安全导通，保持一定的功率传输，有利于交流系统的恢复和提升系统的稳定性。

在交流系统故障使得换流站交流母线上所测量到的三相平均整流电压值大于正常电压的 30%，但小于极端最低连续运行电压并持续长达 1s 的时段内，直流输电系统应能连续稳定运行。这种条件下，所能运行的最大直流电流由交流电压条件和晶闸管阀的热应力极限决定。

在发生严重的交流系统故障，使得换流站交流母线三相平均整流电压测量值为正常值的 30%或低于30%时，如果可能，应通过继续触发换流器维持直流电流以某一幅值运行，从而改善高压直流输电系统的恢复性能。如果为了保护高压直流设备而必须闭锁换流器并投旁通对，换流器应能在换流站交流母线三相整流电压恢复到正常值的 40%之后的 20ms 内解锁。

在交流系统故障期间，维持换流器的触发或在故障清除瞬间恢复换流器的触发要求应能降低交流系统恢复过电压的幅值；同时在交流系统故障期间，控制系统的作用应能保证高压直流系统的恢复，并且按照交流系统故障后响应性能要求的时间恢复直流系统的输送功率；直流通信系统的完全停运不应对直流系统在上述交流系统故障期间的性能和故障后的恢复特性产生任何影响。

三、直流输电回路谐振

在直流滤波器、直流线路、平波电抗器等直流侧主回路设备上形成的低阻尼振荡，在直流平波电抗器桥侧，给直流线路施加交流或阶跃电压，或者直流线路发生短路时，直流主回路都会产生一个或多个频率的振荡。施加交流电压会引起直流回路固有频率和外加工频的振荡，如果固有频率接近于外加频率，则容易发生幅值较大的谐振。直流输电回路发生谐振将造成增加电气设备的热应力，引起保护动作，对通信产生干扰以及引起直流系统过电压或过电流等不利影响，因此，需要采取抑制措施。

直流平波电抗器和直流滤波器的设计应确保直流侧主回路不发生基波和 2 次谐波谐振。对于所有的运行接线方式和控制模式，主要的串联谐振频率离开基波频率和二次谐波频率的距离不能小于 15Hz。对于直流回路所产生的谐振，控制系统应能提供正阻尼。

1. 产生原因

发生交流电压加到直流回路上的情况有：

（1）在没有旁通阀或旁通阀未开通情况下，换流器因故障闭锁（即停送触发脉冲）时，交流系统将通过开始闭锁时仍然导通的两个阀继续施加于直流回路上；

（2）换流器发生持续故障（换相失败、不导通或误导通）；

（3）直流输电线路与同走廊的不换位交流线路耦合较强时，由于直流系统基频阻抗较小，会在直流输电线路上产生较大的工频感应电流；

（4）当交流系统发生短路时，交流系统故障在其直流侧产生二次谐波，从而导致直流侧流过很大的谐波电流。

发生阶跃或接近阶跃的电压扰动加到直流回路上的情况有：

（1）整流器起动；

（2）一个桥被旁通或撤去旁通；

（3）交流短路引起电压下降后恢复；

（4）直流线路在短路后重新起动。

2. 抑制措施

对于直流输电回路谐振引起的电压过冲，可利用改变平波电抗器的电感值、换流器的快速调节以及设置阻尼电路使其减小，具体为：

（1）在直流工程设计阶段，可通过改变平波电抗器的电感值来调整直流主回路的谐振点，以达到消除谐振的目的；

（2）利用换流器的快速调节作用，通过换流器的电流调节器阻尼振荡并保持电流恒定，可抑制电流振荡和相伴存在的电压振荡；

（3）直流输电主回路加装阻尼电路，如对于基频谐振可加装基频阻断滤波器来抑制，对于 2 次谐波谐振可加装串联阻断 2 次谐波滤波器，或在两端换流站加装包含谐振频率为 2 次的直流滤波器。

四、直流输电系统引起的次同步振荡

次同步振荡（sub-synchronous oscillation，SSO）是指直流换流器控制系统与汽轮发电机扭振机械系统发生相互作用产生的不稳定扭振现象。它属于一种装置性次同步振荡，振荡频率段通常在 10～40Hz 范围内。

接近整流站且和交流系统联系较弱的大容量汽轮发电机，容易受到次同步振荡的危害。

1. 次同步振荡（SSO）机理

直流输电系统引起的SSO问题与直流控制系统特性有内在联系，主要是因为系统在低阶扭振频段内具有较高的增益和较大的相位滞后，从而形成一种寄生的正反馈作用。当发电机轴系由于某种原因受到电磁转矩的小扰动时，则因为轴系扭振动态产生瞬时转速摄动，从而导致换流阀触发角、直流电压、直流电流的扰动，导致直流电压和电流偏离平衡状态，而直流控制系统将感受到这种偏差并加以快速校正和调整，随之发生的电气系统动态过程会引起发电机电磁转矩的摄动，最终又反馈作用于发电机轴系。如果发电机转速变化与由此引起的电磁转矩变化之间的相位滞后（包括闭环控制系统的附加相位滞后）超过 90°，则电磁转矩的摄动会加剧转速摄动，即出现负的电气阻尼，当电气负阻尼幅值超过轴系机械阻尼时，将使摄动响应越演越烈，导致扭振失稳，即产生 SSO 问题。

2. 次同步振荡（SSO）抑制措施

为规避直流输电系统引起的 SSO 问题，最佳方案是在电网规划时，强化直流输电送端相关火电厂附近的交流电网联络。此外，在直流控制系统增加次同步阻尼控制器（sub-synchronous damping controller，SSDC），是抑制 SSO 的有效手段。次同步阻尼控制器通常采用与机组扭振频率范围相同的频带设计（如 10～40Hz），同时在相关电厂安装机组轴系扭转保护装置，如扭应力继电器（torsional stress relay，TSR），以确保发电机组的安全。

五、直流输电系统调制

直流输电系统的调制功能是利用所连接的交流系统的某些运行参数的变化，对直流系统功率、直流电流、直流电压、换流站吸收的无功功率进行自动调整，充分发挥直流系统的快速可控性，用以改善交流系统运行特性，提高整个交流/直流联合系统性能的控制功能，也称为附加控制功能。

在直流输电系统研究中需要针对所设计直流的自身特点及交流系统运行环境，提出直流输电工程需要具备的系统调制功能，以便在控制保护系统中留出相应附加控制所需的输入、输出通信接口。直流系统调制一般包括功率调制功能、交流系统频率控制功能、交流系统电压控制功能、功率提升/功率回降（紧急功率支援）功能等。现阶段，随着我国电网规模的发展，大电网中多回直流并列运行的情况日益增多，多回直流之间的协调控制功能也成为直流附加控制的新功能要求。

第五节 无功补偿及控制

一、无功配置原则

在传统直流输电技术中，无论是整流站还是逆变站，运行时均需要从交流系统吸收大量的容性无功功率，正常运行时，换流站无功消耗一般会达到有功功率的 40%～60%，换流站无功补偿设备无论是在全站投资，还是站内占地上，都是比重较大的一部分，合理的无功配置方案可以起到节约建设成本和土地资源的双重效益。由于容性无功平衡和感性无功平衡双方面的要求，加上改善系统动态性能的可能需求，换流站无功补偿配置设备牵涉的类型较多，包括高压电容器、高压电抗器、低压电容器、低压电抗器及动态无功补偿设备，设计过程中可对换流站无功补偿设备配置进行专题研究，确定换流站所需的无功补偿总容量、分组容量和无功补偿设备类型，研究过程中应遵循以下原则：

（1）无功补偿与配置方案应能够满足换流站和交流系统对无功平衡的要求，并综合考虑电压控制、交流滤波、可靠性、经济性等方面的要求进行优化配置；

（2）进行换流站无功补偿配置方案设计时应优先考虑采用近区交流系统既有的无功提供和吸收能力；

（3）换流站无功补偿设备的配置应满足直流系统及交流系统在各种接线和运行方式下的无功平衡，为避免增加换流站无功配置投资，个别极端运行方式，

如基本不会出现或出现概率极小的开机或系统接线方式，可不纳入考虑；

（4）交流运行电压水平对换流站无功消耗没有影响，但对交流系统的无功提供、吸收能力，以及无功补偿设备的无功出力有影响。为保证配置的无功设备正常发挥作用，换流站的无功平衡与无功补偿配置方案设计应基于合理的交流运行电压水平。

二、换流站无功消耗

直流系统运行时消耗感性无功，需配置容性无功补偿设备，本手册中提到的换流站无功消耗和无功过剩均指感性无功，容性无功平衡用于计算容性无功设备的需求，感性无功平衡用于计算感性无功设备的需求，后续不再说明。

换流站的无功消耗容量与直流的输送功率、直流电压、直流电流、换相角以及换相电抗等因素有关，可按式（2-21）～式（2-24）进行计算。

$$Q_{\mathrm{dc}} = P\tan\varphi \tag{2-21}$$

$$\tan\varphi = \frac{(\pi/180)\mu - \sin\mu\cos(2\alpha+\mu)}{\sin\mu\sin(2\alpha+\mu)} \tag{2-22}$$

$$\mu = \arccos\left(\frac{U_{\mathrm{d}}}{U_{\mathrm{dio}}} - \frac{X_{\mathrm{c}}I_{\mathrm{d}}}{\sqrt{2}E_{11}}\right) - \alpha \tag{2-23}$$

$$\frac{U_{\mathrm{d}}}{U_{\mathrm{dio}}} = \cos\alpha - \frac{X_{\mathrm{c}}I_{\mathrm{d}}}{\sqrt{2}E_{11}} \tag{2-24}$$

式中 P——换流器直流侧功率，MW；

Q_{dc}——换流器的无功消耗，Mvar；

φ——换流器的功率因数角，（°）；

μ——换相重叠角，（°）；

X_{c}——每相换相电抗，Ω；

I_{d}——直流运行电流，kA；

α——整流器触发角，（°）；

E_{11}——换流变压器阀侧绕组空载电压（线电压有效值），kV；

U_{d}——极直流电压，kV；

U_{dio}——极理想空载电压，kV。

计算逆变站无功消耗时以逆变器熄弧角代替整流器触发角。

换流站需在直流大负荷运行方式下进行容性无功平衡计算，在直流小负荷运行方式下进行感性无功平衡计算，即需进行最大无功消耗和最小无功消耗的计算。

三、交流系统无功支持能力

对于电源外送型直流输电工程，送端换流站一般直接与电源相联，或与送端电源保持较近的电气距离。电源低功率因数运行时可为系统提供较多无功，水电机组一般还具有进相运行能力，进相运行时可为系统吸收过剩无功，即在一定条件下，交流系统对换流站具有无功支持能力。为减少换流站无功设备配置容量，应充分利用交流系统的无功支持能力。交流系统无功支持能力应通过交流系统的无功平衡计算确定，包括直流大功率下的交流系统无功提供能力和直流小功率下的交流系统无功吸收能力。

交流系统无功提供能力应以直流大功率运行作为基础运行方式进行计算。为保守计算交流系统无功提供能力，计算时应该以近区机组的不利开机方式或较为严苛的接线方式作为基础，但计算方式过于严苛可能造成计算出来的交流系统无功能力过于保守，大大增加换流站的无功设备投资，因此，对于出现概率低的线路 N–2 及以上方式可不计入考虑。

四、换流站无功分组容量

换流站无功设备需求量较大，尤其容性无功设备配置总容量会达到直流额定功率的 40%～60%。从系统运行及滤波需求等角度考虑，无功补偿设备一般分为数个大组，每个大组下设数个小组，通过无功分组的投切来满足不同直流运行工况下的无功需求。无功大组及小组分组容量的确定是无功配置方案的基础。

无功小组分组容量需考虑无功小组投切引起换流站交流母线的电压波动影响、换流站无功补偿总容量、滤波性能和设备布置等要求进行优化，尽量减少组数。投切一个无功小组引起的换流站交流母线稳态电压变化应以不导致换流变压器有载调压分接头动作为原则，一般不大于换流变压器分接头步长的 80%。任何无功小组的投切都不应引起换相失败，不改变直流控制模式以及直流功率输送水平。

无功大组的容量选择应结合系统稳定要求、无功小组的分组容量、大组断路器最大开断能力、滤波器类型和配置要求、设备可靠性水平等因素综合确定。切除一个无功大组是一种非正常方式，切除无功大组引起的暂态电压变化不应导致直流系统发生闭锁故障。

为控制换流站无功设备投切引起的电压波动在系统任何运行方式下都不超过规定限值，换流站无功分组投切引起交流母线的电压变化率计算应选择直流工程双极全部投产初期短路容量最小的典型运行方式，并考虑换流站附近对交流母线短路容量影响最大的线路 N–1 方式。

在确定无功分组容量时可先根据交流母线暂态电压波动估算无功分组容量的初选区域，可按式（2-25）计算

$$\Delta U = \frac{\Delta Q}{S_{\mathrm{d}} - \sum Q} \tag{2-25}$$

式中 ΔU——换流站交流母线的暂态电压波动，%；

ΔQ——无功分组容量，Mvar；

S_d——换流站交流母线短路容量，Mvar；

ΣQ——换流站已投入的无功补偿设备总容量，Mvar。

初步估算的无功分组容量区域可作为参考基础，再利用仿真工具对区域内不同容量的单组无功设备投入及切除时的电压波动情况进行仿真计算，根据实际仿真计算的电压波动值确定最终的无功分组容量限制范围。

五、换流站无功平衡与无功配置方案

1. 容性无功平衡与配置方案

确定换流站容性无功补偿总量时，宜在交流母线正常运行电压水平下进行平衡，若无功补偿设备额定电压与交流母线正常运行电压水平不同，应考虑电压修正系数。换流站内容性无功补偿总容量可按式（2-26）计算

$$Q_{total} = \frac{-Q_{ac} + Q_{dc}}{k^2} + NQ_{sb} \qquad (2\text{-}26)$$

式中 Q_{total}——滤波器及电容器组提供的无功总容量，Mvar；

Q_{ac}——交流系统提供的无功容量，Mvar；

Q_{dc}——换流器无功消耗，Mvar；

Q_{sb}——无功小组容量，Mvar；

N——备用无功设备组数；

k——电压修正系数，换流站交流母线正常运行电压水平与容性无功设备额定电压的比值。

对于交流系统有无功提供能力的换流站，在送端交流系统无功提供能力计算时考虑了各种不利运行工况，此时可考虑由交流系统承担换流站的无功备用，受端换流站一般位于负荷中心地区，大负荷运行方式下容性无功需求较大，负荷密集地区的受端换流站可设置1～2组专门的无功小组备用。

2. 感性无功平衡与配置方案

进行换流站感性无功配置方案研究时，应充分利用交流系统吸收无功的能力。换流站感性无功补偿容量缺额一般以计算的最小无功消耗为基础，考虑换流站因交流滤波要求必须投入的滤波器、交流系统无功吸收能力后，经过平衡计算确定。直流小方式下，换流站不足的感性无功功率可按式（2-27）计算

$$Q_r = Q_{fmin}k^2 - (Q_{ac} + Q_{dc}) \qquad (2\text{-}27)$$

式中 Q_{fmin}——为满足滤波要求投入的滤波器产生的无功功率，Mvar；

Q_r——需换流站吸收的无功，Mvar；

Q_{dc}——换流器无功消耗，Mvar；

Q_{ac}——交流系统吸收的无功容量，Mvar；

k——电压修正系数，感性平衡计算时换流站交流母线电压水平与感性无功设备额定电压的比值。

在考虑交流系统的无功吸收能力后，若换流站仍存在较多剩余无功，则需要考虑采取相应的措施吸收换流站内剩余无功。换流站剩余无功的吸收可以考虑以下两种方案：

（1）增大触发角或熄弧角，加大换流站无功消耗。

（2）在换流站内配置感性无功补偿设备。

3. 动态无功补偿

进行换流站的无功补偿装置配置时，除传统滤波器、电容器外，还可以考虑采用静止无功补偿器（static var compensator，SVC）、静止同步补偿器（static synchronous compensator，STATCOM）、同步调相机等动态无功补偿设备。

相对于传统无功设备，动态无功补偿设备可以快速改变其发出或吸收的无功功率，迅速响应系统无功需求，对系统提供动态无功支持，具备控制交流母线电压、改善系统稳定性、限制暂时过电压及抑制次同步振荡等作用。基于动态无功补偿设备的优点，在换流站内装设动态无功补偿设备能起到提高系统运行稳定性、抑制电压波动的作用，可在一定程度上提高无功小组分组容量、减少无功分组数量，但另一方面，较高的设备造价又可能会限制动态无功补偿设备的应用。

六、换流站无功控制策略

换流站中的无功补偿设备类型主要包括在基波频率下提供容性无功的交流滤波器组和并联电容器组，以及提供感性无功的并联电抗器组。这些无功补偿设备的投切控制策略主要有以下几种。

（1）换流母线电压控制/换流站无功交换控制（U-control/Q-control）。环流母线电压控制和换流站无功交换控制是换流站无功控制的基本方式，通常根据换流站的自身特点选择无功交换控制或换流母线电压控制作为基本控制方式。近区发电机较多时，换流站通常采用无功交换控制；当近区主要为负荷中心时，宜采用电压控制，以提高换流站近区电压水平和质量。

（2）最小滤波器控制。在对应的运行工况下为满足滤波性能要求，该控制确定最少需要投入的滤波器数量和型式。

（3）限制最大无功控制。限制最大无功控制功能将快速切除交流滤波器以尽量减少快速降功率时过电压引起的保护动作。

（4）限制最大电压控制。为保持交流母线电压在规定范围内，限制交流母线最大电压控制功能将限制

或要求滤波器分组投切，优先级高于限制最大无功控制和最小滤波器控制。

（5）绝对最小滤波器组控制。绝对最小滤波器组控制处于最高优先级，为确保设备安全，换流器解锁后该控制将投入满足要求的滤波器分组，如果在规定的时间内没有新的滤波器投入，该控制将闭锁换流器。

第六节 交流滤波器设计

一、交流侧谐波产生的原因及危害

（一）交流侧谐波产生的原因

交流侧谐波主要来源包括换流器发出的谐波和交流系统背景谐波。

1. 换流器发出的谐波

直流输电系统中的换流器是谐波源，在换流的同时会产生谐波。无论在换流变压器的网侧或者阀侧的电压和电流都不是标准交流正弦波，而是周期性的非正弦波。这种周期性的非正弦波可分解为不同频率的正弦波分量，是由幅值较大的基波分量和幅值较小的谐波分量叠加而成，谐波分量的频率是基波频率的整数倍。换流器发出的谐波又可分为特征谐波和非特征谐波。特征谐波是换流器在工作时产生的特定次数的谐波，是交流侧谐波的主要成分；非特征谐波是由于交流系统不平衡运行，设备制造公差等因素造成的谐波，其幅值相对较小。

2. 交流系统背景谐波

交流侧除了换流器产生的谐波外，还有一种由于以下主要原因造成的交流系统背景谐波：

（1）由电气化铁路、工业拖动负荷、整流负荷、家用整流负荷、其他整流工程和静止无功补偿工程等非线性负荷产生。

（2）交流系统变压器等设备饱和产生的低次谐波。

交流系统背景谐波无法通过计算获得，一般是在工程前期相关单位通过在拟建换流站相邻变电站实测获得，并根据交流系统的发展规划预测换流站交流母线背景谐波电压值。

（二）交流侧谐波的危害

交流侧谐波的危害主要表现在以下几个方面：

（1）使交流电网中的发电机、变压器和电容器等设备由于谐波的附加损耗而过热，缩短使用寿命。

（2）对通信设备产生干扰，特别是对邻近电话线路产生杂音。

（3）有时还会在电网中引起局部的谐振过电压，造成电器元器件及设备的故障与损坏。

（4）使换流器的控制系统不稳定。

因此，为消除交流侧谐波的不良影响，必须在换流站内装设交流滤波器限制交流侧谐波。

二、交流滤波器设计

（一）交流滤波性能指标

滤波器设计中参数选择合理性的评判标准是经滤波以后交流谐波是否产生危害，其中包括难以完全消除的电话干扰影响，因此，交流滤波性能指标采用电压畸变和电话干扰两类指标进行考量。

1. 电压畸变

电压畸变包括单次谐波电压畸变率和总的谐波电压畸变率。

（1）单次谐波电压畸变率 D_n 按式（2-28）计算

$$D_n = \frac{U_n}{U_{ph}} \times 100\% \tag{2-28}$$

式中 U_n——换流器谐波电流产生的 n 次谐波相对地电压有效值，kV；

U_{ph}——相对地额定工频电压有效值，kV。

（2）总的谐波电压畸变率 THD（或 D_{eff}）按式（2-29）计算

$$THD = \sqrt{\sum_{n=2}^{N} D_n^2} \tag{2-29}$$

式中 N——纳入计算的最大谐波次数，通常取 50。

2. 电话干扰

早期的电话系统都采用明线通信，容易受到邻近电力线路或者通信线路的干扰而降低通信质量，而采用光纤通信则不受任何影响。经过多年的发展，我国的通信主干线基本改造成光纤通信。我国经济发达的地区已基本将通信明线改造为光纤，但是在经济欠发达地区仍然广泛存在明线通信，所以在设计交流滤波器时，仍然需要考虑换流站交流谐波的电话干扰问题。

我国通常采用电话谐波波形系数 $THFF$ 作为交流滤波器设计时电话干扰的性能指标。电话谐波波形系数 $THFF$ 按式（2-30）计算

$$\left.\begin{aligned} THFF &= \sqrt{\sum_{n=1}^{50}\left(k_n \times p_n \times \frac{U_n}{U_{ph}}\right)^2} \times 100\% \\ k_n &= \frac{n \times f_0}{800} \\ p_n &= \frac{\text{杂音评价系数}}{1000} \end{aligned}\right\} \tag{2-30}$$

式中 f_0——基波频率，取 50Hz。

（二）交流滤波器滤波计算模型

交流滤波器的滤波原理是在交流系统并联交流滤波器回路，给换流器产生的幅值较大的特征谐波和非特征谐波提供低阻抗通路，减少流入交流系统的谐波，

从而达到提高电能质量和消除电话干扰的目的。

交流滤波器滤波计算本质上是降低单次谐波的电压畸变率，或者说是降低交流母线谐波电压。图 2-1 为交流滤波器性能计算时的计算模型。

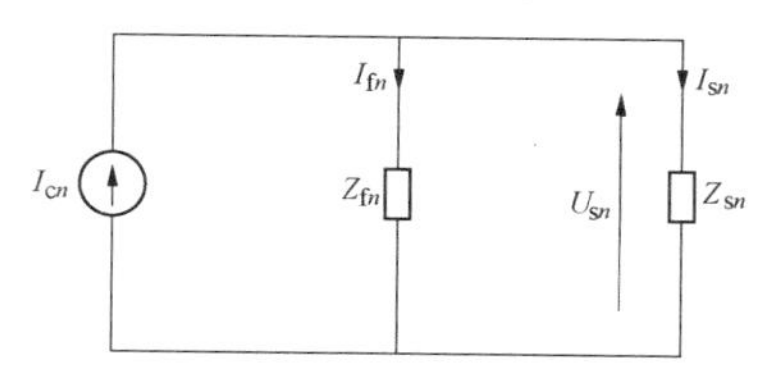

图 2-1 交流滤波器性能计算时的计算模型

I_{cn}—换流器产生的谐波电流；Z_{fn}—交流滤波器阻抗；Z_{sn}—交流系统阻抗；U_{sn}—交流母线谐波电压；I_{fn}—流入交流滤波器的谐波电流；I_{sn}—流入交流系统的谐波电流；n—谐波次数，一般考虑 2～50 次

对于相同的电压等级、直流输送容量以及换流器接线的工程而言，换流器发出的交流谐波电流源 I_{cn} 相差不大，而不同换流站的交流系统谐波阻抗 Z_{sn} 的分布范围则有较大区别。因此，交流系统谐波阻抗 Z_{sn} 的大小直接决定了交流滤波器的设计方案。当交流系统谐波阻抗范围 Z_{sn} 较小时，交流滤波器谐波阻抗 Z_{fn} 可适当增大，即滤波器设计方案相对简单，反之，则滤波器设计方案相对复杂。

（三）交流滤波器类型

滤波器主要分为有源滤波器和无源滤波器两大类。有源滤波器是由指令电流运算电路和补偿电流发生电路两个主要部分组成。指令电流运算电路实时监视线路中的电流，并进行谐波分析，再驱动补偿电流发生电路，生成与电网谐波电流幅值相等、极性相反的补偿电流注入电网，对谐波电流进行补偿或抵消，主动消除电力谐波。无源滤波器是由电容器和电抗器构成的回路或者电容器、电抗器和电阻器构成的回路，其元件均是无源的。有源滤波器结构复杂，可靠性较低，且成本较高。到目前为止，我国的高压直流换流站工程均采用交流无源滤波器。本手册如未特别注明，交流滤波器均指交流无源滤波器。

交流无源滤波器主要有调谐滤波器和阻尼滤波器。

1. 调谐滤波器

调谐滤波器是由电容器和电抗器组成的LC回路，利用回路的串联谐振点的低阻抗特性滤除交流侧谐波。根据调谐点的数量可分为单调谐、双调谐和三调谐滤波器等类型。

（1）单调谐滤波器。单调谐滤波器是最简单的滤波器拓扑结构，由一个电容器和与之串联的电抗器组成，图 2-2 为典型的单调谐滤波器接线和滤波器阻抗–频率特性。

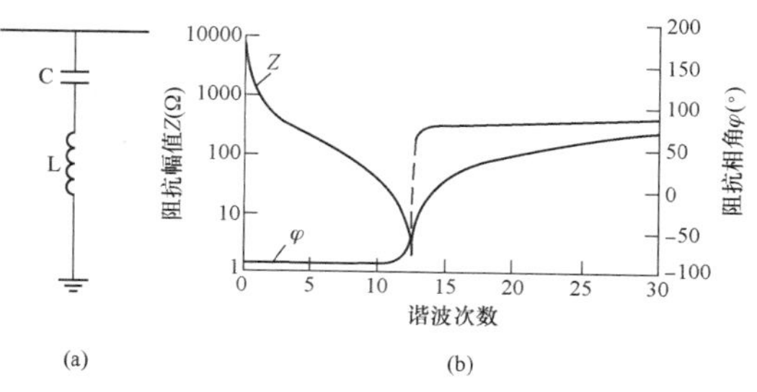

图 2-2 单调谐滤波器接线和阻抗–频率特性

（a）滤波器接线；（b）滤波器阻抗–频率特性

（2）双调谐滤波器。双调谐滤波器等效于两个并联的单调谐滤波器，通过一个单独的合成滤波器接线实现，其无功容量是两个单调谐滤波器无功容量之和。图 2-3 为典型的双调谐滤波器接线和滤波器阻抗–频率特性。

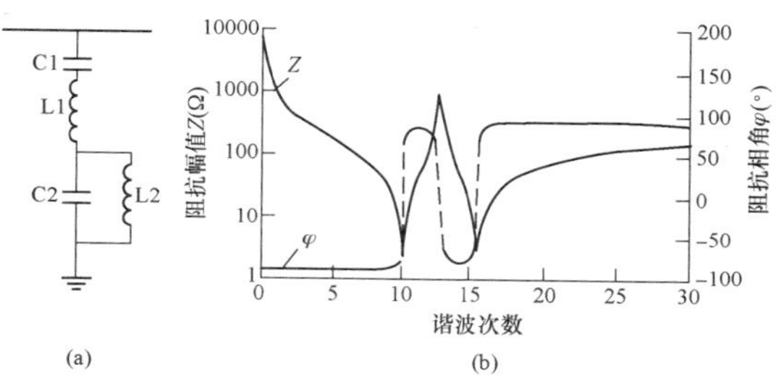

图 2-3 双调谐滤波器接线和阻抗–频率特性

（a）滤波器接线；（b）滤波器阻抗–频率特性

（3）三调谐滤波器。三调谐滤波器与双调谐滤波器的设计理念类似，等效于三个并联的单调谐滤波器，通过一个单独的合成滤波器接线实现，其无功容量是三个单调谐滤波器无功容量之和。图 2-4 图为典型的三调谐滤波器接线和滤波器阻抗–频率特性。

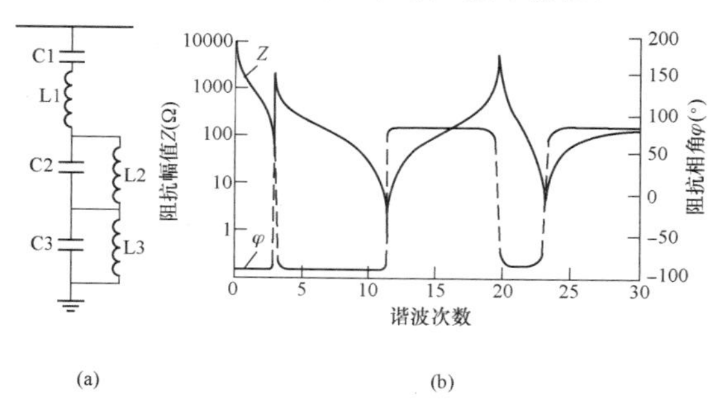

图 2-4 三调谐滤波器接线和阻抗–频率特性

（a）滤波器接线；（b）滤波器阻抗–频率特性

2. 阻尼滤波器

阻尼滤波器的作用是用来削弱多次谐波的滤波器，也为宽带滤波器。通常是在调谐滤波器的基础上，增加一个或多个与电抗器并联的电阻器，这将在一定频率范围内产生阻尼特性。如果它们被用来在比调谐

频率高的频率处获得高阻尼特性，那么它们也可称为高通滤波器。其类型主要包括二阶高通阻尼滤波器、C 型阻尼滤波器、双调谐阻尼滤波器和三调谐阻尼滤波器。

（1）二阶高通阻尼滤波器。二阶高通阻尼滤波器的结构是在单调谐滤波器的电抗器支路并联一个阻尼电阻器 R，具有高通阻尼特性。图 2-5 为典型的二阶高通阻尼滤波器接线和滤波器阻抗－频率特性，当 R 较大时，阻抗曲线如 Z_1 所示（调谐点处阻抗相对较小，高频频率范围内阻抗相对较大）；当 R 较小时，阻抗曲线如 Z_2 所示（调谐点处阻抗相对较大，高频频率范围内阻抗相对较小）。

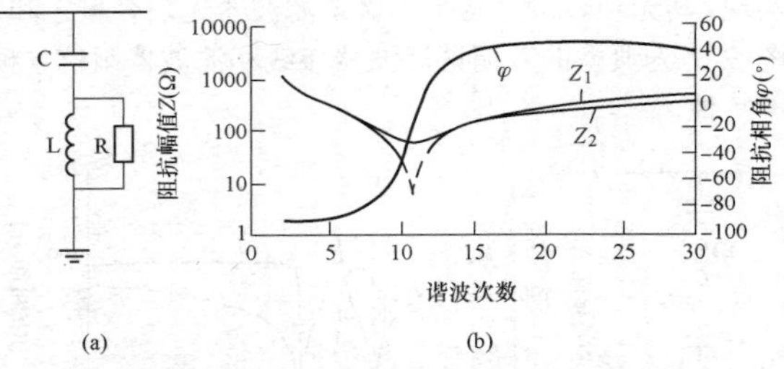

图 2-5　二阶高通阻尼滤波器接线和阻抗－频率特性

（a）滤波器接线；（b）滤波器阻抗－频率特性

（2）C 型阻尼滤波器。C 型阻尼滤波器由 2 个电容器、1 个电抗器和 1 个电阻器组成。该方案将 C2 电容器与电抗器 L 串联，并将其串联调谐频率设置在工频，再与电阻器形成并联回路，相当于在工频下将电阻器旁路，大大降低了滤波器电阻器的损耗。图 2-6 为典型的 C 型阻尼滤波器接线和滤波器阻抗－频率特性。

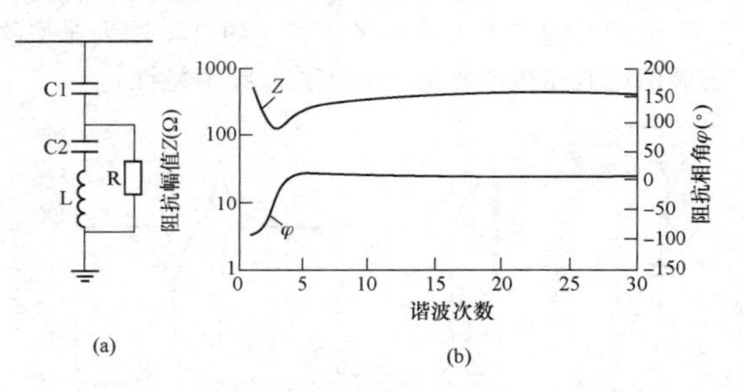

图 2-6　C 型阻尼滤波器接线和阻抗－频率特性

（a）滤波器接线；（b）滤波器阻抗－频率特性

（3）双调谐阻尼滤波器。双调谐阻尼滤波器的结构是在双调谐滤波器的回路中并联一个电阻器 R1，不同工程的交流滤波器电阻器安装位置可能不同，常见的几种双调谐阻尼滤波器如图 2-7 所示。

双调谐阻尼滤波器的电容和电感值选择与双调谐滤波器类似，电阻值的选择主要取决于阻尼效果，其安装位置不同产生的阻尼效果不同。采用图 2-7（a）和（b）的双调谐阻尼滤波器接线方案将在调谐点附近产生阻尼，即具有带通阻尼效果；采用图 2-7（c）的双调谐阻尼滤波器接线方案将在很宽的高频带范围内阻抗幅值接近电阻器的电阻值，阻抗角接近电阻性，即具有高通阻尼效果。图 2-8 给出的是双调谐高通阻尼滤波器的阻抗－频率特性。

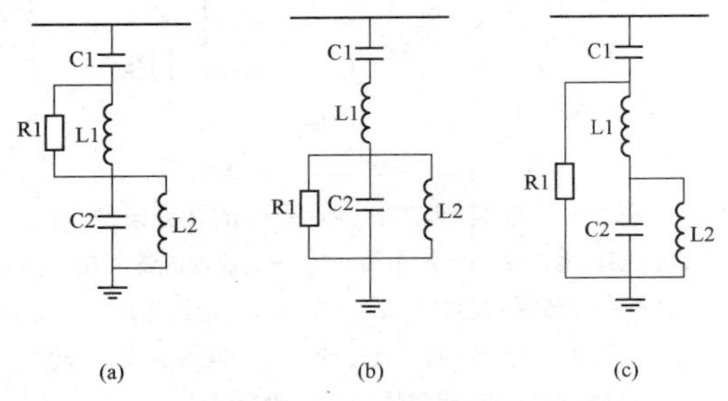

图 2-7　几种典型的双调谐阻尼滤波器接线

（a）R1 与 L1 并联方案；（b）R1 与 L2 并联方案；

（c）R1 与 L1 及 L2 并联方案

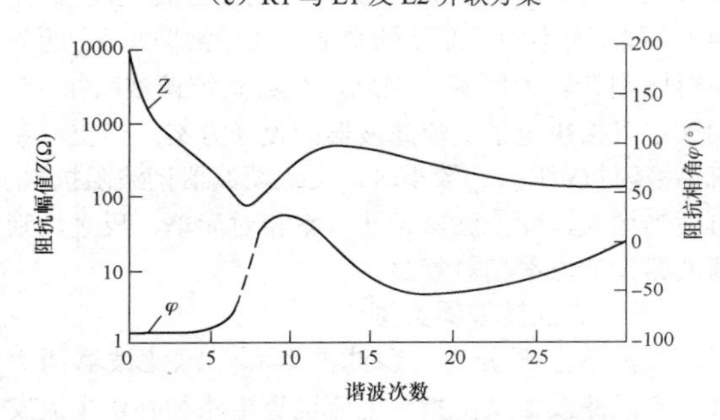

图 2-8　双调谐高通阻尼滤波器的阻抗－频率特性

（4）三调谐阻尼滤波器。常见的三调谐阻尼滤波器结构是在滤波器回路中的 L1 和 L2 电抗器旁分别并联 1 个电阻器，其接线如图 2-9 所示。

三调谐阻尼滤波器的电容和电感值选择与三调谐滤波器类似，电阻值的选择主要取决于阻尼效果。

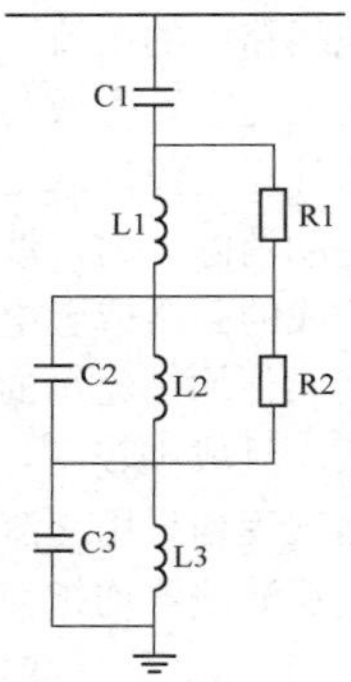

图 2-9　三调谐阻尼滤波器接线

3. 不同型式滤波器的优缺点

与调谐滤波器相比，阻尼滤波器的主要优点是：

（1）耐受相对较大范围的频率偏移。

（2）耐受相对较大范围的由于环境条件引起的滤波器元件参数变化。

（3）降低暂态电压并减少谐振存在的可能性。

阻尼滤波器的主要缺点是：

（1）增加的电阻器导致滤波器损耗较大。

（2）由于增大了调谐点的滤波器阻抗，导致调谐性能略低于调谐滤波器。

（四）交流滤波器型式选择主要原则

调谐滤波器和阻尼滤波器两类滤波器型式基本涵盖了我国高压直流工程交流滤波器的类型，通常可根据下列主要原则选择交流滤波器：

（1）滤除最大谐波含量的特征谐波。

（2）根据工程情况安装滤除低次谐波滤波器。

（3）通常采用阻尼滤波器。

（4）换流站的交流滤波器种类不宜超过3种。

（5）优先选择双调谐阻尼或三调谐阻尼滤波器，而单调谐或二阶高通阻尼滤波器较少采用。

（6）装设带高通的阻尼滤波器降低电话谐波波形系数 *THFF*。

（7）每种特征谐波滤波器的组数应不小于交流滤波器大组分组数量，低次谐波滤波器（如果需要装设）的组数一般为1～2组，剩余无功补偿部分采用并联电容器。

（五）交流滤波器的计算

交流滤波器计算的主要内容及步骤如下：

（1）根据主回路参数结果计算交流侧的谐波电流。

（2）交流滤波器性能计算。根据系统输入条件以及交流侧谐波电流初定一个交流滤波器配置，并进行交流滤波器性能计算。通常情况下，交流滤波器性能计算很少一次性计算通过，而是一个不断尝试和优化调整的过程，通过改变交流滤波器的设计方案，调整交流滤波器的谐波阻抗，从而使交流滤波器性能满足性能指标要求。

（3）交流滤波器稳态定值计算。交流滤波器稳态定值是指交流滤波器各元件（电容器、电抗器和电阻器）的电压和电流值，当计算出的交流滤波器稳态定值太大，导致设备造价和尺寸大幅增加，同样需要对交流滤波器的设计方案进行进一步优化。

（4）交流滤波器暂态定值计算。滤波器暂态定值的计算包括选择合适的避雷器、滤波器元件的暂态电流和绝缘水平。滤波器中的避雷器用于降低在短路故障、放电和投切过程中暂态冲击，保护滤波器元件（主要是电感和电阻）。

第七节 直流滤波器设计

一、直流侧谐波产生的原因及危害

1. 直流侧谐波产生的原因

换流器交流侧的电压和电流的波形不是标准正弦波，直流侧的电压和电流也不是平滑恒定的直流，都含有多种谐波分量。也就是说，换流器在交流侧和直流侧都会产生谐波电压和电流。

直流侧的谐波主要是换流引起的谐波，即所谓特征谐波，与由换流变压器参数和控制参数的各种不对称引起的谐波以及交流电网中谐波通过换流器转移到直流侧的谐波，即所谓非特征谐波不同。换流器可以视为1个双端口戴维南等效的包含特征谐波和非特征谐波的电压源。

计算特征谐波时需要假定系统为理想条件，即：交流系统为三相对称、平衡的正弦波电压，没有任何谐波分量；直流侧接有无限大电感的平波电抗器，直流电流是无纹波的恒定电流；换流器内部阻抗从交流侧看为无穷大，而从直流侧看等于零；换流桥中各阀等间隔触发开通；三相中的换相电感相等。直流侧谐波计算模型中应考虑每个6脉动换流器的对地杂散电容，给 $3k$ 次谐波提供了对地通路，从而对直流输电线路中的谐波电流流向有重要的影响。特征谐波是直流侧谐波的主要成分。

换流器产生的非特征谐波的因素主要有四个：

（1）交流母线电压中的谐波电压。

（2）对应2个6脉动换流器的换流变压器短路阻抗和变比不相等。

（3）换流器之间的运行参数不相等。

（4）换流变压器三相之间的短路阻抗不平衡。

2. 直流侧谐波的危害

直流侧的谐波电流将主要产生以下三种危害：

（1）对直流线路邻近通信系统的干扰。频率在5～6kHz以下的音频波段的谐波电流，其最大的危害是对直流线路和接地极线路走廊附近的明线电话线路的干扰。

（2）通过换流器对交流系统的渗透。直流侧的谐波电流通过换流器转移到交流系统，流入到交流系统的谐波将显著增加，可能造成交流系统的电能质量下降。

（3）对直流系统的不利影响。直流侧除滤波器外的所有设备中流过的谐波电流，都会造成这些设备的附加发热，从而增加设备的额定值要求和费用。

以上三种影响因素中，对直流线路邻近通信系统的干扰是直流滤波器设计时需要重点考虑的。

二、直流滤波器设计

1. 直流滤波器性能指标

在高压直流工程中直流滤波器设计通常采用等效干扰电流 I_{eq} 作为滤波性能指标。

I_{eq} 是按规定的谐波次数及以下所有各次谐波的噪声加权等值大地模式电流。直流线路上某一位置的等效干扰电流 $I_{eq}(x)$ 为两端换流站等效干扰电流的几何和，可按式（2-31）计算

$$I_{eq(x)}=\sqrt{I_{e(x)r}^2+I_{e(x)i}^2} \tag{2-31}$$

式中 $I_{eq(x)}$——沿输电线路任意位置上 800Hz 的噪声加权等效干扰电流，mA；

$I_{e(x)r}$——整流器谐波电压所引起的等效干扰电流的幅值，mA；

$I_{e(x)i}$——逆变器谐波电压所引起的等效干扰电流的幅值，mA。

线路某一位置由任意一个站的谐波所导致的等效干扰电流可按式（2-32）计算

$$I_{e(x)}=\sqrt{\sum_{n=1}^{n=50}\left[I_g(n,x)P(n)H_f\right]^2} \tag{2-32}$$

式中 $I_g(n,x)$——在沿线路走廊位置 x 的 n 次谐波残余电流的有效值，mA；

$P(n)$——n 次谐波的噪声加权系数；

n——谐波次数；

H_f——耦合系数，表示明线耦合阻抗对频率的关系。

2. 直流滤波器类型

直流滤波器主要分为有源滤波器和无源滤波器两大类，其滤波原理与交流滤波器相同。我国除了某直流工程曾采用过有源直流滤波器外，其余直流工程均采用无源滤波器。本手册如未特别注明，直流滤波器均指直流无源滤波器。

直流滤波器与交流滤波器滤波原理基本相同，均是由电容器和电抗器组成的 LC 回路，利用回路的串联谐振点的低阻抗特性滤除直流侧谐波。按照是否装设电阻器可分为调谐滤波器和阻尼滤波器两种。

直流滤波器的作用仅为滤除直流侧谐波，没有提供无功容量的需求，因此，直流滤波器组数较少，通常每极装设 1～2 组，最常用的为双调谐、双调谐阻尼、三调谐和三调谐阻尼滤波器，典型接线图如图 2-10～图 2-13 所示。

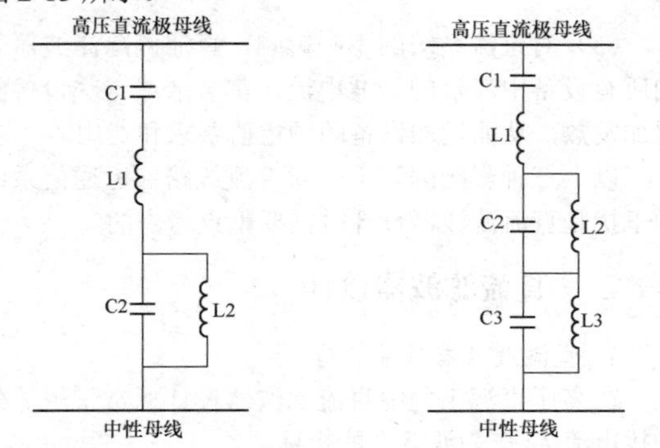

图 2-10 双调谐滤波器接线　　图 2-11 三调谐滤波器接线

直流滤波器采用调谐滤波器或阻尼滤波器的优缺点与交流滤波器类似。与调谐滤波器相比，阻尼滤波器的主要优点是：

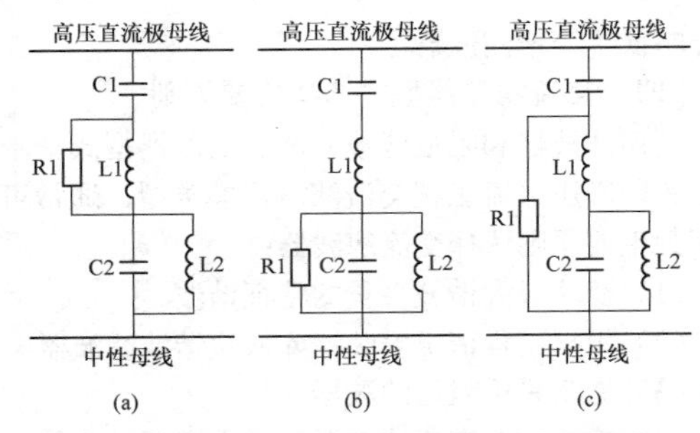

图 2-12 几种典型的双调谐阻尼滤波器接线

（a）R1 与 L1 并联方案；（b）R1 与 L2 并联方案；（c）R1 与 L1 及 L2 并联方案

（1）耐受相对较大范围的频率偏移。

（2）耐受相对较大范围的由于环境条件引起的滤波器元件参数变化。

（3）降低暂态电压并减少谐振存在的可能性。

阻尼滤波器的主要缺点是：

（1）增加的电阻器导致滤波器损耗较大。

（2）由于增大了调谐点的滤波器阻抗，导致调谐性能略低于调谐滤波器。

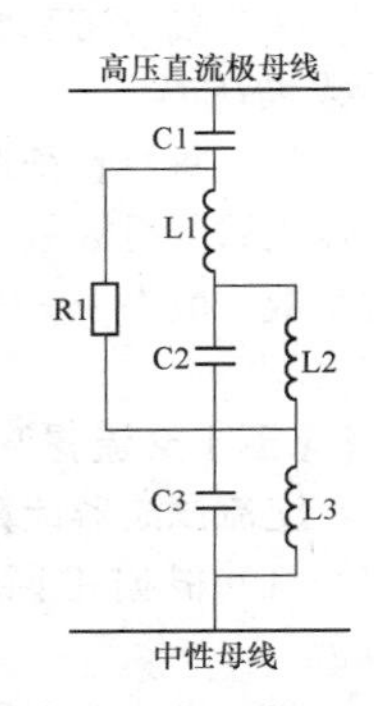

图 2-13 三调谐阻尼滤波器接线

3. 直流滤波器型式选择主要原则

直流滤波器型式和组数应综合考虑直流滤波性能指标、设备投资费用和运行可靠性。可从以下几个方面选择直流滤波器型式：

（1）降低直流滤波器高压电容器的电容值。滤波器的滤波效果与高压电容器的电容值基本成正比关系，对于同样额定电压的电容器，其成本也基本上与其电容值成正比。高压电容器占整个直流滤波器的费用比例最高，因此，降低直流滤波器高压电容器的电容值可显著降低直流滤波器的设备费用。

（2）滤除最大谐波含量的特征谐波。一般来说 12 次和 24 次特征谐波滤波器是必装的，36 次和 48 次特征谐波采用设置在 36～48 次之间的调谐点同时滤除。

（3）减少滤波器组数或滤波器调谐次数。通常换流站每极装设 1～2 组直流滤波器，滤波器采用双调谐或三调谐。当每极 1 组三调谐直流滤波器或 2 组双调谐直流滤波器可满足性能指标要求时，经技术经济比较后选择经济性较优的方案。

（4）运行可靠性。直流滤波器高压电容器是较容易出现故障的设备之一。当直流滤波器元件发生故障时，直流滤波器需要退出运行。

4. 直流滤波器的计算

直流滤波器计算的主要内容及步骤如下：

（1）根据主回路参数结果计算直流侧的谐波电流。

（2）直流滤波器性能计算。根据滤波性能要求以及直流侧谐波电流初定一个直流滤波器配置，并进行直流滤波器性能计算。通常情况下，直流滤波器型式选择是一个不断尝试和优化调整的过程，通过调整高压电容器的电容值和滤波器谐振点，从而使直流滤波器在满足性能指标的前提下经济性最优。

（3）直流滤波器稳态定值计算。直流滤波器稳态定值是指直流滤波器各元件（电容器、电抗器和电阻器）的电压和电流值，当计算出的交流滤波器稳态定值太大，导致设备造价和尺寸大幅增加时，需要对直流滤波器的设计方案进行进一步优化。

（4）直流滤波器暂态定值计算。滤波器暂态定值的计算包括选择合适的避雷器、滤波器元件的暂态电流和绝缘水平。滤波器中的避雷器用于降低在直流极线对地短路、直流极线侵入操作波和直流线路故障后的再启动过程中暂态冲击，保护滤波器元件（主要是电感和电阻）。

第八节 PLC/RI 噪声滤波器设计

一、换流站高频噪声产生的原因及危害

换流站的电磁环境非常复杂，运行时会产生大量的高频噪声。从产生的机理分，换流站的高频噪声主要有 5 类：换流阀运行引起的噪声、高压设备电晕产生的噪声、高压设备火花放电产生的噪声、断路器操作和故障暂态引起的噪声、雷电等外界原因产生的噪声。其中换流阀噪声和电晕噪声是引起电力线载波（power line carrier，PLC）干扰和无线电干扰（radio interference，RI）最主要的因素。

（1）换流阀噪声。换流阀是换流站的特有设备，也是典型的非线性设备。12 脉动换流器通过各个桥臂有规律的、快速的开通与关断，实现交流–直流（即整流）和直流–交流（即逆变）的转换，在快速的转换过程中会产生换流阀噪声。在阀的导通和阻断期间，由于新的稳态到达前电抗元件中所储能量的重新分布，造成系统中出现暂态电压和电流。在阻断期间，大多数能量储存在变压器绕组的电感中，此时出现与变压器系统参数相关的较低的干扰频率。在导通期间，由于重新分布的能量储存在不同的杂散电容和集总电容中，因此在一些局部环路中会产生谐振，在某些频率会产生峰值，从而出现频率从千赫兹到兆赫兹级的复杂振荡，形成换流阀噪声。在直流侧，换流阀噪声沿套管、平波电抗器、母线传导到直流架空线路；在交流侧，噪声通过套管、换流变压器、母线传导至交流架空线路。通过耦合回路与一次设备连接的载波通信系统会由于电导性耦合而受到干扰，同时噪声通过交流线路会传导到与换流站相连的交流电网，从而对其他线路上的载波通信产生干扰。

换流阀噪声在传导过程中还会从主回路设备上产生辐射噪声，辐射噪声的频率范围从数百千赫兹到数百兆赫兹，从而对换流站及周边的无线电通信产生干扰。由于阀厅的电磁屏蔽结构，阀厅中的辐射噪声穿透阀厅向外界辐射的分量很小，对无线电通信的干扰很小。但开关场内高压设备密集，由套管传导的换流阀噪声在这里会产生较强的辐射噪声，是干扰无线电通信的主要因素。

（2）电晕噪声。换流站内交流开关场、直流开关场中的母线、绝缘子和其他带电导体表面电场强度超过临界值后，使周围中的空气发生电离反应，形成电晕放电，从而产生电晕噪声。

由于换流站内采用的母线管径较大，且在设备连接处装设有屏蔽环，因此电晕噪声的影响较小。总体上来说，在换流站设计中，主要考虑换流阀噪声对电力线载波和无线电通信的干扰。

高频噪声的频率主要分布在电力线载波（PLC）频段（30～500kHz）以及无线电通信频段（500kHz～20MHz）。如果不采取有效措施对换流阀产生的高频噪声加以抑制，这种干扰会对高压直流输电系统换流站的交流和直流进出线上的PLC通信系统或者所连接的变电站的 PLC 通信系统造成影响，同时，换流阀产生的高频噪声会在高压交流、直流线路上传播，其高频电流信号会通过电磁耦合对临近或与之交叉的通信线路产生无线电干扰（RI）。

因此，需要根据换流站及相邻变电站的通信方式、交流和直流线路沿线情况等研究抑制高频干扰的具体措施。

二、PLC/RI 噪声滤波器设计

1. PLC 和 RI 噪声滤波器类型

目前，已投运的直流输电工程中，PLC 和 RI 噪声滤波器多采用 3 种型式，即并联调谐型、串联调谐型和混合 Γ 型。

（1）并联调谐型。并联调谐型滤波器就是并联电容带调谐装置，根据调谐支路的不同可将并联调谐型噪声滤波器分为单调谐式和双调谐式两种，具体电路示意见图 2-14。并联调谐型滤波器主要用于滤除高频范围内个别频点的超标噪声。

（2）串联调谐型。串联调谐型滤波器就是串联电感带调谐装置，根据调谐支路的不同可将串联调谐型

噪声滤波器分为单调谐式和双调谐式两种，具体电路示意见图 2-15。串联调谐型滤波器主要用于滤除低频范围内某一频段内的超标噪声。

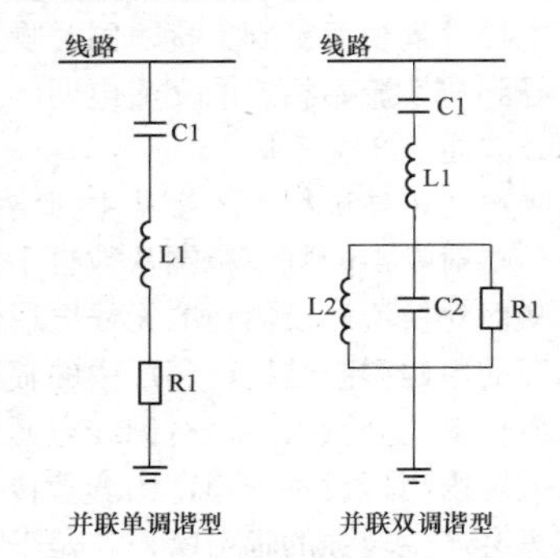

图 2-14　并联调谐型滤波器电路图

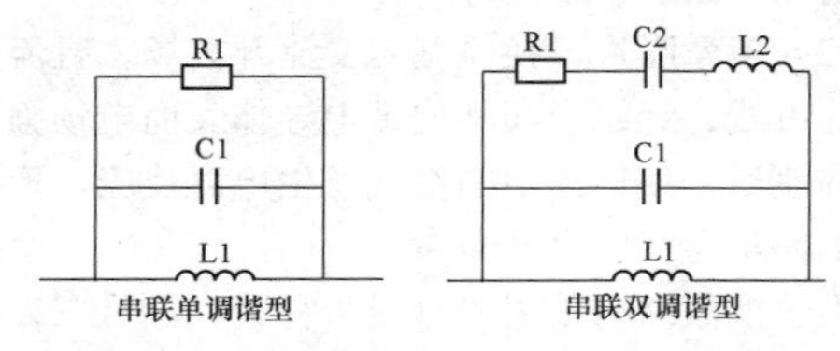

图 2-15　串联调谐型滤波器电路图

（3）混合 Γ 型。混合 Γ 型滤波器就是并联调谐型和串联调谐型的组合，具体电路示意见图 2-16。这种型式的噪声滤波器既能滤除高频噪声干扰范围内连续频段内的谐波，又能改善单个频率点的噪声特性。

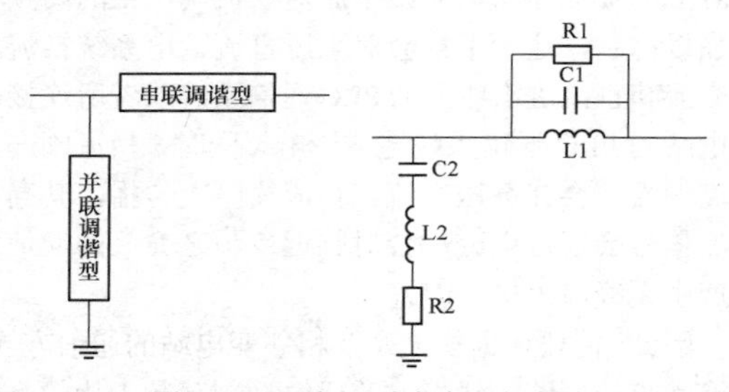

图 2-16　混合 Γ 型滤波器电路图

2. PLC 和 RI 噪声滤波器的选择及设计流程

当交流侧高频噪声超过了 PLC 干扰限制水平，且换流站交流出线或者换流站相邻变电站采用了 PLC 通信技术时，则应在换流变压器进线回路装设 PLC 噪声滤波器。当直流侧高频噪声超过了 PLC 干扰限制水平，且换流站直流线路采用了 PLC 通信技术时，则应在直流侧装设 PLC 噪声滤波器。如果换流站直流线路未采用 PLC 通信技术，也可不装交流 PLC 噪声滤波器，但通常会保留带调谐单元的极母线电容器，用于直流线路故障定位装置使用。当高频噪声超过了无线电干扰限制水平时，应在换流站的直流侧和交流侧安装 RI 滤波器。

目前，大部分工程的 PLC 噪声滤波器多采用混合 Γ 型，交流线路 RI 噪声滤波器多采用并联调谐型，直流线路 RI 噪声滤波器多采用串联调谐型。

PLC 和 RI 噪声滤波器设计流程如图 2-17 所示。

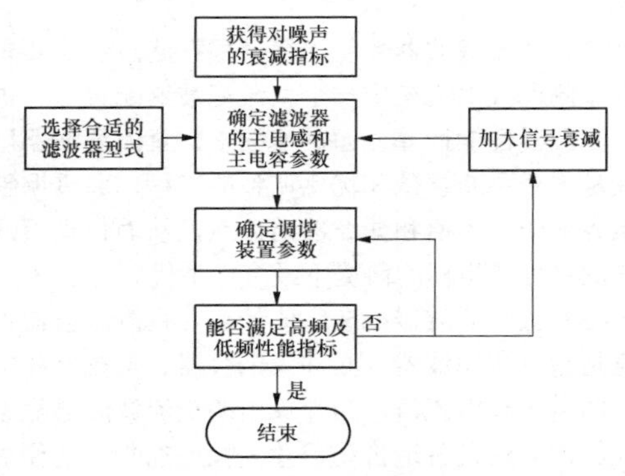

图 2-17　PLC 和 RI 噪声滤波器设计流程图

第九节　换流变压器中的直流偏磁电流

一、直流偏磁电流的危害

直流偏磁是当变压器绕组中含有直流电流分量时，在铁芯中产生的直流磁通分量与交流磁通分量相叠加产生的偏移零坐标轴的偏移量，可能使得励磁电流工作在铁芯磁化曲线的饱和区，导致励磁电流的正半波出现尖顶，负半波可能是正弦波，其幅值的大小除了与变压器设计有关外，还与直流电流值密切相关。

直流偏磁的主要危害是变压器噪声增大，铁芯过热，变压器铜耗和铁耗增大，变压器寿命缩短，更严重的后果是较高的零序谐波电流使得交流滤波器过负荷跳闸。因此，需要将变压器中的直流偏磁电流降低到可以接受的范围内。

二、直流偏磁电流产生原因及抑制措施

产生直流偏磁电流的主要原因有以下几种因素：

（1）触发角不平衡。其产生原因是由于交流系统电压的不对称和等距离触发系统及晶闸管触发回路所造成的触发误差。

（2）换流器交流母线上的正序二次谐波电压。换流器交流母线的正序二次谐波电压会在直流侧感应出 50Hz 交流电压分量，从而导致换流变压器阀侧电流中出现直流电流分量。

（3）由临近的交流输电线路在直流输电线路中感应的基频交流电压。即使交流线路三相系统的负荷电流是对称的，由于各相导线与直流极线距离不等，也会在直流线路上感应产生交流基频电压，由于在换流过程中换流阀的按序通断，直流线路的 50Hz 电流使

得换流变压器阀侧绕组出现直流电流分量。可采用交流线路换位措施降低这种耦合影响。

（4）在单极大地返回运行期间，由于直流电流通过接地极流入大地，引起换流站地电位相对远方地电位升高。保持接地极与换流站（变电站）有一定的距离，是避免接地极电流对电力变压器影响最简单且行之有效的方法。在设计过程中，应通过仿真计算接地极对电力系统的影响是否满足要求。

换流站系统研究应计算各种原因引起的流过换流变压器绕组的总的直流电流，确定主设备及控制保护功能的相应特性，使得直流系统能在任何规定的运行方式下不受限制地连续运行，且不影响设备寿命或降低规定的性能要求。

当流过换流变压器绕组的直流电流大于上述允许值或者制造厂提供的允许值时，需要采用合理的限流或变压器的中性点串接隔直装置等措施。

第十节 交流断路器和直流开关研究

根据换流站自身的特点，为了故障的保护切除、运行方式的转换以及检修的隔离等目的，在换流站的交流侧和直流侧均装设了开关装置。交流侧的一部分断路器由于谐波、直流甩负荷以及磁饱和等原因，需要进行研究，对其提出特殊要求。直流侧开关装置的主要目的是直流电流的转换和遮断，需要对直流开关的转换电流要求进行研究。

一、交流断路器

换流站中需要重点研究的交流断路器主要包括无功分组断路器、无功大组回路断路器和换流变压器回路断路器。

1. 无功分组断路器

无功分组断路器的特殊参数是断路器断口两端的恢复电压和开断基频容性电流的要求。其中开断基频容性电流的要求根据滤波器分组的容性电流确定，断路器断口两端的恢复电压需要专题研究。

通常将换流站的交流滤波器及并联电容器组分为若干大组，接入交流配电装置中，每一大组中包含若干交流滤波器及并联电容器组。

无功分组断路器的用途是正常投切和故障的保护切除。为满足换流站运行中无功功率的需求，无功分组断路器在换流站无功功率控制系统的控制下进行分组的正常投切，操作频繁。当换流站发生单极或双极闭锁时，由于交流滤波器组及并联电容器组仍接在交流母线上，可能会出现过电压，必须通过分组断路器来切除若干个无功分组，此时断路器两端的恢复电压可能会很高，甚至会导致断路器电弧重燃。因此，需要专题研究无功分组断路器断口两端的恢复电压。

2. 无功大组回路断路器

无功分组断路器的特殊参数是断路器谐振过电压水平和开断基频容性电流的要求。其中开断基频容性电流的要求根据滤波器大组总的容性电流确定，断路器谐振过电压水平需要专题研究。

通常将换流站的交流滤波器及并联电容器组分为若干大组，接入交流配电装置中。无功大组回路断路器的用途是在无功分组断路器拒动等故障状态下的保护切除。

由于每个交流滤波器分组的类型可能不同，其中有特征谐波滤波器或低次谐波滤波器，因此对于无功大组断路器的分闸应考虑所有分组都投入和每类分组中有一个退出运行的情况。若设置低次谐波滤波器，因单相故障含有较大的 3 次谐波分量，将导致一定程度的谐振电压，应进行专题研究。

3. 换流变压器回路断路器

换流变压器回路断路器的特殊参数是合闸电阻，需对换流变压器空载投入电网时所产生的励磁涌流进行分析计算，确定合闸电阻参数。

换流变压器铁芯的直流磁化因素较多，包括触发角不平衡、换流器交流母线上的正序二次谐波电压、临近的交流输电线路在直流输电线路中感应的基频交流电压，以及单极大地运行方式下地电位升等因素。计及以上因素对换流变压器铁芯磁化的影响，当换流变压器空载投入电网时会产生很大的励磁涌流，并且由于励磁涌流中包含很大的 3 次谐波分量，可能会造成换流站 3 次谐波滤波器过负荷。为限制上述励磁涌流的影响，通常在换流变压器回路断路器中配置合闸电阻。

二、直流开关

换流站的直流开关类型主要包括中性母线高速开关（neutral bus switch，NBS）、金属回线转换开关（metallic return transfer breaker，MRTB）、大地回线转换开关（earth return transfer breaker，ERTB）和中性线接地开关（neutral bus grounding switch，NBGS）。对于每极 2 个 12 脉动阀组串联或者并联接线的直流工程，还应设置旁路断路器。

在高压直流输电系统中，运行方式的转换或故障的切除需要采用直流断路器。直流电流的开断不像交流电流那样可以利用交流电流的过零点，开断直流电流必须强迫过零，此时直流系统储存的巨大能量需要释放出来，会在回路上产生过电压，引起断路器断口间的电弧重燃，造成开断失败，因此，吸收这些能量就成为直流断路器研究的关键因素。我国换流站工程通常采用以形成电流过零点为目的的无源振荡回路。振荡回路由电容器和电抗器组成，并采用金属氧化物避雷器吸收能量。直流开关的研究内容是每种直流开关的转换电流要求。

1. 中性母线高速开关（NBS）

当单极计划停运时，换流器在没有投旁通对的情况下闭锁，使该极直流电流降为零，NBS在无电流情况下分闸。当正常双极运行时，如果一个极的内部出现接地故障，故障极带投旁通对闭锁，则利用NBS的开断将正常极注入接地故障点的直流电流转换至接地极线路。

对用于保护用途的NBS，按照每次操作进行一次转换来设计。断路器的转换次数由具体工程的运行要求确定。

2. 金属回线转换开关（MRTB）

MRTB装设于接地极线回路中，用以将直流电流从单极大地回线转换至单极金属回线，以保证转换过程中不中断直流功率的输送。

对用于改变运行方式的MRTB，应要求在无冷却的情况下按照两次连续转换来进行设计，如果分闸后电弧不能熄灭则应使断路器重合闸，然后再分闸。

3. 大地回线转换开关（ERTB）

ERTB与MRTB的作用正好相反，ERTB装设于接地极线与金属回线之间，用以将直流电流从单极金属回线转换至单极大地回线，以保证转换过程中不中断直流功率的输送。

ERTB的设计要求与MRTB要求类似。

4. 中性线接地开关（NBGS）

NBGS装设于中性线与换流站接地网之间。当接地极线路故障断开时，不平衡电流将使中性母线电压升高。为了防止双极闭锁，提高高压直流输电系统的稳定性，利用NBGS的合闸来建立中性母线与大地的连接，保持双极运行，从而提高高压直流输电系统的可用率。当接地极线路恢复正常运行时，NBGS应能将流经它的电流转换至接地极线路。另外，当NBS无法进行转换时，NBGS也可以提供临时接地通路，以减小NBS的转换电流。

5. 旁路断路器

旁路断路器与阀组并联，其作用是减少单个12脉动换流器组故障引起直流系统单极停运的概率，提高直流系统的可用率，同时减少对交流系统的冲击。由于旁路断路器的作用是在阀组发生故障时合闸对阀组进行旁路，没有开断直流电流的要求，因此，旁路断路器不设置振荡回路。无特殊情况下，直流开关的研究不包含旁路断路器。

第十一节　直流输电系统损耗

直流输电系统的损耗是在传输功率中产生的功率损耗，包括换流站损耗、直流线路损耗、接地极引线及接地电极损耗。通常单个换流站的损耗为换流站额定功率的0.5%～1%；直流输电线路的损耗，取决于输电线路的长度、导线截面和环境温度，±500kV直流线路的每千千米损耗一般为额定输送容量的6%～7%，±800kV直流线路每千千米损耗一般为额定输送容量的2.5%～4%；直流输电的接地极系统主要为直流电流提供一个返回通路，在运行中也会产生损耗。

一、换流站损耗

换流站的损耗主要由换流阀、换流变压器、平波电抗器、交/直流滤波器的损耗、并联电容器、并联电抗器和其他设备及辅助系统的损耗组成，其中换流变压器和晶闸管阀的损耗是换流站损耗的主要部分。

换流站中各设备的实际损耗与其运行环境和运行工况有关。由于换流站设备种类繁多，设备的损耗机理各不相同，并且换流站的谐波电流会产生附加损耗，因此，换流站损耗的计算比较复杂。通常，高压直流换流站的损耗计算是在交流系统的额定运行条件下，在空载和满载之间选择3～5个直流负荷水平进行，同时把换流站的损耗分为空载损耗、负载损耗和总损耗（空载损耗和负载损耗之和）进行分析。

1. 换流阀损耗

换流阀主要由晶闸管、阀电抗器、直流均压电阻、阻尼电容、阻尼电阻、陡波均压电容、晶闸管触发和监测系统组成。85%～95%的换流阀损耗由晶闸管和阻尼电阻产生。由于换流阀运行的波形复杂，通常采用计算各损耗分量，再相加得到换流阀的总损耗。换流阀的总损耗主要包括：

（1）阀通态损耗；

（2）晶闸管开通时的电流扩散损耗；

（3）阀的其他通态损耗；

（4）与直流电压相关的损耗；

（5）阻尼电阻损耗；

（6）电容器充放电损耗；

（7）阀关断损耗；

（8）阀电抗器磁滞损耗。

2. 换流变压器损耗

换流变压器的损耗与常规交流变压器一样分为空载损耗、负载损耗和辅助损耗。由于换流变压器绕组的电流含有谐波，使得换流变压器的负载损耗比常规交流变压器损耗大。

（1）空载损耗。在热备用状态下换流变压器只产生空载损耗。计算方法与常规交流变压器相同。

（2）负载损耗。负载损耗是指运行中换流变压器的励磁损耗（铁芯损耗）加上电流相关的负荷损耗。当换流变压器带负荷时，就有谐波电流加在变压器上，但谐波电压对变压器励磁电流的作用与电压的工频分量相比可以忽略不计，因此可以认为换流变压器在运行中的铁芯损耗和空载情况下是一样的。

（3）辅助损耗。换流变压器的辅助损耗主要是指换流变压器冷却器、油泵等运行负荷，换流变压器辅助损耗应包括在辅助系统损耗中。

3. 平波电抗器损耗

平波电抗器的损耗包括直流损耗和谐波损耗。平波电抗器有空心式（干式）和油浸式两种，后者有带气隙的铁芯。流经平波电抗器的电流是叠加有谐波分量的直流电流。谐波电流主要是由换流站直流侧产生的特征谐波及少量的非特征谐波电流。油浸式平波电抗器还应计算磁滞损耗。

4. 交流滤波器损耗

交流滤波器损耗是由交流滤波器电容器、电抗器和电阻器产生的损耗之和。在求交流滤波器损耗时，应假定交流系统开路，所有的谐波电流都流入交流滤波器元件中。

（1）交流滤波器电容器损耗。由于电容器的功率因数很低，谐波电流引起的损耗很小可忽略不计，通常只计算工频损耗。

（2）交流滤波器电抗器损耗。电抗器损耗由工频和谐波损耗组成，需要考虑流经电抗器的工频电流、谐波电流以及电抗器的工频电抗器和在各次谐波下的品质因数。

（3）交流滤波器电阻器损耗。电阻器损耗为工频和各次谐波损耗之和。

5. 并联电容器损耗

并联电容器损耗的计算方法同交流滤波器电容器损耗的计算方法。

6. 并联电抗器损耗

并联电抗器是为了在换流站小负荷运行方式下吸收过剩无功时使用的，计算时应考虑工频电流和品质因数。

7. 直流滤波器损耗

直流滤波器损耗为由直流滤波器电容器、电抗器和电阻器产生的损耗之和。

（1）直流滤波器电容器损耗。直流滤波器电容器损耗包括均压电阻损耗和谐波损耗。

（2）直流滤波器电抗器损耗。直流滤波器电抗器损耗需要考虑流经电抗器的谐波电流和对应的品质因数。

（3）直流滤波器电阻器损耗。直流滤波器电阻器损耗是各次谐波电流产生的损耗之和。

8. 辅助系统损耗

辅助系统损耗即站用电系统负荷，站用电主要负荷包括阀冷系统、空调系统、换流变压器冷却系统、二次系统负荷、通信系统负荷、照明负荷等。站用电负荷与换流站的运行状态、环境条件和换流站服务设施有关。

二、直流线路损耗

直流线路损耗包括与电压相关的损耗和与电流相关的损耗两部分。

与电压相关的损耗主要指线路电晕损耗和线路绝缘子串泄漏损耗，后者损耗量很小，一般可以忽略不计。在相同电压等级下，直流线路电晕损耗小于交流线路电晕损耗。

与电流相关的损耗主要是通过线路的直流电流在线路电阻上产生的损耗，由于线路直流电阻与导体温升有关，这部分损耗在冬季和夏季有较大差别。

三、接地极引线及接地电极损耗

由于接地极引线电压很低，一般不考虑与电压相关的损耗，只需考虑与电流相关的损耗。直流接地极的损耗也与电流相关。

接地极及其引线中的电流与直流系统运行方式有关。当直流系统按单极大地回线方式运行时，流过接地极系统的直流电流是负荷电流，这种情况下应计算其损耗；当直流输电系统按单极金属回线方式运行时，接地极系统中无直流电流通过，因而不产生损耗；当直流系统按双极对称运行时，流经接地极系统的电流仅为双极不平衡电流（正常情况下仅为直流系统额定电流的 1%左右），由此产生的损耗可以忽略不计；当直流输电系统按双极电流不对称运行时，接地极系统的损耗按照两极电流差值进行计算。

第十二节 高压直流输电系统的可靠性

直流输电系统的可靠性是直流输电系统在规定条件下和规定时间内完成规定功能的能力。它是用于衡量直流输电系统完成其设计要求和功能的可靠程度、评价直流输电系统运行性能的重要指标，通常以概率值表示。直流输电系统可靠性受系统设计、设备制造、工程建设、环境条件以及运行方式等各个环节的影响，主要用直流系统的停运率、停运时间以及所带来的送电能量的损失来评价。

通过对直流系统的可靠性进行评价分析，进而提出提高工程可靠性的合理措施或对工程设备提出合理的可靠性要求。

一、可靠性主要统计指标

可靠性的主要统计指标包括不可用次数、等效停运小时、能量不可用率、能量可用率、能量利用率等。

（1）不可用次数。在统计期间内，统计对象处于不可用状态的次数，分为按照计划停运检修的计划停运次数和由于系统或设备故障引起的强迫停运次数。对于双极直流系统，分为单极停运、两个极同时停运的双极停运。对采用两个或多个换流器构成一个极的，还应统计换流器停运次数。

（2）等效停运小时。等效停运小时为实际停运持续小时数乘以降额折算系数。该系数为停运期间不可用容量与系统额定输送容量之比。其中，实际停运持续时间又分为由于系统或设备故障引起的等效强迫停运小时和按照计划停运检修的等效计划停运小时。

（3）能量不可用率。包括强迫能量不可用率和计划能量不可用率。强迫能量不可用率指等效强迫停运小时与统计周期小时数之比；计划能量不可用率指等效计划停运持续时间与统计周期小时数之比。

（4）能量可用率。等效可用小时与统计周期小时数之比，也可用百分之一百减去能量不可用率的百分数。此处能量不可用率指强迫能量不可用率和计划能量不可用率之和。

（5）能量利用率。输电能量（kWh）与统计周期内直流输电系统的额定输电能量之比。统计周期内直流输电系统的额定输电能量为直流输电系统的额定输送功率与统计周期小时数的乘积。

直流输电系统具有多种运行接线方式以及过负荷和降压运行的能力，这些性能可使直流输电系统的双极和单极停运率大大减小：当一极停运时不影响另一极的运行，同时另一极还可采用过负荷运行方式；当线路绝缘水平降低时可降压运行。这将减小故障或检修对直流输送功率的影响，从而大大提高直流输电系统的可靠性和可用率。

二、可靠性指标要求

高压直流输电系统的设计目标是达到高水平的可用率和可靠性，根据国家标准GB/T 51200—2016《高压直流换流站设计规范》和GB/T 50789—2012《±800kV直流换流站设计规范》，直流输电工程可靠性设计目标的参考值如下。

1. 每极采用单12脉动换流器接线的两端高压直流输电系统的可靠性指标

（1）强迫能量不可用率不宜大于0.5%。

（2）计划能量不可用率不宜大于1.0%。

（3）单极强迫停运次数不宜大于5次/（极·年）。

（4）双极强迫停运次数不宜大于0.1次/年。

2. 每极采用两个12脉动换流器串联接线的两端高压直流输电系统的可靠性指标

（1）强迫能量不可用率不宜大于0.5%。

（2）计划能量不可用率不宜大于1.0%。

（3）换流器单元平均强迫停运次数不宜大于2次/（单元·年）。

（4）单极强迫停运次数不宜大于2次/（极·年）。

（5）双极强迫停运次数不宜大于0.1次/年。

3. 背靠背直流输电系统的可靠性指标

（1）强迫能量不可用率不宜大于0.5%。

（2）计划能量不可用率不宜大于1.0%。

（3）背靠背换流单元强迫停运次数不宜大于6次/年。

三、提高可靠性措施

为了提高直流系统的可靠性，主要可以从下面两方面着手。

1. 降低元部件的故障率

典型的不可修复元件的故障率随时间变化分为三个阶段，即具有下降特性的初期、接近常数的正常工作期和具有急剧上升特性的衰老期，其变化曲线亦称为“浴盆曲线”。

（1）初期阶段为排除故障期。这段时期的事故类型是由于设计和制造缺陷引起的，因此应尽快发现并排除缺陷，使元件故障率下降。

（2）正常工作期。在这段时期内，对元件进行定期的计划维修，可以降低故障率并延长正常工作期。

（3）衰老期。在这段时期内元件故障率迅速上升，因此需在衰老期之前进行有效的维修或更换，改善故障率曲线。

2. 冗余和多重化

冗余和多重化的主要作用是可以缩短停运时间和推迟故障校正措施时间，以便可以选择合适的窗口期进行计划检修，降低输电损失。冗余可分为并列冗余和备用冗余两类。

（1）并列冗余。并列冗余是指当所有元件都故障时，系统才停运。这种情况下，如果只有一个元件故障，其余元件将保证系统继续运行，或降低容量运行。当把这些元件看成一个子系统时，由于单一元件的故障不会造成该子系统的停运，因此，并列冗余可缩短停运时间，或者降低子系统的故障率。

（2）备用冗余。备用冗余是指为主要元件和需要较长维修时间的元件提供一个或多个相同元件。在主要元件故障时，可通过传感器和开关设备的自动操作或人工操作更换备用元件，以恢复系统的正常功能，停运持续时间由故障元件的修复时间缩短为元件更换时间。

第三章　电气主接线

换流站电气主接线是换流站电气设计的重要部分。换流站电气主接线对电气设备选择、配电装置型式选择及布置、继电保护和控制方式的拟定等方面均有较大影响，因此应根据换流站用途及其建设规模，在满足电力系统及换流站自身运行的可靠性、灵活性和经济性前提下，通过技术经济比较，确定合理的电气主接线方案。

第一节　电气主接线设计原则

一、电气主接线的构成

换流站电气主接线通常划分为换流器单元接线、直流侧接线和交流侧接线。

（一）两端直流输电换流站

两端直流输电系统由两个直流输电换流站和连接它们的直流线路组成，两端直流输电换流站根据功率传输方向需要，又分为整流站和逆变站。对于双向两端直流输电系统，其换流站既可以作为整流站运行，又可以作为逆变站运行。两端直流输电换流站电气主接线划分如图 3-1 所示。

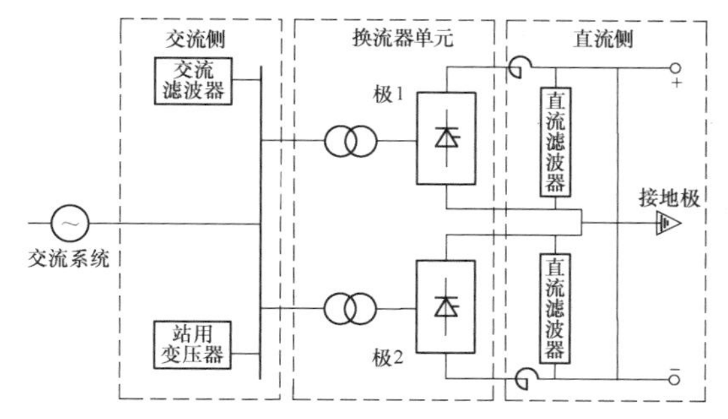

图 3-1　两端直流输电换流站电气主接线划分示意图

（二）背靠背换流站

直流背靠背系统是指在同一地点的交流母线之间传输能量的直流系统，其整流侧和逆变侧设备通常装设在同一个站内，统称为背靠背换流站。背靠背换流站电气主接线划分如图 3-2 所示。

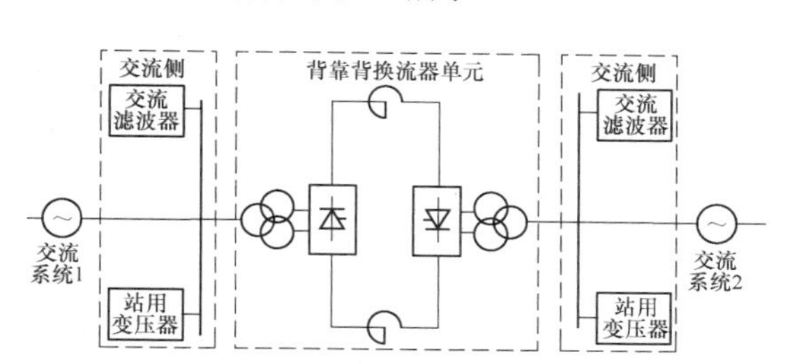

图 3-2　背靠背换流站电气主接线划分示意图

二、电气主接线的设计依据

在确定换流站电气主接线时，应考虑以下因素：

（一）接入系统要求

换流站接入系统设计的主要内容需明确换流站在电力系统中的地位和作用，进而确定换流站的建设规模，包括直流输电的额定直流功率、额定直流电压和额定直流电流，换流器单元及直流侧配置，交流系统连接方式及进、出线规模，无功补偿及交流滤波器电压、容量和组数等。

（二）分期和最终建设规模

根据电力系统发展规划的需要或者设备供货的限制，对于两端直流输电换流站，可考虑双极一次建成；对于背靠背换流站，可考虑本期建设一个或数个高压直流背靠背单元。

（三）调度、运行单位要求

在电气主接线设计中，应充分考虑继电保护的适应性，避免出现特殊接线方式造成继电保护配置及整定难度的增加，为继电保护安全可靠运行创造良好条件。

电气主接线图中的设备编号应注意与调度单位配合，避免出现调度编号与设备编号不一致的情况。在初步设计阶段，应充分征求调度和运行单位意见，根据调度对换流站交流设备和直流设备的命名规律和要求，统一主接线图中设备编号，且两端换流站命名规则应保持一致。同时还应注意与换流站交流系统连接的交流变电站、发电厂线路及相应的设备标号及相序的一致性。

（四）系统专业主要资料

（1）直流系统运行额定值，对于两端直流输电换流站，应包括单极额定功率、双极额定功率、直流额定电压、直流额定电流、直流过负荷能力、直流降压能力、功率反送能力及直流最小电流等；对于背靠背换流站，应包括背靠背换流器单元额定功率、换流器单元数量、直流额定电压、直流额定电流、直流过负荷能力及直流最小电流等。

（2）每极换流器单元的组成。

（3）直流运行方式。

（4）初期及最终换流站与系统的连接方式（包括系统单线接线和地理接线），以及推荐的初期和最终交流侧接线方案，包括接入交流系统电压等级、交流出线回路数、出线方向、每回路传输电流（含正常最大工作电流和极端工况下的最大允许电流）和导线截面等。

（5）直流换流站无功补偿总容量，交流滤波器及并联电容器配置情况和无功分组要求。如工程需要，还包括调相机、静止无功补偿装置、静止同步补偿装置、并联电抗器等无功补偿装置的型式、数量、容量和运行方式的要求。

（6）换流变压器的型式、台数及容量，换流变压器各侧的额定电压、阻抗电压、调压范围和级差，换流变压器中性点接地方式及接地点的选择，以及各种运行方式下通过换流变压器的功率潮流。

（7）联络变压器的型式、台数、容量及接线组别，联络变压器各侧的额定电压、阻抗电压、调压范围和级差；联络变压器中性点接地方式及接地点的选择，以及各种运行方式下通过联络变压器的功率潮流。

（8）系统的短路容量或归算的电抗值。注明最大、最小运行方式的正、负、零序电抗值，为了进行非周期分量短路电流计算，尚需系统的时间常数或电阻R、电抗X值。

（9）系统内过电压数值及限制内过电压措施。对换流变压器、交流滤波器组及出线断路器装设合闸电阻及选相合闸的要求。

（10）对同塔双回出线接地开关选型的要求。

（11）交流母线穿越电流（或穿越容量和电压）。

（12）对直流可靠性、附加控制功能等的特殊要求。

三、电气主接线的设计要求

换流站电气主接线应满足可靠性、灵活性和经济性三项基本要求。

（一）可靠性

可靠性是电力生产和分配的首要要求，电气主接线首先应满足这个要求。

（1）电气主接线可靠性的衡量标准是运行实践，应重视国内、外换流站长期运行的实践经验及其可靠性的定性分析。

（2）电气主接线的可靠性应综合考虑电气一次部分和相应组成的电气二次部分。

（3）电气主接线的可靠性在很大程度上取决于设备的可靠程度，采用可靠性高的电气设备可以简化接线。具体要求有：①交流断路器检修时，不宜影响对系统的供电及直流功率送出；②交流断路器或母线故障以及母线检修时，尽量减少交流配电装置停运的回路数和停运时间；③降低换流站内设备元部件故障率，采取冗余及多重化配置缩短故障停运时间。尽量避免单一元件故障，导致换流站直流单、双极停运的可能性；④任何一个换流器的任何故障、退出、检修和投入均不影响其他换流器的运行等。

（4）要考虑换流站在电力系统中的地位和作用。

（二）灵活性

电气主接线应满足在调度运行、检修及扩建时的灵活性。

（1）电气主接线应能适应各种运行方式，并能灵活地转换运行方式，不仅正常运行时能安全、可靠地供电，而且在事故、检修以及特殊运行方式时，也能适应调度运行的要求，能灵活、简便、迅速地调度运行方式，使停电时间最短，影响范围最小。如对于高压直流输电换流站，电气主接线应满足双极、单极大地回线、单极金属回线等基本运行方式；对于特高压直流输电换流站，电气主接线应满足完整双极、不完整双极、完整单极金属回线、不完整单极金属回线、完整单极大地回线和不完整单极大地回线等运行方式。

（2）检修时，可以方便地停运直流系统、交流滤波器、交流配电装置等一次设备及控制保护装置，而不影响电力系统的安全稳定运行，且应操作简单，影响面小。

（3）扩建时，可以方便地从初期接线过渡到最终接线，同时应留有发展扩建的余地及可能性。在不影响直流外送或者在停电时间最短的情况下，新建直流极或线路，与原有直流极或线路互不干扰，同时对电气一次和电气二次部分的改建工作量最少。

（三）经济性

电气主接线在满足可靠性、灵活性要求的前提下，还应做到经济合理。

1. 综合投资省

（1）电气主接线应力求简单，以节省一次设备投资。

（2）尽可能选用成熟可靠的设备，避免重要设备的重新研制，如换流器、换流变压器、平波电抗器、直流开关、直流套管和交流滤波器回路断路器等。

（3）要能使控制保护和二次回路不过于复杂，以节省二次设备和控制电缆。

2. 占地面积小

电气主接线设计要为交流配电装置、直流配电装置、交流滤波器区、换流变压器区等的布置创造条件，尽量减少占地面积。

3. 运营成本小

（1）经济合理地选择换流器、换流变压器、交流滤波器和并联电容器、平波电抗器、直流滤波器及换流站辅助设施等设备的种类、容量和数量，减少不必要的电能损失，降低运营成本。

（2）电气主接线设计要为停运损失最小化创造条件。

第二节　换流器单元接线

一、一般要求

换流器单元接线是指由一个或多个换流桥与一台或多台换流变压器、换流器控制装置、基本保护和开关装置以及用于换流的辅助设备（如有）组成的运行单元的连接方式。

最基本的换流桥是由 6 个换流臂组成的双路连接，由于晶闸管的单向导电性，通常整流桥和逆变桥方向有所不同，如图 3-3 所示。

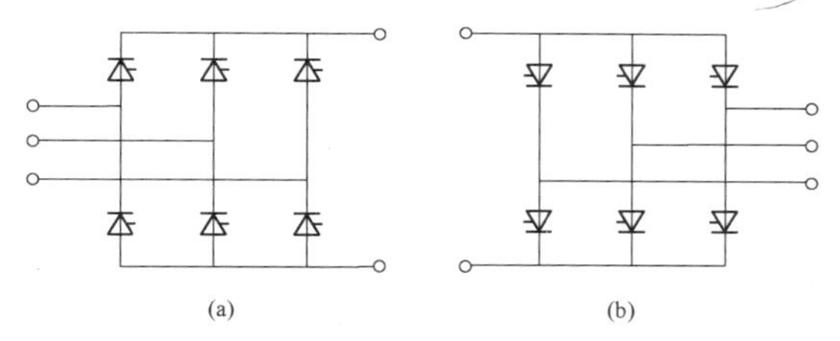

图 3-3　换流桥（6 脉动单元）

（a）整流桥；（b）逆变桥

由于 6 脉动单元会在交、直流侧产生较多的谐波，国内外绝大多数直流工程采用多桥换流器。当基本换流器单元由两个以上换流桥组成时，虽然能产生更多脉动数，以进一步减少谐波，如 18 脉动或 24 脉动的换流桥，但是换流变压器自身的造价及其连接会较双桥换流器复杂得多，因此现代高压直流工程多采用双桥换流器，即 12 脉动换流器单元作为基本单元，它由 2 个交流侧电压互差 30° 基波相角的换流桥串联构成，如图 3-4 所示。

一般而言，构成换流站的换流器单元接线应考虑以下因素：

（1）换流站接入的交流系统条件和要求。

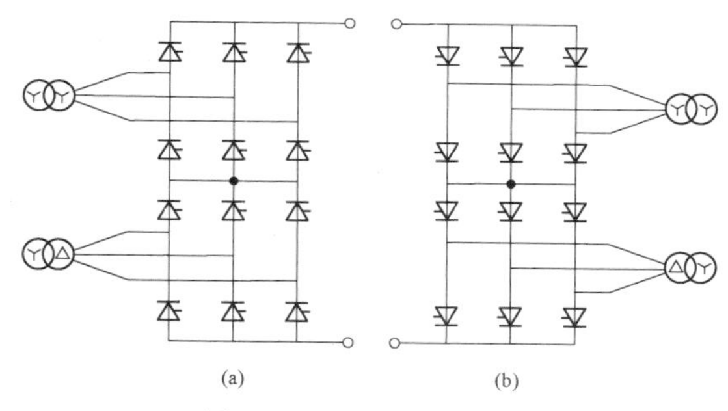

图 3-4　12 脉动换流器单元

（a）两个 6 脉动整流桥串联；（b）两个 6 脉动逆变桥串联

（2）换流阀和换流变压器的制造能力。

（3）换流变压器的运输条件和限制。

（4）直流工程的可靠性和可用率。

（5）直流工程的运行灵活性。

（6）换流站的分期建设。

（7）换流站的造价。

（一）两端直流输电换流站

两端直流输电换流站的换流器单元接线主要是确定换流站每一个极究竟采用多少个基本换流器单元，以及换流器单元之间的连接方式。在上述换流器单元接线应考虑的因素中，单个 12 脉动换流器的最大制造容量和换流变压器的制造及运输限制往往是确定每极换流器单元组数的决定性因素。因此，换流器单元的接线应根据换流器的额定参数、换流变压器的制造水平及运输条件，通过综合技术经济比较后确定，有时分期建设的要求和资金安排也会影响每极 12 脉动换流器组数的确定。

目前，我国两端直流输电换流站中换流器单元采用的接线方案有三类：①每极单 12 脉动换流器单元接线；②每极双 12 脉动换流器单元串联接线；③每极双 12 脉动换流器单元并联接线。

以上三类换流器单元接线一般选择原则为：

（1）从投资及占地方面考虑，若换流器、换流变压器制造商具备生产能力，且大件运输不受限制，则应优先选用每极单 12 脉动换流器单元接线。

（2）从换流站的分期建设方面考虑，宜采用双 12 脉动并联接线。

（3）从可靠性和可用率方面考虑。根据国内外直流工程的运行经验，每极双 12 脉动换流器接线直流输电工程的可用率高于每极单 12 脉动换流器接线直流输电工程。

（4）对交流系统的影响方面考虑。在输送相同容量下，对于每极单 12 脉动换流器单元接线，当故障或其他原因导致单 12 脉动换流器出现闭锁，而单极停运，影响的输送容量达到 50%，对两侧交流系统造成的冲击和影响较大；对于每极双 12 脉动换流器单元串联接线，当其中一个 12 脉动换流器出现闭锁而停运时，影响的输送容量为 25%，对两侧的交流系统造成的冲击和影响较小。

（二）背靠背换流站

由于高压直流背靠背系统无直流输电线路，因此背靠背直流工程多采用较低直流电压、大直流电流的方案，以降低工程投资。通常是根据制造厂家所能生产的晶闸管最大工作电流来选择工程的直流电流，从而用给定的直流功率除以直流电流即得到直流电压。因此，对于大容量的背靠背换流站以及当需要分期建设时，背靠背换流站采用多个 12 脉动换流器单元并联的方案，而不考虑每单元双 12 脉动换流器串联的方案。

根据换流器接地的不同方式，12 脉动背靠背换流器单元接线可分为 12 脉动单元一端接地和 12 脉动单元中点接地两种方式。

二、每极单 12 脉动换流器单元接线

每极单 12 脉动换流器单元接线是指两端直流输电换流站中每极仅采用一组 12 脉动单元(2 个换流桥）与 1 台或者多台换流变压器、换流器控制装置、基本保护和开关装置以及用于换流的辅助设备（如有）组成的运行单元接线。

换流变压器的型式直接影响换流变压器与换流器的连接和布置。因此，根据换流变压器的不同型式，每极单 12 脉动换流器单元接线有 4 种方案可供选择：①1 台三相三绕组换流变压器配 12 脉动换流器，多用于容量较小的直流工程，见图 3-5（a）；②2 台三相双绕组换流变压器配 12 脉动换流器，多用于中型直流工程，见图 3-5（b）；③3 台单相三绕组换流变压器配 12 脉动换流器，多用于背靠背直流工程，见图 3-5（c）；④6 台单相双绕组换流变压器配 12 脉动换流器，多用于大型直流输电工程，见图 3-5（d）。上述 4 种单 12 脉动换流器单元方案特点如表 3-1 所示。

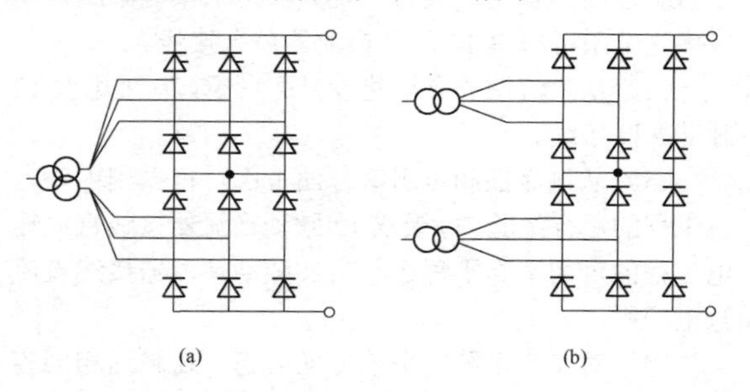

图 3-5　每极单 12 脉动换流器单元接线示意图（一）
（a）1 台三相三绕组换流变压器配 12 脉动换流器；
（b）2 台三相双绕组换流变压器配 12 脉动换流器

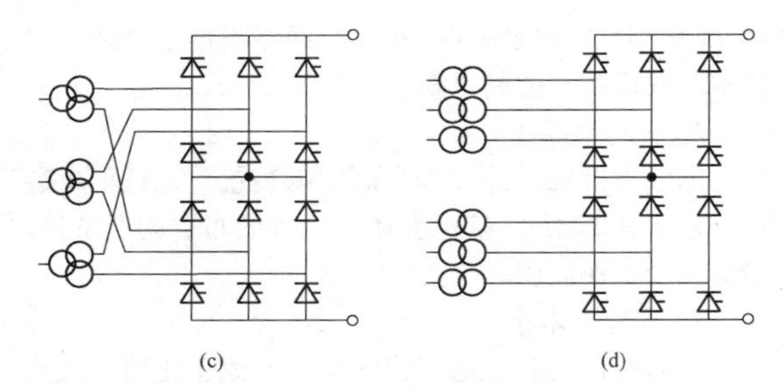

图 3-5　每极单 12 脉动换流器单元接线示意图（二）
（c）3 台单相三绕组换流变压器配 12 脉动换流器；
（d）6 台单相双绕组换流变压器配 12 脉动换流器

表 3-1　每极单 12 脉动换流器单元方案特点

方案	特　点	适用范围
①	每极 1 台换流变压器，换流变压器设备材料用量省，投资最省；需备用 1 台换流变压器；直流输电能力非常有限	多用于容量较小的直流工程
②	每极仅需 2 台换流变压器；需备用 2 台换流变压器；直流输电能力有限	多用于中型直流工程
③	每极 3 台换流变压器；与单相双绕组变压器相比，变压器制造成本低；运输质量约为直流同容量单相双绕组换流变压器的 1.6 倍	多用于±500kV 及以下直流输电工程和背靠背直流工程
④	每极 6 台换流变压器；可适应换流变压器的制造能力及对运输尺寸的限制，提高直流输电能力；全站备用 2 台换流变压器	多用于大型直流输电工程

每极单 12 脉动换流器单元接线换流站具有接线简单、可靠性高、投资省、占地小的特点。我国两端高压（±800kV 以下）直流输电换流站普遍采用每极 6 台单相双绕组换流变压器配 12 脉动单元的接线，其典型接线如图 3-5（d）所示。根据部分避雷器及电压、电流测量装置等的不同配置情况，每极单 12 脉动换流器单元接线有如下两个示例，如图 3-6 和图 3-7 所示。

每极单 12 脉动换流器单元接线设备配置如下：

（1）换流阀（V1～V4）。换流站中为实现换流所用的三相桥式换流器中作为基本单元设备的桥臂，又称单阀。通常由换流阀连接成一定的回路进行换流，换流阀是换流站的核心设备。

（2）换流变压器（T1、T2）。连接换流桥与交流系统之间的电力变压器，网侧交流电压通过换流变压器和换流器转换为直流向外传输。根据传输容量的大小，换流变压器可采用不同的类型，如输电容量 1200MW 的 GS 直流工程以及 1800MW 的 TG 直流工程均采用单相三绕组换流变压器，而 3000MW 及以上的直流工程均采用单相双绕组换流变压器。

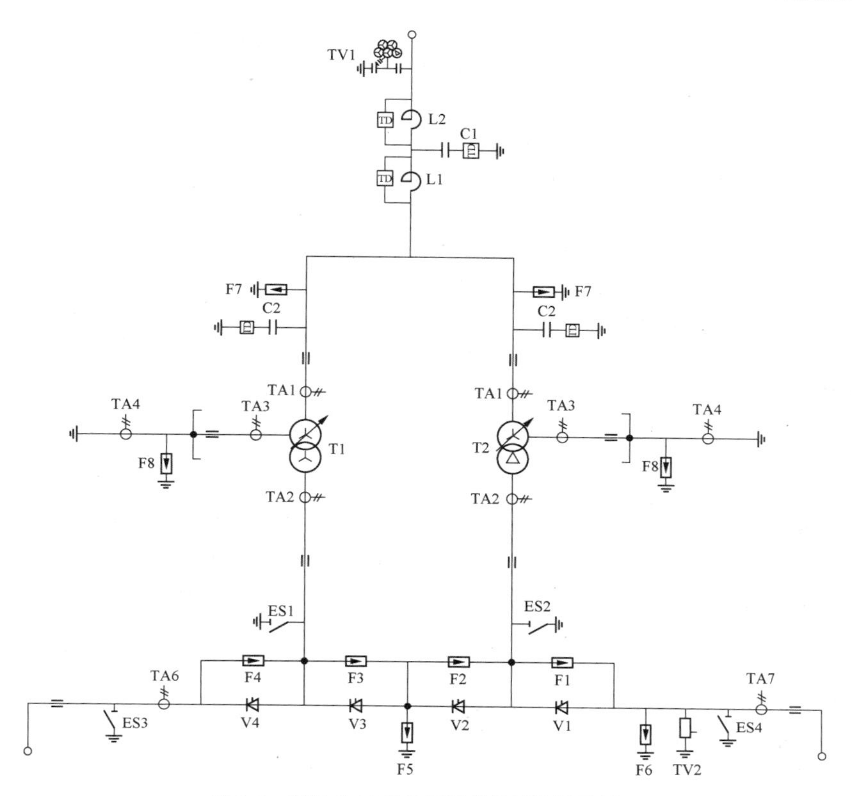

图 3-6 每极单 12 脉动换流器单元接线示例一

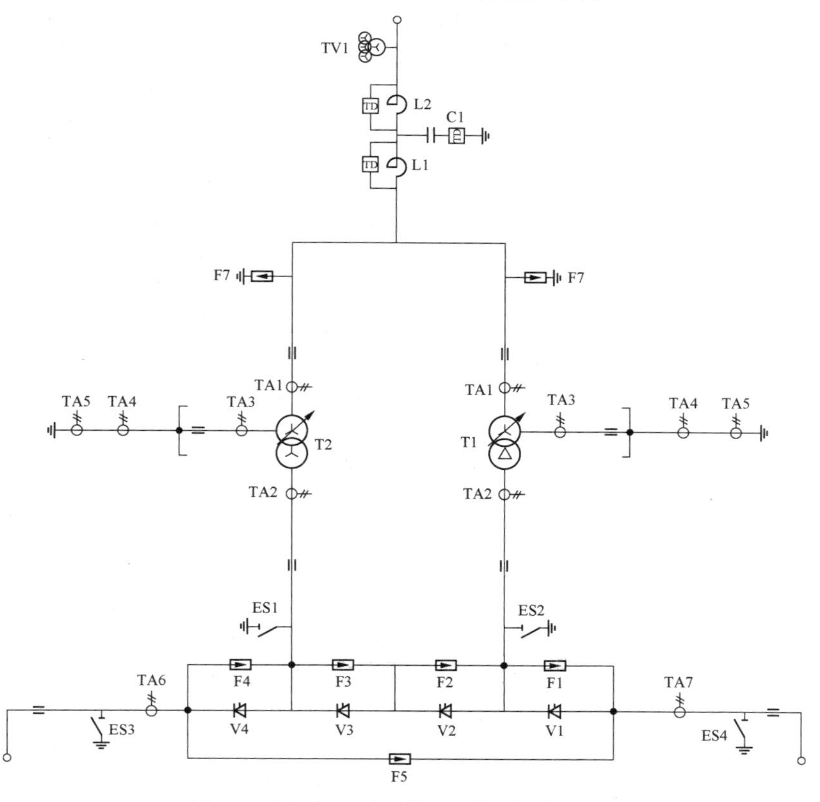

图 3-7 每极单 12 脉动换流器单元接线示例二

（3）换流阀避雷器（F1～F4，F5）。用于晶闸管阀的过电压保护。对于示例一，仅整流站配置F5避雷器。

（4）直流侧避雷器（F6）。用于中性线设备的过电压保护。对于示例二，该避雷器按布置在阀厅外考虑，图中未显示。

（5）交流侧避雷器（F7，F8）。用于换流变压器交流侧及中性点侧的过电压保护。对于示例二，换流变压器中性点按不配置避雷器F8考虑。

（6）接地开关（ES1～ES4）。在换流变压器阀侧、直流极线和中性线各安装1台接地开关，方便检修。

（7）直流电流测量装置（TA6，TA7）。测量换流站直流回路电流，用于直流系统的控制和保护，这些装置安装于换流器极线以及中性母线处。

（8）直流电压测量装置（TV2）。用于测量换流器中性线直流电压的装置。

（9）电流互感器（TA1～TA5）。用于测量换流变压器各支路电流的装置，按需配置在换流变压器各绕组及中性点处。示例二按配置TA5考虑。

（10）交流电压互感器（TV1）。用于测量换流器单元网侧电压的装置。可选用电容式电压互感器或电磁式电压互感器。示例一按电容式电压互感器考虑；示例二按电磁式电压互感器考虑。

（11）交流PLC滤波器（L1/ L2/C1+TD）。根据工程实际需要，在换流变压器网侧装设高频阻塞及泄放滤波器，用以阻塞和泄放换流器工作中所引起的高频电流进入交流系统，以减少对载波通信的干扰。工程设计中，是否装设交流PLC滤波器应根据工程实际情况确定。若安装此滤波器，安装位置如图3-6、图3-7所示。

（12）交流无线电干扰RI滤波器（C2+TD）。为限制换流器造成的无线电骚扰，避免引起交流开关场内电气设备及交流线路的辐射干扰，可在阀厅旁装设RI滤波器。工程设计中，是否装设交流RI滤波器应根据工程实际无线电干扰限值水平及惯例确定。若安装此滤波器，安装位置如图3-6所示。

三、每极双12脉动换流器单元串联接线

每极双12脉动换流器单元串联接线是指两端直流输电换流站中每极采用2组12脉动单元串联，并与多台换流变压器、换流器控制装置、基本保护和开关装置以及用于换流的辅助设备（如有）组成的运行单元接线。通过每个12脉动换流器两端多个开关的切换操作，可以在每极任意一个12脉动换流器故障的情况下，保持该极的健全单元运行。同时，通过两个12脉动换流器的串联连接，在单个换流阀耐受相同的电压下，可提高单极的运行电压，进而提高单极的输送功率。每极双12脉动换流器单元串联接线示意如图3-8所示。

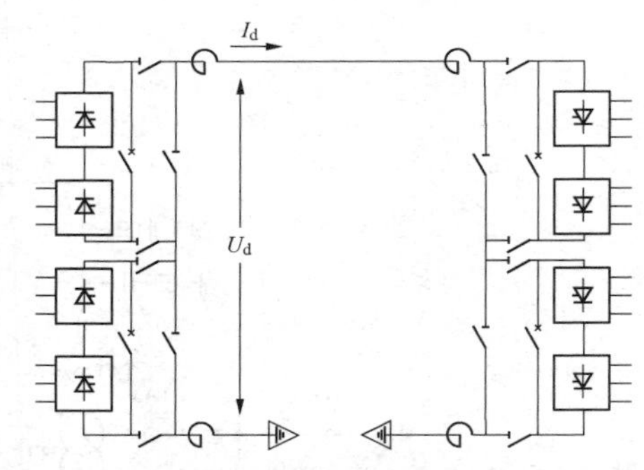

图3-8　每极双12脉动换流器单元串联接线示意图

每个12脉动换流器网侧电压可根据系统要求单独接入500～1000kV电网。为降低换流变压器的制造难度，当直流输电换流站需接入1000kV系统时，宜考虑低压端换流器接入1000kV系统，高压端换流器接入500kV系统。

每个12脉动换流器直流侧电压应经过技术经济比较后确定。以±800kV特高压直流系统为例，前期研究中分别对（600+200）kV、（500+300）kV、（400+400）kV（前者为低压端12脉动换流器两端电压，后者为高压端12脉动换流器两端电压）这几种电压组合方案进行了研究，根据设备制造难度、运输条件及投资费用等，确定每极电压采用（400+400）kV方案。对于±1100kV特高压直流输电换流站而言，则每极电压采用（550+550）kV方案。

根据部分避雷器及电压、电流测量装置等的不同配置情况，每极双12脉动换流器单元串联接线有如下两个示例，如图3-9和图3-10所示。

每极双12脉动换流器单元串联接线的设备配置如下：

（1）换流阀（V1～V4）。每极双12脉动换流器单元串联接线的两个示例中，换流器均按二重阀考虑。

（2）换流变压器（T1～T4）。每极双12脉动换流器单元串联接线的两个示例中，均按单相双绕组变压器考虑。

（3）换流阀避雷器（F1～F5）。用于晶闸管阀的过电压保护。

（4）直流侧避雷器（F6，F9，F10）。用于极线、中性线等设备的过电压保护。

（5）交流侧避雷器（F7，F8）。用于换流变压器交流侧及中性点侧的过电压保护。对于示例二，换流变压器中性点按不配置避雷器F8考虑。

（6）接地开关（ES1～ES4）。在换流变压器阀侧、直流极线和中性线各安装1台接地开关，方便检修。

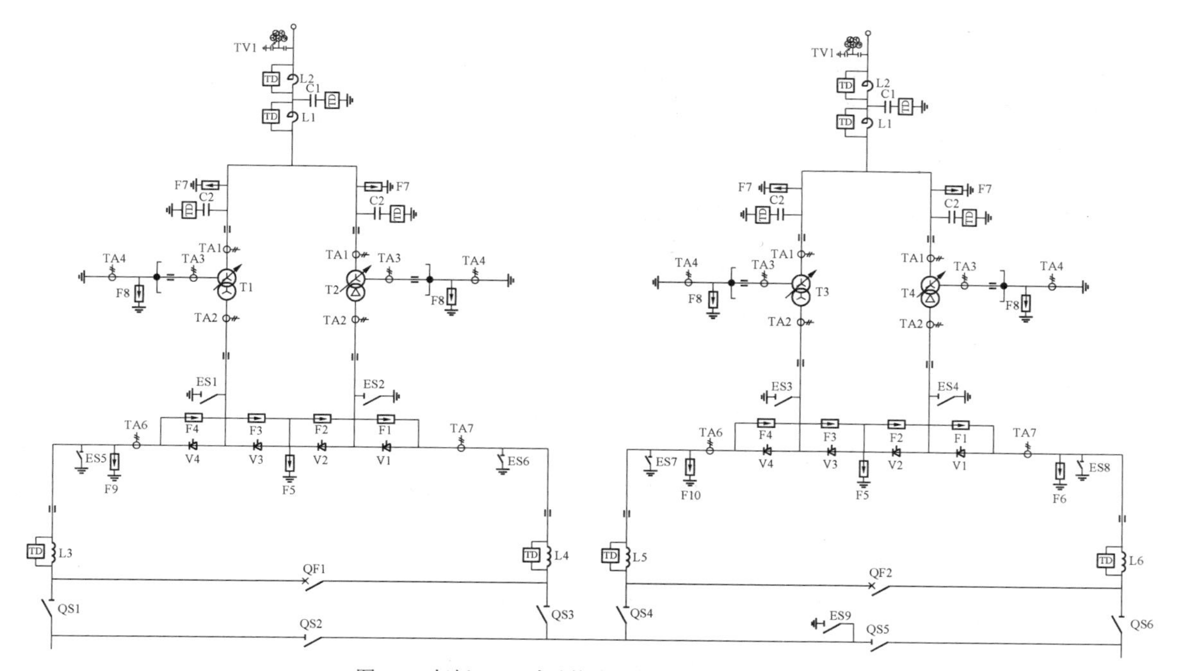

图 3-9 每极双 12 脉动换流器单元串联接线示例一

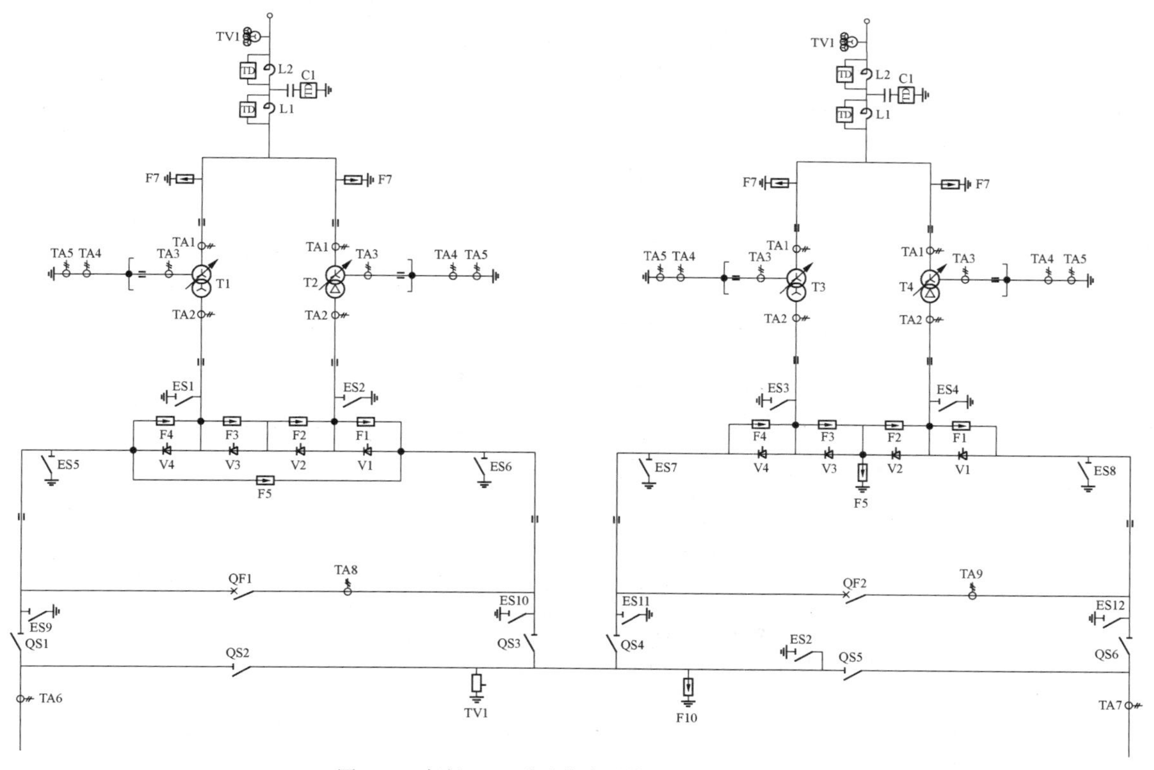

图 3-10 每极双 12 脉动换流器单元串联接线示例二

对于示例一，换流变压器接地开关的配置可考虑两种方案：①每台变压器配置 1 台接地开关；②阀侧 3 台星接换流变压器配 1 台接地开关，阀侧 3 台三角形接换流变压器配 1 台接地开关。后一种方案在近期工程中普遍采用；对于接线示例二，每台换流变压器均配置 1 台接地开关考虑。

（7）电流互感器（TA1～TA5）。用于测量换流变压器各支路电流的装置，按需配置在换流变压器各绕组和中性点处。示例二按配置 TA5 考虑。

（8）直流电流测量装置（TA6～TA9）。用于测量直流回路电流的装置。对于示例一，按安装于换流器极线、极中点以及中性母线处考虑；对于示例二，按安装于换流器极线及旁路支路考虑。

（9）交流电压互感器（TV1）。用于测量换流器单元网侧电压的装置。可选用电容式电压互感器或电磁式电压互感器。对于示例一，按电容式电压互感器考虑；对于示例二，按电磁式电压互感器考虑。

（10）交流 PLC 滤波器（L1/L2/C1＋TD）。工程设计中，是否装设交流 PLC 滤波器应根据工程实际情况确定。若安装此滤波器，安装位置如图 3-9、图 3-10 所示。

（11）交流 RI 滤波器（C2＋TD）。工程设计中，是否装设交流 RI 滤波器应根据工程实际无线电干扰限值水平及惯例确定。若安装此滤波器，安装位置如图 3-9 所示。

（12）直流 RI 滤波器（L3～L6＋TD）。工程设计中，是否装设直流 RI 滤波器应根据工程实际无线电干扰限值水平确定。若安装此滤波器，安装位置如图 3-9 所示。

（13）旁路断路器（QF1，QF2）。为减少单个 12 脉动换流器组故障引起直流系统单极停运的概率，提高直流系统的可用率，同时减少对交流系统的冲击，每个 12 脉动换流器组直流侧装设旁路断路器。

（14）直流隔离开关、接地开关（QS1～QS6，ES5～ES12）。为满足双换流器串联多种运行方式、控制及检修的需要，在 12 脉动换流器直流侧配置了多台隔离开关及接地开关。

四、每极双 12 脉动换流器单元并联接线

每极双 12 脉动换流器单元并联接线是指两端直流输电换流站中每极采用 2 组 12 脉动单元并联，并与多台换流变压器、换流器控制装置、基本保护和开关装置以及用于换流的辅助设备（如有）组成的运行单元接线。通过每个 12 脉动换流器两端多个开关的切换操作，可以在每极任意一个 12 脉动换流器故障的情况下，保持该极的部分运行。同时，通过两个 12 脉动换流器的并联连接，在单个换流阀耐受相同的电流下，可提高单极的运行电流，进而提高单极的输送功率。每极双 12 脉动换流器单元并联接线示意如图 3-11 所示。

每极双 12 脉动换流器单元并联接线在我国应用较少，目前仅 QZ 直流工程有采用，如图 3-12 所示，其主要设备配置如下：

（1）换流阀（V1～V4）。根据不同的直流电压及输送容量，每极双 12 脉动换流器单元并联的换流器可采用二重阀或者四重阀布置。±400kV、1500MW 的 QZ 直流工程采用四重阀。

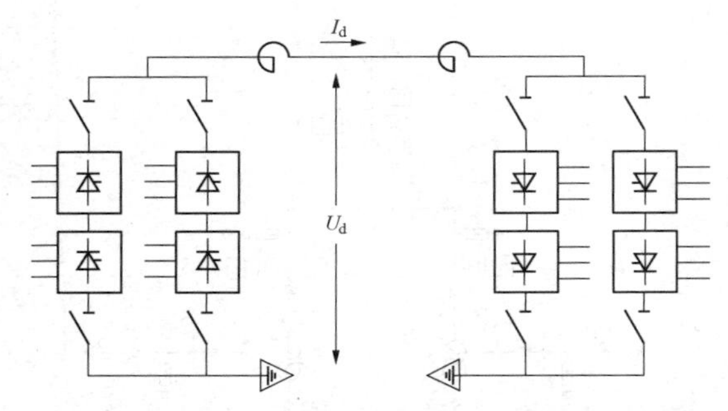

图 3-11　每极双 12 脉动换流器单元并联接线示意图

（2）换流变压器（T1）。根据传输容量的大小，换流变压器可采用不同的类型，QZ 直流工程采用单相三绕组换流变压器。

（3）换流器避雷器（F1～F5）。用于晶闸管阀的过电压保护。

（4）直流侧避雷器（F6，F9）。用于极线，中性线等设备的过电压保护。

（5）交流侧避雷器（F7，F8）。用于换流变压器交流侧及中性点侧的过电压保护。

（6）接地开关（ES1～ES4）。在换流变压器阀侧、直流极线和中性线各安装 1 台接地开关，方便检修。

（7）电流互感器（TA1～TA5）。用于测量换流变压器各支路电流的装置，按需配置在换流变压器各绕组和中性点处。

（8）直流电流测量装置（TA6，TA7）。用于测量直流回路电流的装置，用于直流系统的控制和保护。

（9）交流电压互感器（TV1）。用于测量换流器单元网侧电压的装置。本方案选用电容式电压互感器。

（10）交流 PLC 滤波器（L1/L2/C1＋TD）。工程设计中，是否装设交流 PLC 滤波器应根据工程实际情况确定。本方案按装设考虑，安装位置如图 3-12 所示。

（11）交流 RI 滤波器（C2＋TD）。工程设计中，是否装设交流 RI 滤波器应根据工程实际无线电干扰限值水平及惯例确定。本方案按装设考虑，安装位置如图 3-12 所示。

（12）直流隔离、接地开关（QS1～Q1S2，ES5～ES6）。为满足双 12 脉动单元并联接线的多种运行方式、控制及检修的需要，在 12 脉动阀组直流侧布置了多台隔离开关及接地开关。

（13）平波电抗器（L1）。平波电抗器主要用于抑制直流侧电流和电压陡波对换流器的冲击，以及避免在低直流功率传输时电流断续和降低换相失败率的作用，在换流站主回路中与换流器直流侧串联连接。平波电抗器按绝缘和冷却方式，有油浸式和干式两种。QZ 直流输电工程两端高压直流输电换流站均采用油浸式。

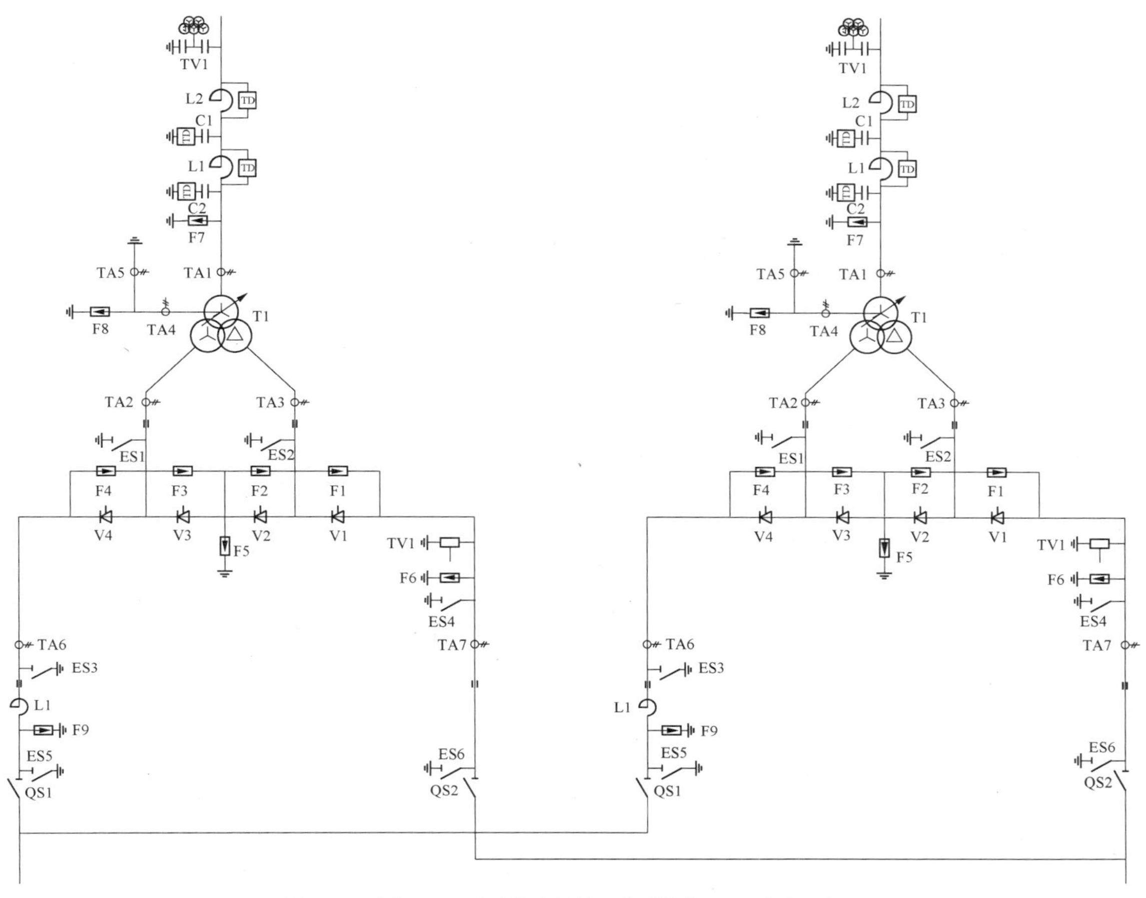

图 3-12　每极双 12 脉动换流器单元并联接线（QZ 直流工程）

五、背靠背换流器单元接线

（一）12 脉动单元一端接地接线

若将换流器单元末端设定为电位零点，则可构成背靠背换流站 12 脉动单元一端接地换流器单元接线（示例一），如图 3-13 所示。

（二）12 脉动单元中点接地接线

若将换流器单元中点设定为电位零点，则可构成背靠背换流站 12 脉动单元中点接地换流器单元接线（示例二），如图 3-14 所示。

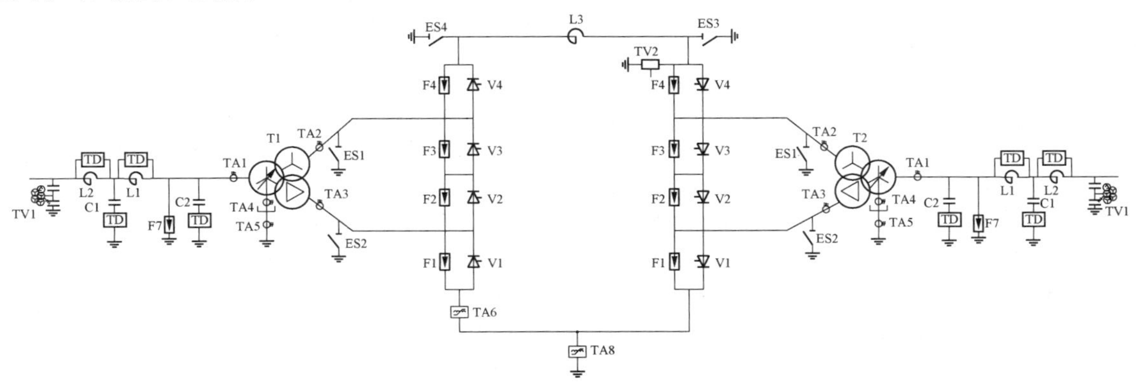

图 3-13　12 脉动单元一端接地接线示意图

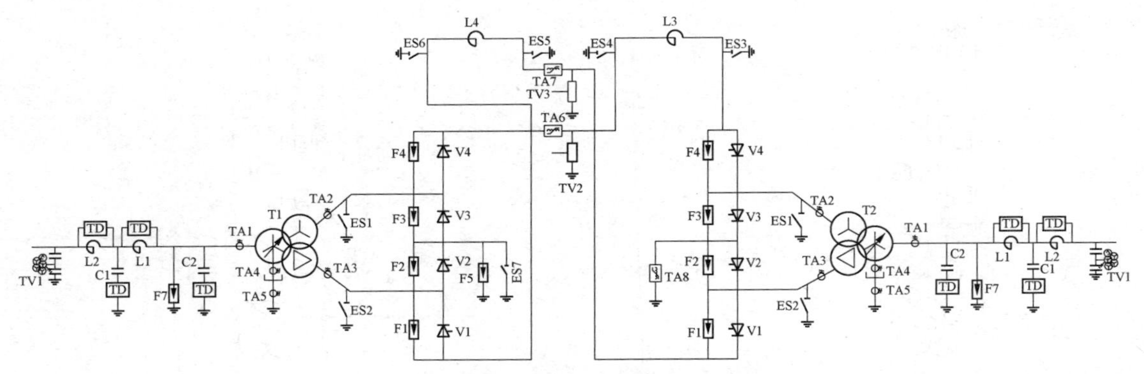

图 3-14　12 脉动单元中点接地接线示意图

两种接线中的设备配置如下：

（1）换流阀（V1～V4）。12 脉动单元一端接地接线中，单极构成 1 组 12 脉动单元接线；12 脉动单元中点接地接线中，双极构成 1 组 12 脉动单元接线，两种接线的换流器均采用四重阀。

（2）换流变压器（T1，T2）。两方案中，换流变压器均按单相三绕组换流变压器考虑。

（3）换流器避雷器（F1～F4）。与换流器单阀并联作为晶闸管阀的过电压保护。

（4）直流侧避雷器（F5）。用于换流器等设备的过电压保护。仅示例二配置该避雷器。

（5）交流侧避雷器（F7）。用于换流变压器交流侧的过电压保护。

（6）接地开关（ES）。为方便检修，对于方案一，在换流变压器阀侧和直流极线安装 1 台接地开关；对于方案二，在换流变压器阀侧、平波电抗器两侧和整流侧中性点各安装 1 台接地开关。

（7）直流电流测量装置（TA6～TA8）。用于测量直流回路电流的装置。对于方案一，直流电流测量装置安装于换流器中性线及接地处；对于方案二，直流电流测量装置安装于换流器极线及接地处。

（8）直流电压测量装置（TV2，TV3）。用于测量换流器极线直流电压的装置。

（9）交流电流互感器（TA1～TA5）。用于测量换流变压器各支路电流的装置，按需配置在换流变压器各绕组、中性点处。

（10）交流电压互感器（TV1）。用于测量换流器单元网侧电压的装置，按电容式电压互感器考虑。

（11）交流 PLC 滤波器（L1/L2/C1＋TD）。工程设计中，是否装设交流 PLC 滤波器应根据工程实际情况确定。两方案均按安装此滤波器考虑，安装位置如图 3-13、图 3-14 所示。

（12）交流 RI 滤波器（C2＋TD）。工程设计中，是否装设交流 RI 滤波器应根据工程实际无线电干扰限值水平及惯例确定。两方案均按安装此滤波器考虑，安装位置如图 3-13、图 3-14 所示。

（13）平波电抗器（L3/L4）。对于单极 12 脉动单元一端接地接线，每单元仅配置一台平波电抗器；对于双极 12 脉动单元中点接地接线，每单元配置两台平波电抗器。

第三节　直 流 侧 接 线

一、一般要求

直流侧接线是指直流一次设备的连接方式。由于背靠背换流站直流侧接线包含在背靠背换流器单元接线中，故本节仅介绍两端直流输电换流站直流侧接线。对于特高压直流输电工程（每极双 12 脉动换流器单元串联接线），与串联相关的旁路断路器和直流隔离开关包含在换流器单元接线中，并进行了描述，在直流侧接线就不再重复。对于两端直流输电换流站而言，其直流侧接线应满足如下所需要的运行方式及功能要求：

（1）直流开关场接线应满足双极、单极大地回线、单极金属回线等基本运行方式。

（2）换流站内任一极或任一换流器单元检修时应能对其进行隔离和接地。

（3）直流线路任一极检修时应能对其进行隔离和接地。

（4）在双极平衡运行方式和单极金属回线运行方式下，直流系统一端或两端接地极及其引线时，应能对其进行隔离和接地。

（5）单极运行时，大地回线方式与金属回线方式之间的转换，不应中断直流功率输送，且不宜降低直流输送功率。

（6）故障极或换流器单元的切除和检修不应影响健全极或正常运行换流器单元的功率输送。

根据上述运行方式及功能要求，我国两端直流输电换流站直流侧均采用双极接线，按极组成，极与极之间相对独立。换流站直流侧按极装设平波电抗器、直流滤波器、直流电压测量装置、直流电流测量装置、各种开关设备、避雷器、冲击电容器、耦合电容器、接地极线路保护装置、基波阻塞滤波器（若需要）、PLC/RI 滤波器（若需要）等设备。两端高压直流输电换流站根据运行方式一般分为整流站和逆变站。

二、整流站直流侧接线

对于两端直流输电换流站，为满足直流系统双极运行、单极大地回线运行和单极金属回线运行等多种方式，直流侧中性线需装设金属回线转换开关 MRTB 和大地回线转换开关 ERTB。在实际工程中，上述直流转换开关通常仅安装在整流站内，图 3-15 为整流站直流侧典型接线。

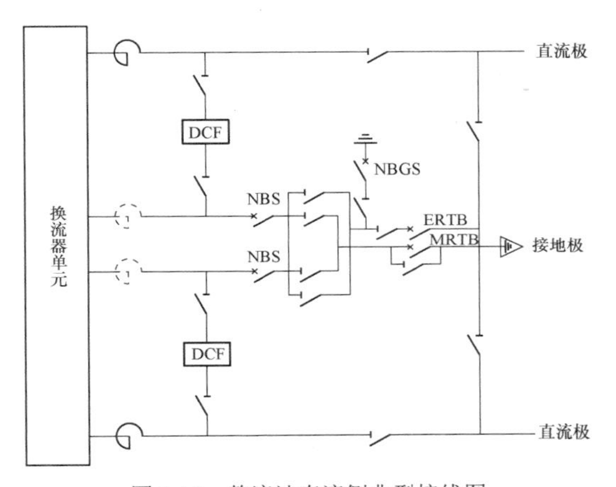

图 3-15 整流站直流侧典型接线图

两端直流输电系统通常采用双极平衡运行，此时两极的电流相等方向相反，中性线电流为很小的不平衡电流（通常小于额定直流电流的 1%）；当一极故障停运或其他原因而转为单极运行时，可选择单极大地回线或单极金属回线运行方式。图 3-16 为单极大地回线与单极金属回线方式之间切换示意图。

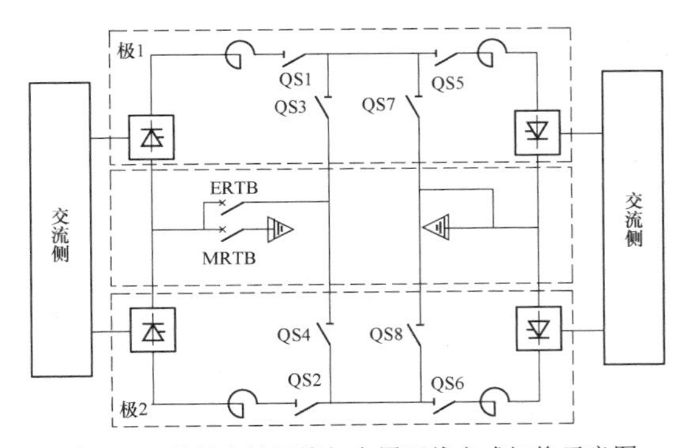

图 3-16 单极大地回线与金属回线方式切换示意图

以下对单极大地回线方式与单极金属回线方式之间的切换进行说明（以极 1 为例）。

极 1 大地回线方式转换为金属回线方式的步骤：

（1）转换前：极 1 大地回线方式的接线状态为 QS1、QS5 和 MRTB 为闭合状态，QS2、QS3、QS4、QS6、QS7、QS8 和 ERTB 为断开状态。

（2）转换步骤：

1）合上 QS4、QS8 和 ERTB，使极 2 导线（金属回线）和大地回线并联连接。

2）断开 MRTB，将大地回线中的电流转移到金属回线，形成单极金属回线运行方式。

（3）转换后：极 1 金属回线方式接线状态为 QS1、QS5、QS4、QS8 和 ERTB 为闭合状态，QS2、QS3、QS6、QS7 和 MRTB 为断开状态。

极 1 金属回线方式转换为大地回线方式的步骤：

1）合上 MRTB，使大地回线与金属回线并联连接。

2）断开 ERTB，将金属回线中的电流转移到大地回线中去。当 ERTB 完全断开后，将 QS4、QS8 断开。极 1 则又回到大地回线方式运行。

根据部分避雷器、电压和电流测量装置以及接地极线路故障定位的不同配置情况，两端直流输电系统整流站有如图 3-17 和图 3-18 所示两个示例。

整流站直流侧接线主要设备配置如下：

（1）中性母线开关（NBS）。换流站的每一极中性线配置一台中性母线开关。当单极计划停运或换流器内发生除接地故障以外的故障时，用来对闭锁的极进行隔离，这种开关能够开断在换流站极内和直流输电线路上所发生的任何故障的直流电流，当一个极内部出现故障时，用来把正常极注入故障点的直流电流转换至接地极线路。

（2）金属回线转换开关（MRTB）。用以将直流电流从单极大地回线转换到单极金属回线，以保证转换过程中不中断直流功率的输送。任何工况下将大地回线转换为金属回线运行时，均不应引起直流功率的中断。

（3）大地回线转换开关（ERTB）。在整流站接地极线与极线之间安装一台大地回线转换开关，将直流电流从单极金属回线转换至单极大地回线。任何工况下将金属回线转换为大地回线运行时，均不能引起直流功率的中断。

（4）中性母线接地开关（NBGS）。在换流站中性线与接地网之间安装一台中性母线接地开关。双极平衡运行方式下，当接地极退出运行时两端换流站的中性母线接地开关自动将中性母线转接到换流站接地网。中性母线接地开关不要求具备大电流的转换能力，但须能在双极平衡运行时打开，以及将双极不平衡电流转换至接地极。

（5）直流隔离开关（QS）。为满足两端高压直流输电系统多种运行方式运行与控制的需要，在直流中

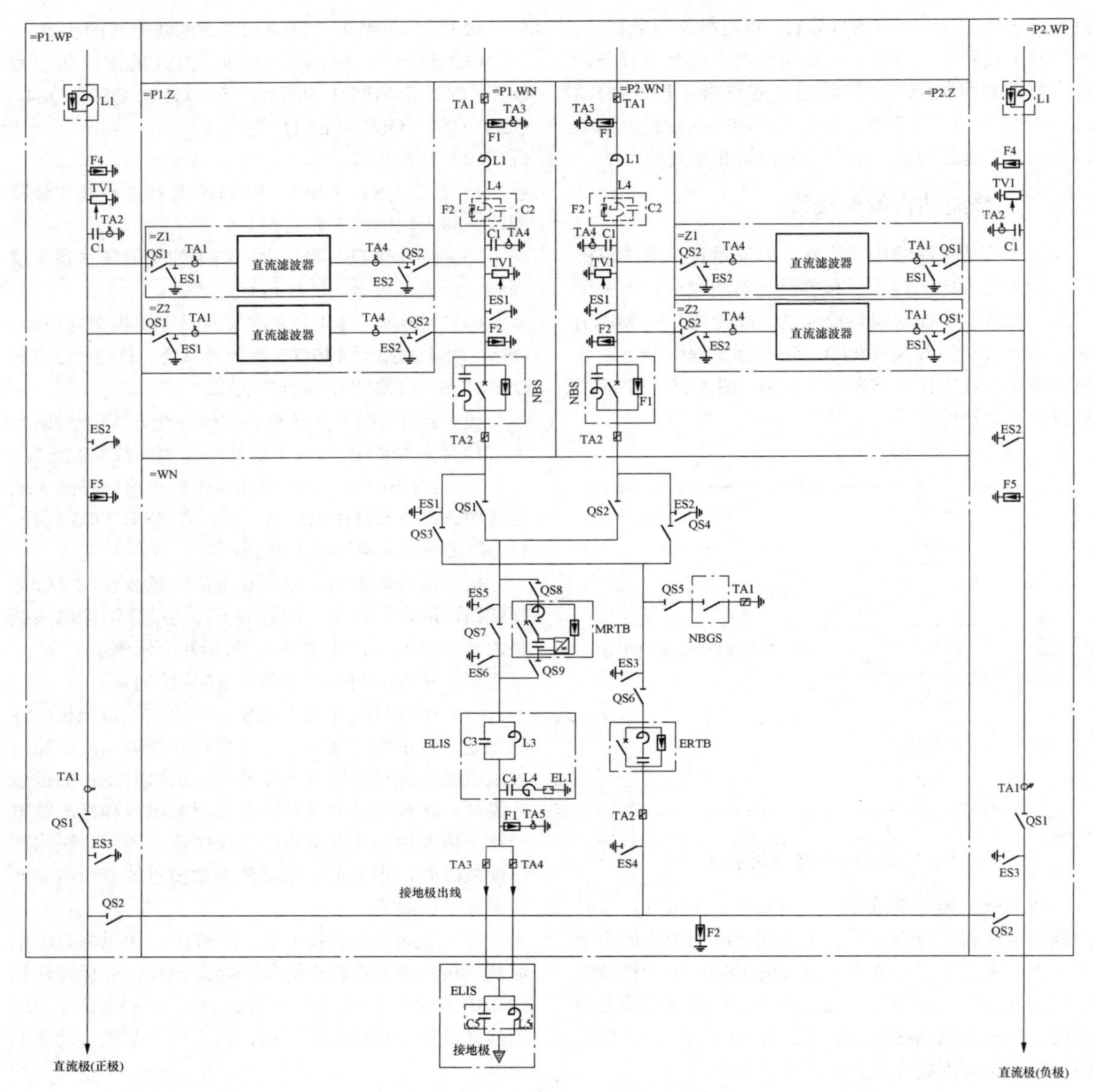

图 3-17　整流站直流侧接线示例一

性母线及直流中性母线与高压母线间布置了多台隔离开关。除了直流滤波器组高压侧隔离开关需具有在正常运行工况下带电投切的能力之外，其他直流隔离开关仅在无电流的情况下，可进行电路的分断或接通。

（6）直流接地开关（ES）。为了安全的目的，在无电压的情况下将直流某部分电路接地或断开接地的开关设备。

（7）直流滤波器（DCF）。安装在极线与中性线之间，与平波电抗器和直流冲击电容器配合，用以抑制高压直流侧、直流输电线路和接地极线路谐波电流或电压，这些谐波可能是特征谐波，也可能是非特征谐波，根据具体工程配置不同类型的滤波器型式及数量。对于特高压直流换流站，考虑直流滤波器的投切策略后，每极两组直流滤波器可共用一组高、低压侧隔离开关。为简化配置，有的特高压直流换流站每极仅配置一组直流滤波器。

（8）直流电流测量装置（TA）。用于测量换流站直流回路电流的装置，通常安装于高压直流线路端以及中性母线和接地极引线处，该装置用于直流系统的控制和保护；用于监测各支路电流，通常安装在中性线避雷器、冲击电容器、直流滤波器各相关支路。

（9）直流电压测量装置（TV）。用于测量换流站直流电压的装置。

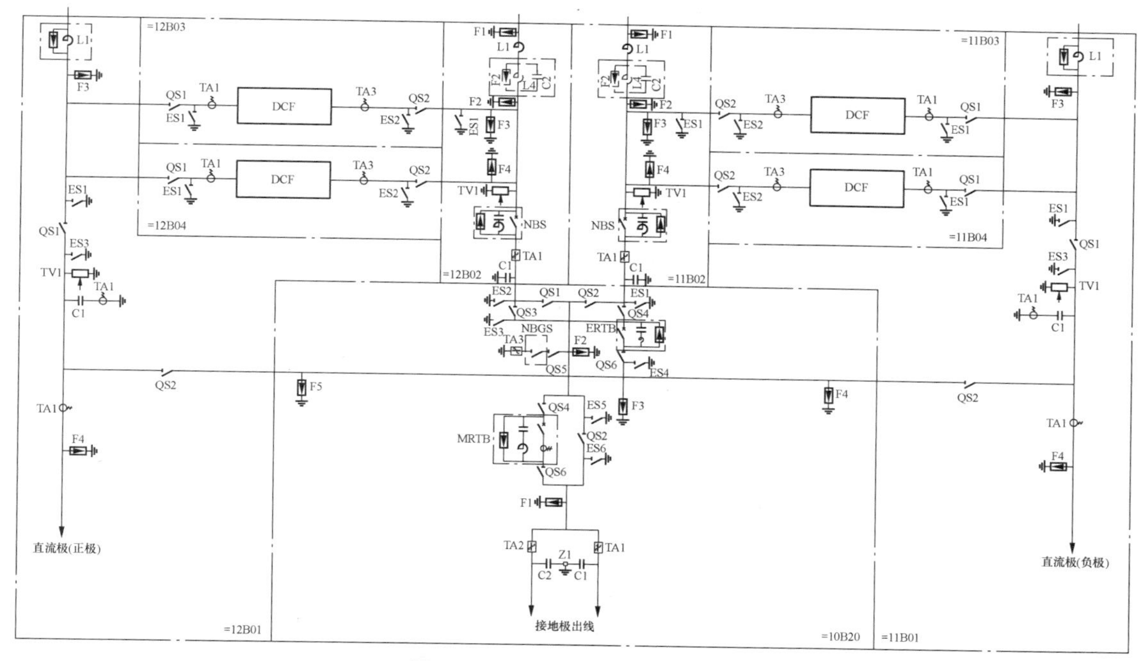

图 3-18　整流站直流侧接线示例二

（10）避雷器（F）。用于直流场各种电气设备的过电压保护。

（11）直流冲击电容器。布置在每极直流中性母线与换流站接地网之间，用于降低施加到换流站设备上的雷电冲击波的幅值和陡度。

（12）接地极线路监视阻断和注流滤波器（ELIS）。一组阻断滤波器布置在换流站接地极出线回路上，另一组布置在接地极极址进线回路上，注流滤波器布置在换流站接地极出线回路上，2 组阻断滤波器和 1 组注流滤波器一并用于监视接地极线路。示例一按采用本技术路线考虑。

（13）接地极线路监视电容器（=10B20－C1＋C2＋Z1）。接地极线路监视电容器布置在两段平行接地极出线间，用于监视接地极线路。示例二按采用本技术路线考虑。

（14）基波阻塞滤波器［=P1（2）WN－L4＋C2］。根据直流回路电气参数计算结果确定是否需要装设基波阻塞滤波器。一般布置在每极中性线上。

（15）直流 PLC 滤波器［=P1（2）WP－C1 和 =11（2）B01－C1］。国内早期直流输电工程在换流器直流出线装设高频阻塞及泄放滤波器，用以阻塞和泄放换流器工作中所引起的高频电流进入直流线路，以减少对载波通信等的干扰，如 GS 直流工程，TG 直流工程、SC 直流工程和 GG Ⅰ 直流工程。自 SG 直流工程以后的工程仅保留 PLC 滤波器电容器及其调谐单元，此电容器同时兼做线路故障定位耦合电容。

（16）直流 RI 滤波器［=P1（2）WP－C1 和 =11（2）B01－C1］。

（17）平波电抗器［=P1（2）WP－L1 和 =11（2）B01－L1］。平波电抗器的设置有以下设置方式：①设置在极线；②设置在中性线；③平均分置在极线和中性线；④不平均分置在极线和中性线。直流工程具体采用何种方式，应根据绝缘配合及直流过电压等情况，经技术经济比较研究后确定。

三、逆变站直流侧接线

与整流站相比，逆变站直流侧一般不装设金属回线转换开关和大地回线转换开关，其他配置同整流站，如图 3-19 所示。图 3-20 和图 3-21 分别对应于整流站示例一和示例二的逆变站直流侧接线。

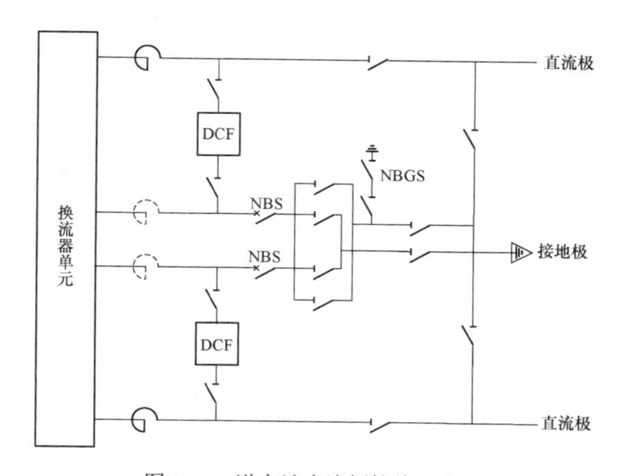

图 3-19　逆变站直流侧接线示意图

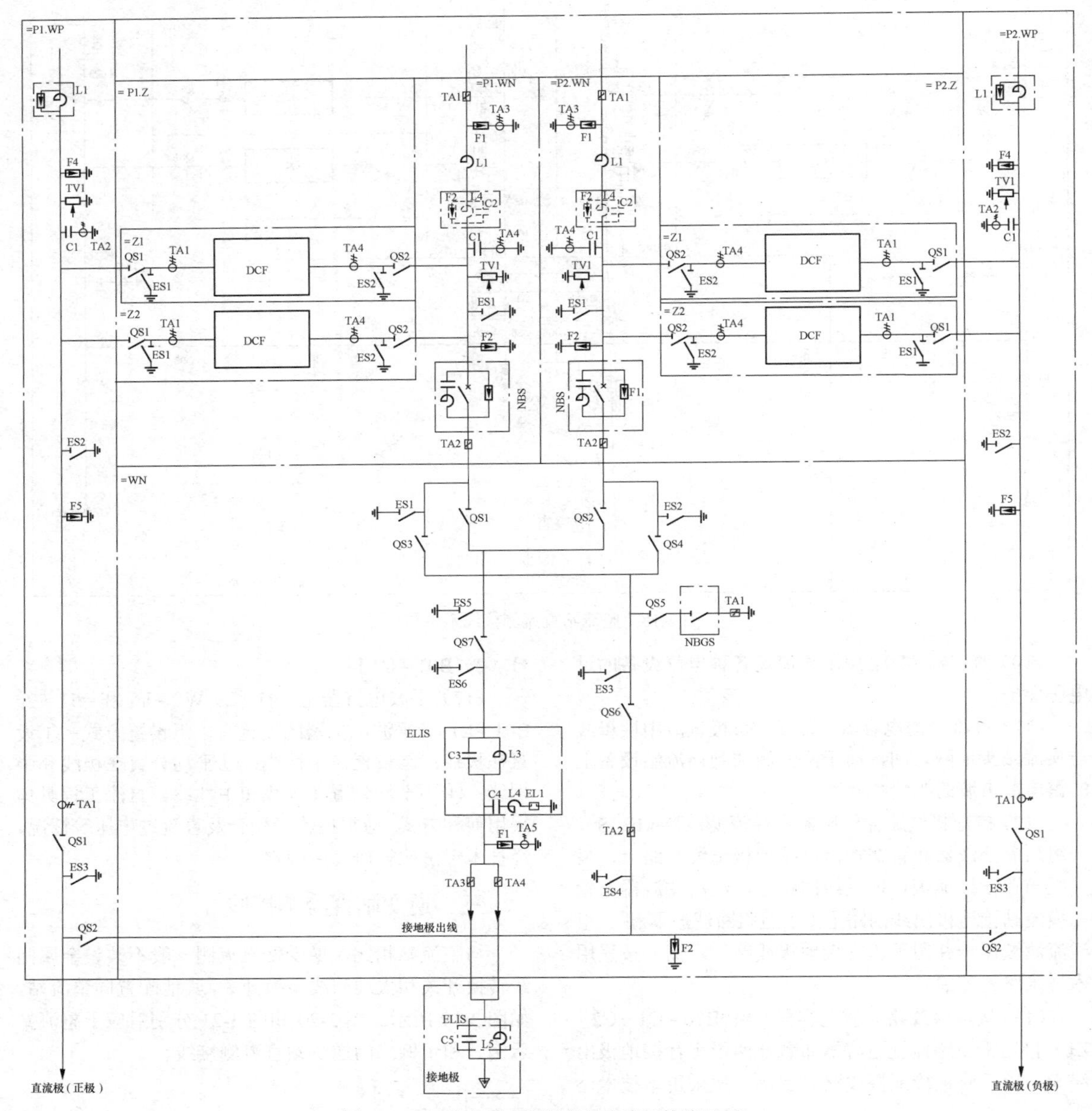

图 3-20　两端高压直流逆变站直流侧接线示例一

四、融冰接线

一般来说，线路融冰需采用专门的融冰装置，但对于特高压直流工程而言，直流侧通过增设融冰接线即能实现线路融冰的需求，融冰接线可根据需要设置于整流站或逆变站。融冰的主要原理是将低端 12 脉动换流器组旁路，将高端 12 脉动换流器组并联，提高直流线路的输送电流，从而满足直流线路的融冰需要。融冰回路可采用隔离开关或是临时跳线连接方式。

与常规接线比较，图 3-22 融冰方案接线需要增加融冰回路和断口，2 组中性母线避雷器以及支柱绝缘子。

换流站由正常运行转为融冰方式运行的开关操作状态如下：

1）正常运行时，换流站采用双极运行方式，每极的 2 个 12 脉动换流器采用串联运行方式；双极极线隔离开关 QS7 闭合，旁路回路中 QS1、QS3、QS4、QS6 开关闭合；旁路回路中旁路断路器 QF1、QF2 和旁路开关 QS2、QS5 断开；金属回线上的 QS8 断开；融冰回路断口 Q31、Q32、Q34、Q35、Q36 断开。

2）当需要由正常运行方式转换为线路融冰运行方式时，首先闭合极 2 低端阀组的旁路断路器 QF2，然后闭合 QS5、打开 QS6、QS4，极 2 低端阀组退出运行；

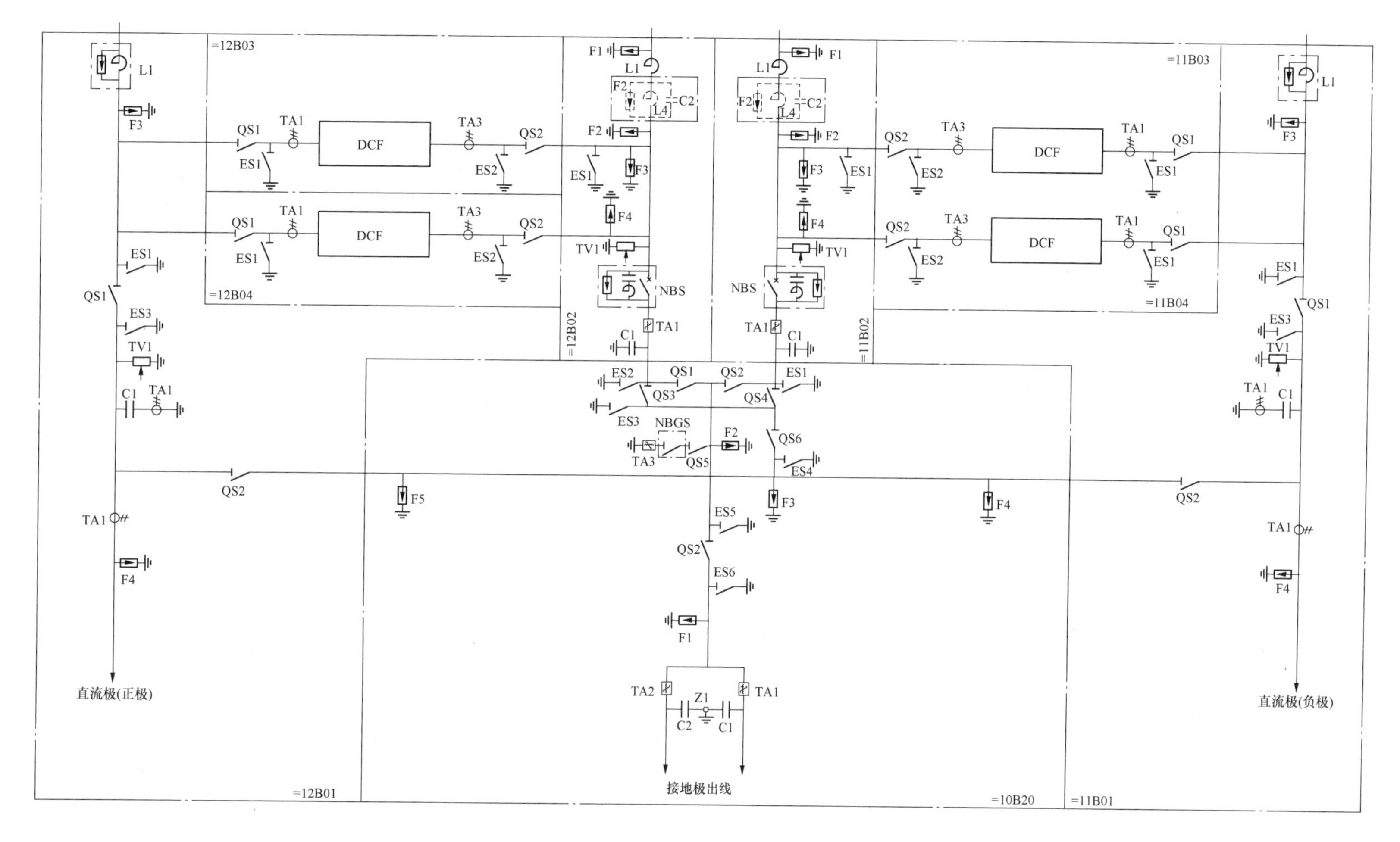

图 3-21 两端高压直流逆变站直流侧接线示例二

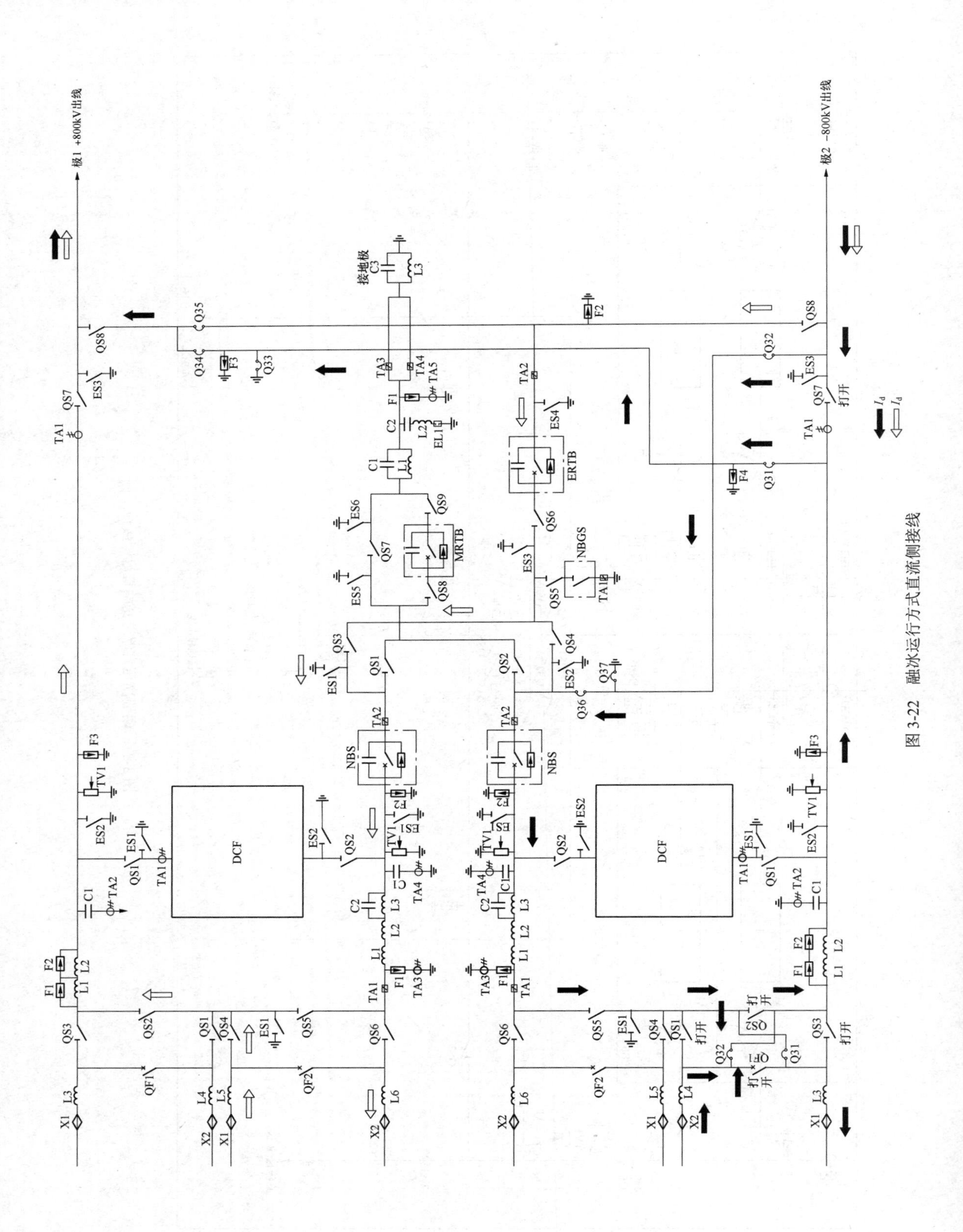

图 3-22 融冰运行方式直流侧接线

然后利用极2高端阀组的旁路回路，断开极2的极线隔离开关QS7和旁路回路中的QS3、QS1，闭合旁路融冰断口Q31、Q32以及融冰回路断口Q31、Q32、Q34、Q35、Q36，控制额定电流I_d从极2高端阀组中的400kV侧流入，并将直流系统的运行电压降为半压；此时极2高端阀组旁路回路中的旁路断路器QF1和旁路隔离开关QS2处于断开状态，通过极性转换断口Q31和Q32将极2与极1并联运行，在退出极2的低端阀组时，同时退出极1的低端阀组；整个直流系统采用直流半压单极两个阀组并联金属回线运行。

3）当覆冰直流线路的融冰要求满足时，通过反向操作上述开关，可将直流系统恢复为正常双极运行方式。

第四节 交流侧接线

一、一般要求

根据高压直流系统输电电压等级、输电容量、近区交流系统情况等因素，确定高压直流系统接入交流侧电压。我国已建成和正在建设的换流站接入交流系统电压包括220、330、500、750kV和1000kV。

换流站交流侧接线，主要包括与直流密切相关的交流开关场接线和交流滤波器场接线。交流开关场接线可细分为：①交流配电装置接线；②交流滤波器区接线；③高压站用变压器接线。高压站用变压器接线参见第九章第一节。

一般而言，交流侧接线选择原则如下：

（1）交流侧接线要与换流站在系统中的地位、作用相适应，根据换流站在系统中的地位、作用确定对电气主接线的可靠性、灵活性和经济性的要求。在满足工程要求的前提下，可选用简单的接线方式。

（2）交流配电装置接线的选择，应考虑换流站接入交流系统的电压等级、进出线回路数、采用设备的情况、负荷的重要性和本地区的运行习惯等因素。

（3）若换流站非一次建成，需考虑近、远期接线的结合，方便接线的过渡。

（4）交流滤波器接线除应满足直流系统要求外，还应满足交流配电装置接线，以及交、直流系统对交流滤波器投切的要求。

二、交流配电装置接线

根据换流站接入交流系统的电压、重要性及配电装置进出线回路数，可采用单母线、双母线、角形接线和3/2断路器等接线型式。

1. 单母线接线

这种接线是母线制接线中最简单的一种接线，仅设一条母线。其特点是：接线简单、清晰，采用设备少、造价低、操作方便、扩建容易，其缺点是：可靠性不高，当任一连接元件故障，断路器拒动、母线故障或母线隔离开关检修时，均将造成整个配电装置全停。单母线接线在我国直流工程中应用较少，仅LB背靠背换流站，图3-23为LB背靠背换流站一期交流配电装置接线。

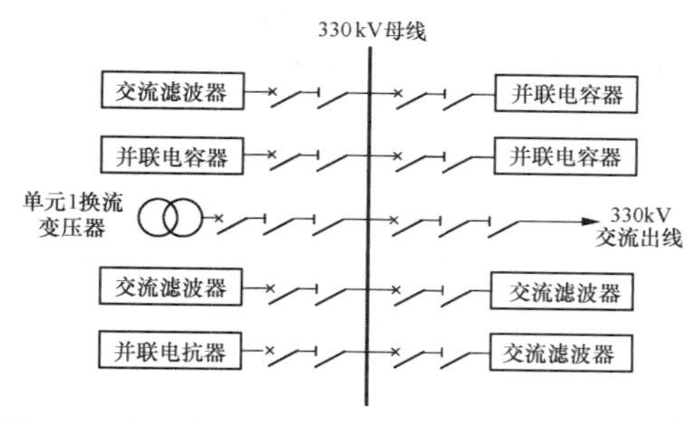

图3-23 单母线接线示意图（LB背靠背换流站一期）

2. 角形接线

当交流配电装置最终进、出线回路数较少（3～5回）时，可采用三～五角形接线。该接线的特点是：投资省，平均每个回路只需装设一台断路器；无汇流母线，接线任一段发生故障，只需切除这一段及其所连接的元件，对系统运行的影响较小；接线成环形，在闭环运行时，可靠性、灵活性较高。其缺点是：任一台断路器检修，都将开环运行，降低了可靠性；继电保护及控制回路较单、双母线复杂；扩建困难，不宜用在有扩建可能的换流站中。目前，我国直流换流站也仅HH背靠背换流站中采用了四角形接线，如图3-24所示。

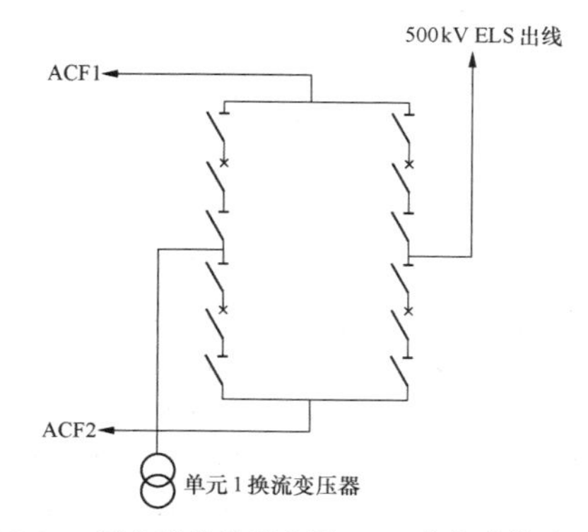

图3-24 四角形接线示意图（HH背靠背换流站）

3. 双母线接线

当换流站接入330kV及以下电压交流系统时，可采用双母线接线。这种接线，每一个元件通过一台断路器和两组隔离开关连接到两组母线上，两组母线间通过母联断路器连接。当换流站交流配电装置的进、出线回路数较多时，为增加可靠性以及运行灵活性，可在双母线中的一条或两条母线上加分段断路器，形成双母线单分段接线或双母线双分段接线。双母线接线特点是：供电可靠性高、调度灵活、方便扩建和调试及检修。缺点是：设备投资较大；隔离开关作为操作电器，运行方式改变和事故处理都需要倒闸操作；母线故障和断路器失灵需切除该段母线所有设备，影响面较大。换流变压器接入220kV及以下交流系统，当交流配电装置进、出回路数为4～9回时，可采用双母线接线；当进、出线回路为10～14回时，可采用双母线单分段接线；当进、出线回路数为15回及以上时，可采用双母线双分段接线。BJ换流站交流配电装置采用双母线接线，LS换流站交流配电装置采用双母线双分段接线。图3-25和图3-26分别为BJ换流站和LS 220kV配电装置接线。

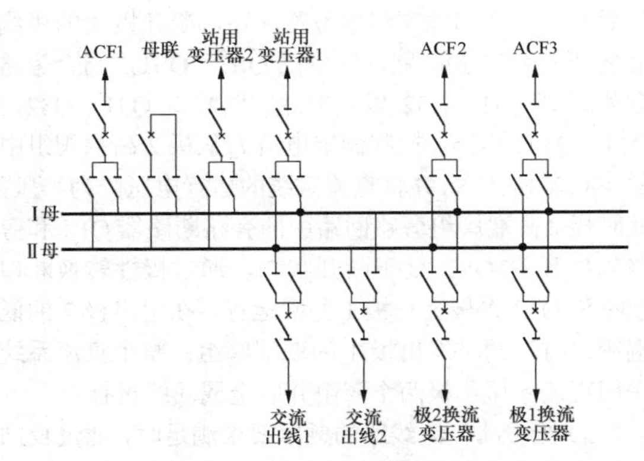

图3-25 双母线接线示意图（BJ换流站）

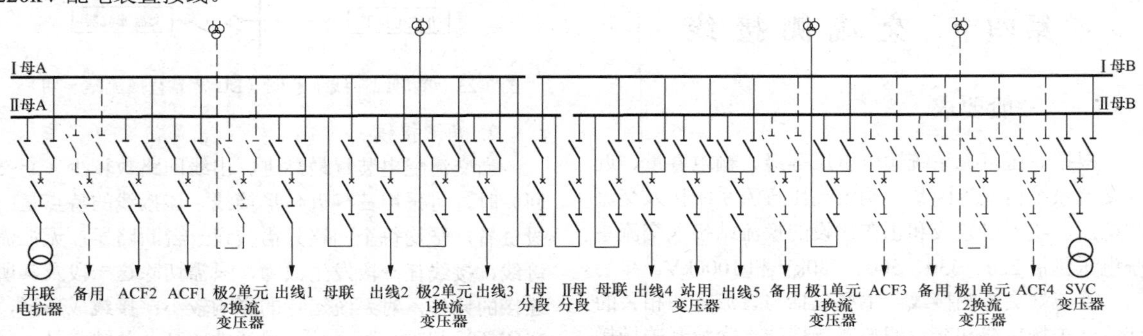

图3-26 双母线双分段接线示意图（LS换流站）

4. 3/2断路器接线

3/2断路器接线有两条主母线，在两条主母线间串接了3台断路器，组成一个完整串，每串中两台断路器之间引出一个回路，每一个回路占有3/2台断路器，这也是3/2断路器接线名称的由来。在每串中还配有检修断路器用的隔离开关、接地开关，保护、测量用的电流互感器，在各元件回路配有三相电压互感器、避雷器，母线上配有单相电压互感器等。3/2断路器接线是一种没有多路集结点，一个回路有两台断路器供电的多环形接线。其特点是：供电可靠性高，检修母线或者任一台断路器不影响供电；运行灵活性高、操作方便；设备检修方便。其缺点是：每个回路需要1.5台断路器，设备投资较大；二次回路、保护回路较复杂。3/2断路器接线在我国高压和特高压电网中有着极其广泛的应用，在直流换流站中也不例外，图3-27为MJ换流站交流配电装置接线。

采用3/2断路器接线的换流站，交流配电装置接线需符合以下原则：

（1）同名回路不宜配置在同一串内，但可接于同一侧母线。

（2）配串应避免引起交流线路发生交叉。

（3）电源线与负荷线宜配置在同一串上。

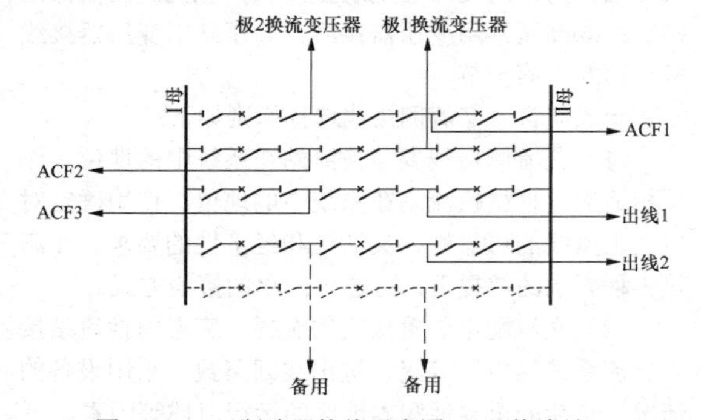

图3-27 3/2断路器接线示意图（MJ换流站）

（4）应避免将换流变压器与联络变压器配串，以防止联络变压器或换流变压器检修或者故障退出运行时，换流变压器或者联络变压器仅通过单断路器运行，降低运行可靠性。对于无法避免的情况，应在联络变压器侧安装隔离开关。

三、交流滤波器区接线

此处所指的交流滤波器区接线，特指交流滤波器及并联电容器的接入方式。交流滤波器区接线应符合下列要求：

（1）交流滤波器及并联电容器额定电压等级一般

应与换流器交流侧母线电压等级相同。

（2）交流滤波器及并联电容器接线除应满足直流系统要求外，还应满足交流系统接线，以及交、直流系统对交流滤波器投切的要求，如全部滤波器投入运行时，应达到满足连续过负荷及降压运行时的性能要求；任一组滤波器退出运行时，均可满足额定工况运行时的性能要求；小负荷运行时，应使投入运行的滤波器容量最小等。

（3）交流滤波器及并联电容器的高压电容器前应设置接地开关。交流滤波器及并联电容器组接入系统的方式有以下四种：

1）交流滤波器大组按选定的母线连接方式接入交流配电装置；

2）交流滤波器大组直接接在换流变压器进线；

3）交流滤波器小组直接接在交流母线；

4）交流滤波器小组直接接在换流变压器进线。

上述四种交流滤波器接入系统方式的接线见图 3-28，其特点见表 3-2。

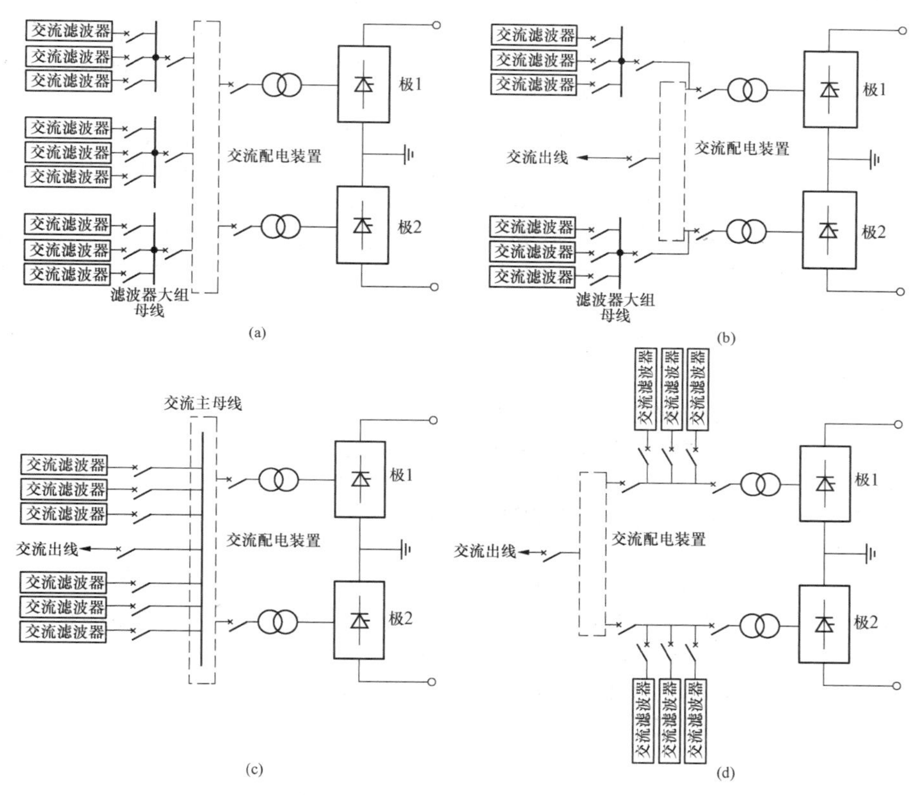

图 3-28 交流滤波器接入系统方式

（a）交流滤波器大组按选定的母线连接方式接入交流配电装置；（b）交流滤波器大组直接接在换流变压器进线；（c）交流滤波器小组直接接在交流母线；（d）交流滤波器小组直接接在换流变压器进线

表 3-2　　交流滤波器接线各方式的特点

编号	接 入 方 式	特 点
1）	交流滤波器大组按选定的母线连接方式接入交流母线	交流滤波器大组接线及交流主母线可靠性高，对双极直流系统，便于交流滤波器双极间的相互备用，滤波器分组开关选用操作频繁的开关，适用于大型直流输电工程
2）	交流滤波器大组直接接在换流变压器进线	交流滤波器按极对应较好，但不便于两极间的相互备用，适用于中型直流输电工程
3）	交流滤波器小组直接接在交流母线	投资较省，便于交流滤波器双极间的相互备用；由于交流滤波器投切频繁，断路器故障率较高，会直接影响母线的故障率，适用于小组数较少的直流输电及背靠背换流站
4）	交流滤波器小组直接接在换流变压器进线	交流滤波器按极对应较好，但不便于两极间的相互备用，适用于小型直流输电工程

在实际工程中，交流滤波器及并联电容器接入系统的方式应结合交流配电装置电气接线的型式及布置等综合考虑之后确定。

第五节 电气主接线示例

我国自1990年葛洲坝—南桥±500kV直流输电工程投入运行，至2018年已有数十项两端直流输电工程和高压直流背靠背换流站工程相继投入运行。

以下对部分较为典型工程做简要的介绍。

一、LB背靠背换流站一期

LB背靠背换流站一期是西北与华中联网工程，系统额定容量为360MW，额定直流电压+120kV，额定直流电流3000A。

LB背靠背换流站一期按一个单极设计，具有双向功率输送能力。接线采用12脉动单元一端接地；换流器高压直流侧接一台平波电抗器，低压直流侧直接接地。联网的两侧均采用单相三绕组换流变压器，根据检修需要，在换流变压器阀侧和直流高压母线上分别配置接地开关。

LB背靠背换流站一期建设规模为330kV和220kV线路各1回。为满足滤波和无功补偿要求，在330kV和220kV侧各装设7组交流滤波器/电容器，每小组容量均为36Mvar，330kV侧为3xHP12/24+1xHP3+3x并联电容器，220kV侧为3xHP12/24+2xHP3+2x并联电容器。为实现换流站无功自补偿，在330kV母线侧装设1组45Mvar可投切电抗器，220kV母线侧装设1组30Mvar可投切电抗器。

330kV和220kV交流侧接线均采用单母线接线；每组交流滤波器/电容器/电抗器通过断路器直接接入单母线。

LB背靠背换流站一期电气主接线参见图3-29（见书后插页图）。

二、GL背靠背换流站一期

GL背靠背换流站一期系统额定容量为2×750MW，额定直流电压±125kV，额定直流电流3000A。

联网规模：本期1500MW，终期3000MW。

背靠背换流器单元：采用12脉动单元中点接地。

直流部分：终期4个单元，每个单元额定输送功率750MW。

500kV交流配电装置：东北侧原有4串，按终期规模扩建3串，本期1个完整串，2个不完整串；华北侧新建5串，本期2个完整串，2个不完整串，预留1串。

无功补偿及交流滤波器配置：东北侧本期装设交流滤波器8小组，2大组，每小组容量126Mvar，最终规模为11小组，3大组。华北侧本期装设交流滤波器8小组，2大组，每小组容量138Mvar，最终规模为15小组，3大组。

GL背靠背换流站一期电气主接线参见图3-30（见书后插页图）。

三、GZB换流站

GZB-SH ±500kV高压直流输电工程是我国第一条直流输电商业项目。GZB换流站通常作为整流站运行。双极输送额定容量为1200MW，额定直流电压±500kV，额定直流电流1200A。

每极采用单12脉动单元接线，采用单相三绕组换流变压器，每台换流变压器容量为237MVA。

直流侧接线考虑双极平衡运行、单极大地回线运行、双极导线并联大地回线运行以及单极金属回线运行四种运行方式，每极可独立运行。按极对称装设有油浸式平波电抗器、直流无源滤波器、直流电压测量装置、直流电流测量装置、直流PLC、直流转换开关、直流隔离开关、直流接地开关、中性点设备及过电压保护设备等。

GZB换流站换流变压器网侧电压为500kV，采用3/2断路器接线，4小组HP11/13交流滤波器、2小组HP24/36交流滤波器通过断路器接入交流配电装置母线。

GZB换流站无功补偿总容量为402Mvar，按4小组HP11/13滤波器、2小组HP24/36滤波器配置，每小组容量为67Mvar，小组通过断路器直接接入500kV交流场母线，不设交流滤波器大组母线。

GZB换流站电气主接线见图3-31（见书后插页图）。

四、BJ换流站

BJ换流站是TG直流输电工程的受端换流站，通常作为逆变站运行。双极输送额定容量为1800MW，额定直流电压±500kV，额定直流电流1800A。

每极采用单12脉动单元接线，选用单相三绕组换流变压器，每台换流变压器容量分别为337MVA。

直流侧接线具有双极平衡运行、单极大地回线运行、双极导线并联大地回线运行以及单极金属回线运行四种运行方式。按极对称装设有油浸式平波电抗器、直流有源滤波器、直流电压测量装置、直流电流测量装置、直流PLC、直流转换开关、直流隔离开关、直流接地开关、中性点设备及过电压保护设备等。

BJ换流站换流变压器网侧电压为220kV，双母线接线，本期9个元件，分别至广州北郊变电站2回、换流变压器进线 2 回、交流滤波器大组进线 3 回、220/10kV 变压器进线 2 回。

BJ 换流站无功补偿总容量为 1100Mvar，按 3 大组、11 小组配置，其中 2 小组 HP3/36 滤波器、4 小组 HP12/24 滤波器、5 小组并联电容器，每小组容量为 100Mvar，每大组作为一个元件接入 220kV 双母线中。

BJ 换流站电气主接线参见图 3-32（见书后插页图）。

五、XR 换流站

XR 换流站是 GGⅡ回直流输电工程送端换流站，通常作为整流站运行。双极额定输送容量为 3000MW，额定直流电压为±500kV，额定直流电流为 3000A。

每极采用单 12 脉动单元接线。选用单相双绕组换流变压器，每台换流变压器额定容量为 297MVA。

直流侧采用前文示例二接线，具有双极平衡运行、单极大地回线运行以及单极金属回线运行方式，考虑双极平衡接地网临时运行方式，不考虑单极双导线并联运行方式。按极对称装设有油浸式平波电抗器、直流无源滤波器、直流电压测量装置、直流电流测量装置、直流 PLC、直流转换开关、直流隔离开关、直流接地开关、中性点设备及过电压保护设备等。

XR 换流站网侧电压为 500kV，采用 3/2 断路器接线方式。远期 12 回交流 500kV 出线，2 回换流变压器进线，3 回交流滤波器大组进线，1 回站用变压器回路，共 18 个元件，组成 9 个完整串。本期 6 回交流 500kV 出线，2 回换流变压器进线，3 回交流滤波器大组进线，1 回站用变压器回路，共 12 个元件，组成 5 个完整串和 2 个不完整串。

XR 换流站无功补偿总容量为 1400Mvar，按 3 大组、10 小组配置，其中 4 小组 HP11/13 滤波器、3 小组 TT 3/24/36 滤波器以及 3 小组并联电容器，每大组作为一个元件接入 500kV 串中。

XR 换流站电气主接线参见图 3-33（见书后插页图）。

六、MJ 换流站

MJ 换流站是 HL 直流输电工程受端换流站，通常作为逆变站运行。双极额定输送容量为 3000MW，额定直流电压为±500kV，额定直流电流为 3000A。

每极采用单 12 脉动单元接线。选用单相双绕组换流变压器，每台换流变压器额定容量为 285.2MVA。

直流侧采用前文示例一接线，具有双极平衡运行、单极大地回线运行以及单极金属回线运行方式，考虑双极平衡接地网临时运行方式，不考虑单极双导线并联运行方式。按极对称装设有油浸式平波电抗器、直流无源滤波器、直流电压测量装置、直流电流测量装置、直流 PLC、直流转换开关、直流隔离开关、直流接地开关、中性点设备及过电压保护设备等。

MJ 换流站交流网侧电压为 500kV。500kV 采用 3/2 断路器接线，采用罐式断路器。交流 500kV 远景出线 4 回，换流变压器回路 2 回，大组交流滤波器 3 回，共 9 个元件，组成 4 个完整串、1 个不完整。本期交流 500kV 出线 2 回，换流变压器回路 2 回，大组交流滤波器回路 3 回，组成 3 个完整串、1 个不完整串。

MJ 换流站无功补偿总容量为 1830Mvar，按 3 大组、12 小组配置，其中 3 小组 HP11/13 滤波器、3 小组 HP24/36 滤波器、6 小组并联电容器，每大组作为一个元件接入 500kV 串中。

MJ 换流站电气主接线参见图 3-34（见书后插页图）。

七、ZZ 换流站

ZZ 换流站是 HZ 直流输电工程受端换流站，通常作为逆变站运行。双极额定输送容量为 8000MW，额定直流电压为±800kV，额定直流电流为 5000A。

每极采用双 12 脉动单元串联接线，每个换流器单元串联电压按（400+400）kV 分配。

选用单相双绕组换流变压器，每台换流变压器额定容量为 376.6MVA。

直流侧采用典型方案一接线，具有完整双极平衡运行、1/2 双极平衡运行、完整单极大地回线运行、1/2 单极大地回线运行、完整单极金属回线运行、1/2 单极金属回线运行以及一极完整、另一极 1/2 不平衡运行方式。按极对称装设有平波电抗器、直流滤波器、直流电流测量装置、直流电压测量装置、旁路断路器、直流转换开关、直流隔离开关、直流接地开关、中性点设备及过电压保护设备等。

ZZ 换流站交流网侧电压为 500kV，500kV 采用 3/2 断路器接线，远景按 8 回 500kV 交流线路出线、4 回换流变压器进线、4 大组交流滤波器，共 16 个电气元件接入串中，组成 8 个完整串。本期 6 回交流线路出线、4 回换流变压器进线、4 大组交流滤波器，共 14 个电气元件接入串中，组成 6 个完整串和 2 个不完整串。2 台 500/35kV 变压器分别接入 500kV GIS 1M、2M 母线。

ZZ 换流站无功补偿总容量为 4940Mvar，按 4 大组、19 小组配置，其中 2 小组 HP3 滤波器、8 小组 HP12/24 滤波器、9 小组并联电容器，每大组作为一个元件接入 500kV 串中。

ZZ 换流站电气主接线参见图 3-35（见书后插页图）。

八、PE换流站

PE换流站是NG直流输电工程送端换流站，通常作为整流站运行。双极额定输送容量为5000MW，额定直流电压为±800kV，额定直流电流为3125A。

每极采用双12脉动单元串联接线，每个换流器单元串联电压按（400+400）kV分配。

选用单相双绕组换流变压器，每台换流变压器额定容量为250.2MVA。

直流侧采用典型方案二接线，具有完整双极平衡运行、1/2双极平衡运行、完整单极大地回线运行、1/2单极大地回线运行、完整单极金属回线运行、1/2单极金属回线运行以及一极完整、另一极1/2不平衡运行方式。按极对称装设有平波电抗器、直流滤波器、直流电流测量装置、直流电压测量装置、旁路断路器、直流转换开关、直流隔离开关、直流接地开关、中性点设备及过电压保护设备等。

PE换流站交流网侧电压为500kV，500kV采用3/2断路器接线，远景8回交流出线、4回换流变压器进线、4大组交流滤波器，共16个电气元件接入串中，组成8个完整串。本期5回交流线路出线、4回换流变压器进线、4大组交流滤波器，共13个电气元件接入串中，组成6个完整串和1个不完整串。

PE换流站无功补偿总容量为2880Mvar，按4大组、18小组配置，其中2小组HP3滤波器、4小组DT 11/24滤波器、4小组DT 13/36滤波器、8小组并联电容器，每大组作为一个元件接入500kV串中。

PE换流站电气主接线参见图3-36（见书后插页图）。

九、TZ换流站

TZ换流站是XT直流输电工程受端换流站，通常作为逆变站运行。双极额定输送容量为10000MW，额定直流电压为±800kV，额定直流电流为6250A。

每极采用双12脉动单元串联接线，每个换流器单元串联电压按（400+400）kV分配。

选用单相双绕组换流变压器，每台换流变压器额定容量为488.69MVA。

直流侧采用典型方案一接线，具有完整双极平衡运行、1/2双极平衡运行、完整单极大地回线运行、1/2单极大地回线运行、完整单极金属回线运行、1/2单极金属回线运行以及一极完整、另一极1/2不平衡运行方式。按极对称装设有平波电抗器、直流滤波器、直流电流测量装置、直流电压测量装置、旁路断路器、直流转换开关、直流隔离开关、直流接地开关、中性点设备及过电压保护设备等。

TZ换流站低端换流变压器接入交流1000kV，1000kV采用3/2断路器接线，换流站1000kV交流侧与TZ 1000kV变电站1000kV配电装置合建。合建后1000kV配电装置远景规模按为：8回1000kV交流线路出线、4回1000kV降压变压器、2回低端换流变压器进线、2大组交流滤波器，共16个元件接入串中，组成8个完整串；本期4回1000kV交流线路出线、1回1000kV降压变压器、2回低端换流变压器进线、2大组交流滤波器，共9个元件，组成2个完整串和5个不完整串。

TZ换流站高端换流变压器接入交流500kV，500kV采用3/2断路器接线，远景按6回500kV交流线路出线、2回换流变压器进线、3大组交流滤波器、1组调相机，共12个电气元件接入串中，组成6个完整串。本期6回交流线路出线、2回换流变压器进线、3大组交流滤波器，共11个电气元件接入串中，组成5个完整串和1个不完整串。1台500/35kV变压器分别接入500kV GIS 2M母线。

TZ换流站1000kV无功补偿总容量为3360Mvar，按2大组、10小组配置，其中6小组HP12/24滤波器、4小组并联电容器，每大组作为一个元件接入1000kV串中。

TZ换流站500kV无功补偿总容量为3255Mvar，按3大组、14小组配置，其中8小组HP12/24滤波器、1小组HP3滤波器、5小组并联电容器，每大组作为一个元件接入500kV串中。

TZ换流站电气主接线参见图3-37（见书后插页图）。

第四章

过电压与绝缘配合

第一节 过电压与绝缘配合研究概述

一、过电压与绝缘配合研究的主要内容和目的

换流站过电压与绝缘配合研究包括绝缘配合研究和过电压研究两部分：绝缘配合研究的主要内容是确定换流站内避雷器参数和配置方案、各设备绝缘水平、空气净距要求以及配电装置区雷电保护要求；过电压研究的主要内容则是通过仿真整个换流站系统在各种故障情况下避雷器承受的冲击和过电压水平，确定避雷器吸收能量要求，进而对绝缘配合研究结论进行校验和完善。

根据换流站自身的特点，过电压研究又可以分为直流过电压研究和交流过电压研究两个方面：直流过电压研究主要关注直流避雷器的故障响应特性，交流过电压研究主要关注交流避雷器和阀避雷器的故障响应特性。

对换流站进行绝缘配合研究时，应综合考虑换流站内电气设备在系统中可能承受的各种作用电压（工作电压和过电压）、保护装置的特性和设备绝缘对各种作用电压的耐受特性，合理确定设备必要的绝缘水平，降低设备造价、维护费用和设备绝缘故障引起的事故损失，以使工程在经济和安全运行上总体效益最高。在设计时，应做到：既不因绝缘水平过高使设备造价太贵，造成不必要的浪费；也不会因绝缘水平过低，使设备在运行中的事故率增加，导致停电损失和维护费用大增，最终造成经济上的浪费。

绝缘配合研究应针对换流站内所有设备提出必要的保护措施，包括无间隙金属氧化物避雷器、特殊控制功能和其他形式的保护，例如在断路器上加装合闸电阻或选相合闸装置，在晶闸管阀内装设正向过电压保护触发装置等。

二、过电压与绝缘配合研究的方法和步骤

（一）绝缘配合的一般方法

绝缘配合的方法主要有惯用法、统计法和简化统计法。

1. 惯用法

惯用法是按作用在绝缘间隙上的最大过电压和间隙的最小绝缘强度的概念进行绝缘配合的方法。惯用法简单明了，但由于间隙的冲击放电电压具有随机性，间隙的最小绝缘强度难以确定，因此无法估计绝缘故障的概率以及概率与配合系数之间的关系，故这种方法对绝缘的要求偏严。

2. 统计法

统计法认为过电压的幅值以及绝缘间隙的放电电压都是随机变量，根据其统计特性计算绝缘间隙发生闪络故障的概率。通过增加间隙的距离，使得发生故障的概率降低到可以被接受的程度，从而合理地确定绝缘距离。统计法不仅能定量地给出绝缘配合的安全程度，还可综合比较绝缘距离增加导致的成本升高及发生闪络事故造成的经济损失，取二者总和最小的原则进行优化设计。统计法实施的困难在于需要考虑的随机因素较多，某些统计规律还有待认识，故障率的确定相当复杂。

3. 简化统计法

为了便于计算，假定过电压及绝缘放电概率的统计分布均服从正态分布。IEC 60071-2—2018《绝缘协调 第2部分：应用指南》及GB 311.2—2013《绝缘配合 第2部分：使用导则》，均推荐采用出现的概率为2%的过电压作为统计（最大）过电压 U_s，再取闪络概率为10%的电压作为绝缘的统计耐受电压 U_w，在不同统计安全系数 $\gamma=U_w/U_s$ 的情况下，计算出绝缘的故障率 R。根据技术经济比较，在成本与故障率间协调，定出可以接受的 R 值，再根据相应的 γ 及 U_s 确定绝缘水平。

（二）换流站过电压与绝缘配合研究的基本步骤

近年来，随着金属氧化物避雷器特性的不断改善，

避雷器已经逐渐成为换流站内过电压保护的重要手段，同时也是设备绝缘的最后一道防线。换流站内设备的绝缘水平也都是基于避雷器的保护水平来确定的。因此，换流站内过电压保护和绝缘配合研究离不开避雷器的配置方案，具体的研究步骤如下：

（1）根据电气主接线方案和主回路参数研究结论并结合以往工程经验，初步确定避雷器的整体配置，包括避雷器的布置、额定电压、伏安特性、配合电流、残压等。一般来说，根据工程经验可以给出换流站的避雷器典型参数选择和配置方案。

（2）对换流站内可能出现的各种过电压，包括暂时过电压、操作过电压和雷电过电压等进行分析研究，得出代表性过电压，根据设备上的代表性过电压水平或保护水平，综合考虑各部分影响因素后取相应的配合因数，可初步得出满足性能指标的设备绝缘水平。

（3）确定避雷器能量要求，校核实际流过避雷器的电流幅值是否超过配合电流，如有必要则进行调整，最终确定换流站避雷器的配置方案及设备绝缘水平。

图 4-1 给出了绝缘配合研究程序流程。

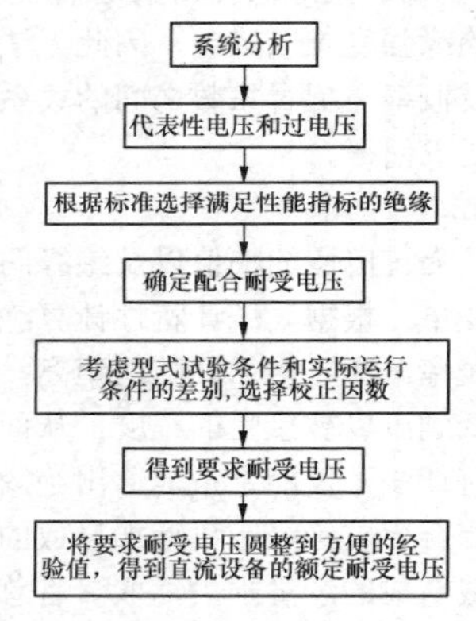

图 4-1 绝缘配合研究程序流程图

第二节 过 电 压 保 护

一、暂时过电压

（一）暂时过电压产生原因

暂时过电压是由于运行操作或发生故障，使电力系统在经历过渡过程以后重新达到某种暂时稳定的情况下所出现的超过额定值的电压。暂时过电压的特点是持续时间较长，具有不衰减或弱衰减的（以工频或其倍频、分频）振荡特性。

换流站暂时过电压根据其作用的区域可分为交流侧暂时过电压和直流侧暂时过电压两类。

1. 交流侧暂时过电压

与交流变电站类似，换流站的暂时过电压由线路空载、接地故障和甩负荷等因素引起。交流侧暂时过电压的成因在此不再赘述，下面详细介绍由换流站自身特点所引起的暂时过电压成因。

（1）换流变压器饱和过电压。换流站交流母线上装设有大量的滤波器及无功补偿电容，容易产生换流变压器涌流饱和过电压。它包括：

1）在正常及各种事故操作时，变压器饱和产生的励磁涌流含有丰富的谐波，如果有一个或多个谐波电流满足谐振条件，在低阻尼网络中将产生较高的谐波电压并导致过电压。由于换流站内交流滤波器和容性无功补偿装置的存在，将导致谐振情况更为严重，可能引起在低次谐波频率（如 2 次、3 次）下发生的谐振，且谐振过电压持续时间较长（可能达到数秒）。

2）电容性电流在系统阻抗上引起电压升高，使换流变压器饱和，也可能达成稳态谐振条件，从而引发谐振过电压。

上述两类过电压是振荡性、小阻尼、弱衰减的，不仅幅值高，持续时间也较长。

（2）换流站甩负荷过电压。由于换流变压器正常工作的需要，换流站一般配有大量的无功补偿装置。当换流器停运或由于其他原因导致换流站无功负荷显著变化时，将导致交流母线电压上升，无功补偿装置提供的过多无功功率将引起过电压并导致变压器饱和。在短路比较小的情况下，该过电压尤其严重。

2. 直流侧暂时过电压

直流侧暂时过电压主要是由于交流侧暂时过电压直接传导至直流侧产生或者是由于交流基波电压侵入直流侧进而通过谐振放大产生。对于前者，其源头来自于交流侧暂时过电压，作用于直流侧设备绝缘，直接作为直流阀避雷器的考核指标。对于后者，当直流主参数配置不当、谐振频率接近工频时，将会形成谐振，交流基波将会被放大，引起长期过电压。

（二）暂时过电压抑制措施

1. 断路器加装合闸电阻或选相合闸装置

对于换流变压器投入时励磁涌流引起的过电压，可通过在换流变压器进线断路器处装设合闸电阻或选相合闸装置来加以限制。

当换流站无功补偿设备与系统感性阻抗在低次谐波频率下达到谐振条件时，换流变压器投入时的励磁涌流将作为电流源对谐振回路不断激励，导致变压器饱和过电压幅值高、持续时间长。如果在断路器合闸前预串入适当的电阻，加强对涌流的阻尼，会减小谐波电压；若采用选相合闸装置，其可与断路器机械特性配合，进行分相操作，保证各相在合适的电压、电流相角时合闸。计算表明，加装合闸电阻或选相合闸装置均可以有效限制空载变压器合闸引起的过电压。

2. 换流器合理控制调节

换流站甩负荷引起的过电压，在某些工况下可以通过换流器的控制调节加以限制。

（1）甩负荷发生在交流侧工况。当故障清除时，交流母线电压恢复，无功补偿装置开始提供无功功率，而换流器尚未投入运行，会导致无功功率过剩产生过电压。此时如果通过换流器控制，在交流母线电压恢复的同时让换流器立即恢复换相运行并从交流电网获取无功功率（不存在延迟），则可以有效限制甚至避免甩负荷过电压。

（2）甩负荷发生在双极直流系统的单极工况。此时，即 50%甩负荷，可以通过暂时提高未受影响的极中的直流电流，使正常极的无功功率需求量提高，从而降低甚至避免甩负荷的影响。

在直流双极停运的工况下，不能通过换流器控制调节来限制甩负荷过电压。

3. 快速切除无功补偿

直流双极停运时，如果甩负荷过电压过高，则需要考虑采取快速切除无功补偿设备的措施来加以限制。

在这种工况下，交流滤波器和并联电容器大组及小组进线回路的断路器应具备开断相应容性电流的能力。

二、缓波前操作过电压

（一）缓波前操作过电压产生原因

缓波前操作过电压是瞬态过电压的一种，其特点是持续时间短，波前时间一般在 20～5000μs，持续时间小于 20ms，通常具有强阻尼的振荡或非振荡特性。

缓波前操作过电压一般是由于误触发、故障、分合闸或类似的操作引起的。换流站内的操作过电压根据其发生的位置可以分为交流侧母线操作过电压、换流器内部操作过电压和直流线路操作过电压。

1. 交流侧母线操作过电压

交流侧母线操作过电压主要是由交流侧的断路器分合闸操作或故障引起的。引起交流母线操作过电压的操作和故障有以下几类：

（1）线路合闸和重合闸。当两端开路的线路在一端（首端）投入到交流系统时，通常在线路的另一端（末端）产生较高的操作过电压，而线路首端的过电压水平则相对较低。这是由于空载线路合闸时，合闸处产生的操作冲击波沿线路传播，至开路的线路末端时电压波发生全反射，从而产生较高的过电压。

（2）投入和重新投入交流滤波器或并联电容器。在投入滤波器时，因滤波电容器电压与交流母线电压相位不一致，将产生操作过电压。最严重的情况是滤波器刚刚退出，还未彻底放电，而因为某种原因需再次投入，此时如果电容器残压与交流母线电压刚好反相，则会造成严重的操作过电压。

（3）对地故障。当交流系统中发生单相短路时，由于零序阻抗的影响，会在健全相上感应出操作过电压。对于直流换流站来说，交流侧通常为中性点直接接地系统，因此这种操作过电压一般不太严重。

2. 换流器内部操作过电压

交流母线操作过电压有可能通过换流变压器传导至换流阀侧，而成为换流器故障的初始条件。同样，在直流侧产生的操作过电压也有可能通过平波电抗器传递到阀侧。此外，阀厅内产生操作过电压的其他原因还有换流阀故障、阀误触发、通信故障以及失去控制脉冲等。

引起换流器内部操作过电压的原因主要有以下两种：

（1）交流侧操作过电压。交流侧操作过电压可以通过换流变压器传导到换流器。由于交流母线避雷器的保护作用，传导到直流侧的过电压通常不对直流设备产生过大的应力。但一般在考虑换流器内部短路时，都假设交流母线电压为避雷器保护水平，以保证设备安全。

（2）短路故障。在换流器内部发生短路故障时，由于直流滤波电容器的放电和交流电流的涌入，通常会在换流器本身和直流中性点等设备上产生操作过电压。最典型的短路工况是换流变压器阀侧出口至换流阀之间对地短路。

3. 直流线路操作过电压

直流线路上产生操作过电压的情况主要有以下两种：

（1）在双极运行时，一极对地短路，将在健全极产生操作过电压。这种操作过电压除影响直流线路塔头设计外，还影响两侧换流站直流配电装置区过电压保护和绝缘配合设计。过电压的幅值除与线路参数相关外，还受两侧电路阻抗的影响。

（2）对空载的线路不受控充电（也称空载加压）。当直流线路对端开路，而本侧以最小触发角解锁时，将在开路端产生很高的过电压。这种过电压不但能加在直流线路上，而且也可能直接施加在对侧直流配电装置和未导通的换流器上。

（二）缓波前操作过电压抑制措施

1. 断路器加装合闸电阻

通过加装合闸电阻可以有效限制由断路器操作引起的过电压。

2. 配置选相合闸装置

在换流变压器进线断路器及交流滤波器小组断路器配置选相合闸装置，通过选相合闸装置同断路器机械特性配合，分相操作，可保证各相在合适的电压、电流相角时合闸，从而有效限制操作过电压。

3. 合空线路操作顺序控制

当换流站交流配电装置投运时，可以让第一回投入的线路首先带电，在达到稳定状态后，再接到换流站交流母线上，这样可以避免在交流配电装置设备上造成大的操作过电压。

4. 配置交流滤波器及电容器最短投入时间保护

目前的换流站控制保护系统中，均配备交流滤波器和电容器最短投入时间保护，并要求电容器装设放电电阻。在投入交流滤波器和并联电容器之前将电容器上的剩余电压泄放至较低水平，可避免产生过高的操作过电压。

5. 站控中协调两端换流站的解锁顺序

通过在站控中协调两端换流站的网络状态和解锁顺序，避免对开路的直流线路直接施加电压，可以避免在空载直流线路开路端产生过高的过电压。

6. 极控中增加联锁功能

通过在换流站极控中增加联锁功能，避免换流器小角度解锁，可以有效限制直流线路空载加压引发的操作过电压。

三、陡波前过电压

（一）陡波前过电压产生的原因

陡波前过电压是瞬时过电压的一种，其特点是持续时间非常短，波前时间一般在 0.1μs 以内，持续时间小于 3ms。陡坡前过电压通常是单极性的，并叠加有振荡。

陡波前过电压一般是由于近距离反击雷闪络或故障引发的。通常在换流站内，以下两种故障情况会在换流器中产生陡波过电压：

（1）对地短路。当处于高电位的换流变压器阀侧出口到换流阀之间对地短路时，换流器杂散电容上的极电压将直接作用在闭锁的一个阀上，对阀产生陡波过电压。

（2）部分换流器中换流阀全部导通和误投旁通对。当两个或多个换流器串联时，如果某一换流器全部阀都导通或误投旁通对，则剩下未导通的换流器将耐受全部极电压，造成陡波过电压。

（二）陡波前过电压抑制措施

避雷器是限制陡波前过电压的主要手段。由于避雷器在陡波冲击下的保护水平比在标准雷电冲击下更高，因此在确定设备绝缘陡波冲击耐受试验值时应考虑这一因素的影响。

四、雷电侵入波保护

通过在换流站内合理布置避雷针、避雷线，可以防止雷直击换流站内电气设备，或将直击雷过电压限制在设备绝缘耐受水平以内。但雷击交、直流输电杆塔或线路时，雷电过电压亦可沿进线段线路侵入换流站交、直流配电装置区，危害换流站内设备绝缘。此处重点介绍换流站的雷电侵入波防护，换流站直击雷防护详见第八章。

（一）雷电侵入波过电压产生原因

全线架设避雷线的输电线路，雷电侵入波过电压主要由以下两种情况产生：

（1）雷电击中杆塔或避雷线时，雷电流通过杆塔入地，由于杆塔波阻抗的作用，在塔身上产生较高的雷电过电压，当过电压幅值超过导线与杆塔相对地绝缘耐受能力时绝缘击穿造成反击放电，导致雷电过电压传导至导线上，并传导至两端换流站。

（2）雷电绕过避雷线的保护击中导线时，雷电流注入导线，并通过导线传导至两端变电站/换流站内，危害站内设备绝缘。这种情况又称为绕击。

（二）雷电侵入波过电压抑制措施

抑制换流站雷电侵入波过电压的主要措施为装设避雷器及进线段保护等。

对于雷电侵入波过电压，换流站可分为三个区域：①换流站交流侧，即从交流线路入口到换流变压器的网侧端子；②换流区域，即从换流变压器的阀侧端子到直流平波电抗器的站侧端子之间；③换流站直流配电装置区，即从直流线路入口到直流平波电抗器的线路段。交流侧设备上的雷电过电压是由交流输电线路传入的，直流配电装置设备上的雷电过电压是由直流输电线路和接地极线路传入的。对于换流区域的设备，由于有换流变压器和平波电抗器的抑制作用，来自于交、直流侧的雷电波传递到该区域后，其波形类似操作波波形，因此应按操作冲击配合考虑。

换流站交流母线产生雷电过电压的原因与常规交流变电站相同。由于换流站安装有多组交流滤波器和电容器组，它们对雷电过电压有一定的限制作用，因此换流站交流设备上的雷电过电压一般低于常规交流变电站。

直流侧设备上的雷电过电压是由雷绕击直流线路（含接地极）或雷击直流线路（含接地极）杆塔后反击线路产生的雷电侵入波造成的。进线段杆塔的避雷线保护角应设计成有效屏蔽，减小进线段杆塔避雷线保护角和杆塔接地电阻，尽量降低进线段发生绕击的概率，并通过在直流配电装置安装避雷器来保护直流侧设备。来自直流输电线路的雷电侵入波，首先由直流极线避雷器进行限制，传递到各直流设备上的雷电过电压，由相应位置上的避雷器加以限制。由于换流变压器和平波电抗器的屏蔽作用，换流变压器阀侧设计中一般可不考虑雷击引起的过电压。接地极线路的雷电侵入波，主要由中性母线避雷器和接在中性母线入口处的冲击电容器来限制，冲击吸收电容器对雷电侵入波的抑制效果明显。

在单极金属回线运行方式下，当雷电侵入波来自金属回线的直流输电线路时，由于直流输电线路杆塔耐雷水平较高，雷电侵入波幅值也较高，当此雷电侵入波传递到直流配电装置的中性母线时，会在中性母线上产生较高的雷电过电压。因此，在中性母线防雷设计时，应特别考虑单极金属回线运行方式下的雷电侵入波过电压。与交流侧相同，直流配电装置避雷器的安装位置也应尽量紧靠被保护的设备，若距离较大，应根据具体工程的设计，通过仿真计算来验证，以得到最好的防雷效果。

典型的±500kV 换流站、±800kV 换流站及背靠背换流站避雷器配置方案及参数见本章第四节。

（三）雷电侵入波过电压计算方法

变电站和换流站的雷电侵入波过电压计算方法主要有防雷分析仪计算法、补偿法和电磁暂态仿真法等。其中前两种方法主要是在过去计算机技术不发达的时期，采用模拟法或等效回路来进行过电压计算的方法，由于模拟受到设备条件限制、计算量庞大等原因，这些方法对过电压的测量和计算结果与实际情况拟合程度不高。目前广泛采用的方法是利用电磁暂态仿真软件对变电站和换流站建立仿真模型，再通过雷电模型将雷电流注入线路或杆塔，从而计算雷电侵入波过电压，即电力系统数字仿真。电磁暂态仿真软件有PSCAD/EMTDC、ATP/EMTP 等。

雷电侵入波过电压的计算可以分为以下两个步骤：第一步，利用电磁暂态分析软件建立雷电侵入波仿真模型；第二步，通过仿真研究雷电侵入波在系统中的传播过程，从而确定设备上可能出现的雷电过电压幅值。

1. 系统建模

（1）雷电流模型。雷电过电压计算中，采用斜角波形模拟雷电流，即可满足计算要求，大大简化了计算过程。对于峰值为 I_m、波头时间为 t_2 的雷电流波形，认为其在波头时间 t_2 内是均匀上升的，上升率为 I_m/t_2。其中波头时间 t_2 一般取 2.6μs。采用这种波形，雷击过程可以按彼得逊法则等效，将雷电等效为一电流源，雷电通道波阻抗一般随着雷电流幅值增大而减小，反击时雷电通道波阻抗一般为 300～400Ω，绕击时波阻抗一般为 600～900Ω。我国电力行业标准并未对计算用雷电流幅值予以明确规定。对于交流线路杆塔，反击计算中雷电流幅值可取 150～250kA。对于直流杆塔，反击耐雷水平宜根据具体塔型及杆塔接地阻抗进行研究后确定，或保守考虑按 260kA 选取。绕击雷电流幅值则根据电气几何模型来确定。

（2）绝缘闪络模型。工程计算中常用的绝缘闪络判据为相交法，即绝缘子串两端实际电压波形与标准雷电波下的伏秒特性曲线相交，或在其首个波峰下降沿与 50%放电电压相交，即判为闪络。在电磁暂态仿真软件中，通过逻辑运算比较实现闪络判据的输入。

（3）杆塔及线路模型。考察换流站近区线路时，杆塔可采用多波阻抗模型，线路采用频率相关模型。建模时，根据换流站交直流侧的线路参数，包括导地线型号、外径、20℃直流电阻、分裂数目、分裂间距及平均大地电阻率等，按照杆塔结构的排列方式建立线路模型。

（4）避雷器模型。电磁暂态仿真软件直接提供的避雷器模型为单一的非线性电阻模型，采用分段线性化方法来拟合其伏安特性。实际工程应用中，避雷器的伏安特性曲线可以通过向厂家咨询或查阅产品样本获得。

（5）设备模型。在雷电冲击波的作用下，由于冲击波传播速度快，雷电侵入波等值频率较高，作用时间短（微秒级），因此站内设备（如变压器、电压互感器、隔离开关、电抗器及断路器等）均采用入口电容来等效，这一参数由设备厂家提供。站内导线一般应按分布参数考虑，气体绝缘输电线路（gas insulated treansmission line，GIL）波阻抗应由设备厂家提供，平波电抗器、交直流滤波器内电抗器和电容器按实际电感值和电容值建模。

2. 仿真分析

通常在进行雷电侵入波分析时，除了考虑正常工况外，还需考虑主变压器、出线 *N*–1 的运行方式。所谓的 *N*–1，是指在整个系统中考虑出现一个元件（主变压器、出线、母线）故障（或检修）而退出运行的工况。仿真分析应取各类工况下设备过电压最严重值作为仿真结果。

（四）绝缘配合及防雷可靠性评价

根据雷电侵入波计算结果，仿真计算出各类工况下最大雷电过电压之后，可以通过绝缘配合及海拔修正方法计算出设备的雷电耐受过电压水平，对设备绝缘进行校验。绝缘配合及海拔修正计算方法详见本章第四节及第五节相关内容。

按照绝缘配合的惯用法，如果计算出的各设备所要求的雷电耐受电压均低于设备相应绝缘水平，则可认为所采用的避雷器配置方案满足绝缘配合要求，在避雷器的保护之下各电气设备的绝缘能够承受雷电侵入波过电压的侵害。

为了对换流站内防雷可靠性作出直观评价，目前较多地采用统计法来分析换流站防雷可靠性。在此基础上，将可能的雷电流幅值与雷击进线段位置、导线工作电压、线路雷电冲击绝缘强度和运行方式作为区间随机变量，将雷电流幅值与陡度视为线性相关，按区间组合统计法进行计算分析，得到换流站的雷击平均无故障水平年。

统计法将过电压和绝缘强度均视为随机变量，根据设备绝缘水平反推最大允许雷电过电压及危险雷电流大小，计算雷击故障率，进而得出平均无故障时间。对于换流站，平均无故障时间宜取1500年以上。

第三节 过 电 压 研 究

在换流站过电压研究中，一般在确定的避雷器配置方案和主要参数的条件下进行研究，其主要目的是验证在各种工况下，流过避雷器的电流是否超过参数初选时确定避雷器保护水平的配合电流，并在避雷器的吸收能量与保护水平之间折中选取最优方案。

直流换流站中过电压研究的工具主要是高压直流模拟装置和电磁暂态计算程序，如EMTDC/PSCAD。

一、研究的过电压事件

过电压研究本质上就是研究在各种工况（事件）下各避雷器上的响应特性。研究事件的类型直接决定了过电压仿真研究中的系统模型方案。在过电压研究中，通常需要考虑的主要事件见表4-1，不同事件对避雷器的作用见表4-2。

表4-1　过电压研究中避雷器需要考虑的主要事件

事件①	避雷器类型								
	FA1、FA2	A	V、B	M	CB、C	E	DR	DB、DL	FD1、FD2
直流极线接地故障						×	×	×	×
从直流线路侵入的雷电冲击						×	×	×	×
从直流线路侵入的缓波前过电压						×		×	×
从接地极引线侵入的雷电冲击						×			
阀交流侧相接地故障			×	×		×	×		
三脉动换流组电流中断			×						
六脉动换流组电流中断			×	×					
单极运行时失去直流返回路径或换相失败						×			
交流侧接地故障和运行操作	×	×	×	×	×	×	×		×
从交流系统侵入的雷电冲击	×	×							
站的屏蔽失效（如果适用）			×	×	×				

① 一些事件的发生概率太低而不必考虑。

注 1. ×—表示该类型避雷器起作用。
2. FA1、FA2—交流滤波器避雷器；A—阀侧避雷器；V—阀避雷器；B—桥避雷器；M—中点避雷器；CB—换流器母线避雷器；C—单元避雷器；E—中性母线避雷器；DR—直流平波电抗器避雷器；DB—直流母线避雷器；DL—直流线路/电缆避雷器；FD—直流滤波器避雷器。

表4-2　不同事件对避雷器的作用

事　件	快波前和陡波前过电压作用		缓波前和暂时过电压作用	
	电流	能量	电流	能量
直流极线接地故障	E、FD1、FD2	E、FD1、FD2	DB、DL、DR、E	E
从直流线路侵入的雷电冲击	DB、DL、DR、E、FD1、FD2			

续表

事　件	快波前和陡波前过电压作用		缓波前和暂时过电压作用	
	电流	能量	电流	能量
从直流线路侵入的缓波前过电压			DB、DL、E、FD1、FD2	
从接地极引线侵入的雷电冲击	E			
换流阀的交流相接地故障	V、B		DR、V、B、E、M	V、B、E、M
三脉动换流组电流中断			V、B	V、B
六脉动换流组电流中断			M、V、B	M、V、B
单极运行时失去直流返回路径或换相失败			E	E
交流侧接地故障和运行操作	FA1、FA2	FA1、FA2	V、B、C、CB、A、FA1、FA2、DR、E、FD1、FD2、M	V、B、A、E、FD1、FD2
从交流系统侵入的雷电冲击	A、FA1、FA2			
站的屏蔽失效（如果适用）	V、B、C、CB、M			

二、建模的要求

（一）系统模型的总体要求及划分

在过电压研究时，为了实现对实际系统的准确模拟，理想的模型应能够在各种频率范围内均有效（与实际系统反应特性一致）。然而让所有网络器件模型在全频范围内有效是难以实现的，因此，对应不同频率范围应采用不同的模型参数对各类元件进行表征。举例来说，在研究稳态或短时工况时，元件杂散参数对其响应特性的影响基本可以忽略；而在研究暂态或瞬时过程时，模型元件的杂散参数可能成主导，研究的频率越高，其杂散参数带来的影响就越大。

表4-3给出了各类过电压的典型频率范围及其起因，供建模时参考。

表4-3　过电压的典型频率范围及其起因

典型的频率范围	主要代表过电压	过电压产生的原因
0.1Hz～3kHz	暂时过电压	变压器励磁（铁磁谐振）；甩负荷；接地故障发生和清除，线路发生谐振
50Hz～20kHz	缓波前过电压	出线端接地故障；近区故障；合闸/重合闸
10Hz～3MHz	快波前过电压	雷电侵入波；断路器重击穿；站内故障
1～50MHz	陡波前过电压	隔离开关操作；GIS内的故障；闪络

（二）模型的划分

在进行过电压研究时，可以将换流站系统模型分为三个部分，如图4-2所示。

（1）交流部分，主要包括换流变压器网侧、交流母线及交流滤波器区域。

（2）直流部分，主要包括换流变压器阀侧、换流单元、直流滤波器、直流极母线及中性母线区域。

（3）直流线路部分，主要包括直流架空线路或电缆、接地极线路以及接地极区域。

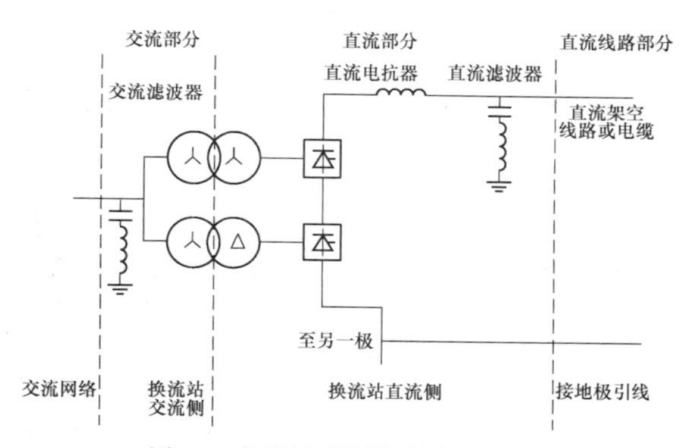

图4-2　换流站系统模型划分示意图

（三）过电压研究模型要求

1. 交流部分

（1）缓波前和暂时过电压。模型包括安装在换流站交流侧的所有设备（包括换流变压器），换流变压器的饱和特性是过电压研究中的关键参数。模型能够在几百赫兹频率范围内尽可能准确地模拟交流母线以及交流滤波器避雷器的特性。

1）换流站附近的交流网络应采用详细的三相模型或合适的等效模型。

2）模型应包括换流站交流出线及邻近的变压器（正确模拟饱和特性）及换流器。

3）可以采用从换流站看向交流系统的等效网络

模型来模拟交流侧系统，但应考虑在各谐振频率上可能产生阻尼的负荷的影响。

（2）快波前和陡波前过电压。

1）交流线路和母线等应采用高频参数模型。

2）交流滤波器元件应包括杂散电感和电容。

3）如果过电压波在交流线路上传播的时间超过研究事件的整个计算时间，交流线路可采用波阻抗模型表示。

4）带有绕组设备的杂散电容可用对地和并联在设备两端的集中电容表示。

5）在过电压所对应的频率范围（参见表 4-3）内考虑避雷器的特性。

6）接地系统、接地引线以及闪络电弧（放电通道）应采用合适的模型。

2. 直流部分

（1）缓波前和暂时过电压。换流站内直流侧设备应采用合适的等效模型，包括直流换流阀、直流平波电抗器、直流滤波器、直流避雷器和电容器等。模型能够在几百赫兹频率范围内尽可能准确地模拟避雷器特性，需要考虑控制保护系统对过电压的作用，尤其是在计算暂时过电压时。

（2）快波前和陡波前过电压。直流侧设备模型应考虑杂散电感和杂散电容。带有绕组设备的杂散电容可用对地和并联在设备两端的集中电容表示。在过电压所对应的频率范围（参见表 4-3）内考虑避雷器的特性。由于控制和保护系统对快速瞬态过电压来不及响应，因此其对快波前和陡波前过电压的作用无需考虑。

3. 直流线路部分

（1）缓波前和暂时过电压。模型能够从直流到 20kHz 频率范围内尽可能准确地模拟直流线路及接地极引线，能够在几百赫兹频率范围内尽可能准确地模拟直流极母线和中性母线避雷器特性。

（2）快波前和陡波前过电压。直流线路、接地极引线及母线应使用高频参数模型，如果过电压波在所研究事件时间内不发生反射或者反射波不与事件波过程相叠加，那么线路可以用波阻抗模型模拟。线路绝缘子 50%闪络电压决定了此类过电压的幅值。在过电压所对应的频率范围（参见表 4-3）内考虑避雷器的特性。接地系统、接地引线以及闪络电弧（放电通道）应采用合适的模型。

第四节　绝　缘　配　合

换流站绝缘配合计算的主要目的有两个：①合理提出换流站内各设备、空气间隙的绝缘要求（包括设备绝缘水平、空气净距、绝缘子爬距等要求）；②明确过电压保护装置的配置方案（如避雷器、合闸电阻等设备的参数和配置方案）。

换流站绝缘配合计算通常可分为参数初选和最终验证两个阶段。在参数初选阶段，主要对换流站内避雷器进行初步配置，并根据避雷器的初选参数对设备的绝缘水平进行初步估计；在最终验证阶段，将对避雷器的参数和设备绝缘水平进行详细分析和验证。在对工程进行详细设计时，通常采用电磁暂态仿真计算的手段，校验各种工况下避雷器的配置参数和设备的绝缘水平是否满足要求。

一、避雷器配置及参数初选

（一）避雷器的典型配置

1. 避雷器的配置原则

总的来说，换流站内避雷器的配置原则是“分区保护、各司其职”，具体体现为以下 3 个方面：

（1）交流侧产生的过电压由交流侧避雷器来限制。

（2）直流侧产生的过电压由直流侧避雷器来限制。

（3）重要设备由与之直接并联的避雷器来保护。

2. 避雷器的配置方案

（1）每极单 12 脉动换流站单极典型避雷器配置方案。每极单 12 脉动换流站单极典型避雷器配置方案如图 4-3 所示。需要指出，图中涵盖换流站可能使用的所有避雷器，但具体工程设计时可根据实际条件进行取舍。在某些工况下，根据被保护设备的过电压耐受水平及其他避雷器对该处过电压的限制作用，可考虑省去某些避雷器。下面以图 4-3 为例介绍各区域避雷器的配置。

1）交流侧避雷器的配置。换流站交流侧避雷器（A）主要用于保护交流母线及交流滤波器母线。其配置原则与一般变电站类似，通常根据交流系统过电压研究结论在交流出线、母线、变压器进线回路等位置选择性地装设交流避雷器，同时在重要设备（如变压器、并联电抗器）旁设置与之并联的避雷器进行保护。

2）换流器区域避雷器的配置。换流器区域避雷器主要用于保护换流阀和换流变压器。换流器区域一般配置有阀避雷器（V）、中点避雷器（M）、桥避雷器（B）和换流器单元避雷器（C）、换流变压器阀侧避雷器（A2）。根据不同工程的实际情况，上述避雷器配置可能有以下调整：

a. 可选择桥避雷器和上下桥之间中点避雷器的串联组合（B+M）与换流器单元避雷器（C）两种 12 脉动桥的避雷器配置方案，工程应用时可选择其中一种方案进行保护。同时，由于阀避雷器（V）串联可以代替桥避雷器（B），目前工程中一般不再配置桥避雷器（B）。只有在某些特殊工况下，为了降低 YNy 变压器阀侧绕组的绝缘水平，可能采用桥避雷器（B）。

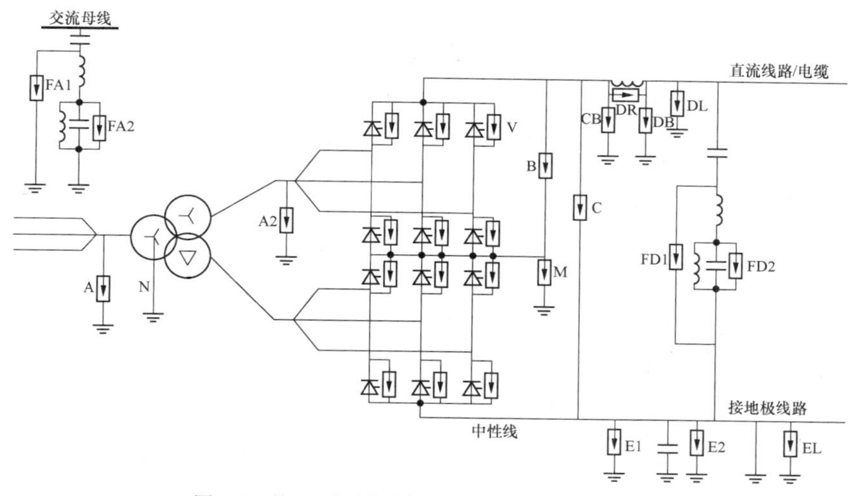

图 4-3 单 12 脉动换流站单极典型避雷器配置方案

b. 为进一步限制高端换流变压器阀侧的过电压水平，降低设备制造难度，某些工程还会在换流阀与高端换流变压器阀侧绕组的连接线上装设换流变压器阀侧避雷器（A2），其能够对换流变压器的阀侧套管提供最为直接的保护。另一种选择是采用阀避雷器（V）和上下桥之间中点避雷器（M）串联组合的方案为上桥臂 Yy 换流变压器的阀侧提供保护，从而取代换流变压器阀侧避雷器（A2）的作用，但应要求换流变压器阀侧的绝缘耐受水平与这种保护组合的保护水平相匹配，并选择合适的荷电率。

3）直流侧避雷器配置。换流站直流侧避雷器主要用于保护直流配电装置设备和直流线路/电缆。直流侧一般配置有换流器母线避雷器（CB）、直流母线避雷器（DB）、直流线路/电缆避雷器（DL）、中性母线避雷器（E、EH）、直流平波电抗器避雷器（DR）、接地极引线避雷器（EL）等。根据不同工程的实际情况，上述避雷器配置可能有以下调整：

a. 对于采用直流电缆出线的换流站，由于直流线路不存在雷电过电压侵害的可能，同时发生短路故障进而引发操作过电压的概率相较于架空线路也大大降低，直流线路/电缆避雷器（DL）可以被省去。

b. 对于直流出线采用直流电缆和架空线路组合的方式，在电缆端部可能需要装设避雷器以限制来自架空线路的过电压。当采用桥避雷器（B）和上下桥之间中点避雷器（M）串联组合对直流母线提供保护时，可以代替换流器母线避雷器（CB）。

c. 直流母线避雷器（DB）和直流线路/电缆避雷器（DL）分别装于平波电抗器线路侧和直流母线侧，用于直流开关场的雷电和操作波保护。可根据雷电侵入波的计算选择 DB 避雷器的数量和在直流母线的布置位置。

d. 需要指出，在平波电抗器两端并接避雷器（DR）是一种可选择的避雷器配置方案，该配置方案会在一定程度上削弱平波电抗器对于雷电冲击陡波侵入换流器区域的限制作用。当平波电抗器采用干式电抗器时，为降低其纵向绝缘水平，通过技术经济比较后可考虑采用与电抗器两端并联的避雷器（DR）；当采用油浸式电抗器时，则不采用并联避雷器（DR）而依靠电抗器两端对地的避雷器（CB 和 DB）进行保护。

e. 换流站中性线避雷器的配置情况与中性线设备的配置有关。对于每极单 12 脉动换流站，一般中性线无平波电抗器，中性线上至少配置 3 台避雷器，包括 2 台中性母线避雷器（E1、E2，配置在耦合电容两侧）和 1 台接地极引线避雷器（EL）。其中，接地极引线避雷器（EL）安装在接地极线回路上，主要用于来自接地极线路的雷电侵入波保护。中性母线避雷器（E1、E2）用于雷电侵入波和接地故障下的陡波保护，为可选择的避雷器，其中中性母线避雷器（E2）配置的位置和个数根据雷电侵入波计算结果确定，可配置多组。

4）交、直流滤波器避雷器的配置。换流站交、直流滤波器避雷器（FA、FD）主要用于对滤波器内各主要元件的保护。换流站内交、直流滤波器一般配置有较大容量的高压电容器，考虑到电容器对过电压的隔离作用和一定的耐受能力，通常不需要专门配置避雷器进行过电压保护，系统侧过电压也不易通过高压电容器传导至低压端设备（如电抗器、电阻器和互感器等）。但是，当滤波器两端短路时，充满电的高压电容器将直接对低压设备放电，低压设备上将承担较高过电压。因此，交、直流滤波器避雷器的主要配置原则为：高压电容器一般不配置专门的避雷器，低压设备一般配置与之直接并接或配置从其高压端对地的避雷器。

（2）每极双 12 脉动换流站单极典型避雷器配置方案。每极双 12 脉动换流站单极典型避雷器配置方案如图 4-4 和图 4-5 所示。其各区域避雷器配置与每极

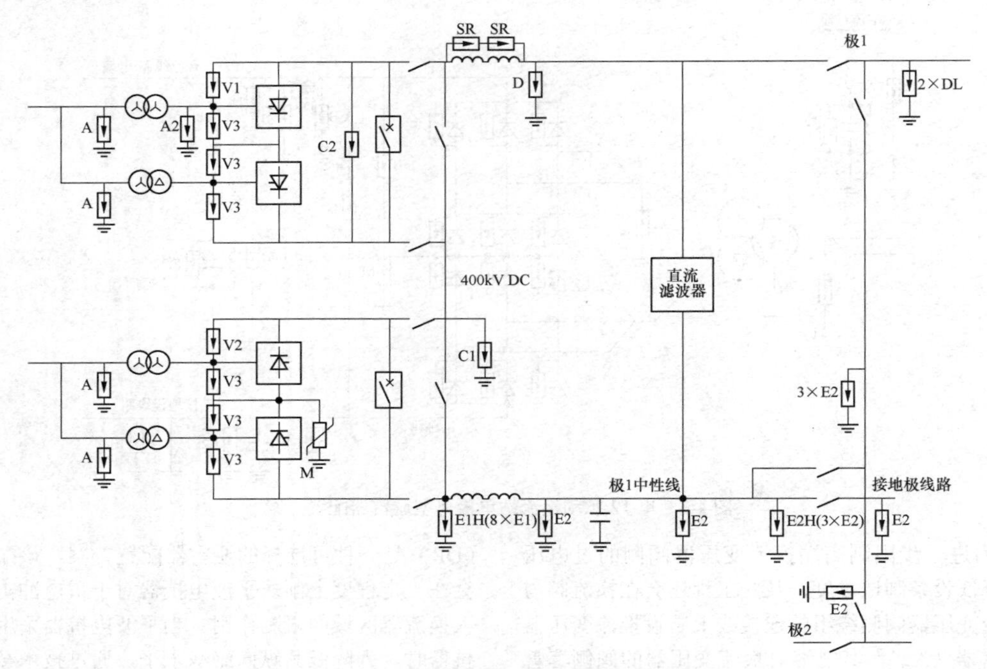

图 4-4　每极双 12 脉动换流站单极典型避雷器配置方案一

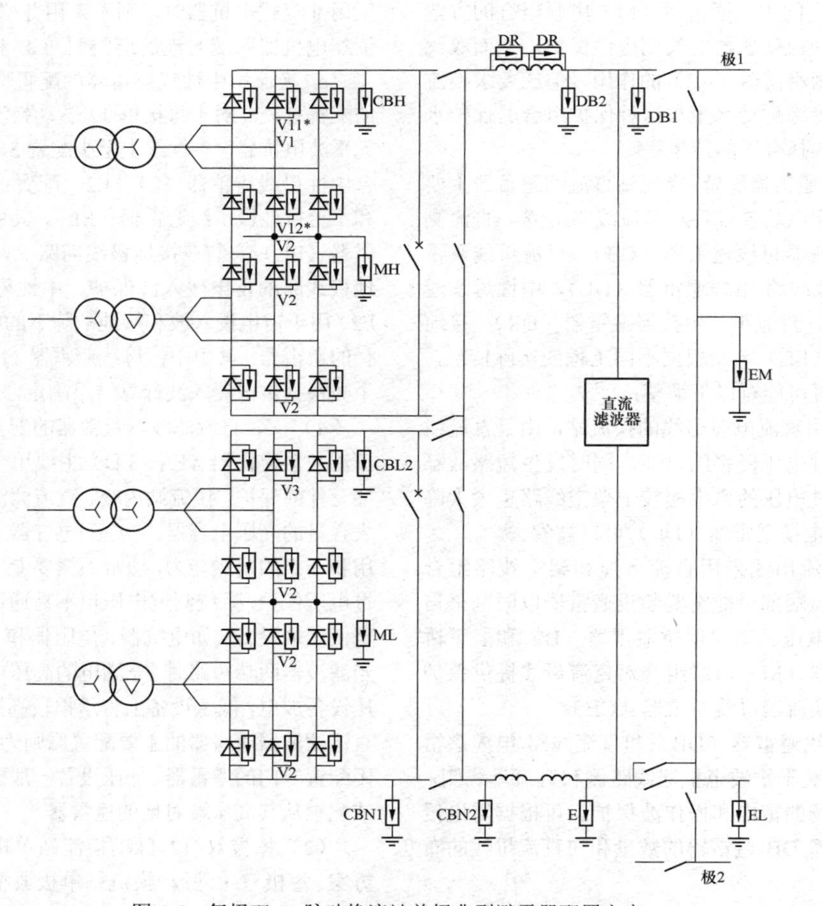

图 4-5　每极双 12 脉动换流站单极典型避雷器配置方案二

单12脉动换流站基本一致，主要不同体现在中性母线上避雷器的配置。每极双12脉动换流站的平波电抗器通常分置在极线和中性母线，如图4-4所示，除同每极单12脉动换流站相同的中性线避雷器外，中性线平波电抗器阀侧还配置一组中性母线避雷器（E1H），用于同阀避雷器（V）串联保护低端换流变压器阀侧绕组，其通常为高能量避雷器，由多个避雷器并联，装设在阀厅外，在制造和出厂试验时需保证多个并联的避雷器特性一致。特别的，如图4-5所示，当需防范雷电侵入波及阀接地故障下的陡波时，如经计算有必要，可在平波电抗器阀侧配置两台中性线避雷器（CBN1、CBN2），其中CBN2作用同EH一致，CBN1用于防范接地故障下的陡波及雷电侵入波，其伏安特性高于CBN2，在操作冲击时不动作。

（3）背靠背换流站典型避雷器配置方案。对于背靠背换流站，典型避雷器配置方案如图4-6和图4-7所示。

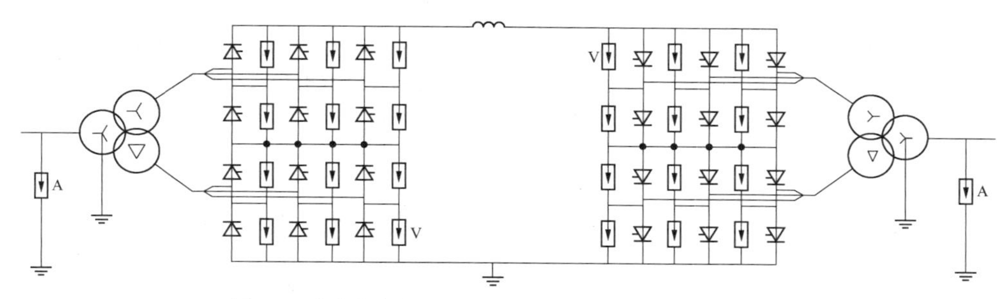

图4-6　背靠背换流站避雷器配置方案（单极不对称接线）

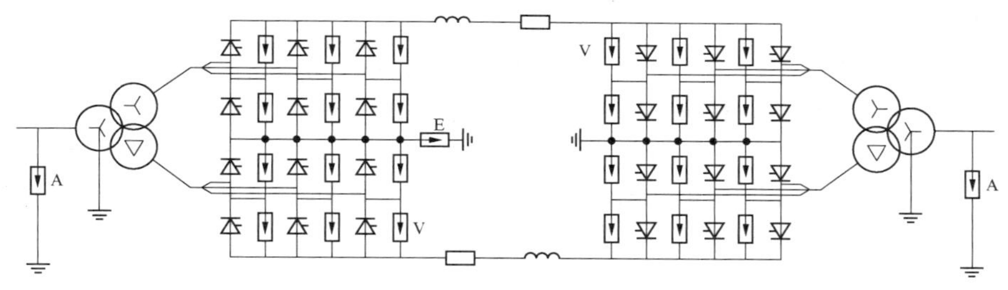

图4-7　背靠背换流站避雷器配置方案（单极对称接线）

背靠背直流系统一般无户外直流场及直流线路，其直流侧避雷器配置较常规高压直流系统更为简单。背靠背直流系统电气主接线可分为单极不对称接线和单极对称接线两种。单极不对称接线的背靠背直流系统避雷器配置方案如图4-6所示，直流侧避雷器仅有阀避雷器（V）；单极对称接线的背靠背直流系统避雷器配置方案如图4-7所示，采用换流阀6脉动中性点接地接线形式，直流侧避雷器包括阀避雷器（V）和整流侧换流桥中点避雷器（E）。

（二）避雷器主要参数

避雷器的主要参数包括额定电压（U_N）或参考电压（U_{ref}）、保护水平（U_{pl}）、配合电流（I）以及吸收能量（E）。在避雷器参数初选阶段，首先要确定避雷器的额定电压或参考电压要求，根据避雷器的参考电压并结合避雷器的伏安特性曲线可以初步确定避雷器在陡波、雷电和操作冲击电流下的残压。最终的保护水平、配合电流及吸收能量则需要通过过电压仿真计算进行校验后确定。

避雷器的额定电压和参考电压主要由其安装位置的持续运行电压确定。对于换流站内交流侧使用的避雷器，其额定电压和持续运行电压的确定原则和方法与交流避雷器完全相同。对于换流站内直流侧使用的避雷器，由于不同安装位置所承受的电压波形差别较大，因此采用参考电压来表征其特性。直流避雷器关于持续运行电压的定义也不同于交流避雷器，直流避雷器上长期承受的电压应力是叠加交流基频和谐波分量的直流电压，并且在某些情况下还需要承受换相过冲。

针对直流避雷器所承受工作电压的特点，通常采用持续运行电压最大峰值（peak value of continues operating voltage，PCOV）U_{PCOV}、持续运行电压峰值（crest value of continues operating voltage，CCOV）U_{CCOV}和等效持续运行电压（equivalent continues operating voltage，ECOV）U_{ECOV}这三个指标来定义其参数：①持续运行电压最大峰值（PCOV）是指避雷器安装位置上持续运行电压的最高峰值，包括换相过冲；②持续运行电压峰值（CCOV）是指避雷器安装位置上持续运行电压的最高峰值，但不包括换相过冲；

③等效持续运行电压（ECOV）是指等同于避雷器在实际运行电压下产生相同能耗的电压值。

换相过冲是指在换流阀的开通与关断过程中产生的瞬态电压叠加至换相电压上，增加了避雷器承受的电压应力。换相过冲的幅值主要由以下几个因素确定：①阀器件（晶闸管）的固有特性（特别是反向恢复特性）；②多只串联阀器件的反向恢复电荷分布特性；③单个阀器件中的阻尼电阻和电容器；④阀和换流回路中的各种电容和电感；⑤触发角和换相角；⑥阀关断时刻的换相电压。

以阀避雷器（V）为例，其持续运行电压波形如图 4-8 所示，图中给出了持续运行电压最大峰值 U_{PCOV}、持续运行电压峰值 U_{CCOV} 以及换相过冲之间的关系。

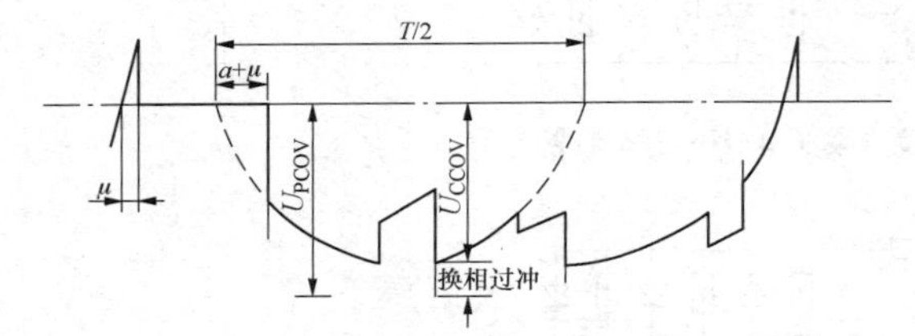

图 4-8　阀避雷器上的持续运行电压波形示意图

（三）避雷器初选

考虑到直流避雷器所承受的工作电压因安装位置不同而有较大差异，同时由于避雷器在不同波形和幅值电压应力作用下呈现出的老化特性不尽相同，因此需要针对避雷器的典型配置方案，确定各种工况下不同安装位置上的长期工作电压波形和幅值，并针对避雷器在各种电压波形和幅值下的老化特性进行研究，从而确定各种避雷器的额定电压或参考电压选取原则。

参照图 4-3 给出每极单 12 脉动换流站各位置避雷器的额定电压或参考电压的确定方法，每极双 12 脉动换流站和背靠背换流站避雷器参数方法类似，不再赘述。

1. 交流母线避雷器（A）

考虑到直流换流站运行时会在交流母线投入交流滤波器，从而有效限制交流侧母线上的谐波电压，因此长期作用在交流母线避雷器上的电压应力主要由系统最高运行电压决定，谐波电压的影响可以忽略。

交流母线避雷器（A）的持续运行电压及额定电压的选取原则与交流避雷器完全相同。以 500kV 母线避雷器为例，母线最高运行电压（U_m）为 550kV（线电压），避雷器持续运行电压不低于 318kV（相电压）。根据 GB/T 50064—2014《交流电气装置的过电压保护和绝缘配合设计规范》规定，500kV 系统中线路断路器变电站侧的工频过电压标幺值一般不超过 1.3，相应交流避雷器额定电压可按 $0.75U_m=412.5$kV 选取，通常额定电压取 420kV。同时，为降低换流变压器阀侧和换流阀及交流滤波器操作过电压，并考虑金属氧化物避雷器具有耐受 1.3（标幺值）的工频过电压的良好伏秒特性，换流站站控系统也有控制工频过电压的策略，换流变压器网侧的避雷器额定电压可以进一步降低，如 396kV。

2. 阀避雷器（V）

如图 4-8 所示，作用在阀避雷器上的持续运行电压由带有换相过冲和换相缺口的若干正弦波段组成。不考虑换相过冲的持续运行电压峰值 U_{CCOV} 可以按式（4-1）计算

$$U_{CCOV}=\frac{\pi}{3}U_{diomax}=\sqrt{2}U \tag{4-1}$$

式中　U_{diomax}——考虑交流电压的测量容差和换流变压器分接开关一挡电压偏差的 U_{dio} 最大值；

U——换流变压器阀侧相对相空载电压（不包括谐波电压）。

在确定阀避雷器的参考电压时，主要基于考虑换相过冲的持续运行电压最大峰值 U_{PCOV}。而换相过冲的幅值主要取决于触发角 α。典型的换相过冲范围是 15%～19%，即 U_{PCOV}=（1.15～1.19）U_{CCOV}。

阀避雷器的参考电压可按式（4-2）计算

$$U_{ref}=\frac{U_{PCOV}}{m} \tag{4-2}$$

式中　m——避雷器的荷电率。

考虑到阀避雷器在一个周波中阀不导通时才承受电压，因此长期工作累计的能耗不大，可以考虑选取较高的荷电率。阀避雷器对应 U_{PCOV} 的荷电率一般取值范围为 0.95～1.00。

3. 桥避雷器（B）

由于桥避雷器的作用等同于阀避雷器串联，其持续运行电压和参考电压的确定原则和方法与阀避雷器一致。

4. 换流单元避雷器（C）

作用在换流单元避雷器上的持续运行电压由直流电压叠加 12 脉动电压组成。其不考虑换相过冲的持续运行电压峰值 U_{CCOV} 可以按式（4-3）计算

$$U_{CCOV}=2U_{diomax}\times\frac{\pi}{3}\times\cos^2 15^\circ \tag{4-3}$$

对于较小的触发角和重叠角，理论上最大持续运行电压可以表示为

$$U_{CCOV}=2\cos 15^\circ\times\frac{\pi}{3}\times U_{diomax} \tag{4-4}$$

同样，在计算持续运行电压最大峰值 U_{PCOV} 时也需要考虑换相过冲的影响。

考虑到换相过冲电压持续时间较短，在避雷器阀片上产生的热量相比于直流分量来说较小，且换流单元避雷器一般布置在阀厅内，基本不受环境影响。在计算换流单元避雷器参考电压时，可采用较高的荷电率，其对应 U_{PCOV} 的荷电率一般取 0.9 左右。

5. 换流器母线避雷器（CB）

换流器母线避雷器（CB）上的持续运行电压可以等效为上 12 脉动换流单元避雷器 C 的持续运行电压叠加上、下 12 脉动换流单元中点的直流电压。

与避雷器 C 类似，在确定换流器母线避雷器（CB）的参考电压时，也要考虑换相过冲，其荷电率可以按 0.9 左右考虑。

6. 上下桥之间中点避雷器（M）

上下桥之间中点避雷器（M）的持续运行电压类似于 6 脉动桥运行电压叠加中性母线对地电压。其中 6 脉动桥运行电压等同于阀避雷器（V）的持续运行电压，中性母线对地电压等同于中性母线避雷器（E）的持续运行电压。

与避雷器 C 类似，在确定上下桥之间中点避雷器（M）的参考电压时也要考虑换相过冲，其荷电率可以按 0.9 左右考虑。

7. 直流线路避雷器（DL）及直流母线避雷器（DB）

直流线路避雷器（DL）和直流母线避雷器（DB）安装在直流平波电抗器的线路侧，其长期运行电压主要为纯直流电压，纹波电压幅值小，基本可以忽略。

DL 持续运行电压峰值 U_{CCOV} 直接按直流最高运行电压选取，由于不存在换相过冲，其持续运行电压最大峰值 U_{PCOV} 与持续运行电压峰值 U_{CCOV} 相同。

如果直流线路避雷器（DL）和直流母线避雷器（DB）安装在户外，环境污秽有可能导致避雷器表面外绝缘电位分布不均匀，导致阀片局部过热。同时环境温度对避雷器的散热和伏安特性影响较大。出于安全考虑，在计算参考电压时，可选用较低的荷电率，一般取 0.8～0.9。

8. 中性母线避雷器（E）及接地极线路避雷器（EL）

中性母线避雷器（E）及接地极线路避雷器（EL）上的运行电压较低，在双极平衡运行时几乎为零。在单极运行时，最大持续运行电压为金属回线（整流站）或大地回线方式（逆变站）下的直流压降。如果中性线上装设平波电抗器，中性母线避雷器（E）的持续运行电压还需要考虑各种运行方式下流经中性母线平波电抗器最大的谐波电流在平波电抗器上产生的压降峰值。

对于中性母线避雷器（E）来说，发生交直流接地等故障时，中性母线上将产生操作过电压并导致避雷器产生较大的电压应力。

如果避雷器选择较低的参考电压，则在故障工况下需要释放大量的能量，因此需要采用多柱或多支并联的避雷器结构，这一方面增加了布置难度，另一方面均流效果差也导致容易出现某支避雷器过载损坏。

如果避雷器选择较高的参考电压，可以减少避雷器的吸收能量，但会导致操作过电压保护水平较高，中性母线设备的绝缘水平也会相应提高，从而可能增加成本。

因此中性母线避雷器（E）的参考电压选择应权衡避雷器吸收能量和设备绝缘水平两方面的因素，而 U_{CCOV} 与 U_{PCOV} 对其参考电压的选择不起决定性作用。

对于接地极线路避雷器（EL），其主要作用是限制从接地极线路引入的雷电侵入波过电压。其参数主要由雷电侵入波作用确定，持续运行电压对其参考电压的选择不起决定性作用。

9. 平波电抗器避雷器（DR）

直流平波电抗器避雷器（DR）上承受的运行电压主要是来自于换流单元的 12 脉动纹波电压。该避雷器需要承受与直流运行电压反极性的雷电过电压或操作过电压。

直流平波电抗器避雷器（DR）的参数主要由操作过电压及雷电过电压作用确定，持续运行电压对其参考电压的选择不起决定性作用。

10. 交、直流滤波器避雷器（FA 和 FD）

交流滤波器避雷器的持续运行电压为工频电压叠加滤波器支路谐振频率的谐波电压，直流滤波器避雷器的持续运行电压最大峰值 U_{PCOV} 为一个或多个与滤波器支路谐振频率对应的谐波电压。交流滤波器避雷器持续运行电压一般较低，因此其额定电压不由荷电率决定，而是由被保护设备的绝缘水平及其造价与避雷器额定电压之间的权衡优化确定。

二、换流站主要设备绝缘水平的确定

经过避雷器参数初选和过电压研究（仿真校验）这两个阶段，避雷器在各类过电压作用下的保护水平可以被确定下来，从而具备了确定设备绝缘水平的条件。

（一）确定设备的配合耐受电压

和交流工程一样，换流站内设备的绝缘水平也采用绝缘配合的确定性法进行确定。设备的配合耐受电压可由式（4-5）确定

$$U_{cw}=K_{cd}U_{rp} \tag{4-5}$$

式中　U_{cw}——设备的配合耐受电压；

K_{cd}——确定性配合系数；

U_{rp}——代表性过电压。

1. 确定性配合系数 K_{cd}

确定性配合系数 K_{cd} 主要考虑以下两个因素：

（1）过电压研究的局限性及避雷器的非线性特性。

（2）实际过电压波形与标准试验波形之间的差异。

考虑快波前过电压计算时包括概率的影响（如雷击发生的概率），计算条件较为严苛，因此确定快波前雷电过电压的绝缘耐受电压时取确定性配合系数 $K_{cd}=1$。

2. 代表性过电压 U_{rp}

代表性过电压 U_{rp} 是通过过电压研究确定的设备安装位置的过电压水平。对于受避雷器直接保护的设备，其代表性过电压等于相应避雷器的保护水平。

表 4-4 中给出了换流站内直流侧设备及其对应的避雷器保护关系示例，在绝缘配合计算时需要根据实际避雷器配置，建立类似的对应关系表从而确定设备安装位置的代表性过电压。

表 4-4　换流站直流侧设备及其对应的避雷器保护关系示例

保护对象	避雷器类型	说明
换流阀的端子之间	V	
换流器端子之间	C 或 M+E	有两种不同选择
直流母线中点	M	
平波电抗器阀侧直流母线	CB	可以给出较低保护水平
	C+M	可以让避雷器承受较低应力
中性母线	E	
平波电抗器线路侧直流母线	DL	
平波电抗器端子之间	DR	
换流阀交流侧相对地		
Yd 换流变压器–换流器底部	V+E	
Yy 换流变压器–换流器底部	2V+E	换流器解锁
	M+V	换流器闭锁

对于由多个避雷器串联实现保护的设备，其代表性过电压等于该事件中流过每一个避雷器的电流对应的保护水平之和。出于保守考虑，也可以认为该代表性过电压为各个避雷器在各种工况下确定的最大保护水平（流过最大故障电流时）之和。考虑到各个避雷器上流过最大故障电流的事件和时刻不尽相同，不同避雷器的最大故障电流在同一事件的同一时刻不太可能同时出现，因此用这种保守的方式确定设备绝缘水平时具有额外的裕度。

（二）确定设备的要求耐受电压

在确定设备要求耐受电压时，需要在配合耐受电压 U_{cw} 的基础上考虑一定的安全系数，同时确定设备外绝缘时还需要考虑大气环境修正因数。设备的要求耐受电压可由式（4-6）确定

$$U_{rw}=K_tK_sU_{cw} \tag{4-6}$$

式中　U_{rw}——设备的要求耐受电压；

K_t——大气环境修正因数；

K_s——绝缘配合安全系数。

1. 大气环境修正因数 K_t

大气环境修正因数 K_t 的计算方法详见本章第五节相关内容。

2. 绝缘配合安全系数 K_s

绝缘配合安全系数 K_s 主要考虑以下 3 个因素：①绝缘的寿命；②避雷器特性的变化；③产品质量的分散性。

对于设备内绝缘，安全系数 $K_s=1.15$；对于设备外绝缘，安全系数 $K_s=1.05$。

为了简化计算，根据经验对于海拔不超过 1000m 的换流站，其设备的要求耐受电压可以直接通过避雷器保护水平乘以一个绝缘配合裕度系数确定。表 4-5 给出了换流站各类设备的绝缘配合裕度系数，该绝缘配合裕度系数已包含了确定性配合系数 K_{cd}、安全系数 K_s 和外绝缘在 1000m 海拔下的大气环境修正因数 K_t。

表 4-5　换流站各类设备的绝缘配合裕度系数

设备类型		RSIWV/SIPL	RLIWV/LIPL	RSFIWV/STIPL
交流场（包括母线、户外绝缘和其他常规设备）		1.20	1.25	1.25
交流滤波器元件		1.15	1.25	1.25
换流变压器（油绝缘设备）	网侧	1.20	1.25	1.25
	阀侧	1.15	1.20	1.25
换流阀		1.10～1.15	1.10～1.15	1.15～1.20
直流阀厅设备		1.15	1.15	1.25
直流配电装置设备（户外），包括直流滤波器和平波电抗器		1.15	1.20	1.25

注　1. 可根据设备绝缘性能标准增高或降低裕度系数，例如可增高换流变压器套管配合裕度系数。
2. 配合裕度系数仅适用于由紧靠的避雷器直接保护的设备。
3. STIPL 用于阀避雷器。
4. RSIWV—要求操作冲击耐受电压；SIPL—操作冲击保护水平；RLIWV—要求雷电冲击耐受电压；LIPL—雷电冲击保护水平；RSFIWV—要求陡波前冲击耐受电压；STIPL—陡波前冲击保护水平。

换流阀的绝缘配合裕度系数的选取应在表 4-5 给出的范围内，兼顾可靠性和成本通过技术经济比较确定，原因为：换流阀组件装有监控装置，易于发现和及时更换故障阀组件，同时阀组件也几乎不存在老化问题，每次检修后其耐受电压都能恢复到初始值；阀避雷器直接对换流阀形成保护，能够有效限制换流阀上的过电压水平；阀的绝缘水平直接关系到阀的造价和损耗，适当降低阀的绝缘水平可以有效节约成本。

（三）确定设备的额定耐受电压

在选取设备的额定耐受电压时，仅需考虑不低于要求的耐受电压水平即可。对于交流设备，为了便于设备制造，降低生产成本，形成标准化，规定了设备绝缘的耐受电压序列。在选择交流设备绝缘水平时，根据计算出的要求耐受电压水平进行靠挡，从耐受电压序列中选取高于要求值的标准耐受电压水平。

对于直流设备，并没有规定的标准耐受电压序列，而从直流设备本身的参数选型来说也具有“定制化”的特点，目前换流站中的直流设备并不具备类似交流设备那样的规模化、标准化生产条件。因此，直流设备额定耐受电压的选择没有必要遵循标准化的耐受电压序列，可以结合设备制造能力，将额定耐受电压取为合理的可行值。

三、避雷器配置方案及参数实例

（一）每极双 12 脉动串联接线换流站（LZ）

LZ 换流站额定直流电压±800kV，换流功率 8000MW，双极接线，每极双 12 脉动串联接线，每极额定功率 4000MW。换流变压器网侧套管在网侧接成 Y 接线与 750kV 交流系统直接相连，阀侧套管在阀侧按顺序完成 Y、D 连接后与 12 脉动换流阀组相连。换流变压器三相接线组别采用 YNyn 接线及 YNd11 接线。全站共 24 台换流变压器（不含备用），其中 Yy 接线 12 台，Yd 接线 12 台。特高压换流站直流开关场接线采用典型双极直流接线，每个 12 脉动换流单元装设旁路断路器及隔离开关回路；每极安装 2 组双调谐直流滤波器，两组直流滤波器高低压侧均共用一台隔离开关；采用平波电抗器分置布置，中性母线上安装金属–大地回路转换用断路器。

LZ 换流站避雷器配置方案如图 4-9 所示。

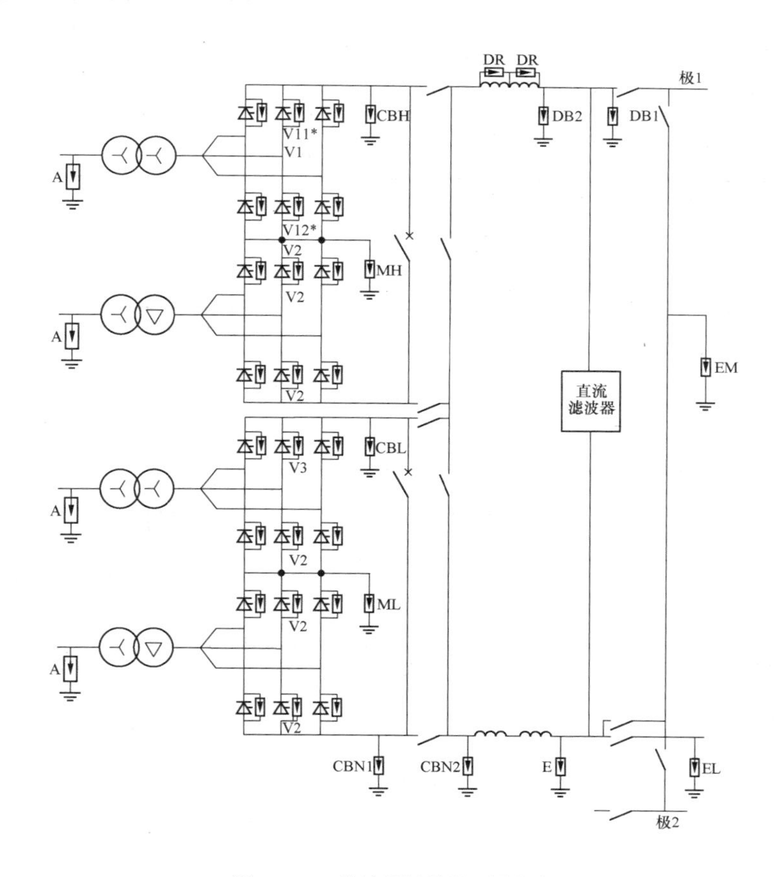

图 4-9 LZ 换流站避雷器配置方案

LZ 换流站避雷器参数及保护水平见表 4-6。

表 4-6　　LZ 换流站避雷器参数及保护水平

避雷器	U_{PCOV}（kV）	U_{CCOV}（kV）	U_{ref}（kV）	雷电保护		操作保护		柱数	能量（MJ）
				U_{LIPL}（kV）	I_{LIPL}（kA）	U_{SIPL}（kV）	I_{SIPL}（kA）		
V1（V11）	285.4	239.8	203（有效值）	372	1	388	4	6	7.9
V2（V12）	285.48	239.8	203（有效值）	377	1	395（361）	3（0.2）	3	4
V3	285.4	239.8	203（有效值）	377	1	395	3	3	4
MH	732	666	813	1088	1	1036	0.2	4	15.8
ML	—	298	364	504	1	494	0.5	2	3.8
CBH	927	889	1083	1450	1	1402	0.2	4	20.8
CBL	508	454	566	770	1	734	0.2	4	10.9
DB1	—	824	969	1625	20	1391	1	3	14
DB2	—	824	969	1625	20	1391	1	3	14
CBN1	187	149	333	458	1	—	—	2	3.2
CBN2	187	149	304	408	1	437	6	14	20
E	—	95	304	478	5	—	—	2	3
EL	—	20	202	311	10	303	2.5	6	6
EM	—	95	278	431	20	393	6	31	39.1
A	—	462	600	1380	20	1142	2	—	—
DR	—	44	483（有效值）	900	0.5	—	—	1	3.4

LZ 换流站设备的过电压及绝缘水平见表 4-7。

表 4-7　　LZ 换流站设备的过电压及绝缘水平

设备位置	起保护作用的避雷器	雷电保护			操作保护		
		U_{LIPL}（kV）	U_{LIWL}（kV）	裕度（%）	U_{SIPL}（kV）	U_{SIWL}（kV）	裕度（%）
阀桥两侧	max（V11/V12/V2/V3）	398	458	15	422	486	15
交流母线	A	1380	2100	52	1142	1550	36
直流线路（平波电抗器侧）	max（DB1，DB2）	1625	1950	20	1391	1600	15
极母线阀侧	CBH	1450	1800	24	1402	1620	15
单个平波电抗器两端	DR	900	1080	20	—	—	15
跨高压 12 脉动桥	max（V11，V12）+V2	785	942	20	825	949	15
上换流变压器 Yy 阀侧相对地	MH+V12	1475	1770	20	1409	1620	15
上换流变压器 Yy 阀侧中性点	A′+MH	—	—	—	1296	1490	15
上 12 脉动桥中点母线	MH	1088	1306	20	1036	1191	15
上换流变压器 Yd 阀侧相对地	V2+CBL	1157	1388	20	1131	1301	15
上 12 脉动桥低压端	CBL	770	924	20	734	844	15

续表

设备位置	起保护作用的避雷器	雷电保护			操作保护		
		U_{LIPL}（kV）	U_{LIWL}（kV）	裕度（%）	U_{SIPL}（kV）	U_{SIWL}（kV）	裕度（%）
下换流变压器 Yy 阀侧相对地	V2＋ML	896	1076	20	916	1054	15
下换流变压器 Yy 阀侧中性点	A′＋ML	—	—	—	754	867	15
下 12 脉动桥中点母线	ML	504	605	20	494	568	15
下换流变压器 Yd 阀侧相对地	max（V2＋CBN1，V2＋CBN2）	856	1028	20	859	988	15
YY 阀侧相间	2A′	—	—	—	520	598	15
YD 阀侧相间	$\sqrt{3}$ A′	—	—	—	451	519	15
阀侧中性母线	max（CBN1，CBN2）	458	550	20	437	503	15
线侧中性母线	max（E，EL，EM）	478	574	20	393	452	15
接地极母线	EL	311	374	20	303	349	15
金属回路母线	EM	431	518	20	393	452	15
中性线平波电抗器两端	CBN2＋E	892	1071	20	—	—	—

（二）每极双 12 脉动串联接线换流站（PE）

PE 换流站额定直流电压±800kV，换流功率 5000MW，双极接线，每极双 12 脉动串联接线，每极额定功率 2500MW。换流变压器网侧套管在网侧接成 Y 接线与 500kV 交流系统直接相连，阀侧套管在阀侧按顺序完成 Y、D 连接后与 12 脉动换流阀组相连。换流变压器三相接线组别采用 YNy0 接线及 YNd11 接线。全站共 24 台换流变压器（不含备用），其中 Yy 接线 12 台，Yd 接线 12 台。特高压换流站直流开关场接线采用典型双极直流接线，每个 12 脉动换流单元装设旁路断路器及隔离开关回路；每极安装 2 组双调谐直流滤波器，两组直流滤波器高低压侧均共用一台隔离开关；采用平波电抗器分置布置，中性母线上安装金属–大地回路转换用断路器。

PE 换流站避雷器配置方案如图 4-10 所示。

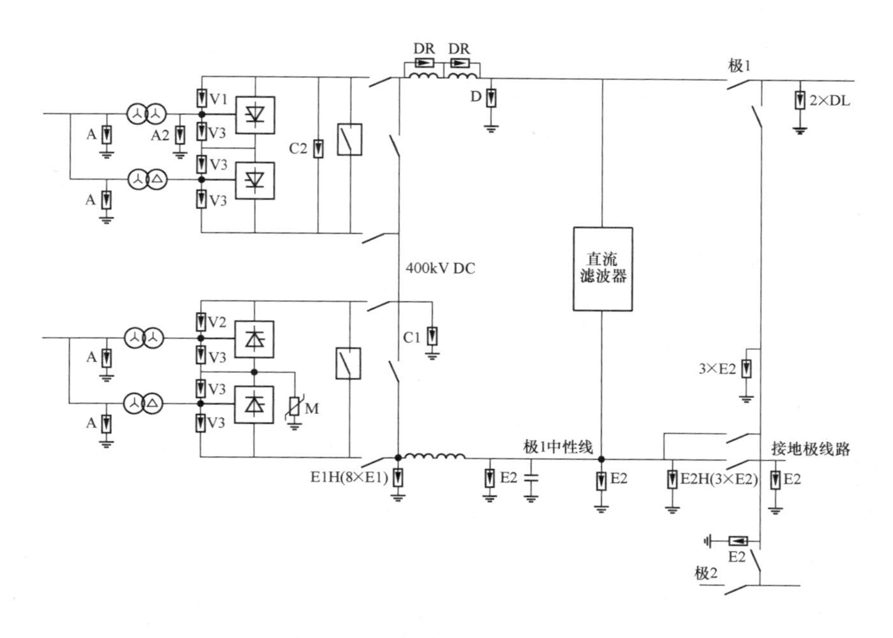

图 4-10　PE 换流站避雷器配置方案

避雷器参数及保护水平见表 4-8。

表 4-8 避雷器参数及保护水平

避雷器	U_{MCOV}/U_{CCOV}（kV）	雷电保护		操作保护		柱数	能量（MJ）
		U_{LIPL}（kV）	I_{LIPL}（kA）	U_{SIPL}（kV）	I_{SIPL}（kA）		
A	318（AC）	907	10	776	1	1	4.5
A2	885	1344	0.6	1344	1	2	9
V1	245	395	2.4	395	4	8	10
V2	245	395	1.2	395	2	4	5
V3	245	395	0.6	395	1	2	2.6
M	245	500	0.6	500	1	2	3.4
C1	477	791	5	706	1	2	4.6
C2	477	791	5	706	1	2	4.6
D	816	1579	10	1328	1	2	9
E1	52（DC）+80（AC）	320	20	269	2	4	3.6
E2	52（DC）	320	20	269	2	4	3.6
DR	>40（AC）	719	10	641	3	1	2

设备的过电压及绝缘水平见表 4-9。

表 4-9 设备的过电压及绝缘水平

设备位置	起保护作用的避雷器	雷电保护			操作保护		
		U_{LIPL}（kV）	U_{LIW}（kV）	裕度（%）	U_{SIPL}（kV）	U_{SIW}（kV）	裕度（%）
交流母线	A	907	1550	71	776	1175	51
下换流变压器 Yy 阀侧相对地	M+V3	—	1300	—	895	1050	17
下换流变压器 Yd 阀侧相对地	V3+E1	—	950	—	641	750	17
下 12 脉动桥中点母线	M	500	750	50	500	600	20
上换流变压器 Yy 阀侧相对地	A2	1344	1800	34	1344	1600	19
上换流变压器 Yd 阀侧相对地	C1+V3	—	1550	—	1101	1300	18
上 12 脉动桥中点母线	C1+V3	—	1550	—	1101	1300	18
阀侧中性母线	E1	320	450	41	269	325	21
线侧中性母线	E2	320	450	41	269	325	21
上 12 脉动桥低压端	C1	791	1175	49	706	950	35
阀侧极母线	A2	—	1800	—	1344	1600	19
线侧极母线	D	1579	1950	23	1328	1600	20
下换流变压器阀侧相间	A′	—	750	—	473	650	37
下换流变压器 Yy 与 Yd 之间	2V	—	1175	—	790	950	20
下 12 脉动桥两端	C1–E1	—	1175	—	706	950	35
下换流变压器阀侧相间	A′	—	750	—	473	650	37
上换流变压器 Yy 与 Yd 之间	2V	—	1175	—	790	950	20
上 12 脉动桥两端	C2	740	1175	59	706	950	35
极线平波电抗器两端	DR	719	1050	46	641	950	48
中性线平波电抗器两端	E1、E2	—	450	—	269	375	39
阀	V	395	454	15	395	454	15

（三）每极单 12 脉动接线换流站（QD）

QD 换流站额定直流电压±660kV，换流功率 5000MW，双极接线，每极单 12 脉动串联接线，每极额定功率 2500MW。换流变压器网侧套管在网侧接成 YN 接线与 500kV 交流系统直接相连，阀侧套管在阀侧按顺序完成 Y、D 连接后与 12 脉动换流阀组相连。换流变压器三相接线组别采用 YNyn 接线及 YNd11 接线。全站共 12 台换流变压器（不含备用），其中 Yy 接线 6 台、Yd 接线 6 台。换流站直流开关场接线采用典型双极直流接线，每极安装 2 组双调谐直流滤波器，两组直流滤波器高低压侧均共用一台隔离开关；平波电抗器暂采用干式分置不对称布置，即极母线 1×75mH、中性线 3×75mH，中性母线上安装金属－大地回路转换用断路器。

QD 换流站避雷器配置方案如图 4-11 所示。

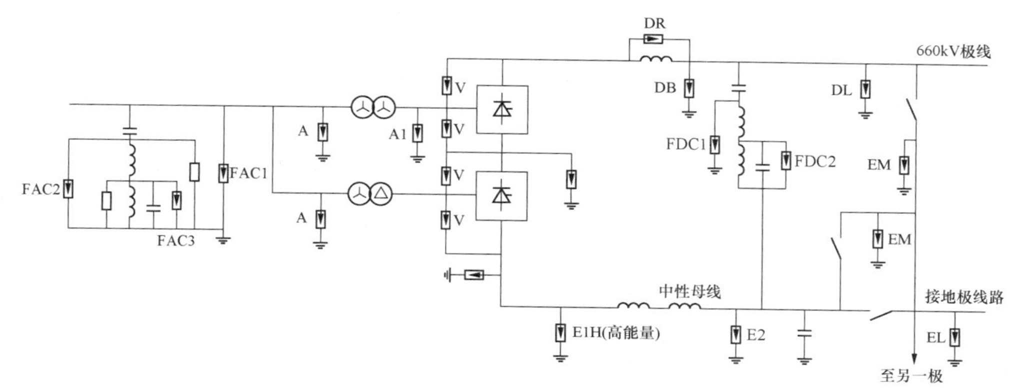

图 4-11　QD 换流站避雷器配置方案图

避雷器参数及保护水平见表 4-10。

表 4-10　避雷器参数及保护水平

避雷器	雷电保护		操作保护		U_{MCOV}（峰值，kV）	U_{ref}（DC，kV）	U_{ref}（AC，kV）	能量（MJ）
	U_{LIPL}（kV）	I_{LIPL}（kA）	U_{SIPL}（kV）	I_{SIPL}（kA）				
V	611	1	642	4.5	400	—	468	7.44
M	748	1	759	1.5	473	535	—	11
DL	1453	20	1174	1	680	830	—	8.3
DB	1364	10	1174	1	680	830	—	8.3
E1H	388	1	406	4	113	282	—	8
E1	407	1	—	—	113	296	—	3
E2	327	5	—	—	20	208	—	3
EM	366	20	328	4	20	208	—	3
EL	366	20	296	2	20	208	—	6
A	1046	20	858	9	318	—	420	—
A1	1291	1	1291	1	852	—	916	9
DR	611	10	533	2	72	343	—	2

设备的过电压及绝缘水平见表 4-11。

表 4-11　　设备的过电压及绝缘水平

设备位置	起保护作用的避雷器	雷电保护			操作保护		
		U_{LIPL}（kV）	U_{LIW}（kV）	裕度（%）	U_{SIPL}（kV）	U_{SIW}（kV）	裕度（%）
阀桥两端子间	V	611	710	16	642	740	15
交流母线	A	1046	1550	48	858	1175	37
平波电抗器线侧直流母线	DB	1364	1700	25	1174	1500	28
直流母线线侧	DL	1453	1800	24	1174	1500	28
平波电抗器阀侧直流母线	A1	1291	1700	32	1291	1550	20
6 脉动桥直流母线	max（V+E1H，E1）	1018	1250	23	1048	1300	24
平波电抗器端子间	DR	611	850	39	533	650	22
Yy 变压器阀侧	A1	1291	1700	32	1291	1550	20
Yd 变压器阀侧	max（V+E1H，E1）	1018	1250	23	1048	1300	24
阀侧相间	$\sqrt{3}$ A′	—	—	—	708	850	20
中性母线	max（E1H，E1，E2）	407	550	35	406	500	23
中性母线接地极线	EL	366	550	51	328	500	52
金属回路转换母线	EM	366	550	51	296	500	68

（四）每极单 12 脉动接线换流站（FN）

FN 换流站额定直流电压±500kV，换流功率 3000MW，双极接线，每极单 12 脉动串联接线，每极额定功率 1500MW。换流变压器网侧套管在网侧接成 Y 接线与 500kV 交流系统直接相连，阀侧套管在阀侧按顺序完成 Y、D 连接后与 12 脉动换流阀组相连。换流变压器三相接线组别采用 YNyn 接线及 YNd5 接线。全站共 12 台换流变压器（不含备用），其中 Yy 接线 6 台，Yd 接线 6 台。换流站直流开关场接线采用典型双极直流接线，装设旁路断路器及隔离开关回路；每极安装 2 组双调谐直流滤波器，两组直流滤波器高低压侧均共用一台隔离开关；平波电抗器装设在极线上，中性母线上安装金属－大地回路转换用断路器。

FN 换流站避雷器配置方案如图 4-12 所示。

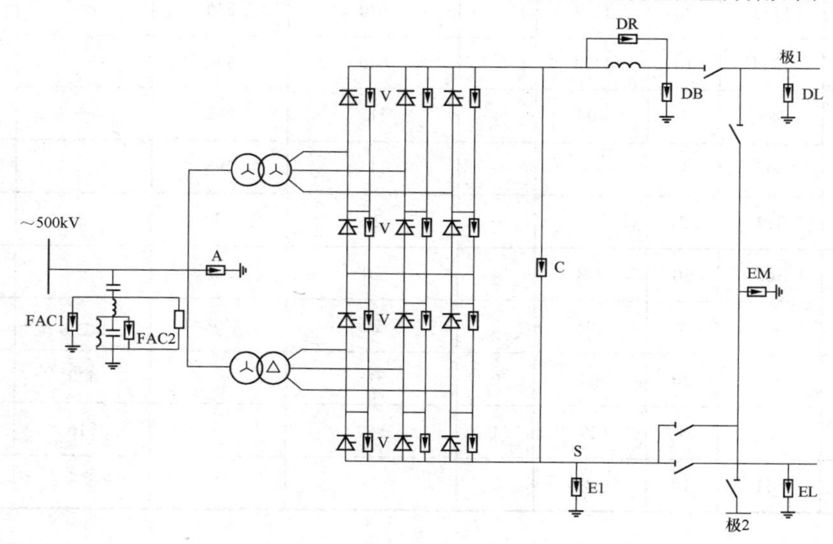

图 4-12　FN 换流站避雷器配置方案图

避雷器参数及保护水平见表 4-12。

表 4-12　避雷器参数及保护水平

避雷器	U_{MCOV}（kV）	U_{ref}（kV）	雷电保护		操作保护		柱数	能量（MJ）
			U_{LIPL}（kV）	I_{LIPL}（kA）	U_{SIPL}（kV）	I_{SIPL}（kA）		
V	305（峰值）	363（峰值）	506	0.9	506	1.3	2	3.3
C	569（峰值）	750（峰值）	1094	5	920	0.5	1	3
DB	515（DC）	710（峰值）	1023	20	881	2	2	5.6
DL	515（DC）	710（峰值）	1023	20	881	2	—	—
E1	50（DC）+12（AC）	90（峰值）	140	20	120	2	4	1.7
EL	50（DC）+12（AC）	90（峰值）	140	20	120	2	—	—
EM	50（DC）+12（AC）	90（峰值）	140	20	120	2	—	—
A	318（有效值）	403（有效值）	906	10	770	1	1	4.5
DR	48（峰值）	429（峰值）	647	10	—	—	1	0.2

设备的过电压及绝缘水平见表 4-13。

表 4-13　设备的过电压及绝缘水平

设备位置	起保护作用的避雷器	雷电保护			操作保护		
		U_{LIPL}（kV）	U_{LIW}（kV）	裕度（%）	U_{SIPL}（kV）	U_{SIW}（kV）	裕度（%）
交流母线	A	906	1550	71	770	1175	36
直流线路（平波电抗器侧）	DB	1023	1425	39	881	1175	33
极母线阀侧	A′或 C+E	—	1425	—	1040	1300	25
换流变压器 Yy 阀侧相对地	A′或 C+E	—	1550	—	1040	1300	25
换流变压器 Yd 阀侧相对地	V+E	—	1050	—	568	850	50
12 脉动桥中点母线	V+E	—	1050	—	568	850	50
中性母线	E1	140	250	79	120	200	67

注　A′为交流母线避雷器相对地保护水平按照换流变压器最小分接开关比率传递至阀侧值。

（五）背靠背换流站（LX）

LX 背靠背换流站常规直流背靠背换流单元额定直流电压±160kV，换流功率 1000MW，单极对称接线，逆变侧换流桥中点接地。换流变压器网侧套管在网侧接成 Y 接线与 500kV 交流系统直接相连，阀侧套管在阀侧按顺序完成 Y、D 连接后与 12 脉动换流阀组相连。一个常规直流背靠背换流单元共 6 台换流变压器（不含备用），均为单相三绕组变压器，接线组别为 YNynd1。平波电抗器装设在两极线上，两端装设接地开关。

LX 换流站避雷器配置方案如图 4-13 所示。

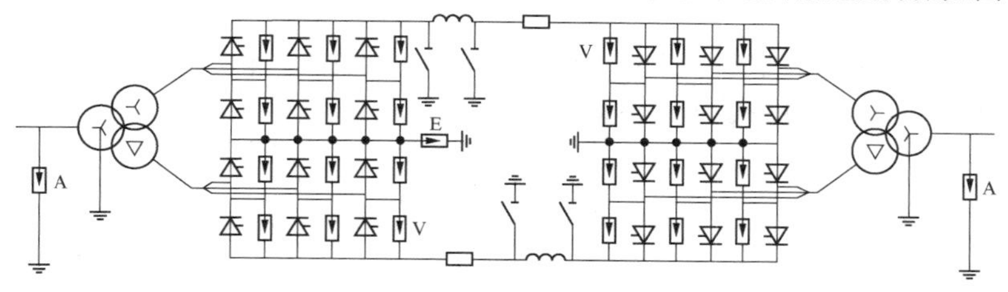

图 4-13　LX 换流站避雷器配置方案图

避雷器参数及保护水平见表 4-14。

表 4-14　　避雷器参数及保护水平

类型	U_{CCOV}/U_{MCOV} (kV)	雷电保护		操作保护		能量 (MJ)
		U_{LIPL} (kV)	I_{LIPL} (kA)	U_{SIPL} (kV)	I_{SIPL} (kA)	
A	318（有效值）	906	10	790	1.5	4.5
V	245（峰值）	348	0.9	348	1.3	2
E	120（峰值）	193	10	184	3	2

设备的过电压及绝缘水平见表 4-15。

表 4-15　　设备的过电压及绝缘水平

设备位置	起保护作用的避雷器	雷电保护			操作保护		
		U_{LIPL} (kV)	U_{LIWL} (kV)	裕度 (%)	U_{SIPL} (kV)	U_{SIWL} (kV)	裕度 (%)
交流网侧	A	906	1550	71	790	1175	48.7
直流母线	V+E	541	750	38.6	532	650	22.1
Yy 换流变压器阀侧	max（A′/$\sqrt{3}$，V+E）	541	750	38.6	532	650	22.1
Yd 换流变压器阀侧	max（A′/$\sqrt{3}$，V+E）	541	750	38.6	532	650	22.1
12 脉动桥中点	E	193	250	29.5	184	250	35.8
阀 V	V	348	410	17.8	348	410	17.8

注　A′为按换流变压器变比折算至阀侧后的 A 避雷器保护水平。

第五节　外　绝　缘

换流站外绝缘研究工作的主要内容包括三个方面：①确定设备外绝缘的过电压耐受能力；②计算换流站各关键部位空气间隙的最小安全距离；③计算设备外绝缘介质表面的最小爬电距离要求。与交流变电站外绝缘研究类似，直流换流站的外绝缘计算原则也是基于绝缘介质在各类过电压作用下的耐受要求，并考虑环境条件对绝缘强度的影响，确定空气净距及设备外绝缘配置方案。

设备外绝缘耐受电压的计算在本章第四节中已有详细介绍，本节重点论述直流空气净距及爬电比距的计算方法。

一、直流空气净距计算

（一）直流空气净距计算的基本思路

换流站直流空气净距计算的基本流程和思路与变电站相似，主要步骤如下：

（1）根据过电压及绝缘配合结果确定空气间隙需要耐受的各类过电压水平。

（2）根据站址实际海拔和环境条件对要求耐受的过电压进行修正，折算到标准大气条件下对空气间隙的过电压耐受要求。

（3）根据空气间隙在各类过电压作用下的放电特性确定各类过电压作用下的间隙距离要求，取其中最大值并考虑适当的安全裕度作为实际工程中空气净距的选用值。

其中，步骤（1）要求耐受的过电压水平计算方法详见本章第四节相关论述，步骤（2）海拔和环境条件修正方法详见本节第三部分相关论述。本部分主要介绍步骤（3）中关于换流站空气间隙的放电特性以及间隙距离的计算方法。

（二）换流站空气间隙放电特性

换流站内直流部分空气间隙主要承受三种类型过电压作用，分别是直流电压、操作冲击电压及雷电冲击电压。

1. 直流电压下空气间隙放电特性

在直流电压的作用下，换流站内各类间隙的放电特性大致可由棒–棒间隙或正极性棒–板间隙的直流放电特性表征。

研究表明，对棒–棒间隙，间隙在 0.5～2.0m 范围内棒–棒的放电电压与极性无关，与间隙距离呈线性关系，其平均放电电压梯度约为 500kV/m。干湿条件对棒–棒间隙的放电电压无明显影响。对棒–板间隙，正极性放电电压与间隙距离也呈线性关系，其平均放电电压梯度约为 482kV/m，略低于棒–棒间隙，且不受湿条件影响；负极性放电电压远高于正极性放电电压，放电电压梯度为 1100～1400kV/m，但湿条件会使其放电电压显著下降。无论是棒–棒间隙，还是棒–板间隙，各条件下的直流电压的标准偏差都很小，其变异系数一般小于 0.9%，如图 4-14 和图 4-15 所示。

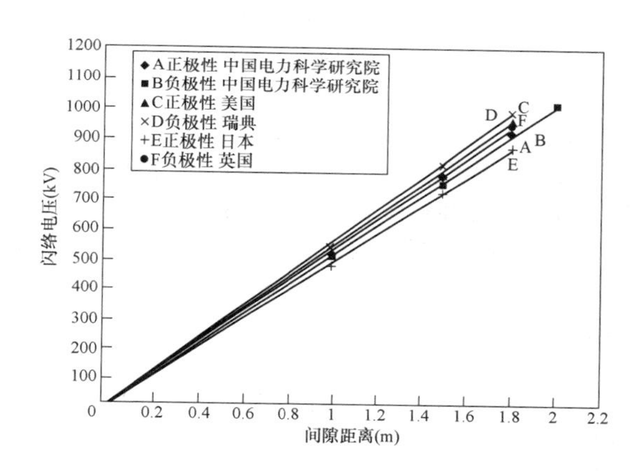

图 4-14 棒–棒间隙的直流放电特性

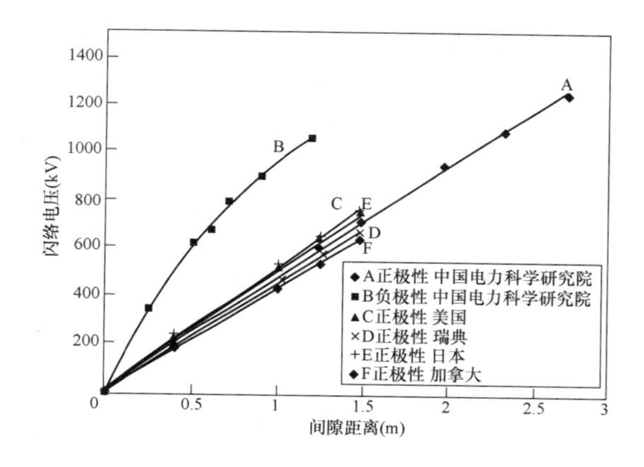

图 4-15 棒–板间隙的直流放电特性

间隙对直流电压的耐受能力高于对操作冲击电压的耐受能力，实际换流站中的空气净距主要由操作冲击电压确定，计算过程中可不考虑由直流工作电压确定的间隙距离。

2. 操作冲击电压下空气间隙放电特性

不同间隙形状在操作冲击电压作用下的放电特性差异较大，比较准确的间隙放电特性确定方法是针对换流站内的实际间隙情况进行 1:1 真型间隙放电试验，根据试验结果确定间隙的操作冲击放电特性。

在不具备条件进行真型间隙放电试验的情况下，也可以棒–棒间隙或正极性棒–板间隙的操作冲击放电特性为基准，考虑适当的间隙因数，对实际间隙的操作冲击放电特性进行推算。

棒–棒间隙和棒–板间隙的正极性操作冲击放电特性如图 4-16 所示，可以明显看出，随着间隙长度的增加，操作冲击放电电压有着明显的饱和特性。

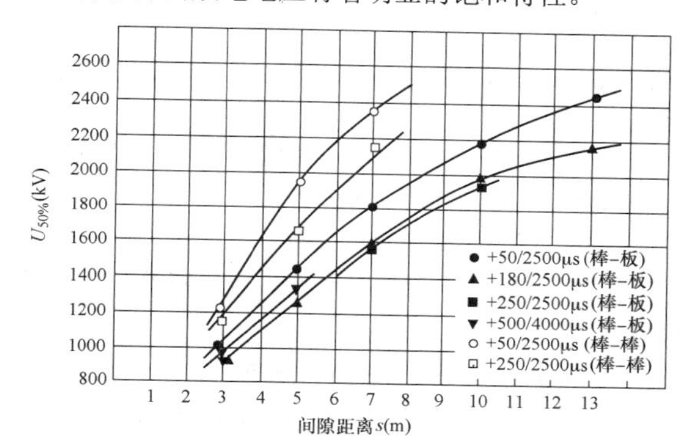

图 4-16 棒–棒间隙和棒–板间隙的正极性操作冲击放电特性

在故障工况下，换流站内空气间隙上可能出现操作过电压叠加直流工作电压的情况。当操作过电压与直流工作电压极性相反时，叠加后合成电压幅值较低，计算时可不予考虑。当操作冲击电压与直流工作电压极性相同时，预先存在的直流电压将对棒–板间隙的放电电压造成影响。

图 4-17 给出操作冲击电压叠加到＋500kV 直流电压下的棒–板间隙放电特性。在间隙距离 2～5m 的范围内，其放电电压高出只施加操作冲击时的 12%～17%。

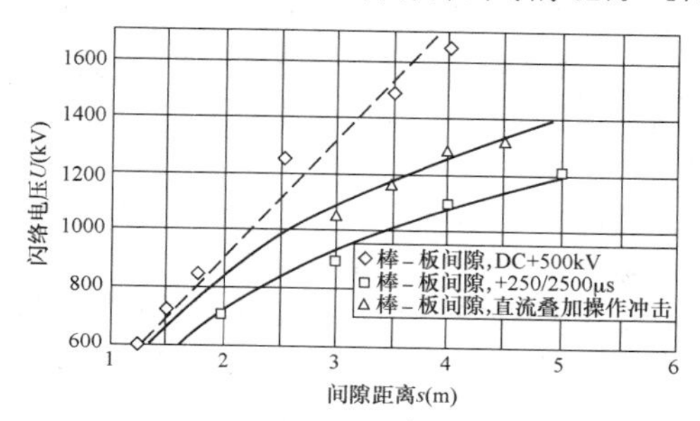

图 4-17 棒–板间隙直流叠加操作冲击放电特性

由图 4-17 可见，叠加同极性直流电压后，会提高间隙的放电电压（耐受能力）。出于安全考虑，进行空气净距计算时可忽略直流工作电压的影响，用单一操作冲击电压（幅值为操作冲击与直流电压之和）替代操作冲击电压和直流电压组合的影响，按照单一操作冲击电压确定空气净距要求。

3. 雷电冲击电压下空气间隙放电特性

与操作冲击电压类似，不同间隙形状在雷电冲击电压作用下的放电特性差异较大。比较准确的间隙放电特性确定方法是针对换流站内的实际间隙情况进行 1:1 真型间隙放电试验，根据试验结果确定间隙的雷电冲击放电特性。

在不具备条件进行真型间隙放电试验的情况下，也可根据棒–棒间隙或正极性棒–板间隙的雷电冲击放电特性，考虑适当的间隙因数，对实际间隙的雷电冲击放电特性进行推算。各类间隙的雷电冲击间隙因数与操作冲击间隙因数存在一定的线性关系，即

$$K_i = 0.74 + 0.26K_s \quad (4\text{-}7)$$

式中 K_i——雷电冲击间隙因数；

K_s——操作冲击间隙因数。

棒–板间隙的正极性雷电冲击放电特性如图 4-18 所示。

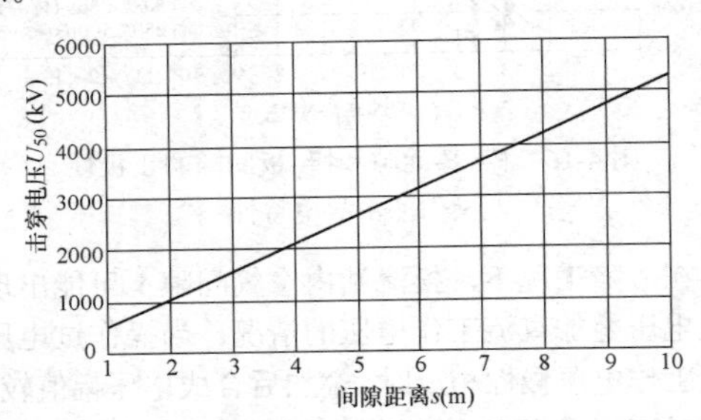

图 4-18 棒–板间隙的正极性雷电冲击放电特性

在雷击故障时，换流站内空气间隙上可能出现雷电过电压叠加直流工作电压的情况。直流工作电压的极性对间隙的雷电放电电压会产生影响。

换流站中空气净距一般由操作冲击电压决定，针对换流站内典型间隙的直流叠加雷电冲击放电特性的研究较少，图 14-19 给出的直流电压叠加标准雷电冲击电压下线路杆塔典型间隙的放电特性，供换流站设计参考。

由图 4-19 可见，无论是导线接地还是预加直流电压，间隙的雷电放电电压均与间隙距离呈线性关系。当对杆塔施加雷电冲击时，直流极性对放电电压有明显影响，负极性的放电电压梯度低于正极性约 9%。值得注意的是，导线施加直流电压，杆塔施加反极性雷电冲击时，间隙叠加雷电冲击的放电电压低于单独施加雷电冲击的放电电压。因此，确定雷电冲击作用下的空气净距要求时，不能忽略反极性直流工作电压的影响。

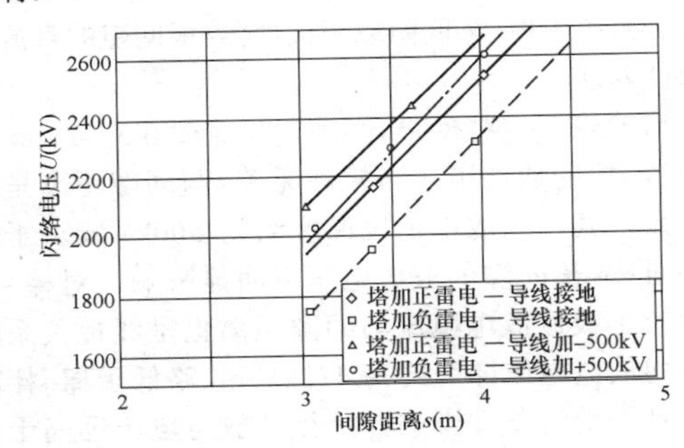

图 4-19 导线–杆塔间隙雷电冲击和直流叠加雷电冲击放电特性

（三）直流空气净距的计算

在确定换流站直流空气净距时，操作冲击是比雷电冲击更为重要的决定因素。对于标准间隙，正极性雷电冲击击穿电压比正极性操作冲击击穿电压高 30% 以上。也就是说，换流站内直流空气间隙一般是基于操作冲击的耐受要求确定的。

直流空气净距计算方法如下：

（1）根据过电压及绝缘配合结论（详见本章第四节），得到标准条件下规定的绝缘配合额定耐受电压 U_{WL}，确定间隙需要耐受的 50%冲击击穿电压 U_{50}。U_{50} 应当利用从现场或试验室试验获得的详细数据进行确定。在缺少试验数据时，可采用以下三种方法计算：

1）GB 311.1《绝缘配合　第 1 部分：定义、原则和规则》、GB 311.2《绝缘配合　第 2 部分：使用导则》及美国电科院（EPRI）推荐采用的计算方法

$$U_{50} = \frac{U_{WL}}{1-1.3\sigma} \quad (4\text{-}8)$$

式中 U_{WL}——标准环境条件下规定的绝缘配合额定耐受电压，可自恢复性绝缘（空气间隙）为 90%耐受电压；

σ——间隙放电试验结果的标准偏差，标准雷电波推荐取 0.03，标准操作波推荐取 0.06。

2）CIGRE 推荐采用的计算方法

$$U_{50} = \frac{1.15U_{WL}}{1-2\sigma} \quad (4\text{-}9)$$

式中 U_{WL}——标准环境条件下规定的绝缘配合额定耐受电压；

σ——间隙放电概率分布的标准差，标准雷电波推荐取 0.03，标准操作波推荐取 0.06。

3）一些工程实际采用的计算方法

$$U_{50}=\frac{U_{\mathrm{WL}}}{1-2\sigma} \tag{4-10}$$

式中 U_{WL}——标准环境条件下规定的绝缘配合额定耐受电压；

σ——间隙放电概率分布的标准差，标准雷电波推荐取 0.03，对于标准操作波推荐取 0.06。

（2）考虑实际环境条件对间隙放电电压的修正，确定等效至标准工况下，间隙需要耐受的电压值 $U=K_{\mathrm{t}}U_{50}$，其中大气环境修正因数 K_{t} 的计算方法详见本节“三、大气环境修正”部分相关内容。需要说明，大气环境修正亦可在计算空气净距时进行，即根据考虑大气环境修正的绝缘配合耐受电压，直接得出修正后间隙需要耐受的电压值。

（3）根据间隙的放电特性确定最小间隙距离要求。如果有真型间隙放电试验数据，直接通过查 U-d 曲线确定最小空气净距 d；如果没有实际间隙放电试验数据，则可以根据标准间隙放电特性 $U=f(d)$，并考虑等效间隙因数 K 修正后，计算最小空气净距要求 $d=f^{-1}(U/K)$。

换流站空气净距由冲击耐受水平决定。对于标准操作冲击电压波形，当间隙距离小于 25m 时，间隙放电特性可表示为

$$U_{50}=500Kd^{0.6} \tag{4-11}$$

式中 K——相对地操作冲击击穿的典型间隙因数，取值见表 4-16。

表 4-16 相对地操作冲击击穿的典型间隙因数 K

间隙形式	参数	典型范围	参考值
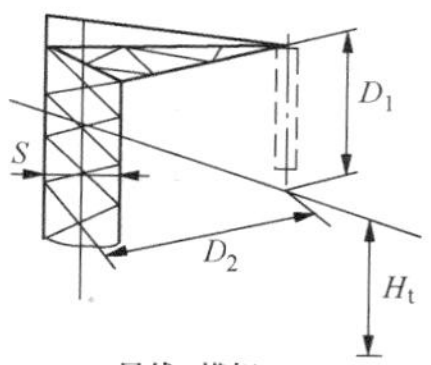 导线-横担	K	1.36～1.58	1.45
	D_2/D_1	1.0～2.0	1.5
	H_{t}/D_1	3.34～10.00	6.00
	S/D_1	0.167～0.200	0.200
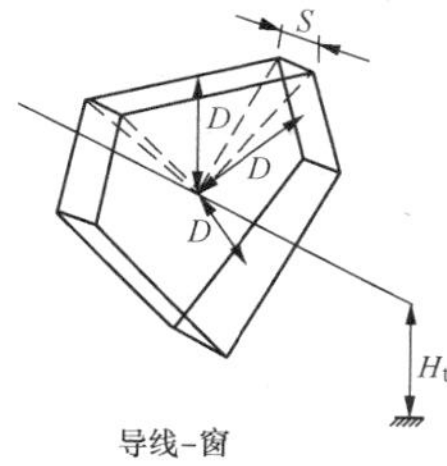 导线-窗	K	1.22～1.32	1.25
	H_{t}/D	8.0～6.7	6.0
	S/D	0.4～0.1	0.2
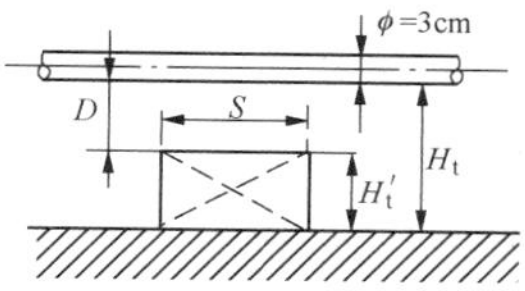 导线-较低的结构	K	1.18～1.35	1.15（导线-板） 1.47（导线-棒）
	$H_{\mathrm{t}}'/H_{\mathrm{t}}$	0.75～0.75	0（导线-板） 0.909（导线-棒）
	H_{t}'/D	3～3	0（导线-板） 10（导线-棒）
	S/D	1.40～0.05	—（导线-板） 0（导线-棒）
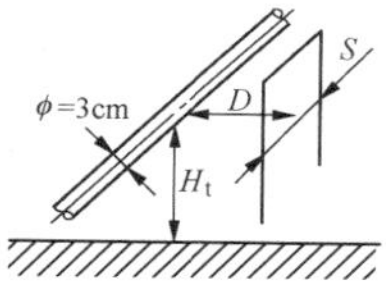 导线-横向结构	K	1.28～1.63	1.45
	H_{t}/D	2～10	6
	S/D	1.0～0.1	0.2

续表

间 隙 形 式	参数	典型范围	参考值
D_1 ϕ=30cm D_2 H_t H_t' $D_1>D_2$ 纵向（棒–棒结构）	K	1.03～1.66	1.35
	H_t'/H_t	0.2～0.9	0
	D_1/H_t	0.1～0.8	0.5

对于相间间隙，可采用类似的间隙因数，但此时间隙因数不仅受间隙结构的影响，而且还会受到以负极性分量除以负极性和正极性分量之和得到的比率 α 的影响。表 4-17 给出了 $\alpha=0.5$ 及 $\alpha=0.33$ 时常见的相间间隙集合布置下间隙因数的典型值。

表 4-17　各种典型相间间隙的间隙因数 *K*

间隙结构	$\alpha=0.5$	$\alpha=0.33$
环–环或大的光滑电极	1.80	1.70
交叉导线	1.65	1.53
棒–棒或导线–导线（沿跨距方向）	1.62	1.52
支持母线（附件）	1.50	1.40
非对称几何布置	1.45	1.36

对于标准雷电冲击电压波形，当间隙距离 $d=1$～10m 时，GB 311.2—2013《绝缘配合　第 2 部分：使用导则》及 IEC 60071-2 *Insulation coordination-Part2: Application guide* 均推荐采用式（4-12）计算间隙的放电特性

$$U_{50}=530(0.74+0.26K)d \tag{4-12}$$

式中　K——典型间隙因数，根据表 4-16 及表 4-17 选取。

CIGRE 推荐采用式（4-13）计算间隙的放电特性

$$U_{50}=540(0.74+0.26K)d \tag{4-13}$$

在一些工程中，采用式（4-14）计算间隙的放电特性

$$U_{50}=(380+150K)d \tag{4-14}$$

表 4-18～表 4-20 分别给出了±500kV/3000MW 换流站、±800kV/8000MW 换流站、±160kV/1000MW 背靠背换流站工程直流空气净距工程实例。

表 4-18　±500kV/3000MW 换流站直流空气净距工程实例（站址海拔 500m）

位　置	类型	空气间隙推荐值（m）
阀两端	相间	2.1
直流母线阀侧	相对地	5.1
6 脉动中点母线	相对地	2.7
换流变压器 Yy 阀侧相对地	相对地	5.1
换流变压器 Yd 阀侧相对地	相对地	2.8
换流变压器 Yy 阀侧中性点	相对地	4.0
换流变压器 Yy 阀侧相间	相间	2.8
直流母线阀侧–换流变压器 Yy 阀侧中性点	相间	3.5
极母线–中性母线	相间	4.1
直流母线阀侧–Yd 阀侧相间	相间	4.5
Yy 阀侧相对中性母线	相间	4.5
Yy 阀侧–Yd 阀侧相对相	相间	4.5
换流变压器 Yy 阀侧中性点–换流桥中点	—	3.5
换流变压器 Yy 阀侧中性点–Yd 阀侧相间	相间	3.5
换流变压器 Yy 阀侧–中性点	相间	2.1
换流变压器 Yd 阀侧相对相	相间	2.7
阀厅中性母线	相对地	0.7
Yd 换流变压器阀侧至换流阀中点	—	2.1
Yd 换流变压器阀侧至直流中性线	—	2.1

表 4-19 ±800kV/8000MW 换流站直流空气净距工程实例（站址海拔 1400m）

位　　置	类型	空气净距推荐值（m）
极线平波电抗器阀侧	相对地	9.2
阀桥两侧	相间	1.7
12 脉动换流桥两侧	相间	4.7
上换流变压器 Yy 阀侧相对地	相对地	8.1（对地） 10.5（对侧墙）
上换流变压器 Yy 阀侧相间	相间	2.1
上换流变压器 Yy 阀侧相对中性点	相间	0.93
上换流变压器 Yy 阀侧中性点对地	相对地	7.2
Yy 换流变压器阀侧对 Yd 换流变压器阀侧	相间	4.7
Yy 换流变压器中性点对 Yd 换流变压器阀侧	相间	3.7
上 12 脉动 Yy 换流变压器中性点对 400kV 母线	相间	3.3
上 12 脉动桥中点母线	相对地	10.7
上换流变压器 Yd 阀侧相对地	相对地	5.9（对地） 7.7（对侧墙）
上换流变压器 Yd 阀侧相间	相间	1.8
上下两 12 脉动桥之间中点	相对地	4.1
400kV 母线对下 12 脉动 Yy 换流变压器中性点	相间	0.93
下换流变压器 Yy 阀侧相对地	相对地	4.8
下换流变压器 Yy 阀侧相间	相间	2.1
下换流变压器 Yy 阀侧相对中性点	相间	0.93
下换流变压器 Yy 阀侧中性点	相对地	3.3

表 4-20 ±160kV/1000MW 背靠背换流站直流空气净距工程实例（站址海拔 1600m）

位　　置	型式	空气净距推荐值（m）
直流正负极母线间	相间	3
直流正极母线与阀塔中性母线间	相间	1.2
直流负极母线与阀塔中性母线间	相间	1.2
平波电抗器两引线端子间	相间	2
换流变压器阀侧 Yy 引线端子间	相间	1.2
换流变压器阀侧 Yd 引线端子间	相间	2
换流变压器阀侧 Yy 引线与直流正极母线间	相间	1.2
换流变压器阀侧 Yy 引线与直流负极母线间	相间	2.7
换流变压器阀侧 Yy 引线与阀塔中性母线间	相间	1.2
换流变压器阀侧 Yd 引线与直流正极母线间	相间	2.7
换流变压器阀侧 Yd 引线与直流负极母线间	相间	1.2
换流变压器阀侧 Yd 引线与阀塔中性母线间	相间	1.2
换流变压器阀侧 Yy 中性点与直流正极母线间	相间	2.5
换流变压器阀侧 Yy 引线与 Yd 引线间	相间	2.7
换流变压器阀侧相间	相间	2
直流正极母线对地	相对地	2.3
直流负极母线对地	相对地	2.3
阀塔中性母线对地	相对地	0.7
换流变压器阀侧 Yy 高压端对地	相对地	2.1
换流变压器阀侧 Yy 中性点对地	相对地	1.7

二、直流爬电比距确定

（一）直流爬电比距确定的基本思路

1. 户外设备外绝缘

（1）户外设备外绝缘直流爬电比距的选择方法通常有以下三种：

1）方法 A。建立在运行经验基础上，对于相同场所、邻近场所和有类似条件的场所，使用现场或试验站的经验。

2）方法 B。通过测量或评估实地的污秽严重程度，根据外形和爬电比距导则选择预选绝缘子，再通过在试验室中进行合适的试验并根据试验判据调整预选绝缘子。

3）方法 C。通过测量或评估实地的污秽严重程度，基于外形和爬电比距导则选择绝缘子的类型和尺寸。

方法 A 是直接由运行经验来进行绝缘子的选择和尺寸确定（通常取交流绝缘子爬电比距的 1.8～2.0 倍）。方法 B 和方法 C 是建立在试验研究的基础上，不同点在于方法 B 完全建立在污耐压基础上，而方法 C 在方法 B 或方法 A 确定某种绝缘子的爬电比距后，对绝缘子积污特性和爬电距离有效系数进行研究，即对两因素进行修正。

目前特高压直流工程中均采用方法B来选择绝缘子的爬电比距，污秽水平选用长期预测污秽值，因此选择的爬电比距与站址的污秽水平完全对应，满足站址的爬电比距要求。

（2）换流站户外直流爬电比距确定的基本流程和思路与变电站相似，主要分为以下几个步骤：

1）步骤一：根据站址污秽条件，进行污秽预测和试验，测量或估计现场污秽度。

2）步骤二：根据站址污秽预测结果，确定交流等值盐密及直流和交流等值盐密之比，进而确定直流等值盐密。根据污秽成分分析确定有效等值盐密。

3）步骤三：根据有效等值盐密并参考人工污秽试验结果，确定直流爬电比距。对计算结果进行必要的修正并考虑适当的安全裕度。

4）步骤四：根据设备运行所处的环境条件对直流爬电比距进行海拔修正。

其中：步骤一中关于污秽预测及等值盐密的测定/估计方法与交流变电站污秽预测/试验方法完全相同，在此不再赘述；步骤四中海拔及环境条件修正方法详见本节“三、大气环境修正”部分相关论述。本部分主要介绍步骤二和步骤三中关于直流等值盐密的选取以及直流爬电比距的计算方法。

2. 户内设备外绝缘

考虑到换流站户内环境（尤其是阀厅内）非常干净，因此相对户外设备，户内设备爬电比距要求可以适当降低。

以往大量的工程运行经验表明，阀厅广泛选用的14mm/kV最小爬电比距并未发生任何闪络，说明阀厅内直流爬电比距按14mm/kV选取比较可靠安全。

对于户内直流配电装置，一般仅设置通风设备，与阀厅相比，洁净程度略有不足，因此户内直流配电装置（如不装设空调系统）设备爬电比距取值可以略高于阀厅，一般按25mm/kV选取。

（二）直流爬电比距的计算

1. 直流和交流积污比

直流具有静电吸尘效应，因此直流电压作用的绝缘子积污相比于交流更为严重。

国内外大量的研究表明，污染源的类型和风速是影响直流和交流积污比的两大重要因素。科研单位根据我国自然积污站和换流站及线路的试验结果，提出了选择绝缘子积污比的方法，见表4-21。

表4-21　积污比与环境特征、污染源与风速对应关系

直流和交流积污比	环境特征描述	污染源		污染源影响距离（km）	
				风速＜3m/s	风速≥3m/s
1.0～1.2	自然污染源影响的地区	交通干线		≤0.2	
1.3～1.9	同时有自然污染源和人为污染源，但不包括小风期人为污染源影响的地区	工业排放	独立源	≤1	≤5
			工业区	≤20	≤40
		居民区		≤1	≤5
2.0～3.0	小风期人为污染源影响的地区	矿区、建筑工地		≤2	≤10

表4-21使用时主观随意性大，不宜操作，因此研究单位根据风洞试验和换流站、线路及邻近交流绝缘子积污测试结果的比较，提出了决定绝缘子积污比的两大因素是风速和污秽物颗粒度。换流站用绝缘子的等值积污比采用盐密比反映，可用衰减粒径的幂函数表示，如图4-20所示。

2. 确定直流有效盐密

人工污秽试验的盐密，是绝缘子表面NaCl的附着密度。而自然污秽的盐密，是用一定量的蒸馏水清洗绝缘表面后测得的污液电导率等值于一定量的NaCl的多种可溶盐的附着密度。自然污秽中的主要成分是溶解度很低的$CaSO_4$等盐类，在自然潮湿的作用下，其溶解的部分极少，此时绝缘表面污秽表现出的等值盐密远小于进行盐密测量时得到的结果，其原因是盐密测量时的用水足以使得绝缘表面污秽中的盐类得到充分溶解。而清洗后不能溶解的残留物的附着密度通常用灰密来表征。为使得人工污秽试验与自然污秽试验有较好的一致性，必须根据污秽成分分析，求得自然污秽盐密的有效部分，即有效盐密，作为人工污秽试验的盐密取值。

3. 直流爬电比距与等值盐密和灰密的关系

试验研究表明，爬电比距与表面盐密之间存在幂函数关系，试验曲线如图4-21所示。

通过图4-21所示的关系曲线，根据等值盐密计算出爬电距离之后还需要对人工污秽试验结果进行灰密修正。灰密修正系数K_N可按式（4-15）计算

$$K_N = 0.73N^{-0.13} \qquad (4\text{-}15)$$

式中　N——试验灰密，mg/cm²。

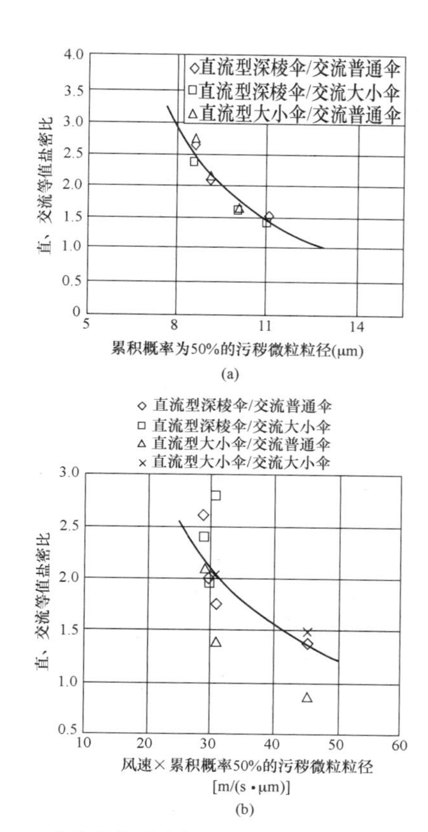

图4-20 直流绝缘子对交流绝缘子的直流和交流积污比

（a）粒径与积污比关系；（b）风速、粒径与积污比关系

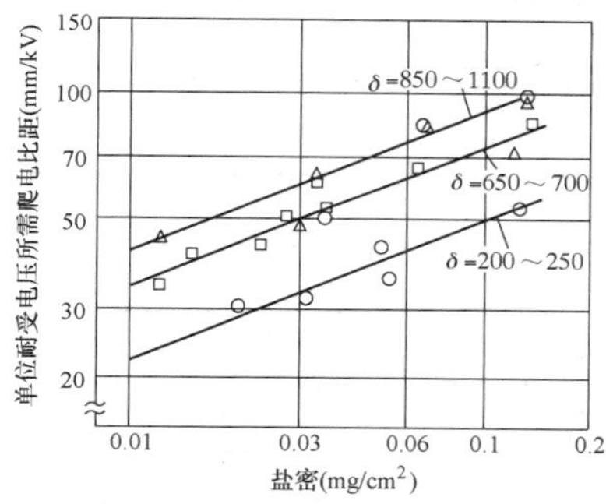

图4-21 爬电比距与表面盐密之间的关系

（灰密为0.1mg/cm²）

δ—平均直径，mm

4. 设计爬电比距的选取

通过计算可得出人工污秽条件下直流爬电比距，在实际设计中还应考虑一定的安全裕度。与绝缘配合公式类似，设计选取的爬电比距 λ_0 计算为

$$\lambda_0 = K_\lambda \lambda = K_s(1+1.64\sigma)\lambda \tag{4-16}$$

式中 λ_0——设计选取的爬电比距；

K_λ——爬电距离配合系数；

λ——试验曲线确定的爬电比距；

K_s——安全系数；

σ——试验结果的标准偏差。

式（4-16）中，爬电距离配合系数 K_λ 由两部分因素组成：一方面为配合的安全系数 K_s，通常取1.1；另一方面为试验结果的分散性，即爬电距离 λ 的置信度。

5. 工程取值参考

直流爬电比距的计算准确度受现场污秽预测的误差程度、实验室试验的假设条件、试验结果的分散性、计算模型的等效性和准确度等诸多因素影响。为规避上述因素造成的误差，在确定换流站直流爬电比距时，建议参考具备可靠运行经验的有着相同、邻近站址或类似条件的工程设计方案。

表4-22和表4-23分别给出了某±500kV和±800kV换流站工程直流爬距比距参考值。

表4-22 某±500kV换流站工程直流爬电比距参考值

（等值盐密0.052mg/cm²，海拔1400m）

项目	瓷支柱绝缘子	垂直瓷套管		
平均直径（mm）	250～300	400	500	600
等径深棱伞（mm/kV）	60	62	64	66
大小伞（mm/kV）	72	74	76	78

表4-23 某±800kV换流站工程直流爬电比距参考值

（等值盐密0.14mg/cm²，海拔1300m）

项目	支柱绝缘子	垂直套管		
平均直径（mm）	250～300	400	500	600
爬电比距（mm/kV）	52	53	55	57

（三）改善直流外绝缘防污性能的措施

现有的高压直流换流站工程中改善绝缘子防污性能的措施有以下几种方式：

（1）方式1：在绝缘子表面涂覆硅脂或室温固化橡胶等复合涂料。

（2）方式2：在绝缘子上加装附加的绝缘伞裙（一般为复合材料）。

（3）方式3：采用复合外套的绝缘子。

其中方式1和方式3均是通过改善绝缘表面材料的积污特性，提高绝缘子的防污能力；方式2则是变相增加了绝缘表面的爬电距离，提高绝缘子的防污性能。

复合材料的耐污能力相比瓷质材料来说有所提高，单位长度瓷质绝缘子的污闪电压大约是复合绝缘子的75%。也就是说，相同污秽条件下，对复合绝缘子爬电比距的要求相比瓷绝缘子可以降低约 25%。

对于涂覆复合涂料的改善方案而言，受涂料性能和现场污秽情况的影响，需要定期在直流设备外绝缘表面重新涂覆。从保守角度考虑，设计时针对瓷涂覆复合涂料的绝缘表面并不降低其直流爬电比距要求，即仍按瓷质绝缘的爬电比距进行要求。

三、大气环境修正

（一）外绝缘试验电压的大气环境修正方法

空气间隙的闪络电压取决于空气中的水分含量和空气密度，绝缘强度随空气湿度的增加而增加（直至绝缘表面凝露），随空气密度的减小而降低。

在确定绝缘耐受电压时，从强度的观点考虑，最不利的条件（即最低的绝对湿度、低气压和高温）一般不会同时出现。此外，在给定地点，无论作何用途，对所采用的修正中，湿度和周围温度的变化可能会相互抵消。因此，通常可根据安装处的平均环境条件估算强度。

对直流设备外绝缘进行试验时，由于实际试验条件不一定能够等同标准环境条件，因此需要将标准环境条件下所规定的试验电压要求折算到实际试验条件下。试验期间施加在设备外绝缘上的电压 U 确定为

$$U=U_0K_t \tag{4-17}$$

式中　U_0——标准环境条件下所规定的试验电压；

K_t——大气环境修正因数，可由式（4-18）确定。

$$K_t=k_1k_2 \tag{4-18}$$

式中　k_1——空气密度修正因数，可由式（4-19）确定；

k_2——湿度修正因数，可由式（4-20）确定。

$$k_1=\delta^m \tag{4-19}$$

式中　δ——相对空气密度，可由式（4-21）确定；

m——指数，见表 4-24。

$$k_2=k^w \tag{4-20}$$

式中　k——修正函数；

w——指数，见表 4-24。

$$\delta=\frac{p}{p_0}\times\frac{273+t_0}{273+t} \tag{4-21}$$

式中　p——实际大气压；

p_0——标准大气压；

t_0——标准环境温度；

t——实际环境温度。

式（4-20）中，修正函数 k 确定如下（h 为绝对湿度，δ 为相对空气密度）：

直流：$k=1+0.014(h/\delta-11)-0.00022(h/\delta-11)^2$，适用条件为 $1<h/\delta<15\text{g/m}^3$；

交流：$k=1+0.012(h/\delta-11)$，适用条件为 $1<h/\delta<15\text{g/m}^3$；

冲击：$k=1+0.010(h/\delta-11)$，适用条件为 $1<h/\delta<20\text{g/m}^3$。

k 与 h/δ 的关系如图 4-22 所示。

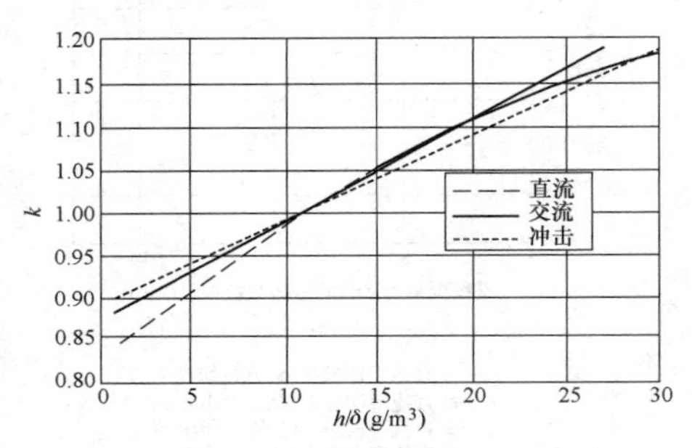

图 4-22　k 与 h/δ 的关系曲线

h—绝对湿度；δ—相对空气密度

对于最高电压 U_m 低于 72.5kV（或间隙距离 l 小于 0.5m）的设备，目前不规定进行湿度修正。

修正因数与间隙预放电类型有关，修正指数 m 与 w 的确定需要引入参数 g，即

$$g=\frac{U_{50}}{500L\delta k} \tag{4-22}$$

式中　U_{50}——实际大气条件时的 50%破坏性放电电压（测量值或估算值）；

L——间隙最小放电距离，m。

指数 m 和 w 可根据 g 的范围由表 4-24 查取。

表 4-24　指数 m 和 w 与参数 g 的关系（海拔 2000m 以下）

g	m	w
<0.2	0	0
0.2～1.0	$g(g-0.2)/0.8$	$g(g-0.2)/0.8$
1.0～1.2	1.0	1.0
1.2～2.0	1.0	$(2.2-g)(2-g)/0.8$
>2.0	1.0	0

（二）绝缘配合和空气净距的海拔修正方法

对于海拔高于 1000m，但不超过 4000m 处设备的外绝缘的绝缘强度可按以下方法修正：

（1）周围环境的湿度、温度和空气密度均会对空气间隙的闪络电压造成影响，而随着海拔的变化，湿度和温度的变化对外绝缘强度的影响通常会相互抵消，因此，作为绝缘配合的目的，在确定设备外绝缘要求耐受电压时，仅考虑空气密度的影响，即相当于对大气修正因数进行简化。

认为湿度和温度变化相互抵消时，大气环境修正

因数 K_t 可由式（4-23）决定

$$K_t = \left(\frac{p}{p_0}\right)^m \tag{4-23}$$

式中 p——实际大气压力；

p_0——标准大气压；

m——指数，取值参见表 4-24。

（2）实际经验表明，气压随海拔的高度呈指数下降，因此外绝缘电气强度也随海拔的高度呈指数下降，于是在确定设备外绝缘水平时，大气环境修正因数 K_t 简化为海拔修正因数 K_a，由式（4-24）决定

$$K_a = e^{q\frac{H}{8150}} \tag{4-24}$$

式中 H——实际海拔；

q——指数，雷电冲击耐受电压时 $q=1.0$，空气间隙和清洁绝缘子的短时工频耐受电压时 $q=1.0$，操作冲击耐受电压时 q 的取值见图 4-23。

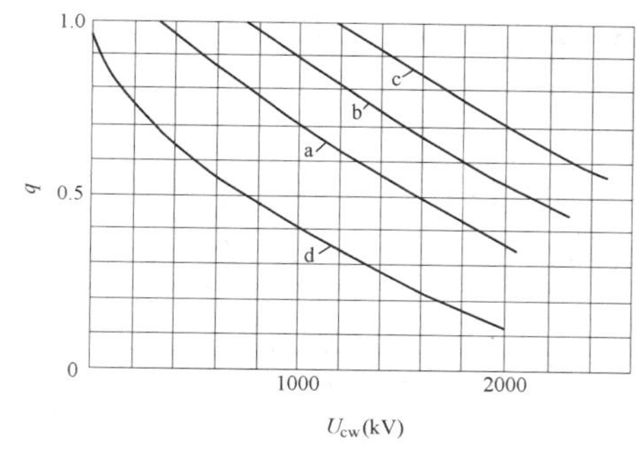

图 4-23 指数 q 与配合操作冲击耐受电压 U_{cw} 的关系

a 曲线—相对地绝缘；b 曲线—纵绝缘；c 曲线—相间绝缘；d 曲线—棒–板间隙（标准间隙）

当实际需要考察的绝缘超出了图 4-23 所示曲线范围时，建议开展专题研究，以确定合适的海拔修正方法。

采用海拔修正因数 K_a 修正绝缘配合耐受电压时，外绝缘要求的耐受电压由式（4-6）确定，并考虑外绝缘配合安全系数 $K_s=1.05$。

（三）直流绝缘子选型的海拔修正方法

直流绝缘子污闪电压随气压下降而降低，主要原因为局部电弧的伏安特性随气压下降而降低，即电弧常数 A 随气压下降而减小。低气压下，沿干燥表面静态直流电弧周围介质的散热性能变差，弧柱增粗，弧心与污面的距离增大，因此电弧常数 A 比常压下小；湿润染污表面发展中电弧，低气压下污层中产生水蒸气的影响减小，电弧伏安特性低于常压；同时 Na 原子在低气压下对电弧的污染加重，也使得电弧的伏安特性进一步降低。

1. 低气压下直流污闪电压的下降指数

大量试验研究表明，低气压下的正负极性直流污闪电压 U 较常压低，可以用式（4-25）表示。

$$U = U_0\left(\frac{p}{p_0}\right)^n \tag{4-25}$$

式中 U_0——标准大气压下的污闪电压；

p——运行处的大气压；

p_0——标准大气压；

n——污闪电压随气压下降的指数。

对于实用绝缘子，因试验条件、绝缘子结构形状与表面盐密的不同，n 值有所差异。试验表明，绝缘子直流污闪电压随气压下降的指数分散性较大，但都小于相同条件下交流污闪电压的指数，这表明气压对直流污闪电压的影响要比交流小。指数 n 的取值建议根据实际环境条件下绝缘子的污秽试验结果确定。

某科研单位根据 3 种直流盘型绝缘子和 2 种直流支柱绝缘子污秽试验得出的 n 的平均值分别为 0.12～0.45 和 0.31～0.88；根据 3 种交、直流盘型绝缘子和 2 种交流支柱绝缘子污秽试验得出的 n 的平均值分别为 0.14～0.31 和 0.23～0.63。苏联在海拔 3200m 和 800m 试验站得出的 n 值平均为 0.5。

实际工程设计时，考虑大气压力随海拔的变化，可以将式（4-25）写为

$$U = U_0(1-k_1H) \tag{4-26}$$

式中 H——海拔；

k_1——污闪电压海拔修正系数，由绝缘子的特性确定，如钟罩型绝缘子（XZP-210）的修正系数 $k_1=0.08$。

2. 低气压下通用直流绝缘子串的直流污闪特性

低气压下通用直流悬式绝缘子直流污闪特性如图 4-24 所示。

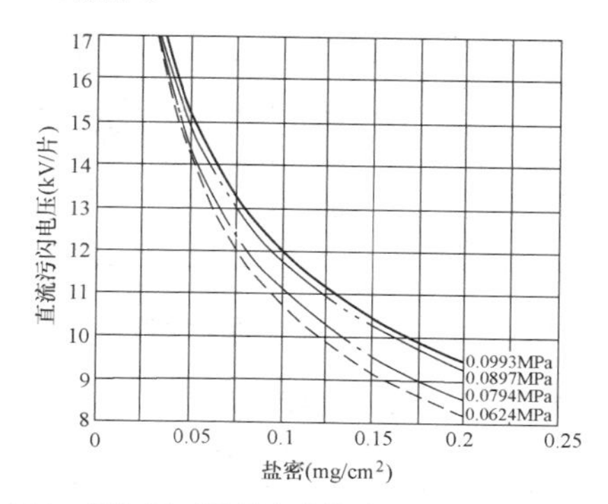

图 4-24 低气压下通用直流悬式绝缘子直流污闪特性

目前的试验数据来自相关研究机构开展的短串试验（见图 4-24），其试验表明，对于通用型直流绝缘子，负极性闪络电压随气压降低（即海拔升高）变

化较小。由于负极性闪络电压明显低于正极性，且爬电比距的选择总是根据负极性污秽试验数据进行，因此高海拔应采用负极性试验结果进行爬电比距的校正。当绝缘子串较长时（例如±800kV 直流耐张绝缘子串长达 20m），其击穿特性可能有饱和趋势，需进一步试验研究。

3. 低气压下通用直流支柱绝缘子的直流污闪特性

相关研究机构开展的试验在支柱绝缘子局部短节上进行，其中深棱型支柱绝缘子的使用爬电距离为 1116mm，大小伞型支柱绝缘子的使用爬电距离为 1265mm，污秽试验盐密取 0.05mg/cm²，灰密取 0.5mg/cm²，其试验结果见表 4-25。

表 4-25　直流支柱绝缘子低气压污闪试验数据

海拔（m）	气压（MPa）	深棱型				大小伞型			
		短节闪络电压（kV）		单位爬电距离闪络电压（kV/cm）		短节闪络电压（kV）		单位爬电距离闪络电压（kV/cm）	
		正极性	负极性	正极性	负极性	正极性	负极性	正极性	负极性
0	0.1013	55.4	40.5	0.496	0.363	46.3	33.1	0.366	0.262
2000	0.0794	44.8	37.6	0.401	0.337	40.2	29.7	0.318	0.235

经试验表明，轻盐密、正极性时，深棱型绝缘子污闪电压随海拔升高降低得更严重，而负极性时深棱型绝缘子污闪电压随海拔升高反而降低得少。从总体上看，负极性闪络电压随海拔升高的变化较小。

第六节　工程应用案例

一、±500kV 换流站典型工程过电压及绝缘配合计算

以 FN ±500kV 换流站工程为例，进行过电压及绝缘配合计算。

（一）系统条件

1. 系统参数

（1）换流站接入交流系统的电压见表 4-26。

表 4-26　换流站接入交流系统的电压

电压类型	参数值（kV）
额定运行电压	525
最高稳态电压	550
最低稳态电压	500
最高极端电压	550
最低极端电压	475

（2）换流站接入交流系统的频率特性见表 4-27。

表 4-27　换流站接入交流系统的频率特性

频率类型	参数值（Hz）
额定频率	50
稳态频率变化范围	±0.2
短时频率变化范围	±1

（3）直流系统双极额定输送功率 3000MW，额定运行电压±500kV，额定运行电流 3000A。

（4）平波电抗器为干式空心式电抗器，仅在极母线装设 2×100mH 平波电抗器。

（5）单极金属回线运行方式下，本侧换流站为接地站。

2. 基本运行参数

换流站基本运行参数见表 4-28 和表 4-29。

表 4-28　换流站主回路参数

名　称	符号	参数值
最大理想空载直流电压	$U_{dioabsmax}$	286.1kV
最高直流运行电压	U_{dmax}	515kV
最高交流电压	U_{acmax}	550kV
最大直流电流	I_{dmax}	3691A
直流线路电阻	R_{dcmax}/R_{dcmin}	6.12Ω/4.52Ω
接地极和接地极线路电阻	R_{emax}/R_{emin}	2.61Ω/2.01Ω

表 4-29　变 压 器 参 数

名　称	符号	参数值
变压器类型		单相双绕组
线路侧额定电压		525kV
阀侧额定电压		204.9kV
变压器分接开关步长		1.25%
分接开关负挡位数目		6
交流侧绝缘水平（空气和油）	U_{LIWL}	1550kV
	U_{SIWL}	1175kV

（二）避雷器的配置方案和参数初选

1. 避雷器配置方案

换流站交直流两侧均采用无间隙氧化锌避雷器作为保护装置。FN ±500kV 换流站避雷器保护配置方案见图 4-12。图 4-12 中，V 为阀避雷器，C 为 12 脉动换流单元避雷器，DL 为直流线路避雷器，DB 为直流母线避雷器，DR 为平波电抗器并联避雷器，E1、EL、EM 为中性母线避雷器，A 为交流母线避雷器。

2. 避雷器参数初选

为便于仿真建模分析，在进行过电压仿真计算之前，根据经验计算公式对避雷器基本参数 U_{CCOV}、U_{PCOV} 和 U_{ref} 进行初选。

（1）V 避雷器。阀避雷器持续运行电压由 U_{dio} 决定，计算如下

$$U_{CCOV}=U_{dioabsmax}\times\frac{\pi}{3}=288\times\frac{\pi}{3}=302\text{（kV）}$$

考虑 17%换相过冲，$U_{PCOV}=1.17\times U_{CCOV}=1.17\times302=353$（kV）。阀避雷器荷电率取为 $0.98U_{PCOV}$，避雷器参考电压按 361kV（峰值）考虑，则避雷器交流额定电压 U_{ref} 为 255kV（有效值）。

（2）C 避雷器。C 避雷器持续运行电压为 12 脉动换流单元端电压，计算如下

$$U_{CCOV}=2\times U_{dioabsmax}\times\pi/3\times\cos15^{\circ}=2\times288\times\pi/3\times\cos15^{\circ}=582\text{（kV）}$$

考虑 4%换相过冲

$$U_{PCOV}=1.04\times U_{CCOV}=1.04\times582=606\text{（kV）}$$

C 避雷器荷电率取为 $0.81U_{PCOV}$，避雷器额定电压按 748kV（峰值）考虑。

（3）DB、DL 避雷器。按直流最高运行电压选取，$U_{CCOV}=515$kV，考虑一定的裕度可取 518kV。DB 避雷器荷电率取为 $0.82U_{CCOV}$，避雷器额定电压按 631.7kV（峰值）考虑。

（4）E1、EL、EM 避雷器。考虑接地极和接地极线路上的直流压降，考虑一定的裕度，$U_{CCOV}=20$kV。E1、EL、EM 避雷器额定电压不由 U_{CCOV} 和 U_{PCOV} 决定。

（5）A 避雷器。500kV 交流母线避雷器额定电压按 403kV（有效值）考虑。

（6）DR 避雷器。考虑最大谐波电流在平波电抗器上产生的压降峰值为

$$U_{CCOV}=\sqrt{2}\,n\omega LI_{N}=\sqrt{2}\times12\times100\times\pi\times0.1\times0.03\times3\text{kV}=48\text{（kV）}$$

DR 避雷器额定电压不由 U_{CCOV} 和 U_{PCOV} 决定。

（三）避雷器最终配置方案和参数确定

根据过电压仿真计算，确定各计算工况下避雷器最大吸收能量要求，据此确定避雷器并联柱数，并对避雷器参数初选值进行校验修正。避雷器保护水平及配合电流参数见表 4-30。

表 4-30　避雷器保护水平及配合电流参数

避雷器	U_{MCOV}（kV）	U_{ref}（kV）	雷电保护		操作保护		柱数	能量（MJ）
			U_{LIPL}（kV）	I_{LIPL}（kA）	U_{SIPL}（kV）	I_{SIPL}（kA）		
V	305（峰值）	363（峰值）	506	0.9	506	1.3	2	3.3
C	569（峰值）	750（峰值）	1094	5	920	0.5	1	3
DB	515（DC）	710（峰值）	1023	20	881	2	2	5.6
DL	515（DC）	710（峰值）	1023	20	881	2		
E1	50（DC）+12（AC）	90（峰值）	140	20	120	2	4	1.7
EL	50（DC）+12（AC）	90（峰值）	140	20	120	2		
EM	50（DC）+12（AC）	90（峰值）	140	20	120	2		
A	318（有效值）	403（有效值）	906	10	770	1	1	4.5
DR	48（峰值）	429（峰值）	647	10	—	—	1	0.2

（四）设备绝缘水平的确定

设备最小绝缘裕度见表4-31。

表4-31　设备最小绝缘裕度

过电压类型	油绝缘（线侧）	油绝缘（阀侧）	空气绝缘	单个阀
陡波	25%	25%	25%	15%
雷击	25%	20%	20%	10%
操作	20%	15%	15%	10%

根据过电压计算结果及各设备绝缘裕度要求确定设备的过电压及绝缘水平，见表4-32。

（五）直流空气间隙的确定

（1）根据过电压计算结果，各区域过电压水平见表4-33。

（2）工程站址实际海拔为1300～1450m，偏严考虑，绝缘配合结论已按1500m海拔进行修正。根据本章第五节所述直流空气净距计算及海拔修正方法。直流各区域空气净距计算见表4-34。阀厅空气温度按40℃考虑，相对湿度25%。

表4-32　设备的过电压及绝缘水平

位　置	起保护作用的避雷器	雷电保护			操作保护		
		U_{LIPL}（kV）	U_{LIWL}（kV）	裕度（%）	U_{SIPL}（kV）	U_{SIWL}（kV）	裕度（%）
交流母线	A	906	1550	71	770	1175	36
直流线路（平波电抗器侧）	DB	1023	1425	39	881	1175	33
极母线阀侧	A′或C+E	—	1425	—	1040	1300	25
换流变压器Yy阀侧相对地	A′或C+E	—	1550	—	1040	1300	25
换流变压器Yd阀侧相对地	V+E	—	1050	—	568	850	50
12脉动桥中点母线	V+E	—	1050	—	568	850	50
中性母线	E1	140	250	79	120	200	67

表4-33　各区域过电压水平

位　置	起保护作用的避雷器	U_{SIWL}（kV）	U_{LIWL}（kV）
阀两端	V	582	582
直流母线阀侧	C+E	1300	1425
6脉动中点母线	V+E	850	1050
换流变压器Yy阀侧相对地	A′或C+E	1300	1550
换流变压器Yd阀侧中性点		1050	1175
换流变压器Yy阀侧相间		850	1050
直流母线阀侧–换流变压器Yy阀侧中性点	V+A′	1050	1175
极母线–中性母线	C	1300	1425
直流母线阀侧–Yd阀侧相间	2V	1300	1425
Yy阀侧相对中性母线	2V	1300	1550
Yy阀侧–Yd阀侧相对相		1300	1550
换流变压器Yy阀侧中性点–换流桥中点	V+A′	1050	1175
换流变压器Yy阀侧中性点–Yd阀侧相间	V+A′	1050	1175

续表

位　　置	起保护作用的避雷器	U_{SIWL}（kV）	U_{LIWL}（kV）
换流变压器 Yy 阀侧–中性点	A′	450	550
换流变压器 Yd 阀侧相对相		850	1050
阀厅中性母线	E	200	250
Yd 换流变压器阀至换流阀中点	V	582	582
Yd 换流变压器阀至直流中性线	V	582	582

表 4-34　直流各区域空气净距计算

位　　置	类型	U_{SIWL}（kV）	U_{LIWL}（kV）	间隙因数 K	空气净距取值（m）
阀两端	相间	582	582	1.3	2.1
直流母线阀侧	相对地	1300	1425	1.15	5.1
6 脉动中点母线	相对地	850	1050	1.15	2.7
换流变压器 Yy 阀侧相对地	相对地	1300	1550	1.15	5.1
换流变压器 Yd 阀侧相对地	相对地	850	1050	1.15	2.8
换流变压器 Yy 阀侧中性点	相对地	1050	1175	1.15	4
换流变压器 Yy 阀侧相间	相间	850	1050	1.3	2.8
直流母线阀侧–换流变压器 Yy 阀侧中性点	相间	1050	1175	1.3	3.5
极母线–中性母线	相间	1300	1425	1.3	4.1
直流母线阀侧–Yd 阀侧相间	相间	1300	1425	1.3	4.5
Yy 阀侧相对中性母线	相间	1300	1550	1.3	4.5
Yy 阀侧–Yd 阀侧相对相	相间	1300	1550	1.3	4.5
换流变压器 Yy 阀侧中性点–换流桥中点	—	1050	1175	1.3	3.5
换流变压器 Yy 阀侧中性点–Yd 阀侧相间	相间	1050	1175	1.3	3.5
换流变压器 Yy 阀侧–中性点	相间	450	550	1.3	2.1
换流变压器 Yd 阀侧相对相	相间	850	1050	1.3	2.7
阀厅中性母线	相对地	200	250	1.15	0.7
Yd 换流变压器阀至换流阀中点	—	582	582	1.15	2.1
Yd 换流变压器阀至直流中性线	—	582	582	1.15	2.1

（3）以直流母线阀侧对地（$U_{SIWL}=1300\text{kV}$，$U_{LIWL}=1425\text{kV}$）为例，给出空气净距计算的过程。此处间隙结构为导线–板型式，查表 4-16 可得间隙因数 $K=1.15$。

1）根据直流母线阀侧对地 U_{SIWL} 计算最小空气净距。表 4-34 给出的 U_{SIWL} 为针对外绝缘、考虑大气环境（海拔）修正后的结果，在计算空气净距时无需再次修正。根据式（4-10），由 U_{SIWL} 得到标准操作冲击波的 50%击穿电压峰值

$$U_{50S}=\frac{U_{SIWL}}{1-2\sigma}=\frac{1300}{1-2\times0.06}=1477.3\text{（kV）}$$

间隙因数 $K=1.15$，根据式（4-11）得

$$d_S=\left(\frac{U_{50S}}{500K}\right)^{\frac{5}{3}}=\left(\frac{1477.3}{500\times1.15}\right)^{\frac{5}{3}}=4.82\text{（m）}$$

2）根据直流母线阀侧对地 U_{LIWL} 计算最小空气净距。表 4-34 给出的 U_{LIWL} 为针对外绝缘、考虑大气环境（海拔）修正后的结果，在计算空气净距时无需再次修正。根据式（4-10），由 U_{LIWL} 得到标准雷电冲击波的 50%击穿电压峰值

$$U_{50L}=\frac{U_{LIWL}}{1-2\sigma}=\frac{1425}{1-2\times0.03}=1516.0\text{（kV）}$$

间隙因数 $K=1.15$，根据式（4-12）得

$$d_L=\frac{U_{50S}}{530\times(0.74+0.26K)}=\frac{1516}{530\times(0.74+0.26\times1.15)}=2.75\text{（m）}$$

根据上述计算结果，取 max（d_S，d_L）＝4.82m 为直流母线阀侧对地最小空气净距的计算值，工程实际取值为 5.1m。

（六）直流绝缘子选型

根据工程站址污秽预测分析，换流站直流配电装置设备的等值盐密为 0.052mg/cm^2。

工程实际海拔按 1400m 进行修正，根据气压修正公式，海拔修正下降指数 $k_1=0.06$，则

$$\lambda=\lambda_0/(1-k_1H)=\lambda_0/(1-0.06\times1.4)=1.08\lambda_0$$

修正后直流配电装置设备外绝缘爬电比距见表 4-35。

表 4-35　换流站爬电比距计算（修正后）

类型	瓷支柱绝缘子	垂直瓷套管		
平均直径（mm）	250～300	400	500	600
等径深棱伞（mm/kV）	60	62	64	66
大小伞（mm/kV）	72	74	76	78

注　水平瓷套管爬电比距按 62mm/kV，复合绝缘子和套管爬电比距按 50mm/kV。

二、±800kV 换流站典型工程过电压及绝缘配合计算

以 LZ ±800kV 换流站工程为例，进行过电压及绝缘配合计算。

（一）系统条件

1. 系统参数

换流站接入交流系统的电压见表 4-36。

表 4-36　换流站接入交流系统的电压

电压类型	参数值（kV）
额定运行电压	765
最高稳态电压	800
最低稳态电压	750
最高极端电压	800
最低极端电压	713

换流站接入交流系统的频率特性见表 4-37。

表 4-37　换流站接入交流系统的频率特性

频率类型	参数值（Hz）
额定频率	50
稳态频率偏差	±0.2
故障清除后 10min 频率偏差	±0.5
事故情况下频率偏差	±1.2

直流系统双极额定输送功率 8000MW，额定运行电压±800kV，额定运行电流 5000A。

平波电抗器为干式空心式电抗器，在极母线及中性母线上各安装 2 台 75mH 平波电抗器。

单极金属回线运行方式下，对侧换流站为接地站。

2. 基本运行参数

换流站基本运行参数见表 4-38。

表 4-38　换流站主回路参数

参数类型	名称	符号	参数值
主回路稳态参数	最大理想空载直流电压	$U_{dioabsmax}$	243kV
	最高直流运行电压	U_{dmax}	809kV
	最高交流电压	U_{acmax}	800kV
	最大直流电流	I_{dmax}	5046A
	直流线路电阻	R_{dcmax}/R_{dcmin}	7.93/5.64Ω
换流变压器参数	变压器类型		单相双绕组
	线路侧额定电压		765kV
	阀侧额定电压		174.92kV
	变压器分接开关步长		0.86%
	分接开关负挡位数目		3
	交流侧绝缘水平（空气和油）	U_{LIWL}	2100kV
		U_{SIWL}	1550kV

（二）避雷器的配置方案和参数初选

1. 避雷器配置方案

换流站交直流两侧均采用无间隙氧化锌避雷器作为保护装置。LZ ±800kV 换流站避雷器保护配置方案见图 4-5。由于双极对称布置，图 4-5 中仅给出一个极的避雷器配置方案，另一个极的避雷器配置方案与之相同。

图 4-5 中，V1（V11）、V2（V12）、V3 为阀避雷器，ML 为下 12 脉动换流单元 6 脉动桥避雷器，MH 为上 12 脉动换流单元 6 脉动桥避雷器，CBL2 为上下 12 脉动换流单元之间中点直流母线避雷器（对地），CBH 为上 12 脉动换流单元直流母线避雷器（对地），DB1 为直流线路避雷器，DB2 为直流母线避雷器，CBN1、CBN2、E、EL、EM 为中性母线避雷器，A 为交流母线避雷器，DR 为平波电抗器并联避雷器。

2. 避雷器参数初选

在进行过电压仿真计算之前，根据本章第四节所述经验计算公式对避雷器基本参数 U_{CCOV}、U_{PCOV} 和 U_{ref} 进行初选。

（1）阀避雷器 V1（V11）、V2（V12）、V3。阀避雷器持续运行电压由 U_{dio} 决定，计算如下

$$U_{CCOV}=U_{dioabsmax}\times\frac{\pi}{3}=243\times\frac{\pi}{3}=254\text{（kV）}$$

考虑 16%换相过冲，$U_{PCOV}=1.16\times U_{CCOV}=1.16\times 254=295$（kV）。阀避雷器荷电率取为 1.0（$U_{PCOV}$），避雷器参考电压按 295kV（峰值）考虑，则避雷器交流额定电压 U_{ref} 为 209kV（有效值）。

（2）MH 避雷器。MH 避雷器持续运行电压为上、下 12 脉动换流单元中间母线直流电压加上 6 脉冲桥运行电压，即 400kV 中点处电压加上一个阀避雷器的运行电压，即 $U_{CCOV}=400+254=654$（kV）。

考虑 10%换相过冲，$U_{PCOV}=1.1\times U_{CCOV}=1.1\times 654=720$（kV）。MH 避雷器荷电率取为 0.9（$U_{PCOV}$），避雷器额定电压按 800kV（峰值）考虑。

（3）ML 避雷器。ML 避雷器持续运行电压为阀避雷器运行电压加上中性母线对地电压。金属回线运行方式下，中性母线对地电压即为金属回线上的压降，最大直流电流为 5046A，线路电阻为 7.93Ω，因此中性母线对地电压约 40kV，则 $U_{CCOV}=254+40=294$（kV）。ML 避雷器荷电率取为 $0.82U_{CCOV}$，避雷器额定电压按 359kV（峰值）考虑。

（4）CBH 避雷器。CBH 避雷器持续运行电压为上 12 脉动换流单元端电压加上 400kV 中点处电压。理论上对于 α 角和 μ 角为零时，12 脉动换流单元最大运行电压为 $2\times\cos15°\times\frac{\pi}{3}\times U_{dim}$，因此 CBH 持续运行电压计算如下

$$U_{CCOV}=400+2\times U_{dioabsmax}\times\pi/3\times\cos15°=400+2\times 243\times\pi/3\times\cos15°=892\text{（kV）}$$

实际上 U_{CCOV} 比计算值要小些，偏保守估计可为直流电压的 1.1 倍，约 890kV。考虑 4%换相过冲，$U_{PCOV}=1.04\times U_{CCOV}=1.04\times 892\approx 927$（kV）。CB 避雷器荷电率取为 0.82（$U_{CCOV}$），避雷器额定电压按 1087kV（峰值）考虑。

（5）CBL 避雷器。CBL 避雷器持续运行电压按下 12 脉动换流单元单独运行方式选择，与 CBH 持续运行电压计算相比不计 400kV 中点处的电压，因此 CBH 持续运行电压计算为

$$U_{CCOV}=2U_{dioabsmax}\times\pi/3\times\cos15°=2\times 243\times\pi/3\times\cos15°=492\text{（kV）}$$

实际上 U_{CCOV} 比计算值要小些，按 450kV 考虑。考虑 12%换相，则

$$U_{PCOV}=1.12\times U_{CCOV}=1.12\times 450=504\text{（kV）}$$

CB 避雷器荷电率取为 $0.9U_{PCOV}$，避雷器额定电压按 560kV（峰值）考虑。

（6）DB 避雷器。按直流最高运行电压选取，$U_{CCOV}=816$kV，考虑一定的裕度可取 824kV。DB 避雷器荷电率取 $0.85U_{CCOV}$，避雷器额定电压按 969kV（峰值）考虑。

（7）CBN 避雷器。CBN 避雷器的持续运行电压需考虑最大谐波电流在平波电抗器上产生的压降峰值以及金属回线上的直流压降。最大谐波电流分量按 12 次谐波电流 0.03（标幺值）考虑。

$$U_{CCOV}=\sqrt{2}\,n\omega LI_N+40=\sqrt{2}\times 12\times 100\times\pi\times 0.15\times 0.03\times 5.046+40=160\text{（kV）}$$

考虑 17%换相过冲，则

$$U_{PCOV}=1.17\times U_{CCOV}=1.17\times 160=187\text{（kV）}$$

CBN 避雷器额定电压不由 U_{CCOV} 和 U_{PCOV} 决定。

（8）E 避雷器。考虑金属回线上的直流压降，$U_{CCOV}=40$kV，E 避雷器额定电压不由 U_{CCOV} 和 U_{PCOV} 决定。

（9）EM 避雷器。EM 避雷器运行电压同 E 避雷器，用于金属回线的雷电侵入波保护。

（10）EL 避雷器。考虑接地极和接地极线路上的直流压降，考虑一定的裕度，$U_{CCOV}=20$kV。EL 避雷器额定电压不由 U_{CCOV} 和 U_{PCOV} 决定。

（11）A 避雷器。750kV 交流母线避雷器额定电压按 600kV 考虑。

（12）DR 避雷器。考虑最大谐波电流在平波电抗器上产生的压降峰值，则

$$U_{CCOV}=\sqrt{2}\,n\omega LI_N+40=\sqrt{2}\times 12\times 100\times\pi\times 0.075\times 0.03\times 5.046=60\text{（kV）}$$

DR 避雷器额定电压不由 U_{CCOV} 和 U_{PCOV} 决定。

（三）避雷器最终配置方案和参数确定

根据过电压仿真计算，确定各计算工况下避雷器最大吸收能量要求，据此确定避雷器并联柱数，并对避雷器参数初选值进行校验修正。避雷器保护水平及配合电流参数见表 4-39。

表 4-39　避雷器保护水平及配合电流参数

避雷器	U_{PCOV}（kV）	U_{CCOV}（kV）	U_{ref}（kV）	雷电保护		操作保护		柱数	能量（MJ）
				U_{LIPL}（kV）	I_{LIPL}（kA）	U_{SIPL}（kV）	I_{SIPL}（kA）		
V1	285.4	239.8	203（有效值）	372	1	388	4	6	7.9
V2	285.48	239.8	203（有效值）	377	1	395（361）	3（0.2）	3	4.0
V3	285.4	239.8	203（有效值）	377	1	395	3.0	3	4.0
MH	732	666	813	1088	1	1036	0.2	4	15.8
ML	—	298	364	504	1	494	0.5	2	3.8
CBH	927	889	1083	1450	1	1402	0.2	4	20.8
CBL	508	454	566	770	1	734	0.2	4	10.9
DB1	—	824	969	1625	20	1391	1.0	3	14.0
DB2	—	824	969	1625	20	1391	1.0	3	14.0
CBN1	187	149	333	458	1	—	—	2	3.2
CBN2	187	149	304	408	1	437	6.0	14	20.0
E	—	95	304	478	5	—	—	2	3.0
EL	—	20	202	311	10	303	2.5	6	6.0
EM	—	95	278	431	20	393	6.0	31	39.1
A	—	462	600	1380	20	1142	2.0	—	—
A′	—	—	—	—	—	259	—	—	—
DR	—	44	483（有效值）	900	0.5	—	—	1	3.4
F50	—	—	—	—	—	120	10.0	34	12.0

（四）设备绝缘水平的确定

设备最小绝缘裕度见表 4-40。

根据过电压计算结果及各设备绝缘裕度要求确定设备绝缘水平，见表 4-41。

表 4-40　设 备 最 小 绝 缘 裕 度

过电压类型	油绝缘（线侧）	油绝缘（阀侧）	空气绝缘	单个阀
陡波	25%	25%	25%	15%
雷击	25%	20%	20%	10%
操作	20%	15%	15%	10%

表 4-41 设备的过电压及绝缘水平

位置	起保护作用的避雷器	雷电保护			操作保护		
		U_{LIPL}（kV）	U_{LIWL}（kV）	裕度（%）	U_{SIPL}（kV）	U_{SIWL}（kV）	裕度（%）
阀桥两侧	max（V11，V12，V2，V3）	398	458	15	422	486	15
交流母线	A	1380	2100	52	1142	1550	36
直流线路（平波电抗器侧）	max（DB1，DB2）	1625	1950	20	1391	1600	15
极母线阀侧	CBH	1450	1800	24	1402	1620	15
单个平波电抗器两端	DR	900	1080	20	—	—	15
跨高压 12 脉动桥	max（V11，V12）+V2	785	942	20	825	949	15
上换流变压器 Yy 阀侧相对地	MH+V12	1475	1770	20	1409	1620	15
上换流变压器 Yy 阀侧中性点	A′+MH	—	—	—	1296	1490	15
上 12 脉动桥中点母线	MH	1088	1306	20	1036	1191	15
上换流变压器 Yd 阀侧相对地	V2+CBL	1157	1388	20	1131	1301	15
上 12 脉动桥低压端	CBL	770	924	20	734	844	15
下换流变压器 Yy 阀侧相对地	V2+ML	896	1076	20	916	1054	15
下换流变压器 Yy 阀侧中性点	A′+ML	—	—	—	754	867	15
下 12 脉动桥中点母线	ML	504	605	20	494	568	15
下换流变压器 Yd 阀侧相对地	max（V2+CBN1，V2+CBN2）	856	1028	20	859	988	15
YY 阀侧相间	2A′	—	—	—	520	598	15
YD 阀侧相间	$\sqrt{3}$ A′	—	—	—	451	519	15
阀侧中性母线	max（CBN1，CBN2）	458	550	20	437	503	15
线侧中性母线	max（E，EL，EM）	478	574	20	393	452	15
接地极母线	EL	311	374	20	303	349	15
金属回路母线	EM	431	518	20	393	452	15
中性线平波电抗器两端	CBN2+E	892	1071	20	—	—	—

（五）直流空气间隙的确定

根据过电压计算结果，各区域过电压水平见表 4-42。

表 4-42　　各区域过电压水平

位　　置	起保护作用的避雷器	U_{LIWL}（kV）	U_{SIWL}（kV）
直流线路	DB1	1950	1600
极线平波电抗器线侧	DB2	1950	1600
极线平波电抗器阀侧	CBH	1800	1620
阀桥两侧	V1/V2/V3	429	486
上 12 脉动换流桥两侧	V12＋V2	942	949
下 12 脉动换流桥两侧	2V2	858	971
上换流变压器 Yy 阀侧相对地	V＋MH	1770	1620
上换流变压器 Yy 阀侧相间	2A′	—	598
上换流变压器 Yy 阀侧相对中性点	A′	—	299
上换流变压器 Yy 阀侧中性点对地	A′＋MH	—	1490
上 12 脉动 Yy 换流变压器中性点对 Yd 换流变压器阀侧	A′＋V	—	763
上 12 脉动 Yy 换流变压器中性点对 400kV 母线	A′＋V	—	763
上 12 脉动桥中点母线	MH	1306	1191
上换流变压器 Yd 阀侧相对地	V2＋CBL	1388	1301
上换流变压器 Yd 阀侧相间	$\sqrt{3}$ A′	—	518
上下两 12 脉动桥之间中点	CBL	924	844
400kV 母线对下 12 脉动 Yy 换流变压器中性点	A′	—	299
下换流变压器 Yy 阀侧相对地	V2＋ML	1076	1054
下换流变压器 Yy 阀侧相间	2A′	—	598
下换流变压器 Yy 阀侧相对中性点	A′	—	299
下换流变压器 Yy 阀侧中性点	A′＋ML	—	867
下 12 脉动桥中点母线	ML	605	568
下换流变压器 Yd 阀侧相对地	V2＋CBN2	1028	988
下换流变压器 Yd 阀侧相间	$\sqrt{3}$ A′	—	519
中性母线平波电抗器阀侧	CBN1，CBN2	550	503
中性母线平波电抗器线侧	E，EL，EM	574	452
接地极母线	EL	374	349
金属回路母线	EM	518	452
交流母线相地	A	2100	1550
交流母线相间	$f(A, U_{acN})$	—	2325

工程站址实际海拔约为 1300m，计算空气净距时需按 1300m 海拔进行修正。根据本章第五节所述直流空气净距计算及修正方法，阀厅内各区域空气净距计算见表 4-43，阀厅空气温度按 45℃考虑，相对湿度 25%。空气净距计算过程可参考 FN 工程±500kV 换流站算例，此处不再赘述。

表 4-43　　各区域空气净距计算

位　　置	类型	U_{SIWL}（kV）	U_{LIWL}（kV）	间隙因数 K	空气净距取值（m）
极线平波电抗器阀侧	相对地	1620	1800	1.1	9.2
阀桥两侧	相间	486	429	1.1	1.7
12 脉动换流桥两侧	相间	971	858	1.1	4.7
上换流变压器 Yy 阀侧相对地	相对地	1620	1770	1.3（对地） 1.15（对侧墙）	8.1（对地） 10.5（对侧墙）
上换流变压器 Yy 阀侧相间	相间	598	—	1.2	2.1
上换流变压器 Yy 阀侧相对中性点	相间	299	—	1	0.93
上换流变压器 Yy 阀侧中性点对地	相对地	1490	—	1.2	7.2
Yy 换流变压器阀侧对 Yd 换流变压器阀侧	相间	971	858	1.1	4.7
Yy 换流变压器中性点对 Yd 换流变压器阀侧	相间	763	—	1	3.7
上 12 脉动 Yy 换流变压器中性点对 400kV 母线	相间	763	—	1.1	3.3
上 12 脉动桥中点母线	相对地	1191	1306	1	10.7
上换流变压器 Yd 阀侧相对地	相对地	1301	1388	1.3（对地） 1.15（对侧墙）	5.9（对地） 7.7（对侧墙）
上换流变压器 Yd 阀侧相间	相间	518	—	1.15	1.8
上下两 12 脉动桥之间中点	相对地	844	924	1	4.1
400kV 母线对下 12 脉动 Yy 换流变压器中性点	相间	299	—	1	0.93
下换流变压器 Yy 阀侧相对地	相对地	1054	1076	1.2	4.8
下换流变压器 Yy 阀侧相间	相间	598	—	1.2	2.1
下换流变压器 Yy 阀侧相对中性点	相间	299	—	1	0.93
下换流变压器 Yy 阀侧中性点	相对地	867	—	1.2	3.3
下 12 脉动桥中点母线	相对地	568	605	1	3.4
下换流变压器 Yd 阀侧相对地	相对地	988	1028	1.2	4（对地） 5.2（对侧墙）
下换流变压器 Yd 阀侧相间	相间	519	—	1.1	1.9
中性母线平波电抗器阀侧	相对地	503	550	1.1	1.7

（六）直流绝缘子选型

根据工程站址污秽预测分析，换流站支柱绝缘子表面污秽情况见表 4-44。

表 4-44　　换流站污秽预测结果

参数	交流 XP 型悬式绝缘子等值盐密	交流普通型支柱绝缘子等值盐密	直流、交流等值盐密比	直流支柱绝缘子等值盐密	直流支柱绝缘子有效盐密
预测结果	0.09mg/cm^2	0.07mg/cm^2	2	0.14mg/cm^2	0.11mg/cm^2

注　普通支柱绝缘子和普通悬式绝缘子的等值盐密比取为 0.78；直流支柱绝缘子有效盐密取直流支柱绝缘子等值盐密的 0.75 倍。

根据污秽条件确定符合外绝缘所需爬电比距见表 4-45。

工程实际海拔按 1300m 进行修正，根据气压修正公式，海拔修正下降指数 $k_1=0.065$，则

$\lambda=\lambda_0/(1-k_1H)=\lambda_0/(1-0.065\times1.3)=1.09\lambda_0$

修正后直流配电装置设备复合外绝缘爬电比距见表 4-46。

表 4-45　换流站爬电比距计算（修正前）

项目	支柱绝缘子	垂直套管		
平均直径（mm）	250～300	400	500	600
爬电比距（mm/kV）	48	49	51	53

表 4-46　换流站爬电比距计算（修正后）

类型	支柱绝缘子	垂直套管		
平均直径（mm）	250～300	400	500	600
爬电比距（mm/kV）	52	53	55	57

三、背靠背换流站典型工程过电压及绝缘配合计算

以 LX 背靠背换流站工程为例，进行过电压及绝缘配合计算。

（一）系统条件

1. 系统参数

换流站接入交流系统的电压见表 4-47。

表 4-47　换流站接入交流系统的电压　(kV)

电压类型	参数值（交流侧 1）	参数值（交流侧 2）
额定运行电压	525	525
最高稳态电压	550	550
最低稳态电压	500	500
最高极端电压	550	550
最低极端电压	475	475

换流站接入交流系统的频率特性见表 4-48。

表 4-48　换流站接入交流系统的频率特性　(Hz)

频率类型	参数值（交流侧 1）	参数值（交流侧 2）
额定频率	50	50
稳态频率变化范围	±0.2	±0.2
短时频率变化范围	±0.5	+0.3/–0.5

直流系统背靠背额定输送功率 1000MW，额定直流电压±160kV，额定直流电流 3125A。

平波电抗器为油浸式电抗器，仅在极母线装设 2×150mH 平波电抗器。

2. 基本运行参数

换流站基本运行参数见表 4-49 和表 4-50。

表 4-49　换流站主回路参数　(kV)

名　称	符号	参数值
最大理想空载直流电压	$U_{dioabsmax}$	200
最高直流运行电压	U_{dmax}	168
最高交流电压	U_{acmax}	550

表 4-50　变压器参数

名　称	符号	参数值
变压器类型		单相三绕组
线路侧额定电压		525kV
阀侧额定电压		135.2kV
变压器分接开关步长		1.25%
分接开关负挡位数目		7
交流侧绝缘水平（空气和油）	U_{LIWL}	1550kV
	U_{SIWL}	1175kV

（二）避雷器的配置方案和参数初选

1. 避雷器配置方案

换流站交直流两侧均采用无间隙氧化锌避雷器作为保护装置。LX 背靠背换流站避雷器保护配置方案图如图 4-25 所示。

2. 避雷器参数初选

为便于仿真建模分析，在进行过电压仿真计算之前，根据经验计算公式对避雷器基本参数 U_{CCOV}、U_{PCOV} 和 U_{ref} 进行初选。

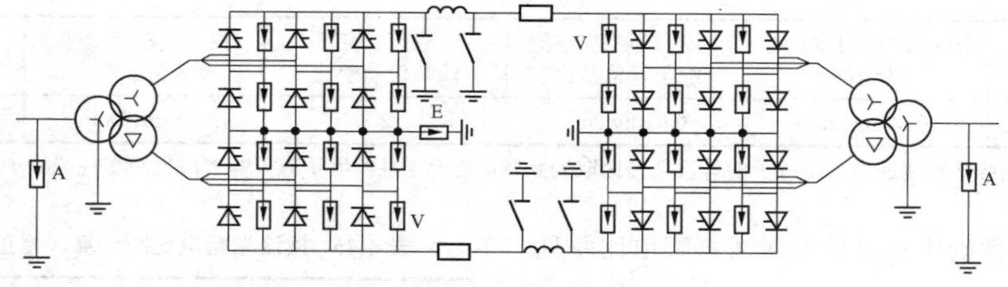

图 4-25　换流站避雷器保护配置图

V—阀避雷器；E—中性母线避雷器；A—交流母线避雷器

（1）V 避雷器。阀避雷器持续运行电压由 U_{dio} 决定，计算为

$$U_{CCOV}=U_{dioabsmax}\times\frac{\pi}{3}=200\times\frac{\pi}{3}=209\text{（kV）}$$

考虑 17%换相过冲，则

$U_{PCOV}=1.17\times U_{CCOV}=1.17\times 209=245$（kV）

阀避雷器荷电率取为$0.97U_{PCOV}$，避雷器参考电压按 253kV（峰值）考虑，则避雷器交流额定电压 U_{ref} 为 179kV（有效值）。

（2）E 避雷器。由于背靠背换流站没有直流线路，因此对 E 避雷器的 U_{CCOV} 和 U_{PCOV} 没有要求，且 E 避雷器额定电压不由 U_{CCOV} 和 U_{PCOV} 决定。

（3）A 避雷器。500kV 交流母线避雷器的持续运行电压 $U_{MCOV}=450$kV（峰值），荷电率按 0.79 考虑，额定电压 U_{ref} 为 403kV（有效值）。

（三）避雷器最终配置方案和参数确定

根据过电压仿真计算，确定各计算工况下避雷器最大吸收能量要求，据此确定避雷器并联柱数，并对避雷器参数初选值进行校验修正。避雷器参数及保护水平见表 4-51。

表 4-51　　避雷器参数及保护水平

避雷器	U_{MCOV}（kV）	U_{ref}（kV）	雷电保护		操作保护		能量（MJ）
			U_{LIPL}（kV）	I_{LIPL}（kA）	U_{SIPL}（kV）	I_{SIPL}（kA）	
V	245（峰值）	253（峰值）	348	0.9	348	1.3	2
E	120（峰值）	135（峰值）	193	10	184	3	2
A	318（有效值）	403（有效值）	906	10	790	1.5	4.5

（四）设备绝缘水平的确定

设备最小绝缘裕度见表 4-52。

表 4-52　　设备的最小绝缘裕度

过电压类型	油绝缘（线侧）	油绝缘（阀侧）	空气绝缘	阀
陡波	25%	25%	25%	20%
雷击	25%	20%	25%	15%
操作	20%	15%	20%	15%

根据过电压计算结果及各设备绝缘裕度要求确定设备绝缘水平，见表 4-53。

（五）直流空气间隙的确定

根据过电压计算结果，各区域过电压水平见表 4-54。

工程站址实际海拔为 1600m，绝缘配合结论已按 1600m 海拔进行修正。根据本章第五节所述空气净距计算及海拔修正方法。直流各区域空气净距计算见表 4-55。阀厅空气温度按 40℃考虑，相对湿度 25%。

表 4-53　　设备的过电压及绝缘水平

位置	起保护作用的避雷器	雷电保护			操作保护		
		U_{LIPL}（kV）	U_{LIWL}（kV）	裕度（%）	U_{SIPL}（kV）	U_{SIWL}（kV）	裕度（%）
交流母线	A	906	1550	71	790	1175	48.7
直流母线（平波电抗器）	V+E	541	750	38.6	532	650	22.1
换流变压器 Yy 阀侧相对地	max（A′，V+E）	541	750	38.6	532	650	22.1
换流变压器 Yd 阀侧相对地	max（A′，V+E）	541	750	38.6	532	650	22.1
12 脉动桥中点母线	E	193	250	29.5	184	250	35.8
换流阀	V	348	410	17.8	348	410	17.8

表 4-54　　各区域过电压水平

位　　置	起保护作用的避雷器	U_{SIWL}（kV）	U_{LIWL}（kV）
直流正负极母线间	2V	850	950
直流极母线对地	V+E	650	750
直流极母线与阀塔中性母线间	V	410	410

续表

位　　置	起保护作用的避雷器	U_{SIWL}（kV）	U_{LIWL}（kV）
直流平波电抗器端子间		650	750
换流变压器 Yy 阀侧端子间		325	450
换流变压器 Yd 阀侧端子间		550	650
换流变压器 Yy 阀侧–直流极母线	2V	850	950
换流变压器 Yy 阀侧–阀塔中性母线	V	410	410
换流变压器 Yd 阀侧–直流极母线	2V	850	950
换流变压器 Yd 阀侧–阀塔中性母线	V	410	410
换流变压器 Yy 阀侧中性点–直流正极母线		750	850
换流变压器 Yy 阀侧–Yd 阀侧相对相	2V	696	696
换流变压器阀侧相间	A′	550	650
换流变压器 Yy 阀侧对地	V+E	650	750
换流变压器 Yd 阀侧对地	V+E	650	750
换流变压器 Yy 阀侧中性点对地		650	750

表 4-55　　各区域空气净距计算

位　　置	类型	U_{SIWL}（kV）	U_{LIWL}（kV）	间隙因数 K	空气净距取值（m）
直流正负极母线间	相间	850	950	1.3	3.0
直流极母线对地	相对地	650	750	1.15	2.3
直流极母线与阀塔中性母线间	相间	410	410	1.3	1.2
直流平波电抗器端子间	相间	650	750	1.3	2.0
换流变压器 Yy 阀侧端子间	相间	325	450	1.3	1.2
换流变压器 Yd 阀侧端子间	相间	550	650	1.3	2.0
换流变压器 Yy 阀侧–直流极母线	相间	850	950	1.3	2.7
换流变压器 Yy 阀侧–阀塔中性母线	相间	410	410	1.3	1.2
换流变压器 Yd 阀侧–直流极母线	相间	850	950	1.3	2.7
换流变压器 Yd 阀侧–阀塔中性母线	相间	410	410	1.3	1.2
换流变压器 Yy 阀侧中性点–直流正极母线	相间	750	850	1.3	2.5
换流变压器 Yy 阀侧–Yd 阀侧相对相	相间	696	696	1.3	2.7
换流变压器阀侧相间	相间	550	650	1.3	2.0
换流变压器 Yy 阀侧对地	相对地	650	750	1.15	2.1
换流变压器 Yd 阀侧对地	相对地	650	750	1.15	2.1
换流变压器 Yy 阀侧中性点对地	相对地	650	750	1.15	1.7

（六）直流绝缘子选型

背靠背换流站没有户外直流配电装置，换流阀和直流设备均放在阀厅内，洁净度较高，其直流爬电比距可以按 14mm/kV 考虑。

第五章

主要电气设备选择

换流站主要电气设备包括常规交流电气主设备以及与直流相关的电气主设备。换流站内的常规交流电气主设备除换流变压器回路设备和交流滤波器大、小组断路器以外，其余与变电站内主要电气主设备相同，因此交流电气主设备选择可参见《电力工程设计手册　变电站设计》的内容，本章重点论述换流站直流电气主设备、换流变压器回路设备与交流滤波器大、小组断路器的选择。

第一节　设备选择原则

一、一般要求

（1）设备选择必须贯彻国家的经济技术政策，要考虑工程发展规划和分期建设的可能，以达到技术先进、安全可靠、经济适用、符合国情的要求。

（2）应满足正常运行、检修、短路和过电压情况下的要求，并考虑远期发展。

（3）应按当地使用环境条件校核。

（4）应与整个工程的建设标准协调一致。

（5）选择的电气设备规格品种不宜太多。

（6）在设计中要积极慎重地采用通过试验并经过工业试运行考验的新技术、新设备。

二、技术条件

选择的电气设备，应能在长期工作条件下和发生过电压、过电流的情况下保持正常运行。

（一）长期工作条件

1. 电压

选用电气设备的最高工作电压不应低于所在系统的系统最高电压值。±500kV 直流工程，直流最高电压值为 515kV；±660kV 直流工程，直流最高电压值为 680kV；±800kV 直流工程，系统直流最高电压值为 816kV；±1100kV 直流工程，系统直流最高电压值为 1122kV。

2. 电流

选用电气设备的额定电流不得低于所在回路在各种可能运行方式下的持续工作电流。

3. 机械荷载

选用电气设备的端子允许荷载，应大于设备引线在正常运行和短路时最大作用力。电气设备机械荷载应具有一定的安全系数。

（二）过电流工况

设备选定后应按最大可能通过的短路电流或暂态电流进行校验。

（三）过电压工况

在工作电压和过电压的作用下，电气设备的内、外绝缘应保证必要的可靠性。进行绝缘配合时，应在考虑所采用的过电压保护措施后决定设备上可能的作用电压，并根据设备的绝缘特性及可能影响绝缘特性的因素，从安全运行和技术经济合理性两方面确定设备的绝缘水平。

三、环境条件

选择电气设备时，应按当地环境条件校核。当气温、风速、湿度、污秽、海拔、地震、覆冰等环境条件超出一般电气设备的基本使用条件时，应通过技术经济比较分别采取下列措施：①向制造部门提出补充要求，定制符合当地环境条件的产品；②在设计或运行中采用相应的防护措施，如采用屋内配电装置、减震器等。

1. 温度

选择电气设备的环境温度宜采用表 5-1 所列数值。

表 5-1　选择电气设备的环境温度

安装场所	环境温度（℃）	
	最高	最低
屋外	年最高温度	年最低温度
屋内电抗器	该处通风设计最高排风温度	

续表

安装场所	环境温度（℃）	
	最高	最低
屋内其他	该处通风设计温度。当无资料时，可取最热月平均最高温度加5℃	

注 1. 年最高（或最低）温度为一年中所测得的最高（或最低）温度的多年平均值。

2. 最热月平均最高温度为最热月每日最高温度的月平均值，取多年平均值。

2. 日照

选择屋外导体时，应考虑日照的影响。对于按经济电流密度选择的屋外导体，可不校验日照的影响。计算导体日照附加温升时，日照强度取 $0.1W/cm^2$，风速取 0.5m/s。

3. 风速

选择电气设备时所用的最大风速为：直流电压为±800kV 以下的直流工程，可取离地面 10m 高、50 年一遇的 10min 平均最大风速；直流电压为±800kV 及以上的直流工程，可取离地面 10m 高、100 年一遇的 10min 平均最大风速。

4. 冰雪

在积雪、覆冰严重地区，应尽量采取防止冰雪引起事故的措施。隔离开关的破冰厚度，应大于安装场所最大覆冰厚度。

5. 湿度

选择电气设备的相对湿度，应采用当地湿度最高月份的平均相对湿度。对湿度较高的场所，应采用该处实际相对湿度。当无资料时，相对湿度可比当地湿度最高月份的平均相对湿度高 5%。

6. 污秽

为保证空气污秽地区电气设备的安全运行，在工程设计中应根据污秽情况选用下列措施：

（1）增大电瓷外绝缘的有效爬电比距，选用有利于防污的材料或电瓷造型，如采用硅橡胶、大小伞、大倾角、钟罩式等特制绝缘子。

（2）采用 RTV 涂层或热缩增爬裙增大电瓷外绝缘的有效爬电比距。

（3）采用六氟化硫全封闭组合电器（GIS）或屋内配电装置。

7. 海拔

对安装在海拔超过 1000m 地区的电气设备外绝缘应予校验。海拔修正校验详见本书第四章相关内容。

8. 地震

选择电气设备时，应根据当地的地震烈度选用能够满足地震要求的产品。对 8 度及以上的一般设备和 7 度及以上的重要设备，应该核对其抗震能力，必要时进行抗震强度验算。在安装时，应考虑支架对地震力的放大作用。设备的辅助装置应具有与主设备相同的抗震能力。

第二节 换 流 阀

在直流输电系统中，实现换流所需的三相桥式换流器的桥臂称为换流阀。换流阀是进行换流的关键设备，在直流输电工程中，它除了具有进行整流和逆变的功能外，在整流站还具有开关的功能，可利用其快速可控性对直流输电的启动和停运进行快速操作。

换流阀有汞弧阀和半导体阀两大类。目前常用的为性能更优越的半导体阀，半导体阀可分为常规晶闸管阀（简称晶闸管阀，也称可控硅阀）、门极可关断晶闸管阀（GTO 阀）和高频绝缘栅双极型晶体管阀（IGBT 阀）三类。大多数直流输电工程均采用晶闸管阀，本节仅论述晶闸管换流阀。

换流阀作为换流站的核心设备，其投资约占全站设备投资的 1/4。换流阀应能在预定的外部环境及系统条件下，按规定要求安全可靠地运行，并满足损耗小、安装及维护方便、投资省的要求。换流阀选择时，主要考虑换流阀的技术参数、结构形式、性能要求、冷却系统和冷却控制保护系统，其中换流阀冷却控制保护系统和冷却系统分别见本书的第十四章第一节和第二十四章。

一、换流阀结构选择

为便于安装和维修更换，换流阀通常采用模块化的结构。一个换流阀由多个单阀组成，一个单阀由多个阀组件串联组成，一个阀组件由多个串联的晶闸管及辅助元件组成。换流阀模块化结构如图 5-1 所示。

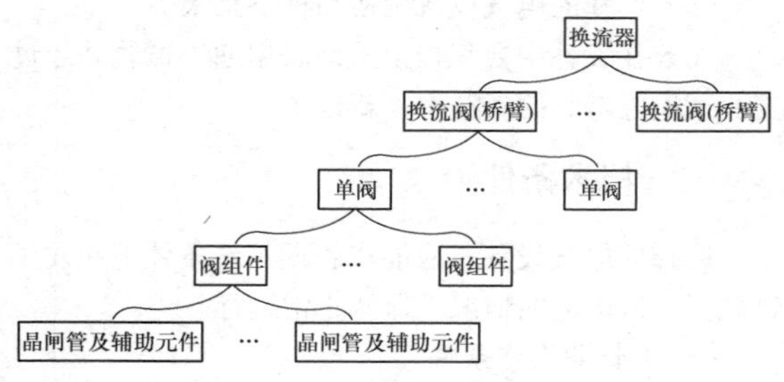

图 5-1 换流阀模块化结构示意图

（一）阀组件

通常阀组件由晶闸管、阻尼电路、直流均压电阻、晶闸管电压监视单元（thyristor voltage monitoring，TVM）、饱和电抗器、均压电容器等组成，如图 5-2 所示。阀组件两端并联一个均压电容器，该电容器使得换流阀在承受陡波冲击电压时，陡波电压在换流阀各阀组件内均匀分布，避免局部电压过高造成晶闸管击穿。图5-2所示阀组件内采用了光直接触发晶闸管，无需为触发装置设取能回路，相应晶闸管电压监视单元TVM的作用只是监视晶闸管的电压信息，不提供触发脉冲。

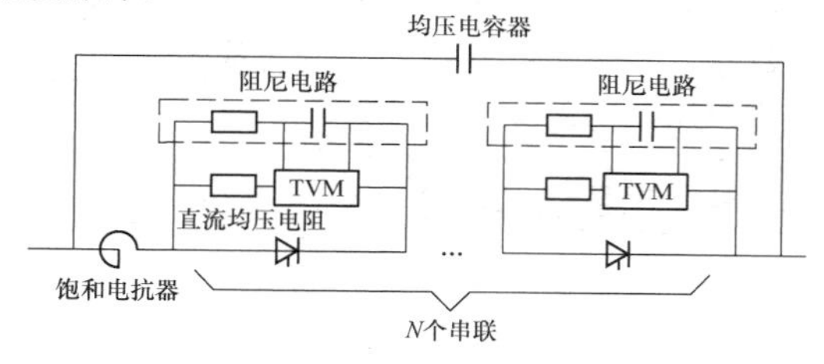

图5-2 阀组件结构图

典型的阀组件图例如图5-3和图5-4所示。

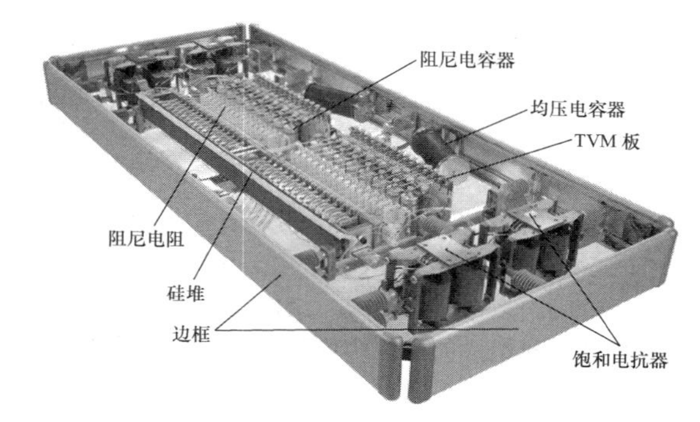

图5-3 阀组件图例一

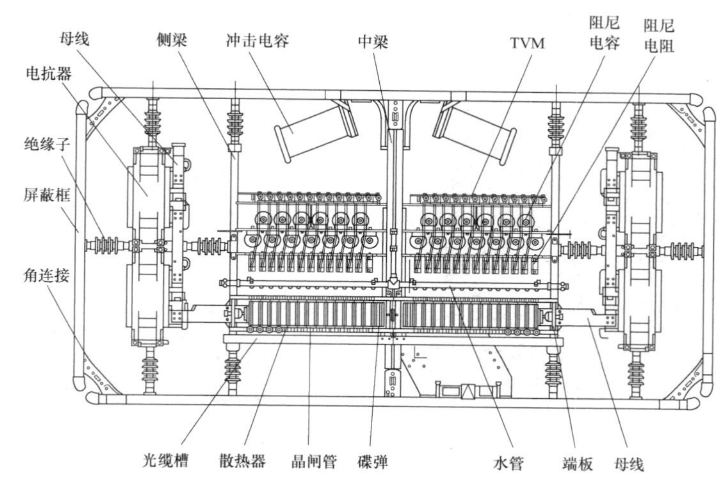

图5-4 阀组件图例二

（1）晶闸管。选取晶闸管时，晶闸管应能够承受最大故障电流的冲击，同时还需考虑过电压设计所要求的晶闸管数量，产生的总损耗以及冷却能力，尽量降低成本。晶闸管实物及其剖面如图5-5所示。

图5-5 晶闸管实物及其剖面

目前直流输电工程的晶闸管硅片直径最大已达到6in（1in=25.4mm），反向非重复阻断电压已高于9.3kV，通态平均电流已达到6250A。若晶闸管硅片材质有所突破，如采用碳化硅材料，则阻断电压或可达几十千伏。

一般情况下，多个晶闸管与散热器交叉叠放，形成晶闸管硅堆，晶闸管硅堆是阀组件中最关键的部件。

（2）*RC*阻尼电路。阻尼电路由电阻*R*和电容*C*串联组成，阻尼回路可以限制晶闸管两端暂态电压应力，同时给每个晶闸管级的门极电路提供能量。其主要作用包括：

1）平均分配各晶闸管上的高频电压。

2）为TVM提供电源。

3）抑制换流阀关断的换相过冲电压。

阻尼电路中*C*值越大则损耗越大，因此应在确保能够阻尼换相过冲的情况下保证换流阀的损耗最小。

（3）直流均压电阻。直流均压电阻可以在换流阀承受直流电压时进行均压。其主要作用包括：

1）平均分配各晶闸管上的低频电压。

2）为晶闸管监视单元提供晶闸管的电压信息。

直流均压电阻上流过的电流不应超过晶闸管监视单元所能承受的最大电流。

（4）饱和电抗器。饱和电抗器通常串联在晶闸管元件阳极端，也称为阳极电抗器。其主要作用包括：

1）限制晶闸管开通的电流上升速率。

2）限制晶闸管瞬态陡波前冲击电压。

（5）晶闸管电压监视单元（TVM）。晶闸管监控单元主要作用包括：

1）为晶闸管提供正常触发、保护触发和恢复期保护触发脉冲。

2）监视晶闸管的电压信息，并提供给阀基电子设备。

（6）均压电容器。用于改善因杂散电容和陡波冲击而造成在阀段间的电压分布不均匀。

（二）换流阀结构

换流阀由多个单阀组成，结构上每相两个单阀紧密连接在一起组成的换流阀称为二重阀，每相四个单阀组成的换流阀称为四重阀。

1. 二重阀

二重阀实物如图 5-6 所示，由二重阀组成的 12 脉动换流器接线和布置如图 5-7 和图 5-8 所示。

图 5-6 二重阀实物图

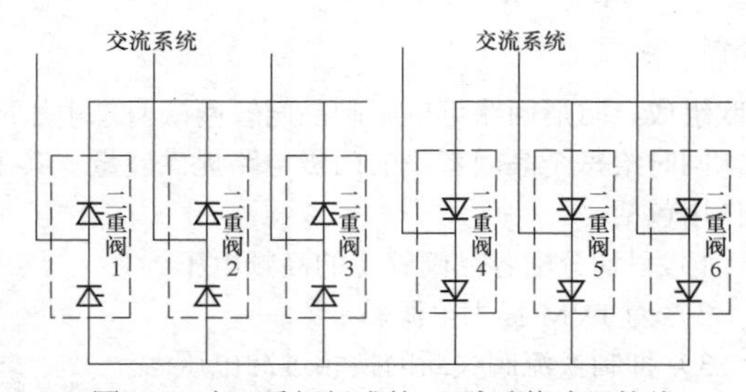

图 5-7 由二重阀组成的 12 脉动换流器接线

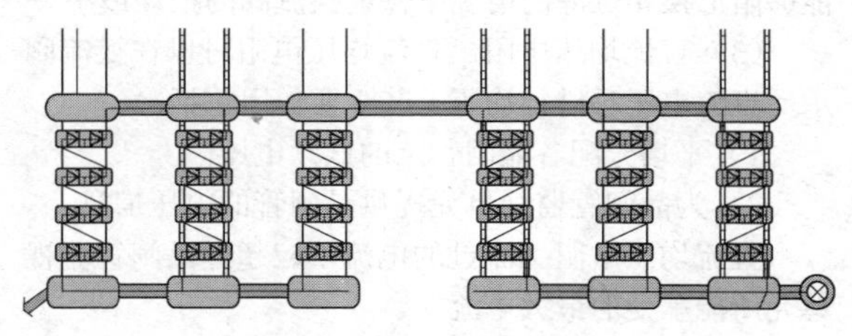

图 5-8 由二重阀组成的 12 脉动换流器布置图

2. 四重阀

四重阀实物如图 5-9 所示，由四重阀组成的 12 脉动换流器接线及布置如图 5-10 和图 5-11 所示。

图 5-9 四重阀实物图

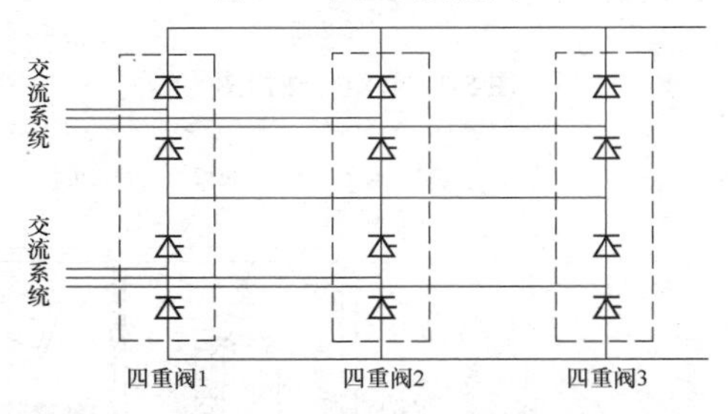

图 5-10 由四重阀组成的 12 脉动换流器接线图

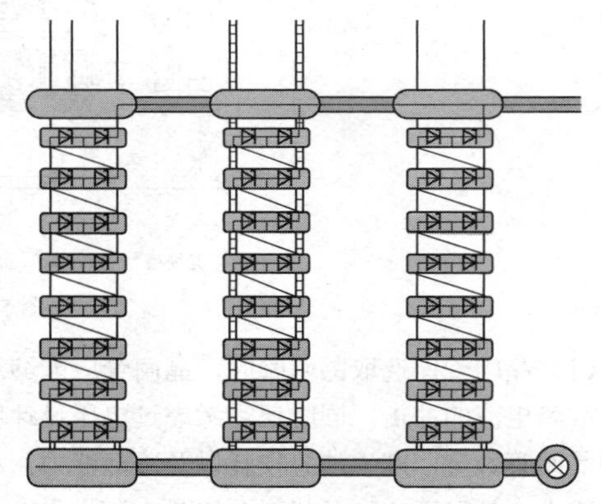

图 5-11 由四重阀组成的 12 脉动换流器布置图

实际工程中，二重阀与四重阀相比，单阀的电气设计相同，二者最大区别体现在阀塔结构上。

采用何种阀塔结构的换流阀应根据实际情况考虑，一旦阀塔型式确定后，将会影响阀厅尺寸、阀厅内电气设备及导体的布置以及换流变压器的布置等。

表 5-2 为某±500kV 换流站换流阀采用二重阀或四重阀时结构形式对比表。

表 5-2 二重阀和四重阀结构形式对比表

对比项目	二重阀	四重阀
12 脉动阀塔数量	6 座	3 座
阀塔层数	5 层	10 层
模块数量	10 个	20 个

续表

对比项目	二重阀	四重阀
阀塔外形（长×宽×高，mm×mm×mm）	5000×3200×13000	5300×5800×12300
阀塔质量（t）	14	24

（三）换流阀安装方式

换流阀安装方式有支撑式和悬吊式两种。

支撑式换流阀不适宜安装在地震活动区或抗震要求高的场合，因为需要增添更多支柱型绝缘构件，将使支撑结构复杂化，相应阀整体质量增加。采用支撑式结构时，光缆和冷却水管均从地面引上换流阀塔，还可能需考虑设置地下室。

悬吊式换流阀基于铰链结构连接原理，每个组件都通过标准长度的层间绝缘子自上而下悬吊在一起。悬吊连接点均采用万向连接金具，可最大限度地保持组件免受地震产生机械振动应力的损坏，同时能对机械振动引起的共振起到阻尼作用。采用悬吊式结构时，光缆和冷却水管从阀塔顶部钢梁引入，一般考虑在阀厅顶部设置巡视通道。

二、换流阀主要技术参数选择

换流阀的技术参数包含系统条件和电气参数：系统条件主要是指交流系统电压和系统频率；电气参数主要是指换流阀电流定值、电流耐受能力、电压定值、过电压耐受能力、运行触发角等。换流阀技术参数应与系统研究所要求的参数相匹配。

（一）换流阀系统条件

1. 交流系统电压

交流系统电压特性用系统额定运行电压、最高稳态电压、最低稳态电压、极端最高稳态电压（长期耐受）及极端最低稳态电压（长期耐受）表征。

2. 系统频率

交流系统的频率特性主要包括系统正常频率、稳态频率变化范围、暂态频率变化范围及极端暂态频率变化范围和耐受时间。

（二）换流阀电气参数

1. 换流阀电流定值

（1）额定直流电流。即连续运行额定值，应根据系统要求及对直流系统主回路参数研究的结果来确定。

（2）最小直流电流。对直流功率正送与功率反送工况下最小直流电流进行比较，取二者较小值作为换流阀设计参考的最小直流电流，以保证换流阀在最小负荷运行时，在整个触发角范围内均不会出现断续电流。

直流输电工程规定有最小直流电流限值，考虑到留有一定的安全裕度，因此通常为等于或大于连续电流临界值的2倍。实际工程中，通常最小直流电流值取额定直流电流的10%。

（3）最大连续运行电流（包含误差）。考虑所有测量误差和控制误差后的系统最大连续运行电流值。

（4）最高环境温度带冗余运行时过负荷电流。换流阀的过负荷能力应与直流系统的过负荷要求相匹配，包括可以长期连续运行的过负荷能力、短期（持续时间为2h）连续运行的过负荷能力、数秒内（持续时间为3～10s）的暂时过负荷能力,以及以上带冗余冷却和不带冗余冷却时的对应值。

2. 换流阀电流耐受能力

换流阀应具有承担额定电流、过负荷电流及各种暂态冲击电流（包括交流侧与直流侧接地故障、阀短路、交流系统故障、逆变换相失败但未造成阀损坏或阀特性永久性改变各种工况）的能力。

（1）带后续闭锁的短路电流承受能力。在换流阀所有冗余晶闸管均已损坏，且晶闸管结温为最高设计值的情况下，对于换流阀运行中的任何故障所造成的最大短路电流，换流阀应具备承受一个完全偏置的不对称电流波的能力。并且对于在此之后立即重现的在计算过电流时所采用的同样的交流系统短路水平下的最大工频过电压，换流阀应能保持完全的闭锁能力而不引起换流阀的损坏或特性的永久改变。

（2）不带后续闭锁的短路电流承受能力。对于运行中任何故障所造成的最大短路电流，若在短路电流之后不要求换流阀闭锁任何正向电压或闭锁失败，则换流阀应具有承受数个完全不对称的电流波的能力（数量取决于换流变压器回路断路器的开断时间，一般按3个周波考虑）。换流阀应能承受两次短路电流冲击之间出现的反向交流恢复电压。

（3）附加短路电流的承受能力。当换流阀中所有晶闸管元件全部短路时，其他换流阀和避雷器将向故障阀注入故障电流，此时该故障阀应能承受这种过电压产生的电动力。

3. 换流阀电压定值

（1）额定直流电压（极对中性点）：在额定直流电流下输送额定直流功率所要求的直流电压平均值。

（2）最大持续直流电压：包括极对地和极对中性点的最大持续直流电压。

（3）全电压运行时最小持续直流电压（极对中性点）。

（4）降压运行时直流电压（极对中性点）：在直流线路出现严重污秽、绝缘强度降低时，要求换流阀能够满足系统降压运行要求时的直流电压。

（5）中性母线最大持续直流电压。

（6）额定空载直流电压。

（7）绝对最大空载直流电压。

（8）最大空载直流电压。在系统全压、降压及单极降压运行时，与直流电流、触发角对应的最大空载直流电压。

4. 换流阀过电压耐受能力

换流阀过电压耐受能力包括：①雷电冲击过电压耐受能力；②陡波冲击过电压耐受能力；③操作冲击过电压耐受能力。

换流阀过电压耐受能力是由组成换流阀的多个晶闸管串联叠加实现的，即换流阀的耐压能力由晶闸管元件个数所决定。在各种过电压工况下，操作冲击过电压是决定串联元件数的主要因素。

换流阀的最小晶闸管串联个数可按式（5-1）计算

$$n=\frac{U_{\mathrm{SIPL}}}{U_{\mathrm{RSM}}}k_{\mathrm{im}}k_{\mathrm{ds}} \tag{5-1}$$

式中 U_{SIPL}——跨阀操作冲击保护水平，kV；

U_{RSM}——晶闸管的非重复反向阻断电压，kV；

k_{im}——操作冲击电压下换流阀的绝缘配合安全系数；

k_{ds}——操作冲击电压下换流阀的电压分布系数。

式（5-1）中，晶闸管非重复正向阻断电压虽然比反向阻断电压低，但由于晶闸管有正向保护触发（break over diode，BOD），因此晶闸管串联个数的计算按非重复反向阻断电压考虑。

如某直流工程选用 5in 晶闸管元件，非重复反向阻断电压为 7.2kV，跨阀操作冲击保护水平为 268kV，操作冲击电压下换流阀的电压分布系数为 1.069，操作冲击电压下换流阀的绝缘配合安全系数为 1.15，则阀塔串联晶闸管元件数为 $268\times1.069\times1.15/7.2=45.76$（个），取整数为 46 个。

换流阀晶闸管串联个数除应满足换流阀过电压承受能力外，还应考虑晶闸管冗余度，即每个阀中必须按规定增加一些晶闸管级，作为两次计划检修之间 12 个月的运行周期中损坏元件的备用。晶闸管级的损坏是指阀中晶闸管元件或相关元件的损坏导致该晶闸管级短路，在功能上减少了阀中晶闸管级的有效数量。

由式（5-1）计算得到的 n 值再加上一定的冗余数量便是每阀实际的串联晶闸管数目。依工程经验，每个换流阀的晶闸管级数不得少于阀中晶闸管总数目的 3%，且每阀臂冗余元件数不应少于 3 个。

5. 换流阀运行触发角

换流阀的运行触发角（整流侧即触发角，逆变侧即熄弧角）是指以电角度表示的电流导通开始（或结束）与理想的正弦换相电压过零时刻之间的一段时间。

换流阀的运行触发角工作范围应考虑的条件：①满足额定负荷、最小负荷和直流降压等各种运行方式的要求；②满足正常启停和事故启停的要求；③满足交流母线电压控制和无功调节控制等要求。

根据直流输电工程经验和目前晶闸管制造水平以及触发控制系统的性能水平，整流侧换流阀触发角一般取 15°左右，最小为 5°；逆变侧换流阀熄弧角一般取 15°～18°，最小为 15°。实际工程运行触发角取值应满足运行需求。

6. 典型换流阀的技术参数

上述换流阀技术参数及相关要求由设计提出，并最终由供货商予以满足。表 5-3 给出了一个 5in 换流阀设计技术参数。

表 5-3　　5in 换流阀设计技术参数

换流阀项目	单位	数值
连续额定值	MW	750
额定直流电压 U_{dN}	kV	250
额定直流电流 I_{dN}	A	3000
20℃环境温度下，最大持续过负荷电流	A	3644
额定空载直流电压 U_{dioN}	kV	276.4
额定触发角 α	（°）	15
触发角 α 的额定运行范围		12.5～17.5
触发角 α 的最小值		5
3000A 70%降压运行触发角最大值		45
阀短路电流（系统最大短路容量 S_{kmax} 下）	kA	≤36kA
断路器分闸最大周期数		3
S_{kmax} 下的阀短路电流后的可重复电压		≤1.10（标幺值）
阀短路电流（系统最小短路容量 S_{kmin} 下）	kA	≤25
断路器分闸最大周期数		3
S_{kmin} 下的阀短路电流后的可重复电压		≤1.30（标幺值）
过负荷能力	根据实际工程明确换流阀过负荷能力	
换流阀损耗（含阀内、外冷却系统）	kW	7746

第三节　换 流 变 压 器

换流变压器是直流输电系统中必不可少的重要设备，对整个直流输电系统的运行起着至关重要的作用，其主要参数按直流系统的要求确定。

直流输电系统中一般采用12脉动换流器，它由一组Yy和一组Yd连接的换流变压器分别连接两组6脉动整流桥构成。与一般的交流变压器相比，换流变压器具有下列特点：

（1）换流变压器阀侧与大地间存在直流电压分量。

（2）晶闸管阀触发角不均匀，阀侧绕组流过直流电流时，铁芯会受到直流偏磁的影响。

（3）换流阀的不同步触发，会在交流侧和变压器中产生非特征谐波和直流分量，使换流变压器的可听噪声、空载电流和损耗增加。

一、换流变压器型式选择

（一）结构和绕组匝接方式

换流变压器的结构应根据换流变压器交流侧及直流侧的系统电压、变压器容量、运输条件以及换流站布置要求等因素来确定。换流变压器的结构有三相三绕组式、三相双绕组式、单相三绕组式和单相双绕组式四种。

对中等容量和电压等级的换流站，应充分利用运输条件，宜采用三相变压器，可减少材料使用量、占地及损耗。对应于12脉动换流器的两个6脉动换流桥，其阀侧输出电压彼此应保持 30° 的相角差，网侧绕组均为星形连接，而阀侧绕组，一台应为星形连接，另一台为三角形连接。

对于容量较大的换流变压器，可采用单相变压器组。运输条件和制造条件允许时应采用单相三绕组变压器，这种结构的变压器带有一个交流网侧绕组和两个阀侧绕组，阀侧绕组分别为星形连接和三角形连接。两个阀侧绕组具有相同的额定容量和运行参数（如阻抗和损耗），线电压之比为$\sqrt{3}$，相角差为30°。

与单相双绕组变压器相比，单相三绕组变压器使用的铁芯、油箱、套管及有载分接开关更少，因而也更经济。但单相三绕组变压器运输重量约为单相双绕组的 1.6 倍，宽度也较大，对于大容量换流变压器，不能采用铁路运输。

（二）冷却方式

变压器在运行过程中，由于有铁耗和铜耗的存在，这些损耗都将转换成热能，从而引起变压器不断发热和温度升高，超过变压器允许的温升水平，轻则减少变压器的使用寿命，重则损坏变压器，影响正常运行。为了保证变压器正常工作，必须采用一定的冷却方式将变压器中产生的热量带走。

对于油浸式换流变压器，冷却方式一般为 OFAF（强迫油循环非导向风冷）式和 ODAF（强迫油循环导向风冷却）式，冷却方式的选择与换流变压器容量、站址环境条件及供货厂家制造技术等相关。

（三）分接开关

（1）分接开关类型。换流变压器采用有载分接开关，有载分接开关有油浸式分接开关和真空分接开关两种类型。

1）油浸式分接开关的切换开关依靠油的绝缘性能来熄灭主触头电弧。

2）真空分接开关的切换开关泡在油中，使用密闭真空泡熄弧。真空分接开关体积小、维护量少、灭弧性能好且不易引起油碳化。

（2）调压方式。换流变压器有载分接开关主要有两种调压方式：①保持换流变压器阀侧空载电压恒定；②保持控制角（触发角或关断角）处于一定范围。

1）保持换流变压器阀侧空载电压恒定调节方式的换流变压器的分接调节主要用于交流电网本身电压波动所引起的换流变压器阀侧空载电压的变化，这种变化一般较小，因此所要求的分接范围也较小。这种调节方式的分接调节开关动作不太频繁，有利于延长分接头调节开关的使用寿命。

2）采用保持控制角调节方式的换流器正常运行于较小的控制角范围之内，直流电压的变化主要由换流变压器的分接调节补偿。这种方式吸收的无功少，运行经济，阀的应力较小，阀阻尼回路损耗较小，交直流谐波分量也较小，即直流系统的运行性能较好。这种调节方式的分接调节开关动作较频繁，同时要求的分接调节范围要大些。

我国近来建设的长距离高压直流输电工程，其有载分接调节一般采用保持控制角于一定范围的调节方式。

二、换流变压器主要参数选择

下面以 12 脉动换流器为基础介绍换流变压器主要参数选择。

1. 额定电压

$$U_{\mathrm{VN}}=\frac{U_{\mathrm{dioN}}}{\sqrt{2}}\times\frac{\pi}{3}=\frac{U_{\mathrm{dioN}}}{1.35} \tag{5-2}$$

式中 U_{dioN}——在规定的额定触发角（a_{N}）或关断角（γ_{N}）、额定直流电压（U_{dN}）及额定直流电流（I_{dN}）下一个6脉动换流器的理想空载直流电压。

2. 额定电流

把理想的三脉动换流回路的阀侧电流I_{V}的波形视为幅值为I_{d}（直流电流）、长为120°的方波，则对于6脉动换流器，换流变压器阀侧额定交流电流的有效值可以表示为

$$I_{\mathrm{VN}}=\frac{\sqrt{2}}{\sqrt{3}}I_{\mathrm{dN}}=0.816I_{\mathrm{dN}} \tag{5-3}$$

式中 I_{VN}——换流变压器阀侧额定交流电流有效值；

I_{dN} ——额定直流电流。

3. 额定容量

单相双绕组换流变压器

$$S_{n2W}=\frac{\pi}{9}U_{dioN}I_{dN} \tag{5-4}$$

单相三绕组换流变压器

$$S_{n3W}=\frac{2\pi}{9}U_{dioN}I_{dN}=\sqrt{3}U_{VN}I_{VN} \tag{5-5}$$

4. 短路阻抗

换流变压器的短路阻抗是换流运行中换相阻抗的一部分，当换流器换相重叠及换相失败时，换流变压器阀侧绕组短路，为防止过大的短路电流损坏换流阀，换流变压器应具有足够大的短路阻抗。但短路阻抗过大时，会使换流器换相时的叠弧角过大，使换流器的功率因数过低，则换流变压器的无功分量增大，需要相应增加无功补偿容量，导致直流电压中换相压降过大。

（1）在进行高压直流输电系统设计时，对换流变压器的短路阻抗进行优化选择是一项重要的内容。短路阻抗的选择应考虑以下因素：

1）短路阻抗决定了换流变压器的漏磁电感值以及晶闸管承受的短路浪涌电流值；

2）短路阻抗越大，换流器内部的电压降就越大，为保证额定输送功率，要求换流变压器有更大的标称容量；

3）短路阻抗确定了换相角的大小，从而也影响逆变站超前触发角或关断角的大小；

4）短路阻抗影响换流站无功功率的需求以及所需的无功补偿设备容量；

5）短路阻抗将影响谐波电流的幅值，一般来说，短路阻抗增大会减小谐波电流的幅值。

以上所述，仅是换流变压器短路阻抗选择时应考虑的一些主要因素，此外还应考虑短路阻抗对换流站总费用的影响。长距离高压直流输电系统，送电容量大，选用的晶闸管元件的载流能力也较大，能够承受较大的短路电流，可选择较低的短路阻抗。

（2）对阻抗偏差的要求。应尽量减小各绕组、各相和各台变压器短路阻抗之间的差异，否则将导致各个阀的换相时间差异太大，在交流侧产生较大的非特征谐波，引起设备发热，出现过电压、过电流等问题。因此与交流变压器相比，换流变压器的短路阻抗容差控制更为严格。

阻抗变化对分接范围的某些部分并不太关键，例如最小分接位置通常用于换流站启动时，因此在短时间内阻抗有较大变化是可以接受的。

5. 绝缘

换流变压器阀侧绕组同时承受交流电压和直流电压。在12脉动换流器接线中，由接地端算起的接入第一个6脉动换流器的换流变压器阀侧绕组承受直流电压为$0.25U_d$（U_d为12脉动换流器的直流电压），第二个6脉动换流器的阀侧绕组承受的直流电压为$0.75U_d$。另外，直流输电系统特有的全压启动及极性反转特性，都会造成换流变压器的绝缘结构远比普通交流变压器复杂。

换流变压器阀侧星形绕组直流电压分别为1100、800、500、400kV的星形连接换流变压器绝缘水平和试验电压典型参数表见表5-4。

表5-4　典型星形连接换流变压器绝缘水平和试验电压典型参数表

绝缘水平和试验电压		±1100kV换流变压器典型参数	±800kV换流变压器典型参数	±500kV换流变压器典型参数	±400kV换流变压器典型参数
雷电冲击全波（峰值，kV）	网侧绕组高压端子	1550	1550	1550	1550
	网侧绕组中性点端子	185	185	185	185
	阀侧星形绕组端子1	2300	1800	1675	1300
	阀侧星形绕组端子2	2300	1800	1675	1300
雷电冲击截波电压（峰值，kV）	网侧绕组高压端子	1705	1705	1705	1705
	阀侧星形绕组端子1	2530	1980	1840	1430
	阀侧星形绕组端子2	2530	1980	1840	1430
操作冲击电压（峰值，kV）	网侧绕组高压端子，端对地	1175	1175	1175	1175
	阀侧星形绕组，端对地	2100	1620	1425	1175
网侧绕组中性点端子交流短时外施电压（有效值，kV）		95	95	95	95
网侧绕组高压端子交流短时感应电压（有效值，kV）		680	680	680	680

续表

绝缘水平和试验电压		±1100kV 换流变压器典型参数	±800kV 换流变压器典型参数	±500kV 换流变压器典型参数	±400kV 换流变压器典型参数
交流长时感应电压（有效值，kV）	网侧绕组高压端子，设备最高运行电压的 0.982 倍	550	550	550	550
	网侧绕组高压端子，设备最高运行电压的 0.866 倍	476	476	476	476
阀侧星形绕组端对地交流长时外施电压（有效值，kV）		1292	912	600	479
阀侧星形绕组端对地直流长时外施电压（DC，kV）		1786	1258	810	646
阀侧星形绕组端对地直流极性反转电压（DC，kV）		1384	970	579	260

6. 分接开关调压范围及挡距

（1）调压范围。换流变压器分接范围的确定主要考虑换流母线电压稳态波动范围、直流输电系统安排的运行方式、降压运行水平、降压运行方式下输送的功率限制以及换流阀允许的最大触发角（关断角）。

许多远距离高压直流输电工程都利用降压运行来降低由于直流架空线路的绝缘以及气象污秽原因而发生的非永久性接地故障概率，以提高输电系统的可用率。当采用这种运行方式时，换流变压器分接范围的选择应与控制角配合，以适应降压要求。这种运行方式下所要求的正分接范围最大。

为了补偿换流变压器交流网侧电压的变化并使触发角在适当的范围内运行，以保证运行的安全性和经济性，要求有载调压开关的调压范围较大，特别是可能采用直流降压模式时，要求的调压范围往往高达20%～30%。

（2）挡距。换流变压器分接挡距的选择跟直流系统控制策略有密切的关系，要考虑到分接调节一挡对换流器控制角度的影响，在角度的控制范围内要防止分接头频繁动作。在以往换流变压器交流侧电压为500kV 的直流工程中，调节步长通常取 1.25%。

换流变压器正、负分接级数需根据其网侧交流电压稳态变化范围，并结合设备的各种制造公差和测量误差计算得到的阀侧空载电压极值来确定。

换流变压器最大正分接头数计算时，需考虑直流系统降压运行时所需的级数。根据换流变压器以及换流阀的设计，直流系统可通过联合控制换流器的控制角与分接的调节来实现直流电压的降落，大的控制角可实现部分直流电压的降落，控制角包括触发角与关断角。因此，换流变压器最大正分接数与换流器允许的最大控制角有密切的关系。换流器控制角的最大允许值取决于晶闸管的特性，不同厂商生产的换流器允许的最大控制角不同。该控制角越大，相应的换流变压器最大正分接数相对来说就越少。

7. 直流偏磁

换流变压器绕组中直流偏磁电流的存在会影响磁化曲线，导致铁芯磁化曲线不对称、零坐标轴产生偏移、铁芯饱和加剧、励磁电流显著增大及波形严重畸变。励磁电流过大可能导致变压器网侧断路器因过电流跳闸而误动作，影响系统正常运行。交流电压波形畸变与高次谐波含量大增可导致换流变压器的噪声增大，甚至会引起其铁芯、螺栓、外壳等处过热，严重时可引起变压器损坏。

产生直流偏磁电流的原因有：①触发角不平衡；②换流器交流母线上存在正序二次谐波电压；③在稳态运行时，并行的交流线路会感应直流线路上的基频电流；④单极大地回线方式运行时，换流站中性点电位升高会产生流经变压器中性点的直流电流。

第四节　平波电抗器

平波电抗器与直流滤波器一起构成高压直流换流站直流侧的直流谐波回路。平波电抗器的作用：①防止由直流线路或直流开关站所产生的陡波冲击波进入阀厅，从而使换流阀免于遭受过电压应力而损坏；②平滑直流电流中的纹波，避免在低直流功率传输时电流的断续；③通过限制由快速电压变化所引起的电流变化率来降低换相失败率。因此，平波电抗器是高压直流换流站的重要设备之一。

一、平波电抗器型式选择

平波电抗器有干式和油浸式两种型式。选择平波电抗器时，应根据配电装置的布置特点、使用要求、设备制造水平等因素，进行综合技术经济比较后确定。平波电抗器的型式和特点见表 5-5。

表 5-5　　平波电抗器型式和特点

型式	油 浸 式	干 式
主绝缘	油纸复合绝缘系统，相对复杂，抗污秽能力较好，提高绝缘水平较容易； 本体只有套管存在外绝缘问题，较容易解决	对地采用支柱绝缘子支撑，提高了主绝缘的可靠性； 提高绝缘水平较难，而且外绝缘长期暴露在空气中，对污秽比较敏感，受外界影响大； 干式平波电抗器对地电容相对于油浸式平波电抗器要小得多，因此干式平波电抗器要求的冲击绝缘水平相对较低，暂态过电压较低
电感量	由于有铁芯，单台电感值较大，±500kV 直流输电工程中额定电流为 3000A 时可达到 300mH	每台电感值较低，在额定电流为 3000A 时一般不超过 100mH
潮流反转时临界介质场强	高压直流输电系统的潮流反转需改变电压极性，会因捕获电荷的原因在油纸复合绝缘系统中产生临界场强	改变电压极性仅在支柱绝缘子上产生应力，没有临界场强的限制
可听噪声	需采取隔声屏障措施	无铁芯，与油浸式平波电抗器相比，可听噪声较低
电磁干扰	磁路局限在铁芯中，对周围的电磁干扰小	磁力线分布在空间，对周围影响较大，需要较大的空间
负荷电流与磁链的关系	成非线性关系	成线性关系。由于干式平波电抗器没有铁芯，因而在故障条件下不会出现磁链的饱和现象，在任何电流下都保持同样的电感值
本体保护	需要配置本体保护，有利于故障在线监测和预防，并可以通过对油色谱的监测，早期发现谐波电流引起的局部过热故障	一般无需配置在线监测电抗器内部故障的装置，简化了二次控制和保护设备
运输	重量重，受到运输条件的限制	重量较重，运输条件相对容易实现
抗震性能	抗震性能好	抗震性能较差
布置	需配套建设集油池、防火墙等土建设施，布置灵活性较差	布置较为灵活，占地面积较大

这两种型式的平波电抗器在高压直流输电工程中均有成功的运行经验。在国外高压直流输电工程中，干式空心平波电抗器的应用较为广泛。在我国早期的高压直流输电工程中，采用的多是干式空心平波电抗器；而在 2000 年后建设的±500kV、3000MW 的高压直流输电工程，均选用了油浸铁芯式平波电抗器。±800kV 特高压直流输电工程均选用了干式空心平波电抗器。

二、平波电抗器主要参数选择

平波电抗器串联于直流回路中，其电压和电流额定值根据直流主回路确定。平波电抗器主要参数包括额定直流电流、额定直流电压和额定电感量。

1. 额定直流电流

两端直流输电工程，平波电抗器的额定直流电流按直流输电线路的额定直流电流选择；背靠背换流站工程，平波电抗器的额定直流电流按换流单元的额定直流电流选择。

2. 额定直流电压

两端直流输电工程，平波电抗器的额定直流电压按直流输电线路的额定直流电压选择。当采用干式平波电抗器分置布置方式（即分别串联于极线与中性母线）时，串联于中性母线上的平波电抗器的额定直流电压，理论上可根据中性母线额定直流电压确定。但考虑采用相同参数的设备可减少备用平波电抗器的数量，会更经济，因此一般仍按直流输电极线的额定直流电压确定。

背靠背换流站工程，平波电抗器的额定直流电压按换流单元的额定直流电压选择。

3. 额定电感量

平波电抗器电感量太大，运行时容易产生过电压，直流输电系统的自动调节特性的反应速度也会下降，而且平波电抗器的投资也增加。因此，平波电抗器的电感量在满足主要性能要求的前提下应尽量小，其选择应考虑以下几点：

（1）限制故障电流的上升率。其简化计算公式为

$$L_{\mathrm{d}}=\frac{\Delta U_{\mathrm{d}}}{\Delta I_{\mathrm{d}}}\Delta t=\frac{\Delta U_{\mathrm{d}}(\beta-1-\gamma_{\min})}{\Delta I_{\mathrm{d}}\times 360f} \qquad (5\text{-}6)$$

$$\Delta I_{\mathrm{d}}=2I_{\mathrm{s2}}[\cos\gamma_{\min}-\cos(\beta-1°)]-2I_{\mathrm{dN}} \qquad (5\text{-}7)$$

$$\Delta t=\frac{\beta-1-\gamma_{\min}}{360f} \quad (5\text{-}8)$$

$$\beta=\arccos(\cos\gamma_{\mathrm{N}}-I_{\mathrm{d}}/I_{\mathrm{s2}}) \quad (5\text{-}9)$$

式中 ΔU_{d}——在 12 脉动换流器中，一般选取一个 6 脉动桥的额定直流电压；

ΔI_{d}——直流电压下为不发生换相失败所容许的直流电流增量；

Δt——换相持续时间；

$\gamma_{\min}$——不发生换相失败的最小关断角；

I_{d}——额定直流电流；

β——逆变器的额定超前触发角；

γ_{N}——额定关断角；

I_{s2}——换流变压器阀侧两相短路电流的幅值。

计算电感量时，未计及直流线路电感的限制作用，也不考虑直流控制保护系统的动作，所以在实际工程中采用的电感量可适当降低。

（2）平抑直流电流的纹波。其估算公式为

$$L_{\mathrm{d}}=\frac{U_{\mathrm{d}(n)}}{n\omega I_{\mathrm{d}}\times\dfrac{I_{\mathrm{d}(n)}}{I_{\mathrm{d}}}} \quad (5\text{-}10)$$

式中 $U_{\mathrm{d}(n)}$——直流侧最低次特征谐波电压有效值；

n——最低次特征谐波的次数，对 12 脉动换流器 $n=12$；

ω——基频角频率；

$I_{\mathrm{d}(n)}/I_{\mathrm{d}}$——允许的直流侧最低次特征谐波电流的相对值；

I_{d}——额定直流电流。

（3）防止直流低负荷时的电流断续。12 脉动换流器 L_{d} 可用下式计算

$$L_{\mathrm{d}}=\frac{U_{\mathrm{dio}}}{\omega I_{\mathrm{dp}}}\times 0.023\sin\alpha \quad (5\text{-}11)$$

式中 U_{dio}——换流器理想空载直流电压；

I_{dp}——允许的最小直流电流限值；

α——直流低负荷时的换流器触发角。

（4）平波电抗器是直流滤波回路的组成部分，电感值大，则要求的直流滤波器容量小，反之亦然。因此平波电抗器电感量的取值应与直流滤波器综合考虑，并进行费用的优化。

（5）平波电抗器电感量的取值，应避免与直流滤波器、直流线路、中性点电容器、换流变压器等在 50、100Hz 发生低频谐振。

额定增量电感的确定涉及多方面的因素，受具体工程的若干运行参数（如额定关断角、换流变压器阀侧两相短路电流的幅值、允许的最小直流电流限值、直流低负荷时的换流器触发角和具体工程的低频谐振条件、直流滤波回路设计等）影响，没有统一的计算公式，因此需要通过一个性能价格逐步优化的过程来确定最优值。从远距离高压直流输电工程平波电抗器的参数来看，大部分平波电抗器的工频电抗标幺值通常为 0.2～0.7。

高压直流工程进行系统设计时，要考虑系统条件，采用合理的规划方法初步确定平波电抗器的额定增量电感取值范围，并结合直流滤波器的设计和系统中各点最高正常运行电压的取值等，进行技术经济比较以确定合适的增量电感，最后还要利用先进的仿真技术进行验证，确定该参数为具体工程设计参数。

4. 绝缘水平

平波电抗器的绝缘水平取决于直流运行中最苛刻的故障工况，与其布置、串联数量及型式选择有关。如国内换流站，既有采用油浸式的，也有采用干式的；既有两台干式平波电抗器串联布置在极线，也有三台串联布置在极线；既有布置在极线的平波电抗器，也有布置在中性线的平波电抗器。国内部分换流站平波电抗器绝缘水平见表 5-6。

表 5-6　　国内部分换流站平波电抗器绝缘水平一览表

换流站	端子间 雷电冲击全波 （峰值，kV）	端对地 雷电冲击全波 （峰值，kV）	端子间 操作冲击电压 （峰值，kV）	端对地 操作冲击电压 （峰值，kV）	备　注
JM	1950	1950	1425	—	极线（±500kV）油浸式电抗器、290mH
FN	950	1550	650	1300	极线（±500kV）干式电抗器、100mH
QD	1050	1800	850	1600	极线（±660kV）干式电抗器、75mH
QD	1050	650	650	1600	中性线干式电抗器、75mH
PE	1260	1950	950	1600	极线（±800kV）干式电抗器、75mH
PE	1260	450	950	325	中性线干式电抗器、75mH
FL	1050	1950	837.5	1600	极线（±800kV）干式电抗器、75mH
FL	1050	550	837.5	550	中性线干式电抗器、75mH
GQ	2600	2580	2100	2100	极线（±1100kV）干式电抗器、75mH
GQ	2600	600	2100	2100	中性线干式电抗器、75mH

第五节 开 关 设 备

一、开关设备选择的一般要求

直流开关设备应按技术条件选择，并按使用环境条件校验，见表 5-7。

表 5-7　　直流开关设备选择

项目		参数
技术条件	正常工作条件	电压、电流、机械荷载
	短路或暂态稳定性	短时或暂态耐受电流和持续时间
	承受过电压能力	对地和断口间的绝缘水平、爬电比距
	操作性能	转换电流①、转移电流②、操作顺序①②、操作次数、分合闸时间、操动机构
环境条件	环境	环境温度、日温差、最大风速③、覆冰厚度③、相对湿度④、污秽③、海拔、地震烈度
	环境保护	电磁干扰

① 适用于直流转换开关。
② 适用于直流旁路开关。
③ 屋内使用时，可不校验。
④ 屋外使用时，可不校验。

二、直流转换开关

（一）直流转换开关的型式选择

直流转换开关可分为有源型和无源型两类。无源型直流转换开关一般由开断装置（B）、转换电容器（C）和避雷器（FR）组成，有时还有电抗器（L）。有源型直流换开关设备还包括单极关合开关（S）和充电装置，如图 5-12 所示。

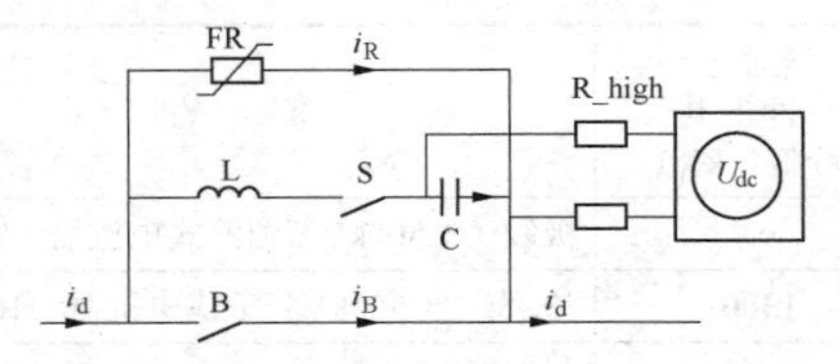

图 5-12　带充电装置的（有源型）直流转换开关

有源型直流转换开关中的电容器可以预先充电，直流电流转换能力较强。无源型直流转换开关也可以转换较大幅值的直流电流，其不带充电装置，运行维护也更加方便。

（二）直流转换开关的参数选择

1. 额定电压

直流转换开关一般位于直流系统的中性母线侧，额定运行电压都不高。直流输电系统一般采用逆变站接地方式，由于输电线路上存在电压降，因此整流站中性母线设备的额定运行电压一般高于逆变站。直流转换开关的额定运行电压可从 10、25、50、100kV 中选取。实际应用时，运行电压以工程系统研究的绝缘配合报告为准，可以与上述额定运行不同。

2. 绝缘水平

目前直流输电工程设备绝缘水平标准化有待完善，直流转换开关的绝缘水平可以参考表 5-8 中的值进行选取。实际应用时，可以不同于表 5-8 中的数值，以工程系统研究的绝缘配合报告为准。

表 5-8　　额 定 绝 缘 水 平

额定直流电压（kV）	60min 直流耐受电压（kV）	额定雷电冲击耐受电压（kV）	
		对地	断口间
10	15	145	145
25	38	250	250
50	75	450	450
100	150	450	450
		550	550

3. 额定运行电流

直流转换开关的额定运行电流由直流工程的额定运行电流确定。

4. 最大持续运行电流

直流转换开关的最大持续运行电流一般为额定运行电流的 1.05～1.25 倍。

5. 额定转换电流

直流转换开关的转换电流就是指经过分流后，在直流转换开关分闸前刻，流过直流转换开关的直流电流。

直流转换开关的关键技术参数是转换电流能力，一般取直流系统带备用冷却连续过负荷电流为系统最大转换电流值。各直流转换开关由于功能和所处位置不同，对其转换电流能力的要求也不同。

（1）金属回线转换开关（MRTB）。MRTB 位于接地极引线电路中，将单极大地回线运行时的电流转换到单极金属回线中。在转换过程中，首先闭合 ERTB，当单极运行系统重新达到稳态时，断开 MRTB，也就是说，电流由接地极引线和极线两路分流状态转为只从极线流过的单路状态。MRTB 的等效转换电路如图 5-13 所示。

（2）大地回线转换开关（ERTB）。ERTB 接在接地极引线和极线之间，将单极金属回线运行时的电流转换到单极大地回线运行回线。在转换过程中，先闭合 MRTB，当单极运行系统重新达到稳态时，断开

ERTB，也就是说，电流由接地极引线和极线两路分流状态转为只从接地极引线流过的单路状态。ERTB 的等效转换电路如图 5-13 所示。

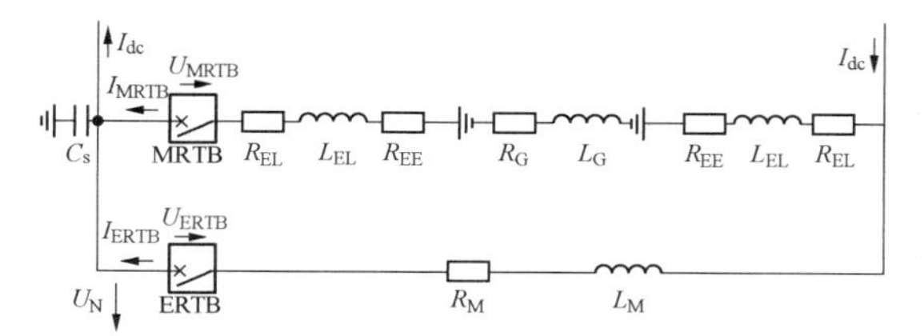

图 5-13　MRTB 和 ERTB 的等效转换电路

EL—接地极引线；EE—接地极；M—金属回线；G—大地路径

（3）中性母线开关（NBS）。双极运行方式下，发生单极换流器内部接地故障时，故障极在投入旁通对情况下闭锁。这时 NBS 的作用是将由正常运行极产生的、流经短路点和闭锁极的直流电流转换到接地极引线。NBS 的等效转换电路如图 5-14 所示。

（4）中性母线接地开关（NBGS）。使用 NBGS 的主要目的是防止双极停运闭锁以提高高压直流传输系统的可靠性。在接地极引线断开的情况下，不平衡电流将使得中性母线上的电压增加，NBGS 合闸为换流站提供临时接地，通过站内的接地系统重新连接到大地回线，这样就可以继续双极运行。当接地极引线可以重新使用时，NBGS 要能够将电流从站接地转换为接地极引线接地。NBGS 的等效转换电路如图 5-15 所示。

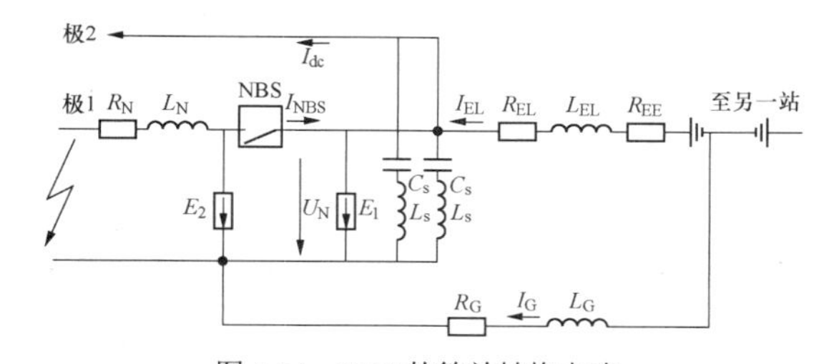

图 5-14　NBS 的等效转换电路

N—中性母线；EL—接地极引线；EE—接地极；G—大地路径

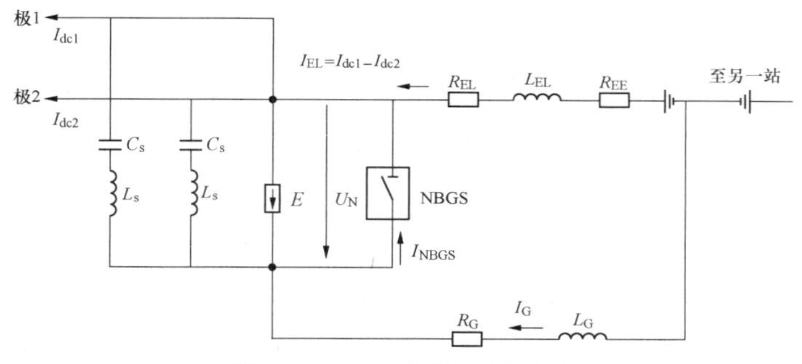

图 5-15　NBGS 的等效转换电路

N—中性母线；EL—接地极引线；EE—接地极；G—大地路径

（5）直流转换开关选择实例。已知：额定连续过负荷直流电流 I_d=4.12kA，极线最小电阻 R_{pmin}=8Ω，极线最大电阻 R_{pmax}=10.32Ω，整流站接地极线路最小电阻 R_{er}=0.32Ω，逆变站接地极线路最小电阻 R_{ei}=0.24Ω，整流站接地极线路最大电阻 R'_{er}=1Ω，逆变站接地极线路最大电阻 R'_{ei}=1Ω，两端接地极电阻均假设为 0。

按上述已知数据计算，MRTB 的转换电流为

$$I_{MB}=\frac{I_d R_{pmax}}{R_{pmax}+R_{er}+R_{ei}}=\frac{4.12\times 10.32}{10.32+0.32+0.24}=3.908\text{（kA）}$$

相应 ERTB 的转换电流为

$$I_{GS}=\frac{I_d(R'_{er}+R'_{ei})}{R_{pmax}+R'_{er}+R'_{ei}}=\frac{4.12\times(1+1)}{8+1+1}=0.824\text{（kA）}$$

对于 NBS 和 NBGS，当忽略主回路（包括平波电抗器和换流阀）电阻时，其转换电流为全直流电流。

6. 操作顺序

直流转换开关的额定操作顺序为：

（1）MRTB：分—t—合，t<电弧耐受能力。

（2）ERTB：分—t—合，t<电弧耐受能力。

（3）NBS：合—0.1s—分—t—合，t<电弧耐受能力。

（4）NBGS：分—t—合，t<电弧耐受能力。

开断最大直流电流时的电弧耐受能力按 150ms 考虑。

7. 机械操作次数

直流转换开关的机械操作次数按 2000 次选取。

8. 分合闸时间

MRTB、ERTB 和 NBS，合闸时间小于 100ms，分闸时间小于 30ms。NBGS，合闸时间小于 55ms，分闸时间小于 30ms。

三、直流旁路开关

每极双 12 脉动换流器单元串联接线直流输电工程，为减少单个 12 脉动换流器组故障引起直流系统单极停运的概率，提高直流系统的可用率，同时减少对

交流系统的冲击，每个12脉动换流器组直流侧需装设旁路开关。直流旁路开关是跨接一个或多个换流桥直流端子的机械电力开关装置，在换流桥退出运行过程中把换流桥短路，在换流桥投入运行过程中把电流转移到换流阀中。根据旁路开关高压侧端子接入电压等级的不同，旁路开关可分为极线旁路开关和中点旁路开关。

（一）直流旁路开关的型式选择

直流旁路开关均采用瓷柱式六氟化硫断路器。

（二）直流旁路开关的参数选择

1. 额定电压

±800kV直流输电工程，每极双12脉动换流器单元串联接线直流侧电压采用（400+400）kV的换流器电压平均分配的方案；±1100kV特高压直流工程采用（550+550）kV的换流器电压平均分配方案。因此，±800kV直流输电工程，直流旁路开关的断口间额定直流电压为408kV，端子对地额定直流电压为408kV和816kV；±1100kV直流输电工程，直流旁路开关的断口间额定直流电压为561kV，端子对地额定直流电压为561kV和1122kV。

2. 绝缘水平

±800kV和1100kV直流输电工程，直流旁路开关的额定绝缘水平见表5-9。

表5-9　直流旁路开关额定绝缘水平

额定直流电压（kV）	直流耐受电压（kV）		操作耐受电压（kV）		雷电耐受电压（kV）	
	端对地	端子间	端对地	端子间	端对地	端子间
408	600	600	850	950	950	950
			950		1175	1175
561	815	815	1180	1180	1313	1313
816	1200	600	1600	950	1800	950
			950		1175	1175
1122	1683	815	2100	1180	2550	1313

3. 额定短时直流电流

直流旁路开关的额定短时直流电流是在规定的使用和性能条件下，旁路开关在30min内应能通过的直流电流值。额定短时直流电流的标准值为4000、5000、6300A。在实际直流系统运行中，旁路开关通常处于分闸状态；在操作旁路开关进行换流阀组投入或退出过程中，旁路开关处于合闸状态并承受直流电流的时间不超过30min。

4. 额定直流转移电流

直流旁路开关的额定直流转移电流等于额定短时直流电流。

5. 与额定直流转移电流相关的瞬态恢复电压

与额定直流转移电流相关的瞬态恢复电压是一种参考电压，它构成了旁路开关在进行转移直流电流操作时应能承受的回路预期瞬态恢复电压的极限值。

6. 额定操作顺序

直流旁路开关的额定操作顺序与额定特性有关，额定操作顺序为：

$$合—t_1—分—t_2—合—t_1—分。$$

其中：$t_1 \leqslant 0.06s$，$t_2 < 15s$。

7. 机械操作次数

考虑制造厂规定的维护程序，直流旁路开关应能完成2000次操作循环。

8. 额定转移直流电流操作次数

额定转移直流电流操作次数按500次选取。

四、直流隔离开关和接地开关

（一）直流隔离开关和接地开关的型式选择

1. 直流隔离开关

直流隔离开关应结构简单，性能可靠，易于安装和调整，便于维护和检修，其型式选择应根据配电装置的布置特点和使用要求等因素，进行综合技术经济比较后确定。直流隔离开关的型式特点及适用范围见表5-10。

表 5-10　　直流隔离开关的型式特点及适用范围

型式	简　图	特　点	适用范围
双柱水平旋转式		此型式直流隔离开关为双柱水平中间旋转开启式单断口结构，产品结构简单，生产厂商较多	用于 400kV 电压等级以下
双柱水平折叠式		此型式直流隔离开关为双柱水平伸缩折叠开启式单断口结构。该型式直流隔离开关的尺寸相对较小，动、静触头采取密封措施，能够有效降低外部环境对于触头影响，长期保持通流能力。但是，该结构比较复杂，要求动触头有比较精确的运动轨迹，同时需要通过增加弹簧等储能手段来平衡动触头运动过程的重力势能的变化，对产品的制造精度要求较高	用于 400～1100kV 电压等级
三柱水平旋转式		此型式直流隔离开关为三柱水平中间旋转开启式双断口结构。该型式直流隔离开关主导电系统结构简单，运动平稳，操作功相对较小，但是该型式直流隔离开关的尺寸相对较大，旋转结构在分、合闸过程中自由度不唯一，且动、静触头长期暴露在外，由于直流具有吸附效应，此种结构更容易受到外部环境的影响，导致触头部位发热	用于 400～1100kV 电压等级

2. 直流接地开关

直流接地开关一般与直流隔离开关联合安装，阀厅内通常设置单独的直流接地开关，如用于换流变压器阀侧的接地开关、阀厅直流出线侧的接地开关等。接地开关的安装方式及型式较多，但均需满足阀厅布置的要求，如侧墙安装采用垂直开启的方式、立地安装采用垂直开启式、卧式安装采用垂直伸缩式等。

（二）直流隔离开关和接地开关的参数选择

1. 额定电压

选择直流隔离开关和接地开关时，其额定电压至少应等于其安装地点的系统最高电压，额定直流电压的标准值见表 5-11。

表 5-11　　额定直流电压

直流隔离开关和接地开关安装位置	额定直流电压值（kV）
换流阀组旁路高压端、极母线、直流滤波器高压端	515、680、816、1122
12 脉动换流阀组中点	408、561
中性母线、直流滤波器低压端	10、25、50、100
阀厅内接地开关	10、25、50、100、408、515、816、200*

* 阀厅内换流变压器阀侧接地开关为交流接地开关，额定电压值为交流电压。

2. 绝缘水平

目前直流输电工程设备绝缘水平标准化有待完善，直流隔离开关和接地开关的绝缘水平可以参考表 5-12 进行选取。实际应用时，可以不同于表 5-12 中的数值，以工程系统研究的绝缘配合报告为准。

表 5-12　　额 定 绝 缘 水 平

额定直流电压（kV）	60min 直流耐受电压（kV）	额定雷电冲击耐受电压		额定操作冲击耐受电压	
		对地（kV）	断口间（kV）	对地（kV）	断口间（kV）
10	15	145	145	—	—
25	38	250	250	—	—
50	75	450	450	—	—
100	150	450	450	—	—
		574	574		
408	600	1175	1175	950	950
		903	903	825	825
515	750	1425	1425	1175	1175
561	815	1313	1313	1180	1180
680	990	1763	1763	1500	1500
816	1200	1950	1950	1600	1600
1122	1683	2550	2550	2100	2100

注　表中各值参考现有高压直流输电工程中直流隔离开关和接地开关的绝缘水平给出。

直流隔离开关和交流隔离开关在绝缘上的主要差别在于直流隔离开关要求进行 60min 直流耐压试验，直流耐压试验的试验电压值取设备安装地点系统额定电压的 1.5 倍。户外直流隔离开关和接地开关，应按照湿试程序进行直流耐压湿试；户内直流隔离开关和接地开关，应进行直流耐压干试。

3. 额定电流

额定电流是指在规定的使用和性能条件下，直流隔离开关在合闸位置能够承载的电流值，数值为 3150、4000、5000、6300A。

直流隔离开关应具有承受直流系统过负荷电流能力（10s、2h 和连续）。在选择直流隔离开关的额定电流时，应使其额定电流适应于运行中可能出现的任何负荷电流。屋外直流隔离开关，由于其触头暴露在露天，受到污秽的直接影响，长期运行以后，触头发热严重氧化，将引起弹簧退火，使触头温度升高。同时大部分直流隔离开关正常的运行状态为在电流接近设备额定电流下处于合闸位置很长时间工作而不进行操作，所以选择隔离开关额定电流时应留有裕度。

4. 额定短时耐受电流和额定短路持续时间

直流隔离开关的额定短时耐受电流应为等效的直流系统最大短路电流，额定短时持续时间的标准值为 1s。

5. 直流滤波器高压端隔离开关开合直流滤波器能力

当系统运行中直流滤波器因故障需要退出运行时，要求直流滤波器高压端隔离开关具有开断故障下谐波电流的能力，电气寿命不低于 5 次。隔离开关开合直流滤波器能力的额定值见表 5-13，表中数值由实际工程的直流滤波器设计确定。

表 5-13　　隔离开关开合直流滤波器能力的额定值

设备额定直流电压（kV）	稳态电流（有效值，A）	合闸电流（峰值，kA）	开断电流（有效值，A）	恢复电压（DC，kV）	典型频率（Hz）
515	80	1.6	80	35	600
816	160	1.4	160	46	600

五、交流断路器

相对于变电站，换流站中使用的换流变压器回路断路器和交流滤波器大组、小组进线断路器存在着换流站自身的特点，其操作负担比一般的断路器可能要重，因此下面只重点论述换流变压器回路断路器和交流滤波器大组、小组进线断路器的选择。

（一）换流变压器回路断路器

与一般变电站交流变压器不同，换流站的换流变压器铁芯的直流磁化的因素要多，这些因素包括换流变压器三相之间阻抗不平衡、换流阀触发脉冲不平衡、交直流线路之间的电磁耦合在直流线路上所感应的交流工频电压而引起换流变压器绕组产生附加的磁化电流，以及换流站接地极与换流变压器之间的电位差在换流变压器绕组中所产生的直流电流分量对铁芯磁化的影响等。计及上述因素并针对换流变压器铁芯磁化的影响，当换流变压器空载投入电网时，所产生的励磁涌流会很大。由于励磁涌流中包含的 3 次谐波分量很大（可达到基波电流的 50%以上），可能会造成换流站 3 次谐波滤波器的过负荷，对换流站的运行造成不利影响。限制上述励磁涌流影响的有效措施是在换流变压器回路的断路器中配置合闸电阻或选相合闸装置。例如，某直流输电工程换流站采用单相双绕组换流变压器，单相容量为 298MVA，则对 500kV 断路器选用 1.5kΩ 的合闸电阻。

（二）交流滤波器大组、小组进线断路器

在换流站设计中，通常将交流滤波器及无功补偿电容器分成若干大组，每一大组包括若干交流滤波器及无功补偿电容器。设置大组断路器及小组断路器是用于正常投切及故障的保护切除，以满足换流站运行中无功功率的需求。因此，这些断路器正常情况主要是作为回路投切开关用，而且操作较频繁。当换流站发生单极或双极闭锁时，由于交流滤波器组及无功补偿电容器组仍接在交流母线上，因此可能会出现过电压。此时，必须通过小组断路器来切除一个或几个上述无功分组，这些断路器两端的恢复电压可能会很高，甚至会导致断路器电弧的重燃。

当研究这些断路器在上述情况的操作过电压时，应考虑以下可能出现的最严重电网背景条件：①换流站接入电网的短路容量最小；②直流输电系统处在最大的过负荷定值下，相应投运的无功补偿设备的容量也是最大的；③直流输电系统可能处在功率倒送的情况。

由于每个交流滤波器小组分组的类型可能不完全相同，其中有特征谐波滤波器或低次谐波滤波器，因此对于无功大组断路器的分闸应考虑所有分组都投入和每类分组中有一个退出运行的情况。若设置低次谐波滤波器（如 3 次或 5 次），则必须研究单相故障时应考虑其中的一组 3 次谐波滤波器退出运行的情况。因为单相故障含有较大的 3 次谐波分量，会导致一定程度的谐振电压，从而会加重大组断路器的分闸负担。

若换流站的无功功率分组中有并联补偿电容器小组，则小组断路器应考虑并联电容器组合闸冲击电流的影响。当所选用的断路器难以满足合闸冲击电流要求时，则应在并联电容器组中串以限流电抗。

假设有 m 组同容量电容器，最后一组（即第 m 组）在电源电压为最大值时投入，不计电源对冲击电流的影响，则第 m 组投入时的合闸冲击电流 I_{ch} 估算为

$$I_{ch}=\frac{m-1}{m}\sqrt{\frac{2000Q_C}{3\omega L}} \tag{5-12}$$

式中 m ——电容器分组数；

Q_C ——每分组电容器容量，kvar；

ω ——电网基波角频率，$\omega=314$rad/s；

L ——包括串联限流电抗器及连接线的每相电感，μH。

对于交流滤波器及并联电容器，大组断路器所开断的基频容性电流由每一大组的无功功率所决定，即

$$I=\frac{Q}{\sqrt{3}U_{ac}}\times\frac{U_{acmax}}{U_{ac}}\times k \tag{5-13}$$

式中 I ——断路器开断的基频容性电流，kA；

Q ——交流滤波器及并联电容器组的无功功率，Mvar；

U_{ac} ——交流系统正常电压，kV；

U_{acmax}/U_{ac} ——交流母线运行最大电压与正常电压之比，取 1.05；

k ——允许偏差，包括频率偏差的安全系数，通常取 1.15。

第六节 直流测量装置

为了实现高压直流系统的调节、控制、保护等功能，需要对运行参数、电压、电流等量进行监测，因此应在换流站设置完整的测量系统。为了取得相关的测量数据，在换流站的交流侧与直流侧应配置相应的交流与直流测量装置。

换流站交流侧配置的交流测量装置，原则上可参照《电力工程设计手册　变电站设计》进行选择。但需要指出的是，换流站内需额外加装一些交流测量装置，如交流滤波器大组母线电压测量装置、换流变压器网侧交流电压测量装置和交流滤波器高压侧、低压侧电流测量装置，以及滤波器小组高压电容器不平衡电流测量装置等，这些交流测量装置的特殊要求在本书第十六章中有所论述，本节主要介绍直流测量装置的型式、原理和应用特点。

直流测量装置应满足下列基本要求：

（1）直流测量装置的配置、类型、精度及二次输出应满足直流控制保护、测量计量及故障录波的需求。

（2）直流测量装置的一次转换器、合并单元的数量和交流测量装置二次绕组的数量应满足直流控制保护系统冗余度要求。

（3）直流测量装置输出接口数据采样率应满足直流控制保护、故障录波、故障测距和测量计量的要求，输出信号可为数字量，也可为模拟量。

（4）电流测量装置的配置应避免出现保护的死区，二次输出的分配应避免当一套保护停用后保护区内故障时保护出现动作死区。

（5）电压测量装置的配置应保证在运行方式改变

时，直流控制保护系统不会失去电压。

（6）直流测量装置应具备抗电磁干扰性能强、测量精度高、响应时间快的特性，应考虑从一次传感器输出至合并单元之间传输路径中电磁场的影响。

一、直流电流测量装置

（一）直流电流测量装置分类及原理

直流电流测量装置分为电子式和电磁式两种。光电型、全光纤直流电流测量装置和霍尔电流传感器属于电子式直流电流测量装置，零磁通型和普通电磁型电流测量装置属于电磁式直流电流测量装置。

电子式直流电流测量装置由连接到传输系统和二次转换器的一个或多个电流传感器组成，用以传输正比于被测量的量，在通常使用条件下，其二次转换器的输出正比于一次回路直流电流，其组成原理见图5-16（图中列出的所有部件并非皆为直流测量装置必不可缺的）。

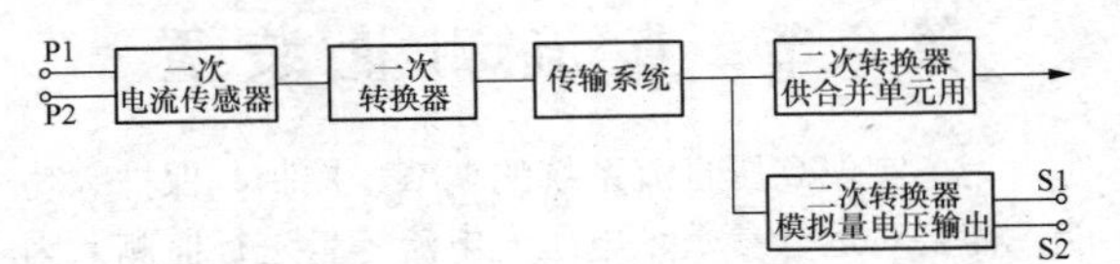

图5-16　电子式直流电流测量装置组成原理示意图

电磁式直流电流测量装置是一次传感器利用电磁感应原理提供与一次直流电流相对应的信号，且该信号通过电缆直接送到自身电子设备的直流电流测量装置，其组成原理见图5-17。

图5-17　电磁式直流电流测量装置组成原理示意图

（二）直流电流测量装置的型式

1. 光电型直流电流测量装置

光电型直流测量装置是一种基于传统互感器原理、利用有源器件调制技术、以光纤为信号传输媒介的电流互感器。工作原理是通过一次传感器将高压电信号转化为小电信号，并通过光纤传输。光电型直流电流测量装置结构如图5-18所示。

光电流传感器通常的组成部分有：

（1）高精度的分流器。位于装置的高压部分，可以是分流电阻，也可以是罗戈夫斯基线圈（Rogovski coil）。

（2）光电模块（即图5-18中的就地模块）。该部分也位于装置的高压部分，其功能是实现被测信号的模数转换及数据发送。就地模块的电子器件由控制室的光电源通过单独的光纤供电。

（3）信号的传输光纤。

（4）光接口模块（即图5-18中的远方模块）。该部分位于控制室，用于接受光纤传输的数字信号，并通过模块中处理器芯片的检测控制送至相应的控制保护装置。

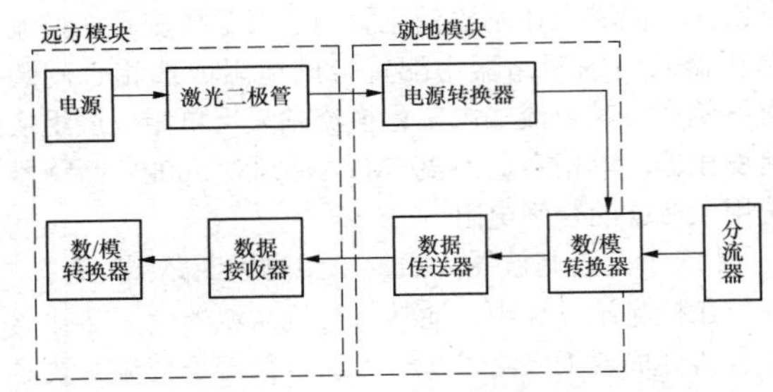

图5-18　光电型直流电流测量装置结构框图

光电型电流测量装置对地绝缘支柱直径小，电子回路较简单，因此可以减少电磁干扰，同时高电位端与低电位端的信号传递光纤可通过直径小的硅橡胶套管，降低污秽影响，相同绝缘水平下造价较低。光电型电流测量装置的测量精度可达0.2级，测量频率范围可从直流至7kHz，绝缘结构简单，易满足直流控制保护系统对测点冗余的要求，且易于接口。

光电型电流测量装置按安装方式一般分为支持式或悬吊式两种。

2. 全光纤型直流电流测量装置

全光纤型直流电流测量装置是基于磁致旋光效应制成的。其传感原理如图5-19所示，线性偏振光通过处于磁场中的法拉第材料（磁光玻璃或光纤）后，偏振光的偏振方向将产生正比于磁感应强度平行分量 B 的旋转，这个旋转角度叫法拉第旋光角 φ，由于磁感应强度 B 与产生磁场的电流成正比，因此法拉第旋光角 φ 与产生磁场的电流成正比。全光纤型直流测量装置的结构如图5-20所示。

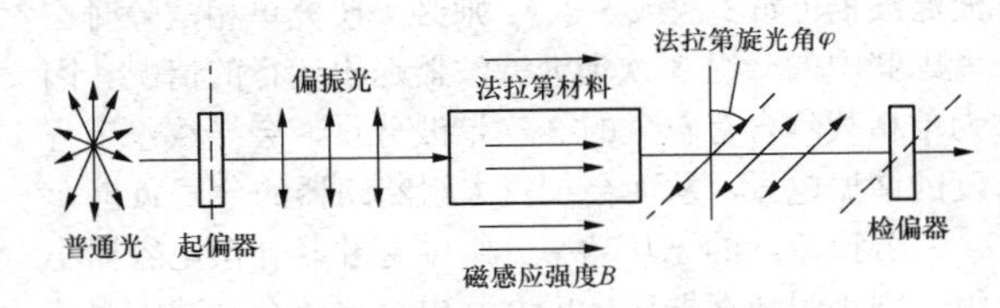

图5-19　全光纤型直流电流测量装置传感原理示意图

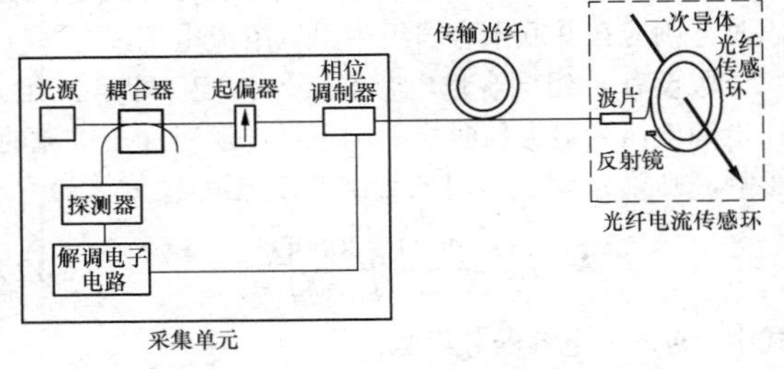

图5-20　全光纤直流测量装置的结构框图

全光纤型直流测量装置绝缘结构简单可靠、体积小、重量轻、线性度好、精度高、动态范围大，可实现对直流电流及谐波电流的同时监测。其缺点是光纤品质要求高，制造工艺要求高，造价昂贵。目前，高压直流换流站中全光纤直流测量装置应用经验较少。

3. 零磁通型直流电流测量装置

零磁通互感器测量直流的工作原理是当铁芯被交、直流线圈同时激励时，直流电流的大小引起铁芯饱和程度的改变，使交流线圈的电抗大小发生变化，交流电流及串在回路中的取样电阻上的电压会相应改变。当直流为被测电流时，由取样电阻上可得到正比于直流电流的电压。零磁通式直流电流测量装置工作原理如图 5-21 所示，绕组的磁平衡方程式为

$$I_1N_1 + I_2N_2 + I_3N_3 = I_0N_0 \tag{5-14}$$

式中 I_1、N_1——一次绕组匝数；

I_2、N_2——二次绕组匝数；

I_3、N_3——补偿绕组匝数；

I_0、N_0——检测绕组匝数。

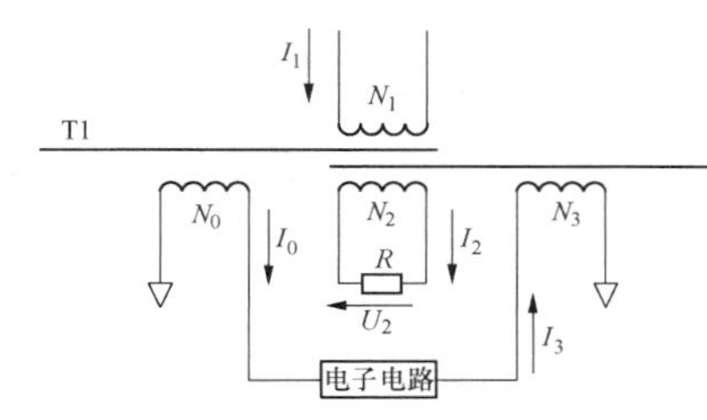

图 5-21 零磁通式直流电流测量装置工作原理

通过电子电路的补偿作用后，可以使 $I_3N_3 = I_0N_0$，磁芯磁通为 0，一、二次绕组电流之间满足严格的 $I_1N_1 + I_2N_2 = 0$，相当于没有误差。

零磁通型电流互感器测量精度很高，可达 0.1 级。同时，零磁通电流互感器具有比较宽的频率响应范围，能够对交、直流电流进行准确测量。

零磁通式电流互感器通常应用在直流中性母线区域、直流接地极线区域。对于电压等级较高的场合，由于零磁通式电流互感器的制造难度较大、造价较高，因此零磁通电流互感器较少用在直流极线区域。

4. 普通电磁型直流电流测量装置

普通电磁型直流电流测量装置分为串联和并联两种型式，其原理接线如图 5-22 所示。电磁型直流电流测量装置的主要组成部分为饱和电抗器、辅助交流电源、整流电路和负荷电阻等，工作原理与磁放大器相似。由于电抗器磁芯材料的矩形系数很高，矫磁力较小，当主回路直流电流变化时，将在负荷电阻上得到与一次电流成比例的二次直流信号。

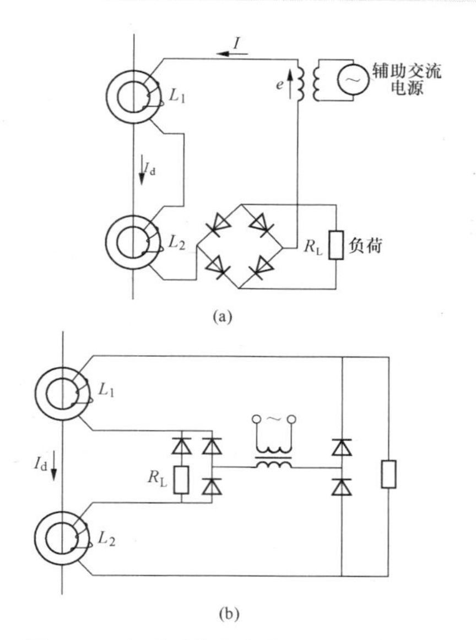

图 5-22 电磁型直流电流测量原理接线图

（a）串联型；（b）并联型

电磁型直流电流测量装置与常规交流互感器类似，存在磁饱和和电磁干扰的问题，其测量精度一般可达到 0.5 级，换流站中多用于对测量精度要求不高的位置，如直流滤波器低压设备区域。

5. 霍尔电流传感器

霍尔电流传感器是利用霍尔效应原理来测量一次电流的，其结构一般由一次电路、聚磁环、霍尔元件、二次绕组和放大电路等组成。其工作原理是当一次电流 I_P 流过一根长导线时，在导线周围将产生一磁场，这一磁场的大小与流过导线的电流成正比，产生的磁场聚集在磁环内，通过磁环气隙中霍尔元件进行测量并放大输出，其输出电压 U_s 精确地反映一次侧电流 I_P。

霍尔电流传感器原理见图 5-23。

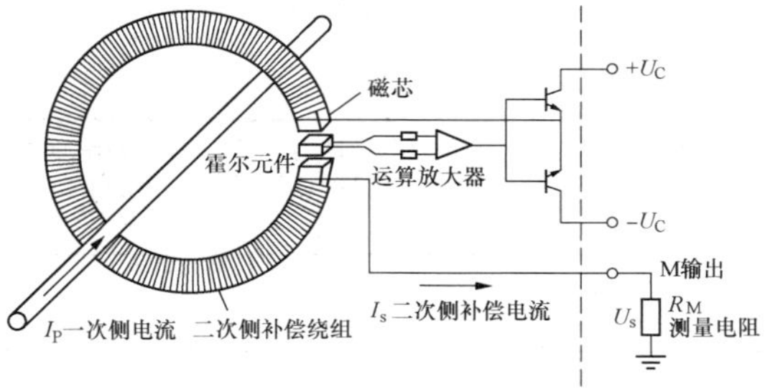

图 5-23 霍尔电流传感器原理图

霍尔电流传感器的体积小，安装方便，测量精度不高，在高压直流换流站中主要用于换流变压器中性点区域测量直流偏磁电流及用于接地极测量直流入地电流。

（三）直流电流测量装置的参数选择

直流电流测量装置应按表 5-14 所列技术条件选

择，并按表 5-14 中环境条件校验。对直流电流测量装置总的要求是：抗电磁干扰性能强，测量精度高，响应时间快，输出电路与被测主回路之间要有足够的绝缘强度等。

表 5-14　直流电流测量装置参数选择

项目		参　数
技术条件	正常工作条件	电压、电流、机械荷载
	短路或暂态稳定性	短时或暂态耐受电流和持续时间
	承受过电压能力	对地的绝缘水平、爬电比距
	机械性能	端子拉力
环境条件	环境	环境温度、最大风速①、覆冰厚度①、相对湿度②、污秽①、海拔、地震烈度
	环境保护	电磁干扰

① 在屋内使用时，可不校验。
② 在屋外使用时，可不校验。

1. 额定电流

直流电流测量装置，额定电流一般取额定直流电流。

直流滤波器进线回路的电流测量装置，额定电流由一次最大谐波电流确定。

2. 测量装置的精度及输出要求

测量装置的精度及输出要求应满足直流控制保护、测量计量以及故障录波的需求。

3. 绝缘水平要求

目前直流输电工程设备绝缘水平标准化有待完善，直流电流测量装置的绝缘水平可以参考表 5-15 中的值进行选取，实际应用时可以不同于表 5-15 中的数值，以工程系统研究的绝缘配合报告为准。

表 5-15　额 定 绝 缘 水 平

额定直流电压（kV）	最大持续电压（kV）	额定雷电冲击耐受电压（kV）	额定操作冲击耐受电压（kV）
132	52（DC）+ 80（AC）	450	325
150	52（DC）+ 80（AC）	600 550	550
400	408	1175	950
500	515	1450	1050
800	816	1950	1600
1100	1122	2600	2100

注　表中各值参考现有高压直流输电工程中直流电流测量装置的绝缘水平给出。

二、直流电压测量装置

（一）直流电压测量装置的型式

直流电压测量装置按其原理可分为电流型和电压型两种。

1. 电流型直流电压测量装置

电流型直流电压测量装置是使用直流电流互感器原理的直流电压测量装置：在直流电流互感器的一次绕组串联一个高压电阻 R_1，其直流电压为 U_d，假定电流互感器一次绕组电流为 i_1、一次绕组和二次绕组的匝数分别为 n_1 和 n_2、二次绕组电流为 i_2、二次负荷电阻为 R_2、二次负荷电压为 U_2。电流型直流电压测量装置的原理如图 5-24 所示，从图中可知

$$U_d = i_1 R_1 \tag{5-15}$$

$$U_2 = i_2 R_2 \tag{5-16}$$

忽略磁化电流时，则有

$$\frac{i_1}{i_2} = \frac{n_2}{n_1} \tag{5-17}$$

所以

$$U_2 = \frac{n_1}{n_2}\frac{R_2}{R_1}U_d = kU_d \tag{5-18}$$

式（5-18）表明，二次负荷电压与直流电压成正比。

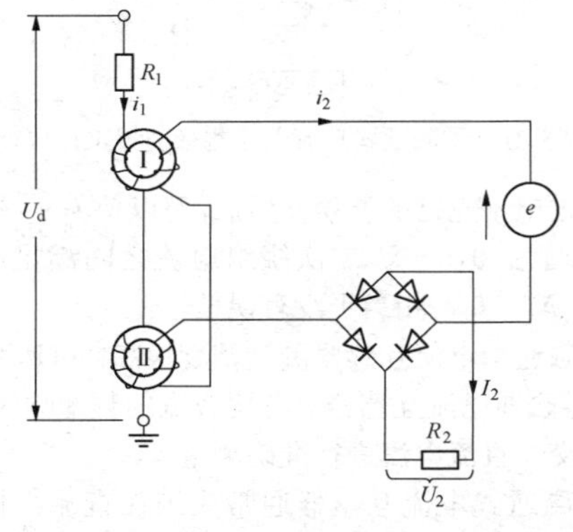

图 5-24　电流型直流电压测量装置原理图

2. 分压型直流电压测量装置

分压型直流电压测量装置有电阻分压型和阻容分压型两种，原理如图 5-25 所示。电阻分压型中，R_1 和 R_2 构成直流分压回路，以 R_2 的电压作为直流放大器的输入电压信号，经放大后取得与直流电压 U_d 成比例的电压 U_2 输出。阻容分压型时间响应快。直流电压互感器的高压电阻阻值较大，会承受高电压，因此一般采用充油或充气结构。

目前换流站中极线和中性母线通常采用的是阻容性分压型直流电压测量装置，电流型的直流电压测量装置应用较少。

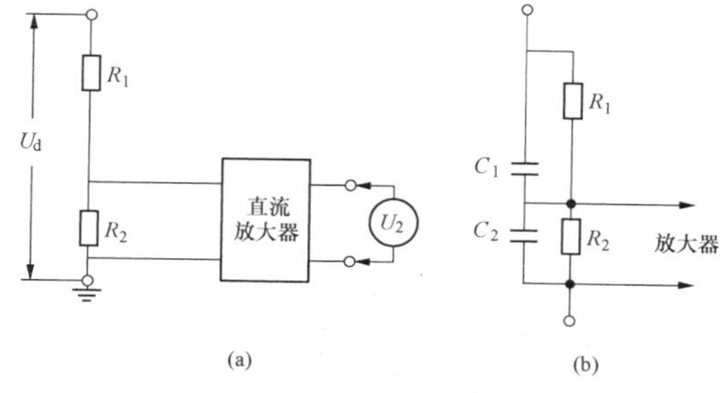

图 5-25　直流电压测量装置原理图
（a）电阻分压型；（b）阻容分压型

（二）直流电压测量装置的参数选择

直流电压测量装置应按表 5-16 所列技术条件选择，并按表 5-16 中环境条件校验。对直流电压测量装置总的要求是：抗电磁干扰性能强，测量精度高，响应时间快，输出电路与被测主回路之间要有足够的绝缘强度等。

表 5-16　直流电压测量装置参数选择

项　　目		参　　数
技术条件	正常工作条件	电压、机械荷载
	承受过电压能力	对地的绝缘水平、爬电比距
	机械性能	端子拉力
环境条件	环境	环境温度、最大风速①、覆冰厚度①、相对湿度②、污秽①、海拔、地震烈度
	环境保护	电磁干扰

① 在屋内使用时，可不校验。
② 在屋外使用时，可不校验。

1. 额定电压

直流电压测量装置的额定电压一般取极线和中性线的额定直流电压。目前已投运的高压直流换流站中的额定电压主要为 40、100、150、400、500、800kV 和 1100kV。

2. 测量范围

通常取 0.1～1.5（标幺值）的测量范围。

3. 直流电压测量装置的精度及输出要求

直流电压测量装置的精度及输出要求应满足直流控制保护、测量计量以及故障录波的需求。

4. 绝缘水平要求

绝缘水平要求见表 5-15。

第七节　直流穿墙套管及绝缘子

一、直流穿墙套管

（一）型式选择

直流穿墙套管为干式套管，结构包括导体（杆）、绝缘部分和金属法兰三部分，内绝缘采用胶浸纸或绝缘气体，外绝缘一般为硅橡胶外套。直流穿墙套管承受的电场较为复杂（包括直流电场、交流电场和极性反转电场），绝缘材料在直流电压下和交流电压下的电场分布不同，需要采取均压、屏蔽等措施。

直流穿墙套管使用广泛，如用于换流阀厅内和户外直流场的连接、阀厅内与户内直流场的连接、户内直流场与户外的连接以及特高压工程中平波电抗器穿墙套管等，一般只承受微小交流电压波形的直流电压。

直流穿墙套管采取复合绝缘结构，包括环氧树脂浸纸的电容芯子、环氧玻璃筒和硅橡胶外套，电容芯子和环氧玻璃筒之间填充 SF_6 气体，并根据工程需求来安装气体压力监测装置。

（二）参数选择

穿墙套管应按表 5-17 所列技术条件选择，并按表 5-17 中环境条件校验。

表 5-17　穿墙套管技术条件

项　　目		绝缘子的参数
技术条件	工作条件	电压、电流、机械荷载
	承受过电压能力	绝缘水平、爬电比距、干弧距离
环境条件		环境温度、日温差、最大风速①、相对湿度②、污秽①、海拔、地震烈度

① 在屋内使用时，可不校验。
② 在屋外使用时，可不校验。

穿墙套管的直流污闪电压随着套管直径的增加而降低，因此，套管直径增大，爬距则增加。20 世纪 80 年代初期，直流穿墙套管的主要结构尺寸是：平均芯子直径为 190～450mm，爬电比距为 23～48mm/kV，爬电比距与绝缘长度之比为 2.5～4.2，单位绝缘长度的电压为 80～127kV/m。运行经验表明，对于 400kV 以上的穿墙套管，爬电比距高达 50mm/kV 时仍难以保证运行的安全。

换流站闪络事故统计结果表明，绝大多数穿墙套管的闪络都不是一般意义上的污闪，而是非均匀淋雨导致的闪络。瑞典、美国、加拿大的非均匀淋雨试验和现场运行经验都表明，仅仅增加套管的爬电比距并不能杜绝闪络的发生。因此，防止穿墙套管非均匀雨闪发生要从改变潮湿套管表面的电场分布着手，使用复合套管（包括瓷套管喷涂 RTV 和加装辅助伞裙）和在套管周围安装固定式水冲洗装置都是有效措施。

二、直流绝缘子

（一）型式选择

屋外支柱绝缘子一般采用棒式支柱绝缘子、瓷绝缘子外涂 RTV 涂料或瓷芯复合绝缘子方案，既可以正立安装，也可以倒立安装。屋内支柱绝缘子一般采用联合胶装的多棱式支柱绝缘子。

在换流站户外直流场使用深棱型支柱绝缘子。在雨量充沛且无明显积污季节或积污期降雨量比较大的地区，或改变现行维护方式而延长清扫周期时，可以使用自清洗能力较好的一大二小型或大小伞型支柱绝缘子。

平波电抗器支柱绝缘子可采用玻璃钢为芯棒、硅橡胶为有机外绝缘的复合支柱绝缘子。

（二）参数选择

与直流穿墙套管一样，直流绝缘子可按表 5-17 所列技术条件选择，并按表 5-17 所列环境条件校验。

与线路绝缘子相同，直流支柱绝缘子的结构形状对其污闪电压的影响远大于交流。为防止直流电弧短接绝缘子伞裙，在增加伞裙爬距的同时要控制绝缘子的伞间距。目前国内外的产品均将片间距取在 70～90mm。

日本有关研究机构认为，包括支柱绝缘子在内的电站用设备绝缘子（竖直安装的瓷套）在相同污秽度下，随着试品平均直径的增加，其污闪电压在逐渐降低。图 5-26 给出了 10 种伞形的设备绝缘子单位耐受电压所需爬电比距与平均直径的关系。试品分为两组：一组伞间距小于 80mm 或伞间距与伞伸出之比小于 0.8；另一组伞间距大于 90mm 且伞间距与伞一组伞间距大于 90mm 且伞间距与伞伸出之比大于 0.9。

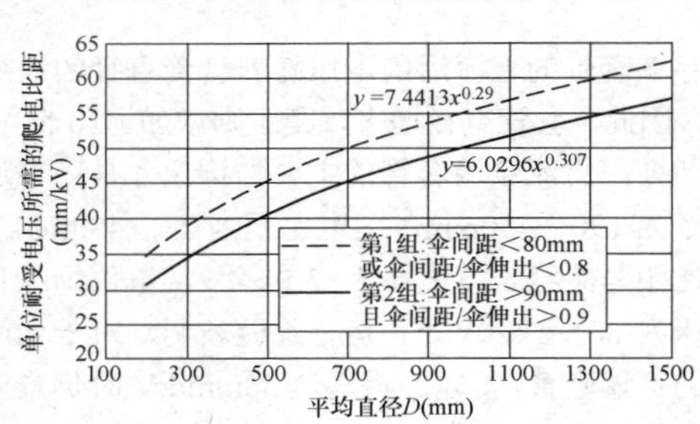

图 5-26　设备绝缘子单位耐受电压所需爬电比距与平均直径的关系

试验给出如下经验公式

$$L=KD^{-n} \tag{5-19}$$

式中　L——爬电比距，mm/kV；

D——平均直径，mm；

K、n——常数，取决于试品伞裙的结构，n 一般取 0.3。

支柱绝缘子不同伞裙结构的污闪性能如图5-27所示。交流电压下，浅棱伞与深棱伞支柱绝缘子在同一盐密时的耐受电压特性相同，但在直流电压下浅棱伞爬电比距要较深棱伞多 10%。随着污秽度的增加，支柱绝缘子的直流和交流耐受电压比值明显下降，因此直流支柱绝缘子的伞裙不同于交流绝缘子。

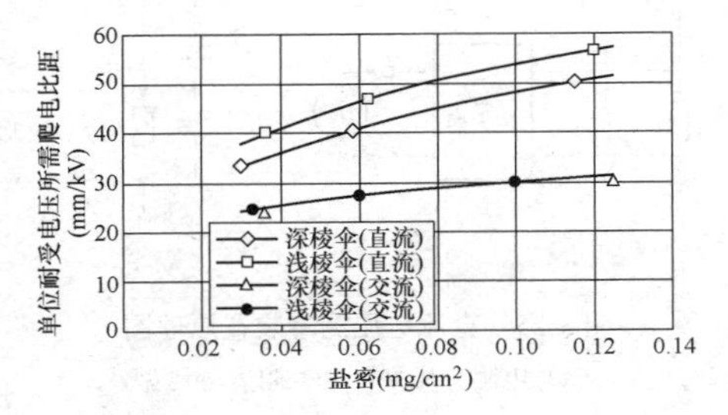

图 5-27　支柱绝缘子不同伞裙结构的污闪性能

美国 EPRI 提出伞间爬电比距与伞间距的比（也称比爬距）为 3:1 时，其直流耐受特性最佳，即减少伞间距或增加伞间爬电比距，都有使空气间隙击穿的趋势。日本认为，具有较大伞间距的深棱伞的直流污秽特性比其他伞形绝缘优越。图 5-28 给出了深棱伞站用绝缘子在盐密 0.03mg/cm^{2}时伞间距与单位耐受电压所需爬电比距的关系曲线。

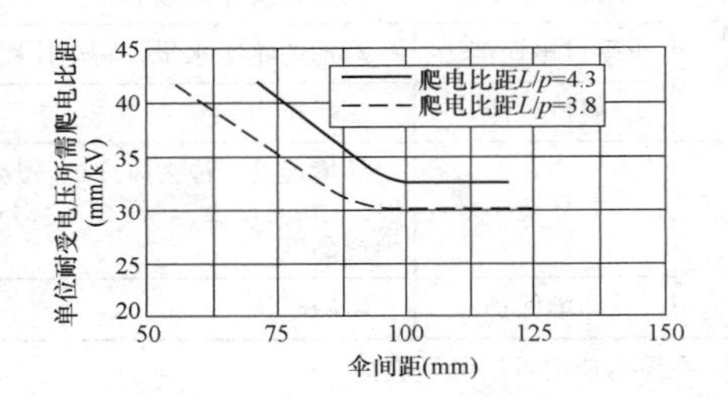

图 5-28　伞间距与单位耐受电压所需爬电比距的关系

第八节　交流滤波器和直流滤波器

交流滤波器和直流滤波器的主要设备均包括电容器、电抗器及电阻器。型式选择上除高压电容器有所差异外，其他设备没有较大差异，参数选择均基于交、直流滤波器的性能计算和稳态定值及暂态定值计算。

一、交流滤波器

（一）型式选择原则

换流站配置交流滤波器有滤除换流器产生的谐波电流和向换流器提供部分基波无功两个功能，国内交流滤波器主要采用调谐滤波器和阻尼滤波器，交流滤波器本身的型式选择可考虑以下原则：

（1）滤除最大谐波含量的特征谐波。

（2）根据工程情况安装滤除低次谐波滤波器。

（3）通常采用阻尼滤波器。

（4）换流站的交流滤波器种类不宜超过3种。

（5）优先选择双调谐阻尼或三调谐阻尼滤波器，而单调谐或二阶高通阻尼滤波器较少采用。

（6）满足对电话谐波波形系数THFF等要求的限制。

（7）每种特征谐波滤波器的组数应不小于交流滤波器大组分组数量，低次谐波滤波器（如果需要装设）的组数一般为1～2组，剩余无功补偿部分采用并联电容器。

（二）组成元件型式选择

交流滤波器主要由电容器、电抗器、电阻器所组成。

1. 交流滤波器电容器型式选择

在交流滤波器的整个投资中，高压电容器投资占了大部分，而且高压电容器的设计制造技术要求高，工艺复杂，其质量及性能好坏直接影响着交流滤波器性能和可靠运行。

（1）熔断保护型式选择。电容器的熔断保护型式有内熔丝、外熔丝、无熔丝三种。

1）内熔丝。每个电容器单元内部一般采用多个元件并联成一组，多组串联成一个单元，每个电容器元件都串接有熔断器。当元件被击穿或熔丝动作后，电容器单元或电容器组电容值和电压分布改变较小。按内熔丝设计的电容器单元的额定电压一般较外熔丝的小，而额定容量一般较外熔丝的大。单元容量一般为400～800kvar，最大的可以达到1500kvar。电容器单元内一般并联元件数较多，而串联元件数较少。

2）外熔丝。每个电容器单元内部一般采用多个电容器元件串联成一组，多组并联成为一个单元（即一台电容器），内部的串联数一般多于并联数，且元件不串接熔断器，每台电容器外部串联熔断器保护。当元件被击穿的数量到达一定数量时，熔丝动作，导致电容器单元退出运行，因此所引起的电容器组电容值和电压分布改变较大，这种改变是不连续的。按外熔丝设计的电容器单元额定电压较高，额定容量小，单元容量一般为100～200kvar。

3）无熔丝。每个电容器单元内部一般采用多个电容器元件串联成一组，多组并联成一个单元（即一台电容器），电容器单元的内部及外部均不采用熔断器保护。这种设计是基于聚丙烯薄膜被击穿和两个金属电极之间缩短时，元件发生故障的概率很低。这种型式电容器单元的额定电压水平和外熔丝的相近，而额定容量较外熔丝的高。

作为高压直流换流站交流滤波器用电容器，应具有提供无功补偿和滤波的双重功能，因此从上述分析可知，外熔丝和无熔丝电容器的共同缺陷是：由于元件故障后引起电容器单元和电容器组电容值及电压分布改变较大，因此元件故障将使交流滤波器滤波性能因电容值改变较大而变差，而电压分布改变较大会造成其他电容器单元的电压应力增大。由于外熔丝开断容量的原因，外熔丝电容器单元容量比内熔丝的小，这意味着整组滤波器由于电容器单元多使成本增加。综上所述，高压直流输电换流站交流滤波器一般选用内熔丝电容器。

（2）安装方式。高压电容器有支撑式和悬挂式两种安装方式，国内大部分采用支撑式。电容器单元在支架上有卧式和立式两种安装方式。卧式安装可以采用较短的层间支柱绝缘子，单元间连接导体也较短，故障单元更换也比较方便，并且可以减小电容器组底部主支柱绝缘子的机械应力，但电容器单元浸渍液泄漏的可能性较立式大。立式的特点和卧式的正好相反。除非有特殊要求，一般应采用卧式安装。支撑式电容器安装时，高电位在上部，和母线连接的导体从顶部引接。滤波器设备的其他元件电位较低，尺寸和质量较小，均采用支撑式安装。

2. 交流滤波器电抗器型式选择

交流滤波器电抗器一般采用干式电抗器，其结构相当于一个绕组，内部无铁芯，采用空气绝缘，外部采用加强玻璃纤维合成树脂绝缘。为了保护电抗器不受过电压的损害，一般在电抗器支路上并联相应电压等级的避雷器。

3. 交流滤波器电阻器型式选择

交流滤波器电阻器一般采用空气绝缘，安装于空气流通的箱体内。电阻器的选择除了根据滤波器的参数进行确定以外，还要考虑其热容量。

（三）参数选择

交流滤波器内电容器的电容值、电抗器的电感值、电阻器的电阻值均应满足交流滤波器的性能计算，在此基础上应经过交流滤波器的稳态定值计算和暂态定值计算给出各设备的主要参数。

1. 交流滤波器电容器参数选择

（1）电容器的额定电压U_{CN}。电容器额定电压U_{CN}是基波电压和各次谐波电压的算术和，电压为有效值。

$$U_{CN}=\sum_{n=1}^{n=50}(U_{fCn}) \tag{5-20}$$

式中 U_{fCn}——基波和各次谐波电压。

（2）电容器的额定电流I_{CN}。电容器额定电流是基波电流和各次谐波电流的几何和，电流为有效值。

$$I_{CN}=\sqrt{\left[\sum_{n=1}^{n=50}(I_{fCn})\right]} \tag{5-21}$$

式中 I_{fCn}——基波和各次谐波电流。

（3）确定爬电距离的电容器最高电压U_{creep}为

$$U_{creep}=\sqrt{\left[\sum_{n=1}^{n=50}(U_{fCn})^2\right]} \tag{5-22}$$

式中　U_{fCn}——基波和各次谐波电压。

2. 交流滤波器电抗器参数选择

（1）电抗器的额定电压。电抗器额定电压 U_{LN} 是基波电压和各次谐波电压的算术和，电压为有效值。

$$U_{LN}=\sum_{n=1}^{n=50}(U_{fLn}) \tag{5-23}$$

（2）电抗器的额定电流。电抗器额定电流 I_{LN} 是基波电流和各次谐波电流的几何和，电流为有效值。

$$I_{LN}=\sqrt{\left[\sum_{n=1}^{n=50}(I_{fLn})^2\right]} \tag{5-24}$$

（3）确定爬电距离的电抗器最高电压 U_{creep}。

$$U_{creep}=\sqrt{\left[\sum_{n=1}^{n=50}(U_{fLn})^2\right]} \tag{5-25}$$

3. 交流滤波器电阻器参数选择

（1）电阻器的额定功率。电阻器额定功率 P_{RN} 是基波功率和各次谐波功率的算术和。

$$P_{RN}=\sum_{n=1}^{n=50}P_{fRn}=\sum_{n=1}^{n=50}[(I_{fRn})^2R] \tag{5-26}$$

（2）电阻器的额定电压。电阻器额定电压 U_{RN} 是基波电压和各次谐波电压的算术和，电压为有效值。

$$U_{RN}=\sum_{n=1}^{n=50}(U_{fRn}) \tag{5-27}$$

（3）电阻器的额定电流。电阻器额定电流 I_{RN} 是基波电流和各次谐波电流的几何和，电流为有效值。

$$I_{RN}=\sqrt{\left[\sum_{n=1}^{n=50}(I_{fRn})^2\right]} \tag{5-28}$$

（4）确定爬电距离的电阻器最高电压 U_{creep}。

$$U_{creep}=\sqrt{\left[\sum_{n=1}^{n=50}(U_{fRn})^2\right]} \tag{5-29}$$

二、直流滤波器

（一）型式选择原则

换流站配置直流滤波器滤除换流器向直流侧产生的谐波电流，不提供基波无功。直流滤波器主要分为有源滤波器和无源滤波器两大类，国内主要采用无源滤波器。直流无源滤波器分为调谐滤波器和阻尼滤波器两种。直流滤波器型式选择可从以下原则进行考虑：

（1）高压电容器占整个直流滤波器的费用比例最高，需尽量降低直流滤波器高压电容器的电容值。

（2）滤除最大谐波含量的特征谐波，如 12 次和 24 次特征谐波。

（3）为保证性能指标要求，减少滤波器组数或减少滤波器调谐次数，但需考虑当某组直流滤波器发生故障退出运行时，仍能满足直流运行可靠性。

（二）组成元件型式选择

直流滤波器主要由电容器、电抗器、电阻器组成。

1. 直流滤波器电容器型式选择

（1）直流滤波器高压电容器熔断保护型式选择。用于直流滤波器的高压电容器可以选择外部熔断式保护、内部熔断式保护和无熔断式保护三种中的任一种，但目前采用内部熔断式保护的较多。由于直流滤波器仅用于滤波，没有无功补偿功能，滤波支路总电流一般较交流滤波器小，所以当经济技术合理时可采用性能可靠的、无熔断保护的高压电容器。

（2）直流滤波器安装方式。用于直流滤波器的高压电容器有支撑式和悬挂式两种安装方式，设计应结合站址地震、风速等条件，综合考虑后确定安装方式。

2. 直流滤波器电抗器和电阻器型式选择

直流滤波器与交流滤波器的电阻器和电抗器的型式选择相同。

（三）参数选择

直流滤波器内电容器的电容值、电抗器的电感值、电阻器的电阻值均应满足直流滤波器的性能计算，在此基础上应经过直流滤波器的稳态定值计算和暂态定值计算给出各设备的主要参数。

1. 直流滤波器电容器参数选择

（1）直流电容器的额定电压。直流滤波器高压电容器的额定电压为最大连续直流电压与 1～50 次谐波电压峰值的算术和，同时考虑由于电容器套管受污染情况不同、单个电容器单元温升的差异及其他原因引起的电压不均匀分布。直流滤波器高压电容器的额定电压 U_{bN} 计算公式为

$$U_{bN}=k\times U_{dc}+\sqrt{2}\times\sum_{n=1}^{50}U_n \tag{5-30}$$

式中　U_{dc}——最大连续直流电压；

U_n——第 n 次谐波电压有效值（有效值）；

k——直流电压分布不均匀系数，户内 k=1.05～1.1，户外 k=1.2～1.3。

（2）直流电容器的额定电流。电容器的额定电流 I_{bN} 计算公式为

$$I_{bN}=\sum_{n=1}^{50}I_n \tag{5-31}$$

式中　I_n——第 n 次谐波电流（有效值）。

（3）确定爬电距离的电容器最高电压 $U_{creep,DC}$。确定高压电容器两端之间的爬电比距电压计算公式为

$$U_{\text{creep,DC}}=\sqrt{U_{\text{dc}}^2+\sum_{n=1}^{50}U_n^2} \tag{5-32}$$

式中 U_{dc}——最大连续直流极对地电压；

U_n——第 n 次谐波电压（有效值）。

2. 直流滤波器电抗器及电阻器参数选择

（1）电抗器及电阻器的额定电压为

$$U_{\text{bN}}=\sum_{n=1}^{50}U_n \tag{5-33}$$

式中 U_n——第 n 次谐波电压（有效值）。

（2）电抗器及电阻器的额定电流为

$$I_{\text{bN}}=\sqrt{\sum_{n=1}^{50}I_n^2} \tag{5-34}$$

式中 I_n——第 n 次谐波电流（有效值）。

（3）确定爬电距离的电抗器及电阻器元件两端之间的最高电压 $U_{\text{creep,DC}}$ 为

$$U_{\text{creep,DC}}=\sqrt{\sum_{n=1}^{50}U_n^2} \tag{5-35}$$

式中 U_n——第 n 次谐波电压（有效值）。

元件端点对地的爬电比距电压计算公式为

$$U_{\text{creepage,DC}}=\sqrt{U_{\text{dc,neutral}}^2+\sum_{n=1}^{50}U_n^2} \tag{5-36}$$

式中 $U_{\text{dc,neutral}}$——中性母线最大连续直流电压；

U_n——端点对地的第 n 次谐波电压（有效值）。

第六章

导　体　选　择

根据换流站的区域划分特点，换流站中导体的典型应用区域主要包括直流配电装置区（包括极线、中性线等）、换流区、交流配电装置区、交流滤波器区等。常规交流导体的选择已有成熟的计算方法和众多的工程实例，此处不再赘述，本章主要介绍换流站中的直流导体和部分特殊交流导体的选择。

第一节　导体选择的一般要求

一、导体选择的一般方法

（1）根据导体使用场合的设备布置型式、设备要求等多方面因素，初步选择导体型式。

（2）根据使用条件提出导体的电气性能和机械性能要求，结合导体的性能参数初步确定一组待选择的导体型号。

（3）根据使用条件对拟选组中的导体进行电气性能校验。

（4）根据使用条件对拟选组中的导体进行机械性能校验。

（5）对拟选组中满足使用要求的导体进行技术经济比较，校验导体型式选择结果，选择最合理经济的导体型号作为工程推荐的导体选择方案。

二、导体选择考虑的因素

换流站内常见的导体材料主要包括铝、铝合金、铜、钢、银等，铝或铝合金一般用于载流导体，铜、钢和银多用于载流导体接头，铜和钢还是接地导体的常用材料。

导体作为用以载荷电流的元件，按其型式可分为软导体和硬导体两大类，其中软导体可细分为软导线、电缆等，硬导体可细分为管形、棒形、矩形、封闭母线等。影响导体型式选择的因素主要包括布置型式、设备要求、安装检修难度、连接方便程度、协调美观性等，需根据具体情况综合各方面因素判断。

确定导体型式后，应根据导体的电气性能和机械性能要求确定导体型号。其中电气性能包括载流量、电磁环境、耐受短路电流能力等方面的要求，而机械性能则包括端部拉力、挠度、支座弯矩和扭矩等方面的要求。这些导体的电气性能以及机械性能要求是由使用条件决定的。使用条件包括系统条件（如工作电流、工作电压等）和环境条件（如温度、海拔、风速、覆冰、日照等），两者一起组成导体选择的输入参数。

导体选择时需考虑的使用条件见表 6-1。

表 6-1　　导体选择时需考虑的使用条件

参数		性能指标	使用条件	直流导体选择	交流导体选择
导体型式		软导体/硬导体	布置型式、设备要求、安装检修难度、连接方便程度、协调美观程度	选择原则同交流导体类似，选择结果需具体分析	参见《电力工程设计手册　变电站设计》
导体参数	电气性能参数	载流量	环境温度、风速、日照强度、工作电流	工作电流按 2h 过负荷电流考虑	按回路最大工作电流考虑
		（金具）通流密度	工作电流、端子面积	计算方法与交流相同，允许值有特殊要求	参见《电力工程设计手册　变电站设计》
		电磁环境	海拔、工作电压	除电晕条件外，还需考虑地面电场强度和磁感应强度	主要考虑电晕条件
		耐受短路电流能力	环境温度、短路电流	一般不考虑动稳定性	同时校验动、热稳定性

续表

参数		性能指标	使用条件	直流导体选择	交流导体选择
导体参数	机械性能参数	端部拉力	环境温度、风速、覆冰、跨距、弧垂	计算方法与交流导体相同，以设备间连线端部拉力为主	包括跨线及设备间连线
		硬导体挠度、弯矩	风速、覆冰、跨距、集中荷载	计算方法与交流导体相同	参见《电力工程设计手册 变电站设计》
		支座弯矩和扭矩	风速、覆冰、跨距、弧垂、集中荷载		

三、导体的电气性能要求

导体的电气性能主要包括载流量、耐受短路电流能力及电磁环境性能（包括导体电晕、表面场强、地面场强及离子流密度等）3 个方面，根据电气性能要求选择导体时，应从下列几个方面进行。

（一）根据工作电流选择导体

选择导体时，首先根据导体所在回路的持续工作电流初步选择导体，即

$$I_{xu} \leqslant I_g \tag{6-1}$$

式中 I_{xu}——导体回路持续工作电流，A；

I_g——对应导体在使用条件下的长期允许载流量，A。

持续工作电流是导体选择的先决条件，一般根据系统条件确定。换流站阀厅及直流场导体，持续工作电流均按照换流站 2h 过负荷电流选择；换流变压器进线及交流滤波器相关导体，应同时考虑导体流过的基波和谐波电流，计算包含谐波部分的导体持续工作电流有效值。

导体的载流量一般可以通过查阅导体性能参数表的方式获取，也可以通过计算的方式确定。

采用查表获取导体载流量时，如表中载流量所对应的环境条件与实际工况不一致，则需要进行修正。

裸导体载流量在不同海拔及环境温度下相对于 25℃、1000m 海拔处导体载流量的综合校正系数λ见表 6-2。

导体长期允许载流量按式（6-2）计算

$$I_g=\lambda I_{g0} \tag{6-2}$$

式中 I_{g0}——导体基准条件下载流量，A。

对于最高允许温度 70℃的校正系数 λ，其基准条件为环境温度 25℃、无风、无日照、辐射散热系数与吸热系数为 0.5、不涂漆；对于最高允许温度 80℃的校正系数λ，其基准条件为环境温度 25℃、风速 0.5m/s 且与导体垂直、日照 0.1W/cm^2、辐射散热系数与吸热系数为 0.5（软导线为 0.9）、不涂漆。

表 6-2　裸导体载流量在不同海拔及环境温度下的综合校正系数λ

导体最高允许温度（℃）	适用范围	海拔（m）	实际环境温度（℃）						
			20	25	30	35	40	45	50
70	屋内矩形、槽形、管形导体和不计日照的屋外软导线		1.05	1.00	0.94	0.88	0.81	0.74	0.67
80	计及日照时屋外软导线	1000 及以下	1.05	1.00	0.94	0.89	0.83	0.76	0.69
		2000	1.01	0.96	0.91	0.85	0.79		
		3000	0.97	0.92	0.87	0.81	0.75		
		4000	0.93	0.89	0.84	0.77	0.71		
	计及日照时屋外管形导体	1000 及以下	1.05	1.00	0.94	0.87	0.80	0.72	0.63
		2000	1.00	0.94	0.88	0.81	0.74		
		3000	0.95	0.90	0.84	0.76	0.69		
		4000	0.91	0.86	0.80	0.72	0.65		

注　本表摘自 DL/T 5222—2005《导体和电器选择设计技术规定》。

（二）根据经济电流密度选择导体

除配电装置的汇流母线以外，对于全年负荷利用小时数较大、母线较长（超过 20m）、传输容量较大的回路，可按经济电流密度选择导体截面积，按式（6-3）计算

$$S_j = I_{xu} / J \tag{6-3}$$

式中 S_j——导体经济截面积，mm^2；

I_{xu}——导体回路持续工作电流，A；

J——经济电流密度，A/mm^2。

导体的经济电流密度 J 与系统最大负荷利用小时数 t 相关。图 6-1 给出了铝矩形、槽形及组合导线的经济电流密度与系统最大负荷利用小时数 t 的关系。换流站一般用于远距离大容量输电或非同步联网，负荷性质与变电站有较大区别，t 应根据系统具体运行情况确定。

当无合适规格的导体时，导体截面积可小于经济电流密度的计算截面积。

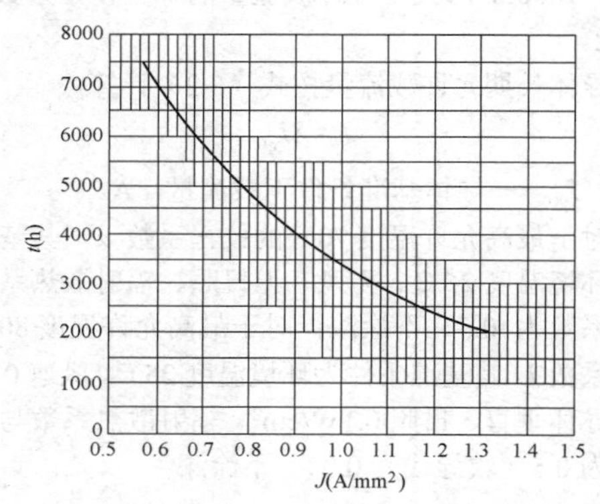

图 6-1　铝矩形、槽形及组合导线经济电流密度与系统最大负荷利用小时数的关系

（三）根据电磁环境校验导体选择

1. 按电晕条件校验

选用的导体应满足在最高运行电压下晴天夜间不产生全面电晕的条件，由式（6-4）控制

$$g_0 > g_{max} \tag{6-4}$$

式中 g_0——导体表面起晕电场强度，kV/cm；

g_{max}——导体表面最大电场强度，kV/cm。

（1）导体起晕电场强度的计算。当导体表面场强超过某一临界值时，导体表面产生电晕，这一临界值通常称为电晕临界电场强度或起晕电场强度。如果认为直流导体起晕电场强度与交流导体起晕电场强度的峰值相同，则标准大气条件下导体表面起晕电场强度 g_0 按式（6-5）计算

$$g_0 = 30m\delta\left(1+\frac{0.301}{\sqrt{r\delta}}\right) \tag{6-5}$$

式中 m——反映导体表面状况的粗糙系数；

δ——相对空气密度，按式（6-6）计算；

r——导体半径，cm。

$$\delta = \left(\frac{273+t_0}{273+t}\right)\frac{p}{p_0} \tag{6-6}$$

式中 p_0——标准大气压，取 101.3kPa；

p——换流站的实际大气压，kPa；

t_0——标准环境温度，取 20℃；

t——换流站实际温度，℃。

±800kV 直流换流站中直流导体可使用的类型有软导线和管形母线。直流软导线，粗糙系数 $m=0.4$～0.6；直流管形母线，粗糙系数 $m=0.7$。

（2）导体表面最大场强计算。换流站中直流导体主要包括管形母线和分裂导线，与交流导体相比，直流导体一般不存在类似于交流导体三相相邻距离较近的布置情况，计算导体表面最大场强时一般不考虑附近导体的影响。

下面介绍一种直流分裂导线的表面电场计算方法——马克特·门德尔法，管形母线可采用相同方法按单根导线估算。该方法将多分裂导线简化为一个无限长线电荷，考虑附近避雷线（如有）的影响，忽略直流场设备、构（建）筑物等对电场分布的影响。

1）将分裂导体用单根等效导线代替，等效导线直径 D_e 由式（6-7）决定

$$D_e = D\sqrt[n]{\frac{nd}{D}} \tag{6-7}$$

式中 D——通过分裂导线束各子导线中心圆的直径，mm；

n——分裂导线根数；

d——子导线直径，mm。

2）用麦克斯韦电位系数法决定每极等效导线的总电荷 Q。根据极导线的电压和它们的电位系数以及待求的电荷，可列出

$$[k][Q]=[U] \tag{6-8}$$

式中 $[Q]$——分裂导线束电荷的单列矩阵；

$[U]$——分裂导线束电压的单列矩阵；

$[k]$——直流导线等效极导线和地线及其镜像的电位系数方形矩阵。

矩阵中电位系数计算为

$$k_{ii} = \frac{1}{2\pi\varepsilon}\ln\frac{4H}{d} \tag{6-9}$$

$$k_{ij} = \frac{1}{2\pi\varepsilon}\ln\frac{L'_{ij}}{L_{ij}} \tag{6-10}$$

式中 k_{ii}、k_{ij}——自电位系数和互电位系数；

H——等效极导线或地线的对地平均距离；

L_{ij}——第 i 根等效极导线或地线与第 j 根等效极导线或地线间的距离；

L'_{ij} ——第 i 根等效极导线或地线与第 j 根极导线或地线的镜像间的距离；

ε ——空气介电常数。

3）导线的平均表面场强可以由式（6-11）决定

$$E = \frac{Q}{\pi \varepsilon n d} \tag{6-11}$$

导线的最大表面场强由式（6-12）决定

$$E_{max} = g\left[1+(n-1)\frac{d}{D}\right] \tag{6-12}$$

2. 地面合成场强计算

直流导体下方的电场有两种计算情况：一种是没有电晕时，仅由导线上电荷决定的静电场或标称电场；另一种是发生电晕时，由空间电荷决定电场，此时电晕已发展得相当严重，线下电场仅取决于极间距离和对地距离，导线本身尺寸已不影响线下电场。

在前述导体电晕计算中，选取的导体表面电场均小于起晕电场，导体表面理论上不会有电晕情况发生，故导体下方地面电场以由直流导体电荷产生的电场为主，空间电荷产生的电场相对于直流导体电荷产生的电场较小。

为了使地面合成电场控制在不超过30kV/m，将仅由直流场导体产生的地面标称电场控制在25kV/m以下比较合适。

根据静电场理论，由于实际直流场正负极线相距200m以上，忽略相反极性线空间离子流及避雷线的影响，考虑电荷对无穷大地面场强情况时，根据式（6-13）使用镜像法进行导体下方地面标称电场强度 E 计算

$$E = \frac{Q}{\pi \varepsilon H} \tag{6-13}$$

式中 Q ——单位长度导体每极等效导线总电荷，C/m；

ε ——空气介电常数，取 8.85×10^{-12}F/m；

H ——导体对地高度，m。

3. 地面离子流密度及磁感应强度

（1）离子流密度。对于换流站直流导体，由于控制其表面最大电场强度小于电晕起始电场强度，因此，认为无电晕情况。此时地面合成电场强度主要为标称电场，可以认为地面离子电流密度几乎为零。

（2）磁感应强度计算。根据恒定磁场理论，忽略相反极性线及避雷线的影响，考虑过负荷情况，使用安培环路定律，根据式（6-14）计算磁感应强度 B

$$B = \frac{\mu I_{xu}}{2\pi H} \tag{6-14}$$

式中 B ——导体在地面的磁感应强度，T；

μ ——空气磁导率，取 $4\pi\times10^{-7}$T·m/A；

I_{xu} ——导体回路持续工作电流，A；

H ——导体的对地高度，m。

4. 直流场常用导体表面电场计算结果

根据各电压等级典型直流场布置情况，不考虑直流场设备及布置对电场的影响，在海拔0m、环境温度20℃条件下分别计算了1100、800、660、500kV和400kV各电压等级下具有代表性的导体表面电场强度，见表6-3～表6-7。由于采用的导体表面最大电场强度计算方法未考虑直流场设备均压屏蔽环的电场屏蔽效应，因此得到的结论是足够保守的。实际工程中，应根据实际工程环境条件、布置情况，必要时采用有限元仿真具体计算，同时结合对导体的其他电气性能及导体机械性能要求，确定导体选型。

表6-3　　1100kV 导体电场强度

导体型号	次导体直径（mm）	分裂间距（包络圆直径，mm）	离地高度（m）	导体表面最大电场强度（kV/cm）	导体电晕起始电场强度（kV/cm）
6×LGKK600* 6×LGJK1000*	51	500	18.2	21.87	20.24
8×LGKK600 8×LGJK1000	51	500	18.2	18.83	20.24
ϕ170/154*	170		18.2	21.78	21.88
ϕ250/230	250		18.2	15.82	21.51
ϕ450/430	450		18.2	9.80	21.06

* 该导体型号不满足电晕校验条件的临界结果。

表6-4　　800kV 导体电场强度

导体型号	次导体直径（mm）	分裂间距（包络圆直径，mm）	离地高度（m）	导体表面最大电场强度（kV/cm）	导体电晕起始电场强度（kV/cm）
6×LJ-630*	33	450	17	20.85	21.04
6×LJ-800	37	450	17	20.20	20.82

续表

导体型号	次导体直径（mm）	分裂间距（包络圆直径，mm）	离地高度（m）	导体表面最大电场强度（kV/cm）	导体电晕起始电场强度（kV/cm）
6×LGKK600 6×LGJK1000	51	450	17	16.44	20.24
φ110/100*	110		17	23.09	22.39
φ120/110	120		17	21.45	22.28
φ450/430	450		17	7.22	21.06

* 该导体型号不满足电晕校验条件的临界结果。

表 6-5　　**660kV 导体电场强度**

导体型号	次导体直径（mm）	分裂间距（包络圆直径，mm）	离地高度（m）	导体表面最大电场强度（kV/cm）	导体电晕起始电场强度（kV/cm）
6×LJ-630*	33	200	16	21.51	21.04
6×LJ-800	37	200	16	20.30	20.81
φ90/80*	90		16	22.78	22.66
φ100/90	100		16	20.84	22.51
φ250/230	250		16	9.71	21.51

* 该导体型号不满足电晕校验条件的临界结果。

表 6-6　　**500kV 导体电场强度**

导体型号	次导体直径（mm）	分裂间距（包络圆直径，mm）	离地高度（m）	导体表面最大电场强度（kV/cm）	导体电晕起始电场强度（kV/cm）
4×LJ-500*	29	200	12.5	22.30	21.31
4×LJ-630	33	200	12.5	20.54	21.04
φ60/54*	60		12.5	25.53	23.32
φ70/64	70		12.5	22.17	23.05
φ250/230	250		12.5	7.70	21.51

* 该导体型号不满足电晕校验条件的临界结果。

表 6-7　　**400kV 导体电场强度**

导体型号	次导体直径（mm）	分裂间距（包络圆直径，mm）	离地高度（m）	导体表面最大电场强度（kV/cm）	导体电晕起始电场强度（kV/cm）
4×LJ-300*	22	200	11	22.03	21.96
2×LGKK600	51	200	11	17.52	20.24
4×LJ-400	26	200	11	19.63	21.56
φ50/45*	50		11	24.07	23.65
φ60/54	80		11	20.61	23.31
φ250/230	250		11	6.31	21.51

* 该导体型号不满足电晕校验条件的临界结果。

（四）根据短路电流校验导体选择

按正常运行状态完成导体选择后，应校验所选导体在短路情况下的热稳定性和动稳定性。相比于交流系统，直流系统中导体间距离一般较大，短路电动力不作为校验的决定性因素，一般仅按式（6-15）校验所选导体的热稳定性

$$S \geqslant \frac{\sqrt{Q_d}}{C} \tag{6-15}$$

式中 S——导体的载流截面积，mm^2；

Q_d——短路电流热效应，$A^2 \cdot s$；

C——材料热稳定系数，见表 6-8。

表 6-8 不同工作温度下热稳定系数 C 值

工作温度（℃）	50	55	60	65	70	75	80	85	90	95	100	105
硬铝及铝锰合金	97	95	93	91	89	87	85	83	81	79	76	74
硬铜	179	177	174	172	169	167	164	162	159	157	154	152

若导体短路前的温度不是+70℃，C 可按式（6-16）计算

$$C=\sqrt{K\ln\frac{\tau+t_2}{\tau+t_1}\times10^{-4}} \tag{6-16}$$

式中 K——常数，铜为 509×10^6，铝为 219×10^6，$W \cdot S/(\Omega \cdot cm^4)$；

τ——常数，铜为 234.5℃，铝为 228℃；

t_2——短路时导体最高允许温度，铝及铝锰合金可取 200，铜导体取 300，℃；

t_1——导体短路前的发热温度，℃。

四、导体的机械性能要求

（一）硬导体的力学计算

直流硬导体（管形母线）的弯矩、挠度和管形母线的振动（地震及风等因素叠加工况）等的受力计算方法与交流场合一致，具体参见《电力工程设计手册 变电站设计》，本章不再赘述。

换流站中可能采用直径较大的直流管形母线，同时存在需悬吊安装且重量较重的设备，因此，需要特别注意管形母线支撑件的受力（抗弯与抗扭等）情况，选择满足抗弯和抗扭性能的支柱绝缘子。

例：6063G-ϕ450/430 管形母线用于 800kV 极母线，考虑受力最严格的工况。

ϕ450/430 管形母线，跨距 12m，三跨连续。考虑 ϕ450/430 管形母线跨中悬挂安装避雷器及光电流互感器，避雷器质量约 2.6t，光电流互感器质量约 0.2t。避雷器和光电流互感器按跨距三等分布置。

上述工况下按不同荷载条件，分别计算管形母线受力要求并核实绝缘子抗弯要求，见表 6-9。

表 6-9 ϕ450 管形母线受力要求及绝缘子抗弯强度计算

参 数	计算值
覆冰工况管形母线最小应力要求（k=2，MPa）	87.12
大风工况管形母线最小应力要求（k=2，MPa）	84.87
地震工况管形母线合成应力要求（k=1.67，MPa）	84.67
要求管形母线最小破坏应力（MPa）	87.12
地震工况绝缘子抗弯强度要求（k=1.67，kN）	7.77
大风工况绝缘子抗弯强度要求（k=1.67，kN）	12.18
要求绝缘子抗弯强度（kN）	12.18
管形母线最大挠度（cm）	2.56

注 k为安全系数。

根据表 6-9，采用抗弯强度 12.5kN 的 800kV 支柱绝缘子时，ϕ450/430 管形母线的破坏应力与 800kV 支柱绝缘子机械性能配合，满足上述各种状态的要求。但在大风工况下，绝缘子的抗弯强度要求已接近允许值，建议条件允许情况下尽可能选用更高抗弯强度的绝缘子。

（二）软导线的力学计算

直流软导线的跨线拉力、施工放线参数、端子间连接线受力等的计算方法与交流软导线一致，可采用简化的悬链线公式求解状态方程，具体参见《电力工程设计手册 变电站设计》，本章不再赘述。

在换流站直流配电装置区及阀厅，软导线主要用于直流配电装置的引下线和设备间连线，这些使用场合对软导线本身的机械性能要求较低。因此，根据电气性能要求选择的软导线总是能满足机械性能要求，此时需要注意的是软导线在设备端子上产生的张力是否超过端子最大允许张力。对于一些端子耐受张力较小的设备，如阀厅穿墙套管或旁路断路器，应特别校验设备间连线允许的最大跨距，并考虑控制弧垂，减小端子受力。计算设备间短档距导线张力时应考虑导线本身的刚度，并注意导线连接形式对张力的影响。

第二节 换流站各区域导体选择

进行换流站中各区域导体的选择时，除需满足本节介绍的电气性能和机械性能指标外，还应根据各区域典型布置及设备特点，进行导体型式的优化选择。下面以每极单 12 脉动±500kV 换流站和每极双 12 脉动±800kV 换流站为例，分别介绍其阀厅、直流场、换流变压器区域和交流滤波区域四个典型区域

的导体选择。

一、阀厅导体选择

1. 阀厅内导体型式简介

直流侧电压等级、接线方式和设备类型均对阀厅内设备布置有直接影响，进而对阀厅内导体的选择产生影响。

某±500kV 换流站阀厅轴视图如图 6-2 所示，为每极单 12 脉动换流阀阀厅。

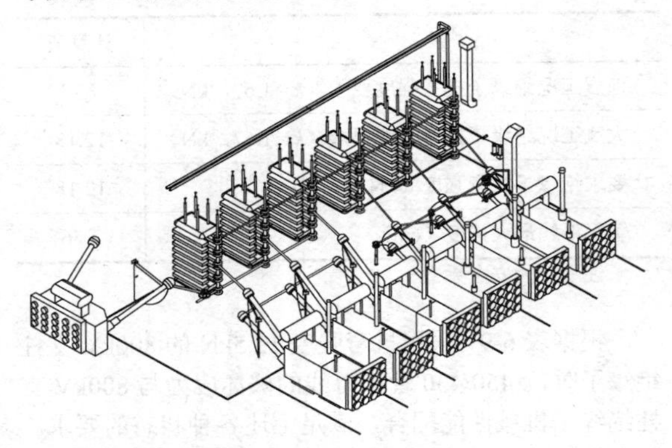

图 6-2　单 12 脉动换流阀阀厅轴视图

某±800kV 换流站高端阀厅轴视图如图 6-3 所示，为每极双 12 脉动换流阀阀厅。

由图 6-2 和图 6-3 可以看出：一方面，阀厅内设备间接线情况较为复杂，多处存在导体交叉跨越；另

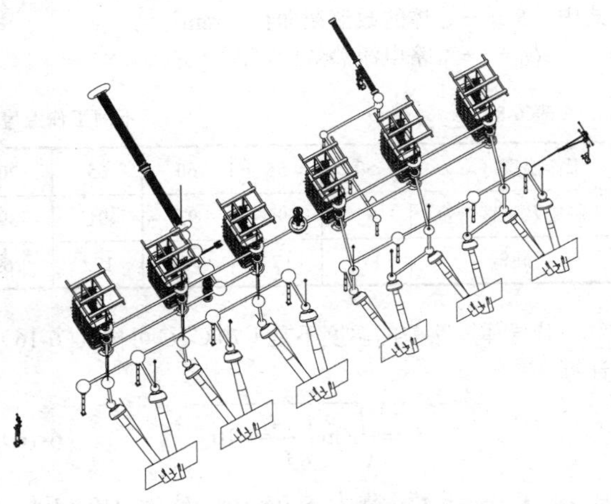

图 6-3　双 12 脉动换流阀高端阀厅轴视图

一方面，阀厅设备布置应在满足空气净距的前提下尽量紧凑布置。为降低施工误差及软导线放线弧垂等不确定因素对设备间净距影响，便于控制设备间净距尺寸，阀厅内导体尽量选择硬管形母线，部分位置采用多分裂软导线过渡连接。对于阀厅内硬管形母线导体，除了考虑载流量限制外，还应综合考虑机械性能、电晕控制、空气净距等因素。

2. 每极单 12 脉动 ± 500kV 换流站阀厅内典型设备间连接方式和导体选择

以图 6-2 所示±500kV 换流站为例，阀厅采用单 12 脉动接线，其阀厅平面布置如图 6-4 所示。

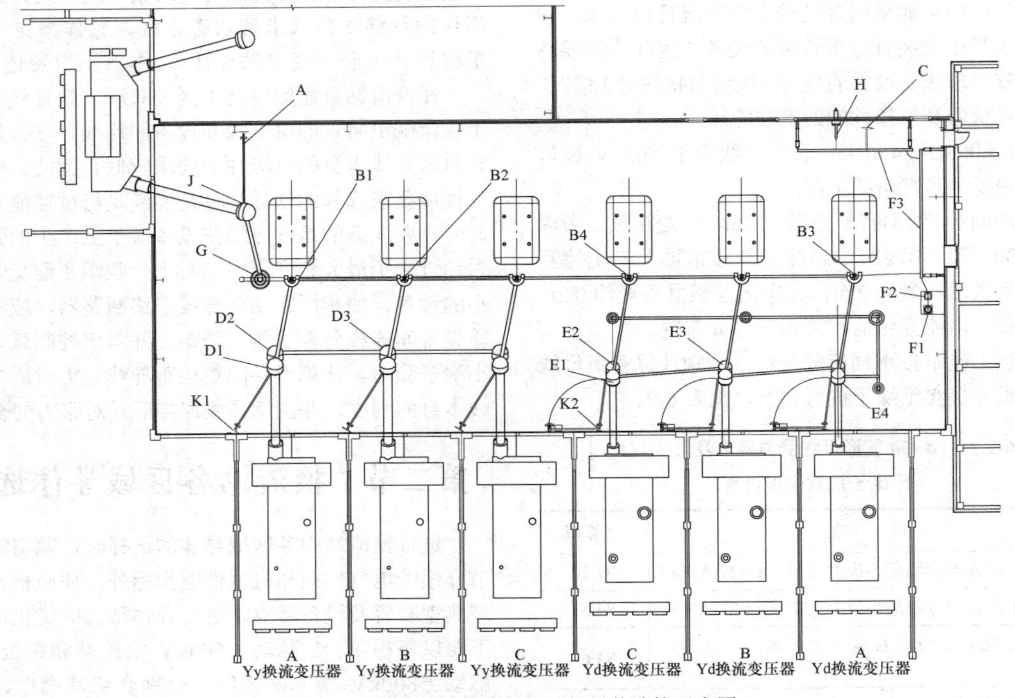

图 6-4　单 12 脉动换流阀阀厅间导体连接示意图

结合图 6-4 中标注内容，对阀厅内典型的导体连接方式进行如下介绍：

（1）换流变压器与阀塔连接。图 6-4 中 D3-B2、E1-B4 接线为换流变压器高压套管与阀塔间接线。考虑到此接线交叉跨越了 Yd 换流变压器两边相套管连线（E2-E4），而高压套管与阀塔间距离较长，若采用软导线连接则弧垂过大，难以控制 Yd 换流变压器相间空气净距，故换流变压器与阀塔考虑采用管形母线连接。需要注意的是，此处连接距离较长，管形母线受力需要专门校验。为保证管形母线挠度满足要求，同时优化阀塔接线端子受力角度，可考虑在每个阀塔前增加一处悬吊点，将换流变压器与阀塔间连线分段为两段管形母线。

（2）换流变压器间连接。图 6-4 中 D2-D3、E1-E3、E2-E4 处均为换流变压器套管间连接，图 6-5 所示为阀厅内 6 台换流变压器阀侧套管间导体连接示意图。

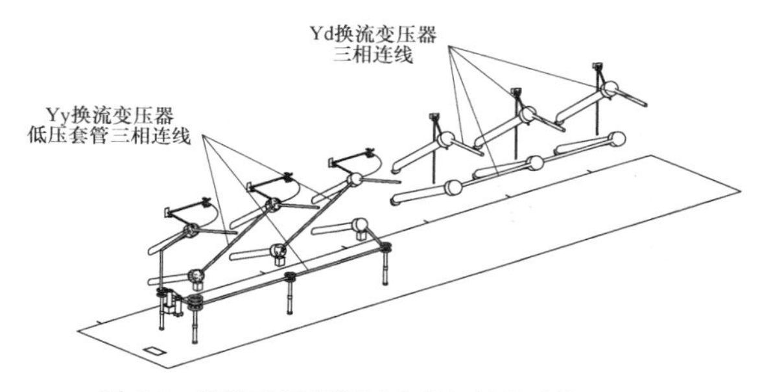

图 6-5 换流变压器阀侧套管间导体连接示意图

图6-5中Yy换流变压器低压套管三相连线若考虑采用软导线，则需严格控制其弧垂，以满足 Yy 换流变压器阀侧中性点对地空气净距；Yd 换流变压器采用 Yd11 接线形式，三台 Yd 换流变压器高低压套管需依次连接，首尾相连组成三角形接线，相邻两台换流变压器高压-低压套管间为斜向连接，若此处采用软导线连接，考虑弧垂影响，该导线对两侧相邻套管的净距则十分紧张，对施工时弧垂控制精度要求更高。故换流变压器相间连接导体多采用管形母线连接，可使得设备相间空气净距每相一致，且接线美观。

在部分工程中，为降低 Yy 换流变压器中性点套管由管形母线产生的受力，可考虑 Yy 中性点管形母线间连接为管形母线＋软导线＋软导线＋管形母线的形式，同时中性点套管下方需增加支柱绝缘子以支撑管形母线。

（3）阀塔间连接。各阀塔外形尺寸一致，接线端子对地高度完全相同，阀塔间连接可直接水平出线，同时，阀塔底部对地距离需满足对应净距要求。若采用软导线连接，阀塔对地距离则由放线弧垂决定，不利于阀厅高度的确定，也不利于阀底对地空气净距值的校验，故阀塔间连接导体宜采用管形母线。通常阀塔间连接管形母线及金具由阀塔厂家设计及供货。厂家进行结构设计时，应校验阀塔间连接管形母线挠度是否满足设计要求，以及悬吊阀塔发生摆动时管形母线金具是否能满足要求。

（4）阀组低压出线与中性线管形母线间连接。阀组低压出线与中性线管形母线间连接如图 6-4 中 B3-F3 所示。B3 点对地高度由阀塔底部对地距离决定，F3 所在的中性线管形母线对地高度由中性线穿墙套管对地高度决定，此两者通常存在高度差。B3-F3 为中性线，电压较低，且对周边设备净距无明显紧张处，故考虑可用多分裂软导线连接。

（5）接地开关对设备连接。图 6-4 中 A-J、D1-K1、E1-K2 处均为接地开关对设备的连接。阀厅内接地开关多为侧墙式安装，断开时接地开关断开净距需满足该处阀厅净距值要求，闭合时接地开关静触头运动至设备均压球内，与均压球内特制金具触碰进而完成接地。以垂直开启式接地开关为例，其示意如图 6-6 所示。

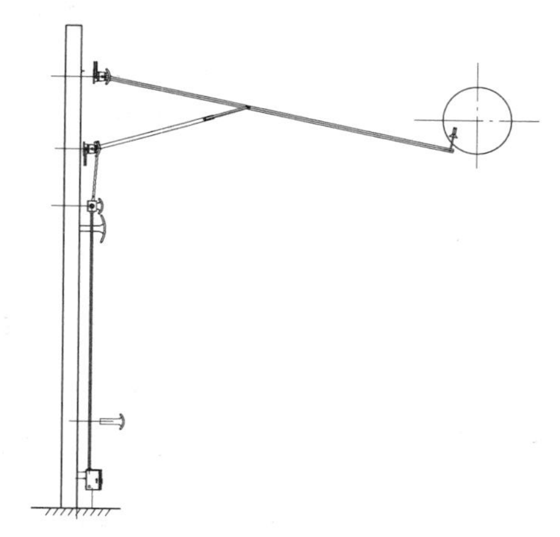

图 6-6 接地开关示意图

另外，直流中性线电压等级较低，接地点 C-F2 连接处经过校验，无需配置均压球，接地开关静触头通过管形母线特制金具与中性线管形母线进行连接。故阀厅内接地开关接地回路导体是开关及连接金具本身。

（6）其他设备间连接。阀厅内中性线避雷器、直流电压互感器与中性线管形母线间连接无通流能力、电磁环境等方面的要求，且该处布置紧凑，接线较短，故一般采用多分裂软导线连接，如图 6-7 所示。

3. 每极双 12 脉动 ±800kV 换流站阀厅内典型设备间连接方式和导体选择

每套 12 脉动换流阀组由 6 台换流阀塔构成，布置于高端或低端阀厅内。以上述某±800kV 换流站工程高端阀厅为例，其单极阀厅内共有：6 台双绕组换流

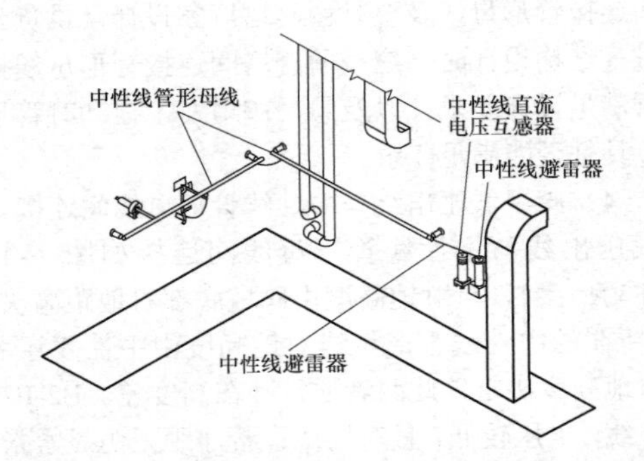

图 6-7　中性线避雷器与直流电压互感器导体连接示意图

变压器，套管为左右布置型式插入阀厅；6 套二重阀阀塔（含阀避雷器），采用悬吊布置；另外，还包括换流变压器接地开关、阀组高压及低压出线接地开关、阀组低压出线 CBH 避雷器、阀中点 M 避雷器。双 12 脉动接线高端阀厅设备间导体连接示意图如图 6-8 所示。

结合图 6-8 中标注内容，对阀厅内典型的导体连接方式进行介绍：

（1）换流变压器与阀塔连接。图 6-8 中，D1-A1、D3-A3 接线为换流变压器高压套管与阀塔间接线。Yy 换流变压器至阀塔进线交叉跨越 Yy 中性点、Yd 换流变压器至阀塔进线交叉跨越 Yd 两边相连线，与前述单 12 脉动阀厅中情况类似，故换流变压器与阀塔考虑采用管形母线连接。

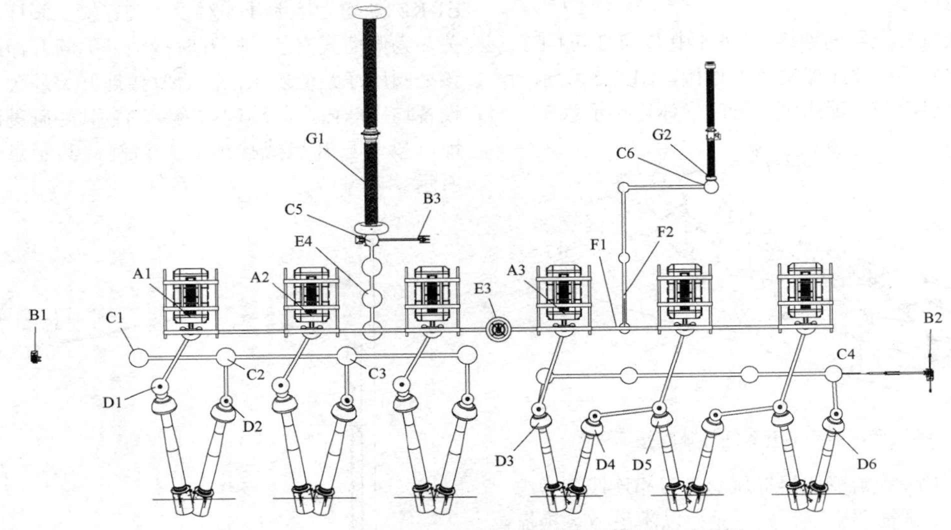

图 6-8　双 12 脉动接线高端阀厅设备间导体连接示意图

（2）换流变压器间连接。图 6-8 中，C1-C2、C2-C3 为 Yy 换流变压器中性点套管间连接，D3-C4 为 Yd 换流变压器套管间连接。本例双 12 脉动高端阀厅中换流变压器阀侧套管采用水平布置，前述单 12 脉动阀厅中换流变压器阀侧套管采用上下布置，两种布置方式的主要区别是双 12 脉动阀厅长度尺寸增加，但接线原理及接线形式基本类似。因此，与单 12 脉动阀厅的换流变压器间连接情况类似，此处宜采用管形母线连接。

（3）阀塔间连接。双 12 脉动与单 12 脉动工程阀塔间连接形式类似，双 12 脉动阀塔间宜采用管形母线连接。

（4）阀组低压出线与中性线管形母线间连接。阀组低压出线与中性线管形母线间连接如图 6-9 中 F1-F2 所示。与单 12 脉动阀厅类似，F1 点对地高度由阀塔底部对地距离决定，F2 所在的中性线管形母线对地高度由中性线穿墙套管对地高度决定，此两者通常存在高度差。此处为中性线，电压较低，且对周边设备净距无明显紧张处，故考虑可用多分裂软导线连接。考虑载流量满足要求，本例采用 6×LJ–1250 导线，且不装设均压屏蔽球。

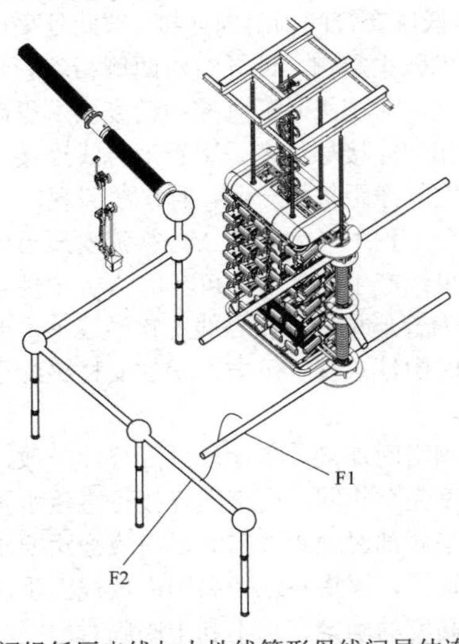

图 6-9　阀组低压出线与中性线管形母线间导体连接示意图

（5）接地开关对设备连接。图 6-8 中 B1-C1、B2-C4、C5-B3 及 G2 处均为接地开关对设备的连接，阀厅内接地开关接地回路导体是开关及连接金具本身，此处需注意在开关打开情况下，端口净距是否满足该处空气校验净距要求。

（6）其他设备间连接。阀厅内极线 CBH 避雷器 E4 与直流极线相连，其连接方式考虑用特制金具加上均压球、均压环直接与管形母线实现连接，典型连接金具如图 6-10 所示。极线 M 避雷器接线形式与此类似。

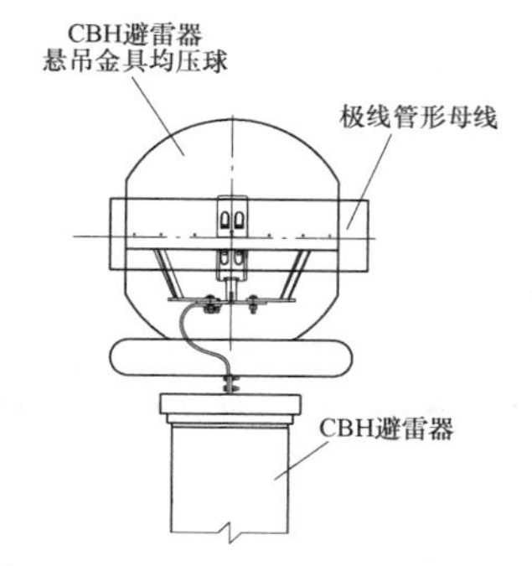

图 6-10 CBH 避雷器连接金具示意图

二、直流场导体选择

（一）直流场内导体型式简介

直流侧电压等级、接线方式、布置型式和设备类型均会对直流场导体的选择产生直接影响。

典型每极单 12 脉动±500kV 换流站及每极双 12 脉动±800kV 换流站典型直流场平面布置图分别如图 6-11 和图 6-12 所示。直流场设备种类多、数量大，各种设备间连接情况复杂。直流场中设备一般分为通流回路设备及非通流回路设备：通流回路设备是串联在通流回路中，长期承受额定电流的设备；非通流回路是指并联在通流回路上的设备。通流回路上设置通流回路母线，考虑到母线通常需要穿越道路，为保证跨路导体与道路上的运输车辆及设备之间的空气净距等因素，一般采用支持式管形母线。各设备与管形母线之间的连接一般采用软导线，部分设备采用管形母线连接。

（二）每极单 12 脉动±500kV 换流站直流场内典型设备间连接方式和导体选择

以图 6-11 所示每极单 12 脉动±500kV 换流站为例，直流场采用典型的双极对称接线方式，不设阀组旁路回路，极母线在两侧，中性母线在中间，每极极母线与中性母线之间设一组直流滤波器。直流配电装置按单层布置，母线采用支持式管形母线。极线设备包括极线直流穿墙套管、极线直流分压器、极线平波电抗器、极线隔离开关等，中性线设备包括中性线直流穿墙套管、中性线阻塞电抗器、中性线避雷器、中性线冲击电容器等。各设备间及设备与直流管形母线间连接方式如下：

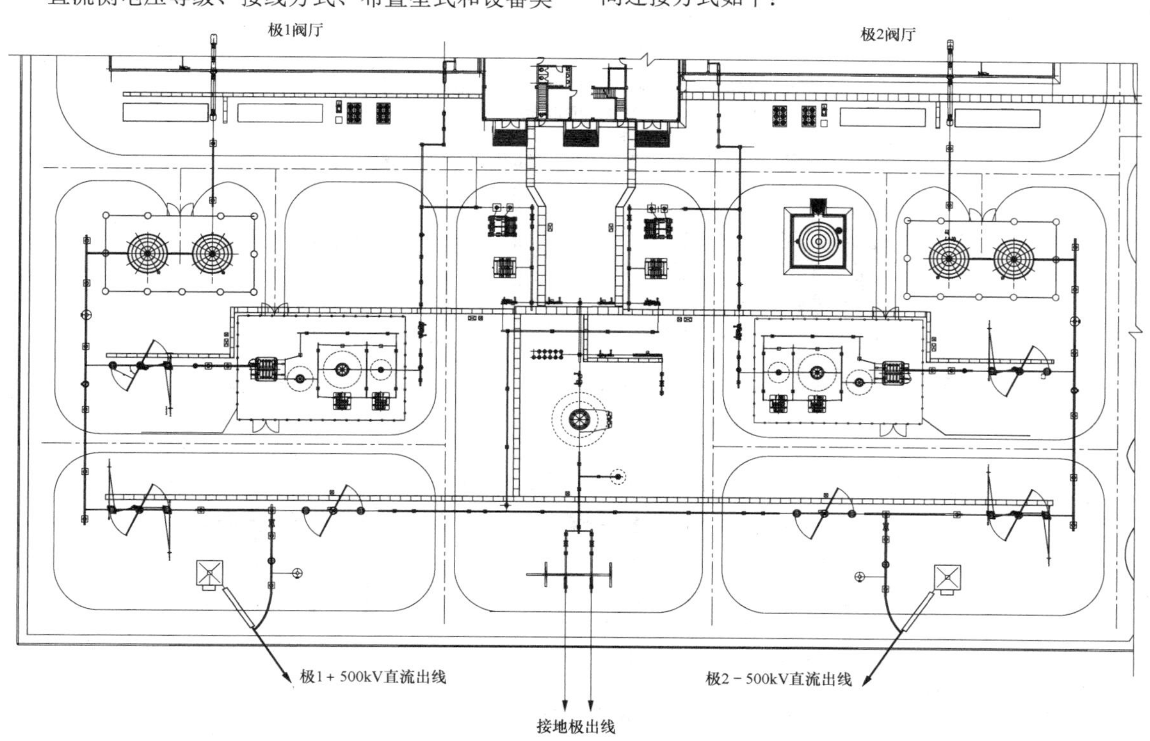

图 6-11 典型±500kV 换流站直流场平面布置图（每极单 12 脉动）

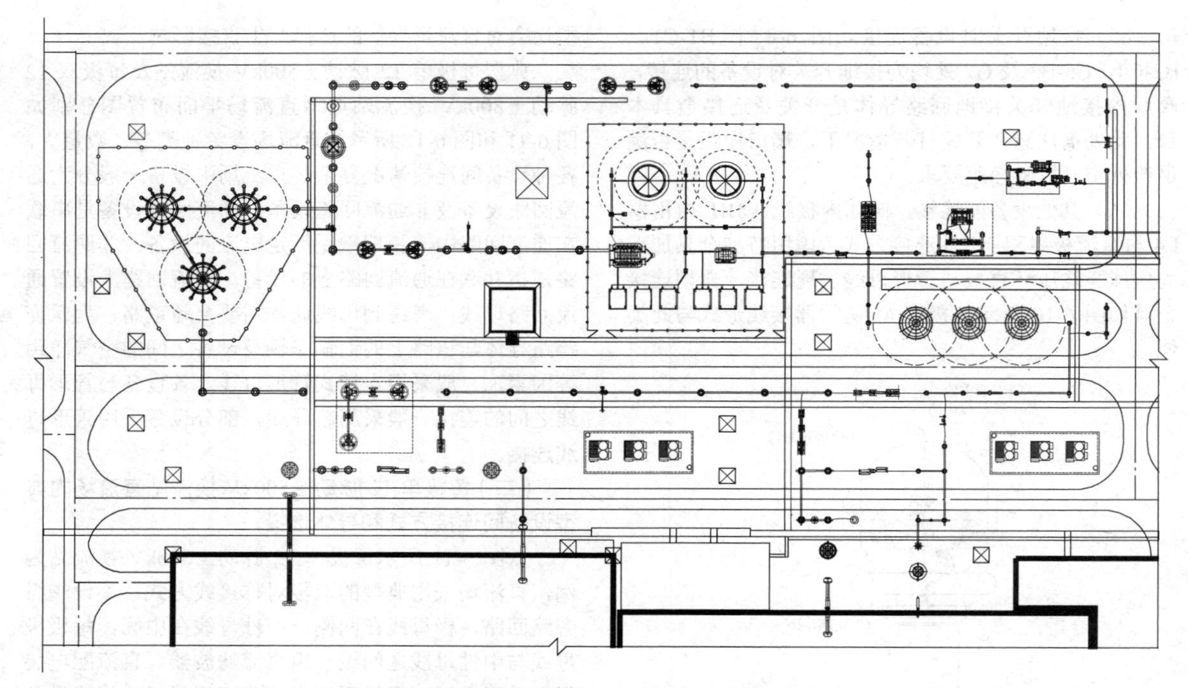
图 6-12　典型±800kV 换流站直流场一极的平面布置图（每极双 12 脉动）

（1）500kV 直流套管与极线管形母线之间的连接。直流套管出线接线端子机械强度较低，且往往配有较大的均压环，为防止采用管形母线连接时端子受力较大及管形母线与均压环碰撞等问题，此处一般采用多分裂软导线连接，导体连接示意如图 6-13 所示。考虑到电晕及载流量等因素，采用四分裂铝绞线。500kV 直流极线设备之间导体连接示意如图 6-14 所示，极线 PLC 电抗器、极线隔离开关等设备均常采用这一连接形式。

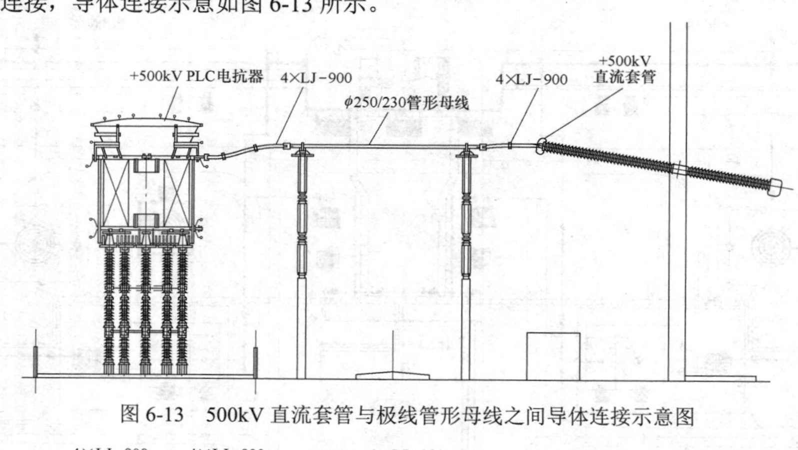

图 6-13　500kV 直流套管与极线管形母线之间导体连接示意图

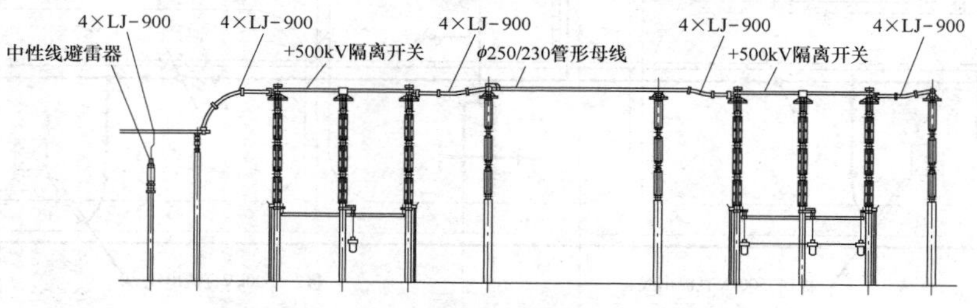

图 6-14　500kV 直流极线设备之间导体连接示意图

（2）平波电抗器之间的连接。平波电抗器附近电磁环境复杂，当流过谐波电流时将产生交变磁场，若采用分裂软导线连接，易在分裂导线中产生环流，引起导线发热。管形母线连接比分裂导线更加美观，因此平波电抗器之间连接一般采用管形母线。500kV 直流极线平波电抗器之间导体连接示意如图 6-15 所示。

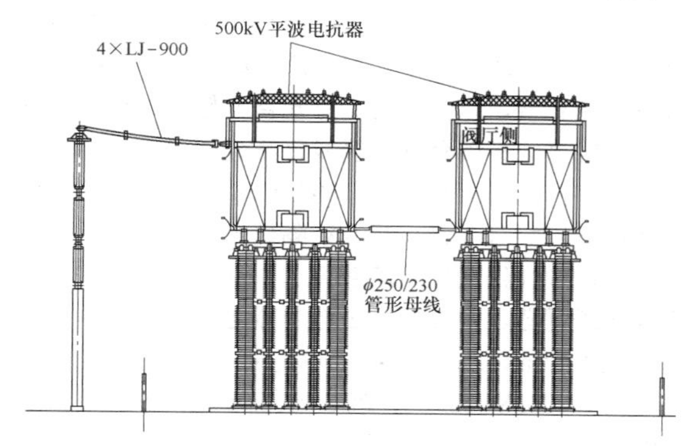

图 6-15　500kV 直流极线平波电抗器之间导体连接示意图

（3）中性线套管与管形中性母线之间的连接。由于直流套管出线接线端子机械强度较低，因此此处一般采用多分裂软导线连接。考虑到载流量等因素，一般采用四分裂软导线。中性线通流回路设备，包括中性线平波电抗器、NBS、MRTB、GRTS 中性线阻塞电抗器、中性线隔离开关等设备，均可采用此连接方式。±500kV 换流站中性线设备之间导体连接示意如图 6-16 所示。

（4）中性线避雷器与管形中性母线之间的连接。此处一般采用单根软导线连接。考虑到避雷器并联在通流回路上，且设备高度较低，因此避雷器往往布置在中性母线管形母线正下方。从受力、经济性等方面考虑，一般采用软导线的连接方式，如图 6-17 所示。中性线上非通流回路的设备均可采用该连接形式，如中性线直流分压器、中性线冲击电容器、注流回路设备、直流滤波器低压进线隔离开关等。

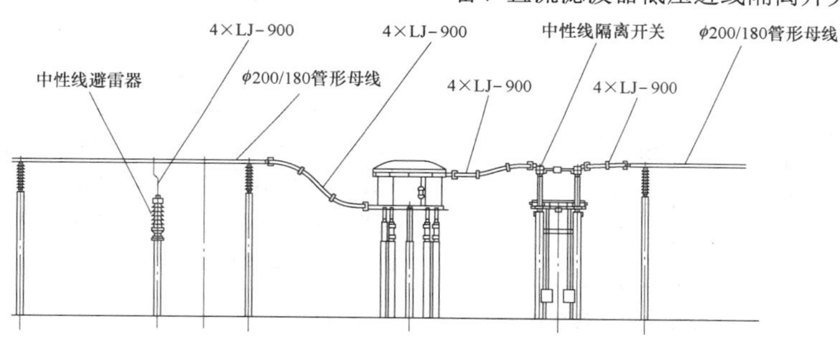

图 6-16　±500kV 换流站中性线设备之间导体连接示意图

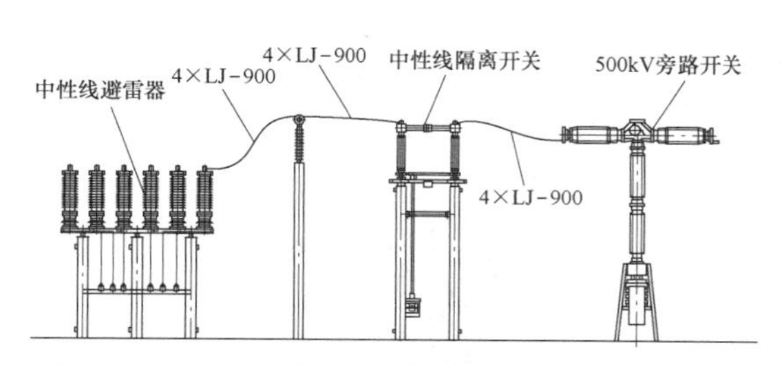

图 6-17　±500kV 换流站中性线避雷器、旁路断路器设备之间导体连接示意图

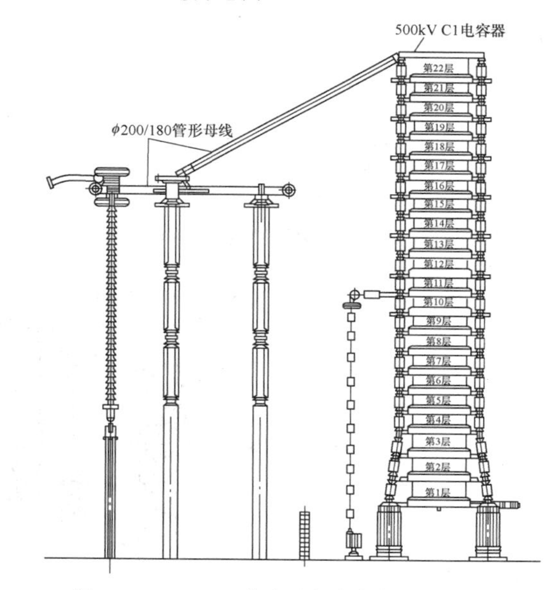

图 6-18　±500kV 换流站直流滤波器 C1 电容器进线导体连接示意图

（5）直流滤波器 C1 电容器高压侧进线端子与进线管形母线之间连接。此处一般采用管形母线连接，如图 6-18 所示。考虑到 500kV 直流滤波器 C1 电容器高压进线端子一般较高（在 17m 以上），与直流滤波器高压进线管形母线高差较大；同时，由于 C1 电容器每层电容器单元电压等级不同，为保证每层电容器单元与进线导体之间的空气净距，此处宜采用管形母线连接，且需特别校核电容器每层单元对进线管形母线的空气净距要求。

（6）直流极线及接地极线路引下线。直流极线及接地极线路引下线一般采用分裂软导线，分裂数及导线型号可与站内对应导线型号一致，也可与线路导线型号保持一致，如图 6-19 和图 6-20 所示。

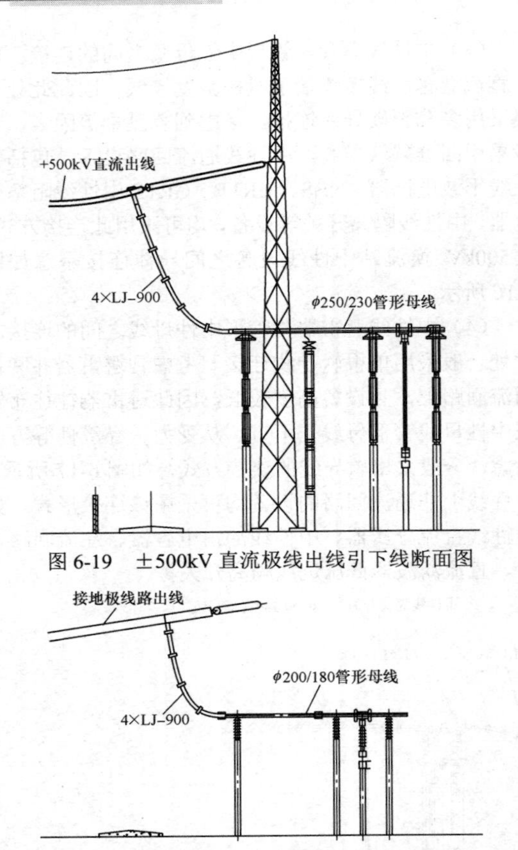

图 6-19　±500kV 直流极线出线引下线断面图

图 6-20　±500kV 换流站接地极线路引下线断面图

（三）每极双 12 脉动 ± 800kV 换流站直流场内典型设备间连接方式和导体选择

以图 6-12 所示每极双 12 脉动±800kV 换流站为例，直流场采用典型的双极对称接线方式，设置阀组旁路回路，极母线在两侧，中性母线在中间，每极极母线与中性母线之间设一组直流滤波器。直流配电装置按单层布置，母线采用支持式管形母线。极线设备包括极线直流穿墙套管、极线直流分压器、极线平波电抗器、极线隔离开关等；400kV 及中性线设备包括 400kV 直流穿墙套管、400kV 隔离开关、400kV 直流分压器、中性线直流穿墙套管、中性线阻塞电抗器、中性线避雷器、中性线冲击电容器等。各设备间及设备与直流管形母线间连接方式如下：

（1）800kV 套管与 PLC 电抗器之间的连接。同 500kV 直流套管情况类似，由于直流套管出线接线端子机械强度较低，且往往配有较大的均压环，为防止采用管形母线连接时端子受力较大及管形母线与均压环碰撞等问题，此处一般采用多分裂软导线连接，考虑电晕及载流量等因素，可以采用六分裂软导线。极线设备，包括 PLC 电抗器、极线直流分压器、极线隔离开关、旁路开关等设备之间连接及与管形母线连接均可采用此连接方式。±800kV 换流站极线轴视图如图 6-21 所示。

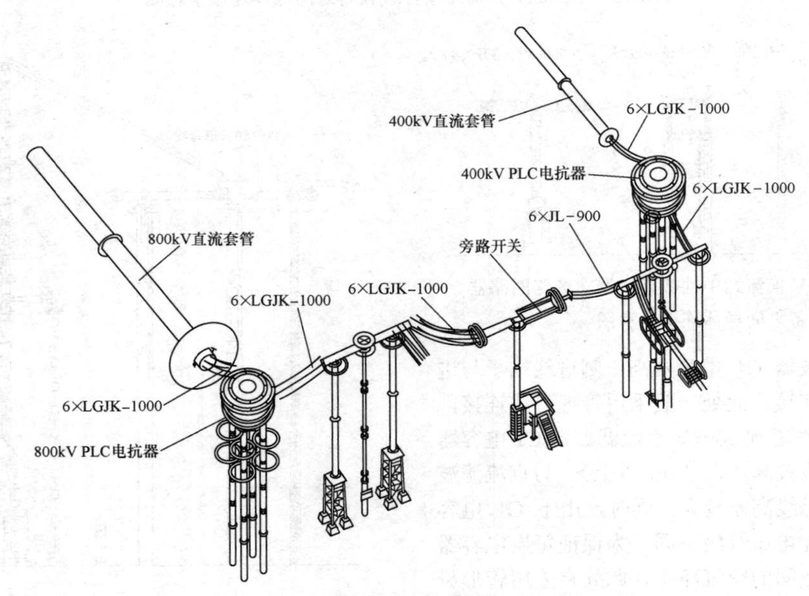

图 6-21　±800kV 换流站极线轴视图

（2）平波电抗器之间的连接。平波电抗器附近电磁环境复杂，流过谐波电流时将产生交变磁场，若采用分裂软导线连接，易在分裂导线中产生环流引起导线发热等问题，同时考虑相比软导线，管形母线连接更加美观，因此平波电抗器之间连接一般采用管形母线连接，如图 6-22 所示。

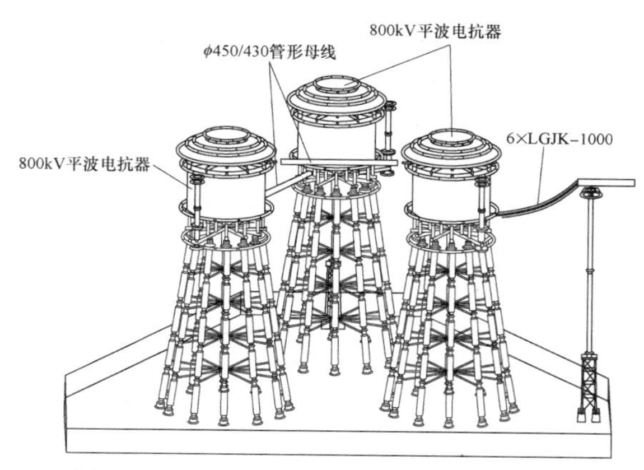

图 6-22 ±800kV 换流站极线平波电抗器轴视图

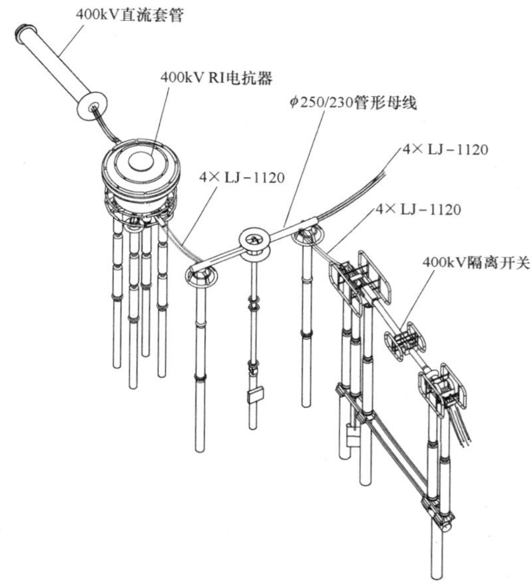

图 6-23 ±800kV 换流站 400kV 母线设备轴视图

（3）400kV 套管及中性线套管出线的连接。直流套管出线接线端子机械强度较低，一般采用多分裂软导线连接，因此直流套管出线一般采用软导线连接。考虑载流量等因素，可采用六分裂软导线。400kV 设备及中性线通流回路设备，包括中性线平波电抗器、NBS、MRTB、ERTB 中性线阻塞电抗器、中性线隔离开关等设备，均可采用此连接方式，如图 6-23 和图 6-24 所示。

（4）中性线避雷器与管形中性母线的连接，考虑到中性线避雷器并联在通流回路上，且设备高度较低，因此避雷器往往布置在中性管形母线正下方。从受力、经济性等方面考虑，一般采用软导线的连接方式；同时，由于中性线电压等级低，且避雷器属于非通流回路，导线没有载流量要求，因此一般采用单导线连接，如图 6-25 所示。中性线上非通流回路的设备均可采用该连接形式，如中性线直流分压器、中性线冲击电容器、NBGS、注流回路设备、直流滤波器低压进线隔离开关等。

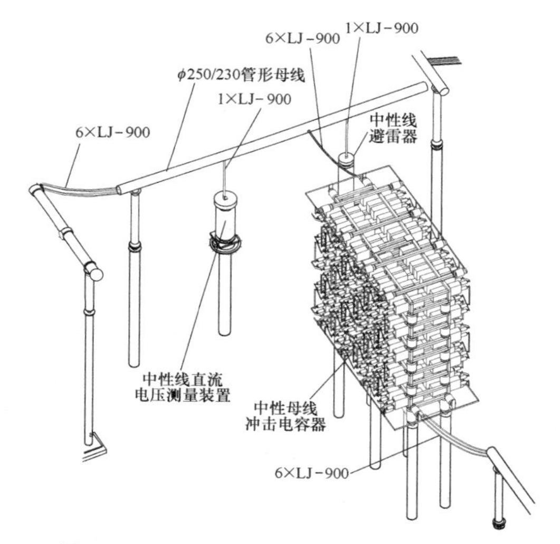

图 6-24 ±800kV 换流站中性线 E2 型避雷器附近设备间导体连接示意图

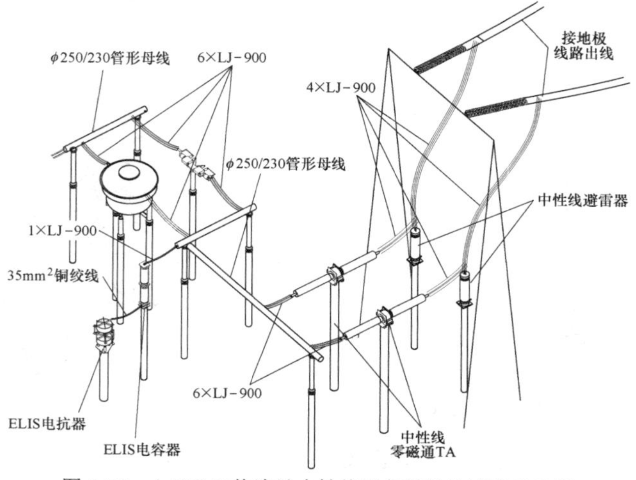

图 6-25 ±800kV 换流站中性线设备间导体连接示意图

（5）直流滤波器 C1 电容器高压侧进线端子与进线管形母线之间连接。800kV 直流滤波器 C1 电容器高压进线端子高度一般在 21m 以上，与直流滤波器高压进线管形母线高差较大；同时，由于 C1 电容器塔每层单元的电压等级不同，为保证各层电容器单元与进线导体之间的空气净距，因此此处宜采用管形母线连接，如图 6-26 所示，但是该种接线需特别校核各层电容器单元对进线管形母线的空气净距要求。

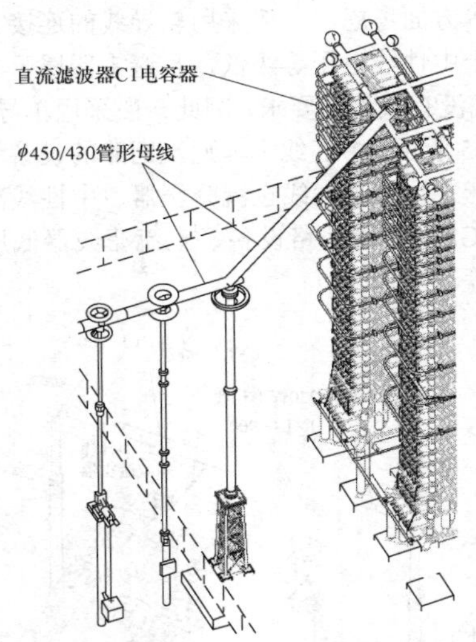

图 6-26　直流滤波器 C1 电容器高压侧进线导体示意图

（6）直流极线及接地极线路引下线。考虑保持导体选择原则的一致性，同时方便施工单位采购，直流极线引下线及接地极线路引下线可采用站内相同电压等级同型号软导线，分裂数同直流线路一致。图 6-27 所示为 ±800kV 直流出线引下线选用八分裂软导线的轴视图。

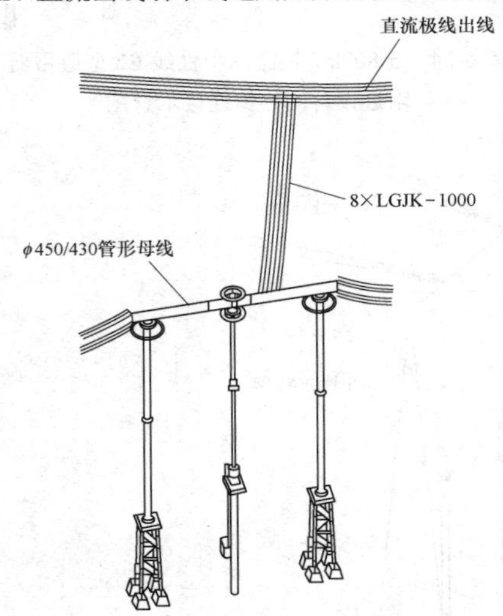

图 6-27　±800kV 直流出线引下线轴视图

（7）极线直流避雷器一般采用悬挂式结构，因此该避雷器与管形母线的连接一般通过带悬吊装置的一体化金具完成，如图 6-28 所示。采用该型金具时，需要特别注意金具、设备、管形母线的方向配合关系。

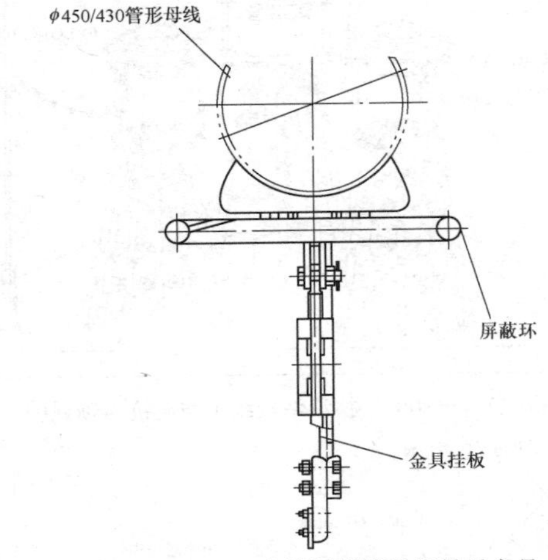

图 6-28　±800kV 直流极线避雷器悬吊金具

（8）若两设备接线端子过近，可采用一体化连接金具，如图 6-29 所示。

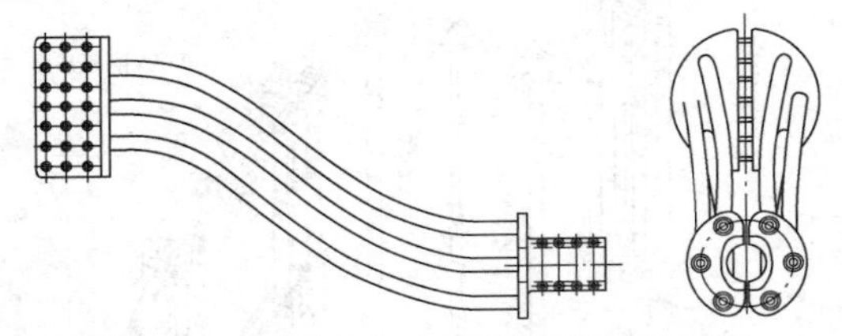

图 6-29　一体化金具（六分裂导线转换金具）

（9）直流滤波器围栏内设备连接方式和导体选择。直流滤波器围栏内导体主要包括汇流导体和设备间连线。图 6-30 所示为典型两组双调谐直流滤波器围栏内的轴视图。直流滤波器由多组设备串、并联构成，存在多个电位点，每个电位点上通常连接着多个设备，从美观和端子受力角度考虑，连接在相同电位点的设备端子通过软导线连接至管形母线汇流，形成以直流滤波

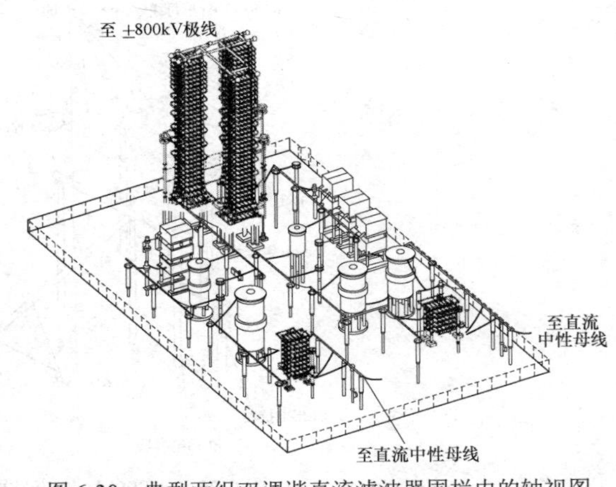

图 6-30　典型两组双调谐直流滤波器围栏内的轴视图

器围栏内多根管形母线并排布置、管形母线间设备间连线交错连接为主要特点的连接方式。直流滤波器围栏内电压、电流水平均较低，该区域管形母线选择主要由挠度控制。围栏内软导线选择主要由载流量和电晕控制，一般采用单根软导线。围栏内电容器、电抗器、电流互感器和避雷器等设备间导体连接如图 6-31 所示。

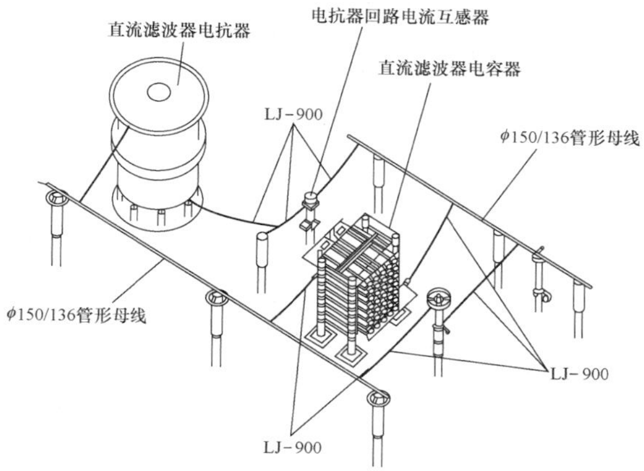

图 6-31　典型直流滤波器围栏内设备间导体连接示意图

三、换流变压器区域导体选择

换流变压器区域导体主要包括换流变压器进线和换流变压器中性点汇流导体。换流变压器进线均为软导线组成的跨线加引下线的组合，防火墙上设备间连线和换流变压器中性点汇流导体采用管形母线。上述导体选择可参考变电站中的相近场合中导体选择，此处不再赘述。

特别的，由于换流变压器网侧套管及防火墙上设备受力限制，需格外注意换流变压器引下线及防火墙上设备间连线的布置及型式选择。在大风条件下，引下线连接的设备端子除受到引下线本身承受风压产生的水平张力外，还受到经引下线传递的跨线风偏张力。对这一区域的导体选择，宜开展专题研究，采用数值仿真等模拟手段评估端子受力，并采取措施，防止端子或设备应力超过限值。

四、交流滤波器区域导体选择

同直流场相同，交流滤波器区域主要分为围栏外的交流滤波器配电装置区域和交流滤波器围栏内设备区域。交流滤波器配电装置区域一般选用敞开式配电装置，滤波器大组母线通常由多榀联合构架之间的软导线跨线组成，滤波器小组进线选用软导线，设备间连线可选用软导线或管形母线，连接型式基本与变电站相同。

交流滤波器围栏内导体连接以相间管形母线在水平方向并排布置、同相不同电位管形母线侧装交错布置、管形母线间设备间连线交错连接为主要特点，典型平面布置如图 6-32 所示。对于交流滤波器围栏内区域，其布置比直流滤波器更紧凑，为保证相间距，某些型式小组滤波器的汇流管形母线还会采用侧装绝缘子固定，形成同一个支柱绝缘子支架上固定 2～3 个电压等级支柱绝缘子及管形母线的特殊布置形式，典型断面如图 6-33 所示。

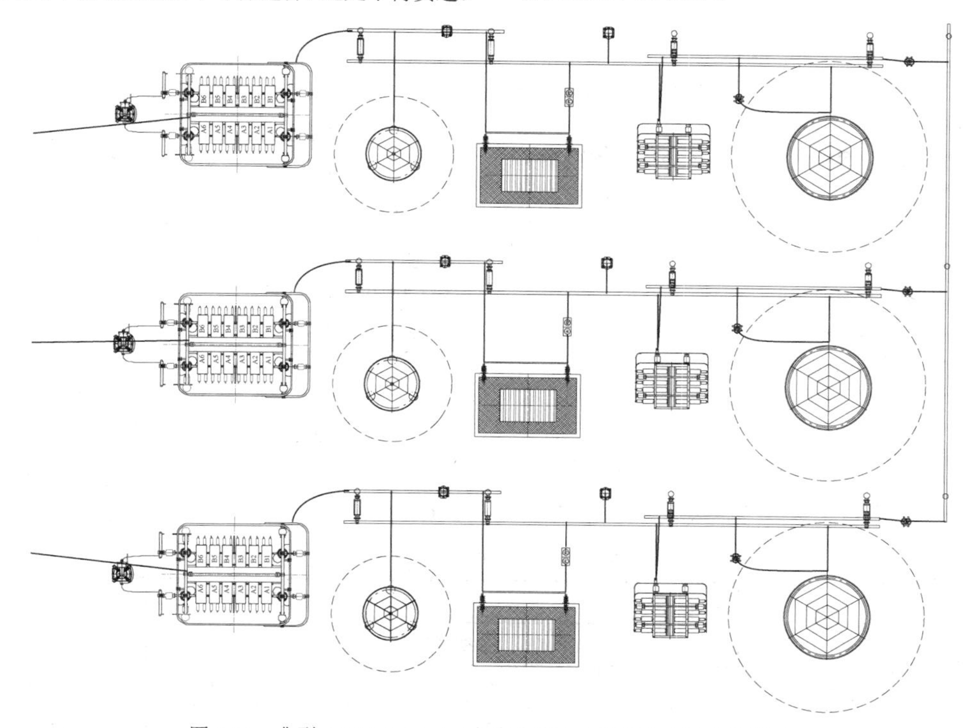

图 6-32　典型 500kV DT13/36 交流滤波器小组围栏内平面布置图

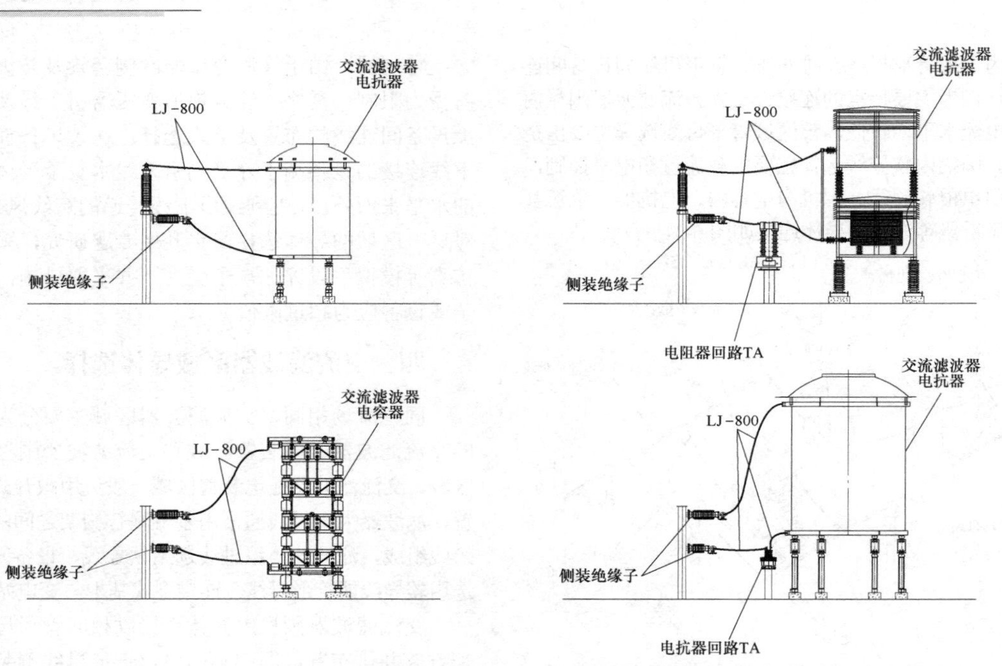

图 6-33　典型 500kV DT13/36 交流滤波器小组侧装支柱绝缘子断面图

第三节　工　程　实　例

一、±500kV 换流站导体选择工程实例

1. 系统条件

（1）额定电压。直流侧额定电压为±500kV，交流侧系统电压为 500kV 和 220kV。

（2）额定电流。直流侧额定电流 3000A，直流 2h 过负荷电流按 3300A 考虑。

（3）短路电流。500kV 交流侧按 63kA 短路水平考虑，220kV 交流侧按 50kA 短路水平考虑。直流极线侧短路电流水平按 36kA 考虑。

2. 环境条件

适用的环境条件如下：

（1）海拔：≤1000m。

（2）最高气温：40℃。

（3）覆冰厚度：10mm。

（4）最大风速：25m/s。

（5）日照强度：0.1W/cm^2（风速 0.5m/s）。

（6）耐地震能力：地震动峰值加速度为 0.05g。

（7）电晕及无线电干扰水平：在 1.1 倍工作电压下，户外晴天无可见电晕，无线电干扰电压不应大于 500μV。

用于导线机械计算的气象条件组合见表 6-10。

表 6-10　导线机械计算的气象条件组合

状态	温度（℃）	风速（m/s）	覆冰厚度（mm）
最高气温	40	0	
最低气温	−10	0	
覆冰	−5	10	10
大风	10	35	
外过电压	15	15	
内过电压	15	15	
高温检修	40	10	
低温检修	−5	10	

3. 主要导体选择

±500kV 换流站阀厅及直流场导体选择结果见表 6-11。

表 6-11　阀厅及直流场导体选择结果表

区域	回路名称	回路最大工作电流（A）	选用导体		控制条件
			导线型号	载流量（A）	
直流场	直流场极线	3300	4×LJ-900	4711	载流量
	直流场极线	3300	6063G-ϕ250/230	6108	电磁环境

续表

区域	回路名称	回路最大工作电流（A）	选用导体		控制条件
			导线型号	载流量（A）	
直流场	直流场中性线	3300	4×LJ-900	4711	载流量
	直流场中性线	3300	6063G-φ200/184	4549	载流量
	直流滤波器	288	LJ-300	612	载流量
	直流滤波器	288	6063G-φ120/110	2928	挠度
阀厅	阀厅极线	3300	6063G-φ200/184	4549	挠度
	阀厅极线	3300	4×LJ-1250	4711	电晕/载流量
	阀厅中性线	3300	6063G-φ200/184	4549	挠度
	阀厅中性线	3300	4×LJ-1250	4711	载流量
	Yy 换流变压器套管连线	2694	6063G-φ170/154	3961	电晕/挠度
	Yy 换流变压器套管连线	2694	4×LJ-900	4711	电晕/载流量
	Yd 换流变压器套管连线	2694	6063G-φ170/154	3961	挠度
	Yd 换流变压器套管连线	2694	4×LJ-900	4711	载流量
500kV 交流配电装置	换流变压器进线	2156	2×LGJQT-1400	3126	载流量
	交流滤波器悬吊管形母线	555	6063G-φ250/230	7742	挠度
	大组 ACF 母线	1297	2×LGJQT-1400/135	3126	电晕
	ACF 小组进线	555	2×LGKK-600	1999	电晕

二、±800kV 换流站导体选择工程实例

1. 系统条件

（1）短路电流。交流侧短路电流水平按 63kA 考虑。直流极线侧短路电流水平按 40kA（峰值）考虑。

（2）额定电流。直流侧额定电流 5000A，直流 2h 过负荷电流按 5335A 考虑。

（3）额定电压。直流侧额定电压为±800kV。交流侧系统电压考虑 500kV 和 750kV 两种情况。

2. 环境条件

适用的环境条件如下：

（1）海拔：≤1000m。

（2）最高气温：40℃。

（3）覆冰厚度：10mm。

（4）最大风速：30m/s。

（5）日照强度：0.1W/cm²（风速 0.5m/s）。

（6）耐地震能力：地面水平加速度 0.2g；地面垂直加速度 0.1g。

（7）电晕及无线电干扰水平：在 1.1 倍工作电压下，户外晴天无可见电晕，无线电干扰电压不应大于 500μV。

用于导线机械计算的气象条件组合见表 6-12。

表 6-12 用于导线机械计算的气象条件组合

状态	温度（℃）	风速（m/s）	覆冰厚度（mm）
最高气温	40	0	
最低气温	−10	0	
覆冰	−5	10	10
大风	10	35	
外过电压	15	15	
内过电压	15	17.5	
高温检修	40	10	
低温检修	−5	10	

3. 主要导体选择

±800kV 换流站阀厅及直流场导体选择结果见表 6-13。

表 6-13　　　　主要导体选择结果表

<table>
<tr><th rowspan="2">区域</th><th rowspan="2" colspan="2">回路名称</th><th rowspan="2">最大工作电流（A）</th><th colspan="2">选用导体</th><th rowspan="2">控制条件</th></tr>
<tr><th>导线根数×型号</th><th>载流量（A）</th></tr>
<tr><td rowspan="3">直流场</td><td colspan="2">±800kV 极线</td><td>5335</td><td>6063G-ϕ450/430
6×LGKK-600</td><td>10422/5996</td><td>电晕/载流量</td></tr>
<tr><td colspan="2">±400kV 极线</td><td>5335</td><td>6063G-ϕ250/230
4×JL-1120</td><td>6223/5429</td><td>载流量</td></tr>
<tr><td colspan="2">中性线</td><td>5335</td><td>6063G-ϕ250/230,
4×JL-1120</td><td>6223/5429</td><td>载流量</td></tr>
<tr><td rowspan="4">高端阀厅</td><td colspan="2">阀厅±800kV 极线</td><td>5335</td><td>6063G-ϕ450/430
6×LGKK-600</td><td>10422/5996</td><td>电晕/载流量</td></tr>
<tr><td colspan="2">阀厅±400kV 极线</td><td>5335</td><td>6063G-ϕ250/230
4×JL-1120</td><td>6223/5429</td><td>载流量</td></tr>
<tr><td colspan="2">Yy 换流变压器套管连线</td><td>5465</td><td>6063G-ϕ450/430
6×LGKK-600</td><td>10422/5996</td><td>载流量</td></tr>
<tr><td colspan="2">Yd 换流变压器套管连线</td><td>3156</td><td>6063G-ϕ450/430
6×LGKK-600</td><td>10422/5996</td><td>载流量</td></tr>
<tr><td rowspan="4">低端阀厅</td><td colspan="2">阀厅±400kV 极线</td><td>5335</td><td>6063G-ϕ250/230
4×JL-1120</td><td>6223/5429</td><td>载流量</td></tr>
<tr><td colspan="2">中性线</td><td>5335</td><td>6063G-ϕ250/230
4×JL-1120</td><td>6223/5429</td><td>载流量</td></tr>
<tr><td colspan="2">Yy 换流变压器套管连线</td><td>5465</td><td>6063G-ϕ450/430
6×LGKK-600</td><td>10422/5996</td><td>载流量</td></tr>
<tr><td colspan="2">Yd 换流变压器套管连线</td><td>3156</td><td>6063G-ϕ450/430
6×LGKK-600</td><td>10422/5996</td><td>载流量</td></tr>
<tr><td rowspan="7">500kV 交流导体</td><td colspan="2">换流变压器引下线</td><td>1700</td><td>2×LGKK-600</td><td>1999</td><td>电晕</td></tr>
<tr><td colspan="2">换流变压器汇流母线</td><td>3400</td><td>4×LGJ-630/45</td><td>3997</td><td>载流量及拉断力</td></tr>
<tr><td rowspan="2">换流变压器进线</td><td>10000MW 工程</td><td>3400</td><td>2×JLHN58K-1600</td><td>4075</td><td>载流量</td></tr>
<tr><td>8000MW 工程</td><td>2720</td><td>2×NAHLGJQ-1440</td><td>3196</td><td>载流量</td></tr>
<tr><td colspan="2">换流变压器防火墙上管形母线</td><td>—</td><td>6063G-ϕ150/136</td><td>3327</td><td>挠度</td></tr>
<tr><td colspan="2">交流滤波器大组母线</td><td>2244</td><td>2×LGJQT-1400</td><td>3124</td><td>载流量</td></tr>
<tr><td colspan="2">交流滤波器/电容器小组进线</td><td>588</td><td>2×LGKK-600</td><td>1999</td><td>电晕</td></tr>
<tr><td rowspan="6">750kV 交流导体</td><td colspan="2">换流变压器引下线</td><td>950</td><td>4×LGKK-600</td><td>3997</td><td>电晕</td></tr>
<tr><td colspan="2">换流变压器汇流母线</td><td>1900</td><td>4×LGKK-600</td><td>3997</td><td>载流量</td></tr>
<tr><td colspan="2">换流变压器进线</td><td>1900</td><td>4×LGKK-600</td><td>3997</td><td>载流量</td></tr>
<tr><td colspan="2">换流变压器防火墙上管形母线</td><td>—</td><td>6063G-ϕ200/180</td><td>3327</td><td>—</td></tr>
<tr><td colspan="2">交流滤波器大组母线</td><td>1200</td><td>4×LGKK-600</td><td>3997</td><td>电晕</td></tr>
<tr><td colspan="2">交流滤波器/电容器小组进线</td><td>300</td><td>4×LGKK-600</td><td>3997</td><td>电晕</td></tr>
</table>

第七章

配电装置及布置

第一节　设计原则及区域划分

一、设计原则

换流站内配电装置型式的选择，应考虑所在地区的地理情况及环境条件，因地制宜，节约用地，并结合运行、检修和安装要求，通过技术经济比较予以确定。在进行配电装置设计时，应满足下列要求：

（1）安全净距的要求。

（2）施工、运行和检修的要求。

（3）噪声限值的要求。

（4）静电感应的场强水平限值的要求。

（5）电晕无线电干扰限值的要求。

二、区域划分

换流站布置可按区域划分为换流区、直流配电装置区、交流配电装置区、交流滤波器区和辅助生产区。图7-1所示为一个典型±500kV换流站布置区域划分示意图。

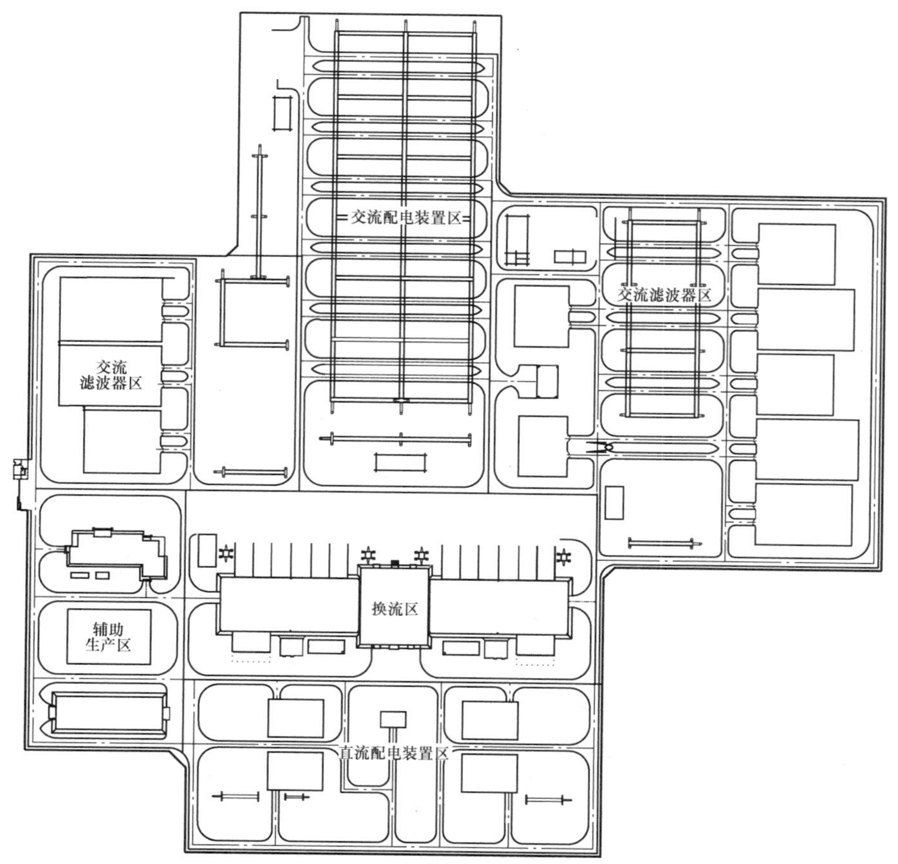

图7-1　典型±500kV换流站布置区域划分示意图

1. 换流区

换流区一般布置在换流站的中心位置。换流区布置包括阀厅、控制楼、换流变压器、换流变压器网侧交流进线设备布置。对于两端直流输电换流站，当平波电抗器采用油浸式平波电抗器时，一般采用平波电抗器套管插入阀厅布置，因此换流区布置还包括平波电抗器的布置。对于背靠背换流站，平波电抗器紧邻阀厅布置，同样换流区布置还包括平波电抗器的布置。

阀厅内除了布置有换流阀外，还布置有避雷器、接地开关、管形母线、支持绝缘子及悬吊绝缘子等电气设备及连接导体，通过穿墙套管与外部连接。

2. 直流配电装置区

直流配电装置区由直流极线设备、中性线设备、直流滤波器设备等组成。对于背靠背换流站，则没有直流配电装置区。直流配电装置区一般紧邻换流区布置。

3. 交流配电装置区

交流配电装置区主要包括换流站内交流线路、换流变压器回路进线、大组交流滤波器进线、高压站用变压器进线等元件。交流配电装置区紧邻换流区布置。

4. 交流滤波器区

交流滤波器区紧邻交流配电装置区布置，各大组交流滤波器既可集中布置，也可分散布置。通常一个换流站有3～4大组交流滤波器，每个大组交流滤波器又包括3～5小组交流滤波器。

5. 辅助生产区

辅助生产区布置有综合楼、备品备件库、综合水泵房等生产和生活辅助建筑物。辅助生产区的位置一般结合各配电装置区布置位置以及进站道路引接等因素综合考虑确定。

第二节 换流区布置

一、设计要求

换流区的布置设计除遵守第一节的设计原则外，还应满足以下要求：

（1）应结合站区总体规划，综合考虑换流变压器的型式、阀厅和控制楼尺寸、换流变压器与阀厅的布置方式、各工艺专业布置要求等因素，充分利用土地，节省占地。

（2）换流变压器安装、运输、更换方便。应考虑换流变压器和油浸式平波电抗器（若有）的布置和运输通道；应满足施工期间现场换流变压器组装、运输和交接试验的空间位置要求；应满足分区、分阶段投运对带电距离的要求；应满足备用换流变压器和备用油浸式平波电抗器（若有）搬运更换对带电部分安全距离的要求。

（3）应考虑阀外冷却设备等辅助设施布置要求。

（4）应尽量减少换流变压器噪声对站内运行人员及站区周围的影响。

二、两端直流输电系统换流站换流区布置

（一）每极单12脉动换流器接线的换流区布置

1. 换流区布置方式

国内已投运的±400、±500、±660kV两端高压换流站工程均采用双极每极单12脉动换流器接线。对于每极单12脉动换流器接线，每个换流器阀组设备布置在一个阀厅内，全站共2个阀厅，即极1阀厅和极2阀厅。全站设1个主控制楼，用于布置直流控制保护、阀冷却和站用电等设备。换流区一般布置方式为2个阀厅和主控制楼“一”字形布置，主控制楼布置在两个阀厅之间，以有效节省水工、暖通管道和电缆长度，其布置示意如图7-2所示。

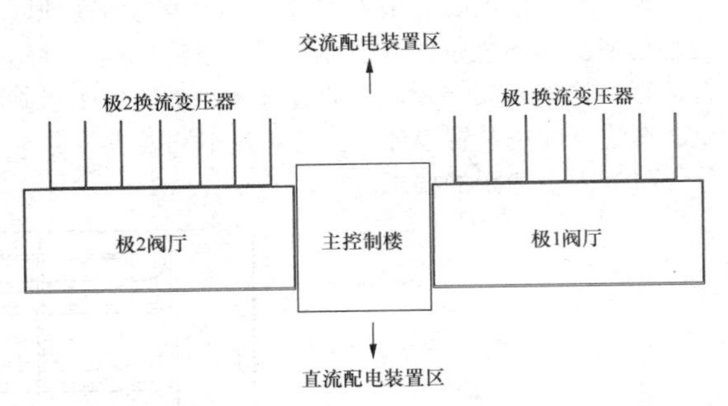

图7-2 每极单12脉动换流器接线的换流区布置示意图

换流变压器与阀厅之间的连接主要有两种方式：①换流变压器阀侧套管伸入阀厅布置；②换流变压器与阀厅脱开布置。

换流变压器阀侧套管伸入阀厅布置方式的优点：①可利用阀厅内良好的运行环境减小换流变压器套管的爬距，防止换流变压器套管不均匀湿闪；②节约换流区占地面积，便于噪声治理。这种方式的缺点：①增加换流变压器安装难度；②增大阀厅面积；③换流变压器的运行维护不方便。

换流变压器与阀厅脱开布置方式的优缺点与换流变压器阀侧套管伸入阀厅布置方式相反。

工程设计中应通过技术经济比较确定采用哪种布置方式。目前国内直流工程均采用了换流变压器阀侧套管伸入阀厅布置方式。

每个阀厅对应的1组（3台单相三绕组）或2组（6台单相双绕组）换流变压器与阀厅长轴侧紧靠并一字排列，换流变压器之间设置防火墙，阀侧套管直接伸入阀厅。直流穿墙套管一般布置于阀厅的直流配电装置侧墙面上，与直流配电装置区设备连接。阀厅与交流配电装置区之间设置换流变压器运输和组装广

场。换流变压器广场的布置要考虑安装施工和带电更换等因素，通常按换流变压器现场组装时，留有其他换流变压器的运输通道来考虑。换流变压器运输和组装广场尺寸确定如图 7-3 所示。

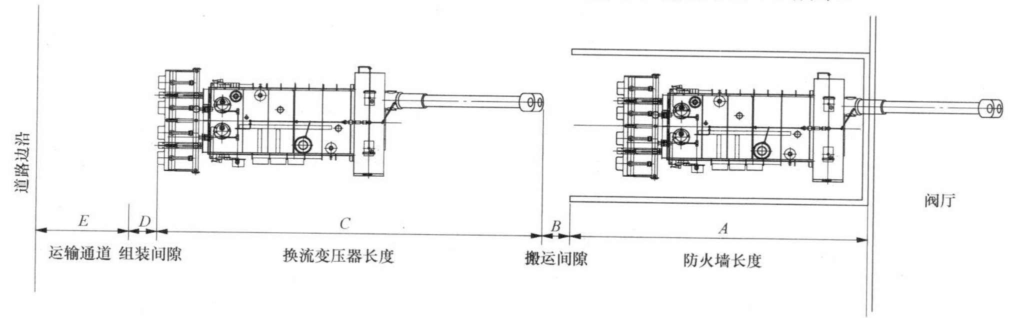

图 7-3　换流变压器运输和组装广场尺寸确定示意图

A—防火墙长度；*B*—搬运预留间隙；*C*—换流变压器长度；*D*—组装时预留间隙；*E*—运输通道宽度

为满足换流站安全可靠运行，减少换流站停运时间，在换流站内通常根据换流变压器的类型各设置一台备用换流变压器。备用换流变压器布置原则如下：①考虑备用换流变压器带套管搬运；②应能方便地搬运和更换，节约占地，并尽量减少轨道系统的长度；③尽量避免布置在带电导线下方；④搬运时应尽量避免拆除已安装好的电气设备及设施，更换任一极的换流变压器时应不影响另一极的正常运行；⑤布置方向尽量与工作换流变压器安装方向一致，避免备用换流变压器更换就位过程中的转向。换流站内备用换流变压器一般布置在换流区或交流配电装置区的空置地。

2. 换流变压器网侧进线及网侧交流设备布置

换流变压器网侧交流设备包括交流避雷器、无线电感应（RI）滤波电容器（若有）、电压互感器、交流电力线载波（PLC）设备（若有）、中性点避雷器、中性点电流互感器等。其中，除了交流 PLC 和电压互感器设备一般布置在交流配电装置区外，其他设备均就近布置在换流区的换流变压器防火墙上，以方便接线并节省占地。

对于采用单相三绕组换流变压器的工程，每极 3 台单相三绕组换流变压器，网侧进线作为一个电气元件直接接入交流配电装置。

对于采用单相双绕组换流变压器的工程，每极 6 台单相双绕组换流变压器，即 3 台 Yy 换流变压器和 3 台 Yd 换流变压器，网侧进线需设置汇流母线，两组换流变压器网侧接线经汇流后作为一个电气元件接入交流配电装置。换流变压器网侧进线汇流母线设置一般有以下两种方式：

（1）方式一：汇流母线设置在换流变压器正上方。交流配电装置与换流变压器之间设置一回进线跨线，换流变压器汇流母线设置在每极两组换流变压器正上方。对应每个阀厅一字排开的换流变压器，3 台 Yy 换流变压器和 3 台 Yd 换流变压器相序排列相反布置，即中间相邻的 Yy 和 Yd 两台换流变压器相序相同。汇流母线采用 1 跨软导线，设置两相，中间 2 台换流变压器的进线可不设置汇流母线，直接由进线跨线引接，如图 7-4 所示。

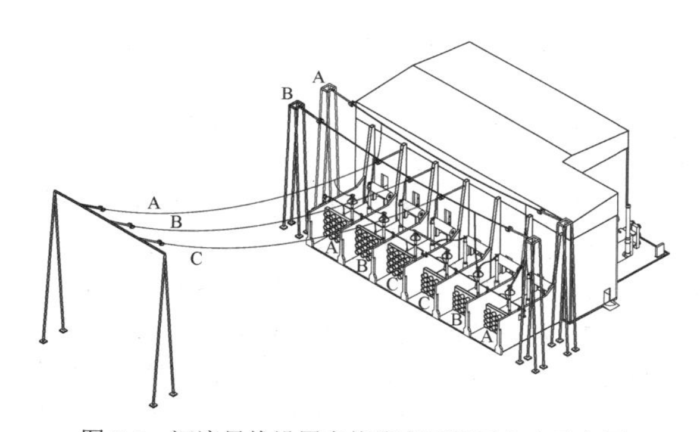

图 7-4　汇流母线设置在换流变压器正上方示意图

（2）方式二：汇流母线设置在交流配电装置区。汇流母线设置在交流配电装置区，两组换流变压器至汇流母线之间采用两组跨线（每跨 3 相）分别引接，接线清晰，如图 7-5 所示。

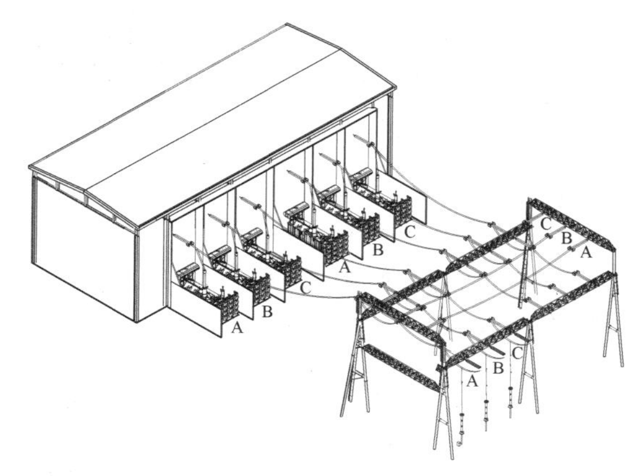

图 7-5　汇流母线设置在交流配电装置区示意图

3. 换流变压器搬运轨道布置

换流变压器体积大、质量大，一般需要设置搬运轨道。

（1）搬运轨道设置要求。

1）搬运轨道的设置应满足正常安装及备用相更换时的需求。

2）换流变压器的备用相更换时可能需要本体转向，需按换流变压器外形尺寸校核转向位置空间尺寸。

3）换流变压器的搬运一般通过牵引装置完成。为满足牵引需要，应配置牵引孔。

4）在换流变压器可能的组装和转向区域，应向土建专业提供千斤顶的使用位置及受力要求。

5）搬运轨道应根据搬运小车结构、备用换流变压器更换时搬运要求进行设置。在轨道交叉处，可通过旋转小车车轮或小车本体改变小车行走方向。换流变压器器身较长，运输时一般需要同时使用2台小车。

（2）换流变压器搬运轨道布置方式。换流变压器搬运有两个方向，即纵向（平行阀侧套管方向）和横向（垂直阀侧套管方向）。换流变压器纵向运输时需设1组双轨，双轨间距与小车车轮间距一致；换流变压器横向运输时需设置2组双轨，2组双轨中心线之间距离与同时使用的2台小车间距一致。

应根据备用换流变压器布置位置、更换时可能的路径及换流变压器搬运方向，合理规划搬运轨道：沿着换流变压器排列方向，设2组双轨，贯穿连通极1和极2换流变压器区域，换流变压器可横向搬运至任一换流变压器布置区域；至每台换流变压器布置位置（包括备用换流变压器）设1组双轨，用于换流变压器纵向搬运就位。换流变压器搬运轨道布置如图7-6所示，图中虚线及箭头为备用换流变压器更换时搬运路径。

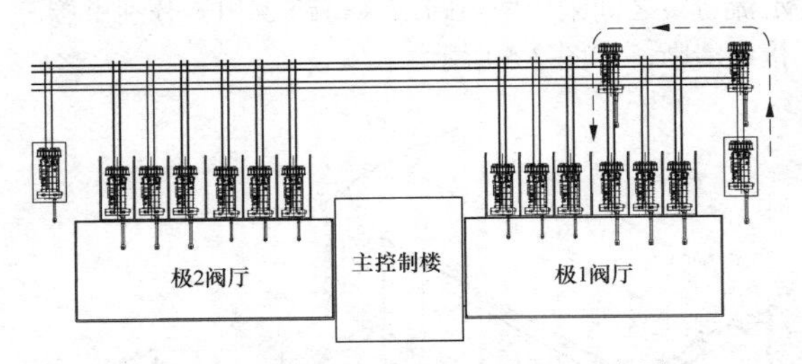

图7-6　换流变压器搬运轨道布置示意图

对于自带小车的换流变压器，其搬运轨道的设置原则与此相同。

4. 工程示例

（1）±500kV 高压换流站换流区布置示例一。图7-7所示为±500kV TSQ换流站换流区布置图。换流区采用四重阀组，单相三绕组换流变压器，网侧额定电压为交流 220kV。全站设一台备用换流变压器，布置在换流区。

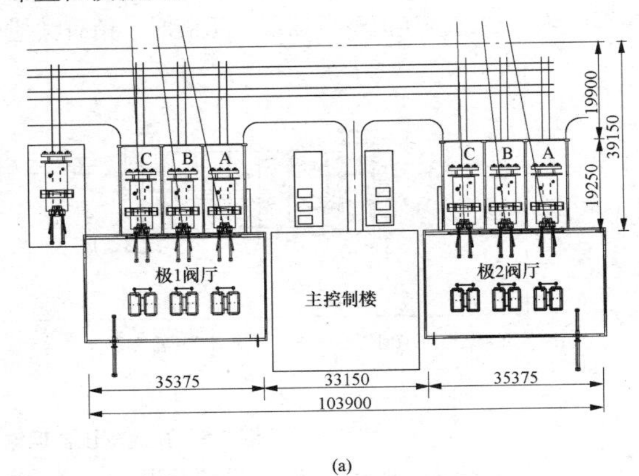

(a)

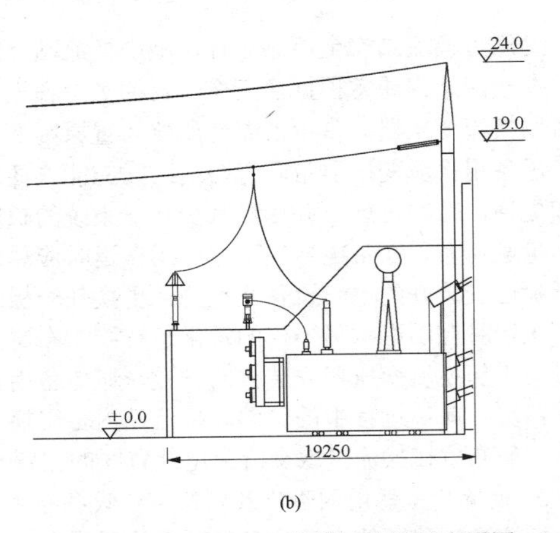

(b)

图7-7　±500kV TSQ换流站换流区布置图

（a）换流区平面布置图；（b）换流变压器网侧进线断面图

（2）±500kV 高压换流站换流区布置示例二。图7-8所示为±500kV XR换流站换流区布置图。换流区采用四重阀组，单相双绕组换流变压器，网侧额定电压为交流 500kV。换流变压器网侧进线汇流母线设置在换流变压器正上方（1跨2相）。全站设2台备用换流变压器，即Yy换流变压器和Yd换流变压器各一台。两台备用换流变压器分别布置在换流区两端。

两组换流变压器逆相序排列，4台换流变压器网侧连接线及相应的防火墙上500kV交流设备连接线直接由进线跨线引接，2台换流变压器网侧连接线及相应的防火墙上500kV交流设备连接线由汇流母线引接。

（3）±660kV 高压换流站换流区布置。图7-9所示为±660kV QD换流站换流区布置图。换流区采用二重阀组，单相双绕组换流变压器。换流变压器汇流母线（1跨3相）设置在500kV交流配电装置区，汇流母线至换流变压器之间设两组跨线分别用于Yy和Yd两组换流变压器网侧连接线引接。2台备用换流变压器分别布置在换流区附近的500kV交流配电装置区。

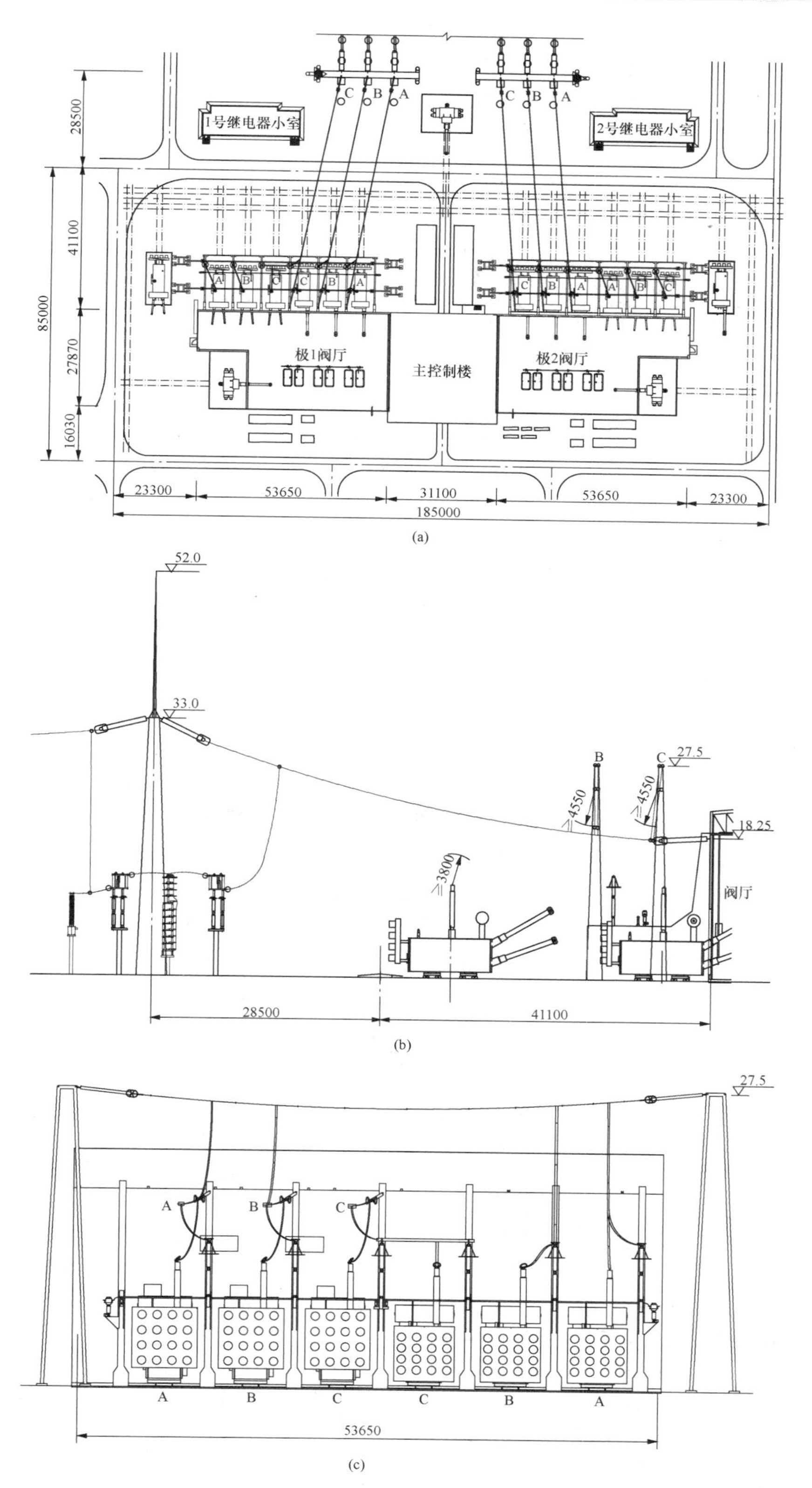

图 7-8 ±500kV XR 换流站换流区布置图

（a）换流区平面布置图；（b）换流变压器网侧进线断面图；（c）换流变压器汇流母线引接断面图

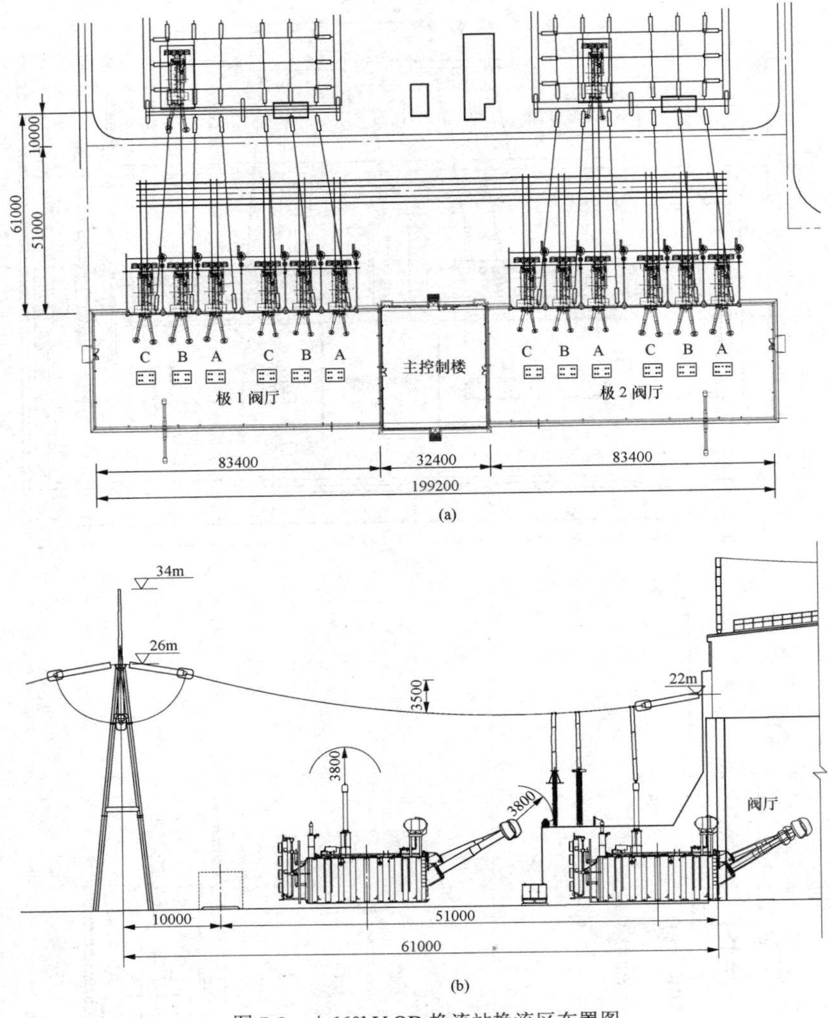

图 7-9 ±660kV QD 换流站换流区布置图

（a）换流区平面布置图；（b）换流变压器网侧进线断面图

（二）每极双 12 脉动换流器串联接线的换流区布置

国内已投运的±800kV 双极高压换流站工程均采用每极双 12 脉动换流器串联接线。对于每极双 12 脉动换流器串联接线，每个换流器阀组设备布置在一个阀厅内，双极高压换流站共 4 个阀厅，即极 1 高端阀厅、极 1 低端阀厅、极 2 高端阀厅和极 2 低端阀厅。全站设 1 个主控制楼，另根据需要设置数量不等的辅控制楼，用于布置直流控制保护、阀冷却和站用电等设备。主、辅控制楼的设置及布置要兼顾阀厅和换流变压器的布置方式，便于各换流器阀组及相关设备电缆和光缆敷设及运行人员的检修维护。

每极双 12 脉动换流器串联接线的换流区布置方式主要有高、低端阀厅面对面布置和“一”字形布置两种。

1. 高、低端阀厅面对面布置

（1）换流区面对面布置方式。每极高、低端阀厅面对面布置，两极低端阀厅背靠背布置。每个阀厅对应的换流变压器与阀厅长轴侧紧靠并一字排列，换流变压器之间设置防火墙，阀侧套管直接伸入阀厅。

换流变压器上方设置换流变压器进线跨线，对于采用单相双绕组换流变压器的工程，该进线跨线兼做汇流母线，接入交流配电装置。换流变压器网侧交流 RI 滤波电容器（若有）、避雷器布置在防火墙上，通过管形母线或软导线与汇流母线连接。

高、低端阀厅间为换流变压器运输和组装场地。为减少组装场地内运输轨道长度并避免交叉，组装场地内的高、低端换流变压器的运输轨道一般按共轨布置方式进行设计。

每极高端阀厅靠交流配电装置侧布置辅控制楼，两极低端阀厅靠交流配电装置侧布置主控制楼。

高、低端阀厅面对面布置示意如图 7-10 所示。

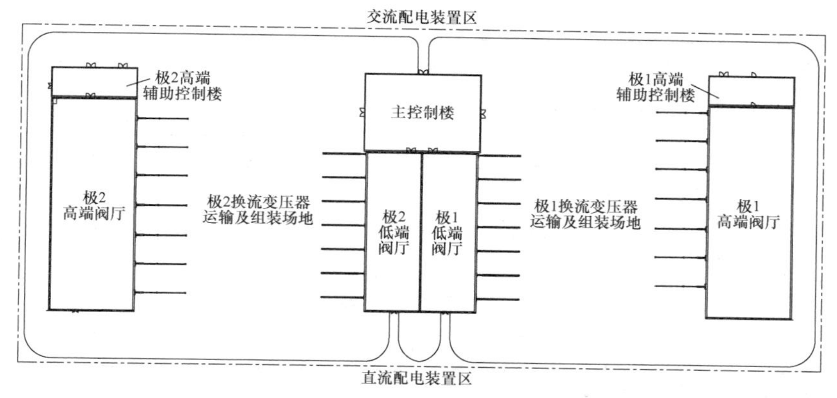

图 7-10 高、低端阀厅面对面布置示意图

（2）换流变压器组装及运输场地的确定。面对面布置方式中，高、低端阀厅间的换流变压器组装运输场地尺寸是影响换流站占地面积的重要因素。该区域尺寸主要根据换流变压器外形尺寸、施工期间换流变压器组装及运输安排等确定，实际工程中一般有以下两种方式：

1）方式一。换流变压器组装时留有其他换流变压器的运输通道。每极与同一换流器阀组连接的换流变压器同时进行组装，且考虑同一换流器阀组对应的换流变压器到货先后顺序的不确定性，留出其他换流变压器的运输通道。在该方式下，要求在同一组装场地内，同时进场的换流变压器应为同一换流器阀组对应的换流变压器，如高端换流变压器（或低端换流变压器），待其组装完毕且全部推入安装位置后，才允许与其背对背布置的低端换流变压器（或高端换流变压器）进入组装场地。

2）方式二。换流变压器组装时不留其他换流变压器的运输通道。每极与同一换流器阀组连接的换流变压器同时进行组装，不考虑其他换流变压器的运输通道。在该方式下，应合理安排同时组装的同一侧换流变压器的到货顺序，布置在直流区侧的换流变压器宜先进行组装，靠近交流配电装置侧布置的换流变压器按照顺序依次进行组装。对于采用单相双绕组换流变压器的工程，布置在直流区侧的换流变压器（Yy 高端换流变压器或 Yy 低端换流变压器）宜先进行组装，布置在交流配电装置侧的换流变压器（Yd 高端换流变压器或 Yd 低端换流变压器）宜后进行组装。

两种方式下的换流变压器组装及运输场地尺寸按表 7-1 所列方式确定。这两种方式均按换流变压器在就位位置做阀侧耐压试验考虑。若换流变压器在组装位置做阀侧耐压试验，则换流变压器组装及运输场地的布置尺寸还要考虑换流变压器阀侧耐压试验期间空气净距要求。

工程设计中应综合考虑换流变压器到货情况、施工进度要求等因素选用合适的换流变压器组装及运输场地布置方式。

（3）换流变压器网侧汇流母线设置。换流变压器上方设置汇流母线，汇流母线的 2 榀构架分别布置在交流配电装置区和换流变压器直流区侧防火墙外侧，如图 7-11 所示。

表 7-1 换流变压器组装及运输场地尺寸

设置方式	换流变压器组装及运输场地宽度	示意图	备注
方式一	$A_1+B_1+C_1+D+E+F+A_2$	Yy高端换流变压器；换流变压器控制箱；A_1，B_1，C_1，D，E，F，A_2	高端换流变压器组装时，留出其他换流变压器的运输通道
方式二	取两个尺寸中较大者：$A_1+B_1+C_1+D+F+A_2$	Yy高端换流变压器；换流变压器控制箱；A_1，B_1，C_1，D，F，A_2	高端换流变压器组装时，不留运输通道

续表

设置方式	换流变压器组装及运输场地宽度		示意图	备注
方式二	取两个尺寸中较大者	$A_1+B_1+X_1+X_2+B_2+A_2$	X_2 B_2 A_2 Yy低端换流变压器 Yy高端换流变压器 A_1 B_1 X_1	高、低端备用换流变压器更换搬运空间要求

注 1. A_1 —Yy 高端换流变压器防火墙长度；

B_1 —Yy 高端换流变压器搬运预留间隙；

C_1 —Yy 高端换流变压器长度；

D —换流变压器组装时预留间隙；

E —运输通道尺寸；

F —换流变压器控制箱超出防火墙端部的尺寸；

A_2 —Yy 低端换流变压器防火墙长度；

B_2 —Yy 低端换流变压器搬运预留间隙；

X_1 —Yy 高端换流变压器器身中心线至其阀侧套管端部长度；

X_2 —Yy 低端换流变压器器身中心线至其阀侧套管端部长度。

2. 对于方式二，由于组装时不留运输通道，组装场地宽度方向尺寸较小，可能不满足备用换流变压器更换搬运时的空间要求，还需结合轨道布置，对高、低端备用换流变压器更换搬运空间尺寸进行校验，取两个尺寸中的较大者。

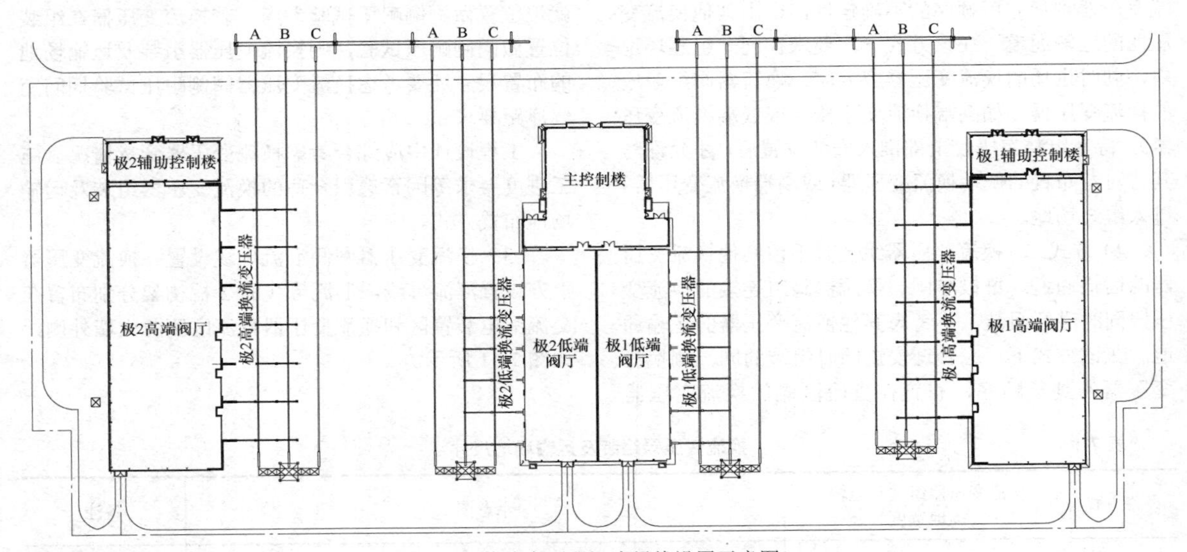

图 7-11　换流变压器汇流母线设置示意图一

如果换流变压器网侧进线构架位置受限，可在换流变压器交流配电装置区侧防火墙外侧增加 1 榀构架，以满足换流变压器汇流母线布置角度，如图 7-12 所示。

（4）换流变压器搬运轨道布置。工作换流变压器布置方向有两种，相同类型换流变压器的极 1 和极 2 布置方向相差 180°，因此应考虑备用换流变压器的转向位置。

根据备用换流变压器布置位置、移动的路径及其搬运方向，换流区搬运轨道可按如下原则布置：

1）换流区交流配电装置侧，横跨极 1 和极 2 的区域设置一组双轨，用于换流变压器纵向搬运至极 1 或极 2 区域，以下称为主搬运轨道 1。

2）每极高、低端换流变压器之间，沿着换流变压器排列方向设两组双轨，换流变压器可横向搬运至该极任一换流变压器就位位置，以下称为主搬运轨道 2。

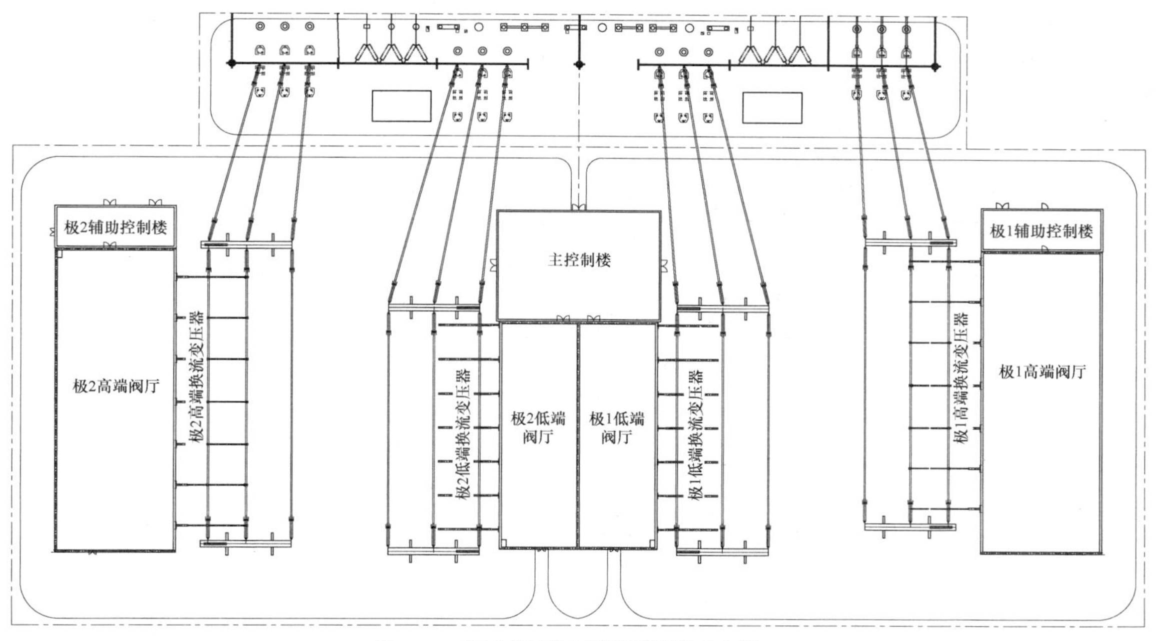

图 7-12 换流变压器汇流母线设置示意图二

3）至每台工作换流变压器就位位置设 1 组双轨用于换流变压器纵向搬运就位，以下称为就位轨道。为了布局美观、节省轨道长度，可通过优化调整高低端阀厅及换流变压器布置，以实现每极高、低端换流变压器就位轨道共轨设计。

4）备用换流变压器的就位轨道根据备用换流变压器的布置位置及方向设置，且与就近的主搬运轨道连通。

面对面布置方式的换流变压器搬运轨道布置如图 7-13 所示，图中双点画线（—··—）内部为换流变压器转向区域，带箭头的虚线为高端 Yy 备用换流变压器至极 1 换流变压器就位区域的搬运路径。

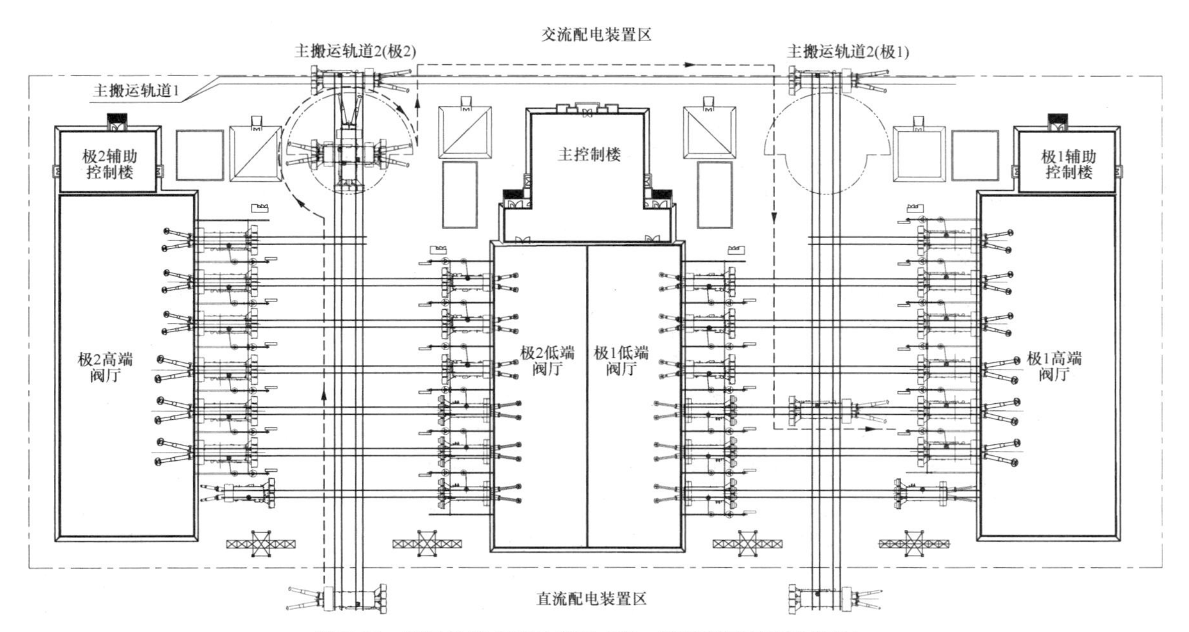

图 7-13 搬运轨道布置示意图（高、低端阀厅面对面布置）

2. 高、低端阀厅“一”字形布置

全站阀厅一字排列，依次为极 1 高端阀厅、极 1 低端阀厅、极 2 低端阀厅、极 2 高端阀厅，每个阀厅对应换流变压器沿阀厅长轴一字排列，换流变压器之间设置防火墙，阀侧套管直接伸入阀厅。

根据工程需要可每极设置一个控制楼，即全站控制楼为一主一辅，分别布置在每极的高、低端阀厅之间，如图 7-14 所示；也可以每极设置 1 个辅控制楼，两极再设置一个主控制楼，如图 7-15 所示。

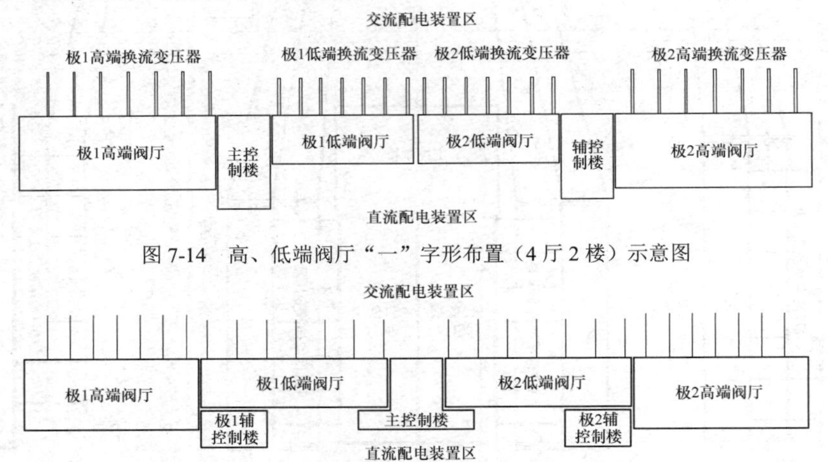

图 7-14　高、低端阀厅“一”字形布置（4 厅 2 楼）示意图

图 7-15　高、低端阀厅“一”字形布置（4 厅 3 楼）示意图

由于换流区“一”字形布置方式与每极单 12 脉动换流器接线的换流区布置相类似，因此，换流变压器组装及运输场地的确定和换流变压器网侧汇流母线构架设置以及换流变压器搬运轨道布置等，可按照每极单 12 脉动换流器接线的换流区布置方式考虑。

3. 布置方式选择

换流区的面对面布置方式和“一”字形布置方式均能适应其两侧的交、直流配电装置的布置，两种布置方式各有特点，具体比较如下：

（1）备用换流变压器更换。换流变压器体积大、质量重，更换过程中，应尽量避免转向操作。“一”字形布置方式的最大优点在于备用换流变压器更换比较便捷；面对面布置方式中，由于极 1 和极 2 换流变压器布置方向不同，因此备用换流变压器更换过程中需考虑转向操作。

（2）噪声。换流变压器是换流站中最大可听噪声源。面对面布置方式中，换流变压器布置在高、低端阀厅之间，阀厅可有效地阻止换流变压器噪声向站外的传播，同时也可阻止换流变压器和交流滤波器场噪声声级的相互叠加，减小了换流站对厂界噪声的影响。“一”字形布置方式中，全站换流变压器一字排开面向交流配电装置区，交流配电装置侧噪声较大，直流配电装置侧因阀厅有效阻隔换流变压器噪声而较小。工程中应结合换流站噪声的控制和噪声敏感点位置选择布置方式。

（3）施工组织。“一”字形布置方式中，双极全部工作换流变压器可同时组装，并留有其他换流变压器的运输通道，换流变压器的组装顺序不受限制；面对面布置方式中，需要安排好换流变压器组装顺序，施工组织要求较高。

综上所述，工程设计中，换流区的布置方式应结合站址条件及周围环境、交直流配电装置区布置、厂界噪声敏感点位置等因素综合分析比较确定。

4. 工程示例

（1）±800kV 特高压换流站换流区面对面布置示例一。图 7-16 所示为±800kV ZZ 换流站换流区面对面布置示意图。换流区采用二重阀组、单相双绕组换流变压器。

全站 4 台备用换流变压器，Yy、Yd 低端备用换流变压器布置在极 1、极 2 高端换流变压器区，Yy、Yd 高端备用换流变压器布置在直流区。图中虚线所示为备用换流变压器转向轨迹图，虚线区域内不应有影响换流变压器转向的建构筑物。

受直流区布置位置限制，高端备用换流变压器布置方向与工作换流变压器垂直，更换时首先将高端备用换流变压器沿着轨道搬运至转向区域，转向 90°后再搬运至相应的就位位置。为满足转向后的换流变压器重心位于高、低端换流变压器之间两组双轨的中心线上，需在转向区域设置 1 组过渡轨道。

（2）±800kV 特高压换流站换流区面对面布置示例二。图 7-17 所示为±800kV PE 换流站换流区面对面布置示意图。换流区采用二重阀组、单相双绕组换流变压器。换流变压器网侧进线（汇流母线）构架挂点高 26m，相间距离 8.5m。该工程示例中换流变压器组装运输场地尺寸考虑了换流变压器阀侧交接耐压试验的要求。

全站 4 台备用换流变压器，Yy、Yd 低端备用换流变压器布置在 500kV 交流配电装置区，Yy、Yd 高端备用换流变压器布置在直流区。

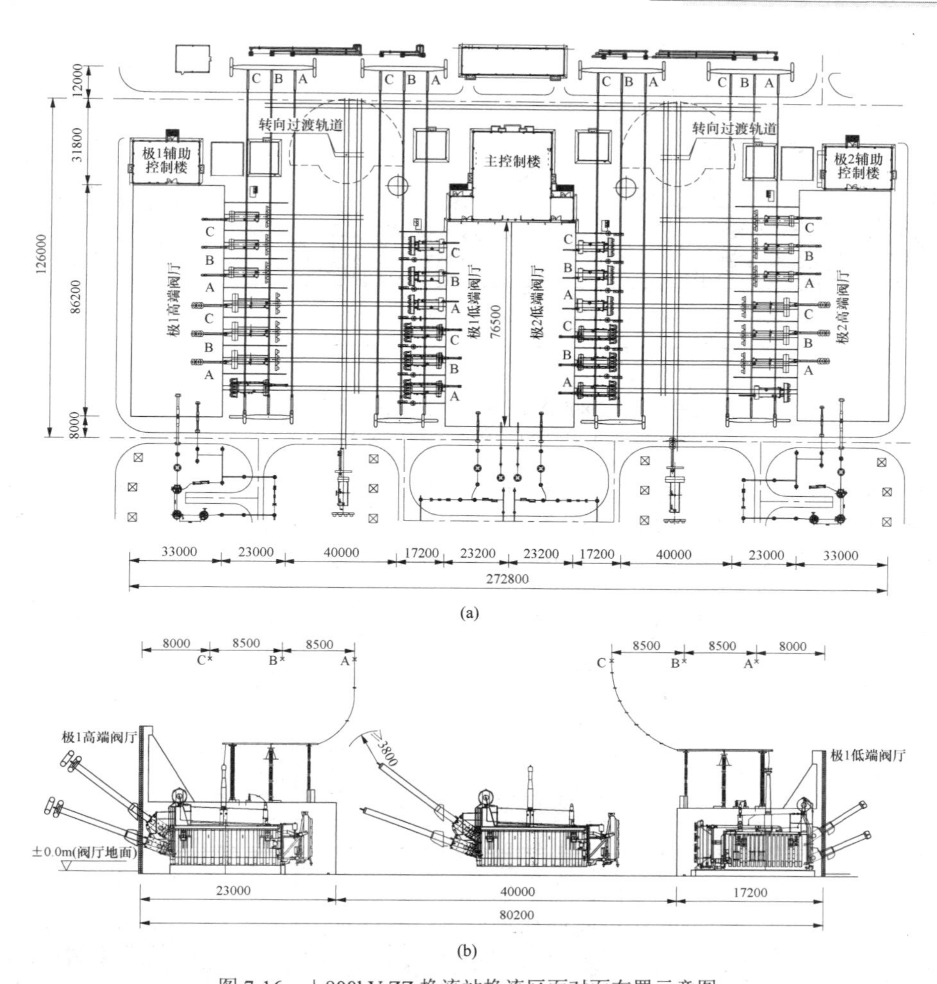

图 7-16　±800kV ZZ 换流站换流区面对面布置示意图

（a）换流区平面布置图；（b）备用换流变压器搬运带电距离校验断面图

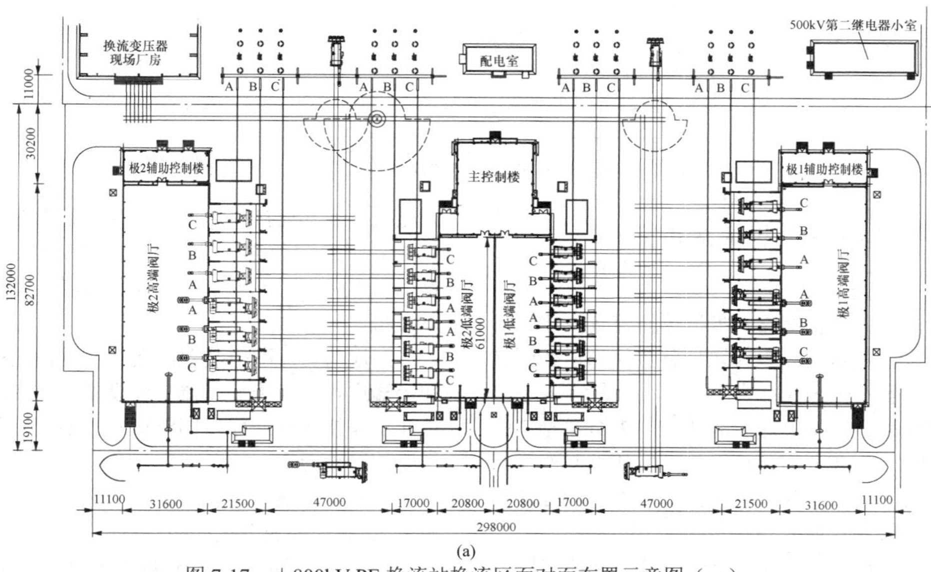

图 7-17　±800kV PE 换流站换流区面对面布置示意图（一）

（a）换流区平面布置图

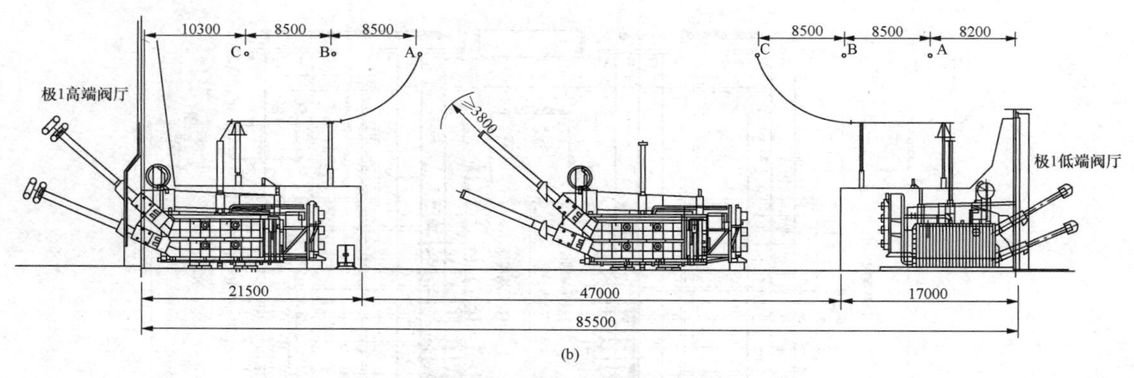

图 7-17　±800kV PE 换流站换流区布置图（二）

（b）备用换流变压器搬运带电距离校验断面图

（3）±800kV 特高压换流站换流区“一”字形布置。图 7-18 所示为±800kV CX 换流站换流区“一”字形布置平面图。换流区采用二重阀组、单相双绕组换流变压器。换流变压器汇流母线设置在换流变压器正上方（1 跨 2 相）。全站 4 台备用换流变压器布置在 500kV 交流配电装置区。

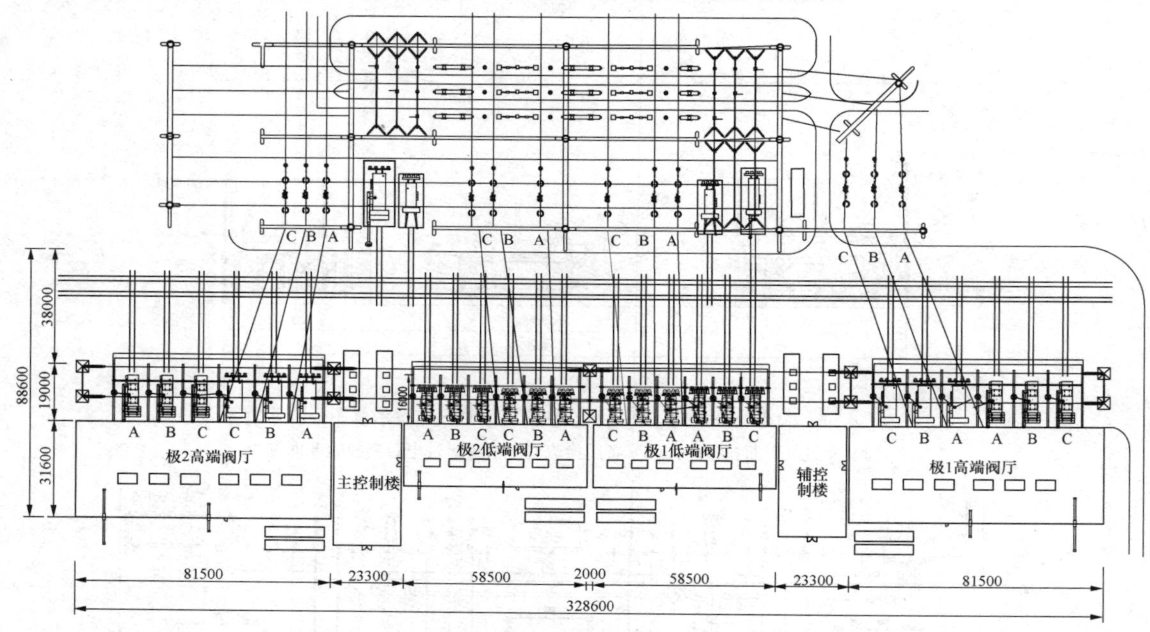

图 7-18　±800kV CX 换流站换流区“一”字形布置平面图

三、背靠背换流站换流区布置

1. 换流区布置方式

背靠背换流站应按背靠背换流单元设置阀厅，即每个换流单元的换流器阀组（包括整流侧和逆变侧换流器阀组）布置在一个阀厅内。

阀厅整流侧、逆变侧对应的 1 组（3 台单相三绕组）或 2 组（6 台单相双绕组）换流变压器与阀厅相邻并沿其长轴方向一字排列，换流变压器之间设置防火墙，阀侧套管直接伸入阀厅。

阀厅的另外两侧分别布置平波电抗器和控制楼。

平波电抗器可采用干式或油浸式。若采用干式平波电抗器，其连接线通过穿墙套管进入阀厅；若采用油浸式平波电抗器，其套管可直接伸入阀厅。该布置方式的特点与换流变压器阀侧套管伸入阀厅布置类似。

阀厅与交流配电装置区之间设置换流变压器组装和运输广场。换流变压器广场设置原则为：每个换流单元工作换流变压器可同时组装，并留有其他换流变压器的运输通道。

换流变压器组装和运输广场尺寸的确定方法同每极单 12 脉动换流器接线的换流站。

换流变压器网侧交流 PLC 设备（若有）布置在交流配电装置区，其他换流变压器网侧交流设备一般就近布置在换流变压器防火墙上，以方便接线并节省占地。

油浸式平波电抗器宜设置搬运轨道，用于备用平波电抗器的快速更换。为便于全站轨道统一规划，油浸式平波电抗器宜采用与换流变压器轨距相同的搬运小车。油浸式平波电抗器器身短，1 台小车即可满足搬运要求，横向和纵向搬运均只需 1 组双轨。

全站设 1 个主控制楼，用于布置直流控制保护、阀冷却和站用电等设备。若全站有 2 个换流单元（即 2 个阀厅），主控制楼一般布置在两个阀厅之间，便于电缆和光缆敷设及运行人员的检修维护。若全站有 3 个及以上换流单元（即 3 个及以上阀厅），宜设辅控制楼。1 个换流单元和 2 个换流单元的换流区布置示意图分别见图 7-19 和图 7-20。

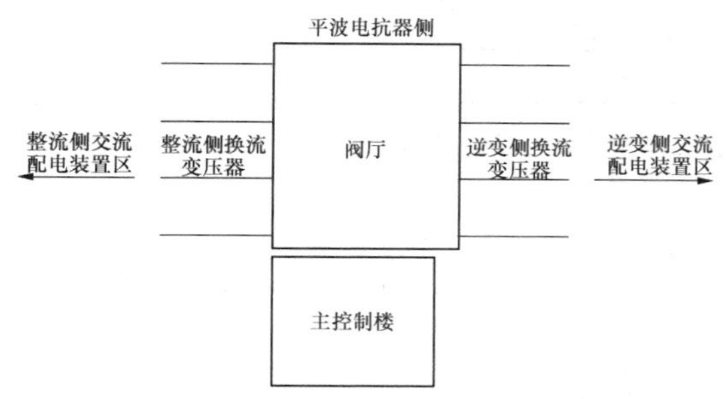

图 7-19　背靠背换流站换流区域布置示意图（1 个换流单元）

2. 备用换流变压器和备用油浸式平波电抗器布置

备用换流变压器和备用油浸式平波电抗器（若有）

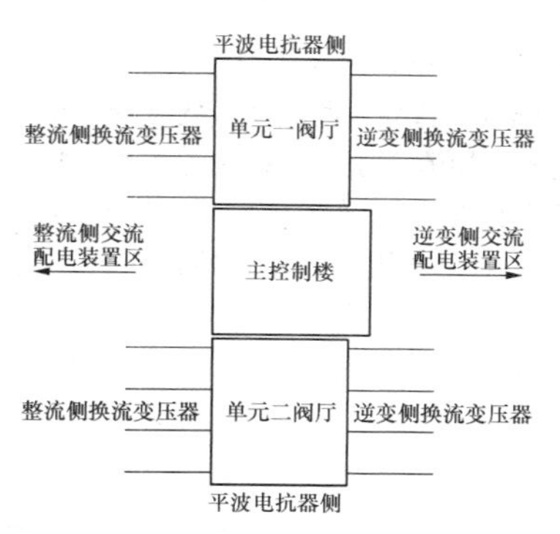

图 7-20　背靠背换流站换流区域布置示意图（2 个换流单元）

的布置应考虑能方便地搬运和更换，并尽量减少轨道系统的长度。更换任一换流单元的换流变压器或油浸式平波电抗器（若有）时应不影响其他换流单元的正常运行。

根据工作换流变压器及工作油浸式平波电抗器（若有）布置情况，备用换流变压器和备用油浸式平波电抗器（若有）可布置在换流区或者与之相邻的交流配电装置区。

3. 工程示例

（1）背靠背换流站换流区平面布置示例一。图 7-21 所示为 LB2 背靠背换流站换流区平面布置图。换流区共 1 个换流单元，采用 12 脉动单元一端接地接线，容量 750MW，直流电压 166.7kV。换流单元采用四重阀组、单相三绕组换流变压器、油浸式平波电抗器。全站设 1 个主控制楼。

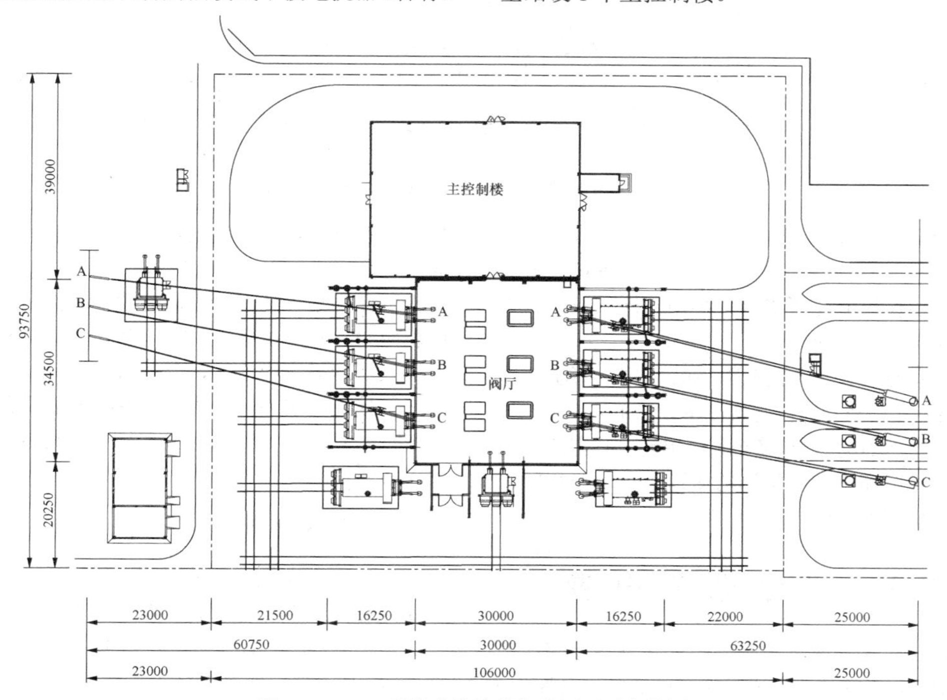

图 7-21　LB2 背靠背换流站换流区平面布置图

整流侧交流系统电压为 330kV，逆变侧交流系统电压为 500kV，背靠背两侧换流变压器规格型号不同，分别设置备用换流变压器。每侧备用换流变压器布置在其工作换流变压器旁，布置方向与工作换流变压器相同。

全站设 1 台备用平波电抗器，布置在交流配电装置区，布置方向与工作平波电抗器相同。

换流变压器和平波电抗器的搬运小车轨距相同，搬运轨道系统统筹考虑。

（2）背靠背换流站换流区平面布置示例二。图 7-22 所示为 GL 背靠背换流站换流区平面布置图。换流区共 2 个换流单元，每个换流单元采用 12 脉动中点接地接线，容量 750MW，直流电压±125kV。换流单元采用四重阀组、单相三绕组换流变压器、油浸式平波电抗器。全站设 1 个主控制楼，布置在两个阀厅之间。

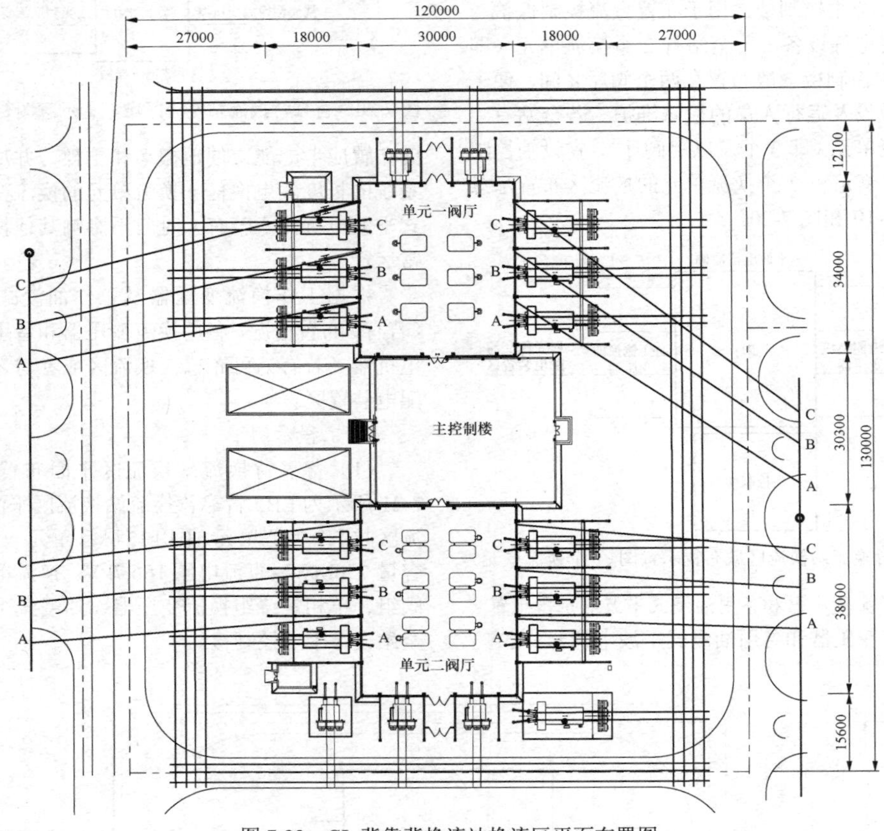

图 7-22 GL 背靠背换流站换流区平面布置图

换流单元联网的两侧交流系统电压相同，均为 500kV。全站设 1 台备用换流变压器，布置在换流单元二逆变侧工作换流变压器旁，备用换流变压器更换至整流侧区域时需转向。

全站设 1 台备用平波电抗器，布置在换流单元二工作平波电抗器旁，布置方向与换流单元二工作平波电抗器相同，备用平波电抗器更换至换流单元一时需转向。

换流变压器和平波电抗器的搬运小车轨距相同，搬运轨道系统统筹考虑。

第三节 阀 厅 电 气 布 置

换流站阀厅内的换流阀有悬吊式（悬吊在阀厅顶部的钢梁上）和支撑式（安装在阀厅内的防震基座上）两种。悬吊式换流阀采用柔性结构的摇摆式悬挂系统将整个阀悬挂在阀厅的钢梁上，阀的每一层都可在任何水平方向上摆动，阀受水平方向的地震应力较小，而设置在悬吊点的缓冲阻尼装置，隔离了垂直方向的地震应力，具有抗震性能好等优点。国内直流输电工程均采用悬吊式换流阀，悬吊式换流阀的高电位在底部，悬挂点电位最低，光缆和冷却水管沿阀厅顶部敷设并接入阀体，一般在阀厅顶部设置巡视通道。本手册仅对采用悬吊式换流阀的阀厅布置进行论述。

一、设计要求

（1）阀厅电气布置的要求。阀厅电气布置设计除遵守设计原则外，还应满足以下要求：

1）为保证输电可靠性，换流站阀厅应可独立运行，每个 12 脉动换流器阀组设备布置在一个阀厅内。

2）应结合主设备（包括换流阀和换流变压器等）

的型式进行设计。

3）应满足检修升降车的移动和使用空间要求。

4）宜设置巡视小道，满足运行巡视需求。

5）应设置换流阀光纤通道。

6）应设置换流阀冷却水管通道。

7）应满足电气设备及其连接线对暖通风管、巡视小道等辅助设施的带电距离要求。

（2）阀厅净空尺寸确定原则。

1）阀厅净空高度主要取决于阀塔本体高度、阀塔对地安全净距及运行检修空间等，净空高度取“阀塔高度+阀塔对地安全净距”和“阀塔本体高度+检修升降平台移动空间高度”两者的较大值。

2）阀厅的长宽净空尺寸主要取决于设备外形、设备连线、带电距离及运行检修空间等。

3）阀厅的长度尺寸由换流变压器防火墙的间距、高压直流穿墙套管在阀厅内的长度、阀塔与各设备的空间连接及带电体的空气净距确定；阀厅的宽度主要与换流变压器阀侧套管伸入阀厅的长度、换流阀宽度、阀塔与各设备的空间连接以及带电体的空气净距有关。

二、采用二重阀的阀厅电气布置

1. 布置方式

二重阀是将一个单相6脉动换流器阀组作为一个阀塔，对于采用二重阀的阀厅，每个换流器阀组由6个换流阀塔组成，换流变压器一般采用与二重阀布置相匹配的单相双绕组换流变压器。整个阀厅平面布置可按长方形考虑。

（1）换流阀布置及连接。换流阀在阀厅内一字排开布置，以便于阀冷却水管和阀控光纤布置及换流变压器阀侧套管引线连接。低端换流阀对应Yd换流变压器，高端换流阀对应Yy换流变压器。换流阀的布置应满足带电距离和检修升降平台的移动及使用空间要求。

与Yy换流变压器连接的换流阀塔高电压位于底部，低电压位于顶部；与Yd换流变压器连接的换流阀塔高电压位于顶部，低电压位于底部。换流阀塔之间采用管形母线连接。两组二重阀阀塔的顶部电位相同，可通过管形母线将两组二重阀塔连接起来，底部则分别接至直流高压设备和直流低压设备。以500kV换流阀为例，二重阀布置连接如图7-23所示。

（2）换流变压器阀侧套管布置及连接。对于单相双绕组换流变压器，其阀侧套管在阀厅内通过管形母线或导线实现星形、三角形连接，并接入换流阀塔。

单相双绕组换流变压器设备的阀侧套管一般有上下布置和平行布置两种，如图7-24和图7-25所示。

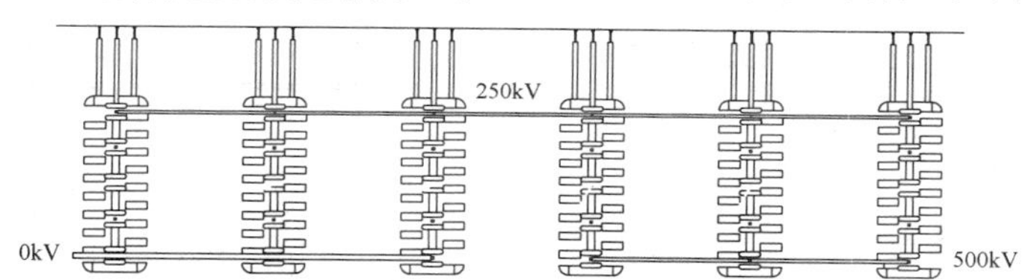

图7-23 二重阀布置连接示意图

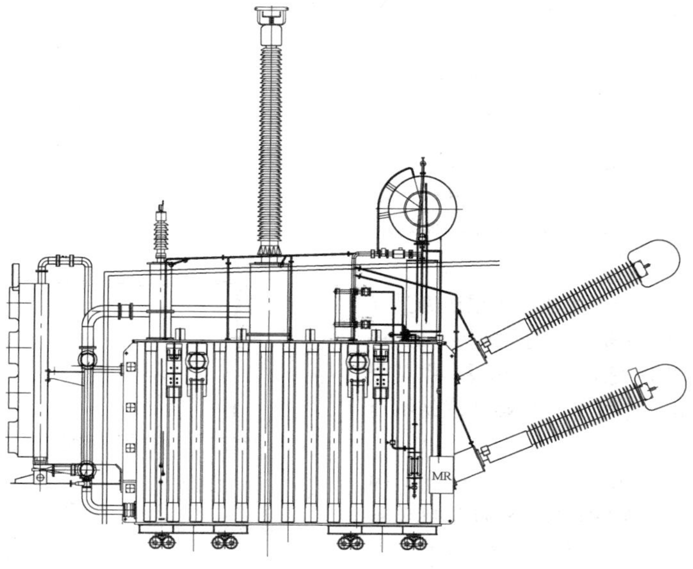

图7-24 单相双绕组换流变压器阀侧套管上下布置

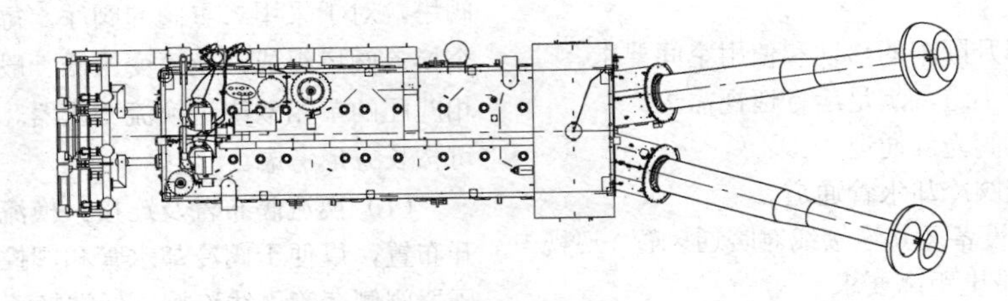

图 7-25 单相双绕组换流变压器阀侧套管平行布置

阀侧套管上下布置的 Yy 换流变压器，同名端套管位于上方，异名端套管位于下方，通过地面支持绝缘子支撑导体实现三相换流变压器阀侧中性点套管星形连接，如图 7-26 所示。

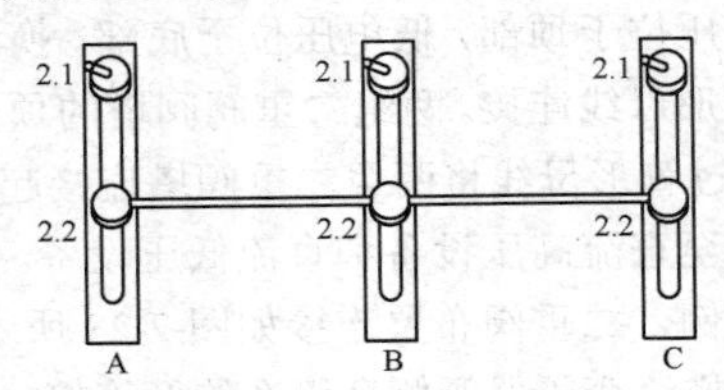

图 7-26 阀侧套管上下布置的 Yy 单相双绕组换流变压器阀侧套管在阀厅内连接示意图

阀侧套管平行布置的 Yy 换流变压器，可通过悬吊导体实现三相换流变压器阀侧中性点套管星形连接，如图 7-27 所示。

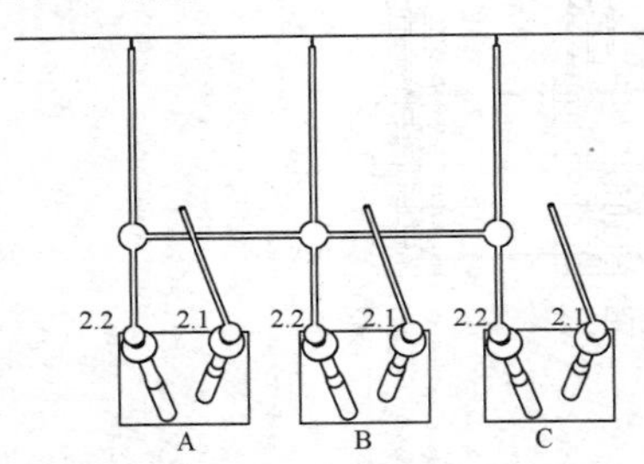

图 7-27 阀侧套管平行布置的 Yy 单相双绕组换流变压器阀侧套管在阀厅内连接示意图

对于 Yd 换流变压器阀侧，相邻两相换流变压器首尾套管通过管形母线或导线直接连接，A 相和 C 相换流变压器首尾套管则通过悬吊绝缘子悬吊过渡导体实现连接。

阀侧套管上下布置的换流变压器，可根据需要方便地接成 YNd1 或 YNd11 的联结组别。如图 7-28 和图 7-29 所示，两组 Yd 换流变压器相序相反，由左至右分别为 C-B-A 和 A-B-C，均可实现 YNd11 联结组别接线。

阀侧套管平行布置的换流变压器，应根据三相 Yd 换流变压器相序排列，接成 YNd1 或 YNd11 的联结组别。如图 7-30 所示，若三相 Yd 换流变压器相序排列由左至右为 C-B-A，则联结组别为 YNd1；若三相 Yd 换流变压器相序由左至右为 A-B-C，则联结组别为 YNd11。

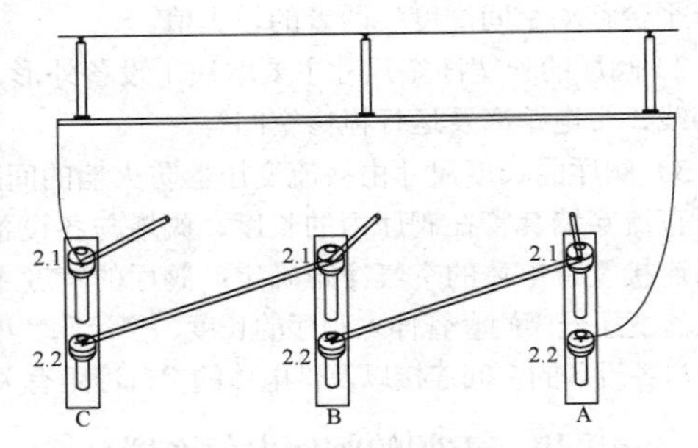

图 7-28 单相双绕组换流变压器阀侧套管连接为 YNd11 联结组别示意图一

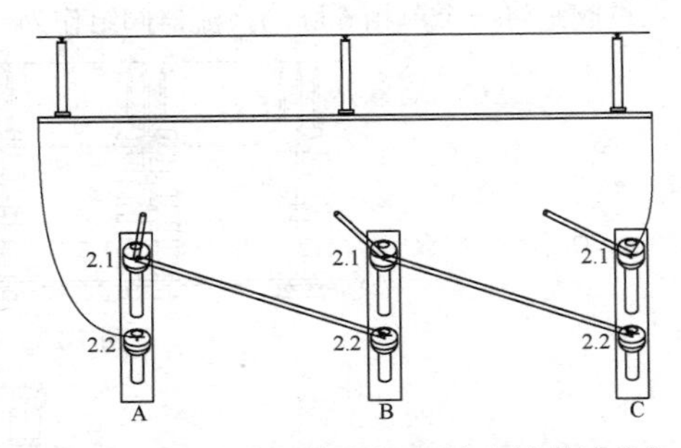

图 7-29 单相双绕组换流变压器阀侧套管连接为 YNd11 联结组别示意图二

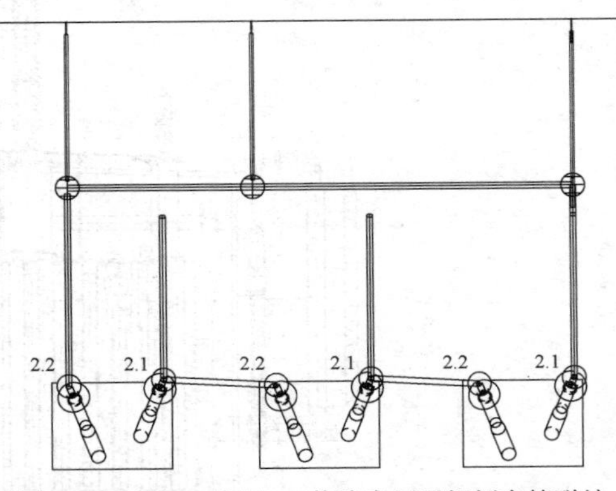

图 7-30 单相双绕组 Yd 换流变压器阀侧套管联结组别示意图

（3）直流出线套管布置及连接。阀厅直流侧有高压直流出线和低压直流出线，通过穿墙套管实现与直流区设备之间的连接。根据阀厅的布置方向，直流穿墙套管布置在阀厅邻近直流区侧的墙上。高压直流穿墙套管在阀厅内连接至高端二重阀的底部高压母线上，低压直流穿墙套管在阀厅内连接至低端二重阀底部低压母线上。穿墙套管与换流阀母线之间采用支撑管形母线连接，布置示意图如图 7-31 和图 7-32 所示。

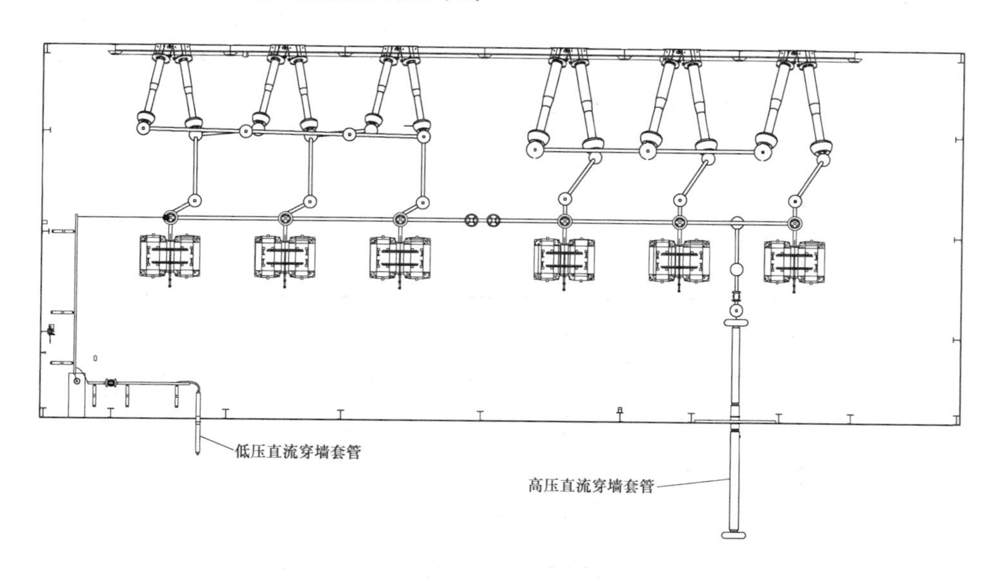

图 7-31 直流穿墙套管布置示意图一

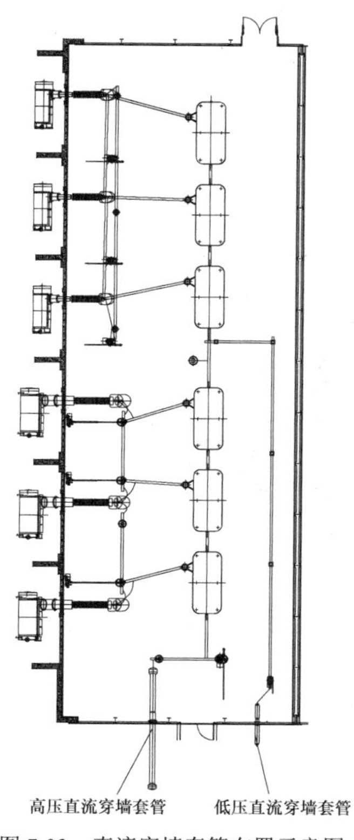

图 7-32 直流穿墙套管布置示意图二

对于采用油浸式平波电抗器且直流区无旁路回路的工程（即平波电抗器直接连接至阀厅内直流极母线上），可将平波电抗器布置在阀厅外，一支套管伸入阀厅与阀厅内设备连接，另一支套管在阀厅外与直流区设备连接，节省占地和高压直流穿墙套管，低压直流穿墙套管仍然布置在阀厅邻近直流区侧的墙上，如图 7-33 所示。

（4）接地开关设备布置。接地开关选型及布置应综合考虑其刀臂的机械强度以及空气净距要求。接地开关的布置方式有侧墙布置和立地布置两种：

1）侧墙布置方式的接地开关本体均为地电位，无高压瓷套，布置极为简便。当穿墙套管（包括换流变压器阀侧套管、直流穿墙套管等）检修需要接地时，以手动或电动方式直接将刀口接至套管高压接线端子。

2）立地布置方式与交流接地开关类似，根据接地开关的结构不同可分为立开式和垂直伸缩式。

为节省占地，接地开关优先采用侧墙布置。若换流变压器阀侧套管长度及角度导致接地开关侧墙布置有困难，且立地布置接地开关的底座无法满足带电距离要求时，也可采用埋地式布置，即接地开关采用垂直伸缩式，安装于地面以下。

（5）阀厅其他设备布置。阀厅内除了换流阀、换流变压器阀侧套管、直流出线套管、接地开关外，还有避雷器、直流测量装置等设备，这些设备要根据其电气接线选择合适的位置及安装方式（支持或悬吊）。换流阀低压直流母线回路的设备（避雷器、电流测量装置、电压测量装置等）可布置在低端换流阀一侧，采用墙上支撑安装方式。

2. 工程示例

（1）±500kV 高压换流站采用二重阀的阀厅电气布置。图 7-34 所示为±500kV LN 换流站阀厅电气布置图。工程直流额定电压±500kV，采用二重阀、单相双绕组换流变压器、油浸式平波电抗器，换流变压器阀侧套管伸入阀厅布置，与阀厅内高压直流母线连接的平波电抗器套管伸入阀厅连接。换流变压器阀侧套管接地开关、直流极母线（平波电抗器）接地开关、中性母线接地开关均采用侧墙布置方式。

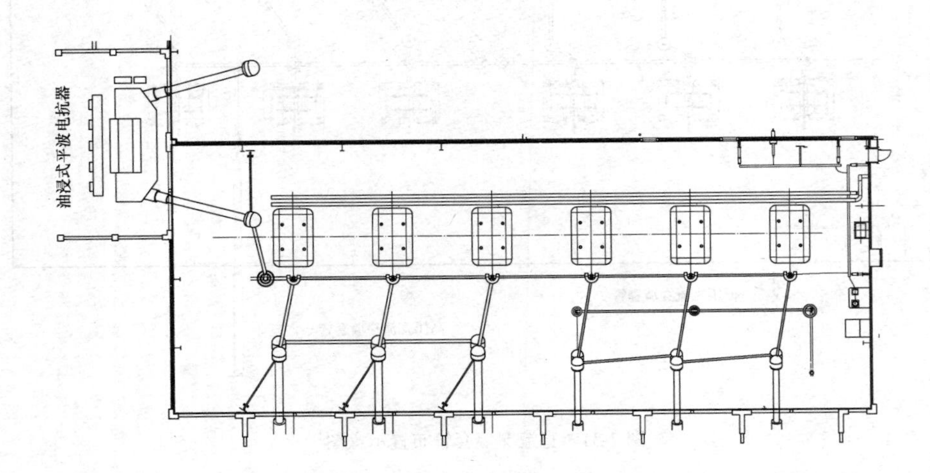

图 7-33　油浸式平波电抗器套管伸入阀厅布置示意图

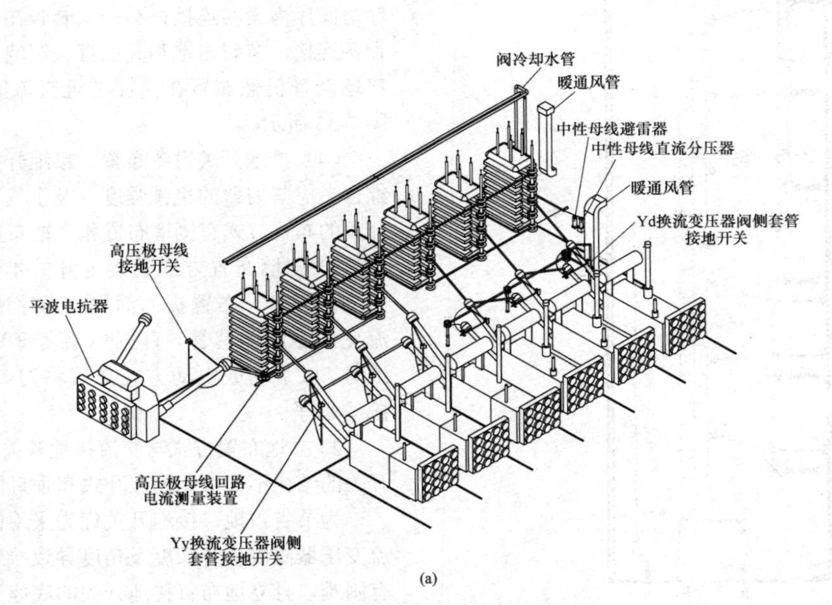

(a)

图 7-34　±500kV LN 换流站阀厅电气布置图（一）

（a）阀厅电气布置轴视图

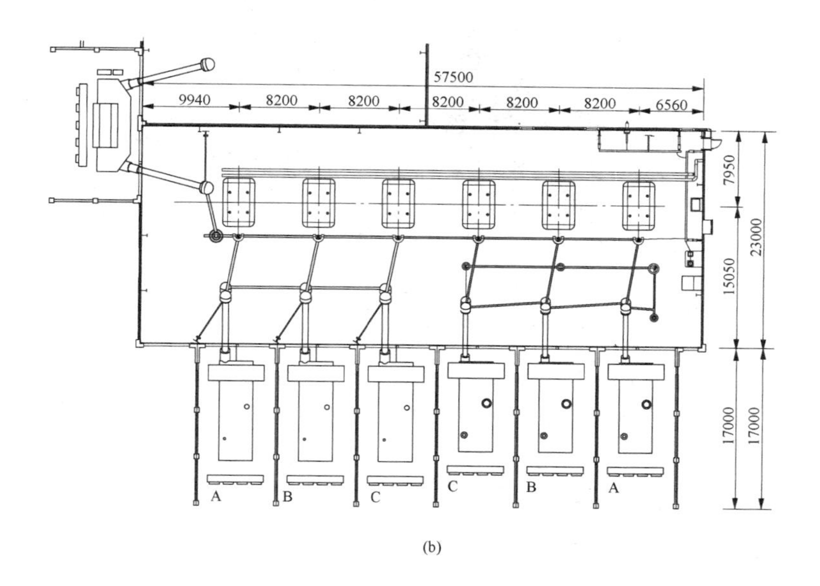

(b)

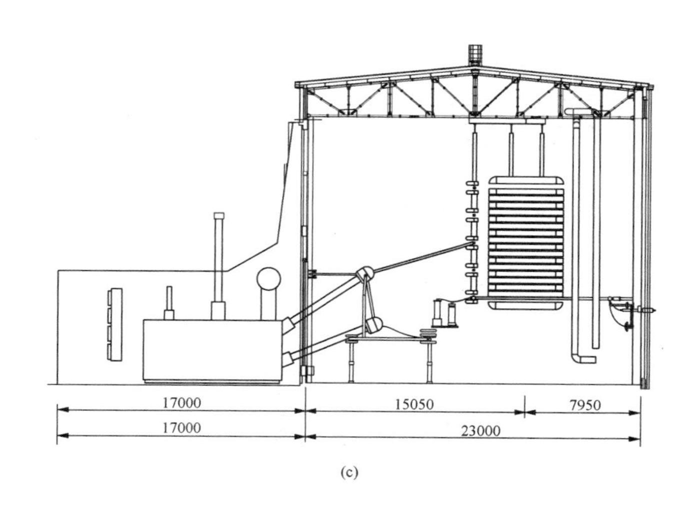

(c)

图 7-34　±500kV LN 换流站阀厅电气布置图（二）

（b）阀厅电气布置平面图；（c）阀厅电气布置断面图

（2）±660kV 高压换流站采用二重阀的阀厅电气布置。图 7-35 所示为±660kV QD 换流站阀厅电气布置图。直流额定电压±660kV，采用二重阀、单相双绕组换流变压器、干式平波电抗器，换流变压器阀侧套管伸入阀厅，高、低压直流出线均通过穿墙套管引出。换流变压器阀侧套管接地开关、极母线接地开关采用埋地式布置，中性点接地开关采用侧墙布置。

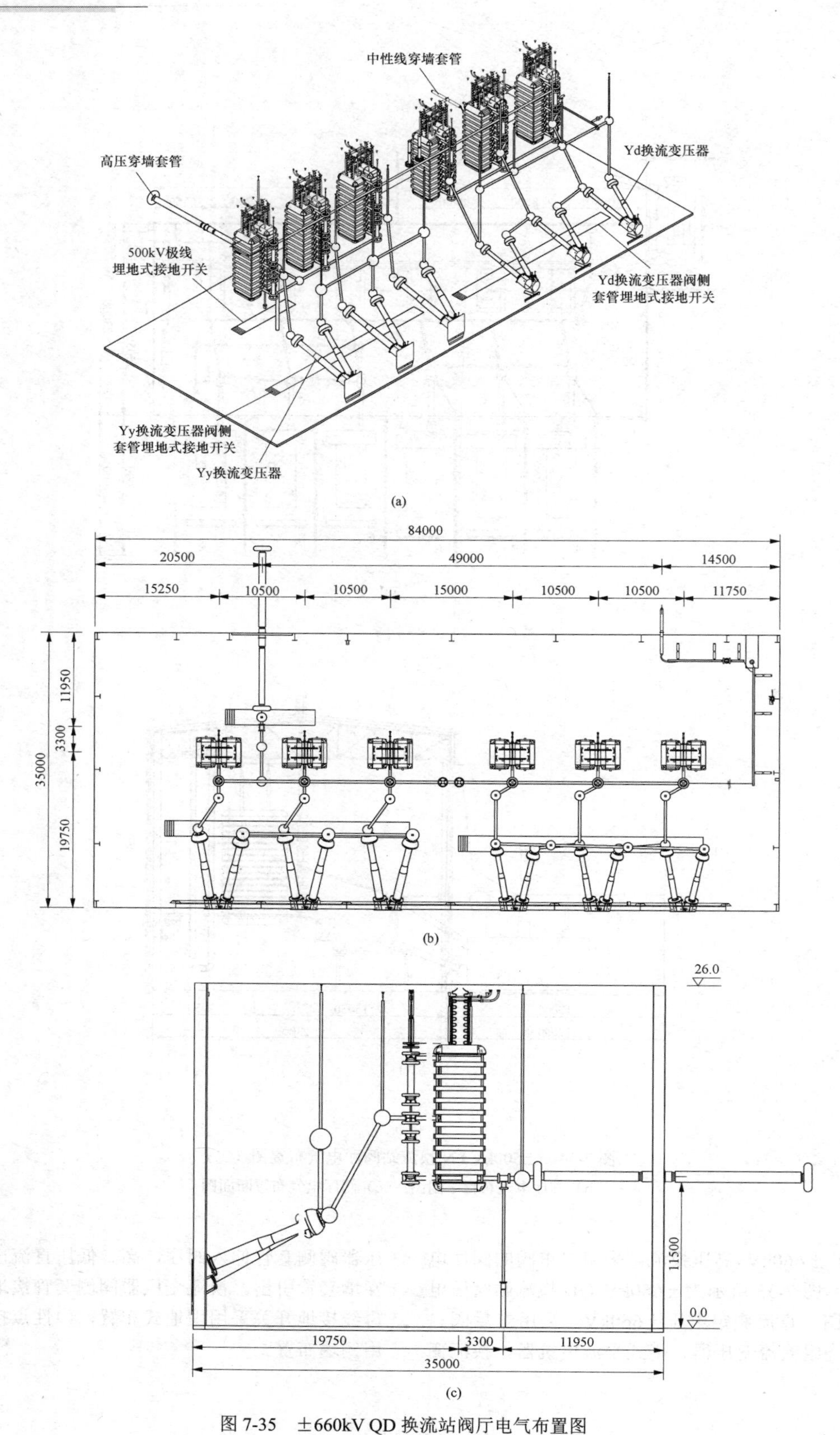

图 7-35　±660kV QD 换流站阀厅电气布置图

（a）阀厅电气布置轴视图；（b）阀厅电气布置平面图；（c）阀厅电气布置断面图

（3）±800kV 高压换流站采用二重阀的阀厅电气布置。图 7-36 所示为±800kV PE 换流站阀厅电气布置图。工程采用二重阀组、单相双绕组换流变压器、干式平波电抗器，换流变压器阀侧套管伸入阀厅，高、低压直流出线均通过穿墙套管引出。换流变压器阀侧套管接地开关、极母线接地开关、中性点接地开关采用侧墙布置方式或立地布置方式。

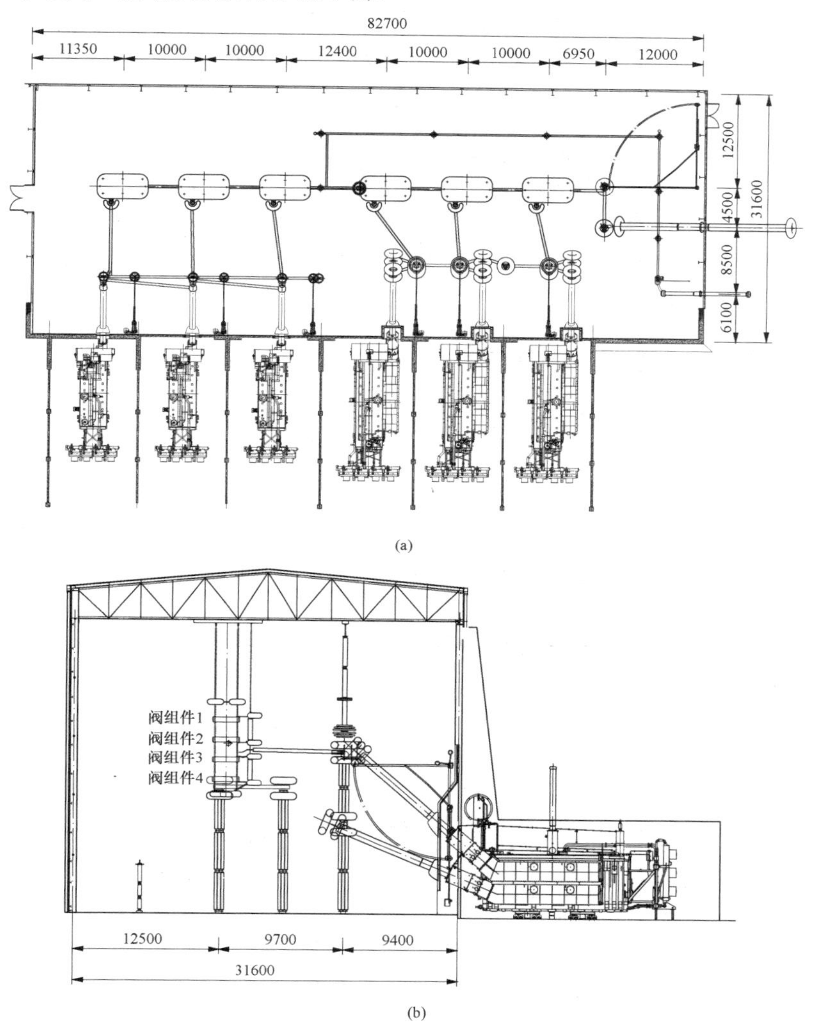

图 7-36 ±800kV PE 换流站阀厅电气布置图

（a）阀厅电气布置平面图；（b）阀厅电气布置断面图

三、采用四重阀的阀厅电气布置

1. 布置方式

四重阀是将一个单相 12 脉动阀组作为一个阀塔。采用四重阀的阀厅，每个 12 脉动换流器阀组由 3 个换流阀塔组成，换流变压器可采用单相三绕组换流变压器，也可采用单相双绕组换流变压器。若采用单相三绕组换流变压器，换流变压器与四重阀在宽度上相匹配，阀厅可采用长方形布局，如图 7-37 所示；若采用单相双绕组换流变压器，每个阀厅对应 6 台换流变压器，换流变压器侧阀厅长度由换流变压器布置尺寸控制，而阀厅内的阀塔仅 3 个，为节省占地面积和减少阀厅工程造价，阀厅可采用“刀”形布置，如图 7-38 所示。

（1）换流阀布置及连接。换流阀在阀厅内一字排开布置，以便于阀冷却水管和阀控光纤布置以及换流变压器阀侧套管接线连接。换流阀相序与阀厅外单相三绕组或 Yy 单相双绕组换流变压器相序相对应。四重换流阀塔布置空间考虑因素同二重换流阀塔。

换流阀塔高电压位于底部，低电压位于顶部，换流阀之间采用管形母线连接。以 500kV 换流阀为例，四重阀布置连接如图 7-39 所示。

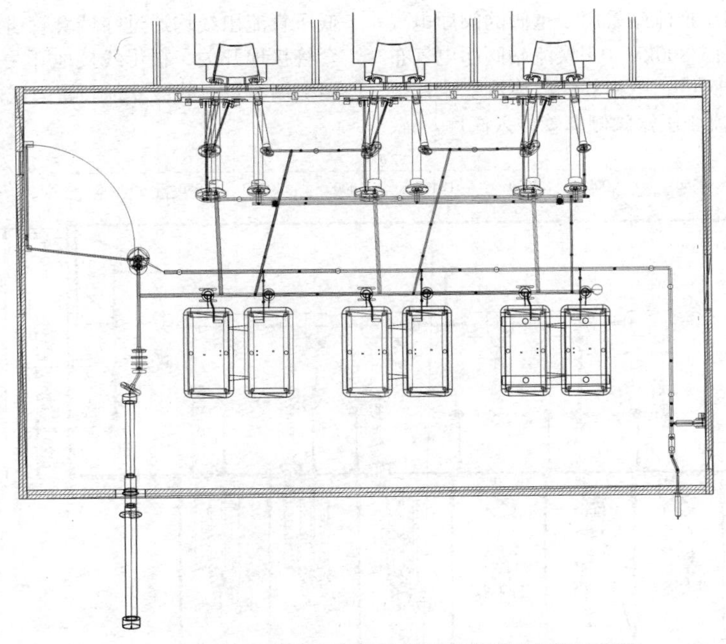

图 7-37　四重阀、单相三绕组换流变压器阀厅布置示意图

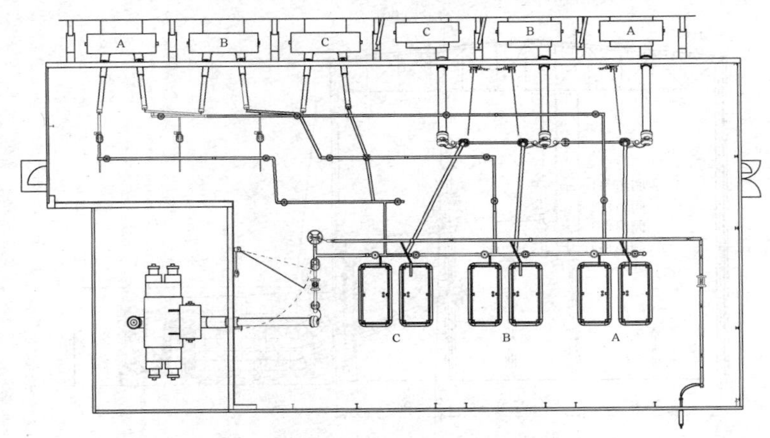

图 7-38　四重阀、单相双绕组换流变压器阀厅布置示意图

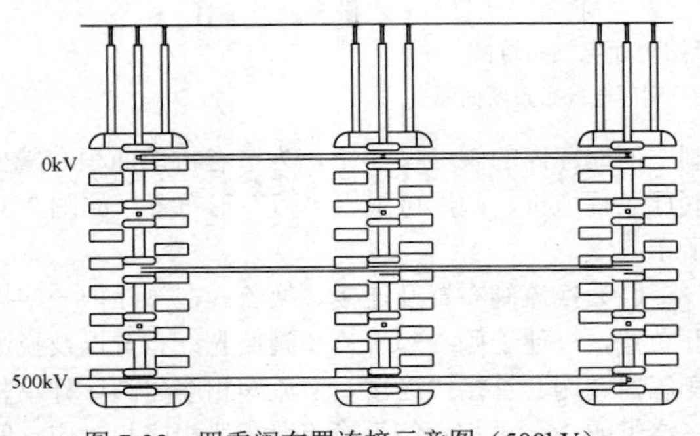

图 7-39　四重阀布置连接示意图（500kV）

（2）换流变压器阀侧套管布置及连接。换流变压器阀侧套管通过管形母线或导线实现星形、三角形连接，并接入换流阀塔。

对于单相三绕组换流变压器，每台换流变压器阀侧共 4 支套管，上面两支套管为换流变压器阀侧三角形接线绕组出线套管，下面两支套管为星形接线绕组出线套管。换流变压器星形接线绕组出线套管通过地面支持式管形母线或导线实现三相换流变压器阀侧中性点套管星形连接；相邻两相换流变压器三角形接线绕组出线套管通过管形母线或导线直接连接，A 相和 C 相换流变压器首尾套管则通过悬吊管形母线或导线连接。同阀侧套管水平布置的单相双绕组换流变压器一样，应根据 Yd 换流变压器套管同名端位置及相序排列，接成 YNd1 或 YNd11 联结组别，如图 7-40 所示。

对于单相双绕组换流变压器，Yy 换流变压器布置与四重阀塔布置相对应，相序排列一致，其阀侧 A（B、

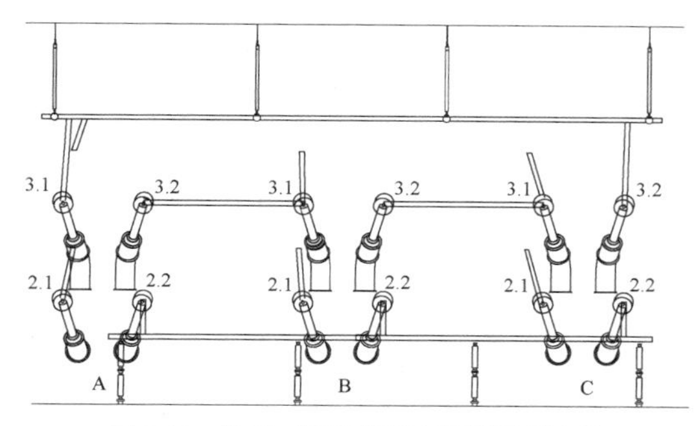

图 7-40 单相三绕组换流变压器阀侧套管在阀厅内布置连接断面图

C）套管通过导体直接与相应的阀塔连接，换流变压器阀侧中性点套管则通过地面支持式管形母线或导线连接，平断面图如图 7-41 和图 7-42 所示。

对于 Yd 换流变压器，相邻两相换流变压器首尾套管通过管形母线或导线直接连接，A 相和 C 相换流变压器首尾套管则通过悬吊式管形母线或导线连接。Yd 换流变压器远离四重阀塔布置，相序排列与换流阀塔相反，套管首尾相连并经悬吊过渡导线接入阀塔。根据换流变压器布置特点，Yd 换流变压器阀侧接成 YNd5 或 YNd7 联结组别，平断面图如图 7-43 和图 7-44 所示。

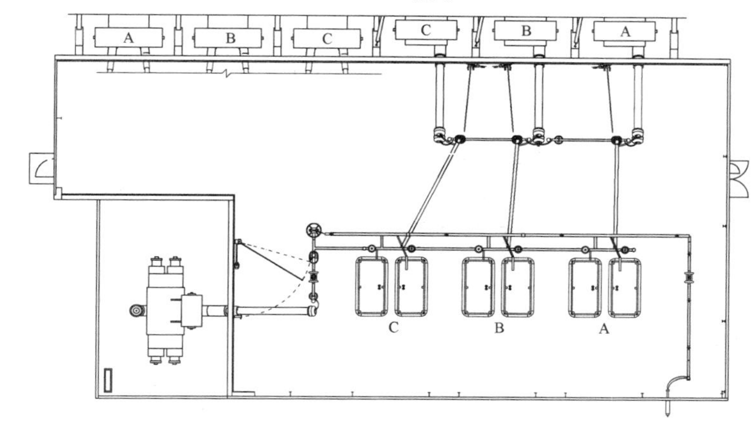

图 7-41 四重阀、单相双绕组 Yy 换流变压器接线平面示意图

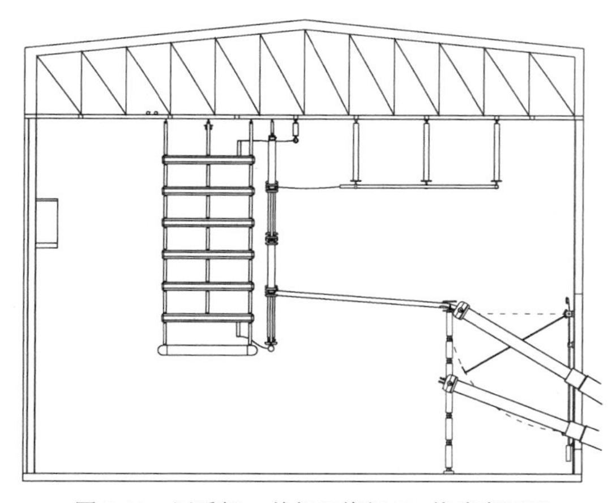

图 7-42 四重阀、单相双绕组 Yy 换流变压器接线断面示意图

（3）阀厅其他设备布置。阀厅内直流出线套管、接地开关、避雷器、直流测量装置等设备布置原则与二重阀的阀厅布置类似。

2. 工程示例

图 7-45 所示为±500kV XR 换流站阀厅电气布置图。直流额定电压±500kV，采用四重阀、单相双绕组换流变压器、油浸式平波电抗器，换流变压器阀侧套管伸入阀厅，与阀厅内高压极母线连接的平波电抗器套管伸入阀厅接线。Yy 换流变压器阀侧套管接地开关、极母线（平波电抗器）接地开关、中性点接地开关均采用侧墙式布置，Yd 换流变压器阀侧套管接地开关采用立地式布置。

四、背靠背换流站阀厅电气布置

背靠背换流站应按背靠背换流单元设置阀厅，即每个换流单元的换流器阀组（包括整流侧和逆变侧换流器阀组）布置在一个阀厅内。整流和逆变换流变压器分别布置在阀厅外两侧交流侧。

背靠背换流站换流单元传输容量较小，一般采用四重阀、单相三绕组换流变压器。

背靠背换流站主要有 12 脉动中点接地接线和 12 脉动单元一端接地接线两种接线型式。12 脉动中点接地接线的换流单元中，换流阀正极母线位于底部，负极母线位于顶部，中间为中点母线；12 脉动单元一端接地接线的换流单元中，换流阀极母线位于底部，中点母线位于顶部。

（一）12 脉动中点接地接线型式的阀厅电气布置

1. 布置方式

12 脉动中点接地接线型式的换流单元接线如图 7-46 所示。

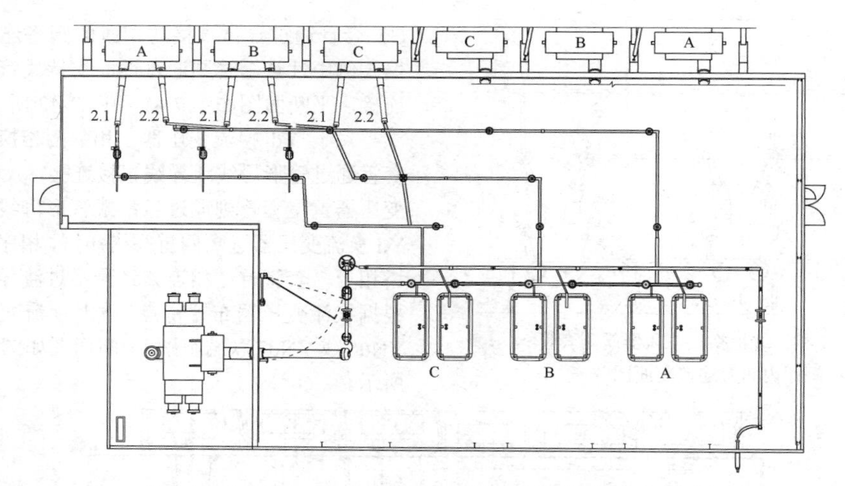

图 7-43　四重阀、单相双绕组 Yd 换流变压器接线平面示意图

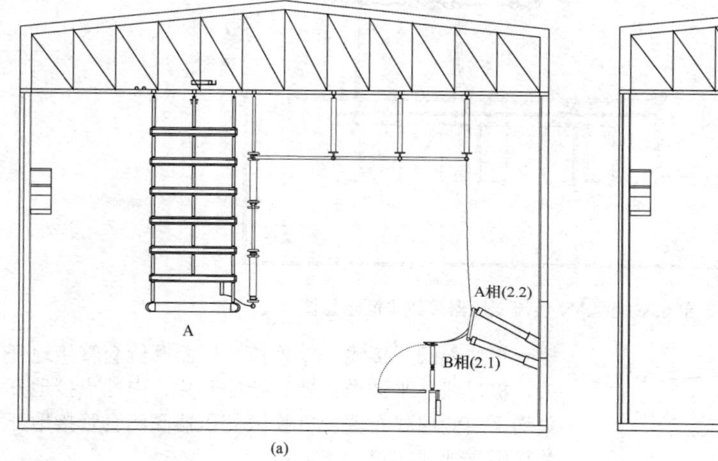

(a)

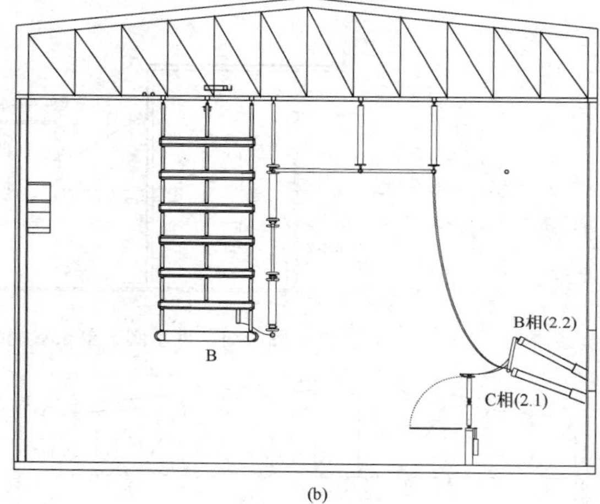

(b)

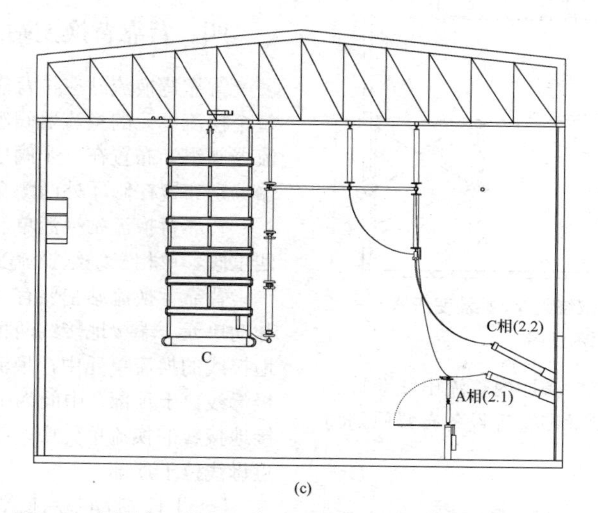

(c)

图 7-44　四重阀、单相双绕组 Yd 换流变压器接线断面示意图

（a）A 相；（b）B 相；（c）C 相

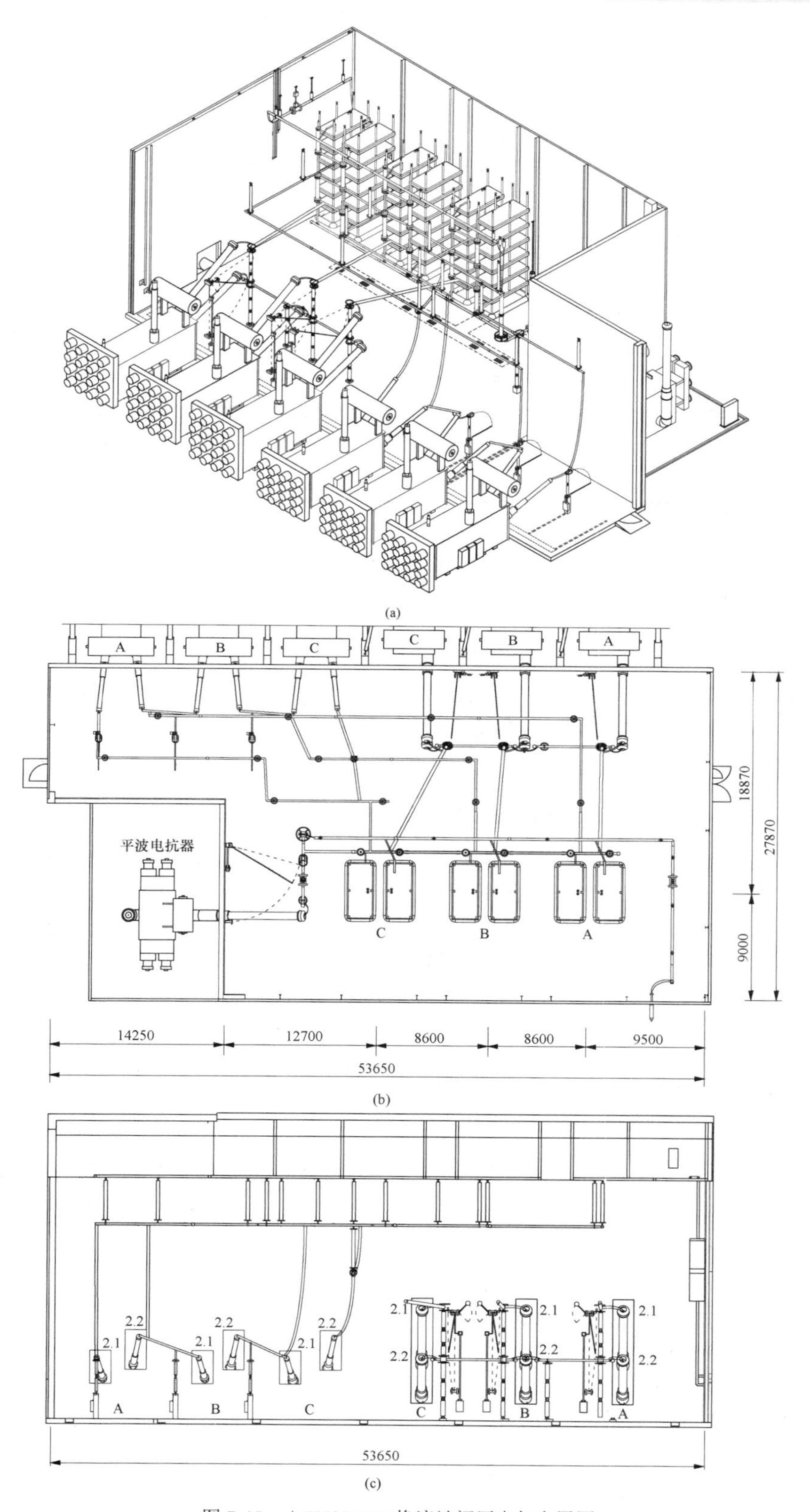

图 7-45 ±500kV XR 换流站阀厅电气布置图

（a）阀厅电气布置轴视图；（b）阀厅电气布置平面图；（c）阀厅电气布置断面图

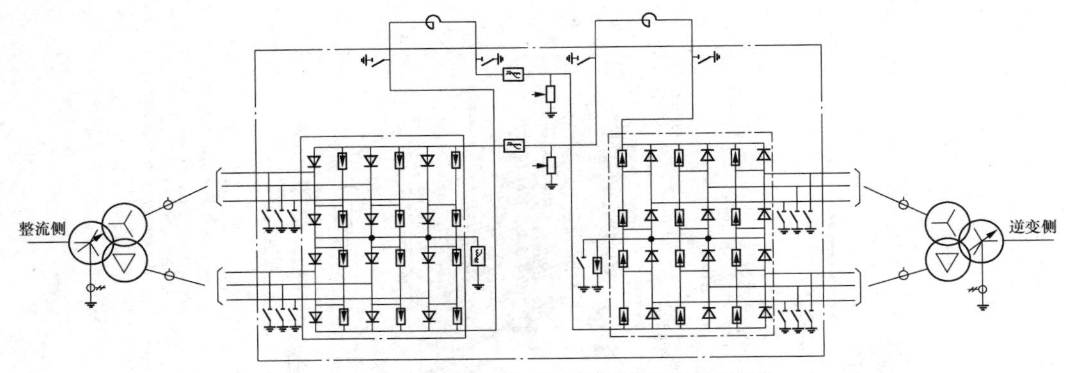

图 7-46　12 脉动中点接地接线型式的换流单元接线

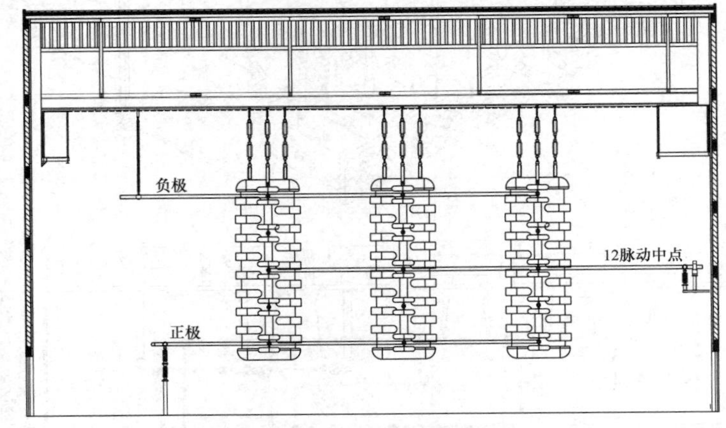

图 7-47　换流阀塔布置断面图（逆变侧）

（1）换流阀布置及连接。12 脉动中点接地接线型式的阀厅，换流阀塔悬吊布置，正极直流电压位于底部，负极直流电压位于顶部，中间为 12 脉动中点电压，换流阀之间采用管形母线连接。图 7-47 所示为逆变侧换流阀塔布置断面图，其中点管形母线上装设的是直流电流测量装置。整流侧换流阀塔的中点管形母线的相应位置上则装设避雷器装置。

（2）换流变压器阀侧套管布置及连接。换流变压器阀侧套管布置及连接与采用四重阀的阀厅电气布置中单相三绕组换流变压器阀侧套管布置及连接原则一致。

（3）直流回路布置及连接。换流单元正、负极母线回路上各接有一台平波电抗器。若采用油浸式平波电抗器，则平波电抗器的套管伸入阀厅布置；若采用干式平波电抗器，其通过穿墙套管与户内直流极线回路连接。直流正、负极回路均装设电压和电流测量装置，直流侧设备布置断面图如图 7-48 所示。

2. 工程示例

图 7-49 所示为 GL 背靠背换流站阀厅电气布置图。换流单元采用 12 脉动中点接地接线型式，四重阀、单相三绕组换流变压器、油浸式平波电抗器。联网两侧换流变压器联结组别分别为 YNynd11 和 YNynd1。

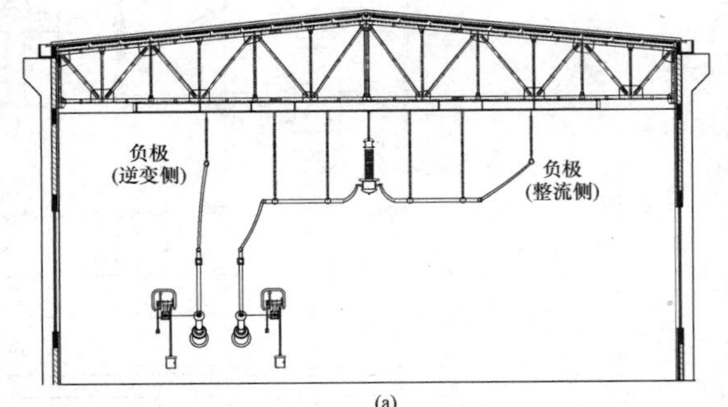

(a)

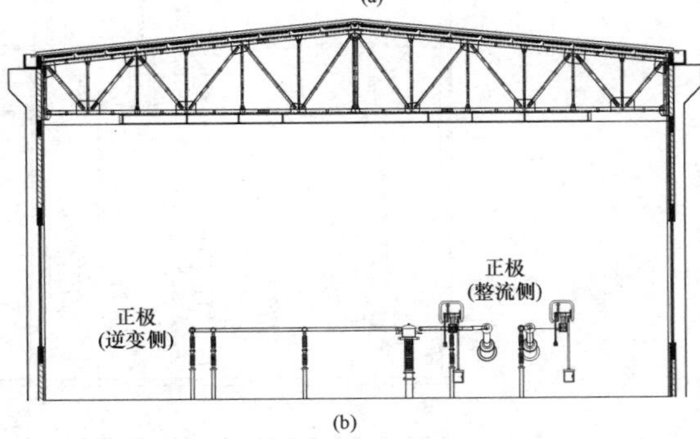

(b)

图 7-48　直流侧设备布置断面图
（a）负极回路；（b）正极回路

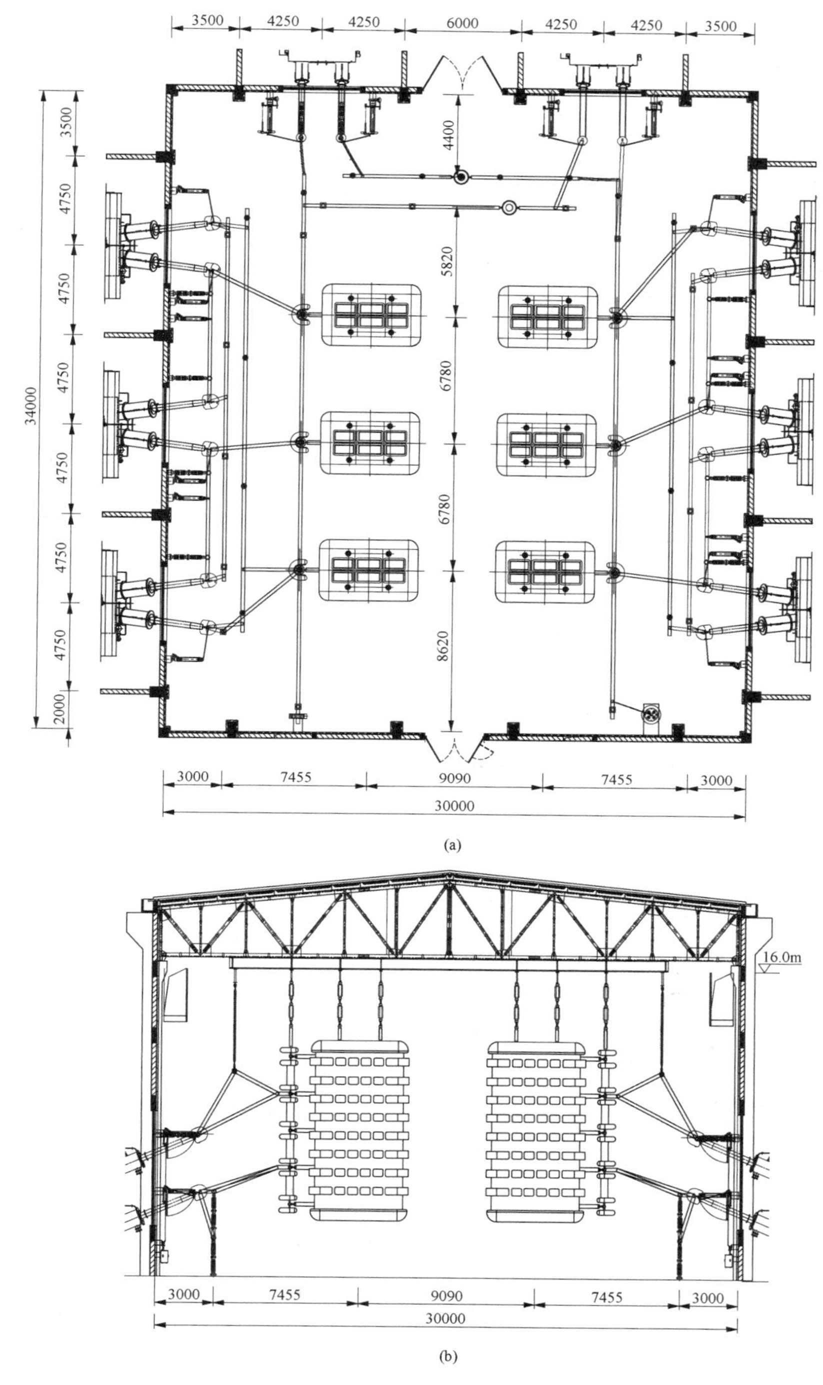

图 7-49 GL 背靠背换流站阀厅电气布置图

（a）阀厅电气布置平面图；（b）阀厅电气布置断面图

（二）12 脉动单元一端接地接线型式的阀厅电气布置

1. 布置方式

12 脉动单元一端接地接线型式的换流单元接线如图 7-50 所示。

（1）换流阀布置及连接。换流阀塔采用悬吊式，正极直流电压位于底部，中性母线直流电压位于顶部，换流阀之间采用管形母线连接，断面如图 7-51 所示。

（2）换流变压器阀侧套管布置及连接。换流变压器阀侧套管布置及连接与 12 脉动中点接地接线型式

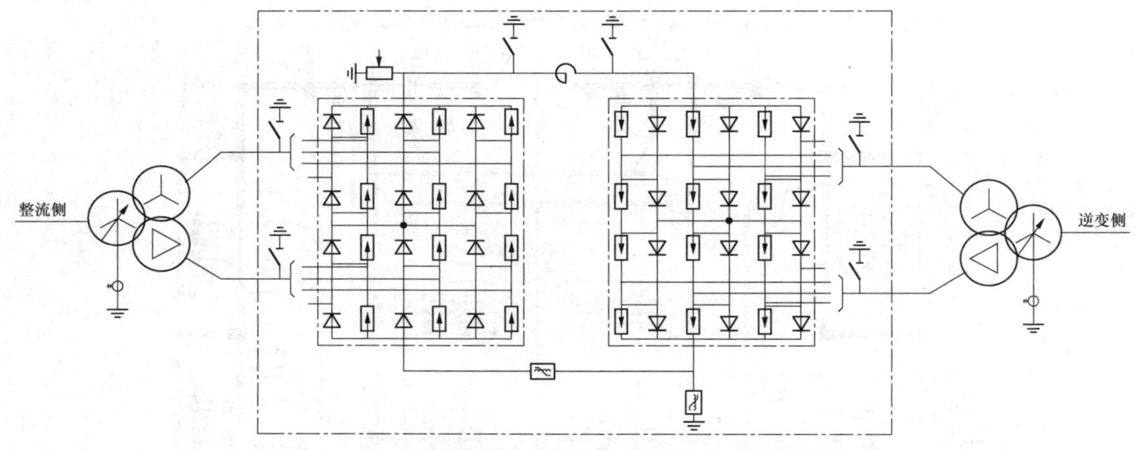

图 7-50　12 脉动单元一端接地接线型式的换流单元接线

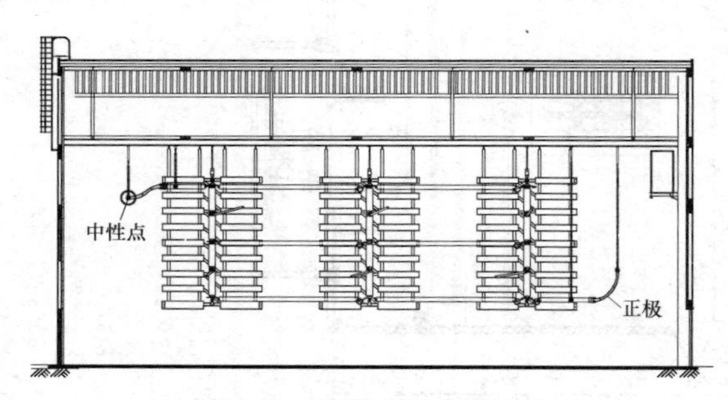

图 7-51　换流阀塔布置断面图

的阀厅换流变压器阀侧套管类似。

（3）直流回路布置及连接。换流单元极母线回路上接有一台平波电抗器。若采用油浸式平波电抗器，则平波电抗器的套管伸入阀厅；若采用干式平波电抗器，其通过穿墙套管与户内直流极线回路连接。极线回路设有直流电压测量装置，可立地布置。直流侧设备布置断面如图 7-52 和图 7-53 所示。

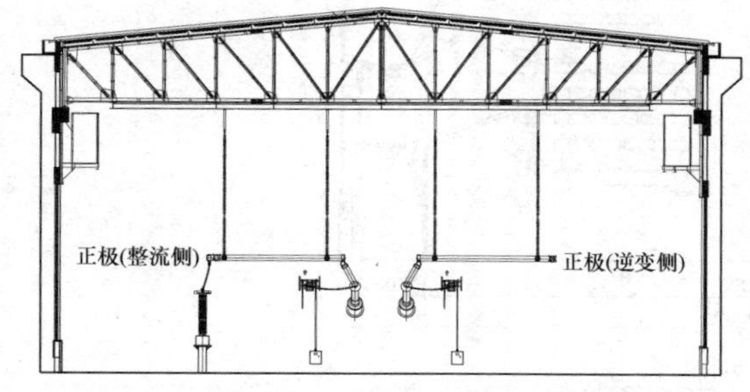

图 7-52　直流侧设备布置断面图——极线回路

2. 工程示例

图 7-54 所示为 LB2 背靠背换流站阀厅电气布置图。换流单元采用 12 脉动单元一端接地接线型式，四重阀、单相三绕组换流变压器、油浸式平波电抗器。联网两侧换流变压器联结组别分别为 YNynd11 和 YNynd1。

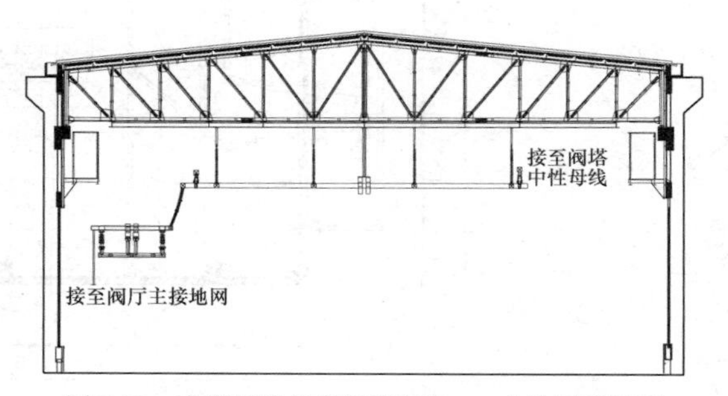

图 7-53　直流侧设备布置断面图——中性母线回路

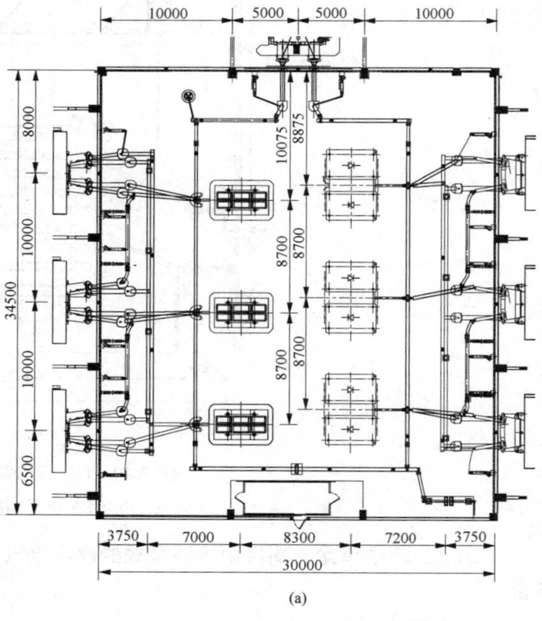

图 7-54　LB2 背靠背换流站阀厅电气布置图（一）
（a）阀厅电气布置平面图

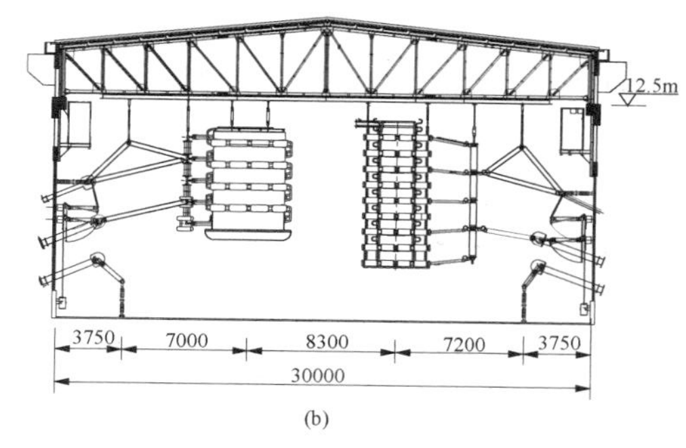

图 7-54 LB2 背靠背换流站阀厅电气布置图（二）
（b）阀厅电气布置断面图

第四节 直流配电装置布置

直流配电装置布置包括平波电抗器、直流转换开关、隔离开关、接地开关、避雷器、电流测量装置、电压测量装置、电抗器、电容器、电阻器等设备的布置。

一、设计要求

直流配电装置的布置除遵守第一节的设计原则外，还应满足以下要求：

（1）应结合站址条件、进出线要求、设备大件运输要求等综合考虑。

（2）极母线设备采用户外或户内布置应根据站址环境条件和设备选型情况确定。

（3）应与直流设备（如平波电抗器、高压直流滤波器电容器等）型式选择相匹配，与换流站环境条件（如地震烈度、最大风速）相适应。

（4）宜按极对称分区布置，且应便于设备的巡视、操作、检修和试验。

（5）应考虑设备和母线机械受力的要求。

二、户外直流配电装置

（一）每极单 12 脉动换流器的双极系统换流站直流配电装置

每极单 12 脉动换流器的双极系统换流站直流配电装置通常在±660kV 及以下高压直流工程中采用。

直流配电装置采用敞开式设备，直流中性线设备和接地极出线设备布置在直流配电装置区中间，极线设备布置在直流配电装置区两侧，直流滤波器布置在极线和中性线之间。直流配电装置布置包括极线区域布置、中性线区域布置、直流滤波器区域布置三部分。

1. 极线区域布置

极线回路从阀厅至出线塔依次有平波电抗器、PLC/RI 滤波器（若有）、避雷器、直流电流测量装置、直流电压测量装置和接地开关等设备。

换流阀极线引出线可通过油浸式平波电抗器或者直流穿墙套管与直流配电装置极母线连接。

平波电抗器可采用油浸式电抗器或者户外干式空心电抗器。当采用油浸式平波电抗器时，平波电抗器通常安装在极线上，并且通过平波电抗器套管直接接入阀厅，紧靠阀厅布置。当采用干式平波电抗器时，平波电抗器可分置安装在极线和中性线上，布置在阀厅和直流滤波器之间。

直流配电装置极线母线规格及高度应满足直流配电装置区地面最大电场限值的要求。

若避雷器安装方式为吊装在极线管形母线上，则极线管形母线规格及支柱绝缘子布置间距应满足各种工况下的应力计算。

直流电流测量装置分为串联于管形母线和抱管形母线两种形式。串联于管形母线形式电流测量装置需在设备两侧分别设置支柱绝缘子；抱管形母线形式电流测量装置通常安装在管形母线端部。为避免与管形母线或者均压球接触分流而造成电流测量偏差，此类电流测量装置通常需设置带绝缘部分的特殊金具。

高压直流分压器布置在极线管形母线下。

2. 中性线区域布置

直流中性线回路从阀厅至出线塔依次布置平波电抗器（若有）、直流电压测量装置、避雷器、直流转换开关、冲击电容器、电流互感器和接地开关等设备。送端换流站直流配电装置比受端换流站直流配电装置多 MRTB 和 ERTB。

中性线出线可采用跨道路管形母线或者架空线的方式与直流配电装置中性线设备连接。

当中性线回路有干式平波电抗器时，平波电抗器可采用高位布置方式或者低位布置方式。低位布置采用落地安装，需要设置平波电抗器围栏。

3. 直流滤波器区域布置

直流滤波器布置在极线和中性线之间，并设在独立的围栏中。直流滤波器可由多个直流滤波器支路并联构成。

直流滤波器高压电容器电压较高，且体积较大，在布置时需考虑下列因素：

（1）直流滤波器电容器塔可选择支持式或悬吊式，高地震烈度地区宜选用悬吊式。

（2）高压电容器塔设备高度通常会高于直流极线安装高度，当两者高差较小时，可采用软导线连接；当两者高差较大时，宜采用管形母线连接。

直流滤波器中电抗器的布置应考虑电抗器电磁对其他电气设备或者钢结构件的影响。

直流滤波器设备布置还应考虑设备的维护、检修要求，应合理地设置围栏大小、数量，围栏内一般设有检修小车通道。

4. 工程示例

（1）图 7-55 所示为每极单 12 脉动换流器的双极系统送端换流站直流配电装置平断面图。

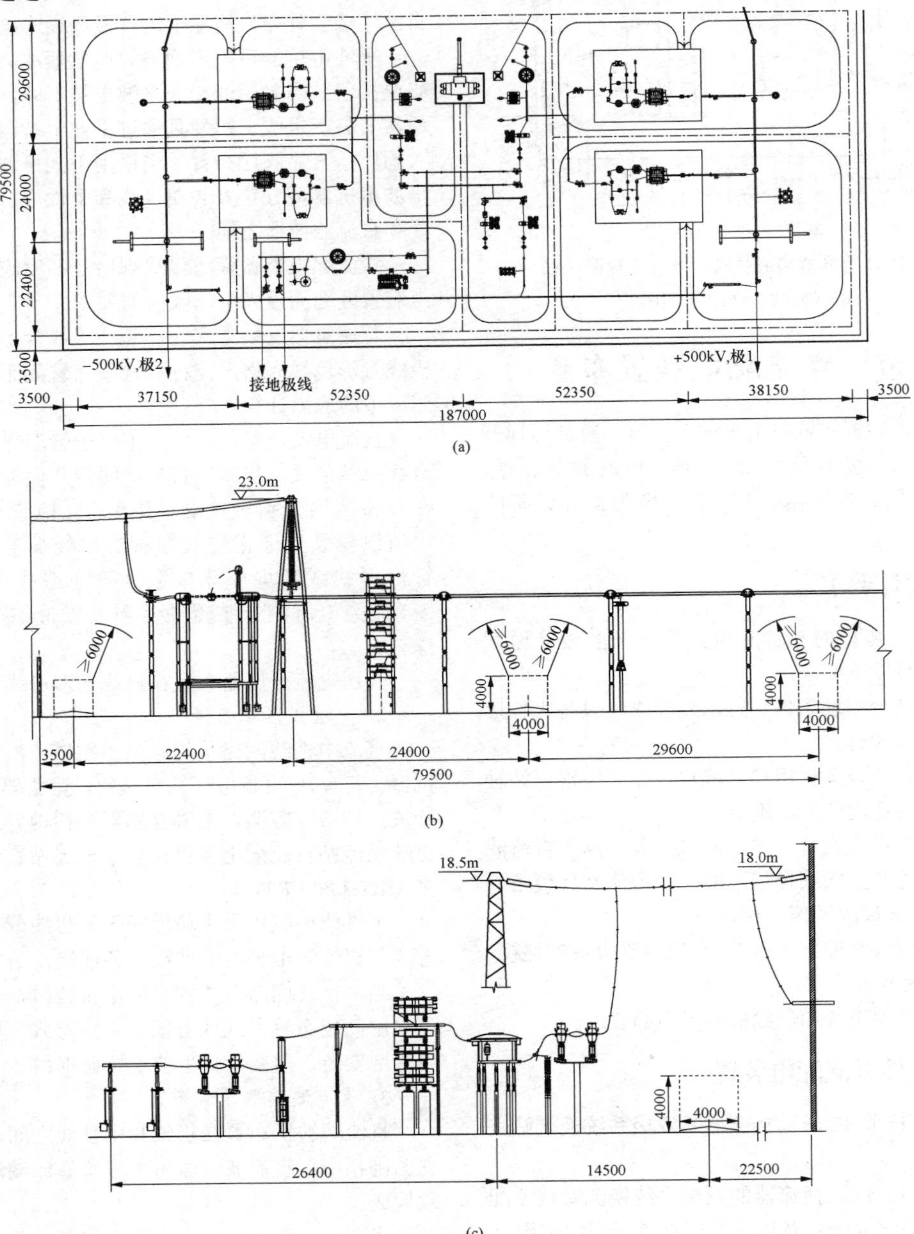

图 7-55　每极单 12 脉动换流器的双极系统送端换流站直流配电装置平断面图

（a）平面布置图；（b）断面图之一；（c）断面图之二

（2）每极单 12 脉动换流器的双极系统受端换流站直流配电装置布置与送端换流站相比，主要差别在于无 MRTB 及 ERTB，其他布置基本一致。图 7-56 所示为每极单 12 脉动换流器的双极系统受端换流站直流配电装置平面布置图。

（二）每极双 12 脉动换流器串联的双极系统换流站直流配电装置

每极双 12 脉动换流器串联的双极系统换流站直流配电装置接线通常在±800kV 及以上特高压直流工程中采用。换流站阀厅采用两个 12 脉动换流器串联，

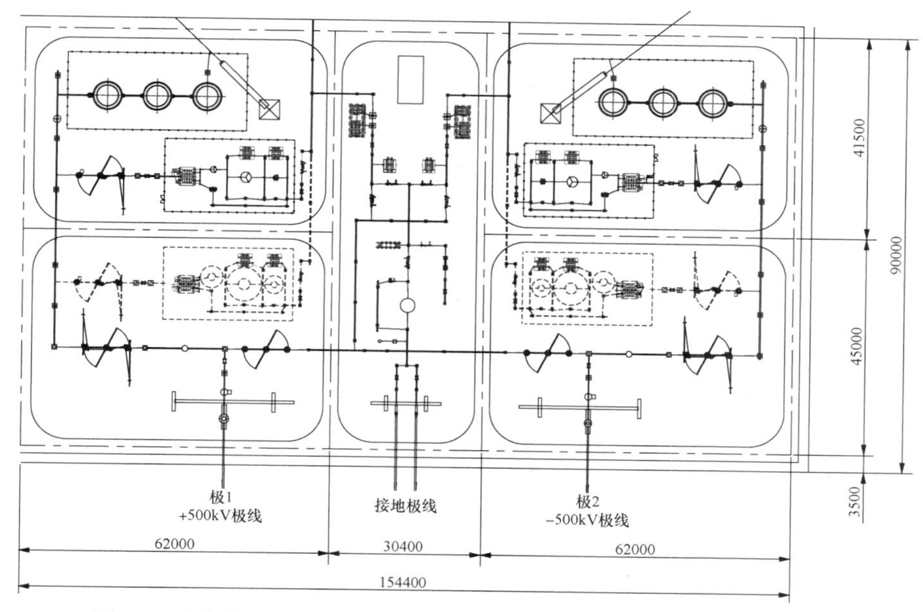

图 7-56 每极单 12 脉动换流器的双极系统受端换流站直流配电装置平面布置图

形成双 12 脉动阀组，全站设置 4 个阀厅。相对于每极单 12 脉动换流器的双极系统换流站直流配电装置，每极双 12 脉动换流器串联的双极系统换流站直流配电装置设置有旁路回路。

直流配电装置采用敞开式设备，直流中性线设备和接地极出线设备布置在直流配电装置区中间，极线设备布置在直流配电装置区两侧，直流滤波器布置在极线和中性线之间，旁路回路设备布置在直流配电装置区中间紧邻阀厅侧。直流配电装置布置包括极线区域布置、旁路回路区域布置、中性线区域布置、直流滤波器区域布置四部分。对于有融冰需求的直流工程，在直流配电装置布置中还要考虑融冰回路的布置。

1. 布置方式

极线出线回路从阀厅至出线塔依次有 RI 电抗器、隔离开关、平波电抗器、支柱绝缘子、避雷器、电流测量装置、电压测量装置和接地开关等设备。

为保证 RI 电抗器对无线电干扰抑制的效果，直流 RI 电抗器宜尽可能靠近直流穿墙套管布置。

每个 12 脉动换流器的 1 台旁路断路器、3 台旁路隔离开关形成“回”字形布置，布置在直流配电装置区中间紧靠阀厅侧，通过直流穿墙套管与阀厅设备连接。

平波电抗器通常采用户外干式空心电抗器。根据平波电抗器电感值及平波电抗器制造工艺，平波电抗器常采用多线圈串联的型式，当采用 3 个平波电抗器线圈串联时，可采用“品”字形或者“一”字形布置方式。高压平波电抗器采用落地安装，设置围栏。

中性线平波电抗器与极线平波电抗器共用备用电抗器线圈，中性线平波电抗器可采用高位或低位布置方式。

当直流线路有融冰要求时，可在直流配电装置设置融冰回路。融冰回路可采用增设隔离开关或临时跳线两种连接方式。

2. 工程示例

根据直流配电装置送受端及有无融冰差异，分别考虑送端有融冰、送端无融冰、受端有融冰、受端无融冰直流配电装置布置方案。布置方案按照±800kV换流站考虑，采用干式平波电抗器，平波电抗器按照“3+3”的方式对称布置在直流极线和中性线。

（1）每极双 12 脉动换流器串联的双极系统送端换流站直流配电装置布置方案。

1）图 7-57 表示为每极双 12 脉动换流器串联的双极系统送端换流站直流配电装置（有融冰）平断面布置图。

2）每极双 12 脉动换流器串联的双极系统送端无融冰直流配电装置与送端有融冰直流配电装置的区别在于无“极 2 旁路跳线反接”和“极 2 极线分别与极 1 极线和中性线跨接”融冰回线。每极双 12 脉动换流器串联的双极系统送端换流站无融冰直流配电装置平面布置见图 7-58。

（2）每极双 12 脉动换流器串联的双极系统受端换流站直流配电装置布置方案。每极双 12 脉动换流器串联的双极系统送端换流站直流配电装置布置与送端换流站相比，主要差别在于无 MRTB 及 ERTB，其他布置基本一致。每极双 12 脉动换流器串联的双极系统受端换流站直流配电装置平面布置如图 7-59 和图 7-60 所示。

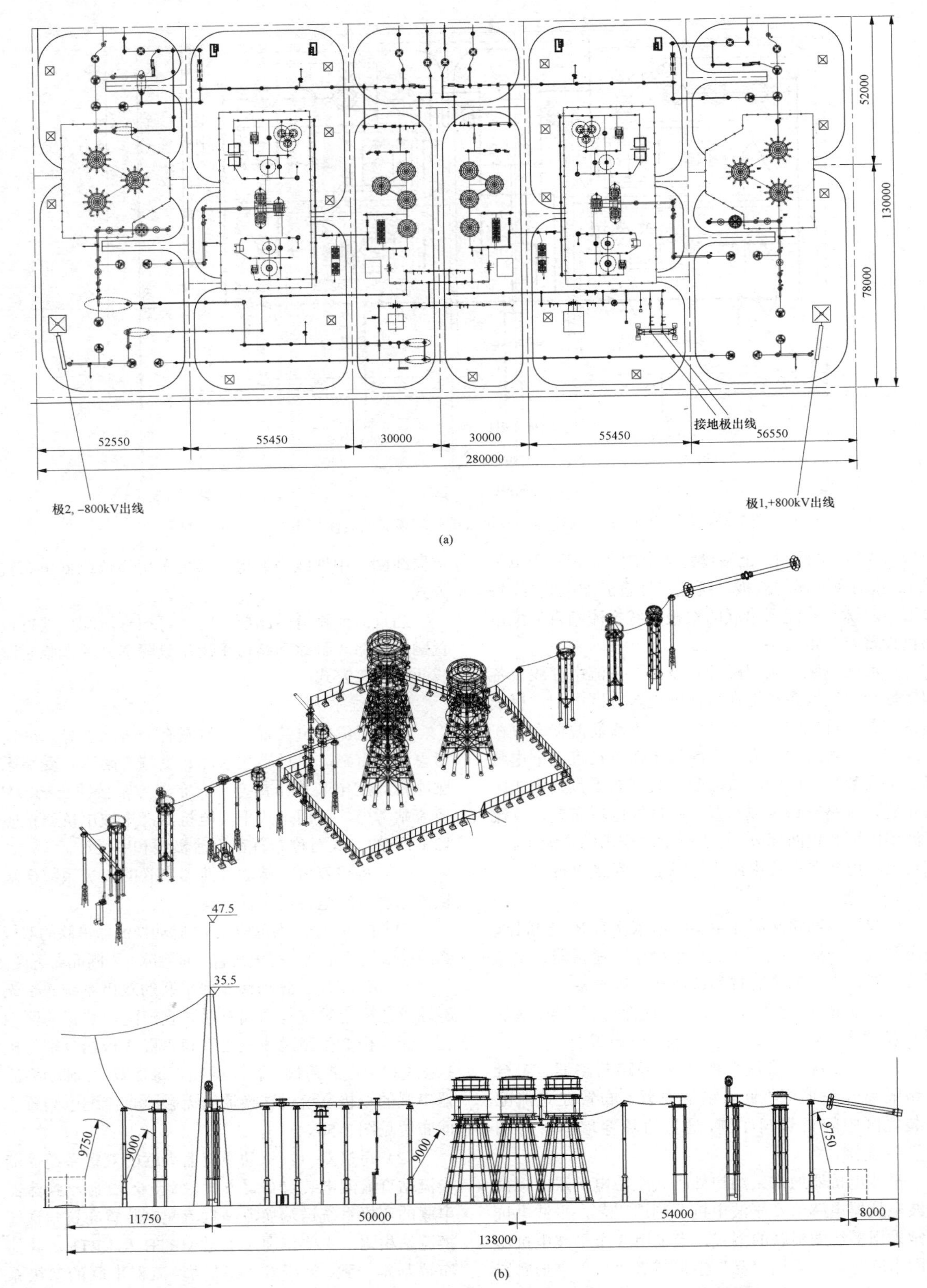

图 7-57 每极双 12 脉动换流器串联的双极系统送端换流站直流配电装置平断面布置图（有融冰）

（a）平面布置图；（b）极线断面图

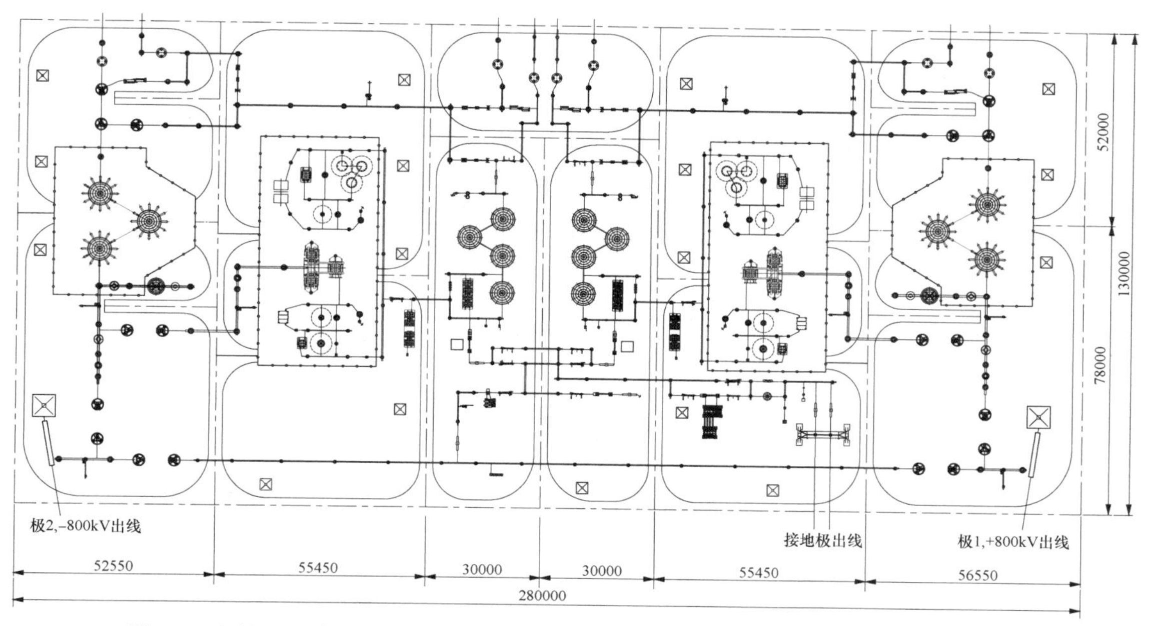

图 7-58　每极双 12 脉动换流器串联的双极系统送端换流站直流配电装置平面布置图（无融冰）

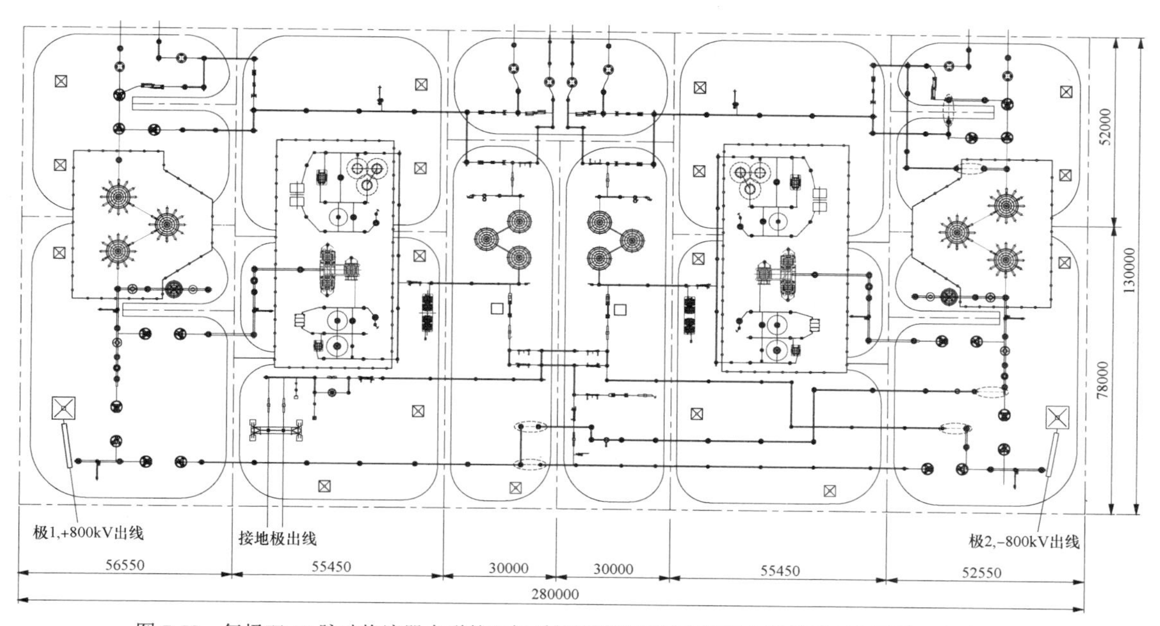

图 7-59　每极双 12 脉动换流器串联的双极系统受端换流站直流配电装置平面布置图（有融冰）

三、户内直流配电装置

户内直流配电装置通常在高污秽地区采用，直流高压极线设备及高压直流滤波器电容器塔布置在户内，可降低高压直流设备外绝缘的要求。

1. 极线区域布置

直流高压极线设备及高压直流滤波器电容器塔采用户内型式并布置在直流配电装置区的两侧；直流配电装置中性线设备、直流滤波器低压设备采用户外敞开式，布置在直流配电装置区中部。各极户内配电装置紧挨直流阀厅（高端阀厅）布置。当采用油浸式平波电抗器时，平波电抗器的一个套管伸入阀厅，另一个套管伸入户内直流配电装置区；当采用干式平波电抗器时，采用高压直流穿墙套管连接直流阀厅与户内直流配电装置区。

高压极线回路采用户内中型支持管形母线布置方式，所有高压直流设备都布置在户内直流配电装置区中，如极线设备、直流滤波器用高压隔离开关、直流

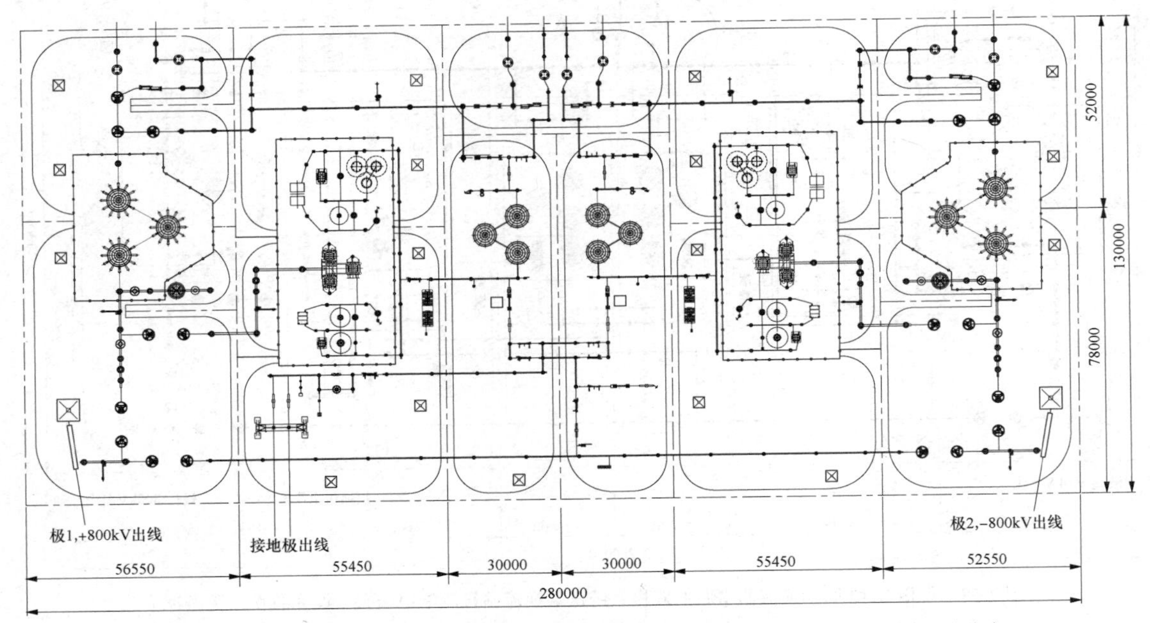

图 7-60 每极双 12 脉动换流器串联的双极系统受端换流站直流配电装置平面布置图（无融冰）

滤波器高压电容器塔、直流极线与金属回线连接用高压隔离开关。直流极线出线采用直流套管引出后，通过架空线引出。

每极双 12 脉动串联的双极系统换流站，户内极线区域还包括旁路回路设备布置。

2. 直流滤波器区域布置

高压直流滤波器塔布置在户内直流配电装置区，其低压侧通过穿墙套管引出，与直流滤波器低压设备相连。

3. 中性线区域布置

户内直流配电装置中性线区域设备布置与户外直流配电装置中性线区域布置基本一致，区别在于金属回线通过低压直流套管与直流极线连接。

4. 工程示例

图 7-61 所示为±500kV 户内直流配电装置平断面布置图。

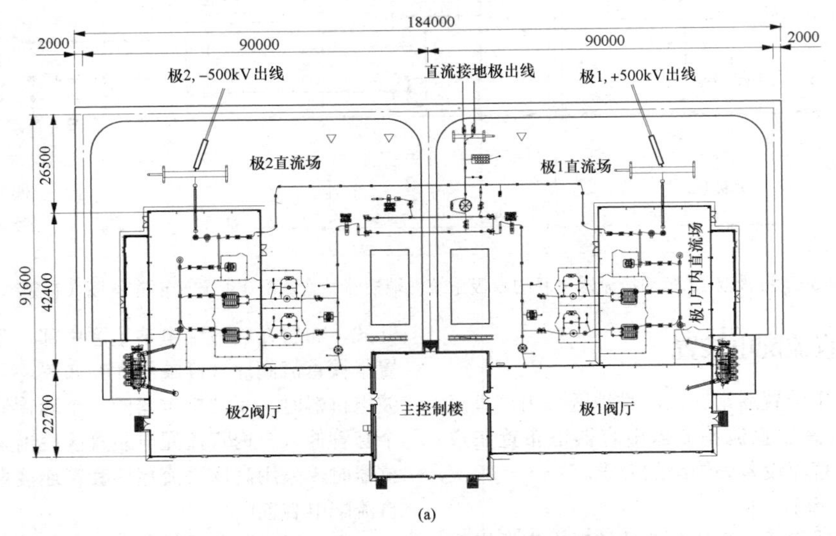

图 7-61 ±500kV 户内直流配电装置平断面布置图（一）

（a）平面布置图

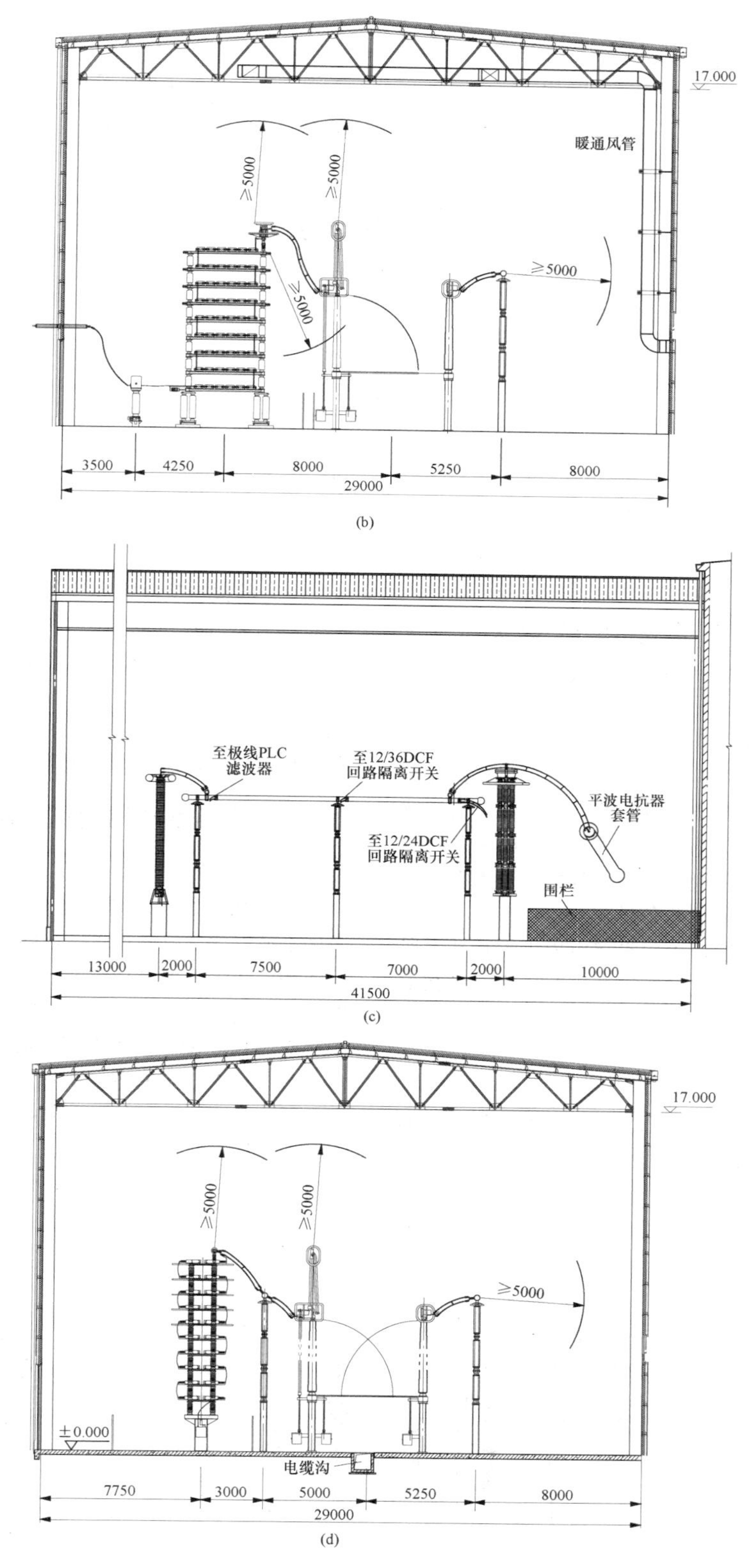

(b)

(c)

(d)

图 7-61 ±500kV 户内直流配电装置平断面布置图（二）
（b）～（d）断面图

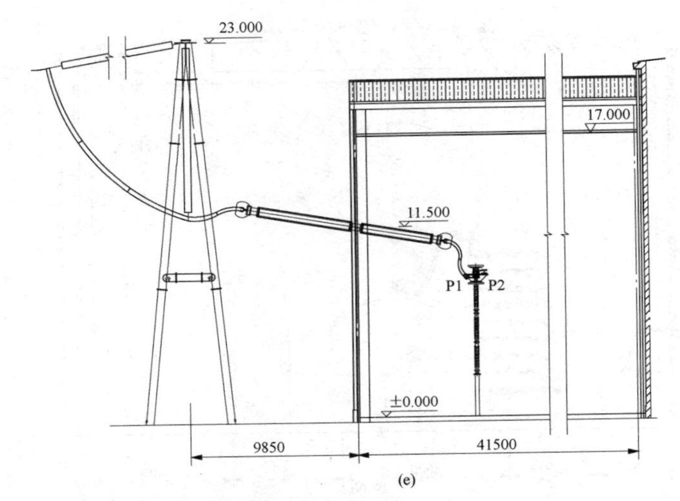

图 7-61 ±500kV 户内直流配电装置平断面布置图（三）
（e）断面图

第五节 交流配电装置及交流滤波器布置

交流配电装置需结合交流配电装置接线、配电装置选型和交流配电装置进出线要求等进行布置，并宜与换流区布置及换流变压器进线等统筹考虑。交流滤波器区包括各大组交流滤波器的母线和小组回路的设备，以及交流滤波器围栏内设备，其配电装置型式主要采用屋外敞开式设备中型布置。

交流配电装置布置，可参见《电力工程设计手册 变电站设计》分册。本节仅对换流变压器进线回路 PLC 设备及交流滤波器配电装置的布置进行描述。

一、设计要求

交流滤波器配电装置的布置设计除遵守第一节的设计原则外，还应满足以下要求：

（1）应根据换流站环境条件（如地震烈度、最大风速），合理选择设备型式和布置型式，如高地震烈度地区宜采用罐式断路器，大风地区不宜采用垂直开启式隔离开关等。

（2）交流滤波器及无功补偿装置设备宜集中或分区集中布置，整体布置应满足换流站厂界的噪声标准要求。

二、换流变压器进线回路 PLC 配电装置布置

交流 PLC 配电装置由滤波电抗器和电容器组成，串接于换流变压器交流进线回路中。交流 PLC 滤波电抗器和电容器一般选用支持式设备，电抗器采用干式电抗器，电容器选用框架式电容器。

交流 PLC 配电装置布置一般采用沿换流变压器交流进线“一”字形布置，需增加换流变压器进线方向纵向尺寸。图 7-62 所示为 500kV 交流 PLC 配电装置平断面布置图。

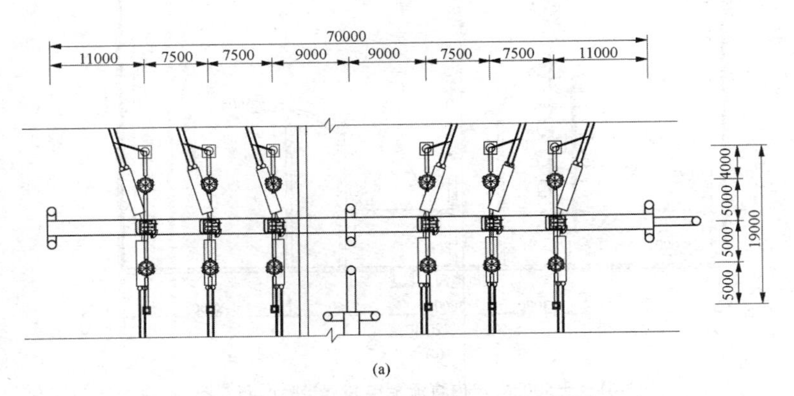

图 7-62 500kV 交流 PLC 配电装置平断面布置图（一）
（a）平面图

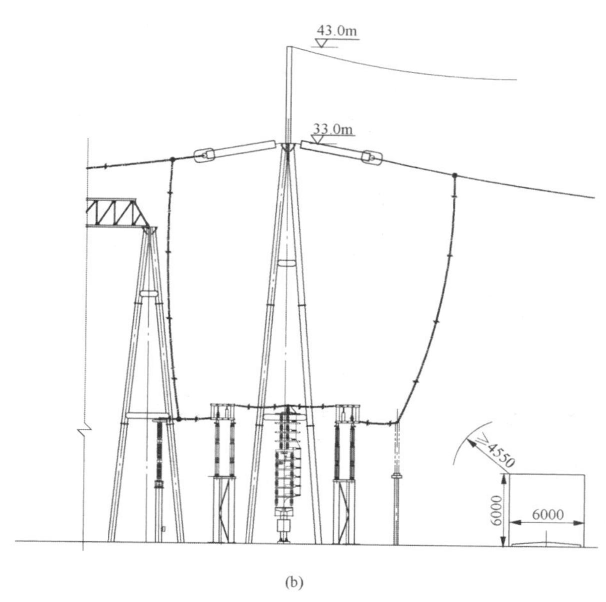

(b)

图 7-62 500kV 交流 PLC 配电装置平断面布置图（二）

（b）断面图

当换流变压器进线设置汇流母线且汇流母线布置于交流配电装置区域时，两组换流变压器至汇流母线之间采用跨线（每跨 3 相）引接。此时，若换流站装设交流 PLC 设备，则可将交流 PLC 设备布置于汇流母线下方，充分利用站内空余场地，避免由于布置 PLC 设备而额外增加占地，如图 7-63 所示。

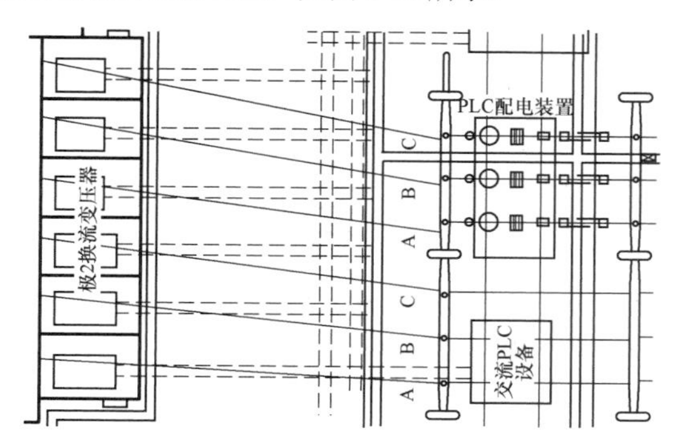

图 7-63 交流 PLC 设备布置于汇流母线下方示意图

三、交流滤波器区大组布置

交流滤波器区大组包括的设备有断路器、隔离开关、电流测量装置、接地开关、母线电压测量装置及交流母线避雷器。根据不同的交流滤波器区小组的排列方式，交流滤波器区大组常用的布置方式有“一”字形、“田”字形和改进“田”字形。

1. “一”字形布置方式

“一”字形布置断路器呈单列式布置，大组中各小组布置在母线的一侧。交流滤波器区小组围栏前后及配电装置相间设置检修道路。

大组母线通常采用悬吊管形母线，母线隔离开关采用单柱垂直开启式，分相布置于母线下方。

该布置方式的优点是：①换流站内各交流滤波器区大组区域布置清晰；②运行维护便利，任意一大组设备检修均不影响其他大组滤波器正常工作。

该布置方式的不足是：①场地利用不够充分，交流滤波器区整体占地面积较大；②交流滤波器区大组进线 GIL 管线或者架空线较长，相应的工程经济性较差。

500kV“一”字形交流滤波器区平断面布置如图 7-64 所示。

2. “田”字形布置方式

“田”字形布置断路器呈双列式布置，大组中各小组分别布置在大组汇流母线的两侧，构成一个“田”字。交流滤波器及并联电容器小组围栏前后及配电装置相间设置检修道路。这种交流滤波器区大组布置方式通常采用 GIL 管线方式接入。

大组母线常采用导线形式，母线隔离开关采用两柱水平开启式隔离开关。利用母线电压互感器作为滤波器小组引下线的过渡支撑，可节省支持绝缘子。

该布置方式的优点是：①交流滤波器区布置整齐、清晰；②母线两侧滤波器小组共用汇流母线，长度差异较小的滤波器小组布置在母线一侧，场地得到了有效利用，交流滤波器区占地更少。

该布置方式存在的不足是：①当多组大组交流滤波器区单列布置时，大组的 GIL 进线有相互穿越问题，

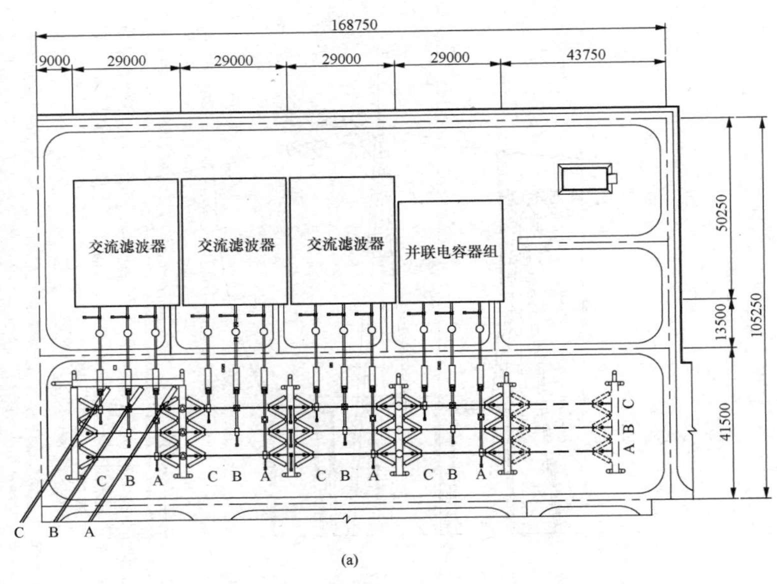

(a)

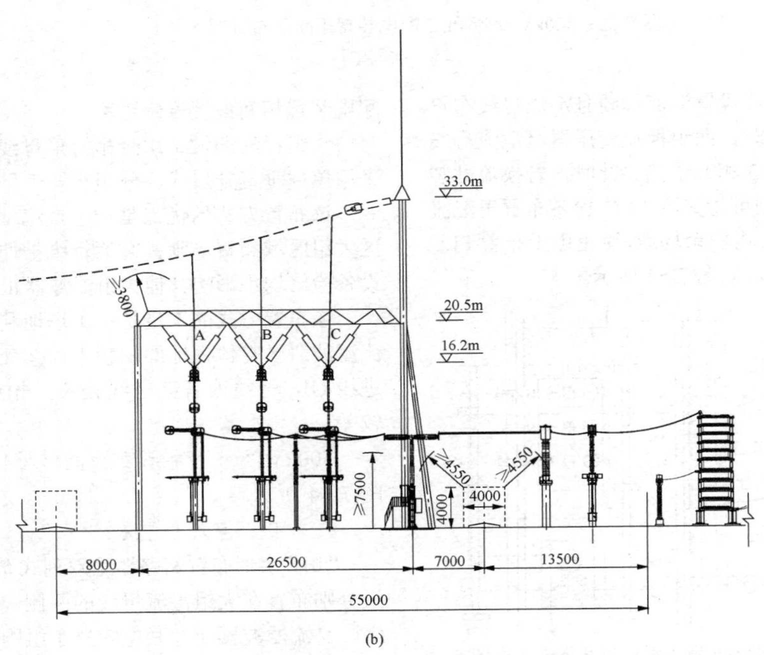

(b)

图 7-64　500kV“一”字形交流滤波器区平断面布置图

（a）平面图；（b）断面图

GIL 管线总量较大；②交流滤波器区小组数为奇数时，会出现“空地”，土地利用率较低。

500kV“田”字形交流滤波器区平断面布置如图 7-65 所示。

3. 改进“田”字形布置方式

改进“田”字形布置断路器呈双列式布置，大组中各小组分别布置在大组汇流母线的两侧，构成一个“田”字。在滤波器大组配电装置中间构架下及滤波器围栏后设置检修道路。交流滤波器区大组采用架空线接入。

改进“田”字形交流滤波器区大组采用双层构架、架空软导线进线的布置方式。其中上层导线为滤波器大组母线，下层悬吊管形母线为滤波器大组分支母线（即大组滤波器进线的延伸分支部分），滤波器小组采用单柱式隔离开关。大组母线避雷器及电压互感器设置在两对称布置滤波器小组间隔的中间，与大组分支母线相连。由于两平行大组进线回路距离较近，电磁感应电压较大，需设置大组母线进线回路接地开关，布置在相邻两小组间隔中间。

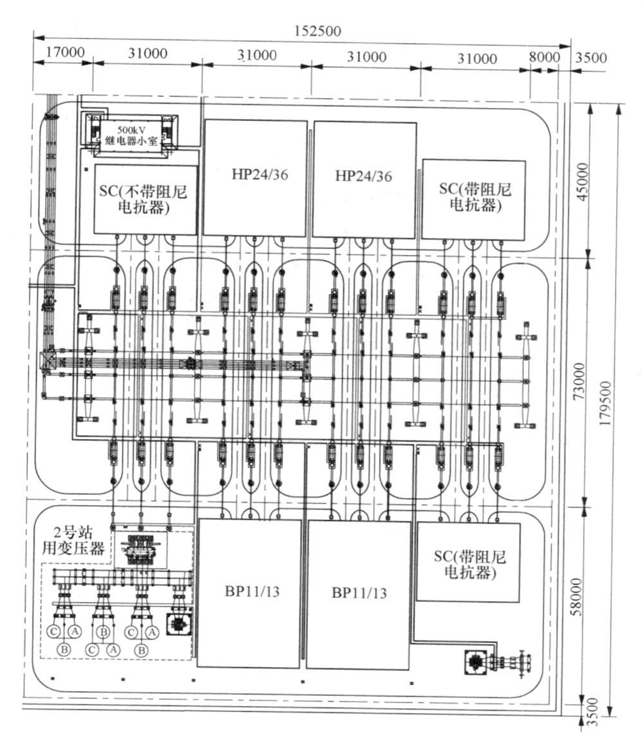

(a)

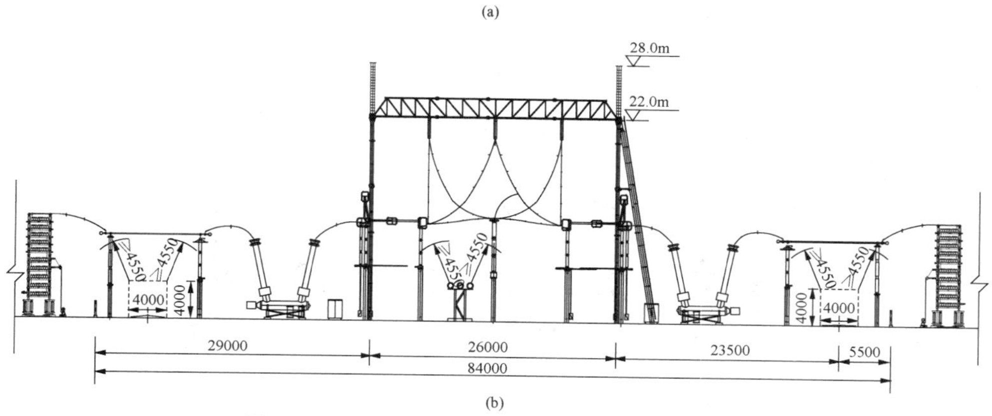

(b)

图 7-65 500kV“田”字形交流滤波器区平断面布置图

（a）平面图；（b）断面图

该布置方式的优点是：①交流滤波器区大组 GIL 管线无需深入交流滤波器场内部，GIL 管线较短；②交流滤波器区大组进线及其分支母线高、低跨设置于设备上方，减少了滤波器场占地面积；③该布置方式对于交流滤波器区大组的小组奇偶数没有限制。

该布置方式存在的不足是：由于两大组交流滤波器大组母线均采用架空线平行接入，当任一相邻大组母线设备检修时，对应区域依旧包含有另一大组的带电设备，给检修造成了一定的困难。

500kV 改进“田”字形交流滤波器区平断面布置如图 7-66 所示。

四、交流滤波器区小组布置

（一）布置方式

交流滤波器区小组布置可分为管形母线单侧布置方式和管形母线双侧布置方式，两种布置方式在工程中均有应用。相比较而言，管形母线单侧布置时滤波器小组围栏宽度较小，滤波器小组内部连接线清晰，现有直流工程通常采用该布置方式。

管形母线单侧布置方式时，交流滤波器区围栏总体布置具有以下特点：

（1）交流滤波器区围栏设备 A、B、C 三相采用三列式布置，同时接至交流滤波器中性管形母线。

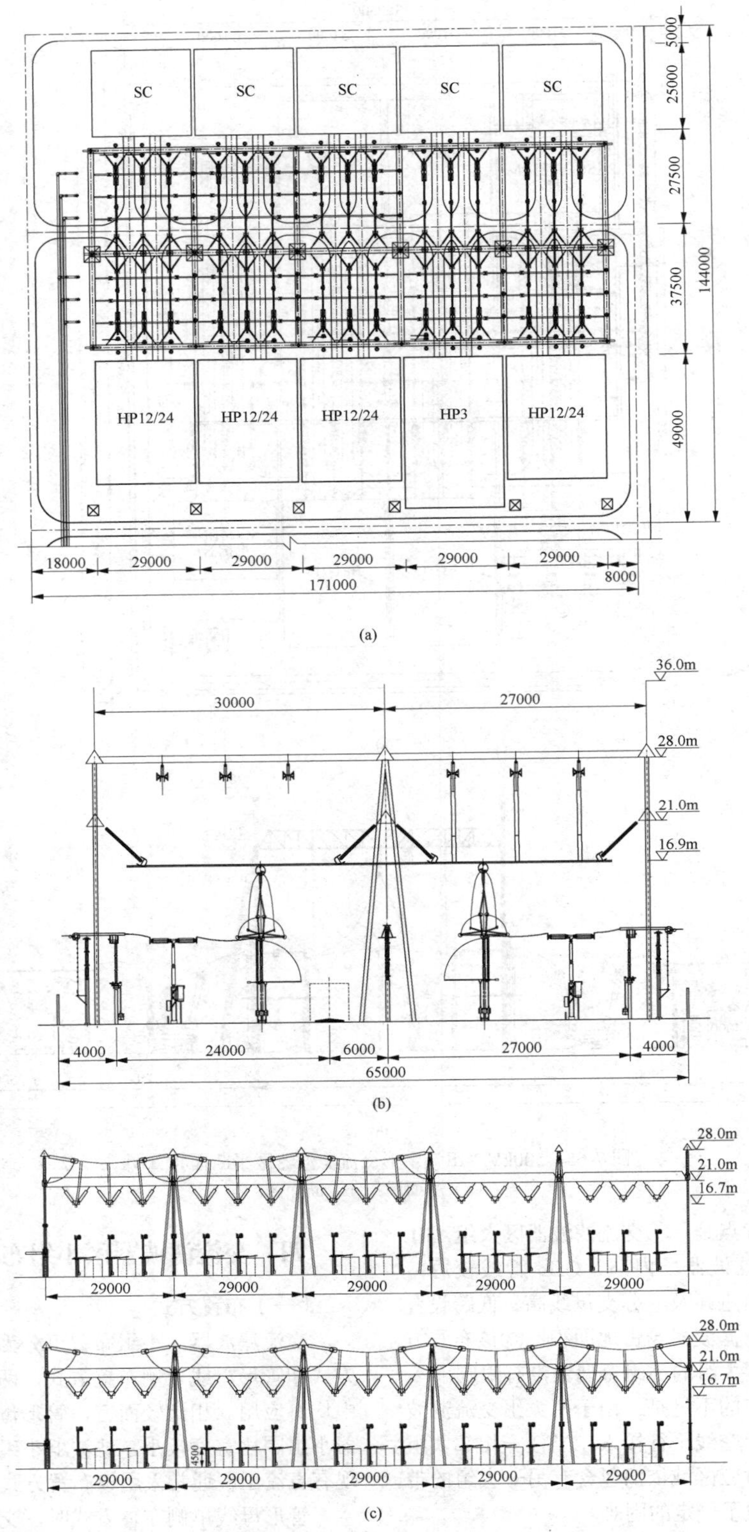

(a)

(b)

(c)

图 7-66 500kV 改进“田”字形交流滤波器区平断面布置图

（a）平面图；（b）、（c）断面图

（2）交流滤波器各电位管形母线采用多层布置，置于各相设备的一侧。

（3）各交流滤波器小组中性线布置在围栏的末端。

交流滤波器分为调谐滤波器和阻尼滤波器，其中调谐滤波器分为单调谐型、双调谐型、三调谐型及高通型，阻尼滤波器分为二阶高通阻尼型、三阶高通阻尼型、C型阻尼型及双调谐高通阻尼型。

（二）常用布置方式

以下以500kV交流滤波器为例，介绍几种常用交流滤波器布置方式。

1. HP3布置

HP3滤波器小组包含高压电容器C1，低压电容器C2，电抗器L1，电阻器R1，滤波器避雷器F1、500kV避雷器F2，电流互感器TA2、TA3、TA4。HP3典型接线及平断面布置如图7-67所示。

（1）HP3滤波器高压电容器C1前通常配置500kV避雷器以限制操作过电压，满足断路器过电压要求。500kV避雷器均压环与道路之间按$B_1=4550$mm校核。

（2）高压电容器C1均压环大小将决定A、B、C三相的间距，各相相间净距应满足$A_2=4300$mm要求。

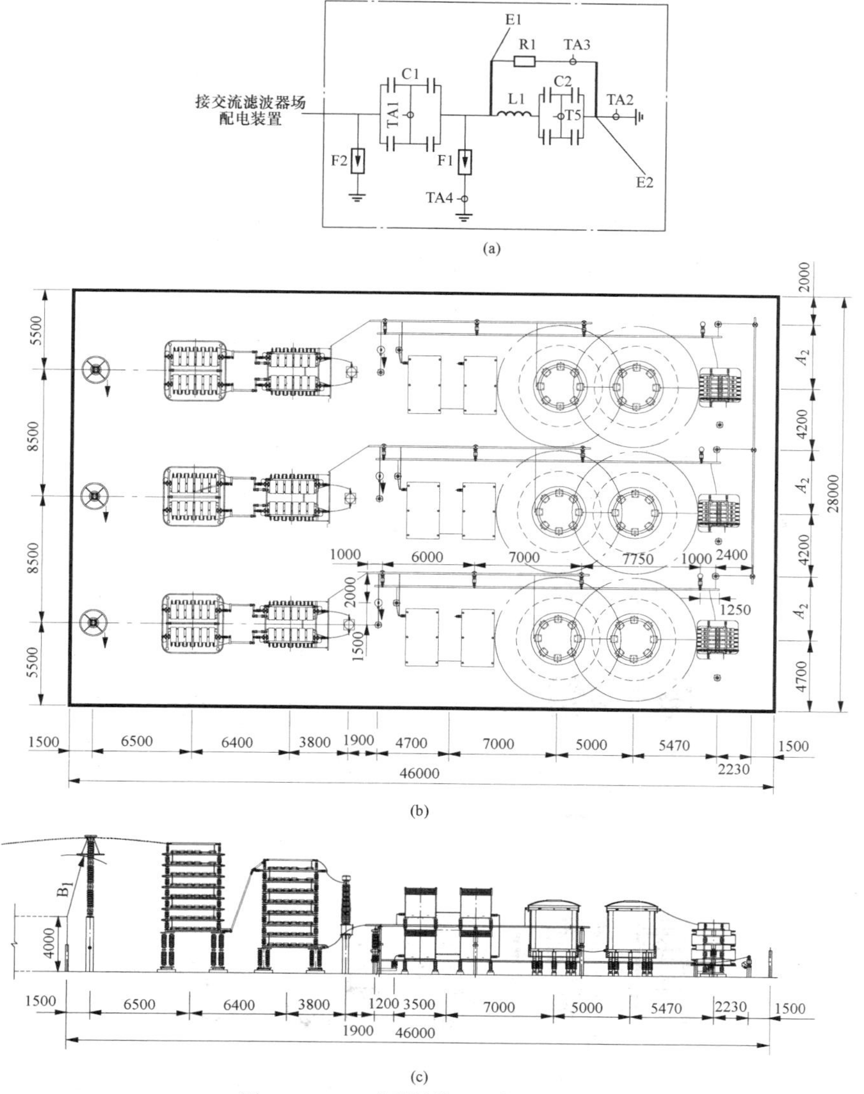

图7-67　HP3典型接线及平断面布置图

（a）接线图；（b）平面图；（c）断面图

E1、E2—管形母线

（3）根据电阻器外形将电阻器长方向与滤波器围栏长方向一致，并与设备生产厂配合，确认设备端子朝向便于接线。电阻器与高压电容器C1塔之间留适当间隙，用于布置滤波器避雷器F1及电流互感器TA4。

（4）HP3 电抗器 L1 的电感值较大，多采用多台电抗器线圈串联的形式，另外考虑电抗器的电磁距离，电抗器 L1 在滤波器小组内低压设备中占位最大。综合考虑电抗器电磁距离对其他设备布置的影响，通常将电抗器布置在电阻器后面。电抗器定位后，需与生产厂配合确定电抗器接线端子朝向，以便于接线连接。

（5）低压电容器 C2 布置在电抗器 L1 电磁距离范围外，顺序布置。

（6）避雷器 F1 及 TA4 串联，通常布置在高压电容器 C1 侧方，等电位管形母线前方。避雷器及电流互感器布置位置不应影响交流高压滤波器电容器塔的检修、维护。

（7）TA2 布置在等电位管形母线与中性线管形母线之间，TA3 布置在电阻器与等电位管形母线之间。电流互感器 TA2、TA3 体积较小，通常不会影响 HP3 交流滤波器围栏内设备的布置，布置时做到设备接线顺畅，设备支架整齐即可。

2. HP11/13 布置

HP11/13 滤波器小组包含高压电容器 C1，低压电容器 C2，电抗器 L1、L2，电阻器 R1，滤波器避雷器 F1，电流互感器 TA2、TA3、TA4。HP11/13 典型接线及平断面布置如图 7-68 所示。

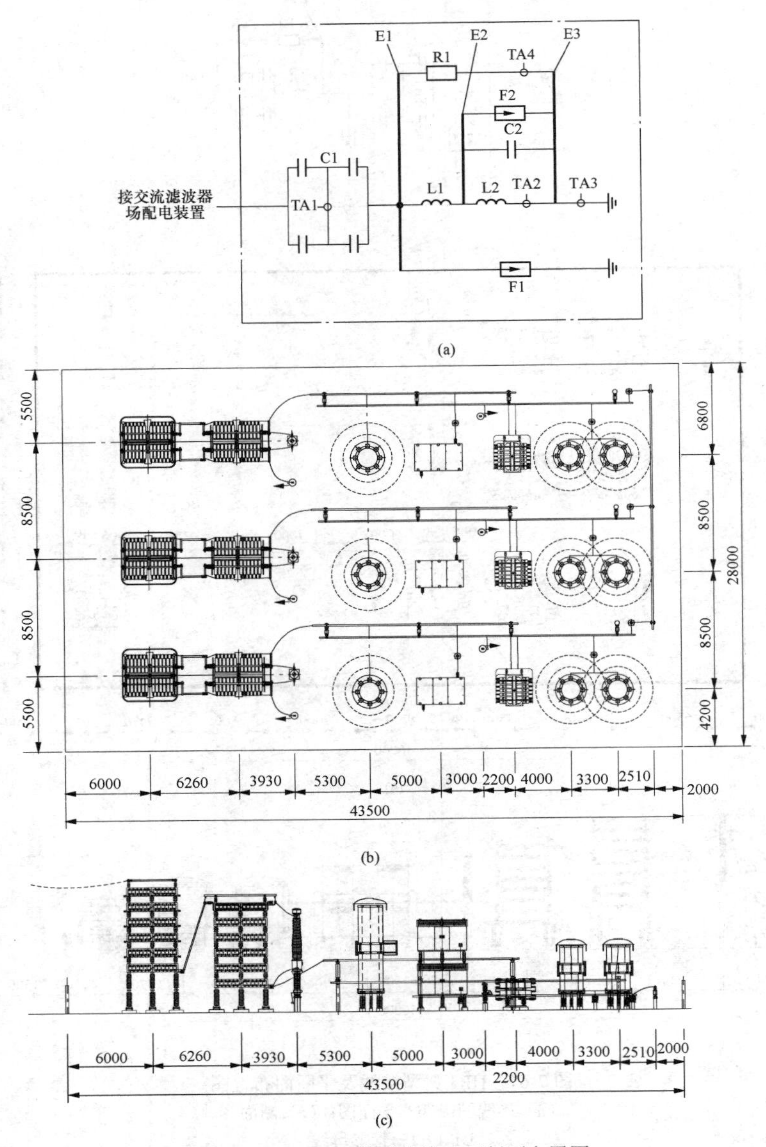

图 7-68　HP11/13 典型接线及平断面布置图

（a）接线图；（b）平面图；（c）断面图

E1～E3—管形母线

（1）HP11/13 高压电容器 C1 布置方式与 HP3 高压电容器 C1 布置方式相同。

（2）为节约占地，在高压电容器 C1 的一侧设置等电位管形母线 E1、E2、E3。各管形母线设置在不同高度，各母线之间的距离应满足空气净距要求。

（3）高压电抗器 L1 和电阻器 R1 顺序布置在高压电容器 C1 的后方，并分别与等电位管形母线 E1、E2 相连。

（4）低压电容器 C2 和低压电抗器 L2 顺序布置在电阻器 R1 后方，并分别与等电位管形母线 E2、E3 相连。

（5）HP11/13 电流互感器、避雷器的布置方式与 HP3 电流互感器、避雷器的布置方式基本相同。

其他双调谐滤波器配置接线与 HP11/13 配置接线基本一致，均可参考 HP11/13 布置方式。

3. SC（含阻尼电抗器）布置

SC（含阻尼电抗器）并联电容器小组包含高压电容器 C1，阻尼电抗器 L1，避雷器 F1 及电流互感器 TA3。SC（含阻尼电抗器）并联电容器设备较少，布置原则可参考其他类型滤波器小组，典型接线及平断面布置如图 7-69 所示。

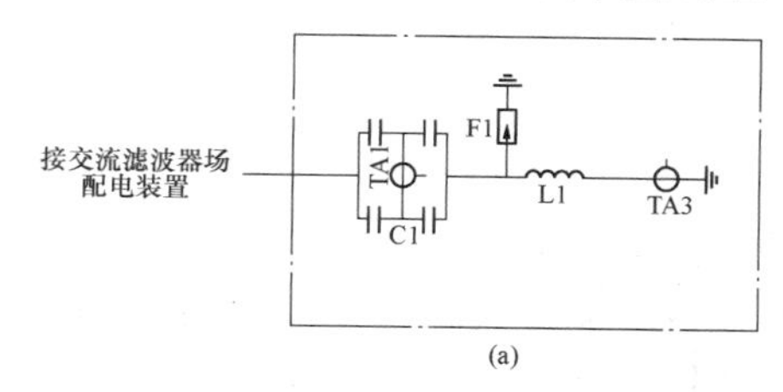

(a)

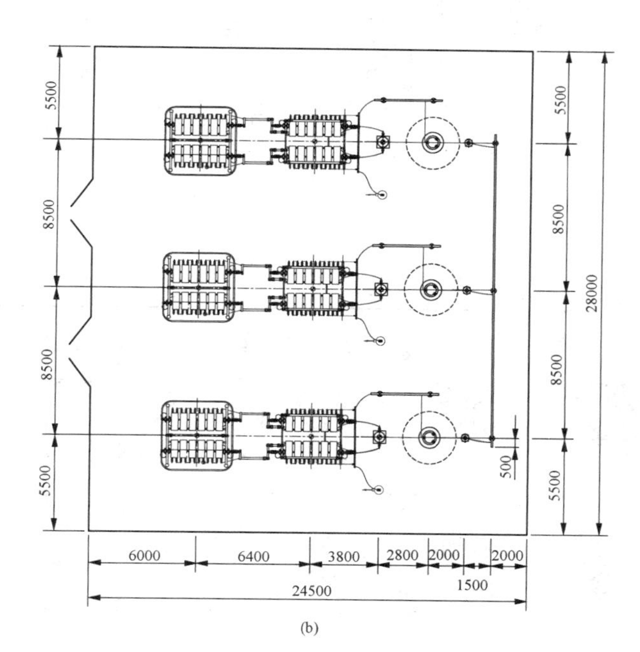

(b)

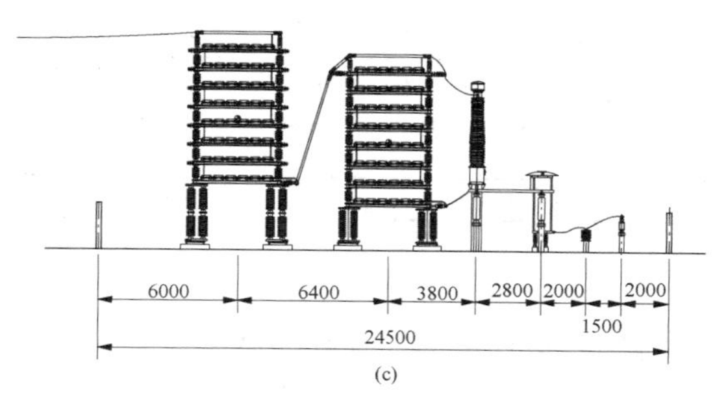

(c)

图 7-69　SC（含阻尼电抗器）典型接线及平断面布置图

（a）接线图；（b）平面图；（c）断面图

4. BP11/13 布置

BP11/13 包含两组单调谐滤波器，分别包含两组高压电容器 C11、C21，电阻器 R11、R21，电抗器 L11、L21，电流互感器 TA12、TA22 和 TA13、TA23，避雷器 F11、F21。BP11/13 接线及平断面布置如图 7-70 所示。

由于 BP11/13 滤波器围栏内设置有两组独立的滤波器接线（BP11，BP13），使 BP11/13 小组所需围栏宽度略大于其他形式滤波器小组，常取 29m。

（1）BP11/13 滤波器因为需要布置两组滤波器，故高压电容器塔通常为单塔（与其他滤波器围栏不同）。C11 中心距围栏距离按 6000mm 控制，为保证电容器 C11 与 C21 塔检修方便，C11 与 C21 间距按 8500mm 控制。

（2）在高压电容器 C21 后面依次布置电抗器 L11、电阻器 R11、电抗器 L21 及电阻器 R21。布置时应考虑电抗器电磁距离、电阻器出线接至电流互感器的接线方式及 L11 与 C21 之间的空气净距要求。

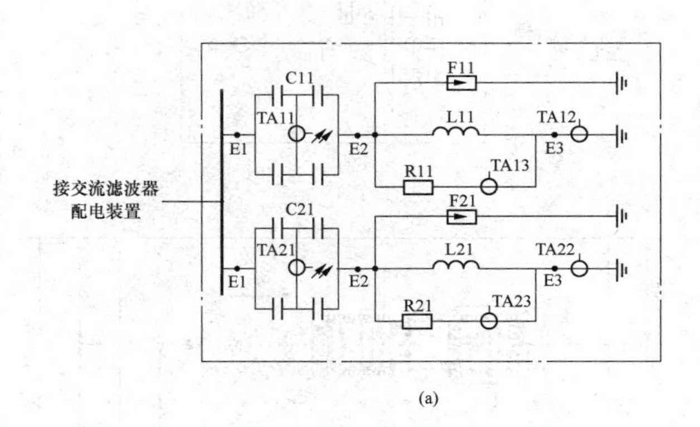

(a)

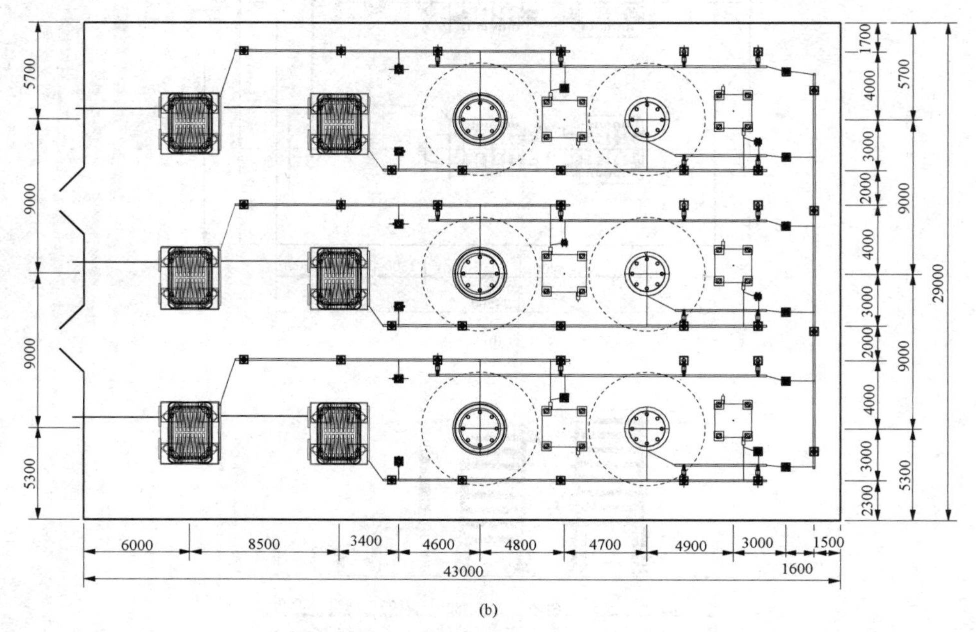

(b)

图 7-70 BP11/13 接线及平断面布置图（一）

（a）接线图；（b）平面图

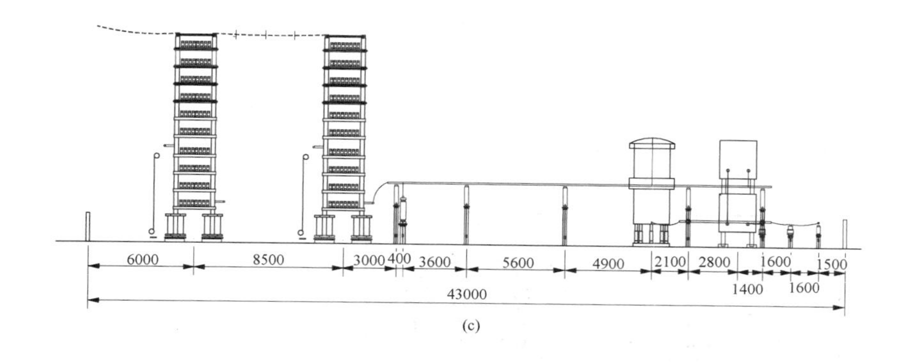

(c)

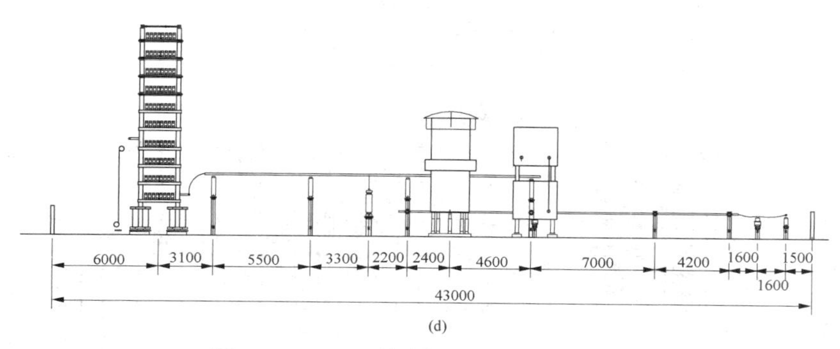

(d)

图 7-70　BP11/13 接线及平断面布置图（二）

（c）、（d）断面图

第六节　电气总平面布置

换流站电气总平面布置包括换流区域（阀厅和换流变压器）、直流配电装置区域、交流配电装置区域、交流滤波器区域和辅助生产区的布置等。换流站电气总平面布置要结合直流线路和交流线路的方向、配电装置型式和各区域布置方式、交流滤波器分组情况、换流站站址地形地貌、换流站进站道路的方位等因素合理确定。本节主要通过工程示例介绍不同类型换流站所采用的电气总平面布置。

一、两端高压直流输电系统换流站电气总平面布置

（一）采用每极单 12 脉动换流器接线的换流站电气总平面布置

采用每极单 12 脉动换流器接线的±500kV LN 换流站电气总平面布置如图 7-71 所示。

采用每极单 12 脉动换流器接线的±660kV QD 换流站电气总平面布置如图 7-72 所示。

（二）采用每极双 12 脉动换流器串联接线的换流站电气总平面布置

采用每极双 12 脉动换流器串联接线、高低端阀厅采用面对面布置的±800kV ZZ 换流站电气总平面布置如图 7-73 所示。

采用每极双 12 脉动换流器串联接线、高低端阀厅采用“一”字形布置的±800kV CX 换流站电气总平面布置如图 7-74 所示。

采用每极双 12 脉动换流器串联接线、高低端阀厅采用“一”字形布置的±800kV TZ 换流站电气总平面布置如图 7-75 所示。

二、背靠背换流站电气总平面布置

±125kV GL 背靠背换流站电气总平面布置如图 7-76 所示。

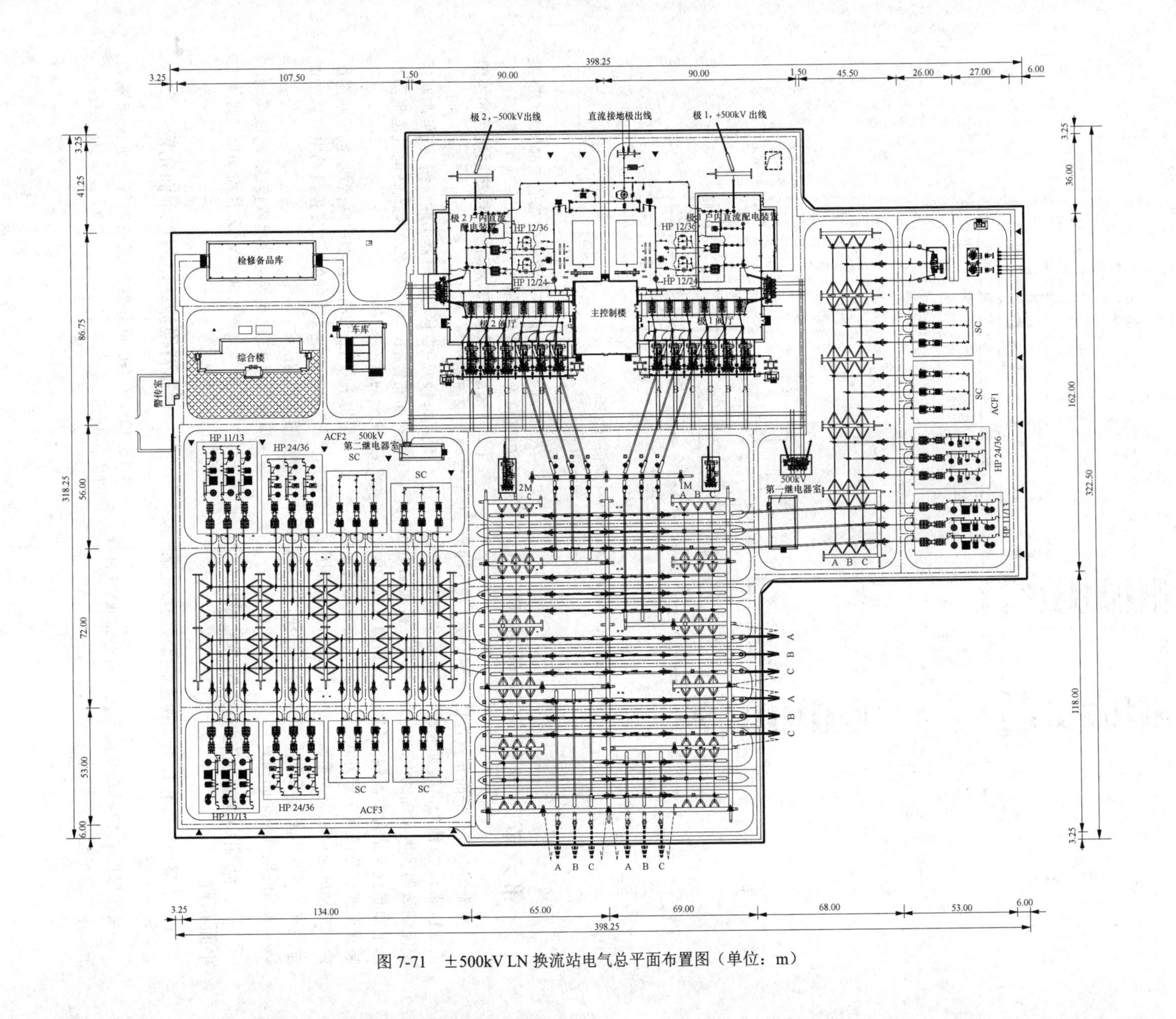

图 7-71 ±500kV LN 换流站电气总平面布置图（单位：m）

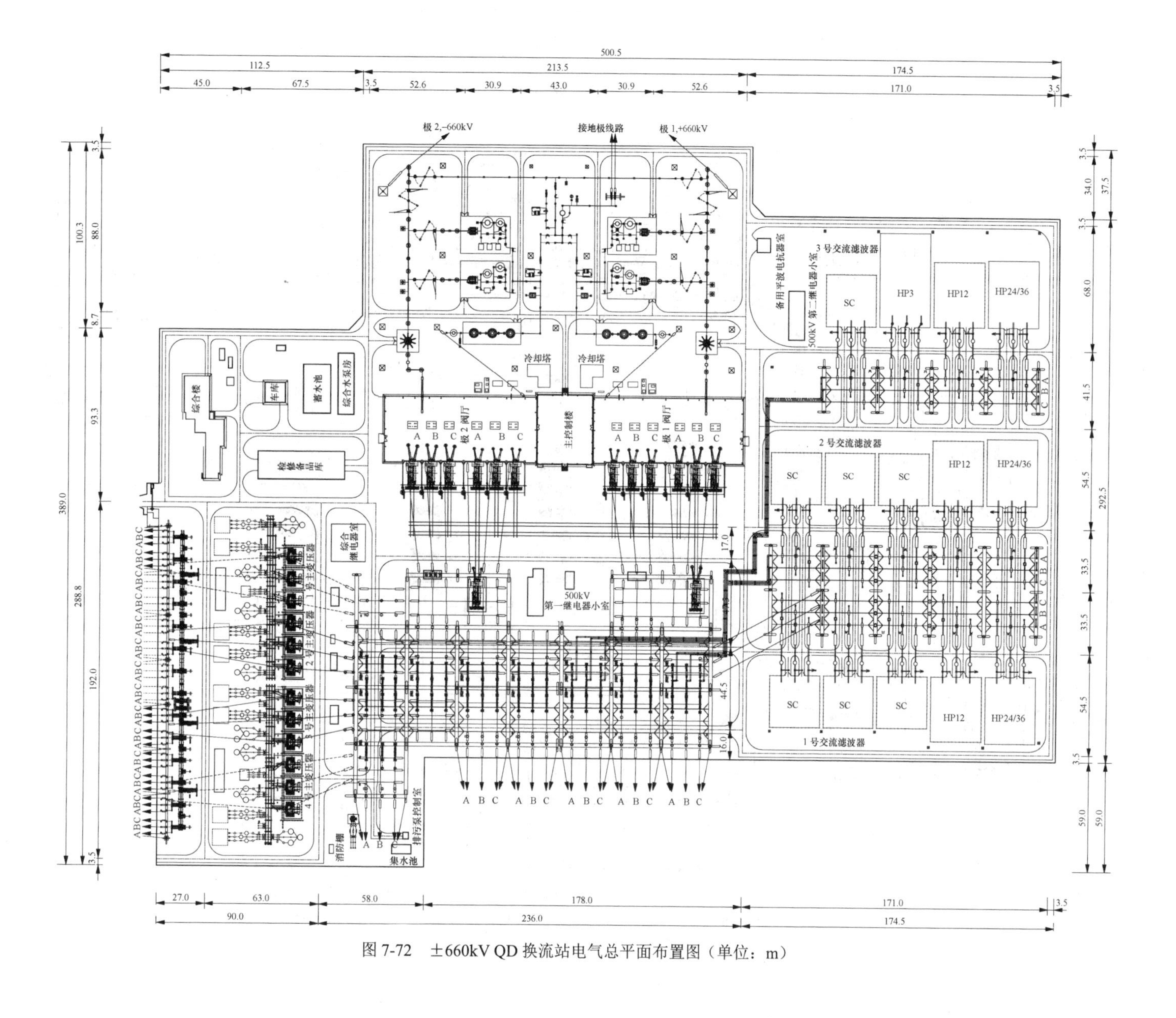

图 7-72　±660kV QD 换流站电气总平面布置图（单位：m）

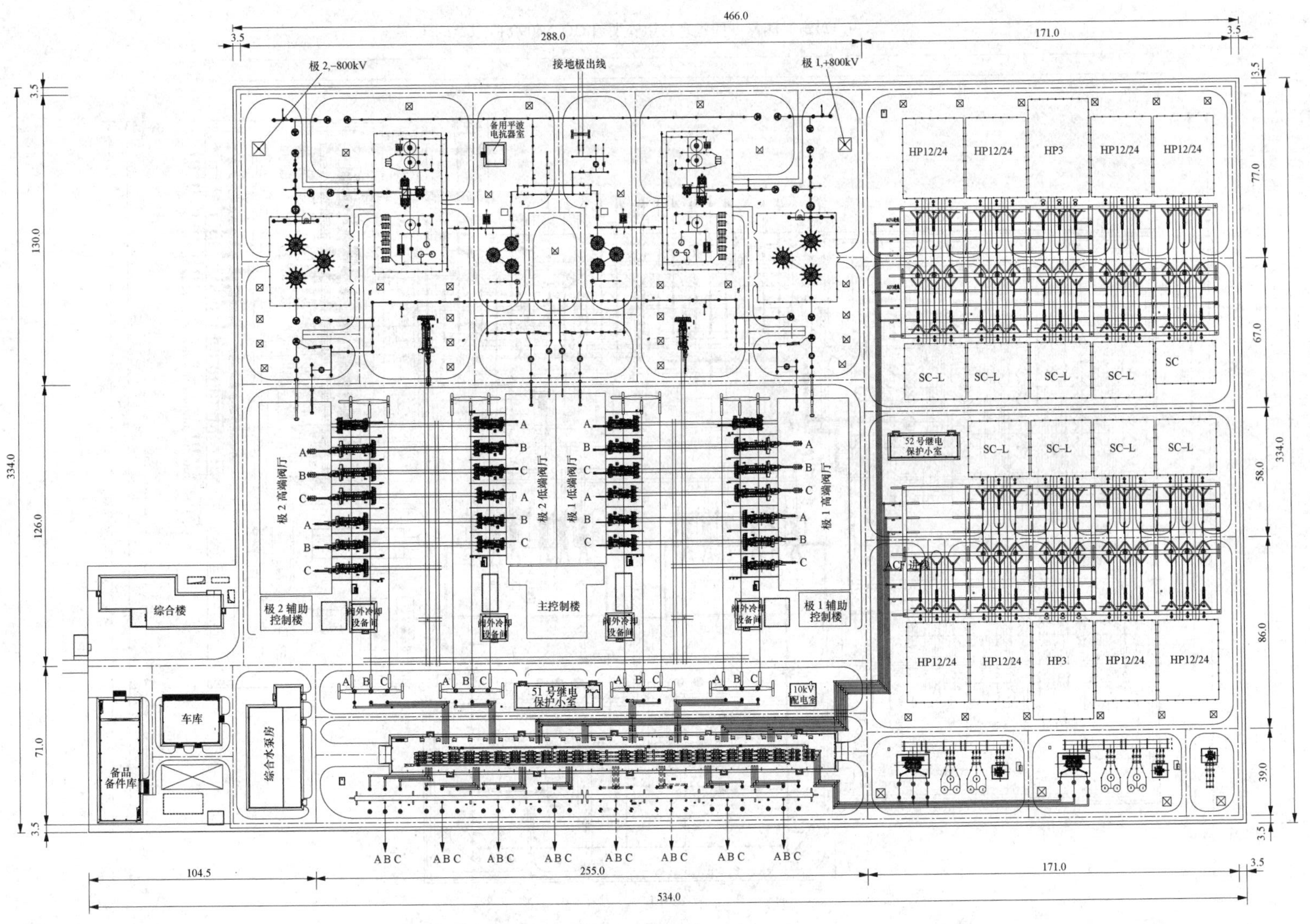

图 7-73　±800kV ZZ 换流站电气总平面布置图

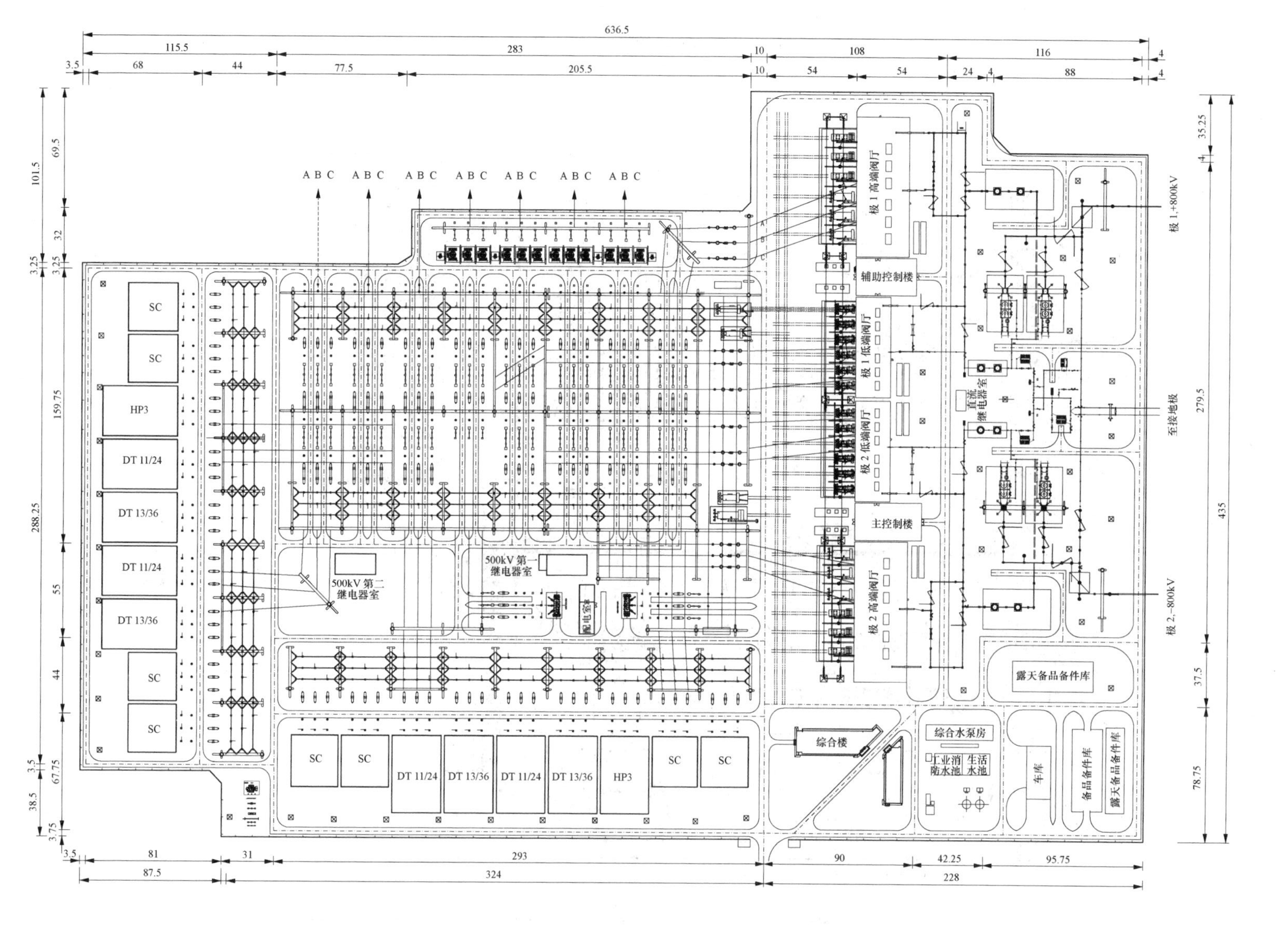

图 7-74 ±800kV CX 换流站电气总平面布置图

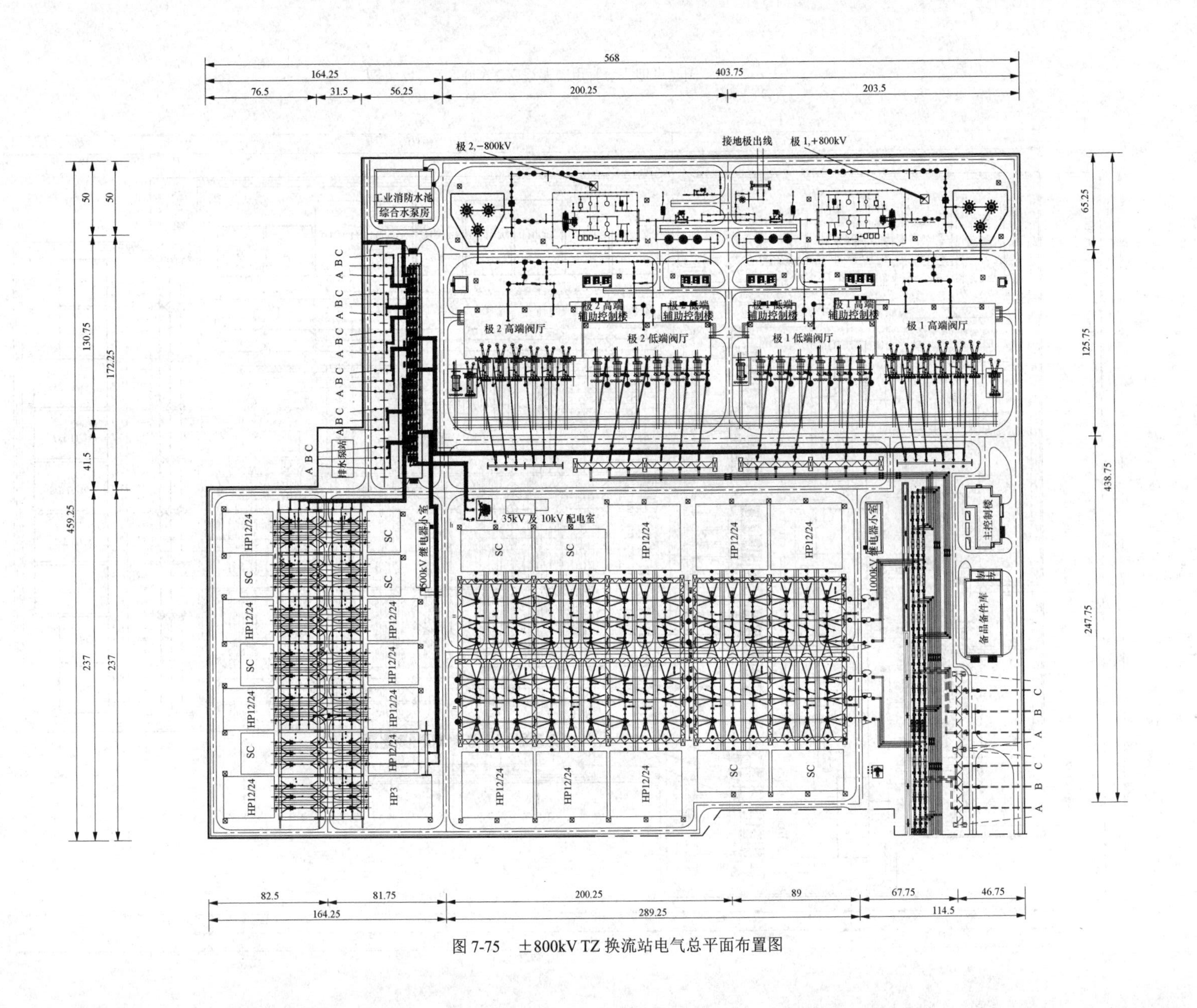

图 7-75 ±800kV TZ 换流站电气总平面布置图

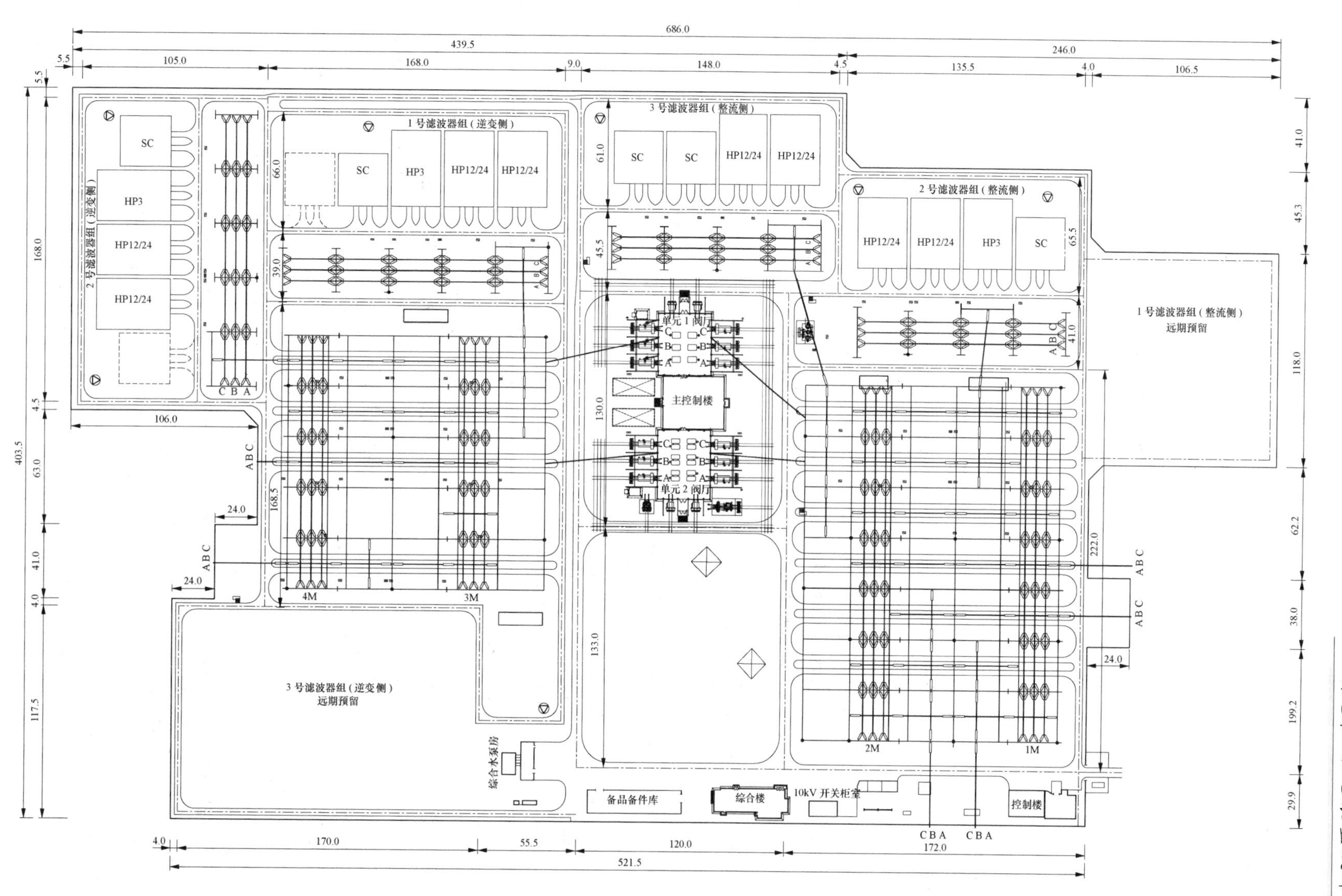

图7-76 ±125kV GL背靠背换流站电气总平面布置图

第八章

防　雷　接　地

换流站防雷保护分为直击雷保护和雷电侵入波保护，雷电侵入波保护的原则和方法在第四章中已加以论述，本章只对换流站直击雷保护的原则和方法进行论述。

换流站的接地设计原则上可参见《电力工程设计手册　变电站设计》和GB/T 50065《交流电气装置的接地设计规范》，本章只针对换流站阀厅接地的特殊要求和换流站内部分区域高频接地的需求加以论述。

第一节　直 击 雷 保 护

常用的直击雷保护设计方法主要有折线法和滚球法两种。其中折线法的原理、计算方法及保护措施可参考GB/T 50064《交流电气装置的过电压保护和绝缘配合设计规范》，滚球法的原理、计算方法及保护措施可参考GB 50057《建筑物防雷设计规范》和IEEE 998《IEEE Guide for Direct Lightning Stroke Shielding of Substations》。

目前我国交流变电站基本采用折线法来设计直击雷保护设施并校验保护范围，根据我国变电站的运行经验，采用折线法进行直击雷保护设计时，保护可靠性达到可以接受的水平。对于换流站来说，遭受雷击故障造成的停电损失较大，因此在换流站设计中，特别是直流配电装置及换流区域宜采用可靠性更高的滚球法进行直击雷保护设计。

一、设计原则

在换流站防雷设计中，交流配电装置区域（如交流场、交流滤波器场围栏外配电装置区域）可采用避雷针、避雷线基于折线法或滚球法进行校验；换流区域、直流场、交流滤波器围栏内配电装置区域则推荐采用避雷线基于滚球法进行设计。

滚球法的原理基于电气几何模型（electro geometric model，EGM）理论。根据EGM的理论，雷电在发展初期首先形成下行先导，下行先导从带电雷雨云向下发展。随着下行先导向下发展，由于静电感应，接闪器端部将感应出大量电荷。下行先导越靠近接闪器，接闪器端部所积累的电荷就越多，随着接闪器与下行先导之间距离的缩短，它们之间的电场强度逐步升高，当电场强度超过临界值之后，它们之间的空气间隙将发生击穿放电，从而造成雷击事故。在即将发生放电瞬间，接闪器与下行先导之间的距离即为击距。击距的长短主要取决于下行先导所携带的电荷量，即受雷电流大小的影响。雷电流越大，所对应的击距越大。

滚球法基于上述雷击放电模型，提出以h_r为半径的一个球体，沿需要防直击雷的区域任意滚动，当球体只触及避雷针（线）或者地面，而不触及被保护物时，则被保护物可以受到避雷针（线）的保护。实际上，h_r就是击距，与其对应的雷电流幅值为I，可以认为在由滚球半径h_r所确定的保护范围内可以免受幅值高于I的雷电流的危害，但仍有可能会遭受幅值小于I的雷电流绕击。通常认为，雷电流小于某一临界值时，不会对被保护设备造成威胁，即使发生绕击也不会造成重大事故，这一临界值即为该设备的雷电流耐受水平。基于这一理论，在应用滚球法进行直击雷保护时，可以根据有可能造成威胁的临界绕击雷电流值推算出击距h_r，再以h_r作为滚球半径通过几何作图的方法获得其保护范围。

基于以上原理和保护要求，滚球法直击雷保护装置设计的原则取决于被保护对象的雷电流耐受水平（也可称为雷电配合电流）。雷电配合电流越小，对设备雷电耐受水平需求越低，但所需防雷设施越密，直击雷保护的投入也就越大。实际工程中应综合考虑可靠性和经济性两方面的因素，合理选取雷电配合电流进行直击雷保护设计。

二、直击雷保护计算及措施

换流站直击雷保护采用避雷针、避雷线等接闪装置的屏蔽作用限制雷电直击危害。

对于换流站而言，在应用滚球法时，首先要确定电气设备的临界绕击雷电流幅值，即设备的雷电流耐受水平。相比于常规交流工程，直流换流站配电装置不同电压等级的区域较多，因此设备的雷电流耐受水平也更多样，直击雷保护方案的设计也更复杂。直流换流站各配电装置区雷电配合电流应根据工程过电压与绝缘配合研究结论选择，表 8-1 为直流输电工程换流站各配电装置区雷电配合电流参考值。

表 8-1 直流输电工程换流站各配电装置区雷电配合电流参考值

序号	有关设备的区域	最大雷电电流（kA）
1	交流场	10
2	交流滤波器开关场	10
3	交流滤波器电容器	10
4	交流滤波器组低压设备	2①
5	换流变压器（包括备用）	10
6	直流极母线（包括平波电抗器、直流滤波器电容器）	10
7	中性母线，包括平波电抗器、从平波电抗器到中性母线隔离开关，包括直流滤波器低压设备	5②
8	从中性母线隔离开关到第一基接地极线路杆塔	5
9	金属回路转换母线，从中性母线隔离开关起	10
10	换流器旁通开关和隔离开关	2③
11	中性母线，从穿墙套管到平波电抗器	2③
12	极母线，从穿墙套管到平波电抗器	2③

① 部分工程用 5kA；
② 部分工程用 2.5kA；
③ 部分工程用 1kA。

确定雷电配合电流幅值 I 之后，可通过式（8-1）确定滚球半径 h_r，即

$$h_r = kI^p \tag{8-1}$$

式中 k——参数，根据 IEEE 998，避雷线可取 8，避雷针可取 10；

p——参数，根据 IEEE 998，可取 0.65。

换流站各配电装置区直击雷保护推荐的校验方法及措施见表 8-2。

表 8-2 换流站各配电装置区直击雷保护推荐的校验方法及措施

类型	区域	校验方法	直击雷保护措施
交流配电装置	换流场（含换流变压器进线跨线）	滚球法	跨线跨距较长，且考虑到不能占用换流变压器的搬运通道，宜采用避雷线保护
交流配电装置	交流配电装置（AIS、GIS、HGIS）	折线法或滚球法	在已有配电装置构架上方设置避雷针或避雷线（若采用 GIS，仅需要对套管进行防雷保护）
交流配电装置	交流滤波器大组母线	折线法或滚球法	在已有配电装置构架上方设置避雷针或避雷线
交流配电装置	交流滤波器小组围栏内	滚球法	建议采用避雷线
直流配电装置	极线设备区	滚球法	阀厅与平波电抗器之间极线设备对应雷电流配合值较低，并考虑到直流场的整体的直击雷保护，宜采用避雷线保护
直流配电装置	中性线设备区	滚球法	中性线设备雷电配合电流较小，宜采用避雷线保护
直流配电装置	直流滤波器围栏内	滚球法	直流滤波器围栏内低压设备较多，为满足其较小雷电配合电流的屏蔽要求，宜采用避雷线保护

三、阀厅防雷特殊要求

换流站阀厅通常采用钢结构，外部除换流变压器防火墙外，一般采用压型钢板围护。直流输电工程中，阀厅作为换流站内的重要建筑，建议按 GB 50057《建筑物防雷设计规范》中第二类建筑物进行防雷设计。阀厅屋面设置避雷线柱和避雷线，且避雷线柱通过专用接地铜绞线引下至换流站主地网，并设置集中接地装置。

阀厅避雷线柱引下所接的集中接地装置与主接地网的地下连接点至换流变压器中性点与主接地网的地下连接点，沿接地体的长度不小于 15m。

换流站如采用户内直流场，户内直流场的直击雷保护原则及措施可参考阀厅。

四、直流场避雷线电场校验

直流场避雷线设置高度及避雷线型号应考虑电场强度的影响，即合理选择避雷线的分裂数及避雷线外径，避免产生电晕。

当采用双分裂导线时，考虑到单根避雷线断线的工况，导线的拉断力应能够承受双导线避雷线产生的总张力。双避雷线的间隔棒间距应保证单根避雷线断线时，断开下垂的避雷线距带电体的距离满足空气净距要求。

第二节 接 地

换流站接地是由接地网（含接地极）、接地导体

（线）形成的电气连接系统。

换流站阀厅应形成六面体金属板/网构成的法拉第笼，并保证接地良好。为避免换流站高频暂态电流的影响，换流站内部分设备的接地宜采用加强接地设计以满足高频接地的需求。

换流站内交流场、交流滤波器场接地与交流站基本相同，可参照 GB/T 50065《交流电气装置的接地设计规范》执行。

一、接地设计原则

换流站接地的原则是保证人员及设备的安全。设计人员应根据当前和远景的最大运行方式下一次系统电气接线、母线连接的送电线路状况、故障时系统的电抗与电阻比值等，通过计算确定流过设备外壳接地导体（线）和经接地网入地的最大接地故障不对称电流有效值，明确接地网的接地电阻目标值。应根据站址土壤结构、电阻率条件及接地电阻目标值，合理地设计接地网的尺寸及结构，并宜通过数值计算获得接地网的接地电阻值、地电位升、接触电位差和跨步电位差分布指标。将以上指标与要求的限值进行比较，并通过调整接地网设计使其满足要求。接地导体（线）和接地极的材质和相应的截面，应计及设计使用年限内土壤对其的腐蚀，通过热稳定校验确定。

二、阀厅接地的特殊要求

阀厅屏蔽应形成六面体金属板/网构成的法拉第笼，并保证接地良好。为保证阀厅压型钢板接地效果良好，应实现压型钢板间的可靠自连、压型钢板与地面金属网的可靠连接，以及压型钢板对地接地良好。建议阀厅压型钢板之间在边缘处进行搭接，其重叠宽度不应小于 50mm，并采用间距 250～300mm 的不锈钢自钻自攻螺钉进行导电连接。

为保证阀厅屏蔽接地良好，除要求实现阀厅六面体屏蔽外，还应满足以下要求：

（1）阀厅内所有金属构件［钢桁架、钢柱、钢斜撑、钢檩条、桥架、钢线槽、钢爬梯、巡视走道、马道、钢围栏、花纹钢板、阀冷却水管、风管、吊架、支架、空调机组外壳、灯具外壳、火灾探测器金属外壳、闭路电视（closed circuit television，CCTV）监控系统金属外壳、CCTV 转接箱金属外壳、消防模块箱金属外壳、照明箱外壳、配电箱外壳、插座箱外壳等所有金属构件］均需可靠接地。主钢构跨接及引下接地建议采用 150mm^2 铜绞线，辅助金属构件跨接建议采用 35mm^2 铜绞线。

（2）对于换流变压器防火墙、阀厅分隔墙等不设钢柱的墙体，为保证压型钢板后面的钢檩条、接地开关预埋板等金属构件可靠接地，建议在该处设置专门的接地干线，施工过程中应保证压型钢板后面的所有金属构件通过接地母线可靠接地。

（3）阀厅穿墙洞口处的所有金属边框（门、巡视观察窗、排烟窗、送风窗、风管留洞、换流变压器阀侧套管留洞、直流穿墙套管留洞等边框）建议两点可靠接地。

（4）阀厅门及门上联锁装置可靠接地。

（5）阀厅巡视观察窗、排烟窗、送风窗靠阀厅内侧配置钢筋网实现可靠屏蔽及接地。

（6）阀厅 0m 以上穿越阀厅/控制楼墙面的电缆、光缆等通过屏蔽模块做屏蔽接地及封堵。每个预埋在阀厅墙壁内的屏蔽模块框架与阀厅内其他金属构件或接地铜线要连成一体。

（7）对于阀厅与控制楼间联系的光缆/电缆桥架，沿桥架布置铜绞线作为接地干线，建议桥架与接地干线相连（每间隔不大于 10m）。

（8）阀厅地下埋管及侧墙穿管建议采用金属管，并可靠接地。

（9）为保证阀厅屏蔽良好，阀厅地面电缆沟、地沟各抹面中均应有金属网覆盖，并与阀厅地面金属屏蔽网连通成一个整体。

（10）至阀厅接地开关的就地控制箱采用屏蔽电缆，进入箱体前通过电缆封堵头实现屏蔽层的可靠接地。

（11）换流变压器阀侧套管与大封堵之间建议预留不小于 10cm 的均匀间隙，用于填充小封堵材料，避免套管升高座与大封堵金属材料接触。小封堵压边应有可靠断开点，避免在压边中产生环流。换流变压器阀侧套管升高座抱箍应单独可靠接地。换流变压器套管油管与大封堵间应保持绝缘。

（12）换流站内其他有电磁屏蔽需求的建筑物或功能房间，如控制楼内的通信机房、控制保护屏柜室、主控制室及继电保护小室，也应形成六面体屏蔽并接地。

三、高频接地

为避免高频暂态电流的影响，换流站部分区域及设备宜采用加强接地设计，以限制高频暂态电流引起的暂态电压。

建议换流站油浸式平波电抗器、直流滤波器、直流电压测量装置、冲击电容器等设备所在区域的接地网网孔尺寸不大于 10m×10m。

对于换流站内部分敏感电子设备，如控制保护屏柜等，建议根据制造厂家要求考虑采用铜箔用于屏柜高频接地。

第九章

站用电系统

第一节　站用电源的引接

一、站用电源配置及容量

换流站的站用电源系统，承担着换流阀、换流变压器等设备的冷却以及换流站的控制和调节系统等重要负荷供电。由于换流阀冷却系统正常运行是保证换流阀安全正常工作的前提；同时，换流站控制和调节系统的工作状况也直接影响到高压直流系统及其连接的交流系统的安全稳定运行，因此应保证站用电系统有足够高的可靠性。

站用电系统可靠性指标一般考虑的原则：①一回站用电源故障，在不减少直流输送功率情况下仍有100%冗余；②两回站用电源故障，能满足正常直流输送功率的要求。对于联网容量较小的背靠背换流站，当站用电源取得较困难时，可靠性指标可适当降低。

直流输电换流站和背靠背换流站一般均按三回站用电源设置，三回站用电源宜优先考虑站内两回、站外一回。当站内引接有困难且站外有可靠电源时，可考虑在保证站内一回的前提下，通过经济技术比较后确定站外两回电源的合理性。对于容量较小的背靠背换流站，经过技术经济比较可按两回考虑，且宜采用站内、外各一回。

站用电系统中任何一回站用电源容量都应能满足全站最大计算负荷要求。如果换流站配有调相机，则计算负荷还应包括调相机正常运行的相关用电负荷。

二、站用电源引接方式

（一）站内电源引接方式

（1）当换流站内装设有交流联络变压器时，站用电源宜从联络变压器第三绕组母线引接，引接方式见图 9-1（a）；当站内只有一台交流联络变压器时，另一回站用电源宜从较低电压等级的高压配电装置引接，引接方式见图 9-1（b）。

（2）当换流站内无交流联络变压器时，站用电源应优先从站内高压配电装置引接，也可从滤波器大组母线引接。

1）当站内无感性无功需求且变压器制造又无困难的情况下，一般设一级站用高压变压器，引接方式同图 9-1（b）。

2）当站内有低压感性无功需求时，一般结合站内感性无功需求设置两级变压器。上一级变压器（以下称为降压变压器）的电源优先从站内高压配电装置引接，也可从滤波器大组母线引接；下一级变压器（以下称为高压站用变压器）的电源从降压变压器的低压侧引接，引接方式见图 9-1（c）。

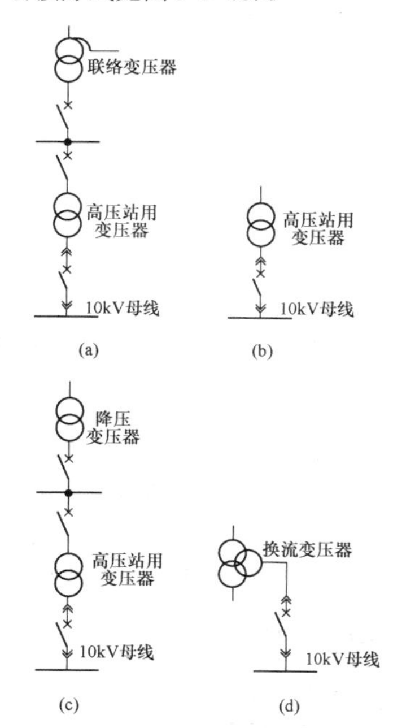

图 9-1　站内电源引接方式简图

（a）从联络变压器第三绕组引接；（b）从站内高压配电装置或滤波器大组母线引接；（c）从降压变压器低压侧引接；（d）从换流变压器第三绕组引接

早期投运的换流站站用电源多从滤波器大组母线引接，这样便于降压变压器及其低压侧设备布置，但随着投入运行的换流站增多，运行发现因接于该母线的小组滤波器频繁投切造成的电压波动对站用电源的电压质量影响甚大。因此，近期投运和在建的换流站，大多从高压配电装置引接。

对于 3/2 断路器接线的高压配电装置，为节省投资，一般优先从母线上引接；当 3/2 断路器接线有不完整串时，可考虑接入串中。

（3）联网容量较小的背靠背换流站站用电源，当技术经济合理时，可考虑从换流变压器第三绕组引接，引接方式见图 9-1（d）。

（二）站外电源引接方式

站外电源的电压和引接点应根据站址周围交流配电系统地理分布情况，通过技术经济比较后确定。所选电源应具有独立性和可靠性，其电压等级不宜低于 35kV；当 10kV 电源可靠且能保证电压质量时，也可以采用。所选电源的引接点宜是已投运的配电装置或线路，当在建（或即将建设）的配电装置或线路能保证满足换流站工程建设进度的要求时，也可以采用。

第二节　站 用 电 接 线

一、站用电接线要求

站用电设计应按照运行、检修和施工的要求，考虑全站发展规划，积极采用新技术、新工艺、新设备、新材料，推广采用节能、降耗、环保的先进技术和产品，使设计达到安全可靠、先进适用、经济合理、资源节约、环境友好。

站用电接线应能满足下列要求：

（1）换流站内每个换流单元的站用电系统应是独立的。任何一个换流单元的故障停运或其辅机的电气故障，不应影响到另一换流单元的正常运行，并能在短时间内恢复本换流单元的运行。

（2）换流单元事故时的切换要少。

（3）充分考虑换流站扩建和连续施工过程中站用电系统的运行方式，特别要注意对共用负荷供电的影响，要便于过度，尽量少改变接线和更换设备。

二、站用电负荷

1. 站用电负荷分类

站用电负荷应包括全站的生产、生活用电负荷。站用电负荷按其重要程度不同分为Ⅰ、Ⅱ和Ⅲ三类：Ⅰ类负荷指短时停电可能影响人身或设备安全，使生产运行停顿或输送功率减少的负荷；Ⅱ类负荷指允许短时停电，但停电时间过长，有可能影响正常生产运行的负荷；Ⅲ类负荷指长时间停电不会直接影响生产运行的负荷。

站用电负荷按其使用机会不同分为经常和不经常两种运行方式。经常指与正常生产过程有关的，一般每天都要使用的负荷；不经常指正常不用，只在检修、事故或者特定情况下使用的负荷。

站用电负荷按其使用时间的长短不同分为连续、短时、断续三种运行方式：连续指每次连续带负荷运转 2h 以上；短时指每次连续带负荷运转 2h 以内、10min 以上；断续指每次使用从带负荷到空载或停止，反复周期地工作，每个工作周期不超过 10min。

2. 站用电负荷的供电类别

在进行工程设计时，应与暖通、水工等相关专业联系，确定站用电负荷的分类。表 9-1 为主要站用电负荷的特性表。

表 9-1　　主要站用电负荷特性表

序号	负荷名称	负荷类别	运行方式
1	换流阀		
1.1	阀内冷却系统		
（1）	主循环泵	Ⅰ	经常、连续
（2）	内冷水处理装置（包括电加热器、原水泵、补水泵、蝶阀等）	Ⅰ	不经常、连续
1.2	阀外冷却系统		
（1）	喷淋泵（水冷方式）	Ⅰ	经常、连续
（2）	冷却风机	Ⅰ	经常、连续
（3）	外冷却水处理装置（包括电加热器、砂滤泵、软水器、排污泵、加药泵等）	Ⅱ	不经常、连续
2	换流变压器、交流变压器		
（1）	换流变压器、交流变压器冷却装置	Ⅰ	经常、连续
（2）	换流变压器、交流变压器有载调压装置	Ⅰ	经常、断续
（3）	换流变压器、交流变压器有载调压装置的带电滤油装置	Ⅱ	经常、连续
3	油浸式平波电抗器冷却装置	Ⅰ	经常、连续
4	直流系统充电器电源	Ⅱ	经常、连续
5	UPS 工作电源	Ⅱ	经常、连续
6	二次屏打印、照明电源	Ⅲ	不经常、短时
7	断路器、隔离开关操作电源	Ⅱ	经常、断续
8	户外设备本体加热	Ⅱ	经常、连续
9	断路器、隔离开关端子箱加热	Ⅱ	经常、连续
10	风机		

续表

序号	负荷名称	负荷类别	运行方式
(1)	换流变压器隔音室排气通风机	Ⅱ	经常、连续
(2)	其他通风机	Ⅲ	经常、连续
(3)	排烟风机	Ⅱ	不经常、连续
11	空调机		
(1)	阀厅、控制楼、户内直流场	Ⅱ	经常、连续
(2)	其他建筑物空调机	Ⅲ	经常、连续
12	电热锅炉	Ⅲ	经常、连续
13	通信电源	Ⅰ	经常、连续
14	远动装置	Ⅰ	经常、连续
15	在线监测装置	Ⅱ	经常、连续
16	空压机	Ⅱ	经常、短时
17	深井水泵或给水泵	Ⅱ	经常、短时
18	水处理装置	Ⅱ	经常、短时
19	工业水泵	Ⅱ	经常、短时
20	雨水泵	Ⅱ	不经常、短时
21	消防水泵	Ⅰ	不经常、短时
22	水喷雾、泡沫消防装置	Ⅰ	不经常、短时
23	检修电源	Ⅲ	不经常、短时
24	电气检修间（行车、电动门等）	Ⅲ	不经常、短时
25	站区生活用电	Ⅲ	经常、连续

三、站用电压等级

由于每个换流单元供电系统用电负荷大且按两回独立电源设置，故换流站需要配置的站用变压器容量较大、台数较多。同时，站用电源的电压一般不低于35kV，站用电负荷的电压一般为380/220V。若采用一级电压供电，在技术上存在站用变压器低压侧短路电流过大等问题；并且，换流站内站用电供电单元较多，由站用变压器及其高压侧设备和低压侧电缆构成的供电电源系统费用高于设置两级电压的费用。因此，工程中站用电系统一般采用两级电压。

换流站高压站用电电压一般取10kV，低压站用电电压为380/220V。

四、中性点接地方式

1. 高压站用电系统中性点接地方式

换流站高压站用电系统一般要求在单相接地故障条件下运行，其中性点接地方式可按如下原则选择：当单相接地故障电容电流不大于10A时，可采用中性点不接地方式；当大于10A时，宜采用中性点谐振接地方式。

换流站高压站用电系统馈电回路较少，且供电电缆较短，单相接地电流一般都不超过10A，因此工程中多采用不接地方式。对于个别换流站，当10kV电缆过长，接地电容电流大于10A需采用谐振接地方式时，其具体要求可按GB/T 50064《交流电气装置的过电压保护和绝缘配合设计规范》中的相关规定执行。

2. 低压站用电系统中性点接地方式

国内已投运的高压直流工程均采用动力和照明网络共用的中性点直接接地方式，运行良好，能满足工程可靠性要求。为简化设计，低压站用电系统的中性点应采用三相四线制中性线直接接地的方式。

五、站用母线接线

1. 高压站用母线接线

高压站用电系统应采用单母线接线，每段单母线均应由独立的电源供电。

当换流站按三回电源设计时，一般设置三段母线，其中两段工作和一段备用。工作段母线与备用段母线间设置联络开关，实现专用备用，接线方式见图9-2（a）。

当换流站按两回电源设计时，则设置两段母线。两段母线之间设置分段开关，互为备用，接线方式见图9-2（b）。

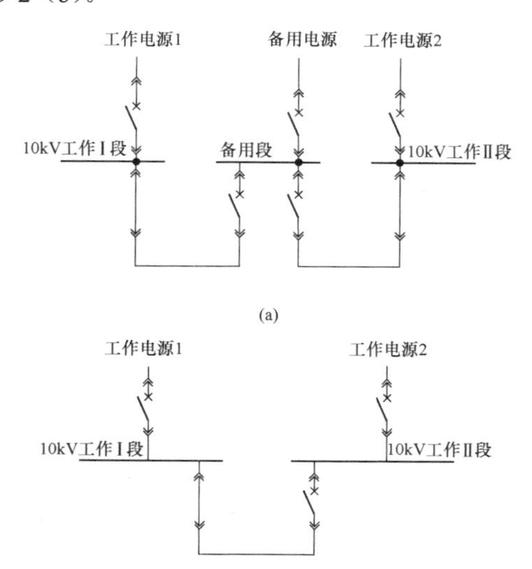

图9-2 高压站用母线接线简图

（a）三段母线接线方式；（b）两段母线接线方式

对于三段单母线接线，在任何两回电源或两台高压站用变压器检修或故障的情况下，均能保证一段母线供电。由于各台变压器的容量相同且按全站计算负荷选择，此时仍能保证全站站用电负荷的供电。只有当两段工作母线同时检修或故障才会造成站用电负荷失电，而发生这种事件的概率非常小，这从大量采用这种接线且已投运的变电站、换流站的工程实例中也可以得到证实，实际工程设计中可不考虑这种情况。因此，设置两段工作母线、一段备用母线，工作母线与备用母线间设置联络开关，实现专用备用，这样在任何一回电源或一台高压站用变压器检修或故障情况下，均能保证两条母线带电，即保证100%的备用。

对于两段单母线接线，由于没有专用备用电源，两段母线互为备用，仅能在一回电源故障情况下保证全站站用电负荷的供电而不再具备电源备用能力。

2. 低压站用母线接线

低压站用电系统应采用单母线接线。母线应按构成换流站独立运行的换流单元设置。每个独立运行换流单元应设置两段母线，每段母线分别由引接自高压站用母线不同工作段的低压站用变压器供电。两段母线间应设置分段断路器，实现互为备用。一般直流输电换流站中独立运行换流单元所需的最少12脉动阀组为一个，背靠背换流站中独立运行换流单元所需的最少12脉动阀组为整流和逆变两个。

为了减少工作变压器的容量，保证低压侧短路水平在一个合理的水平范围内，使低压电气设备的选择不发生困难，同时也为减少供电电缆，宜对公用负荷较多、容量较大的换流站设置公用段母线。其主要优点为：①加强了换流单元的独立性；②利于全站公用负荷的集中管理；③配合换流器检修、停运以及检修本换流单元所属站用配电装置均较为方便。

对寒冷地区换流站，当采用分散供暖方式时，可不设置专用电锅炉变压器；当采用集中供暖方式时，宜设置专用电锅炉变压器，该变压器引接自高压站用母线工作段。

目前国内投运的±660kV及以下电压等级的换流站和两个单元背靠背换流站低压站用母线接线简图一般如图9-3（a）所示，两台调相机低压站用母线接线简图一般如图9-3（b）所示，±800kV及以上电压等级的换流站低压站用母线接线简图一般如图9-3（c）所示。

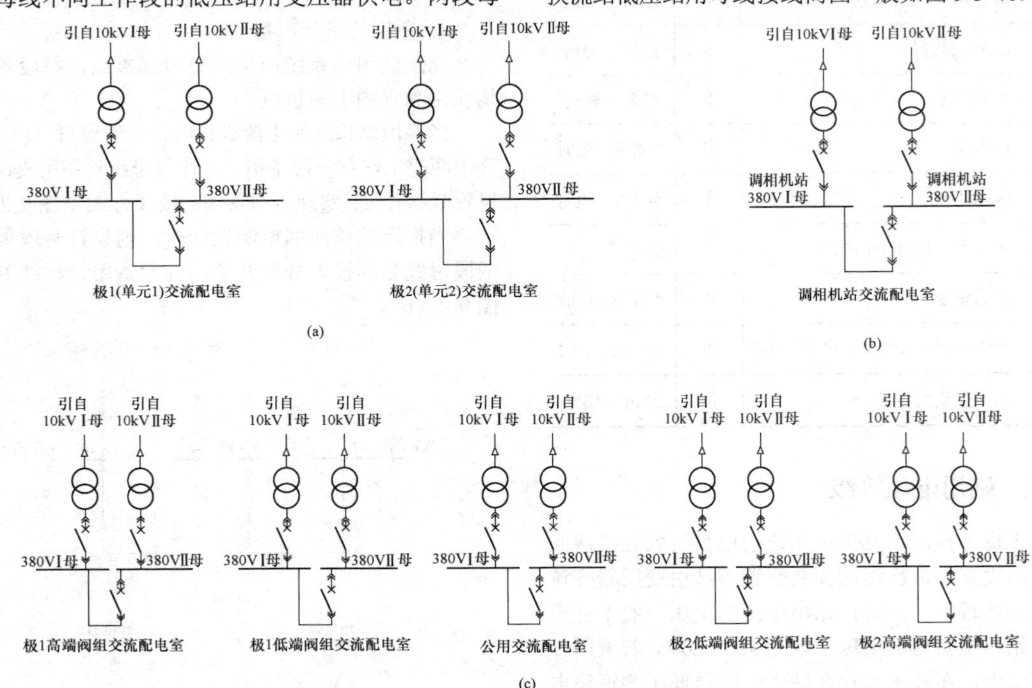

图9-3 低压站用母线接线简图

（a）±660kV及以下电压等级的换流站和两个单元背靠背换流站低压站用母线接线简图；（b）两台调相机低压站用母线接线简图；（c）±800kV及以上电压等级的换流站低压站用母线接线简图

六、站用电负荷供电方式

（一）一般原则

（1）互为备用的Ⅰ、Ⅱ类负荷应由不同的母线段供电。

（2）接有单台的Ⅰ、Ⅱ类负荷的就地配电柜（箱）应由双电源供电，双电源应从不同的母线段引接。对接有Ⅰ类负荷的就地配电柜双电源应能自动切换，接有Ⅱ类负荷的就地配电柜双电源可手动切换。

（3）其他无Ⅰ、Ⅱ类负荷的就地配电柜，可采用单电源供电。

（二）换流阀负荷的供电方式

1. 换流阀冷却方式

换流阀负荷应以 12 脉动阀组为单元连接到与其相对应的低压站用母线段上。换流阀每套阀冷却系统包括阀外冷却和阀内冷却两个部分：

（1）阀外冷却一般有水冷却、空气冷却两种方式。

1）对于水冷却方式，阀外冷却系统主要由冷却塔、软化装置、加药（或反渗透）装置、旁路过滤装置、缓冲水池等组成。站内工业水不能满足阀外冷却水质要求时，阀外冷却系统还包括工业水预处理系统，主要由工业给水泵、反冲洗水泵、细沙和活性炭过滤器等组成。

2）对于空气冷却方式，室外换热设备有两种形式：①全部采用空气冷却器；②以空气冷却器为主，辅以少量冷却塔。第二种形式主要是基于空气冷却不能完全满足夏季最高温度要求，需采用水冷却作为补充手段时的冷却方式，通常这种方式也称为空气冷却方式。

（2）阀内冷却系统主要由主循环泵、去离子装置、过滤装置等组成。

目前，换流阀负荷供电方式的设计及相关供电设备的成套供货一般由阀冷却设备厂家负责。

2. 阀外冷却负荷的供电方式

（1）阀外冷却为水冷却的供电方式。每个换流单元对应的水冷却方式一般有 4 台冷却塔和 3 台冷却塔两种方案。每台冷却塔负荷主要包括冷却塔风机和喷淋泵。每台冷却塔一般设置两台喷淋泵和两台风机，要求两台喷淋泵、两台风机不得接在同一条母线上，而应分散布置在不同母线上。因此，每台冷却塔需设置两段母线，其每段母线电源要求取自不同工作母线段，且相互独立。

1）接线方式。

a）4 台冷却塔方案一般采用 4 台动力控制柜的供电方式。4 台动力控制柜分为 2 组，每组动力柜向对应的 2 台冷却塔的风机和喷淋泵负荷供电。同时，将该系统中的其他辅助设备（如砂滤泵、软水器、排污泵、加药泵等）负荷分接在 2 组动力控制柜中。

每台动力控制柜配有一段供电母线，采用双电源互切的电源进线方式。4 台动力控制柜电源均由对应换流单元工作母线（中央配电柜）引接。引接方式为每组（2 台）动力控制柜 4 路电源由 2 路中央配电柜供电，为安全检修考虑，在距动力控制柜较远的供电负荷附近配置隔离开关。图 9-4 所示为某换流站供电示例图。

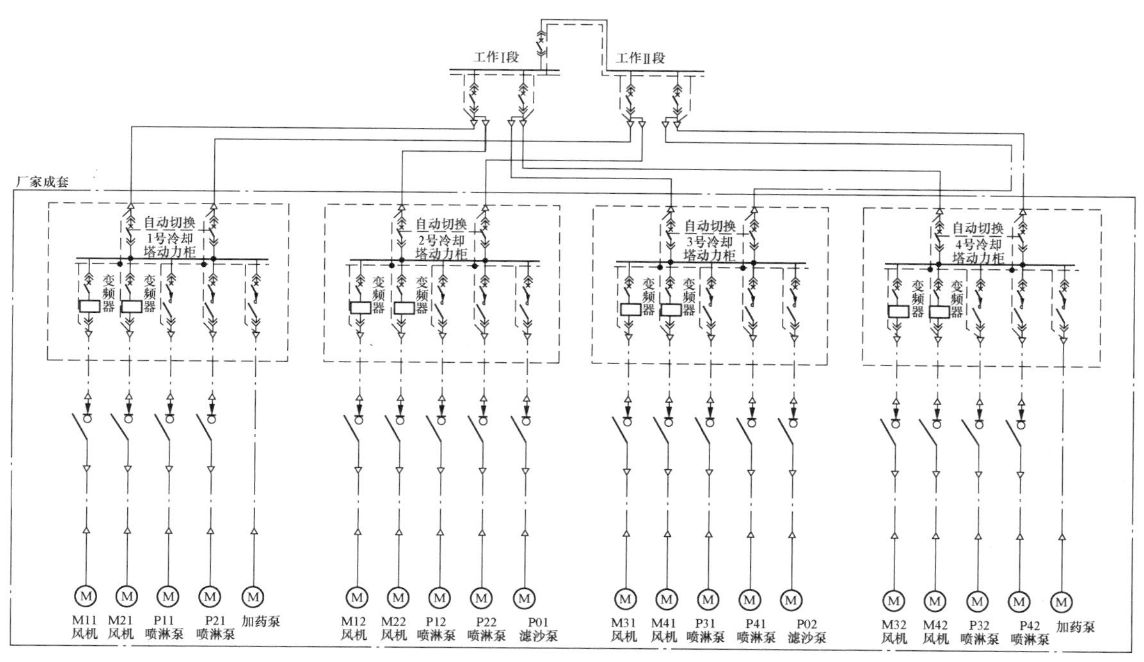

图 9-4 某换流站供电（4 台冷却塔供电）工程示例图

b）对于 3 台冷却塔方案，目前工程中多采用 4 台动力控制柜的供电方式，其中 3 台动力控制柜向 3 台冷却塔的风机和喷淋泵负荷供电，另 1 台动力控制柜向其他辅助设备（如滤沙泵、软水器、排污泵、加药泵等）负荷供电。早期工程也有采用 2 台动力控制柜的供电方式，每台冷却塔的风机和喷淋泵以及其他辅助设备（如砂滤泵、软水器、排污泵、加药泵等负荷）分接在2台动力控制柜母线上。

4台动力控制柜的供电方式，其向风机和喷淋泵负荷供电的每台动力控制柜柜内配置1段母线，采用双电源互切的电源进线方式，2路电源均由2路中央配电柜供电；另一台动力控制柜柜内配置2段独立母线，每段母线均采用双电源互切的电源进线方式，4路电源由2路中央配电柜供电，图9-5所示为GQ换流站4台动力控制柜供电示例图。2台动力控制柜的供电方式，其柜内母线配置及电源进线方式同4台动力控制柜供电方式中向风机和喷淋泵负荷供电的动力控制柜，图9-6所示为JM换流站2台动力控制柜供电示例图。

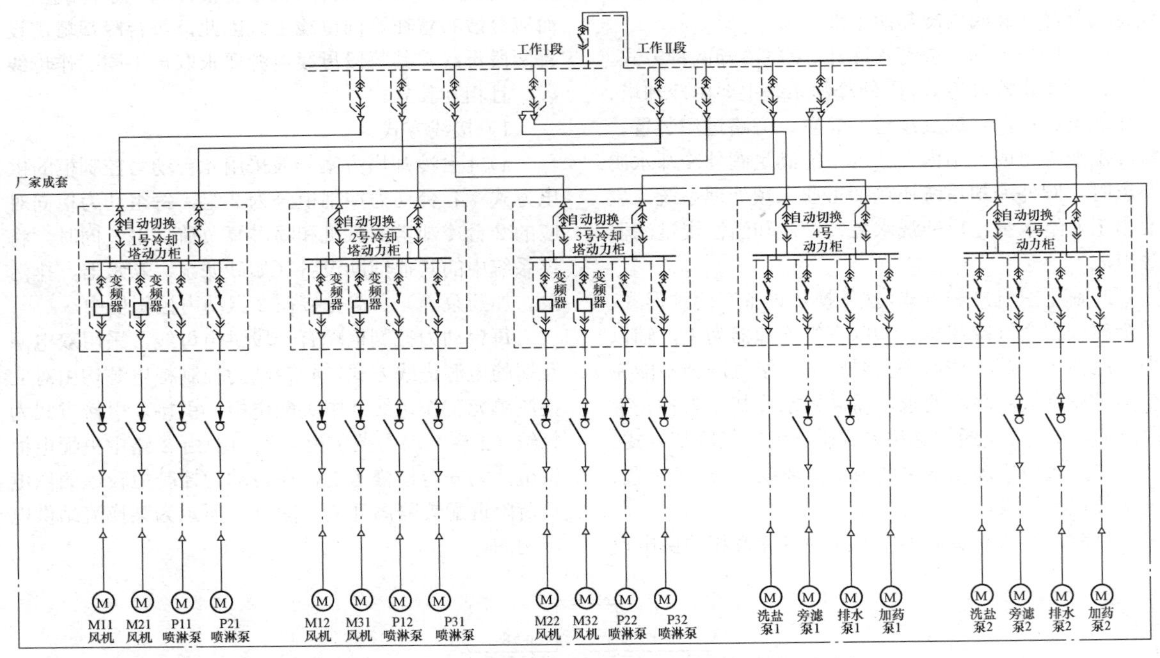

图9-5　GQ换流站3台冷却塔4台动力控制柜供电示例图

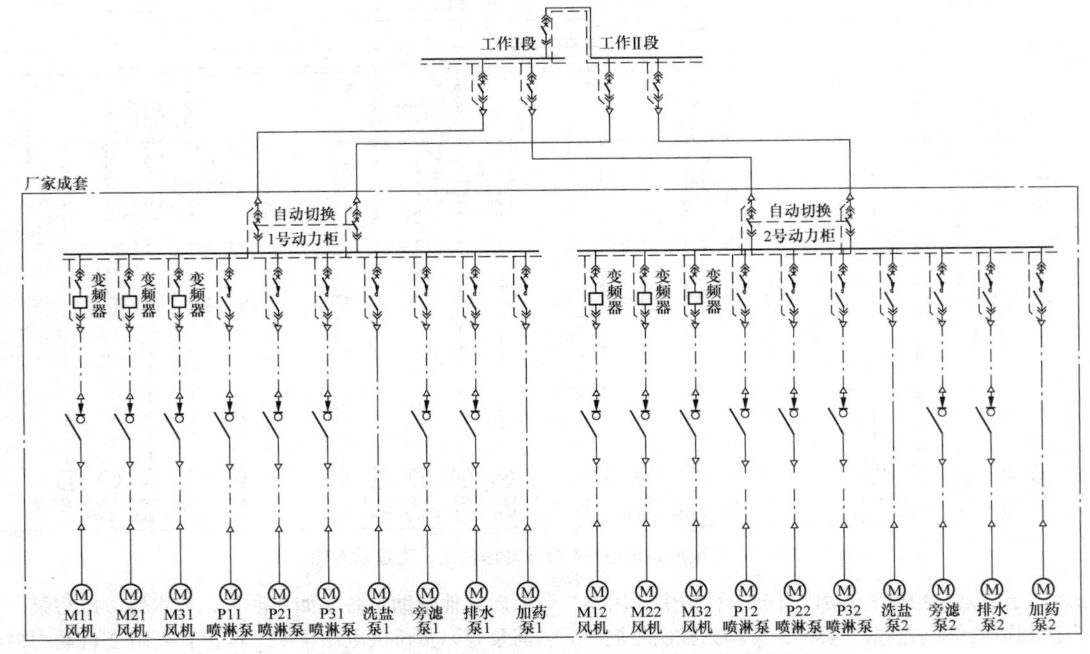

图9-6　JM换流站3台冷却塔2台动力控制柜供电示例图

2）接线方式特点。

a）4 台冷却塔 4 台动力控制柜的供电方式与 3 台冷却塔 2 台动力控制柜的供电方式类似，差别在于当 1 台动力控制柜故障时造成供电设备的影响范围不同，前者的停运的设备为 25%，后者为 50%。

b）3 台冷却塔 4 台动力控制柜的供电方式主要是将冷却风机和喷淋泵专门配置在 3 台动力控制柜内，将其他辅助设备（如砂滤泵、软水器、排污泵、加药泵等设备）专门配置在一台动力控制柜内，而 4 台冷却塔 4 台动力控制柜与 3 台冷却塔 2 台动力控制柜的供电方式没有将风机和喷淋泵与其辅助设备分开供电。前者按负荷的重要程度分类配置供电，单元性更好。

（2）阀外冷却为空气冷却的供电方式。空气冷却器由若干冷却片构成，一般要求任何一片冷却器检修仍能保证换流阀在额定工况下正常运行。同时，每段供电母线停电仍能保证换流阀具有 50%或 75%的额定冷却能力（这一指标根据具体工程的重要程度确定，随着工程输送容量的增大，这一指标也逐渐提高，目前±800kV 换流站要求达到 80%）。为了减少每段母线故障对每片冷却器冷却能力的影响，一般要求每片中的风机不接在同一母线段而应分散接在不同母线段上。同时，为提高母线电源的可靠性，要求每段母线双电源供电且取自不同工作母线段。生产厂根据上述要求，再按照工程具体情况，通过计算确定冷却器片数、每片中的风机数量和母线段数量。早期工程中每片冷却器风机数量有 2、3、4 台等不同配置方式，对应的母线段设置也有 2、3、4 段 3 种情况。±800kV 换流站容量大，每片冷却器配置的风机数量较多，但对应的母线段设置未变。同时，为安全检修风机考虑，在其附近配置了隔离开关。图 9-7 所示为 HM 换流站 8 片 24 台风机供电示例图。

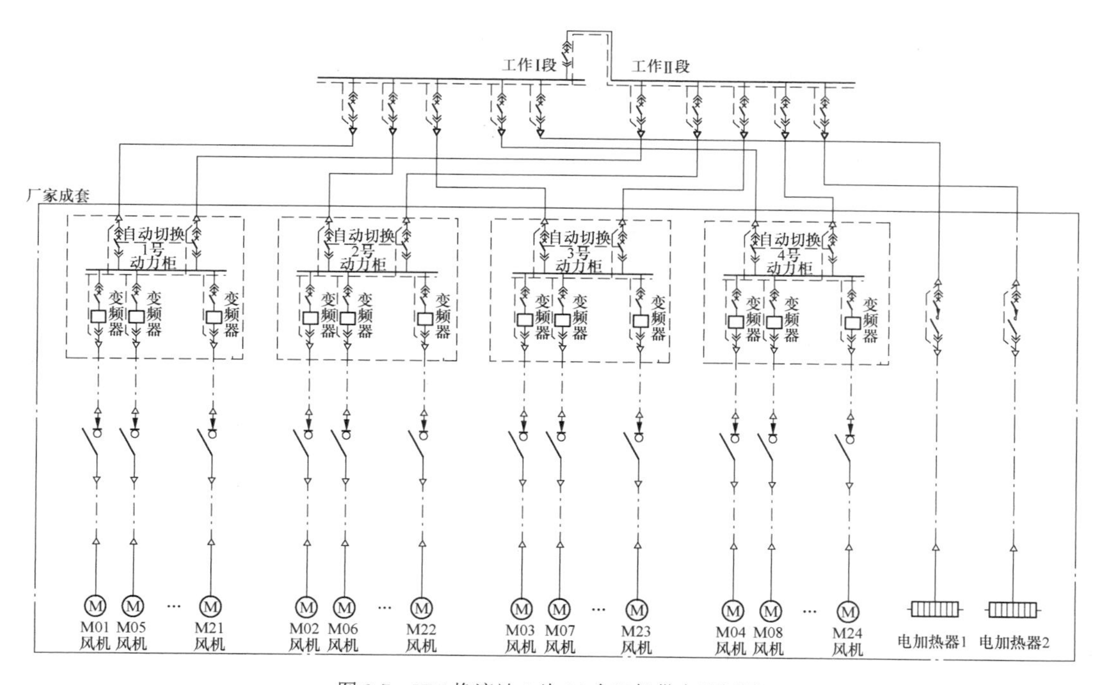

图 9-7 HM 换流站 8 片 24 台风机供电示例图

由图 9-7 可知，每台动力控制柜均配有一段供电母线，采用双电源互切的电源进线方式，每台动力控制柜 2 路电源均由 2 路中央配电柜供电；每片中的风机分接在不同的动力控制柜母线上。

该接线方式特点：每面柜内均有双电源切换装置，单个设备和元件故障，对阀冷却设备的影响很小。

空气冷却方式有时也带有辅助水冷却，即正常方式为空气冷却方式，在夏季高温时间段增加辅助水冷却的阀外冷却系统。两套冷却系统采用串联连接，独立运行。HM 换流站就是采用这种冷却方式，其空气冷却系统对应的供电方式同纯空气冷却方式，水冷却系统供电示例如图 9-8 所示。

3. 阀内冷却负荷的供电方式

阀内冷却系统的主要负荷是主循环泵，该负荷直接涉及换流阀能否安全运行，一般要求单独供电。阀内冷却系统的其他负荷一般共接于一段母线，该段母线采用双电源互切的电源进线方式，电源由对应换流单元工作母线（中央配电柜）引接。ZZ换流站阀内冷却负荷的供电示例如图9-9所示。

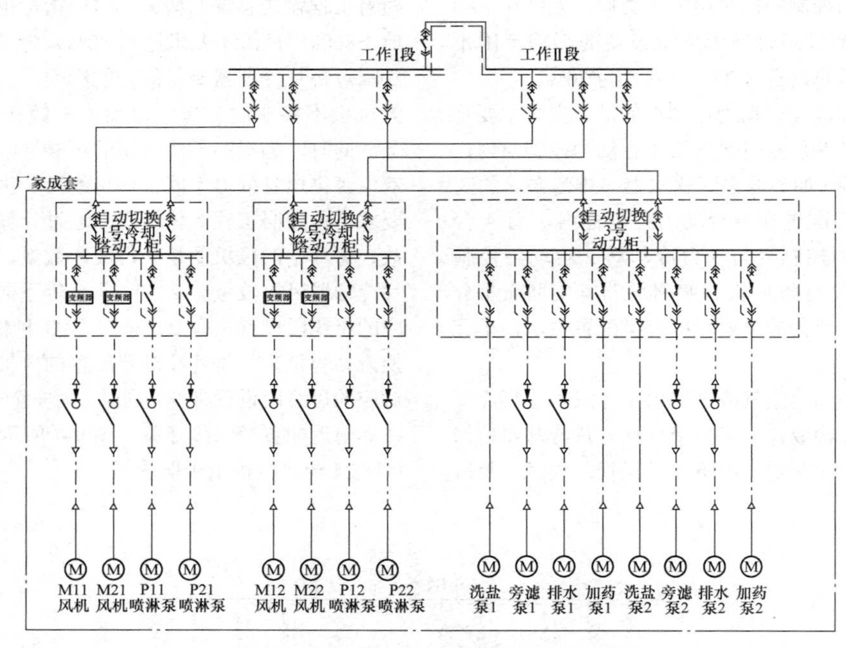

图9-8　HM换流站水冷却系统供电示例图

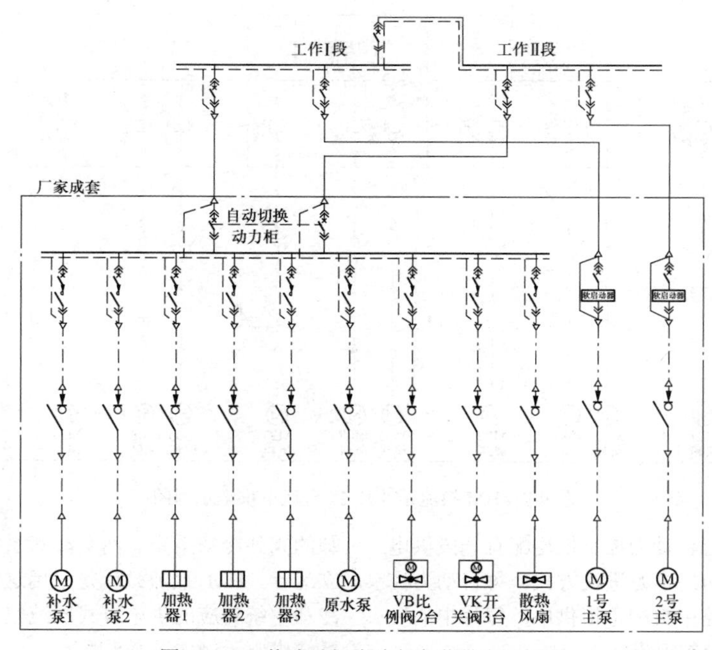

图9-9　ZZ换流站阀内冷却负荷供电示例图

该接线方式特点：

（1）两台主循环泵分别由两段母线段独立供电，可避免因使用双电源切换装置引起的双泵停运故障，以及阀内冷却系统其他负荷回路短路等故障引起主循环泵停运故障。

（2）阀内冷却系统中除主循环泵以外的其他用电设备另外设置两路电源供电，避免了与主循环泵混用电源的情况。设置一套双电源切换装置供电提高了供电可靠性。

（三）换流变压器负荷的供电方式

换流变压器冷却系统一般采用空气冷却，其冷却装置一般与本体布置在一起，主要负荷有风扇和油泵。除冷却装置外，还有有载调压开关与在线滤油机等负荷。换流变压器负荷一般以组（对应换流单元）或台为供电单元。

（1）以组为供电单元的供电方式。一个换流单元对应设置一个电源汇控柜，柜内设置两段母线，每段母线采用单电源进线方式，电源引自换流单元工作段（中央配电屏）。每台换流变压器设置一个动力控制柜，其供电有两种方式：

1）方式 1：柜内设置一段主母线，每组冷却器设置一段分支母线，主母线对分支母线供电，每一分支母线对应一组冷却器负荷。

2）方式 2：柜内设置一段母线，直接对负荷供电。

图 9-10 所示为 GL 背靠背换流站所对应的以组为供电单元的供电示例图。

（2）以台为供电单元的供电方式。以台为供电单元的供电方式与以组为供电单元的供电方式相比，少了电源汇控柜环节，其每台换流变压器动力控制柜电源直接引自对应换流单元工作段（中央配电屏）。

图 9-11 所示为 ZZ 换流站所对应的以台为供电单元的供电示例图。

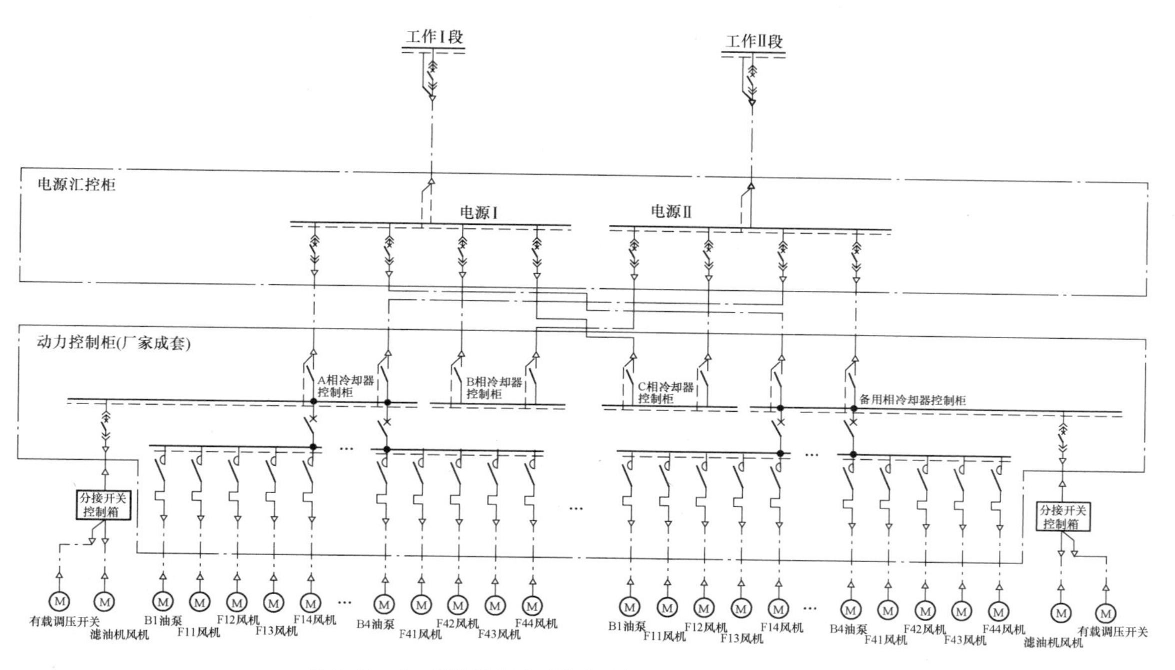

图 9-10　GL 背靠背换流站供电示例图（以组为供电单元）

两种方式均能满足可靠性要求。以组为供电单元的供电方式可节省供电电缆；以台为供电单元的供电方式单元性更强，可靠性更高。实际工程中，可根据工程的重要程度和供电系统的电缆用量，通过分析比较确定。

（四）其他负荷的供电方式

（1）换流站的控制楼、阀厅、户内直流场等建筑物的空调、通风系统负荷宜分别设置可互为备用的双回路电源进线，该双回路电源应分别接到与其相对应的低压母线段上。

（2）换流站的控制楼、阀厅、户内直流场、综合楼、综合水泵房等建筑物内的照明及其他负荷，根据工程的具体情况，可由中央配电柜供电，也可分别设置就地配电柜向该建筑物内负荷供电。

（3）断路器、隔离开关的操作及加热负荷，可采用按配电装置区域划分设置动力配电箱，向用电设备负荷辐射供电。寒冷地区断路器本体伴热带的加热应配置独立的双回路电源供电，且与操作电源分开。

（4）当无公用母线段时，全站公用性负荷应根据负荷容量和对供电可靠性的要求，适当集中后接在低压站用母线上。

（5）检修电源宜采用按配电装置区域划分的单回路分支供电方式。

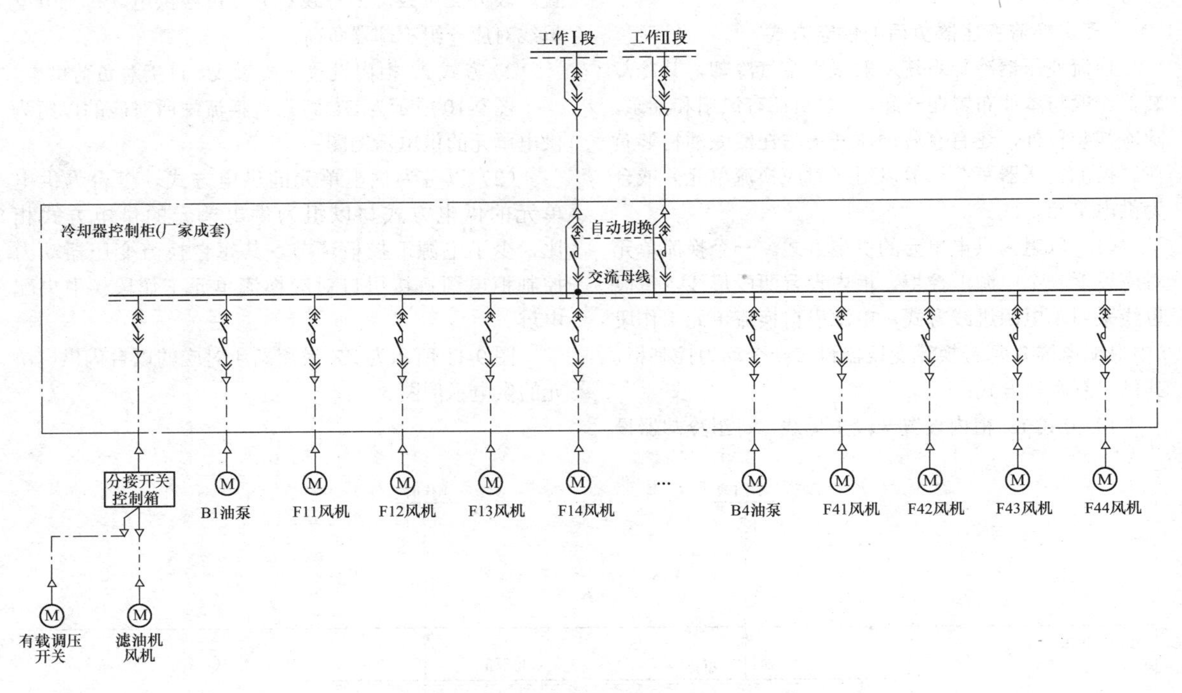

图 9-11　ZZ 换流站供电示例图（以台为供电单元）

（6）调相机负荷的供电方式参见 DL/T 5153《火力发电厂厂用电设计技术规程》。

七、检修供电网络

换流站应设置固定的交流低压检修供电网络，并在各检修现场装设检修电源箱（如箱中预留回路或设负荷开关、电源插座），供电焊机、电动工具和试验设备等使用。

1. 接线原则

检修供电网络一般采用三相四线制单回路分支的供电接线，其接线原则如下：

（1）在换流变压器/联络变压器、油浸式平波电抗器区域内，一般以一组换流变压器/联络变压器、油浸式平波电抗器为一供电单元；在直流场区域内，一般以极为一供电单元；在高压交流配电装置和交流滤波器/并联电容器区域内，根据其规模可分别设置一路或两路供电单元。同一单元的各检修配电箱采用支接供电，由对应的中央配电柜引接。

（2）在阀厅内，一般以一座阀厅为一供电单元；在控制楼、综合水泵房内，一般分别设置供电单元。单元的供电均由对应的中央配电柜引接。

（3）其他户内需要设置检修箱的建筑物内，可由对应的就地配电柜引接。

2. 检修电源

（1）换流变压器、油浸式平波电抗器（若有）、联络变压器（若有）附近和屋内、屋外配电装置，应设置固定的检修电源。检修电源的供电半径不宜大于50m。

（2）专用检修电源箱宜符合下列要求：

1）配电装置内的检修电源箱内的检修电源至少设置三相馈线两路、单相馈线两路，回路容量宜满足电焊等工作的要求。

2）换流变压器、油浸式平波电抗器、联络变压器（若有）附近检修电源箱的回路及容量宜满足滤油、注油的需要。当缺少资料时，滤油机的额定电流按 400A、其他回路电流按 50A 考虑。

3）检修网络应装设剩余电流动作保护装置。剩余电流动作保护装置可视馈线回路数的多少确定装设在检修箱进线电源开关处或每个馈线回路分别装设。当馈线回路数在 4 回及以上时，宜按每回路装设。

八、站用电接线实例

±500kV 换流站按换流单元设置供电单元，全站公用负荷平均分摊到换流单元供电单元上。背靠背换流站供电单元的设置与±500kV 换流站相同。± 800kV 换流站也是按换流单元设置供电单元，但公用负荷设置专用的供电单元。上述三类换流站的站用电原理图类似，图 9-12 所示为±500kV 换流站典型站用电原理图。

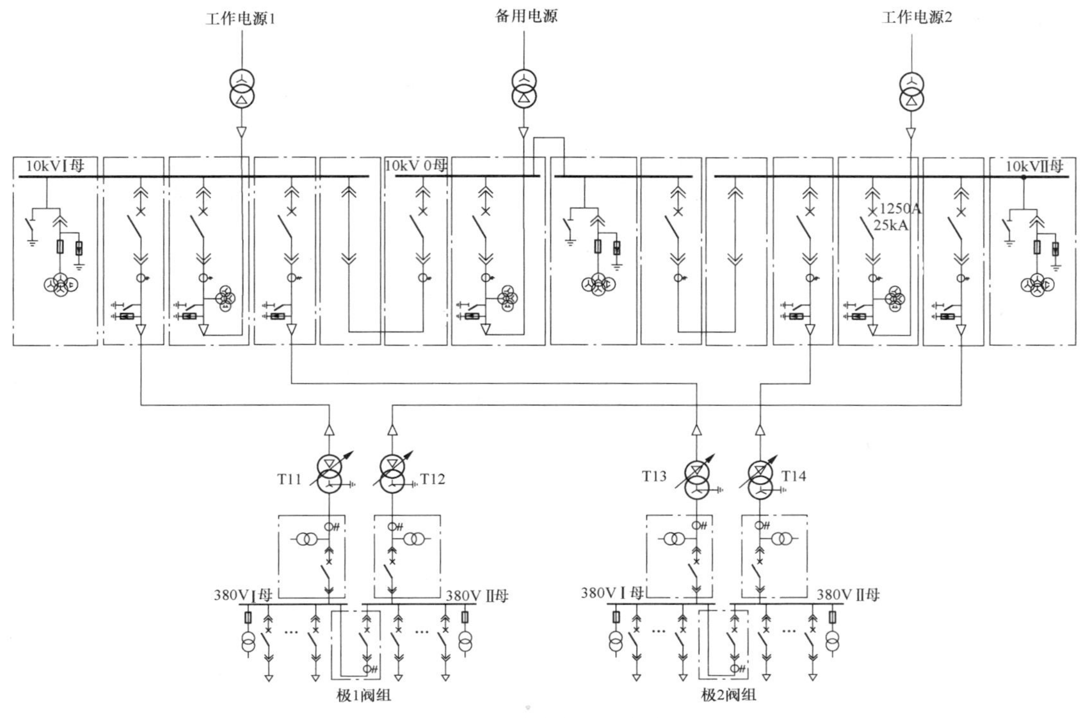

图 9-12 ±500kV 换流站典型站用电原理图

第三节 站用电系统设备

本节主要包括站用电负荷统计及计算和站用变压器选择，站用电系统设备中的站用电器及导体选择、低压电器的组合原则相关内容参见《电力工程设计手册 变电站设计》相关内容。

一、站用电负荷统计及计算

1. 计算原则

（1）连续运行及经常短时运行的设备应予计算。

（2）不经常短时及不经常断续运行的设备不予计算。

2. 计算方法

（1）动力负荷计算。动力负荷计算一般采用换算系数法，可按式（9-1）计算

$$S_C = \sum(KP) \tag{9-1}$$

式中 S_C——计算负荷，kVA；

K——换算系数，可取 0.85；

P——电动机的计算功率，经常连续和不经常连续运行的电动机为额定功率，短时及断续运行的电动机为额定功率 50%，kW。

（2）照明负荷计算。照明负荷可按式（9-2）计算

$$P = \sum\left(K_t P_A \frac{1+\alpha}{\cos\varphi}\right) \tag{9-2}$$

式中 K_t——照明负荷同时系数，见表 9-2；

P_A——照明安装功率，kW；

α——镇流器及其他附件损耗系数，白炽灯、卤钨灯 $\alpha=0$，气体放电灯、无极荧光灯 $\alpha=0.2$；

$\cos\varphi$——功率因数，白炽灯、卤钨灯 $\cos\varphi=1$，荧光灯、发光二极管、无极荧光灯 $\cos\varphi=0.6$，高强气体放电灯 $\cos\varphi=0.85$。

表 9-2 照明负荷同时系数

工作场所	正常照明	事故照明
控制楼（含主、辅控制楼）	0.8	0.9
阀厅、继电器小室、站用电室、气体绝缘金属封闭开关设备（GIS）室、户内直流场	0.3	0.3
屋外配电装置	0.3	—
辅助生产建筑物	0.6	—
办公楼	0.7	—
道路及警卫照明	1.0	—
其他露天照明	0.8	—

二、站用变压器选择

（一）容量选择

1. 选择原则

选择高压站用变压器容量时，应按全站可能出现

的最大运行方式计算；选择低压站用变压器容量时，应按满足供电单元或系统可能出现的最大运行方式计算。

2. 高压站用变压器容量

高压站用变压器容量一般按低压站用电的计算负荷之和再减去重复容量选择，若站内接有高压电动机时，还应计及其计算负荷。同时，当高压侧电压等级较高时，还应结合其最小制造容量来确定。

3. 低压站用变压器容量

低压站用变压器容量按式（9-3）计算

$$S \geqslant K_1 P_1 + P_2 + P_3 \tag{9-3}$$

式中 S——站用变压器容量，kVA；

K_1——站用动力负荷换算系数，一般取 $K_1=0.85$；

P_1——站用动力负荷之和，kW；

P_2——站用电热负荷之和，kW；

P_3——站用照明负荷之和，kW。

（二）型式及阻抗选择

（1）当站内无功补偿装置与站用电源共用一台变压器时，该变压器可选用三相三绕组，也可选用三相双绕组。选用三相三绕组变压器时，其中一级电压可直接接入站用高压母线而无需再设置站用高压变压器；选用三相双绕组时，由于低压侧电压等级的确定主要是考虑满足无功容量要求，一般均不低于 35kV，而站用高压母线电压等级一般为 10kV，因此还需设置一级站用高压变压器以满足这一要求。选择哪种型式应根据工程具体情况通过技术经济比较确定。

（2）站用变压器应选用低损耗节能型产品。高压站用变压器宜选用油浸式，低压站用变压器宜选用干式。

（3）高压站用变压器高压侧的额定电压，应按其接入点的实际运行电压确定，宜取接入点相应的联络变压器或换流变压器主分接电压。

（4）高、低压站用变压器的阻抗选择，宜结合设备制造能力，按高、低压电器对短路电流的承受能力来确定，高压宜控制在 40kA 以内，低压宜控制在 50kA 以内。根据短路水平要求计算得到的阻抗为理想值，实际选择时，一般选用尽可能接近理想值的标准阻抗系列的普通变压器。

（5）高压站用变压器联结组别的选择，优先使同一电压等级站用变压器的输出电压相位一致。低压站用变压器宜选用 Dyn11 联结组别。

（三）电压调整

在正常的电源电压偏移和站用电负荷波动的情况下，站用电各级母线的电压偏移均应不超过额定电压的±5%。

当站用变压器的电源侧接有无功补偿装置时，应校验投切无功补偿装置对站用电各级母线电压的影响。

1. 母线电压偏移计算

当电源电压和站用电负荷正常变动时，站用电母线电压可按下列条件和式（9-4）计算。

（1）按电源电压最低、站用电负荷最大，计算站用母线的最低电压 $U_{\mathrm{m.min}}$，并宜满足 $U_{\mathrm{m.min}} \geqslant 0.95$（标幺值）。

（2）按电源电压最高、站用电负荷最小，计算站用母线的最高电压 $U_{\mathrm{m.max}}$，并宜满足 $U_{\mathrm{m.max}} \leqslant 1.05$（标幺值）。

站用母线电压计算为（算式中各标幺值的基准电压取 0.38kV 和 10kV，基准容量取变压器低压绕组的额定容量 S_{2T}）

$$U_{\mathrm{m}} = U_0 - SZ_{\varphi} \tag{9-4}$$

式中 U_{m}——站用电母线电压（标幺值）；

U_0——变压器低压侧空载电压（标幺值）；

S——站用电负荷（标幺值）；

Z_{φ}——负荷压降阻抗（标幺值），其计算见式（9-5）。

$$Z_{\varphi} = R_{\mathrm{T}} \cos\varphi + X_{\mathrm{T}} \sin\varphi \tag{9-5}$$

$$R_{\mathrm{T}} = 1.1 P_{\mathrm{t}} / S_{2\mathrm{T}}$$

式中 R_{T}——变压器的电阻（标幺值）；

$\cos\varphi$——负载功率因数，取 0.8；

X_{T}——变压器的电抗(标幺值)，其计算见式(9-6)；

P_{t}——变压器的额定铜损；

$S_{2\mathrm{T}}$——低压绕组的额定容量，kVA。

$$X_{\mathrm{T}} = 1.1[U_{\mathrm{d}}(\%)/100](S_{2\mathrm{T}}/S_{\mathrm{T}}) \tag{9-6}$$

式中 S_{T}——变压器的额定容量，kVA；

$U_{\mathrm{d}}(\%)$——变压器的阻抗百分值。

连接于电压较稳定的电源上的变压器，最低电源电压取 0.975，则变压器低压侧空载电压 U_0 相应为 1.024；最高电源电压取 1.025，则 U_0 相应为 1.08。U_0 计算为

$$U_0 = U_{\mathrm{g}} U'_{2\mathrm{N}} / [1 + n \cdot \delta_{\mathrm{u}}(\%)/100] \tag{9-7}$$

$$U_{\mathrm{g}} = U_{\mathrm{G}} / U_{1\mathrm{N}}$$

$$U'_{2\mathrm{N}} = U_{2\mathrm{N}} / U_{\mathrm{i}}$$

式中 U_{g}——电源电压（标幺值）；

$U'_{2\mathrm{N}}$——变压器低压侧额定电压（标幺值）；

n——分接位置，n 为整数，负分接时为负值；

$\delta_{\mathrm{u}}(\%)$——分接开关的级电压，%；

U_{G}——电源电压，kV；

$U_{1\mathrm{N}}$——变压器高压侧额定电压，kV；

$U_{2\mathrm{N}}$——变压器低压侧额定电压，kV；

U_{i}——变压器低压侧母线的基准电压，kV。

计算表明，换流站高、低压站用变压器中的一级设置有载调压开关就可满足电压调整的要求。

2. 站用变压器分接开关选择

（1）无励磁调压变压器。

1）为适应近、远期电源电压的正常波动，分接开关的调压范围一般为 10%（从正分接到负分接）。

2）分接开关的级电压一般采用 2.5%。

3）额定分接位置宜在调压范围的中间。

（2）有载调压变压器。

1）调压范围一般为 15%～20%（从正分接到负分接）。

2）调压装置的级电压不宜过大，可采用 1.25%或 2.5%。

3）额定分接位置宜在调压范围的中间。

3. 站用变压器有载调压开关设置

站用变压器有载调压开关设置的位置有两种方案：一种是设置在高压站用变压器上；另一种是设置在低压站用变压器上。换流站站用电负荷多为 380V，低压站用变压器配置有载调压开关，能较好地保证供电负荷电压质量。早期建设的±500kV 换流站，有载调压开关均设置在低压站用变压器上；±800kV 换流站由于低压站用变压器台数多，低压站用变压器配置有载调压开关对主控制楼布置有一定影响，同时控制保护较有载调压开关设置在高压站用变压器上复杂，基于上述原因，有部分工程将有载调压开关设置在高压站用变压器上。

从目前运行情况来看，个别工程反映电压调整有困难，主要是由于每段 10kV 母线接有多台低压站用变压器，存在各台低压站用变压器实际运行容量不等，其对应的低压母线工作电压也不同。通过有载调压开关调整高压母线电压只能保证部分低压站用变压器低压母线电压处于较理想状态。如低压站用公用变压器，其实际运行容量受季节影响较大，而低压站用工作变压器实际运行容量除受季节影响因素外，主要受直流输送容量的影响。同时，由于换流站交流滤波器投切引起电源电压扰动可能导致运行站用电负荷跳闸，如换流站因电压扰动导致运行的阀内冷却主循环泵跳闸，备用泵在同一瞬间又合不上从而会酿成换流阀停运故障。为保证用电负荷在这一暂态过程中安全工作，使其运行电压能够工作于额定电压附近，有载调压开关设置在低压站用变压器上更容易实现这一目标。经济上，±500kV 和背靠背换流站的有载调压配置在低压站用变压器便宜，±800kV 换流站则配置在高压站用变压器价格低，但差别均不大。

4. 投切低压并联电抗器对站用电母线电压影响典型算例

【例 9-1】 如图 9-13 所示，站用电系统有载调压开关设置在 35/10.5kV 变压器高压侧，通过调节有载调压开关控制站用电 10.5kV 母线电压不超过额定电压的±5%。

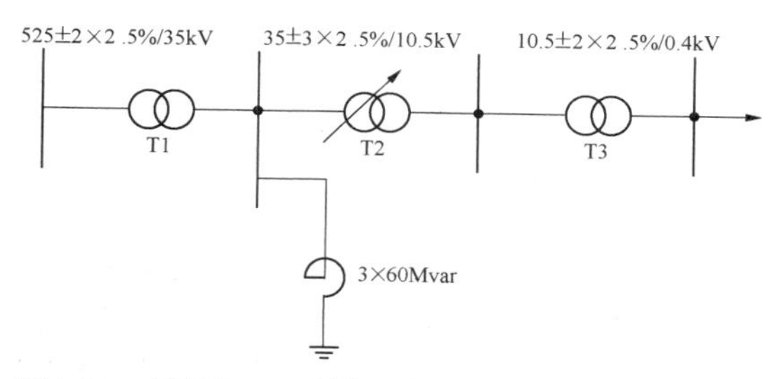

图 9-13 电源侧 35kV 母线配有并联电抗器的站用电系统

（1）假设条件。假定 500kV 侧电压达到 $U_1 = 545\text{kV}$，变压器 T1 和 T3 的抽头均在额定位置，即变压器 T1 的变比为 $k_1 = 525\text{kV}/35\text{kV}$，变压器 T3 的变比为 $k_3 = 10.5\text{kV}/0.4\text{kV}$；35kV 母线短路电流为 40kA；站用变压器 T2 参数为：$P_t = 48.05\text{kW}$，$S_N = 10\text{MVA}$，$U_d(\%) = 7.5$。

由上可得

$$U_2 = 545 \times 35/525 = 36.3\text{（kV）}$$

（2）投入电抗器后 35kV 母线电压变化情况计算。为限制 500kV 侧过电压，此时投入 3 组 35kV 低压并联电抗器，由此引起的 35kV 母线电压降百分值为

$$\Delta U_2(\%) = \frac{\Delta Q}{S_d} \times 100\%$$

式中 ΔQ ——无功变化量，其值为 $3 \times 60 = 180\text{Mvar}$；

S_d ——短路容量。

$S_d = \sqrt{3} U_2 I_d = \sqrt{3} \times 35 \times 40$（MVA），则有

$$\Delta U_2(\%) = \frac{180}{\sqrt{3} \times 35 \times 40} \times 100\% \approx 7.4\%$$

因此，投入 3 组低压并联电抗器后，其母线电压变为

$$U_2' = U_2 - 35 \times \Delta U(\%) = 36.3 - 35 \times 7.4\% = 33.7\text{（kV）}$$

（3）投切电抗器后 35kV 站用变压器有载调压抽头调节范围校核。

1）站用变压器 T2 参数为 $P_t = 48.05\text{kW}$、$S_N = 10\text{MVA}$、$U_d(\%) = 7.5$，则根据式（9-4）和式（9-5）计算站用电 380V 母线电压 U_m 为

$$R_T = 1.1 P_t / S_{2T} = 1.1 \times 48.05/10\ 000 = 0.005\ 29$$

$$X_T = 1.1 \frac{U_d(\%)}{100} \times \frac{S_{2T}}{S_T} = 1.1 \times 0.075 \times 1 = 0.082\ 5$$

$$Z_\varphi = 0.005\ 29 \times 0.8 + 0.082\ 5 \times 0.6 = 0.053\ 7$$

$$U_0 = U_g U_{2N}' \Big/ (1 + n\delta_u\%/100) = \frac{33.7}{35} \Big/ (1 + n \times 2.5\%)$$

$$U_m = \frac{33.7}{35} \Big/ (1 + n \times 2.5\%) - 10 \times 0.053\ 7$$

2）考虑 T2 站用变压器满载运行极端情况，即站用电负荷 $S = 1$，为使低压母线电压满足 $0.95 \leqslant U_m \leqslant$

1.05，则

$$0.95 \leqslant \frac{33.7}{35} \Big/ (1+n\times 2.5\%) - 10\times 0.0537 \leqslant 1.05$$

可得 $-1.6 \geqslant n \geqslant -5.1$

即T2站用变压器抽头在−5～−2之间均可满足要求。

【例9-2】 如图9-14所示，站用电系统有载调压开关设置在10.5/0.4kV变压器高压侧，通过调节有载调压开关控制站用电0.4kV母线电压不超过额定电压的±5%。

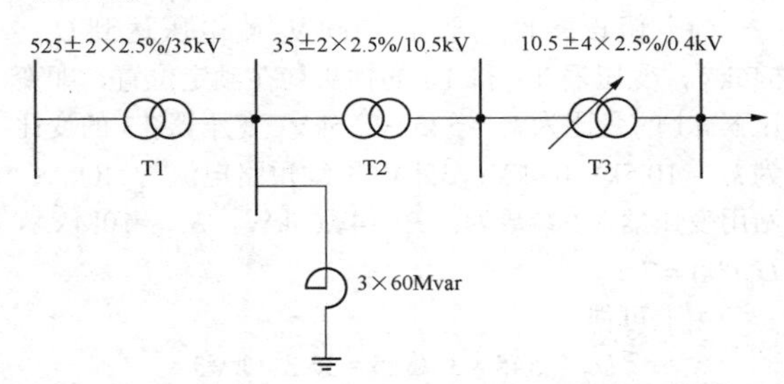

图9-14 电源侧35kV母线配有并联电抗器的站用电系统

（1）假设条件。假定500kV侧电压达到$U_1=545$kV，变压器T1和T2的抽头均在额定位置，即变压器T1的变比为$k_1=525$kV/35kV，变压器T2的变比为$k_2=35$kV/10.5kV。35kV母线短路电流为40kA。站用变压器T3参数为：参数$P_t=15200$W，$S_N=2000$kVA，$U_d(\%)=6$。

由上可得

$$U_2 = 545\times 35/525 = 36.3\ (\text{kV})$$

（2）投入电抗器后10kV母线电压变化情况计算。为限制500kV侧过电压，此时投入3组60Mvar低压并联电抗器，由此引起的35kV母线电压降百分值为

$$\Delta U_2(\%) = \frac{\Delta Q}{S_d}\times 100\%$$

式中 ΔQ——无功变化量，其值为$3\times 60=180$Mvar；

S_d——短路容量。

$$S_d=\sqrt{3}U_2 I_d=\sqrt{3}\times 35\times 40\ (\text{MVA})$$

则有

$$\Delta U_2(\%) = \frac{180}{\sqrt{3}\times 35\times 40}\times 100\% \approx 7.4\%$$

因此，投入3组低压并联电抗器后，35、10kV母线电压分别变为：

$$U_2' = U_2 - 35\times\Delta U\% = 36.3-35\times 7.4\% = 33.7\ (\text{kV})$$

$$U_3' = U_2'/k_2 = 33.7\times 10.5/35 = 10.11\ (\text{kV})$$

（3）投切电抗器后10kV站用变压器有载调压抽头调节范围校核。

1）根据式（9-4）和式（9-5）计算站用电母线电压U_m如下

$$U_m = U_0 - SZ_\varphi$$

$$Z_\varphi = R_T\cos\varphi + X_T\sin\varphi$$

2）站用变压器T3参数$P_t=15200$W，$S_N=2000$kVA。

$$R_T = 1.1P_t/S_{2T} = 1.1\times 15.2/2000 = 0.00836$$

$$X_T = 1.1\frac{U_d(\%)}{100}\times\frac{S_{2T}}{S_T} = 1.1\times 0.06\times 1 = 0.066$$

$$Z_\varphi = 0.00836\times 0.8 + 0.066\times 0.6 = 0.0463$$

$$U_0 = U_g U_{2N}'/[1+n\delta_u(\%)/100] = \frac{10.11}{10.5}\Big/(1+n\times 2.5\%)$$

3）考虑T3站用变压器满载运行极端情况，即站用电负荷$S=1$，为使低压母线电压满足$0.95\leqslant U_m \leqslant 1.05$，则

$$0.95 \leqslant \frac{10.11}{10.5}\Big/(1+n\times 2.5\%) - 0.4\times 0.0463 \leqslant 1.05$$

可得 $-1.3 \geqslant n \geqslant -4.8$

即T3站用变压器抽头在−2～−4之间均可满足要求。

（四）电动机启动校验

1. 校验条件

最大容量的电动机单台正常启动时，站用母线的电压不应低于额定电压的80%。容易启动的电动机（如风机类电动机）启动时电动机的端电压不应低于额定电压的70%，对于启动特别困难（如水泵类电动机）的电动机，当制造厂有明确合理的启动电压要求时，应满足制造厂的要求。

当电动机的功率（kW）为电源容量（kVA）的20%以上时，应验算正常启动时的电压水平。

2. 电动机正常启动时站用母线电压的计算

电动机正常启动时的母线电压计算为［算式中各标幺值的基准电压取0.38、10kV，对变压器的基准容量取低压绕组的额定容量S_{2T}（kVA）］

$$U_m = U_0/(1+SX) \tag{9-8}$$

式中 U_m——电动机正常启动时的母线电压（标幺值）；

U_0——站用母线上的空载电压（标幺值），电抗器取1，无励磁调压变压器取1.05，有载调压变压器取1.1；

S——合成负荷（标幺值），可按式（9-9）计算；

X——变压器或电抗器的电抗（标幺值）。

$$S = S_1 + S_{st} \tag{9-9}$$

$$S_{st} = K_{st}P_N/(S_{2T}\eta_N\cos\varphi_N)$$

式中 S_1——电动机启动前，厂用母线上的已有负荷（标幺值）；

S_{st}——启动电动机的启动容量（标幺值）；

K_{st}——电动机的启动电流倍数；

P_N——电动机的额定功率，kW；

η_N——电动机的额定效率；

$\cos\varphi_N$——电动机的额定功率因数。

【例 9-3】10kV 低压站用变压器型号为 SCB10-2500/10.5，参数如下：三相双绕组，2500kVA，10.5±2×2.5%/0.4kV，Dyn11，U_d=6%。

站内排污泵额定电压 380V，启动电流倍数 K_{st} = 7，额定功率 P_N =250kW，额定效率 η_N =0.95，额定功率因数 $\cos\varphi_N$ =0.81。经 2 根 ZR-YJV22-3×150+1×95 电缆并联接入站内 380V 配电柜，电缆长度 100m。

假设排污泵启动前，站用电已有负荷 S_1=0.9（标幺值），校验排污泵启动时站用电母线电压。

计算过程如下：

（1）10kV 站用变压器为无励磁调压变压器，U_0 取 1.05，则

$$X_T = 1.1\frac{U_d(\%)}{100}\times\frac{S_{2T}}{S_T} = 1.1\times0.6\times1 = 0.066$$

（2）电动机启动容量为

$$S_{st} = K_{st}P_N/(S_{2T}\eta_N\cos\varphi_N) = \frac{7\times250}{2500\times0.95\times0.81} = 0.91$$

（3）合成负荷为

$$S = S_1 + S_{st} = 0.9 + 0.91 = 1.81$$

（4）电动机正常启动时的母线电压为

$$U_m = \frac{U_0}{1+SX} = \frac{1.05}{1+1.81\times0.066} = 0.98$$

（5）启动电流为

$$I = k\frac{P}{U\cos\varphi} = 7\times\frac{250}{380\times0.81} = 5.69\text{(kA)}$$

（6）ZR-YJV22-3×150+1×95 电缆电阻 r= 0.000115Ω/m，则排污泵回路电缆电阻值

$$\Delta U = \frac{0.000\,115\times100}{2} = 0.007\,5(\Omega)$$

（7）电缆压降（标幺值）为

$$\Delta U = \frac{IR}{U_N} = \frac{5.69\times0.007\,5}{0.38} = 0.11$$

（8）电动机端部电压为

$$U = U_m - \Delta U = 0.98 - 0.11 = 0.87$$

三、工程实例

表 9-3 为±500kV、3000MW 换流站极 1、380/220V 站用电负荷统计实例。背靠背换流站、±800kV 换流站负荷统计与±500kV、3000MW 换流站类似，可参考。

表 9-3　±500kV、3000MW 换流站极 1、380/220V 站用电负荷统计

序号	设备名称	额定容量（kW）	运行方式				工作Ⅰ段		工作Ⅱ段		重复容量（kW）
			安装台数	连续台数	间断台数	备用台数	安装台数	计算容量（kW）	安装台数	计算容量（kW）	
P_1 动力负荷											
1	极 1 阀外冷却 MCC	184	2	1		1	1	184	1	184	184
2	极 1 阀内冷却 MCC	210	2	1		1	1	210	1	210	210
3	极 1 阀厅排烟窗控制箱	10	2	1		1	1	10	1	10	10
4	极 1 换流变压器总电源 LY—三相汇控	150	2	1		1	1	150	1	150	150
5	极 1 换流变压器总电源 LD—三相汇控	150	2	1		1	1	150	1	150	150
6	极 1 平波电抗器控制箱总电源	30	2	1		1	1	30	1	30	30
7	主控制楼通信机房高频开关 1	20	2	1		1	1	20	1	20	20
8	站公用 UPS 系统 1	15	2	1		1	1	15	1	15	15
9	站公用直流系统 1 号充电器	30	2	1		1	1	30	1	30	30
10	站公用直流系统 3 号充电器	30	1	1			1	30			
11	极 1 控制保护用直流系统 1 号充电器	20	2	1		1	1	20	1	20	20
12	极 1 控制保护用直流系统 2 号充电器	20	2	1		1	1	20	1	20	20
13	极 1 控制保护用直流系统 3 号充电器	20	2			2	1		1		
14	极 1 直流场极线回路交流电源配电箱	10	2	1		1	1	10	1	10	10

续表

序号	设备名称	额定容量（kW）	运行方式				工作Ⅰ段		工作Ⅱ段		重复容量（kW）
			安装台数	连续台数	间断台数	备用台数	安装台数	计算容量（kW）	安装台数	计算容量（kW）	
15	直流场中性线回路交流电源配电箱	10	2	1		1	1	10	1	10	10
16	图像监视系统机柜	3	1	1			1	3			
17	第一继电器小室交流配电柜	56	1	1					1	56	
18	第二继电器小室交流配电柜	161	1	1			1	161			
19	第三继电器小室交流配电柜	41	1	1					1	41	
20	综合水泵房1号交流配电柜	100	1	1			1	100			
21	主控制楼一层配电箱	40	1	1			1	40			
22	主控制楼二层配电箱	40	1	1			1	40			
23	极1喷淋水泵房配电箱	10	1	1					1	10	
24	1号站用变压器有载调压开关	2	1	1			1	2			
25	2号站用变压器有载调压开关	2	1	1					1	2	
小计								1235		968	2859
P_2电热负荷											
1	极1室外加热器	73.1	1	1			1	73.1			
2	极1阀厅空调设备	298	2	1		1	1	298	1	298	298
3	控制楼空调	351	1	1					1	351	
4	第一继电器小室交流配电箱	33.5	1	1			1	33.5			
5	第二继电器小室交流配电箱	36.1	1	1					1	36.1	
6	综合楼1号交流配电柜	176.4	1	1					1	176.4	
小计								404.6		861.5	298
P_3照明负荷											
1	主控制楼一层照明箱	12	1	1			1	12			
2	主控制楼二层照明箱	12	1	1			1	12			
3	主控制楼交直流切换箱	6	1	1			1	6			
4	主控制楼一层屏内照明及打印电源1	3	2	1		1	1	3	1	3	3
5	主控制楼二层屏内照明及打印电源1	3	2	1		1	1	3	1	3	3
6	极1阀厅照明箱	10	2	1		1	1	10	1	10	10
7	第一继电器小室交流照明箱	3.1	1	1			1	3.1			
8	第二继电器小室交流照明箱	3.6	1	1					1	3.6	
小计								49.1		19.6	16
其他											
1	消防泵组控制柜1（综合水泵房）	191	1	1			1	191			
2	备用平波电抗器控制箱电源	30	1				1				
3	备用LY换流变压器控制箱电源	50	1						1		
4	主控制楼一层检修箱	50	8				8				
5	极1阀厅插座箱（100A）	50	1				1				
6	极1阀厅插座箱（63A）	31.5	1						1		
7	极1直流场检修箱	50	1				1				

续表

序号	设备名称	额定容量（kW）	运行方式				工作Ⅰ段		工作Ⅱ段		重复容量（kW）
			安装台数	连续台数	间断台数	备用台数	安装台数	计算容量（kW）	安装台数	计算容量（kW）	
8	500kV 交流 ACF1 和 ACF3 区域检修箱	50	3				3				
9	500kV 配电装置（1~6）串检修箱	50	6				6				
10	500kV 站用变压器间隔检修箱	125	2				2				
11	极 1 换流变压器区域检修箱	200	2						2		
12	极 1 平波电抗器区域检修箱	200	1				1				
13	备用平波电抗器区域检修箱	200	1						1		
小计								191		0	0
计算负荷 $S_c=0.85P_1+P_2+P_3$（kVA）							1503.45		1703.90		1044.15
变压器容量选择计算负荷（kVA）		2379.52									
变压器选择容量（kVA）		2500									

注　1. 站用低压变压器容量选择计算负荷＝I 段计算负荷＋II 段计算负荷−重复计算负荷。
2. MCC 表示动力控制柜。

第四节　站用电系统布置

一、布置原则

（1）10kV 及以上电压等级站用配电装置型式和布置应符合 DL/T 5352《高压配电装置设计规程》的规定。

（2）站用电设备的布置应符合生产工艺流程的要求，做到设备布局和空间利用合理，运行、维护方便。

（3）设备的布置满足安全净距并符合防火、防爆、防潮、防冻和防尘等要求。

（4）设备的检修和搬运应不影响运行设备的安全。

（5）应结合换流站的整体布局，尽量减少电缆的交叉和电缆用量，引线方便。屏柜的排列应尽量具有规律性和对应性。

（6）在选择站用设备的型式时，应结合站用配电装置的布置特点，择优选用适当的产品。

二、站用配电装置的布置

（一）一般要求

（1）10kV 站用配电装置宜布置在控制楼内，当控制楼内的布置受到限制时，可考虑将其单独布置在站内合适的场所。换流器用 380V 站用配电装置宜布置在本换流器所在的控制楼内。站公用 380V 配电装置宜布置在站内公用负荷较为集中的合适场所。

（2）站用配电装置的长度大于 6m 时，其柜（屏）后应设两个通向本室或其他房间的出口，低压配电装置两个出口间的距离超过 15m 时还应增加出口。

（3）高压站用配电装置室宜留有发展用的备用位置。当条件许可时，也可留出适当的位置，以便检修及放置专用工具和备品备件。

（4）低压站用配电装置，除应留有备用回路外，每段母线可留有 1～2 个备用柜的位置。

（5）安装在屋外的检修电源箱宜有防止小动物侵入的措施。落地安装时，底部应高出地坪 0.2m 以上。

（6）站用配电装置凡有通向电缆隧道或通向邻室的孔洞（人孔除外），应以耐燃材料封堵，以防止火灾蔓延和小动物进入。

（二）站用配电装置布置尺寸

（1）10kV 站用配电装置室的通道尺寸见表 9-4。

表 9-4　　10kV 站用配电装置室的通道尺寸　　（mm）

配电装置型式	操作通道				背面维护通道		侧面维护通道		靠墙布置时离墙常用距离	
	设备单列布置		设备双列布置							
	最小	常用	最小	常用	最小	常用	最小	常用	背面	侧面
固定式高压开关柜	1500	1800	2000	2300			800	1000	50	200
手车式高压开关柜	2000	2300	2500	3000	600	800	800	1000		200

注　1. 表中尺寸是从常用的开关柜柜面算起（即突出部分已包括在表中尺寸内）。
2. 表中所列操作及维护通道的尺寸，在建筑物的个别突出处允许缩小 200mm。

（2）低压配电屏前后的通道最小宽度要求见表9-5。

表 9-5　低压配电屏前后的通道最小宽度要求　(mm)

配电屏种类		单列布置			双排面对面布置			双排背对背布置			多排同向布置		
		屏前	屏后		屏前	屏后		屏前	屏后		屏间	前、后排屏距墙	
			维护	操作		维护	操作		维护	操作		维护	操作
固定分隔式	不受限制时	1500	1000	1200	2000	1000	1200	1500	1500	2000	2000	1500	1000
	受限制时	1300	800	1200	1800	800	1200	1300	1300	2000	1800	1300	800
抽屉式	不受限制时	1800	1000	1200	2300	1000	1200	1800	1000	2000	2300	1800	1000
	受限制时	1600	800	1200	2100	800	1200	1600	800	2000	2100	1600	800

注　1. 受限制时是指受到建筑平面的限制、通道内有柱等局部突出物的限制。
2. 控制屏、柜前后的通道最小宽度可按本表的规定执行或适当缩小。
3. 屏后操作通道是指需在屏后操作运行中的开关设备的通道。

（3）站用配电装置室门的宽度，应按搬运设备中最大的外形尺寸再加 200～400mm，但门宽不应小于900mm，门的高度不应低于2.1m。维护门的宽度不应小于750mm，高度不应低于1900mm。

（4）站用配电装置室的门应按照安装不同开关柜、配电柜的大小，由土建设计人员选用标准门。

三、站用变压器的布置

（一）一般要求

（1）高压站用变压器的布置应符合DL/T 5352《高压配电装置设计技术规程》中的有关规定。

（2）高压站用变压器应与总体布置协调一致，并尽可能靠近站用高压配电装置布置。

（3）布置在联络变压器配电装置区域内的高压站用变压器，应与该区域内的低压无功补偿设备或其他设备统筹布置。

（4）对于外引电源的高压站用变压器，在满足总布置要求的前提下，应尽可能方便站外架空线路的引接。

（5）低压站用变压器应采用户内布置，并与站用低压配电装置紧邻布置。

（二）高压站用变压器的布置

（1）高压站用变压器单台油量在1000kg以上时，应设置储油或挡油设施。当设置有容纳20%油量的储油或挡油设施时，应有将油排到安全处所的设施，且不应引起污染危害。当不能满足上述要求时，应设置能容纳 100%油量的储油或挡油设施。储油和挡油设施应大于变压器外廓每边各1000mm。储油设施内应铺设卵石层，其厚度不应小于250mm，卵石直径宜为50mm～80mm。

当设置有总事故储油池时，其容量宜按最大一个油箱容量的100%确定。

（2）高压站用变压器的外绝缘体最低部位距地面高度小于2.5m时，应设固定式围栏。

（3）高压站用变压器装设在建筑物附近时，应保证变压器发生事故时不危及附近建筑物。变压器外壳距离建筑物的距离不应小于0.8m，距离变压器外廓在10m以内的墙壁应按防火墙建筑设计，门窗必须用非燃性材料制成，并采取措施防止外物落在变压器上。

四、站用电布置实例

±500kV 换流站、背靠背换流站、±800kV 换流站换流单元380/220V 配电装置均布置在主（辅）控制楼内，公用380/220V配电装置一般单独布置。调相机380/220V 配电装置一般布置在调相机房电控间 0m层，SFC布置在电控间4.5m层。±500kV换流站10kV配电装置一般布置在主（辅）控制楼内，背靠背换流站、±800kV换流站一般单独布置。

图9-15所示为±500kV换流站站用电配电装置布置实例示意图；图9-16～图9-18分别为±800kV换流站10kV配电装置和换流站阀组、换流站公用380/220V配电装置布置实例示意图。

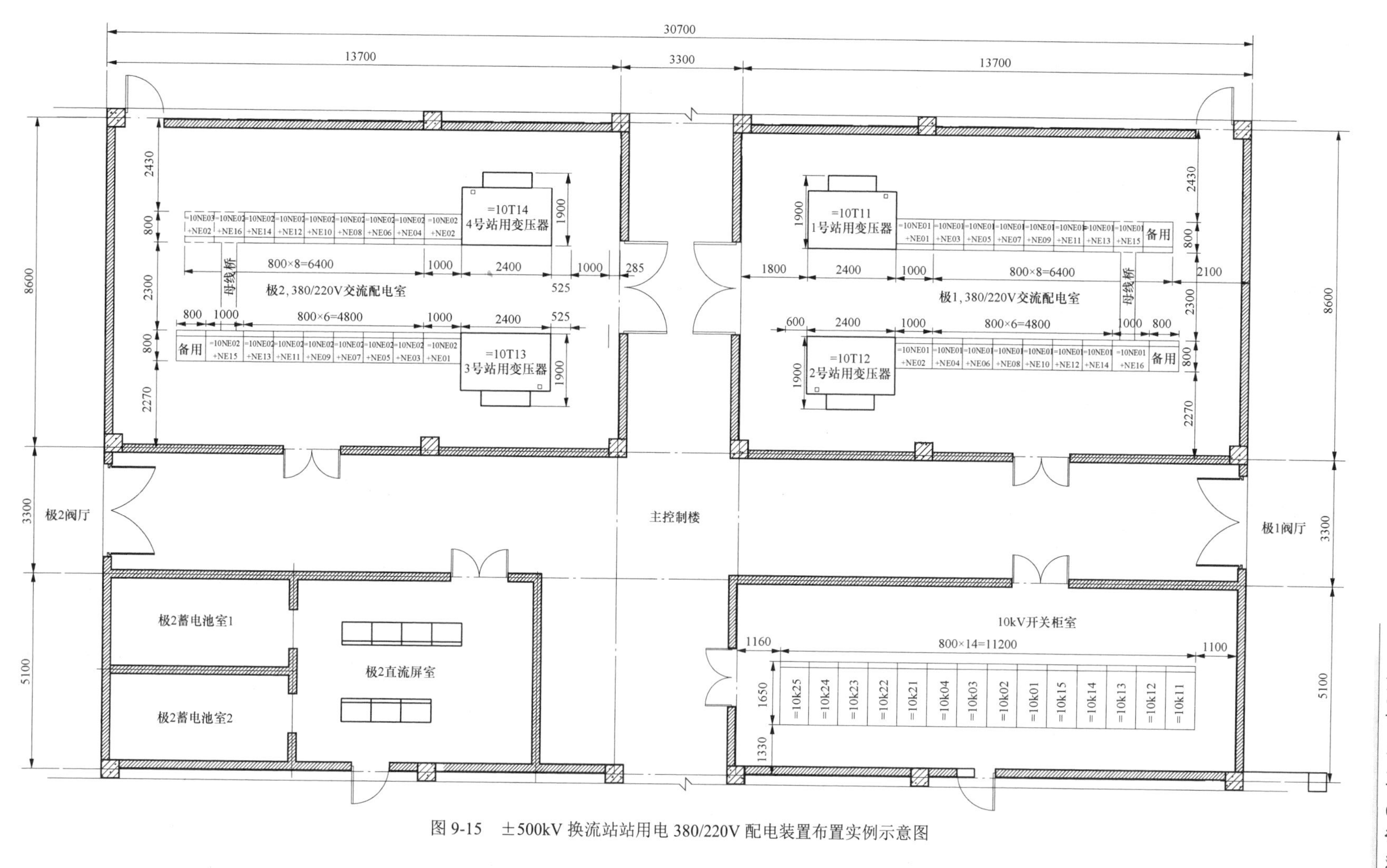

图 9-15 ±500kV 换流站站用电 380/220V 配电装置布置实例示意图

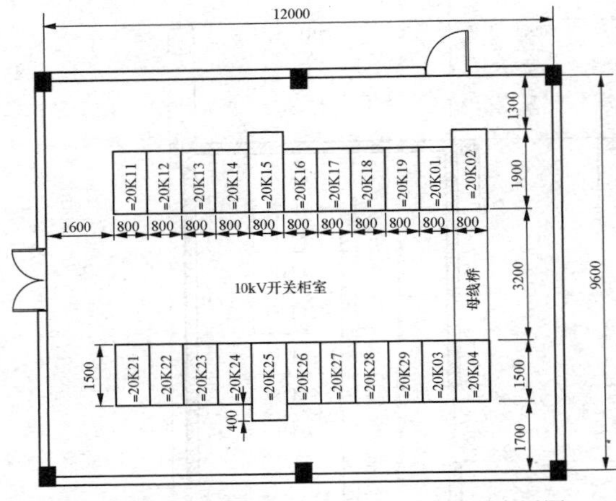

图 9-16 ±800kV 换流站 10kV 配电装置布置图

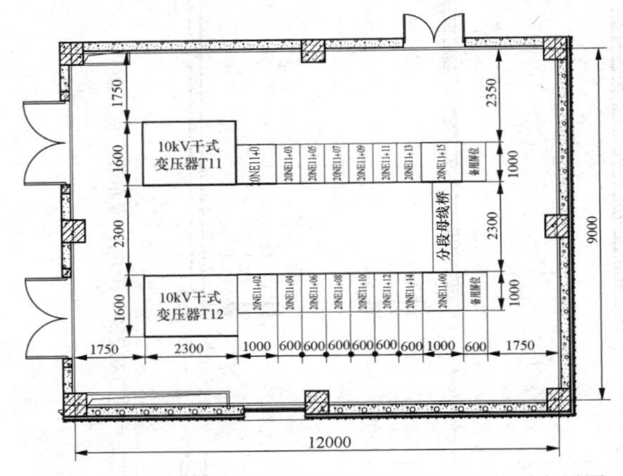

图 9-17 ±800kV 换流站阀组 380/220V 配电装置布置图

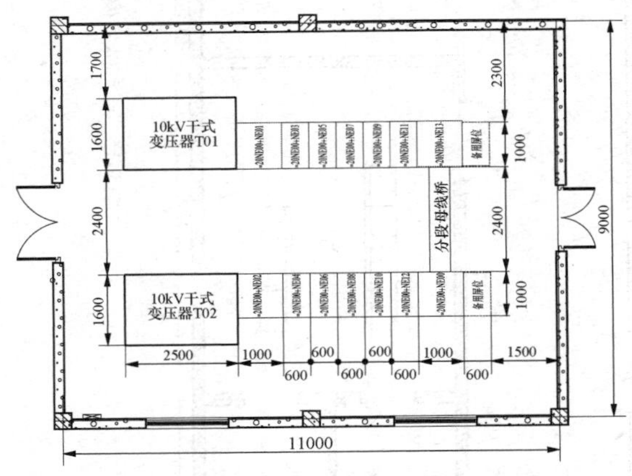

图 9-18 ±800kV 换流站公用 380/220V 配电装置布置图

第五节 站用电源的二次系统

一、站用电控制系统

站用电源控制系统是换流站控制系统中站控系统的一部分，共享换流站控制系统的站控层设备，其控制层和就地层设备独立配置。站用电控制系统的网络设备及软件系统要求见第十一章相关内容。

1. 设备配置

站用电控制系统包括控制主机和 I/O 设备，控制主机属于换流站控制系统的控制层，I/O 设备属于换流站控制系统的就地层。

较早期的直流工程，站用电系统通常不设置独立的控制主机，其功能由站用电控制保护系统主机或交流站控主机来实现。实际运行中，曾发生由于站用电控制保护系统主机自动切换失败，跳开所有进线断路器，引起站用电全部丢失，从而导致双极停运的严重故障，因此后续的工程中，站用电控制系统主机均采用独立设置的方式。

站用电控制系统应采用双重化冗余配置，双重化的主机分开组屏，布置于主控制楼或就近控制保护设备室内。

站用电 I/O 设备宜按间隔配置，采用单套配置或双套配置方式，配置原则应与换流站控制系统 I/O 设备的配置保持一致。具体配置要求如下：

（1）高、低压站用变压器，各变压器两侧断路器及变压器本体宜配置一套 I/O 设备。

（2）备用电源进线断路器或联络断路器，每台断路器宜配置一套 I/O 设备。

（3）各母线设备（如电压互感器、母线接地开关）可按母线段单独配置 I/O 设备，也可与备用电源进线断路器或联络断路器间隔合并配置。

2. 功能要求

站用电控制系统主要实现站用电系统内主要设备的控制、监视及设备联锁等功能。

（1）控制范围。站用电控制系统的控制范围包括站用变压器的高、低压断路器，母线联络断路器等系统主回路的操作电器，以及站用变压器有载调压分接开关。

（2）监视信号。站用电控制系统的模拟量监视信号见表 9-6，开关量监视信号见表 9-7。

表 9-6　模拟量监视信号

序号	设备名称	模拟量信号
1	高压站用变压器	有功功率、各侧母线三相电压、各侧三相电流、油温、绕组温度、油位
2	低压站用变压器	有功功率、各侧母线三相电压、各侧三相电流、绕组温度
3	备用电源进线断路器、联络断路器	三相电流
4	55kW 及以上电动机	三相电流

表 9-7 开关量监视信号

序号	设备名称	开关量信号
1	高压站用变压器	本体瓦斯、压力释放、油温、绕组温度、油位报警；冷却器启动、停止、故障，冷却器就地/远方控制；有载分接开关瓦斯、压力释放、油位报警及挡位
2	低压站用变压器	绕组温度报警、跳闸
3	35kV 及以上电压等级开关设备	断路器分/合位置，SF_6压力低报警、闭锁，电动机储能/未储能；隔离开关（接地开关）分/合位置；就地/远方控制，电源故障
4	手车式开关	工作、试验、隔离位置；就地/远方控制，弹簧未储能，电源故障
5	继电保护	保护动作，保护装置报警

（3）联锁。换流站站用电控制系统的联锁要求与交流变电站基本相同，主要包括：隔离开关、接地开关的操作应满足“五防”联锁逻辑；各级联络开关与相应的进线开关之间必须设置可靠的、防止非同期电源合环运行的“三取二”闭锁逻辑等。

二、继电保护

根据换流站站用电系统的设备构成，需要对高压站用变压器、低压站用变压器、10kV 备用电源进线断路器及 380V 联络开关配置相应的继电保护。考虑到换流站站用变压器保护设计要求与交流变电站基本相同，因此本节对相同部分仅进行概要性说明，对换流站站用电保护需要特殊考虑、特别予以关注的内容则进行详细介绍。

1. 高压站用变压器保护

对于电压等级在 220kV 及以上的高压站用变压器，电量保护应双重化配置，非电量保护应单重化配置。对于电压等级在 110kV 及以下的高压站用变压器，电量保护及非电量保护均应单重化配置。

高压站用变压器应配置纵联差动保护、过励磁保护、过电流保护、零序过电流保护、瓦斯保护等，需要时还宜增设引线差动保护或电流速断保护。

根据换流站站用电系统接线特点，近来工程中高压站用变压器高压侧常采用从站内 3/2 断路器接线的高压配电装置串内或母线引接，低压侧为 10kV 或 35kV。该高压站用变压器的特点是容量小、阻抗大，其高、低压侧的额定电流相差很大，而实际运行电流极小，对变压器的主保护、高压侧断路器失灵保护的配置和保护用电流互感器的选择均有较大影响，在工程设计中应予以特殊考虑。

（1）高压站用变压器主保护配置。对于高压侧接入 3/2 断路器接线的高压配电装置串内的变压器，当配置变压器纵联差动保护（也称为变压器大差保护）作为其主保护时，见图 9-19（a），其高压侧采用 500kV 交流串的 TA。这种配置存在如下问题：①串内有很大的穿越电流，因此 TA 的变比通常都选得比较大，同时由于变压器高压侧的二次额定电流很小，串内大变比的 TA 将难以满足变压器差动保护差动启动电流值的整定要求；②当发生 500kV 母线三相短路的区外故障时，差动保护有可能误动。为了解决这两个问题，可考虑对引线区域增配引线差动保护或电流速断保护共同构成变压器的主保护，相应的主保护配置见图 9-19（b）。

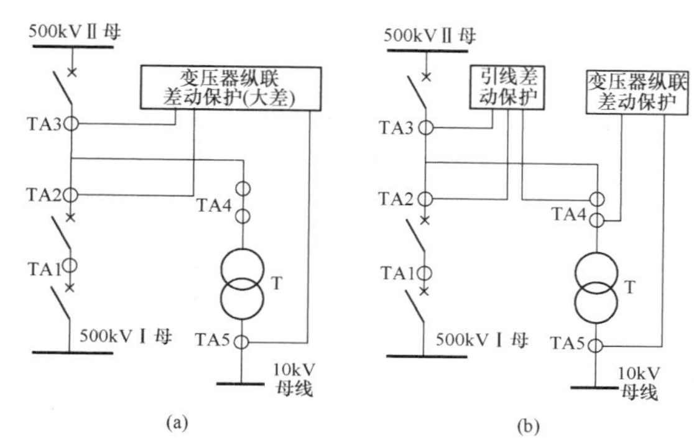

图 9-19 高压站用变压器主保护配置图

（a）变压器纵联差动保护（大差）；

（b）引线差动及变压器纵联差动保护

此时，变压器纵联差动保护改为采用高压侧套管 TA，TA 可选用合适的小变比，同时，当发生 500kV 母线三相短路故障时，由于引线差动保护的启动电流较变压器纵联差动保护（大差）大得多，且具备比例制动特性，因此由于互感器误差产生的不平衡电流并不会引起引线差动保护的误动。为了简化配置，也可配置电流速断保护来代替引线差动保护。

（2）高压侧断路器失灵保护配置。当站用电源从 500kV 及以上高压配电装置母线引接时，高压侧断路器应配置独立的断路器失灵保护，相应的保护配置见图 9-20（a）。

当站用电源从 500kV 及以上高压配电装置 3/2 断路器接线的串内引接时，由于 500kV 变压器容量较小，且电压变比较大，变压器内部故障时高压侧短路电流很小，甚至小于断路器失灵保护最小整定值。当变压器发生区内故障而断路器又拒动时，变压器高压侧的断路器失灵保护应可靠动作，保护灵敏度应按变压器低压侧两相短路时可靠启动校验。因此，对于上述变压器，需要进行相关短路电流计算，以核算采用串中大变比 TA 的高压侧断路器失灵保护的灵敏度是否满足要求。如果无法满足要求，可考虑增设一套失灵保护，由变压器套管 TA 引接，作为变压器低压侧故障时的补充，相应的保护配置图见图 9-20（b）。

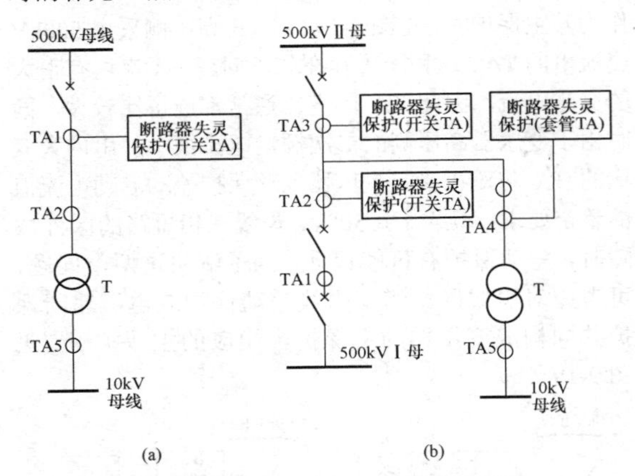

图 9-20　高压侧断路器失灵保护配置图
（a）高压侧接入高压配电装置母线；
（b）高压侧接入 3/2 断路器接线的串内

（3）保护设备的布置。双重化配置的两套电量保护应分别独立组屏，单套配置的电量保护单独组屏，非电量保护可独立组屏也可和 1 套电量保护共同组屏，保护屏均布置于就近控制保护设备室内。

2. 低压站用变压器保护

换流站的低压站用变压器通常指 10kV/400V 的变压器，应配置单套电量保护及非电量保护，包括纵联差动保护或电流速断保护、过电流保护、变压器零序过电流保护、10kV 单相接地短路保护、瓦斯保护、温度保护。

低压站用变压器保护宜布置于相应的 10kV 开关柜内，也可单独组屏布置于就近控制保护设备室内。

三、备用电源自动投入

根据换流站站用电系统的接线特点，通常设置 10kV、380V 两级供电母线，每级电源均配置备用电源自动投入功能。

1. 高压备用电源自动投入的接线及逻辑要求

换流站的高压站用电源指 10kV 电压等级站用电系统，其典型一次接线见图 9-21。系统设置两段工作母线，一段备用母线，工作母线与备用母线间设置备用电源进线断路器，实现专用备用接线。

（1）基本要求。正常运行时，工作变压器 T1（T2）通过 1QF（2QF）对工作Ⅰ（Ⅱ）段母线供电，备用电源进线断路器 4QF、5QF 均处于分开状态，0 段母线为专用备用母线，通过自动投入备用变压器 T0 的高压侧断路器 QF 或低压侧断路器 3QF 实现备用变压器的冷备用或热备用运行方式。

1）当工作变压器 T1（T2）故障或其进线失电时，备用变压器冷备用方式下，备用电源自动投入逻辑自动检测备用变压器 T0 的高压侧进线电压 U_{0G}，如果电压正常，则断开Ⅰ（Ⅱ）段母线的进线断路器 1QF（2QF），延时合上备用电源进线断路器 4QF（5QF）和备用变压器 T0 的高压侧断路器 QF；备用变压器热备用方式下，备用电源自动投入逻辑自动检测 0 段备用母线的进线电压 U_0，如果电压正常，则断开Ⅰ（Ⅱ）段母线的进线断路器 1QF（2QF），延时合上备用电源进线断路器 4QF（5QF）和备用变压器 T0 的低压侧断路器 3QF，保证Ⅰ（Ⅱ）段母线继续运行。

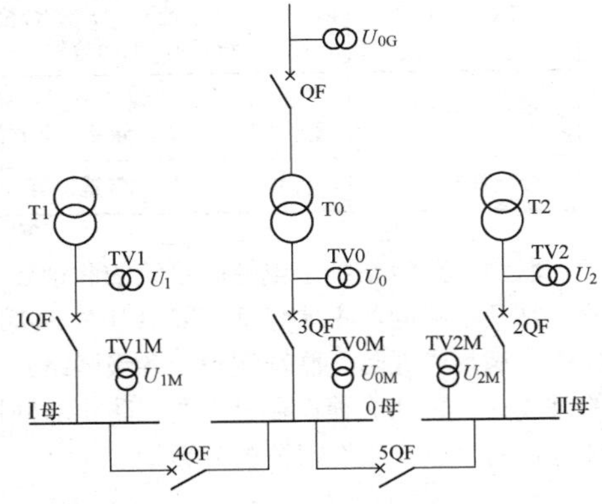

图 9-21　换流站高压站用电源典型一次接线
（专用备用方式）

2）备用电源进线断路器的合闸脉冲应是短脉冲，只允许自动投入动作一次。

3）当母线故障时，工作电源进线断路器保护、备用电源进线断路器保护、站用变压器过电流保护等反映母线故障的保护动作后应闭锁相关备用电源自动投入功能。当手动操作变压器低压侧断路器时也应能有效闭锁备用电源自动投入功能。

4）应考虑 10kV 与 380V 备用电源自动投入逻辑在动作时间上的整定配合。10kV 备用电源自动投入动作延时一般为 1s。

（2）特殊要求。目前的实际工程中，根据运行要求，备用电源自动投入系统还需要具备可自动复归并实现电源回切的功能。此时，需采集工作电源进线电压，即增设进线电压互感器 TV1（TV2）电压 U_1（U_2），当工作电源恢复供电，即检测到 U_1（U_2）电压正常后，备用电源自动投入装置可启动并断开备用电源进线断路器 4QF（5QF），再合上工作电源进线断路器 1QF（2QF）。

近年来，根据运行对站用电系统运行可靠性不断提升的要求，备用电源自动投入系统还需能实现当三路站用电源中的两路电源丢失时，剩余的一路电源能通过 2 台备用电源进线断路器 4QF、5QF 同时合上带全站负荷的功能。以备用变压器 T0 采用热备用方式为例，此时电源正常的判据为仅有一路电源进线断路器

1QF（2QF、3QF）合上，且相应的进线电压 U_1（U_2、U_0）或母线电压 U_{1M}（U_{2M}、U_{0M}）正常。

2. 低压备用电源自动投入的接线及逻辑要求

换流站的低压站用电源指 380V 电压等级站用电系统，其典型一次接线见图 9-22，两台变压器为互为备用方式。

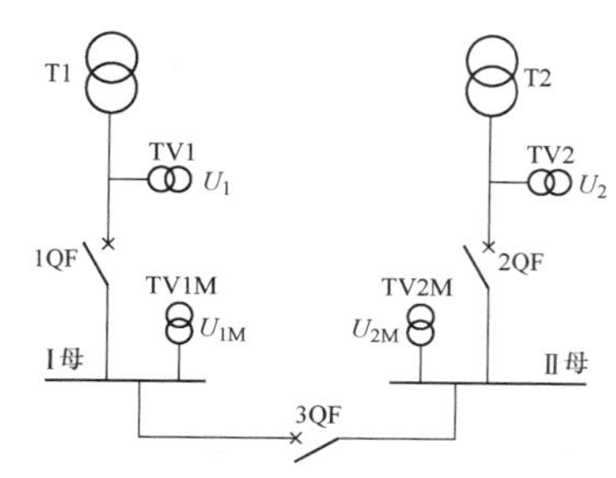

图 9-22 换流站低压站用电源典型一次接线（互为备用方式）

（1）基本要求。正常运行时，工作变压器 T1（T2）通过 1QF（2QF）对工作Ⅰ（Ⅱ）段母线供电，联络断路器 3QF 处于分开状态。

1）当变压器 T1（T2）故障或其进线失电时，备用电源自动投入自动检测Ⅱ（Ⅰ）段工作母线的电压 U_{2M}（U_{1M}），如果电压正常，则自动断开Ⅰ（Ⅱ）段工作母线的进线断路器 1QF（2QF），延时合上联络断路器 3QF，保证Ⅰ（Ⅱ）段工作母线继续运行。

2）备用电源断路器的合闸脉冲应是短脉冲，只允许自动投入动作一次。

3）当母线故障时，进线断路器保护、母线联络断路器保护、站用变压器过电流保护等反映母线故障的保护动作后应闭锁相关备用电源自动投入功能。当手动操作变压器低压侧开关时也应能有效闭锁备用电源自动投入。

4）380V 的备用电源自动投入动作时间应大于 10kV 的备用电源自动投入动作时间，同时，380V 的备用电源自动投入动作时间还需要考虑重要负荷（如阀冷却系统）的电源切换时间。380V 备用电源自动投入动作延时一般为 4s。

（2）特殊要求。目前的实际工程中，根据运行要求，备用电源自动投入系统还需要具备可自动复归并回切的功能。此时，需采集工作电源进线电压，即进线电压互感器 TV1（TV2）电压 U_1（U_2），当工作电源恢复供电，即检测到 U_1（U_2）电压正常后，备用电源自动投入装置可启动并断开联络断路器 3QF，再合上工作电源进线断路器 1QF（2QF）。

3. 备用电源自动投入设备的配置

站用备用电源自动投入功能可以由站用电控制系统的主机实现，也可以由独立配置的备用电源自动投入装置实现。

设置独立的备用电源自动投入装置时，对于专用备用接线方式的系统，宜按工作电源配置备用电源自动投入装置，备用电源自动投入装置可布置于高压站用变压器保护屏内，也可独立组屏；对于互为备用接线方式的系统，每个系统设置 1 台备用电源自动投入装置，可布置于相应的开关柜内，也可独立组屏。

第十章 电缆敷设

本章主要介绍换流站电缆敷设的特点和方式，以及电磁屏蔽的要求。与交流变电站类似的电缆构筑物布置及要求、电缆支架及桥架的一般设计要求，以及电缆防火要求，可参见《电力工程设计手册 变电站设计》相关内容。

第一节 电缆敷设特点

与变电站相比，换流站的电缆敷设有如下特点：

（1）换流站电缆的种类型式多。换流站电缆敷设时，应按电压等级高低顺序排列，不同电压等级电缆宜分层敷设，全站保持一致。同一重要回路的工作电源和备用电源电缆，宜从不同的电缆通道敷设，否则应采取防火隔离措施。除交流系统用单芯电力电缆的同一回路可采取品字形（三叶形）配置外，对重要的同一回路多根电力电缆，不宜叠置。

（2）换流站电缆的数量较多，尤其是换流站中控制楼及继电器小室的出入口处和控制楼内电缆主通道交汇处，电缆十分密集，设计电缆构筑物的尺寸时，应按容纳全部电缆确定。电缆构筑物的设置应无碍安全运行，满足敷设施工作业与维护巡视活动所需空间。

（3）换流站内电缆通道规划应力求电缆敷设路径短、转弯少、交叉少、单元性强，还应适当集中布置。不同区域间大量联系电缆不宜穿越控制楼或继电器小室等户内通道。电缆路径的选择，应避免电缆遭受机械性外力、过热、腐蚀性等危害，在满足安全要求条件下，保证电缆路径最短。

（4）换流站换流变压器广场区域电缆较多，为了便于换流变压器的运输，保持换流变压器广场的美观性，该区域可根据工程要求采用电缆隧道、封闭沟或电缆双沟的电缆设施。

（5）换流站内阀厅、控制楼及继电器小室的电磁屏蔽要求更高。电缆密封系统应保证土建结构电磁屏蔽效能的连续性、完整性，同时电缆密封系统的电磁屏蔽性能应达到规定要求。

（6）在控制室和配电室屏柜下方，电缆沟道和电缆竖井进出口，以及室外电缆沟，每隔一定区段，均需采取防火封堵措施。同一重要回路的工作电源和备用电源电缆，若存在共用的电缆通道，应采取防火隔离措施。换流变压器、站用变压器、交流断路器、交流隔离开关等本体至端子箱/汇控柜，电流/电压测量装置本体至端子箱，以及照明、小动力和检修箱等箱体，均宜考虑电缆防火封堵措施。

第二节 电缆敷设方式

换流站一般按电缆敷设的方式划分为阀厅、控制楼及继电器小室、换流变压器区域、直流场、交流场及交流滤波器场五个区域。

1. 阀厅

阀厅内一般设置阀控光纤通道和常规设备电缆通道。阀控光纤不宜与其他电缆同通道敷设，阀控光纤通常采用光缆槽盒保护敷设，布置在阀厅钢桁架上方，沿阀塔方向敷设至控制楼相应的阀控屏柜区域。敷设路径应合理考虑光纤传输有效距离，控制光纤总长度。阀厅内常规设备电缆通道一般沿墙设置电缆沟或配置电缆槽盒，其路径与控制楼电缆沟道或电缆夹层相通。

2. 控制楼及继电器小室

换流站控制楼一般设置有阀组交流配电室、阀冷却控制保护室、阀组辅助设备室、通信机房、站辅助设备间、主控制室等房间。控制楼一层一般设置电缆沟或者电缆夹层作为电缆通道，二层及以上房间一般采用活动地板进行电缆敷设。控制楼各层之间的电缆通道通过电缆竖井连通。

继电器小室一般设置电缆沟或电缆夹层进行电缆敷设。

3. 换流变压器区域

换流变压器区域的电缆主要包括换流变压器动力和控制电缆、防火墙上设备电缆（若有）以及交流场、交流滤波器场或直流场穿过换流变压器广场至控制楼的电缆，因此电缆数量较多，一般可设置双电缆沟。工程中为优化换流变压器广场设计，保证广场整洁美观，也可将换流变压器广场电缆沟设计为钢筋混凝土封闭式电缆沟或电缆隧道。为便于电缆敷设，封闭式电缆沟应在电缆沟交叉处、进出建筑物入口处及每间隔一定距离（一般可按6m）设置检修孔。

4. 直流场

直流场设备布置较分散，各设备电缆数量较少。直流场的电缆通道根据设备布置和电缆量可设置电缆沟，也可采用电缆穿管。

5. 交流场及交流滤波器场

交流配电装置区域的电缆沟设置应根据配电装置和继电器小室的相对布置确定。继电器小室出口电缆沟大小可按2～4个完整串设置1条主电缆沟考虑。

交流滤波器宜按大组设置主电缆沟，按小组设置电缆支沟。小组滤波器电缆支沟宜布置在滤波器围栏外，兼作巡视小道。

第三节 电 磁 屏 蔽

一、电磁干扰源及干扰途径

高压直流换流站电磁干扰主要来源于一次回路，如：换流阀导通及关断期间，由于电压击穿，导致换流阀、换流回路以及与换流阀相连的交、直流侧产生电流脉冲；换流站交流断路器、隔离开关操作的暂态过程引起的电磁干扰；空气中导体表面电晕放电而产生的电磁干扰，该干扰取决于带电导体上所施加的电压，与天气有关；一次设备遭受雷击后在高压母线上产生的高频行波干扰。此外，二次回路中由于继电器或接触器的触点断开电感元件会引起暂态干扰电压，换流站通信设备、高频载波机、对讲机也会产生部分辐射干扰。

电晕放电引起的电磁干扰在高压直流换流站较为普遍，该类干扰可以通过采用合理的导体结构设计加以控制。开关操作或者雷电引起的电磁干扰为随机事件，不会对换流站电磁环境产生持续性影响，故可不予考虑。而换流阀产生的电磁干扰为换流站所独有，与换流站的运行直接相关。根据有关试验结果及已投运高压直流换流站测量数据，换流阀产生的电磁干扰的频率范围为10kHz至数兆赫兹。

电磁干扰途径主要有以下几种方式：

（1）电场耦合。即通过干扰源与二次同路之间的耦合电容将干扰信号加到二次同路上。

（2）磁场耦合。即通过干扰源与二次回路之间存在的互感产生干扰电压。

（3）公共阻抗耦合。当大电流接地系统发生不对称短路时，换流站接地网中会流过故障电流，此电流流经接地体的阻抗时会产生电压降，致使换流站内各点地电位有较大差别。在同一回路中若有不同的接地点分布在换流站的不同区域，各接地点间地电位差会在连接的电缆芯中和电缆屏蔽层中产生电流，使电缆芯线中产生干扰电压。

（4）电磁辐射。即干扰源产生的高频电磁干扰辐射。干扰能量通过空间电磁波形式传播到二次回路对其产生干扰，随二次回路的接地方式不同形成共模或差模干扰。

电磁干扰源对二次回路的耦合非常复杂，同一干扰源可能会以多种干扰途径对二次回路产生干扰。我国高压直流输电工程具有输送容量大、输送距离远、电压等级高等特点，如某±1100kV特高压直流输电工程，直流输送容量为12000MW，输送距离3337km。换流站内高压设备及电子设备众多，电磁环境相当复杂，为保证站内设备的可靠运行，必须考虑合理的电磁屏蔽及封堵措施。

二、电磁屏蔽方式

高压直流换流站设计时，应结合换流站阀厅、控制楼、交流场、直流场和换流变压器的具体布置情况，对阀厅和控制楼的电磁干扰进行定量分析，得出最低要求值，进而采取有效的屏蔽措施。

1. 阀厅及控制楼屏蔽措施

阀设备是高压直流换流站特有的主要电磁干扰源，而控制楼中装设了大量控制保护设备，为保证控制保护设备正常运行，防止继电保护装置误动作，除要求装置本身具有一定的抗扰度能力外，还应对阀厅和控制楼进行屏蔽设计，从外部将电磁干扰降到最低。具体屏蔽措施包括：换流站阀厅墙面及屋面采用金属钢板作为屏蔽措施；控制楼墙面及屋面采用金属网作为屏蔽措施；控制楼地面采用专门屏蔽金属网与土建钢筋混凝土金属网相结合作为屏蔽措施。应全面考虑各工艺部位，使阀厅和主控制楼各自成为一个屏蔽六面体。为了保证屏蔽效果，屋面、墙面及地面屏蔽设施安装时，应保证尽量减小设施之间的空隙并做好接地。

2. 控制电缆屏蔽措施

换流站常用的控制电缆型号如下：

KVV——聚氯乙烯绝缘聚氯乙烯护套电缆；

KVVP——聚氯乙烯绝缘聚氯乙烯护套铜丝编织屏蔽电缆；

KVVP2——聚氯乙烯绝缘聚氯乙烯护套铜带屏蔽电缆；

KVVP2/22——聚氯乙烯绝缘聚氯乙烯护套铜带屏蔽钢带铠装电缆。

已建及在建高压直流换流站工程，控制电缆选型一般采用KVVP2聚氯乙烯绝缘聚氯乙烯护套铜带屏蔽电缆和 KVVP2/22 聚氯乙烯绝缘聚氯乙烯护套铜带屏蔽钢带铠装电缆。

控制电缆屏蔽层接地可有效降低电场耦合电压和磁场耦合电压。GB 50217《电力工程电缆设计标准》中对控制电缆屏蔽层的接地进行了规定，不同运检部门对控制电缆屏蔽层的接地要求也有习惯性差异。

工程上，屏蔽电缆的屏蔽层有一点接地和两点接地（或多点接地）两种接地方式。一点接地能降低电场耦合干扰电压，在接地短路时不存在屏蔽层流过电流的问题，但对磁场耦合干扰电压屏蔽效果较差。两点接地对电场耦合、磁场耦合均有良好的屏蔽作用，但存在接地短路时屏蔽层流过电流的问题。大量理论研究与现场实践表明，控制电缆屏蔽层两端接地比一端接地具有更强的抗干扰能力，其过电压水平也较低。在采取均衡地电位、分流等措施后，由两点接地而产生的屏蔽层环流干扰并不大，可以达到较好的电磁兼容效果。

换流站中不同区域的电磁环境有较大区别，要根据具体情况选择合适的电缆及接地方式。控制室由于采取了良好的屏蔽方式，保证了建筑物内部的电磁干扰水平在一个较低的范围内，所以屏与屏之间的连接电缆可以用铜丝编织屏蔽控制电缆或铜带屏蔽控制电缆，屏蔽层两点接地。控制室或继电器小室到开关场、阀厅的连接电缆可采用双屏蔽电缆，外屏蔽层采用两点接地，内屏蔽层采用一点接地。外屏蔽层上流动的噪声电流对内屏蔽层中的芯线几乎没有影响，同时屏蔽层接地点要尽量远离暂态电流入地点。继电器小室与控制楼之间、控制楼之间的网络通信可通过光缆来连接。

在高频干扰磁场的情况下，干扰磁场会在屏蔽层上感应出涡流，建立起反磁通与干扰磁场抵消，使芯线不受影响。若屏蔽层上有孔洞，则会增加局部阻抗，降低屏蔽层的屏蔽效果。当屏蔽层上的孔洞直径大于一个波长时，可“穿透”相当多的电磁能量，所以施工和运行时均应注意不要破坏控制电缆屏蔽层。

3. 建筑物及箱体入口屏蔽措施

基于国内外多项高压直流换流站工程设计经验，进入控制楼、继电器小室、屏柜下穿孔洞及室外操动机构箱等处进行电磁兼容性设计并采取屏蔽措施可有效屏蔽电磁干扰。比如：电缆沟进出控制楼、继电器小室等屏蔽要求较高的房间时，可采用具有电磁兼容能力的屏蔽封堵模块进行封堵，以防止户外设备电磁干扰的进入，保证房间内设备在低电磁环境下运行。在屏柜、户外端子箱、操动机构箱等箱体电缆入口处可采用屏蔽封堵方式来屏蔽电磁干扰，以避免电缆本身传输的干扰，确保控制保护设备稳定可靠运行。

换流站控制楼和继电器室各电缆沟入口处采用屏蔽封堵模块进行屏蔽封堵时，屏蔽封堵模块数量应满足本期和远期扩建电缆根数的要求。屏蔽封堵模块耐火极限国家标准要求大于 1h，工程中采用的防火性能高于国家标准要求，一般可达到 3h，使用该产品时孔洞处不再额外考虑防火措施。

4. 屏蔽模块的技术要求

（1）电磁屏蔽性能：阀厅和控制楼达到电磁屏蔽性能要求。

（2）防火性能：密封系统必须保证 3h 防火性能，并符合 GB 23864《防火封堵材料》要求。

（3）水密/气密性能：密封系统应具有优良的水密性和气密性。

（4）密封系统应具有良好的烟密性、隔热性。

（5）密封系统应具有良好的防鼠咬能力。

（6）密封系统应具有良好的抗腐蚀性能，所有金属构件都应进行热浸镀锌处理。当对单芯电缆进行封堵时，金属框架必须采用非导磁材料。同时金属构件不应有尖锐或锋利的边角，以免划伤电缆。

（7）密封模块应具备变径功能，以适应不同厂家的电缆的外径差异。

（8）密封系统应考虑到维修的方便性以及对电缆的保护，必须方便电缆二次穿越，而且避免出现初装或二次穿越时损伤电缆。

（9）密封系统的选择应综合考虑贯穿物类型和尺寸、贯穿孔口及间隙的大小，被贯穿物类型和特性，以及环境温度、湿度条件等因素，采用成品、成套系统，方便安装，可拆卸，并可重复使用。

（10）所设计的密封系统在正常使用或发生火灾时，应保持本身结构的稳定性，不出现脱落、位移和开裂现象。当密封系统本身力学稳定性不足时，应采用合适的支撑构件进行加强。支撑构件及其紧固件应具有与被贯穿物相应的耐火性能及力学稳定性能，避免因支撑构件在火灾时失去强度而使密封系统失效。

（11）密封系统的面积按平方米计算，模块数及组合方式需保证 30%以上的预留量。同一贯穿孔，需使用同一厂商相同材质的材料，以达到同等水平的屏蔽、防火及耐水性能。

5. 电磁屏蔽工程实例

某工程电磁屏蔽要求如下：阀厅内 200MHz 以下频段，电磁屏蔽效能为不小于 43dB；控制楼内需要采取电磁屏蔽措施的区域，全频段电磁屏蔽效能不小于 30dB。

为实现该电磁屏蔽要求，具体做法如下：

（1）阀厅电磁屏蔽设计。

1）阀厅采用由地面面Φ 6mm@200mm×200mm 钢筋屏蔽网与墙面和屋面的内层压型钢板构成的六面体法拉第笼实现电磁屏蔽功能。

2）压型钢板间、压型钢板与地面屏蔽金属网间应与主接地网可靠连接。每两块侧墙内层压型钢板或屋顶内层压型钢板间搭接长度不应小于 120mm。搭接处宜采用自攻螺栓固定，螺栓间距不应大于 200mm。每 3 个自攻螺栓中应有不少于 1 个采取去漆除脂等措施。

3）侧墙内层压型钢板与屋顶内层压型钢板间应通过附加压型钢板折件搭接，搭接处宜采用自攻螺栓固定，螺栓间距不应大于 200mm。每 3 个自攻螺栓中应有不少于 1 个采取去漆除脂等措施。

4）侧墙内层压型钢板与屋顶内层压型钢板间应在每波谷处通过 35mm^2 铜绞线可靠连接。

5）侧墙内层压型钢板宜通过角钢与地面金属网连接，地面金属网每根钢筋应与角钢焊接，压型钢板与角钢搭接处宜采用自攻螺栓固定，螺栓间距不应大于 200mm。每 3 个自攻螺栓中应有不少于 1 个采取去漆除脂等措施。

6）地面屏蔽金属网每隔 5m 宜通过 150mm^2 接地铜绞线与主接地网可靠连接。

7）阀厅内应采用电磁屏蔽门窗。

（2）控制楼电磁屏蔽设计。控制楼内的功能性屏柜房间宜采用由 Φ 4mm@50mm × 50mm 镀锌屏蔽钢丝网构成的六面体法拉第笼实现电磁屏蔽功能。各功能性屏柜房间的地面、四周墙体及顶棚内均应敷设 Φ 4mm@50mm × 50mm 镀锌屏蔽钢丝网，各屏蔽钢丝网之间宜通过焊接可靠连接。由镀锌屏蔽钢丝网构成的六面体应与主地网可靠连接。控制楼内各功能性屏柜房间应采用电磁屏蔽门窗。

（3）建筑物门、窗电磁屏蔽设计。

1）电磁屏蔽门窗应具有良好的抗电磁波穿透能力，电磁屏蔽门窗的屏蔽效能应高于需屏蔽房间的屏蔽指数 6dB。

2）电磁屏蔽门（窗）扇与门（窗）框应牢固可靠连接，且门（窗）扇与门（窗）框之间宜通过 35mm^2 铜绞线相连。

3）电磁屏蔽门扇应采用厚度不小于 1.2mm 的双面镀锌优质冷轧钢板，冷轧钢板应通过连续焊接成为双层屏蔽壳体。

4）门扇与门扇之间、门扇与门框之间应具有可靠的电气接触，门扇与门扇之间、门扇与门框之间的缝隙应加装梳形铍青铜弹簧片。

5）阀厅观察窗洞口内侧应敷设 Φ 1.8mm@25mm × 25mm 镀锌屏蔽钢丝网，且屏蔽钢丝网应通过金属边框与压型钢板可靠连接。金属边框与压型钢板间宜采用自攻螺栓连接，螺栓间距应不大于 200mm。每 3 个自攻螺栓中应有不少于 1 个采取去漆除脂等措施。

6）所有电磁屏蔽门窗均应与建筑物六面体法拉第笼屏蔽系统具有可靠的电气连接，且通过一点接地。

（4）建筑物洞口电磁屏蔽设计。

1）采取电磁屏蔽措施建筑物的洞口宜预埋金属边框，该金属边框应保证可靠接地，且该金属边框应与建筑物六面体法拉第笼屏蔽系统具有可靠的电气连接。

2）采取电磁屏蔽措施建筑物的电缆洞口应采用电磁屏蔽型封堵。除电缆洞口外的其他洞口应采取电磁屏蔽措施以满足建筑物整体的电磁屏蔽效能要求。

3）采取电磁屏蔽措施建筑物内地面电缆沟、地沟各方向抹面中均应敷设金属屏蔽网，金属屏蔽网间、金属屏蔽网与敷设于地面的金属屏蔽网间应可靠连接。

第十一章　监　控　系　统

根据换流站的控制特点，监控系统主要负责站内所有设备的监视和控制操作，直流控制系统主要负责系统的启停、功率调节等顺序控制和闭环控制，两个系统在设计中需要统筹考虑，共同实现直流输电系统的稳定运行。本章主要介绍换流站监控系统的设计原则，总体系统构成、分层，以及除直流控制系统外的其他系统软硬件设备配置、系统功能、通信及接口等的设计，直流控制系统的相关内容详见第十二章。

第一节　设　计　原　则

换流站监控系统必须能够准确、实时、有效地反映站内各设备的运行情况，并应能有效、正确地进行常规运行操作，设计时应遵循以下原则：

（1）换流站内交、直流系统应合建一个统一平台的计算机监控系统。

（2）监控系统的设备配置和功能要求通常按有人值班设计。

（3）站内所有设备的控制、监视、测量等功能均由监控系统实现。监控系统宜采用模块化、分层分布的开放式结构。

（4）监控系统应具有数据网通信功能，软、硬件配置应能支持联网的通信技术以及通信规约的要求，并按要求能实现与相关调度中心、运维管理中心的信息交互。

（5）监控系统应遵循相应电力二次系统安全防护规范的要求，并采用相关的硬件设备和软件措施，以防止由于各类计算机病毒侵害造成系统内各存储器的数据丢失或其他原因对系统造成的损害。

第二节　系　统　构　成

换流站监控系统应设计为模块化、分层分布式的网络结构，整个系统根据设备功能及控制位置可分为站控层、控制层和就地层三个层次，各分层之间以及同一分层内的不同设备之间通过标准接口及网络总线相连。换流站监控系统分层结构示意见图 11-1。

1. 站控层

站控层也称运行人员控制层，其设备主要由系统服务器、各类工作站、远动通信设备及网络打印机等组成。站控层设备主要完成换流站运行时运行人员的人机界面，实现全站所有系统和设备的数据采集和处理、监视和控制、记录和存储等功能。

2. 控制层

控制层设备的配置和功能分配应与直流输电系统的主回路结构相适应。控制层设备通常包括换流器控制、极控制、交流站控制、直流站控制等控制主机，实现直流输电系统的功率/电流稳定控制。

3. 就地层

就地层设备主要由分布式 I/O 设备或测控装置、阀基电子设备等组成。就地层设备通过通信接口或硬接线方式实现与站内交直流一次设备的接口，实现对设备状态和系统运行数据的采集、处理和上传等功能。

4. 网络

站控层和控制层设备之间通过站级局域网（local area network，LAN）通信，简称站 LAN 网通信。站 LAN 网为基于通用以太网技术的局域网，采用星型拓扑结构，网络传输速率应不小于 100Mbit/s。站 LAN 网应采用双重化冗余设计，并满足网络的安全性和可扩展性要求，单网线或单硬件故障都不应导致系统故障。

控制层的各控制主机之间、控制主机和保护设备之间宜通过冗余的控制总线或网络通信。控制总线或网络主要包括：①控制区域总线（control area network，CAN），简称 CAN 总线；②控制层局域网；③MFI 及 IFC 快速控制总线（详见第十二章相关描述）。

控制层和就地层设备之间可通过现场总线或网络进行通信，主要有控制层设备与现场 I/O 设备和与其测量系统之间的通信两部分。现场总线或网络主要包括 CAN 总线、PROFIBUS 总线、现场层局域网、时分多路总线（time division multiplex，TDM）及 IEC 60044-8 总线，详见第十二章相关描述。

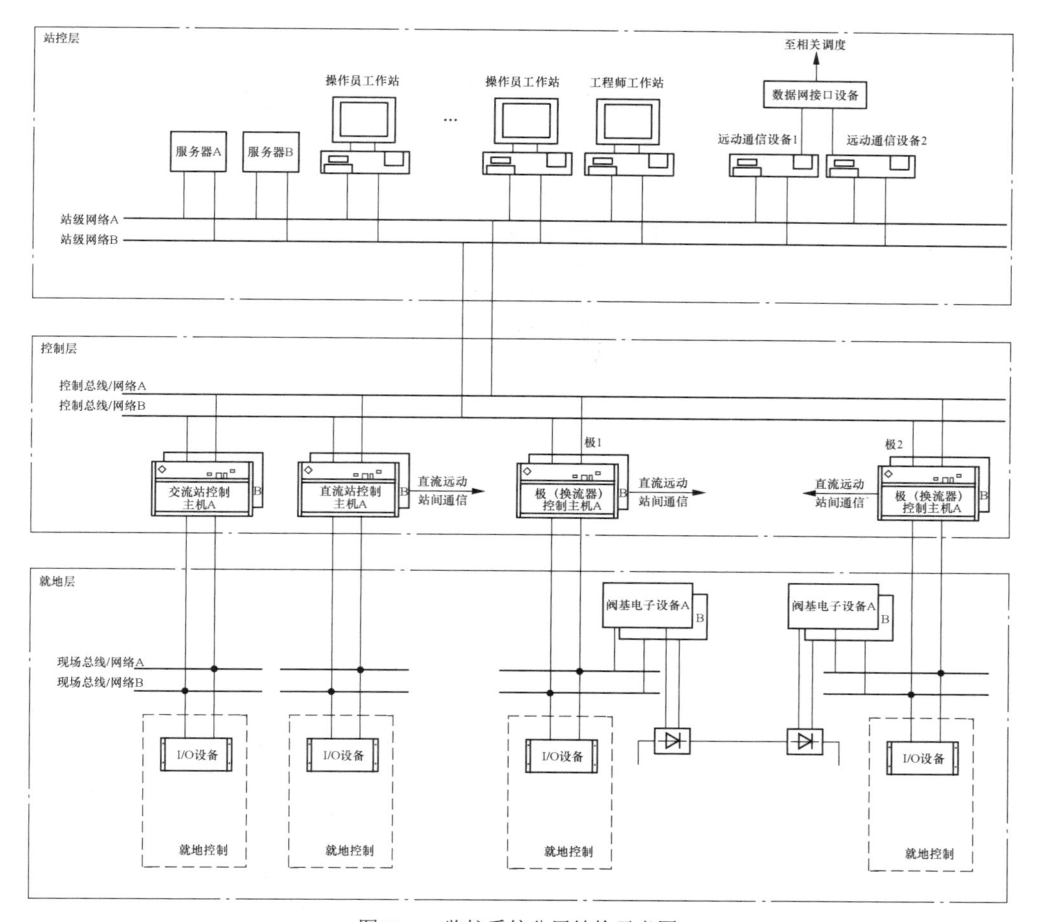

图 11-1 监控系统分层结构示意图

第三节 设 备 配 置

一、硬件设备

（一）站控层设备

站控层设备也即运行人员控制系统设备，通常按换流站远期建设规模配置，由操作员工作站、工程师工作站、系统服务器、站长工作站、文档管理工作站、远动通信设备以及网络打印机等组成，其组成示意见图 11-2，还可根据运行要求配置其他功能工作站，如培训系统、MIS 接口工作站等。

1. 基本功能设备

（1）操作员工作站：也称运行人员工作站，用于运行人员完成站内交、直流设备的正常控制、运行状态的监视、测量、记录并处理各种信息。工程中通常配置 4～5 台。

（2）工程师工作站：用于整个控制系统的运行分析、维护和开发。工程中一般配置 1 台。

（3）系统服务器：用于记录并保存顺序事件记录，同时存储文档管理系统的数据。工程中应按双重化冗余配置 2 台，采用组屏布置方式。

（4）远动通信设备：用于从站 LAN 上直接采集远动信息，上送至相关调度主站端，同时接收调度端的控制调节指令。远动通信设备应按双重化冗余配置 2 套，采用组屏布置方式。

（5）文档管理工作站：用于站内文档资料的管理。工程中通常配置 1 台。

（6）站长工作站：用于站长对换流站运行情况进行监视。工程中通常配置 1 台。

（7）打印机：用于数据、文档的打印。工程中通常配置 2～3 台。

（8）调度数据网接口设备：用于换流站通过调度数据网与各调度主站通信的接口设备，包括路由器和

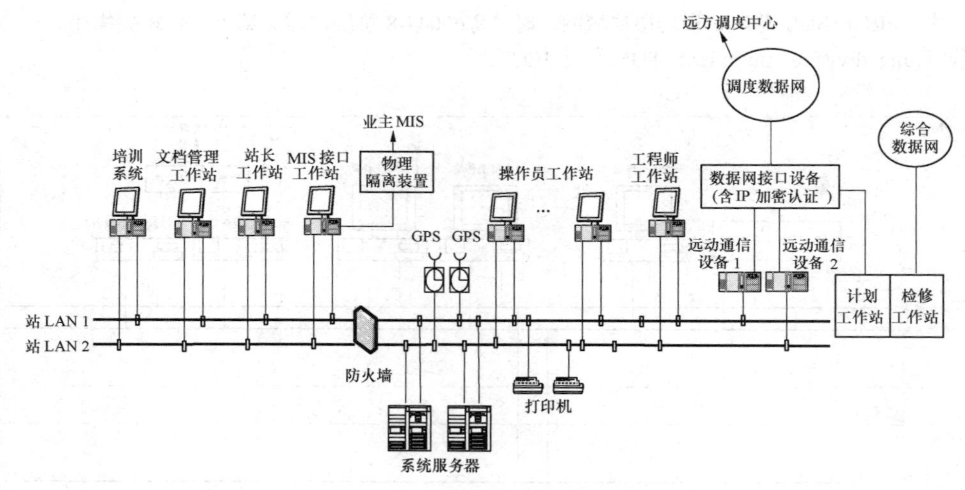

图 11-2　站控层组成示意图

交换机设备。

（9）安全防护设备：用于各相关业务系统数据在不同安全区域之间传输的安全防护，包括 IP 加密认证装置、正反向物理隔离装置及防火墙等设备。

（10）谐波监视设备：换流站通常配置 1 套谐波监视系统，用于对换流站交、直流系统中的谐波进行自动在线监测和分析，以获取各次谐波的统计值。换流站谐波监视系统可以独立配置，也可以将谐波监视功能集成在换流站控制系统中实现。

2. 其他功能设备

站控层除了配置满足运行人员控制系统基本功能的设备外，还有一些设备是可以根据工程实际需求选择配置的，这些设备包括：

（1）培训系统：用于实现直流系统的仿真培训功能。工程中通常配置 1 套，包含工作站和仿真模拟装置。

（2）MIS 接口工作站：用于换流站进行日常事务操作与外部管理信息系统之间的接口。工程中可根据用户需要配置 1 台。

（3）计划、检修工作站：工程中可根据用户需要配置计划、检修工作站。计划工作站通过安全文件网关接入调度数据网，用于换流站内运行人员向调度上报运行计划，或接收并执行调度下发的运行计划；检修工作站接入综合数据网，用于换流站内运行人员向调度上报检修计划，或接收并执行调度下发的检修任务。

（二）控制层设备

本部分仅对控制层的交、直流站控主机配置进行描述，控制层的其他设备［如极（换流器）控制主机］的配置等详见第十二章。

1. 直流站控主机

根据不同直流控制保护系统技术路线的差异，直流站控系统可以独立配置，也可以将其功能集成于极控制系统设备。

直流站控主机独立配置时，宜按远景规模双重化配置，且双重化的主机应采用单独组屏方式。

2. 交流站控主机

工程设计中交流站控主机有按间隔设置和全站集中设置两种设置方式。

当交流站控主机按间隔设置时，通常 3/2 断路器接线交流配电装置按每串、交流滤波器按每大组分别设置，并与间隔内 I/O 单元合并组屏，每面屏包含 1 台主机及间隔内相应的 I/O 单元。

当交流站控主机按全站集中设置时，采用双重化配置，且双重化的主机分别组屏。对于一些特殊的交、直流合建的大规模换流站，为了降低主机的负荷，提高运行可靠性，工程中也可考虑按电压等级设置交流站控主机，如可分别设置 500kV 和 220kV 交流站控主机。

（三）就地层设备

就地层设备即 I/O 设备，根据设备特点，直流系统和交流系统的配置原则可分别考虑。

1. 直流系统

直流系统的 I/O 设备通常为双重化冗余配置，其范围包括换流变压器、直流场、阀厅区域设备，相关设备配置原则如下：

（1）换流变压器就地层设备宜按换流变压器配置。

（2）每极单 12 脉动换流器接线换流站的直流场就地层设备按极、双极配置，每极双 12 脉动换流器串联接线换流站的直流场就地层设备按高/低端换流器、极、双极分别配置，背靠背换流站直流场就地层设备按背靠背换流单元配置。

（3）阀厅就地层设备可按换流器独立配置，也可与直流场就地层设备统筹考虑配置。

2. 交流系统

交流系统的就地层 I/O 设备可与直流部分 I/O 设备配置原则一致，按双重化配置，也可单重化配置，其配置原则如下：

（1）3/2 断路器接线交流配电装置就地层设备应按串配置。

（2）辅助系统就地层设备宜按主控制楼、辅控制楼（如果有）和继电器小室等区域配置。

（3）交流滤波器就地层设备宜按大组配置。

（4）站用电系统就地层设备的配置详见第九章相关内容。

二、软件系统

运行人员控制系统软件采用分层、分布式结构设计，遵循面向对象的设计原则模块化设计，一般由系统软件、支撑软件及应用软件组成。

1. 系统软件

系统软件是指控制和协调计算机及外部设备，支持应用软件开发和运行的软件，是无需用户干预的各种程序的集合。系统软件主要由底层驱动软件、操作系统、运行系统以及数据一致性算法等部分构成。支持多处理器模块运行机制和多优先级循环任务及分布式中断任务调度，并通过多缓冲器循环机制和优化的数据一致性算法保证多任务之间和多处理器之间数据交换的实时性、正确性和完整性，构成多主处理器多任务并发执行运行环境。

在系统软件中，令人最为关注的是操作系统平台的选用，为了满足直流输电系统运行可靠性和安全性的要求，运行人员控制系统通常采用混合的操作系统平台。即换流站内以数据处理工作为主的设备如系统服务器、远动通信设备等一般采用 Unix、Linux 操作系统以保证系统安全，而以人机界面为主的设备如操作员工作站、工程师工作站等则采用 Windows 操作系统。这种混合平台的配置，既能充分保证整个监控系统的稳定可靠性以及强大的处理能力，又能给运行人员提供简捷易用的操作界面，是一种综合性能优异的系统配置。

2. 支撑软件

支撑软件是支撑各种软件开发与维护的软件，又称为软件开发环境。换流站的支撑软件主要包括工程组态和编程工具、数据库管理、网络管理等软件，通常选用专业化、成熟的主流技术和产品。

工程组态和编程工具是一种集成化的工程开发环境，提供工程项目的建立、控制保护系统的硬件配置、通信组态、应用软件功能模块库、应用软件开发、在线调试、编译下载以及工程的开发过程管理和版本管理等功能。目前换流站运行人员控制系统的工程组态和编程工具基本采用全图形化的软件编辑形式，编辑功能强大，更加便于应用软件开发。

数据库管理系统采用分布实时数据库与商用数据库的结合，实时数据存取采用分布实时数据库，使数据访问快捷高效，从而满足电力系统高实时性的要求；而历史数据库保存在商用数据库（如 Oracle 数据库）中，能高效、安全、快速地处理大容量数据，并且为第三方用户提供开放性的数据访问接口。

网络系统采用基于 TCP/IP 的相关软件，支持多种标准通信规约，支持同时接入使用不同通信协议的装置，支持的通信协议包括 IEC 61850、IEC 60870-5-101、IEC 60870-5-102、IEC 60870-5-103、IEC 60870-5-104 等。

3. 应用软件

应用软件主要用于实现换流站的各种监控应用功能，包括实时监视、异常报警、控制操作、统计计算、报表打印、网络拓扑着色等。

应用软件应具有的功能：采用模块化结构，具有良好的实时响应速度和可扩充性；具有出错检测能力，出错时应不影响其他软件的正常运行；应用程序和数据在结构上应互相独立。应用软件按客户端/服务器构架设计，将数据处理工作分配给服务器端，而将人机界面部分集中至客户端，充分利用网络系统中各部分的优势，实现信息资源的高度共享，大大提高系统的整体性能。

第四节 系 统 功 能

本节仅对运行人员控制系统和站控系统的功能进行描述，直流控制系统功能详见第十二章相关内容。

一、运行人员控制系统功能

运行人员控制系统功能包括监视、数据处理运算和存储、控制调节、人机界面、顺序事件记录、数据库、用户权限管理、系统的维护和自诊断、文档管理、仿真培训、二次安全防护、远动及谐波监视等。

（一）监视功能

运行人员监视功能包括对直流输电系统本侧换流站所有信号和对侧换流站相关模拟量、开关量的实时数据采集、处理和显示，其模拟量监视信号参见表 11-1，开关量监视信号参见表 11-2。表中主要列出换流站特有的直流系统和无功设备相关监视信号，交流系统及其他辅助系统的监视信号参见《电力工程设计手册 变电站设计》。

表 11-1 模拟量监视信号

序号	设备名称	模拟量信号
1	直流控制系统	直流运行电压、电流及功率；直流电流、直流功率及其变化速率或阶跃变化量的整定值；触发角、熄弧角及换相角；换流器吸收的无功功率；换流站与交流系统交换的无功功率；直流线路电压、电流及谐波电压、电流；中性母线电压
2	直流接地极①	引线电流、接地极电流、站内地网电流
3	直流滤波器组①	各小组分支电流和谐波电流
4	平波电抗器	油温、油位（油浸式）、绕组温度
5	换流变压器	网侧有功功率、无功功率，三相电压，三相电流；网侧三相谐波电压及电流；阀侧三相电流；油温、绕组温度；中性点直流偏磁电流（如果有）
6	交流滤波器组	各大组母线三相电压、各小组分支三相电流和谐波电流、各大组无功功率
7	低压无功补偿装置	三相电流、无功功率
8	站用交流电源系统	三相电压、三相电流、有功功率；站用变压器油温、油位（油浸式），绕组温度
9	站用直流电源系统	直流母线电压、充电装置输入/输出电流和电压、蓄电池组电压和电流等
10	交流不间断电源系统	输出电压、输出频率、输出功率或电流等
11	阀冷却系统	进/出阀水温、流量、水电导率
12	阀厅	温度、湿度
13	其他	各设备房间环境温度、湿度，生活/消防水池水位等
14	对侧换流站①	直流运行电压、电流及功率，触发角、熄弧角，直流线路电压、电流

① 仅适用于两端直流输电系统的换流站。

表 11-2 开关量监视信号

序号	设备名称	开关量信号
1	直流控制系统	直流系统控制模式、紧急闭锁（emergency switch off sequence，ESOF）信号、直流线路再启动动作次数等运行信号；直流主/备控制系统、附加控制系统的投切状态；主/备通信通道的运行状况
2	直流系统保护	各冗余直流保护的投切状态、主/备通信通道的运行状况、保护动作及报警
3	换流器	换流器解锁/闭锁状态；晶闸管元件的损坏数量和位置、故障报警及漏水监视
4	直流开关①	分/合闸位置、本体报警信号、远方/就地切换开关位置
5	直流隔离开关①	分/合闸位置、本体报警信号、远方/就地切换开关位置
6	直流接地开关	分/合闸位置、本体报警信号、远方/就地切换开关位置
7	旁路断路器②	分/合闸位置、本体报警信号、远方/就地切换开关位置
8	直流滤波器组①	支路投/切状态
9	平波电抗器	运行状态、本体报警信号
10	换流变压器	分接开关位置、本体报警信号
11	交流滤波器组	支路的投/切状态
12	低压无功补偿装置	支路的投/切状态
13	站用交流电源系统	断路器分/合闸位置、远方/就地切换开关位置
14	站用直流电源系统	直流电源系统接地，充电装置开机/停机、运行方式切换，蓄电池组出口熔断器故障报警，自诊断报警及直流系统主要开关位置状态等
15	交流不间断电源系统	交流输入电压低、直流输入电压低、逆变器输入/输出电压异常，整流器故障、逆变器故障、静态开关故障、风机故障、馈线跳闸，旁路运行、蓄电池放电报警（蓄电池独立配置）等
16	阀冷却系统	主备冷却系统的投切状态、漏水监视，各水泵的运行、停止、故障状态及系统其他监视信号
17	对侧换流站①	直流系统 ESOF 信号，换流器解锁、闭锁状态，直流开关、部分隔离开关的投切状态，直流滤波器投切状态，换流变压器网侧断路器的投切状态

① 仅适用于两端直流输电系统的换流站。

② 仅适用于每极双 12 脉动换流器串联接线的换流站。

（二）控制调节功能

换流站的控制调节功能仅指运行人员通过操作员工作站向直流控制系统发出设备控制和系统运行参数调节指令的操作，这些控制和参数调节指令的执行仍需要由相应控制层主机和就地层I/O接口设备来实现。

1. 直流系统的正常启动/停运控制

（1）控制位置的选择。换流站运行人员可以在远方调度中心、换流站主控制室、就地控制设备室或就地设备之间进行控制位置的选择切换。在试验、验收以及紧急状况下，应能允许运行人员在就地控制设备室或设备就地进行安全可靠操作。

（2）直流输电系统运行方式和模式的选择。换流站运行人员可以在双极运行、单极运行、空载加压等运行方式之间进行选择切换，同时可在双极功率控制、独立极功率控制、同步极电流控制等控制模式之间进行选择切换。

（3）直流控制和附加控制的选择。换流站运行人员可以对直流控制系统中的各项附加控制功能进行手动投入或闭锁操作，对直流控制功能和无功功率控制器进行手动/自动控制方式切换，对无功功率控制器进行交流电压控制方式和交换无功功率方式的切换。

（4）运行整定值的选择。换流站运行人员可以按照调度命令或调度下发的预设调节曲线，对各种控制模式设定稳定运行时的运行、调节定值；可以按照调度命令，进行无功功率控制器中交流电压整定值和无功交换整定值及其控制死区的设定；可以配置相应的切换开关，允许运行人员对手动功率方式（定功率值整定方式）和自动功率曲线方式进行选择或切换。

（5）直流系统的正常启动和停运。直流系统的启动和停运命令通常由运行人员发出，但在系统未达到直流系统解锁条件或系统处于异常状态时，应禁止执行启动命令。

2. 直流输电系统的状态控制

直流输电系统除了由启动和停运程序自动完成一系列状态控制外，还应能由运行人员进行操作，使高压直流系统能分段达到下述不同的状态：

（1）检修状态：换流变压器网侧隔离开关断开，交、直流侧接地开关闭合。

（2）交流系统隔离状态（冷备用）：换流变压器网侧隔离开关断开，交、直流侧接地开关断开。

（3）交流系统连接状态（热备用）：换流变压器网侧断路器闭合、换流变压器充电，满足所有直流解锁条件，换流阀闭锁。

（4）换流阀解锁状态（运行）。

（5）空载加压试验或极线开路试验状态。

3. 直流系统的运行人员控制

（1）运行过程中的运行人员控制。运行人员在高压直流系统运行中应能实现以下的在线操作，且这些操作不应对高压直流系统引起任何扰动：

1）两端换流站之间主控站/从控站的转换，以及两极之间主导极的转移。

2）控制模式的在线转换，如双极功率/极功率/极电流控制的转换。

3）运行方式的在线转换，如潮流反转、大地回线/金属回线运行转换、全压/降压、正常或融冰运行方式。

4）运行整定值的在线整定，包括直流电流/直流功率及其变化率和阶跃变化量的重新整定和在线改变，以及手动定功率方式/功率曲线方式的在线转换。

5）对设计中可能存在的无需满足滤波器自动顺序控制要求的无功补偿分组的手动投/切操作。

6）运行中，应能实现直流极控和站控系统主、备通道的在线手动切换，以及运行中备用通道的自检操作。

（2）故障时的运行人员控制。当直流输电系统和交流系统发生故障时，运行人员应能进行如下操作：

1）报警或保护动作后的手动复归，在操作员工作站对保护动作的复归应设置投退功能。

2）紧急停运。

3）控制保护多重通道的手动切换。

4）通信主、备通道的手动切换。

4. 直流系统主设备及其辅助系统设备的操作控制

对高压直流系统换流站内的主设备及其辅助系统主要包括如下控制操作：

（1）交、直流配电装置和阀厅内断路器、隔离开关和接地开关的分合。

（2）换流变压器和其他变压器分接开关的调节。

（3）主、备站用电源系统的切换。

（三）其他功能

1. 数据处理、运算和存储

数据处理功能包括数据合理性检查及处理，状态量异常变化、模拟量和数字量的越限等异常数据处理和事件分类处理；数据运算功能应能支持各种数据运算，包括电力系统常规运算、四则运算、三角运算及逻辑运算等；历史数据存储功能应能支持灵活设定历史数据存储周期，具有不少于一年的历史数据存储能力，具有灵活的统计计算能力，具有方便的历史数据查询能力。

2. 人机界面

人机界面功能包括：

（1）采用全图形、多窗口技术进行画面缩放、屏面叠加，支持各种图形、表格、曲线、棒图、饼图等表达形式，支持画面复制，屏幕显示支持多种字体汉字的图形功能。

（2）具有模拟量异常报警，数字量变位提示及报警，计算机系统异常报警，数据通信异常报警，可采用闪烁、音响及提示窗等多种方式的报警功能。

（3）可由用户自定义趋势曲线，能显示基于实时数据和历史数据的趋势曲线。

（4）具有电子报表功能，以及各种报表、异常记录、操作记录的打印功能，能支持多种打印机，能即时、定时、召唤打印，且支持汉字打印。

3. 顺序事件记录

运行人员控制系统的数据采集/通信、事件处理功能和显示存储等功能应满足运行要求的事件记录、报警和趋势记录功能，通常包括生成事件的内容要求、事件标记要求、对象描述要求和等级划分要求、顺序事件记录文件的数据过滤功能、自动生成和自动统计功能、存储和调用要求等。

4. 数据库

数据库包括实时数据库和历史数据库，其外部数据接口应使用标准规约，以保证能方便地扩充、维护及与其他二次子系统之间的交互式查询和调用。

数据库中存储的数据应包括系统运行参数和状态、顺序事件记录、报警记录、趋势记录等。同时，数据库应具有完备的自我检测和监视功能，当剩余存储容量小于10%时，应能自动报警。数据库还应具有自动保存的功能，自动保存时间可由运行人员手动整定，并能定期将所有数据库文件自动备份到外部存储器（光盘或磁带机）。

5. 用户权限管理

运行人员控制系统必须有严格的权限控制，具备对操作人员、工作站设备、口令开放时间、控制对象的权限设定功能，应能管理、添加、删除用户并分配用户操作权限。

6. 系统的维护和自诊断

运行人员控制系统应具有可维护性，应能提供页面维护、报表维护、曲线维护、数据库维护等灵活方便的维护工具。

运行人员控制系统应具有自诊断的功能，能在线诊断系统通道和网络故障，一旦发生异常或故障，应立即发出报警信号并提供相关信息。

7. 文档管理

文档管理系统负责整个换流站的全套设计资料以及研究报告、运行手册、维护手册等文件的分区、安全防护、存储和管理，以供换流站工程师、管理人员、运行人员和维修人员查询及调用等。文档资料可包括文件、图表、接线图、报告等。

8. 仿真培训

仿真培训系统可根据换流站需要设置，一般由系统培训工作站和仿真模拟装置组成。培训工作站上可模拟运行人员操作，包括运行和故障时的处理操作，主要实现运行人员的培训功能。当仿真培训系统接入运行人员控制系统时，应设置软硬件防火墙，确保信息的实时单向传输，不对实时系统产生任何作用和影响。

9. 二次安全防护

为了保证换流站数据的安全，运行人员控制系统应具备安全防护功能，其方案设计应遵照国家能源局根据《电力监控系统安全防护规定》（国家发改委 2014 年 14 号令）制定的安全防护方案和评估规范要求，进行安全分区和通信边界安全防护。根据各相关业务系统的重要程度和安全要求，换流站二次系统安全防护通常包括纵向和横向上的隔离防护。

纵向指换流站和调度中心之间的数据传输方向，换流站通过在数据网接入设备的交换机和路由器之间设置 IP 认证加密装置或防火墙来实现安全防护。通常实时数据通过 IP 认证加密装置实现安全防护，非实时数据可通过 IP 认证加密装置或防火墙实现安全防护。

横向通常分为三个安全区：安全Ⅰ区实时控制区、安全Ⅱ区非实时控制区、安全Ⅲ区管理信息大区。换流站内监控系统设备根据上述要求划分如下：运行人员工作站、工程师工作站、系统服务器和远动通信设备等属于安全Ⅰ区，接于安全Ⅰ区的站 LAN 网交换机；站长工作站、培训系统和 MIS 接口工作站等属于安全Ⅱ区，接于安全Ⅱ区的站 LAN 网交换机。安全Ⅰ区与安全Ⅱ区之间配置硬件防火墙实现有效的逻辑隔离。MIS 接口工作站的配置用于实现与属于安全Ⅲ区管理信息大区的其他系统（如运行部门的 MIS 系统）相连，安全Ⅱ区与安全Ⅲ区之间通过正反向物理隔离装置实现有效的逻辑隔离。

工程中根据不同电网公司的业务数据安全区域划分差异，形成 2 种设备配置方案，如图 11-3 和图 11-4 所示。方案一配置设备包含 4 台纵向加密认证、2 台防火墙和 2 台物理隔离装置；方案二配置设备包含 2 台纵向加密认证、6 台防火墙和 2 台物理隔离装置。

10. 远动

换流站的远动功能由远动通信设备实现。远动通信设备应具有远动数据采集处理及传送的功能，满足系统调度中心对换流站实时监控信息的内容、传输方式、传输速度及规约的要求。远动信息通过站 LAN 网和远动通信设备实现直采直送，并能正确接收、处理、执行各个调度中心的遥控命令。换流站中与直流系统相关的远动信息量参见表 11-3，交流系统的远动信息量参见《电力工程设计手册　变电站设计》。

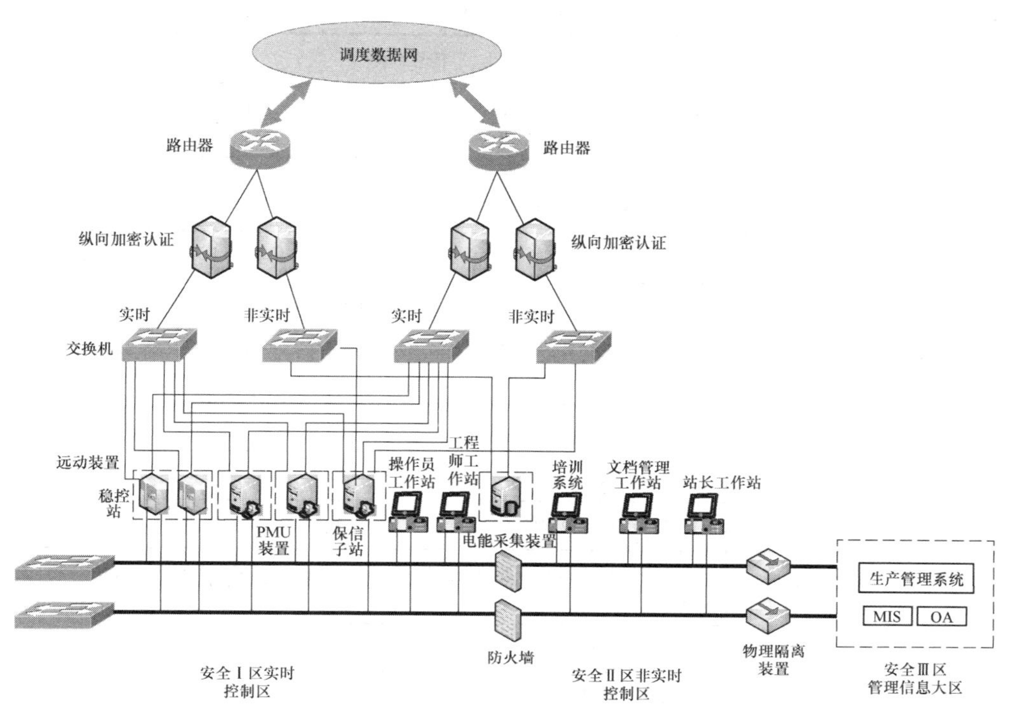

图 11-3 安全防护设备配置接口示意图（方案一）

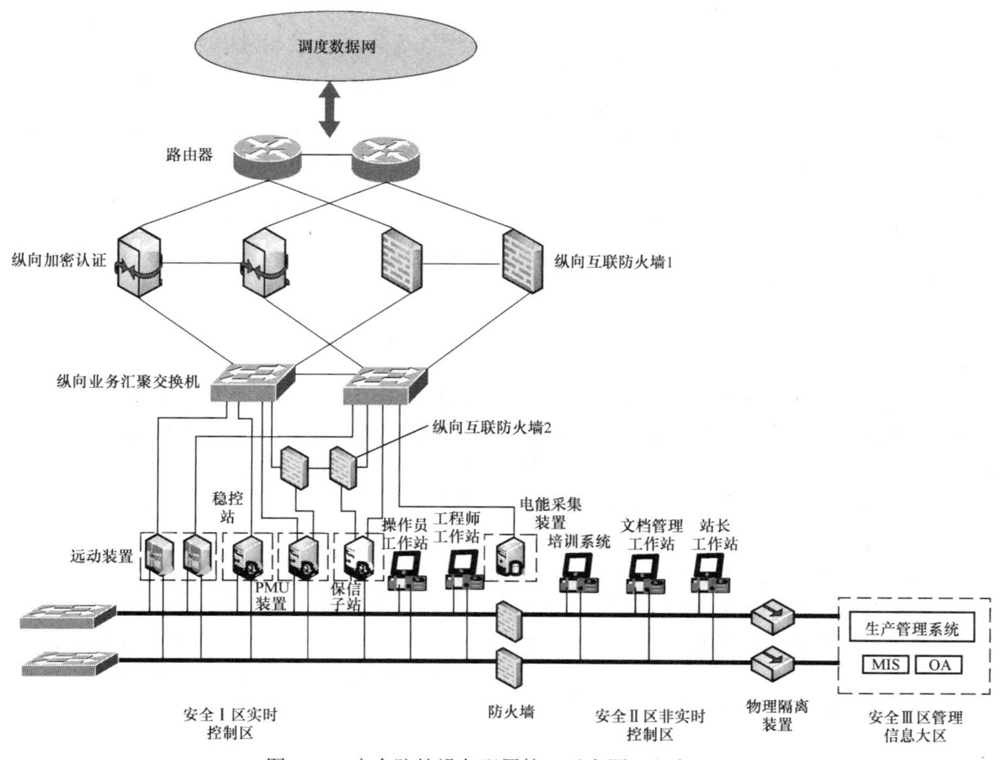

图 11-4 安全防护设备配置接口示意图（方案二）

表 11-3　　远 动 信 息 量 表

信息量	设备名称	信号名称	备注
遥测量	直流控制系统	每极直流电流、极母线直流电压、中性母线电压、有功功率；接地极引线电流；整流站触发角、逆变站熄弧角	应传送
		每极直流谐波电流和谐波电压、接地极谐波电流、接地极的"Ah（年）数"以及临时接地极电流	可传送
	换流变压器	分接开关位置	应传送
		阀侧电流、电压；网侧电流、电压、频率、有功功率和无功功率；油温、绕组温度	可传送
	交流滤波器	大组无功功率、母线电压	应传送
		小组无功功率	可传送
遥信量	直流控制系统	反映直流系统运行状态的控制信号	应传送
		反映直流运行模式的控制信号	可传送
	换流阀及直流配电装置设备	直流开关位置信号；反映直流换流站运行方式的隔离开关和接地开关位置信号	应传送
		换流阀的主要报警信号	可传送
	直流系统保护	重要保护动作信号，主要包括换流阀主保护动作信号、极主保护动作信号、双极主保护动作信号等	应传送
遥控或遥调命令	直流控制系统	主控站/从控站选择命令、主导极选择命令、（双）极启动/停运命令、直流换流站控制模式的选择命令（双极功率、极电流、单极功率控制）、直流换流站运行模式的选择命令（极正常/降压运行、功率方向正常/反转）；（双）极电流/功率阶跃上升、下降、停止命令；自动功率曲线的功率和时间设置命令	可传送
	直流配电装置设备	直流开关闭合/分开命令	可传送

11. 谐波监视

谐波监视系统一般需对换流站直流线路电流和电压、接地极线路电流、直流滤波器组电流、换流变压器网侧电流和电压、换流变压器中性点侧电流及直流偏磁、交流滤波器各小组电流、主要交流联络线路电流和电压等监视点的谐波进行实时测量和分析。其中，换流变压器网侧电流、直流线路电流和电压通常是换流站必配的谐波监测量，其他监测量可根据工程需要进行选择。

对于独立配置的情况，测量和计算的数据被连续地存储在谐波监测装置的缓存里，并被送到谐波监视工作站存入数据库。对于集成配置的情况，由换流站控制系统就地层的数据采集单元采集测量数据，由谐波监视主机对数据进行计算，并存入换流站控制系统的数据库。

谐波监视工作站能实现图表求值和报告的显示及打印输出。系统存储的数据包括：交/直流电压、电流中 1～50 次各次谐波的含量，交流电压的总谐波畸变，交流电流的总谐波畸变，电话干扰系数和直流侧的等值干扰电流等数据。系统能对所测谐波值按照标准进行数理分析，得出各次谐波的统计值。系统能在指定时间内或每日定时监测谐波，监测延续时间应可整定。谐波监测结果能带时标自动存入光盘长期保存，并可用图形或表格打印输出所选择的谐波分析值。对实时监视的交/直流系统中比较重要的电流、电压信号，系统能在需要时显示历史数据报表和数据波形，协助整个系统进行诊断。系统能将谐波分析数据通过数据网或其他通道方式传送到相关调度中心。

二、站控系统功能

（一）直流站控系统

直流站控系统主要实现无功控制、直流配电装置设备的顺序控制和设备联锁等功能要求。

1. 无功控制

无功控制应能控制换流站全部发出无功和吸收无功的设备，如控制交流滤波器、并联电容器和并联电抗器的投切，以及控制换流器吸收的无功功率等，无功功率控制参数可以是交流侧母线电压、换流站与交流系统交换的无功功率。

（1）无功控制模式。无功控制通常有自动和手动两种控制模式。

1）在自动控制模式下，所有的无功控制相关的功能均由相应控制模块自动操作完成。

2）在手动控制模式下，除了极端滤波器容量限制控制、最高/最低电压限制控制、最大无功交换限制控制功能发出的无功设备投入/切除操作由无功控制自动完成外，最小滤波器控制、无功交换控制/电压控制功能发出的无功设备投入/切除操作均只能由运行人员手动操作完成。

（2）无功控制策略。无功控制按以下优先级（由高到低）决定滤波器的投切：

1）极端滤波器容量限制（abs min filer）：为了防止滤波设备过负荷所需投入的绝对最小滤波器组。正常运行时，该条件应满足。

2）最高/最低电压限制（U_{max}/U_{min}）：监视交流母线的稳态电压，避免稳态过电压引起保护动作。

3）最大无功交换限制（Q_{max}）：根据当前运行状况，限制投入滤波器组的数量，限制稳态过电压。

4）最小滤波器要求（min filter）：为满足滤除谐波的要求所需投入的滤波器组的最小数量和类型。

5）无功交换控制/电压控制（可切换）（$Q_{control}$/$U_{control}$）：控制换流站与交流系统的无功交换量为设定的参考值/控制换流站交流母线电压为设定的参考值。无功控制应能够根据当前运行工况以及滤波器组的状态，对可投入/切除的滤波器组进行优先级排序，决定投入/切除哪一类型的滤波器组，以及该类型中的哪一组滤波器。

2. 顺序控制

顺序控制的目标是平稳地启动和停运直流输电系统，实现直流输电系统各种运行方式和状态之间的平稳切换。顺序控制通常包括直流输电系统的正常启停控制、换流器解锁/闭锁控制、金属回线/大地回线转换、直流滤波器连接/隔离和极连接/隔离等。

直流站控配置的顺序控制通常主要包括金属回线/大地回线转换、直流滤波器连接/隔离、极连接/隔离。系统正常启停控制、换流器解锁/闭锁控制的详细内容可见第十二章相关内容。

（1）金属回线/大地回线转换。大地回线向金属回线转换的流程如下：转换前向另一极发出极隔离命令；中性线区域建立并联金属回线路径，顺序控制程序通过检测两个路径中是否都有电流来判断新的路径是否建立完毕；分开整流站的金属回线转换开关（MRTB），断开原来路径的电流。大地回线转金属回线时，为了使 MRTB 承受的应力最小，在金属回线建立后，金属回线电流达到稳定值后再将其打开。如果 MRTB 没有能够断开大地回线电流，它会被重新合上，该重合由保护启动。

金属回线向大地回线转换的流程如下：中性线区域建立并联路径，顺序控制程序通过检测两个路径中是否都有电流来判断新的路径是否建立完毕；分开整流站的大地回线转换开关（ERTB），断开原来路径的电流。金属回线转大地回线时，极直流电流不能大于 ERTB 的最大开断电流和低环境温度下的最大持续电流。大地回线必须在断开金属回线前建立，大地回线中测量到的直流电流小于预定值时，要闭锁 ERTB 的操作。为了使 ERTB 承受的应力最小，在大地回线建立后，大地回线中的电流达到稳定时才允许打开 ERTB。

（2）直流滤波器连接/隔离。

1）直流滤波器连接。打开直流滤波器的接地开关（先打开极母线侧接地开关，再打开中性母线侧接地开关），然后按照先连接中性母线侧再连接极母线侧的顺序合上相应的隔离开关。

2）直流滤波器隔离。先打开极母线侧的隔离开关，再打开中性母线侧的隔离开关。在隔离直流滤波器后，合上该组直流滤波器的接地开关；中性母线侧接地开关在直流滤波器隔离后会立刻闭合，而极母线侧接地开关会在一定时间后（由直流滤波器放电时间决定）闭合，目的在于等直流滤波器放电结束。

（3）极连接/隔离。

1）极连接。极连接表示将换流器连接到极线路和中性母线。通常先把极连接到极中性母线，再连接到极线。

2）极隔离。把换流器从中性母线和极线上断开。由于极线隔离开关没有断流能力，如果换流器中还有直流电流流过，极隔离时必须首先打开中性母线开关，否则需要先打开极线隔离开关。如果直流中性母线开关未能断开电流，则中性母线开关失灵保护会重合该开关，并合上中性母线接地开关。

3. 设备联锁

联锁的目标是安全可靠地操作断路器、隔离开关和接地开关。直流站控系统设备联锁的范围包括直流配电装置区，阀厅及交流滤波器场的断路器、隔离开关、接地开关，以及交流滤波器围栏网门等设备。联锁包括硬件联锁和软件联锁，其中软件联锁在站控软件中实现。

对于不参与设备故障及系统运行方式切换操作的直流隔离开关和接地开关，其分合闸联锁逻辑与交流变电站要求基本一致，这里不再详述，本处仅对有特殊要求的设备联锁逻辑进行说明。

（1）直流开关。直流开关的合、分闸条件不同于交流断路器，均有特殊要求。

1）分闸条件：本体无闭锁分闸故障；控制位置正确，且通信正常；极闭锁（部分开关要求）；大地回线或者金属回线已建立；大地回线或者金属回线中的电流已建立。

2）合闸条件：控制位置正确，且通信正常；如果直流开关两侧都有隔离开关，在闭合直流开关时必须遵守两侧的隔离开关同分或者同合的条件；与运行接线方式要求相关的其他条件。

（2）直流隔离开关。直流滤波器高压侧的隔离开关，其分闸条件有特殊要求。直流滤波器可能会允许带电投切，在带电切除时，因为该隔离开关没有断流能力，需要对滤波器支路电流进行判断以允许分开隔离开关，通常在电流超过 100A 的情况下，不允许隔离开关分闸。极母线隔离开关，在分闸时一般需要判断相应极是否处于闭锁状态。

（3）直流接地开关。

1）直流滤波器高压侧接地开关，其合闸条件有特殊要求。闭合时需要判断直流滤波器低压侧接地开关处于合位，且已经合上一段时间（由滤波器放电时间决定，一般为 3～5min），以保证滤波器已放电完毕。

2）阀厅内接地开关的合、分闸条件都有特殊要求。合闸时，需要判断直流输电系统是否处于检修状态，处于检修状态时才允许合闸。分闸时需要判断阀厅门的状态，只有在阀厅门的主钥匙复位后才允许打开。

（4）交流滤波器/直流滤波器。交流滤波器/直流滤波器通常需要为网门设置联锁，网门打开条件为围栏内接地开关均已接地，网门合上的条件为围栏内接地开关均已打开。

（二）交流站控系统

交流站控系统监视控制和设备联锁的范围包括交流配电装置区域的断路器、隔离开关、接地开关设备。交流站控系统的系统功能中对于常规的交流场设备的监视和控制功能与交流变电站要求基本一致，可参见《电力工程设计手册　变电站设计》，这里不再赘述。

第五节　通 信 及 接 口

为了实现对全站设备的监视和控制，换流站监控系统与直流控制保护系统和站内其他二次系统都有接口。

一、运行人员控制系统的通信及接口

1. 与极控制系统、换流器控制系统或站控系统的接口

运行人员控制系统通过站 LAN 网与极控制系统、换流器控制系统或站控系统的控制主机进行通信，实现运行人员对直流控制系统的监视和控制。监视信号主要包括直流控制系统的详细状态、报警及动作信号等，控制命令主要包括运行方式切换、系统参数调节和设备控制指令等。

2. 与直流系统保护的接口

运行人员控制系统通过站 LAN 网与直流系统保护的保护主机或保护装置进行通信，实现运行人员对直流系统保护定值、保护动作矩阵、通信故障的监视，以及保护定值的整定。

3. 与保护及故障信息管理子站的接口

换流站通常配置一套保护及故障信息管理子站系统，系统由子站服务器、录波服务器、后台工作站、网络连接所需的设备及软件等组成。目前换流站工程中，根据直流系统保护能提供的通信接口数量不同，其与子站服务器之间的接口存在两种典型方案：方案 1，子站系统独立组网，此时运行人员控制系统与子站不需接口；方案 2，运行人员控制系统与子站通过站 LAN 接口，此时接口通常要求采用以太网口，通信规约可采用 IEC 61850 或 IEC 60870-5-103，但应优先采用 IEC 61850 标准通信规约。

4. 与时间同步系统的接口

运行人员控制系统设备采用 FE（RJ 45）接口接入站 LAN 网，接收接于站 LAN 网的时间同步系统发出的 NTP/SNTP 网络对时信号，时间同步准确度为误差不超过 10ms。

5. 与站内其他系统的接口

运行人员控制系统与电能计量系统、站用直流电源系统、交流不间断电源系统、火灾自动报警系统、辅助控制系统等站内其他系统设备之间，可根据工程要求和具体设备的情况采用网络、串行接口或硬接线方式进行通信，实现运行人员对上述系统内设备的运行状态和告警信息的监视。

具备 IEC 61850 标准通信规约接口的系统，可直接接入站 LAN 网；采用非标准通信规约的其他系统，通过规约转换装置接入站 LAN 网，实现与运行人员控制系统的通信。

二、站控系统的通信及接口

1. 与极控制系统的接口

交、直流站控系统与极控制系统均有信号交换，

其接口可采用控制层网络或无源触点的方式。

当工程中配置有独立的直流站控系统设备时，通常将运行方式切换、无功控制以及双极层功能均设置于直流站控系统内，此时直流站控系统与极控制系统之间的接口类型及交换信息见表 11-4。

交流站控系统与极控制系统之间的交换信息主要包括相关交流断路器分/合闸位置信号、最后一台断路器判别逻辑信号等，详见表 11-5。

表 11-4　　直流站控制系统与极控制系统的接口类型及交换信息

序号	接口类型	接口信号		直流控制系统名称
		直流站控制系统→极控制系统	极控制系统→直流站控制系统	
1	硬接线	无功快速停运请求、滤波器投入/退出、直流输电系统运行接线方式	极解锁、极闭锁、ESOF，极控制系统有效、极控制系统可用	SIMDAYN D 系统
2	快速控制总线	无功快速停运请求、滤波器可用、站控系统可用	极解锁、极闭锁、ESOF，极控制系统有效、极控制系统可用	SIMATIC-TDC、HCM3000 系统（直流站控配置双极控制功能）
	站层控制 LAN	直流功率、电流指令	—	

表 11-5　　交流站控制系统与极控制系统的接口

序号	接口型式	接口信号		直流控制系统名称
		交流站控制系统→极控制系统	极控制系统→交流站控制系统	
1	站层控制 LAN	最后断路器跳闸 ESOF	—	HCM3000 系统
2	站层 CAN 总线	无功控制所需交流断路器分/合位置； 最后断路器跳闸逻辑所需信号	无功控制下发的滤波器小组投切指令（当直流站控功能集成于极控制时）	MACH2、DCC800、PCS9500 系统
3	站层控制 LAN 网	无功控制所需交流断路器分/合位置； 最后断路器跳闸逻辑所需信号	无功控制下发的滤波器小组投切指令（当直流站控功能集成于极控制时）	PCS9550 系统

2. 与时间同步系统的接口

站控系统设备均应能接收全站统一的时间同步系统发出的对时信号，时间同步误差应不超过 1ms。站控系统主机和 I/O 设备的对时接口要求与极（换流器）控制系统设备相同，见表 12-2。

3. 与一次设备的接口

站控系统与一次设备的接口通过就地层 I/O 及现场总线实现。站控系统与一次设备的接口主要指与开关设备以及电流、电压互感器的接口。

站控系统需要对开关设备（直流开关，交流断路器，交/直流隔离开关、接地开关）进行分/合控制以及就地允许操作联锁条件的释放，通过控制电缆将站控系统开出的无源触点接入开关设备的控制回路。与此同时，开关设备的告警和分/合位置信号，以及电流、电压互感器的测量值和设备告警信号通过控制电缆接入至站控系统的 I/O 设备。

第六节　工　程　实　例

图 11-5～图 11-8 分别为国内一些有代表性的换流站工程的控制系统总体结构图。

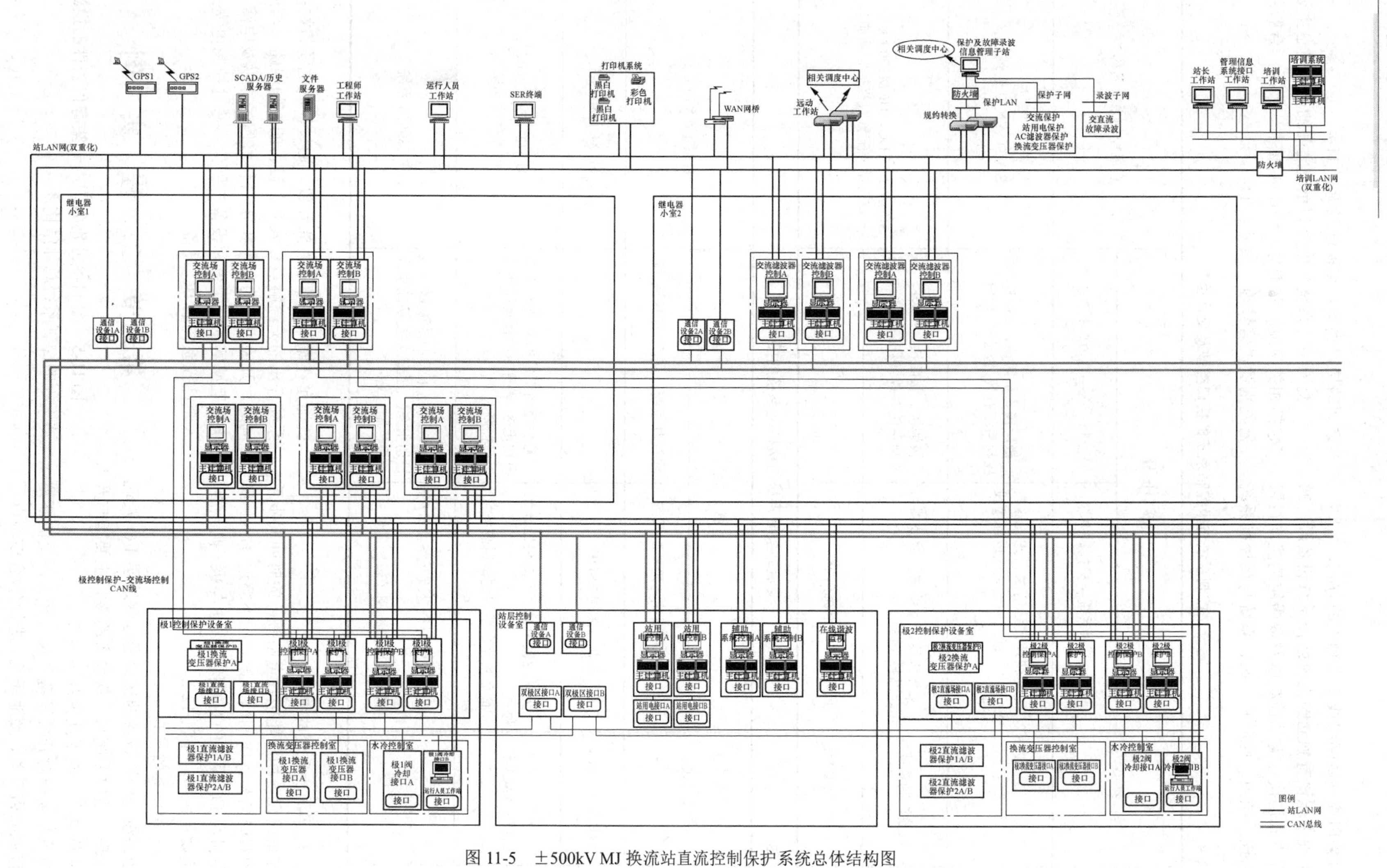

图 11-5　±500kV MJ 换流站直流控制保护系统总体结构图

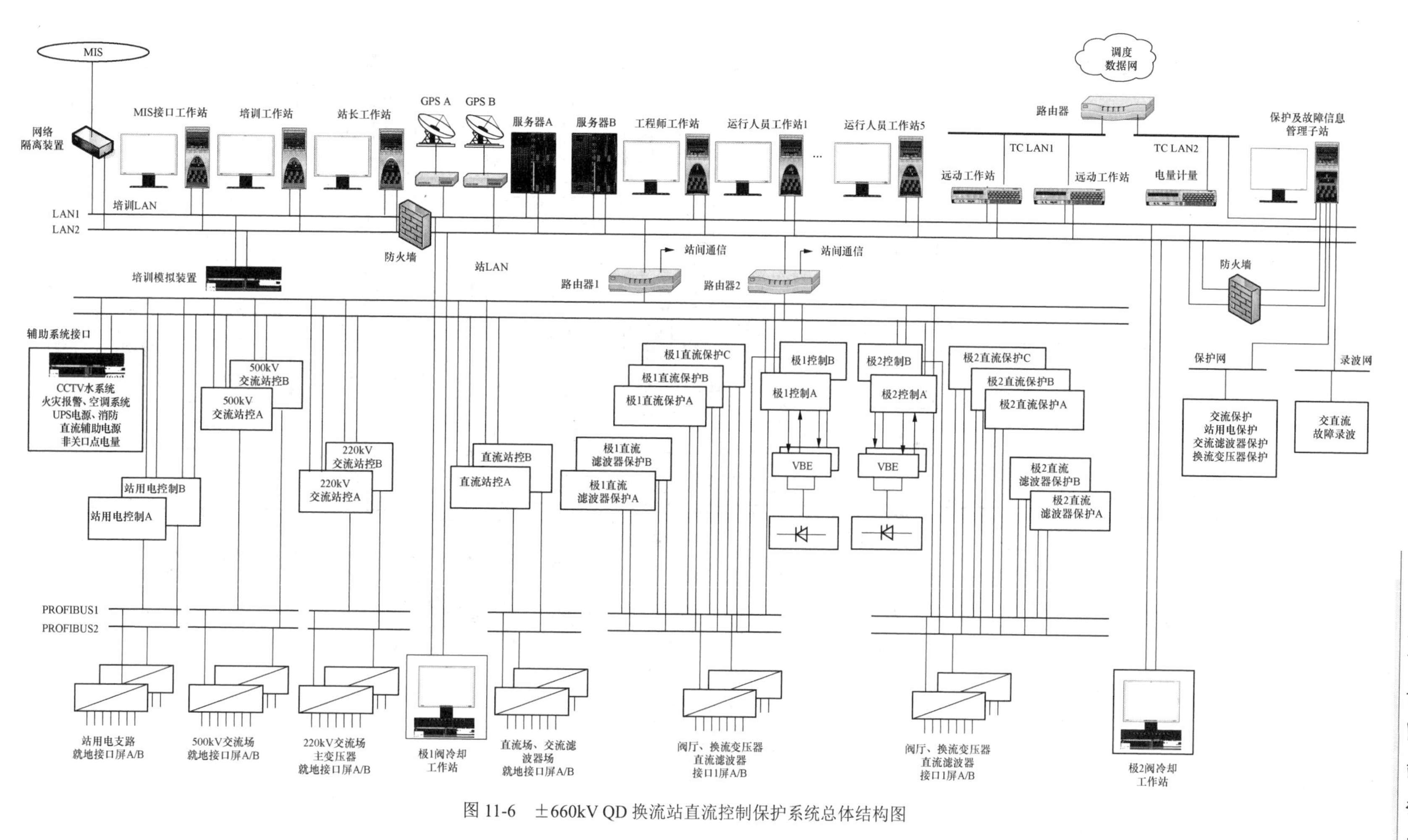

图 11-6 ±660kV QD 换流站直流控制保护系统总体结构图

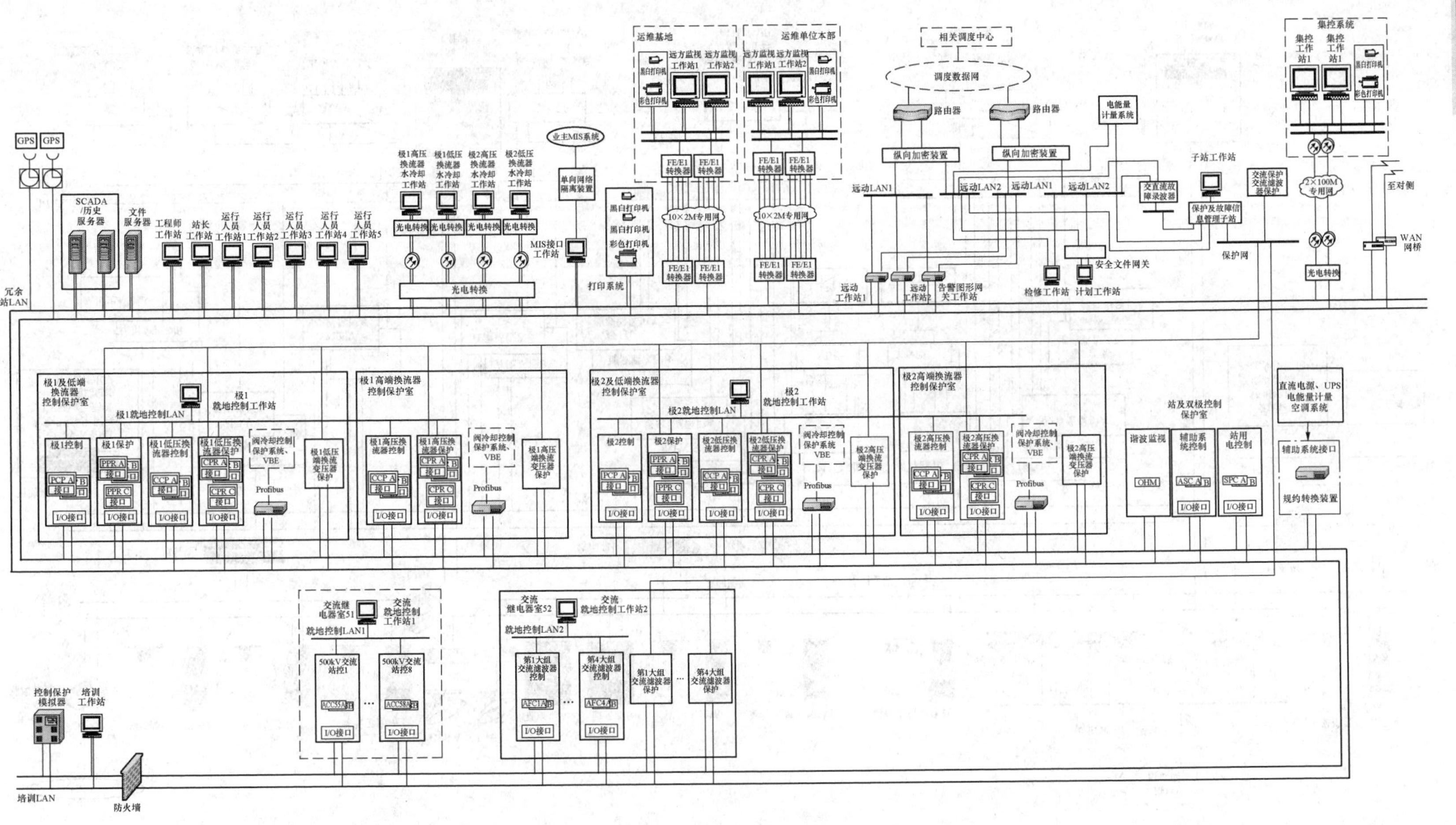

图 11-7 ±800kV ZZ 换流站直流控制保护系统总体结构图

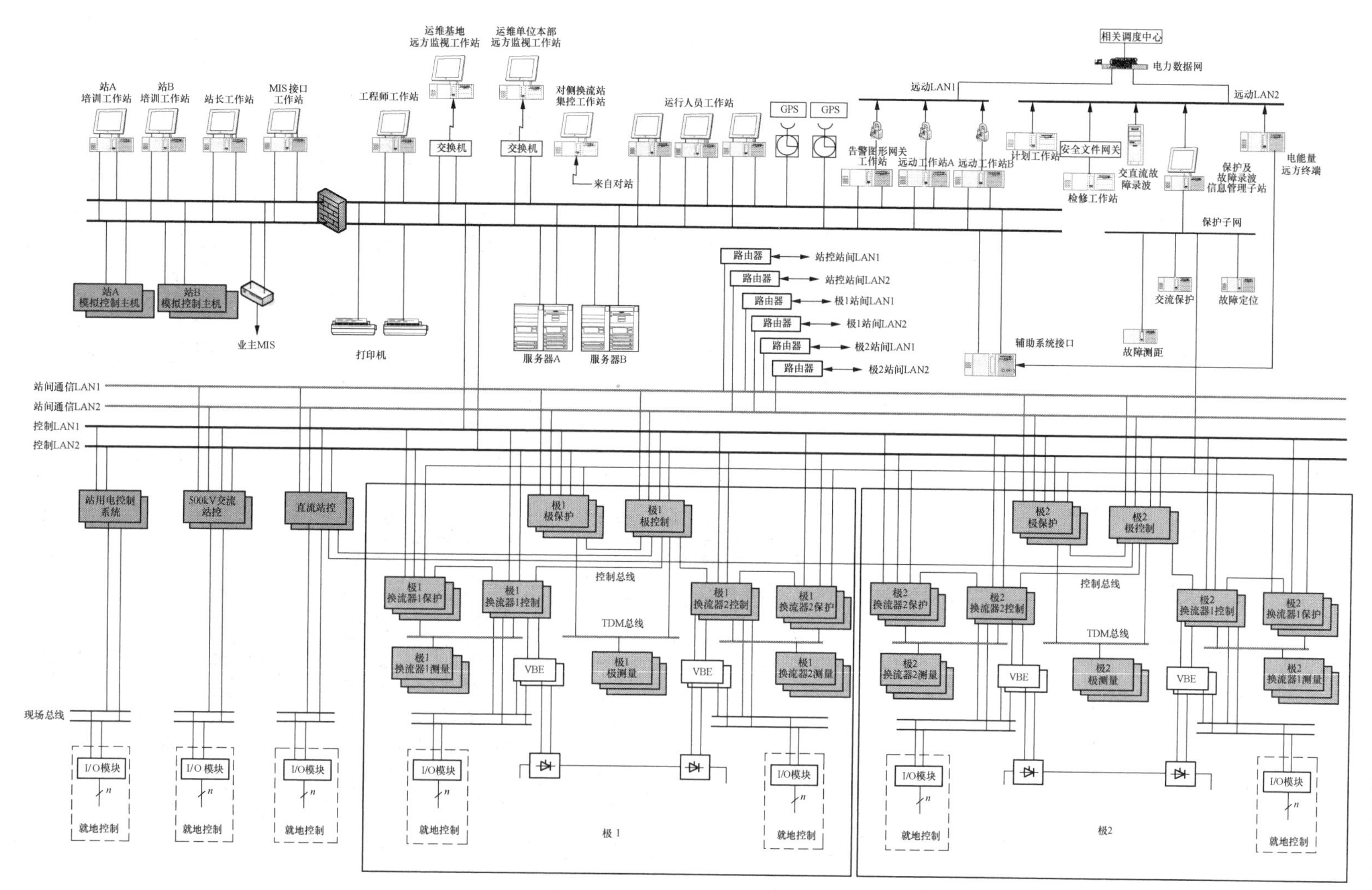

图 11-8 ±800kV SL 换流站直流控制保护系统总体结构图

第十二章

直 流 控 制 系 统

与交流输电相比较，直流输电的一个显著特点是可以通过对换流器的快速调节，控制直流输送功率的大小和方向，以满足整个交直流联合系统的运行要求。为保证直流输电系统的安全稳定运行，直流输电控制系统的总体结构、总体性能和功能配置应与工程的主回路结构、运行方式和系统要求相适应，并满足系统灵活性、可靠性等要求。

直流输电控制系统要完成以下基本的控制功能：直流输电系统的启停控制；直流输送功率的大小和方向的控制；抑制换流器不正常运行及对所连交流系统的干扰；发生故障时，保护换流站设备；对换流站、直流线路的各种运行参数（如电压及电流等）及控制系统本身的信息进行监视。

本章主要阐述两端直流输电系统换流站以及背靠背换流站直流控制系统的设计、直流远动系统的设计以及换流阀触发控制系统的设计。

极和换流器控制是直流输电控制系统的核心，其性能将直接决定直流输电系统的各种响应特性以及功率/电流稳定性。本章以每极单 12 脉动换流器接线为叙述主线，主要对直流控制系统的系统构成、系统功能、通信及接口逐一进行说明，直流站控系统的相关内容详见本手册第十一章。对于每极双 12 脉动换流器串联接线和背靠背换流单元接线的不同之处，则在相关部分给出补充。

第一节 直流控制系统总体设计要求

直流控制系统的总体设计要求应基于以下几个方面：冗余要求、性能要求、配合要求。

一、冗余要求

为了达到直流输电系统所要求的可用率和可靠性指标，直流控制系统通常采用双重化冗余设计，由两套功能完全相同且相互独立的控制设备和切换与跟随逻辑构成。冗余设计的范围应涵盖各自独立的软硬件设备、测量回路、电源回路、信号输入输出回路和通信回路等。运行过程中，其中的一套设备作为运行系统控制直流输电系统的运行；另一套设备作为热备用系统跟随运行系统的运行状态和控制输出。当运行系统通过自诊断检测出自身故障时，系统应自动地无缝切换至并列的热备用系统运行，切换过程不应出现扰动，且不影响整个直流输电系统的运行。

二、性能要求

（1）控制系统的稳定性。在工程规定的交流系统电压及频率变化范围内，直流控制系统应保证换流器的稳定运行，使直流输电系统具有正常功率输送的能力。

（2）控制系统的精度。直流控制系统的设计应能保证直流功率稳定、无漂移的运行要求，并能在直流输电系统全部稳态运行范围内，把被测直流功率值的精度保持在功率指令值的±1%之内，把被测直流电流值的精度保持在电流指令值的±0.5%的范围之内。

（3）控制系统的动态性能。

1）当直流功率输送水平处于设计最小功率至额定功率之间时，直流电流对电流指令的阶跃增加或者阶跃降低的响应时间和超调量应满足直流输电工程的要求。

2）当直流单换流器闭锁、单极闭锁或线路故障时，控制设备应能实现将故障换流器、故障极损失的功率全部或一部分转移到正常换流器或正常极。

3）当交流系统发生故障时，直流输送功率的恢复期间不允许有换相失败或直流电压/功率的持续振荡。

（4）通信故障时的要求。控制系统在通信故障时，直流输电系统应能按照通信故障前执行的功率指令继续运行。功率升降或电流指令变化过程中通信故障，控制系统也应能防止直流输电系统因失去电流裕度而崩溃，除非安全稳定控制系统快速降功率以维持系统稳定。

三、配合要求

直流控制系统与直流系统保护的联系十分紧密：对于直流输电系统的异常或故障工况，通常首先通过控制的快速性来抑制故障的发展；对于不同的故障工况，直流保护则启动不同的直流自动顺序控制程序。因此，直流控制系统和直流系统保护的设计，应充分考虑相互配合、高度协调的原则，以确保既能快速抑制故障的发展、迅速切除故障，又能在故障消除后迅速恢复直流输电系统的正常运行。

同时，直流控制系统的换流器控制逻辑与换流阀的控制触发特性关系密切。设计时，需要深入了解直流控制系统与不同控制触发特性换流阀之间的信号交换和接口要求。

第二节　系　统　构　成

一、直流控制系统的构成

针对直流输电系统不同设备和不同范围的监控功能要求，直流控制系统按功能从高层次到低层次等级通常划分为 4 个层次，分别为系统控制层、双极控制层、极控制层、换流器控制层，如图 12-1 所示。当每极只有一个换流器时，为简化结构，极控制层和换流器控制层可合并为一层；当直流输电系统只有一回双极线路时，通常系统控制层和双极控制层可合并为一层。

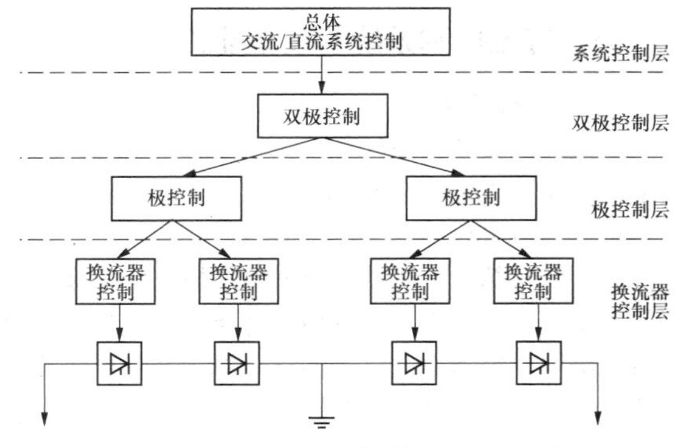

图 12-1　直流控制系统分层结构示意图

1. 系统控制层

系统控制层为直流控制系统中级别最高的控制层次，其主要功能如下：

（1）与调度中心通信，接收其控制指令，同时向其传输系统有关的运行和监测信息。

（2）根据调度中心的输电功率指令，分配各直流回路的输电功率。当某一直流回路故障时，将少送的输电功率转移到正常的线路，尽可能保持原来的输电功率。

（3）紧急功率支援控制。

（4）各种调制控制，包括电流、功率调制，用于阻尼交流系统振荡的阻尼控制，交流系统频率、功率控制等。

2. 双极控制层

双极控制层为双极直流输电系统中同时控制两个极的控制层次，它用指令形式协调控制双极的运行，其主要功能如下：

（1）根据系统控制层给定的功率指令，决定双极的功率定值。

（2）功率传输方向的控制。

（3）两极电流平衡控制。

（4）换流站无功功率和交流母线电压控制等。

3. 极控制层

极控制层控制为直流输电单极控制层次，当任一极故障时，另一极能够独立运行，并能完成其控制任务，因此要求两极各自的控制系统完全独立并设置尽可能多的控制功能。其主要功能如下：

（1）经计算向换流器控制级提供电流整定值，控制直流输电的电流。

（2）直流输电功率控制。

（3）极启动和停运控制。

（4）故障处理控制，包括移相停运和自动再启动控制、低压限流控制等。

（5）两端换流站同一极之间的远动和通信，包括电流整定值和其他连续控制信息的传输、交直流设备运行状态信息和测量值的传输等。

4. 换流器控制层

换流器控制层是直流输电一个换流单元的控制层次，其主要功能如下：

（1）换流器触发控制。

（2）换流变压器分接开关控制。

（3）换流器解锁/闭锁顺序控制等。

对于每极为双 12 脉动换流器接线，换流器控制功能设计原则应充分考虑每个 12 脉动换流器的独立性。

上述各层次在结构上分开，系统的主要控制功能尽可能分散配置到较低的层次等级，当高层次控制发生故障时，各下层的控制功能按照故障前的指令继续工作，并保留尽可能多的控制功能。

二、直流远动系统的构成

直流远动系统，也称站间通信系统，是为长距离两端直流输电系统设置的，主要用于整流站和逆变站直流控制保护系统之间的信息交换和处理，并提供必要的通信，以确保两端换流站直流控制保护系统的快速协调控制。对于背靠背工程，由于整流器和逆变器的控制和保护功能分别在同一机箱内实现，可以直接通过板卡间的通信交换信息，因此不需要考虑站间通信系统。

无论是每极单 12 脉动换流器接线还是每极双 12 脉动换流器串联接线的换流站，直流远动系统通常均按极双重化冗余配置。每一极的直流远动系统与另一极的直流远动系统在电气和物理结构上分别独立。

直流远动系统包括极控直流远动、极保护直流远动和站 LAN 直流远动，因此其功能由极控制、极保护等相应硬件设备及其站间通信接口设备实现，并不需要配置单独的硬件设备。

三、换流阀触发控制系统的构成

换流阀的触发控制系统是连接极或换流器控制系统和晶闸管换流阀的核心设备，对晶闸管换流阀的安全、稳定运行起着重要作用。

换流阀的触发控制系统由位于阀体高电位的晶闸管换流阀触发监测单元（thyristor trigger and monitor unit，TTM）和位于地电位的阀基电子设备和连接光缆组成，其系统设备连接原理如图 12-2 所示。

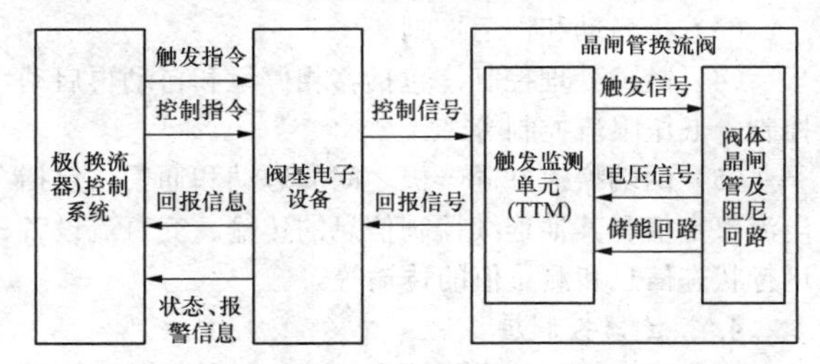

图 12-2　换流阀触发控制系统设备连接原理图

1. TTM 设备

晶闸管换流阀有光触发阀（light triggered thyristor，LTT）和电触发阀（electrically triggered thyristor，ETT）两种类型，因此，对应有两种技术类型的换流阀触发监测单元 TTM。

对于光触发晶闸管，晶闸管门极所需的触发能量由阀基电子通过光纤直接传输，过电压保护由集成在晶闸管内部的击穿二极管（break over diode，BOD）实现，其他功能仍由 TTM 完成；对于电触发晶闸管，晶闸管的触发、监测和保护等所有功能均由 TTM 实现。

2. 阀基电子设备

两套极（换流器）控制系统分别和各自对应的阀基电子设备作为一个整体工作，其冗余切换逻辑如图 12-3 所示。

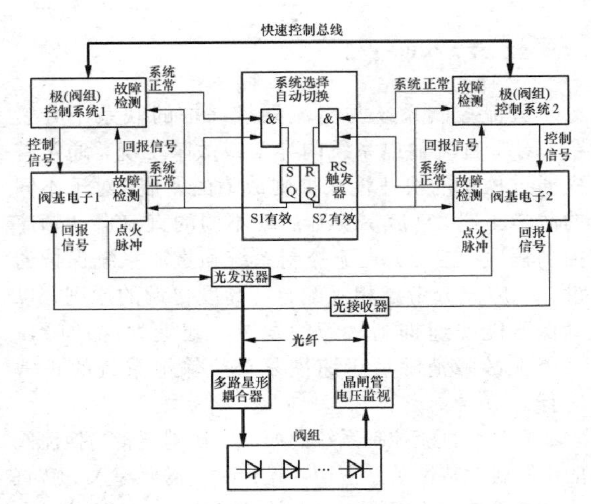

图 12-3　极（换流器）控制系统和阀基电子的冗余切换逻辑图

输出有效的系统称为主系统，另一系统称为热备用系统。为了保证主备极（换流器）控制系统之间切换时直流输电系统的运行状态无扰动，热备用系统的一些关键数据需要被主系统实时刷新。在主系统发生故障时，极（换流器）控制系统和阀基电子作为一个整体向热备用系统切换，原来的热备用系统转为主系统运行。所有信号同时送到主/热备用的极（换流器）控制系统，控制系统根据系统的主/热备用状态对换流器输出控制信号，系统选择单元保证在任何时刻只有主系统的信号输出到换流器。

第三节　设　备　配　置

一、直流控制系统的设备配置

（一）硬件设备

直流控制系统的硬件设备包括控制层主机、就地层 I/O 设备以及相应的网络设备。

1. 控制主机

（1）每极单 12 脉动换流器接线换流站按极设置极控制主机，实现直流控制系统功能，极控制主机应双重化配置，每套主机组 1 面屏。双极控制层通常不配置独立的主机，其功能配置在两个极的极控制系统中或配置在直流站控中。

（2）每极双 12 脉动换流器串联接线换流站宜按换流器设置换流器控制主机，同时还设置有独立的极控制主机。极控制、换流器控制主机均应双重化配置，每套极控制主机和换流器控制主机均各组 1 面屏。双极控制层可配置独立的主机，也可不单独配置主机，而是将其功能配置在直流站控系统中或两个极的极控制系统中。

（3）背靠背换流站按背靠背换流单元设置控制主机，整流侧和逆变侧共用控制主机，换流单元控制主机应双重化配置，每套主机组1面屏。

2. I/O设备

直流控制系统的I/O设备包括双重化冗余配置，其范围包括直流场、换流变压器和阀冷却系统区域设备，详细配置参见第十一章第三节的相关内容。

3. 网络设备

（1）控制层网络。控制层网络采用双重化设计，星形拓扑结构。控制层网络包括两部分：①控制层冗余控制系统主机之间的接口和通信网络；②控制层控制保护设备之间的接口和通信网络。

1）控制层冗余控制主机之间的接口和通信。对于双极控制、极控制、换流器控制和交直流站控制等设备，各双重化控制主机之间通常采用标准的总线进行通信，以实现热备用系统对运行系统控制状态和控制输出的实时跟随。同时，双重化控制主机之间应具备与切换逻辑的接口，以实现系统切换功能。

由于直流控制保护系统技术路线的差异，目前控制层冗余控制主机之间通信采用的总线通常有高级数据链路控制（high level data link control，HDLC）总线和快速控制IFC（insert fast communication）或MFI（muti-function interface）总线。HDLC总线是一种高速总线，其通信速率达100Mbit/s，可采用并行接口、电以太网接口和光以太网接口的型式。IFC和MFI总线均是快速控制总线，其通信速率可达50Mbit/s，通常采用光纤接口，二者仅在报文格式上有一定差异。

2）控制层各设备之间的接口和通信。控制层各设备之间的接口和通信包括双极层、极层和换流器层的不同层控制主机之间，极（换流器）控制和站控制等不同的控制主机之间，以及极（换流器）控制主机与相应的保护主机之间的接口和通信。

双极层、极层和换流器层的不同层控制保护主机之间应采用高速控制总线或实时网络通信，以满足控制保护的实时性要求；不同控制主机之间、控制主机与保护设备之间的接口可根据实时性要求同时具备快速和慢速两种通信通道。用于设备之间实时配合的通信可采用高速控制总线或并行硬件接口，一般的状态信息交换可通过局域网或总线进行。当采用并行硬件接口时，应采取电气隔离措施。

由于直流控制保护系统技术路线的差异，目前控制层各设备之间通信采用的网络或总线通常有：控制区域网络（control area network，CAN），简称CAN总线；控制层局域网（local area network，LAN），简称控制LAN；快速控制MFI及IFC总线。

CAN总线是ISO 11898标准总线，是一种多主方式的双向高速总线，用于传送二进制信号，其通信速率最高可达1Mbit/s，接口可采用双绞线和光纤型式。CAN总线根据其传输数据的实时性要求分为区域CAN总线和站级CAN总线，图12-4所示为极1区域CAN总线的连接示意图，极2区域CAN总线与极1完全相同。图12-5所示为站级CAN总线的连接示意图。

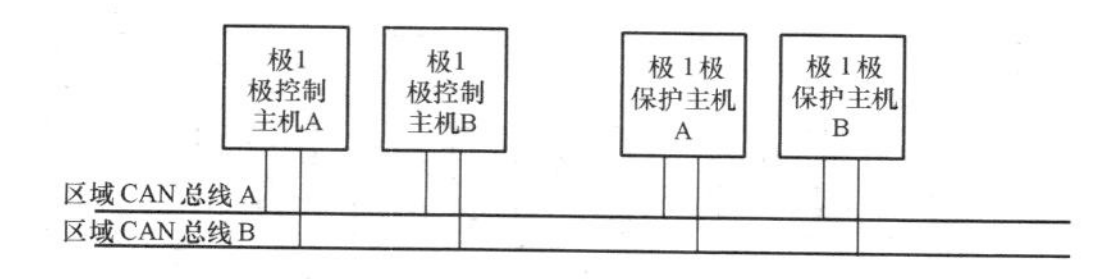

图12-4　区域CAN总线连接示意图

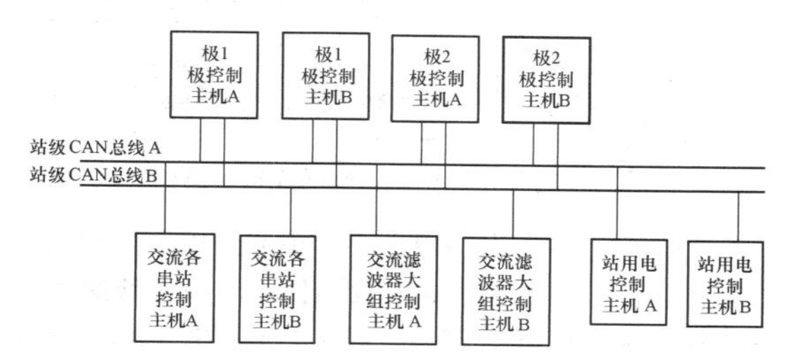

图12-5　站级CAN总线连接示意图

控制LAN网采用网络通信方式，开放系统互联（open system interconnect，OSI）通过IEEE 802.3标准实现，传输层协议则采用TCP/IP。其通信速率通常为100Mbit/s，接口可采用电以太网口和光以太网口的型式。控制LAN网根据数据交换的区域及传输数据的层次分为实时控制LAN和站层控制LAN，图12-6所示为极1实时控制LAN网的连接示意图，极2实时控制LAN网与极1完全相同。图12-7所示为站层控制LAN网的连接示意图。

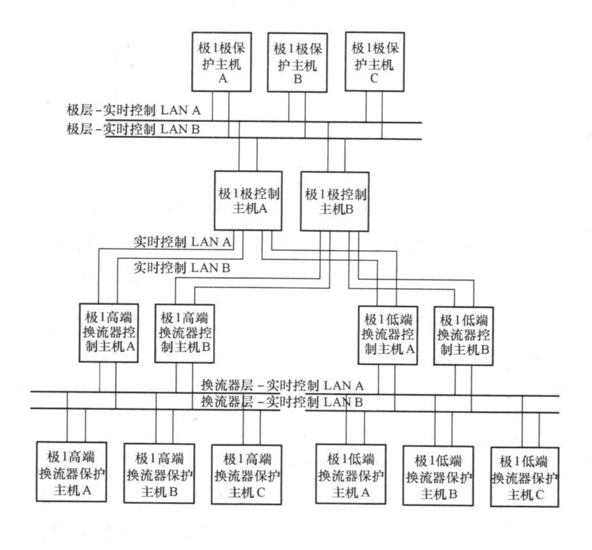

图12-6　实时控制LAN网连接示意图

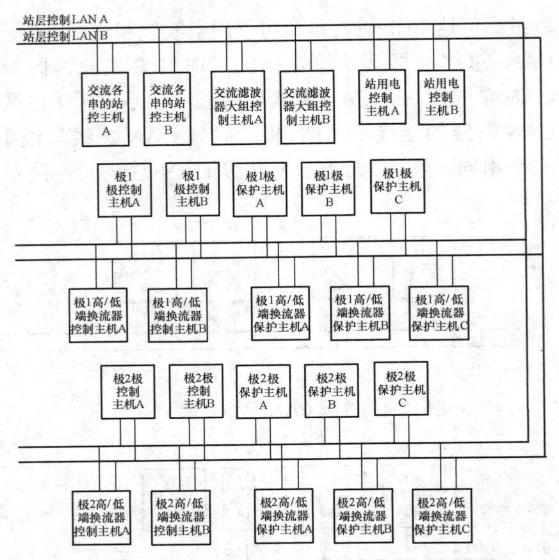

图 12-7 站层控制 LAN 网连接示意图

IFC、MFI 总线均为快速控制总线，用于控制层设备间传输实时性要求较高的数据传输，极 1 快速控制总线的连接示意见图 12-8，极 2 快速控制总线与极 1 完全相同。

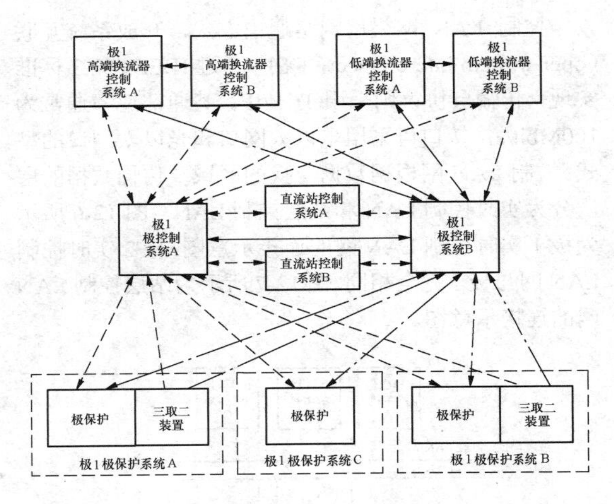

图 12-8 快速控制总线连接示意图

——— 控制系统 A、B 之间的控制总线（MFI/IFC）连接；
- - - - 极控制系统 A 与外部的控制总线（MFI/IFC）连接；
—·— 极控制系统 B 与外部的控制总线（MFI/IFC）连接

（2）就地层网络。就地层网络采用双重化设计，星型拓扑结构。就地层网络主要指控制层设备与就地层设备之间的通信网络，包括控制层设备与现场 I/O 设备和与其测量系统之间的通信两部分。

1）控制层设备与现场 I/O 设备之间的接口和通信。控制层设备与现场 I/O 层设备之间通常采用标准现场总线和网络通信，由于直流控制保护系统技术路线的差异，目前常用的有 CAN 总线、Profibus 总线和现场层局域网（local area network，LAN）。

图 12-9 所示为极 1 CAN 总线的连接示意图，极 2 CAN 总线与极 1 完全相同。

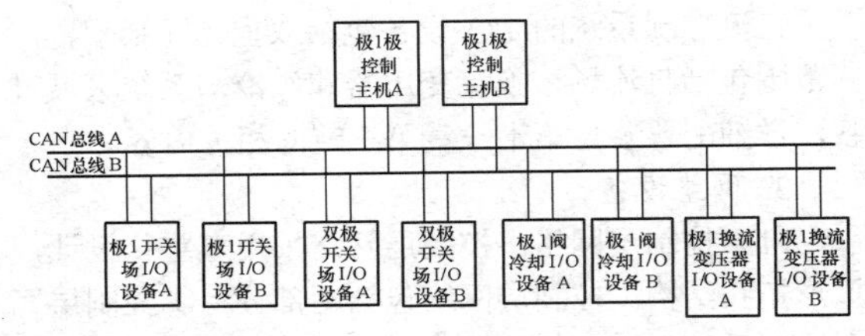

图 12-9 CAN 总线连接示意图

Profibus 总线为欧洲规范 EN50170 要求的标准总线，采用主从方式，其通信速率可达 12Mbit/s，接口采用双绞线或光纤的型式。图 12-10 所示为极 1 Profibus 总线的连接示意图，极 2 Profibus 总线与极 1 完全相同。

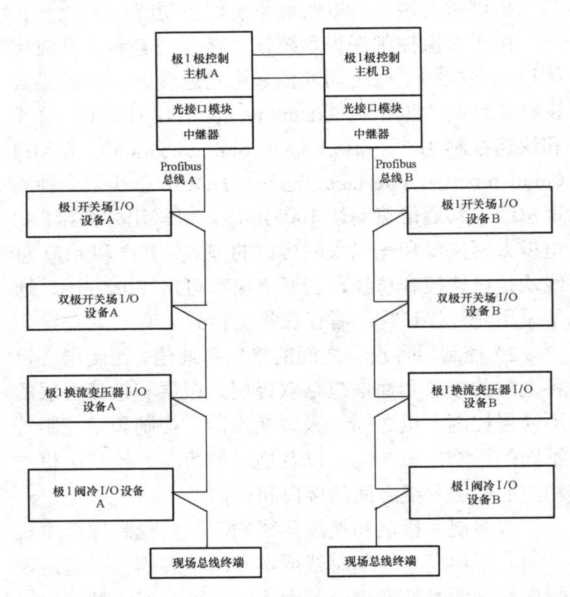

图 12-10 Profibus 总线连接示意图

图 12-11 所示为极 1 现场 LAN 网的连接示意图，极 2 现场 LAN 网与极 1 完全相同。

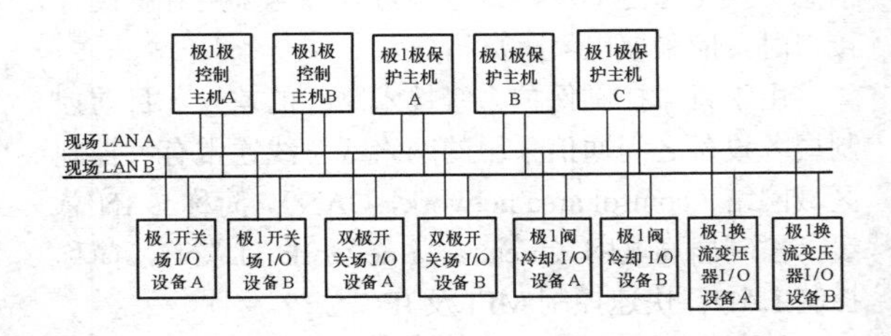

图 12-11 现场 LAN 网连接示意图

2）控制层设备与测量设备之间的接口和通信网络。控制层设备与测量设备之间通常采用标准的现场总线通信。由于直流控制保护系统技术路线的差异，目前常用的有时分多路（time division multiplex，TDM）总线和 IEC 60044-8 总线。

TDM 总线是一种串行通信方式，数据单向传送，其通信速率可达 32Mbit/s，接口采用光纤的型式。IEC 60044-8 总线是 IEC 的标准协议总线，是一种单向传送、容量大、延时短的总线，其通信速率可达 32Mbit/s，接口采用光纤的型式。这两种总线的连接方式相同，相应的连接示意如图 12-12 所示，图示以极 1 为例，极 2 与极 1 的连接完全相同。

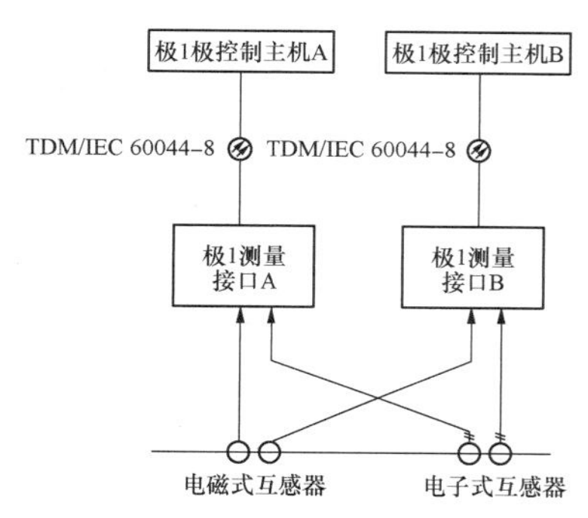

图 12-12　TDM/IEC 60044-8 总线连接示意图

除了上述几种传输数据类型单一的总线外，实际工程中还有一种同时双向传输开关量和模拟量的高速总线——eTDM 总线，其通信速率可达 32Mbit/s。采用 eTDM 总线的连接示意如图 12-13 所示，图示以极 1 为例，极 2 与极 1 的连接完全相同。

为了提高信号传输的可靠性和抗干扰能力，工程中在上述总线引出屏柜时均应采用光纤为介质进行信号传输。

（二）软件系统

极（换流器）控制系统的软件平台，宜采用多处理器结构和实时操作系统，支持处理器并行处理和多优先级循环任务的运行，以满足直流输电系统对直流控制系统总体处理能力和响应速度的要求。

软件平台应提供图形化的工程开发工具和包含经过工程验证的各种软件功能块，开发工具具备控制设备的硬件配置、应用软件开发和在线调试等功能，以方便控制设备的开发和运行维护。

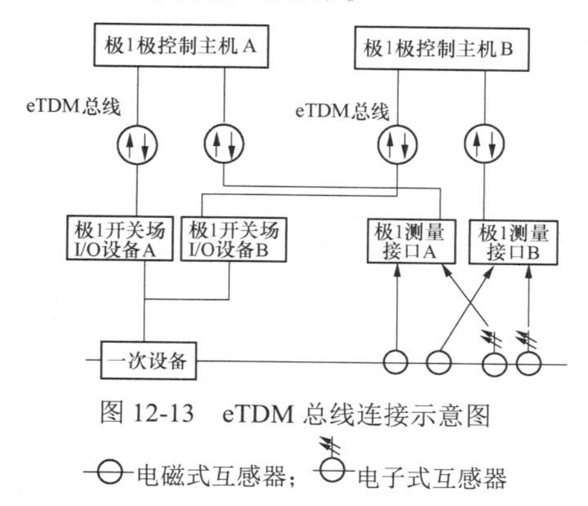

图 12-13　eTDM 总线连接示意图

—⊖—电磁式互感器；—⊖—电子式互感器

二、直流远动系统的设备配置

直流远动系统包括极控制直流远动、极保护直流远动和站 LAN 直流远动，其功能由极控制、极保护等相应硬件设备及其站间通信接口设备实现，因此并不需要配置单独的硬件设备。

（1）极控制直流远动系统。极控制直流远动系统由集成于极控制主机的通信板卡、通信接口设备或路由器，以及相应的软件逻辑构成。通信板卡、通信接口设备或路由器用于与通信设备接口，接收或发送需要的信号，软件逻辑则完成信号的编码和解码等功能。根据极控制主机通信接口的不同，可采用通道切换方式和双通道方式实现通信，其系统接线见图 12-14。

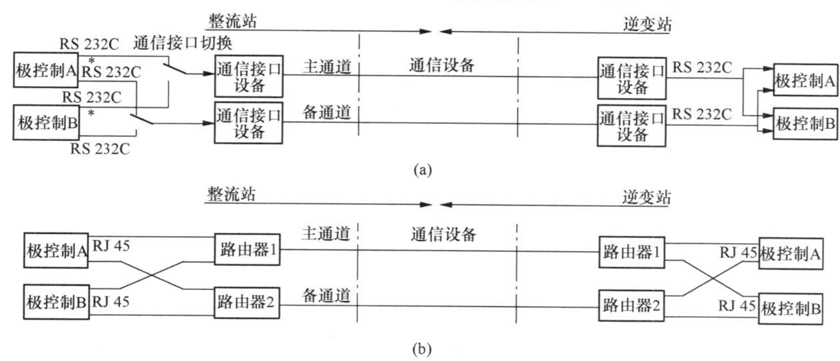

图 12-14　极控制直流远动系统示意图

（a）通道切换方式；（b）双通道方式

早期的直流工程，由于极控制采用 RS 232C 串行接口与对端换流站通信，其极控制的直流远动系统采用通道切换方式，如图 12-14（a）所示。目前的直流工程，由于直流控制系统设备基本均采用 RJ 45 以太网口通信，其极控的直流远动系统则采用双通道方式，如图 12-14（b）所示。

（2）极保护直流远动系统。为了确保直流输电系统保护的可靠运行，极保护直流远动系统通常独立于极控直流远动系统，由极保护主机的通信接口、接口转换设备和相应的软件逻辑构成。每套极保护均同时接收来自主备通道的数据，并默认选用主通道传输的数据，其系统接线见图 12-15（a）。

早期的直流工程，极保护采用 RS 232C 串行接口与对端换流站通信。目前的直流工程，极保护设备基本采用 RJ 45 以太网口通信。

出于优化通道设计减少通道数量的考虑，每极极保护采用主备双通道方式，如图 12-15（b）所示。由于极保护通过直流远动系统传输的信号仅包括直流电流测量值，极保护可与极控制的直流远动系统共用通信通道，此时极保护通过与本极极控制主机之间的快速控制总线实现直流电流测量的传输。

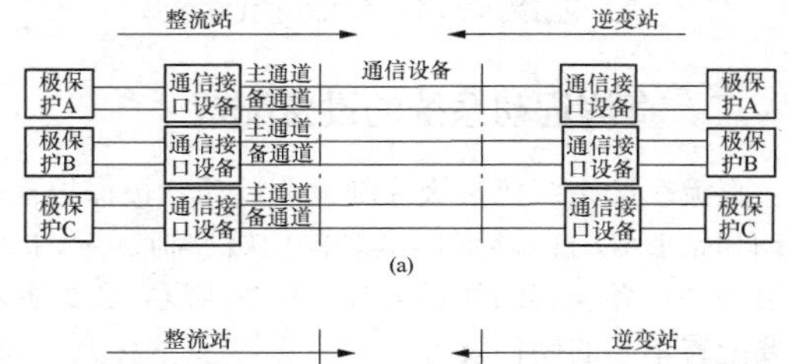

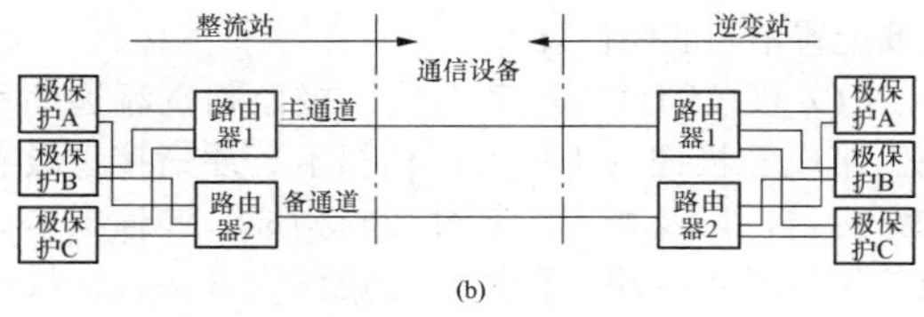

图 12-15　极保护直流远动系统示意图

（a）每套极保护双通道方式；（b）每极极保护双通道方式

（3）站 LAN 直流远动系统。站 LAN 直流远动系统由站 LAN 组网交换机和相应的软件逻辑构成，其直流远动系统示意如图 12-16 所示。每套系统的通信可采用 RJ 45 以太网口或通过网桥转换成的 2Mbit/s 接口，双重化的两套站 LAN 网系统分别与对端站的对应 LAN 网交换信息。

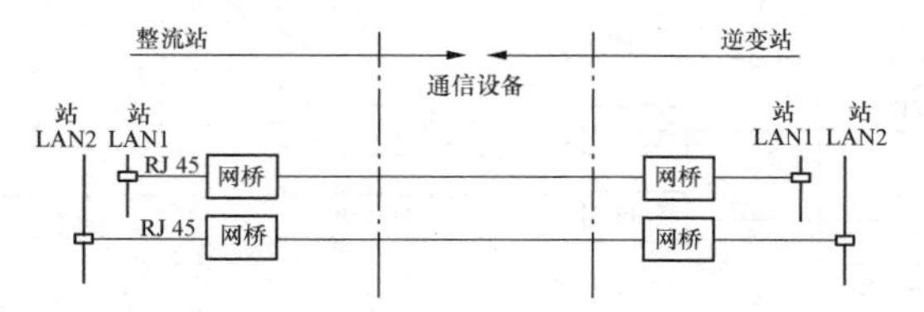

图 12-16　站 LAN 直流远动系统示意图

当换流站配置了独立的直流站控主机，且双极功能集成在直流站控主机中时，工程设计中通常为直流站控设置独立的直流远动系统，同时集成站 LAN 直流远动系统的功能。直流站控直流远动系统由站控主机的通信接口以及相应的软件逻辑构成，其直流远动系统示意见图 12-17。每套系统的通信接口均采用 RJ 45 以太网口，两套系统同时发送数据，接收端两套系统都可以接收，并根据系统的自动选择来选用主系统发送的数据。直流站控功能由极控制主机实现时，其远动信息传输应由极控制的直流远动系统实现。

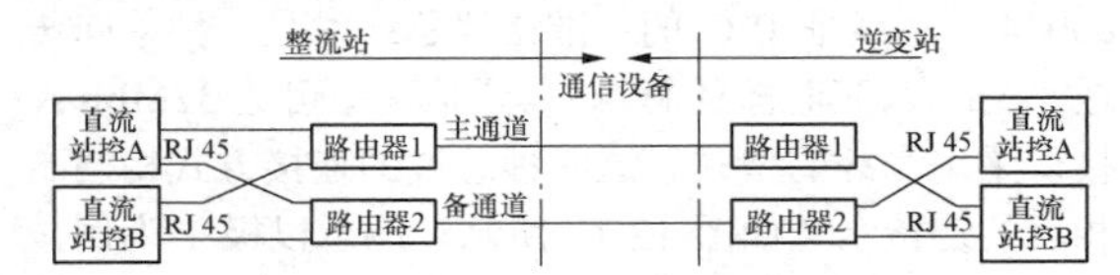

图 12-17　直流站控直流远动系统示意图

三、换流阀触发控制系统的设备配置

为了与冗余的极（换流器）控制系统接口，阀基电子设备中除了晶闸管触发监测单元中的光发送器/光接收器，其他硬件电路通常采用双重化配置。

每极（换流器）的双重化阀基电子设备可以联合组屏，也可以按相单独组屏。阀基电子设备屏柜通常布置于紧邻阀厅的相应二次设备房间内。

第四节　系　统　功　能

一、直流控制系统的系统功能

（一）系统控制层主要功能

在两端直流输电系统的换流站中，需指定其中的一个为主控制站，另一个为从控制站。系统控制层为直流控制系统中级别最高的控制层次，设置在主控制站中，它通过通信系统发出控制指令，协调两端换流站的运行。其主要功能有：

（1）与调度中心通信，接收其控制指令，同时向其传输系统有关的运行和监测信息。

（2）根据调度中心的输电功率指令，向换流器控制层发出功率控制指令，分配各直流回路的输电功率。当某一直流回路故障时，及时将该线路少送的输电功率转移到正常的线路上，尽可能保持原来的输电功率，满足功率调度指令。

（3）紧急功率支援控制。当交流系统发生故障时，可以利用直流系统的功率控制功能为交流系统提供功率支援，使交流系统安全稳定运行；或当直流输电系统发生故障时，可以利用直流输电系统紧急功率转移功能和直流输电系统的过负荷能力把多余输送功率转移到其他落点距离接近的直流输电系统和交流系统上，以减小对系统的负面影响。

（4）各种调制控制，包括电流调制和功率调制控制，用于阻尼交流系统振荡的阻尼控制，交流系统频率、功率控制等。

（二）双极控制层主要功能

根据不同直流控制保护设备成套供货商在硬件设计及功能配置上的差异，双极控制层功能可配置在极控制主机，也可配置在独立的直流站控或双极控制主机中。

1. 直流输电系统运行模式切换控制

本功能主要包括系统级/站级控制模式转换、主/从站控制模式转换、主导极选择切换、系统运行状态转换等。

（1）系统级/站级控制模式转换。系统级/站级控制模式，也称为联合/独立控制，是针对整个直流输电系统的模式状态，同一回直流输电系统中的两个极始终保持相同的系统级/站级状态。

（2）主/从站控制模式转换。主/从站控制模式是针对一个换流站的模式状态。主控站为协调直流输电系统的两个站进行相关操作的换流站，其控制权可以在直流输电系统的整流站和逆变站之间进行切换。

（3）主导极选择切换。运行中可选取直流双极系统中的极 1 或极 2 作为主导极工作，主导极将执行所有的运行人员指令，调制信号也仅作用于主导极。

（4）系统运行状态切换。由于不同直流控制保护系统的设计差异，其运行状态的定义各不相同，本处仅对其中一种典型的运行状态定义进行详细说明，以作示例。直流输电系统将极运行状态定义为检修（也称接地）、冷备用（也称交流系统隔离）、热备用（也称交流系统连接）、解锁（也称运行）、空载加压试验（也称极线开路试验）5 种。系统运行状态可由运行人员手动控制执行，也可按照既定的顺序步骤完成，在各种状态的选择和转换过程中，运行人员可随时干预操作的执行。

2. 双极功率控制

双极功率控制是直流输电系统双极运行时的基本控制模式，双极功率控制功能分配到每一极实现，任一极都可以设置为双极功率控制模式。

当两个极均处于双极功率控制模式下时，双极功率控制功能为每个极分配相同的电流参考值，以使接地极电流最小。如果两个极的运行电压相等，则每个极的传输功率是相等的。但是，如果一极处于降压运行状态而另外一极是全压运行，则两个极的传输功率比和两个极的电压比应一致。如果其中一个极被选为独立控制模式（极功率独立控制或同步极电流控制），或者是处于应急电流控制模式，则该极的传输功率可以独立改变，整定的双极传输功率由处于双极功率控制状态的另一极来维持。在这种情况下，接地电流一般是不平衡的，双极功率控制极的功率参考值等于双极功率参考值和独立运行极实际传输功率的差值。

3. 极间功率转移

极间功率转移的功能仅能由整流站发起。双极功率指令除以双极直流电压得到的电流指令对每个极都相等，极间功率转移将导致接地极线路上有电流。极间功率转移主要是考虑在以下情况时需要将功率从一个极转移至另一个极。

（1）当某极运行在电流控制模式下时，在两极间转移电流指令以保证功率恒定。

（2）当某极出现电流限制时，在两极间转移电流指令以保证功率恒定。

极间电流指令转移是将电流增量信号从一个极转移至另一个极，如果极闭锁，这个信号输出将被设为零。考虑双极运行在不相同的极电压的情况（一个极按正常电压运行，另一个极降压标幺值为 0.7 或 0.8 运行），电流增量信号应按照电压比进行调整。

4. 双极电流平衡控制

电流平衡控制主要用于补偿每个极电流参考值的累计误差，进而平衡两个极的直流电流，尽量减少通过接地极流入大地的电流。

5. 自动功率控制

功率整定值及功率变化率可以按预先编好的日（或周、月）直流传输功率负荷曲线而自动变化。

运行人员应可以修改已整定的曲线，整定功率曲线的预置与修改，均不应对直流传输功率产生任何扰动。

6. 功率反转控制

功率反转，也称为潮流反转、功率反送，是将直流功率传输方向在运行中进行自动反向的一种控制功能，实际工程中可根据系统外部条件和系统研究情况进行选择配置。

由于换流器导电的单向性，直流电流不能反向，只能靠改变直流电压的极性来实现直流功率的反向输送。功率反转命令可以由运行人员确认后手动启动，也可以通过交直流输电系统中某些安全自动装置自动发出，作为紧急功率支援的一种策略而自动实现。

7. 无功控制

当直流控制系统配置有独立的直流站控主机时，本功能通常由直流站控主机实现，详见本节后文关于站控系统功能的相关描述。

8. 系统调制控制

系统调制功能是指利用直流输电系统所连交流系统中的某些运行参数的变化，对直流功率或电流、直流电压、换流器吸收的无功功率进行自动调整。所有直流输电系统的附加调制功能均应纳入所处的交直流混合系统的安全稳定控制系统统一考虑和研究。同时，运行人员应能投入或解除指定的调制功能，每极的附加控制是否启动及相关的启动定值均由极控制系统协调发出。

实际工程中调制功能的配置主要取决于所连接交流系统的需要，因而每个工程的功能配置可能各不相同。

工程中通常配置的调制功能说明如下：

（1）功率提升/回降。当交流电网发生严重故障时，有可能要求直流输电系统迅速增大（或减小）输送的直流功率，支援相应的交流电网，以便使其尽快地恢复正常运行，这种调制功能也称为紧急功率支援。

（2）有功功率调制。有功功率调制的原理是在直流输电的控制系统中加入附加的直流调制器。当直流输电线路与交流输电线路并联运行时，可以利用交流线路的某些运行参数的变化（如线路有功功率或频率的增量等）来调节直流线路的传输功率，利用直流输电传输功率的快速可控性，使之快速吸收或补偿交流联网线路的功率过剩或缺额，起到阻尼作用，从而消除交流联网线路上的功率振荡和不稳定因素，并提高交流联网线路的输送容量。

（3）无功功率调制。借助换流器触发角的快速相位控制，改变换流器吸收的无功功率，改善交流系统电压稳定性。无功功率调制的调制信号来自测量的无功功率或交流电压偏差。直流输电系统是否采用无功功率调制，取决于所连接的交流系统的需要。

（4）频率限制控制。当两侧交流电网受到干扰引起频率波动时，利用直流输电系统功率的快速可控性，通过调节系统间传输的直流功率使频率趋于稳定。频率限制控制在系统频率超出定义的频率范围时自动投入。当站间通信故障时，整流侧的频率限制控制不受影响；由于逆变侧的调制值要送到整流侧才起作用，所以当通信故障时逆变侧的频率限制控制不起作用。

（5）阻尼控制。阻尼控制包括阻尼次同步振荡、阻尼低频功率振荡等功能，用以保证对直流输电系统与交流系统中的任何同步发电机之间可能发生的次同步振荡都产生正阻尼，以及消除弱交流系统的低频振荡现象。

（三）极控制层主要功能

1. 极功率控制

极功率控制有手动和自动两种控制方式。极控制系统根据运行人员设定的单极功率定值和单极功率升降速率，手动调节该极直流功率到整定值，也可按预先编好的日（或周、月）直流输电功率负荷曲线自动调节功率定值。运行人员应能自由地在手动控制和自动控制之间实现切换。在功率升降过程中，运行人员可以随时停止功率的升降。

极功率控制模式是在电流控制模式的基础上实现的。

2. 极电流控制

当一个极处于电流控制模式时，极控制系统按照运行人员下发的电流定值和电流升降速率调节直流电流值到电流定值，在电流升降过程中，运行人员能随时停止、继续电流的升降。

极电流控制应包括同步极电流控制和紧急极电流控制，前一种控制模式要求站间通信正常时电流模式在主站选择，该情况下运行人员下发的定值两站有效。后一种控制模式应用于站间通信故障情况下，仅在整流站整定电流参考值，逆变站需要通过电流跟踪功能确定电流参考值。

3. 低压限流控制

低压限流控制用于在某些故障情况下，当发现直流电压低于某一值时，自动降低直流电流控制的定值，待直流电压恢复后，又自动恢复定值的控制功能。整流侧和逆变侧均配置有这项功能。

4. 电流裕度补偿

电流裕度补偿功能用于实现当直流输电系统的电流控制转移到逆变侧时，补偿与裕度定值相等的电流指令下降，保持稳定的直流输送功率。

5. 过负荷限制

过负荷限制控制是指考虑不同环境温度、不同冷却设备投入状态，以及晶闸管当前结温的自动限幅控制，并根据多次过负荷运行之间时间间隔的控制要求和主要参数范围进行控制。

过负荷限制控制功能通常包括限制连续过负荷、短期过负荷和暂态过负荷水平，其运行的电流值由阀冷出水口的水温限制。

6. 极全压/降压运行

直流输电系统的各极一般均应具有降压运行的功能，以便在直流线路绝缘强度降低、不能承受全压的情况下，还能降压继续运行。

降压运行有手动和自动两种控制方式。极控制系统根据运行人员发出的降压运行指令，手动进入降压运行；也可由直流线路保护动作自动转入降压运行。从全压至降压运行的转换过程应当是平稳的，反之亦然。

7. 正常启停控制

直流输电系统正常工作时的启动和停运，包括换流变压器网侧断路器操作，直流侧开关设备操作，换流器解锁或闭锁，直流功率按给定速度上升到定值或下降到最小值的全过程。

直流输电系统正常启动主要步骤为：直流侧开关设备的操作，以实现直流回路的连接；换流变压器网侧断路器分别合闸，使换流变压器和换流器带电；投入适量的交流滤波器支路；换流器解锁。在直流电压和直流电流均升到定值时，启动过程结束，直流输电系统转入正常运行。在此过程中，交流滤波器组随直流功率的增加而逐一投入，以满足无功和谐波的要求。

直流输电系统正常停运主要步骤为：换流器闭锁；进行直流侧开关设备操作，使直流线路与换流站断开；进行交流开关设备操作，跳开换流变压器网侧断路器。

8. 紧急停运顺序控制

直流输电系统在运行中发生故障，保护装置动作后的停运称为故障紧急停运。其操作目的是为了迅速消除故障点的直流电弧和跳开交流断路器以与交流电源隔离。

故障紧急停运过程是迅速将整流器触发角移相到120°～150°，也称快速移相。快速移相后，两端换流器都处于逆变状态，将直流输电系统内所储存的能量迅速送回两端交流系统。当直流电流下降到零时，分别闭锁两侧换流器的触发脉冲，继而跳开两侧换流变压器的网侧断路器，以达到紧急停运的目的。

紧急停运除了由保护启动外，还可以由运行人员手动启动。通常，在换流站主控制室内，设有手动紧急停运按钮，每极（换流器）的紧急停运按钮一般均为独立设置。

9. 直流线路故障再启动控制

直流线路故障再启动控制用于直流输电架空线路瞬时故障后，迅速恢复送电的措施。其过程为：当直流保护系统检测到直流线路接地故障后，立即将整流器的触发角快速移相到120°～150°，使整流器变为逆变器运行。在两端均为逆变器运行的情况下，储存在直流输电系统中的电磁能量迅速送回到两端交流系统。再经过预先整定的弧道去游离时间后，按一定速度自动减小整流器的触发角，使其恢复为整流运行，并快速将直流电压和电流升到故障前的运行值。如果故障点的绝缘未能及时恢复，在直流电压升到故障前的运行值之前可能再次发生故障，这时可进行第二次再启动。如果第二次再启动仍未成功，还可进行第三次。如已达到预定的再启动次数，但均未成功，则认为故障是持续性的，此时由保护系统发出停运信号，使直流输电系统停运。

运行人员可以在操作员工作站设置直流线路故障重启次数，每次故障重启动之间的直流线路放电时间以及每次重启动之后的电压等级。

由于背靠背换流站没有直流线路，因此本功能对其不适用。

（四）换流器控制层主要功能

1. 直流电流控制

直流电流控制，也称定电流控制，它可以控制直流输电的稳态运行电流，并通过它来控制直流输送功率以及实现各种直流功率调制功能，以改善交流系统的运行性能。同时当系统发生故障时，它又能快速限制暂态的故障电流值以保护晶闸管换流阀及换流站的其他设备。

直流电流控制也可配置在极控制层。

2. 直流电压控制

直流电压控制，也称定电压控制，通常在整流站及逆变站均需配置，但其功能不一样。整流站的直流电压控制器通过增加触发角降低直流电压，而逆变站的直流电压控制器则通过减小触发角降低直流电压。

直流电压控制也可配置在极控制层。

3. 关断角控制

关断角控制通常用于逆变器，以控制逆变器的关断角在限定范围内。

当关断角偏小时，容易发生换相失败，逆变器偶尔单次换相失败，往往可自行恢复正常换相，对直流输电系统的运行影响不大。然而，若连续发生换相失败，则会严重地扰乱直流功率的传输。因此，从保证逆变器安全运行的方面考虑，逆变器的关断角应保持偏大为好；从提高换流器利用率、降低换流器消耗的无功功率的角度而言，关断角又应保持偏小为好。因此，应对关断角进行恰当的控制，使其在正常运行条件下，以保证安全为前提，维持尽可能小的角度。

关断角这一变量可以直接测量，却不能直接控制，只能靠改变逆变器的触发角来间接调节。

关断角控制也可配置在极控制层。

4. 锁相同步和换流器触发控制

为了尽可能减少交流电网的扰动对极控系统的影响，换流器触发控制中采用数字锁相环的方式与交流电网保持同步，既获得与交流电网的同步，又尽可能减少交流电网的扰动对控制系统的影响。数字锁相环的输入为换流变压器网侧的三相电压，输出为与时间相关的相角度，在稳态时等于换流变压器网侧电压的相角度。

换流器触发控制是直流控制系统的核心，接受来自极功率控制的电流指令，对其进行计算产生触发角指令，然后将角度指令转换为脉冲形式发送至换流阀，从而实现对换流阀的控制。

5. 换流变压器分接开关控制

换流变压器分接开关控制是为了维持整流器的触发角或逆变器的关断角在指定的范围内，或者维持直流电压或换流变压器阀侧空载电压在指定的范围内，其控制策略需要与换流器控制相互配合，通常可以分为角度控制和电压控制两大类。

（1）角度控制。对于整流器的运行，通常希望运行在较小的触发角状态，以提高换流器的功率因数。另外触发角小，在换相结束时将出现在晶闸管换流阀两端的电压跃变也相对较小，从而可改善换流阀及其均压、阻尼回路的工作条件。但从另一方面讲，触发角也不能太小，要留有充分的可调范围，通常要求触发角运行在10°～20°之间。若交流系统电压发生较大变化，由于定电流调节的结果，可能使触发角长时间超出上述范围，这就应自动改变换流变压器分接开关的位置，使触发角回到要求的范围内。

（2）电压控制。当逆变器使用关断角控制时，通过调整换流变压器分接开关位置，把直流线路电压维持在指定范围内，如0.98～1.02倍额定直流电压。同时，为了避免分接开关调节机构频繁动作，只有当直流电压偏离其整定值并达到预设数值，且持续一定时间后，才启动分接开关调节。另一种电压控制策略是通过调整换流变压器分接开关位置，把整流器或逆变器的换流变压器阀侧绕组空载电压维持在指定值。

6. 换流器解锁/闭锁控制

换流器解锁/闭锁通常设置有专门的顺序控制。

换流器的解锁要求首先解锁逆变侧的换流器，然后解锁整流侧的换流器。换流器解锁意味着控制系统将释放触发脉冲，进而与对端换流站协调以导通直流电流、维持直流电压。换流器解锁的前提条件包括：极必须处于连接状态，即换流器应连接到直流线路和中性母线上；换流器通电，即空载直流电压应高于预设参考值；阀冷却系统在运行中；直流滤波器已投入；交流滤波器可用或已投入；无其他保护性闭锁信号。当以上所有条件都满足时，解锁顺序将启动，投入绝对最少交流滤波器，同时换流器解锁。

换流器闭锁意味着闭锁晶闸管的控制脉冲，当闭锁控制脉冲后，电流一旦为零，换流器就会停止导通。换流器正常的闭锁过程要求先闭锁整流侧的换流器，再闭锁逆变侧的换流器。先按照运行人员设定的功率/电流升降速率将直流功率/电流降到最小值，继而整流侧开始移相，并将触发角移到120°；直流电流过零之后，再将触发角移到160°；然后整流侧和逆变侧的直流电流控制相继退出，触发脉冲闭锁。换流器的闭锁还可以由直流保护启动，当控制系统接收到换流器闭锁的动作信号后，将执行闭锁顺序。

（五）保护性控制功能

根据工程需要，在极或换流器控制系统中还配置有一些保护性监控功能，用来辅助直流系统保护。

1. 晶闸管结温监测

晶闸管结温监测功能在换流器控制层设备中实现，主要用于检测由于过载或者冷却能力不够造成的晶闸管结温过高，使换流阀避免遭受过热损坏。该功能与换流器过电流保护和换流变压器过负荷保护一并构成主后备保护。

本功能出口先动作于功率回降和限制直流电流，并进行冗余控制系统切换。如果计算值仍然过高，将移相闭锁，并跳开换流变压器网侧交流断路器。

2. 大角度监视

大角度监视功能在换流器控制层设备中实现，主要用于在过大的触发角度运行时，检测并限制主回路设备上的应力。该功能与直流过电压保护一并构成主后备保护。

本功能监测大角度运行时的空载电压，当被监测电压超过晶闸管限值时，将动作于信号报警，禁止分接开关调节，并进行冗余控制系统切换；如果晶闸管换流阀上的应力继续增加，将延时动作于移相闭锁，跳开换流变压器网侧交流断路器。

3. 空载加压试验监视

空载加压试验监视功能在极控制层设备中实现，主要用于在进行空载加压试验时检测直流场设备和极母线的接地故障，以及换流器的相间短路或接地故障。在进行空载加压试验时，相应的保护功能自动调整到预先为空载加压试验方式设定的参考值。

本功能动作于出口闭锁换流器，跳开换流变压器网侧交流断路器。

4. 换相失败预测/跳闸保护

换相失败预测/跳闸功能在换流器控制层设备中实现，其目的是降低由交流系统干扰引起的换相失败次数，与换流器换相失败保护一并构成主后备保护。

换相失败预测/跳闸保护一般根据换流阀的特点配置。若换流阀不能提供电流过零点测量信号，应配置有换相失败预测功能。其动作出口将加大逆变侧的关断角。若换流阀能够提供电流过零点测量信号，应设置有换相失败跳闸保护功能。本保护动作出口将根据上述不同情况启动冗余的控制系统切换，闭锁换流器、跳开换流变压器网侧交流断路器。

5. 最后断路器保护

在直流输电系统运行过程中，如果逆变站突然切除全部交流负荷，则逆变器的电流将全部流入换流站内的交流滤波器，使逆变站交流侧的电压突然异常升高。最后断路器保护的配置就是为了避免这种情况的发生。

最后断路器保护用于监视交流配电装置区各断路器的状态以及交流系统保护的动作情况，当交流系统保护动作需要切除换流站与交流系统网络相连接的最后一台断路器或最后一回线路时，提前闭锁换流器，以减轻对换流阀的电压过应力。

（1）配置原则。最后断路器保护的判别逻辑包括站内和站外两部分：站内用于对本站交流系统进行最后断路器的逻辑判断；站外则用于交流线路对侧变电站的交流系统进行最后断路器的逻辑判断。

1）站内最后断路器保护一般在逆变站配置，对于配置有功率反转功能的直流输电系统，最后断路器保护在直流输电系统的两端换流站均配置。站内最后断路器保护功能可集成于交流站控系统，也可集成于极控系统。

2）站外最后断路器保护判别逻辑功能，可由安全稳定控制系统来实现，也可由独立的判别装置来实现。通常对于逆变站交流出线均接至同一个对端交流站且交流出线不多于 2 回的情况下，对端交流变电站应配置最后断路器保护。

（2）实现方式。目前工程中，站内最后断路器保护的实现方式可归纳为以下两种：

1）方案一。判别逻辑由交流站控采集断路器的预分接点“early make”以及隔离开关的位置触点来实现。

2）方案二。判别逻辑由断路器保护跳闸、断路器是否为最后断路器的判别信号串联构成，见图 12-18。

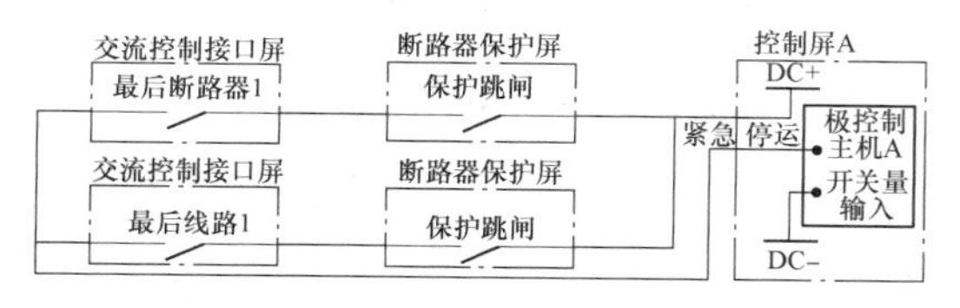

图 12-18　最后断路器保护接线示意图

站外最后断路器保护的判别逻辑与站内相同，对端交流变电站的最后断路器跳闸信号，可由安全稳定控制系统或独立的最后断路器保护装置，通过光纤通道发送至换流站极控制系统，实现紧急停运。

（六）每极双 12 脉动换流器的控制

此处提到的双 12 脉动换流器仅针对每极双 12 脉动换流器串联的主接线形式。相较于每极单 12 脉动换流器接线，每极双 12 脉动换流器串联接线换流站的直流控制系统宜以每个 12 脉动换流器为基本单元进行配置，各 12 脉动换流器的控制功能宜能相互独立。在前述功能基础上，还需要增加换流器协调控制功能，该功能可以设置在极层，也可以配置在换流器控制层；需要增加单个换流器的投入/退出顺序控制；双极控制层需要对运行接线方式进行相应调整，如增加了不完整单极、不完整双极等基本运行接线方式；在融冰控制中，增加换流器并联融冰的控制逻辑。

（1）换流器协调控制。对于每极双 12 脉动换流器串联接线的换流站，可以采用对串联的两个换流器进行统一控制，两个换流器接收相同的触发信号，保持串联换流器的触发角相同，从而保证串联换流器的电压平衡；也可采用对串联的两个换流器进行独立控制，两个换流器独立运行，增加换流器协调控制功能。对于分层接入不同电压等级交流系统的换流站，其分层接入的两个换流器必须独立进行控制。

换流器协调控制功能包括分接开关协调控制和电压协调控制。对于逆变侧以角度控制为主要控制策略的直流工程，稳态运行时分接开关协调控制功能需保证串联换流单元两台换流变压器分接开关挡位差值不超过两挡；对于逆变侧以电压控制为主要控制策略的直流工程，串联运行的 12 脉动换流器的电压协调控制是极电压控制的组成部分，其控制精度应与整个直流输电系统的电压控制精度一致。

（2）单个换流器的投入/退出顺序控制。每极双 12 脉动换流器串联接线的直流输电工程，其极控制系统的设计应使每个单极以及每个 12 脉动换流器的运行具备相对的独立性，应保证在直流输电系统的正常运行过程中，可以独立地投入和退出单极或单个 12 脉动换流器的运行。在出现单极或单换流器故障时，能够紧急退出故障部分的运行。

单个换流器正常投入顺序包括：换流器隔离状态，见图 12-19（a），隔离开关 QS11、QS13 和旁路断路器 QF1 均处于打开状态，旁路隔离开关 QS12 处于合位，直流电流 I_d 正常流过 QS12；开始执行换流器的连接顺序控制，见图 12-19（b），先合 QS11、QS13，然后合 QF1，确认 QF1 合上后，断开 QS12，直流电流 I_d 正常流过 QF1；当换流器顺利连接之后，两站将启动换流器投入的顺序过程，此时先投入整流侧换流器再投入逆变侧换流器，通过电流控制逐步增大流过换流器的直流电流至 I_d，减小流过 QF1 的电流至 0，见图 12-19（c），此时换流器直流电压为 0，输送功率为 0；当流过 QF1 的电流为 0 时，打开 QF1，换流器投入，见图 12-19（d），调节换流器直流电压和功率至正常运行状态。

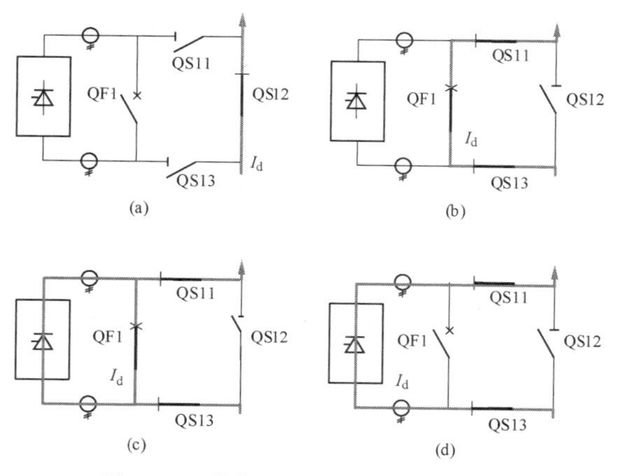

图 12-19　单换流器正常投入顺序示意图

（a）换流器隔离；（b）换流器连接；

（c）换流器投入中；（d）换流器投入

单换流器的正常退出顺序可以看作正常投入顺序的逆过程，通常逆变侧的换流器先退出后整流侧的换流器再退出。其顺序如下：合旁路断路器 QF1；通过电流控制，逐步减小换流器电流；阀闭锁，直流电流

I_d流过旁路断路器 QF1；合旁路隔离开关 QS12，断开旁路断路器 QF1，断开隔离开关 QS11、QS13，直流电流 I_d流过旁路隔离开关 QS12。

单换流器的故障退出顺序如下：若是逆变侧换流器退出，根据情况投旁通对；若是整流侧换流器退出，该换流器移相到约 90°。后续顺序操作同单换流器的正常退出顺序。

（3）根据单个 12 脉动换流器的投退，可以产生多种运行接线方式，因此极控制（或直流站控）中需要对运行接线方式的设置进行相应调整。每极双 12 脉动换流器串联接线的直流输电工程的基本运行接线方式包括完整双极、不完整双极、完整单极大地回线、不完整单极大地回线、完整单极金属回线、不完整单极金属回线等。

（4）换流器并联融冰。融冰工作方式下，需取消同极的两个换流器触发角的跟随和协调关系，两换流器各自独立控制。整流侧并联的两个换流器均处于定电流状态，在换流器额定工况时，各自提供 1/2 的融冰电流指令值。逆变侧的两个换流器一个处于定电流状态，另一个处于定电压状态。处于定电流状态换流器的电流定值跟踪直流线路电流的 1/2，使逆变侧两换流器平均分配直流电流；定电压状态的换流器控制整个极的直流电压。由于两个换流器并联，单换流器定电压完全能够确保两个换流器的电压均能保持在定值附近。逆变侧另一种可能的运行方式为两个并联换流器均工作在定电压模式，由于在大电流融冰的运行方式下，容易导致某个换流器出现电流过负荷，故不推荐采用此运行方式。

若并联的两个换流器处于同一极，极层和换流器层间原来就存在着电流指令等的通信，因此融冰方式下，各层间的通信信息无明显增加。若并联的两个换流器处于不同极，融冰时两换流器跨极并联，两极间还需要通过极间通信或增加双极层功能配置，实现运行模式、功率和电流指令等重要数据的交换。

二、直流远动系统的系统功能

直流远动系统，主要用于整流站和逆变站直流控制保护系统之间的信息交换和处理，以确保两端换流站直流控制保护系统的快速协调控制，其传输的信息内容详见表 12-1。

表 12-1　　直流远动系统传输信息量表

直流远动系统	模拟量	开关量
极控制	直流电流指令值，控制调制命令（直流功率指令值）	极（换流器）闭锁/解锁、功率限制、双极平衡运行请求、站间通道故障信号、稳定控制功能可用/不可用、直流线路保护动作跳闸请求、极（换流器）ESOF 闭锁请求，直流线路故障恢复次数、故障去游离时间等系统参数整定值
极保护	直流电流测量值	无
站 LAN/直流站控	单、双极直流功率，直流电流，直流电压，换流母线三相电压、频率等重要测量监视信号；控制调制命令（直流功率指令值）	直流开关、隔离开关、接地开关分合状态，交/直流滤波器和无功设备投切状态等重要设备状态监视信号；系统运行控制方式，运行接线方式，控制模式，控制操作命令

当站间通信故障时，直流控制保护系统将根据站间通信故障信号启动要求，投入或退出相关功能。同时，系统将由系统控制层自动转换到站控制层，两站之间不能进行信息交换，运行人员的命令只能够下发到本站。

站间通信故障对直流输电系统的正常运行没有影响，不会导致直流输电系统的单/双极闭锁。然而，站间通信故障会对直流输电系统的运行操作和运行监视有一定影响；同时，直流线路差动保护将被闭锁，但由于线路差动保护只是行波保护和直流低电压保护的后备保护，所以不影响直流输电系统的正常运行。

三、换流阀触发控制系统的系统功能

1. 换流阀触发监测单元

TTM 位于阀体的高电位，是一种能按照阀基电子设备的命令提供足够陡度和强度的能量触发晶闸管阀，使晶闸管可靠导通的电子设备。TTM 在晶闸管出现各种异常电压时，能够保护触发晶闸管，以免晶闸管损坏；同时，将晶闸管状态及保护触发信号实时传送至阀基电子，阀基电子根据其回传的信号实现换流阀保护。TTM 与阀基电子之间采用光纤进行信息传输，保证高电位与地电位之间的绝缘强度。

TTM 的主要功能包括取能和储能、光电和电光转换、晶闸管正常触发与监测、电流断续保护、晶闸管反向恢复保护、正向过电压和电压突变量保护等。

（1）取能和储能。TTM 位于高电位，其工作电源从所在的晶闸管级阻尼回路获取，所取得的能量需要满足晶闸管强触发、运算和逻辑电路工作要求，在直流输电系统正常和故障状态下，特别是当交流系统发生单相对地故障、三相对地短路故障或三相对地金属短路故障时，TTM 在一定时间内能够维持正常触发，不会因储能电路需要充电而造成系统恢复的延缓。

（2）光电和电光转换。光电转换电路将阀基电子下发的光信号脉冲编码进行光电转换，供 TTM 逻辑控制电路，TTM 根据阀基电子命令进行触发和监测晶闸管；同时，将 TTM 实时检测到的晶闸管级状态、各种保护触发信号动作状态转换成光脉冲编码回传给阀基电子，实现 TTM 与阀基电子之间晶闸管级的状态信息的光信号传输。

（3）晶闸管正常触发与监测。将光电转换后的阀基电子触发指令进行解码，并触发对应的晶闸管。在直流换流阀中，每个单阀都由很多晶闸管串联组成，由于触发系统及晶闸管本身参数的分散性，会导致串联阀中各个晶闸管的开通时刻不尽相同，造成阀中元件承受的电强度差别较大、元件本身固有的耐受过电压能力脆弱、电压突变量和电流突变量承受能力有限等特点，可能会造成阀中某个晶闸管的损坏，影响换流阀的可靠运行。因此，TTM 的触发脉冲必须具备较好的同时性、一定的前沿陡度和足够的强度，这样才有利于串联阀中晶闸管的同时导通，减轻单个晶闸管所承受的电强度，确保晶闸管的安全运行。

TTM 实时监测该晶闸管级的状态，如晶闸管是否损坏、TTM 取能是否正常、光通道是否正常、晶闸管反向恢复期保护触发、正向过电压和 du/dt 保护触发以及电流断续保护触发情况等，并通过特定的编码发送至阀基电子。

（4）电流断续保护。晶闸管触发导通后，阳极需要一定的维持电流使其处于开通状态，当电流低于维持电流时，晶闸管可能关断。每个晶闸管特性存在微小差异，所需的维持电流略有不同。在换流站启停或小功率送电时，直流电流小，在晶闸管应导通期间，其阳极电流可能低于维持电流导致关断，出现电流断续，影响直流输电系统运行。为避免电流断续造成影响，TTM 在晶闸管应导通区间内，一旦检测到晶闸管两端承受的正向电压超过保护水平，自动触发导通晶闸管并向阀基电子发送该保护动作信号。

（5）晶闸管反向恢复保护。如果在反向恢复期内晶闸管两端间过早出现正向电压，TTM 将重新触发晶闸管并向阀基电子发送该保护动作信号，避免破坏性的击穿。

（6）正向过电压和电压突变量保护。当正向电压和电压突变量超出晶闸管耐受能力时，会使其破坏性击穿，TTM 对其采取相应的保护措施。通常有两种实现方法：第一种方法，采用击穿二极管（break over diode，BOD）器件，当晶闸管两端电压超过 BOD 转折电压后，BOD 器件将保护击穿，使晶闸管触发导通；第二种方法，TTM 实时采集经过分压后的晶闸管两端电压，一旦正向电压或电压突变量达到保护水平，TTM 将触发晶闸管并向阀基电子发送该保护动作信号，保护晶闸管的安全。

2. 阀基电子设备

阀基电子设备用于连接极（换流器）控制系统和晶闸管级触发监测单元 TTM，它可以看作是直流控制保护系统的快速远程 I/O 终端，根据极（换流器）控制系统的命令触发换流阀，并且根据所监测的直流换流阀运行状态信息，对换流阀进行相应的保护。

阀基电子设备的主要功能包括直流控制系统信号处理、晶闸管触发监测和保护、设备自检和保护、系统通信，还可包括监测阀避雷器动作状态和阀塔漏水状态等辅助功能。

（1）直流控制系统信号处理。阀基电子与极（换流器）控制系统的信息交互可通过阀基电子内的信号处理模块来实现，其交换的信号包括换流器解锁、换流器闭锁、投旁通对等控制指令和换流器触发指令。

直流输电系统正常投运或系统试验需要时，阀基电子根据极（换流器）控制系统的解锁信号，接收其下发的触发指令，并对该指令进行解码和重新编码后发送至位于换流阀上的 TTM。直流输电系统故障停运时，阀基电子根据极（换流器）控制系统下发的闭锁信号，停止向换流阀发送触发脉冲；根据收到的投旁通对信号，向极（换流器）控制系统选定的单阀发送触发脉冲。

（2）晶闸管触发监测和保护。完成对晶闸管的触发控制，对晶闸管状态信息的采集和对换流阀的保护。当检测到异常状态时，根据故障的严重程度采取相应的保护措施：不影响换流阀安全运行的故障，只把故障信息通过通信接口上传至换流站控制系统；影响换流阀安全运行的故障，如某个单阀中已损坏或者过电压保护动作的晶闸管级数超过设定值，阀基电子设备向极（换流器）控制系统发送请求跳闸信号，并且把故障信息通过通信接口上传至换流站控制系统。

（3）设备自检和保护。实时检测自身的运行状态，若发现异常，根据故障的严重程度采取相应的保护措施。阀基电子设备自检到轻微故障，只把故障信息通过通信接口上传至换流站控制系统；自检到严重故障，向极（换流器）控制系统发送请求切换信号，并且把故障信息通过通信接口上传至换流站控制系统。

（4）系统通信。阀基电子设备通过 Profibus 总线或站 LAN 等接口方式，将换流阀以及阀基电子设备自身的状态信息发送给换流站控制系统。

第五节 通信及接口

一、直流控制系统的通信及接口

1. 与阀基电子设备的接口

阀基电子设备是换流阀控制与监视的核心设备，实现换流阀与极（换流器）控制系统之间的信息交互。阀基电子设备按换流器设置，采用双重化冗余配置，通常由换流阀厂家成套提供。

极（换流器）控制系统通过阀基电子设备，将触发指令和控制指令送至换流阀，同时接收阀基电子设备收集的换流阀回报信号、阀电流过零信号以及状态报警信号等。

极（换流器）控制系统和阀基电子设备间宜采用光纤方式传送触发信号、控制指令，其他信号可采用现场总线、网络方式连接，跳闸等重要回报信号宜采用硬接线方式接口。

2. 与阀冷却系统的接口

换流器配置有相应的阀冷却控制保护系统，由阀冷却设备厂家成套提供，实现对换流阀内、外冷却设备的监视、控制和保护。阀冷却控制保护系统应能与极（换流器）控制系统通信，其通信接口应满足极（换流器）控制系统的冗余要求。

极（换流器）控制系统与阀冷却控制保护系统之间的接口通过阀冷却接口屏实现，阀冷却控制保护系统的控制信号、测量信号和重要的系统报警、回馈信号通过硬接线接至阀冷却接口屏的I/O单元，然后通过现场总线或网络方式送至极（换流器）控制系统。阀冷却控制保护系统的一般状态、报警信号通过通信接口送至换流站运行人员控制系统。

3. 与直流系统保护的接口

极（换流器）控制系统与直流系统保护，特别是极（换流器）保护，关系密切。对于每极单12脉动换流器接线的换流站，极控制与极保护需要交换信息；对于每极双12脉动换流器串联接线的换流站，除极控制与极保护需要交换信息外，换流器控制和换流器保护之间也需要交换相应的信息。极（换流器）控制主机通常向极（换流器）保护发出换流器解锁/闭锁状态、换流器整流/逆变运行状态、直流输电系统运行方式的信号，以便极保护据此进行某些保护功能的自动投退，极保护通常向极（换流器）控制发出控制系统切换、闭锁换流器、投旁通对、降功率、换流器禁止解锁、极平衡、极（换流器）隔离等保护动作出口信号，实现快速抑制故障的发展，进而达到切除故障的目的。

极（换流器）控制系统与极（换流器）保护之间的接口可采用站层控制LAN网、快速控制总线或无源触点的方式实现。

对于直流滤波器保护、换流变压器保护和交流滤波器保护，动作后均需要闭锁直流输电系统，此回路可通过站级控制网络或硬接线接口实现。

4. 与站控系统的接口

极控制系统通常通过控制层网络或硬接线实现与交、直流站控系统的接口。

当工程中配置有独立的直流站控系统时，无功控制以及双极层功能通常由直流站控系统实现，极控制系统与直流站控系统之间的接口详见第十一章相关接口描述。极控制系统与交流站控系统之间的交换信息主要包括相关交流断路器分合闸位置信号、最后断路器判别逻辑信号等，详见第十一章相关内容。

5. 与运行人员控制系统的接口

极控制系统与运行人员控制系统的接口通过站LAN网实现。极控制系统将其采集到的运行状态信号和系统监视报警信号通过站LAN网接入运行人员控制系统，同时接收调度主站或站内运行人员工作站通过站LAN网下发的控制调节命令，并执行相关操作。具体监视信号和控制调节命令可见第十一章相关内容。

6. 与安全稳定控制系统的接口

直流控制系统通常通过极控制主机与安全稳定控制装置的接口来实现信号交互，以适应交流系统的变化以及与多重故障相关的运行方式。早期的直流工程，由于直流控制系统的通信规约不开放，无法实现通信口的连接，通常采用无源触点信号来实现信号传输。目前的直流工程由于直流控制系统均为完全国产化设备，其通信规约开放，因此也可采用通信接口的方式来实现信息交互。

极控制与安全稳定控制系统之间的交互信号主要包括直流控制模式、运行状态和功率调制信号，不同工程中可能略有差异。

7. 与时间同步系统的接口

极（换流器）控制系统设备均应能接收全站统一的时间同步系统发出的对时信号，时间同步误差不应超过1ms。实际工程中根据各直流控制主机及I/O设备的差异，其接收的对时信号类型也各不相同。表12-2为极、换流器控制系统设备的对时接口要求。

表12-2 极、换流器控制系统设备的对时接口要求

序号	设备	直流控制系统名称	信号接口	信号类型
1	控制主机	SIMADYN D、SIMATIC-TDC、HCM 3000系统	空触点	PPM（分脉冲）
		MACH2、DCC 800、PCS 9500系统	对时总线	PPS（秒脉冲）

续表

序号	设备	直流控制系统名称	信号接口	信号类型
1	控制主机	PCS 9550 系统	RS 485 串口	IRIG-B（DC）
2	I/O 设备	SIMADYN D、SIMATIC-TDC 系统	空触点、RS 485 串口	PPM、DCF77（欧洲标准广播时钟）
		HCM 3000 系统	空触点	PPM（分脉冲）
		MACH2、DCC 800、PCS 9500 系统	对时总线	PPS（秒脉冲）
		PCS 9550 系统	RS 485 串口、光纤	IRIG-B（DC）

对于上述接收 PPM 和 PPS 脉冲信号对时的控制主机，还通过站 LAN 网接收 NTP 网络对时信号，实现年月日等时间信息的同步。

8. 与设备的接口

（1）与一次设备的接口。极（换流器）控制系统与一次设备的接口主要指与换流变压器以及换流变压器网侧断路器、隔离开关和油浸式平波电抗器的接口。极（换流器）控制系统与一次设备的接口通过就地层 I/O 或测控装置及现场总线、网络实现。

极（换流器）控制系统动作均需要跳相应换流变压器的网侧断路器，跳闸命令为极（换流器）控制系统开关量输出的无源触点，通过控制电缆接入对应换流变压器网侧断路器保护屏内的操作箱或操作继电器，实现断路器跳闸。实际工程中，为了提高运行可靠性，每套极（换流器）控制系统通常跳相应换流变压器网侧断路器的两个跳闸线圈。

（2）与直流测量设备的接口。极（换流器）控制系统需要的测量信号通常包括：本极换流变压器网侧电流、电压，阀侧电流、电压；本极直流线路电压、中性母线电压，换流器出口电流；另外一极的直流线路电压；接地极引出线电流。

极（换流器）控制系统与一次测量设备通常通过测量接口屏接口。测量接口屏与极（换流器）控制系统采用测量总线连接，其与一次测量设备可采用光纤、直流弱电信号等多种方式实现连接，其详细接口要求见第十六章相关内容。

（3）与阀厅门联锁装置的接口。为了保证阀厅区域的操作安全，换流站通常设置有阀厅门联锁系统。阀厅门联锁系统按阀厅设置，通常包括阀厅主门联锁装置、阀厅大门站长钥匙、主门/紧急门状态位置触点及与极（换流器）控制系统的硬接线接口。

二、直流远动系统的通信及接口

直流远动系统的通信及接口主要指直流远动系统通道的设计，其通道要求主要包括通道配置要求和传输时间要求。

1. 通道配置要求

直流远动系统通道的配置取决于直流控制保护系统的分层、冗余设计，以及通信接口、速率和通信传输设备的选用。

早期的直流工程，极控制保护多采用 RS 232C 的通信接口，通信速率 64kbit/s，通过脉冲编码调制（pulse code modulation，PCM）设备实现对外通信。站 LAN 通常采用 G.703 标准通信接口协议、速率 2Mbit/s 的通道，通过路由器或网桥直接接入通信的数字配线架（digital distribution frame，DDF）。随着通信系统的设备和通道容量不断升级，在直流工程中，2Mbit/s 速率 G.703 标准规约的复用光纤通信系统已代替了 PCM 通信方式，成为信号传输的主流方式。直流控制保护国产化后的工程，装置通信口基本统一为 RJ 45 以太网口或 HDLC 光纤接口，其与通信系统设备的接口也基本统一为 2Mbit/s 速率 G.703 标准规约的复用光纤接口。

工程设计中，也有采用极保护共用极控制直流远动通道的设计方案，极控制装置采用光纤接口，通过光电转换装置后输出 2Mbit/s 速率 G.703 标准规约的接口接入 DDF 设备。站 LAN 仍通过网桥直接接入 DDF 设备。

目前工程设计中，换流站直流远动通道按极配置，具体要求如下：每极极控制系统配置 1 路主通道、1 路备用通道，速率要求 2Mbit/s；每极极保护配置 1 路主通道、1 路备用通道，速率要求 2Mbit/s，由于极保护需要传输的直流远动信息不多，也可与相应的极控制系统共用通道。站 LAN 的直流远动通道按站配置，整个换流站配置 1 路主通道、1 路备用通道，速率要求 2Mbit/s。

2. 传输时间要求

直流远动系统信号传输时间包括信号传输时间和通信系统的传输时延，其设计必须满足以下要求：

（1）保证两侧直流控制系统间不失去电流裕度，满足直流输电系统的动态响应要求。为了避免直流功率崩溃，控制系统必须要保持整流和逆变侧间的电流裕度，即始终保持整流侧比逆变侧高 10%。因此，直流电流的最大响应时间需考虑一次通道传输时延。根据实际工程经验，通道传输延时通常不超过 30ms，系统动态响应尤其是阶跃响应通常需要信号传输时延不超过 30ms。

（2）满足运行监视、附加控制及顺序控制的要求。通常正常运行时的监视控制操作，对传输通道的时延要求都不高，一般秒级的延时即可满足，现有的通信系统完全可以满足该要求。

（3）满足相关直流保护对通信时延的要求。直流线路纵差保护都对通信延时有一定的补偿能力，在计算两站的测量值的差值时，100ms 以内的时延一般都可以通过补偿来消除或减小影响。

3. 切换和监视要求

直流远动系统应具有主、备用通道自动切换功能：在主通道发生故障时，能自动切换到备用通道；当主通道恢复正常时，能自动切换回到主通道。同时，直流远动系统还应能对各通信通道的状态进行实时监视，出现通道故障或通道的品质下降时，应能向直流控制系统发送装置或通道报警信号，报警信号宜包括各独立通道故障信号、站间通信故障信号、通道误码率高信号及设备故障信号等。

第十三章 直流系统保护

第一节　直流系统保护要求及分区

直流系统保护用于检测发生于直流输电系统中换流站、直流输电线路及相关交流系统的故障，并发出相应的处理指令，以保护直流输电系统免受过电流、过电压、过热和过大电动力的危害，防止系统事故进一步扩大。

直流控制的功能主要是通过改变换流器的触发角来实现，直流保护动作的主要措施也是通过改变触发角大小和闭锁触发脉冲来完成，因此直流系统保护的一个重要特点是与直流控制系统关系较为密切，直流控制和直流保护的配合，既能快速抑制故障的发展，迅速切除故障，又能在故障消除后迅速恢复直流系统的正常运行。此外，为了防止因直流系统保护装置本身故障而造成运行可靠性降低，直流系统保护普遍采用了双重或多重化的冗余配置，用于提高保护装置本身的可靠性，最终达到提高整个系统可靠性的目的。

一、直流系统保护要求

直流系统保护通常按直流输电系统保护特性要求配置各种保护功能，对于每个设备或保护区要求配置不同原理的主保护和后备保护，这些保护可分为直流侧保护、交流侧保护和直流线路保护三大类。其中直流侧保护主要包含换流器保护、极母线保护、极中性母线保护、双极中性线保护、接地极引线保护、直流滤波器保护、平波电抗器保护；交流侧保护包含换流变压器保护、交流滤波器保护等。在换流站设计中，直流侧保护和直流线路保护又统称直流保护，其中直流滤波器保护由于其相对独立性，可从直流保护中分离出来，采用单独设置方式。因此本章直流系统保护即按直流保护、换流变压器保护、直流滤波器保护、交流滤波器保护分类叙述。

（一）配置原则

直流系统保护应满足以下基本的配置原则：

（1）直流系统保护与直流控制系统应相对独立，原则上优先通过直流系统保护装置自身实现相关保护功能，尽可能减少外部输入量，以降低对相关回路和设备的依赖。

（2）直流系统保护按保护区域配置，保护区域的划分应满足故障时可以区分出可独立运行的一次设备。每一个保护区应与相邻保护的保护区重叠，不能存在保护死区，在任何运行工况下都不应使某一设备或区域失去保护。

（3）直流系统保护应采用可靠的冗余设计，每一个保护区域的保护应采用双重化或三重化的冗余配置。冗余配置的保护应分别使用不同的测量器件、通道、电源和出口，不应有任何的电气联系。

（4）冗余设计应保证既可防止误动又可防止拒动，任何单一元件的故障都不应引起保护的误动和拒动。双重化配置的每重保护宜采用“启动+动作”相“与”的跳闸逻辑出口，启动和动作的元件及回路应完全独立；三重化配置的每重保护宜采用独立的“三取二”跳闸逻辑出口。

（5）直流系统保护内部应具有完善的故障录波功能，能记录整个故障过程，录波数据至少要记录保护所使用测点的原始值和保护的输出量。

（6）直流系统保护应在最短的时间内将故障设备或故障区切除，使故障设备迅速退出运行，并尽可能将对相关系统的影响减至最小。

（二）性能要求

直流系统保护除了与交流系统保护一样，应满足可靠性、选择性、灵敏性和速动性的要求外，还应特别注意以下性能要求：

（1）保护应能既适用于整流运行，也适用于逆变运行。

（2）直流系统保护与直流控制系统的功能和参数应正确地协调配合，其间的联系宜采用可靠的数字通信方式。保护应首先借助直流控制系统的能力去抑制故障的发展，改善直流输电系统的暂态性能，减少直流输电系统的停运。

（3）由保护启动的故障控制顺序可以通过换流站间的通信系统来优化故障清除后的恢复过程，使故障持续时间最小和系统恢复时间最短。

（4）应保证在所有系统条件（如交流系统处于大方式、小方式、孤岛方式等）和运行方式（如直流输电系统运行在双极/大地/金属回线、全压/降压方式、正送/反送方式等）下，直流控制、直流保护及交流保护之间正确配合，并使故障清除及故障清除后协调恢复得到最优的处理。

（5）保护应具有完备的自检功能。应能在系统运行过程中对未投运的备用系统的任何保护功能进行检测，并能对保护的定值进行修改。

（6）保护应在硬件、软件上便于系统运行和维护。硬件结构应具有合理的运算单元区和逻辑判断单元区，软件应采用模块化并具有正确的故障判据设计。

（7）保护应具有数字通信接口，便于系统联网监视、信息共享及远方调度中心控制、查看及监视。

（三）对二次回路设计要求

（1）直流系统保护与直流控制设备之间的接口应简洁、紧凑和可靠，尽可能采用通信方式连接，如网络、现场总线或其他串行数据连接方式，传输介质为光纤或通信电缆。如果需要，可采用硬接线输入、输出方式，开关量采用强电开关量输入，防止电磁干扰。

（2）直流系统保护内部之间的信号交换应在对应的冗余系统之间进行，即保护子系统 1 的 A 对应保护子系统 2 的 A，保护子系统 1 的 B 对应保护子系统 2 的 B，中间不进行交叉传送，如图 13-1（a）和图 13-2（a）所示。

（3）直流系统保护与直流控制系统之间的信号交换应在冗余系统之间交叉传递，即每一套保护均分别与双重化的直流控制系统进行数据交换。当保护采用三重化冗余设计时，三重化的保护设备与双重化的直流控制系统的接口宜通过独立的“三取二”逻辑单元实现。双重化、三重化配置的保护与直流控制系统之间的连接方式分别见图 13-1（b）和图 13-2（b）。

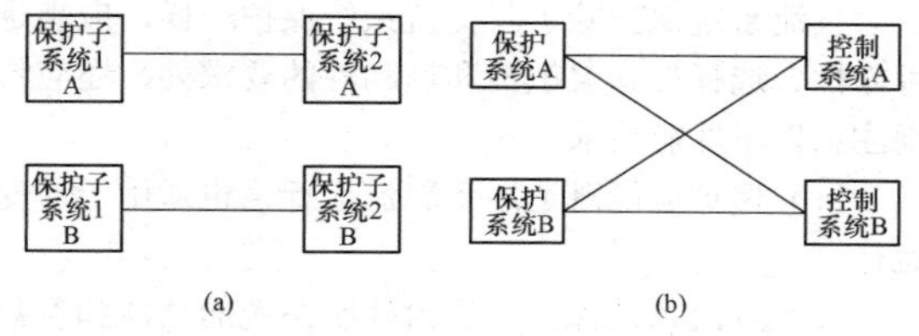

图 13-1　双重化冗余保护系统之间以及与直流控制系统的连接方式

（a）直流系统保护内部连接方式；

（b）直流系统保护与直流控制系统连接方式

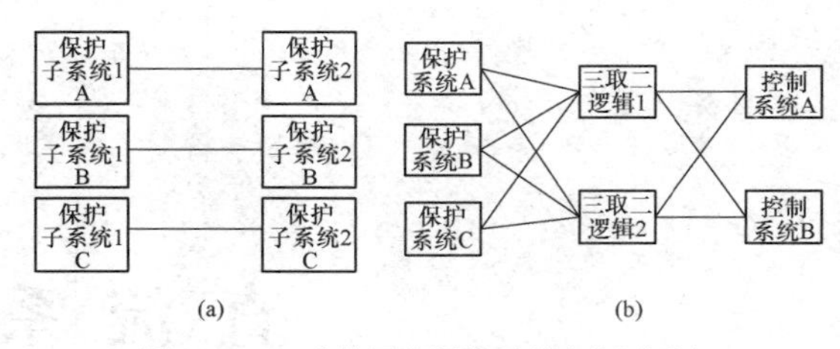

图 13-2　三重化冗余保护系统之间以及与直流控制系统的连接方式

（a）直流系统保护内部连接方式；

（b）直流系统保护与直流控制系统连接方式

（4）差动保护各侧的电流互感器的相关特性应一致，避免在遇到较大短路电流时因各侧电流互感器的暂态特性不一致导致保护不正确动作。

（5）冗余配置的每套直流保护跳闸出口可根据需要同时作用于断路器的两组跳闸线圈；独立配置的每套直流滤波器保护、交流滤波器保护以及换流变压器电量保护跳闸出口可仅动作于断路器的一组跳闸线圈，单套配置的换流变压器非电量保护出口跳闸应同时作用于断路器的两组跳闸线圈。

（6）保护装置动作后跳开换流变压器网侧交流断路器后宜进行锁定，在运行人员手动解除锁定后才允许远方操作换流变压器网侧交流断路器。

二、直流系统保护分区

（一）每极单 12 脉动换流器接线换流站直流系统保护分区

每极单 12 脉动换流器接线换流站直流系统保护分区通常分为换流器保护区、极母线保护区、中性母线保护区、双极中性线保护区、直流线路保护区、接地极引线保护区、直流滤波器保护区、换流变压器保护区、交流滤波器及其母线保护区 9 个保护分区。

每极单 12 脉动换流器接线换流站直流系统保护分区见图 13-3，图中测点符号及定义见表 13-1，各保护分区的保护范围如下：

（1）换流器保护区的保护范围包括从换流变压器阀侧套管至阀厅直流侧的直流穿墙套管之间的所有设备，覆盖 12 脉动换流器、换流变压器阀侧绕组和阀侧交流连线等区域。

（2）极母线保护区的保护范围包括从阀厅高压直流穿墙套管至直流出线上的直流电流测量装置之间的所有极设备和母线设备（不包括直流滤波器设备）。

（3）中性母线保护区的保护范围包括从阀厅低压直流穿墙套管至双极中性线连接点之间的所有设备和母线设备。

（4）双极中性线保护区的保护范围为从双极中性

线连接点的直流电流测量装置到接地极引线连接点之间的所有设备。

（5）直流线路保护区的保护范围包括两换流站直流出线上的直流电流测量装置之间的直流导线和所有设备。

（6）接地极引线保护区的保护范围为从接地极引线连接点的直流电流测量装置到接地极连接点之间的所有设备。

（7）直流滤波器保护区的保护范围包括直流滤波器高、低压侧之间的所有设备。

（8）换流变压器保护区的保护范围包括从换流变压器网侧相连的交流断路器至换流变压器阀侧穿墙套管之间的导线及所有设备。

（9）交流滤波器及其母线保护区的保护范围包括从交流滤波器大组进线交流断路器到交流滤波器本体设备之间的导线及所有设备。

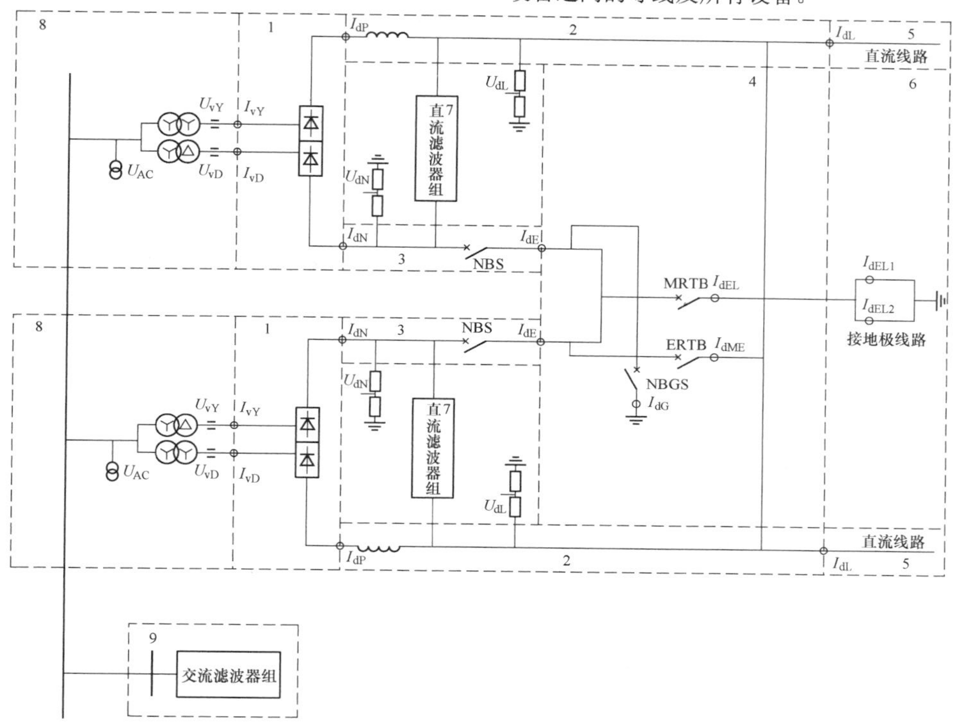

图 13-3 每极单 12 脉动换流器接线换流站直流系统保护分区图

1—换流器保护区；2—极母线保护区；3—中性母线保护区；4—双极中性线保护区；5—直流线路保护区；6—接地极引线保护区；7—直流滤波器保护区；8—换流变压器保护区；9—交流滤波器及其母线保护区

表 13-1 每极单 12 脉动换流器接线换流站直流系统保护分区图中测点符号及定义

序号	测点符号	定义
1	U_{AC}	换流变压器网侧电压
2	U_{vY}	Yy 换流变压器阀侧绕组套管末屏电压
3	U_{vD}	Yd 换流变压器阀侧绕组套管末屏电压
4	U_{dL}	直流线路电压
5	U_{dN}	直流中性母线电压
6	I_{vY}	Yy 换流变压器阀侧绕组套管电流
7	I_{vD}	Yd 换流变压器阀侧绕组套管电流

续表

序号	测点符号	定义
8	I_{dP}	换流器高压端电流
9	I_{dN}	换流器低压端电流
10	I_{dL}	直流线路电流
11	I_{dE}	中性母线电流
12	I_{dG}	高速接地开关电流
13	I_{dEL}	接地极电流
14	I_{dME}	金属回线电流
15	I_{dEL1}	接地极线路电流 1
16	I_{dEL2}	接地极线路电流 2

（二）每极双12脉动换流器串联接线换流站直流系统保护分区

每极双12脉动换流器串联接线换流站直流系统保护通常分为12个保护分区：①高端换流器保护区；②低端换流器保护区；③极母线保护区；④中性母线保护区；⑤双极中性线保护区；⑥直流线路保护区；⑦接地极引线保护区；⑧换流器连接母线保护区；⑨直流滤波器保护区；⑩高端换流变压器保护区；⑪低端换流变压器保护区；⑫交流滤波器及其母线保护区。

每极双12脉动换流器串联接线换流站直流系统保护分区见图13-4，图中测点符号及定义见表13-2。

从图13-4可见，每极双12脉动换流器串联接线换流站的直流系统保护区域的划分是在每极单12脉动换流器接线换流站保护分区的基础上，增加了换流器连接母线保护区。另外将换流器保护区按每极双12脉动换流器划分为高端换流器保护区和低端换流器保护区，同时对应换流器将换流变压器保护区划分为高端换流变压器保护区和低端换流变压器保护区。各保护分区的保护范围如下：

（1）高端/低端换流器保护区的保护范围包含高端/低端换流变压器阀侧套管至高端/低端阀厅直流侧的直流穿墙套管之间的所有设备，覆盖高端/低端12脉动换流器、高端/低端换流变压器阀侧绕组和阀侧交流连线等区域。

（2）换流器连接母线保护区的保护范围包含高低端阀厅之间的连线、旁路开关回路的所有设备及连线。

（3）极母线保护区、中性母线保护区、直流线路保护区、双极中性线保护区、接地极引线保护区、直流滤波器保护区、交流滤波器及其母线保护区的保护范围同每极单12脉动换流器接线换流站。

（4）高端/低端换流变压器保护区的保护范围包括从高端/低端换流变压器网侧相连的交流断路器至换流变压器阀侧穿墙套管之间的导线及所有设备。

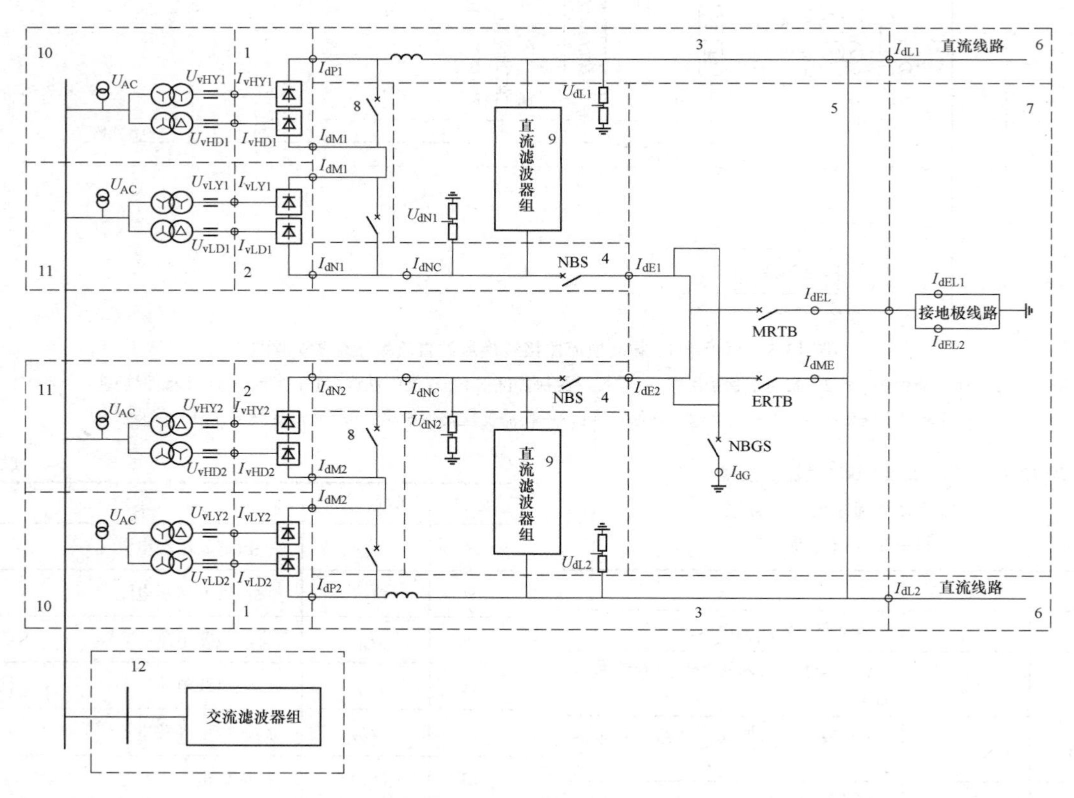

图13-4　每极双12脉动换流器串联接线换流站直流系统保护分区图

1—高端换流器保护区；2—低端换流器保护区；3—极母线保护区；4—中性母线保护区；5—双极中性线保护区；6—直流线路保护区；7—接地极引线保护区；8—换流器连接母线保护区；9—直流滤波器保护区；10—高端换流变压器保护区；11—低端换流变压器保护区；12—交流滤波器及其母线保护区

表 13-2 每极双 12 脉动换流器串联接线换流站直流系统保护分区图中测点符号及定义

序号	测点符号	定义
1	U_{AC}	换流变压器网侧电压
2	U_{vHY}	高端换流器 Yy 换流变压器阀侧绕组套管末屏电压
3	U_{vHD}	高端换流器 Yd 换流变压器阀侧绕组套管末屏电压
4	U_{vLY}	低端换流器 Yy 换流变压器阀侧绕组套管末屏电压
5	U_{vLD}	低端换流器 Yd 换流变压器阀侧绕组套管末屏电压
6	U_{dL}	直流线路电压
7	U_{dN}	直流中性母线电压
8	I_{vHY}	高端换流器 Yy 换流变压器阀侧绕组套管电流
9	I_{vHD}	高端换流器 Yd 换流变压器阀侧绕组套管电流
10	I_{vLY}	低端换流器 Yy 换流变压器阀侧绕组套管电流
11	I_{vLD}	低端换流器 Yd 换流变压器阀侧绕组套管电流
12	I_{dP}	换流器高压端电流
13	I_{dM}	高、低端换流器连接电流
14	I_{dN}	换流器低压端电流
15	I_{dNC}	中性母线电流（近阀侧）
16	I_{dL}	直流线路电流
17	I_{dE}	中性母线电流
18	I_{dG}	高速接地开关电流
19	I_{dEL}	接地极电流
20	I_{dME}	金属回线电流
21	I_{dEL1}	接地极电流 1
22	I_{dEL2}	接地极电流 2

（三）背靠背换流站直流系统保护分区

背靠背换流站直流系统保护通常分为 3 个保护分区：①背靠背换流单元保护区；②换流变压器保护区；③交流滤波器及其母线保护区。

图 13-5 所示为背靠背换流站直流系统保护分区图，图中测点符号及定义见表 13-3。图 13-5 所示背靠背换流站为中性点接地形式，极线接地形式的背靠背换流站，接地点的测量 I_{dG} 设置在极线侧。

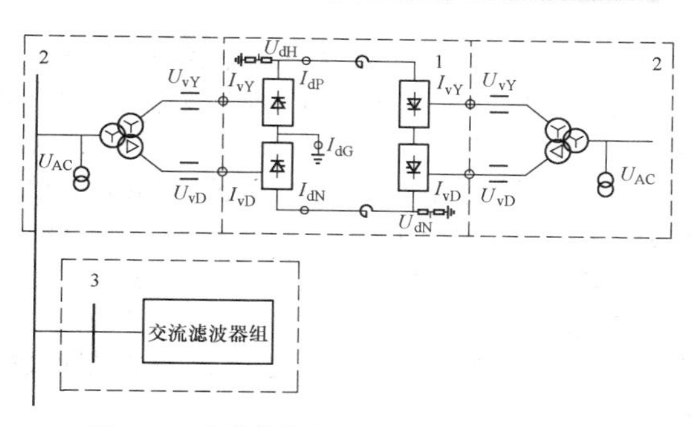

图 13-5 背靠背换流站直流系统保护分区图
1—背靠背换流单元保护区；2—换流变压器保护区；3—交流滤波器及其母线保护区

表 13-3 背靠背换流站直流系统保护分区图中测点符号及定义

序号	测点符号	定义
1	U_{AC}	换流变压器网侧电压
2	U_{vY}	Yy 换流变压器阀侧绕组套管末屏电压
3	U_{vD}	Yd 换流变压器阀侧绕组套管末屏电压
4	U_{dH}、U_{dN}	直流母线电压
5	I_{vY}	Yy 换流变压器阀侧绕组套管电流
6	I_{vD}	Yd 换流变压器阀侧绕组套管电流
7	I_{dP}、I_{dN}	直流母线端电流
8	I_{dG}	接地点电流

各保护分区的保护范围如下：

（1）背靠背换流单元保护区的保护范围包括从整流侧换流变压器阀侧套管至逆变侧换流变压器阀侧套管之间的所有设备，覆盖两个 12 脉动换流器、换流变压器阀侧绕组和阀侧交流连线等区域。

（2）换流变压器保护区的保护范围包括从与换流变压器网侧相连的交流断路器至换流变压器阀侧穿墙套管之间的导线及所有设备。

（3）交流滤波器及其母线保护区的保护范围包括从交流滤波器大组进线交流断路器到交流滤波器本体设备之间的导线及所有设备。

三、直流系统保护动作出口

与交流系统保护动作单一的隔离故障设备不同，直流系统保护一般具有多种动作出口方式。原则上与单 12 脉动换流器相关的保护动作，如换流变压器故障、单 12 脉动换流器故障，应退出相应的单 12 脉动换流器，并避免引起更大范围的设备停运。对于直流保护区内的故障，保护应闭锁换流器，同时跳相关的交流断路器；对于直流滤波器保护区内的故障，故障电流较大的接地故障一般闭锁换流器并同时跳开相关的交流断路器，故障电流较小的内部故障可仅跳开相关的直流断路器以切除故障的直流滤波器；对于换流变压器保护区内的故障，保护应闭锁与其相连的相应12脉动换流器，跳开相关的交流断路器；对于交流滤波器保护区的故障，跳开相关的交流断路器以切除故障的交流滤波器。

直流系统保护动作出口方式，也即保护清除故障的操作，主要有以下几种：

1. 闭锁换流器

根据故障类型不同，保护动作出口对换流器的闭锁包括立即闭锁和移相闭锁。

（1）立即闭锁。指令发出后，立即停发换流器的触发脉冲，使换流器在电流过零后关断。

（2）移相闭锁。移相是以一定的速率增大触发角到最大触发角，使直流电压降低，整流侧进入逆变状态运行，从而减小直流电流。移相闭锁为先执行移相操作，使直流电压和电流满足一定条件后再停发触发脉冲。

2. 投旁通对

同时触发6脉动换流器接在交流同一相上的一对换流阀，称为投旁通对。投旁通对为先触发旁通对，形成直流侧短路，为电流提供通路，快速降低直流电压到零，隔离交直流回路，以便交流侧断路器快速跳闸。投旁通对的一种策略是：当收到投入旁通对命令时，保持最后导通的那个阀的触发脉冲，同时发出与其同一相的另一阀的触发脉冲，闭锁其他阀的触发脉冲。

3. 降功率

按预定的速率降低直流功率到预设定值。

4. 换流器禁止解锁

向极或换流器控制系统发出指令，不允许换流器解锁。

5. 直流线路再启动

为了减少直流系统停运次数，在直流线路发生闪络故障时，直流线路保护动作，启动再启动程序，将整流侧移相，经过一段去游离时间后撤消移相指令快速建立直流电压和电流，重新投入运行。

6. 重合直流开关

当各直流转换开关不能断弧时重合直流开关，以保护直流转换开关。

7. 极平衡

调整双极功率平衡，减小接地极线电流，极平衡后的功率取决于电流较小的那个极。

8. 极或换流器隔离

极隔离是指将直流配电装置区设备与直流线路、接地极引线断开。

换流器隔离是指将故障换流器退至闭锁状态，使换流器与直流配电装置区隔离。

9. 跳交流断路器

换流变压器网侧通过交流断路器与交流系统相连，为了避免故障发展造成换流器或换流变压器损坏，一些保护在闭锁换流器的同时，跳开换流变压器网侧交流断路器。

第二节　直　流　保　护

目前在直流输电工程中广泛采用的换流技术，是以晶闸管换流阀为换流元件的换流技术。晶闸管换流阀是只具有控制接通、无自关断能力的半控型器件，它本身没有逆变换相的能力，需要靠外部电网提供换相电压。直流保护的配置需要考虑晶闸管换流阀的特点。

一、直流保护配置

双极直流输电系统中，两个极的直流保护应完全独立，必须避免单极故障引起直流输电系统双极停运。对于双极公共部分的保护，应具有准确的判据和措施，尽量减少直流输电系统的双极停运。

每极单12脉动换流器接线换流站的直流保护应按极层、双极层分层配置；每极双12脉动换流器串联接线换流站的直流保护宜按换流器层、极层和双极层分层配置，同一个极的两个12脉动换流器的直流保护应完全独立，避免单换流器故障引起另一个换流器停运；背靠背换流站的直流保护应按背靠背换流单元配置。

保护的配置应保证在站间失去通信时故障站保护正确动作，非故障站也应采取合理的保护处理策略，使设备免受过应力。

直流保护的主要配置如下：

1. 换流器保护区

对每极单12脉动换流器接线换流站，换流器保护区主要配置的保护包括换流器短路保护、换流器过电流保护、换流器交流差动保护、换流器直流差动保护、换流器换相失败保护、换流变压器中性点偏移保护、换流变压器阀侧绕组的交流低电压保护等。

对每极双12脉动换流器串联接线换流站，换流器保护区还应增加换流器旁路开关保护。

对背靠背换流站，通常是按背靠背换流单元配置保护。背靠背换流单元主要配置的保护包括换流器短路保护、换流器过电流保护、换流器换相失败保护、换流变压器中性点偏移保护、直流过电压保护、直流低电压保护、直流谐波保护、背靠背差动保护、接地保护。

图13-6所示为每极单12脉动换流器接线换流站

换流器保护配置图，图中两个极的换流器保护配置完全相同，仅示意其中一个极的换流器保护配置。

图 13-7 所示为背靠背换流站的背靠背换流单元保护配置图，背靠背换流站为中性点接地形式。

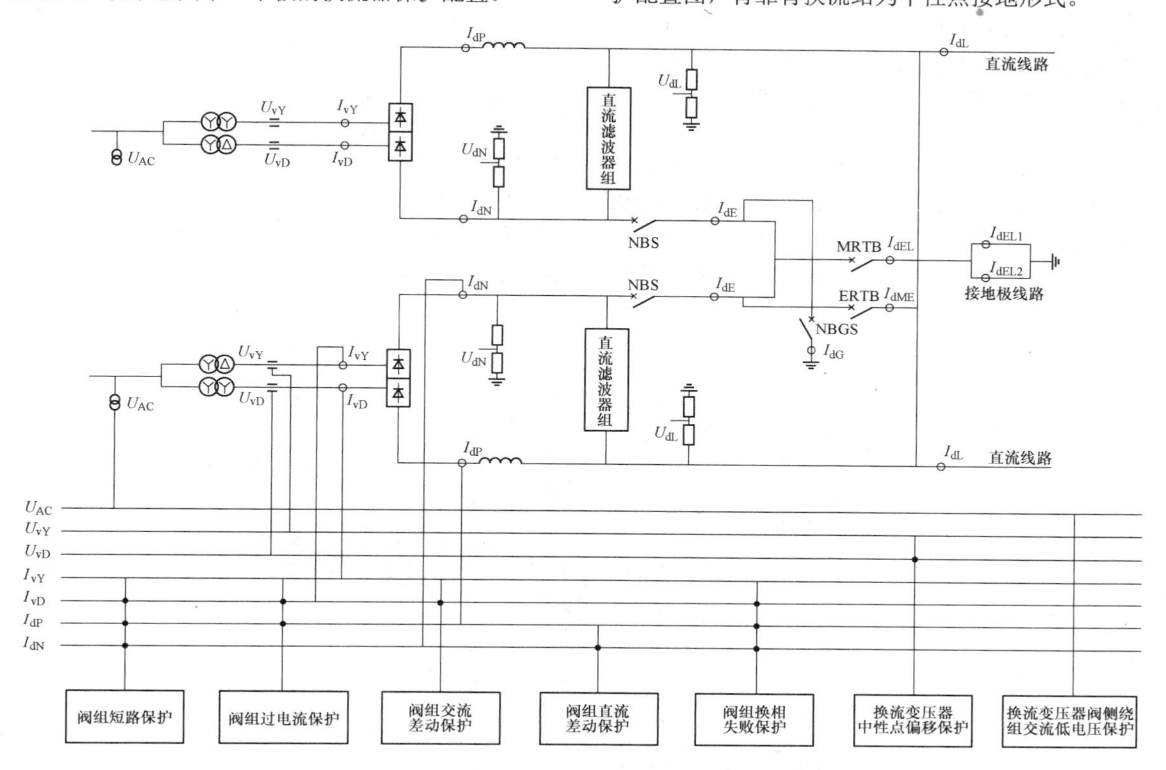

图 13-6 每极单 12 脉动换流器接线换流站换流器保护配置图

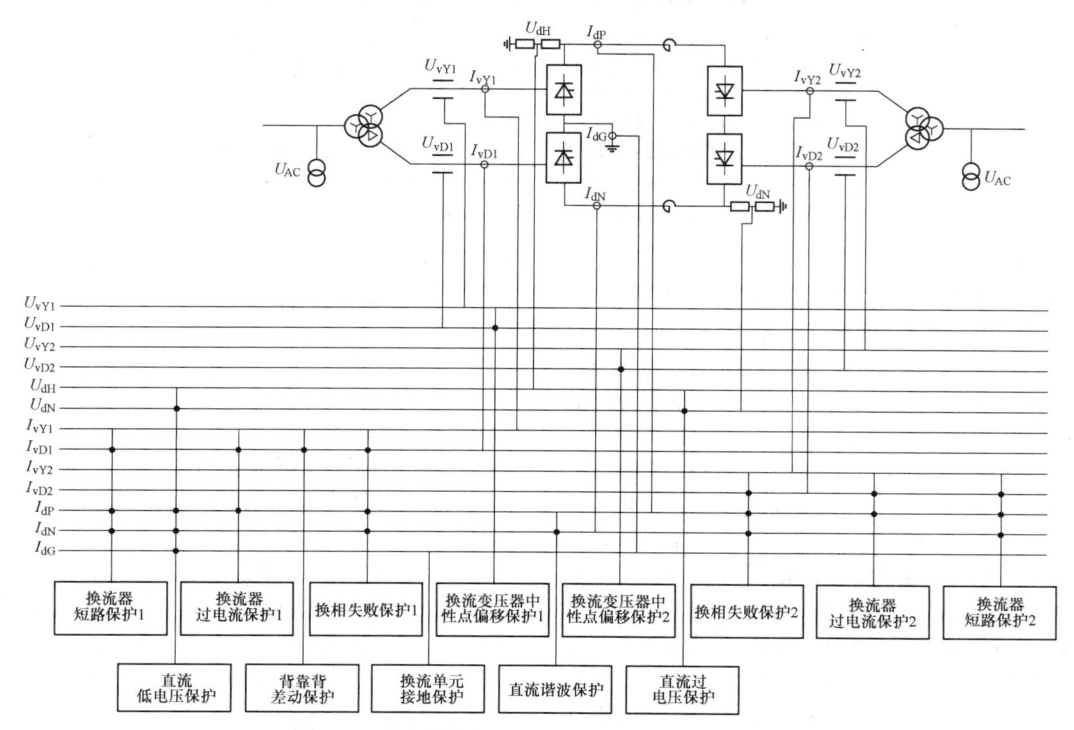

图 13-7 背靠背换流站的背靠背换流单元保护配置图

2. 极保护区

对每极单 12 脉动换流器接线换流站，极保护区的范围通常包括极母线保护区、中性母线保护区和直流线路保护区。对每极双 12 脉动换流器串联接线换流站极保护区的范围还应增加换流器连接母线保护区。各保护区的保护配置如下：

（1）极母线保护区主要配置的保护包括极母线差动保护、直流极差动保护、直流过电压保护、直流低电压保护、直流谐波保护、平波电抗器保护。

（2）中性母线保护区主要配置的保护包括中性母线差动保护、接地极线开路保护、中性母线开关保护。

（3）直流线路保护区主要配置的保护包括直流线路行波保护、直流线路电压突变量保护、直流线路低电压保护、直流线路纵差保护。

（4）换流器连接母线保护区主要配置的保护包括换流器大差保护、换流器连接母线差动保护。

图 13-8 所示为每极单 12 脉动换流器接线换流站极区保护配置图，图中两个极的保护配置完全相同，仅示意其中一个极的保护配置。

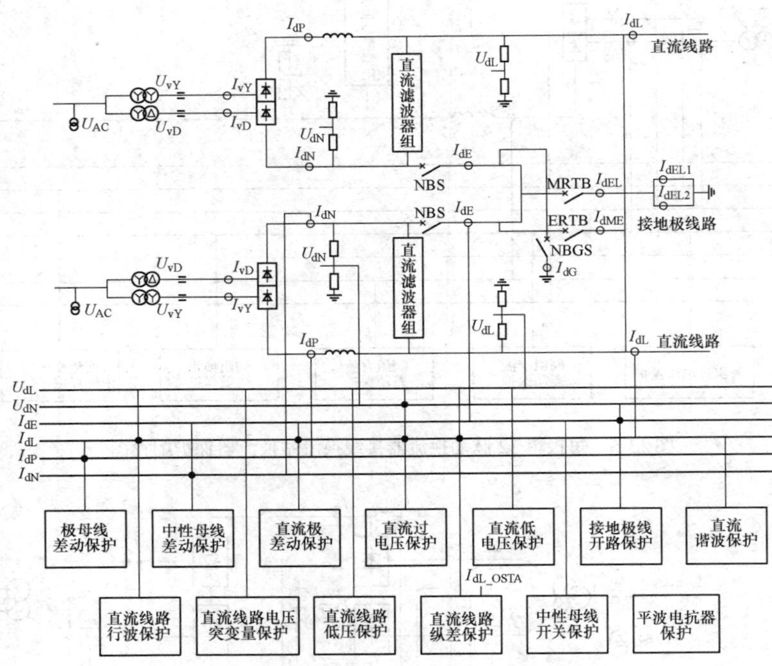

图 13-8 每极单 12 脉动换流器接线换流站极区保护配置图

3. 双极保护区

双极保护区通常包括双极中性线保护区和接地极引线保护区。各保护区的保护配置如下：

（1）双极中性线保护区主要配置的保护包括双极中性线差动保护、站接地过电流保护、站内接地开关（NBGS）保护、金属回线转换开关（MRTB）保护、大地回线转换开关（ERTB）保护、金属回线横差保护、金属回线纵差保护、金属回线接地保护。

（2）接地极引线保护区主要配置的保护包括接地极线差动保护、接地极线过电流保护。其中接地极线差动保护相关内容参见第二十六章第六节。

图 13-9 所示为每极单 12 脉动换流器接线换流站双极区保护配置图。每极双 12 脉动换流器串联接线换流站双极区保护配置与每极单 12 脉动换流器接线换流站基本相同。

二、直流保护功能

1. 换流器保护区

（1）换流器短路保护。保护范围包括整个换流器以及换流变压器阀侧套管，其目的是检测换流器短路故障和换流变压器阀侧相间故障。保护的动作出口为立即闭锁换流器，跳开换流变压器网侧交流断路器，隔离直流极或换流器。

（2）换流器过电流保护。保护范围包括整个换流器以及换流变压器阀侧套管，其目的是检测换流器短路故障、控制失效和短期过负荷。保护的动作出口为投旁通对的闭锁换流器，跳开换流变压器网侧交流断路器，隔离直流极或换流器。

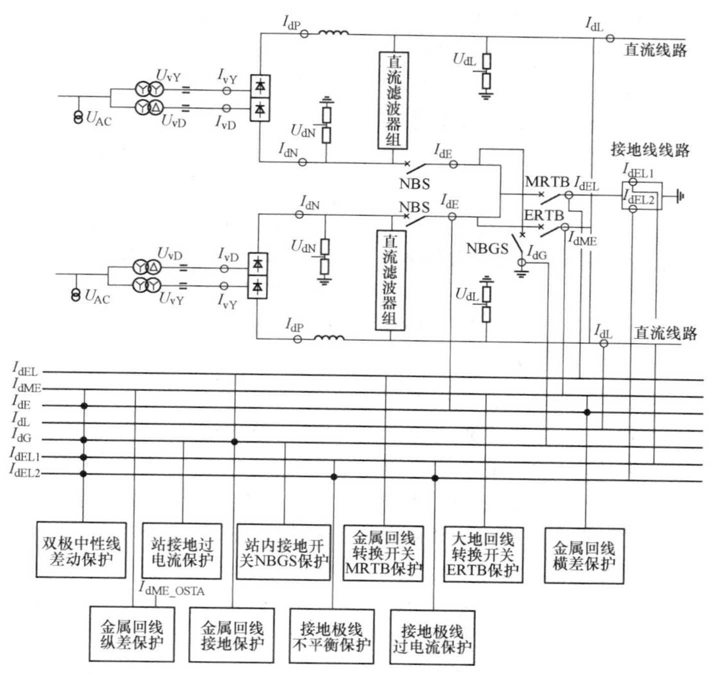

图 13-9 每极单 12 脉动换流器接线换流站双极区保护配置图

（3）换流器交流差动保护。保护范围包括整个换流器，其目的是检测换流器发生持续触发异常。保护的动作出口为跳开换流变压器网侧交流断路器，隔离直流极或换流器。

（4）换流器直流差动保护。保护范围包括整个换流器，其目的是检测换流器接地故障。

（5）换流器换相失败保护。保护范围包括整个换流器，其目的是检测换流器换相失败。保护的动作出口为整流侧紧急移相闭锁换流器，逆变侧首先增大关断角，然后紧急移相闭锁换流器，并经整定的延时跳开换流变压器网侧交流断路器，隔离直流极或换流器。

（6）换流变压器中性点偏移保护。保护范围包括换流变压器阀侧套管，其目的是换流器未解锁发生单相对地故障时保护动作，避免换流器在交流系统存在故障时解锁。直流系统正常运行时该保护退出。保护的动作出口为禁止换流器解锁。

（7）换流变压器阀侧绕组的交流低电压保护。保护范围包括换流变压器以及换流器，其目的是防止交流电压异常，主要作为交流侧的后备保护。保护的动作出口为跳开换流变压器网侧交流断路器，隔离直流极或换流器。

（8）换流器旁路断路器保护。该保护仅适用于每极双 12 脉动换流器串联接线换流站。保护目的是在投入和退出换流器的过程中，检测旁路断路器无法断弧即电流转移失败的故障。保护动作出口为重新投入旁路断路器。

（9）换流单元接地保护。该保护仅适用于采用中性点接地方式的背靠背换流站。保护范围为背靠背换流单元，其目的是检测背靠背换流单元范围内的接地故障。保护的动作出口为闭锁换流器，并同时跳开两侧换流变压器网侧交流断路器。

2. 极母线保护区

（1）极母线差动保护。保护范围包括高压侧极母线，其目的是检测极母线接地故障。保护的动作出口为闭锁换流器，逆变侧投旁通对，整流侧根据情况选择是否投旁通对，跳开换流变压器网侧交流断路器，隔离直流极。

（2）直流极差动保护。保护范围包括整个极、极母线、极中性母线，其目的是检测整个极区域内的接地故障。保护的动作出口为闭锁换流器，逆变侧投旁通对，整流侧根据情况选择是否投旁通对，跳开换流变压器网侧交流断路器，隔离直流极。

（3）直流过电压保护。保护范围包括整个极区，其目的是检测整个极区域内不正常电压水平及开路故障。保护的动作出口为闭锁换流器，跳开换流变压器网侧交流断路器，隔离直流极。

（4）直流低电压保护。保护范围包括整个极区，其目的是检测整个极区域内接地短路故障以及逆变侧的在无通信情况下的异常停运。保护的动作出口为闭锁换流器，逆变侧投旁通对，整流侧根据情况选择是否投旁通对，跳开换流变压器网侧交流断路器，隔离直流极。

（5）直流谐波保护。保护范围包括整个极区，其目的是检测直流电流中的50Hz分量和100Hz分量，包括50Hz保护和100Hz保护，其中50Hz保护主要用于检测持续的换相失败故障和触发故障、交直流碰线故障；100Hz保护主要用于检测交流系统不对称运行故障。保护的动作出口为降功率，降功率后保护不返回将闭锁换流器，逆变侧投旁通对，整流侧根据情况选择是否投旁通对，跳开换流变压器网侧交流断路器，隔离直流极。

（6）平波电抗器保护。通常不配置独立的平波电抗器电量保护，将其保护功能集成在直流保护中实现。对于油浸式平波电抗器，应配置非电量保护，保护的类型与一次设备的配置密切相关。油浸式平波电抗器非电量保护主要包括本体瓦斯保护、主油箱压力释放保护、油位低保护、油温和绕组温度过高保护、冷却系统故障保护、套管SF_6密度异常保护或充油套管压力异常保护等。瓦斯保护、套管压力异常保护动作于闭锁换流器，跳开换流变压器网侧交流断路器，隔离直流极，其他非电量保护一般动作于报警。

（7）背靠背差动保护。本保护仅用于高低压直流母线均配置直流测量装置的背靠背换流站，保护范围包括整个背靠背换流单元，其目的是检测背靠背换流单元内的接地故障。保护动作出口为闭锁换流器，逆变侧立即投入旁通对，整流侧根据情况选择是否投入旁通对，同时跳两侧换流变压器网侧交流断路器。

3. 中性母线保护区

（1）中性母线差动保护。保护范围包括各极中性母线直流电流测量装置与换流器低压端直流电流测量装置间的中性母线设备，其目的是检测中性母线连接区内的各种接地故障。保护的动作出口为闭锁换流器，逆变侧投旁通对，整流侧根据情况选择是否投旁通对，跳开换流变压器网侧交流断路器，隔离直流极。

（2）接地极线开路保护。保护范围包括中性母线、接地极线上的设备，其目的是检测接地极引线断开的情况，使中性母线设备免受接地极开路造成的过电压。动作出口为首先闭合站内接地开关（NBGS），合站内接地开关（NBGS）后动作信号不返回时，闭锁换流器，逆变侧投旁通对，整流侧根据情况选择是否投旁通对，跳开换流变压器网侧交流断路器，隔离直流极。

（3）中性母线开关保护。保护用于中性母线开关（NBS），其目的是防止中性母线开关（NBS）无法断弧时，重合开关造成直流开关损坏。保护动作出口为重合中性母线开关（NBS）。

4. 直流线路保护区

（1）直流线路行波保护。保护范围为整个直流线路，其目的是检测直流线路上的金属性接地故障。保护动作出口为直流线路再启动。

（2）直流线路电压突变量保护。保护范围为整个直流线路，其目的是检测直流线路上的接地故障。保护动作出口为直流线路再启动。

（3）直流线路低电压保护。保护范围为整个直流线路，其目的是检测直流线路上的接地故障以及无通信时逆变侧闭锁情况，一般配置在整流站。保护动作出口为直流线路再启动。

（4）直流线路纵差保护。保护范围为整个直流线路，其目的是检测直流线路上的接地故障。保护动作出口为直流线路再启动。

5. 双极中性线保护区

（1）双极中性线差动保护。保护范围为双极中性母线区域的设备，其目的是检测双极中性母线区内的各种接地故障。动作出口为请求极平衡，极平衡后动作信号不返回闭锁换流器，逆变侧投旁通对，整流侧根据情况选择是否投旁通对，跳开换流变压器网侧交流断路器，直流极隔离。

（2）站内接地过电流保护。保护用于防止站内接地点流过较大直流接地电流对站接地网造成破坏。保护动作出口为请求极平衡，极平衡后动作信号不返回闭锁换流器，逆变侧投旁通对，整流侧根据情况选择是否投旁通对，跳开换流变压器网侧交流断路器，直流极隔离。

（3）站内接地开关（NBGS）保护。保护用于站内接地开关（NBGS），其目的是防止站内接地开关（NBGS）无法断弧时，造成直流开关损坏。保护动作出口为重合站内接地开关（NBGS）。

（4）金属回线转换开关（MRTB）保护。保护用于金属回线转换开关（MRTB），其目的是防止金属回线转换开关（MRTB）无法断弧时，重合开关造成直流开关损坏。保护动作出口为重合金属回线转换开关（MRTB）。

（5）大地回线转换开关（ERTB）保护。保护用于大地回线转换开关（ERTB），其目的是防止大地回线转换开关（ERTB）无法断弧时，造成直流开关损坏。动作出口为重合大地回线转换开关（ERTB）。

（6）金属回线横差保护。保护范围为整个直流线路，其目的是检测金属回线方式运行时金属回线上发生接地故障。动作出口为直流线路再启动，再启动后动作信号不返回闭锁换流器，逆变侧投旁通对，整流侧根据情况选择是否投旁通对，跳开换流变压器网侧交流断路器，直流极隔离。

（7）金属回线纵差保护。保护范围为整个直流线路，其目的是检测金属回线方式运行时金属回线上发生接地故障。保护动作出口为闭锁换流器，逆变侧投旁通对，整流侧根据情况选择是否投旁通对，跳开换流变压器网侧交流断路器，直流极隔离。

（8）金属回线接地保护。保护范围为整个直流线路，其目的是检测单极金属回线方式运行时金属回线上发生接地故障。保护动作出口为闭锁换流器，逆变侧投旁通对，整流侧根据情况选择是否投旁通对，跳开换流变压器网侧交流断路器，直流极隔离。

6. 接地极引线保护区

在直流输电系统中，接地极的主要作用是钳制中性点电位以及为直流输电提供回路，如果接地极发生故障，将直接威胁直流输电的安全与稳定。直流输电系统在双极对称运行方式下，流入接地极的不平衡电流很小，而在单极大地回线运行方式下，则可达到几千安。国内外已投运的直流输电系统中接地极引线保护通常配置不平衡电流保护、过电流保护，以及接地极线差动保护。

（1）接地极线不平衡电流保护。保护范围为接地极线路，其目的是防止接地极线路两个支路由于接地故障导致电流不一致。保护动作出口为报警，报警时间大于直流线路重启时间。双极运行时动作时间大于调节双极电流平衡时间，单极运行时动作时间大于直流线路重启时间。

（2）接地极线过电流保护。保护范围为接地极线路，其目的是防止接地极线路上流过较大电流，造成设备损坏。保护动作为双极运行时请求极平衡，单极运行时请求降功率。

（3）接地极线差动保护。接地极线差动保护相关内容参见第二十六章第六节。

7. 换流器连接母线保护区

（1）换流器大差保护。该保护仅适用于每极双12脉动换流器串联接线换流站。保护范围为整个双12脉动换流器，其目的是检测整个极的换流器区域内的接地故障。保护动作出口为闭锁换流器，逆变侧投旁通对，整流侧根据情况选择是否投旁通对，跳开换流变压器网侧交流断路器，直流极隔离。

（2）换流器连接母线差动保护。该保护仅适用于每极双12脉动换流器串联接线换流站。保护范围为两个12脉动换流器之间的连接母线，其目的是检测两个12脉动换流器连接母线区域内的接地故障。保护动作出口为闭锁换流器，逆变侧投旁通对，整流侧根据情况选择是否投旁通对，跳开换流变压器网侧交流断路器，直流极隔离。

表13-4为直流保护一览表，包括保护名称、反映的故障或异常运行类型、测量点、保护原理及保护动作策略。表中保护原理的符号含义参考DL/T 277《高压直流输电系统控制保护整定技术规程》。

表13-4　　直流保护一览表

保护名称	反映的故障或异常运行类型	测量点	保护原理	保护动作策略									
				报警	闭锁换流器	投旁通对	跳开交流断路器	极或换流器隔离	换流器禁止解锁	重合直流开关	降功率	直流线路再启动	极平衡
换流器保护区													
换流器短路保护	换流器短路故障、换流变压器阀侧相间故障	I_{vY}、I_{vD}、I_{dP}、I_{dN}	$I_{vY}-\max(I_{dP},I_{dN})\geqslant\max(I_{set}, K_{set}I_{res})$ 或 $I_{vY}-\min(I_{dP},I_{dN})\geqslant I_{set}$ $I_{vD}-\max(I_{dP},I_{dN})\geqslant\max(I_{set}, K_{set}I_{res})$ 或 $I_{vD}-\min(I_{dP},I_{dN})\geqslant I_{set}$		√		√	√					
换流器过电流保护	换流器短路故障、控制失效和短期过负荷	I_{vY}、I_{vD}、I_{dP}	$I_{max}\geqslant I_{ovc.set}$		√	√	√	√					
换流器交流差动保护	换流器持续触发异常	I_{vY}、I_{vD}	$\max(I_{vY}-I_{vD})-I_{vY}\geqslant I_{scb.set}$ 或 $\max(I_{vY}-I_{vD})-I_{vD}\geqslant I_{scb.set}$				√	√					
换流器直流差动保护	换流器接地故障	I_{dP}、I_{dN}	$\lvert I_{dP}-I_{dN}\rvert\geqslant\max(I_{v.set},K_{set}I_{res})$				√	√					
换流器换相失败保护	换流器换相失败	I_{vY}、I_{vD}、I_{dP}、I_{dN}	$\max(I_{dP},I_{dN})-I_{vY}\geqslant\max(I_{cfp.set}, K_{set1}I_d)$ $\max(I_{dP},I_{dN})-I_{vD}\geqslant\max(I_{cfp.set}, K_{set1}I_d)$		√		√	√					

续表

保护名称	反映的故障或异常运行类型	测量点	保护原理	保护动作策略									
				报警	闭锁换流器	投旁通对	跳开交流断路器	极或换流器隔离	换流器禁止解锁	重合直流开关	降功率	直流线路再启动	极平衡
换流变压器中性点偏移保护	换流器未解锁时单相接地故障	U_{vY}、U_{vD}	$\lvert U_{vYa}+U_{vYb}+U_{vYc}\rvert > U_{0.set}$ $\lvert U_{vDa}+U_{vDb}+U_{vDc}\rvert > U_{0.set}$						√				
换流变压器阀侧绕组的交流低电压保护	交流侧电压异常	U_{AC}	$U_{AC} < U_{AC.set}$				√	√					
换流器旁路开关保护	旁路开关无法断弧的故障	I_{BPS}	$I_{BPS} > I_{dBPSset}$							√			
换流单元接地保护	背靠背换流站换流单元的接地故障	I_{dG}	$I_{dG} > I_{dGset}$		√		√						
极母线保护区													
极母线差动保护	极母线接地故障	I_{dP}、I_{dL}	$\lvert I_{dP}-I_{dL}\rvert \geqslant \max(I_{set},K_{set}I_{res})$或$\lvert I_{dP}-I_{dL}\rvert \geqslant I_{set}$		√	△	√	√					
直流极差动保护	整个极区域内接地故障	I_{dL}、I_{dE}	$\lvert I_{dL}-I_{dE}\rvert \geqslant \max(I_{set},K_{set}I_{res})$或$\lvert I_{dL}-I_{dE}\rvert \geqslant I_{set}$		√	△	√	√					
直流过电压保护	极区域内不正常电压水平及开路故障	U_{dL}、U_{dN}、I_{dL}	方案一：$\lvert U_{dL}\rvert \geqslant U_{d.set}$ 或$\lvert U_{dL}-U_{dN}\rvert \geqslant U_{d.set}$ 方案二：$\lvert U_{dL}\rvert \geqslant U_{d.set}$ 且$\lvert I_{dL}\rvert < I_{dset}$		√		√	√					
直流低电压保护	接地短路故障及逆变侧在无通信情况下的异常停运	U_{dL}	$\lvert U_{dL}\rvert \leqslant U_{d.set}$		√	△	√	√					
直流谐波保护	50Hz反映持续的换相失败和触发故障、交直流碰线故障；100Hz反映交流系统不对称运行故障	I_{dL}	$I_{50Hz} \geqslant I_{50Hz.set}+k_{50Hz.set}I_{ord}$ $I_{100Hz} \geqslant I_{100Hz.set}+k_{100Hz.set}I_{ord}$		√②	△②	√②	√②			√①		
背靠背差动保护	背靠背换流站换流单元的接地故障	I_{vY}、I_{vD}	$\lvert I_{vY1}-I_{vY2}\rvert \geqslant \max(I_{set},K_{set}I_{res})$ 或 $\lvert I_{vD1}-I_{vD2}\rvert \geqslant \max(I_{set},K_{set}I_{res})$		√	△	√						

续表

保护名称	反映的故障或异常运行类型	测量点	保护原理	保护动作策略									
				报警	闭锁换流器	投旁通对	跳开交流断路器	极或换流器隔离	换流器禁止解锁	重合直流开关	降功率	直流线路再启动	极平衡
中性母线保护区													
中性母线差动保护	中性母线区内的接地故障	I_{dN}、I_{dE}	$\lvert I_{dN}-I_{dE}\rvert \geqslant \max(I_{set}, K_{set}I_{res})$		√	△	√	√					
接地极线开路保护	接地极线开断情况	U_{dN}、I_{dE}	$U_{dN} \geqslant U_{dn.set1}$ 或 $U_{dN} \geqslant U_{dn.set2}$ 且 $I_{dE} \leqslant I_{set}$		√[②]	△[②]	√[②]	√[②]		√[①]			
中性母线开关保护	中性母线开关无法断弧的故障	I_{dN}、I_{dE}	$I_{dE} \geqslant I_{set}$ 或 $I_{dN} \geqslant I_{set}$							√			
直流线路保护区													
直流线路行波保护	直流线路的金属性接地故障	U_{dL}、I_{dL}	方案一：$a(t)=ZI_{dL}(t)+U_{dL}(t)$ 方案二：$\mathrm{d}U_{dL}/\mathrm{d}t > \mathrm{d}U_{dL.set}$ 且 $\Delta U_{dL} < \Delta U_{dL.set}$ 且 $\Delta I_{dL} < \Delta I_{dL.set}$									√	
直流线路电压突变量保护	直流线路的接地故障	U_{dL}	$\mathrm{d}U_{dL}/\mathrm{d}t > \mathrm{d}U_{dL.set}$ 且 $U_{dL} < U_{dL.set}$									√	
直流线路低电压保护	直流线路的接地故障及逆变侧在无通信情况下的异常停运	U_{dL}	$U_{dL} \leqslant U_{dL.set}$									√	
直流线路纵差保护	直流线路的接地故障	I_{dL}	$I_{dif} \geqslant \max(I_{set}, K_{set}I_{res})$									√	
双极中性线保护区													
双极中性线差动保护	双极中性线区内的接地故障	I_{dE}、I_{dEL}、I_{dME}、I_{dG}	$I_{dif} \geqslant I_{set}$		√[②]	△[②]	√[②]	√[②]					√[①]
站内接地过电流保护	站内接地点流过较大直流接地电流	I_{dG}	$I_{dG} > I_{dG.set}$		√[②]	△[②]	√[②]	√[②]					√[①]
站内接地开关（NBGS）保护	站内接地开关无法断弧的故障	I_{dG}	$I_{dG} > I_{dG.set}$							√			
金属回线转换开关（MRTB）保护	金属回线转换开关无法断弧的故障	I_{dEL}	$\lvert I_{dEL}\rvert > I_{MRTB.set}$							√			

续表

保护名称	反映的故障或异常运行类型	测量点	保护原理	保护动作策略									
				报警	闭锁换流器	投旁通对	跳开交流断路器	极或换流器隔离	换流器禁止解锁	重合直流开关	降功率	直流线路再启动	极平衡
大地回线转换开关（ERTB）保护	大地回线转换开关无法断弧的故障	I_{dME}	$\lvert I_{dME}\rvert > I_{ERTB.set}$							√			
金属回线横差保护	金属回线上的接地故障	I_{dE}、I_{dME}	$I_{dif} \geqslant \max(I_{set}, K_{set}I_{res})$		√②	△②	√②	√②				√①②	
金属回线纵差保护	金属回线上的接地故障	I_{dME}	$I_{dif} \geqslant \max(I_{set}, K_{set}I_{res})$		√	△	√	√					
金属回线接地保护	金属回线上的接地故障	I_{dG}、I_{dEL}	$\lvert I_{dG} + I_{dEL}\rvert > I_{dGMR.set}$		√	△	√	√					
接地极引线保护区													
接地极不平衡保护	接地极线路两个支路的电流不一致	I_{dEL1}、I_{dEL2}	$\lvert I_{dEL1} - I_{dEL2}\rvert \geqslant I_{set}$	√									
接地极线过电流保护	接地极线路上流过较大电流	I_{dEL1}、I_{dEL2}	$\lvert I_{dEL1}\rvert > I_{set}$ 或 $\lvert I_{dEL2}\rvert > I_{set}$								√③		√③
换流器连接母线保护区													
换流器大差保护	整个双12脉动换流器内的接地故障	I_{dP}、I_{dN}	$\lvert I_{dP} - I_{dN}\rvert \geqslant I_{set}$		√	△	√	√					
换流器连接母线差动保护	两个12脉动换流器连接母线的接地故障	I_{dM}	$\lvert I_{dM2} - I_{dM1}\rvert \geqslant I_{set}$		√	△	√	√					

注 “√”表示动作。“△”表示整流侧可以根据运行情况选择动作，逆变侧为该动作策略。

① 保护出口先执行该动作策略。

② 当保护信号不返回时执行该动作策略。

③ 双极运行时保护动作策略为极平衡，单极运行时保护动作策略为降功率。

三、装置及外部接口

（一）保护装置配置

在我国已投运的直流输电工程中，直流保护装置的配置经历过多种方式。早期的部分换流站是将直流保护功能和直流控制功能集成在同一主机中实现；后来根据国内的运行习惯和管理要求，直流保护又逐渐从直流控制保护共用主机中分离出来，配置独立的直流保护装置。换流站直流保护通常配置方式如下：

（1）每极单12脉动换流器接线换流站通常为每个极配置独立的直流保护装置，实现换流器、极以及双极的所有直流保护功能。对于双极保护功能，通常下放至每个极的保护装置中，使每个极的保护装置同时具备双极保护的功能，也可配置独立的双极保护装置。

（2）每极双12脉动换流器串联接线换流站通常为每个12脉动换流器、每个极分别配置独立的直流保护装置。对于双极保护功能，通常下放至每个极的保护装置中，使每个极的保护装置同时具备双极保护的功能，也可配置独立的双极保护装置。

（3）背靠背换流站通常为每个背靠背换流单元配置独立的直流保护装置。

（二）通信及接口

1. 与直流控制系统的通信

（1）直流控制与保护系统之间的接口宜采用以太网或高速控制总线通信，以实现直流控制与保护系统之间的实时配合，如果需要还可采用硬接线方式。

（2）控制与保护系统分层配置时，直流保护装置宜只与本层和上一层控制系统通信。

（3）直流保护与直流控制系统交换的信息主要包括换流器解锁/闭锁状态、换流器整流/逆变运行状态、基本运行方式，以及直流保护动作发出的报警、闭锁换流器、投旁通对、换流器禁止解锁、功率回降、极或换流器隔离、极平衡、合上站内接地开关、重合直流开关等信号，直流保护系统与直流控制系统接口示意如图 13-10 所示。

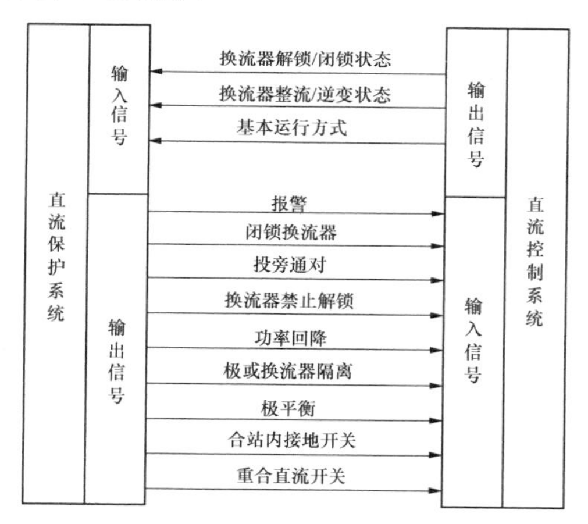

图 13-10　直流保护系统与直流控制系统接口示意图

2. 与对端站直流保护系统的接口

（1）直流保护宜配置独立的站间通信通道，以满足直流保护系统站间通信的可靠性和实时性要求。每套直流保护的通信通道应独立配置。

（2）两换流站之间直流保护通信速率宜采用 2Mbit/s，与通信系统设备的接口宜采用同轴电缆、G.703 标准通信接口协议。

（3）与换流站运行人员控制系统和保护及故障信息子站的通信。直流保护装置应具有与换流站运行人员控制系统和保护及故障信息子站系统通信的功能，以便向其传送保护的动作顺序、动作时间、故障类型、保护状态、报警等信息。通信宜采用以太网接口，通信规约宜采用 DL/T 860《电力自动化通信网络和系统》。

（4）与时间同步系统的通信。直流保护装置宜采用 RS 485 串行或以太网数据通信接口接收时间同步系统发出的 IRIG-B（DC）码，作为对时信号源，也可采用脉冲对时信号。

（5）与换流变压器的接口。直流保护与换流变压器的接口主要包括以下模拟量信号：

1）换流变压器阀侧套管三相电流。

2）换流变压器阀侧套管三相末屏电压。

3）换流变压器网侧三相电压。

（6）与平波电抗器的接口。直流保护与油浸式平波电抗器的接口主要包括以下信号：

1）本体瓦斯。

2）主油箱压力释放。

3）主油箱油位。

4）油温和绕组温度。

5）套管 SF_6 气体压力低。

（7）与直流测量装置的接口。阀厅及直流配电装置区的直流测量设备输入至直流保护的接口主要包括：

1）换流器高压端电流。

2）换流器低压端电流。

3）直流线路电压。

4）直流线路电流。

5）直流中性母线电压。

6）直流中性母线电流。

7）高速接地开关电流。

8）接地极电流。

9）金属回线电流。

10）接地极线路电流。

（8）与直流开关的接口。

1）输出直流开关跳闸信号，至直流开关机构箱。

2）输出直流开关合闸信号，至直流开关机构箱。

（9）与交流断路器的接口。

1）输出跳开换流变压器网侧交流断路器信号，至断路器操作回路。

2）输出启动交流断路器失灵信号，至断路器保护屏。

（10）与故障录波器的接口。直流保护与故障录波器的接口主要为开关量和模拟量输出信号，信号内容详见本章第六节相关内容。

（11）与直流系统保护相关的一次设备参数。

1）换流器的额定功率、额定电压、额定电流、过应力水平和过负荷水平。

2）直流线路波阻抗。

第三节　换流变压器保护

换流变压器是直流输电系统中不可或缺的重要设

备，它为换流器提供规定相位差和电压值的交流电压，作为交流系统和直流系统的电气隔离并提供阀的换相电抗。由于换流变压器的运行与换流器的换相所造成的非线性密切相关，换流变压器在短路阻抗、谐波、直流偏磁、有载调压等方面与普通电力变压器具有不同的特点，换流变压器保护的配置与整定应予以考虑。

一、换流变压器保护配置

换流变压器保护的配置应结合其特点，并考虑直流输电的各种运行工况对换流变压器的影响。

换流变压器保护以 12 脉动换流器为基础配置，每个 12 脉动换流器所对应的换流变压器分别配置换流变压器保护，包括电气量保护和非电量保护。电气量保护采用独立的主、后备保护一体的电气量保护装置实现，也可将其保护功能集成在直流保护装置中实现；非电量保护采用独立的非电量保护装置实现，也可由直流控制系统实现其功能。

换流变压器保护应多重冗余配置。换流变压器电气量保护装置可双重化或三重化配置，非电量保护装置可双重化、三重化配置，也可单套配置。

1. 保护配置

换流变压器电气量主保护主要配置换流变压器及引线差动保护（一般也称换流变压器大差保护）、换流变压器差动保护（一般也称换流变压器小差保护）、换流变压器引线差动保护、换流变压器绕组差动保护和换流变压器零序差动保护；后备保护主要配置换流变压器引线过电流保护、换流变压器过电流保护、换流变压器零序电流保护、换流变压器过电压保护、换流变压器过励磁保护、换流变压器饱和保护、换流变压器过负荷保护。

换流变压器非电气量保护包括：本体瓦斯保护、主油箱压力释放保护、主油箱油位异常保护、油温和绕组温度异常保护；有载调压分接开关瓦斯（或油流）保护、压力异常保护、压力释放保护、油位异常保护；套管 SF_6 气体压力异常保护等。

2. 保护配置图

目前已投运的直流输电工程中，换流变压器采用的型式主要为单相双绕组换流变压器、单相三绕组换流变压器。图 13-11 和图 13-12 分别为双绕组换流变压器、三绕组换流变压器保护配置图，图中换流变压器保护用测点符号及定义见表 13-5。

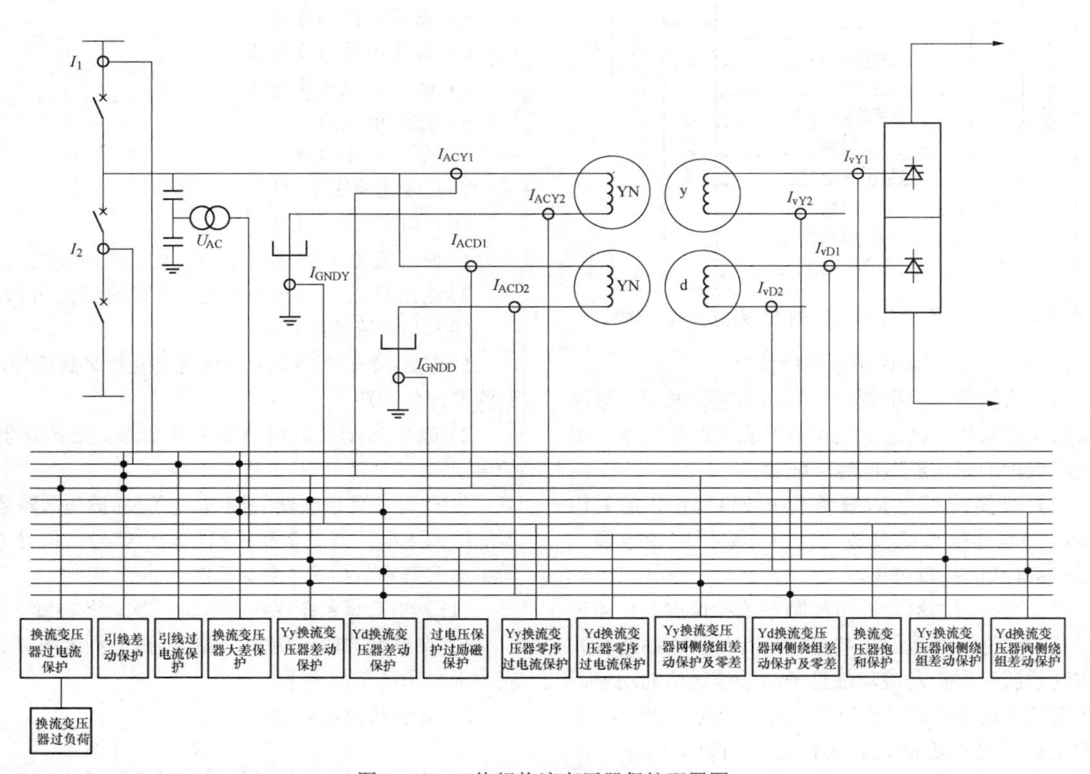

图 13-11　双绕组换流变压器保护配置图

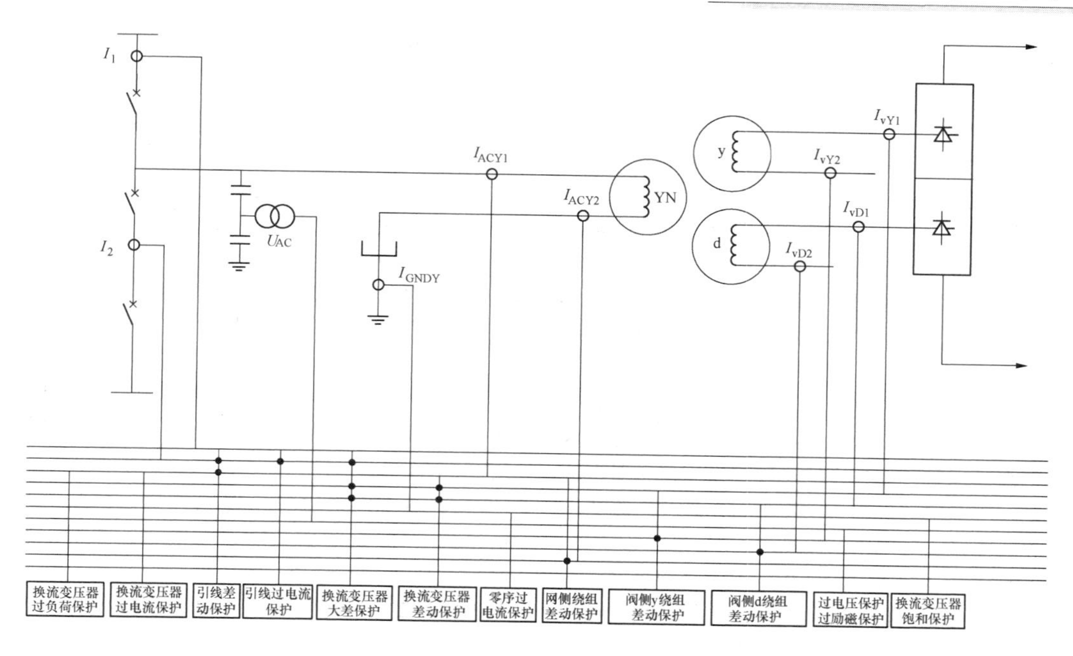

图 13-12 三绕组换流变压器保护配置图

表 13-5 换流变压器保护用测点符号及定义

序号	测点符号	定义
1	I_1	换流变压器网侧边断路器电流
2	I_2	换流变压器网侧中断路器电流
3	I_{ACY1}	Yy 换流变压器网侧绕组首端套管电流
4	I_{ACY2}	Yy 换流变压器网侧绕组尾端套管电流
5	I_{ACD1}	Yd 换流变压器网侧绕组首端套管电流
6	I_{ACD2}	Yd 换流变压器网侧绕组尾端套管电流
7	I_{vY1}	Yy 换流变压器阀侧绕组首端套管电流
8	I_{vY2}	Yy 换流变压器阀侧绕组尾端套管电流
9	I_{vD1}	Yd 换流变压器阀侧绕组首端套管电流
10	I_{vD2}	Yd 换流变压器阀侧绕组尾端套管电流
11	I_{GNDY}	Yy 换流变压器网侧绕组中性点零序电流
12	I_{GNDD}	Yd 换流变压器网侧绕组中性点零序电流
13	U_{AC}	换流变压器网侧交流电压

二、换流变压器保护功能

1. 换流变压器电气量保护

（1）换流变压器及引线差动保护。保护范围包括换流变压器引线和换流变压器，其目的是检测从与换流变压器网侧相连的交流断路器到换流变压器阀侧穿墙套管电流互感器之间的各种区内故障。保护的动作出口为跳开换流变压器网侧交流断路器、闭锁直流系统，并可根据运行要求切除换流变压器冷却器。

（2）换流变压器引线差动保护。保护范围包括从与换流变压器网侧相连的交流断路器到换流变压器网侧套管电流互感器之间的区域，其目的是检测该区域的接地或相间短路故障。保护的动作出口为跳开换流变压器网侧交流断路器、闭锁直流系统，并可根据运行要求切除换流变压器冷却器。

（3）换流变压器差动保护。保护范围包括换流变压器网侧套管和阀侧套管电流互感器之间的区域，其目的是检测该区域的各种区内故障。保护的技术要求和动作出口同换流变压器及引线差动保护。

（4）换流变压器绕组差动保护。保护目的是检测换流变压器各侧绕组内部的相间及接地故障，防止换流变压器绕组损坏。保护的动作出口为跳开换流变压器网侧交流断路器、闭锁直流系统，并可根据运行要求切除换流变压器冷却器。

（5）换流变压器零序差动保护。换流变压器零序差动保护包括引线零序差动保护和网侧绕组零序差动保护，分别反映引线差动和网侧绕组差动零序分量的故障分量，保护目的是检测换流变压器引线和网侧绕组的内部单相接地故障，避免换流变压器差动保护灵敏度不够所导致的保护缺陷，以提高切除换流变压器内部单相接地短路故障的可靠性。保护的动作出口为跳开换流变压器网侧交流断路器、闭锁直流系统，并可根据运行要求切除换流变压器冷却器。

（6）换流变压器引线过电流保护。保护目的是检测换流变压器引线上的过电流，作为外部相间短路引起换流变压器引线过电流的后备保护。保护的动作出口为低定值报警，高定值跳开换流变压器网侧交流断路器、闭锁直流系统。

（7）换流变压器过电流保护。换流变压器过电流保护作为变压器内部相间短路的后备保护，保护目的是检测换流变压器内部的过电流。保护的动作出口为低定值报警，高定值跳开换流变压器网侧交流断路器、闭锁直流系统。

（8）换流变压器零序过电流保护。换流变压器零序过电流保护是换流变压器绕组、引线、相邻元件接地故障的后备保护，保护目的是检测换流变压器内部单相接地短路故障。保护的动作出口为跳开换流变压器网侧交流断路器、闭锁直流系统。

（9）换流变压器过电压保护。保护目的是检测换流变压器网侧电压，防止严重的交流系统持续过电压对换流变压器和换流器造成损坏。保护的动作出口为低定值动作于报警，高定值跳开换流变压器网侧交流断路器、闭锁直流系统。

（10）换流变压器过励磁保护。保护目的是检测换流变压器因过励磁引起的铁芯工作磁密过高而损坏。保护的动作出口为低定值动作于报警，高定值跳开换流变压器网侧交流断路器、闭锁直流系统。

（11）换流变压器过负荷保护。保护目的是检测换流变压器的过负荷工况。保护的动作出口为发过负荷报警信号。

（12）换流变压器饱和保护。保护目的是防止直流电流从换流变压器中性点进入换流变压器，引起换流变压器饱和，防止换流变压器由于直流偏磁导致过热或剧烈的震动。

表 13-6 为换流变压器电气量保护一览表，包括保护名称、反映的故障或异常运行类型、测量点、保护原理及动作策略，表中保护原理的符号含义参考 DL/T 277《高压直流输电系统控制保护整定技术规程》。

表 13-6 换流变压器电量保护一览表

保护名称	反映的故障或异常运行类型	测量点	保护原理	保护动作策略			
				报警	闭锁直流系统	跳换流变压器网侧断路器	切除换流变压器冷却器
换流变压器及引线差动保护	换流变压器及引线各种区内故障	I_2、I_1、I_{vY}、I_{VD}	$I_{cdqd}=K_{rel}(K_{er}+\Delta U+\Delta m)I_n$		√	√	△
换流变压器引线差动保护	换流变压器引线故障	I_2、I_1、I_{ACY}、I_{ACD}	$I_{cdqd}=K_{rel}(K_{er}+\Delta m)I_{max}$		√	√	△
换流变压器差动保护	换流变压器各种区内故障	I_{ACY}、I_{ACD}、I_{vY}、I_{VD}	$I_{cdqd}=K_{rel}(K_{er}+\Delta U+\Delta m)I_n$		√	√	△
换流变压器绕组差动保护	换流变压器各侧绕组的相间及接地故障	I_{ACY}、I_{ACD}、I_{vY}、I_{VD}	$I_{cdqd}=K_{rel}I_{unb.0}$ 或 $I_{cdqd}=K_{rel}\times 2\times 0.03\times I_n$		√	√	△
换流变压器零差保护	换流变压器引线和网侧绕组的单相接地故障	I_{ACY}、I_{ACD}	当采用比率制动型差动保护时 $I_{cdqd}=K_{rel}(K_{er}+\Delta m)I_n$		√	√	△
换流变压器引线过电流保护	换流变压器引线上的过电流	I_2、I_1	$I_{op}=\frac{K_{rel}}{K_r}I_{scmax}$	√①	√②	√②	
换流变压器过电流保护	换流变压器内部的过电流	I_{ACY}、I_{ACD}	$I_{op}=\frac{K_{rel}}{K_r}I_{Lmax}$	√①	√②	√②	
换流变压器零序电流保护	换流变压器内部单相接地短路故障	I_{GNDY}、I_{GNDD}	$I_{op.0}>I_{0set}$		√	√	
换流变压器过电压保护	换流变压器因交流系统过电压而损坏	U_{AC}	$U_{op}=K_{set}U_n$	√①	√②	√②	
换流变压器过励磁保护	换流变压器铁芯的工作磁密过高而损坏	U_{AC}	保护特性应与换流变压器的允许过励磁能力相配合	√①	√②	√②	

续表

保护名称	反映的故障或异常运行类型	测量点	保护原理	保护动作策略			
				报警	闭锁直流系统	跳换流变压器网侧断路器	切除换流变压器冷却器
换流变压器饱和保护	换流变压器由于直流偏磁导致过热或剧烈的震动	I_{GNDY}	保护特性应与换流变压器的允许饱和能力相配合	√①	√②	√②	
换流变压器过负荷保护	换流变压器的过负荷工况	I_{ACY}、I_{ACD}	$I_{op}=K_{set}I_n$	√			

注 "√"表示动作，"△"表示可以根据运行要求动作到该状态。

① 保护低定值动作于该动作策略。

② 保护高定值动作于该动作策略。

2. 换流变压器非电气量保护

（1）瓦斯保护。保护包括换流变压器本体瓦斯保护、升高座瓦斯保护和有载调压分接开关瓦斯保护，分别用于检测换流变压器本体油箱、升高座和分接开关内部故障。

（2）压力释放保护。保护包括换流变压器本体主油箱压力释放保护和有载调压分接开关压力释放保护，分别用于避免换流变压器和分接开关内部故障引起内部过压力。压力继电器的定值应将压力限制在油箱不受损坏的水平，保护一般动作于报警。

（3）油位异常保护。保护包括换流变压器主油箱油位异常保护和有载调压分接开关油位异常保护，分别用于检测换流变压器主油箱和分接开关内部故障引起内部过压力。

（4）温度异常保护。保护包括油温异常保护和绕组温度异常保护。油温异常保护用于检测换流变压器油的温度，防止油温过高引起换流变压器过热。换流变压器油温和绕组温度保护，一般动作于报警。

（5）油流/压力异常保护。保护用于检测有载调压分接开关的油流/压力。若换流变压器分接开关仅配置了油流继电器或压力继电器，则保护一般动作于跳闸；若换流变压器分接开关同时配置了油流和压力继电器，则油流继电器动作于跳闸，压力继电器动作于报警。

（6）阀侧套管 SF_6 气体密度（压力）异常保护。保护用于检测换流变压器套管 SF_6 气体压力，保护换流变压器套管，防止其因气体压力低受损。当套管 SF_6 气体压力降低到低定值时，保护动作于信号；当套管 SF_6 气体压力降低到超低定值时，保护动作于跳闸。

三、装置及外部接口

（一）保护装置配置

目前国内已投运的直流输电工程中换流变压器保护配置差异较大。换流变压器电气量保护装置有双重化或三重化独立配置的，也有考虑到其保护动作出口要闭锁直流系统，将保护功能集成在直流保护装置中实现的；换流变压器非电量保护装置有单重化、双重化或三重化独立配置的，也有由直流控制系统实现的。因此换流变压器保护功能是由独立的保护装置实现还是集成在直流控制保护装置中，宜综合考虑管理要求和运行习惯确定。

保护独立配置时，应按如下原则组屏：

（1）当换流变压器配置独立的电气量保护装置时，宜按每个12脉动换流器对应的换流变压器配置保护装置，每套换流变压器电气量保护装置宜独立组1面保护屏。

（2）当换流变压器配置独立的非电量保护装置时，宜按每个12脉动换流器对应的换流变压器配置保护装置，每套换流变压器非电量保护装置宜独立组1面保护屏。当非电量保护采用三重化配置时，换流变压器非电量"三取二"出口逻辑应采用单独的装置实现。

（二）通信及接口

1. 与直流控制系统的接口

（1）换流变压器保护装置与直流控制设备的通信接口宜采用高速以太网或控制总线，传输介质为光纤或通信电缆。如果需要也可采用硬接线方式。

（2）换流变压器保护闭锁直流系统采用交叉方式，即每一套换流变压器保护发出的闭锁信号分别送至双重化的直流控制系统。

2. 与换流站运行人员控制系统和保护及故障信息子站的接口

换流变压器保护装置应具有与换流站运行人员控制系统和保护及故障信息子站系统通信的功能，以便向其传送保护的动作顺序、动作时间、故障类型、保护状态、报警等信息。通信宜采用以太网接口，通信规约宜采用 DL/T 860《电力自动化通信网络和系统》。

3. 与换流变压器本体的接口

换流变压器保护与换流变压器本体端子箱或汇控箱之间接口如下：

（1）模拟量输入接口。通常有换流变压器网侧、阀侧套管电流互感器三相电流、换流变压器网侧中性点零序电流信号接入至换流变压器电量保护，其电流互感器二次绕组数量应满足电量保护的冗余要求。

（2）开关量输入接口。通常有下列换流变压器本体跳闸信号接入至换流变压器非电量保护，信号类型采用无源触点，触点的数量应满足非电量保护的冗余要求。

1）本体气体继电器重瓦斯触点。

2）升高座气体继电器重瓦斯触点。

3）阀侧首/尾端套管 SF_6 压力继电器跳闸触点。

4）分接开关油流继电器/压力继电器跳闸触点。

（3）开关量输出接口。换流变压器差动保护、重瓦斯动作可根据设备需要切除油泵。

4. 与时间同步系统的接口

换流变压器保护装置应具备对时功能，宜采用 RS 485 串行或以太网数据通信接口接收时间同步系统发出的 IRIG-B（DC）码，作为对时信号源，也可采用脉冲对时信号。

5. 与换流变压器网侧交流互感器的接口

（1）从换流变压器网侧进线交流电压互感器获取换流变压器引线三相电压。

（2）从换流变压器网侧进线所接交流串中两台断路器对应的交流电流互感器获取换流变压器网侧三相电流。

6. 与换流变压器网侧交流断路器的接口

（1）输出跳开换流变压器网侧交流断路器信号，至断路器操作回路。

（2）输出启动交流断路器失灵信号，至断路器保护屏。

（3）换流变压器电量保护出口启动断路器失灵，不启动重合闸；非电量保护出口不启动失灵，不启动重合闸。

7. 与故障录波器的接口

输出换流变压器保护动作信号，至故障录波器屏。

8. 与换流变压器保护相关的一次设备参数

（1）换流变压器的短路阻抗。

（2）换流变压器的额定功率、电压和电流。

（3）换流变压器过励磁曲线和饱和曲线。

（4）换流变压器调压分接开关抽头的范围和级差。

第四节 直流滤波器保护

有直流架空线路的直流工程一般需要装设直流滤波器。直流滤波器通常连接在直流极母线与极中性母线之间，用于降低换流器产生的谐波通过直流线路对邻近通信系统产生的干扰。

一、直流滤波器保护配置

直流滤波器保护的配置需要考虑直流滤波器的分组情况、特征谐波和接线型式。每个直流极可按直流滤波器小组单元配置独立的直流滤波器保护，也可按极将直流滤波器保护功能集成在直流保护中。当直流滤波器保护独立配置时，应双重化配置主、后备一体的直流滤波器保护；当直流滤波器保护与直流保护集成设计时，两功能之间宜相对独立，当投入或退出直流滤波器的运行，或对直流滤波器一次、二次回路检修时，不应影响直流系统的运行。

1. 保护配置

针对直流滤波器的各种故障及异常运行，每组直流滤波器主要配置差动保护、高压电容器不平衡保护、电阻热过负荷保护、电抗器热过负荷保护、失谐监视保护等。

2. 保护配置图

目前已投运的直流输电工程中，直流滤波器常用的型式有双调谐直流滤波器和三调谐直流滤波器。其中高压电容器的接线方式有的工程采用“Π”型接线，有的工程采用“H”型接线，对于不同的电流互感器装设位置，直流滤波器保护功能所采用的测量量略有不同。图 13-13～图 13-16 分别为不同类型的直流滤波器保护配置图，图中直流滤波器保护用测点符号及定义见表 13-7。

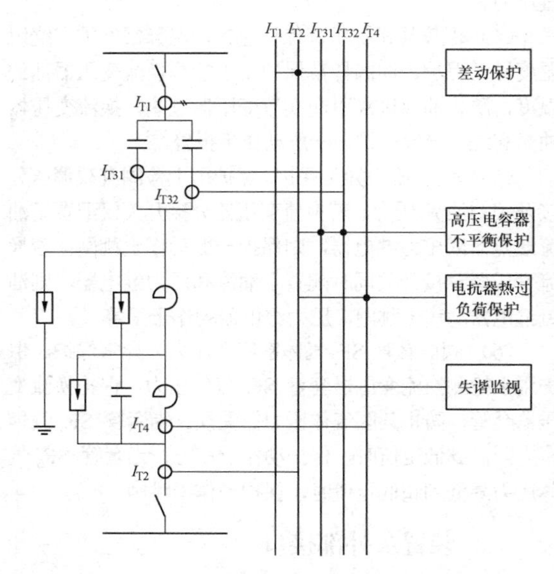

图 13-13　双调谐直流滤波器（电容器采用“Π”型接线）保护配置图

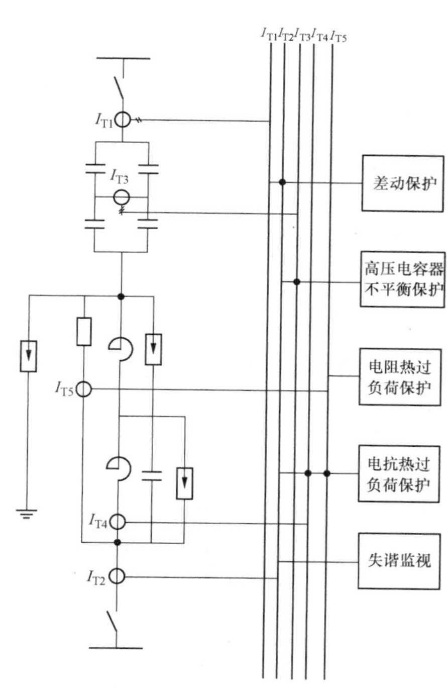

图 13-14 双调谐直流滤波器（电容器采用“H”型接线）保护配置图

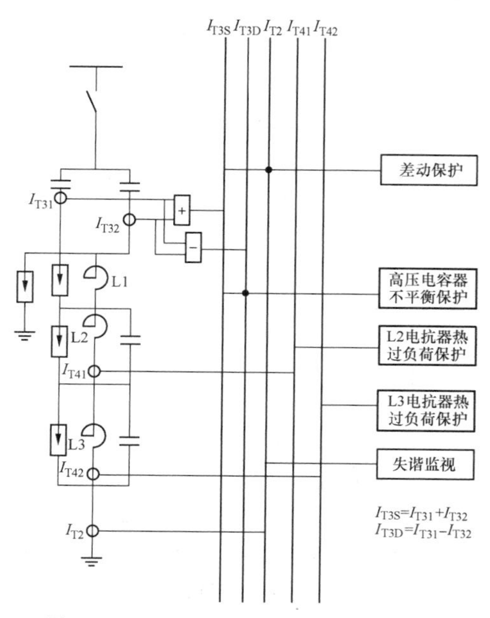

图 13-15 三调谐直流滤波器（电容器采用“Π”型接线）保护配置图

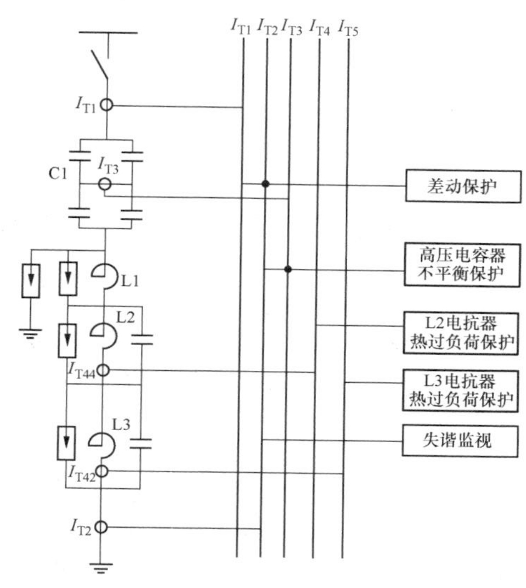

图 13-16 三调谐直流滤波器（高压电容器采用“H”型接线）保护配置图

表 13-7 直流滤波器保护用测点符号及定义

序号	测点符号	定　义
1	I_{T1}	直流滤波器高压侧电流
2	I_{T2}	直流滤波器低压侧电流
3	I_{T3}	直流滤波器高压侧电容器不平衡电流
4	I_{T31}	直流滤波器高压侧电容器分支 1 电流
5	I_{T32}	直流滤波器高压侧电容器分支 2 电流
6	I_{T4}	直流滤波器电抗器电流
7	I_{T5}	直流滤波器电阻器电流

二、直流滤波器保护功能

1. 差动保护

保护范围包括直流滤波器高压端电流互感器和低压端电流互感器之间的区域，用于检测直流滤波器保护区内的接地故障。保护的动作出口为紧急停运故障滤波器所在的直流极。紧急停运故障滤波器所在的直流极包括发出紧急停运（emergency switch off sequence，ESOF）信号至直流极控系统、跳开换流变压器网侧断路器和高速中性母线断路器。当紧急停运执行后，极控制系统将相应的直流滤波器高压侧隔离开关分开。

2. 高压电容器不平衡保护

保护的目的是检测高压电容器内部元件是否损坏，避免由于电容器故障导致剩余完好元件上的过电压超过元件承受范围引起的雪崩效应。保护的跳闸出口为根据直流滤波器高压侧电流的大小和高压侧隔离开关断弧能力，选择拉开直流滤波器高压侧隔离开关或紧急停运故障滤波器所在的直流极。若流过直流滤波器高压侧隔离开关的电流超过开关的开断能力，则紧急停运故障滤波器所在的直流极，反之仅拉开直流滤波器高压侧隔离开关，切除直流滤波器。

3. 电抗器热过负荷保护

保护的目的是检测直流滤波器电抗器的过电流，使电抗器免受到过应力影响。保护以流过直流滤波器电抗元件的全电流（I_{T4}）作为判据。电抗器热过负荷保护应考虑电抗元件各次谐波的集肤效应系数。保护的动作出口为根据直流滤波器高压侧电流的大小和高压侧隔离开关断弧能力，选择拉开直流滤波器高压侧隔离开关或紧急停运故障滤波器所在的直流极。

4. 电阻热过负荷保护

保护的目的是检测直流滤波器电阻器的过电流，防止电阻器受到过应力影响。保护以流过直流滤波器电阻元件的全电流（I_{T5}）作为判据。电阻热过负荷保护不考虑集肤效应系数。保护的动作出口为根据直流滤波器高压侧电流的大小和高压侧隔离开关断弧能力，选择拉开直流滤波器高压侧隔离开关或紧急停运故障滤波器所在的直流极。

5. 滤波器失谐监视

保护的目的是检测直流滤波器的调谐状态，保护因滤波器内部元件参数发生变化时的工况。保护的动作出口为发报警信号。

表 13-8 为直流滤波器保护一览表，表中保护原理的符号含义参考 DL/T 277《高压直流输电系统控制保护整定技术规程》。

表 13-8　　直流滤波器保护一览表

保护名称	反映的故障或异常运行类型	测量点	保护原理	保护动作策略				
				报警	停运故障滤波器所在的直流极			拉开故障滤波器高压侧隔离开关
					闭锁直流极	跳开换流变压器网侧断路器	跳开高速中性母线开关	
差动保护	直流滤波器内部的接地故障	I_{T1}、I_{T2}	$\lvert I_{diff}\rvert > \max(I_{cdqd}, KI_{res})$		√	√	√	√
高压电容器不平衡保护	高压电容器内部不对称损坏及短路故障	I_{T2}、I_{T3}	$\frac{I_{ub}}{I_{tro}} > K_{ubzd}$ 且 $I_{ub} > I_{ubqd}$	√①	△②	△②	△②	△②
电抗器热过负荷保护	直流滤波器电抗器出现的谐波过负荷	I_{T4}	定时限：$I_{hot} > I_{hotset}$； 反时限：保护特性应根据厂家提供的电抗器热过负荷曲线配合		△	△	△	△
电阻热过负荷保护	直流滤波器电阻出现的谐波过负荷	I_{T5}	定时限：$I_{hot} > I_{hotset}$； 反时限：保护特性应根据厂家提供的电阻热过负荷曲线配合		△	△	△	△
失谐监视	滤波器元件早期的细小变化	I_{T2}	$\frac{I_{T1\_12}}{I_{T2\_12}} > K_{set1}$ 或 $\frac{I_{T2\_12}}{I_{T1\_12}} > K_{set2}$	√				

注　“√”表示动作。“△”表示保护的跳闸出口为根据直流滤波器高压侧电流的大小和高压侧隔离开关断弧能力，选择拉开直流滤波器高压侧隔离开关或停运故障滤波器所在的直流极。

① 保护低定值动作于该动作策略。

② 保护高定值动作于该动作策略。

三、装置及外部接口

（一）直流滤波器保护装置的配置

在直流输电工程中，由于直流滤波器连接于直流极母线和直流中性母线之间，其保护动作出口要闭锁直流系统，因此大部分直流输电工程是将直流滤波器保护功能集成在直流极保护主机内实现，不配置独立的直流滤波器保护装置。

但根据国内的运行习惯和管理要求，也有少数直流工程是将直流滤波器保护从直流极保护主机中分离出来，单独配置直流滤波器保护装置。

（二）通信及接口

1. 与直流控制系统的接口

（1）当配置独立的直流滤波器保护装置时，其保护装置与直流控制设备之间的通信接口宜采用高速以太网或控制总线，如果需要也可采用硬接线方式。

（2）直流滤波器保护与直流控制系统交换的信息主要为保护发出紧急停运信号至直流极控制系统，停运故障直流滤波器所在的极。

2. 与换流站运行人员控制系统和保护及故障信息子站的通信接口

直流滤波器保护装置应具有与换流站运行人员控制系统和保护及故障信息子站系统通信的功能，以便向其传送保护的动作顺序、动作时间、故障类型、保护状态、报警等信息。通信宜采用以太网接口，通信规约宜采用 DL/T 860《电力自动化通信网络和系统》。

3. 与时间同步系统的接口

直流滤波器保护装置应具备对时功能，宜采用 RS 485 串行或以太网数据通信接口接收时间同步系统发出的 IRIG-B（DC）码，作为对时信号源，也可采用脉冲对时信号。

4. 与直流滤波器测量设备的接口

直流滤波器电流端子箱输入至直流滤波器保护的接口如下：

（1）直流滤波器高压侧电流。

（2）直流滤波器低压侧电流。

（3）直流滤波器高压侧电容电流。

（4）直流滤波器电阻电流。

（5）直流滤波器电抗电流。

5. 与换流变压器网侧交流断路器的接口

（1）输出跳开换流变压器网侧交流断路器信号至断路器操作回路。

（2）输出启动交流断路器失灵信号至断路器保护屏。

6. 与故障录波器的接口

输出各保护动作信号至故障录波器屏。

7. 与直流滤波器保护相关的一次设备参数

（1）直流滤波器电阻和电抗器的过负荷曲线。

（2）直流滤波器电抗器集肤效应系数。

（3）直流滤波器电容器串并结构，不平衡电流关系。

第五节　交流滤波器及无功补偿电容器保护

交流滤波器及无功补偿电容器是直流换流站的重要组成部分，通常也作为并联电容器连接在换流站交流侧母线上，起着向系统提供无功功率、补偿换流器换流过程中消耗的无功功率和滤除换流器产生的交流谐波电流、控制系统谐波在可接受的范围内的重要作用。

一、交流滤波器及无功补偿电容器保护配置

交流滤波器保护的配置需要考虑交流滤波器的分组情况、特征谐波和接线型式。每个交流滤波器分组可按滤波器小组单元为滤波器大组公共区域和其中的每个小组滤波器分别配置独立的交流滤波器保护；也可按每个交流滤波器大组配置交流滤波器保护，其保护范围包括相应的滤波器大组公共区域和其中每个小组滤波器。交流滤波器及无功补偿电容器保护通常采用独立的主、后备一体的保护装置，双重化配置。

1. 保护配置

针对交流滤波器及无功补偿电容器的各种故障及异常运行，交流滤波器及无功补偿电容器保护逻辑的配置如下：

（1）小组交流滤波器主要配置差动保护、过电流保护、电容器不平衡保护、零序过电流保护、电抗器热过负荷保护、电阻热过负荷保护、失谐监视等。并联无功补偿电容器主要配置差动保护、过电流保护、电容器不平衡保护、零序过电流保护。小组交流滤波器（无功补偿电容器）断路器，还需要配置断路器失灵保护。

（2）大组交流滤波器公共区域主要配置滤波器母线差动保护和母线过电压保护。

2. 保护配置图

交流滤波器按其频率阻抗特性分为调谐滤波器和高通滤波器，调谐滤波器的型式有单调谐滤波器、双调谐滤波器、三调谐滤波器。图 13-17～图 13-22 分别为不同类型的小组交流滤波器保护配置图，图 13-23 和图 13-24 为无功补偿电容器保护配置图，图 13-25 为大组交流滤波器保护配置图，各图中交流滤波器保护用模拟量符号及定义见表 13-9。

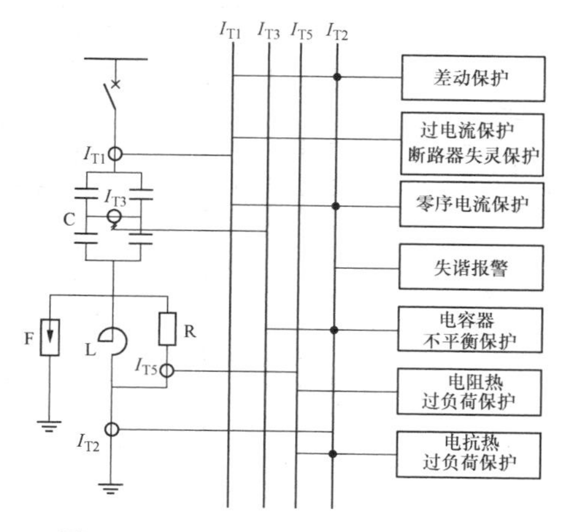

图 13-17　单调谐交流滤波器保护配置图

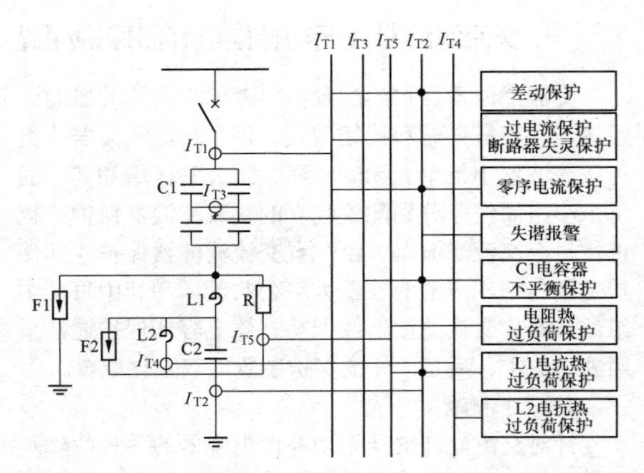

图 13-18　双调谐交流滤波器（模式一）保护配置图

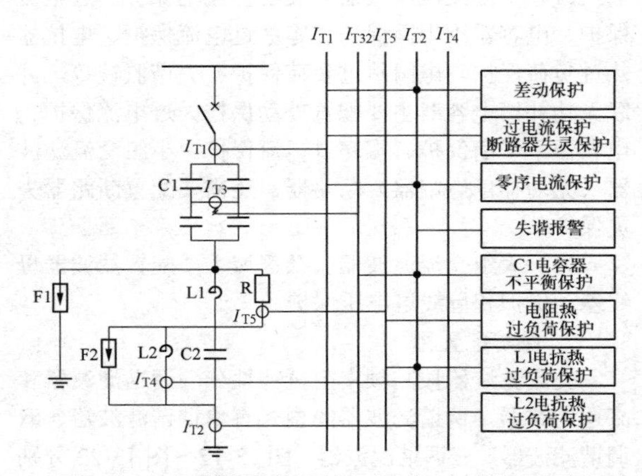

图 13-19　双调谐交流滤波器（模式二）保护配置图

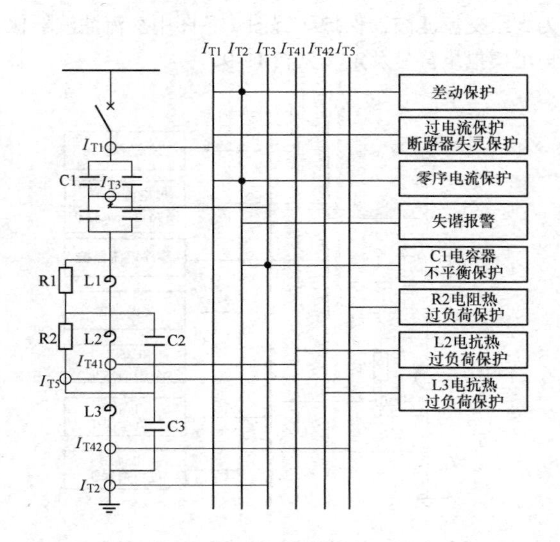

图 13-20　三调谐交流滤波器保护配置图

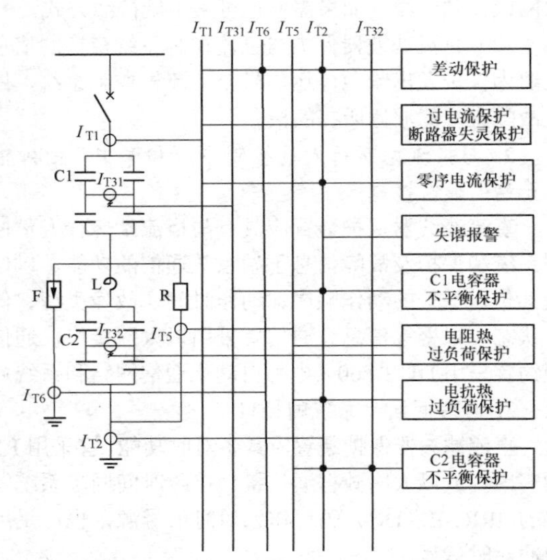

图 13-21　HP3 高通型交流滤波器（模式一）保护配置图

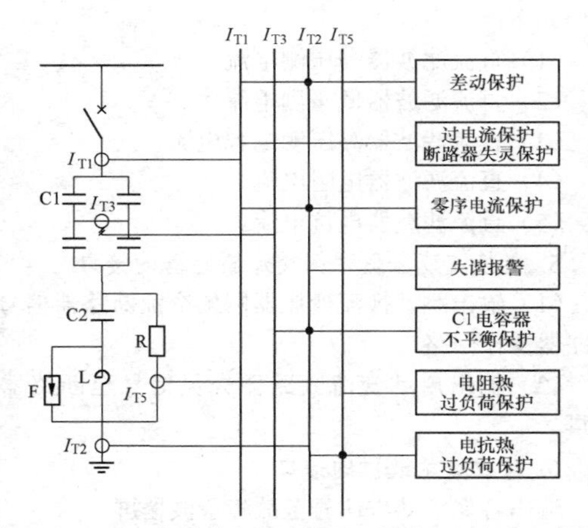

图 13-22　HP3 高通型交流滤波器（模式二）保护配置图

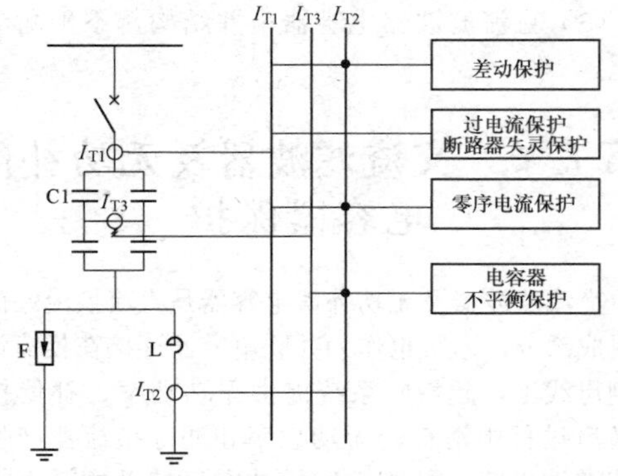

图 13-23　无功补偿电容器（有阻尼电抗）保护配置图

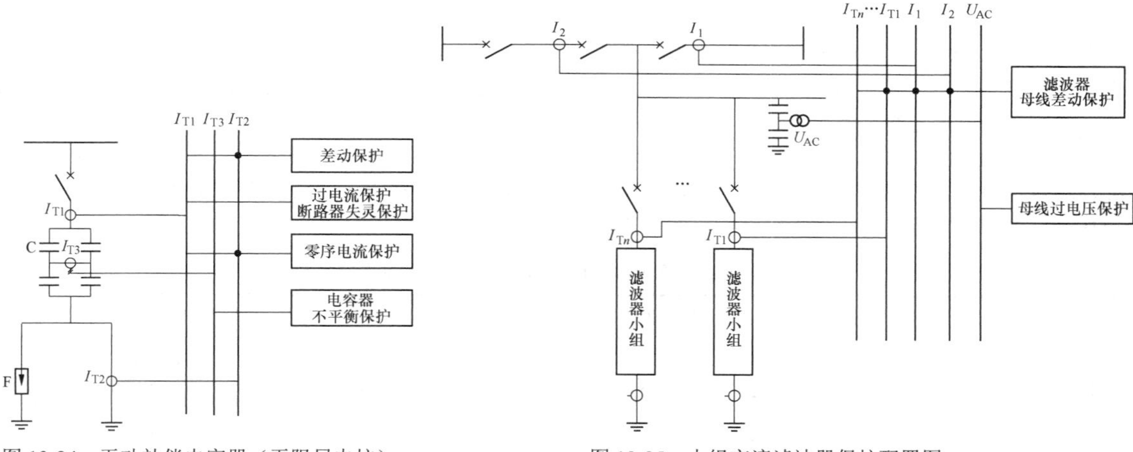

图 13-24　无功补偿电容器（无阻尼电抗）保护配置图

图 13-25　大组交流滤波器保护配置图

表 13-9　交流滤波器保护用模拟量符号及定义

序号	测点符号	定　义
1	I_1	大组交流滤波器串边断路器电流
2	I_2	大组交流滤波器串中断路器电流
3	U_{AC}	大组交流滤波器母线电压
4	I_{T1}	小组交流滤波器（无功补偿电容器）高压侧电流
5	I_{T2}	小组交流滤波器（无功补偿电容器）低压侧电流
6	I_{T3}	小组交流滤波器（无功补偿电容器）高压侧电容不平衡电流
7	I_{T4}	小组交流滤波器电抗器电流
8	I_{T5}	小组交流滤波器电阻器电流
9	I_{T6}	小组交流滤波器避雷器电流

二、交流滤波器及无功补偿电容器保护功能

1. 小组交流滤波器（无功补偿电容器）保护

（1）差动保护。保护的目的是用于检测小组交流滤波器（无功补偿电容器）内部的各种接地和相间短路故障。保护的动作出口为跳开本小组交流滤波器（无功补偿电容器）断路器。

（2）过电流保护。保护的目的是防止流过交流滤波器（无功补偿电容器）的电流超出设备承受能力而损坏。交流滤波器（无功补偿电容器）过电流保护为短路故障的后备保护，保护的动作出口为跳开本小组交流滤波器（无功补偿电容器）断路器。

（3）零序过电流保护。保护的目的是用于检测交流滤波器（无功补偿电容器）低压端的短路故障，避免因故障电流小而差动保护可能检测不到，作为差动保护的后备保护，即交流滤波器（无功补偿电容器）零序电流保护是交流滤波器（无功补偿电容器）发生不对称接地故障时的后备保护。保护的动作出口为跳开本小组交流滤波器（无功补偿电容器）断路器。

（4）电容器不平衡保护。保护的目的是保护电容器，避免由于电容器内部的电容元件损坏导致的电容器单元雪崩故障。不平衡电流保护应具备补偿电容器固有不平衡电流的功能，能根据故障的严重程度，相应地动作于报警信号和跳闸。

（5）电阻热过负荷保护。保护的目的是防止交流滤波器的电阻因过负荷而损坏。保护应计及电阻电流特征谐波的影响，采用反时限特性，能通过流经电阻的全电流反应电阻的运行状况，相应地动作于报警信号和跳闸。

（6）电抗器热过负荷保护。保护的目的是防止由于谐波电流造成的电抗器产生集肤效应时的过负荷而损坏。保护应计及电抗器电流特征谐波的影响，采用反时限特性，能通过流经电抗器的全电流反应电抗器的运行状况，相应地动作于报警信号和跳闸。

（7）失谐监视。保护的目的是根据交流滤波器早期电气量的细小变化检测交流滤波器失谐情况。保护通常延时动作于信号。

（8）断路器失灵保护。保护的目的是实现小组交流滤波器（无功补偿电容器）断路器失灵判别功能。交流滤波器（无功补偿电容器）保护动作后，若流过小组断路器的电流大于失灵保护定值，经一定延时，保护跳开相邻断路器。

2. 大组交流滤波器公共区域保护

（1）交流滤波器母线差动保护。保护范围为交流滤波器母线进线电流互感器与小组交流滤波器（无功补偿电容器）高压侧电流互感器之间的区域，用于检测此区域之内的接地和相间故障，是大组交流滤波器母线及其引线发生故障时的主保护。保护的动作出口为同时跳开与大组交流滤波器母线相连的所有断路器。

（2）交流滤波器母线过电压保护。保护的目的是检测交流滤波器母线上的严重交流持续过电压，避免对交流滤波器组造成过应力而损坏。仅当出现严重的过电压时，保护动作后应切除本大组全部小组交流滤波器断路器。当交流过电压水平不是很高时，由直流控制系统承担无功电压控制功能，综合无功交换和电压波动的情况，投切小组交流滤波器（无功补偿电容器）。

表 13-10 为交流滤波器及无功补偿电容器保护一览表，表中保护原理的符号含义参考 DL/T 277《高压直流输电系统控制保护整定技术规程》。

表 13-10　　交流滤波器及无功补偿电容器保护一览表

保护名称	反映的故障或异常运行类型	测量点	保 护 原 理	保护动作策略		
				报警	跳开本小组交流滤波器断路器	跳开与大组交流滤波器母线相连的所有断路器
1. 小组交流滤波器（无功补偿电容器）保护						
差动保护	交流滤波器（无功补偿电容器）内部的各种故障	I_{T1}、I_{T2}	$\lvert I_{diff}\rvert > \max(I_{cdqd}, KI_{res})$		√	
过电流保护	交流滤波器（无功补偿电容器）的电流超出设备承受能力	I_{T1}	$I_{op} > I_{set}$ Ⅰ段：$I_{set}=K_{rel}I_{rush}$ Ⅱ段：$I_{set}=K_{rel}I_{n}$		√	
零序过电流保护	交流滤波器（无功补偿电容器）低压端的短路故障	I_{T1}、I_{T2}	$I_{op} > I_{set}$		√	
电容器不平衡保护	电容器内部元件损坏导致的电容器单元雪崩故障	I_{T2}、I_{T3}	$\frac{I_{ub}}{I_{tro}} > K_{ubzd}$且$I_{ub} > I_{ubqd}$	√①	√②	
电抗热过负荷保护	由于谐波电流造成的电抗器产生集肤效应时的过负荷	I_{T4}	定时限：$I_{hot} > I_{hotset}$； 反时限：保护特性应根据厂家提供电抗器的过负荷曲线配合	√①	√②	
电阻热过负荷保护	交流滤波器的电阻器的过负荷	I_{T5}	定时限：$I_{hot} > I_{hotset}$； 反时限：保护特性应根据厂家提供电阻的过负荷曲线配合	√①	√②	
失谐监视	滤波器元件早期的细小变化	I_{T2}	$I_a+I_b+I_c \geqslant 3K_{set}I_{harmtot}$	√		
断路器失灵保护	实现小组交流滤波器（无功补偿电容器）断路器失灵判别功能	I_{T1}	保护动作触点& $I_{op} > I_{set}$			√
2. 大组交流滤波器保护						
滤波器母线差动保护	大组交流滤波器母线及其引线发生的各种故障	I_1，I_2，I_{T11}，…，I_{T1n}	$\lvert I_{diff}\rvert > \max（I_{cdqd}，KI_{res}）$			√
滤波器母线过电压保护	交流滤波器母线的持续过电压	U_{AC}	$U_{phmax} > U_{set}$	√①		√②

注　“√”表示动作。

①　保护低定值动作于该动作策略。

②　保护高定值动作于该动作策略。

三、装置及外部接口

（一）保护装置配置

在目前已投运的直流输电工程中，小组交流滤波器（无功补偿电容器）和大组公共区域的保护功能实现有两种方式：①由独立的保护装置分别实现；②由单台保护装置实现整个大组滤波器保护。

当小组交流滤波器（无功补偿电容器）和大组公

共区域的保护功能分别由独立的保护装置实现时，是以单个小组交流滤波器（无功补偿电容器）为保护对象，为大组滤波器公共区域和其中的每个小组交流滤波器（无功补偿电容器）分别配置独立的交流滤波器（无功补偿电容器）保护装置；由单台保护装置实现时，是以交流滤波器大组中的全部小组交流滤波器和交流滤波器大组引线为保护对象，为每个交流滤波器大组配置集中式保护装置。

小组交流滤波器（无功补偿电容器）断路器失灵保护功能可视具体情况配置在交流滤波器大组保护装置中，或在每个交流滤波器小组（无功补偿电容器）保护装置中。但从简化接线和节省投资考虑，宜配置在大组交流滤波器保护装置中。

（二）通信及接口

1. 与运行人员控制系统和保护及故障信息子站的通信接口

交流滤波器（无功补偿电容器）保护装置应具有与运行人员控制系统和保护及故障信息子站系统通信的功能，以便向其传送保护的动作顺序、动作时间、故障类型、保护状态、报警等信息。通信宜采用以太网接口，通信规约宜采用 DL/T 860《电力自动化通信网络和系统》。

2. 与时间同步系统的接口

交流滤波器（无功补偿电容器）保护装置应具备对时功能，宜采用 RS 485 串行或以太网数据通信接口接收时间同步系统发出的 IRIG-B（DC）码，作为对时信号源，也可采用脉冲对时信号。

3. 与交流滤波器（无功补偿电容器）测量设备的接口

（1）交流滤波器（无功补偿电容器）电流端子箱输入至交流滤波器（无功补偿电容器）保护回路的接口如下：

1）交流滤波器高压端电流。

2）交流滤波器低压端电流。

3）交流滤波器电容器不平衡电流。

4）交流滤波器电阻支路电流。

5）交流滤波器电抗支路电流。

6）交流滤波器避雷器支路电流。

（2）交流滤波器（无功补偿电容器）母线电压端子箱输入至交流滤波器（无功补偿电容器）保护回路的接口为交流滤波器大组母线电压。

4. 与交流滤波器（无功补偿电容器）断路器的接口

（1）输出跳开大组交流滤波器引线断路器信号，至串中的断路器操作回路。

（2）输出启动大组交流滤波器引线断路器失灵信号，至串中的断路器保护屏。

（3）输出跳开小组交流滤波器断路器信号，至小组滤波器断路器操作回路。

（4）输出启动小组交流滤波器断路器失灵信号。

5. 与故障录波器的接口

输出各保护动作信号，至故障录波器屏。

6. 与交流滤波器（无功补偿电容器）保护相关的一次设备参数

（1）交流滤波器电阻和电抗器的过负荷曲线。

（2）交流滤波器电抗集肤效应系数。

（3）交流滤波器（无功补偿电容器）电容器串并结构，不平衡电流关系。

第六节　直流系统暂态故障录波

一、直流系统暂态故障录波配置

1. 配置要求

换流站直流系统暂态故障录波装置主要记录故障情况下换流站内阀厅及直流配电装置、换流变压器、交流滤波器等区域的电流、电压及直流控制保护系统的动作信息。

直流系统暂态故障录波具备连续监视的能力，经启动元件启动后，即开始记录，故障消除或系统振荡平息后，启动元件返回，再经预先整定的时间后停止记录。

直流系统暂态故障录波通常由独立的直流暂态故障录波装置实现，有部分直流工程中直流控制保护系统也内置了暂态故障录波功能。

2. 配置原则

直流系统暂态故障录波的配置原则，主要有以下几方面：

（1）直流系统暂态故障录波宜按阀厅和直流配电装置区、换流变压器区、交流滤波器区分别配置独立的暂态故障录波装置，也可由独立的故障录波主机和录波 I/O 采集单元构成。

（2）阀厅及直流配电装置区域故障录波装置配置原则：每极单 12 脉动换流器接线换流站按极配置，双极区相关录波信息应分别接入两极的暂态故障录波装置；每极双 12 脉动换流器串联接线换流站按换流器配置，直流滤波器相关录波信息接入相应极的高端换流器暂态故障录波装置，双极区域相关录波信息分别接入两极低端换流器暂态故障录波装置；背靠背换流站按背靠背换流单元配置。

（3）换流变压器区域故障录波装置按每个 12 脉动换流器对应的换流变压器独立配置。

（4）交流滤波器组区域故障录波装置按每个交流滤波器大组独立配置。

（5）每套暂态故障录波装置的录波量配置应不少于64路模拟量、128路开关量，还应配备必要的分析软件和本地显示器、键盘、鼠标，以满足就地对故障进行综合分析的需要。

（6）直流系统暂态故障录波装置宜具备组网功能，并与交流系统暂态故障录波装置共同组成录波专网，通过录波专网与保护及故障信息管理子站系统通信，工程中也可根据需要配置独立的直流系统故障录波工作站，实现对换流站直流系统的故障分析。

二、直流系统暂态故障录波装置技术要求

直流系统暂态故障录波装置的基本功能和技术性能应符合GB/T 22390.6《高压直流输电系统控制与保护设备　第6部分：换流站暂态故障录波装置》和DL/T 553《电力系统动态记录装置通用技术条件》的规定，还应考虑如下要求。

1. 功能要求

（1）数据采集功能。直流系统故障录波装置的开关量采用无源触点方式。模拟量采样宜满足以下要求：

1）对常规电磁式互感器，采用57.7/100V交流电压信号或1A交流电流信号，供录波装置使用。

2）对电子式测量装置，宜采用数字量光信号的传输模式，通过TDM总线或IEC 60044-8协议，供录波装置使用；也可采取经D/A转换为±10V直流电压或4～20mA直流电流模拟量信号，供录波装置使用。

3）对零磁通电流测量装置，可采取经D/A转换为±1.667V直流电压信号，供录波装置使用。

4）对于高频信号，可采用控制系统的合理输出方式，如10V或5V的电压信号。

（2）故障分析功能。录波分析软件应能实现录波信号选择、图形处理、信号处理，具备谐波分析、序分量计算、功率计算、阻抗计算、相量图生成、阻抗轨迹图生成等功能。

（3）对时功能。通常接收换流站内时间同步系统发出的IRIG-B（DC）时码作为对时信号源，对时精度应小于1ms。

（4）通信管理功能。直流系统故障录波装置通常需要与保护及故障录波信息管理子站系统通信，通信规约宜采用DL/T 860《电力自动化通信网络和系统》，也可采用DL/T 667《远动设备及系统　第5部分：传输规约　第103篇：继电保护设备信息接口配套标准》。

2. 性能要求

（1）采样频率要求。直流系统暂态故障录波装置的测量精度应不低于0.5%，模拟量的采样频率在高速故障记录期间应不低于10kHz。

（2）测量接口。直流系统暂态故障录波装置应考虑到测量板卡输入阻抗对换流变压器末屏电压以及直流电压测量装置分压比及动态性能的影响，模拟量输入板卡应考虑非周期分量、直流分量及谐波的真实传变，测量元件应具有一定的过电压或者过负荷能力。

（3）启动及联合启动。直流系统暂态故障录波装置应具有模拟量越限启动、开关量变位启动、手动启动及远方启动等启动方式；各套故障录波装置之间应具有联合启动功能，即当某一台故障录波装置启动后，其他故障录波装置应能同时启动，联合启动时间误差不大于10ms。

（4）波形记录。直流系统暂态故障录波装置的波形记录应满足以下要求。

1）直流系统暂态故障录波装置至少应能记录触发前500ms、触发后2500ms共3000ms的数据。转换性故障期间不应丢失故障数据。

2）直流系统暂态故障录波装置应能记录多次连续故障的波形，并可恢复、存储及清除任何记录。若系统发生振荡，直流系统暂态故障录波装置应记录振荡的周期。

（5）故障数据存储。直流系统暂态故障录波装置的故障数据存储应有足够的容量，可存储多次连续故障记录数据，内存容量应能满足记录在30s内连续发生4次直流线路故障的要求，能不中断地存入全部故障数据。录波数据的存储格式应采用GB/T 22386《电力系统暂态数据交换通用格式》中规定的电力系统暂态数据交换通用格式。

三、直流系统暂态故障录波装置录波信号

（一）阀厅及直流配电装置区录波信号

阀厅及直流配电装置区域直流暂态故障录波装置用于记录换流变压器阀侧至直流线路、接地极线路之间的所有电气设备的电流、电压及直流控制保护的动作信息。对于背靠背换流站，用于记录整流侧与逆变侧换流变压器阀侧之间所有电气设备的电流、电压及直流控制保护的动作信息。

1. 每极单12脉动换流器接线换流站

（1）模拟量信号。模拟量信号宜包括：换流变压器阀侧绕组电流；所有直流测点电压（包括直流极母线、中性母线电压等）；所有直流测点电流（包括直流线路、极母线、中性母线、接地极、站内接地开关、直流各转换开关电流等）；直流滤波器所有测点电流（包括直流滤波器高/低压侧、电抗器支路、电阻支路、高压电容不平衡电流等）；直流功率指令值、测量值；直流电流指令值；换流器触发角/关断角指令值、测量值；换流器触发脉冲编码等。

（2）开关量信号。开关量信号宜包括：控制系统

主/备用方式；闭锁；解锁；移向；投旁通对；跳换流变压器进线断路器；功率回降；再启动；换相失败；换流变压器充电；禁止换流器解锁；直流保护跳闸；换流变压器保护跳闸；直流滤波器保护跳闸；对站直流保护动作等。

2. 每极双 12 脉动换流器串联接线换流站

（1）模拟量信号。模拟量信号宜包括：高端/低端换流变压器阀侧绕组电流；所有直流测点电压（包括直流极母线、中性母线、换流器连接母线电压等）；所有直流测点电流（包括直流线路、换流器高/低端、中性母线、接地极、站内接地开关、直流各转换开关、换流器旁路开关电流等）；直流滤波器所有测点电流（包括直流滤波器高/低压侧、电抗器支路、电阻支路、高压电容不平衡电流等）；直流功率指令值、测量值；直流电流指令值；高端/低端换流器触发角/关断角指令值、测量值；高端/低端换流器触发脉冲编码等。

（2）开关量信号。开关量信号宜包括：换流器/极/双极控制系统主/备用方式；高端/低端换流器隔离、闭锁、解锁、移相、投旁通对；跳高端/低端换流变压器进线断路器；功率回降；再启动；换相失败；高端/低端换流变压器充电；禁止高端/低端换流器解锁；直流保护跳闸；高端/低端换流变压器保护跳闸；直流滤波器保护跳闸；对站直流保护动作等。

3. 背靠背换流站

（1）模拟量信号。模拟量信号宜包括：换流变压器阀侧绕组电流；所有直流测点电压（包括直流极母线、中性母线电压等）；所有直流测点电流（包括换流器高/低端、站内接地电流等）；直流功率指令值、测量值；整流站/逆变站直流电流指令值；整流站/逆变站换流器触发角指令值、测量值；整流站/逆变站换流器触发脉冲编码等。

（2）开关量信号。开关量信号宜包括：整流站/逆变站控制系统主/备用方式；整流站/逆变站闭锁、解锁、移向、投旁通对；整流站/逆变站跳换流变压器进线断路器；整流站/逆变站功率回降；整流站/逆变站换流变压器充电；禁止换流器解锁；换相失败；直流保护跳闸；换流变压器保护跳闸等。

（二）换流变压器区域录波信号

换流变压器区域暂态故障录波装置用以记录换流变压器进线断路器至换流变压器阀侧所有电流、电压及换流变压器保护的动作信息。

1. 两端直流输电换流站

（1）模拟量信号。模拟量信号宜包括：换流变压器网侧进线电压、进线断路器电流、绕组电流、中性点电流；阀侧套管电压、绕组电流；有载分接开关位置等。

（2）开关量信号。开关量信号宜包括：换流变压器保护动作闭锁直流系统，跳交流侧断路器。

2. 背靠背换流站

（1）模拟量信号。模拟量信号宜包括：两端换流变压器网侧进线电压、进线断路器电流、绕组电流、中性点电流；阀侧套管电压、绕组电流；有载分接开关位置。

（2）开关量信号。开关量信号宜包括：换流变压器保护动作闭锁直流系统，跳交流侧断路器。

（三）交流滤波器区域录波信号

交流滤波器区域暂态故障录波装置用以记录交流滤波器母线及各小组滤波器的所有电流、电压及相关滤波器保护的动作信息。

（1）模拟量信号。模拟量信号宜包括：大组交流滤波器母线电压、进线断路器电流；各小组交流滤波器高/低压侧电流、电抗器支路电流、电阻支路电流、电容器不平衡电流。

（2）开关量信号。开关量信号宜包括：各小组交流滤波器投入/退出；大组交流滤波器保护动作；各小组交流滤波器保护动作。

四、通信及接口

1. 与直流系统保护的接口

直流系统暂态故障录波装置与直流保护系统采用硬接线方式接口。

2. 与直流控制系统的接口

直流系统暂态故障录波装置与直流控制系统宜采取光信号的数字量总线传输模式，也可采取经 D/A 转换为模拟量的硬接线方式接口。

3. 与一次测量设备的接口

（1）直流系统暂态故障录波装置与常规电磁式互感器采取交流采样的硬接线方式接口。

（2）直流系统暂态故障录波装置与电子式测量装置，可采取光信号的数字量总线传输模式，也可采取经 D/A 转换为模拟量的硬接线方式接口。

（3）直流系统暂态故障录波装置与零磁通电流测量装置，通常采取经 D/A 转换为模拟量的硬接线方式接口。

4. 与时间同步系统的接口

直流系统暂态故障录波装置采用 RS 485 串行数据通信接口接收时间同步系统发出的 IRIG-B（DC）码作为对时信号源，也可采用脉冲对时信号。

5. 与保护及故障录波信息子站的接口

直流系统暂态故障录波装置与保护及故障录波信息管理子站系统之间采取以太网或 RS 485 串行数据通信接口，通过子站向各级调度端远传录波信息。

第七节 直流线路故障定位

一、直流线路故障定位装置配置

为了实现直流线路故障的精确定位，快速处理故障，通常在两端直流输电系统的每侧换流站配置直流线路故障定位装置。直流线路故障定位装置根据实际需求可以选择单套配置或双重化冗余配置。

二、直流线路故障定位装置原理及组成

1. 直流线路故障定位装置的原理

国内直流输电工程中的直流线路故障定位装置通常采用双端行波检测原理，即利用线路内部故障产生的初始行波浪涌到达线路两端测量点时的绝对时间之差来计算故障点到两端测量点之间的距离。

现代行波法原理如图 13-26 所示。设故障初始行波以相同的传播速度 v 到达 M 端和 N 端母线（形成第一个方向行波浪涌）的绝对时间分别为 t_{M1} 和 t_{N1}，则 M 端和 N 端母线到故障点的距离 D_{MF} 和 D_{NF} 为

$$D_{MF}=\frac{L-(t_{N1}-t_{M1})v}{2}$$

$$D_{NF}=\frac{L-(t_{M1}-t_{N1})v}{2}$$

式中 L——线路长度。

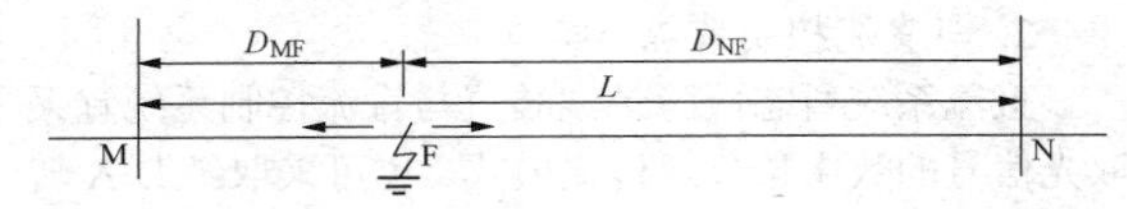

图 13-26 现代行波法原理图

2. 直流线路故障定位装置的组成

直流线路故障定位系统通常由前端行波数据采集耦合箱、对时系统、行波测距装置及通信设备等组成，图 13-27 所示为直流线路故障定位系统组成框图。

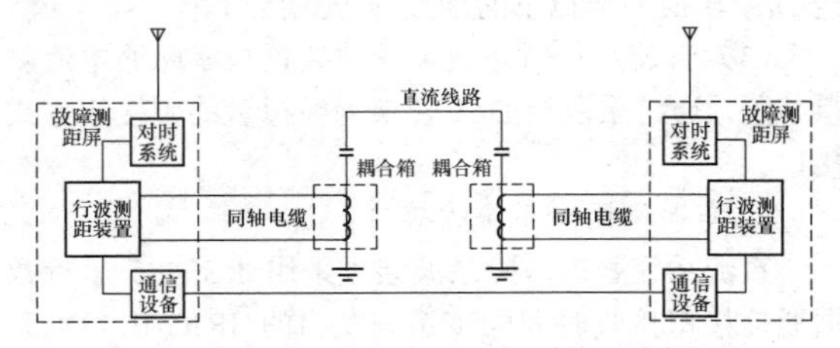

图 13-27 直流线路故障定位系统组成框图

前端行波数据采集耦合箱内包含一台电流互感器，串联安装在直流输电线路接地电容回路中，直接获得直流输电线路的暂态电流信号，将该电流信号传输到行波测距装置内，行波测距装置对故障暂态电流进行高频采样，通过对时系统提供的精确时钟同步信号，处理测距结果。工控机实现两端故障数据的分析、处理，形成故障数据文件，完成数据的打印、显示和键盘控制等。通信设备用于线路两端之间交换启动数据。

三、直流线路故障定位装置功能

直流线路故障定位装置具有的功能包括故障定位功能、启动功能、通信功能、对时功能及显示功能。

1. 故障定位功能

直流线路故障定位装置应能检测直流线路上任一点的接地故障及线间短路故障，其测距精度应不受线路参数、直流输电系统运行方式变化、互感器误差、故障位置、故障类型、塔间导线弧垂、大地电阻率及任何干扰因素的影响，其故障测距的误差不应超过 ±0.5km 或一个塔距。

2. 启动功能

启动包括自启动和远方启动，同时应能通过与直流线路保护的配合正确地识别所监视线路的故障，有效地防止系统的误启动和漏检。

3. 通信功能

通信功能指能与直流输电线路对端故障定位装置通信，接收和发送故障定位数据。直流线路两侧故障定位装置通常采用 2Mbit/s 专用通道进行通信，通信协议为 G.703 标准通信接口协议。

直流线路故障定位装置宜具有与保护及故障信息子站系统通信的功能，通信宜采用以太网接口，规约宜采用 DL/T 860《电力自动化通信网络和系统》。

4. 对时功能

直流线路故障定位装置应具有对时功能。当采用换流站统一的时间同步系统时，一般采用光纤接口的 IRIG-B（DC）时码作为对时信号，对时精度应小于 1μs。当接收换流站内时间同步系统不能满足对时精度要求或接口有困难时，直流线路故障定位装置需要配置独立的对时设备。

5. 显示功能

直流线路故障所处位置和故障发生的时间应分别能在两端换流站的直流线路故障定位装置上显示并打印，故障点的显示方式应是直流线路铁塔号码及故障点到该换流站的距离。

第八节 接地极线路故障监测系统

一、接地极线路故障监测系统配置

接地极是直流输电系统运行的重要组成部分，

它在单极大地回线方式和双极运行方式中分别承载引导入地电流和不平衡电流的作用，接地极的安全稳定运行直接关系到直流输电系统能否正常可靠运行。因此有必要对接地极线路配置独立的故障监测系统，作为接地极线路保护的功能补充，进行有效的故障定位，以减少系统运行风险，提高直流输电可靠性。

二、接地极线路故障监测系统原理及组成

目前国内直流输电工程中的接地极线路故障监测系统主要采用注入电流方式和高频脉冲反射方式两种原理。

1. 注入电流方式

注入电流方式也是阻抗监视方式。图 13-28 所示为注入电流方式接线图，在接地极极线上安装阻断滤波器 C2/L2 和 C3/L3，在接地极极线接地回路上安装注入滤波器 C1/L1，通过注入变压器 EL1 注入高频交流电流，主控制楼内的监测装置采集接地极极线上的电流和注入点的接地电压，通过接地极线路故障监测主机计算出接地极线路阻抗，并进行故障分析。如果阻抗值突然发生大幅度变化，则可能发生接地极线路故障。

变压器 EL1 通过屏蔽双绞线型信号电缆与直流控制保护系统连接。

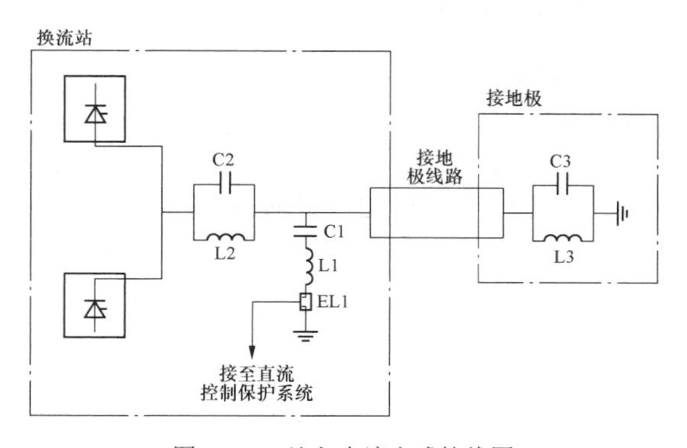

图 13-28　注入电流方式接线图

2. 高频脉冲反射方式

高频脉冲反射方式也是时域反射方式。图 13-29 所示为高频脉冲反射方式接线图，在接地极极线上安装耦合电容器 C1/C2，同时安装避雷器 F1 用于保护耦合电容器，通过载波单元 Z1 向接地极线路注入高频脉冲，脉冲沿接地极线路前行，在线路上介质不均匀的地方反射回注入点。在主控制楼内配置接地极线路故障监测主机采集反射脉冲，并进行故障分析。正常情况下，脉冲在接地极线路末端反射回来，如果线路上有故障，就会在故障点产生一个额外的反射波，通过分析反射波形可以判定故障类型。

载波单元 Z1 通过 75Ω同轴电缆与主机连接。

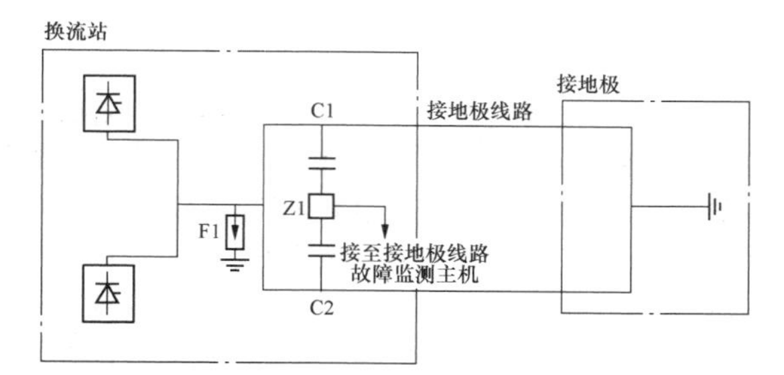

图 13-29　高频脉冲反射方式接线图

三、接地极线路故障监测系统功能

接地极故障监测系统具有的功能包括故障监测功能、通信功能及对时功能。

1. 故障监测功能

接地极线路故障监测系统应能够对接地极线路的运行状态进行实时监视，一旦接地极及其引线出现开路或者接地故障，应能正确地记录并报警。

接地极线路故障监测系统还应具有自检功能，当设备发生自身故障时应闭锁可能的误报警。

当工程存在共用接地极的情况时，接地极线路故障监测系统需要对故障数据自动进行修正，以满足共用接地极的要求。

2. 通信功能

通常接地极线路故障监测系统能将系统故障等信息接入换流站控制系统。与换流站控制系统的通信采用以太网接口，通信协议采用 TCP/IP 标准协议。

3. 对时功能

接地极线路故障监测系统应具有对时功能，一般采用 IRIG-B（DC）对时信号，也可采用秒脉冲或网络时间报文对时信号，对时精度小于 1ms。

第十四章

二次辅助系统

二次辅助系统是相对于换流站控制保护主系统而言的，本章换流站二次辅助系统主要包括阀冷却控制保护系统、谐波监视系统、全站时间同步系统、火灾自动报警系统、图像监视及安全警卫系统、设备状态监测系统和阀厅红外测温系统。二次辅助系统对于换流站的生产运行具有重要作用，配置合理和完善的二次辅助系统能有效保证生产主系统的可靠运行，提升换流站的整体智能化和运行管理水平，提高运检人员的工作效率，节约换流站设备维护成本。国内换流站中二次辅助系统的应用，经历了设备配置从少到多、子系统从分散到集成、设备技术水平从落后到先进的逐步发展完善的历程。

第一节　阀冷却控制保护系统

换流站的每个换流器需要配置一套完全独立的阀冷却系统，每套阀冷却系统又分为阀内冷却系统和阀外冷却系统。阀内冷却系统目前均采用的是内水冷却系统，主要由主循环泵、补水泵、膨胀水箱、主过滤器、离子交换器、阀门、仪表、冷却水管等组成。阀外冷却系统一般有水冷却和空气冷却两种方式：水冷却方式的阀外冷却系统主要由冷却塔、喷淋水泵、软化水装置、加药（或反渗透）装置、旁路过滤装置、喷淋水池等组成；空气冷却方式的阀外冷却系统的主要设备为冷却风机。

每套阀冷却系统需要配置相应的阀冷却控制保护系统，一般由阀冷却设备供货商成套提供，用于实现阀冷却系统的控制、监视和保护，主要包含对阀冷却系统各种水泵、风扇、电动阀门等调节控制，对主要设备的运行状态和运行参数的监视以及对水温、流量及压力异常、回路漏水等设置保护。

一、系统构成

（一）配置原则

阀冷却控制保护系统应按每个极、换流器或换流单元独立双重化冗余配置，冗余的范围从阀冷却控制保护系统的电源、控制主机、I/O板卡到为该控制保护系统提供信息的传感器等。

阀冷却系统的内冷却系统和外冷却系统控制保护通常是统筹考虑、统一配置，也可以根据实际工程的需要分别独立配置，如内冷却控制保护系统负责内冷却水系统的监控和保护，外冷却控制保护系统负责外冷设备的监控和保护。阀内冷却和阀外冷却控制保护系统通过硬接线方式交换必要的信号。

（二）系统组成

阀冷却控制保护系统一般包括阀冷却保护控制器（或控制主机）和信号采集I/O单元、各种传感器以及通信网络。图14-1所示为阀冷却控制保护系统结构图。

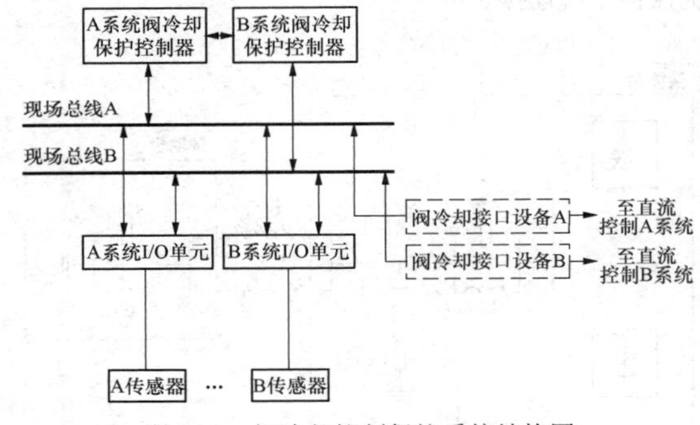

图14-1　阀冷却控制保护系统结构图

（1）阀冷却控制保护控制器（或控制主机）是阀冷却控制保护系统的核心元件，采用双重化配置，集成了控制、监视和保护功能。阀冷却控制保护控制器（或控制主机）通常由CPU、电源模块、接口模块、通信模块、人机界面模块等组成。

（2）信号采集I/O单元采用双重化配置，用于采集阀冷却系统各种设备的状态信号和冷却水压力、温度等模拟量信号，并发送指令信号至相关设备。

（3）各种传感器用于阀冷却系统的前端模拟量的采集，主要包括温度传感器、流速传感器、压力传感器、液位传感器等。传感器采用双重化或三重化冗余配置方式。

（4）阀冷却控制系统通信网络采用冗余设计，从控制器到 I/O 单元以及控制器至直流控制系统的通信网络均采用冗余的现场总线式网络。

当阀冷却控制保护系统与直流控制保护系统之间无法通过通信总线传输信息时，可根据需要配置阀冷却接口设备，将阀冷却系统的相关信息通过阀冷却接口设备传送至直流控制保护系统。

二、阀冷却控制系统功能

（一）控制方式

阀冷却控制系统的基本控制方式主要有手动控制、自动控制和事故控制三种。

1. 手动控制

手动控制用于完成系统设备的检修维护及调试。换流阀在未投入运行状态，主循环泵、补水泵、电加热器、风扇、电磁阀和电动三通阀等设备能通过控制柜操作面板进行手动操作，完成系统设备的检修维护及调试。

2. 自动控制

自动控制一般为正常运行控制方式，通过主控制室运行人员工作站下发自动操作指令，实现对阀冷却系统的控制。当主控制室下发操作指令时，就地操作面板的操作命令将会失效。

阀冷却控制保护系统收到自动启动指令后，阀冷却控制保护系统的控制主机通过监测水温、流量、压力、电导率、水位、漏水检测等参数，并根据设定好的整定值，自动调整主循环泵、风机、补水泵等设备的运行状态，同时监控阀冷却系统的运行状况和检测系统故障，及时发出报警或跳闸信号。

3. 事故控制

阀冷却控制系统需设置紧急停运按钮，无论是在自动控制或手动控制运行，当系统或设备发生紧急事故情况时，运行人员操作紧急停运按钮能够立刻停止主循环泵的运行，同时，阀冷却控制系统发出跳闸信号至直流控制保护系统，闭锁直流。

（二）控制功能

换流站通过改变晶闸管换流阀的导通角来连续调节系统输送容量。晶闸管阀的导通角不同，流过晶闸管阀的电流有效值不同，晶闸管阀的发热量也不同。因此，阀冷却系统的控制功能应确保阀冷却水进阀温度基本稳定，严禁晶闸管阀运行时冷却水进阀温度骤升骤降，并要求通过改变水冷却散热量来跟踪晶闸管阀热负荷的变化，使阀冷却水进阀温度稳定在设定范围内。

1. 主循环泵控制

阀冷却系统的内冷却系统通常配备两台主循环泵，一运行一备用，互为冗余，用于阀内冷却水的循环。每台主泵具有两个独立的工作回路：主泵工频旁路回路和主泵软启动回路，只要其中任一回路正常均可以保证主泵正常工作。通常情况下，即使换流阀退出运行，主循环泵也不切除，内冷却循环水系统保持运行，除非内冷却循环水系统自身故障跳闸。因为主循环泵停泵时间过长后，冷却系统的内部水质下降很快，可能会导致再启动泵时电导率严重超标。

2. 温度控制

阀冷却系统的温度可按低温段、中温段、高温段实施分段控制。

（1）低温段。冷却水进阀温度处于低温段时，电动三通阀全关，切除室外阀外冷却散热器回路，使系统散热量最小。如此时冷却水进阀温度继续下降，下降至设定值时，则启动电加热器，防止冷却水进阀温度过低导致沿程管路及被冷却器件损伤。低温段控制一般用于冬天室外环境温度极低、换流器处于低负荷运行的工况。

（2）中温段。冷却水进阀温度处于中温段时，通过开/关电动三通阀改变冷却水经空气散热器的流量，从而改变系统散热量，最终使冷却水进阀温度稳定在电动三通阀工作温度范围内。

（3）高温段。冷却水进阀温度处于高温段时，电动三通阀全开，冷却介质全部流经室外阀外冷却设备的冷却回路，系统散热量通过控制室外的阀外冷却的散热器来完成。高温段控制一般用于夏天室外环境温度较高、换流器高负荷运行的工况。

阀冷却系统的温度控制是由阀内冷却系统的电动三通阀和电加热器及阀外冷却系统的散热器（风扇、冷却塔）共同完成的。电动三通阀能控制阀内冷却水参与内部或外部散热循环，电加热器是为了防止换流阀凝露或环境温度过低而引起进阀水温过低。

3. 补水控制

（1）内冷却补水控制。阀冷却的内冷却系统通常需配置补水回路，当内冷却水循环系统里的水消耗到一定程度，通过补水回路对循环水进行补充。补水回路一般设置两台互为备用的补水泵、一台原水泵和补水箱。

阀冷却系统在自动模式下运行时，补水泵能根据膨胀水箱的液位情况自动从补水箱中抽水补充，即液位低于设定值时补水泵启动自动补水，一直到膨胀水箱液位到达停泵液位时停止。在监测到运行的补水泵故障时，能自动切换到备用的补水泵。同时，补水泵也可以手动启停。不论是手动补水还是自动补水，补水箱液位低报警时，将强制停止补水泵，防止将大量空气吸入换流阀冷却水系统。

原水泵通常仅考虑手动启动功能，由运行人员根据情况在任何液位时手动启动，达到高液位时自动停泵，以补充补水箱中的水量。

（2）外冷却补水控制。阀外水冷却系统的补水系统主要由一台全自动过滤器、一台补水电动开关阀和液位传感器等设备组成。

室外喷淋水池需配置自动补水阀及电子水位计，自动检测喷淋水池水位。当室外喷淋水位达到低水位时，自动开启补水阀补水，并联锁启动综合水泵房内的水泵，对喷淋水池的水进行补充；当室外喷淋水位达到高水位时，则自动关闭补水阀，并联锁关闭综合水泵房内的水泵。

4. 补气控制

在阀冷却的内冷却系统中，为了保持除氧功能和保证冷却水进阀压力，一般还需配置氮气稳压回路。氮气稳压回路设置补气电磁阀、排气电磁阀，两种电磁阀均为一用一备方式。

当膨胀水箱内的气体压力低于补气电磁阀打开压力值时，补气电磁阀自动打开；当膨胀水箱压力高于补气电磁阀关闭压力值时，补气电磁阀自动关闭。补气电磁阀具有手动操作和故障切换功能。

当膨胀水箱压力高于排气电磁阀打开压力值时，排气电磁阀自动打开；当膨胀水箱压力低于排气电磁阀关闭压力值时，排气电磁阀自动关闭。排气电磁阀具有手动操作功能。

5. 喷淋泵及风机控制

阀外冷却系统采用水冷却方式时，需配置冷却塔，每个冷却塔配置冗余的喷淋泵和冷却风机。采用风冷却方式时，需配置多台冷却风机。

两台喷淋泵采用一用一备的运行方式，任何时候只有一台喷淋泵运行。在工作泵故障时自动切换至备用泵；两台泵均正常时，工作泵按照预设定的切换时间切换；备用泵故障时，禁止工作泵定时切换。喷淋泵有自动控制和手动控制两种方式：自动控制方式是当冷却循环水进阀温度和喷淋水池液位高于设定值，同时冷却风机正在运行时，阀冷却控制系统下发启动喷淋泵的命令，启动喷淋泵运行；手动控制方式是通过人工手动启动喷淋泵。

每台冷却风机均配置一台变频器，变频器的工作频率为30～50Hz。变频器有自动控制和手动控制两种方式：自动控制方式是根据预设定的温度启动冷却风机，在冷却风机启动之后，根据进阀温度和目标温度之间的偏差自动控制风机的转速以调整温度偏差，防止进阀温度陡升陡降。手动控制方式仅实现风机的启停及转速控制，即通过变频器操作面板设定冷却风机的工作频率，将冷却风机启动或停止。

6. 软化与加药控制

阀外冷却系统采用水冷却方式时，长时间运行后，水冷却系统的管道内可能结垢，也容易生长多种微生物和藻类，这会带来一系列的危害，如黏泥沉积、管道堵塞、传热效率降低、设备腐蚀等。在系统运行过程中，会导致受热接触面减少，使闭式冷却塔效率降低，给冷却水系统的运行和操作带来较多的问题。

因此，阀外冷却的水系统需要对水进行软化处理和加药处理，阻止结垢和杀菌灭藻。一般情况下，阀外水冷却系统会配置一套软化水装置和一套加药装置，在向阀外冷却水系统补水时，自动或手动启动软化水装置，同时补充阻垢剂，保障新补充的水质；杀菌剂一般采用定期加入的方式，用以确保存量水的水质。

（三）监视功能

为了保证阀冷却系统的正常稳定运行，阀冷却控制保护系统需要对主循环水泵、喷淋水泵、冷却风扇、电动阀门等重要设备的运行状态进行监视，同时还需要对阀冷却水温度、流量、电导率、压力和室内膨胀水箱（罐）、室外水池水位、环境温度等参数进行监测。

在阀冷却系统监视的各种参量中，对于影响直流输电系统正常运行的信号，如进阀温度过高、主循环泵故障等，应采用硬接线的方式接入直流控制保护系统，用于判断是否跳闸停极。对于不影响直流输电系统正常运行，只是影响阀冷却系统运行的信号，可采用通信总线的方式接入直流控制保护系统，发出报警信号，通知运行人员及时处理。

三、阀冷却保护系统功能

为了确保阀冷却系统的安全稳定运行，应为阀冷却系统配置对应的保护。阀冷却保护系统一般配置温度异常保护、流量及压力异常保护、膨胀水箱液位异常保护、泄漏保护和电导率高保护等。

（一）温度异常保护

温度异常保护分为进阀温度保护和出阀温度保护两种。

（1）进阀温度保护是检测阀内冷却系统的进阀水温，当温度达到门槛值时，阀冷却保护系统向直流控制保护系统发出跳闸指令。目前国内工程中温度保护实现方式主要采用“三取二”保护逻辑方式，具体为：在换流阀供水管道上设置3台进阀温度传感器，监测换流阀进水温度，当2只或3只传感器同时检测到进阀温度高于设定值时，阀冷却保护系统发出跳闸指令；当有2只传感器同时故障，第3只温度传感器检测值超过进阀温度设定值时，阀冷却保护系统发出跳闸指令；当3只传感器全部故障，阀冷却保护系统发出跳闸指令。

（2）出阀温度保护是检测阀内冷却系统的出阀水温，当温度达到门槛值时，阀冷却保护系统向直流控制保护系统发出功率回降信号。通常在换流阀出水管道上设置 2 台出阀温度传感器监测出阀温度，当任意一只传感器检测到出阀温度高于门槛值时，阀冷却保护系统向直流控制保护系统发出功率回降信号。

（二）流量及压力异常保护

流量及压力异常保护用于防止阀内冷却水回路中的流量及压力降低，减少了整个换流阀与冷却系统的热交换效率，导致换流阀温度过高。

通常在换流阀冷却水管道上设置 2 台冗余的流量传感器；在换流阀进水口管道处设置 2～3 台压力传感器，在出水口管道处设置 2 台冗余的压力传感器。

（1）当正在运行的主循环泵故障时，阀冷却系统出现出水压力低报警，系统自动切换到备用泵运行。

（2）当两台主循环泵均故障，同时进阀压力值低于压力低门槛值时，阀冷却保护系统延时发出跳闸指令。

（3）当冷却水流量低于流量超低门槛值，同时进阀压力值低于压力低门槛值时，阀冷却保护系统延时发出跳闸指令。

（4）当进阀压力值低于压力超低门槛值时，并且出阀压力值低于出阀压力超低门槛值时，阀冷却保护系统延时发出跳闸指令。

（三）膨胀水箱液位异常保护

液位异常保护保证膨胀水箱处于正常水位，防止液位低于超低液位时氮气进入密闭式管道系统，造成水泵汽蚀，导致流量、压力等急剧下降而影响换流阀正常运行。

液位异常保护一般在膨胀水箱设置两台液位传感器和一台液位开关。

（1）当两台膨胀罐液位传感器检测值同时低于超低液位的门槛值时，阀冷却保护系统延时发出跳闸指令。

（2）当膨胀水箱的一台液位传感器检测值低于超低液位的门槛值，同时液位开关检测到液位低时，阀冷却保护系统延时发出跳闸指令。

（四）泄漏保护

泄漏保护是为了防止阀内冷却的水管故障导致冷却水渗漏，影响换流阀正常运行。泄漏保护的原理是通过膨胀水箱中的水位变化趋势判断是否有渗漏现象。

阀冷却保护系统对膨胀水箱的液位进行连续监测，在每个扫描周期对当前值进行计算和判断。两台液位传感器同时检测液位，当液位传感器的液位变化满足跳闸逻辑时，泄漏保护发出报警或跳闸信号。

需要说明的是，阀外冷却的风冷却风机启/停信号，应参与内冷却泄漏保护的出口判别。内冷却系统泄漏报警须排除温度变化导致液位变化的影响，以及换流阀投运/退出运行、风冷却风机启/停信号、主循环泵切换和电动三通阀工作的影响，在泄漏报警时进行相应的闭锁。

（五）电导率高保护

冷却水电导率高保护一方面考虑阀水冷却系统管道在高电压下的均压要求，避免在管道上由于电压差不均匀导致绝缘击穿；另一方面考虑泄漏后换流阀元器件表面绝缘要求。

阀水冷却系统电导率高保护通常设置电导率高和电导率超高两级预警，不设置跳闸，不停运直流系统。

四、设备配置及接口方案

（一）设备配置

1. 阀冷却控制保护的控制器配置

阀冷却控制保护的控制器（或控制主机）通常采用 PLC 控制器，PLC 系统的 CPU、电源模块、I/O 模块、接口模块、通信模块、人机界面模块均采用双重化冗余配置。

（1）PLC 控制系统所有模块均要求具有在线更换功能，方便系统维护。

（2）PLC 控制系统通信网络应冗余设计，CPU 到 I/O 模块以及 CPU 至控制保护的通信网络均采用交叉冗余的通信网络，人机界面和 CPU 通信网络冗余设计。

（3）PLC 控制系统采用热备用模式的主动冗余原理，发生故障时能无扰动地自动切换。无故障时两个子单元均处于运行状态，如果发生故障，正常工作的子单元能独立完成整个过程的控制。

2. 阀冷却控制保护的传感器配置

各种传感器的配置需保证阀冷却控制和保护功能的要求，主要包括温度传感器、流量传感器、压力传感器、液位传感器等。

（二）内部接口

阀冷却控制保护系统与各种传感器、电磁阀、水泵通常均由阀冷却设备厂家成套供货，因此阀冷却控制保护系统与这类相关设备的接口属于阀冷却系统的内部接口，一般均采用硬接线接口方式。

1. 开关量信号

图 14-2 所示为重要开关量输入信号内部接口引接方式，两副信号触点与双套 I/O 单元之间采用一对一接入方式。图 14-3 所示为一般开关量输入信号内部接口引接方式，单副信号触点同时接入双套 I/O 单元。

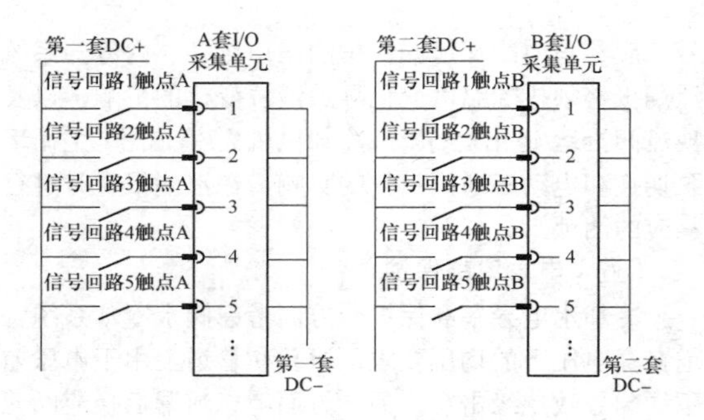

图 14-2　重要开关量输入信号内部接口引接方式

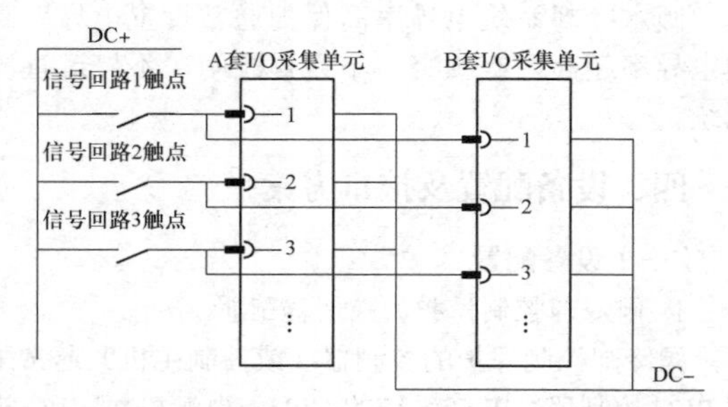

图 14-3　一般开关量输入信号内部接口引接方式

图 14-4 所示为开关量输出信号内部接口引接方式，I/O 单元与出口继电器均按双重化方式设置，双套出口继电器触点并联后同时接入受控回路。

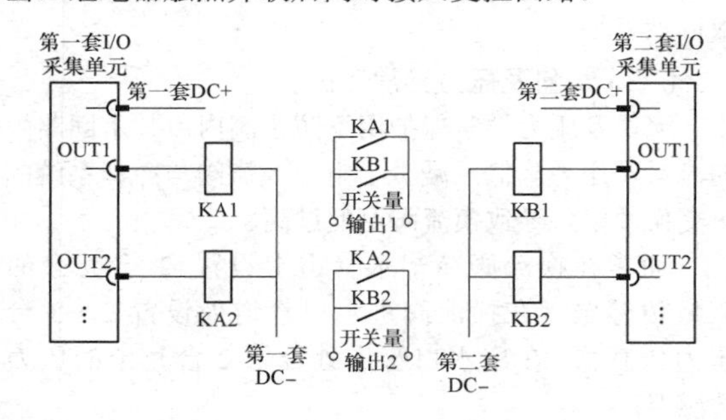

图 14-4　开关量输出信号内部接口引接方式

2. 模拟量信号

图 14-5 所示为模拟信号内部接口引接方式。针对同一点的测量信号，第一套 I/O 单元采集传感器 A 的信号，第二套 I/O 单元采集传感器 B 的信号。当有传感器 C，需要采用三取二方式时，则将信号送至公用 I/O 单元，公用 I/O 单元采用单独的信号电源。

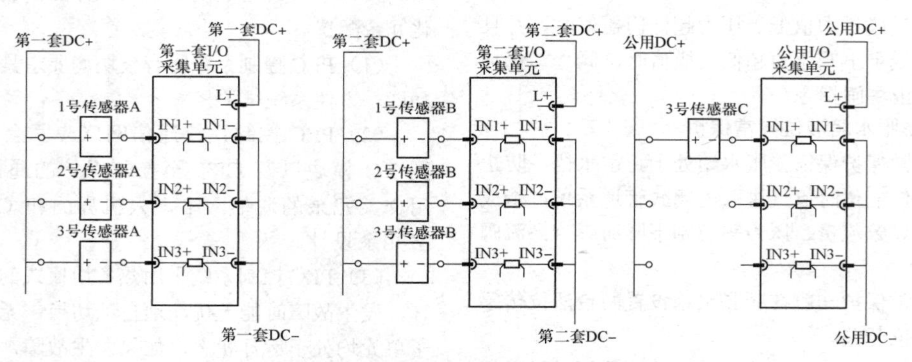

图 14-5　模拟信号内部接口引接方式

（三）外部接口

阀冷却控制保护系统与直流控制保护系统之间的接口属于阀冷却系统的外部接口，通常采用硬接线或总线通信的方式接口。

1. 接口方案

目前的工程中，直流控制保护系统和阀冷却控制保护系统通常不由同一厂家供货，直流控制保护系统厂家需配置阀冷却接口设备与阀冷却控制保护系统连接。阀冷却接口设备可单独配置阀冷却接口屏，也可将阀冷却接口设备布置在阀内冷却控制屏中。

2. 接口信号

（1）阀内冷却控制保护系统与直流控制保护系统的接口信号。阀内冷却控制保护系统与直流控制保护系统的接口主要在阀内冷却控制屏和阀冷却接口设备之间，接口类型采用硬接线形式。

1）直流控制保护系统下发至阀内冷却控制保护系统的开关量信号主要包括远方启动/停止主泵、换流阀解锁/闭锁、直流控制系统 A/B 有效等。

2）阀内冷却控制保护系统上传至直流控制保护系统的开关量信号主要包括阀内冷却系统运行/停运、阀内冷却系统启动跳闸、阀内冷却控制 A/B 系统有效、阀内冷却系统准备就绪、阀内冷却控制系统请求停水冷却、阀内冷却控制系统故障、功率回降等。

3）阀内冷却控制保护系统上传至直流控制保护系统的模拟量信号主要包括阀厅温度、进阀温度、出阀温度、室外温度等。

（2）阀外冷却控制保护系统与直流控制保护系统的接口信号。阀外冷却控制保护系统与直流控制保护系统接口主要在阀外冷却控制屏和阀冷却接口设备之间，用于交换相关信号，接口类型采用硬接线形式。

1）直流控制保护系统下发至阀外冷却控制保护系统的开关量信号主要包括换流阀解锁/闭锁、直流控制系统 A/B 有效等。

2）阀外冷却控制保护系统上传至直流控制保护系统的开关量信号主要包括阀外冷却系统 A/B 系统有效、阀外冷却系统准备就绪等。

第二节 全站时间同步系统

换流站继电保护装置、自动化装置、安全稳定控制系统等均应基于统一的时间基准运行，以满足事件顺序记录、故障录波、实时数据采集等对时间一致性的要求。换流站应配置一套公用的时间同步系统，用于接收外部时间基准信号，并按照要求的时间精度对外输出时间同步信息，为换流站各被授时系统或设备提供全站统一的时间基准，使各系统或设备在统一的时间基准上进行数据比较、运行监控及事故后的故障分析。

一、系统结构

（一）系统构成

换流站时间同步系统通常由主时钟、从时钟和信号传输介质组成。为提高时间同步系统的可靠性，时间同步系统推荐采用主备式，主备式时间同步系统的结构参见图 14-6。

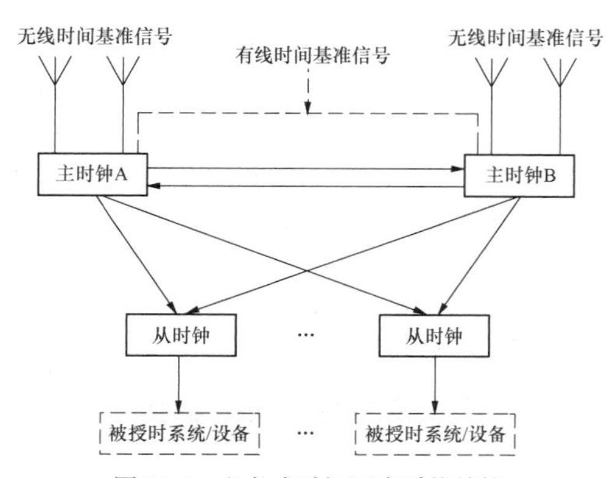

图 14-6 主备式时间同步系统结构

主时钟双重化配置，互为热备用，每套主时钟均采用两路无线授时基准信号，宜选用不同的授时源。根据实际需要和技术要求，主时钟还可留有接收上一级时钟同步系统下发的有线时间基准信号的接口。

从时钟，也称为扩展时钟，其配置应根据工程规模和二次设备的布置确定。从时钟的信号接收单元应能接收双套主时钟的基准信号，主、从两路时间基准信号互为备用。

（二）时间同步信号

1. 同步信号类型

换流站时间同步系统的时间信号类型主要包括硬对时、软对时、编码对时、网络对时四种方式。

（1）硬对时。硬对时也称为脉冲对时，换流站中通常采用的脉冲对时信号主要有秒脉冲（1pulse per second，1PPS）和分脉冲（1pulse per minute，1PPM），时间同步信号输出方式有 TTL 电平、静态空触点、RS 422、RS 485 和光纤等。秒脉冲和分脉冲的对时精度可达到微秒级。

（2）软对时。软对时主要指串口报文对时（如 RS 232、RS 422/485 等），时间报文包含信息主要有年、月、日、时、分、秒，也可包含其他内容，如报警信息等，报文信息格式为 ASCII 码、BCD 码或十六进制码。串口报文对时的精度可以达到毫秒级。串口报文对时受距离限制，如 RS 232 口传输距离约为 30m，RS 422 口传输距离约为 150m，距离的增大将导致时延变长。

（3）编码对时。编码时间信号有多种，换流站通常应用的有 IRIG-B 和 DCF77 两种。

1）IRIG-B 码有调制和非调制两种，其中非调制 IRIG-B 即为 IRIG-B（DC）码，调制后为 IRIG-B（AC）码。IRIG-B（DC）码通常采用 TTL 接口和 RS 485/422 接口输出，也可借助光纤接口实现较远距离的传输，IRIG-B（DC）的对时精度可达亚微秒级。IRIG-B（AC）一般采用平衡接口输出，对时精度一般为微秒级。

2）DCF77 也是一种编码对时，对时的精度可达毫秒级，采用脉冲方式输出时间编码。

（4）网络对时。网络对时基于网络时间协议（network time protocol，NTP）、简单网络时间协议（simple network time protocol，SNTP）和精确时间协议（precision time protocol，PTP）。根据同步源和网络路径的差异，NTP 在多数情况下能够提供 1～50ms 的时间精确度；SNTP 是在 NTP 基础上简化了时间访问协议的版本，其授时精度为秒级；PTP 是 IEEE 1588《网络测量和控制系统的精密时钟同步协议》规范的一种精确时间协议，用于对标准以太网或其他采用多播技术的分布式总线系统中终端设备的时钟进行亚微秒级同步。在换流站中主要用到的网络对时方式为 NTP 和 SNTP，用于向控制系统的各服务器设备授时。

2. 传输介质

换流站时间同步信号的传输介质通常包括同轴电缆、屏蔽控制电缆、光纤和屏蔽网线等。

（1）同轴电缆。用于室内传输 TTL 电平信号，如 1PPS、1PPM、IRIG-B（DC）码的 TTL 电平信号，传输距离不大于 15m。

（2）屏蔽控制电缆。屏蔽控制电缆可用于以下信号：

1）传输 RS 232C 串行口时间报文，传输距离不大于 15m。

2）传输静态空触点脉冲信号，传输距离不大于 150m。

3）传输 RS 422、RS 485、IRIG-B（DC）码、IRIG-B（AC）码等信号，传输距离不大于 150m。

（3）光纤。主要用于主、从时钟之间的连接（同一面屏内的主、从时钟之间可不使用光纤），以及需要远距离传输各种时间信号的场合。

（4）屏蔽网线。用于传输网络时间报文，传输距离不大于 100m。

3. 时钟接口容量及二次接线要求

（1）时钟接口容量。主时钟接口输出容量应考虑换流站终期规模所有从时钟的授时需求，从时钟的接口输出容量和接口类型应考虑本功能房间终期规模所有可能需要授时的设备对时间信号的数量及类型要求。

（2）二次接线要求。主时钟宜布置在主控制楼，其他不同建筑物内的二次功能房间，如辅控制楼内的直流控制保护设备间、各继电器小室等应分别设置从时钟，主时钟与位于不同房间的从时钟之间采用光纤连接。

（3）新建换流站宜配置全站统一的时间同步系统，满足站内所有二次设备的授时需求。当全站统一的时间同步系统不能满足某些二次设备的授时需求时，可由该设备供货商配套提供其专用的对时系统。

二、系统功能

（一）主时钟功能

主时钟由时间信号同步单元、守时单元、时间信号输出单元、显示与报警单元组成。

1. 时间信号同步单元

（1）时间信号同步单元用于接收基准时间信号，并将本地时间同步到基准时间。

（2）时间信号同步单元支持两路及以上时间信号源同时输入，能根据时间信息的状态、信号质量、主备控制策略等进行自动优化、选择及锁定当前授时信号。

（3）时间信号同步单元能同时接收北斗卫星导航系统和全球卫星定位系统（global positioning system，GPS）的授时信号。在地面时间中心存在时，能根据需要接收地面时间中心的基准时间信号。

2. 守时单元

守时单元采用高精度、高稳定性的恒温晶体作为本地守时时钟，其包括本地守时时钟和辅助电源（电池）。时间信号同步单元正常工作时，守时单元的时间被同步到基准时间。当接收不到有效的基准信号时，守时单元在规定的保持时间内输出符合守时精度要求的时间信号。其时间同步精度指标应优于 1μs/h，守时时间不小于 12h。

3. 时间信号输出单元

时间信号输出单元应能提供多种对时信号，满足换流站二次设备对时间信号稳定、可靠及高精度的要求。

换流站的脉冲对时信号、IRIG-B 码、串行口时间报文、网络时间报文等时间输出信号的接口类型、精度等要求执行 DL/T 1100.1《电力系统的时间同步系统 第 1 部分：技术规范》中的相关规定。时间信号输出单元保证时间信号有效时输出，时间信号无效时应禁止输出或输出无效标志。在多时间源工作模式下，时间输出不受时间源切换的影响。主时钟时间信号各输出接口在电气上需相互隔离。

4. 显示与报警单元

显示与报警单元应提供通信接口，将装置运行情况、锁定卫星的数量、同步或失步状态等信息上传，实现对时间同步系统的监视及管理，同时应能将电源报警、时间有效性等重要报警信号以空触点的形式输出。

（二）从时钟功能

主时钟的时间信号输出数量有限，应根据实际需要配置从时钟。

从时钟的时间信号由主时钟通过光（电）接口输入，支持 A、B 路输入，并可实现两路时间基准信号的自动切换。

从时钟应具有延时补偿功能，用来补偿主时钟到从时钟间传输介质引入的时延。

从时钟应具备自诊断功能，并支持通过本地人机界面、外部接口显示信息、设置配置参数，同时应能提供装置故障报警的信号。

三、二次设备的时间同步要求

（一）时间同步系统的对时范围

换流站时间同步系统的对时范围通常包括：直流控制保护装置，控制系统站控层设备、就地层分布式 I/O 单元或测控装置，保护及故障信息管理子站，交流保护装置，故障录波装置，交/直流线路故障测距装置，接地极线路故障监测系统，电能计量系统，安稳装置，相量测量装置及站内其他智能设备等。

（二）二次设备的时间同步要求

换流站直流系统有关的二次设备的时间同步技术要求参见表 14-1，交流系统有关的二次设备的时间同步要求同常规交流变电站。

表 14-1　换流站直流系统二次设备的时间同步技术要求

二次设备名称	时间同步准确度要求	时间同步信号类型
直流控制系统主机	1ms	IRIG-B（DC）、1PPM、1PPS、DCF77
直流系统保护装置	1ms	IRIG-B（DC）、1PPM、1PPS、DCF77
换流站监控系统站控层设备	1ms	NTP/SNTP
换流站监控系统就地层设备	1ms	IRIG-B（DC）、1PPM、DCF77
保护及故障信息管理子站	1ms	IRIG-B（DC）
直流故障录波装置	1ms	IRIG-B（DC）
直流线路故障测距装置	1μs	IRIG-B（DC）
接地极线路故障监测装置	1ms	IRIG-B（DC）、1PPS、DCF77

第三节　火灾自动报警系统

火灾自动报警系统是实现火灾早期探测、发出火灾报警信号，为人员疏散、防止火灾蔓延和启动自动灭火设备提供控制和指示的系统。火灾自动报警系统设备应选择符合国家有关标准和有关市场准入制度的产品。

一、探测范围及区域划分

（一）探测范围

换流站火灾自动报警系统的探测范围通常包括下列主要场所和设备。

（1）主要场所。主要场所包括阀厅、主/辅控制楼、就地设备室、电缆通道、综合水泵房、综合楼、换流变压器安装/检修厂房（如果有）、检修备品库、车库等场所。

1）主/辅控制楼主要有主控制室、培训室、资料室、会议室、站及双极控制保护设备室、极/阀组控制保护设备室、极/阀组阀冷却设备室、站公用蓄电池室、极/阀组蓄电池室、通信设备室、极/阀组 380V 配电室等。

2）就地设备室主要有就地继电器小室、蓄电池室、380V 公用配电室、35kV 及 10kV 配电室、户内 GIS 室、户内直流场等。

3）电缆通道主要指电缆隧道、电缆竖井、电缆夹层、户内电缆沟、重要功能房间活动地板下的电缆区域。

4）综合楼主要有会议室、办公室、值班休息室、餐厅、厨房等。

（2）主要设备。主要设备包括换流变压器、油浸式平波电抗器、单台容量为 125MVA 及以上的油浸式变压器以及单台容量为 200Mvar 及以上的高压并联电抗器等设备。

（二）报警区域和探测区域的划分

（1）报警区域。换流站火灾报警区域应根据防火分区划分，可将一个防火分区划分为一个报警区域，也可将发生火灾时需要同时联动消防或暖通设备的相邻几个防火分区划分为一个报警区域。

（2）探测区域。换流站原则上按以下要求和产品的具体性能划分探测区域：

1）探测区域应按独立房（套）间划分。一个探测区域的面积不宜超过 $500m^2$。

2）楼梯间、防烟及消防楼梯间前室、电缆隧道以及建筑物夹层等应单独划分探测区域。

二、系统设计

换流站火灾自动报警系统通常由火灾探测报警系统、吸气式烟雾探测系统和消防联动控制系统三部分构成。其中吸气式烟雾探测系统可作为火灾探测报警系统的子系统，早期的工程也有单独配置自成系统的。

（一）火灾探测报警系统的设计

换流站火灾探测报警系统的主要设计要求如下：

（1）火灾探测报警系统应采用集中报警系统的型式，由火灾报警系统工作站（或图形显示装置）、火灾报警控制器、火灾探测器、手动火灾报警按钮、火灾声光警报器等全部或部分设备组成。

（2）火灾探测报警系统应设有自动和手动两种触发装置。

（3）火灾探测报警系统应采用智能型、总线式网络结构。报警总线回路应按换流站终期建设规模配置，每一报警总线回路宜采用环型总线方式。

（4）火灾探测报警系统总线上应设置总线短路隔离器，每支总线短路隔离器保护的火灾探测器、手动火灾报警按钮和模块等设备的总数不应超过 32 个。总线穿越防火分区时，应在穿越处设置总线短路隔离器。

（5）火灾报警控制器的容量应按换流站终期建设规模配置，系统应易于扩展，每一总线回路所连接设备的总数不宜超过200点，且应留有不少于额定容量10%的裕量。火灾探测器等其他设备应按本期规模配置。

（6）不同型式的换流站，火灾报警控制器的设置方式有所不同。每极单12脉动换流站宜设置一台火灾报警控制器，布置在主控制楼；每极双12脉动换流站宜设置一台火灾报警主控制器和两个火灾报警分控制器，火灾报警主控制器布置在主控制楼，火灾报警分控制器布置在每个辅控制楼，也可根据需要布置在综合楼或备班楼；背靠背换流站宜设置一台集中火灾报警控制器，布置在主控制楼，当有多个换流器，设置有辅控制楼时，也可在每个辅控制楼设置一台分火灾报警控制器。

（7）火灾报警控制器宜为联动型火灾报警控制器，集成消防联动控制器的功能，应能根据设定的控制逻辑发出信号实现对风机、空调、消防系统等设备的联动控制，并显示受控设备的工作状态。

（8）火灾报警控制器应能够接收并发出火灾报警信号和故障信号，同时完成相应的显示和控制功能。

每极单12脉动换流器接线换流站、每极双12脉动换流器串联接线换流站及背靠背换流站火灾自动报警系统示意图分别参见图14-7～图14-9。

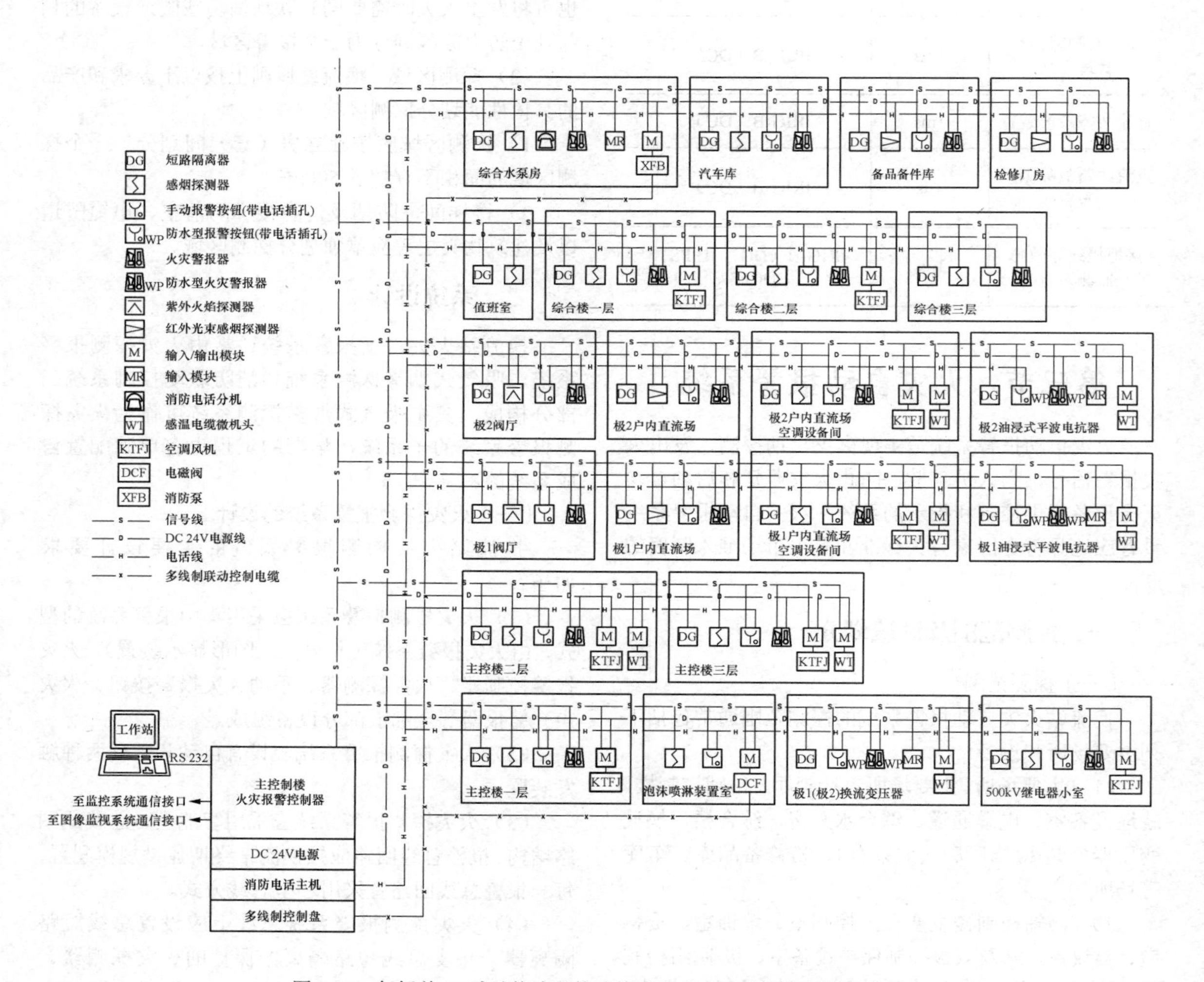

图14-7　每极单12脉动换流器接线换流站火灾自动报警系统示意图

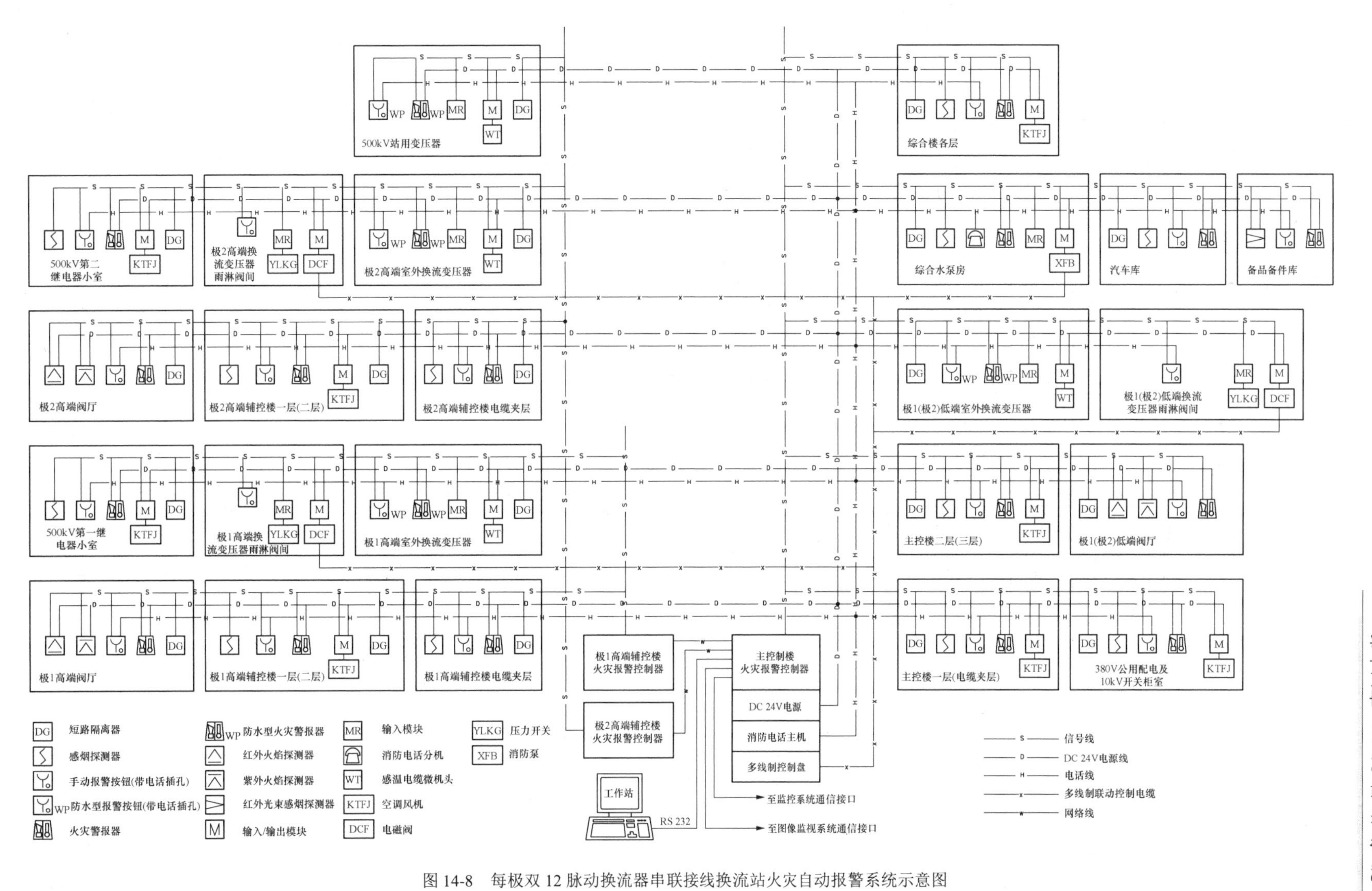

图 14-8　每极双 12 脉动换流器串联接线换流站火灾自动报警系统示意图

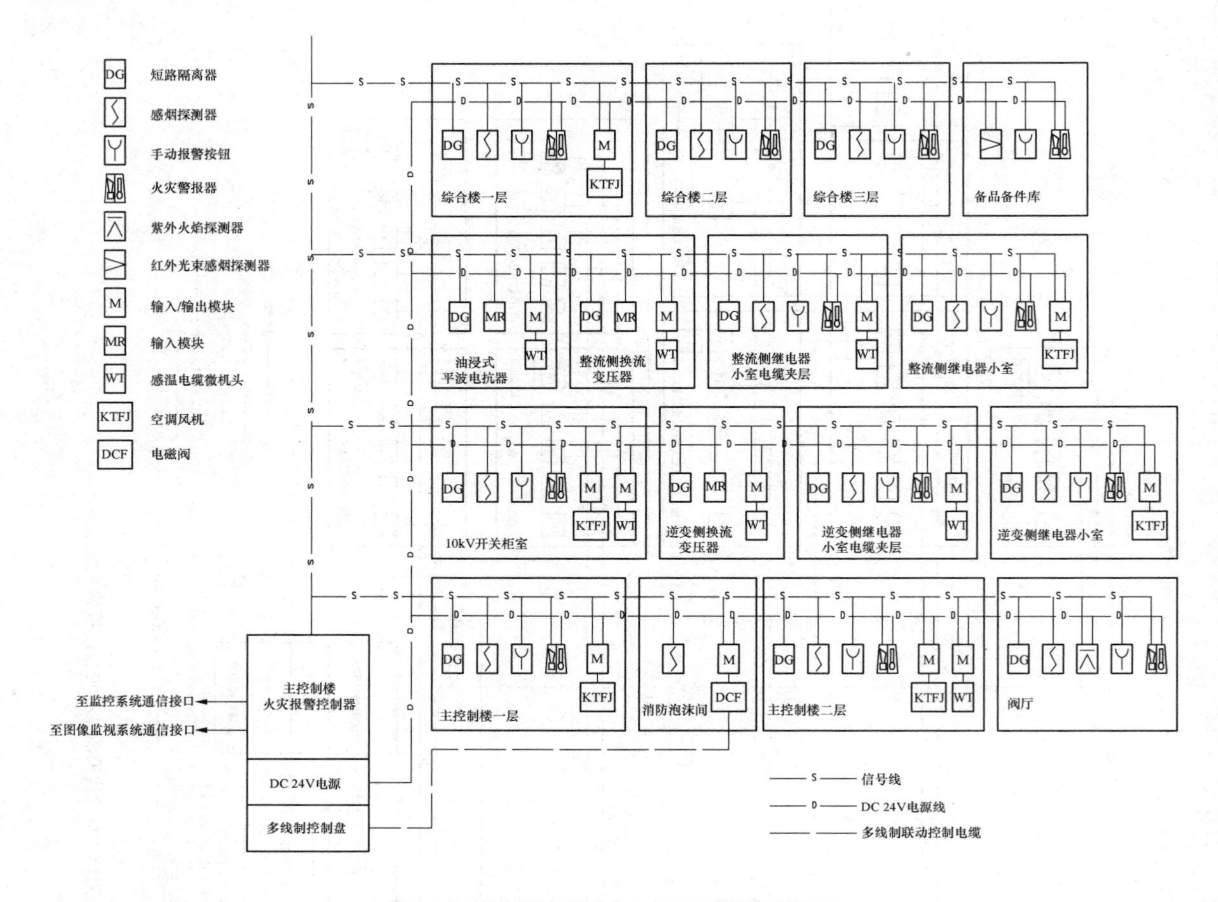

图 14-9　背靠背换流站火灾自动报警系统示意图

（二）吸气式烟雾探测系统的设计

由于传统点式感烟探测器工作原理是被动感烟，需等待烟雾慢慢扩散到其附件才能报警，存在灵敏度偏低且调节范围小、易受空调及其他因素影响、探测器安装方式单一、不能直接安装在设备内部等诸多缺点。对于换流站内阀厅等高大空间场所，若采用传统的点式探测器，烟雾识别存在一定的困难，故通常采用灵敏度高、主动采样的吸气式烟雾探测系统来实现火灾初期的探测报警功能。

1. 工作原理

吸气式烟雾探测技术的工作原理是通过一个内置的吸气泵及分布在被保护区域内的 PVC 采样管网，24h 不间断地主动采集空气样品，经过一个特殊的过滤装置滤掉灰尘后送至一个特制的吸气式激光探测器，空气样品在探测器中经过分析，将其中燃烧产生的微粒加以测定，由此给出准确的烟雾浓度值，并根据事先设定的报警浓度值发出火灾报警。吸气式烟雾探测系统采样管路示意及工作原理如图 14-10 和图 14-11 所示。

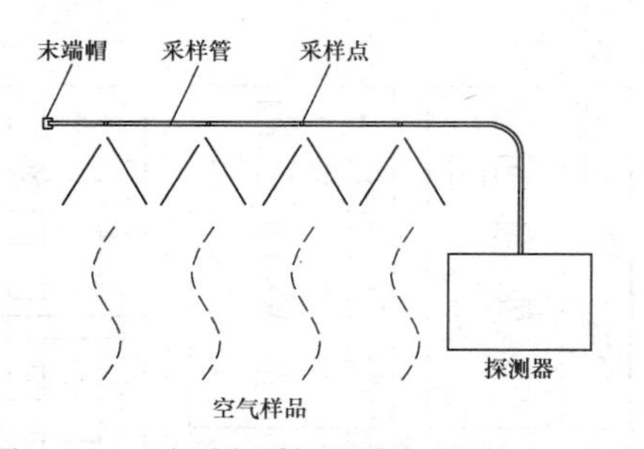

图 14-10　吸气式烟雾探测系统采样管路示意图

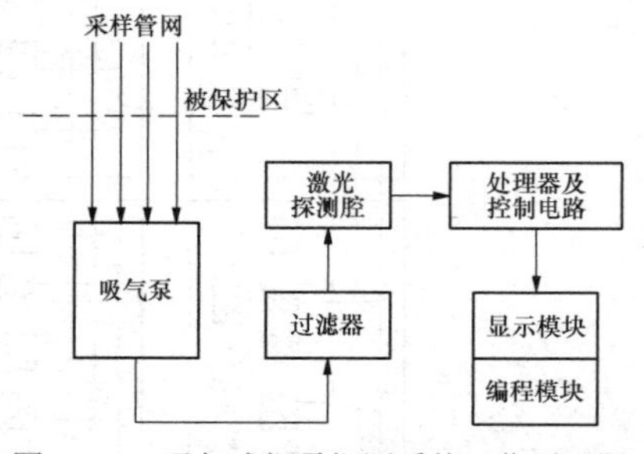

图 14-11　吸气式烟雾探测系统工作原理图

2. 系统设计

换流站吸气式烟雾探测报警系统的设计需满足以下基本要求：

（1）吸气式烟雾探测报警系统宜由吸气式感烟火灾探测器、空气采样管理主机（或编程模块）、空气采样显示器（也称显示模块）、空气采样管网等全部或部分设备组成。

（2）吸气式烟雾探测系统宜采用智能型、模块化、环型网络结构。

（3）吸气式烟雾探测系统宜配置1台独立的空气采样管理主机（或编程模块），实现对网络上所有探测、显示设备的编程或信息读取。

（4）空气采样管理主机（或编程模块）的容量应按换流站终期建设规模配置，并易于扩展，每一总线回路所连接设备的总数应留有不少于额定容量10%的裕量。吸气式感烟火灾探测器等其他设备应按本期规模配置。

（5）吸气式感烟火灾探测器应采用基于光学空气监测技术和微处理器控制技术的烟雾采样探测装置，由吸气泵、过滤器、激光探测腔、控制电路、继电器输出及就地信号指示灯等部分组成。

（6）每个吸气式感烟火灾探测器可根据需要配置1个空气采样远方显示器（显示模块），该显示器应能以数字或可视发光图条的方式显示探测器测得的被保护区域中的烟雾浓度，并根据烟雾浓度和预设的报警值，产生报警输出信号。

（7）吸气式烟雾探测系统应具有针对火灾报警的发热、冒烟、燃烧、高温各个阶段，设置警告（表明系统已经检测出异常现象）、行动（表明已有火灾隐患存在）、火警1（表明某处已有明火）、火警2（表明某处已处于热辐射阶段）等多层次的报警功能。各级报警阈值应可根据环境状态自动调节设置。

（8）吸气式烟雾探测系统宜具有与火灾探测报警及联动控制系统的接口功能，将吸气式烟雾探测系统状态、火灾报警信号、故障信号等信息上传至火灾探测报警系统，实现吸气式烟雾探测系统和火灾探测报警系统的双重报警和集中监控功能。同时从火灾探测报警及联动控制系统的联动控制模块输出信号联动控制阀厅内的消防和暖通设备。

（9）当吸气式烟雾探测系统不具有与火灾探测报警及联动控制系统的接口功能时，其探测器应配有可编程继电器，用于实现火灾声光警报器、阀厅内消防和暖通设备的联动控制。

（10）吸气式烟雾探测系统的编程模块和远方显示模块宜与火灾探测报警系统的火灾报警控制器合并组屏，当布置有困难时，也可设置独立的吸气式烟雾探测系统中央报警屏。

（三）消防联动控制系统的设计

1. 系统设计

（1）消防联动控制系统宜由消防联动控制器、消防专用电话、消防应急广播、输入/输出/中继模块等全部或部分设备组成，完成消防联动控制的功能。

（2）消防联动控制器的功能宜集成在火灾报警控制器中。当火灾报警控制器集成了消防联动控制器的功能时，消防联动控制系统的设计要求如下：

1）消防联动控制设备的控制信号宜和火灾探测器的报警信号在同一总线回路上传输。

2）联动控制设备宜通过总线编码模块控制。

3）火灾探测报警系统的控制器应能接收和显示消防联动控制设备的工作状态。

2. 联动控制设计

火灾自动报警系统应能根据工艺需求实现与换流站内风机、空调、门禁、电梯及自动灭火系统等的联动控制。联动控制回路宜按以下要求设计：

（1）联动型火灾报警控制器或消防联动控制器应能按照设定的控制逻辑向各相关的受控设备发出联动控制信号，并接受相关设备的联动反馈信号。

（2）联动型火灾报警控制器或消防联动控制器的电压控制输出应采用直流24V，其电源容量应满足受控消防设备同时启动且维持工作的控制容量要求。

（3）各受控设备接口的特性参数应与联动型火灾报警控制器或消防联动控制器发出的联动控制信号相匹配。

（4）消防水泵、消防电磁阀等重要控制设备，除具有就地控制和自动联动控制方式外，还应在主控制室设置手动直接控制装置。

（5）消防联动控制系统的联动输出触点应为无源触点，触点容量应满足受控设备控制回路的要求。

（6）需要火灾自动报警系统联动控制的消防设备，其联动触发信号应采用两个独立的报警触发装置报警信号的“与”逻辑组合。对于采用排油注氮灭火的变压器或电抗器，还宜增加满足本体重瓦斯保护、变压器断路器跳闸、油箱超压开关同时动作的条件才能启动排油注氮装置；采用水喷淋灭火的变压器或电抗器，水喷淋启动逻辑宜增加满足变压器超温保护和变压器断路器跳闸同时动作的条件。

（7）启动电流较大的消防设备宜分时启动。

三、系统设备的设置

（一）火灾报警系统工作站、火灾报警控制器的设置

1. 火灾报警系统工作站的设置

换流站火灾报警系统工作站应设置在有人值班

的主控制室内，其与集中报警系统主机应采用专线连接。

2. 火灾报警控制器的设置

当换流站主控制楼内设置有火灾报警系统工作站时，主控制楼内火灾报警控制器可组屏布置在二次设备室，否则主火灾报警控制器宜采用壁挂式设置在有人值班的主控制室内。

当辅控制楼内的火灾报警控制器组屏时，宜设置在辅控制楼二次设备室内；当采用壁挂式时，宜设置在辅控制楼一层门厅附近。

（二）火灾探测器的设置

1. 点型火灾探测器的设置

（1）换流站点型火灾探测器的设置数量和布置应满足 GB 50116《火灾自动报警系统设计规范》的要求。此外，火焰探测器的设置应考虑探测器的探测视角及最大探测距离，避免出现探测死角；应避免光源直接照射在火焰探测器的探测窗口；单波段的火焰探测器不应设置在平时有阳光、白炽灯等光源直接或间接照射的场所。

（2）主/辅控制楼、综合楼的各有关功能房间，门厅、过厅、走道、楼梯间，就地继电器小室、380V 公用配电室、35kV 及 10kV 配电室等场所，宜选择点型感烟探测器。其中蓄电池室应选择防爆类的点型感烟探测器。

（3）阀厅宜选择点型紫外火焰探测器，作为吸气式烟雾探测系统的后备，探测阀塔内产生的电弧。还可选择点型红外火焰探测器，作为吸气式烟雾探测系统的后备探测。

2. 线型火灾探测器的设置

（1）换流站线型火灾探测器的设置应满足 GB 50116《火灾自动报警系统设计规范》的要求。此外，线型光束感烟火灾探测器的设置应保证其接收端避开日光和人工光源照射；反射式探测器应保证在反射板与探测器间任何部位进行模拟试验时，探测器均能正确响应。

（2）线型感温火灾探测器在保护电缆时，应采用接触式布置；与线型感温火灾探测器连接的模块不宜设置在长期潮湿或温度变化较大的场所。

（3）户内 GIS 室、户内直流场、检修备品库换流变压器安装/检修厂房等场所宜选择红外光束感烟探测器。

（4）电缆隧道、电缆竖井、电缆夹层、户内电缆沟、重要功能房间活动地板下的电缆区域等场所，换流变压器、油浸式平波电抗器、高压并联电抗器等设备，宜选择缆式线型感温火灾探测器。

（5）红外光束感烟火灾探测器和缆式线型感温火灾探测器的探测区域长度不宜超过 100m，空气管差温火灾探测器的探测区域长度宜为 20～100m。

3. 吸气式感烟火灾探测器的设置

（1）换流站内吸气式感烟火灾探测器的选择条件通常为：

1）点型火灾探测器不适宜的大空间、建筑高度超过 12m 或有特殊要求的场所，此外，高度大于 12m 的空间场所宜选择两种及以上火灾参数的火灾探测器。

2）需要进行火灾早期探测的重要场所。

3）需要进行隐蔽探测的场所。

4）人员不宜进入的场所。

（2）非高灵敏度型吸气式感烟火灾探测器的采样管网安装高度不应超过 16m，高灵敏度吸气式感烟火灾探测器的采样管网安装高度可以超过 16m。采样管网安装高度超过 16m 时，灵敏度可调的探测器必须设置为高灵敏度，且应减小采样管长度、减少采样孔数量。

（3）吸气式感烟火灾探测器的每个采样孔的保护面积、保护半径应符合点型感烟火灾探测器的保护面积、保护半径的要求。

（4）一台探测器的采样管总长不宜超过 200m，单管长度不宜超过 100m，同一根采样管不应穿越防火分区。采样孔总数不宜超过 100 个，单管上的采样孔数量不宜超过 25 个。

（5）每台探测器可接 1～4 根采样管，当每根管的长度不相等时，应在探测器的所有管道出口处设置一个末端帽，以保证空气采样系统内的气流平衡。

（6）同一个探测器的采样管网系统不宜监测不同类型的环境。

（7）同一个被保护区内的采样点间距不应超过 9m，不应少于 1m。

（8）采样管路和采样孔应有明显的火灾探测器标识。

（9）有过梁、空间支架的建筑中，采样管路宜固定在过梁、空间支架上。

（三）手动火灾报警按钮的设置

换流站每个防火分区应至少设置一个手动火灾报警按钮。从一个防火分区内的任何位置到最邻近的手动火灾报警按钮的步行距离不应大于 30m。手动火灾报警按钮宜设置在疏散通道或出入口处。

每台换流变压器、油浸式平波电抗器、单台容量在 125MVA 及以上的油浸式变压器、单台容量为 200Mvar 及以上的高压并联电抗器的附近，应设置一个手动火灾报警按钮。

设置在户外的手动火灾报警按钮应选用防雨型。

（四）火灾警报器的设置

火灾警报器应设置在每个楼层的楼梯口、建筑物的主要出入口、建筑内部拐角等处的明显部位，且不宜与安全出口指示标志灯具设置在同一面墙上。

每个报警区域内应均匀设置火灾警报器，其声压级不应小于60dB；在环境噪声大于60dB的场所，其声压级应高于背景噪声15dB。

火灾警报器设置在墙上时，其底边距地面高度应大于2.2m。

（五）消防专用电话的设置

换流站火灾自动报警系统可根据需要设置消防专用电话，消防专用电话网络应为独立的消防通信系统。

消防专用电话总机应设置在有人值班的主控制室，消防水泵房等部位宜设置消防专用电话分机。

设有手动火灾报警按钮或消火栓按钮的位置，宜设置电话插孔，并宜选择带有电话插孔的手动火灾报警按钮。

在有人值班的主控制室应设置可直接报警的外线电话。

（六）模块/模块箱、接线端子箱的设置

每个报警区域内的模块宜相对集中布置在本报警区域内金属模块箱中，不应将模块设置在配电（控制）柜（箱）内，未集中布置的模块附近应有明显的标识。

模块箱应采用金属结构，宜布置在箱内模块所连接设备的附近。模块箱在墙上安装时，其底边距地面高度宜为1.3～1.5m；当模块箱与配电箱、照明箱等相邻布置时，其底边距地面高度宜与相邻设备箱一致。

接线端子箱应采用金属结构，建筑物之间火灾报警设备的连线，宜通过接线端子箱转接，接线端子箱宜布置在与电缆沟连接方便的位置。接线端子箱在墙上安装时，其底边距地面高度宜为1.3～1.5m。

四、系统布线

换流站火灾自动报警系统布线除应满足GB 50116《火灾自动报警系统设计规范》的要求外，还需满足下列要求：

（1）吸气式烟雾探测系统的空气采样管宜采用阻燃ABS管或PVC管，最小管径不宜小于25mm，管壁厚度应不小于2mm。

（2）火灾自动报警系统的传输线路穿的金属管宜采用热镀锌钢管，钢管的最小管径应满足钢管穿线根数的要求，不宜小于20mm。

（3）火灾自动报警系统的主干电源线的线芯截面积不宜小于2.5mm^2，消防联动控制线缆的线芯截面积不宜小于1.5mm^2。

五、系统供电

火灾自动报警系统应设有交流电源和蓄电池备用电源。

1. 交流电源

火灾自动报警系统应采用两路220V、50Hz交流电源供电。当一路交流电源消失时，系统应能自动切换至另一路交流电源上；当两路交流电源均消失时，系统应能自动切换至蓄电池备用电源。

对于需要单独提供交流电源的吸气式火灾探测系统等，宜提供经切换后的站用交流电源，同一区域需要多路交流电源时，可采用环网供电方式。

火灾自动报警系统中的火灾报警系统工作站（或图形显示装置）、火灾报警控制器的电源，宜由换流站的UPS供电。

2. 蓄电池备用电源

（1）火灾自动报警系统的蓄电池备用电源宜采用火灾报警控制器自带的24V直流电源。直流备用电源系统应具有自动充电及完善的蓄电池监视功能，其蓄电池容量应保证火灾自动报警及联动控制系统在火灾状态同时工作负荷条件下连续工作3h以上。

（2）火灾自动报警系统中的现场探测和联动设备宜采用火灾报警控制器中引出的总线上的直流电源工作。当火灾报警控制器中引出的总线上的直流电源不能满足吸气式感烟火灾探测器的工作电压和功耗要求时，吸气式烟雾探测系统可根据需要配置专用电源，其专用电源宜集中设置。

六、外部接口

（一）与换流站控制系统的接口

火灾自动报警系统应与换流站控制系统接口，接口方式宜采用以太网口或RS 485串口。重要的火灾和故障报警信号还应采用硬接线方式接入换流站控制系统。

（二）与换流站图像监视系统的接口

与换流站图像监视系统的接口应满足以下要求：

（1）应能与站内图像监视及安全警卫系统接口，在发生火灾时能在图像监视系统主机上自动推出相应火灾报警区域的画面，接口方式宜采用以太网口或RS 485串口。

（2）应能与门禁系统接口，确认发生火灾时应控制相应建筑物、房间出入口的门禁处于开启状态，玻璃伸缩门应自动敞开，推拉门应自动解锁。

（三）与自动灭火系统的接口

（1）与自动喷水灭火系统的接口。自动喷水灭火系统的手动或自动控制方式、水流指示器、信号阀、压力开关、喷淋消防泵的启动和停止的动作信号应能够反馈至火灾报警控制器或消防联动控制器。

(2) 与气体、泡沫自动灭火系统的接口。气体、泡沫自动灭火系统的装置启动、喷放各阶段的反馈信号，应反馈至火灾报警控制器或消防联动控制器，系统的联动反馈信号包括手动或自动控制方式信号、选择阀的动作信号、压力开关的动作信号等。

(四) 与通风及空调系统的接口

通风及空调系统电源开关的断开信号应作为系统联动的反馈信号传送至火灾报警控制器或消防联动控制器。

(五) 与电梯的接口

消防联动控制器应具有发出联动控制信号强制所有电梯停于首层的功能。电梯运行状态信息和停于首层的反馈信号，应传送至火灾报警系统工作站（或图形显示装置）显示，轿厢内应设置能直接与换流站运行值班人员通话的专用电话。

第四节 图像监视及安全警卫系统

为保证换流站安全运行，便于运行维护管理，换流站内应设置一套图像监视及安全警卫系统，该系统由图像监视和安全警卫两个子系统组成。图像监视子系统完成视频监控相关业务，实现音视频、报警及状态信息采集、传输、储存和处理功能；安全警卫子系统实现换流站周界安全防护和建筑物、各功能房间的准入控制。

一、监控范围

换流站图像监视及安全警卫系统的监控范围要求无死区、无遮挡，主要包括换流站围墙、进站大门、阀厅、控制楼各功能房间、就地继电器小室、交/直流配电室、交/直流配电装置、换流变压器、换流阀组、平波电抗器、综合水泵房、检修备品库等。

二、系统功能

(一) 基本功能

(1) 满足设备外观监视、巡视及应急指挥的基本需求。支持全天候监视及恶劣天气情况下巡视站内换流变压器、换流器、平波电抗器、交/直流配电装置等主要设备，以及全景监视换流站内主控制室、直流控制保护室、继电器小室、通信机房、蓄电池室、交/直流配电室等功能房间。

(2) 满足安保与防火、防盗的需求。能够对非法侵入企图形成有效威慑和阻挡，换流站出入口的监视应能够清晰辨识人员的体貌特征、进出机动车的外观和号牌，较大区域范围的监视应能辨别监控范围内人员活动情况。

(3) 满足运行人员对前端设备的控制需求。运行人员可根据需要对摄像机进行控制，如镜头变焦、转向、设置预置位等。安全警卫子系统应可实现远方或就地布防、撤防功能。

(4) 满足应急演练及异常事件分析需求。可有效存储录像、图片和站区出入记录，视频及图像的保存时限应满足换流站运行对事件/事故追忆的需求。

(5) 与换流站控制系统通信。实现本系统重要报警和故障信息的反馈。

(6) 与火灾自动报警系统联动。视频摄像机、门禁系统等宜与相应区域的火灾自动报警探测器联动，实现火情的视频复核及火警状态下的出入口门锁解锁。

(7) 与换流站运维中心通信。支持将换流站内视频及图像信息实时远传至运维中心。

(二) 可扩展功能

图像监视及安全警卫系统的可扩展功能主要包括三维场景信息展示、换流站区可疑行为跟踪及分析、重要警戒区域闯入报警、出入车辆自动放行等功能。

三、系统设计

图像监视及安全警卫系统的设计应符合 GB 50394《入侵报警系统工程设计规范》、GB 50395《视频安防监控系统工程设计规范》中的相关规定，并应满足 GA1089《电力设施治安风险等级和安全防范要求》中的相关要求。

图像监视及安全警卫系统主要由系统监控平台、接口（传输）设备及前端设备三部分组成，其中系统监控平台设备按全站最终规模配置，并留有远方监视的接口；接口（传输）设备和前端设备可按本期建设规模配置。

采用模拟摄像机和数字摄像机的图像监视及安全警卫系统结构示意如图 14-12 和图 14-13 所示。

(一) 系统监控平台

系统监控平台包括对前端设备进行管理和控制，实现音视频数据、报警及状态等信息呈现，与其他系统通信、信息远传等功能的硬件和软件。对于采用模拟摄像机和数字摄像机的系统来说，软、硬件设备存在一定的差异。

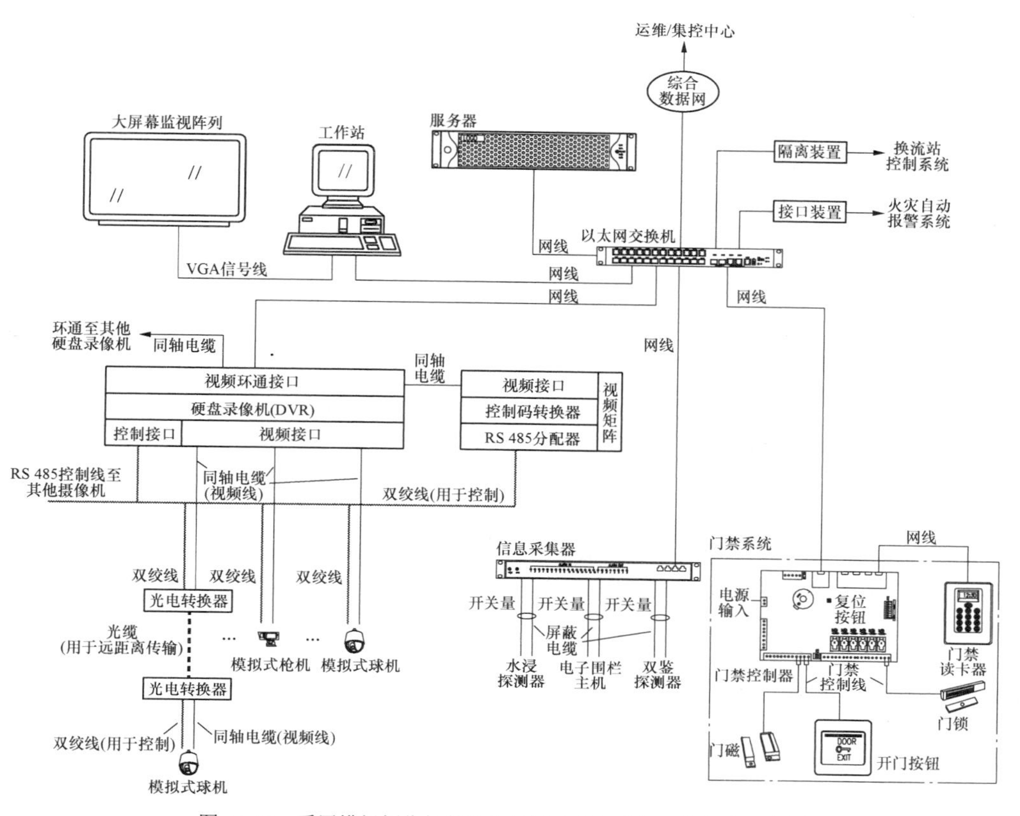

图 14-12 采用模拟摄像机的图像监视及安全警卫系统结构示意图

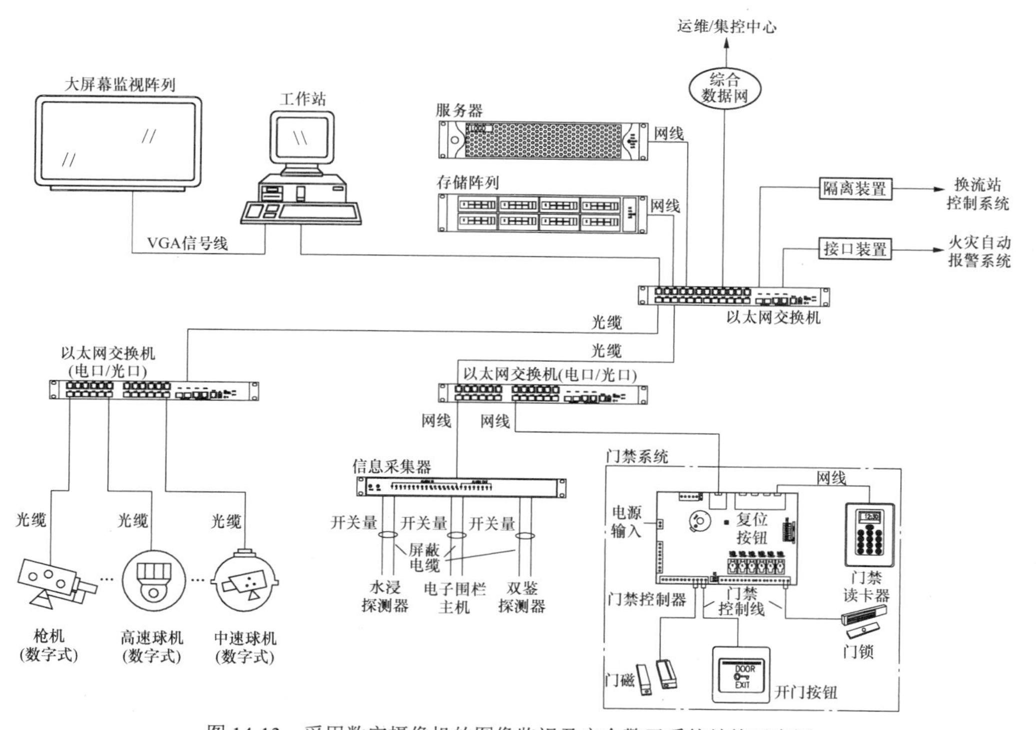

图 14-13 采用数字摄像机的图像监视及安全警卫系统结构示意图

1. 采用模拟摄像机的系统

采用模拟摄像机的系统，监控平台硬件主要由服务器、录像机（存储单元）、视频矩阵和工作站等设备构成。服务器实现系统的外部访问、布防、撤防、报警联动等功能。录像机用于模拟摄像机的接入，视频信息的模数转换、编码、存储，与视频矩阵及服务器的通信，并可与其他硬盘录像机环通，形成录像机阵列。视频矩阵实现视频信号在显示终端上的切换和轮巡，换流站配置的摄像机较多，而显示终端的数量和尺寸都是有限的，为了实现快捷地调阅目标摄像机的监控画面，或对目标摄像机进行调焦、转向等控制功能，需要利用视频矩阵将显示终端或工作站与目标摄像机根据需要分别接通。独立配置的视频矩阵硬件设备一般只存在于采用模拟摄像机的系统里，称之为模拟矩阵，以刺刀螺母连接器（bayonet nut connector，BNC）视频接口及串行控制接口与录像机、模拟摄像机和显示终端等通信。工作站实现系统信息的显示、运行人员和本系统的人机接口等功能。

2. 采用数字摄像机的系统

采用数字摄像机的系统，监控平台硬件相对简单，主要由服务器、存储单元（录像机）、工作站等设备构成。服务器实现系统的外部访问、布防、撤防、报警联动等信息处理功能。存储单元实现对视频信息、报警信息、建筑物进出记录的分类存储。工作站实现图像监视及安全警卫系统的显示及运行人员和本系统的人机接口。数字矩阵主要实现视频画面的组合、拼接等，并可对数字摄像机及其他网络型前端设备分配 IP 地址。数字矩阵功能由系统监控平台的软、硬件和以太网交换机等共同完成，无需单独配置硬件设备，并可通过以太网交换机的级联实现扩容。

图像监视及安全警卫系统监控平台的软件主要由操作系统和专业应用软件组成，主要功能为根据各换流站的实际设备配置生成实例化的监控界面，为图像监视及安全警卫系统提供应用支撑。对于采用数字摄像机的系统，监控平台的软件还依托服务器、以太网交换机等硬件共同实现数字视频矩阵的功能。

（二）接口（传输）设备

接口（传输）设备由信息采集器、光电转换器、各类通信线缆及以太网交换机组成。其中信息采集器用于无源触点类信息的采集和上送，可接入电子围栏、红外对射、红外双鉴等设备的报警信息。考虑抗电磁干扰、保真等因素，信号在远距离传输时一般采用光缆，在发送端将电信号转换为光信号在光缆中传输，在接收端再将光信号转换为电信号使用，这个过程需要借助光电转换器。采用模拟摄像机的系统，通信线缆包括传输视频信号的同轴电缆、传输控制及开关量信号的屏蔽电缆、用于电磁干扰环境中传输视频及控制信号的光缆等，采用数字摄像机的系统，通信电缆与采用模拟摄像机的系统存在一定差异，视频信号及控制信号的传输主要通过光缆、网络线和双绞线等。以太网交换机主要用于视频、图像等信息的汇集和转发，是前端设备和系统监控平台的连接枢纽。

（三）前端设备

图像监视系统的前端设备主要由各类摄像机和辅助设备组成。摄像机包括高速球机、中速球机、枪机等，辅助设备包括为摄像机供电的综合电源、电源防雷保护器等。综合电源的电源输入为站内 AC 220V 电源，通过变压、整流、逆变等过程转换为摄像机、门禁控制器、电子围栏脉冲发生器等设备所需的各类交、直流电源；综合电源采用两路交流电源输入接口，当主供电源停电时，可自动切换到备用供电线路上。为避免供电回路故障、雷电侵入波等对系统设备造成的冲击，摄像机等设备的电源输入端、传输线路上可配置防雷保护器，通过吸收或阻止涌流的方式有效保护系统设备。

安全警卫子系统可包括电子围栏、红外对射、红外双鉴、门禁、声光报警器等的全部或部分设备，这些设备一般由前端传感部分和就地布置的控制器组成，遭遇非法入侵时，将报警信号以无源触点或通信报文方式经接口设备上送系统平台，实现报警呈现和视频联动。

四、设备配置

（一）摄像机

1. 摄像机选型原则

换流站内宜选用体积小、质量轻、便于现场安装与检修的摄像机。根据摄像机形状和功能的差异，大体上可分为固定式摄像机和一体化摄像机等两大类，其中固定式摄像机也称为枪机，包括不可转动的枪机和在支承部位配置了电动云台的枪机；一体化摄像机按形状可分为半球机、球机两种，根据镜头转动及聚焦速度又可分为低速球机、中速球机和高速球机三种，对于相对固定的监视目标，可选用固定式摄像机，对视距、视角等有轮巡或遥控要求时，宜选用具备自动变焦、聚焦、连续旋转及预置位功能的一体化摄像机。

根据工作环境的不同，摄像机宜选配相应的防护罩，户外使用的摄像机应具备较强的防水、防尘、抗电磁干扰能力及对恶劣气象条件的适应性；室内使用的摄像机应考虑防尘和抗电磁干扰性能，其中蓄电池室使用的摄像机还应采用防爆型。

换流站各区域通常按以下原则选择摄像机：

（1）户外配电装置区域。单个摄像机监控范围较大，对摄像机快速变焦、准确定位要求高，宜选用高速球机。为提高抗干扰能力，室外及高压场地摄像机的视频及控制信号宜采用光纤传输。

（2）阀厅。利用有限数量的摄像机实现对阀厅内过道、阀塔、穿墙套管等的监视，宜选用高速球机。阀厅内部电磁干扰问题较为严重，故视频、控制信号传输应采用光纤。

（3）继电器小室等功能房间。一般通过几个摄像机的配合实现对整个房间的图像监视，单个摄像机的监控范围相对固定，对变焦、定位的要求不高，可选用中速球机或带云台的枪机。

（4）对防爆有要求的房间。换流站内蓄电池室等房间对摄像机有防爆要求，宜选用防爆型中速球机。

（5）要求监控固定位置的场所。如换流站大门、主控制楼入口等，对图像质量要求较高，但仅需监控固定的方向，这类场所宜选用固定式枪机。

（6）换流站全景监控。全景摄像机采用“鱼眼”镜头或其他类似原理的镜头，可实现360°无死角监控，换流站可根据需要配置1～2台全景摄像机，布置在换流站高位，如阀厅外的顶部等，用于运行人员对于较大范围的图像监控。

（7）从备件的通用性角度考虑，同一换流站的摄像机类型宜尽量少。

2. 摄像机配置

目前换流站通常为有人值班，换流站内摄像机数量的配置主要为实现全站安全、防火、防盗等功能。根据换流站内配电装置、建筑物的功能及特点，换流站摄像机配置型式及数量参考见表14-2。

表14-2　换流站摄像机配置型式及数量参考表

序号	监视区域或设备		设备型式	摄像机型式	安装数量
1	换流变压器/平波电抗器/高压并联电抗器			高速球机、云台枪机	BOXIN内、外安装，每相内、外各1个
2	交流配电装置	3/2断路器接线方式	AIS	高速球机	每1～2串1个
			GIS/HGIS	高速球机	共3～4个
3		双母线接线方式	AIS	高速球机	每2个间隔1个
			GIS	高速球机	共3～4个
4		66kV/35kV配电装置		高速球机	每段母线1～2个
5		交流滤波器组	“田”字形布置方式	高速球机	每1～2大组4个，布置在“田”字四角
			“一”字形布置方式	高速球机	每大组1～2个
6	阀厅			高速球机	每阀厅4～8个
7	直流配电装置			高速球机	共4～6个
8	各功能房间	主控制室		中速球机	1个
9		直流控制保护室		中速球机	每室2～3个
10		继电器小室		中速球机	每室2～3个
11		通信机房		中速球机	每室1～2个
12		阀冷却控制保护设备室		中速球机	每室1个
13		蓄电池室		防爆中速球机	每室1个
14		高压开关柜室		中速球机	每段母线1个
15		站用电室		中速球机	每室1～2个
16		综合水泵房		中速球机	1个
17		其他房间（干式变压器室、低压配电室等）		中速球机	每室1～2个

续表

序号	监视区域或设备		设备型式	摄像机型式	安装数量
18	公共区域	主/辅控制楼门厅		中速球机	1个
19		主/辅控制楼各层走道		固定枪机	每层楼1～2个
20		换流站全景位（安装在主控制楼顶或阀厅外顶部）		全景摄像机	1～2个
21		综合楼门厅		中速球机	1个
22		综合楼各层走道		固定枪机	每层楼1～2个
23		周界及站区主要道路		高速球机	每200m 1个
24		进站大门		固定枪机	1个
25		车库		中速球机	每间1个
26		警传室房顶		高速球机	1个

（二）安全警卫设备

1. 电子围栏

电子围栏是由脉冲发生器和前端围栏组成的周界防御及报警系统，高压脉冲通过沿围墙布线的围栏形成回路，威慑并阻挡入侵行为。换流站周界通常采用六线围栏，防区分段不超过200m，每个防区配置相应的脉冲发生器，输出脉冲电平经围栏形成回路，遭遇攀爬、损坏、断线等异常状况应能输出报警信号。围栏宜在每隔10m左右距离的位置悬挂警示牌。实际工程中，电子围栏的防区长度可根据周界总长度、地形和客观需要设定。电子围栏应将入侵报警、电源、装置报警等信号输出至图像监视及安全警卫系统。

2. 红外对射

红外对射探测器是一种光束遮断式感应器，不宜单独作为换流站周界防护手段，可作为电子围栏缺失区域的补充防护，如在换流站进站大门顶部可设置一对红外对射探测器，遭遇异常入侵时应能输出报警信号。入侵报警及电源、装置报警等信号应输出至图像监视及安全警卫系统。

3. 红外双鉴

红外双鉴探测器是一种将微波探测技术和被动红外探测技术组合在一起的探测器，当两种技术的侦测均报警时才输出报警信号。红外双鉴探测器可根据需要布置在主控制楼大门内侧，采用吸顶安装或侧墙安装的方式，用于在有人进入时联动主控制楼门厅的摄像机对进入者进行复核。红外双鉴动作及电源、装置报警等信号应输出至图像监视及安全警卫系统。

4. 门禁系统

门禁系统由门禁控制器、门磁、门锁、开门按钮和读卡器组成，门禁控制器和开门按钮安装在室内，门磁和门锁分别用于感应及控制门的开关状态，读卡器安装在室外。门禁系统的推荐安装位置包括主/辅控制楼大门、主控制室、直流控制保护室、继电器小室、通信机房、蓄电池室、站用电室、综合楼大门等。门禁系统遭遇入侵及电源、装置报警等信号应输出至图像监视及安全警卫系统。

（三）系统监控平台

系统监控平台的主要组成设备包括工作站、服务器、存储单元及视频矩阵（主要用于模拟摄像机）等。系统监控平台宜按换流站终期建设规模一次建成。

1. 工作站

工作站一般布置于主控制室操作台内，由计算机及显示设备组成。运行人员通过工作站实现与服务器的数据接口，其中显示设备包括操作台上的显示器，并可扩展至大屏幕显示阵列和警传室显示器。

2. 服务器

服务器是对图像监视及安全警卫系统信息进行综合处理的设备，负责对系统的统一管控，如现场摄像机的变焦和定位、门禁卡的授权和电磁锁开闭、摄像机与电子围栏、火灾自动报警系统报警信息的联动等。

服务器宜采用主、备方式冗余配置，当主服务器出现故障时，备用服务器可自动接管。服务器的硬件配置、信息处理能力等应满足换流站远景建设规模的需求，并应采用工业级专用硬件平台、非Windows操作系统和中文操作界面。

3. 存储单元（录像机）

存储单元负责对视频录像、图片、报警信息、出入记录等进行分类存储。它由多块硬盘及相应的外设组成，保存时限应满足换流站运行对事件/事故追忆的需求，并应支持自动循环存储。

4. 视频矩阵

视频矩阵是指通过阵列切换的方法将多路视频信号任意输出至有限数量的监控设备上的电子装置。对于采用数字摄像机的系统，视频矩阵无需单独的硬件实体，在系统服务器处理能力足够时，可通过以太网交换机的级联实现便利地扩容。

（四）接口（传输）设备

接口设备主要包括以太网交换机、信息采集器、光电转换设备及各类通信线缆。在系统中的主要功能为信息采集、转换、传输、汇集及转发。

1. 以太网交换机

以太网交换机应采用工业级产品，具备网络风暴抑制功能，支持组播和 VLAN 划分。交换机及端口数量根据当前建设规模需接入的设备数量确定，并应根据需要接入的摄像机等设备的接口类型来配置相应的光纤接口和 RJ 45 接口。

2. 信息采集器

信息采集器主要用于无源触点类报警信息的接入，并支持控制命令输出，经以太网交换机与系统服务器通信，接入及输出容量可按照当期规模配置。

3. 光电转换设备

光电转换设备的光、电接口类型宜根据工程需求灵活配置，数量可按照当期规模配置。

4. 通信线缆

图像监视及安全警卫系统的通信线缆主要包括光缆、同轴电缆（用于模拟摄像机）、屏蔽双绞线等，线缆的选型需综合考虑通信距离、抗干扰需求等因素。

（五）辅助设备

1. 综合电源

综合电源输出容量按满足换流站终期建设规模配置。系统内各设备均由综合电源辐射式供电，当供电电缆较长不能满足设备供电质量要求，或个别设备所需电源较特殊时，可向该设备直接提供独立的交流电源，在设备前安装电源适配器转换成其所需的电源。

综合电源故障、前端设备电源故障等报警信号应能以无源触点信号送出。

2. 防雷保护器

宜对摄像机等对电涌较为敏感的设备分别配置防雷保护器，设备数量根据当期建设规模考虑。

五、设备布置及安装

1. 主机等后台设备安装

图像监视及安全警卫系统服务器、以太网交换机、信息采集器等宜组屏安装，可配置服务器屏和接口屏。服务器屏设置在邻近主控制室的站公用设备室，布置服务器、交换机、综合电源等设备；接口屏分散设置在各就地继电器小室及辅控制楼（若有），布置交换机、信息采集器、综合电源等设备，用于接入本区域的图像监视及安全警卫系统的前端设备，接口屏与服务器屏间采用光缆连接。显示器及大屏幕等显示设备布置在主控制室适当位置。

2. 摄像机等前端设备安装

户内摄像机可采用吸顶、侧墙或轨道安装方式，摄像机距地面 2.5～5m 或在吊顶下 200mm，并妥善考虑与其他照明灯具的相对位置，采用顺光源方向安装。户外宜采用立杆安装，用于监视换流变压器、高压电抗器等设备的摄像机也可安装于防火墙上，摄像机距地面 3.5～10m。户外摄像机所需的电源适配器等附件设备安装在独立配置的箱体内，箱体悬挂于立杆上，悬挂高度应便于检修和维护。

户外摄像机立杆应做防锈、防腐处理，并应接地良好；摄像机及其立杆的安装位置应充分考虑与配电装置的电气距离；高位安装的全景摄像机应考虑防雷。

3. 布线

建筑物内的布线应采用穿镀锌管沿墙暗敷，室外配电装置、围墙等区域的布线必须穿镀锌管或 PVC 管沿电缆沟、电缆竖井敷设或埋入地下。新建换流站应结合站内建、构筑物的施工，妥善规划用于图像监视及安全警卫系统的线缆路径，提前预埋建筑物穿管和过道路埋管。

第五节　设备状态监测系统

换流站内各设备的正常运行是高压直流输电系统安全稳定运行的基础，换流变压器等主设备造价昂贵、检修复杂，一旦发生故障可能造成巨大的经济损失，通过监测各设备当前运行状态来评估其健康状况，对于制定状态检修策略有重要意义。换流站内电力设备的状态监测主要采用定期预防性试验、带电检测、带电在线状态监测三种方法，随着传感器技术、数字分析技术与计算机技术的发展和应用，在线状态监测技术在换流站中得到了较为广泛的应用。

一、设备状态监测系统功能要求

（1）设备状态监测系统的接入不应影响电气一次设备的完整性和正常运行，能准确可靠地连续或周期性监测、记录被监测设备的状态参数及特征信息，监测数据应能反映设备状态，并且系统具有自检、自诊断和数据上传功能。

（2）设备状态监测系统具有测量数字化、功能集成化、通信网络化、状态可视化等主要技术特征，符合易扩展、易升级、易改造、易维护的工业化应用要求。

（3）设备状态监测系统的选用应综合考虑设备的运行状况、重要程度、资产价值等因素，并通过经济技术比较，选用安全可靠、具有良好运行业绩的产品。

（4）宜建立统一的状态监测后台系统，实现各类设备状态监测数据的汇总与分析。

二、设备状态监测对象及参量

(一)监测对象

换流站设备状态监测的范围主要包括换流变压器、油浸式电抗器、降压变压器、联络变压器等充油设备,高压组合电器、断路器、避雷器、重要的套管等,可根据实际工程经过技术经济比较后确定状态监测的范围、方式及监测的参量。

(1)换流变压器、油浸式电抗器、降压变压器、联络变压器。通过对油中所含气体组分的监测反映设备的运行状况,如:绝缘性能恶化、放电故障、受潮等;铁芯、夹件接地电流可采用在线测量方式,用于判断铁芯和夹件是否存在多点接地等问题;局部放电可采用超高频在线监测或带电检测方式。

(2)高压组合电器(GIS/HGIS)、SF_6断路器。SF_6气体压力决定了高压组合电器、断路器的绝缘性能和灭弧性能,而SF_6气体含水量则关系到设备的安全运行,主要表现为SF_6气体在电弧下的分解物遇水会发生化学反应,生成具有腐蚀性的化合物,可能损坏绝缘件,在温度降低时可能形成凝露水,使绝缘件的绝缘强度降低甚至发生闪络。宜按断路器气室为GIS/HGIS、断路器配置SF_6气体压力、湿度在线状态监测;可根据需求预留局部放电传感器及测试接口,满足超高频局部放电在线监测或带电检测需求。

(3)换流变压器、油浸式电抗器套管、直流穿墙套管、直流电压测量装置。这些设备应配置SF_6气体压力在线监测,实时反映套管或直流电压测量装置的绝缘性能。

(4)金属氧化物(MOV)避雷器。运行中的金属氧化物(MOV)避雷器直接承受长期工频电压、冲击电压和内部受潮等因素的作用,引起MOV阀片老化、MOV避雷器泄漏电流增加及功耗加剧,使避雷器内部阀片温度升高直至发生热崩溃,可能导致避雷器爆炸。故直流配电装置区、交流配电装置区的高压MOV避雷器的绝缘性能宜采用在线监测方式,未配置在线监测的MOV避雷器应安装监测仪表,由运行人员通过日常巡视掌握其运行状态。

(二)设备状态监测配置

根据工程中的实际应用状况,换流站设备状态监测配置参见表14-3。

表14-3 换流站设备状态监测配置表

监测对象	监测参量	备注
SF_6断路器	SF_6气体压力、湿度	
换流变压器、降压变压器、联络变压器等	油中溶解气体、微水	气体监测至少包括氢气(H_2)、乙炔(C_2H_2)、一氧化碳(CO)、甲烷(CH_4)、乙烯(C_2H_4)、乙烷(C_2H_6)等6种参量;二氧化碳(CO_2)、氧气(O_2)、氮气(N_2)、总烃等为可选监测量
	顶层油温	
	储油柜油位	
	绕组温度	
	铁芯、夹件接地电流	
	局部放电	可预留超高频传感器及测试接口,满足运行中开展局部放电带电检测需要
油浸式电抗器	油中溶解气体、微水	气体监测至少包括氢气(H_2)、乙炔(C_2H_2)、一氧化碳(CO)、甲烷(CH_4)、乙烯(C_2H_4)、乙烷(C_2H_6)等6种参量;二氧化碳(CO_2)、氧气(O_2)、氮气(N_2)、总烃等为可选监测量
高压组合电器(GIS/HGIS)	SF_6气体压力、湿度	
	局部放电	可预留超高频传感器及测试接口,满足运行中开展局部放电带电检测需要
	断路器分合闸线圈电流	一般采用预防性试验
换流变压器阀侧及油浸式电抗器套管	SF_6气体压力	
换流器直流侧穿墙套管	SF_6气体压力	
直流电压测量装置	SF_6气体压力	
金属氧化物避雷器	泄漏全电流(阻性电流、容性电流)、动作次数	

三、系统设备配置

换流站设备状态监测系统由前端采集装置、分析处理装置和站端监测平台组成，实现在线监测状态数据的采集、传输、后台处理及存储转发功能。

（一）前端采集装置

前端采集装置安装于被监测设备本体或附近，用于自动采集和发送被监测设备状态信息。根据监测对象和监测参量的差异，前端采集装置可以是传感器、测量装置或其他信号采集装置，能够通过电缆直连、现场总线、以太网、无线等通信方式与分析处理单元通信。

（1）断路器、组合电器 SF_6 气体压力、湿度传感器按气室分别配置，宜采用 SF_6 气体压力、湿度一体化监测的传感器。

（2）换流变压器、油浸式电抗器等充油设备的油中溶解气体及微水含量采集装置按每台（相）充油设备分别配置，宜采用气体及微水一体化监测的采集装置。

（3）换流变压器、降压变压器、联络变压器等的铁芯、夹件接地电流的监测可通过配置穿心式电流互感器（如罗氏线圈）测量。

（4）换流变压器、油浸式电抗器套管、直流穿墙套管及直流电压测量装置的 SF_6 气体压力按每相（个）套管分别配置监测装置，宜采用支持就地仪表显示和信息上传的监测装置。

（5）金属氧化物避雷器泄漏电流和动作次数在线监测按每台避雷器分别配置测量装置，宜采用支持就地仪表显示和信息上传的设备。

（二）分析处理装置

分析处理装置一般采用智能电子设备（intelligent electronic device，IED）接收前端采集装置发送的各类监测数据，对其进行分析、处理、汇集，并对处理结果进行打包和标准化，实现与站端监测平台的标准化数据通信。分析处理单元的配置宜结合状态监测类别、设备布置、数据处理能力等因素综合考虑，一般遵循以下原则：

（1）断路器、组合电器（GIS/HGIS）SF_6 气体压力、湿度监测宜按每电压等级分别配置相应的 IED，IED 的数量可根据配置的前端传感器总数及 IED 的数据处理能力综合确定。

（2）换流变压器、油浸式平波电抗器等充油设备的油中溶解气体及微水监测宜根据实际需求，并结合监测设备制造商的技术方案配置 IED。

（3）换流变压器套管、油浸式电抗器套管、直流穿墙套管及直流电压测量装置等的 SF_6 气体压力可按照每个区域配置 1 台 IED。

（4）金属氧化物避雷器泄漏电流及动作次数监测按每电压等级或每个区域分别配置 1～2 台 IED。

（三）站端监测平台

站端监测平台以整个换流站的状态监测系统为管理对象，实现对前端采集装置和分析处理装置的管理，如对前端采集装置和分析处理装置的参数设置、数据召唤、对时、强制重启等控制功能；实现对监测对象运行状态的综合分析功能，并与运维中心的监测主站通信。

站端监测平台由服务器、存储设备和显示设备组成，服务器宜采用主备设计，电源应采用 UPS 供电。站端监测平台宜分别建立历史数据库和实时数据库，历史数据库应能存放连续不少于 5 年的历史数据。站端监测平台应能够根据生产运行需要及换流站设备变更的实际状况，对监测系统进行配置和修改。

四、通信及接口

换流站设备状态监测系统的通信及接口主要有以下几种：

1. 前端采集装置与一次设备的物理接口

前端采集装置与一次设备一般采用物理连接，如：SF_6 气体压力及湿度传感器直接安装在断路器或组合电器的气室内，采用法兰与一次设备本体接口；充油设备油中溶解气体与微水状态监测装置，与被监测的换流变压器、电抗器的出油阀和回油阀等采用油管连接；金属氧化物避雷器的绝缘监测装置及动作计数器串联在避雷器的接地回路中，实现对泄漏电流和动作次数的监测。

2. 前端采集装置与分析处理装置的接口

前端采集装置与分析处理装置一般采用电缆连接，分析处理装置向前端采集装置提供其所需的工作电源，分析、处理前端采集装置发送的各类监测参量。相同类型的前端采集装置也可采用总线方式与分析处理装置连接。

3. 分析处理装置与站端监测平台的接口

分析处理装置与站端监测平台的服务器和存储设备一般经网络交换机互联，分析处理装置分散布置在各被监测对象区域，与网络交换机的接口采用光纤网络接口，避免换流站电磁环境对监测数据造成的干扰。

4. 站端状态监测系统与主站的接口

各换流站的站端设备状态监测系统经隔离装置（正向）与运维中心的状态监测主站通信，实现换流站设备状态监测数据、历史曲线等信息的上送。

5. 站端状态监测系统与换流站控制系统的接口

状态监测系统向换流站控制系统上报的信号主要包括前端采集装置、分析处理装置及综合监测平台相关设备故障、失电等，通常以无源触点方式接入换流站控制系统。

换流站设备状态监测系统的通信及接口示意如图 14-14 所示。

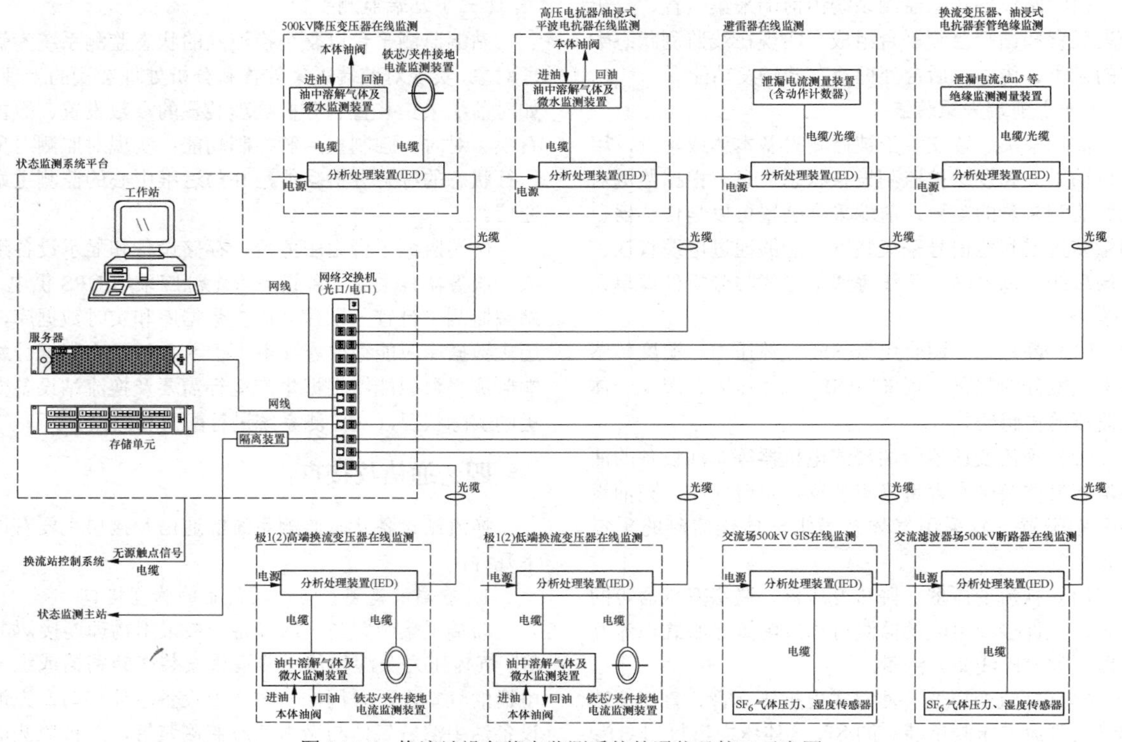

图 14-14　换流站设备状态监测系统的通信及接口示意图

第六节　阀厅红外测温系统

一、监测范围

换流阀是直流输电系统的核心设备，阀厅设备温度监测对于保证换流阀的安全稳定运行具有重要意义。作为换流站特有的生产辅助系统，阀厅红外测温系统主要用于对换流阀、连接导体、换流变压器（连接变压器）阀厅进线套管等设备表面温度的测量，以真实、实时地反映设备及其不同区域在运行时的温度分布状况，显示被监测阀厅设备的可见光图像和红外影像。

二、系统构成

阀厅红外测温系统从构成上主要可分为前端监测设备、接口（传输）设备和后台设备三个组成部分。系统构成示意如图 14-15 所示。

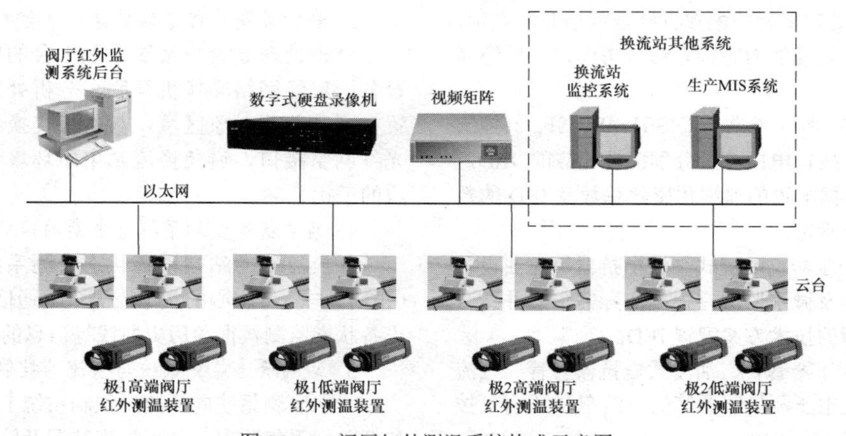

图 14-15　阀厅红外测温系统构成示意图

1. 前端监测设备

前端监测设备包括红外测温装置（红外热像仪+可见光摄像机）、云台、分支电源等。红外摄像仪和可见光摄像机成对使用，用于红外热成像和可见光画面的对比显示，起到发热部位的定位功能。红外热像仪和可见光摄像机固定在云台上，通过云台的多向转动，能够大范围地监测多个阀塔。

2. 接口（传输）设备

接口（传输）设备主要包括网络交换机、光电转换器和各类信息传输线缆，用于接入前端监测设备的图像信息，并向后台设备转发。网络交换机的接口类型根据红外热像仪和可见光摄像机的传输接口配置光纤接口或电以太网口，传输线缆包括光缆、屏蔽网络线等。

3. 后台设备

后台设备包括服务器、数字式硬盘录像机、视频分配器、视频矩阵、磁盘存储阵列、显示器等。红外热像仪和可见光摄像机通过光缆或屏蔽网线将监测到的温度、图像信息接至光口/电口网络交换机，网络交换机与视频分配器相连，其将来自网络交换机的数据一分为二：一路传输到数字硬盘录像机存储；另一路传输到视频矩阵，用于视频显示使用。服务器读取数字硬盘录像机的视频数据并进行二次分析，并实现报警处理、曲线生成等上层应用功能。

三、设备配置

（一）前端监测设备

1. 红外热像仪

采用支持高速动态全数字红外热像处理技术的热成像仪，对阀塔及阀厅内部设备温度场进行高速捕获，并同步记录每帧图像各个像素点的温度，在室温条件下，热像仪的温度分辨率不小于 0.05℃，采样频率不低于 30Hz，测温范围不小于–20～500℃，测温精度优于±2℃或±2%。此外，红外热像仪的工作温度范围、防护等级和抗震性能等，均应适应阀厅环境可能出现的最恶劣状况。

2. 可见光摄像机

为确保红外热成像与可见光图像的同步性，可见光摄像机与红外热像仪共云台组合安装，可见光摄像机的感光传感器采用彩色日夜转换型 CCD，有效像素不低于 752×582，水平解析度不低于 540TVL。可见光摄像机的工作温度范围、防护等级和抗震性能等与红外热像仪同等要求。

3. 设备布置及安装

对于采用悬吊式阀塔的换流站，由于阀厅的顶棚不具备安装监测设备的空间条件，故阀厅红外测温系统的热像仪和可见光摄像机宜安装在阀厅的四壁上，为扩大阀塔的监测面，热像仪和可见光摄像机可借助导轨实现监测位置的轮巡。

（二）接口（传输）设备

接口（传输）设备中的交换机和光电转换器根据阀厅和二次设备间的相对位置，可采用集中式或分布式的布置方式，由于连接监测设备的信号传输线均经过阀厅，为避免高频电磁干扰对监测信号造成影响，传输线优先采用光缆。

1. 以太网交换机

交换机应采用工业型产品，具备网络风暴抑制功能，支持组播和 VLAN 划分。交换机及端口数量根据当前建设规模需接入的设备数量确定，并应根据需要接入的红外热像仪和摄像机等设备的接口类型来配置相应的光纤接口和 RJ 45 接口。

2. 光电转换设备

光电转换器的光、电接口类型宜根据工程需求灵活配置，数量可按照当期规模配置。

（三）后台设备

后台设备以整个阀厅红外测温系统为管理对象，实现对前端监测设备、网络交换机、存储设备及分析处理装置的管控，如对前端监测设备和分析处理装置的参数设置、数据召唤、对时、强制重启等控制功能；实现对监测对象运行状态的综合分析功能，并与运维中心的监测主站通信。

后台服务器的电源应采用 UPS 供电，宜分别建立历史数据库和实时数据库，历史数据库应能存放连续不少于 5 年的历史数据，后台应能够根据生产运行需要对系统进行配置和修改。

四、系统功能

红外测温系统的原理是基于不同温度的物体所发射的红外线能量存在差异的特点，将不同温度场的红外线经过热成像处理反映在画面上即可直观地显示待测设备的温度场分布状况。红外测温系统属于视频监控系统和在线监测系统的交叉领域，红外成像仪也是一种摄像机，但其功能又是为了实时地监测换流阀、套管等的温度状况。阀厅红外测温系统主要有以下功能：

1. 设备监视功能

（1）系统不应受白天或黑夜的限制，能够对阀厅电气设备的运行状态进行全天候监测；不影响测量对象的温度场，不对阀厅设备运行产生任何形式的干扰。

（2）系统对阀厅设备温度的测量精度和扫描频率应满足运行需求，可精确反映温度值和温度状态变化；在实时监控过程中，当红外热像仪每次经过设置好的预置位时，能够对预置位上的设备进行定位和测温，并可以根据需求自动生成并实时显示监测目标的温度—时间变化曲线。

（3）系统测温范围应涵盖阀厅设备的各种运行工况，由于阀塔内的晶闸管或 IGBT 工作状态变化频繁且温度升降较快，故红外热成像仪应能够测量从 0℃到数百摄氏度的范围。

2. 视频显示功能

（1）支持实时图像显示，彩色图像宜以不少于 4 通道、每通道以 25 帧/s 的速率实时传送和播放，视频图像的大小可根据需求调整。

（2）支持视频移动侦测、视频丢失检测、遮挡检测和输入异常检测；云台支持预置点、巡航路径及轨迹设置，云台控制时，支持点击放大、拖动跟踪等功能。

（3）支持 VGA、HDMI 等视频端口输出形式，图像的分辨率应能清晰显示发热点及温度场的色彩变化。

3. 报警功能

（1）系统应具有热点报警功能，画面变化报警的变化率可设置，报警信号和报警内容可在监控画面上自动显示，并可根据需要在电子地图上提示报警位置和类型。

（2）报警时能够提供语音报警及电话、传呼报警等多种方式；发生报警时监控主机硬盘或相应录像装置能够自动对报警时间进行存盘录像。

（3）报警信息可以区分该报警是否已经被用户检查确认；所有报警信息均可查询，需要时可打印输出。

4. 记录功能

系统应能对阀厅内设备的温度变化进行长时间的记录，红外热像仪和可见光摄像机每个预置位对应的电力设备可以在数据库中建立对应的数据档案资料，能够对设备的运行情况进行实时跟踪与快速检索，并自动生成历史温度变化曲线图。

5. 控制功能

（1）运行人员可对红外热像仪和可见光摄像机进行控制（左右、上下、远景/近景、远焦/近焦），对于带预置位的云台，运行人员可以直接进行云台的预制位操作。

（2）可远程设置红外热像仪和可见光摄像机，包括预置位、区域名称、区域遮盖等所有摄像机功能。

（3）系统其他的控制功能，如画面切换和数字录像启动/停止等。

第十五章

操 作 电 源 系 统

第一节　站 用 直 流 电 源

为了向控制、信号、保护、自动装置、事故照明、交流不停电电源装置等负荷供电，换流站应设置可靠的站用直流电源。站用直流电源的设计应考虑高可靠性和稳定性，电源容量和电压质量均应满足在最严重的情况下能保证用电设备可靠工作的要求。

一、系统设计

（一）系统配置

换流站站用直流电源系统的配置应遵循与极或者换流器对应的原则，以避免某一极或换流器的停运而影响另外一极或换流器的运行。主要设置原则如下：

（1）每极单 12 脉动换流器接线换流站宜按直流极和站公用设备分别设置独立的站用直流电源系统。

（2）每极双 12 脉动换流器接线换流站宜按换流器和站公用设备分别设置独立的站用直流电源系统，也可按直流极和站公用设备分别设置独立的站用直流电源系统。

（3）背靠背换流站宜按背靠背换流单元和站公用设备分别设置独立的站用直流电源系统。

（4）站公用设备用直流电源系统可集中设置，也可按区域分散设置。当配电装置区域设有继电器小室时，站公用设备用直流电源系统宜根据控制楼、继电器小室的位置和数量，按区域分散设置。

（二）系统电压

换流站直流电源系统的标称电压采用 220V 或 110V。在相同条件下，220V 直流电源系统相比 110V 直流电源系统，其优点是回路电流比较小、选择的电缆截面积小，缺点是蓄电池数量多、蓄电池室面积较大。两种电压等级直流电源系统在国内已投运的换流站中均有成熟的运行经验。换流站直流电源系统电压应根据用电设备类型、额定容量、供电距离、安装地点和运行习惯等因素综合比较决定。每极采用双 12 脉动换流器串联接线的换流站，场地面积较大，电磁环境复杂，标称电压采用 220V 电压等级在抗电磁干扰能力、电缆截面积选择上的优势更为突出。

由于换流站直流负荷中通常没有大容量的直流电动机等动力负荷，因此直流电源系统一般按控制负荷和动力负荷合并供电考虑。在正常运行情况下，直流母线电压应为直流电源系统标称电压的 105%；在均衡充电运行情况下，直流母线电压不应高于直流电源系统标称电压的 110%；在事故放电末期，蓄电池组出口端电压不应低于直流电源系统标称电压的 87.5%。

（三）系统接线

直流电源系统接线必须满足各类负荷的供电需求，同时结合不同地区的运行习惯和特殊要求，设计中可采用的接线方式有 2 组蓄电池 2 套充电装置 2 段母线接线、2 组蓄电池 3 套充电装置 2 段母线接线和 3 组蓄电池 4 套充电装置 3 段母线接线。

1. 2 组蓄电池 2 套充电装置 2 段母线接线

图 15-1 所示为 2 组蓄电池 2 套充电装置 2 段母线典型接线图，其接线的主要特点如下：

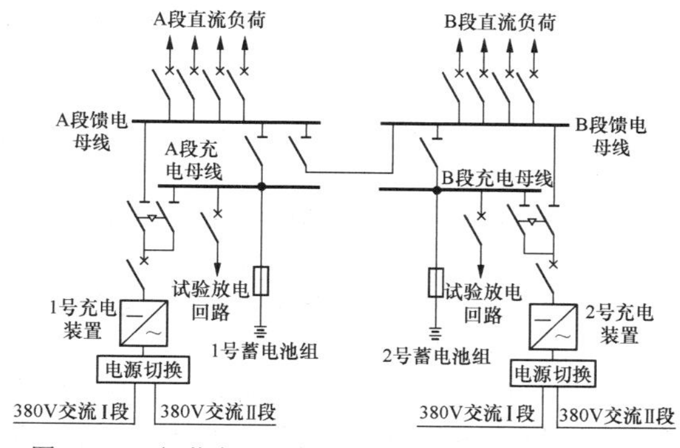

图 15-1　2 组蓄电池 2 套充电装置 2 段母线典型接线图

（1）直流电源系统采用两段单母线接线，两段直流馈电母线之间设置联络隔离开关，正常运行时，两段直流馈电母线分别独立运行。

（2）每组蓄电池及其充电装置分别接入相应母线段。充电装置经双投隔离开关分别接入充电母线和馈电母线。

（3）2 组蓄电池的直流电源系统应满足在正常运

行中2段馈电母线切换时不中断供电的要求。切换时2组蓄电池应满足标称电压相同、电压差小于规定值，且直流电源系统处于正常运行状态，并应尽量保证2组蓄电池采用相同的型式并具有相同的使用寿命。切换过程中允许短时并列运行。

2. 2组蓄电池3套充电装置2段母线接线

图15-2所示为2组蓄电池3套充电装置2段母线典型接线图，其接线的主要特点与2组蓄电池2套充电装置2段母线接线基本相同，区别在于：当第1（或第2）套充电装置故障时，第3套充电装置可经双投隔离开关接入A段（或B段）充电母线，给1号（或者2号）蓄电池组和A段（或B段）充电母线供电。

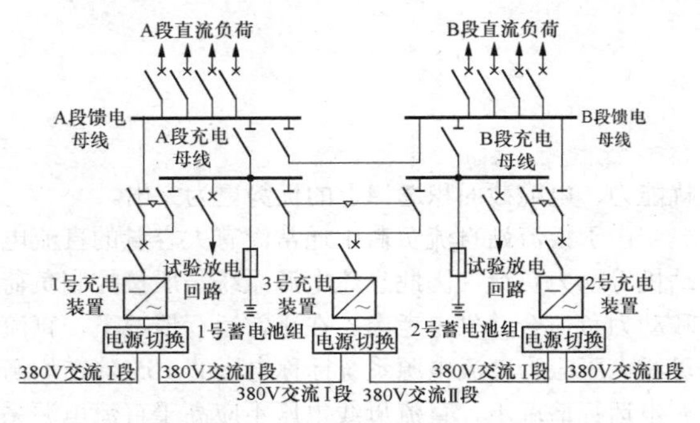

图15-2　2组蓄电池3套充电装置2段母线接线图

3. 3组蓄电池4套充电装置3段母线接线

在目前已投运的换流站工程中，部分保护装置按三重化冗余来配置。为了进一步提高第3套保护信号电源供电的可靠性，在2组蓄电池和3套充电装置3段母线接线的基础上再配置了1套独立的小容量蓄电池和充电装置。

图15-3所示为3组蓄电池4套充电装置3段母线典型接线图，其接线的主要特点如下：

（1）直流电源系统采用3段单母线接线，3段直流馈电母线之间设置联络电器，正常运行时，3段直流馈电母线分别独立运行。

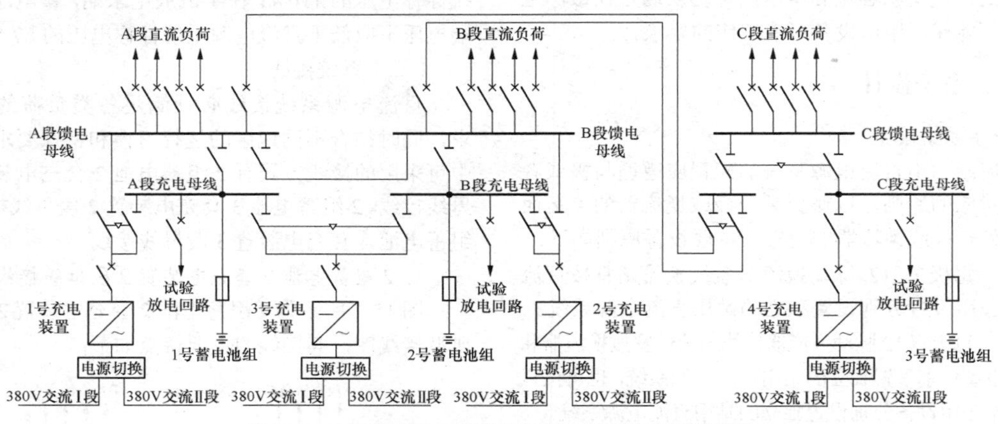

图15-3　3组蓄电池4套充电装置3段母线典型接线图

（2）3号蓄电池组及其相应的4号充电装置接入C段母线。

（3）其余特点与2组蓄电池和3套充电装置接线相同。

4. 直流电源系统接线的通用要求

（1）蓄电池组和充电装置应经隔离和保护电器接入直流电源系统。

（2）每组蓄电池应设有专门的试验放电回路。试验放电设备宜经隔离和保护电器直接与蓄电池出口回路并接。

（3）直流电源系统应采用不接地方式。

在实际工程设计中，应结合考虑不同地区的运行习惯和特殊要求来选择合适的接线方式。

（四）网络设计

1. 供电方式

直流网络宜采用集中辐射型供电方式或分层辐射型供电方式。根据负荷分布和地区习惯，换流站直流网络的设计原则如下：

（1）主控制楼内的站公用直流负荷、交流不间断电源、直流分电柜电源应采用集中辐射型供电。

（2）高压直流换流站直流极和换流变压器对应的直流负荷，应采用集中辐射型供电；双极区对应的直流负荷宜采用集中供电，当负荷无法布置在主控制楼时，可采用分层辐射型供电。

（3）特高压直流换流站的换流器和换流变压器对应的直流负荷，宜采用集中辐射型供电；直流极对应的直流负荷可采用集中或者分层辐射型供电；双极区对应的直流负荷宜采用集中供电，当负荷无法布置在主控制楼时，可采用分层辐射型供电。

（4）背靠背换流站背靠背换流单元和换流变压器对应的直流负荷，应采用集中辐射型供电。

（5）交流配电装置区的直流负荷，可根据设备布置情况采用集中辐射型供电或分层辐射型供电。

2. 直流分电柜的设置及接线

根据换流站的直流负荷分布情况，直流分电柜的设置及接线原则如下：

（1）当每极双 12 脉动换流器接线换流站按换流器设置直流电源系统时，可分别设置极 1 和极 2 直流分电屏（柜）。分电屏（柜）母线从对应的直流屏（柜）馈电母线取电，接线如图 15-4 所示。

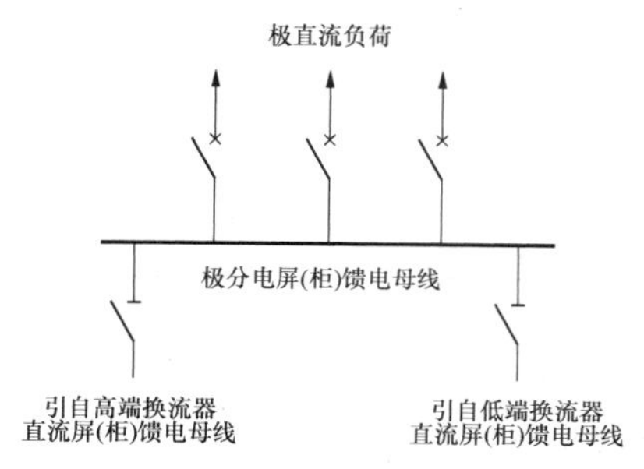

图 15-4　极分电屏（柜）接线图

（2）当双极区对应的二次设备未布置在主控制楼时，可设置双极直流分电柜。当交流配电装置区域的多个继电器小室共用一套直流电源系统时，可在未配置直流电源系统的继电器小室设置直流分电屏（柜），分电屏（柜）母线从对应的直流屏（柜）馈电母线取电。双极及交流小室分电屏（柜）接线如图 15-5 所示。

（3）当直流电源系统根据需要设置 C 段馈电母线时，可以设置直流屏（柜）C。直流屏（柜）C 段馈电母线从直流屏（柜）A 和 B 段馈电母线各取 1 路电源，接线如图 15-6 所示。

3. 负荷分配原则

换流站直流电源系统中馈电母线可以有两段或者三段，对于每段馈电母线所接的设备，应按以下原则进行分配：

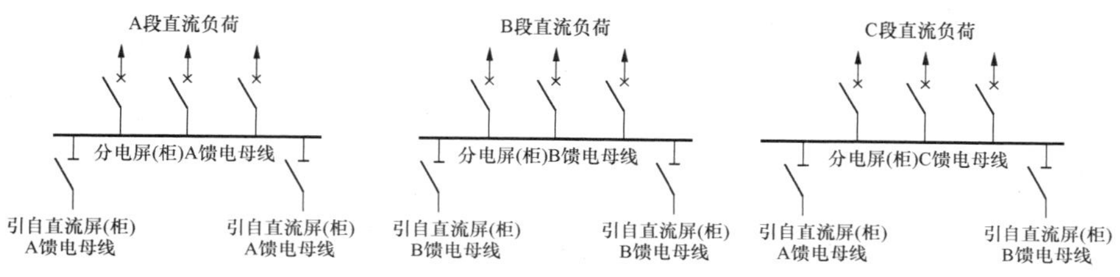

图 15-5　双极及交流小室分电屏（柜）接线图

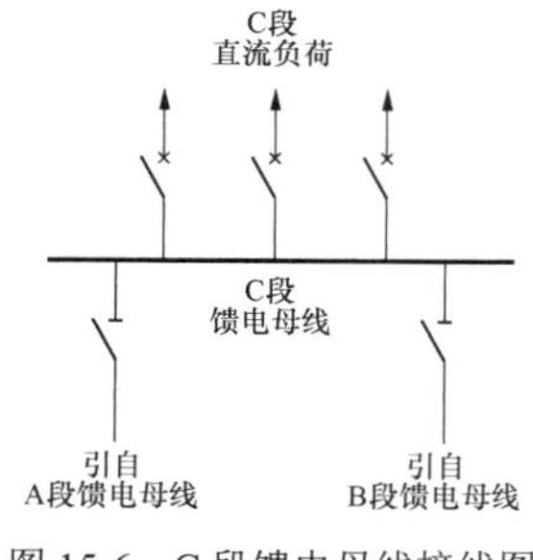

图 15-6　C 段馈电母线接线图

（1）要求单电源供电的负荷。单重配置的设备可由 C 段馈电母线取 1 路电源供电，如没有 C 段馈电母线则从 A 段或者 B 段馈电母线取电源供电，两段馈电母线应尽量平均分配负荷；双重化配置的设备应分别由 A、B 段馈电母线各取 1 路电源供电；三重化配置的设备应分别由 A、B、C 段馈电母线各取 1 路电源供电。

（2）要求双电源供电的负荷。要求双电源供电的负荷，应同时由 A 段和 B 段馈电母线各取 1 路电源供电。

根据工程实际情况，表 15-1～表 15-3 分别列出了每极单 12 脉动换流器接线换流站、每极双 12 脉动换流器接线换流站、背靠背换流站的主要直流负荷供电需求。

表 15-1　每极单 12 脉动换流器接线换流站主要直流负荷供电需求表

序号	供电区域	A 段馈电母线负荷	B 段馈电母线负荷	C 段馈电母线负荷
1	极 1（极 2）	极控装置电源 1	极控装置电源 2	
		极保护装置电源 1	极保护装置电源 2	
		直流滤波器保护装置电源 1	直流滤波器保护装置电源 2	
		换流变压器保护装置电源 1	换流变压器保护装置电源 2	
		测量接口装置电源 1	测量接口装置电源 2	
		极区 I/O 单元或测控装置电源 1	极区 I/O 单元或测控装置电源 2	
		阀冷却控制保护、阀基电子装置电源 1	阀冷却控制保护、阀基电子装置电源 2	

续表

序号	供电区域	A 段馈电母线负荷	B 段馈电母线负荷	C 段馈电母线负荷
1	极 1（极 2）	第一套极控信号电源	第二套极控信号电源	
		第一套极保护信号电源	第二套极保护信号电源	第三套极保护信号电源
		第一套测量接口装置信号电源	第二套测量接口装置信号电源	第三套测量接口装置信号电源
		第一套 I/O 单元或测控装置信号电源	第二套 I/O 单元或测控装置信号电源	
				阀厅、直流配电装置极区隔离开关和接地开关控制电源
2	站公用	站控主机电源 1	站控主机电源 2	
		双极测量接口装置电源 1	双极测量接口装置电源 2	
		双极 I/O 单元或测控装置电源 1	双极 I/O 单元或测控装置电源 2	
		第一套站控主机信号电源	第二套站控主机信号电源	
		第一套双极测量接口装置信号电源	第二套双极测量接口装置信号电源	第三套双极测量接口装置信号电源
		双极第一套 I/O 单元或测控装置信号电源	双极第二套 I/O 单元或测控装置信号电源	
				单套配置的单电源供电控制保护设备、自动装置
		直流开关操作电源 1	直流开关操作电源 2	直流配电装置双极区隔离开关和接地开关控制电源
3	交流配电装置区	交流站控主机电源 1	交流站控主机电源 2	
		交流配电装置区 I/O 单元或测控装置电源 1	交流配电装置区 I/O 单元或测控装置电源 2	
		第一套交流保护、交流滤波器保护装置电源	第二套交流保护、交流滤波器保护装置电源	
		第一套交流站控主机信号电源	第二套交流站控主机信号电源	
		第一套 I/O 单元或测控装置信号电源	第二套 I/O 单元或测控装置信号电源	
		断路器操作电源 1	断路器操作电源 2	
				单套配置的单电源供电控制保护设备、自动装置
				交流配电装置区隔离开关和接地开关控制电源（如果有）

表 15-2　每极双 12 脉动换流器接线换流站主要直流负荷供电需求表

序号	供电区域	A 段馈电母线负荷	B 段馈电母线负荷	C 段馈电母线负荷
1	极 1（极 2）	极/换流器控制装置电源 1	极/换流器控制装置电源 2	
		极/换流器保护装置电源 1	极/换流器保护装置电源 2	
		直流滤波器保护装置电源 1	直流滤波器保护装置电源 2	
		换流变压器保护装置电源 1	换流变压器保护装置电源 2	
		极/换流器测量接口装置电源 1	极/换流器测量接口装置电源 2	
		极/换流器 I/O 单元或测控装置电源 1	极/换流器 I/O 单元或测控装置电源 2	

续表

序号	供电区域	A段馈电母线负荷	B段馈电母线负荷	C段馈电母线负荷
1	极1（极2）	第一套极/换流器控制装置信号电源	第二套极/换流器控制装置信号电源	
		第一套极/换流器保护装置信号电源	第二套极/换流器保护装置信号电源	第三套极/换流器保护装置信号电源
		第一套极/换流器测量接口装置信号电源	第二套极/换流器测量接口装置信号电源	第三套极/换流器测量接口装置信号电源
		第一套I/O单元或测控装置信号电源	第二套I/O单元或测控装置信号电源	
		阀冷却控制保护、阀基电子装置电源1	阀冷却控制保护、阀基电子装置电源2	
				阀厅、直流配电装置极（换流器）区隔离开关和接地开关控制电源
2	站公用	站控主机电源1	站控主机电源2	
		双极测量接口装置电源1	双极测量接口装置电源2	
		双极I/O单元或测控装置电源1	双极I/O单元或测控装置电源2	
		第一套站控主机信号电源	第二套站控主机信号电源	
		第一套双极测量接口装置信号电源	第二套双极测量接口装置信号电源	第三套双极测量接口装置信号电源
		双极第一套I/O单元或测控装置信号电源	双极第二套I/O单元或测控装置信号电源	
				单套配置的单电源供电控制保护设备、自动装置
		直流开关操作电源1	直流开关操作电源2	直配电装置双极区隔离开关和接地开关控制电源
3	交流配电装置区	交流站控主机电源1	交流站控主机电源2	
		交流配电装置区I/O单元或测控装置电源1	交流配电装置区I/O单元或测控装置电源2	
		第一套交流保护、交流滤波器保护装置电源	第二套交流保护、交流滤波器保护装置电源	
		第一套交流站控主机信号电源	第二套交流站控主机信号电源	
		第一套I/O单元或测控装置信号电源	第二套I/O单元或测控装置信号电源	
		断路器操作电源1	断路器操作电源2	
				单套配置的单电源供电控制保护设备、自动装置
				交流配电装置区隔离开关和接地开关控制电源（如果有）

表15-3 **背靠背换流站主要直流负荷供电需求表**

序号	供电区域	A段馈电母线负荷	B段馈电母线负荷	C段馈电母线负荷
1	换流单元	换流单元控制装置电源1	换流单元控制装置电源2	
		换流单元保护装置电源1	换流单元保护装置电源2	
		换流变压器保护装置电源1	换流变压器保护装置电源2	

续表

序号	供电区域	A 段馈电母线负荷	B 段馈电母线负荷	C 段馈电母线负荷
1	换流单元	换流单元测量接口装置电源 1	换流单元测量接口装置电源 2	
		换流单元 I/O 单元或测控装置电源 1	换流单元 I/O 单元或测控装置电源 2	
		阀冷却控制保护、阀基电子装置电源 1	阀冷却控制保护、阀基电子装置电源 2	
		第一套换流单元控制信号电源	第二套换流单元控制信号电源	
		第一套换流单元保护信号电源	第二套换流单元保护信号电源	第三套换流单元保护信号电源
		第一套测量接口装置信号电源	第二套测量接口装置信号电源	第三套测量接口装置信号电源
		第一套 I/O 单元或测控装置信号电源	第二套 I/O 单元或测控装置信号电源	
				阀厅接地开关控制电源
2	站公用	站控主机电源 1	站控主机电源 2	
		第一套站控主机信号电源	第二套站控主机信号电源	
				单套配置的单电源供电控制保护设备、自动装置
3	交流配电装置区	交流站控主机电源 1	交流站控主机电源 2	
		交流配电装置区 I/O 单元或测控装置电源 1	交流配电装置区 I/O 单元或测控装置电源 2	
		第一套交流保护、交流滤波器保护装置电源	第二套交流保护、交流滤波器保护装置电源	
		第一套交流站控主机信号电源	第二套交流站控主机信号电源	
		第一套 I/O 单元或测控装置信号电源	第二套 I/O 单元或测控装置信号电源	
		断路器操作电源 1	断路器操作电源 2	
				单套配置的单电源供电控制保护设备、自动装置
				交流配电装置区隔离开关和接地开关控制电源（如果有）

二、负荷统计及设备选择

（一）直流负荷统计

1. 直流负荷分类

换流站直流电源负荷包括全站的控制、保护、自动装置、断路器分/合闸、交流不间断电源、直流长明灯和直流应急照明。这些直流负荷按性质可分为如下三类：

（1）经常负荷：要求直流系统在正常和事故工况下均应可靠供电的负荷。

（2）事故负荷：要求直流系统在交流电源系统事故停电时间内可靠供电的负荷。

（3）冲击负荷：在短时间内施加的较大负荷电流。冲击负荷出现在事故初期（1min）称初期冲击负荷，出现在事故末期或事故过程中（5s）称随机负荷。

2. 直流负荷统计

直流负荷统计应符合以下规定：

（1）采用 2 组蓄电池 2 套充电装置接线及 2 组蓄电池 3 套充电装置接线的设计方案时，每组蓄电池的负荷统计均需要计算本直流系统供电区域内的所有负荷。

（2）采用 3 组蓄电池 4 套充电装置接线的设计方案时，对于大容量的 2 组蓄电池的负荷统计，需要计算本区域内的所有负荷；对于小容量的 1 组蓄电池的负荷统计，仅需计算本区域内 C 段馈电母线的负荷。

换流站直流负荷统计时的负荷系数及计算时间见表 15-4。

表 15-4　　换流站直流负荷统计时的负荷系数及计算时间表

序号	负荷名称	负荷系数	经常负荷	事故负荷			备　注
				初期	持续	随机	
				1min	2h	5s	
1	监控设备、保护设备、计量设备、阀基电子设备、阀冷却控制保护设备、自动装置等	0.8	√	√	√		如果装置能给出正常和事故情况下的不同功耗，则装置正常直流功耗计入经常负荷，装置事故直流功耗计入事故负荷
2	高压断路器跳闸	0.6		√			
3	事故后恢复供电高压断路器合闸	1				√	按站用电恢复时断路器合闸电流最大的 1 台统计
4	交流不间断电源	0.6		√	√		
5	直流长明灯	1	√	√	√		
6	直流应急照明	1		√	√		

（二）设备选择

1. 蓄电池组

换流站直流电源系统的蓄电池通常采用阀控式密封铅酸蓄电池，无端电池。蓄电池组个数及容量应符合下列规定：

（1）蓄电池组个数可参考 DL/T 5044—2014《电力工程直流电源系统设计技术规程》中附录 C 的规定选择：单体蓄电池浮充电电压应根据厂家推荐值选取，当无产品资料时，宜取 2.23～2.27V；单体蓄电池均衡充电电压应根据蓄电池的个数和直流母线电压允许的最高电压值确定，但不得超出蓄电池规定的电压允许范围；单体蓄电池放电终止电压应根据蓄电池的个数和直流母线允许的最低电压值确定，但不得低于蓄电池规定的最低允许电压值。

（2）蓄电池容量的选择可参考 DL/T 5044—2014 中附录 C 的方法计算，事故放电时间按 2h 考虑。蓄电池容量换算系数应根据厂家设备参数选取，当无产品资料时，可参考 DL/T 5044—2014 中附录 C。

2. 充电装置

换流站直流电源系统的充电装置通常采用高频开关电源模块型充电装置。充电装置额定电流应符合下列规定：

（1）满足浮充电要求，其浮充电输出电流应按蓄电池自放电电流与经常负荷电流之和计算。

（2）满足蓄电池均衡充电要求，其充电输出电流应满足：当蓄电池脱开直流母线充电时，铅酸蓄电池应按 $1.0I_{10}$～$1.25I_{10}$ 选择；当蓄电池充电同时还向经常负荷供电时，铅酸蓄电池应按 $1.0I_{10}$～$1.25I_{10}$ 并叠加经常负荷电流选择。

（3）高频开关电源模块数量宜根据充电装置额定电流和单个模块额定电流选择。充电装置及整流模块的详细选择计算可参考 DL/T 5044—2014 中附录 D 的相关规定。

3. 熔断器及直流断路器

（1）直流系统熔断器及直流断路器的选择可参考 DL/T 5044—2014 中 6.6 和 6.5 的相关规定。其他要求如下：

1）蓄电池出口回路宜采用熔断器，也可采用具有选择性保护的直流断路器。

2）充电装置直流侧出口回路宜采用直流断路器，也可采用熔断器。当直流断路器有极性要求时，应采用反极性接线。

3）直流主屏至直流分屏的馈线回路宜采用具有短路延时特性的直流塑壳断路器，也可采用“熔断器+隔离电器”的组合。

4）直流主屏其他馈线回路、分屏馈线回路及蓄电池试验放电回路宜采用直流断路器。

（2）各级保护电器的配置应根据直流电源系统短路电流计算结果进行，保证具有可靠性、选择性、灵敏性和速动性。主要原则如下：

1）各级断路器宜采用标准型 B 型或 C 型脱扣器的直流断路器。

2）上级断路器应根据下级断路器出口短路时的

最小短路电流来校验灵敏性，最后一级断路器应根据馈线回路最小短路电流来校验灵敏性。

3）当下级断路器出口短路，而上级断路器和下级断路器动作特征无法配合时，上级断路器宜选用带短路短延时保护的直流断路器，通过时限来满足级差配合的要求。

级差配合的具体计算可参考 DL/T 5044—2014 中附录 A 的相关规定。

4. 隔离开关

直流系统隔离开关的选择可参考 DL/T 5044—2014 中 6.7 的相关规定。其他要求如下：

（1）直流分电柜的进线回路应采用单投或者双投隔离开关。

（2）当充电装置出口回路同时接至充电母线和馈电母线时，应采用双投隔离开关。

（3）母线联络隔离开关额定电流一般按全部负荷的 60%选择即可满足要求，同时考虑到允许直流母线采取并联切换方式，该隔离开关应具有切断负荷电流的能力。

三、监测、监控及信号

（一）监测及监控

直流电源系统应装设常测表计、蓄电池自动巡检装置、绝缘监测装置、馈线状态采集模块和微机监控装置，以实现对直流电源系统运行状态和相关参量的监视和测量。各设备的主要要求如下：

1. 常测表计

（1）直流电压表宜装设在直流柜母线、直流分电柜母线、蓄电池回路和充电装置输出回路上。

（2）直流电流表宜装设在蓄电池回路和充电装置输出回路上。

（3）直流电源系统测量表计宜采用 $4\frac{1}{2}$ 位精度数字式表计，准确度等级不应低于 1.0 级。

2. 蓄电池自动巡检装置

每组蓄电池应配置 1 套蓄电池自动巡检装置，实时测量全部单体电池电压和蓄电池组温度等参数，并应具备通信接口，实现与微机监控装置或其他智能装置通信。

3. 绝缘监测装置

直流电源系统应按每组蓄电池装设 1 套绝缘监测装置配置。绝缘监测装置应具备以下主要功能：

（1）实时监测和显示直流电源系统母线电压、母线对地电压和母线对地绝缘电阻。

（2）具有监测各种类型接地故障的功能，实现对各支路的绝缘监测功能。

（3）具备对两组直流电源合环故障报警功能。

（4）具备交流窜电故障及时报警并选出互窜或窜入支路的功能。

（5）具有自检和故障报警功能。

（6）具有对外通信功能。

4. 馈线状态采集模块

馈线状态采集模块宜按馈线屏设置，采集本屏内所有馈线回路的位置状态及断路器跳闸告警信号，并通过通信接口上传至相应微机监控装置。

5. 微机监控装置

直流电源系统宜按每套充电装置配置 1 套微机监控装置配置。微机监控装置应具备以下功能：

（1）具有对直流电源系统各段母线电压、充电装置输出电压和电流及蓄电池组电压和电流等的监测功能。

（2）具有对直流电源系统各种异常和故障报警、蓄电池组出口熔断器检测、自诊断报警及主要断路器/开关位置状态等的监视功能。

（3）具有对充电装置开机、停机和充电装置运行方式切换等的监控功能。

（4）具有对设备进行遥信、遥测、遥调及遥控的功能。

（5）具备对时功能。

（6）具备对外通信功能，通信规约宜符合 DL/T 860《电力自动化通信网络和系统》系列标准的有关规定。

（二）信号

直流电源系统应能将各设备的状态信号和系统各类告警信号上传至换流站监控系统。信号主要包括蓄电池回路保护电器状态及动作告警、蓄电池组巡检装置故障、充电装置故障、充电装置运行状态、充电装置各侧保护电器状态及动作告警、直流母线电压异常、直流母线绝缘异常、直流电源系统接地、绝缘监测装置及通信故障、交流窜电故障、直流电源合环故障、馈线断路器状态及动作告警和微机监控装置及通信故障等。

直流电源系统综合故障等重要信号应采用干触点输出，并采用硬接线接入换流站控制系统。

四、通信及接口

蓄电池自动巡检仪、绝缘监测装置和馈线状态量模块采集相关信息后，通过通信总线将信息上传至相应微机监控装置。微机监控装置汇总所有信息后宜采用以太网口、DL/T 860 标准协议上传至电源系统总监控装置或者换流站控制系统。图 15-7 所示为直流电源系统通信网络典型构架图，为 3 组蓄电池 4 组充电装置接线的通信网络。

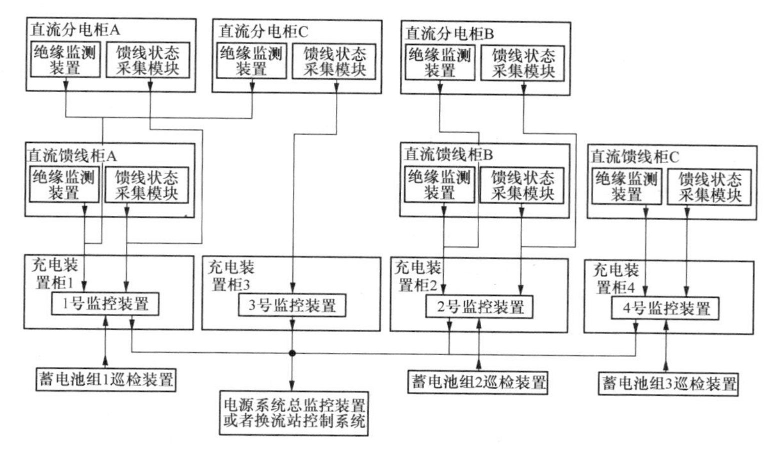

图 15-7 直流电源系统通信网络典型构架图

第二节 交流不间断电源

为了向换流站内重要的二次设备（如换流站控制系统主机、服务器、工作站、交换机设备、远动设备、调度数据网设备及二次安全防护设备等）供电，换流站应设置不间断电源系统（uninterruptible power system，UPS），以确保在站内故障或交流电源中断时，对换流站控制系统不间断供电，在正常运行时对站内交流电源进行隔离、稳压，并消除浪涌影响，保证换流站控制系统的电源安全，维持换流站系统和设备的正常运行。

一、系统设计

（一）系统配置

交流不间断电源系统应根据换流站电压等级、建设规模、二次设备布置方式及换流站控制系统设备的要求配置，主要有以下原则：

（1）全站设置 1 套交流不间断电源系统，主机按双重化配置。

（2）也可根据全站布置及负荷需要按区域分散设置，每个区域设置 1 套交流不间断电源系统，主机均按双重化配置。

高压换流站和背靠背换流站建议按照主控制楼和交流场继电器小室各配置 1 套交流不间断电源；特高压换流站建议按照主控制楼、辅控制楼和交流场继电器小室各配置 1 套交流不间断电源。对于交流场有多个继电器小室的情况，除交流不间断电源主机所在小室外，其他小室可以设置分馈线屏或者分电盒。

换流站交流不间断电源系统应为在线式，采用静态整流、逆变装置，并具有旁路隔离和稳压功能。

每套交流不间断电源系统主机容量按 100%计算负荷选择，直流备电时间为 2h。直流备用电源原则上应从站内直流母线引接，不设置 UPS 专用蓄电池组。

（二）系统电压

交流不间断电源系统的输出有 380V 三相输出和 220V 单相输出两种，换流站 UPS 容量较小，一般采用 220V 单相输出。

换流站交流不间断电源配电系统宜采用三相五线制供电接地系统（TN-S 系统），应设置工作接地和保护接地，其工作接地与保护接地可共用接地装置。

（三）系统接线

交流不间断电源系统一般由整流器、逆变器、静态转换开关、隔离变压器、逆止二极管、断路器等部分组成，系统接线方式包括 UPS 主机接线方式和 UPS 输出侧母线接线方式两部分内容。UPS 主机接线方式主要有单主机 UPS 接线，双主机串联冗余接线、双主机并联冗余接线，以及双重化冗余 UPS 接线等。输出侧母线接线方式分为单母线接线和单母线分段接线两种。

在换流站工程设计中，交流不间断电源系统主机均按双重化配置，其接线通常采用双主机并联冗余或双重化冗余的 UPS 接线方式。双主机并联冗余的 UPS 共用 1 套旁路装置；双重化冗余的 2 套 UPS 分别设置旁路装置，此时 2 台 UPS 主机的交流电源由不同站用电源母线引接，直流电源由站内直流系统的不同母线段引接。交流不间断电源输入/输出回路应装设隔离变压器，当直流电源由站内直流系统引接时，直流回路应装设逆止二极管。交流不间断电源旁路应设置隔离变压器，当输入电压变化范围不能满足负荷要求时，旁路还应设置自动调压器。

单母线分段接线方式可以对冗余电源负荷供电，单母线接线方式可以对单电源负荷供电。

1. 并联冗余 UPS 接线

并联冗余 UPS 构成的不间断电源系统接线如

图 15-8 所示。该接线由 2 台 UPS 主机组成，2 台主机交流输出端并联连接至同一段主馈电母线。正常运行时，2 台主机同步并联运行，均匀分担负荷。当一台主机故障或需要退出运行时，则由另一台主机承担全部负荷，确保负荷供电的不间断。该接线方式下的旁路装置仅设置 1 套，为 2 台 UPS 主机所共用，当单台运行的 UPS 主机故障或过负荷时切换至旁路运行，以保证向负荷不间断供电。

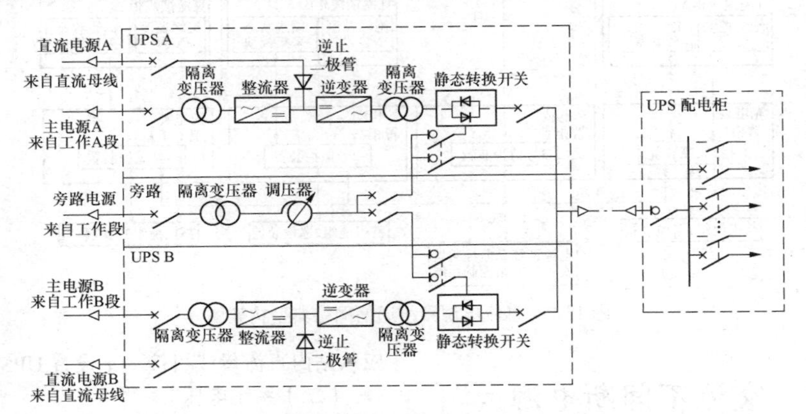

图 15-8　并联冗余 UPS 构成的不间断电源系统接线图

并联冗余 UPS 构成的不间断电源系统的 2 台 UPS 主机一般应为同容量、同厂家、同型号的产品。双主机应完全同步，其逆变器输出的频率、相位以及电压必须相同，2 台主机之间无环流。

每套 UPS 主机由 220/380V 交流电源经整流器、逆变器向负荷供电。当 220/380V 交流电源失电或 UPS 整流器故障时，则由站用直流电源回路经逆变器向负荷供电；当逆变器故障或过负荷时，由静态开关自动切换到旁路供电。

2. 双重化冗余 UPS 接线

双重化冗余 UPS 构成的不间断电源系统接线如图 15-9 所示。该接线由 2 套相互独立的 UPS 组成，每套系统均配置独立的 UPS 主机、旁路和配电柜，馈电母线采用单母线分段接线，两段母线之间设置联络断路器。

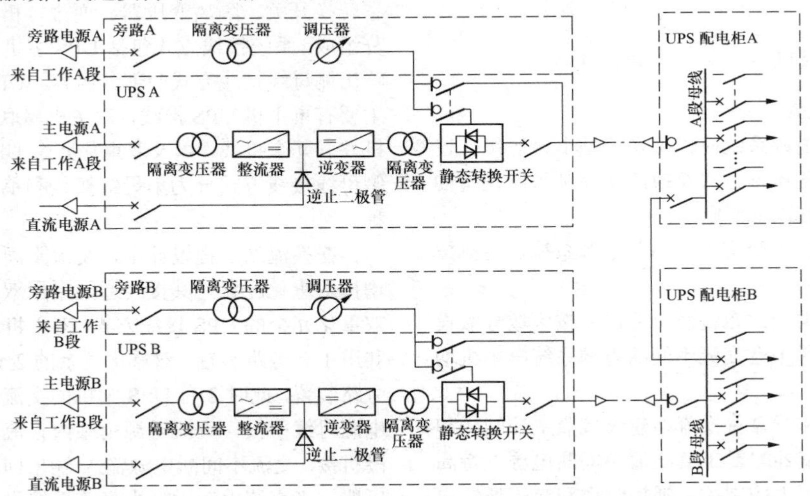

图 15-9　双重化冗余 UPS 构成的不间断电源系统接线图

正常运行时 2 套 UPS 系统采用分列运行方式，每套系统向对应母线段的 UPS 负荷供电。当任一套 UPS 故障或需要退出运行时，手动合上母联断路器，由另一套 UPS 承担全部负荷。

每套 UPS 主机由 220/380V 交流电源经整流器、逆变器向负荷供电。当 220/380V 交流电源失电或 UPS 整流器故障时，则由站用直流电源回路经逆变器向负荷供电。当逆变器故障或过负荷时，由静态开关自动切换到旁路供电。

由于换流站工程中通常较少采用单台 UPS 和串联冗余 UPS 构成的不间断电源系统，因此此处不再详述这两种接线方式。

（四）网络设计

交流不间断电源系统宜采用辐射供电方式，包括集中辐射型供电方式和分层辐射型供电方式。当全站交流不间断电源系统采用集中设置方式时，对供电距离较远且相对集中的不间断负荷，可根据UPS负荷需要和设备布置情况，合理设置分配电柜或分配电箱，采用分层辐射型供电方式，以节省电缆。

主控制楼内的换流站控制系统主机、服务器、工作站、远动设备、调度数据网、二次安全防护设备、大屏幕显示器、录音系统、火灾自动报警系统主机等站公用UPS负荷宜采用集中辐射型供电；辅控制楼和交流场的UPS负荷可根据设备布置情况采用集中辐射型供电或分层辐射型供电。

二、负荷统计及设备选择

（一）负荷统计

交流不间断电源负荷分为计算机负荷和非计算机负荷。计算UPS容量时，应对不间断负荷进行统计，按UPS负荷可能出现的最大运行方式计算，统计计算应遵守下列原则：

（1）连续运行的负荷应予以计算。

（2）不经常而连续运行的负荷，应予以计算。

（3）经常而短时及经常而断续运行的负荷，应予以计算。

（4）由同一UPS供电的互为备用的负荷只计算运行的部分。

（5）互为备用而由不同UPS供电的负荷，应全部计算。

换流站中常用的UPS负荷参见表15-5。

表15-5　换流站常用UPS负荷

序号	负荷名称	负荷类型	运行方式	功率因数	容量换算系数
1	操作员工作站	计算机负荷	经常、连续	0.90	0.7
2	工程师工作站	计算机负荷	不经常、连续	0.90	0.5
3	仿真培训工作站	计算机负荷	不经常、连续	0.90	0.5
4	网络打印机	计算机负荷	不经常、间断	0.60	0.5
5	系统主机或服务器	计算机负荷	经常、连续	0.98	0.7
6	调度数据网络及安全防护设备	非计算机负荷	经常、连续	0.95	0.7
7	远动设备	非计算机负荷	经常、连续	0.90	0.8
8	火灾自动报警系统	非计算机负荷	经常、连续	0.80	0.8
9	时间同步系统	计算机负荷	经常、连续	0.80	0.8
10	电能计费系统	计算机负荷	经常、连续	0.80	0.8
11	故障测距装置	计算机负荷	经常、连续	0.80	0.8
12	录音系统	计算机负荷	经常、连续	0.90	0.7
13	大屏幕显示器	非计算机负荷	经常、连续	0.90	0.8

随着设备制造的更新换代，有越来越多的二次设备（如交换机、电能量计费终端、时间同步设备、故障测距装置等）已由原要求UPS电源供电改为直流电源供电。另外有些直流控制保护设备厂家采用交流供电的就地显示设备和监控主机，在进行UPS负荷统计时也需要考虑。

换流站交流不间断电源系统的容量计算应采用DL/T 5491—2014《电力工程交流不间断电源系统设计技术规程》附录C推荐的方法。UPS的额定容量与负荷的功率因数密切相关，因此计算时应计及负荷功率校正系数的影响。同时，当设备安装点海拔大于1000m时，由于空气密度降低，对于采用空气冷却的UPS，其散热条件变差，因此需考虑海拔的降容影响。

（二）UPS设备选择

1. UPS主机

换流站内UPS主机应采用整流–逆变双变换在线式，220V单相输出方式。交流不间断电源交流主电源输入宜采用380V三相三线制输入，容量小于10kVA的交流不间断电源交流系统输入可采用220V单相输入。

UPS备电直流电源由站内直流电源系统引接，其直流输入电压宜与换流站内直流电源系统标称电压一致，一般采用110V或220V。直流输入电压允许变化范围应适应直流系统变化的要求，同时为了防止UPS整流器向直流系统的蓄电池充电，UPS直流输入回路应配置逆止二极管，逆止二极管反向击穿电压不应低于输入直流额定电压的2倍。UPS内部与直流有直接电气联系的回路应浮空，以免造成换流站直流电源系统接地。

（1）UPS主机输入参数的技术要求如下：

1）交流输入电压允许范围：$-15\%\sim+15\%$。

2）直流输入电压允许范围：$-20\%\sim+15\%$。

3）输入频率允许范围：$\pm5\%$。

4）输入电流谐波失真：不应大于5%。

（2）UPS主机输出参数的技术要求如下：

1）输出电压稳定性：稳态±2%，动态±5%。

2）输出频率稳定性：稳态±1%，动态±2%。

3）输出电压波形失真度：非线性负荷不应大于5%。

4）输出额定功率因数：0.8（滞后）。

5）输出电流峰值系数：不宜小于3。

6）过负荷能力：不应低于125%/10min、150%/1min、200%/5s。

2. UPS旁路

为保障UPS主机故障、临时过负荷或停运检修期间的供电连续性，一般需设置UPS旁路。旁路应设置隔离变压器，当输入电压变化范围不能满足负荷要求时，旁路还应设置自动调压器。

从安装、维护的便利程度和安全性角度出发，旁路隔离变压器及自动调压器应采用干式自然风冷结构。在选择隔离变压器短路阻抗时，应校验UPS配电系统上下级断路器（或熔断器）之间的选择性。

UPS旁路的接线方式应根据负荷要求来确定。当UPS为单相输出时，旁路宜采用380V二相二线制输入，也可采用220V单相输入。

一般应设置静态开关用于旁路供电的投切。宜采用电子和机械混合型转换开关，其切换时间不应大于5ms。手动维修旁路开关应具有同步闭锁功能。

（三）断路器

交流不间断电源系统的断路器主要包括交流主断路器（交流输入断路器、旁路输入断路器、交流输出断路器、维修旁路断路器）、直流输入断路器、母联断路器及交流馈线断路器等。断路器的选择可参考DL/T 5153《火力发电厂厂用电设计技术规程》的有关规定。其他要求如下：

（1）交流不间断电源系统带输入隔离变压器的交流输入断路器、旁路输入断路器额定电流按照躲过隔离变压器启动冲击电流选择。

（2）交流不间断电源系统交流输出断路器、维修旁路断路器、母联断路器额定电流按照交流不间断电源额定电流的1.5～2.0倍选择。

（3）交流不间断电源系统直流输入断路器额定电流按照交流不间断电源最大直流电流选择。

（4）交流不间断电源系统交流输出断路器与交流馈线断路器之间应满足2～4级的级差配合要求，保证上下级断路器之间具有选择性。

（5）交流主断路器宜选择D型脱扣器，交流馈线断路器宜选择C型脱扣器。直流输入断路器应选用直流专用断路器，不得用交流断路器替代。

（6）UPS采用单相输出时，电源及馈线回路应采用二极断路器。

（7）交流不间断电源主断路器宜带有辅助触点和报警触点，交流馈线断路器宜带有报警触点。

三、监测及信号

（一）测量

UPS主机宜采用数字式多功能仪表显示各种运行参数，测量内容应包括交流输入电压、直流输入电压、输出电压、输出频率、输出功率。其UPS输出电压、输出频率和输出功率或电流应能在控制室进行监视。

UPS旁路宜测量交流输入电压、频率及输出电压。

UPS主配电柜宜测量进线电流、母线电压和频率。

UPS分配电柜宜测量母线电压。

UPS主机柜上测量仪表精度不应低于1.0级。当旁路柜、配电柜上的测量仪表采用常规仪表时，其测量精度不应低于1.5级。

（二）信号

交流不间断电源系统应能将各设备的状态信号和系统各类告警信号上传至换流站监控系统。信号主要包括交流输入电压低、直流输入电压低、逆变器输入/输出电压异常、整流器故障、逆变器故障、静态开关故障、风机故障、馈线跳闸和旁路运行等。

交流不间断电源系统综合故障等重要信号应采用干触点输出，并采用硬接线接入换流站监控系统。

四、通信及接口

交流不间断电源系统是换流站安全可靠运行的重要保障，应具有与站内换流站控制系统或交直流一体化电源系统通信的功能，其通信接口宜采用以太网口，通信协议宜符合DL/T 860《电力自动化通信网络和系统》的有关规定。可通过设置UPS监控装置实现UPS主机的运行状态及UPS内各开关的状态量信息的汇总及上传，图15-10所示为交流不间断电源系统通信网络图。

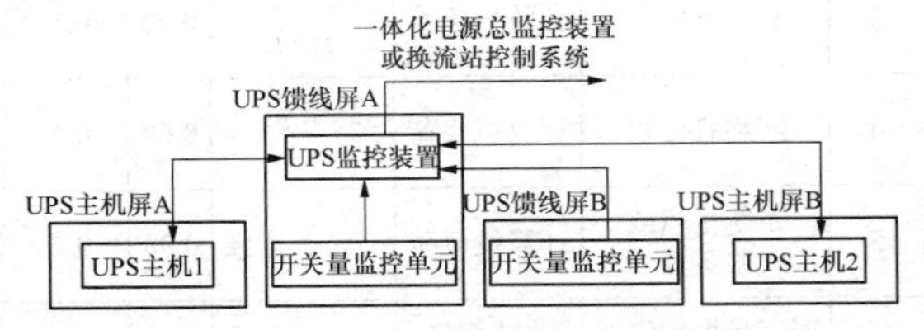

图15-10　交流不间断电源系统通信网络图

第十六章

二　次　回　路

第一节　直流系统测量装置

直流系统测量装置是为直流控制保护系统提供电流、电压量的测量装置。直流控制保护系统通过直流系统测量装置提供的数据进行分析判断，采取相应的控制策略和保护功能，保证直流输电系统的安全运行。直流系统测量装置分为直流测量装置和交流测量装置：直流测量装置主要指换流站直流侧的直流电流、电压测量装置，交流测量装置主要指换流变压器网侧和交直流滤波器组用的交流电流、电压互感器。

本节主要介绍直流电流、电压测量装置及与直流控制保护相关的交流电流、电压互感器的配置需求、精度及二次输出的要求。

一、基本要求

（1）直流系统测量装置的配置、类型、精度及二次输出应满足直流控制保护、测量计量及故障录波的需求。

（2）直流测量装置的一次转换器、合并单元的数量及交流测量装置二次绕组的数量应满足直流控制保护系统冗余度要求。

（3）直流测量装置输出数据采样率应满足直流控制保护、故障录波、故障测距和测量计量的要求，输出信号可为数字量，也可为模拟量。

（4）电流测量装置的配置应避免出现保护的死区，二次输出的分配应避免当一套保护停用后保护区内故障时的保护出现动作死区。

（5）电压测量装置的配置应保证在运行方式改变时，直流控制保护系统不会失去电压。

（6）直流测量装置应具备抗电磁干扰性能强、测量精度高、响应时间快的特性，应考虑从一次传感器输出至合并单元之间传输路径中电磁场的影响。

二、直流系统测量装置的配置

为保证直流控制保护系统能够快速、有效、可靠地监测直流输电系统，应在一次系统中配置相应的测量点，各测量点的配置应根据直流控制保护系统的需求确定。尽管目前各厂商的直流控制保护系统技术各有不同的特点，其各区域测量点的配置也略有不同，但并不影响其控制策略和保护功能。下面结合已投运工程测量点的配置，介绍较为典型的配置方案。

1. 直流测量装置配置

（1）两端高压直流输电系统换流站的配置。两端换流站直流侧的测量点主要布置在阀厅及直流配电装置区域，其测量点的典型配置分别如图 16-1 和图 16-2 所示，各测点的名称及相应功能见表 16-1。

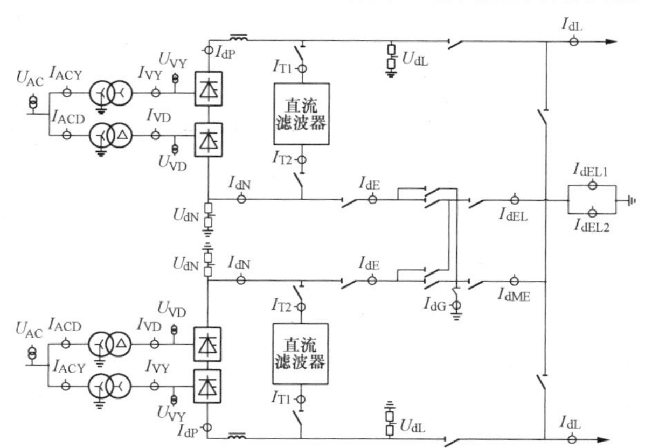

图 16-1　每极单 12 脉动换流器接线换流站直流侧的测量点配置示意图（整流侧）

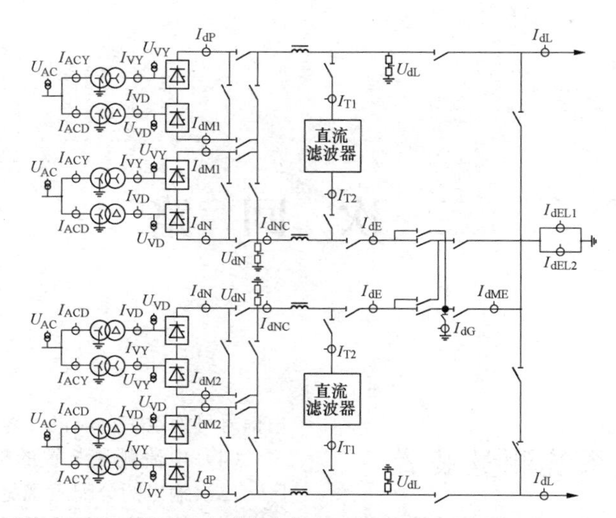

图 16-2　每极双 12 脉动换流器串联接线换流站直流侧的测量点配置示意图（整流侧）

表 16-1　两端高压直流输电系统换流站直流侧的测量点名称及功能表

序号	测点名称	参量	功　能
1	直流线路电压	U_{dL}	用于测量、直流控制、直流保护
2	直流中性母线电压	U_{dN}	用于测量、直流控制、直流保护
3	直流线路电流	I_{dL}	用于测量、直流控制、直流保护
4	中性母线电流	I_{dE}	用于测量、直流控制、直流保护
5	中性线电流	I_{dNC}	用于测量、直流控制、直流保护
6	接地极电流	I_{dEL}	用于测量、直流控制、直流保护
7	高速接地开关电流	I_{dG}	用于测量、直流控制、直流保护
8	金属回线电流	I_{dME}	用于测量、直流控制、直流保护
9	换流器高压端电流	I_{dP}	用于测量、直流控制、直流保护
10	换流器低压端电流	I_{dN}	用于测量、直流控制、直流保护
11	高、低端换流器连接电流	I_{dM}	用于测量、直流控制、直流保护
12	接地极线路电流 1	I_{dEL1}	用于测量、直流控制、直流保护
13	接地极线路电流 2	I_{dEL2}	用于测量、直流控制、直流保护
14	直流滤波器高压侧电流	I_{T1}	用于测量、直流保护、直流滤波器保护
15	直流滤波器低压侧电流	I_{T2}	用于测量、直流保护、直流滤波器保护

（2）背靠背换流站的配置。背靠背换流站换流单元的测量点主要布置在阀厅内，其测量点的典型配置如图 16-3 和图 16-4 所示，各测点的名称及相应功能见表 16-2。

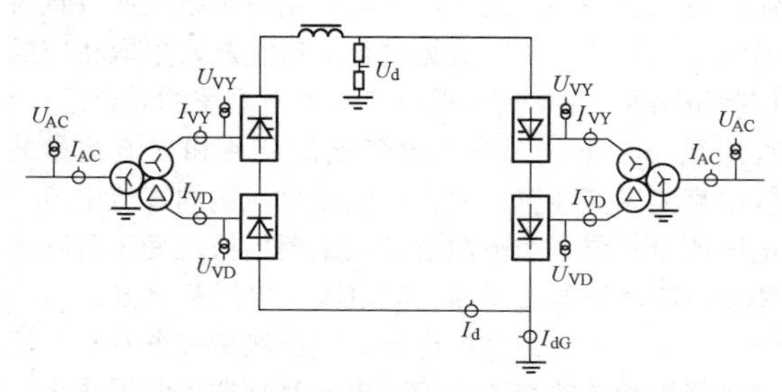

图 16-3　背靠背换流站换流单元的测量点配置示意图一

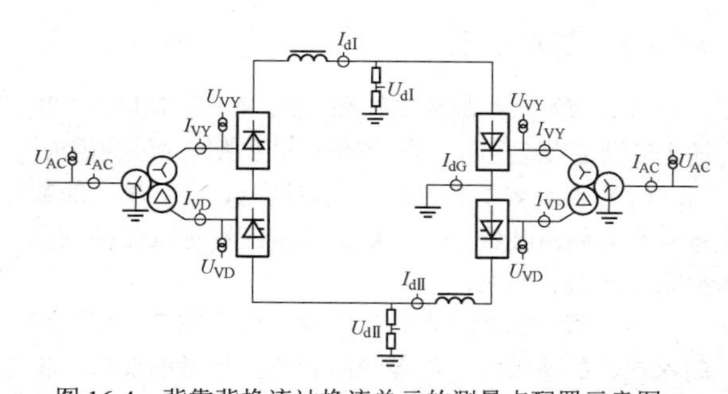

图 16-4　背靠背换流站换流单元的测量点配置示意图二

表 16-2　背靠背换流站换流单元测量点的名称及功能表

序号	测点名称	参量	功　能
1	直流母线电压	U_d、U_{dI}、U_{dII}	用于测量、直流控制、直流保护
2	直流母线电流	I_d、I_{dI}、I_{dII}	用于测量、直流控制、直流保护
3	接地电流	I_{dG}	用于测量、直流控制、直流保护

（3）接地极极址的配置。目前国内有些工程中，在接地极极址配置直流电流测量装置，其与换流站内

的接地线侧I_{dEL1}和I_{dEL2}测点一起完成接地极线路差动保护。测量点的典型配置如图16-5所示，各测点的名称及相应功能见表16-3。

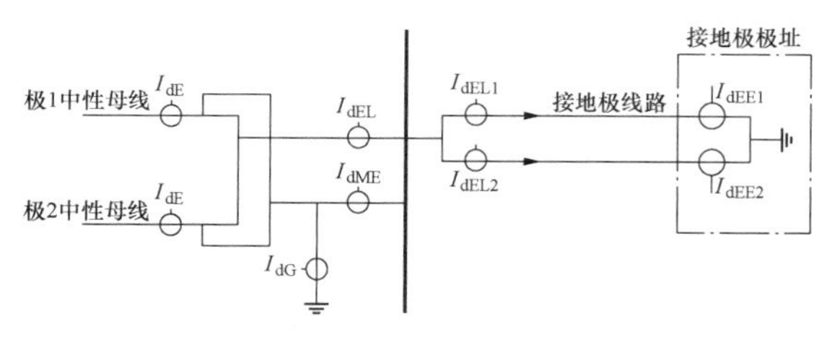

图16-5 接地极极址的测量点配置示意图

表16-3 接地极极址测量点的名称及功能表

序号	测点名称	参量	功 能
1	接地极线路电流1	I_{dEE1}	用于接地极线路保护
2	接地极线路电流2	I_{dEE2}	用于接地极线路保护

2. 交流测量装置配置

换流站内与直流控制保护系统相关的交流测量装置主要布置在交流滤波器和换流变压器区域，其测量点的典型配置如图16-6所示，交流滤波器及换流变压器区域测量点的名称及功能见表16-4。

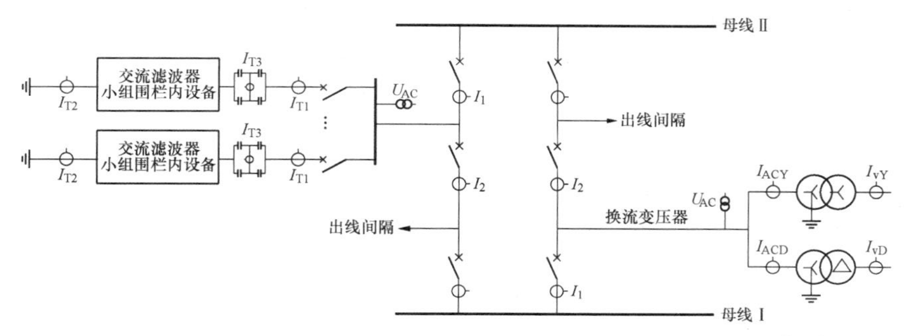

图16-6 交流滤波器及换流变压器区域测量点典型配置示意图

表16-4 交流滤波器及换流变压器区域测量点的名称及功能

序号	测点名称	参量	功 能
1	交流滤波器大组母线电压	U_{AC}	用于直流控制和交流滤波器组的计量、测量及保护
2	换流变压器网侧交流电压	U_{AC}	用于直流控制和换流变压器的计量、测量及保护
3	Yy 换流变压器阀侧绕组套管末屏电压	U_{vY}	用于直流保护、换流变压器保护
4	Yd 换流变压器阀侧绕组套管末屏电压	U_{vD}	用于直流保护、换流变压器保护
5	交流滤波器小组高压侧电流	I_{T1}	用于交流滤波器组的计量、测量及保护
6	交流滤波器小组低压侧电流	I_{T2}	用于交流滤波器组的测量及保护
7	交流滤波器小组高压侧电容不平衡电流	I_{T3}	用于交流滤波器组的测量及保护
8	Yy 换流变压器网侧绕组套管电流	I_{ACY}	用于直流保护、换流变压器保护
9	Yd 换流变压器网侧绕组套管电流	I_{ACD}	用于直流保护、换流变压器保护
10	Yy 换流变压器阀侧绕组套管电流	I_{vY}	用于直流控制、直流保护、换流变压器保护
11	Yd 换流变压器阀侧绕组套管电流	I_{vD}	用于直流控制、直流保护、换流变压器保护

三、直流系统测量装置的选用要求

（一）类型选择

1. 直流电流测量装置的选择

直流电流测量装置主要包括光电型、全光纤型、零磁通型、霍尔元件型和普通电磁型等几种测量装置，其中，全光纤型直流电流测量装置目前在换流站中应用较少。换流站直流电流测量装置的类型通常按照以下原则选择：

（1）两端换流站中直流线路和换流器的电流测量通常采用光电型直流测量装置；直流中性母线和直流接地极线的电流测量可采用零磁通型直流电流测量装置，也可采用光电型直流测量装置；直流滤波器高低压侧回路电流的测量可采用光电型直流测量装置，也可采用电磁型电流互感器。

（2）背靠背换流站直流母线的电流、电压测量通常采用组合光电型测量装置，也可采用独立式的电流和电压测量装置；直流母线的电流、电压测量通常采用零磁通型直流电流测量装置。

（3）接地极极址处用于测量接地极线路电流的设备通常采用光电型直流测量装置，也可采用零磁通型直流电流测量装置。

2. 直流电压测量装置的选择

直流电压测量装置按其工作原理分为电压型和电流型。其中电压型由分压器和直流放大器组成，电流型由高电阻和直流电流互感器串联构成，电流型的直流电压测量装置在换流站中应用较少。

（1）两端直流换流站中直流极线和直流中性母线通常采用电压型（阻容分压）直流电压测量装置。

（2）背靠背换流站通常在直流母线上配置直流电流电压组合型测量装置，也可采用电压型直流电压测量装置。

3. 交流测量装置的选择

换流站交流滤波器和换流变压器区域的交流测量装置类型选择原则需要注意以下内容：

（1）交流滤波器小组高压侧的电流测量装置通常采用电磁型的电流互感器，也可以根据需要采用光电型的电流测量装置。

（2）交流滤波器小组高压电容器不平衡电流的测量通常采用测量级的电磁型电流互感器，也可以采用光电型的电流测量装置。

（3）换流变压器的套管电流互感器应适用于直流控制保护系统冗余化的需求。通常采用电磁型的电流互感器，用于换流变压器保护的网侧、阀侧套管电流互感器配置 TPY 级绕组，用于直流保护的阀侧套管需配置 P 级绕组；同时换流变压器套管电流互感器还需配置测量级绕组，满足换流站控制系统的需求。

（二）精度要求

1. 直流电流测量装置的精度要求

根据 GB/T 26216—2010《高压直流输电系统直流电流测量装置》对电流测量装置准确度等级的要求，直流电流测量装置的准确度等级及其误差限值见表 16-5。

表 16-5　直流电流测量装置的准确度等级及其误差限值表

准确度等级	在下列额定电流（I_N）下的电流误差（%）		
	（10%～110%）I_N	（110%～300%）I_N	（300%～600%）I_N
0.1	±0.1	±1.5	±10
0.2	±0.2		
0.5	±0.5		
0.55	±0.55		
1.0	±1.00	±3，±5，±10*	
1.5	±1.50		

* 对于 1.0 级和 1.5 级，110%以上额定电流下的误差可从推荐值±3%、±5%、±10%中选取。

（1）直流电流测量装置用于保护时，通常要求当被测电流低于规定的 2h 过负荷电流时，测量误差不大于该测量装置额定电流的±2%；当被测电流达到额定电流的 300%时，测量误差不能超过测量装置额定电流的±10%。

（2）直流电流测量装置用于控制时，通常要求当被测电流在最小保证值和所规定的 2h 过负荷运行电流之间时，测量误差不大于额定电流的±0.75%；在被测电流达到额定电流的 300%时，测量误差不大于额定电流的±10%。

（3）用于同一功能的多个直流电流测量装置，如用于极差动保护、极间电流平衡控制等测量装置，在被测电流为额定电流的 150%及以下时，配合精度等于或优于±1%；当被测电流为连续过负荷电流的 150%～300%时，测量系统的精度应能保证设备正确动作。

2. 直流电压测量装置的精度要求

根据 GB/T 26217—2010《高压直流输电系统直流电压测量装置》，直流电压测量装置的准确度等级及其误差限值见表 16-6。

直流控制保护系统采用的直流电压测量装置的准确度等级一般都为 0.5 级，即：在额定电压值的 10%～100%之间，测量误差在±0.5%；在额定电压值的 100%～150%之间时，允许此时的测量误差提高到±1.0%。

表 16-6　直流电压测量装置的准确度等级及其误差限值表

准确度等级	在下列额定电压（U_N）下的电流误差（%）	
	（10%～100%）U_N	（100%～150%）U_N
0.1	±0.1	±0.3
0.2	±0.2	±0.5
0.5	±0.5	±1.0
1.0	±1.0	±3.5、±10

（三）输出要求

1. 光电型直流电流测量装置的输出

（1）输出方式。国内换流站中广泛采用的光电型直流电流测量装置的输出方式框图如图 16-7 所示，主要包括高精度分流器、一次转换器（也称远端模块）、传输系统、二次转换器、合并单元等。

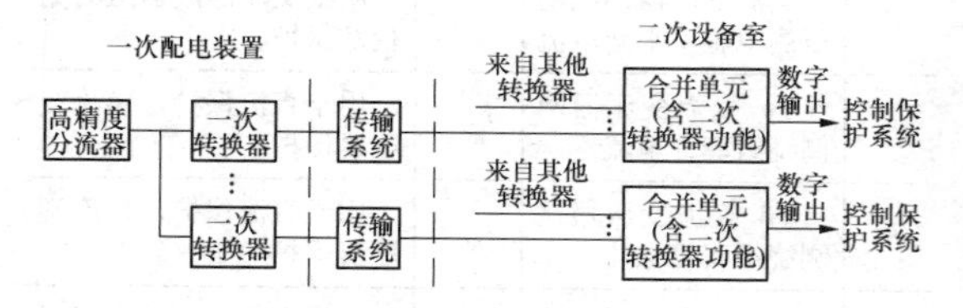

图 16-7　光电型直流电流测量装置的输出方式框图

1）高精度分流器可以是分流电阻，也可以是罗戈夫斯基线圈（Rogovski coil），其中罗戈夫斯基线圈主要是用于测量电流中的谐波分量。

2）一次转换器（远端模块）位于测量装置的高压部分，其功能是实现被测信号的模数转换及数据的发送，其工作电源由二次转换器或合并单元内的激光器提供。

3）传输系统采用的是光缆传输，光缆通常选用多模光缆。

4）二次转换器位于二次设备室，用于接收一次转换器通过光纤传输的数字信号，并为一次转换器提供供能激光。二次转换器接收的数字信号通过模块中处理器芯片的检验控制送至相应合并单元，或者直接送至控制保护装置。目前直流工程中，二次转换器一般不单独配置，其功能含在合并单元内。

5）合并单元通常组屏布置在二次设备室。合并单元不含二次转换器功能时，其将接收二次转换器输出的信号，并将多个测量装置的采样量汇集并转换为数字量输出，送至相应的控制保护设备；合并单元含二次转换器功能时，其将直接接收一次转换器的输出信号。

（2）一次转换器（远端模块）的配置。双重化或三重化配置的直流控制保护设备应分别接入光电型直流电流测量装置不同的远端模块。通常同一套直流控制和保护设备采用的远端模块可共用一个，如果能配置足够数量的远端模块，直流控制和保护设备也可分开采用不同的远端模块。对于双极共用的光电型直流电流测量装置，两极的直流控制保护设备需分别接入测量装置的不同远端模块。图 16-8 示意了直流线路的光电型直流电流测量装置远端模块接线，每一套直流控制和保护设备共用了一个远端模块。

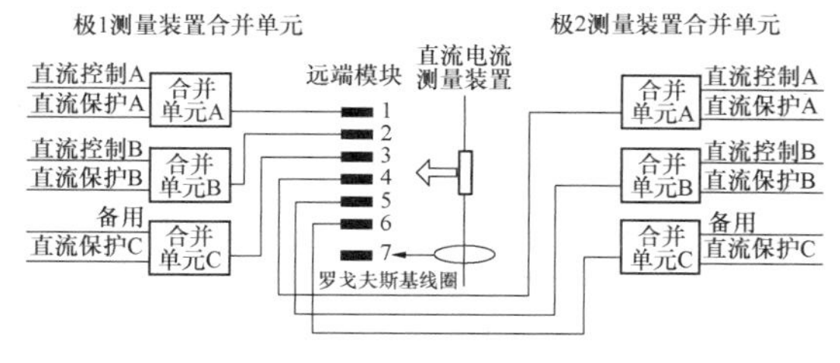

图 16-8 直流线路的光电型直流电流测量装置远端模块接线示意图

1）当直流控制保护系统双重化配置时，直流电流测量装置至少需要配置 2 个远端模块，用于本极的直流控制保护设备。如果另一个极的直流控制保护设备需要该测量装置的信号，则需要额外再配置 2 个远端模块。

2）当直流控制系统双重化、直流保护系统三重化配置时，直流电流测量装置至少需要配置 3 个远端模块，用于本极的直流控制保护设备，第三套直流保护单独采用一个远端模块。如果另一个极的直流控制保护设备需要该测量装置的信号，则需要额外再配置 2～3 个远端模块。

3）直流线路上的直流电流测量装置会单独配置一个罗戈夫斯基线圈及对应的远端模块，用于线路上的谐波电流测量。

对于图 16-1 所示每极单 12 脉动换流器接线换流站典型测量点配置情况，若直流电流测量装置均采用光电型电流互感器，其远端模块的配置见表 16-7。

表 16-7 每极单 12 脉动换流器接线换流站直流侧的光电型直流电流测量装置远端模块配置

序号	测点名称	远端模块数量	
		保护双重化	保护三重化
1	极 1/极 2 直流线路电流 I_{dL}	4+1	6+1
2	极 1/极 2 换流器高压端电流 I_{dP}	2	3
3	极 1/极 2 换流器低压端电流 I_{dN}	2	3
4	极 1/极 2 中性母线电流 I_{dE}	4	6
5	接地极电流 I_{dEL}	4	6
6	金属回线电流 I_{dME}	4	6
7	高速接地开关电流 I_{dG}	4	6
8	接地极线路电流 I_{dEL1}	4	6
9	接地极线路电流 I_{dEL2}	4	6

注 直流线路电流 I_{dL} 远端模块数量“+1”为罗戈夫斯基线圈对应的远端模块。

对于图 16-2 所示每极双 12 脉动换流器串联接线换流站典型测量点配置情况，若直流电流测量装置均采用光电型电流互感器，其远端模块的配置见表 16-8。

表 16-8 每极双 12 脉动换流器串联接线换流站直流侧的光电型直流电流测量装置远端模块配置

序号	测点名称	远端模块数量	
		保护双重化	保护三重化
1	极 1/极 2 直流线路电流 I_{dL}	4+1	6+1
2	极 1/极 2 高端换流器高压端直流电流 I_{dP}	2	3
3	极 1/极 2 高端换流器低压端直流电流 I_{dM}	2	3
4	极 1/极 2 低端换流器高压端直流电流 I_{dM}	2	3
5	极 1/极 2 低端换流器低压端直流电流 I_{dN}	2	3

续表

序号	测点名称	远端模块数量	
		保护双重化	保护三重化
6	极 1/极 2 换流器中性线电流 I_{dNE}	2	3
7	极 1/极 2 中性母线电流 I_{dE}	4	6
8	接地极电流 I_{dEL}	4	6
9	金属回线电流 I_{dME}	4	6
10	高速接地开关电流 I_{dG}	4	6
11	接地极线路电流 I_{dEL1}	4	6
12	接地极线路电流 I_{dEL2}	4	6

注　直流线路电流 I_{dL} 远端模块数量"+1"为罗戈夫斯基线圈对应的远端模块。

对于图 16-3 和图 16-4 所示背靠背换流站换流单元的典型测量点配置情况，若直流电流测量装置均采用光电型电流互感器，其远端模块的配置见表 16-9。

表 16-9　背靠背换流站换流单元的光电型直流电流测量装置远端模块配置

序号	测点名称	远端模块数量	
		保护双重化	保护三重化
1	直流母线电流 I_d、I_{dI}、I_{dII}	2	3
2	接地电流 I_{dG}	2	3

对于图 16-5 所示接地极极址的测量点的配置情况，若直流电流测量装置均采用光电型电流互感器，其远端模块的配置见表 16-10。

表 16-10 接地极极址的光电型直流电流测量装置远端模块配置

序号	测点名称	远端模块数量	
		保护双重化	保护三重化
1	接地极线路电流 1　I_{dEE1}	2	3
2	接地极线路电流 2　I_{dEE2}	2	3

实际工程中，一次转换器（远端测量模块）的数量除了满足直流控制保护系统冗余和设备配置的要求外，一般还需考虑配置 1～2 个备用模块。

（3）合并单元的配置。合并单元的类型、参数和接口应满足继电保护、自动装置和测量、计量的要求。合并单元应具有完善的自检功能，并能正确及时反映自身和电子互感器内部的异常信息。

1）直流电流测量装置的合并单元宜按极配置，每套合并单元采集本极范围内直流电流测量装置的远端模块信号，双重化或三重化控制保护装置对应的合并单元应分别独立配置。

2）对于双极区光电型直流测量装置，其对应的合并单元宜按双极区单独配置。如果工程情况特殊不能单独配置时，可采用与极合并配置的方式，将双极区的所有测量信号分别送至两个极配置的合并单元。

3）对于接地极极址区域直流测量装置，其合并单元的配置应满足直流保护系统的冗余要求。

4）每个合并单元采集的测量装置信号数量通常不超过 9 路。合并单元输出采用数字量光纤接口传输信号，并符合 TDM 协议或 IEC 60044-8 协议。每一套直流控制和保护设备在合并单元上输出的端口是相互独立的，每个合并单元可提供不少于 5 路的输出端口。

2. 零磁通型直流电流测量装置的输出

零磁通型直流电流测量装置一般包括一次传感器、传输系统和电子模块。电子模块包括功率放大器、二极管等元件，通常安装于户内二次设备室；传输系统一般采用屏蔽双绞线的电缆，也可以在光电转换后采用光缆，用以提高户外信号传输的抗干扰性。零磁通型直流电流测量装置的输出方式如图 16-9 所示。

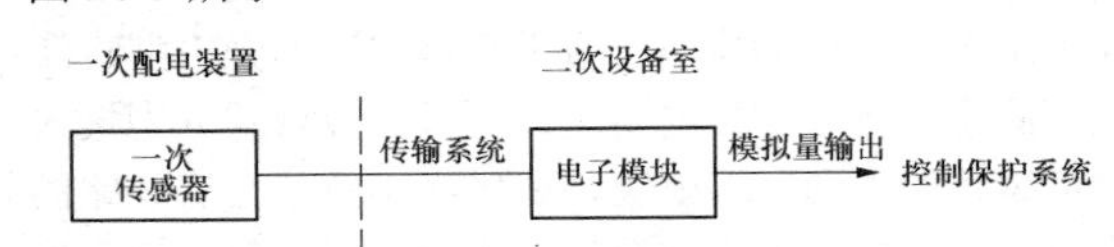

图 16-9　零磁通型直流电流测量装置的输出方式框图

零磁通型直流电流测量装置的输出通常为模拟量输出，通过电子模块输出的额定二次电压标准值为 ±1.667V，每个电子模块可对外输出 3～4 路模拟信号。由于二次输出电压较低，容易产生干扰，因此信号接收设备不能相隔太远，宜布置在同一房间或相邻房间，采用屏蔽电缆传输。

图 16-9 中仅示意了一套零磁通型直流电流测量装置的输入输出回路，实际工程应用中，测量装置的数量应满足直流控制保护系统冗余配置的要求。

（1）对于双重化配置的直流控制保护系统，需配置两套完全独立的零磁通型直流电流测量装置，包括一次传感器及对应的电子模块。两套电子模块分别对应双重化的直流控制保护系统，同一套的直流控制系统和直流保护系统可以共用一个电子模块。

零磁通型直流电流测量装置多用于中性母线及双极区的电流信号测量，该区域的电流信号需要提供给两个极的控制保护系统。电子模块输出通常有两种接口方式，如图 16-10 所示。在实际工程中，两种方式均有应用，可根据具体工程中直流控制保护系统的需求来考虑接口方式。

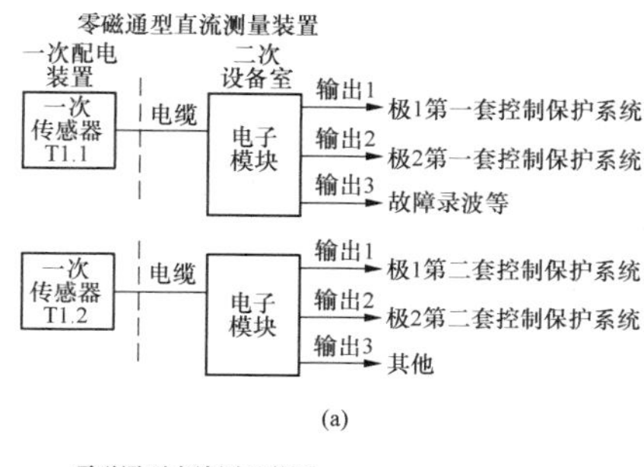

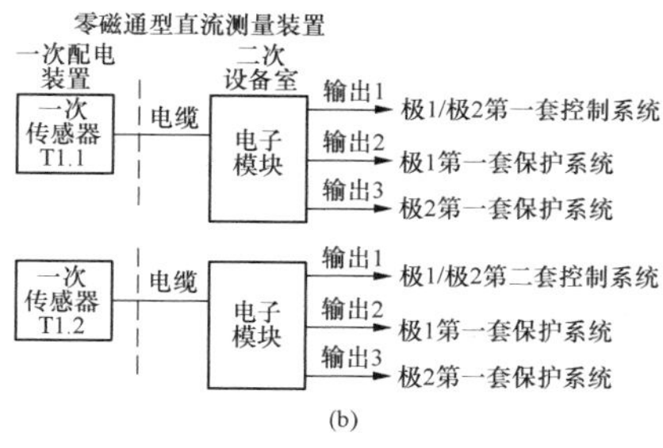

图 16-10　电子模块输出的接口框图
（a）方式一；（b）方式二

1）对于图 16-10（a）所示输出接口方式，每个电子模块的输出 1 接至极 1 的控制保护系统的测量接口设备；输出 2 接至极 2 的控制保护系统的测量接口设备；输出 3 可用于故障录波等其他二次设备。

2）对于图 16-10（b）所示的输出接口方式，每个电子模块的输出 1 接至极 1 控制系统的测量接口设备，同时也接至极 2 控制系统的测量接口设备；输出 2 接至极 1 保护系统的测量接口设备；输出 3 接至极 2 保护系统的测量接口设备。故障录波系统的信号从极 1/极 2 保护系统处并接。

（2）对于直流控制系统双重化、直流保护系统三重化的配置方式，需配置三套完全独立的零磁通型直流电流测量装置，其输出接口方式与图 16-10 类同。

3. 霍尔电流测量装置的输出

国内换流站中，霍尔元件型直流电流测量装置主要是用于测量换流变压器中性点直流偏磁，通常安装在换流变压器中性点接地引线上。其结构与光电型直流电流测量装置基本类似，包含霍尔传感器、一次转换器（也称远端模块）、传输系统、合并单元等设备。其中霍尔传感器的结构功能可参看第五章相关章节，其他设备环节的功能、输出要求与光电型直流电流测量装置相同，这里不再重复。

4. 直流电压测量装置的输出

下面以阻容性分压型直流电压测量装置为例，说明直流电压测量装置的输出要求。

（1）输出方式。直流电压测量装置的输出方式主要有两种：方式一，直流分压器的输出在就地不经过转换，而是在二次设备室里的转换单元进行数据处理后输出至直流控制保护或合并单元；方式二，直流分压器的输出在就地经过远端模块转换，再通过光纤输出至二次设备室里的合并单元。

1）直流电压测量装置的输出方式一如图 16-11 所示，主要包括直流分压器、传输系统和二次转换器。直流分压器采用精密电阻分压器传感直流电压，通过并联电容分压器均压以保证测量装置的频率特性及暂态特性。传输系统采用屏蔽电缆，如屏蔽同轴电缆。二次转换器接收并处理直流分压器的输出信号，以模拟量方式输出（额定值为±10、±5V）供二次设备使用。

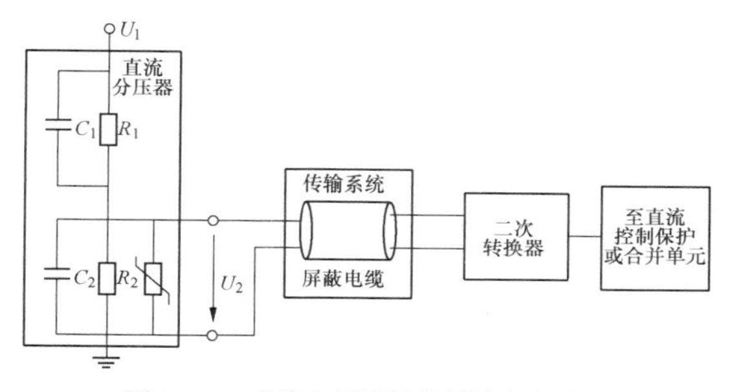

图 16-11　直流电压测量装置输出方式一

2）直流电压测量装置的输出方式二如图 16-12 所示，其中包括直流分压器、一次转换器（远端模块）、传输系统和合并单元，其结构与光电型直流电流互感器基本相同。与方式一相比，方式二配置了远端模块，直接将测量到的电压信号转变为数字信号，通过光纤传输到合并单元。

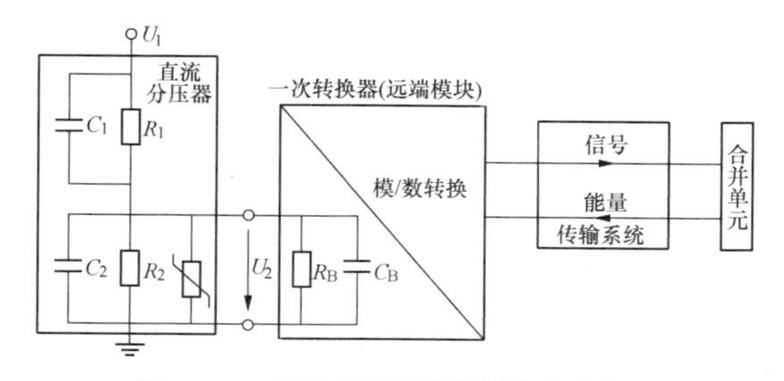

图 16-12　直流电压测量装置输出方式二

（2）二次转换器的配置。二次转换器输出接口应满足双重化或三重化配置的直流控制保护设备的接入要求。图 16-11 所示的直流电压测量装置的输出方式中，二次转换器主要有两种构成方式，如图 16-13 所示。

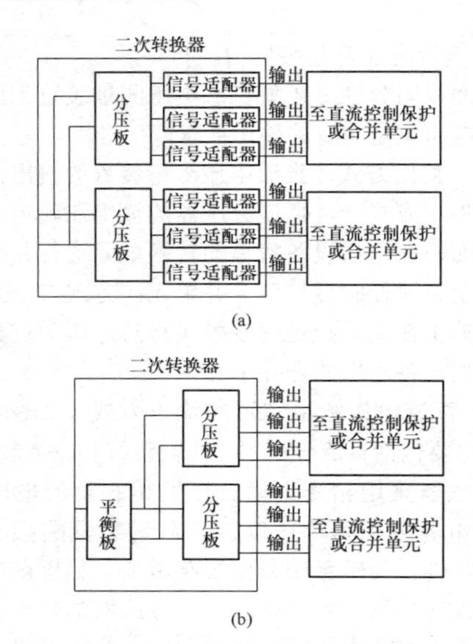

图 16-13　直流电压测量装置二次转换器的结构

（a）方式一；（b）方式二

图 16-13（a）中二次转换器主要由分压板和信号适配器组成，图 16-13（b）中二次转换器主要由平衡板和分压板组成。两种二次转换器虽然结构不同，但其分压板冗余配置的原则是相同的，以满足冗余配置直流控制保护系统的要求，对应于图 16-1、图 16-2 所示换流站典型测量点配置情况，其直流电压测量装置对应的分压板模块配置见表 16-11。

表 16-11　直流电压测量装置的二次转换器（分压板）配置

序号	名　称	分压板模块数量（个）	
		保护双重化	保护三重化
1	极 1 直流线路电压 U_{dL}	2	3
2	极 1 直流中性母线电压 U_{dN}	2	3
3	极 2 直流线路电压 U_{dL}	2	3
4	极 2 直流中性母线电压 U_{dN}	2	3

1）对于双重化配置的直流控制保护系统，每个直流分压器需配置 2 个分压板模块，每个分压板对应一套直流控制保护设备。

2）对于三重化配置的直流控制保护系统，每个直流分压器需配置 3 个分压板模块，每个分压板对应一套直流控制保护设备。

3）每一套分压板模块可输出 3～6 路信号，分别对应本极或对极的直流控制保护设备。

对于图 16-12 所示的直流电压测量装置输出方式，远端模块配置见表 16-12，其配置原则与光电型直流电流测量装置相似。每一套直流控制和保护设备采用的远端模块可共用一个，也可分开配置。

表 16-12　直流电压测量装置的远端模块配置

序号	名　称	远端模块数量	
		保护双重化	保护三重化
1	极 1 直流线路电压 U_{dL}	4	6
2	极 1 直流中性母线电压 U_{dN}	2	3
3	极 2 直流线路电压 U_{dL}	4	6
4	极 2 直流中性母线电压 U_{dN}	2	3

（3）合并单元的配置。直流电压测量装置的合并单元可以不单独配置，按所测量的区域与光电型直流电流测量装置的合并单元共用。当需要单独配置合并单元时，应按极配置一套，且合并单元的数量应满足直流控制保护系统冗余要求。

（四）其他要求

1. 组屏要求

直流测量装置的二次设备，如合并单元、二次转换器等测量接口设备，通常由一次设备成套提供。测量接口设备一般组屏布置在主、辅控制楼内。直流测量接口设备的组屏需求应根据直流控制保护的冗余程度来确定。

（1）当直流控制保护系统采用双重化配置时，直流测量装置的接口设备需双重化配置，每一套接口设备单独组屏；当直流控制保护系统采用三重化配置时，直流测量装置的接口设备需三重化配置，每一套接口设备单独组屏。

（2）每个极区域的直流测量装置接口设备单独组屏，双极区的直流测量装置接口设备可单独组屏，也可以平均分配布置在两个极的接口设备屏内。

（3）同一套直流电流和电压的测量接口设备可分开组屏，也可以联合组屏。

2. 电源要求

（1）每面测量接口设备屏通常接入两路直流电源，应分别取自两段不同的直流电源。

（2）每极的测量接口设备屏应采用同极的直流电源系统母线供电。双极的测量接口设备屏应采用站公用直流电源系统母线供电。

第二节　二　次　接　线

换流站内与交流系统相关的设备二次接线要求和变电站基本相同，而与直流输电系统相关的设备二次接线，还需要根据换流站的要求以特殊考虑。因此，本节重点介绍与直流输电系统相关的换流变压器、断路器、隔离开关、选相控制器、阀厅门锁等设备的二次接线要求。

一、换流变压器的二次接线

换流变压器的二次接线主要包含换流变压器冷却系统二次接线、有载调压分接开关二次接线，以及本体二次接线及信号。

（一）冷却系统二次接线

变压器的冷却方式主要有自然风冷却、强迫油循环风冷却、强迫油循环水冷却等，直流工程中的换流变压器通常采用强迫油循环风冷却方式。换流变压器强迫油循环风冷却系统主要由冷却器组、散热片及相应的控制装置组成。换流变压器根据容量要求配置一定数量的冷却器组，每组冷却器含一台潜油泵及相应数量的冷却风扇。冷却系统控制装置的二次回路通常由设备制造厂设计，并成套提供相应的控制箱，其控制二次回路接线各厂不尽相同，但大同小异。

1. 一般要求

（1）换流变压器冷却系统采用两路相互独立的交流380/220V电源，一路主电源，一路备用电源，具有自动切换功能，当主电源故障时能自动切换到备用电源。

（2）换流变压器冷却系统有自动控制模式和手动控制模式两种工作方式，可通过切换开关实现工作方式的切换。

（3）当换流变压器投入或退出运行时，工作冷却器可控制投入或退出。当工作冷却器故障时，备用冷却器能自动投入运行。当冷却器全停时，应发报警信号通知运行人员及时处理，或者延时断开换流变压器进线交流断路器。

（4）冷却器的工作电源需要设置手动强投的功能。当换流变压器冷却系统失去一路电源且电源切换装置出现故障时，将导致换流变压器失去冷却功能，此时需要通过运行人员手动强行投入冷却器的电源，确保冷却器能够运行。

（5）冷却器的风扇和潜油泵应配置过负荷、短路及断相运行的保护装置。

（6）当冷却系统在运行中发生故障时，能发出事故信号至换流站控制系统，告知值班人员，迅速处理。

2. 控制

冷却系统控制装置通常采用PLC逻辑控制器来实现。冷却系统控制装置通过对换流变压器运行温度、负荷和冷却器的状态计算处理，结合直流控制系统命令对换流变压器冷却器的潜油泵、风扇启停进行控制，同时将冷却器运行状态送至直流控制保护系统。

冷却系统控制装置的二次接线需符合下述要求：

（1）冷却系统控制装置宜按双重化配置，每台换流变压器配置一套。控制装置采用直流电源供电，也可采用冷却系统两路交流380/220V切换后的电源供电。

（2）当冷却系统控制装置在自动控制模式时，其基本控制逻辑如下：

1）换流变压器投运时，控制系统将自动启动至少一组冷却器，并在一定的运行周期内，对工作冷却器组、备用冷却器组的风扇和潜油泵之间自动进行循环轮换。

2）换流变压器投运切换至停运状态，自动控制逻辑根据顶部油温逐个停止工作冷却器组，最后一组冷却器的风扇运行一段时间后（可配置）停止。

3）冷却系统控制装置可根据换流变压器电流大小或顶层油温进行启动控制冷却器，根据顶层油温进行退出控制冷却器。

4）自动控制逻辑启动风扇时，总是先启动运行时间最短且非手动控制模式的一组；自动控制逻辑停止风扇时，总是先停止运行时间最长且非强投和手动控制模式的一组。

（3）当冷却系统控制装置在手动控制模式下时，通过人为操作启动和停止冷却器，不再进行自动轮换冷却器。

（4）冷却系统控制装置需判断冷却器是否具备冗余冷却能力，并将该信号传至换流站控制系统。

（5）换流变压器保护（差动保护、重瓦斯保护）动作后，可通过冷却系统控制装置切除冷却器。

（6）冷却系统控制装置可输出各自所监测的换流变压器冷却器状态信号及自身状态信号，通过通信总线或硬接线上传至换流站控制系统。

3. 信号

换流变压器冷却系统控制装置的主要信号见表16-13。

表16-13 换流变压器冷却系统控制装置的主要信号表

序号	信号名称	信号类型	备注
1	换流变压器网侧电流	模拟量输入	
2	换流变压器顶层油温	模拟量输入	
3	换流变压器绕组温度	模拟量输入	
4	换流变压器顶层油温风冷控制信号	开关量输入	可选
5	换流变压器绕组温度风冷控制信号	开关量输入	可选
6	冷却器手动/自动状态	开关量输入	
7	冷却器运行/停止状态	开关量输入	
8	换流变压器故障停止冷却器	开关量输入	
9	冷却器故障信号	开关量输出	

续表

序号	信号名称	信号类型	备注
10	冷却器启停命令	开关量输出	
11	控制装置正常/故障	开关量输出	
12	冷却系统具备冗余冷却能力信号	开关量输出	
13	冷却系统Ⅰ段动力电源故障	开关量输出	
14	冷却系统Ⅱ段动力电源故障	开关量输出	
15	冷却系统Ⅰ段控制电源故障	开关量输出	
16	冷却系统Ⅱ段控制电源故障	开关量输出	

（二）有载调压分接开关二次接线

换流变压器一般都配置有载调压分接开关，其目的是补偿换流变压器网侧电压的变化，以及将触发角调整在适当的范围内，保证直流输电运行的安全性和经济性。有载调压分接开关的调压范围一般为 20%～30%，每挡调节量为 1%～2%，以达到有载调压分接开关调节和换流器触发控制联合工作，做到既无明显的调节死区，又可避免频繁往返运动。

换流变压器有载调压分接开关由换流站直流控制系统进行控制，其相关二次接线主要包括电动机电源回路、控制回路、挡位输出及故障信号回路。

（1）电动机电源回路。有载调压开关的电动机电源一般采用一路 380V 交流电源，380V 交流电源可以引自换流变压器本体端子箱里双路切换后的交流电源，也可以引自单独提供的一路交流电源。

（2）控制回路。有载调压分接开关的控制包括调压开关的升挡、降挡、停止，这些指令可以通过远方/就地切换开关实现远方后台操作和就地操作。需要注意直流控制系统与有载调压分接开关之间的对应关系，即直流控制系统需要升高阀侧电压，此时应与调压开关厂家确认有载调压开关对应的是升挡还是降挡，通常都采用的是升挡升压的模式。

（3）挡位输出及故障信号回路。换流变压器的每相有载调压分接开关应具有分接开关位置的 BCD 码信号输出，每相有载调压分接开关的挡位信号需要双套输出，分别对应双重化的直流控制系统。有些直流工程中，还需要额外为换流变压器的过励磁保护提供一副挡位信号 BCD 码。换流变压器有载调压分接开关的主要信号见表 16-14。

表 16-14　换流变压器有载调压分接开关的主要信号表

序号	信号名称	信号类型	备注
1	分接开关挡位 BCD 码	开关量输出	
2	分接开关最高挡位报警	开关量输出	
3	分接开关最低挡位报警	开关量输出	
4	分接开关油流/压力继电器重瓦斯动作	开关量输出	需接入跳闸回路
5	分接开关压力释放阀报警	开关量输出	
6	分接开关压力释放阀跳闸	开关量输出	可接入跳闸回路，也可作为报警信号
7	滤油机压力报警	开关量输出	
8	滤油机电动机保护动作	开关量输出	
9	分接开关油位计低油位报警	开关量输出	
10	分接开关油位计高油位报警	开关量输出	
11	分接开关调节进行中	开关量输出	
12	电源故障	开关量输出	
13	远方/就地操作位置	开关量输出	
14	分接开关升挡	开关量输入	
15	分接开关降挡	开关量输入	
16	分接开关停止	开关量输入	

（三）本体二次接线及信号

1. 二次接线

换流变压器本体引接的非电量信号、运行状态信号及事故报警信号主要用于换流变压器本体的保护和监视。所有信号均应按相配置，本体信号中的开关量信号采用硬触点输出，模拟量信号一般采用 4～20mA 输出。本体信号二次接线需要满足以下要求：

（1）换流变压器本体的非电量跳闸信号需满足换流变压器非电量保护冗余配置的需求。当换流变压器非电量保护采用“三取二”跳闸出口方式时，用于跳闸的非电量信号需配置三套独立的触点。当换流变压器非电量保护采用单套配置时，二次回路设计可考虑增加相应的防误动措施，如对于本体的两个不同位置压力释放阀触点，采用两个触点串接，只有当两个触点同时动作后才允许出口跳闸，两个触点并接后发事故报警信号。

（2）换流变压器本体状态报警信号触点需满足换流站控制系统冗余配置的需求。目前国内直流工程中，换流变压器本体上的信号与换流站控制系统的连接主要有两种方式，这两种方式要求配置的信号触点数量也不相同。

方式一：换流站控制系统的测控单元单重化配置，每套测控单元的现场总线接口双重化配置，换流变压器本体的状态报警信号触点数量可单套配置，接口方式如图 16-14 所示。

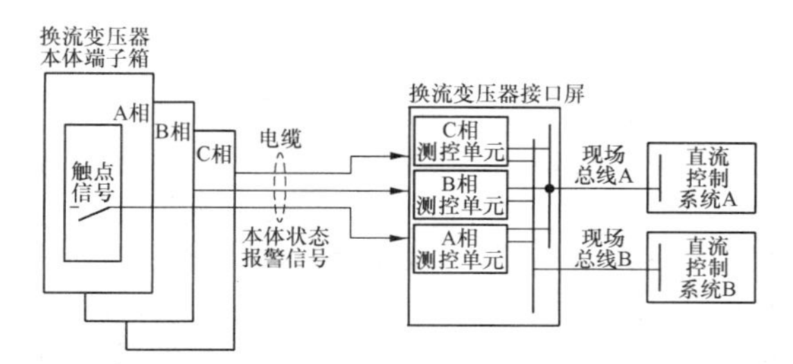

图 16-14　换流变压器状态报警信号接口方式一的示意图

方式二：换流站控制系统的测控单元双重化配置，每套测控单元的现场总线接口单重化配置。换流变压器中的状态报警信号触点数量需双套配置，接口方式如图 16-15 所示。

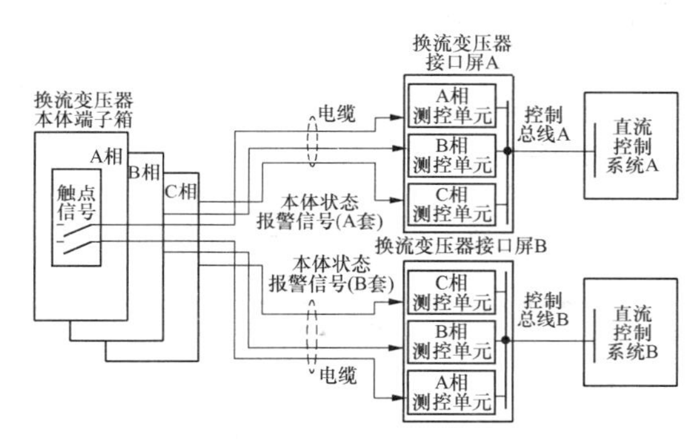

图 16-15　换流变压器状态报警信号接口方式二的示意图

（3）换流变压器的非电量保护需设置独立的电源回路（包括空气开关及其电源监视回路）和出口跳闸回路，且必须与电气量保护完全分开。

（4）换流变压器的非电量保护跳闸触点应直接接入控制保护系统或非电量保护屏，不能经中间元件转接。若必须经中间元件转接，应采用直流电源或交流 UPS 电源给中间元件供电，避免交流电源波动引起保护误动。

（5）换流变压器的非电量保护跳闸信号触点应采用动合触点，防止回路松动导致保护误动作。

（6）换流变压器的气体继电器与接线盒之间的联系应采用防油、阻燃导线。接线盒具有防雨措施并进行密封处理。

（7）换流变压器阀侧充气套管密度（压力）继电器需分级设置报警和跳闸。

2. 信号

换流变压器本体的信号主要包括模拟量信号和开关量信号，用于反应换流变压器本体的运行状态。表 16-15 为换流变压器本体非电量模拟信号表，表 16-16 为换流变压器本体开关量信号表。

表 16-15　换流变压器本体非电量模拟信号表

序号	信号名称	信号类型	备注
1	阀侧首端套管 SF_6 压力	模拟量输出	信号可接入换流站控制系统，也可接入在线监测系统
2	阀侧尾端套管 SF_6 压力	模拟量输出	
3	顶层油温	模拟量输出	
4	绕组温度	模拟量输出	
5	本体油位（浮球式）	模拟量输出	
6	本体油位（压力式）	模拟量输出	

表 16-16　换流变压器本体开关量信号表

序号	信号名称	信号类型	备注
1	本体重瓦斯动作	开关量输出	
2	本体轻瓦斯动作	开关量输出	
3	升高座重瓦斯动作	开关量输出	
4	升高座轻瓦斯动作	开关量输出	
5	本体压力释放阀报警	开关量输出	
6	阀侧首端 SF_6 压力跳闸	开关量输出	
7	阀侧尾端 SF_6 压力报警	开关量输出	
8	顶层油温一级报警	开关量输出	
9	顶层油温二级报警	开关量输出	
10	绕组温度一级报警	开关量输出	
11	绕组温度二级报警	开关量输出	
12	本体油位计低油位报警	开关量输出	
13	本体油位计高油位报警	开关量输出	
14	储油柜胶囊报警	开关量输出	

二、断路器及隔离开关的二次接线

断路器及隔离开关的二次接线主要包含与设备操动机构相关的控制、信号及电源引接等回路。换流站的直流断路器和隔离开关、换流变压器和交流滤波器进线的交流断路器的控制及二次回路设计需满足直流控制保护系统的相关要求，下面详细说明。其他断路器和隔离开关与变电站类似，不再详述。

（一）一般要求

（1）断路器控制回路应能监视电源及跳、合闸回路的完整性，应能指示断路器合位与分位的状态，自动合闸或跳闸时应有明显信号。断路器控制回路应有防止断路器跳跃的闭锁装置，压力闭锁跳、合闸回路一般采用本体机构箱的闭锁回路。

（2）为了防止隔离开关、接地开关误操作，隔离开关、接地开关与其相应的断路器之间应设置闭锁装置或闭锁回路。

（3）所有开关的位置信号、报警信号均需要接入换流站控制系统。参与控制及闭锁逻辑的断路器、隔离开关、接地开关的位置应同时接入分位、合位两个位置信号。

（4）当换流站双极闭锁甩负荷后，会产生工频过电压，此时要求大组交流滤波器进线断路器能开断大容量电流。为了保证断路器能有效开断电流，降低断路器的开断容量，可在二次回路设计上考虑先开断小组交流滤波器断路器，后开断大组交流滤波器断路器。

（5）对于交流断路器，建议配置断路器预分状态（early make）辅助触点。该触点能在断路器完全断开前提供断路器的分位信号。直流控制系统需要接收此触点信号，用于判断换流变压器是否连接在交流系统中，在换流变压器断开前，提前闭锁对应的换流器。

（二）断路器的二次接线

1. 控制方式

换流站内断路器的控制方式主要包括远方控制、就地控制两种，其通过断路器本体上的远方/就地切换开关实现。当切换开关指向“远方”位置时，可通过操作员工作站或间隔层测控单元执行远方操作；当切换开关指向“就地”位置时，远方操作不起作用，只能通过断路器本体上的合、分闸按钮进行操作。

2. 控制电源

换流站内断路器控制电源一般包括操作电源、信号电源、电动机电源及加热照明电源。

（1）断路器的控制电源通常采用辐射状供电方式，能对电源回路的状态进行监视，并有对应的报警信号。

（2）操作电源采用两路独立的直流电源，每一路对应一组分合闸操作回路。

（3）信号电源主要是给操动机构中的计数器、扩展继电器提供电源，可采用一路单独的直流电源供电。

（4）电动机电源一般采用一路交流 380/220V 电源。如采用直流电动机，可采用一路单独的直流电源供电。

（5）加热照明电源一般采用一路交流 380/220V 电源供电。加热照明和交流电动机电源不宜共用一路电源。

3. 控制回路

（1）操动机构。操动机构是断路器本身附带的分合闸传动装置，由断路器厂家随断路器配套提供。根据传动方式的不同，分为电磁式、弹簧储能式、气动式及液压式等操动机构。直流工程中，交、直流场断路器一般采用液压式或者弹簧储能式操动机构。

（2）分合闸回路。

1）换流站的交流断路器通常配置操作箱，但直流断路器一般不配置操作箱，操作回路均在本体机构箱内实现。

2）交流断路器通常配置两组跳闸控制线圈和一组合闸控制线圈，但直流断路器一般都配置两组合闸控制线圈和两组跳闸控制线圈。直流断路器配置两组合闸控制线圈主要是需要与冗余的直流保护配合。如直流断路器的开关保护，为防止直流断路器无法断弧，动作出口需要重新合上断路器，以免造成直流断路器损坏。为了保证动作出口的可靠性，直流断路器需配置双重化的合闸控制线圈。

3）在设计中应注意跳、合闸线圈的参数。设计时要核实断路器跳、合闸线圈的参数，跳、合闸线圈的电流需考虑与跳、合闸继电器和防跳继电器、串接信号继电器参数的匹配，以及对控制电缆截面积、二次保护设备选择的影响。

4）在直流断路器就地操作跳、合闸回路中，需要串接一副允许就地操作的“允许”触点。允许就地操作是一副联锁释放触点，只有在满足“五防”逻辑、顺序控制等条件下，运行人员才能在就地对直流断路器进行操作，以防止可能出现的误操作。直流断路器允许就地操作回路示意如图 16-16 图所示。

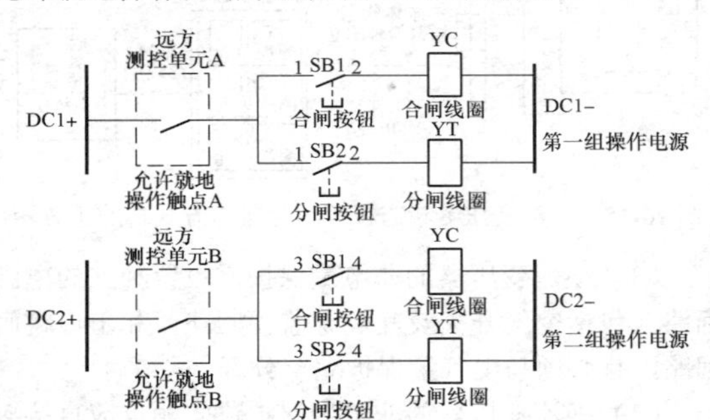

图 16-16　直流断路器允许就地操作回路示意图

换流站控制系统的测控单元开关量输出一副“允许”就地操作的触点，串联在操作电源的正端，只有在满足条件的情况下，运行人员手动操作就地按钮（SB2/SB1）才能使断路器分/合闸。当换流站控制系统的测控单元双重化配置时，第一套测控单元开关量输出的“允许”就地操作触点串接在第一组分/合闸操作回路中，第二套测控单元开关量输出的“允许”就地操作触点串接在第二组分/合闸操作回路中。当换流站控制系统的测控单元单重化配置时，测控单元开关量输出的“允许”就地操作触点串接在第一组分/合闸操作回路中，第二组可不配置就地手动操作回路。

（3）防跳回路。断路器的防跳回路一般采用本体上的防跳回路。换流站交流断路器仍广泛采用电流启动电压保持的“串联防跳”接线方式，但直流断路器的操动机构广泛采用的是电压启动并自保持的“并联防跳”接线方式，且防跳回路配置在分闸控制回路上，保证在出现跳跃现象下断路器能在合位状态，保护直流设备，这一点与交流场断路器的接线有所不同。直流断路器防跳回路示意如图 16-17 所示。

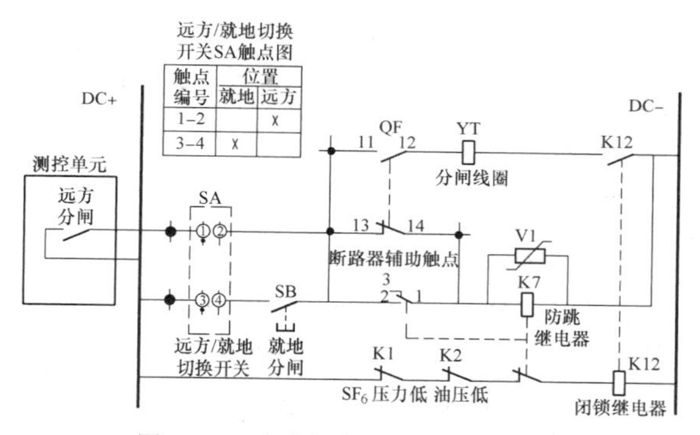

图 16-17　直流断路器防跳回路示意图

当远方/就地切换开关 SA 的 1-2 触点导通、3-4 触点关断时，为远方操作。分闸操作前断路器处于合位状态，断路器 QF 辅助触点 11-12 闭合、13-14 打开。如果远方执行分闸指令，分闸线圈励磁后使断路器跳闸，此时断路器 QF 辅助触点 11-12 打开、13-14 闭合，分闸回路断开。若此时有合闸指令产生，且分闸指令由于粘连没有复位，将会出现反复分闸、合闸的跳跃现象。为了防止这种跳跃，专设了防跳继电器 K7，并联在分闸回路上。当分闸过程完成后，QF 的辅助触点 13-14 闭合使得防跳继电器 K7 励磁并通过分闸指令触点自保持，闭锁继电器 K12 的回路失磁（K12 继电器回路上还串接了其他闭锁继电器），K12 辅助触点断开，分闸回路断开，保证直流断路器不出现反复的分合现象。

4. 信号回路

（1）当换流站控制系统的测控装置是双重化配置时，断路器的报警信号和状态信号均需双重化配置，分别接入对应的测控装置，如图 16-18 所示。

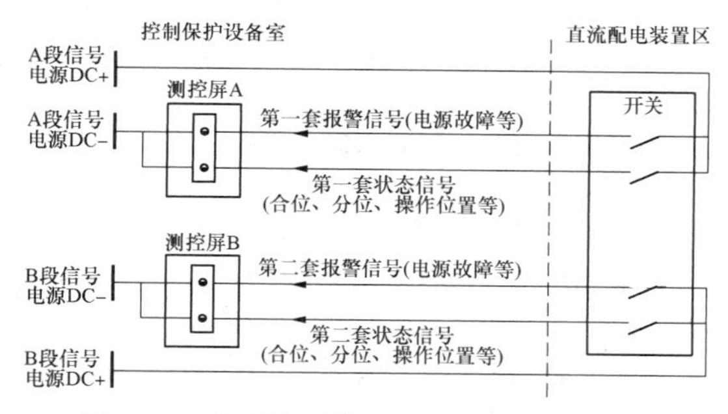

图 16-18　直流场开关与测控装置接口示意图一

当断路器只有单套信号不能满足信号双重化配置要求时，单套的报警信号和状态信号先接入测控屏 A，再从测控屏 A 并接入测控屏 B，但要注意测控屏 A 和 B 的信号开关量输入电源需采用同一段电源，工程中信号开关量输入电源应引接一路独立的直流电源，如图 16-19 所示。

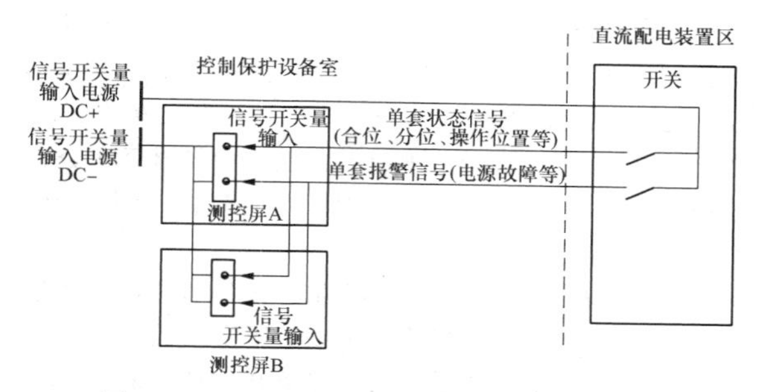

图 16-19　直流场开关与测控装置接口示意图二

当换流站控制系统的测控装置是单套配置时，交直流断路器的状态信号和报警信号可单重化配置接入测控装置。

（2）对于直流场的断路器，其辅助触点的数量需要满足直流控制保护系统的要求。对于双极区的断路器，一般配置 8 副以上辅助触点，分别用于换流站控制系统和两极三重化的直流极保护（双重化的直流极保护可配置 6 副辅助触点）；对于其他区域的断路器，可配置 5 副以上的辅助触点，分别用于换流站控制系统和三重化的直流极保护（双重化的直流极保护可配置 4 副辅助触点）。

（三）隔离开关的二次接线

换流站的隔离开关和接地开关在控制方式、操作电源及信号回路等二次接线方面基本相同，这里仅对直流隔离开关二次接线进行说明，接地开关相关接线不再重复。

1. 控制方式

换流站内的直流隔离开关的控制方式一般采用远方控制和就地控制两种控制方式，通过隔离开关本体上的远方/就地切换开关实现。

（1）当切换开关指向“远方”位置时，可通过操作员工作站或间隔层测控单元执行远方操作，此时远方操作指令包含了隔离开关的“五防”联锁条件，只有在满足“五防”联锁条件的情况下，远方操作指令才能下发至隔离开关操动机构。

（2）当切换开关指向“就地”位置时，远方操作不起作用，只能通过隔离开关本体上的合、分闸按钮进行操作。就地操作时，隔离开关采用电气联锁的方式，如果换流站控制系统软件判断满足“五防”联锁条件，隔离开关分合闸回路中串接的联锁触点将会闭合，允许就地进行分合操作。

就地控制方式也可分为就地有联锁控制和就地无联锁控制，即：当切换开关指向就地有联锁时，就地操作需要满足电气联锁条件；当切换开关指向就地无联锁时，就地操作则不受任何条件限制。就地无联锁方式一般只用于停电调试检修。

2. 控制电源

换流站直流隔离开关的控制电源一般包括操作电源、电动机电源及加热照明电源。其中操作电源可采用一路独立的直流电源，也可采用一路独立的交流220V电源。电动机电源和加热照明电源采用交流380/220V电源，电动机电源和加热照明不宜共用一路电源。

3. 控制回路

（1）隔离开关的操动机构由各设备制造厂配套提供，主要有电动操动机构、电动液压操动机构和气动操动机构。目前换流站的直流隔离开关一般采用电动操动机构。

（2）直流隔离开关操作电源采用交流电源时，其控制回路与常规变电站相似。当采用直流电源时，其控制回路通常采用双端控制的方式，接线如图16-20所示。

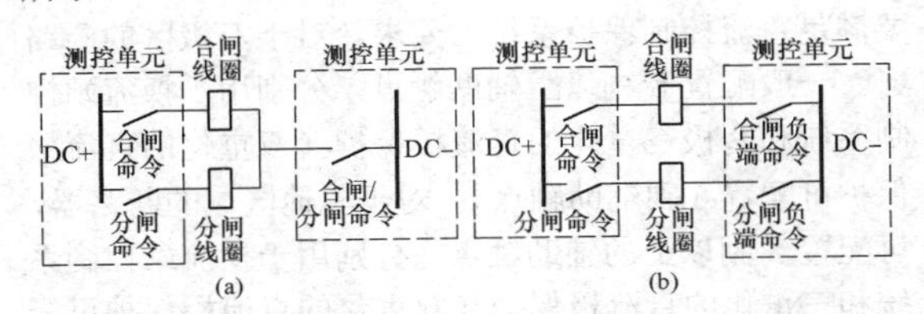

图16-20　隔离开关双端控制回路接线示意图

（a）分合闸控制负端合并方式；（b）分合闸控制负端分开方式

例如，分合闸控制负端合并方式如图16-20（a）所示，测控单元开关量输出三个触点：合闸、分闸、合闸/分闸命令。当需要合闸时，合闸和合闸/分闸两个触点同时动作，合闸线圈导通；当需要分闸时，分闸和合闸/分闸两个触点同时动作，分闸线圈导通。这种接线方式的主要目的是避免直流电源在就地操动机构附近接地时，导致合闸、分闸线圈误动作。

（3）由于换流站顺序控制操作功能相对复杂，且直流断路器和隔离/接地开关的“五防”闭锁条件包含了其他较多的交、直流断路器和隔离/接地开关，逻辑复杂，因此直流断路器和隔离/接地开关通常不设置电气硬接线闭锁，“五防”闭锁条件由换流站控制系统实现。交流断路器和隔离/接地开关的“五防”闭锁功能也是由换流站控制系统实现，同时也可根据需要配置硬接线的闭锁回路。

4. 信号回路

（1）目前大多数换流站的测控装置是双重化配置，交直流隔离开关的状态信号、报警信号均需双重化配置，分别接入对应的测控装置，接线方式可参看图16-18。如果只能提供单套的状态和报警信号，接线方式也可参看图16-19。对于交直流隔离开关的分、合闸控制信号，由于隔离开关的分、合闸线圈均是单套配置，因此双重化测控装置发出的分、合闸控制信号可以在测控装置上并接后再接入隔离开关的分、合闸回路，也可以在隔离开关的分、合闸回路上将控制信号并接，如图16-21所示。

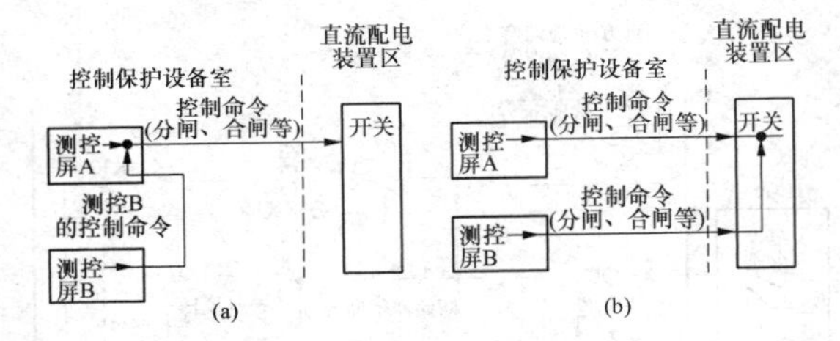

图16-21　隔离开关控制回路接口示意图

（a）在测控装置处并接；（b）在隔离开关处并接

（2）对于直流隔离开关和接地开关，其辅助触点的数量需要满足直流控制保护系统的要求。对于双极区的隔离开关和接地开关，至少配置8副辅助触点，分别用于单极双重化的控制和两极三重化的直流极保护。对于其他区域的开关，可配置5副以上的辅助触点，分别用于单极双重化的控制和三重化的直流极保护。由于辅助触点不能很好地反映隔离开关和接地开关的实时位置状态，即在开关没有完全合上时，辅助触点就已经变位，将信号送至直流控制系统。为了保证直流控制系统能准确判断开关的位置状态，目前有的直流工程中，采用行程开关代替辅助触点，接入直流控制系统用于直流场运行状态的判断。

三、选相控制器的配置及二次接线

（一）选相控制器的配置

换流站中选相控制器的配置需要根据系统过电压研究结论来确定，主要用于感性、容性设备的断路器分合操作，通常在换流变压器的交流侧断路器、交流滤波器和电容器小组的断路器配置选相控制器。

（1）换流变压器的交流侧断路器配置选相控制器的作用是限制合闸涌流和防止交流系统产生谐振过电压，以及避免合闸时产生的谐波电流注入交流滤波器，导致低压侧内部元件过负荷。在有的直流工程中，高压站用变压器的交流侧断路器也配置了选相控制器，其作用与换流变压器相同。

换流变压器（高压站用变压器）交流侧断路器用选相控制器可与断路器操作箱共同组屏，也可与换流变压器（高压站用变压器）测控装置共同组屏。

（2）交流滤波器和电容器小组断路器配置的选相控制器作用是为了限制合闸涌流，降低投切操作对系统的扰动。

交流滤波器小组断路器用选相控制器可与小组断路器操作箱共同组屏，也可按交流滤波器大组单独组屏。

（二）选相控制器的二次接线

选相控制器对外二次接线主要包括工作电源、电流电压信号、开关位置信号、分合闸指令等基本二次接线。选相控制器的典型接线如图 16-22 所示。

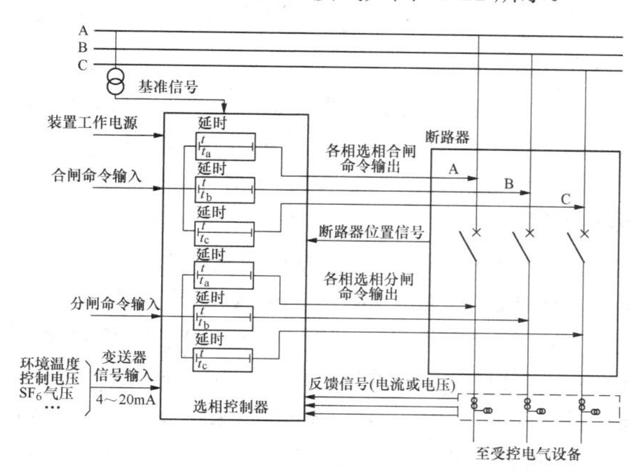

图 16-22　选相控制器典型接线

选相控制器的主要二次接线需符合下述要求：

（1）选相控制器的工作电压根据换流站内的交直流电源电压来确定，通常采用直流 110V 或直流 220V。

（2）选相控制器的基准电压信号采用断路器电源侧的交流三相电压，也可以采用单相电压。

（3）选相控制器的反馈信号需采集受控回路断路器处的三相电流，宜采用电流互感器的测量级二次绕组，也可采用保护级二次绕组。同时，选相控制器的反馈信号还需采集断路器的分相分、合闸位置信号。

（4）选相控制器的分、合闸指令输出宜直接接入断路器机构，不需经过断路器操作箱回路。测控装置输出的分合闸指令直接接入选相控制器的相应输入端口。

（5）选相控制器一般具备切换功能，可以选择经过选相控制器和不经过选相控制器两种输出方式。

图 16-23 示意了选相控制器输出切换回路接线。切换开关 SA 通常与选相控制器布置在同一个屏内。当 SA 指向选相时，其 SA 的 1-2、3-4、5-6 触点闭合，11-12、13-14、15-16 触点断开。断路器测控装置开关量输出的三相分合闸指令信号输入选相控制器内，经计算补偿后，选相控制器分相开关量输出分合闸信号至断路器机构，不需经过断路器操作箱的操作回路。当 SA 指向非选相时，其 SA 的 1-2、3-4、5-6 触点断开，11-12、13-14、15-16 触点闭合。断路器测控装置开关量输出的三相分合闸指令信号就直接转入断路器操作箱，经过操作回路后开关量输出分相分合闸信号至断路器机构。

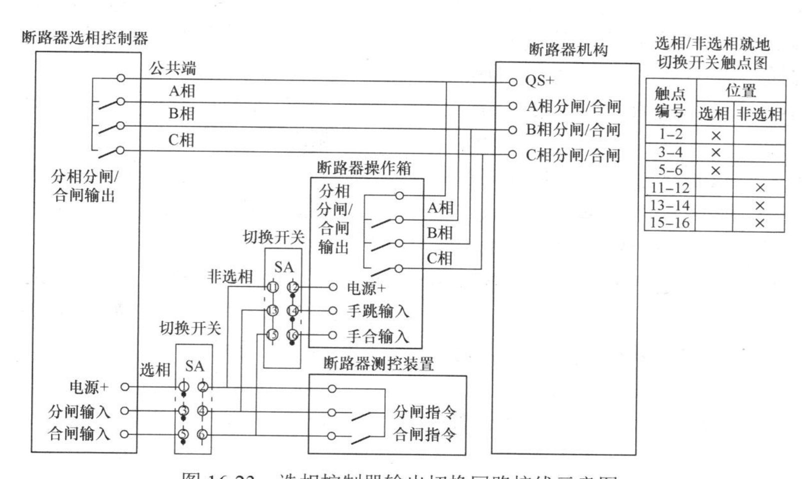

触点编号	位置	
	选相	非选相
1–2	×	
3–4	×	
5–6	×	
11–12		×
13–14		×
15–16		×

图 16-23　选相控制器输出切换回路接线示意图

需要注意，换流变压器与线路配串（3/2 接线的方式）的中间断路器配有选相控制器时，选相控制器需要输出一副跳闸触点去闭锁该断路器的重合闸功能。这是由于该断路器配置有重合闸功能，当换流变压器对应的中断路器通过选相控制器进行手动分闸操作时，分闸信号没有经过断路器操作箱的手跳继电器，而是直接接至断路器机构箱。这样就不会完成手动分闸去闭锁断路器的重合闸功能，有可能导致换流变压器又通过中间断路器连接到交流系统中。

四、阀厅门锁的联锁二次接线

为了防止人员误入换流站阀厅，通常在阀厅大门上安装带联锁功能的门锁系统。阀厅门联锁系统分别用于阀厅主门（含大小门）和阀厅紧急门的联锁。当联锁逻辑满足时，阀厅门锁可以开启；当阀厅主锁没有复位时，阀厅不可解锁、投运。图 16-24 和图 16-25 分别为阀厅主门的联锁回路示意图和阀厅紧急门的联锁回路示意图。

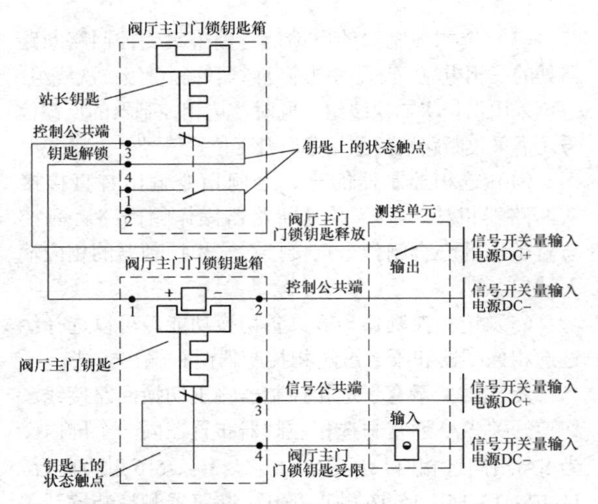

图 16-24　阀厅主门的联锁回路示意图

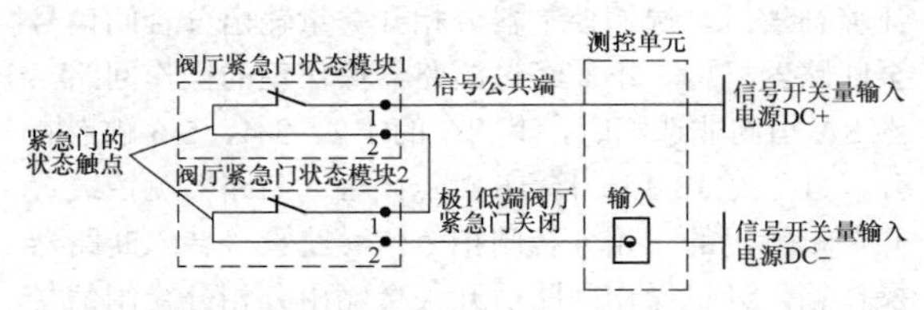

图 16-25　阀厅紧急门的联锁回路示意图

（1）阀厅的主门（含大小门）为联锁门，配置有主门门锁钥匙箱及主门大小门的两把门锁。正常状态下，阀厅主门钥匙插在主门门锁钥匙箱内，不能随意拔出。站长钥匙不放在主门门锁钥匙箱内，由站长保管。

（2）如果直流控制保护系统判断满足开门逻辑条件，则直流控制保护系统的测控单元的触点会闭合，同时用站长钥匙插入主门门锁钥匙箱内的对应的钥匙孔，此时主门门锁钥匙箱内阀厅主门钥匙将被释放，可以抽出阀厅主门钥匙去打开阀厅门。通常主门门锁钥匙箱设置在主、辅控制楼一楼靠近阀厅的走道墙上。

（3）阀厅一般还设置有紧急门，紧急门不设置门联锁系统，但配置有门状态模块，可以将紧急门状态信息上传直流控制保护系统，用于判断阀厅是否完成关闭。

五、控制电缆、光缆的选择

（一）控制电缆的选择

换流站的控制电缆主要用于二次设备之间，以及一次设备与二次设备之间的信号传输。换流站控制电缆的选择需要满足 GB 50217《电力工程电缆设计标准》、DL/T 5499《换流站二次系统设计技术规程》的有关要求。

（1）所有控制电缆需采用阻燃型电缆。为了保证阻燃电缆的品质，换流站控制电缆宜采用 B 类及以上的阻燃电缆。

（2）控制电缆的绝缘水平一般采用 0.45/0.75kV，对于特高压等级的换流站，控制电缆的绝缘水平也可以采用 0.6/1.0kV。

（3）开关量信号的控制电缆，户外一般选用铠装外部总屏蔽电缆，户内可选用外部总屏蔽电缆，例如 ZRB-KVVP2/22、ZRB-KVVP2 等型号。模拟量信号的控制电缆，户外一般可选用铠装对绞分屏蔽加总屏蔽电缆，户内可选用对绞分屏蔽加总屏蔽电缆，例如 ZRB-DJVP2VP2/22、ZRB-DJVP2VP2 等型号。

（4）控制电缆的型号尽量少，即芯数和截面积种类不宜太多，芯数可按 4、7、10、14、19 选择，截面积按 1.5、2.5、4、6mm^2 等来选择。对绞分屏蔽加总屏蔽电缆按 2×2、4×2 选择，截面积可按 1mm^2 选择。

（二）控制光缆的选择

由于换流站的规模较大，且电磁环境恶劣，长距离的信号传输容易受到干扰，而光信号的传输不受周围环境的影响，传输的速度快，因此换流站内采用大量的光缆来传输信号数据。

（1）换流站采用光缆作为传输介质的情况如下：

1）直流控制保护系统的内部通信总线采用光缆连接。

2）直流测量装置的传输总线采用光缆连接，如光电型直流电流测量装置。

3）直流控制系统和阀基电子设备间的触发信号可采用光纤传输，阀基电子设备至换流阀的触发信号采用光纤传输。

4）不同建筑物内二次设备之间的通信网络连线应采用光缆，同一建筑物内二次设备之间的网络通信和控制总线传输介质宜采用光缆。

（2）换流站的光缆选择通常需要考虑下述要求：

1）换流站所采用的光缆，应根据传输的距离及速率选择多模或单模光缆，目前换流站内一般采用多模光缆。

2）室内设备屏柜之间的光信号传输宜采用尾缆。对于建筑物内跨楼层光缆，由于软装光缆或尾缆在穿越电缆竖井时容易损坏，一般宜采用非金属加强芯光缆。室外光缆宜采用非金属加强芯光缆。同时为方便现场接线的可靠性和快捷性，在条件允许时就地光缆宜采用单端或双端预制光缆。

3）每根光缆的芯数不宜大于 24 芯。每根光缆或尾缆应留有足够的备用光纤芯，换流站中备用光纤芯一般要求不低于使用光纤数量的 100%。

第三节 二次接地及抗干扰要求

一、二次接地要求

换流站二次回路和设备的接地应符合 DL/T 5136《火力发电厂、变电站二次接线设计技术规程》的相关规定，遵循如下的主要原则：

（1）所有敏感电子装置的工作接地不应与安全地或保护地混接。

（2）在主、辅控制楼二次设备室的活动地板下、就地继电器小室电缆桥架上或者电缆沟支架上，敷设截面积不小于 100mm² 的铜排，形成室内二次等电位接地网。该二次等电位接地网按屏柜布置的方向，首末端连接成环后用 4 根截面积不小于 50mm² 的铜缆在就近电缆竖井或电缆沟入口与主接地网一点可靠连接。室内二次等电位接地网示意如图 16-26 所示。

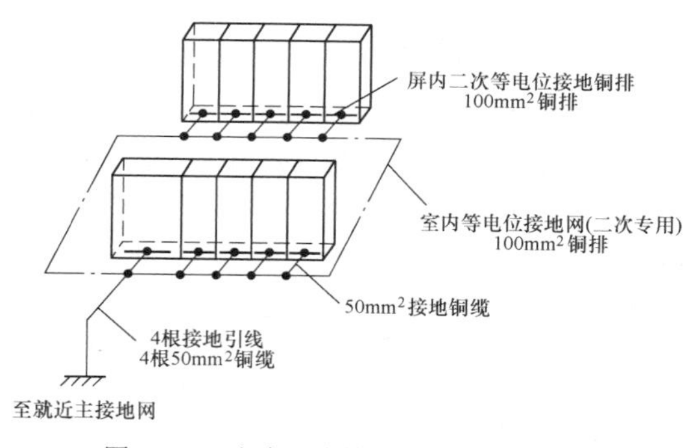

图 16-26 室内二次等电位接地网示意图

（3）沿配电装置至主、辅控制楼或就地继电器室的电缆沟道，敷设截面积不小于 100mm² 的铜排或铜缆构建室外二次等电位接地网。铜排或铜缆敷设在电缆沟沿线单侧支架上，每隔适当距离与电缆沟支架固定，并在主控制楼、辅控制楼、就地继电器小室及配电装置区的就地端子箱处与主接地网紧密连接。室外二次等电位地网示意如图 16-27 所示。

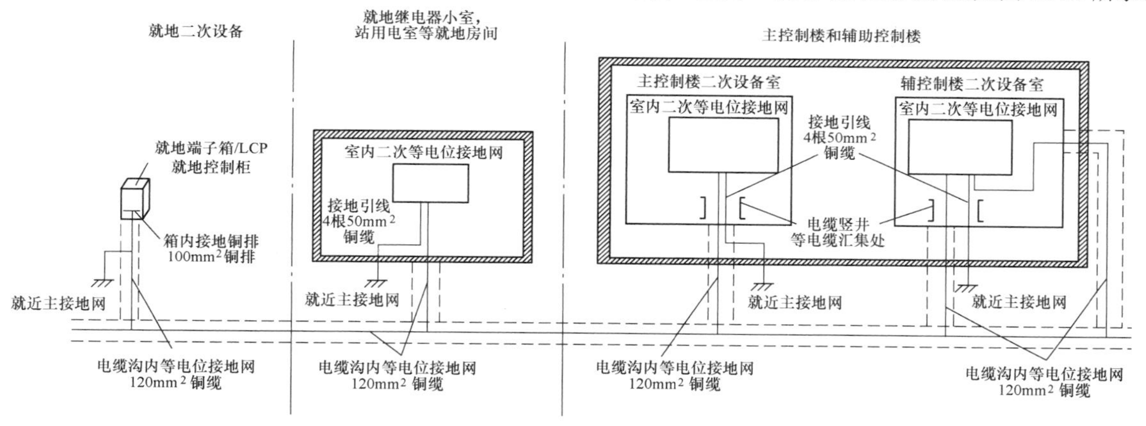

图 16-27 室外二次等电位地网示意图

（4）电压互感器的二次回路必须并且只能有一点接地。独立的、与其他互感器二次回路没有电联系的电压互感器的二次回路，宜在配电装置区实现一点接地。已在室内一点接地的电压互感器二次绕组，宜在配电装置区将二次绕组中性点经放电间隙或氧化锌阀片接地，其击穿电压峰值应大于 $30I_{max}$V（I_{max} 为电网接地故障时通过换流站的可能最大接地电流有效值，单位为 kA）。为防止造成电压二次回路多点接地的现象，应定期检查放电间隙或氧化锌阀片。

（5）电流互感器的二次回路必须分别并且只能有一点接地。独立的、与其他互感器二次回路没有电的联系的电流互感器二次回路，宜在配电装置区实现一点接地。由几组电流互感器绕组组合且有电路直接联系的回路，电流互感器二次回路宜在第一级和电流处一点接地。备用电流互感器二次绕组应在配电装置区短接并一点接地。

（6）控制电缆的屏蔽层两端可靠接地。对于双重屏蔽的电缆，内屏蔽层宜单点接地，外屏蔽层宜两点接地。室内的电缆屏蔽层接于屏柜内的二次等电位接地铜排，配电装置区的屏蔽层接于端子箱内等电位接地铜排。

（7）就地端子箱内设置截面积为 100mm² 的二次等电位铜排，并使用 100mm² 的铜绞线与电缆沟内的二次等电位接地铜排、铜绞线或金属导管内的接地电缆（当端子箱附近无电缆沟时）相连，连通后的二次等电位地网使用 100mm² 的铜绞线与端子箱就近的主接地网连接。配电装置区的就地端子箱外壳通过扁钢或铜排与附近的主接地网一点连接。

（8）微机型继电保护装置屏（柜）内的交流供电电源的中性线（零线）不应接入等电位接地网。

二、抗干扰措施

换流站控制保护设备应具有完备的、良好的抗干扰性能，控制保护设备的抗扰度要求应符合DL/T 1087《±800kV特高压直流换流站二次设备抗扰度要求》的规定。

抗干扰措施主要是保证换流站内运行的控制保护系统设备在受到各种传导、辐射电磁骚扰的影响时，仍能按规定的性能安全可靠运行。通常考虑的抗干扰措施主要包括如下几个方面：

（1）为减少电磁干扰和削弱干扰源，阀厅采取严格的屏蔽措施，控制室和保护小室等建筑物也应屏蔽。

（2）提高控制保护设备的抗干扰水平，用于换流站的控制保护设备必须满足相关规定的抗扰度要求。

（3）微机型继电保护装置所有二次回路的电缆均应使用屏蔽电缆。采用屏蔽控制电缆时，考虑同一电缆内电缆芯的安排、不同电缆的敷设路径、电缆屏蔽层接地等各方面的措施，以减少并列电缆的耦合。

（4）滤波和隔离措施。如电子装置电源进线设置必要的滤波去耦措施，控制设备的信号输入/输出回路采用光电隔离或继电器隔离以防止干扰信号的串入，在各种装置的交直流电源输入处设置电源防雷器。

（5）屏内配线考虑将不同类型的电缆分开布置，减少并列敷设电缆的耦合。

（6）尽可能采用光纤设备，以提高抗电磁干扰的能力。经过配电装置的通信网络连线均应采用光纤介质。

（7）经长电缆跳闸回路，宜采取增加出口继电器动作功率等措施，防止误动。涉及直接跳闸的重要回路，应采用动作电压在额定直流电源电压的 55%～70%范围以内的中间继电器，并要求其动作功率不低于 5W。

（8）遵循保护装置24V开关量输入电源不出二次设备室的原则，以免引进干扰。

（9）合理规划二次电缆的敷设路径，尽可能离开高压母线、避雷器和避雷针的接地点、并联电容器、CVT、结合电容及电容式套管等设备，避免和减少迂回，缩短二次电缆的长度。

（10）必要时，在各建筑物的电缆沟入口处，二次设备屏柜底部安装如 Roxtex 类型的封堵防屏蔽设备。

第十七章

二次设备布置

第一节　一　般　要　求

换流站二次设备、直流电源设备的布置可遵照DL/T 5499《换流站二次系统设计技术规程》、DL/T 5044《电力工程直流电源系统设计技术规程》的规定。

（1）主、辅控制楼的位置应与阀厅毗邻布置，并按规划建设容量在第一期工程中一次建成。主、辅控制楼需要按照功能分区的原则来设置二次设备室。极、换流器和站公用的二次设备一般需分别设置不同的二次设备室。

（2）就地继电器小室的位置和数量需根据换流站的规划建设规模和一次设备的型式确定。新建本期规模的就地继电器小室，预留远期规模的就地继电器小室。

（3）二次设备一般布置在对应的一次配电装置邻近的主、辅控制楼和就地继电器小室内。

（4）阀基电子设备宜布置在主、辅控制楼紧邻阀厅的二次设备室内。

（5）直流电源屏应靠近负荷中心，宜布置在蓄电池室相邻的房间内。站公用设备、直流极/换流器、背靠背换流单元对应的直流电源屏应布置在主控制楼或辅控制楼内，交流系统对应的直流电源屏布置在交流就地继电器小室内。

（6）UPS电源设备应该靠近负荷中心布置，一般布置在主控制楼内。如果辅控制楼、就地交流继电器小室内的设备需要UPS，可设置UPS分电屏或逆变电源屏。

（7）主、辅控制楼二层及以上各二次设备室、控制室一般采用抗静电活动地板，主、辅控制楼一层和就地继电器小室可采用电缆沟，也可采用电缆夹层。

（8）二次设备的布置要结合工程远景规模规划，充分考虑分期扩建的便利，屏柜的布置宜功能明确、紧凑成组，使光缆/电缆最短、敷设时交叉最少，并应合理设置预留和备用屏位。

第二节　控制楼二次设备的布置

一、控制楼的设置

（一）每极单12脉动换流器接线换流站控制楼的设置

每极单12脉动换流器接线换流站通常采用两厅一楼“一”字形布置，设置一个主控制楼，极1阀厅、极2阀厅分置于主控制楼两侧，如图17-1所示。主控制楼内通常设置主控制室、仿真培训分析室、站公用设备室、极1/极2控制保护设备室、极1/极2辅助设备室、极1/极2阀冷设备室、通信设备室以及蓄电池室等。

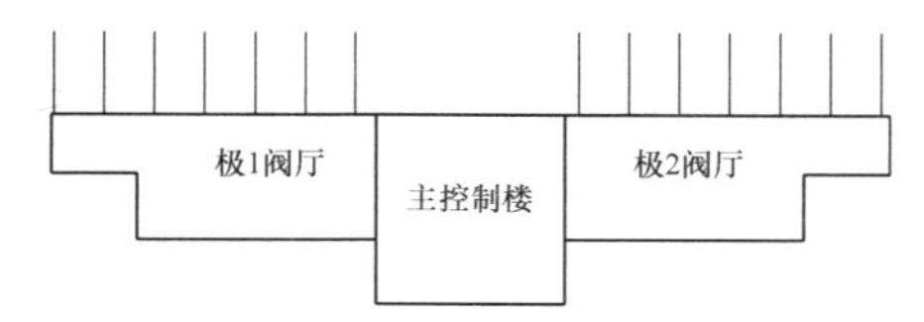

图17-1　两厅一楼的“一”字形布置图

（二）每极双12脉动换流器串联接线换流站控制楼的设置

每极双12脉动换流器串联接线换流站考虑全站的合理用地及交、直流场的布置等综合因素，一般将两极低端阀厅采用背靠背布置，也可采用高、低端阀厅“一”字形布置。

1. 背靠背布置方案

在背靠背布置方案中，设置一个主控制楼和两个辅控制楼，如图17-2所示。主控制楼内通常设置主控制室、仿真培训分析室、站公用设备室、极1及其低端换流器控制保护设备室、极2及其低端换流器控制保护设备室、极1/极2低端换流器辅助设备室、极1/极2低端换流器阀冷却设备室、通信设备室以及蓄电池室等。极1和极2辅控制楼内通常设置极1/极2高端换流器控制保护设备室、极1/极2高端换流器辅助设备室、极1/极2高端换流器阀冷却设备室以及蓄电池室等。

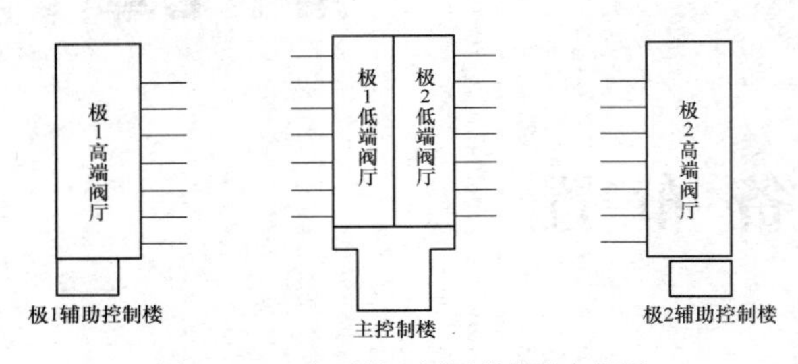

图 17-2　一主两辅、阀厅背靠背布置图

2. “一”字形布置方案

在“一”字形布置方案中，设置一个主控制楼和一个辅控制楼，如图 17-3 所示。主控制楼内通常设置主控制室、仿真培训分析室、站公用设备室、极 1 控制保护设备室、极 1 高/低端换流器控制保护设备室、极 1 高/低端换流器辅助设备室、极 1 高/低端换流器阀冷却设备室、通信设备室及蓄电池室等。辅控制楼内通常设置极 2 控制保护设备室、极 2 高/低端换流器控制保护设备室、极 2 高/低端换流器阀冷却设备室及蓄电池室等。

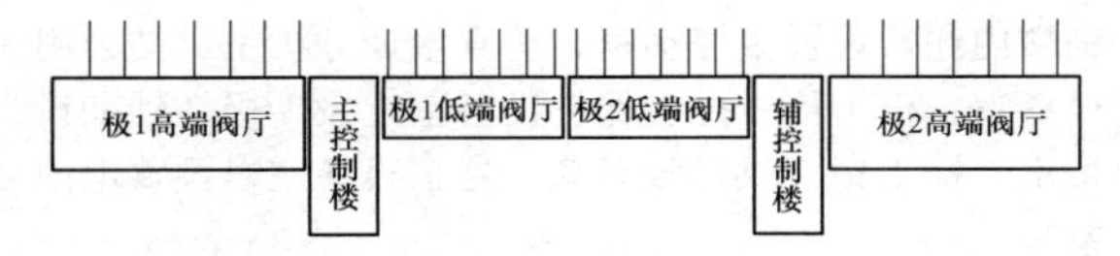

图 17-3　一主一辅、阀厅“一”字形布置图

（三）背靠背换流站控制楼的设置

背靠背换流站一般设置一个主控制楼，当背靠背换流单元在两个以上时，可增设辅控制楼。主、辅控制楼均需与相应换流单元阀厅毗邻布置，如图 17-4 所示。主控制楼内通常设置主控制室、仿真培训分析室、站公用设备室、1/2 号换流单元控制保护设备室、辅助设备室、阀冷设备室、通信设备室及蓄电池室等。

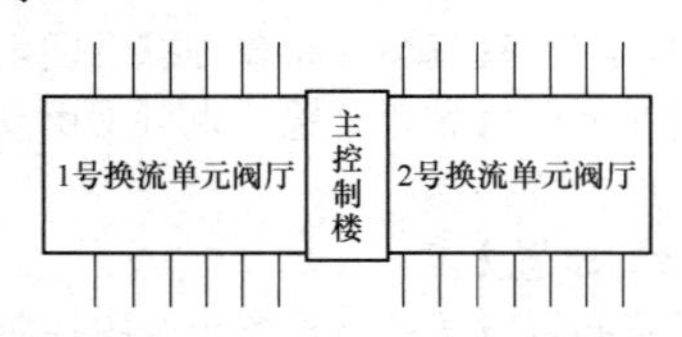

图 17-4　主控制楼阀厅的布置图

二、控制楼二次设备的布置

控制楼二次设备的布置应根据主、辅控制楼设置特点，在控制楼内分别设置不同的二次设备功能房间。新建工程应按工程最终规模规划并布置二次设备，设备布置应遵循功能统一明确、布置简洁紧凑的原则，并合理考虑预留屏（柜）位。

（一）主控制室

主控制室布置在主控制楼内，为便于运行人员操作维护，其面积范围宜为 120～160m^2 的规整房间，开间控制在 15～16m 为宜，进深 10m 左右。在设计主控制室二次设备布置时，需要征询运行人员的意见，做到科学合理，符合运行习惯。如紧急停极按钮的布置方式，为了方便运行人员在紧急情况下闭锁直流系统，紧急停极按钮可布置在主控制台上，也可以布置在人员进出口周边的墙上，需要和运行人员充分交流，了解运行人员习惯。

下面给出两种典型的国内直流工程换流站主控制室布置方式。

1. 工程案例一

主控制室布置工程案例一如图 17-5 所示，采用大屏幕电视墙作为监控信息展示，布置在主控制室的正中间墙壁上。主控制台与大屏幕电视墙面对面布置，辅助控制台布置在一侧。主控制台上主要放置操作员工作站、保护及故障录波子站工作站、故障录波工作站、调度通信设备等人机接口设备。辅助控制台主要布置图像监视工作站、火灾报警系统工作站、工程师工作站等人机接口设备。紧急停极按钮布置在主控制台上。

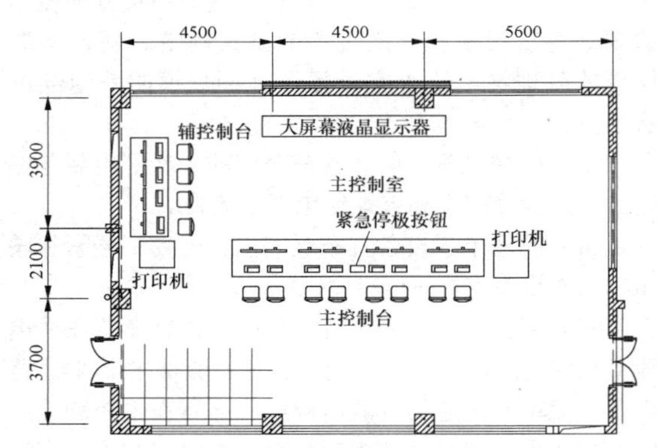

图 17-5　主控制室布置的工程案例一

2. 工程案例二

主控制室布置的工程案例二如图 17-6 所示，采用两台分列布置的大屏幕电视作为监控信息展示，安装在主控制室的正中间墙壁上。主控制台与大屏幕电视墙面对面布置，辅助控制台与主控制台背靠背布置。主控制台分两排：第一排主控制台主要放置操作员工作站、调度通信台、站长工作站等；第二排主控制台可放置操作员工作站、工程师工作站、文档工作站等。辅助控制台主要布置保护及故障录波子站工作站、故障录波工作站、图像监视工作站、火灾报警系统工作站等。紧急停极按钮布置在主控制室进门的墙边。

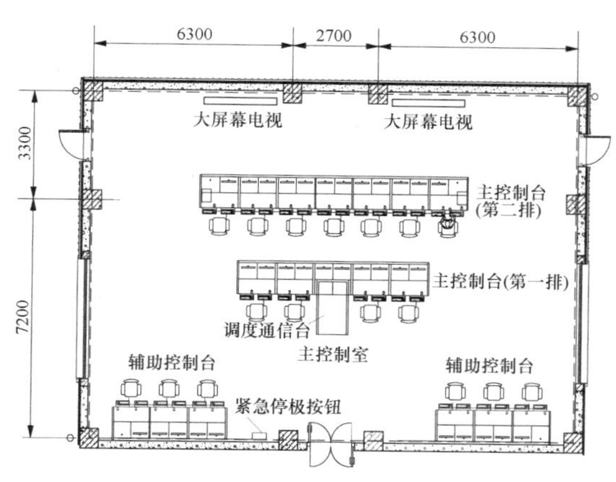

图 17-6 主控制室布置的工程案例二

（二）仿真培训分析室

仿真培训分析室一般与主控制室邻近布置，便于运行人员的培训及事故分析。仿真培训分析室面积范围宜为 50～60m²，主要布置仿真主机、培训工作站等设备。

（三）站公用设备室

站公用设备室用于布置换流站公用二次设备，通常将双极公用的二次设备也布置于其内。站公用设备室面积一般为 150～200m²，需要布置在其中的二次屏柜估列见表 17-1。

表 17-1　站公用设备室二次设备屏柜估列

序号	屏柜名称	数量	单位	备注
1	服务器屏	2～3	面	
2	通信接口屏	2	面	
3	远动接口屏	1	面	
4	站/双极控制屏	2	面	
5	直流双极测量屏	3～6	面	需根据厂家的配屏情况确定具体数量
6	站用电控制屏	2	面	
7	事件顺序记录屏	2～4	面	
8	直流线路故障定位屏	1～2	面	
9	图像监视主机屏	2～3	面	根据工程规模确定屏柜数量
10	火灾报警主机屏	1～2	面	根据工程规模确定屏柜数量
11	时间同步主屏	1	面	
12	谐波监视屏	1	面	
13	保护及故障录波子站主机屏	1	面	
14	安稳设备屏	2	面	
15	电能表屏	1～2	面	
16	UPS 电源柜	2～4	面	
17	直流电源柜	6～7	面	

注 1. 火灾报警主机屏需要根据 GB 50116《火灾自动报警系统设计规范》的要求设置在有人值班的房间和场所，因此需要针对控制楼房间的配置情况，酌情布置在主控制室或者站公用设备室，方便运行人员日常维护。

2. 当 UPS 设备屏布置于二次设备室时，由于 UPS 主机设备发热量较大，因此需要布置在房间通风处，远离控制保护屏柜，且不应影响其他二次屏柜的搬运。

（四）极/换流器控制保护设备室

极/换流器控制保护设备室应根据换流站内阀厅的布置，分别对应设置在主控制楼和辅控制楼内。阀基电子设备屏与阀厅的阀塔之间距离不能太远，需要布置在极/换流器控制保护设备室紧靠阀厅的一侧，否则需要紧靠阀厅设置独立的阀基电子设备室。

（1）每极单 12 脉动换流器接线换流站按极设置极 1 控制保护设备室和极 2 控制保护设备室，面积一般为 100～150m²，需要布置在其中的二次屏柜估列见表 17-2。

表 17-2　　极控制保护设备室二次设备屏柜估列

序号	屏柜名称	数量	单位	备　注
1	直流极控制屏	2	面	
2	直流极保护屏	2～3	面	双重化配置 2 面，三重化配置 3 面
3	直流极测量屏	2～3	面	
4	直流极测量接口屏	2～3	面	当控制系统与测量屏不能直接接口时，需增加 2～3 面接口屏
5	直流滤波器保护屏	2	面	当保护功能集成在直流极保护屏中时可不计列
6	阀基电子设备屏	3	面	
7	阀基电子设备接口屏	1～2	面	当控制系统与阀基电子设备屏不能直接接口时，需增加 1～2 面接口屏
8	换流变压器电量保护屏	2～3	面	当单独配置双重化/三重化电量保护，可按 2 面/3 面考虑；当电量保护的功能含在直流极保护屏中时可不计列
9	换流变压器非电量保护屏	1～3	面	当单独配置单重化/三重化非电量保护，可按 1 面/3 面考虑
10	故障录波采集屏	2	面	
11	事件顺序记录屏	1	面	

（2）每极双 12 脉动换流器串联接线换流站按换流器设置极 1/极 2 高端换流器控制保护设备室、极 1/极 2 低端换流器控制保护设备室、极 1 控制保护设备室、极 2 控制保护设备室。换流器控制保护设备室的面积一般为 60～100m²，极控制保护设备室的面积一般为 50～60m²，需要布置在其中的二次屏柜估列见表 17-3。极控制保护设备室在条件允许时，可以单独设置，也可和换流器控制保护设备室联合布置。

表 17-3　　极/换流器控制保护设备室二次设备屏柜估列

序号	屏柜名称	数量		单位	备　注
		极控制保护设备室	换流器控制保护设备室		
1	直流极控制屏	2		面	
2	直流极保护屏	2～3		面	双重化配置 2 面，三重化配置 3 面
3	直流极测量屏	2～3		面	
4	直流极测量接口屏	2～3		面	当控制系统与测量屏不能直接接口时，需增加 2～3 面测量接口屏
5	直流滤波器保护屏	2		面	当保护功能集成在直流极保护屏中时可不计列
6	直流换流器控制屏		2	面	
7	直流换流器保护屏		2～3	面	双重化配置 2 面，三重化配置 3 面
8	直流换流器测量屏		2～3	面	
9	阀基电子设备屏		3	面	
10	阀基电子设备接口屏		1～2	面	当控制系统与阀基电子设备屏不能直接接口，需增加 1～2 面接口屏
11	换流变压器电量保护屏		2～3	面	当单独配置双重化/三重化电量保护时，可按 2 面/3 面考虑；当电量保护的功能含在换流器保护屏中时可不计列
12	换流变压器非电量保护屏		1～3	面	当单独配置单重化/三重化非电量保护，可按 1 面/3 面考虑
13	故障录波采集屏		2	面	
14	事件顺序记录屏		1	面	

（3）背靠背换流站宜按背靠背换流单元设置控制保护设备室，面积一般为100～120m²，需要布置在其中的二次屏柜估列见表17-4。

表17-4　　换流单元控制保护设备室二次设备屏柜估列

序号	屏柜名称	数量	单位	备　注
1	换流单元控制屏	2	面	
2	换流单元保护屏	2～3	面	双重化配置2面，三重化配置3面
3	换流单元测量屏	2～3	面	
4	换流单元测量接口屏	2～3	面	如控制系统与测量屏不能直接接口，需增加2～3面测量接口屏
5	阀基电子设备屏	3	面	
6	阀基电子设备接口屏	1～2	面	如控制系统与阀基电子设备屏不能直接接口，需增加1～2面接口屏
7	换流变压器电量保护屏	2～3	面	当单独配置双重/三重化电量保护时，可按2面/3面考虑；当电量保护的功能含在换流单元保护屏中时可省去。整流侧和逆变侧各需2～3面
8	换流变压器非电量保护屏	1～3	面	当单独配置单重/三重化非电量保护时，可按1面/3面考虑。整流侧和逆变侧各需1～3面
9	故障录波采集屏	2	面	
10	事件顺序记录屏	1	面	

（五）极/换流器/换流单元辅助设备室

极/换流器/换流单元辅助设备室一般按极或换流器或换流单元设置，布置在对应的主控制楼或辅控制楼内，主要布置各换流器对应的二次接口屏、信号采集屏。极/换流器/换流单元辅助设备室面积一般为100～120m²，需要布置在其中的二次屏柜估列见表17-5。

表17-5　　极/换流器/换流单元辅助设备室二次设备屏柜估列

序号	屏柜名称	数量	单位	备　注
1	换流变压器接口屏	2～4	面	背靠背换流站需考虑两侧的换流变压器的接口屏
2	换流器接口屏	2～4	面	
3	直流场接口屏	6～9	面	背靠背换流站不需考虑。若配置直流就地继电器小室，可布置在其内
4	低压站用电接口屏	1～2	面	
5	直流电源柜	6～7	面	可单独设置直流屏室布置直流电源柜
6	低压站用电保护	1	面	低压站用电的保护设备可以单独组屏，也可以放置在对应的开关柜内

（六）阀冷却控制保护设备间

为了保证阀冷却控制保护设备有良好的工作环境，在阀冷却设备室内需要单独设置一间阀冷却控制保护设备室，用于布置阀冷却控制保护屏、阀冷却系统动力屏、阀冷却接口屏等。当不单独设置阀外冷却设备室时，阀冷却控制保护设备室内需配置阀内、外冷却的控制保护屏和动力屏，其数量一般为10～14面，面积约为50m²；当单独在控制楼外设置阀外冷却设备室时，阀冷却控制保护设备室内只需配置阀内冷却的控制保护屏和动力屏，其数量一般为5～7面，面积为20～30m²。阀外冷却的动力屏和控制保护屏为5～7面，布置在阀外冷却设备室内。

（七）通信设备室

换流站通信设备室一般独立设置在主控制楼内，用于布置通信交换机、音频配线架、数字配线架、保护用通信接口屏和通信电源设备等通信设备。

（八）蓄电池室

主、辅控制楼的蓄电池室一般按极或换流单元设置，布置在对应的主控制楼或辅控制楼内。蓄电池组的布置应满足以下要求：

（1）每组蓄电池组应设置单独的蓄电池室，当多组蓄电池布置在一个房间时，应在不同蓄电池组之间采取有效的防火隔爆措施，其防火隔爆墙的高度不宜低于 2100mm。蓄电池室的典型布置如图 17-7 所示。

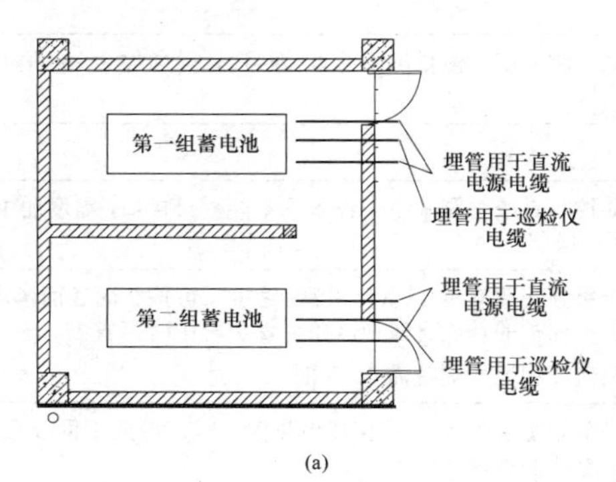

(a)

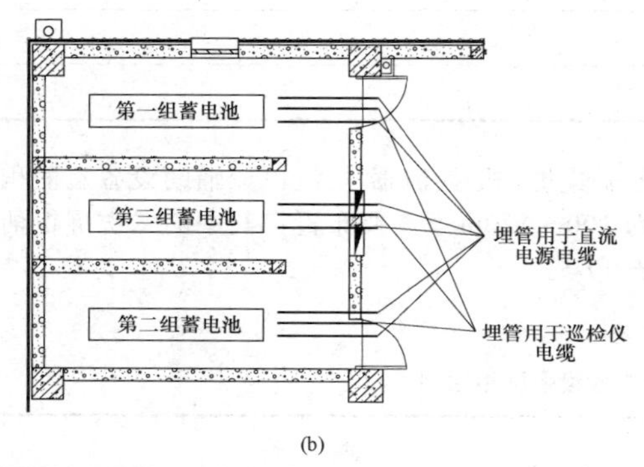

(b)

图 17-7　蓄电池室的典型布置图

（a）两组蓄电池；（b）三组蓄电池

每组蓄电池预埋 3 根镀锌钢管至电缆沟或活动地板下，其中：2 根用于敷设蓄电池正、负极与母线联络屏连接的电缆，镀锌钢管截面积需根据蓄电池正负极电缆的计算截面积来确定；1 根用于敷设蓄电池巡检仪与直流系统监控单元连接的电缆用。蓄电池埋管深度不小于 300mm，蓄电池室管端头高出地面。

（2）蓄电池室宜布置在 0m 层。当工程需要时也可将蓄电池室设置在 0m 以上层，但应注意对楼板荷重的要求。

（3）蓄电池安装宜采用钢架组合结构，可多层叠放，应便于安装、维护和更换蓄电池。台架的底层距地面为 150～300mm，整体高度不宜超过 1700mm。

（4）为了便于运行人员通行，蓄电池室内应设有运行和检修通道。通道一侧安装有蓄电池时，通道宽度应在 0.8m 以上；通道两侧均安装有蓄电池时，通道宽度应在 1.0m 以上。

（5）蓄电池室应尽量靠近直流屏柜所在的二次设备间。

（6）蓄电池巡检仪宜安装在蓄电池支架上。

第三节　就地继电器小室的布置

一、就地继电器小室的设置

就地继电器小室主要用于布置户外交直流配电装置和交流滤波器组相关的二次设备，其设置的数量应根据换流站的建设规模、一次设备的型式和布置确定。为了运行维护方便，就地继电器小室一般不宜设置太多。各安装单位的屏柜布置应与配电装置的排列次序相对应，应使控制电缆最短、敷设时交叉最少。

交流场相关二次设备宜布置在对应的交流就地继电器小室内。交流滤波器组相关二次设备宜根据交流滤波器组的配串情况布置在对应的交流继电器小室内，也可根据交流滤波器组的布置情况就近单独设置交流滤波器小室布置其相关的二次设备。

当直流场规模较大且距主控制楼较远时，可根据具体情况在直流场适当的位置设置直流就地继电器小室，布置直流场相关二次接口设备。如直流场距主控制楼较近且二次设备较少时，可不设置直流就地继电器小室，其相关二次接口设备可就近布置在控制楼的辅助设备室。

二、就地继电器小室二次设备的布置

交流就地继电器小室布置的主要二次设备为就地测控及其接口屏、交流线路保护、母线保护屏、断路器保护屏、站用变压器保护屏、交流滤波器组保护屏、时间同步扩展屏、故障录波器屏、保护子站屏、电能表屏、同步相量测量屏、安稳控制屏、直流电源柜及试验电源柜等二次设备。表 17-6 为每一交流滤波器大组二次设备屏柜估列表，交流场其他安装单位二次设备屏的估列类同常规交流变电站，不再估列。

表 17-6　每一交流滤波器大组二次设备屏柜估列表

序号	屏柜名称	数量	单位	备　注
1	交流滤波器保护屏	2	面	交流滤波器按大组和小组合并配置保护时，采用此屏柜数量（每大组包括 4 小组）
2	交流滤波器操作箱屏	2	面	
3	交流滤波器大组保护	2	面	交流滤波器保护按大组和小组分别配置保护，采用此屏柜数量（每大组包括 4 小组）
4	交流滤波器小组保护	2×4	面	

续表

序号	屏柜名称	数量	单位	备　注
5	交流滤波器接口屏	4	面	
6	交流滤波器测量接口屏	3～4	面	当交流滤波器小组分支的电流互感器采用光电式时，需配置测量接口屏
7	交流滤波器故障录波屏	1～2	面	
8	交流滤波器电能表屏	1	面	可与交流场其他电能表联合组屏

直流就地继电器小室布置的主要二次设备为直流场的就地测控及其接口屏、交直流电源柜等，数量一般为6～12面，面积为40～60m^2。

第四节　二次设备布置案例

二次设备需根据全站总平面的布置情况，合理配置。本节将通过典型实例，对直流侧二次设备的布置进行案例说明，交流侧的设备布置与常规交流变电站类似，不再列举。

一、每极单12脉动换流器接线换流站的二次设备布置

图17-1所示的两厅一楼的每极单12脉动换流器接线换流站直流侧的二次设备均布置在主控制楼内。主控制楼的典型方案如图17-8和图17-9所示。

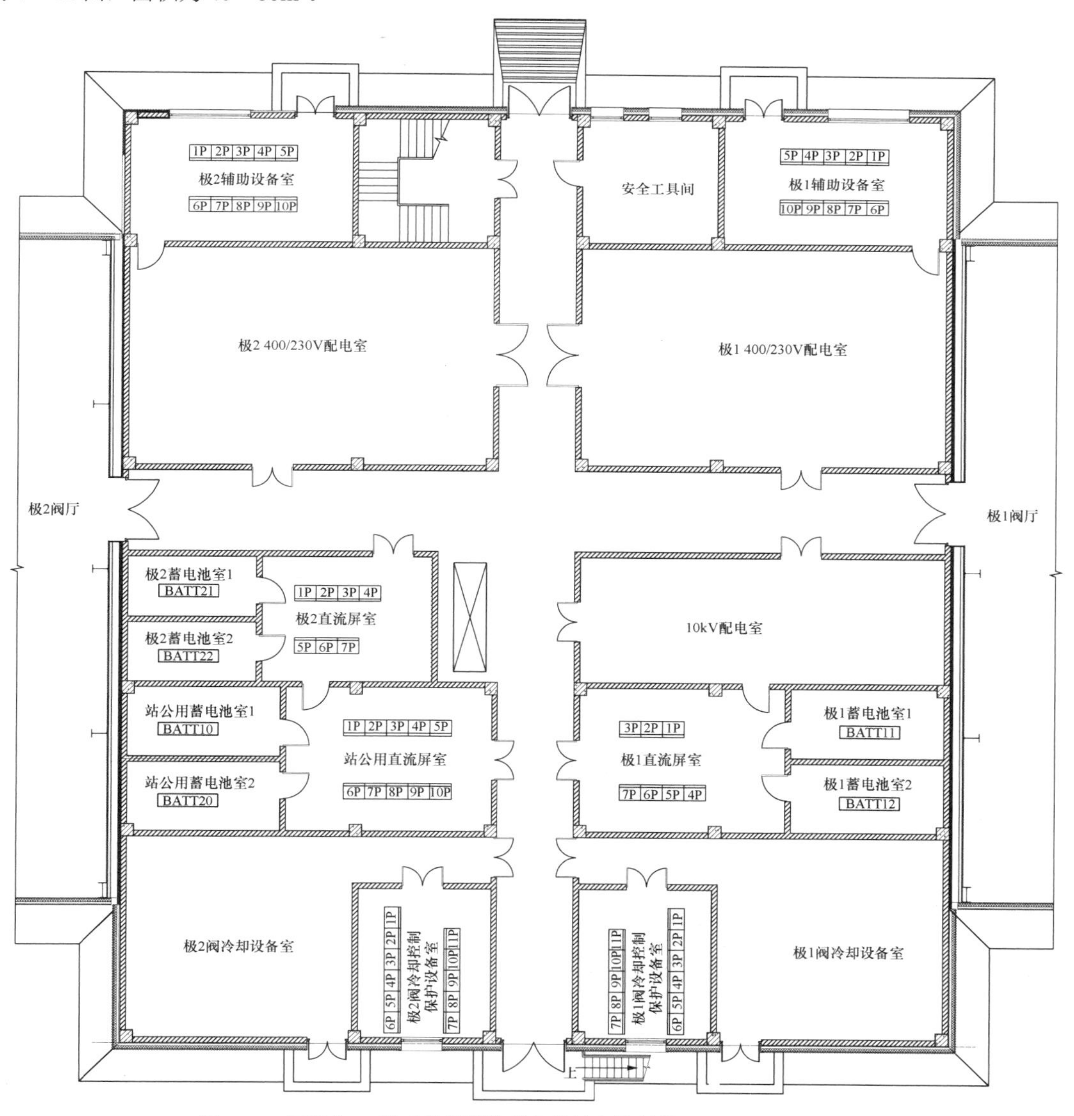

图17-8　每极单12脉动换流器接线换流站主控制楼一层二次设备布置图

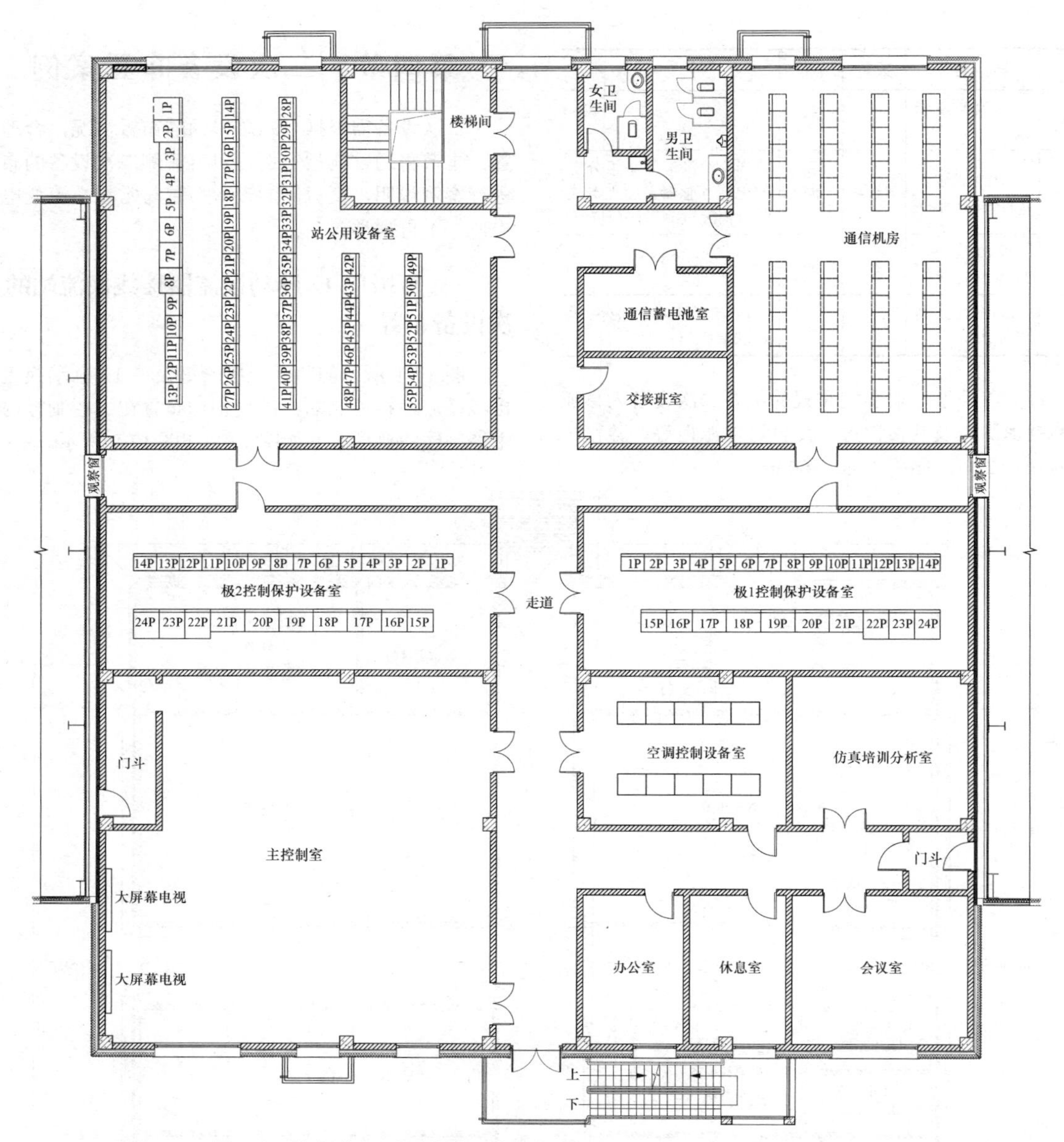

图 17-9 每极单 12 脉动换流器接线换流站主控制楼二层二次设备布置图

（1）主控制楼一层设置有极 1/极 2 辅助设备室、极 1/极 2 直流屏室、站公用直流屏室、极 1/极 2 蓄电池室、站公用蓄电池室、极 1/极 2 阀冷却控制保护设备室。主控楼一层设备室采用电缆沟。

1）极 1/极 2 辅助设备室用于布置换流变压器接口屏、直流场接口屏、直流滤波器接口屏、阀厅接口屏等。

2）极 1/极 2/站公用直流屏室用于布置极 1/极 2/站公用直流电屏以及 UPS 屏等。

3）极 1/极 2/站公用蓄电池室用于布置极 1/极 2/站公用蓄电池组。

4）极 1/极 2 阀冷却控制保护设备室用于布置阀冷控制屏及阀冷接口屏等。

（2）主控制楼二层设置有主控制室、站公用设备室、极 1/极 2 控制保护设备室。主控楼二层的二次设备室均采用活动地板。

1）主控制室用于布置运行人员工作站、火灾报警工作站、图像监视工作站、培训工作站、操作台等。

2）站公用设备室用于布置交直流站控系统屏、辅助系统控制屏、站用电保护及接口屏、公用的监控系统屏、直流线路故障定位屏、谐波监视屏、时钟同步主屏、智能辅助控制系统屏、火灾报警控制器屏和电能表屏。

3）极 1/极 2 控制保护设备室用于布置极控制保护屏、阀基电子设备屏、直流滤波器保护屏、换流变压器保护屏、直流故障录波屏、直流测量接口屏等。

二、每极双 12 脉动换流器串联接线换流站的二次设备布置

每极双 12 脉动换流器串联接线换流站的典型布置如图 17-2 所示的一主两辅、阀厅背靠背布置，直流侧的二次设备均布置在主控制楼和辅控制楼内。图 17-3 所示的阀厅“一”字形布置，直流侧的二次设备布置类似于每极单 12 脉动换流器接线换流站的主控制楼布置方式，不再重复。

1. 主控制楼的二次设备布置

主控制楼二次设备布置的典型方案如图 17-10～图 17-12 所示。

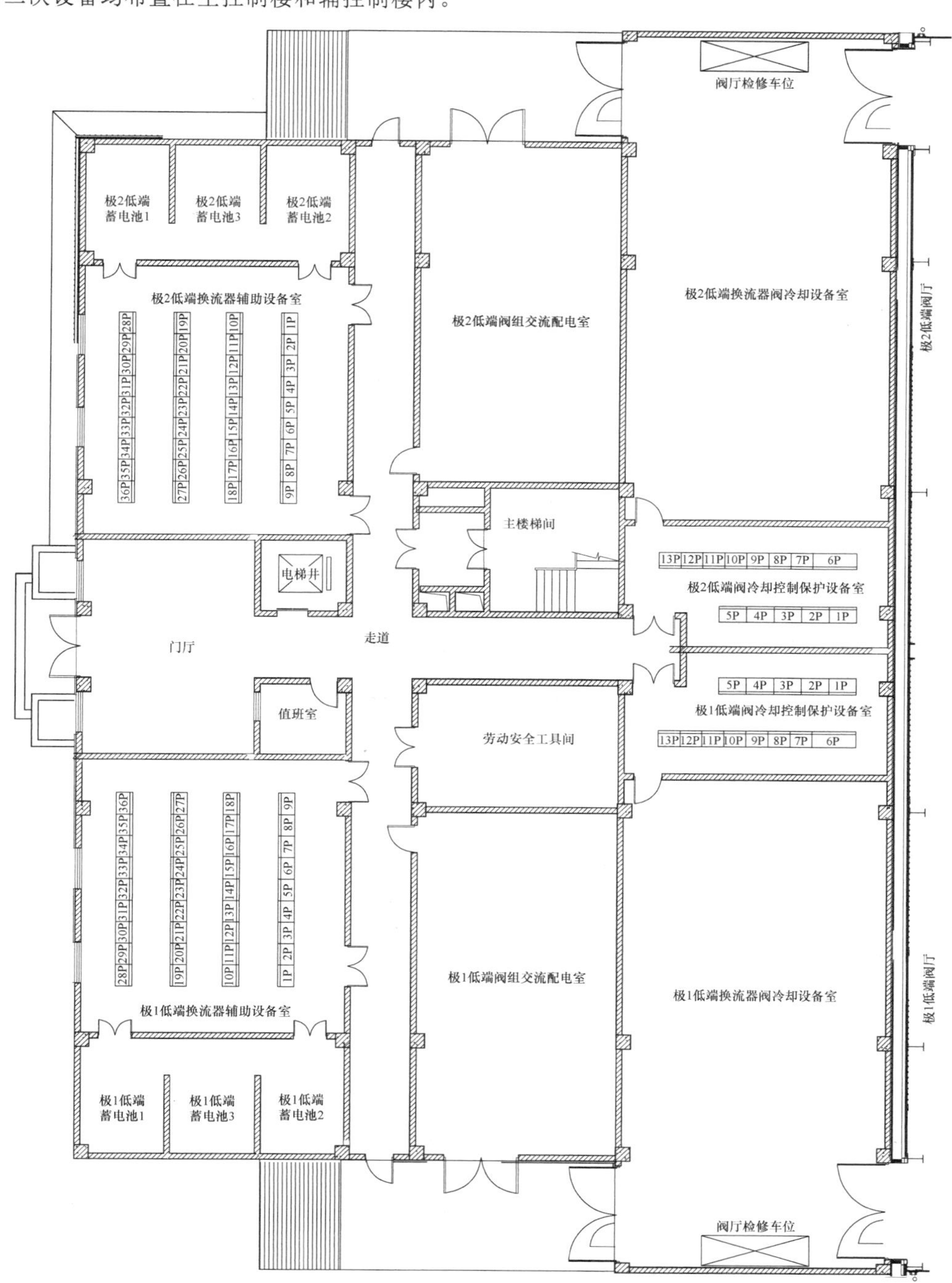

图 17-10　每极双 12 脉动换流器串联接线换流站主控制楼一层二次设备布置图

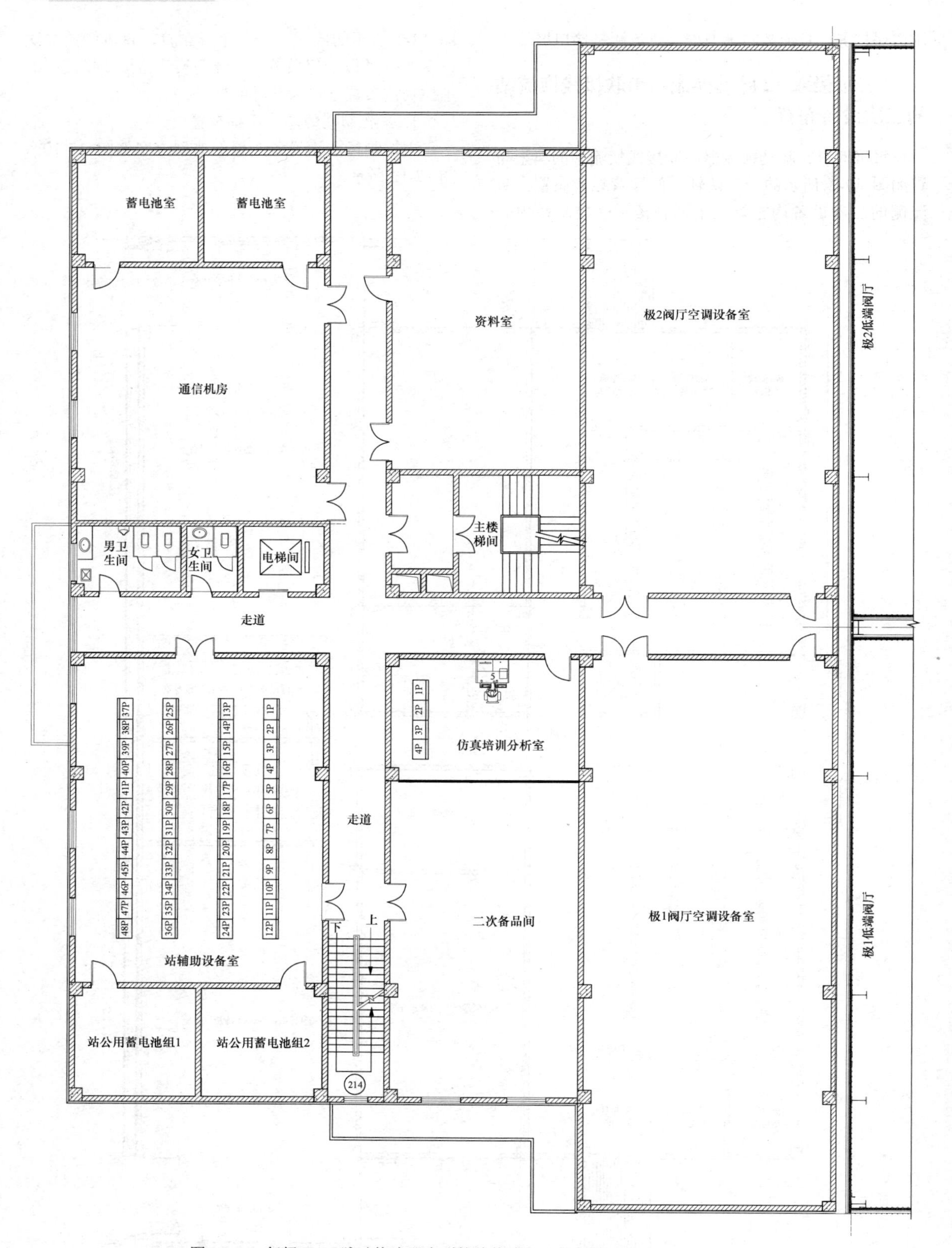

图 17-11　每极双 12 脉动换流器串联接线换流站主控制楼二层二次设备布置图

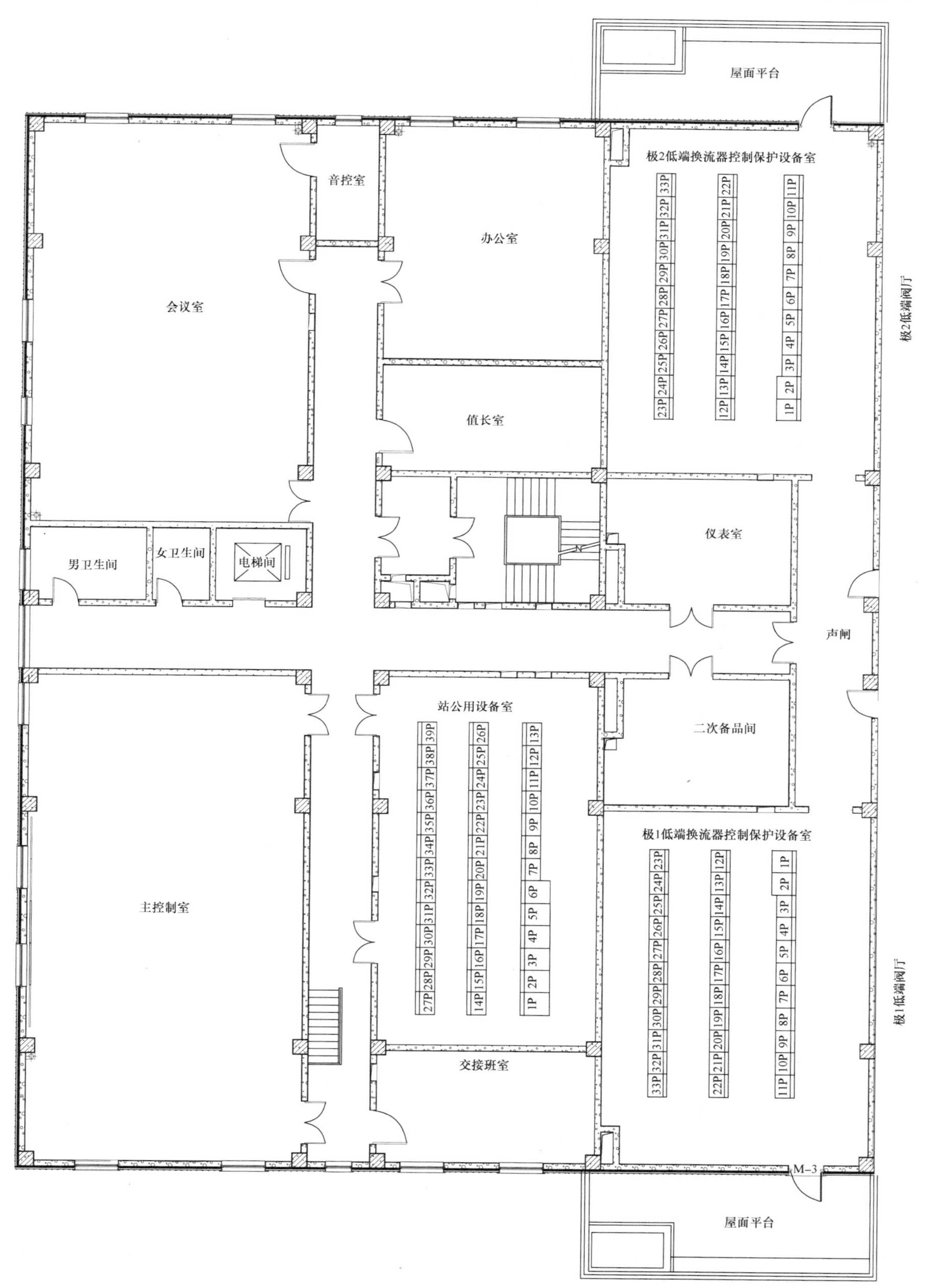

图 17-12 每极双 12 脉动换流器串联接线换流站主控制楼三层二次设备布置图

（1）主控制楼一层设置有极 1/极 2 低端换流器辅助设备室、极 1/极 2 低端直流电源系统相应的蓄电池室、极 1/极 2 低端阀冷却控制保护设备室等。主控制楼一层除蓄电池室外的二次设备室采用电缆沟。

1）在极 1/极 2 低端换流器辅助设备室布置有极 1/极 2 低端直流电源系统对应的直流屏、充电机屏和蓄电池组；极 1/极 2 低端测量接口屏、极 1/极 2 低端换流变压器非电量接口屏、极 1/极 2 低端开关接口屏、极 1/极 2 低端站用电接口屏、辅助系统接口屏等。

2）在蓄电池室布置有三组极 1/极 2 低端蓄电池。

3）在极 1/极 2 低端阀冷却控制保护设备室布置有极 1/极 2 低端阀冷却接口屏以及阀冷却控制及动力柜。

（2）主控制楼二层设置有站辅助设备室、站公用直流电源系统相应的蓄电池室和仿真培训分析室。主控制楼二层除蓄电池室外的二次设备室均采用活动地板。

1）在站辅助设备室布置有站公用直流电源系统对应的直流屏、充电机屏和蓄电池组、极 1/极 2 测量接口屏、极 1/极 2 双极区开关场接口屏、直流场互感器接口屏、故障录波屏、交直流稳控柜等。

2）在蓄电池室布置有两组站公用蓄电池。

3）在仿真培训分析室布置仿真培训工作屏。

（3）主控制楼三层设置有站公用设备室，极 1/极 2 及低端换流器控制保护设备室、主控制室。主控制楼三层的二次设备室均采用活动地板。

1）在站公用设备室布置有服务器系统屏、远动工作站屏、保护及故障录波子站主机屏、综合在线监测系统屏、智能辅助控制系统屏、火灾报警控制器屏、阀厅红外测温系统屏、电能表屏、交流不间断电源主机屏、交流不间断电源馈线屏、数据网接入设备屏、时间同步主屏、相量测量装置屏、通信接口屏等。

2）在极 1/极 2 及低端换流器控制保护设备室布置有相应的极 1/极 2 控制屏、极 1/极 2 保护屏、极 1/极 2 低端阀组控制屏、极 1/极 2 低端阀组保护屏、极 1/极 2 低端阀组阀基电子设备屏、极 1/极 2 低端阀组通信接口屏、极 1/极 2 低端阀组直流故障录波屏、极 1/极 2 低端换流变压器故障录波屏、极 1/极 2 就地控制屏、极 1/极 2 直流场接口屏等。

3）在主控制室的在操作台上布置有运行人员工作站、工程师工作站、站长工作站、文档管理工作站、检修计划工作站、保护及故障录波信息管理子站、火灾报警工作站、智能辅助控制系统工作站、调度通信台、门禁对讲主机等。

2. 辅控制楼的二次设备布置

极 1 辅控制楼的典型方案如图 17-13 和图 17-14 所示，极 2 辅控制楼的布置与极 1 相同，不再重复。

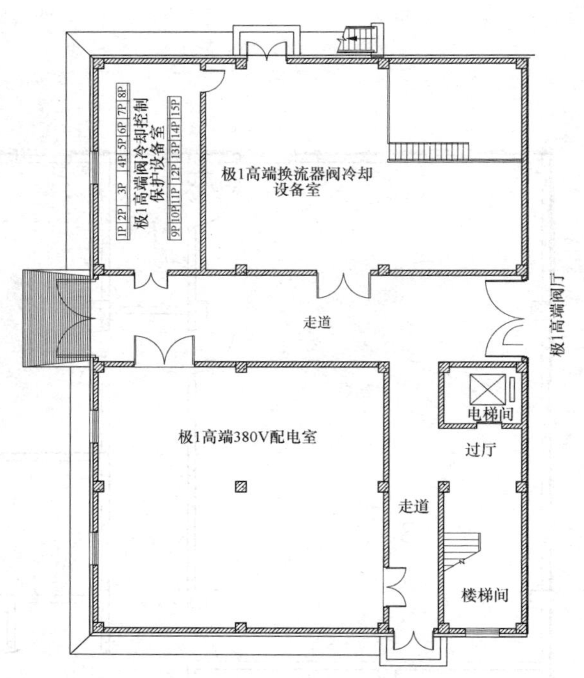

图 17-13　每极双 12 脉动换流器串联接线换流站辅控制楼一层二次设备布置图

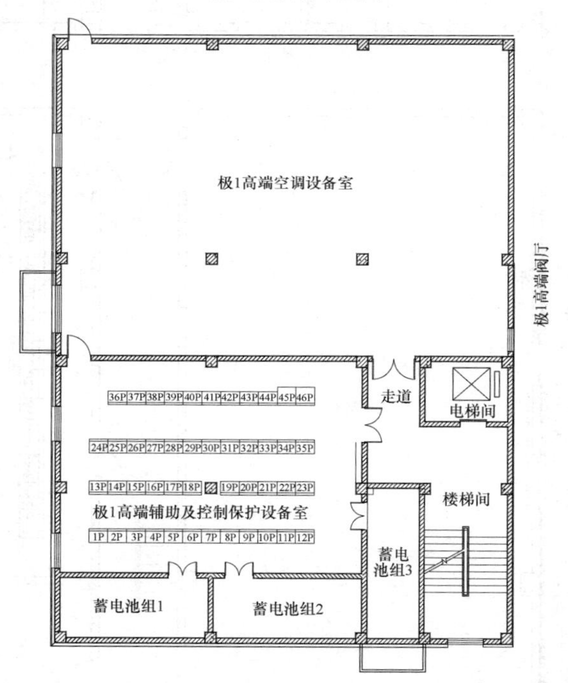

图 17-14　每极双 12 脉动换流器串联接线换流站辅控制楼二层二次设备布置图

（1）极 1 辅控制楼一层设置有极 1 高端阀冷却控制保护设备室，设备室布置有极 1 高端阀冷却接口屏以及阀冷却控制柜及动力柜。辅控制楼一层的二次设备室采用电缆沟。

（2）极 1 辅控制楼二层设置有极 1 高端辅助及控制保护设备室及极 1 高端直流电源系统相应的蓄电池室。辅控制楼二层除蓄电池室外的二次设备室均采用活动地板。

1）极 1 高端辅助及控制保护设备室布置有极 1 高端直流电源系统对应的直流屏、充电机屏和蓄电池组、极 1 高端测量接口屏、极 1 高端阀组开关接口屏、极 1 高端阀组阀基电子设备屏、极 1 高端阀组控制屏、极 1 高端阀组保护屏、极 1 高端换流变压器非电量接口屏、极 1 高端阀组通信接口屏、极 1 高端直流故障录波屏和换流变压器故障录波屏、极 1 高端站用电接口屏、火灾报警控制分屏、智能辅助控制系统分屏、保护及故障录波子站数据采集屏、时间同步信号扩展屏、UPS 电源屏等。

2）在蓄电池室布置有三组极 1 高端阀蓄电池。

三、背靠背换流站直流部分的二次设备布置

背靠背换流站的典型布置见图 17-4，直流侧的二次设备均布置在主控制楼内。主控制楼二次设备布置如图 17-15～图 17-17 所示。

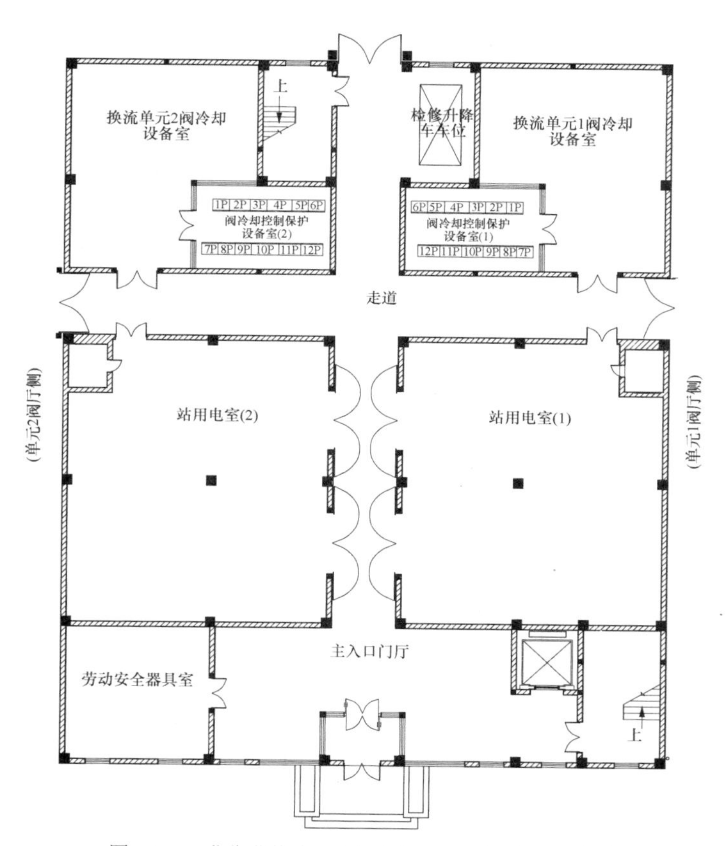

图 17-15 背靠背换流站主控制楼一层二次设备布置图

（1）主控制楼一层设置有换流单元 1、2 的阀冷却控制保护设备室，用于布置阀冷却控制屏及阀冷却接口屏。主控楼一层二次设备室采用电缆沟。

（2）主控制楼二层设置有换流单元 1、2 的蓄电池室及直流屏室、站公用蓄电池室以及直流屏室，用于布置换流单元 1、2 和站公用的蓄电池组、直流配电屏以及 UPS 屏。主控制楼二层除蓄电池室外的二次设备室均采用活动地板。

（3）主控制楼三层设置有主控制室，站公用设备室，换流单元 1、2 控制保护设备室。主控楼三层二次设备室均采用活动地板。

1）站公用设备室用于布置站控系统屏、辅助系统接口屏、站用电保护及接口屏、公用的监控系统屏、直流线路故障定位屏、谐波监视屏、时间同步主屏、火灾报警控制器屏、电能表屏等。

2）换流单元 1、2 控制保护设备室用于布置换流单元控制保护屏、阀基电子设备屏、换流变压器保护屏、故障录波屏、直流测量接口屏等。

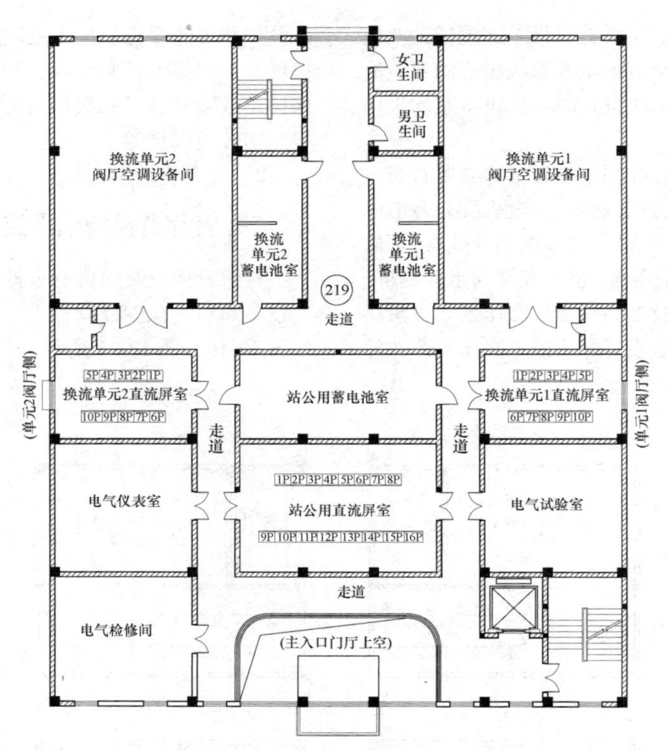

图 17-16　背靠背换流站主控楼二层二次设备布置图

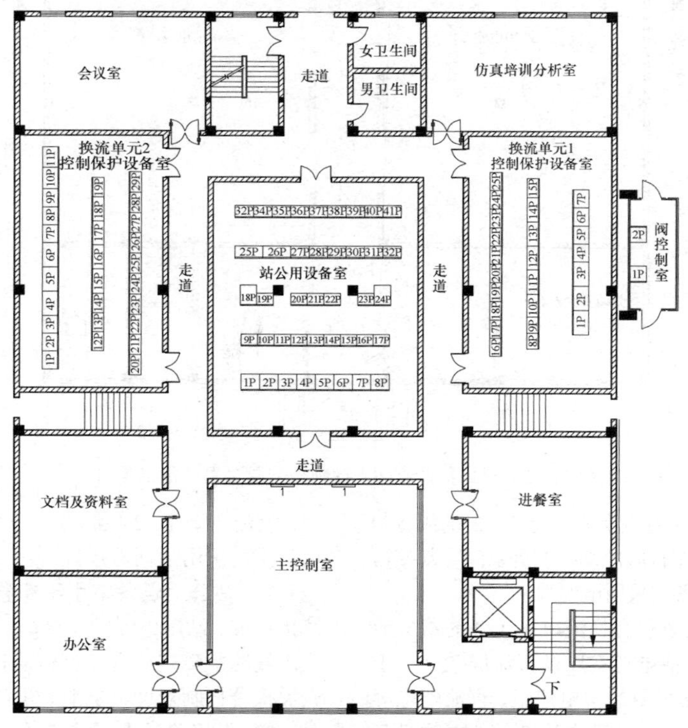

图 17-17　背靠背换流站主控楼三层二次设备布置图

第十八章

通　　信

直流输电系统为了安全、经济、合理地传输电能，保证电力质量指标，及时地处理和防止系统事故，需要集中管理、统一调度，并建立与之相适应的配套通信系统。因此，配套通信系统是直流输电系统不可缺少的重要组成部分，是实现调度自动化和管理现代化的基础，是确保安全运行、经济调度的重要技术手段。

换流站通信设计包括换流站与调度端、换流站与管理端、换流站与运行维护端、送端换流站与受端换流站、换流站与变电站之间以及换流站站内通信的各类信息通道设计。换流站所传输的信息包括调度自动化信息、继电保护及安全稳定装置信息、图像监视信息、动力和环境监测信息、交换机中继线信息、会议电视信息等常规电网生产、调度及管理等信息，还有换流站站间的直流远动信息、直流线路故障定位装置站间交换信息等。

第一节　换流站业务信息种类及传输要求

一、常规电网生产、调度及管理业务信息

（一）系统调度业务信息

1. 调度自动化

调度自动化数据业务信息是为保障电力系统安全、稳定、经济运行所必需的电网运行状态实时监视和控制数据信息，主要包括系统远动信息、电能计量信息、相量测量信息。

调度端监测控制和数据采集（supervisory control and data acquisition，SCADA）系统/能量管理系统（energy management system，EMS）与换流站交换的远动信息，是一种要求具有高可靠性的实时数据业务。远动信息一般包括遥测、遥信、遥控、遥调信息，传输时延不大于 250ms，要求通道误码率不大于 10^{-5}。

调度端SCADA系统/EMS之间交换的数据信息包括转发的实时远动信息和一些电力应用软件（如超短期负荷预测、网络等值等）运行需要的相关调度端的准实时信息，传输时延不大于 400ms，要求通道误码率不大于 10^{-5}。

2. 继电保护及安全稳定控制系统

继电保护及安全稳定控制系统业务信息是输电线路继电保护装置间和电网安全自动装置间传递的远方信息，是电网安全运行所必需的信息，要求极高的可靠性、依赖性和较短的传输时延。其信息包括命令信息、实时数据信息、准实时电网数据信息、故障录波信息、保护子站信息、安全稳定装置控制系统数据及保护本身记录的历史数据等非实时数据信息。

（1）命令信息。命令信息为实时信息，主要传送线路继电保护信息和安全稳定控制系统实时信息。要求通道误码率不大于 10^{-7}，传输时延不大于 12ms。

（2）准实时数据信息。事故信息处理及控制系统、安全稳定控制系统准实时数据信息随着系统运行情况的变化，每 2～5min 数据更新一次，以准实时方式跟随系统运行的变化而变化，从而进行恰当控制。对这些数据传输时间要求宜在 6～8s，通道误码率不大于 10^{-5}。

（3）非实时数据信息。故障录波信息、保护子站信息、安全稳定控制系统非实时数据及保护本身记录的历史数据都是非实时数据信息，用于调用故障录波曲线数据信息、故障测距信息等，以便分析故障，这部分数据信息量大，传输时间在 10～15min。

（二）话音业务信息

话音业务信息主要包括系统调度电话、行政电话等。系统调度电话采用带备份的专线电路和具有最高优先级别的电路交换方式来承载业务；行政电话可采用专线电路、电路交换以及互联网协议（internet protocol，IP）方式来承载业务。

系统调度电话传输时延不大于 150ms，行政电话传输时延不大于 250ms，通道误码率都不大于 10^{-5}。

（三）视频业务信息

视频业务信息主要包括图像监视信息、会议电视信息。图像监视信息传输时延不大于 250ms，通道误

码率不大于 10^{-5}；会议电视信息传输时延不大于400ms，通道误码率不大于 10^{-6}。

（四）其他业务信息

其他业务信息主要包括动力和环境监测信息和生产管理及办公自动化信息。动力和环境监测信息传输时延不大于400ms，通道误码率不大于 10^{-5}；生产管理及办公自动化信息对传输时延要求一般，分钟级即可。

二、直流输电系统专有业务信息

直流输电系统专有业务信息包括直流远动信息和直流线路故障定位装置站间信息。

1. 直流远动信息

直流远动系统主要用于送端换流站和受端换流站直流控制保护系统之间的信息交换和处理，以确保两端换流站直流控制保护系统的快速协调控制。直流远动系统包括极控制直流远动、极保护直流远动和站间局域网（local area network，LAN）直流远动。直流远动信息是实时的数据信息，根据直流输电系统电压等级的不同，传输时延有所不同，一般传输时延不大于30ms，误码率要求小于 10^{-7}。

2. 直流线路故障定位装置站间信息

直流线路故障定位装置站间信息是实时的数据信息，传输时延不大于30ms，误码率不大于 10^{-7}。

第二节　业务信息对传输通道及接口的要求

一、换流站至调度端的系统调度业务信息

系统运动信息、故障录波信息、相量测量信息、保护子站信息等可采用电力调度数据网或专线电路作为信息传输的通道。

电能计量信息、安全稳定控制系统业务信息（主要是准实时、非实时数据信息）应采用电力调度数据网作为信息传输的通道。

以上信息利用电力调度数据网传输方式时，应配置接入电力调度数据网的主备站内通信通道，通信接口采用以太网方式，接口要求应符合IEEE 802.3标准。

以上信息利用专线电路传输方式时，应配置不同路由的主备站端光纤通信通道，通信接口应优先选用符合ITU-T G.703建议的2Mbit/s接口。

二、换流站与换流站的站间业务信息

直流运动信息、直流线路故障定位装置站间交换信息应采用专线电路作为信息传输的通道。这些信息采用专线电路传输方式时，应配置不同路由的主备站间光纤通信通道，通信接口应优先选用符合ITU-T G.703建议的2Mbit/s接口。

三、换流站与变电站的站间业务信息

继电保护信息、安全稳定控制系统业务信息（主要是实时信息）应采用专线电路作为信息传输的通道。这些信息采用专线电路传输方式时，应配置不同路由的主备站间光纤通信通道，通信接口应优先选用符合ITU-T G.703建议的2Mbit/s接口。

四、换流站图像监视业务信息

图像监视信息应采用电力综合数据网作为信息传输的通道，应配置接入电力综合数据网的站内通信通道。通信接口采用以太网方式，接口要求应符合IEEE 802.3标准。

五、换流站站内通信业务信息

（一）交换机中继线业务信息

系统调度交换机中继线信息应采用专线电路作为信息传输的通道，应配置不同路由的主备站间以及站端光纤通信通道，通信接口应优先选用符合ITU-T G.703建议的2Mbit/s接口。

行政交换机中继线信息采用互联网协议（internet protocol，IP）方式作为信息传输的通道，应配置接入电力综合数据网的站内通信通道，通信接口采用以太网方式，接口要求应符合IEEE 802.3标准。

行政交换机中继线信息采用专线电路作为信息传输的通道，应配置站端光纤通信通道，通信接口应优先选用符合ITU-T G.703建议的2Mbit/s接口。

（二）其他通信业务信息

动力和环境监测信息、会议电视信息可采用电力综合数据网或专线电路作为信息传输的通道。

以上信息利用电力综合数据网传输方式时，应配置接入电力综合数据网的站内通信通道。通信接口采用以太网方式，接口要求应符合IEEE 802.3标准。

以上信息利用专线电路传输方式时，应配置不同路由的主备站端光纤通信通道。通信接口应优先选用符合ITU-T G.703建议的2Mbit/s接口。

（三）生产、运行维护管理业务信息

生产、运行维护管理信息系统可采用电力综合数据网或专线电路作为信息传输的通道。

利用电力综合数据网传输方式时，应配置接入电力综合数据网的站内通信通道，通信接口采用以太网方式，接口要求应符合IEEE 802.3标准。

采用专线电路传输方式时，应配置站端单路光纤通信通道，通信接口应优先选用符合ITU-T G.703建议的2Mbit/s接口。

第三节 换流站业务信息通道组织

一、电力系统主要的通信方式

1. 光纤通信

光纤通信是以光波作为载体，以光纤（即光导纤维）为传输介质传送信息的一种通信方式。光纤通信具有通信容量大、通信质量高、抗电磁干扰、抗核辐射、抗化学侵蚀，质量轻、节省有色金属等一系列优点，已在电力系统通信专网中得到了广泛应用。目前光纤通信是直流输电系统中最主要的通信方式。

2. 电力线载波通信

电力线载波通信利用架空电力线路的相导线作为信息传输的媒介。这是电力系统特有的一种通信方式，具有高度的可靠性和经济性，且与调度管理的分布基本一致，它是电力系统的基本通信方式之一。但电力线载波通信受限于其先天技术体制，传输速率低，传输通道数量较少。目前直流远动信息对传输速率要求较高，如果采用电力线载波传输直流远动信息，首先会降低极控制系统反应速度和精度，给安全运行带来隐患；其次不能满足换流站间直流远动信息传输要求。

3. 微波通信

微波通信是在视距范围内以大气为媒介进行直线传播的一种通信方式。这种通信方式传输比较稳定可靠，通信容量较载波通信要大，噪声干扰小，通信质量高。其主要缺点是一次投资大，电路传输衰减大，远距离通信需要增设中继站，中继站的站距较短，地形复杂时选站困难，运行维护成本高。

二、光纤通道组织的基本原则

在直流输电工程中，应依据实际电网需要，提出光缆路由建设方案、光纤通信电路建设方案和光纤中继站方案，并确定光缆纤芯数量及类型、光纤通信电路容量。同时应满足接入现有各级系统通信电路的要求，保证现有电路的完整性和可靠性。

（一）光纤通道建设

在直流输电工程中需要组织建设的光纤通道主要有换流站与调度端、换流站站间主备用通道以及换流站与管理端、换流站与运行维护端的通道。以上各通道需充分考虑各级通信资源的共享，开发和发挥已有资源的应用。通道的带宽不仅需要充分考虑工程的各类业务需求，同时也应该根据相关通信网规划设计以及相关规定为今后其他电路预留一定带宽。若工程中有其他运行管理需求，可根据实际情况组织建设其他相应的光纤通道。

（二）光缆选择

在电力通信领域，光纤通信中的光缆除了采用普通光缆以外，更多采用的是电力特种光缆，这些依附于输电线路同杆架设的光缆，不仅发挥了光纤通信的优点，而且充分利用了电力系统的杆路资源，降低了工程综合造价，已成为电力系统的主要通信方式。光缆主要有三种：光纤复合架空地线（optical fiber composite overhead ground wire，OPGW）、全介质自承式光缆（all dielectric self-supporting optical fiber cable，ADSS）和光缆复合相线（optical phase conductor，OPPC）。OPGW光纤通信是直流输电工程的主要通信手段。

为了满足光纤通信系统将来传输信息量迅速增大的需求，同时考虑光缆的价格和光缆的使用寿命，在建设直流输电工程光纤通信系统时，必须选择合适的光缆纤芯数量及类型，使系统具有最佳性价比。

直流输电线路（如架设OPGW光缆）宜配置24/36芯光缆，跨江河、铁路等大跨越处以及高山、高海拔地区可架设双光缆。光缆纤芯类型需要结合光纤传输质量指标的要求进行，光缆纤芯可采用常规的ITU-T G.652D以及符合ITU-T G.652标准的超低损耗光纤。

（三）光纤通信中继站设置

随着直流输电系统的建设，需在直流线路沿线设置多个光纤通信中继站。直流线路经过的部分地区往往交通不便，自然条件恶劣，设置光纤通信中继站比较困难。采用长距离光纤通信技术可以减少常规中继站的设置，提高光纤电路运行可靠性，节约土地资源和工程投资，大大减轻运行维护工作量，在直流输电系统中具有十分重要的意义。

光纤通信中继站的设置应遵循以下原则：

（1）光纤通信中继站的选择应满足光纤传输质量指标的要求。

（2）为了便于工程投运后的日常运行、维护和管理，光纤通信中继站宜设置在已有变电站内，不宜设置独立的中继站。

（3）设置的光纤通信中继站应尽量靠近直流线路，以便尽量减少交叉线路需要改造的地线长度。在提高中继站设站可靠性和光纤通信系统可靠性的同时降低地线改造费用。

（4）设置的光纤通信中继站应尽量选择电压等级较高的变电站。

（5）如需设置独立的光纤通信中继站，不应选在易受洪水威胁的地方，站址高程宜在50年一遇的洪水位之上，否则应有防护设施。同时应选在交通方便、靠近可靠电源和居民区的地方，方便施工，便于维护。

（四）光纤电路传输计算

影响长距离光纤通信系统传输距离的主要因素包

括光纤的衰减系数、色散系数、色散斜率、偏振模色散系数及非线性效应等传输特性。为了提高传输距离，会使用功率放大技术、前置放大技术、遥泵放大技术、纠错技术、喇曼技术、色散补偿技术、超低损耗光纤技术等光纤放大技术及相关设备。

单通道无电中继光纤通信系统再生段长度按最坏值设计法计算，取衰减受限和色散受限长度两者中的最小值，同时还需要兼顾光信噪比的指标要求。

光纤传输最长距离的理论计算如下：

（1）衰减受限再生段长度 L_1 计算为

$$L_1=(P_s+\sum G-P_r-P_p-\sum A_c)/(A_f+A_s+\alpha) \quad (18\text{-}1)$$

式中 L_1——衰减受限再生段长度，km；

P_s——MPI-S（SDH）/MPI-SM（WDM）点寿命终了时的等效光发送功率，dBm；

$\sum G$——MPI-S/SM、MPI-R/RM 点间各项放大器对系统功率的贡献值；

P_r——MPI-R（SDH）/MPI-RM（WDM）MPI-R 点寿命终了时的等效光接收灵敏度（含 FEC 改善），dBm；

P_p——最大光通道代价，dB；

$\sum A_c$——活动连接器损耗之和，dB，每个连接器取 0.5dB；

A_f——光纤平均衰减系数，dB/km；

A_s——光纤固定熔接接头平均损耗，dB/km；

α——光缆富余度系数，dB/km。

式（18-1）中，α 的取值为：采用 EDFA 等常规放大技术时，取值 0.020dB/km；采用拉曼放大技术后，可取值为 0.018dB/km；使用超低损耗光纤或采用遥泵放大技术时，可取值 0.016dB/km。

（2）色度色散受限再生段长度 L_2 计算为

$$L_2=D_{max}/|D| \quad (18\text{-}2)$$

式中 L_2——色散受限再生段长度，km；

D_{max}——MPI-S、MPI-R 间设备允许的最大总色散值，ps/nm；

D——光纤色散系数，ps/（nm·km）。

（3）光纤再生段长度 L 计算为

$$L=\min(L_1, L_2) \quad (18\text{-}3)$$

（五）传输时延计算

在光纤传输系统中，传输时延主要由光纤时延和传输设备时延组成。光纤时延，是光信号在光纤中的传输时延。在光纤传输设备内部，需要完成同步复用、映射和定位，进行各类开销处理、指针调整、连接处理，以及数据流的缓冲、固定比特塞入处理等，这些都增加了光纤传输设备的传输时延。光纤传输设备的时延由映射时延（从 2Mbit/s 到光口）、去映射时延（从光口到 2Mbit/s）和直通时延（从光口到光口）组成。

在采用超长距离传输技术时，一些新型技术和设备的应用也会造成一定传输时延。增强型前向纠错（enhanced forward error correction，EFEC）作为一项超长距离传输的重要技术，在工程中越来越多地得到应用。其通过在传输码列中加入冗余纠错码，在一定条件下，通过解码可以自动纠正传输误码，降低接收信号的误码率，从而提高传输质量的增益，但提高增益的同时也带了一定的时延。

综合以上因素，光纤传输系统的传输时延 t 计算式为

$$t=L\times 0.005+0.12+(N-2)\times 0.04+M\times 0.2 \quad (18\text{-}4)$$

式中 L——光缆长度，km；

N——网元数量；

M——EFEC 电路区段数量；

0.005——光信号在光纤的传播时延，ms/km；

0.12——两终端站上、下 2Mbit/s 业务时的总时延，ms；

0.04——光信号通过一个网元的时延，ms；

0.2——光信号通过一个 EFEC 电路区段的时延，ms。

通过以上公式理论计算，可以得到换流站直流远动信息及其他站间信息的最大传输时延理论值，从而确定光纤路由是否满足站间信息传输电路时延的要求。

三、换流站通道组织的实现方式

换流站的通道组织应采用光纤通信电路，主要有以下几种方式：

（1）直流输电线路全程架设 OPGW 光缆，并新建全线光纤电路，用以组织站间主用光纤通道。可利用系统中已有的 OPGW 光缆资源和现有光纤电路，并新建部分光纤电路，用以组织站间备用光纤通道。

（2）直流输电线路部分架设 OPGW 光缆（不全线架设光缆），通过与其他输电线路交叉实现光缆 T 接，从而将光缆接入现有变电站，利用系统中已有的 OPGW 光缆资源和现有光纤电路，并新建部分光纤电路，用以组织站间主用光纤通道；利用与主用光纤通道不同路由的已有 OPGW 光缆资源和现有光纤电路，并新建部分光纤电路，用以组织站间备用光纤通道。

（3）利用不同路由的已有 OPGW 光缆资源和现有光纤电路，并新建部分光纤电路，组织站间主用和备用光纤通道。

（4）利用上述直流系统新建以及现有的光纤电路，按照业务需求组织换流站至调度端、管理端以及运行维护端的光纤通道。

以上系统已有 OPGW 光缆时，宜尽量采用 220kV 及以上高电压等级交直流 OPGW 光缆。

第四节　站内通信及辅助设施

一、站内通信

（一）站内通信包含的内容

站内通信主要是满足换流站运行期间生产调度以及行政管理的语音、数据、视频的需求。站内通信设备包括系统调度交换机、行政交换机、综合数据网设备、调度数据网设备、广播设备、会议电视设备、通信电源设备等。

（二）站内通信的技术要求

1. 系统调度交换机及行政交换机

系统调度交换机为解决换流站生产调度通信所需而设置。系统调度交换机需满足换流站近期及远期的生产调度通信及调度通信组网的要求，其业务种类为话音、数据和文件传真。系统调度交换机的组网宜采用 Q 信令（Q signaling）及 2Mbit/s 数字中继方式，分别由两个不同路由就近与上级汇接中心连接。系统调度交换机需具备录音接口，可实现调度台与调度用户之间的实时录音。

行政交换机用以满足换流站生产和管理需要，承担站内用户间、用户与市话网间、用户与电力系统网间的话音/非话业务的交换与组网。换流站设置行政交换机时，应根据电力行政交换网的组网要求，选择适合的技术体制，并配置相应的接入设备进行组网，用户数量根据实际需求配置。同时，行政交换机可就近接入当地市话网。

调度用户与行政用户之间应有一定的隔离，隔离程度可以设置。

2. 综合数据网及调度数据网

综合数据网传输的信息种类主要包括检修票、计划、公文、调度生产管理信息、电力交易信息、企业资源计划（enterprise resource planning，ERP）等业务。一般划分为六个虚拟私人网络（virtual private network，VPN），即信息 VPN、调度 VPN、通信 VPN、视频 VPN、多媒体子系统（IP multimedia subsystems，IMS）VPN 及备用 VPN。综合数据网可采用 IP、多协议标签交换（multi-protocol label switching，MPLS）技术，支持 MPLS VPN，以便于实现各种业务的安全隔离、服务质量（quality of service，Qos）、流量工程等。换流站内应设置电力综合数据网接入设备，分别由两个不同路由就近与上级汇接中心连接。

调度数据网络主要承载变电站自动化系统的实时数据、电能量计量信息等。调度数据网承载的业务信息对网络可靠性要求高，网络的可用率、实时业务的传输时延（业务应有不同的优先级）、网络的收敛时间等关键性能指标应予以保证。换流站内应设置电力调度数据网接入设备及安全防护设备，调度数据网接入设备应分别由两个不同路由就近与上级汇接中心连接。

综合数据网及调度数据网应根据整个网络的配置要求来进行设计和配置，满足各级调度及运行管理单位对换流站的接入要求。

3. 广播系统

为方便换流站生产、运行，换流站可配置一套广播系统，主要由广播呼叫主站、吸顶扬声器、室内壁挂音箱、室外壁挂音箱和户外地坪音箱组成，覆盖主控制楼、辅控制楼、阀厅、继电器小室、直流场和交流场户外配电装置等区域。使用广播功能通知移动的工作人员，可以进行例行的、紧急的播音，还能实现将来自不同地点的呼叫同时向不同地区播音。广播系统具有选区功能，可以向全体或选定地区播放，同时还能播放背景音乐等。

4. 会议电视系统

会议电视系统是采用数字信号处理、压缩编码和数据传输等技术把相隔多个地点的会议电视设备连接在一起，达到与会各方有如身临现场参加会议、面对面交流沟通的效果。该系统具有真实、高效、实时的特点，是进行管理、指挥和协同决策的简便而有效的技术手段。会议电视系统由视/音频信号的采集和编/解码、传输以及显示和播放三个部分组成，各部分均要遵循相应的标准。

为了加强与上级单位的联系，提高协同工作效率，节约运行成本，换流站内应设置一套会议电视系统设备。换流站应按照永临结合原则，在施工建设期间和投运后均能开通视频会议系统。根据建设管理和生产运行的要求，应能够在施工建设期间接入建设管理单位，在投运后接入运行维护单位的会议电视系统中。

5. 通信电源

通信电源系统是一个不停电的高频开关电源系统，它由高频开关电源（整流模块、监控模块）、交流配电柜、直流配电柜及密封式铅酸免维护蓄电池构成。高频开关电源的各关键部分采用双重化设置，用以保证通信电源系统安全、可靠供电。正常时，交流 380V 电源经整流器整流后对蓄电池浮充并向负荷供电，交流电源失电后，由蓄电池单独供电。

换流站内应设两套独立的、互为备用的直流 48V 电源系统。每套电源系统宜配置一套高频开关电源、一套直流配电屏和一组或两组 48V 蓄电池。高频开关电源整流单元和蓄电池的容量宜根据远期设备负荷确定并留有裕度，同时应提供相关的计算数据。

（三）站内通信的设备选择和布置

1. 系统调度交换机及行政交换机

换流站应设置一台系统调度交换机，用户数量

48～96门，同时配置主、备两套录音系统、两个调度台。行政交换机应根据实际用户数量需求配置。交换机设备安装于通信机房内。

2. 综合数据网及调度数据网

换流站应配置一套综合数据网接入设备，一般包含两台接入路由器、两台内网交换机，并按就近接入的原则，以 2×155Mbit/s 或者千兆以太网（gigabit ethernet，GE）通道就近接入上级汇接中心的综合数据网中。综合数据网设备安装于通信机房内。另外，为了满足换流站日常办公和生活的需要，可配置外网交换机和防火墙设备，安装于通信机房以及相关建筑物内，外网交换机和防火墙设备应根据实际用户数量配置。

换流站应配置两套调度数据网接入设备，一般包含两台接入（或汇聚）路由器、四台接入交换机以及四台纵向加密认证装置，以 2×2Mbit/s 通道分别接入上级汇接中心的调度数据网两个平面中。调度数据网接入路由器、接入交换机、纵向加密认证装置安装于电气二次用房或通信机房内。

3. 广播系统

广播系统可根据换流站内各室内外广播点的实际需求配置。主站设备安装于通信机房内，音箱、扬声器根据分布情况分别安装于建筑物内以及室外场区内。

4. 会议电视系统

会议电视系统采用永临结合的设备配置方案，主要配置有高清视频会议终端设备、视频设备（包括摄像机、电视、投影仪等）、音频设备（含话筒、音响、音频处理设备等）、时序电源、数据接入设备（接入路由器和交换机）、光纤传输设备等。施工期间设备安装于项目部会议室内，投运后设备搬迁至控制楼或者辅助建筑的会议室内。

5. 通信电源

常规换流站和背靠背换流站每套电源系统宜配置一套–48V/300～500A 高频开关电源、一套直流配电屏和一组 500～800Ah /48V 免维护蓄电池。特高压换流站每套电源系统宜配置一套–48V/300～500A 高频开关电源、一套直流配电屏和两组 500Ah/48V 免维护蓄电池。高频开关电源、交流配电柜和直流配电柜设备安装于通信机房内，蓄电池安装于通信蓄电池室内。

二、辅助设施

辅助设施主要包括通信用房、综合布线系统、动力和环境监测系统等。

1. 通信用房

为了便于运行、维护管理和设备安装以及减少建筑面积，换流站通信用房为通信机房、通信蓄电池室。换流站的系统调度交换机、行政交换机、光纤通信设备、高频开关电源设备、动力和环境监测系设备、综合数据网接入设备、配线设备以及保护通信接口设备等将放置于通信机房内；蓄电池将放置于通信蓄电池室内。调度数据网接入设备及安全防护设备可根据运行要求及习惯，布置在电气二次用房或通信机房内。

换流站通信用房应根据换流站实际需求以及远期设备布置情况统一设置，换流站通信机房面积为 100～120m²，通信蓄电池室 25～30m²。通信用房建筑工艺要求见表 18-1。

表 18-1　　通信用房建筑工艺要求

序号	名称	房屋净空（m）	楼、地面等效均布荷载（kN/m²）	地面及顶棚要求	门	窗	室内表面处理	温度（℃）	相对湿度	空调
1	通信机房	3.2	6	设防静电活动地板，活动地板下净空为 350～400mm	双扇外开单向门，宽度不小于 1.4m，高度不小于 2.4m	阳光不应直射室内，良好密闭	内装修饰面材料应考虑防噪声、防振、防潮及防火等要求，采用一级标准	16～28	70%以下	宜设空调
2	通信蓄电池室	3.0	10	耐酸材料	采用非燃烧体或难燃烧体的实体门，且耐腐蚀，外开门，宽度不小于 1m	阳光不应直射室内（窗应耐腐蚀）	与电气二次蓄电池室一致（二级标准），设蓄电池防爆墙	15～35	70%以下	宜设空调，强制通风

2. 综合布线系统

换流站综合布线系统是按标准的、统一的和简单的结构化方式编制和布置各种建筑物内各种系统的通信线路，主要包括网络系统、电话系统等。综合布线系统将所有语音、数据等系统进行统一的规划设计的结构化布线系统，为办公提供信息化、智能化的物质介质，支持语音、数据、图文、多媒体等综合应用。

综合布线系统通常采用双绞线和光缆。双绞线包括非屏蔽双绞线（unshielded twisted paired，UTP）和屏蔽双绞线（foil twisted-paired，FTP）。UTP 是目前结构化布线系统广泛采用的传输介质，具有安装简单、价格低廉等特点；FTP 具有对外界信号的抗干扰能力和对其传输信号的保密能力，尤其适合使用在安全性要求很高和有源设备很多的环境中。光缆作为传输介质具有传输速率高、保密性好、扩展性强、抗干扰等优点，特别适用于环境较恶劣的地方。

在换流站内考虑全站音频电缆网络布线，在换流站控制楼及相关的辅助建筑物内宜采用综合布线。

3. 动力和环境监测系统

动力和环境监测系统是对分布于各个独立系统内的设备进行遥测、遥信、遥控、实时监测的系统，可对通信电源、机房空调及环境实施集中监控管理，以提高各系统的可靠性和通信设备的安全性。同时记录和处理相关数据，及时侦测故障，通知人员处理，从而实现少人或无人值守。监测系统的软、硬件应采用模块化结构，使之具有最大的灵活性和扩展性，以适应不同规模监测系统网络和不同数量监测对象的需要。监测系统的软、硬件应提供开放的接口，具备接入各种设备监测信息的能力。

换流站通信机房应配置动力和环境监测系统，用于采集通信机房内的环境信息（包括温度、湿度、烟雾等）、电源系统告警和状态信息、通信设备总告警信息、安防信息等，并将信息接入相应动力和环境监测主站。

第十九章

阀　　厅

第一节　建　筑　设　计

阀厅布置在换流区域，是换流站的主要生产建筑物。

阀厅内部布置有换流阀组、高压套管（包括换流变压器阀侧套管、直流套管、平波电抗器套管）、直流电流/电压测量装置、避雷器、接地开关等电气设备及其连接导体、绝缘子，以及电缆/光缆桥架、阀内冷却水管、空调送风/回风管、事故排烟风机等辅助系统设备与设施。

一、建筑技术要求

阀厅建筑设计应充分满足工艺流程、设备布置及功能需求和运行维护需要，妥善考虑建筑防火、安全疏散、电磁屏蔽、气密、保温隔热、隔声、防水、排水、抗风等相关技术要求，保障换流站设备及设施安全和人员生命安全。

（一）建筑防火

1. 火灾危险性

阀厅内的换流阀由合成材料和非导电体组成，长期运行于高电压和大电流下，若元部件故障或电气连接不良，会产生电弧并有可能引发火灾事故。鉴于阀厅生产过程采用不燃烧或难燃烧物质，若换流阀组等电气设备发生故障，有引发火灾事故的可能性，根据GB 50016《建筑设计防火规范》对生产的火灾危险性分类，以及GB/T 50789《±800kV直流换流站设计规范》、DL/T 5459《换流站建筑结构设计技术规程》对换流站建筑物火灾危险性的划分，阀厅的火灾危险性为丁类。

2. 耐火等级

根据GB/T 50789、DL/T 5459的相关规定，阀厅的耐火等级为二级。

3. 燃烧性能和耐火极限

（1）建筑构件。阀厅建筑构件的燃烧性能和耐火极限见表19-1。

表19-1　阀厅建筑构件的燃烧性能和耐火极限

序号	构件名称		燃烧性能	耐火极限（h）
1	墙体	防火墙	不燃性	≥3.00
		承重墙	不燃性	≥2.50
		非承重外墙	不燃性	不限
			难燃性	≥0.50
		房间隔墙	不燃性	≥0.50
			难燃性	≥0.75
2	结构柱		不燃性	≥2.00
3	结构梁		不燃性	≥1.50
4	屋顶承重构件		不燃性	≥1.00
5	屋面板		不燃性	≥1.00

当阀厅除防火墙外的非承重外墙采用复合压型钢板围护结构时，其内部保温隔热芯材应为A级不燃性材料。

当阀厅屋面采用复合压型钢板围护结构时，其保温隔热芯材应为A级不燃性材料。当采用现浇钢筋混凝土屋面时，屋面防水层宜采用不燃、难燃材料；当采用可燃防水材料且铺设在可燃、难燃保温材料上时，防水材料或可燃、难燃保温材料应采用不燃材料作防护层。

当阀厅采用钢结构梁、柱、屋顶承重构件时，应采取适当的防火保护措施。

（2）门窗。阀厅门窗的耐火性能见表19-2。

表19-2　阀厅门窗的耐火性能

序号	门窗部位		耐火性能（h）	
			耐火隔热性	耐火完整性
1	门	防火墙上的门	≥1.50	≥1.50
		其他部位的门	不限	不限

续表

序号	门窗部位		耐火性能（h）	
			耐火隔热性	耐火完整性
2	窗	防火墙上的窗	≥1.50	≥1.50
		其他部位的窗	不限	不限

4. 防火分区

根据 GB 50016 对不同火灾危险性、不同耐火等级厂房的层数和每个防火分区最大允许建筑面积的规定，作为火灾危险性为丁类、耐火等级为二级的单层厂房，每幢阀厅的最大允许建筑面积不限。

从阀厅工艺布置、运行与维护角度考虑，通常 1 幢阀厅布置 1 个换流器单元，宜将 1 幢阀厅（1 个换流器单元）作为 1 个独立的防火分区。

（二）安全疏散

1. 安全出口

根据 GB 50016 对厂房安全出口的规定，作为火灾危险性为丁类、耐火等级为二级的单层厂房，每幢阀厅安全出口的数量不应少于 2 个，其中应有 1 个安全出口通向室外。

2. 疏散距离

根据 GB 50016 对厂房内任一点至最近安全出口直线距离的规定，作为火灾危险性为丁类、耐火等级为二级的单层厂房，阀厅室内任一点至安全出口的距离不限。

（三）电磁屏蔽

为防止阀厅内的换流阀组换相时产生的电磁波信号对阀厅外的电气设备和邻近通信系统形成骚扰，同时也为防止外部电磁波信号对阀厅内的电气设备形成骚扰，阀厅应采取可靠的电磁屏蔽措施。

1. 电磁屏蔽效能指标

阀厅对电磁波信号频率范围在 10kHz～10MHz 之间的磁场屏蔽效能不低于 40dB，对电磁波信号频率范围在 10～1000MHz 之间的磁场屏蔽效能不低于 30dB。

2. 电磁屏蔽技术措施

（1）阀厅墙体电磁屏蔽通过其内层彩色压型钢板的导电连接实现，墙体内层彩色压型钢板之间，以及彩色压型钢板与封边包角彩钢板之间应在边缘处进行搭接，其重叠宽度不应小于 50mm，并采用间距 250～300mm 的不锈钢自钻自攻螺钉进行导电连接。

（2）阀厅屋面电磁屏蔽通过其内层彩色压型钢板的导电连接实现，屋面内层彩色压型钢板之间，以及彩色压型钢板与封边包角彩钢板之间应在边缘处进行搭接，其重叠宽度不应小于 50mm，并采用间距 250～300mm 的不锈钢自钻自攻螺钉进行导电连接。

（3）阀厅地坪电磁屏蔽通过敷设于其混凝土地坪内的镀锌焊接钢丝网（钢丝网规格为 φ4mm@50mm×50mm）的导电连接实现，地坪内的镀锌焊接钢丝网之间应在边缘处进行搭接，其重叠宽度不应小于 50mm，通过相互焊接进行导电连接。

（4）阀厅各出入口门应采用电磁屏蔽门，与控制楼之间的观察窗应采用电磁屏蔽窗。电缆/光缆桥架、阀内冷却水管、空调送风/回风管、事故排烟风机等穿墙开孔处应采取适当的金属板（网）电磁屏蔽措施。

（四）气密

阀厅内部设备运行期间，换流阀组、直流套管等会出现静电吸尘现象，若吸附于设备表面的灰尘过多，运行过程中极易发生闪络事故。为保证阀厅正常运行状态下室内空气的洁净度，采用中央空调系统加压送风使阀厅室内维持 5～10Pa 的微正压，能有效阻止室外空气中的灰尘渗入。阀厅建筑围护结构应具有优良的气密性能，不得出现漏气现象。

1. 气密性能指标

阀厅的气密性能应满足的条件为

$$0.5\text{m}^3/(\text{m}^2\cdot\text{h}) < q_A \leq 1.2\text{m}^3/(\text{m}^2\cdot\text{h})$$

式中　q_A——建筑整体（含开启部分）气密性能指标。

2. 气密技术措施

（1）阀厅墙体和屋面内、外层彩色压型钢板之间的搭接缝隙均应封堵密实，纵向重叠宽度不应小于 150mm，横向搭接不应小于 50mm，纵、横向搭接板缝内均应设置通长密封胶带。

（2）阀厅墙体和屋面阴、阳角部位的内、外层彩色压型钢板均应采用封边包角彩钢板收边，彩色压型钢板与封边包角彩钢板之间的所有缝隙均应封堵密实，搭接板缝内均应设置通长密封胶带。

（3）阀厅墙体和屋面内、外层彩色压型钢板与门窗、设备孔洞之间均应采用封边包角彩钢板收边，所有孔隙均应封堵密实，搭接板缝内均应设置通长密封胶带。

（4）阀厅现场复合压型钢板围护结构内层彩色压型钢板的内表面应铺设隔气膜，隔气膜之间应粘接成一个整体。

（5）阀厅各出入口门、观察窗均应具有优良的气密性能。

（五）保温隔热

为保证换流阀稳定工作，阀厅室内温度应控制在合理范围（详见第十九章第三节供暖通风及空调设计的有关内容），其建筑围护结构应具有优良的保温隔热性能，以保证阀厅室内热环境的稳定性，有效降低中央空调系统能耗。

阀厅建筑围护结构的保温隔热设计应结合换流站所处地区的气候特点，采用建筑热工分析计算方法，定量选择适当种类和厚度的墙体、屋面保温隔热材料，使其综合传热系数满足 GB 50189《公共建筑节能设计标准》规定的该地区建筑围护结构热工性能限值要求。

阀厅建筑围护结构可采用岩棉、玻璃纤维棉、硅酸铝纤维棉等保温隔热材料，与彩色压型钢板、防水卷材等建筑材料配套使用，达到建筑围护结构保温隔热的目的。

（六）隔声

阀厅内部设备运行期间大约会产生90dB（A）的噪声，为减少其内部设备噪声对周围环境的影响，阀厅建筑围护结构应具有优良的隔声性能，以阻断声波的传播途径。

1. 隔声性能指标

阀厅建筑围护结构隔声性能指标应满足

$$35\text{dB} \leqslant R_{\text{tr,w}} + C_{\text{tr}} < 40\text{dB}$$

式中 $R_{\text{tr,w}} + C_{\text{tr}}$——空气隔声性能分级指标。

2. 隔声技术措施

（1）建筑围护结构所有孔隙均应实施严密封堵，避免“声桥”现象。

（2）各出入口门、观察窗均应具有优良的隔声性能。

（3）内部架空巡视走道与主控制楼的衔接部位宜设置声闸，阻断声波的传播途径。

（七）排水

若换流站运行过程中阀厅建筑围护结构出现渗漏问题，会对其内部电气设备的安全运行造成严重威胁。为有效规避这种潜在的风险，阀厅建筑围护结构应具有优良的防水性能。

1. 水密性指标

阀厅建筑围护结构应具有优良的水密性，其整体水密性指标应满足ΔP（水密性能指标）≥2000Pa。

2. 屋面防水等级

根据GB 50345《屋面工程技术规范》的相关规定，作为换流站的主要生产建筑物，阀厅屋面防水等级应为Ⅰ级。

3. 屋面防水技术方案

阀厅屋面可分为复合压型钢板屋面和压型钢板为底模的现浇钢筋混凝土组合屋面两种类型，具体防水方案如下：

（1）复合压型钢板屋面。选用360°直立锁缝暗扣连接方式的外层压型钢板（纵向不允许搭接）及防水垫层组成的围护结构进行防水设防，屋面排水坡度宜为5%～10%。

（2）压型钢板为底模的现浇钢筋混凝土组合屋面。铺设2层柔性防水卷材（或1层柔性防水卷材和1道柔性防水涂料）进行防水设防，屋面排水坡度宜为3%～5%。

4. 屋面排水计算

阀厅屋面宜采用有组织排水，屋面雨水经外天沟、雨水斗和水落管收集之后排入站区雨水管网。

为避免天沟出水口被积污堵塞时，囤积在天沟内的雨水渗入阀厅内部，天沟侧壁宜设置一定数量的溢水孔。

（1）雨水设计流量计算公式为

$$q_{\text{y}} = \frac{q_{\text{j}} \psi S_{\text{w}}}{10000} \tag{19-1}$$

式中 q_{y}——设计雨水流量，L/s；

q_{j}——设计暴雨强度，按当地或相邻地区暴雨强度公式计算，当天沟溢水可能流入室内时，设计暴雨强度应乘以1.5的系数，L/（s·hm²）；

ψ——径流系数，根据防水性能差异按0.9～1.0取值；

S_{w}——汇水面积，雨水汇水面积应按屋面水平投影面积计算，m²。

阀厅屋面雨水排水管道设计降雨历时应按5min计算，排水设计重现期应不小于10年，屋面雨水排水设施及溢流设施的总排水能力应不小于50年重现期的雨水量。

（2）屋面雨水斗的设置应根据屋面汇水情况并结合建筑结构承载、管系敷设等因素确定；雨水斗的设计排水负荷应根据雨水斗的特性，并结合屋面排水条件确定，可按表19-3选用。

表19-3 屋面雨水斗的最大泄流量 （L/s）

雨水斗规格（mm）		50	75	100	125	150
重力流排水系统	重力流雨水斗泄流量	—	5.6	10	—	23
	87型雨水斗泄流量	—	8	12	—	26
满管压力流排水系统	雨水斗泄流量	6～18	12～32	25～70	60～120	100～140

注 满管压力流雨水斗应根据不同型号的具体产品确定其最大泄流量。

（3）重力流屋面雨水排水立管的最大设计泄流量见表19-4。

表19-4 重力流屋面雨水排水立管的最大设计泄流量

铸铁管		塑料管		钢管	
公称直径（mm）	最大泄流量（L/s）	公称外径×壁厚（mm）	最大泄流量（L/s）	公称外径×壁厚（mm）	最大泄流量（L/s）
75	4.3	75×2.3	4.5	108×4	9.4

续表

铸铁管		塑料管		钢管	
公称直径（mm）	最大泄流量（L/s）	公称外径×壁厚（mm）	最大泄流量（L/s）	公称外径×壁厚（mm）	最大泄流量（L/s）
100	9.5	90×3.2	7.4	133×4	17.1
		110×3.2	12.8		
125	17	125×3.2	18.3	159×4.5	27.8
		125×3.7	18.0	168×6	30.8
150	27.8	160×4.0	35.5	219×6	65.5
		160×4.7	34.7		
200	60	200×4.9	64.6	245×6	89.8
		200×5.9	62.8		
250	108	250×6.2	117.0	273×7	119.1
		250×7.3	114.1		
300	176	315×7.7	217.0	325×7	194
—	—	315×9.2	211.0	—	—

（八）抗风

阀厅屋面复合压型钢板围护结构主要由外层压型钢板、保温隔热材料、内层压型钢板、固定座、支撑檩条等共同组成。由于屋面外层压型钢板板材自重轻、柔度大、受风面积大，若板材材质、连接及构造措施选用或处理不当，在风荷载直接、频繁的作用下，屋面板存在被风掀开的可能性。

1. 暗扣板及咬合过程

阀厅复合压型钢板屋面的外层压型钢板为 360°直立锁缝暗扣板，压型钢板与安装于屋面檩条上的暗扣固定座（滑动式）采用咬口锁边连接方式进行固定，暗扣板板型及其咬合过程示意如图 19-1 所示。

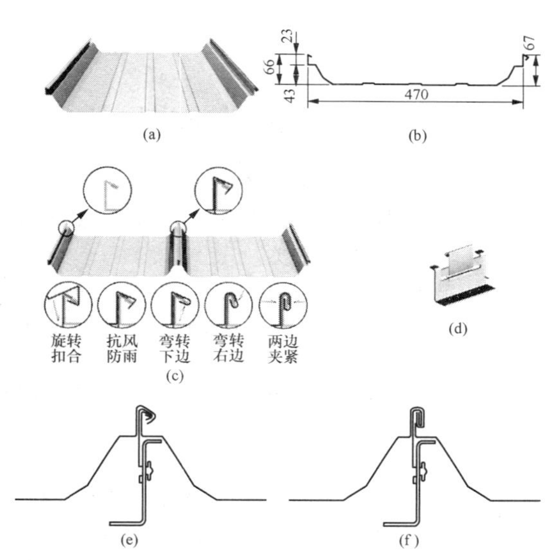

图 19-1　阀厅屋面 360°直立锁缝暗扣板板型及其咬合过程示意图

（a）360°直立锁缝暗扣板透视图；（b）360°直立锁缝暗扣板横断面图；（c）360°直立锁缝暗扣板咬合过程示意图；（d）360°直立锁缝暗扣板专用滑动固定座；（e）暗扣板与固定座咬合之前；（f）暗扣板与固定座咬合之后

2. 压型钢板材质要求

阀厅屋面外层 360°直立锁缝暗扣式压型钢板的彩色涂层钢板基板的主要性能参数应满足：①板材屈服强度为 300～350MPa；②板材厚度为 0.65～0.8mm；③双面热镀铝锌量不低于 150g/m^2（其中铝含量 55%、锌含量 43.5%、硅含量 1.5%）；④正面涂覆层采用聚偏二氟乙烯（PVDF）涂料，厚度不小于 20μm。

3. 暗扣固定座材质要求

阀厅屋面外层 360°直立锁缝暗扣式压型钢板的暗扣固定座的主要技术参数应满足：①板材屈服强度不低于 550MPa；②板材厚度不小于 3mm；③双面热镀锌量不低于 275g/m^2。

4. 构造加强措施

（1）暗扣固定座的数量对阀厅屋面压型钢板的抗风能力起着决定作用，在屋面角部、边缘带、檐口、屋脊等抗风能力较为薄弱的部位，可通过缩小檩条间距（如将檩条间距从 1.4m 缩小到 0.7m）的方式增加暗扣固定座的数量，增强上述部位的抗风能力。

（2）暗扣固定座与檩条脱离是屋面暗扣式压型钢板被风掀开的主要原因，因此暗扣固定座与檩条的连接非常重要。通过增加暗扣固定座与檩条之间连接用自钻自攻螺钉的数量，即由通常的 2 颗钉增加至 4 颗钉，能显著增强暗扣固定座与檩条之间的连接强度。

（3）阀厅屋面暗扣式压型钢板外形不太规则，使得阀厅屋脊、檐口边缘带等部位压型钢板与封边包角彩钢板之间均存在一定缝隙，若这些缝隙不采取适当的封堵措施，则室外空气会通过缝隙进入围护结构内部空腔，形成较大的风压力并作用于压型钢板内表面，造成围护结构破坏，因此阀厅屋脊、檐口边缘带等部位压型钢板与封边包角彩钢板的缝隙均应采取严密的封堵措施。

（九）其他

1. 防潮

当换流站站址所在地区地下水位较高或土壤较潮湿时，阀厅室内地坪应采取可靠的防潮措施：

（1）墙身-0.060m 标高处应设置防潮隔离层，采用 20mm 厚防水水泥砂浆（内掺水泥用量 5%的 JJ91 硅质密实剂）粉刷。

（2）室内地坪应设置防潮隔离层，即在细石混凝土垫层之上均匀涂刷 2 道柔性防水涂料（纵横向各涂刷1道)，或铺设2层柔性防水卷材(上下层错缝铺贴)。

2. 防风沙

位于风沙较大地区的换流站，阀厅应采取适当的防风沙措施：

（1）室外的出入口处宜增设防风沙前室。

（2）建筑围护结构的所有孔隙（包括设备开孔、管线开孔等）均应封堵密实。

（3）出入口门应具有优良的气密性能，通风百叶窗的叶片应安装自动启闭装置，事故排烟风机的外侧应安装带联动装置的百叶。

（4）室内电缆沟、风道与室外的衔接部位应采取防风沙封堵措施。

3. 防坠落

阀厅为单层高大空间厂房，工作人员在高空作业过程中存在坠落风险，应采取可靠的防坠落措施：

（1）阀厅侧墙区域的架空巡视走道应安装全封闭式（两侧和顶部均封闭）或半封闭式（两侧封闭、顶部敞开）安全防护网；阀厅上部屋架区域的架空巡视走道应安装全封闭式或半封闭式安全防护网，安装安全防护网有困难时，可采用安全防护栏杆替代。

（2）阀厅屋面纵向（屋脊方向）应设置巡视走道，该巡视走道应安装安全防护栏杆。

（3）阀厅屋面应设置带安全护笼的巡视检修钢爬梯，该爬梯应与屋面巡视走道相衔接，并采取防止未经授权人员随意攀爬的措施。

4. 防触电

阀厅内布置有诸多高压电气设备，工作人员存在触电风险，应采取接地、空间隔离等防护措施：

（1）用于固定墙体、屋面内层彩色压型钢板的钢檩条与檩托板之间，檩托板与主体结构钢柱、钢屋架之间应通过铜绞线形成可靠的导电连接。主体结构钢柱与主接地网之间应通过接地铜绞线形成可靠的导电连接。

（2）墙体、屋面内层彩色压型钢板的波谷部位与钢檩条之间应通过铜绞线形成可靠的导电连接。墙体内层彩色压型钢板接近地面处应通过支撑角钢和扁钢固定接地铜排，接地铜排与主接地网之间应通过接地铜绞线形成可靠的导电连接。

（3）电磁屏蔽门的金属门扇和门框，电磁屏蔽观察窗的窗框均应通过铜绞线与主体钢结构之间形成可靠的导电连接。

（4）巡视走道的安全防护网或安全防护栏杆、走道板、支撑系统均应通过铜绞线与主体钢结构之间形成可靠的导电连接。

（5）其他金属构件（金属桥架、钢线槽、钢爬梯、风管、吊架、支架、灯具外壳、火灾探测器金属外壳、视频监控系统金属外壳和转接箱金属外壳、消防模块箱金属外壳、照明箱外壳、配电箱外壳、检修箱外壳等）均应通过铜绞线与主接地网之间形成可靠的导电连接。

（6）阀厅内部架空巡视走道用于工作人员观察高压电气设备的运行情况，为使人员与带电设备之间保持合理的安全距离，应对架空巡视走道采取设置全封闭式（两侧和顶部均封闭）或半封闭式（两侧封闭、顶部敞开）安全防护网进行空间隔离的措施。

5. 防小动物

阀厅内部设备运行期间，如有小动物闯入其内部，极易造成高压电气设备损毁或危及运行安全，应采取有效的防小动物闯入措施。

（1）为防止老鼠、黄鼠狼、野兔、蛇等小动物闯入阀厅，阀厅零米层各安全出口门的内侧应安装可拆卸式挡板。

（2）为防止蝙蝠、鸟类等小动物闯入阀厅，阀厅室外出口宜设置前室。

二、建筑布置

换流站可分为两端直流输电换流站和背靠背换流站两大类。

（一）两端直流输电换流站

两端直流输电换流站包括送端换流站（整流站）和受端换流站（受端站)，通过与之配套的两端直流输电线路、接地极线路共同组成一套完整的两端直流输电系统。

按换流器单元接线方案划分，两端直流输电换流站可分为三种类型：①每极单12脉动换流器接线方案换流站；②每极双 12 脉动换流器串联接线方案换流站；③每极双12脉动换流器并联接线方案换流站。

在两端直流输电换流站中，每极单12脉动换流器接线方案和每极双 12 脉动换流器串联接线方案是被广泛应用的两种接线方案。

下面分别针对每极单 12 脉动换流器接线方案换流站和每极双12脉动换流器串联接线方案换流站，从阀厅建筑设置、建筑布置组合、建筑单体布置等方面进行介绍。

1. 每极单12脉动换流器接线方案换流站

（1）建筑设置。每极单12脉动换流器接线方案是±500kV 换流站、±660kV 换流站、±800kV 换流站普遍采用的接线方案。该接线方案换流站通常采用极1、极2双极配置，全站设置极1阀厅、极2阀厅各1幢，阀厅设置见表19-5。

（2）建筑布置组合。为使换流站工艺设备及管线布置紧凑，同时为给换流站工作人员提供观察巡视的便利条件，每极单12脉动换流器接线方案换流站的阀厅通常与控制楼组成联合建筑。

表 19-5 每极单 12 脉动换流器接线方案换流站阀厅设置一览表

序号	极编号	阀厅名称	数量（幢）
1	极 1	极 1 阀厅	1
2	极 2	极 2 阀厅	1

该接线方案换流站阀厅及控制楼通常按“极 1 阀厅–控制楼–极 2 阀厅”组成“一”字形布置组合（即常说的“两厅一楼”），阀厅及控制楼平面组合示意如图 19-2 所示。该接线方案换流站阀厅及控制楼立面效果如图 19-3 所示。

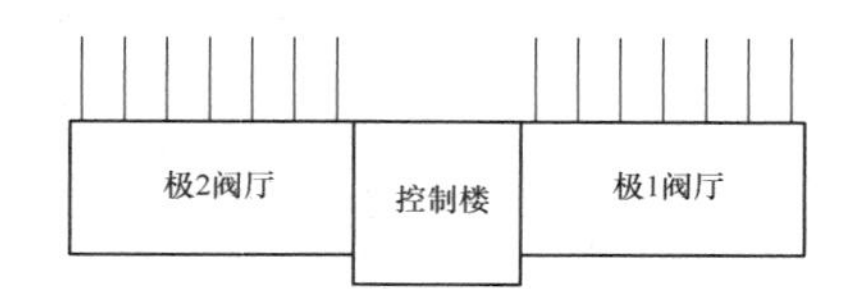

图 19-2 每极单 12 脉动换流器接线方案换流站阀厅及控制楼平面组合示意图

图 19-3 每极单 12 脉动换流器接线方案换流站阀厅及控制楼立面效果图

（3）建筑单体布置。每极单 12 脉动换流器接线方案换流站阀厅建筑平面呈规则的矩形，其平面布置实例如图 19-4 所示，剖面实例如图 19-5 所示。

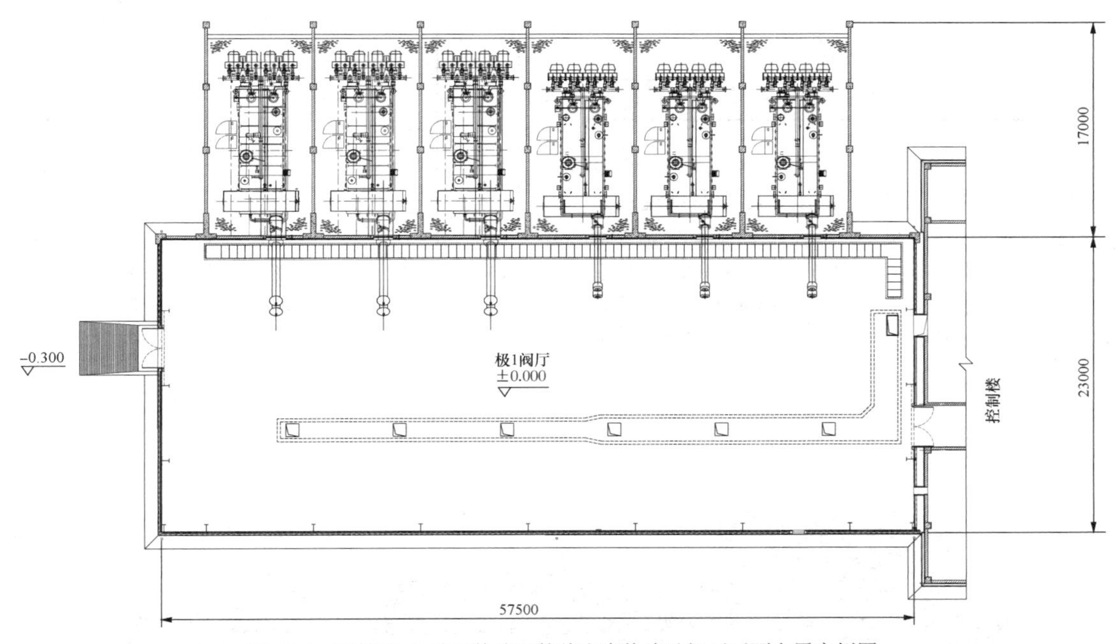

图 19-4 每极单 12 脉动换流器接线方案换流站阀厅平面布置实例图

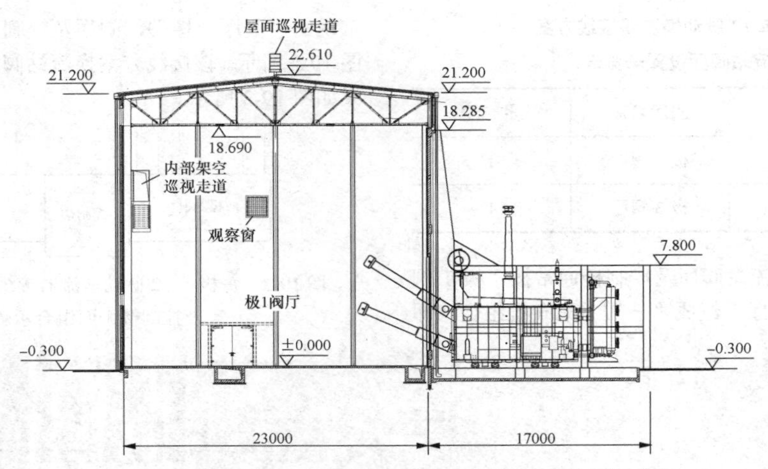

图 19-5　每极单 12 脉动换流器接线方案换流站阀厅剖面实例图

2. 每极双 12 脉动换流器串联接线方案换流站

（1）建筑设置。每极双 12 脉动换流器串联接线方案在±800kV 换流站、±1100kV 换流站均有应用。该接线方案换流站通常采用极 1、极 2 双极配置，每极设置高端阀厅、低端阀厅各 1 幢，全站共设置 4 幢阀厅，分别为极 1 高端阀厅、极 1 低端阀厅、极 2 高端阀厅、极 2 低端阀厅，阀厅设置见表 19-6。

表 19-6　每极双 12 脉动换流器串联接线方案换流站阀厅设置一览表

序号	极编号	阀厅名称	数量（幢）
1	极 1	极 1 高端阀厅	1
		极 1 低端阀厅	1
2	极 2	极 2 高端阀厅	1
		极 2 低端阀厅	1

（2）建筑布置组合。为使换流站工艺设备及管线布置紧凑，同时也为换流站工作人员提供观察巡视的便利条件，通常情况下，每极双 12 脉动换流器串联接线方案换流站的阀厅通常与控制楼组成联合建筑。

该接线方案换流站阀厅及控制楼布置组合分为两种方案：①阀厅及控制楼采用三列式布置组合方案，其平面组合示意如图 19-6 所示，立面效果如图 19-7 所示；②阀厅及控制楼采用“一”字形布置组合方案，其平面组合示意如图 19-8 所示，立面效果如图 19-9 所示。

（3）建筑单体布置。

1）高端阀厅。当每极双 12 脉动换流器串联接线方案换流站阀厅及控制楼采用三列式布置组合方案和“一”字形布置组合方案时，极 1 高端阀厅、极 2 高端阀厅分别与控制楼（主控制楼或辅控制楼）组成联合建筑。高端阀厅建筑平面呈规则的矩形，其平面布置实例如图 19-10 所示，剖面实例如图 19-11 所示。

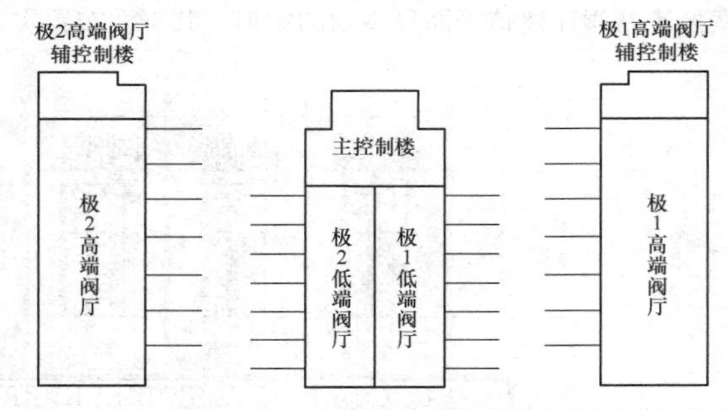

图 19-6　每极双 12 脉动换流器串联接线方案换流站阀厅及控制楼三列式布置平面组合示意图

图 19-7　每极双 12 脉动换流器串联接线方案换流站阀厅及控制楼三列式布置立面效果图

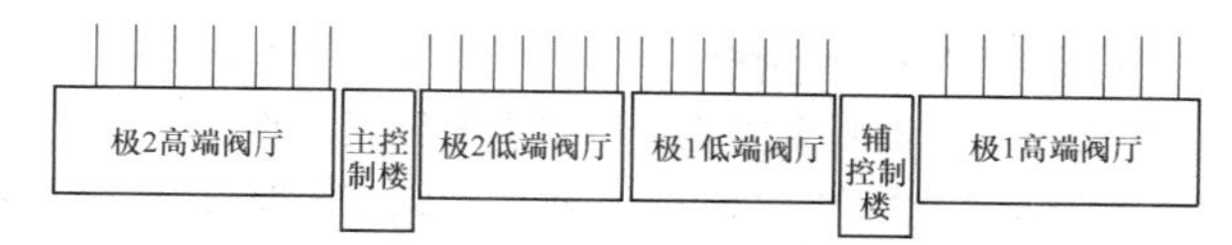

图 19-8 每极双 12 脉动换流器串联接线方案换流站阀厅及控制楼“一”字形布置平面组合示意图

图 19-9 每极双 12 脉动换流器串联接线方案换流站阀厅及控制楼“一”字形布置立面效果图

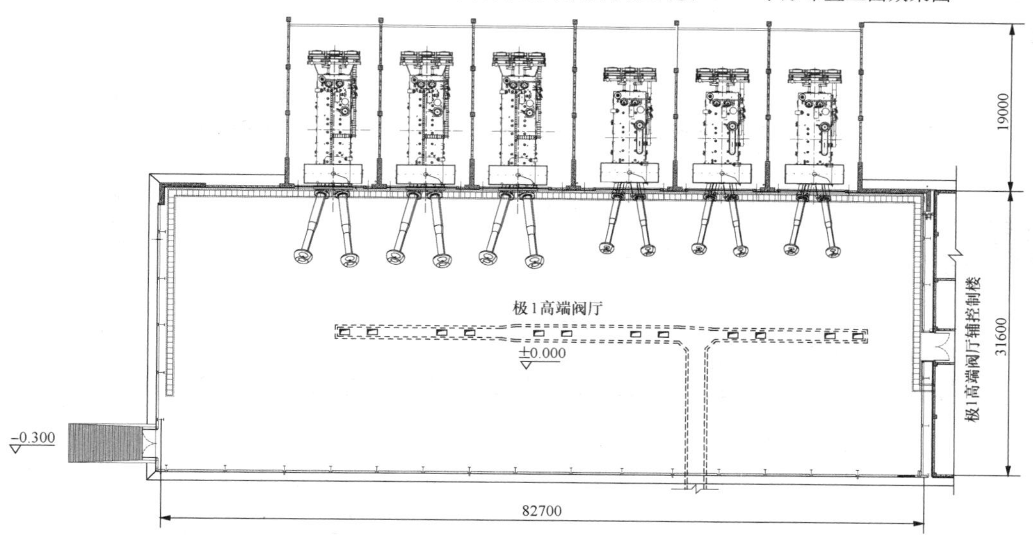

图 19-10 每极双 12 脉动换流器串联接线方案换流站高端阀厅平面布置实例图

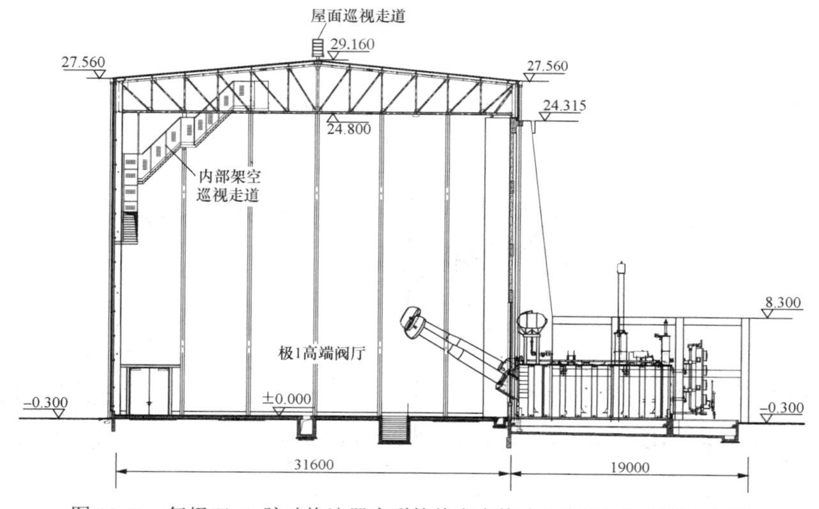

图 19-11 每极双 12 脉动换流器串联接线方案换流站高端阀厅剖面实例图

2）低端阀厅。当每极双12脉动换流器串联接线方案换流站阀厅及控制楼采用三列式布置组合方案时，极1低端阀厅与极2低端阀厅采取背靠背联合布置，并与主控制楼组成联合建筑。

极1、极2低端阀厅（“背靠背”联合布置）建筑平面呈规则的矩形，其平面布置实例如图19-12所示，剖面实例如图19-13所示。

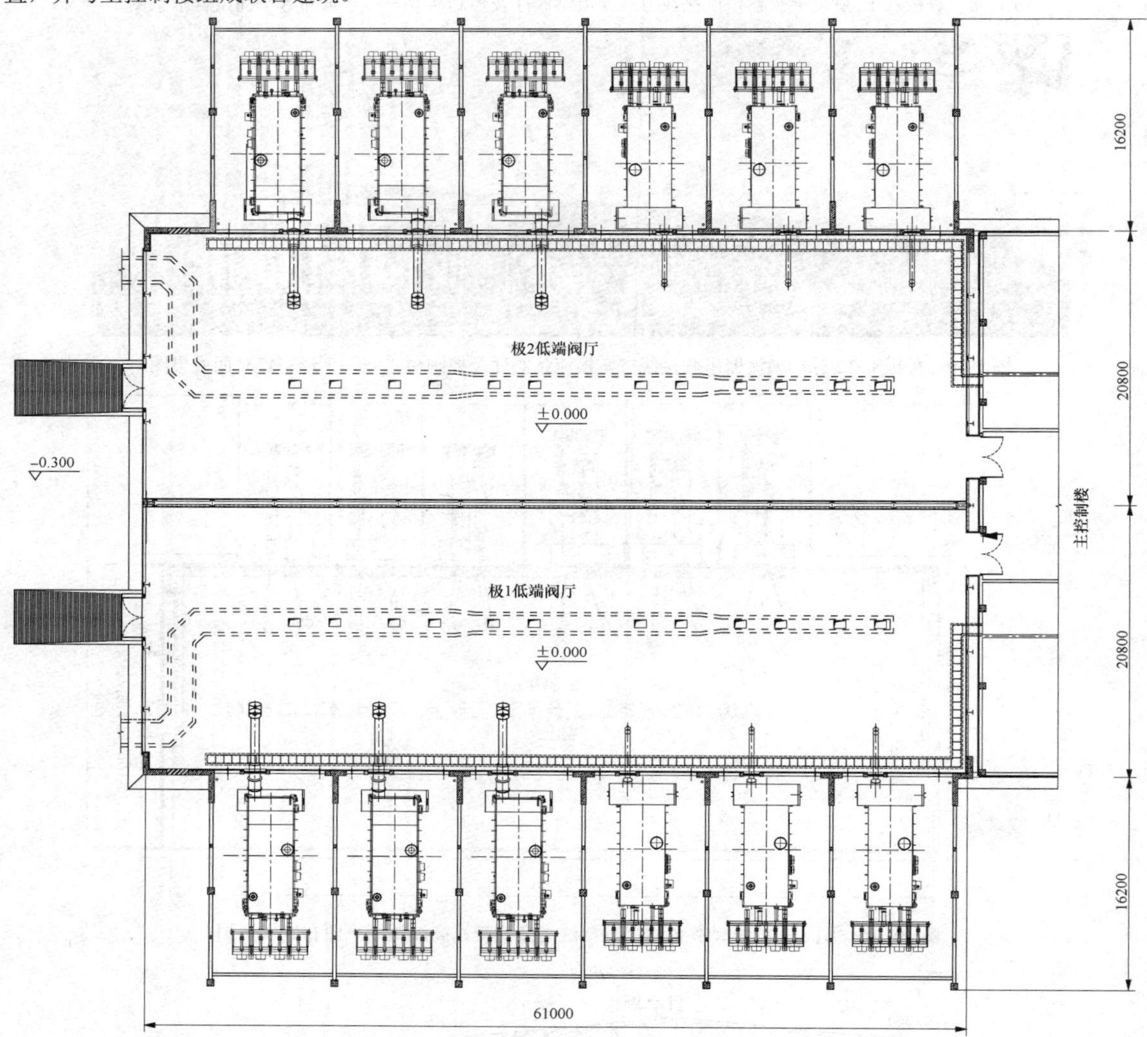

图19-12 每极双12脉动换流器串联接线方案换流站极1、极2低端阀厅（背靠背联合布置）平面布置实例图

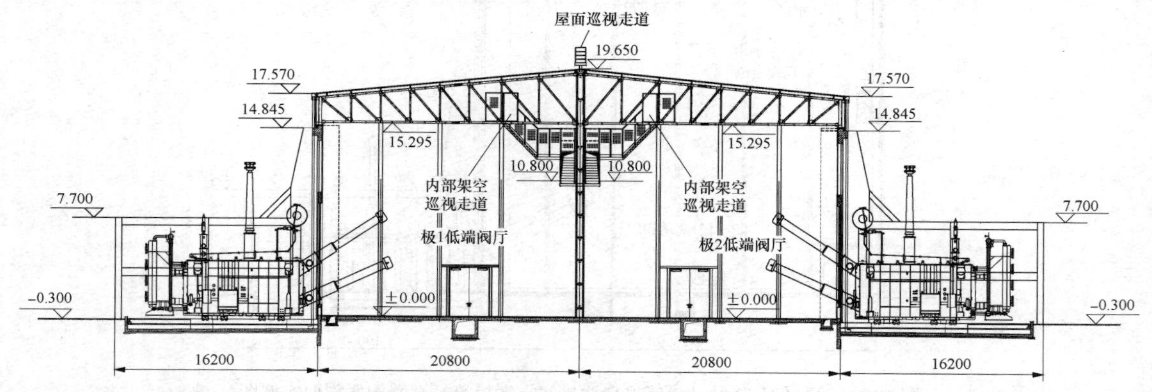

图19-13 每极双12脉动换流器串联接线方案换流站极1、极2低端阀厅（背靠背联合布置）剖面实例图

当每极双 12 脉动换流器串联接线方案换流站阀厅及控制楼采用“一”字形布置组合方案时，极 1 低端阀厅与极 2 低端阀厅采取“一”字形联合布置，并与控制楼（主控制楼或辅控制楼）组成联合建筑。

极 1、极 2 低端阀厅（“一”字形联合布置）建筑平面呈规则的矩形，其平面布置实例如图 19-14 所示，剖面实例如图 19-15 所示。

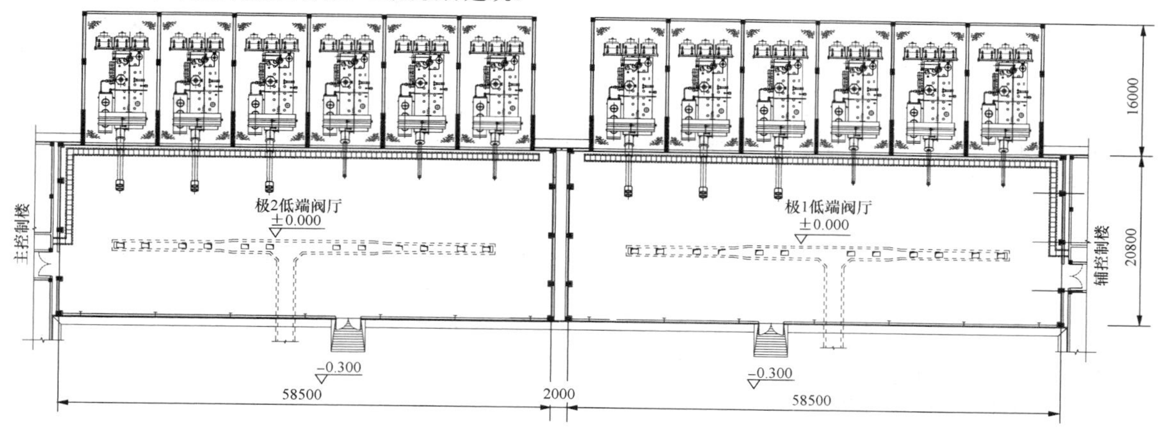

图 19-14 每极双 12 脉动换流器串联接线方案换流站极 1、极 2 低端阀厅（“一”字形联合布置）平面布置实例图

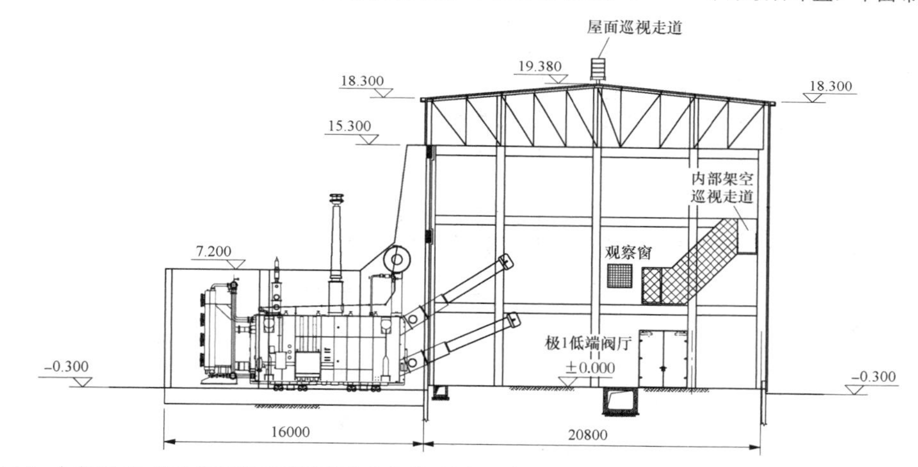

图 19-15 每极双 12 脉动换流器串联接线方案换流站极 1、极 2 低端阀厅（“一”字形联合布置）剖面实例图

（二）背靠背换流站

背靠背换流站将高压直流输电的整流站和逆变站合并设于同一个换流站内，在同一地点（背靠背换流站阀厅）完成“交流⇔直流⇔交流”电流转换过程，实现两个区域交流电网的互联。

1. 建筑设置

背靠背换流站阀厅设置与换流器单元数量对应：①当换流站设置 1 个换流器单元时，设有 1 幢阀厅；②当换流站设置 2 个换流器单元时，设有 2 幢阀厅；③当换流站设置 4 个换流器单元时，设有 4 幢阀厅。

背靠背换流站阀厅建筑设置见表 19-7。

2. 建筑布置组合

为使换流站工艺设备及管线布置紧凑，同时为给换流站工作人员提供观察巡视的便利条件，通常情况下，背靠背换流站的阀厅通常与控制楼组成联合建筑。

表 19-7 背靠背换流站阀厅建筑设置一览表

序号	换流站类型	阀厅名称	数量（幢）
1	设置 1 个换流器单元的背靠背换流站	阀厅	1
2	设置 2 个换流器单元的背靠背换流站	单元 1 阀厅	1
		单元 2 阀厅	1
3	设置 4 个换流器单元的背靠背换流站	单元 1 阀厅	1
		单元 2 阀厅	1
		单元 3 阀厅	1
		单元 4 阀厅	1

（1）设置 1 个换流器单元的背靠背换流站，阀厅及控制楼平面组合示意如图 19-16 所示。

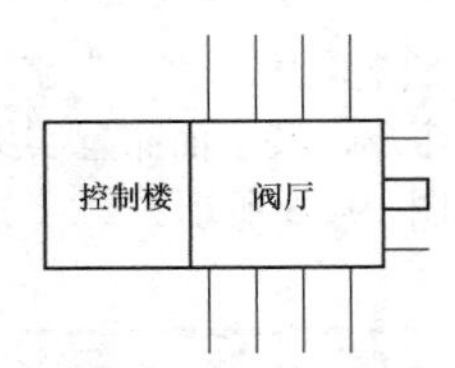

图 19-16 背靠背换流站（设置 1 个换流器单元）阀厅及控制楼平面组合示意图

（2）设置 2 个换流器单元的背靠背换流站，阀厅及控制楼平面组合示意如图 19-17 所示。

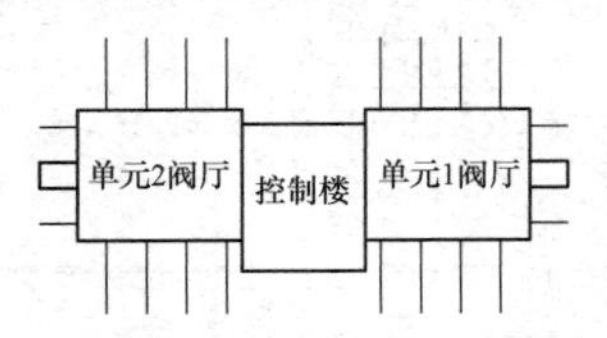

图 19-17 背靠背换流站（设置 2 个换流器单元）阀厅及控制楼平面组合示意图

（3）设置 4 个换流器单元的背靠背换流站，阀厅及控制楼平面组合示意如图 19-18 所示。

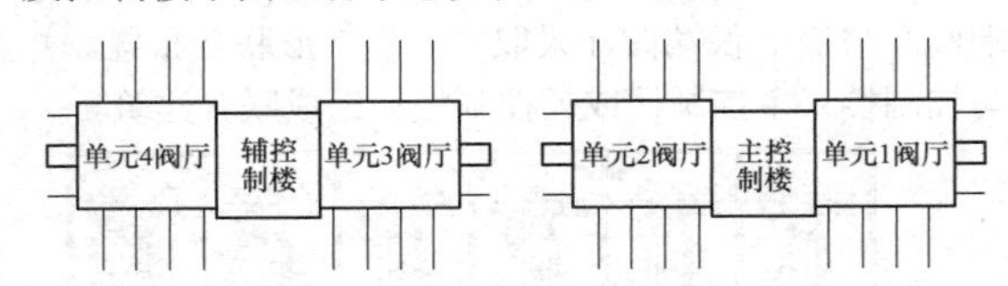

图 19-18 背靠背换流站（设置 4 个换流器单元）阀厅及控制楼平面组合示意图

3. 建筑单体布置

背靠背换流站阀厅内部的换流器单元可分为三种组合方案：①二重阀＋二重阀组合方案；②四重阀＋四重阀组合方案；③二重阀＋四重阀组合方案。

（1）背靠背换流站阀厅（二重阀＋二重阀）建筑平面呈规则的矩形，其平面布置实例如图 19-19 所示，剖面实例如图 19-20 所示。

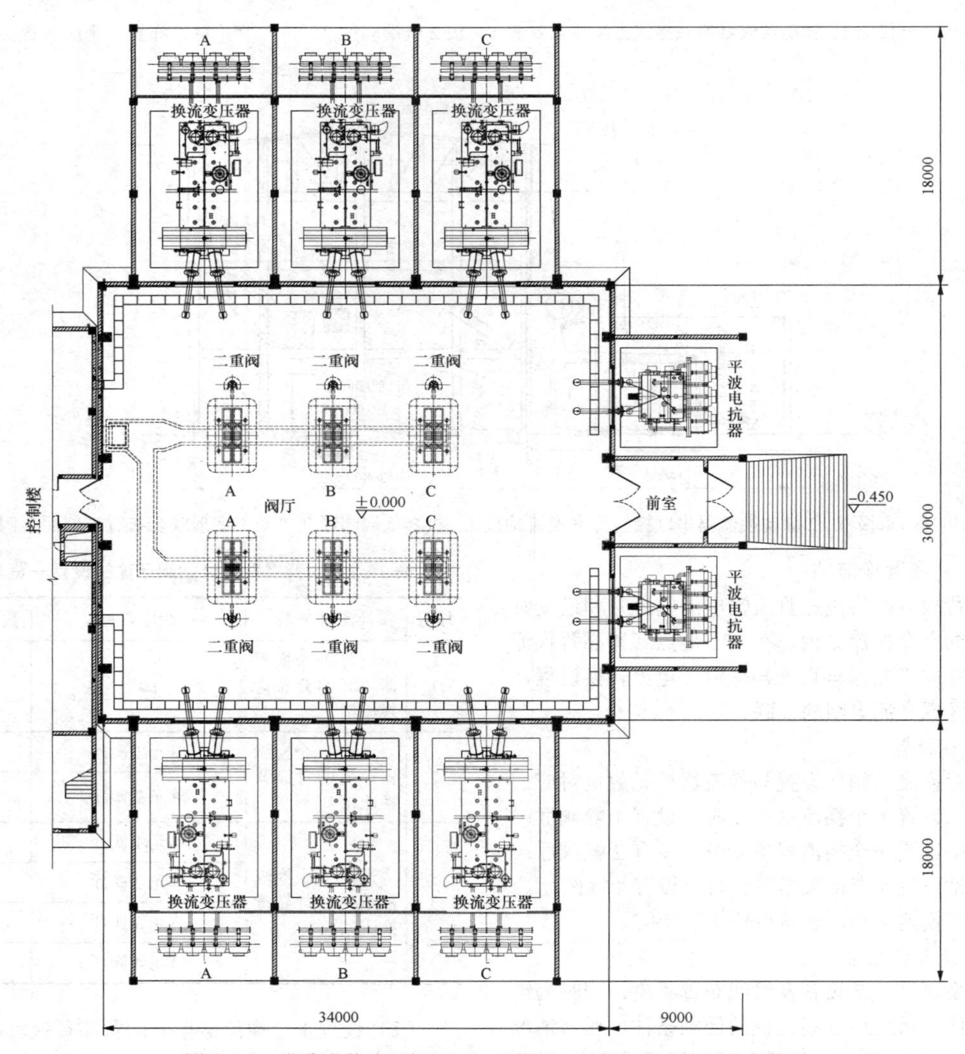

图 19-19 背靠背换流站阀厅（二重阀＋二重阀）平面布置实例图

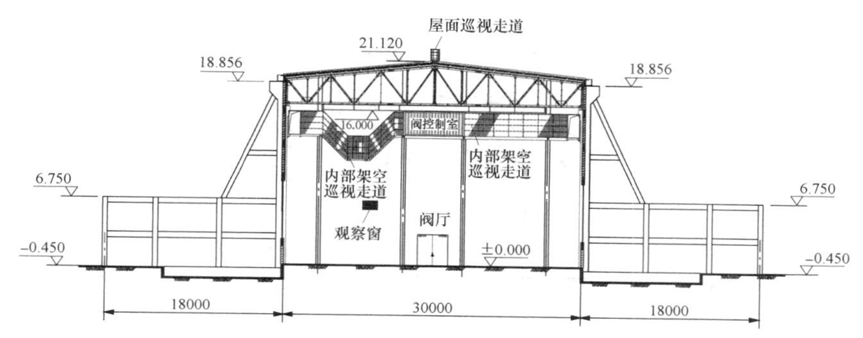

图 19-20　背靠背阀厅（二重阀+二重阀）剖面实例图

（2）背靠背换流站阀厅（四重阀+四重阀）建筑平面呈规则的矩形，其平面布置实例如图 19-21 所示，剖面实例如图 19-22 所示。

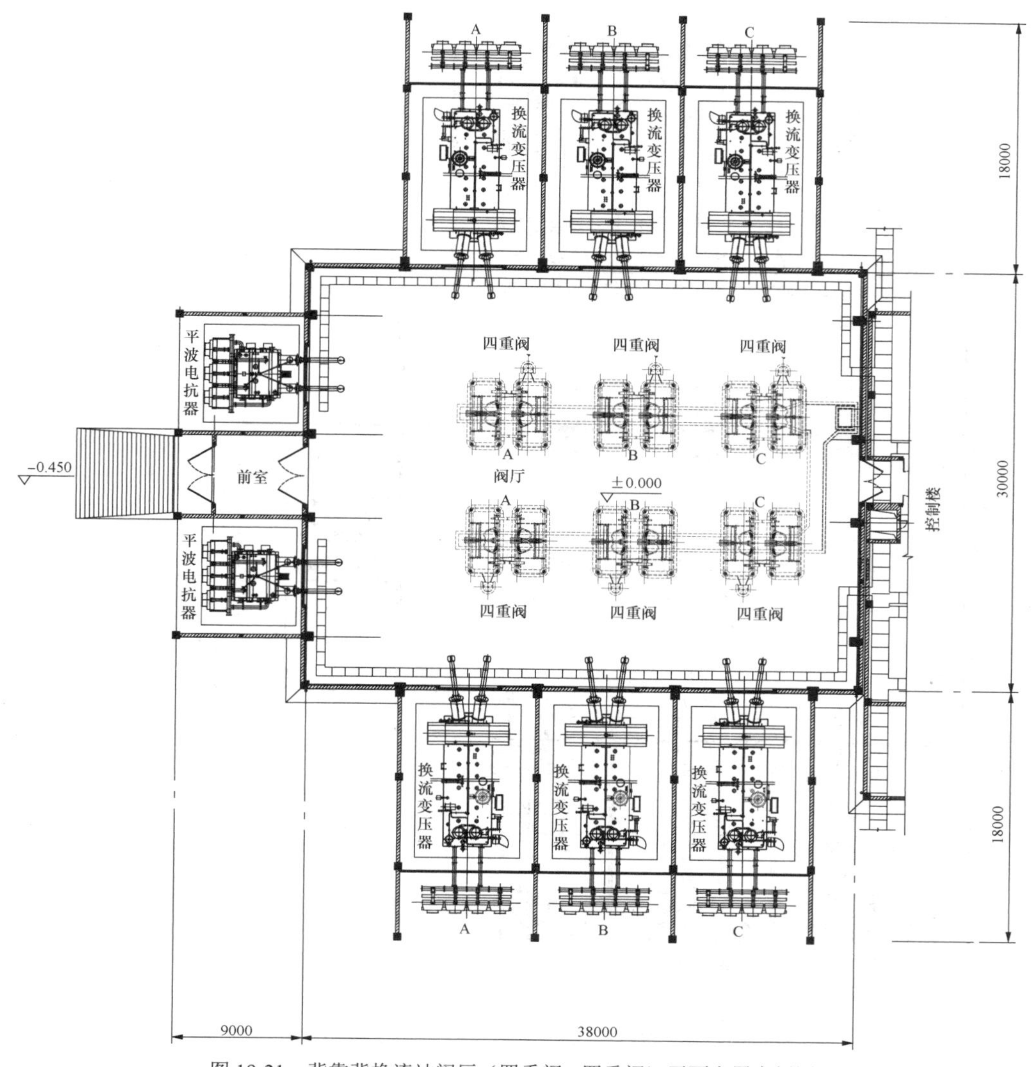

图 19-21　背靠背换流站阀厅（四重阀+四重阀）平面布置实例图

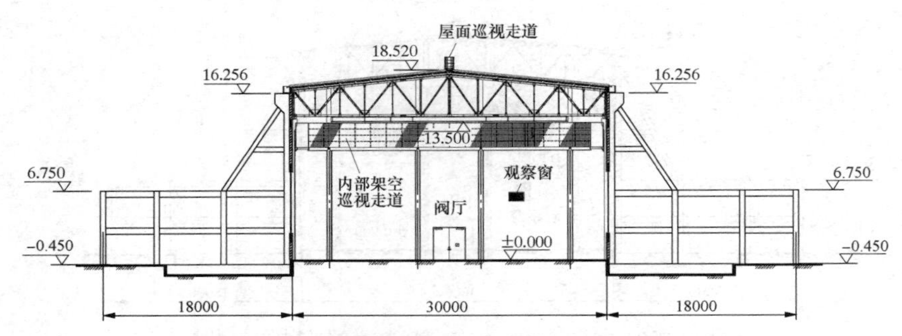

图 19-22 背靠背换流站阀厅（四重阀+四重阀）剖面实例图

（3）背靠背换流站阀厅（二重阀+四重阀）建筑平面呈规则的矩形，其平面布置实例如图 19-23 所示，剖面实例如图 19-24 所示。

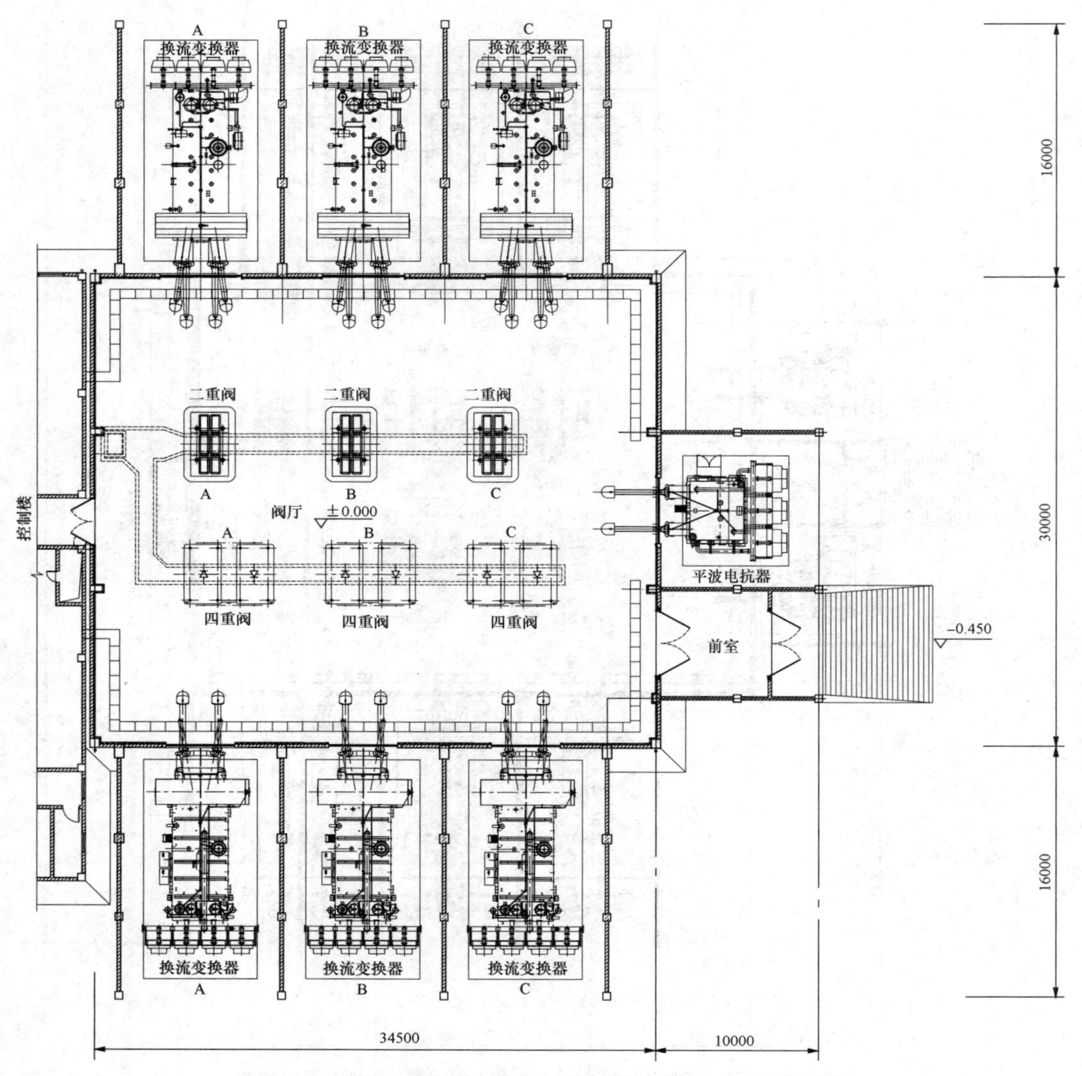

图 19-23 背靠背换流站阀厅（二重阀+四重阀）平面布置实例图

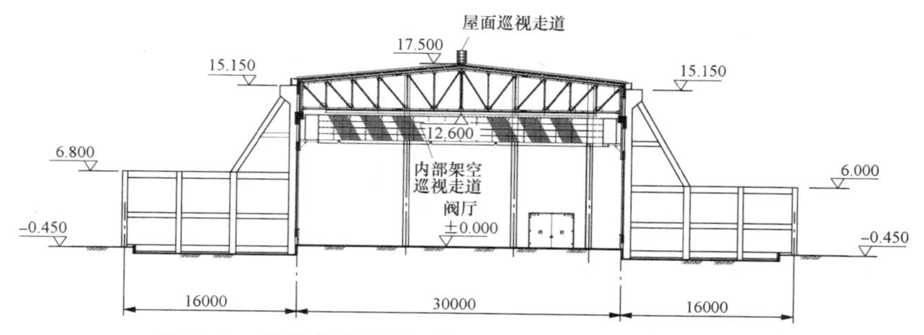

图 19-24 背靠背换流站阀厅（二重阀+四重阀）剖面实例图

三、建筑构造

（一）墙体围护结构

阀厅墙体围护结构可分为现场复合压型钢板墙体围护结构、工厂复合彩钢夹芯板墙体围护结构、钢筋混凝土墙（或钢筋混凝土框架砌体填充墙）+压型钢板组合墙体围护结构三种类型。

1. 现场复合压型钢板墙体围护结构

（1）构造组成。现场复合压型钢板墙体围护结构以钢檩条（如高频焊接 H 型钢、C 型或 Z 型冷弯薄壁型钢等）为支撑构件，以单层彩色压型钢板作为内墙面和外墙面围护材料，压型钢板通过自钻自攻螺钉固定于钢檩条上，内外两层压型钢板之间的空隙铺设岩棉或玻璃纤维棉作为保温隔热材料，其构造示意如图 19-25 所示。

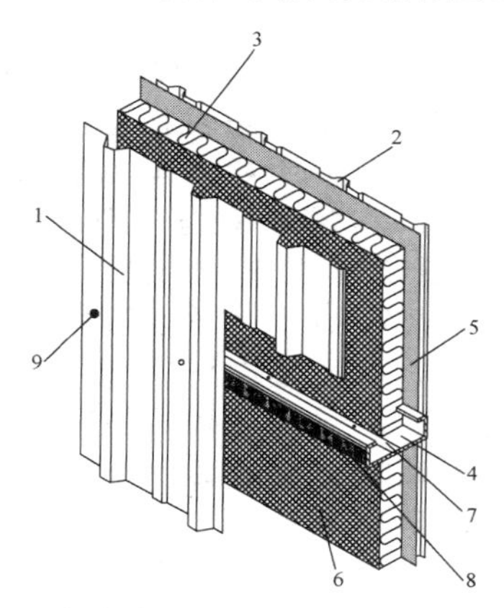

图 19-25 现场复合压型钢板墙体围护结构构造示意图
1—外层彩色压型钢板；2—内层彩色压型钢板；
3—岩棉或玻璃纤维棉保温隔热层；4—钢檩条；
5—防水隔气膜；6—镀锌钢丝网；
7—扁钢压条；8—防冷桥保温条；9—自钻自攻螺钉

现场复合压型钢板墙体围护结构构造层次（按从外至内的顺序）为：①外层彩色压型钢板，用自钻自攻螺钉固定于钢檩条上；②镀锌钢丝网（用于固定保温隔热棉），通过扁钢压条固定于钢檩条之间；③岩棉或玻璃纤维棉保温隔热层（室外侧防潮防腐贴面，室内侧阻燃型铝箔贴面），与镀锌钢丝网固定；④钢檩条（支撑构件，外侧翼缘粘贴防冷桥保温条），与主体结构钢柱固定；⑤防水隔气膜，覆盖于内层彩色压型钢板内表面；⑥内层彩色压型钢板（兼做电磁屏蔽层），用自钻自攻螺钉固定于钢檩条上。

现场复合压型钢板墙体围护结构典型节点如图 19-26 和图 19-27 所示。

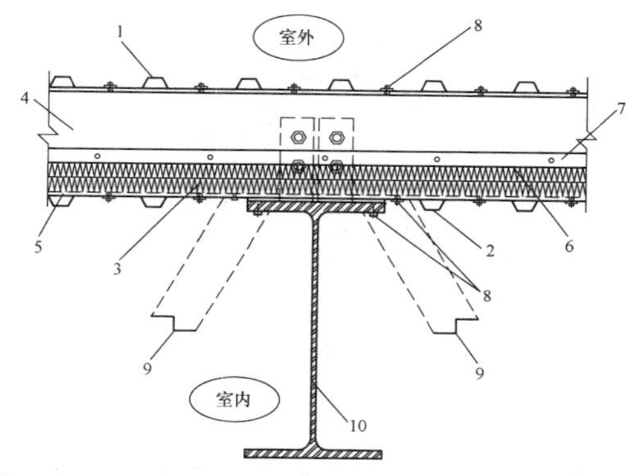

图 19-26 现场复合压型钢板墙体围护结构典型节点图一
1—外层彩色压型钢板；2—内层彩色压型钢板；
3—岩棉或玻璃纤维棉保温隔热层；4—钢檩条；
5—防水隔气膜；6—镀锌钢丝网；7—扁钢压条；
8—自钻自攻螺钉；9—彩钢搭接板；10—主体钢柱

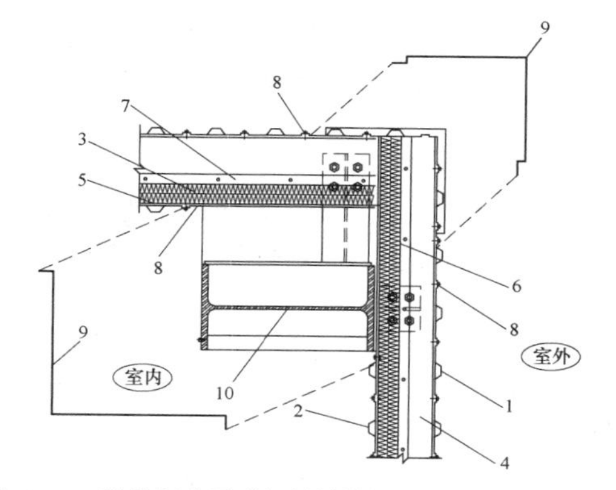

图 19-27 现场复合压型钢板墙体围护结构典型节点图二
1—外层彩色压型钢板；2—内层彩色压型钢板；
3—岩棉或玻璃纤维棉保温隔热层；4—钢檩条；
5—防水隔气膜；6—镀锌钢丝网；7—扁钢压条；
8—自钻自攻螺钉；9—彩钢包角板；10—主体钢柱

（2）优缺点。

1）优点：①板材可采用现场辊制，不受运输条件限制；②墙檩置于内、外两层压型钢板之间，檩条不外露，观感效果好；③设有专用防水隔气层，气密性好。

2）缺点：①构造层次较多，安装工序较复杂，施工周期较长；②板材挠度变形较大，抗风能力相对较弱，檩距不宜过大。

2. 工厂复合彩钢夹芯板墙体围护结构

（1）构造组成。工厂复合彩钢夹芯板墙体围护结构以钢檩条（如高频焊接H型钢、C型或Z型冷弯薄壁型钢等）为支撑构件，以工厂复合彩钢夹芯板（岩棉或玻璃纤维棉保温隔热芯材）作为墙体围护材料，通过自钻自攻螺钉固定于钢檩条上，其构造示意如图19-28所示。

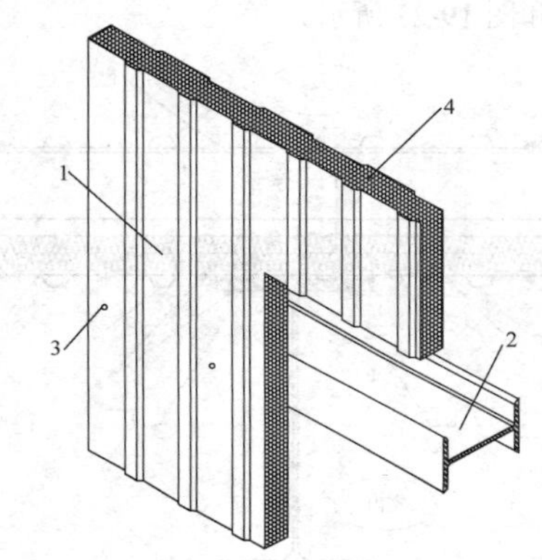

图19-28 工厂复合彩钢夹芯板墙体围护结构构造示意图
1—工厂复合彩钢夹芯板；2—钢檩条；3—自钻自攻螺钉；
4—岩棉或玻璃纤维棉保温隔热芯材

工厂复合彩钢夹芯板墙体围护结构构造层次（按从外至内的顺序）为：①工厂复合彩钢夹芯板（岩棉或玻璃纤维棉保温隔热芯材），用自钻自攻螺钉固定于钢檩条上；②钢檩条（支撑构件），与主体结构钢柱固定。

（2）优缺点。

1）优点：①完全装配式，建筑构造简单，安装便捷，施工周期较短；②板材挠度变形较小，抗风性能较强，适用于较大檩距。

2）缺点：①板材必须由工厂加工，受运输条件限制，纵向长度不宜超过12m；②墙檩置于室内侧，檩条外露，影响观感效果；③不设专用防水隔气层，气密性取决于板与板之间的企口搭接。

3. 钢筋混凝土墙（或钢筋混凝土框架砌体填充墙）+压型钢板组合墙体围护结构

（1）构造组成。钢筋混凝土墙（或钢筋混凝土框架砌体填充墙）+压型钢板组合墙体围护结构以钢筋混凝土墙（或钢筋混凝土框架砌体填充墙）作为基层墙体，以钢檩条（如C型或Z型冷弯薄壁型钢等）为支撑构件，以单层彩色压型钢板作为内墙面围护材料，压型钢板通过自钻自攻螺钉固定于钢檩条上，内墙彩色压型钢板与钢筋混凝土墙（或钢筋混凝土框架砌体填充墙）之间的空隙铺设岩棉或玻璃纤维棉作为保温隔热材料，其构造示意如图19-29所示。

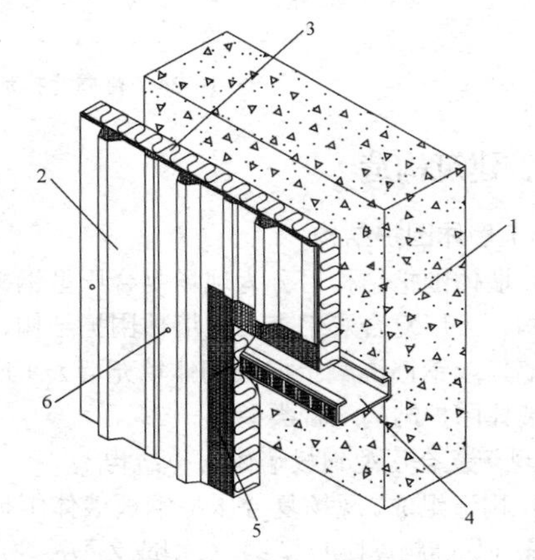

图19-29 钢筋混凝土墙（或钢筋混凝土框架砌体填充墙）+压型钢板组合墙体围护结构构造示意图
1—钢筋混凝土墙；2—内墙彩色压型钢板；
3—岩棉或玻璃纤维棉保温隔热层；4—钢檩条；
5—防水隔汽膜；6—自钻自攻螺钉

钢筋混凝土墙（或钢筋混凝土框架砌体填充墙）+压型钢板组合墙体围护结构构造层次（按从外至内的顺序）为：①钢筋混凝土墙（或钢筋混凝土框架砌体填充墙）；②钢檩条（支撑构件），与钢筋混凝土墙（或钢筋混凝土框架砌体填充墙）固定；③岩棉或玻璃纤维棉保温隔热层（室外侧防潮防腐贴面，室内侧阻燃型铝箔贴面）；④防水隔气膜，覆盖于内墙彩色压型钢板内表面；⑤内墙彩色压型钢板（兼做电磁屏蔽层），用自钻自攻螺钉固定于钢檩条上。

（2）优缺点。

1）优点：①能满足3.00h以上耐火极限要求；②气密性好。

2）缺点：非完全装配式（需要进行现场支模、钢筋绑扎，且存在混凝土浇筑、墙体砌筑等湿作业），施工周期相对较长。

（二）屋面围护结构

阀厅屋面围护结构可分为现场复合压型钢板屋面围护结构、压型钢板为底模的现浇钢筋混凝土组合屋面围护结构两种类型。

1. 现场复合压型钢板屋面围护结构

（1）构造组成。现场复合压型钢板屋面围护结构以钢檩条（主檩条采用高频焊接H型钢，次檩条采用

C 型或 Z 型冷弯薄壁型钢等）为支撑构件，以单层彩色压型钢板作为屋面外层和内层围护材料，屋面外层彩色压型钢板采用 360° 直立锁缝暗扣板，通过暗扣固定座（滑动式）咬口锁边固定于次檩条上，屋面内层彩色压型钢板通过自钻自攻螺钉固定于钢檩条上，内外两层压型钢板之间的空隙铺设岩棉或玻璃纤维棉作为保温隔热材料，其构造示意如图 19-30 所示。

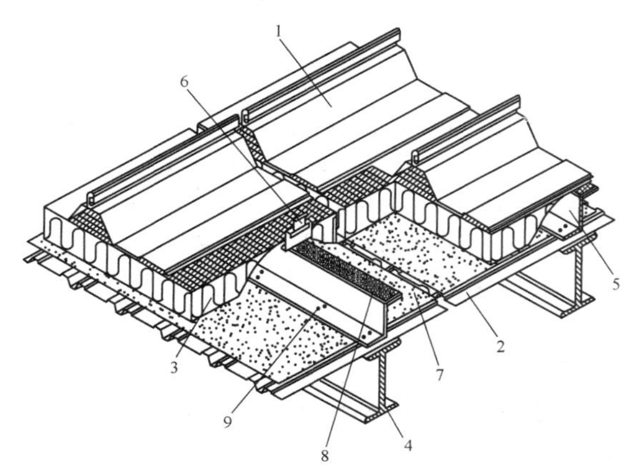

图 19-30 现场复合压型钢板屋面围护结构构造示意图

1—360° 直立锁缝暗扣式彩色压型钢板；2—内层彩色压型钢板（兼做电磁屏蔽层）；3—岩棉或玻璃纤维棉保温隔热层（室外侧防腐防潮贴面，室内侧阻燃型铝箔贴面）；4—主钢檩条（支撑构件，与钢屋架固定）；5—次钢檩条（与主钢檩条固定）；6—暗扣固定座（滑动式）；7—防水隔气膜；8—防冷桥保温条；9—自钻自攻螺钉

现场复合压型钢板屋面围护结构构造层次（按从上至下的顺序）为：① 360° 直立锁缝暗扣式彩色压型钢板（纵向不允许搭接），与暗扣固定座咬合固定；②暗扣固定座（滑动式），与次钢檩条固定；③岩棉或玻璃纤维棉保温隔热层（室外侧防潮防腐贴面，室内侧阻燃型铝箔贴面）；④次钢檩条（支撑构件，外侧翼缘粘贴防冷桥保温条），与主钢檩条固定；⑤防水隔气膜，覆盖于内层彩色压型钢板内表面；⑥内层彩色压型钢板（兼做电磁屏蔽层），用自钻自攻螺钉固定于主钢檩条上；⑦主钢檩条（支撑构件），与钢屋架固定。

（2）优缺点。

1）优点：①板材可采用现场辊制，不受运输条件限制；②设有专用防水隔气层，气密性好。

2）缺点：①构造层次较多，安装工序较复杂，施工周期较长；②板材挠度变形较大，抗风能力相对较弱，檩距不宜过大。

2. 压型钢板为底模的现浇钢筋混凝土组合屋面围护结构

（1）构造组成。压型钢板为底模的现浇钢筋混凝土组合屋面围护结构以钢檩条（H 型热轧钢）为支撑构件，以高强度压型钢板楼承板为底模浇筑钢筋混凝土屋面板，其上铺设 2 层柔性防水卷材（或 1 层柔性防水卷材和 1 道柔性防水涂料）以及保温隔热层、细石混凝土保护层等，其构造示意如图 19-31 所示。

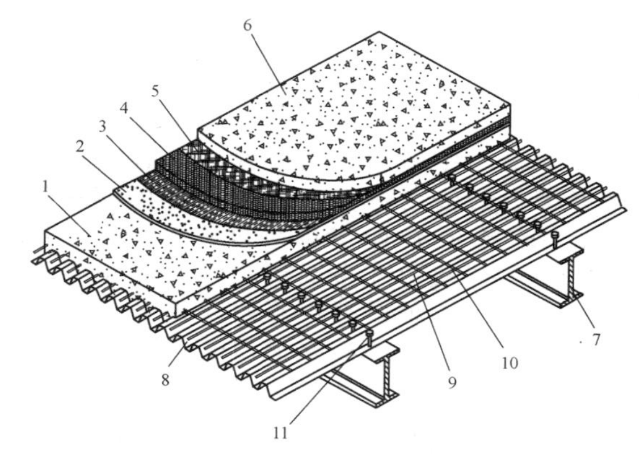

图 19-31 压型钢板为底模的现浇钢筋混凝土组合屋面围护结构构造示意图

1—现浇钢筋混凝土屋面板（以高强度压型钢板楼承板为底模）；2—水泥砂浆找平层；3—2 层柔性防水卷材（或 1 层柔性防水卷材和 1 道柔性防水涂料）；4—保温隔热层（如挤塑型聚苯乙烯泡沫塑料板）；5—聚乙烯膜或土工布隔离层；6—细石混凝土保护层；7—钢檩条（支撑构件，与钢屋架固定）；8—高强度压型钢板楼承板；9—纵向受力钢筋；10—横向受力钢筋；11—圆柱头焊钉

压型钢板为底模的现浇钢筋混凝土组合屋面围护结构构造层次（按从上至下的顺序）为：①细石混凝土保护层；②聚乙烯膜或土工布隔离层；③保温隔热层（如挤塑型聚苯乙烯泡沫塑料板）；④ 2 层柔性防水卷材（或 1 层柔性防水卷材和 1 道柔性防水涂料）；⑤水泥砂浆找平层；⑥现浇钢筋混凝土屋面板（以高强度压型钢板楼承板为底模）；⑦钢梁（支撑构件），与钢屋架固定。

（2）优缺点。

1）优点：①抗风能力强；②防水、气密性好。

2）缺点：①非完全装配式（需要进行现场支模、钢筋绑扎，且存在混凝土浇筑湿作业），施工周期相对较长；②屋面荷载（自重）较大，钢结构承重构件（如结构梁、柱）截面尺寸会相应增加。

（三）地坪及风道、电缆沟

1. 地坪

阀厅地坪由基层、混凝土垫层、防水（防潮）隔离层（选用）、钢筋混凝土结构层、电磁屏蔽构造层、饰面层等构造层次组成，构造示意如图 19-32 所示。

阀厅地坪设计要点如下：

（1）地坪应满铺Φ4mm@50mm×50mm 镀锌焊接钢丝电磁屏蔽网，该电磁屏蔽网应与内墙彩色压型钢板之间实现良好的导电连接。

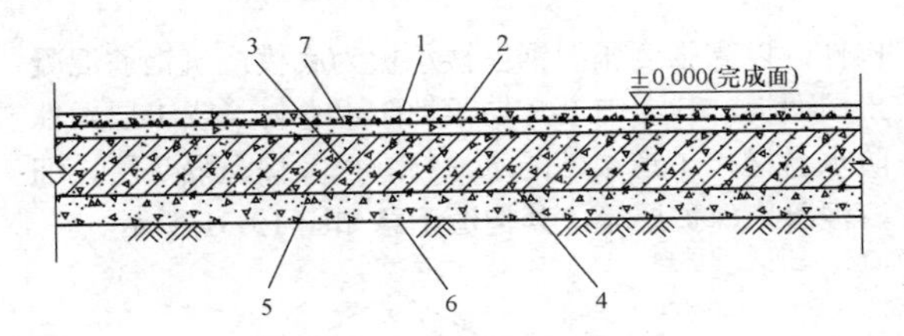

图 19-32　地坪构造示意图

1—环氧树脂自流平工业地坪涂料饰面层；2—C25 混凝土电磁屏蔽构造层（内配Φ4mm@50mm×50mm 镀锌焊接钢丝电磁屏蔽网，厚度依单项工程）；3—C25 钢筋混凝土结构层（内配Φ12mm@150mm×150mm 双层双向钢筋网，厚度依单项工程）；4—防水（潮）隔离层（2 道聚氨酯防水涂料或 2 层柔性卷材）；5—C15 混凝土垫层（厚度依单项工程）；6—基层（素土夯实层，压实系数$\lambda_c \geqslant 0.95$）；7—Φ4mm@50mm×50mm 镀锌焊接钢丝电磁屏蔽网

（2）地坪的均布活荷载标准值不应小于 10kN/m²，电缆沟、风道盖板等构件承载力计算应考虑安装检修升降平台车轮压产生的集中荷载。

（3）防水（防潮）隔离层宜采用 2 道柔性防水涂料或 2 层柔性卷材（当地下水位较高或土壤较潮湿时）。

（4）地坪的钢筋混凝土结构层、电磁屏蔽构造层应设置纵、横向缩缝。

（5）地坪采用耐磨、抗冲击、不起尘、防潮、防滑、易清洁的饰面材料。

（6）位于膨胀土地区、湿陷性黄土地区、软土地区、盐渍土地区、永冻土地区的换流站，其地基层应采取适当的构造处理，以消除不良地基条件的影响。

2. 风道、电缆沟

由于阀厅工艺布置要求，部分换流站阀厅地坪局部设有中央空调加压送风风道、电缆沟等附属设施。风道典型断面示意如图 19-33 所示，电缆沟典型断面示意如图 19-34 所示。

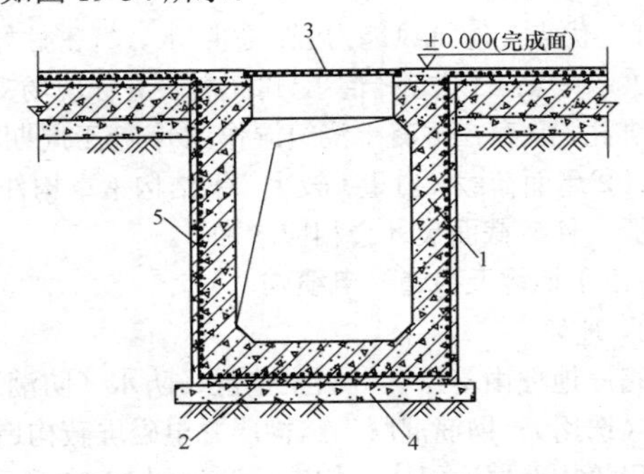

图 19-33　风道典型断面示意图

1—风道壁（C25 钢筋混凝土，配筋及厚度依单项工程）；2—风道底板（C25 钢筋混凝土，配筋及厚度依单项工程）；3—钢格栅通风盖板；4—C15 混凝土垫层（厚度依单项工程）；5—Φ4mm@50mm×50mm 镀锌焊接钢丝电磁屏蔽网

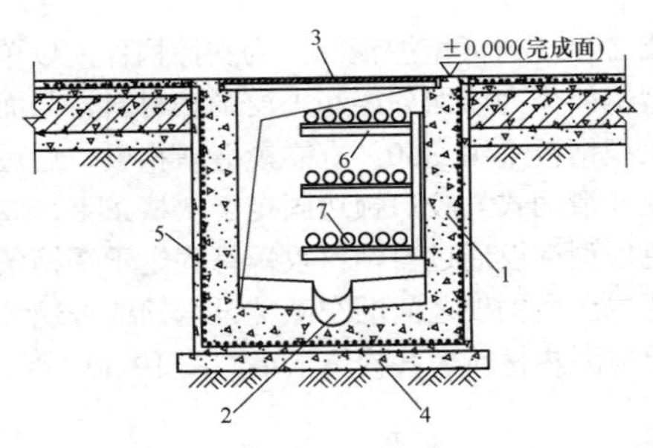

图 19-34　电缆沟典型断面示意图

1—电缆沟壁（C25 混凝土，厚度依单项工程）；2—电缆沟带排水凹槽底板（C25 混凝土，厚度依单项工程）；3—钢质电缆沟盖板；4—C15 混凝土垫层（厚度依单项工程）；5—Φ4mm@50mm×50mm 镀锌焊接钢丝电磁屏蔽网；6—角钢电缆支架；7—电缆

阀厅风道、电缆沟设计要点如下：

（1）风道、电缆沟底板和侧壁均应铺设Φ4mm@50mm×50mm 镀锌焊接钢丝电磁屏蔽网，该电磁屏蔽网应与室内地坪电磁屏蔽网相互焊接为一体。

（2）风道出风口宜采用钢格栅通风盖板，其承载力应能满足安装检修升降平台车的通行要求。

（3）风道内壁应采用光滑、易清洁、不起尘的饰面材料。

（4）电缆沟底板应设置纵向排水坡度 0.5%的排水凹槽。

（5）电缆沟盖板宜选用钢质盖板或包角钢混凝土盖板，盖板饰面材质和颜色应与阀厅地坪统一。

（四）巡视走道

1. 内部架空巡视走道

阀厅内部架空巡视走道应根据工艺要求进行布置，其典型断面示意如图 19-35 所示。

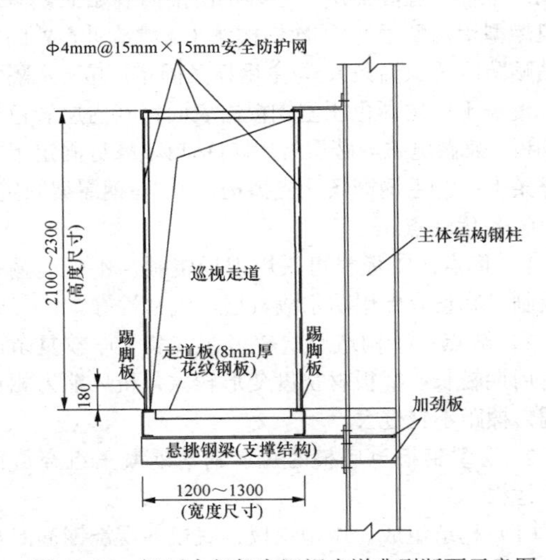

图 19-35　阀厅内部架空巡视走道典型断面示意图

阀厅内部架空巡视走道设计要点如下：

（1）巡视走道净宽宜为 1.1～1.2m，走道水平段净高宜为 2.0～2.2m，斜钢梯的梯段净高应不小于 2.2m。

（2）侧墙区域的架空巡视走道应设置全封闭式（两侧和顶部均封闭）或半封闭式（两侧封闭、顶部敞开）安全防护网；屋架上部区域的架空巡视走道宜设置全封闭式或半封闭式安全防护网，当设置安全防护网有困难时，可设置高度为 1.1～1.2m 的安全防护栏杆。防护网和安全防护栏杆应能承受不小于 1kN/m 的水平荷载。

（3）巡视走道的走道板、斜钢梯的踏步板应采用具有防滑性能的花纹钢板制作，巡视走道两侧应安装踢脚板，走道板与踢脚板之间应连续焊接成为一个整体，以防止细微颗粒物（如灰渣、粉尘）掉落至阀塔、高压套管等设备表面。

（4）巡视走道支撑结构应与主体结构之间连接牢固。

（5）巡视走道应采取可靠的接地措施。

2. 屋面巡视走道

阀厅屋面巡视走道宜沿阀厅纵向（屋脊方向）布置，其典型断面示意如图 19-36 所示。

阀厅屋面巡视走道设计要点如下：

（1）巡视走道的走道板应采用具有防滑性能的花纹钢板制作，走道板之间应连续焊接成为一个整体。

（2）巡视走道应与屋面巡视检修钢爬梯连接成为一个整体。

（3）巡视走道钢柱（支撑结构）穿屋脊的部位应采取可靠的防水措施。

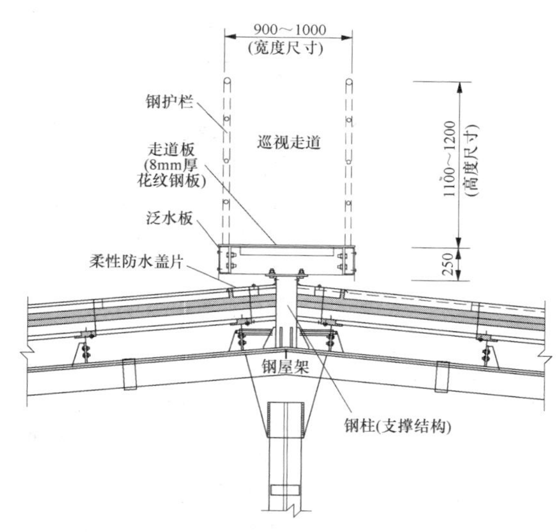

图 19-36　阀厅屋面巡视走道典型断面示意图

（4）巡视走道钢柱（支撑结构）应与主体结构之间连接牢固。

（5）巡视走道应采取可靠的接地措施。

（五）换流变压器阀侧套管开孔封堵

1. 换流变压器阀侧套管开孔封堵图

（1）当换流变压器阀侧套管开孔宽度 $W \leqslant 6m$ 时，其封堵立面如图 19-37 所示，断面如图 19-38 所示，150mm 厚结构岩棉复合防火板拼接示意如图 19-39 所示。

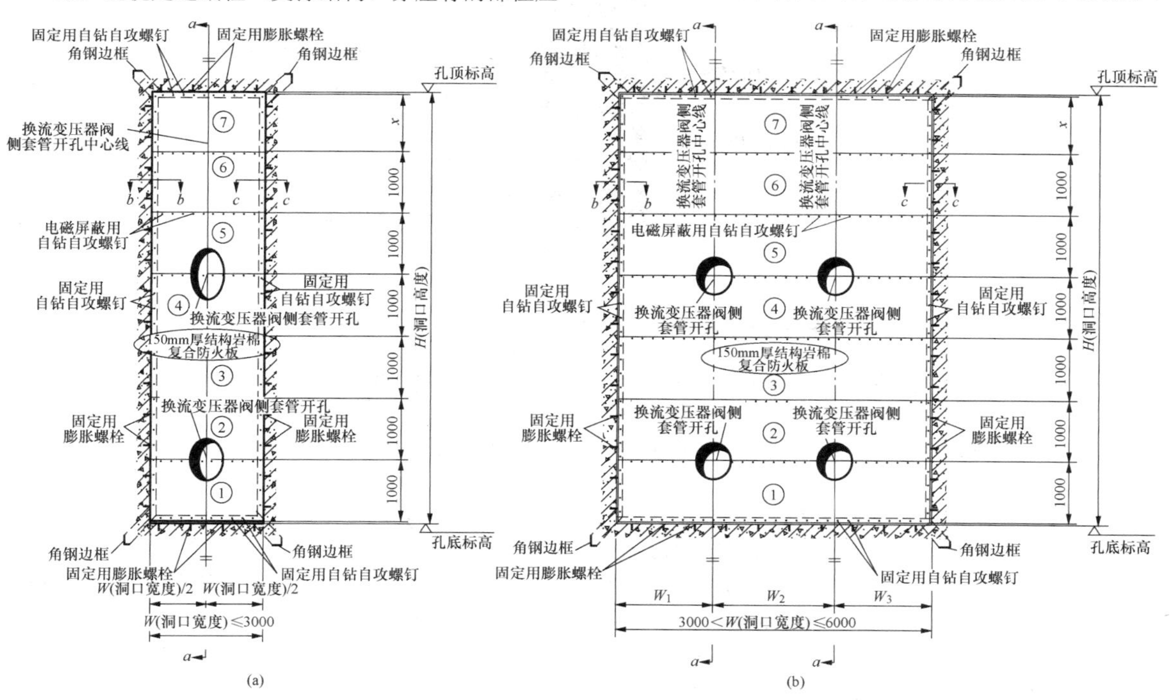

图 19-37　换流变压器阀侧套管开孔封堵立面图（$W \leqslant 6m$）

（a）换流变压器阀侧套管封堵立面图（$W \leqslant 3m$）；（b）换流变压器阀侧套管封堵立面图（$3m < W \leqslant 6m$）

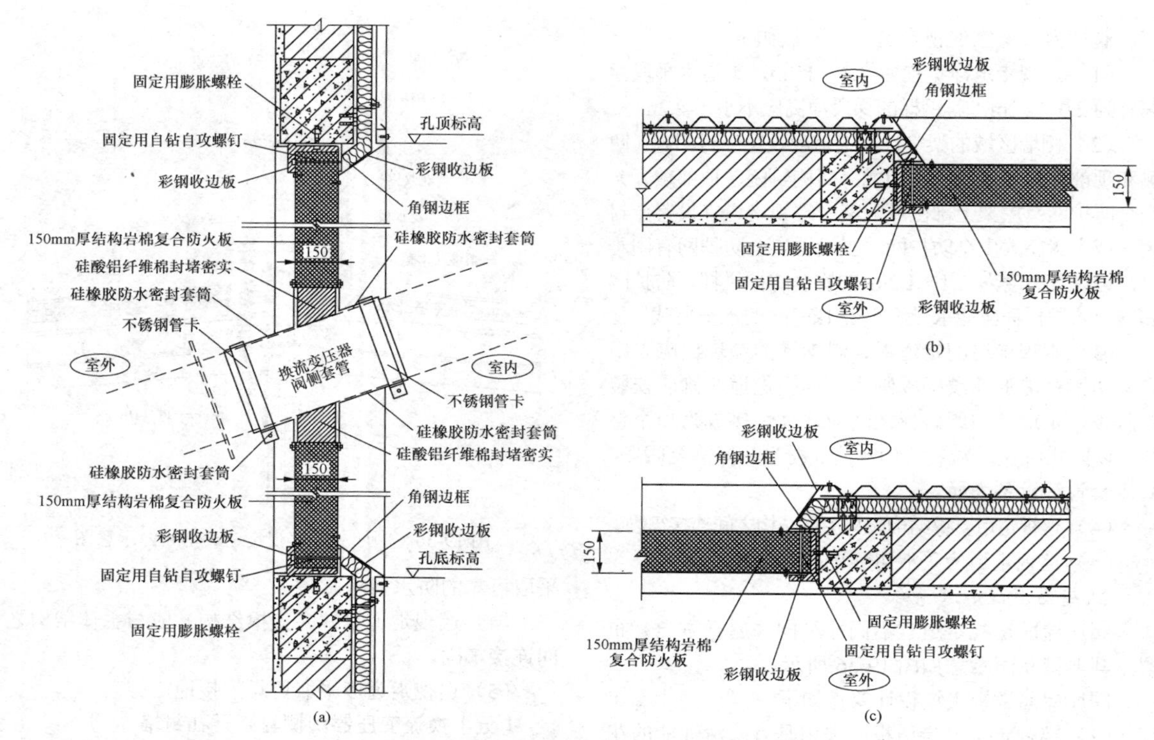

图 19-38　换流变压器阀侧套管开孔封堵断面图（$W \leqslant 6$m）

（a）换流变压器阀侧套管封堵 *a—a* 断面图；（b）换流变压器阀侧套管封堵 *b—b* 断面图；（c）换流变压器阀侧套管封堵 *c—c* 断面图

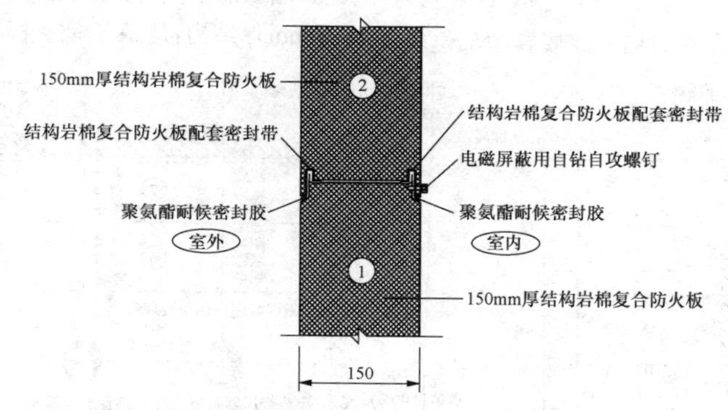

图 19-39　150mm 厚结构岩棉复合防火板拼接示意图

（2）当换流变压器阀侧套管开孔宽度 $6\text{m} < W \leqslant 9\text{m}$ 时，其封堵立面如图 19-40 所示，断面如图 19-41 所示，200mm 厚结构岩棉复合防火板拼接示意如图 19-42 所示。

2. 换流变压器阀侧套管开孔封堵设计要点

（1）电磁屏蔽：电磁波信号频率范围在 10kHz～10MHz 之间的磁场屏蔽效能不低于 40dB；电磁波信号频率范围在 10～1000MHz 之间的磁场屏蔽效能不低于 30dB。

（2）面板：采用无磁性不锈钢板（奥氏体不锈钢板），外板厚度为 0.6mm，内板厚度为 0.5mm，内、外板均采用浅肋、小波板型。

（3）芯材：A 级不燃性结构岩棉。

（4）耐火（隔热性及完整性）：≥3.00h。

（5）气密：

$$1.2\text{m}^3/(\text{m}^2\cdot\text{h}) \geqslant q_A > 0.5\text{m}^3/(\text{m}^2\cdot\text{h})$$

式中　q_A——建筑幕墙整体（含开启部分）气密性能分级指标。

（6）水密：Δp（水密性能分级指标）≥2000Pa。

（7）隔声：

$$35\text{dB} \leqslant R_{tr,w} + C_{tr} < 40\text{dB}$$

式中　$R_{tr,w} + C_{tr}$——空气隔声性能分级指标。

（8）传热：K（传热系数）$\leqslant 0.35\text{W}/(\text{m}^2\cdot\text{K})$。

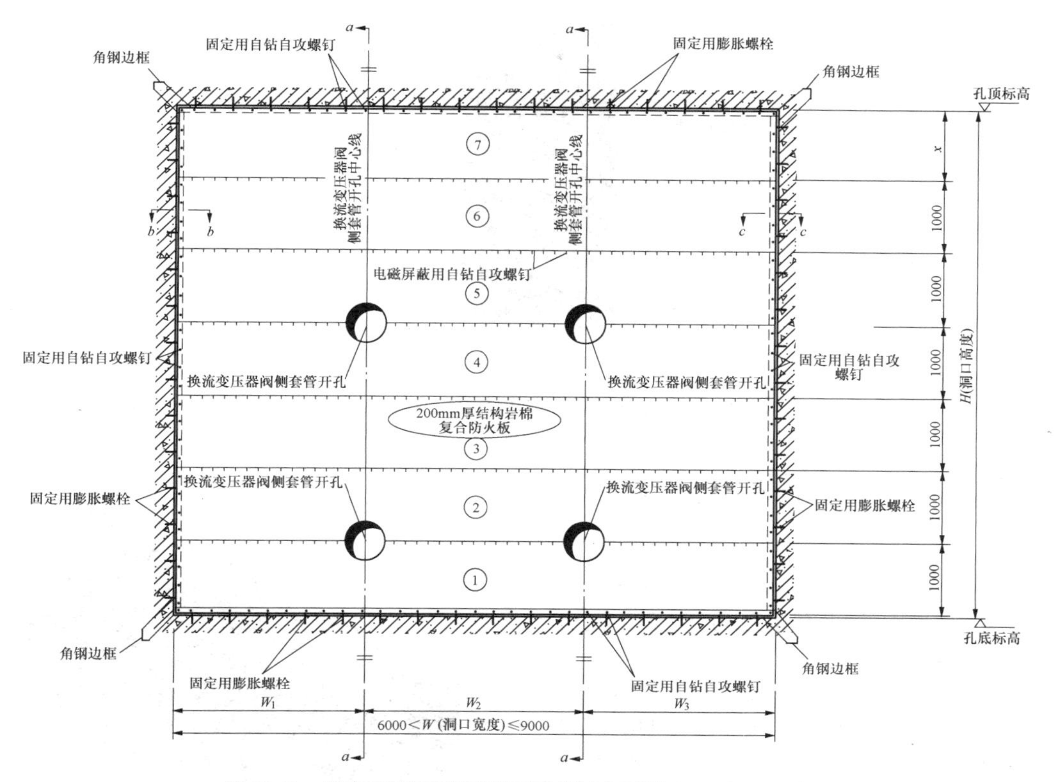

图 19-40　换流变压器阀侧套管开孔封堵立面图（6m<W≤9m）

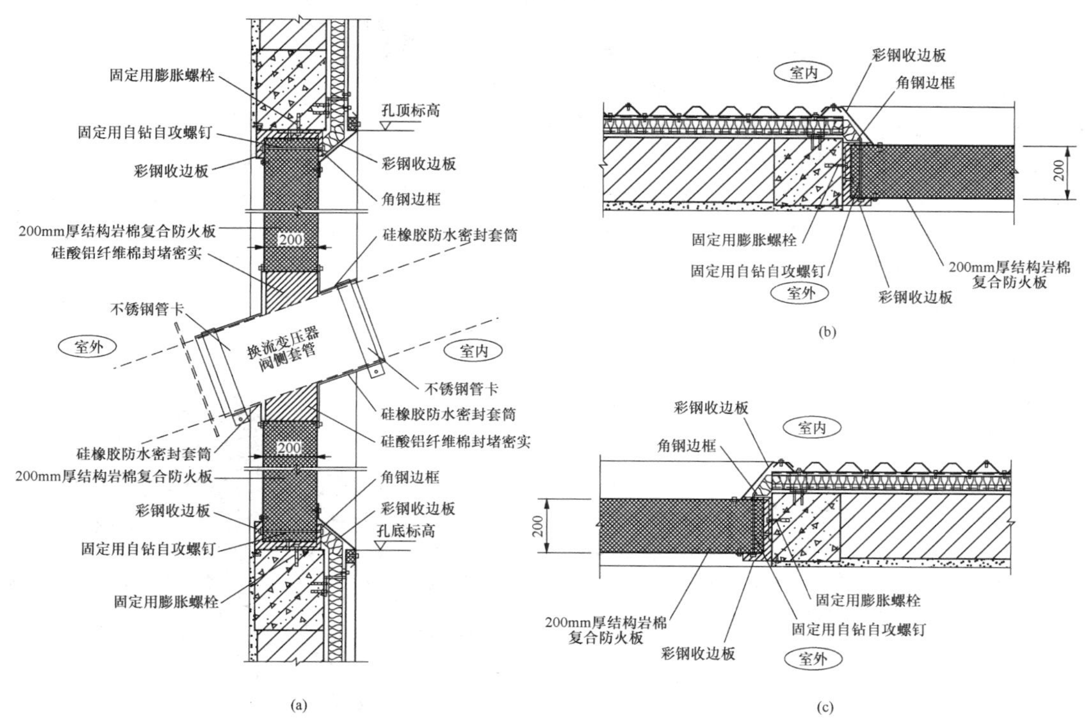

图 19-41　换流变压器阀侧套管开孔封堵断面图（6m<W≤9m）

（a）换流变压器阀侧套管封堵 a—a 断面图；（b）换流变压器阀侧套管封堵 b—b 断面图；

（c）换流变压器阀侧套管封堵 c—c 断面图

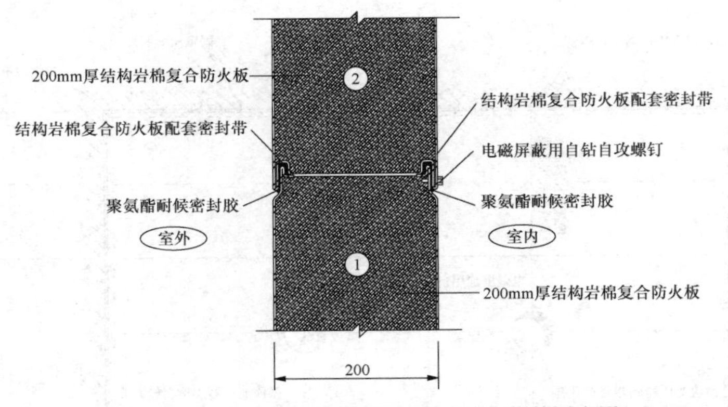

图 19-42　200mm 厚结构岩棉复合防火板拼接示意图

第二节　结　构　设　计

一、一般要求

（1）阀厅结构设计使用年限为 50 年，结构安全等级为一级，抗震设防类别为乙类。

（2）阀厅地基基础设计等级不应低于乙级，基础最大沉降量不宜大于 50mm，相邻柱基之间沉降差不应大于 1/500。当为高压缩性土时，基础绝对沉降量可适当放大，但应满足工艺要求并采取适当措施，避免阀厅沉降差过大对设备产生影响。

（3）阀厅一般不设置伸缩缝，对于长度超过 55m 的现浇钢筋混凝土框架结构或长度超过 45m 的剪力墙结构，应采取减小混凝土收缩和温度变化的措施，并考虑温度变化和混凝土收缩对结构的影响。

（4）阀厅与控制楼联合布置时，二者之间应设置变形缝，变形缝应满足防震缝要求，防震缝宽度可采用 100～150mm。当其中较低房屋高度大于 15m 时，防震缝宽度应适当加宽。

二、结构选型与布置

（一）结构选型

1. 结构类型简介

阀厅的结构类型多种多样，我国已建和在建的 ±400～±1100kV 两端直流输电换流站及背靠背换流站工程中，阀厅结构主要采用全钢结构、钢–钢筋混凝土框架混合结构、钢–钢筋混凝土剪力墙（框架剪力墙）混合结构、钢筋混凝土框排架结构四种。

（1）全钢结构。全钢结构指阀厅采用钢柱＋钢屋架组成的钢排架结构，阀厅与换流变压器之间防火墙采用钢筋混凝土剪力墙结构，阀厅钢柱与换流变压器防火墙脱开布置。全钢结构阀厅三维实例如图 19-43 所示。

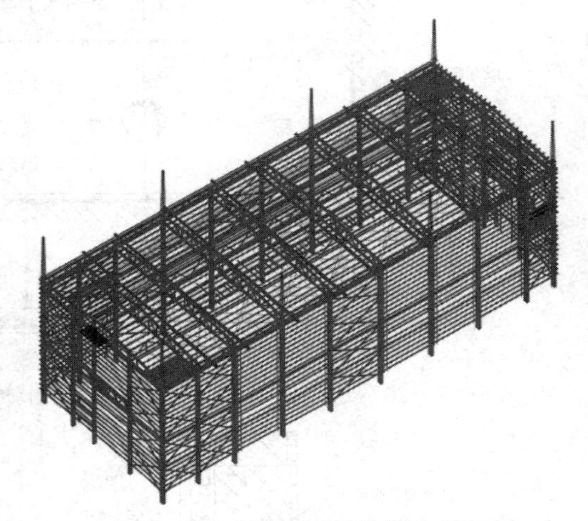

图 19-43　全钢结构阀厅三维实例图

（2）钢–钢筋混凝土框架混合结构。阀厅在远离换流变压器侧采用钢结构柱，靠近换流变压器侧采用钢筋混凝土框架结构同时兼做防火墙，横向通过钢屋架联系，形成钢–钢筋混凝土框架混合结构。钢–钢筋混凝土框架混合结构阀厅三维实例如图 19-44 所示。

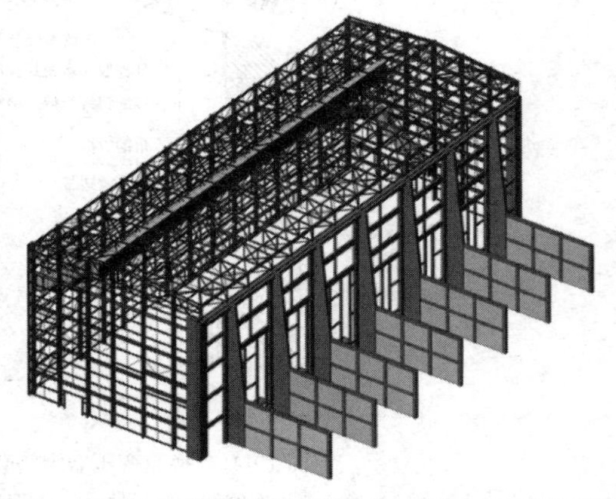

图 19-44　钢–钢筋混凝土框架混合结构阀厅三维实例图

（3）钢–钢筋混凝土剪力墙（框架剪力墙）混合结构。阀厅在远离换流变压器侧采用钢结构柱，靠近换流变压器侧采用钢筋混凝土剪力墙或框架剪力墙结构同时兼做防火墙，横向通过钢屋架联系，形成钢–钢筋混凝土剪力墙（框架剪力墙）混合结构。钢–钢筋混凝土剪力墙混合结构阀厅三维实例如图 19-45 所示。

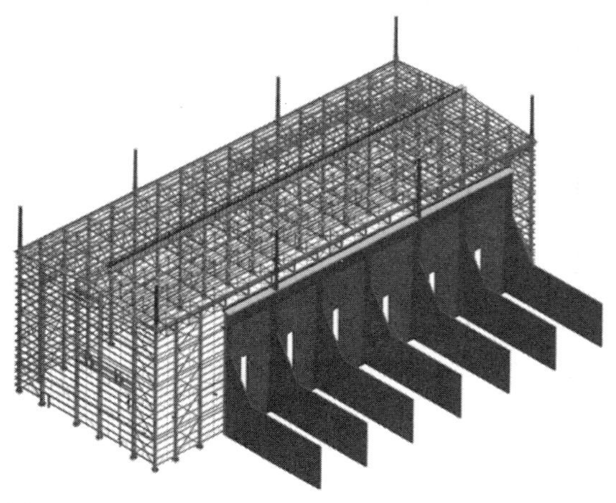

图 19-45 钢–钢筋混凝土剪力墙混合结构阀厅三维实例图

（4）钢筋混凝土框排架结构。阀厅两侧均采用钢筋混凝土结构，纵向为框架结构，横向通过钢屋架联系，形成钢筋混凝土框排架结构。钢筋混凝土框排架结构阀厅三维实例如图 19-46 所示。

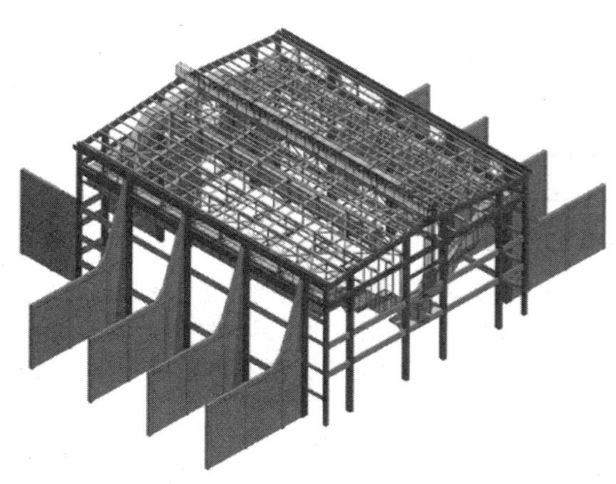

图 19-46 钢筋混凝土框排架结构阀厅三维实例图

2. 结构类型选择

阀厅结构类型应根据工程所在地抗震设防烈度、气象条件、阀厅高度、场地条件、结构材料和施工等因素，经技术、经济和使用条件比较后综合确定。一般情况下宜采用钢–钢筋混凝土框架混合结构、钢–钢筋混凝土剪力墙（或框架剪力墙）混合结构。当阀厅高度不大，混凝土施工比较方便时，可采用钢筋混凝土框排架结构；当抗震设防烈度较高、混凝土施工困难以及工期要求较高时，也可采用全钢结构。

（二）结构受力体系及布置

阀厅结构布置应尽量使其平面和竖向规则，避免平面扭转和侧向刚度不规则。结构体系的确定应符合下列要求：①应具有明确的计算简图和合理的地震作用传递途径；②应避免因部分结构或构件破坏导致整个结构丧失抗震能力或对重力荷载的承载能力；③应具有必要的抗震承载能力、良好的变形能力和消耗地震能量的能力；④对可能出现的薄弱部位，应采取措施提高其抗震能力。

1. 全钢结构

全钢结构中，阀厅与防火墙脱开布置，阀厅与防火墙之间设置防震缝。

（1）阀厅横向结构系统由钢柱和屋架组成，主要承受屋面荷载、悬挂阀塔荷载、横向风荷载和地震作用；纵向结构系统由钢柱、柱间支撑、墙梁组成，主要承受纵向风荷载和地震作用。此外还有屋面支撑、檩条等共同组成空间结构。

钢柱与基础连接一般设计成固定端，柱顶与屋架连接可以设计成铰接或刚接。对于全钢结构阀厅，柱顶与屋架宜设计为刚接，以增加阀厅在排架平面内的刚度和节约钢材。

（2）阀厅柱网布置除考虑结构受力和刚度要求外，尚应满足工艺使用要求，使柱的位置与设备布置相协调。柱网布置时应避开换流变压器阀侧套管开孔，通常将钢柱布置在换流变压器横向防火墙与纵向防火墙相交的位置。阀厅两端山墙柱布置时应避开直流穿墙套管等工艺设备和门窗洞口。

为满足工艺要求和节省阀厅占地，阀厅靠近防火墙侧钢柱不能突入阀厅过多。实际工程中常将防火墙在钢柱处设计成“Y”形，使阀厅钢柱位于“Y”形剪力墙内。

全钢结构阀厅结构平面布置实例如图 19-47 所示，剖面布置实例如图 19-48 所示。

2. 钢–钢筋混凝土框架混合结构

钢–钢筋混凝土框架混合结构中，阀厅结构与防火墙结构联合布置，防火墙兼做阀厅受力结构。

（1）阀厅横向结构系统由钢柱、屋架和钢筋混凝土框架组成，主要承受屋面荷载、悬挂阀塔荷载、横向风荷载和地震作用；纵向结构系统在远离换流变压器侧由钢柱和柱间支撑组成，靠近换流变压器侧为钢筋混凝土框架结构，主要承受纵向风荷载和地震作用。此外还有屋面支撑、檩条、墙梁等共同组成空间结构。

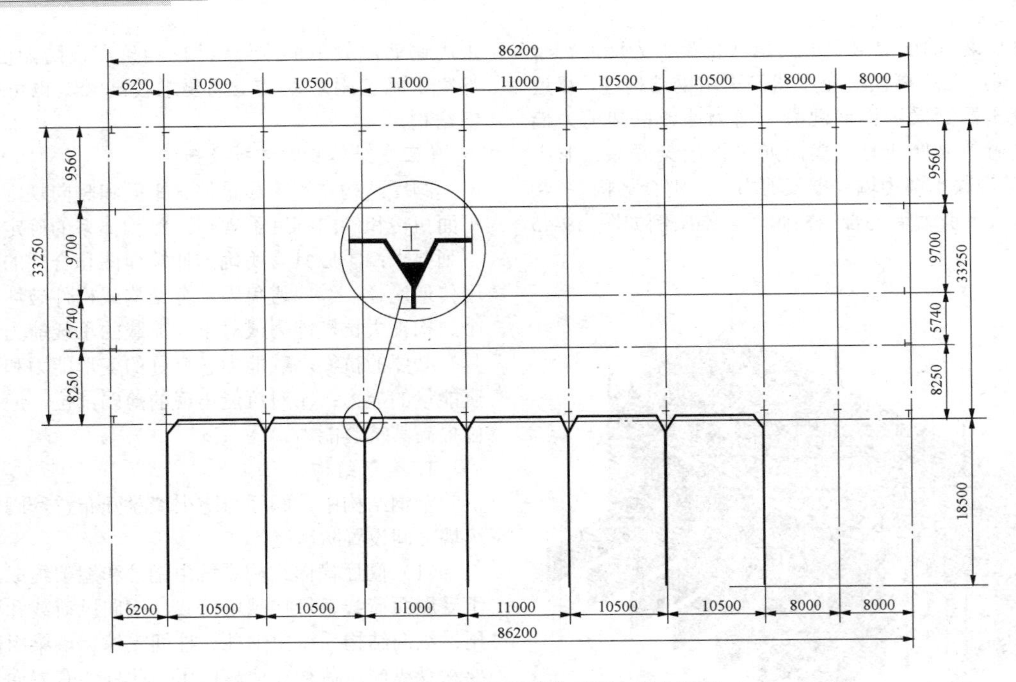

图 19-47　全钢结构阀厅结构平面布置实例图

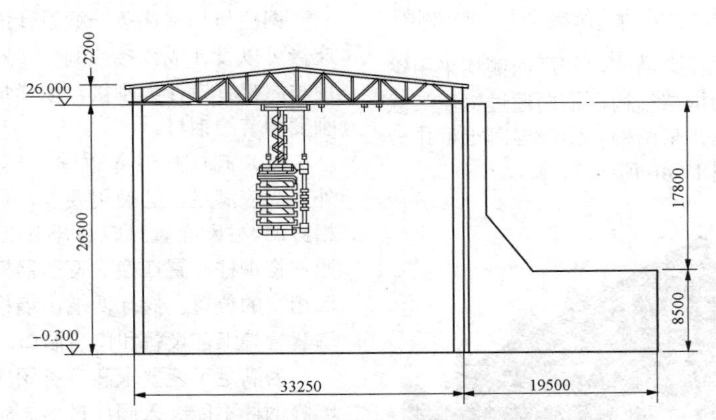

图 19-48　全钢结构阀厅结构剖面布置实例图

（2）阀厅柱网布置除考虑结构受力和刚度要求外，尚应满足工艺使用要求，使柱的位置与设备布置相协调。靠近换流变压器侧框架柱布置时应避开换流变压器阀侧套管开孔，通常将框架柱布置在换流变压器横向防火墙与纵向防火墙相交的位置；远离换流变压器侧钢柱宜布置在与横向防火墙框架相对应的位置上，当钢柱柱距大于 9m 时，也可在每台换流变压器中间对应位置布置钢柱，以减小钢柱和屋架间距，相应屋架一侧支撑在钢柱上，另一侧支撑在钢筋混凝土托梁上。阀厅两端山墙柱布置时，应避开直流穿墙套管等工艺设备和门窗洞口。

结构布置时，可通过调整钢柱支撑和框架的布置使阀厅两侧沿纵向刚度尽量接近，减少结构在地震作用下的扭转效应。

钢–钢筋混凝土框架结构阀厅结构平面布置实例如图 19-49 所示，剖面布置实例如图 19-50 所示。

3. 钢–钢筋混凝土剪力墙（框架剪力墙）混合结构

在钢–钢筋混凝土剪力墙（框架剪力墙）混合结构中，阀厅结构与防火墙联合布置，防火墙兼做阀厅受力结构。

（1）阀厅横向结构系统由钢柱、屋架和钢筋混凝土剪力墙组成，主要承受屋面荷载、悬挂阀塔荷载、横向风荷载和地震作用；纵向结构系统在远离换流变压器侧由钢柱和柱间支撑组成，靠近换流变压器侧为钢筋混凝土剪力墙（框架剪力墙）结构，主要承受纵向风荷载和地震作用。此外还有屋面支撑、檩条、墙梁等共同组成空间结构。

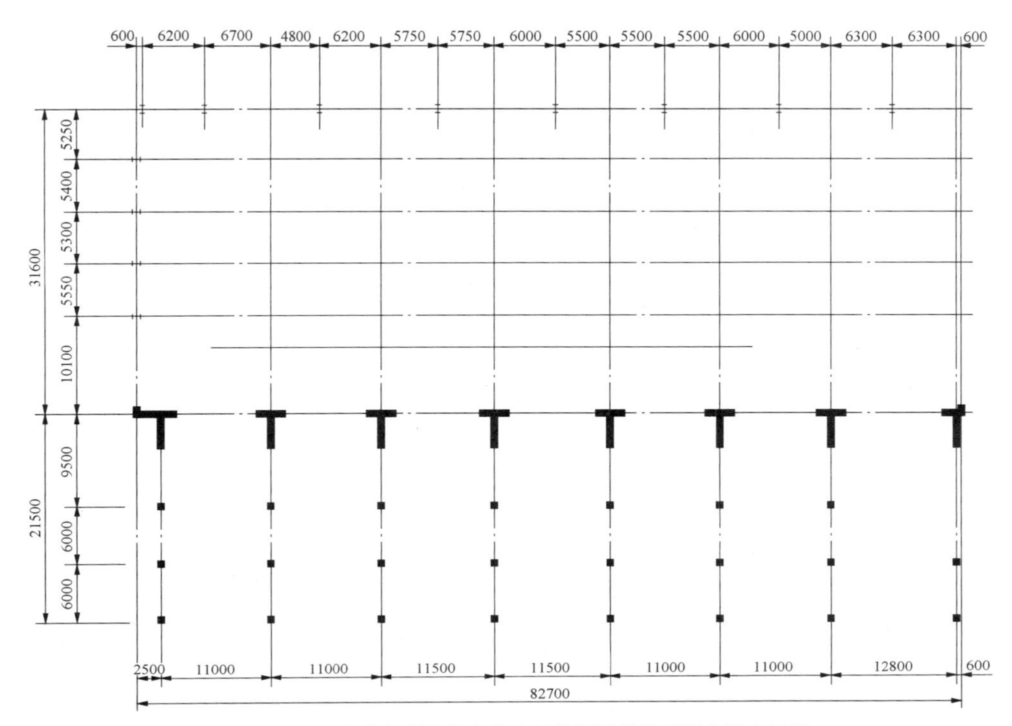

图 19-49　钢–钢筋混凝土框架混合结构阀厅结构平面布置实例图

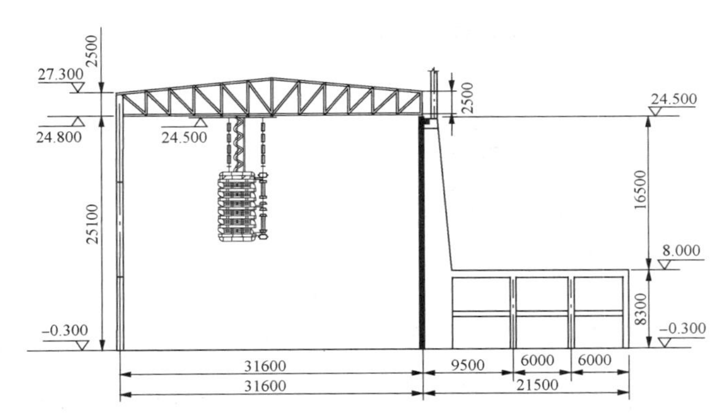

图 19-50　钢–钢筋混凝土框架混合结构阀厅结构剖面布置实例图

（2）阀厅柱网及剪力墙布置除考虑结构受力和刚度要求外，尚应满足工艺使用要求，使柱与剪力墙的位置与设备布置相协调。靠近换流变压器侧剪力墙较长，布置时可结合换流变压器阀侧套管开孔设置跨高比较大的连梁，将其分成长度较均匀的若干墙段；远离换流变压器侧钢柱宜布置在与横向防火墙相对应的位置上，当钢柱柱距大于 9m 时，也可在每台换流变压器中间对应位置布置钢柱，以减小钢柱和屋架间距，相应屋架一侧支撑在钢柱上，另一侧支撑在钢筋混凝土剪力墙上。阀厅两端山墙柱布置时应避开直流穿墙套管等工艺设备和门窗洞口。

结构布置时可通过调整钢柱支撑和剪力墙的分段使阀厅两侧沿纵向刚度尽量接近，减少结构在地震作用下的扭转效应。

钢–钢筋混凝土剪力墙混合结构阀厅结构平面布置实例如图 19-51 所示，剖面布置实例如图 19-52 所示。

4. 钢筋混凝土框排架结构

钢筋混凝土框排架结构中，阀厅结构与防火墙结构联合布置，防火墙兼做阀厅受力结构。

（1）阀厅横向结构系统由位于阀厅两侧的混凝土柱和钢屋架组成，主要承受屋面荷载、悬挂阀塔荷载、

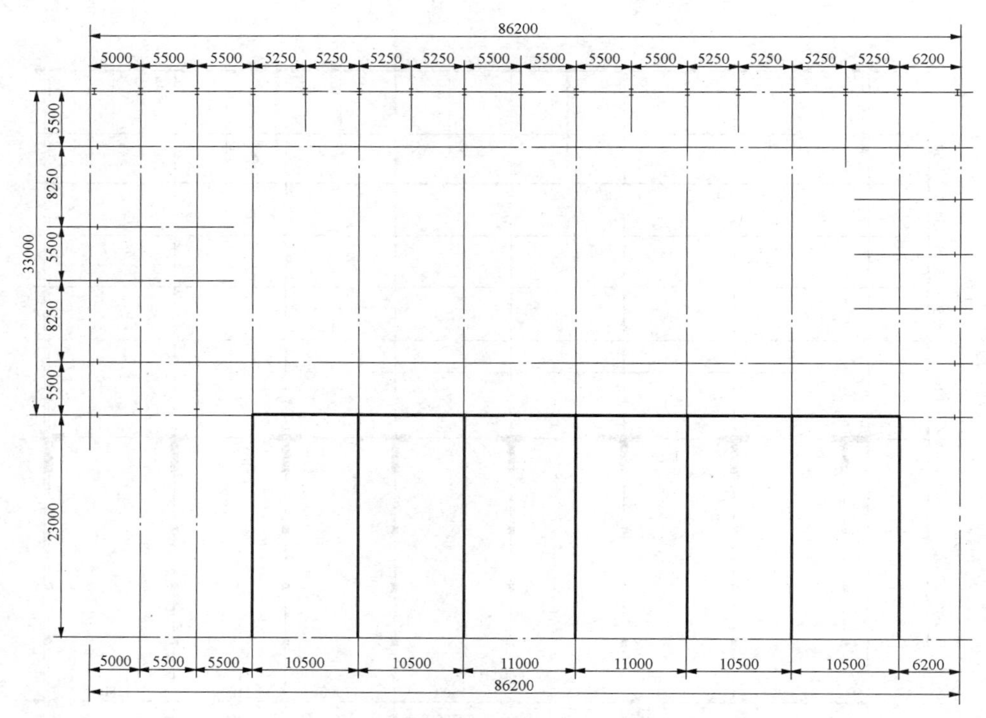

图 19-51　钢–钢筋混凝土剪力墙混合结构阀厅结构平面布置实例图

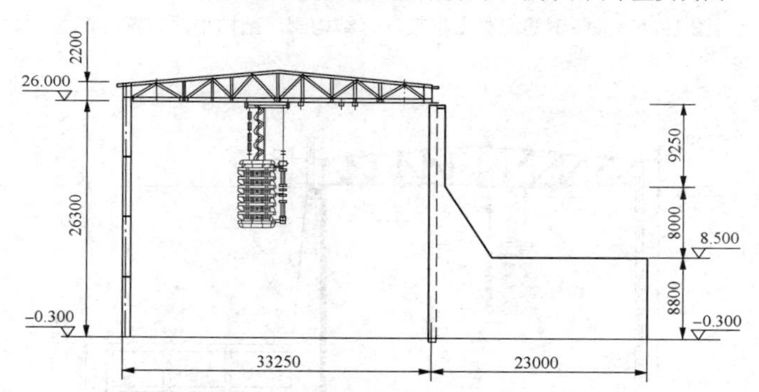

图 19-52　钢–钢筋混凝土剪力墙混合结构阀厅结构剖面实例图

横向风荷载和地震作用；纵向结构系统由阀厅两侧的纵向框架组成，主要承受纵向风荷载和地震作用。此外还有屋面支撑、檩条等共同组成空间结构。

（2）阀厅柱网布置除考虑结构受力和刚度要求外，尚应满足工艺使用要求，使柱的位置与设备布置相协调。柱网布置时应避开换流变压器阀侧套管开孔，通常将框架柱布置在换流变压器纵向防火墙与横向防火墙相交的轴线上，钢屋架支承在两侧框架柱上。当阀厅纵向柱距大于 9m 时，也可在两柱中间布置屋架，以减小屋架间距，相应屋架两端支承在纵向钢筋混凝土框架托梁上。阀厅两端山墙柱布置时应避开工艺设备和门窗洞口。

钢筋混凝土框排架结构阀厅结构平面布置实例如图 19-53 所示，剖面布置实例如图 19-54 所示。

三、荷载及整体计算

（一）荷载

阀厅设计荷载应按 GB 50009《建筑结构荷载规范》采用，作用在阀厅上的荷载包括永久荷载（恒荷载）和可变荷载（活荷载），在地震区还应考虑地震作用。

1. 永久荷载

作用在阀厅上的永久荷载主要包括结构自重、固定不变的设备及管道重量等。

（1）阀厅柱、屋架、支撑等构件的自重可采用设计选用的截面计算出的自重乘以节点板等附件的增加系数。钢结构柱、屋架及支撑等的增加系数可取 1.1～1.2，混凝土结构的增加系数可取 1.0。

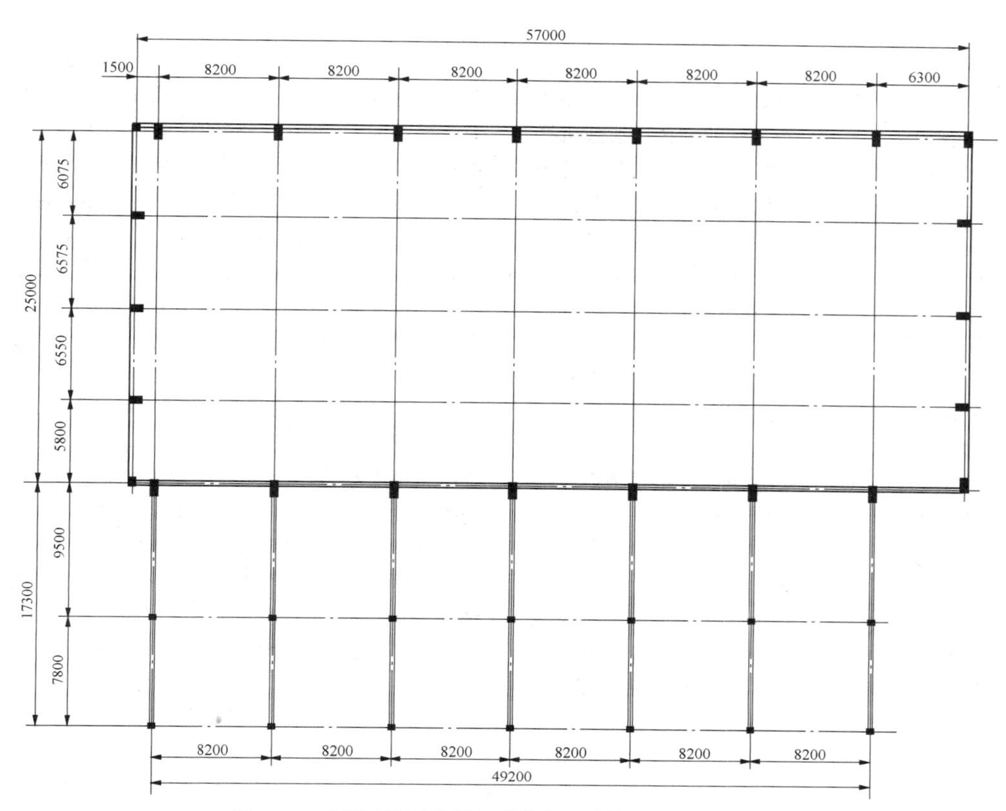

图 19-53 钢筋混凝土框排架结构阀厅结构平面布置示意图

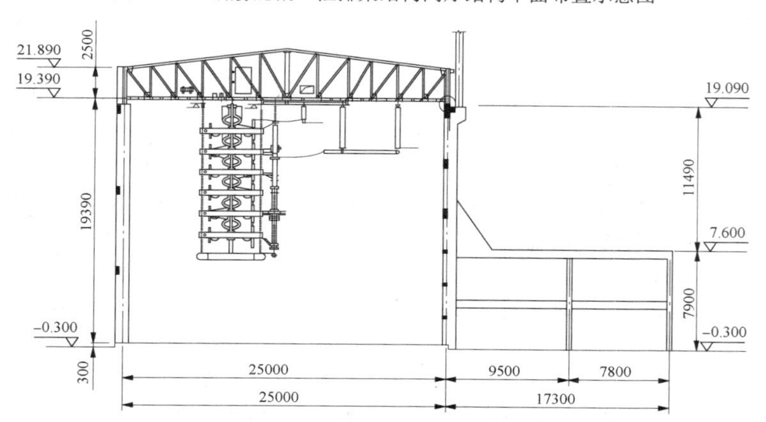

图 19-54 钢筋混凝土框排架结构阀厅剖面示意图

（2）复合压型钢板墙面、屋面的自重按均布荷载计算，自重标准值可按 GB 50009 取值或根据其具体做法通过计算确定。

（3）阀塔自重在进行阀厅整体分析、地震作用计算以及正常使用验算时一般按永久荷载考虑，但在阀厅安装和事故情况下的荷载工况应按可变荷载对结构承载能力进行复核。

（4）其他如巡视走道、操作平台、管道支架、固定不变的设备等自重，按实际情况计算。

2. 可变荷载

作用在阀厅上的可变荷载主要包括屋面活荷载、巡视走道检修荷载及各种可能随时间变化的设备荷载、风荷载、雪荷载等。

（1）风荷载。作用在阀厅上的风荷载，其基本风压、风荷载标准值、风荷载体型系数等，应按 GB 50009 采用，其中±800kV 及以上换流站阀厅基本风压重现期应取 100 年。计算围护构件及连接时，应采用局部体形系数和阵风系数。

（2）屋面雪荷载和活荷载。屋面雪荷载和活荷载按 GB 50009 采用。

（3）运行维护、检修荷载。巡视走道和设备操作平台按 $2kN/m^2$ 计算，检修、安装时的堆料活荷载可按实际情况合理分区考虑。阀厅地面均布荷载按 $10kN/m^2$ 计算，检修车可能到达的沟道、检修盖板等部位应考虑检修车的轮压荷载。设计屋面板、檩条、挑檐等构件时，施工或检修集中荷载标准值不应小于 1.0kN，并应布置在最不利位置处进行验算。

（4）其他荷载。阀厅一般不设置伸缩缝，对于长度超过 55m 的现浇钢筋混凝土框架结构或长度超过 45m 的剪力墙结构，应考虑温度应力的作用。

3. 地震作用

阀厅属重点设防（乙类）建筑物，位于地震区的阀厅应按 GB 50011《建筑抗震设计规范》计算地震作用。

4. 荷载组合

阀厅设计根据其使用过程中在结构上可能同时出现的荷载，按承载能力极限状态和正常使用极限状态分别进行荷载组合，并取各自的最不利的组合进行设计。

阀厅的荷载组合原则及荷载分项系数、组合值系数取值等按照 GB 50009 的要求进行。阀厅屋面雪荷载与活荷载一般不同时组合，而是取其中的较大值；设计屋面板、檩条、挑檐等构件时，施工或检修集中荷载不与构件自重以外的其他活荷载同时考虑。

（二）整体计算

1. 内力及位移计算

阀厅结构布置因受工艺布置限制等原因常常为平面不规则结构，其内力及位移计算宜采用空间结构分析法。当防火墙兼作阀厅受力结构时，阀厅与防火墙应整体建模进行计算；当阀厅与防火墙脱开布置且不作为阀厅受力结构时，可分开计算。

阀厅结构在风荷载标准值作用下时，其顶部位移不宜超过 $H/400$（H 为基础顶面至柱顶的总高度）。

2. 抗震计算

（1）阀厅应在其 2 个主轴方向分别计算水平地震作用，对质量和刚度分布不均匀的结构应计入双向水平地震作用下的扭转影响，设防烈度为 8 度及以上且屋架跨度大于 24m 时，应计算竖向地震作用。

（2）阀厅抗震计算宜采用空间结构计算模型、振型分解反应谱法进行计算，对平面规则、刚度比较均匀的阀厅结构可采用底部剪力法，对特别不规则的阀厅结构应采用时程分析法进行多遇地震下的补充计算。

（3）阀厅地震作用计算时，对轻型墙板或与柱柔性连接的预制混凝土墙板，应计入其自重但不应计入其刚度；对框架填充墙或嵌入式钢筋混凝土墙板，应计入其刚度影响。

（4）阀厅上附属设备可直接将其作为一个质点计入整个结构进行分析，但对于悬挂阀塔应考虑其在水平地震作用下对阀厅结构的竖向作用效应。阀塔通过悬垂绝缘子悬挂在屋架下方的吊梁上，与阀塔吊梁为柔性连接，其地震作用不同于刚性固定在屋架上的设备，体型及重量均较大的悬挂阀塔在地震作用下会产生晃动，其晃动时的离心力会同时产生水平和竖向地震力。由于底部剪力法、振型分解反应谱法均难以模拟和计算类似悬索结构阀塔的地震效应，有条件时宜采用时程分析法计算阀塔的地震作用。

（5）阀厅结构应进行多遇地震作用下的抗震变形验算，其弹性层间位移角限值应满足如下要求：钢筋混凝土框架结构，1/550；框架剪力墙结构，1/800；剪力墙结构，1/1000；纯钢结构，1/250。

（6）8 度Ⅲ、Ⅳ类场地和 9 度时的阀厅结构应进行罕遇地震下薄弱层弹塑性变形验算，7 度Ⅲ、Ⅳ类场地和 8 度时阀厅结构宜进行罕遇地震下薄弱层弹塑性变形验算，其弹塑性层间位移角限值为 1/50。

四、主要构件设计及构造

（一）屋架及屋架支撑

阀厅一般采用钢屋架+檩条+复合压型钢板组成的轻型有檩屋面，在风荷载较大且抗震设防烈度不高的地区也可考虑选用钢筋混凝土屋面。

1. 屋架

（1）屋架型式。阀厅屋架主要承受屋面荷载、屋架下部悬挂的阀塔及其他设备荷载等，常用屋架型式主要有双坡梯形钢屋架和单坡梯形钢屋架。阀厅屋架宜采用双坡梯形钢屋架，便于屋面排水及巡视走道的布置；当两座阀厅背靠背布置或建筑设计为单坡排水时，可采用单坡梯形钢屋架。

（2）屋架几何尺寸及连接。阀厅跨度一般在 20～36m，柱距 6～12m，屋架跨中经济高度为跨度的 1/8～1/10，采用轻型屋面的屋架取小值，采用现浇钢筋混凝土屋面的屋架或三角形屋架取大值。当屋架上设置有巡视走道时，屋架高度尚应满足巡视走道布置和通行要求。

1）对于双坡梯形屋架，端部高度一般在 2.0～2.5m，屋架上弦坡度一般取 10%左右；对于单坡梯形屋架，其端部高度可取 1.5～2.5m，屋架上弦坡度可取 5%～10%；对于三角形屋架，屋架上弦坡度一般取 1:3 左右。

2）屋架节间长度应结合屋架下部阀塔吊梁、巡视走道的布置综合考虑。阀塔吊梁应尽量布置在屋架下弦节点上，确有困难时可以通过吊梁转换，避免屋架下弦受弯。屋架斜腹杆布置一般采用人字式或单斜式，腹杆与主材、腹杆与腹杆之间的夹角宜为35°～55°，腹杆布置时需考虑巡视走道通行的要求。

3）在运输条件许可的前提下，阀厅钢屋架宜采用在工厂分段加工、现场拼装的方案，此时腹杆与弦杆之间采用工厂焊接连接，弦杆拼接采用螺栓连接。当分段运输有困难时，可采用腹杆与弦杆分开加工、现场组装的方案，此时腹杆和弦杆之间以及弦杆拼接均采用螺栓连接。同时为满足接地要求，所有采用螺栓连接的构件之间均应采用铜绞线进行接地连接。

4）屋架与钢柱之间应采用螺栓连接；屋架与钢筋混凝土框架或剪力墙顶部宜采用螺栓连接，抗震设防烈度为9度时宜采用钢板铰，亦可用螺栓，柱顶宜同时设置埋铁，且锚筋不应少于4Φ16。另外为增强阀厅的抗震性能，减少地震时屋架与混凝土结构之间的作用力，避免钢屋架与混凝土结构之间连接破坏，可在屋架与钢筋混凝土结构连接处设置具有阻尼作用的消能减震装置。

2. 屋架支撑

（1）屋架支撑布置原则。为保证阀厅承重结构在安装和使用过程中的整体稳定性，提高结构的空间作用，减小屋架杆件在平面外的计算长度，应根据屋架类型、跨度及所在地区抗震设防烈度等设置支撑系统。

屋架支撑系统包括横向支撑、竖向支撑、纵向支撑和系杆（刚性系杆和柔性系杆），屋架支撑的布置原则如下：

1）在设置有纵向支撑的水平面内必须设置横向支撑，并将二者布置为封闭型。

2）所有横向支撑、纵向支撑和竖向支撑均应与屋架、托架的杆件或系杆组成几何不变的桁架形式。

3）应使风、地震等水平力尽快由作用点传递到屋架支座。地震区应适当加强支撑，并加强支撑节点的连接强度。

（2）屋架支撑的布置和型式。屋架支撑的布置和型式应结合工艺设备和管道布置进行，避免与阀冷却管道、风道等发生碰撞。

1）横向支撑。所有屋架上、下弦均应设置横向水平支撑，一般在阀厅两端各设置一道。当阀厅长度大于66m时，宜在阀厅中部（柱间支撑开间）增设一道上下弦横向水平支撑。

2）竖向支撑。所有屋架均应设置竖向支撑。竖向支撑设置在设有横向支撑的屋架间：屋架跨度不大于30m时，屋架中部竖杆平面内设置一道竖向支撑；屋架跨度大于30m时，应在距离两端各1/3跨度附近的竖杆平面内各设一道竖向支撑；梯形屋架在屋架两端部应各设置一道竖向支撑。

3）纵向支撑。屋架下弦的两端宜设置纵向水平支撑，并与屋架横向水平支撑形成封闭的支撑体系。

4）系杆。屋架上弦水平系杆在屋架上弦横向支撑节点处通长设置，檩条刚度较大时可以采用檩条兼作系杆。屋架下弦系杆在屋架下弦横向支撑节点处通长设置，屋架下部的吊梁可兼作下弦系杆。

屋架支撑宜采用交叉支撑腹杆型式，但当竖向支撑高度不大于2.5m时可采用单腹杆形式。屋架支撑布置实例如图19-55和图19-56所示。

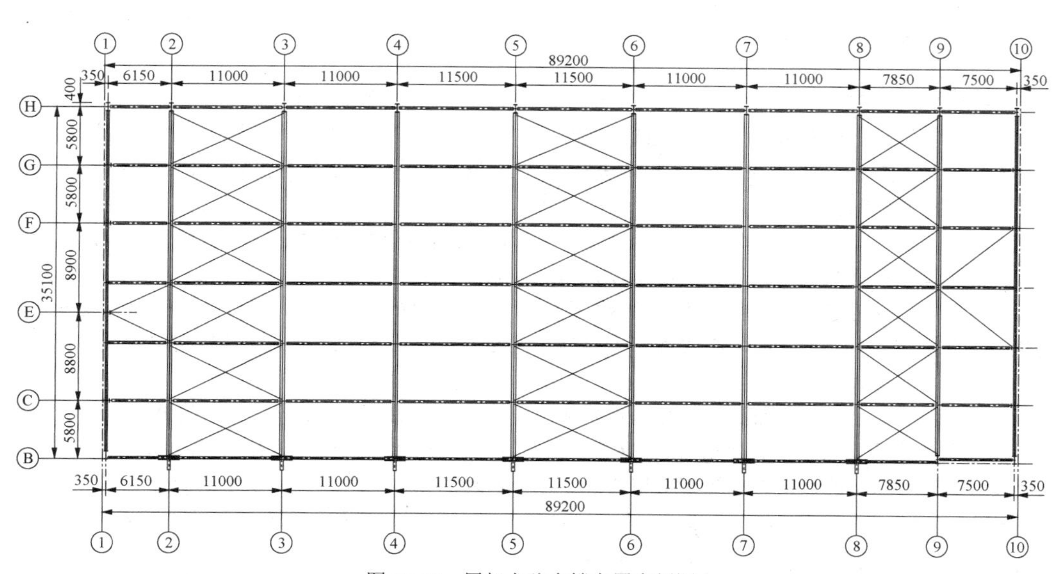

图19-55　屋架上弦支撑布置实例图

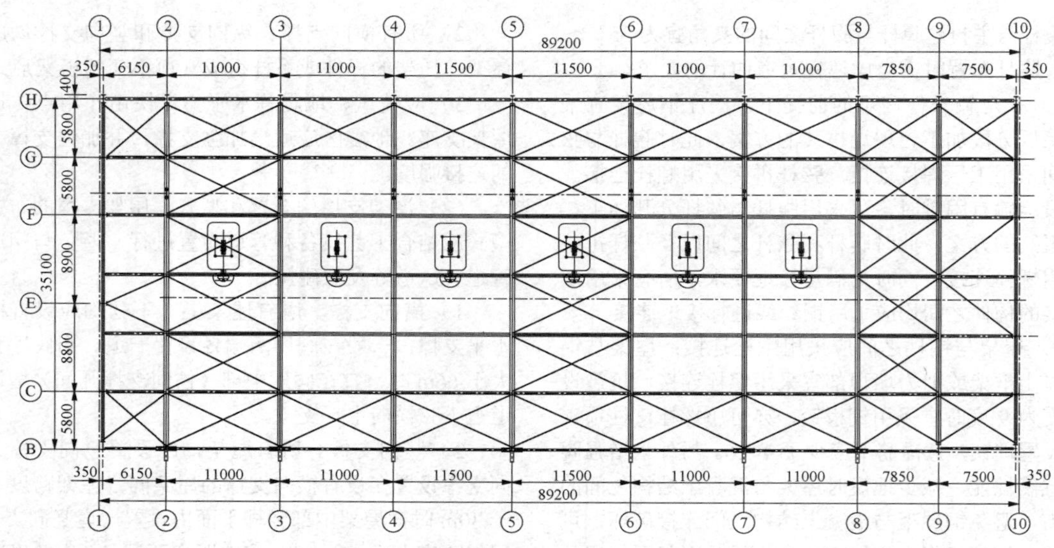

图 19-56 屋架下弦支撑布置实例图

（3）支撑杆件截面设计及连接。屋架支撑中的交叉斜杆按拉杆设计；在两个横向支撑之间及相应于竖向支撑平面屋架间的上、下弦节点处的系杆，除在上、下弦杆端部及上弦杆跨中的系杆外，一般按拉杆设计；当横向支撑在厂房单元端部第二柱间时，则第一柱间的所有系杆均按压杆设计。

1）按压杆设计的支撑和刚性系杆宜选择圆管、方管等回转半径较大的截面型式，按拉杆设计的柔性系杆及交叉斜杆一般采用单角钢制作，对有张紧装置的交叉斜杆可采用直径不小于 16mm 的圆钢截面。

2）支撑与屋架连接设计时，应尽量减小节点偏心值，交叉支撑在交叉点处尽量不中断，支撑连接宜采用摩擦型高强度螺栓。

（二）柱及柱间支撑

阀厅中的钢筋混凝土框架和剪力墙的设计应按照 GB 50010《混凝土结构设计规范》中的相关规定进行，下面重点介绍钢柱及柱间支撑的设计。

1. 钢柱

（1）柱的类型及截面形式。阀厅内一般不设置吊车，阀厅钢柱通常选择沿整个柱高截面不变的等截面柱；柱截面形式一般选用“H”形实腹式柱，当柱截面较大时也可选用格构式柱。

（2）柱的计算长度及容许长细比。阀厅为单层排架结构，阀厅钢柱的计算长度与阀厅结构、钢柱的支撑情况及柱与基础和屋架的连接方式等密切相关。

1）钢柱在排架平面内的计算长度 $H_0 = \mu H$ 。其中：H 为柱的高度，当柱顶与屋架铰接时，取柱脚底面至柱顶面的高度；当柱顶与屋架刚接时，可取柱脚底面至屋架下弦重心线之间的高度。μ 为柱的计算长度系数，根据排架在平面内有无支撑分别按 GB 50017《钢结构设计标准》中有支撑和无支撑排架进行计算，其中有支撑排架根据其侧移刚度大小分为强支撑排架和弱支撑排架。

对于全钢结构阀厅，钢柱与防火墙脱开布置，阀厅钢柱按无支撑排架考虑。对于钢–混凝土框架混合结构、钢–钢筋混凝土剪力墙混合结构，钢柱下部与基础相连，上部通过屋架与防火墙相连，而防火墙刚度一般较大，钢柱平面内计算长度可按有支撑排架考虑。

2）钢柱在排架平面外的计算长度应取钢柱在排架平面外侧向支点之间的距离。

3）钢柱的长细比：无抗震要求时，不宜超过 150；有抗震设防要求时，轴压比小于 0.2 时不宜大于 150，轴压比不小于 0.2 时不宜大于 $120\sqrt{235/f_{ay}}$ 。

（3）柱截面尺寸的选择及计算。钢柱截面尺寸根据阀厅的高度、柱距、跨度等确定，以满足阀厅承载能力和刚度的要求。

1）对于 H 形实腹式柱，其截面高度 h 可取柱高度 H 的 1/25～1/35（无支撑排架取大值，有支撑排架取小值），截面宽度 b 取 0.4～1.0 倍截面高度。

2）钢柱内力宜采用空间整体计算，一般实腹式钢柱应按压弯构件进行截面强度以及钢柱平面内和平面外的稳定计算。当采用平面简化计算时，由于排架柱在平面外设置有支撑，相应弯矩较小，可以按单向压弯构件进行截面强度及钢柱在平面内和平面外稳定的计算。

（4）柱脚型式及构造。阀厅钢柱与基础连接一般采用固结，柱脚应能可靠传递柱身承载力，宜采用埋入式、插入式或外包式柱脚，抗震设防烈度6、7度时也可采用外露式柱脚。

1）实腹式钢柱采用埋入式、插入式时，柱脚的埋入深度由计算确定，且不得小于钢柱截面高度的2.5倍。当采用外露式柱脚时，柱脚极限承载力不宜小于柱截面塑性屈服承载力的1.2倍。柱底剪力应由钢底板与基础间的摩擦力或设置抗剪键及其他措施承担。

插入式柱脚连接实例如图19-57所示。

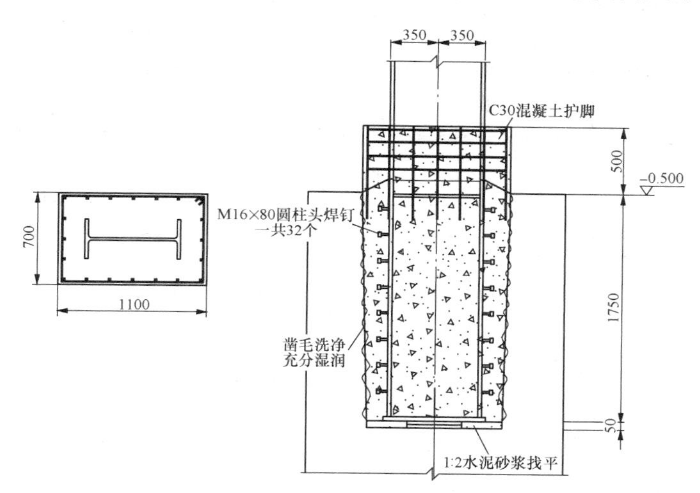

图19-57　插入式柱脚连接实例图

2）对于外露式柱脚，柱脚底板厚度和锚栓直径应通过计算确定，柱脚底板厚度一般取20～40mm，地基螺栓规格不宜小于M36，地脚螺栓不宜承受柱脚底部的水平剪力，此水平剪力由柱脚底板与基础混凝土之间的摩擦力（摩擦系数可取0.4）或设置抗剪键来承受。钢柱安装可采用调平螺母的方案，即在每个柱脚锚栓上配置调平螺母，调平螺母位于柱脚底板下，用来调整柱底板标高。钢柱安装校正后再采用无收缩细石混凝土或无机灌浆料将柱脚底板与基础顶面间的间隙浇灌密实，最后将柱脚锚栓螺母拧紧，并将螺母与垫板以及垫板与柱脚底板焊牢。

外露式柱脚连接实例如图19-58所示。

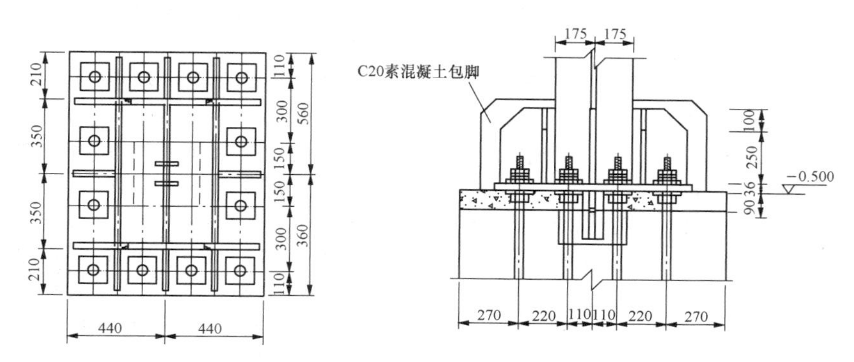

图19-58　外露式柱脚连接实例图

2. 柱间支撑

（1）柱间支撑布置原则。为保证阀厅结构的纵向稳定和空间刚度，减少钢柱在平面外的计算长度，同时承受阀厅纵向荷载，应根据阀厅纵向长度、高度及所在地区抗震设防烈度等设置柱间支撑。柱间支撑的布置原则如下：

1）钢柱纵向柱间支撑的设置应满足工艺布置的要求。

2）柱间支撑布置应与屋架支撑布置相协调，一般与屋架上、下弦横向支撑及垂直支撑设在同一柱距内。

3）柱间支撑的设置应满足阀厅纵向抗侧刚度的要求，同时还应考虑其对结构温度变形的影响及由此产生的附加应力，尽可能布置在温度区段的中部。

4）两道柱间支撑的中心距离不宜大于60m。

5）当钢柱截面高度大于600mm时，宜设置双片柱间支撑。

阀厅纵向柱间支撑布置实例如图19-59所示。

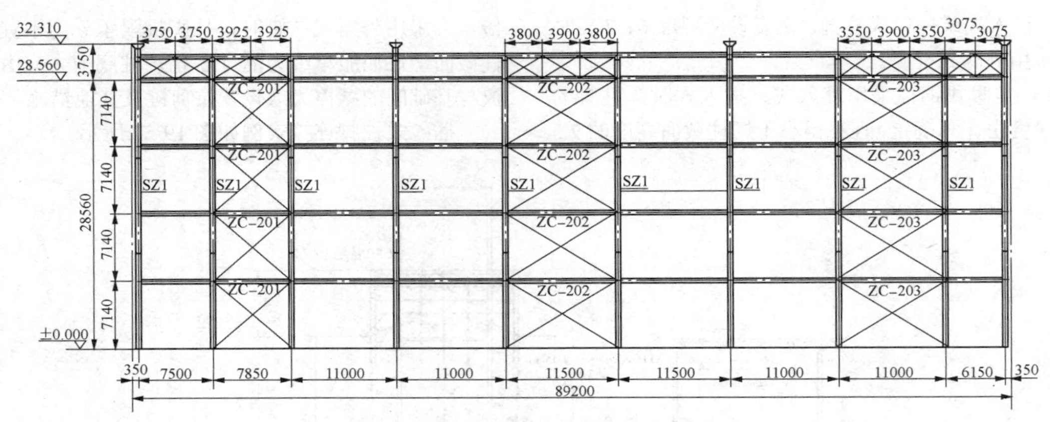

图 19-59　阀厅纵向柱间支撑布置实例图

（2）柱间支撑方式。柱间支撑的主要方式有“X”形交叉撑、“V”形撑或“Λ”形撑等，一般宜选用“X”形交叉支撑。

（3）支撑杆件截面设计及连接。柱间支撑截面一般采用回转半径较大的截面，如方钢管、钢管等，也可采用角钢、H 型钢等。

1）当采用单片支撑时，支撑平面外的计算长度大于平面内的计算长度，一般采用不等边角钢短边与柱相连，或采用两个角钢组成的“T”形截面。

2）当采用双片支撑时，两单片支撑应以连系杆连接。当支撑平面内的计算长度大于平面外的计算长度时，一般采用不等边角钢长边与柱相连或两个等边角钢组成的截面。当支撑内力较大时，可采用工字钢或槽钢组成的截面。

3）柱间支撑的截面大小由计算确定，“X”形柱间支撑一般可按拉杆设计，地震作用时，“X”形支撑、“V”形或“Λ”形支撑应考虑拉压杆的共同作用，其地震作用及验算按拉杆计算，并计及相交受压杆的影响，压杆卸载系数宜取 0.3。

4）柱间支撑杆件的长细比不应超过 200。当抗震设防烈度为 8 度Ⅲ、Ⅳ类场地或 8 度以上时，其长细比不宜超过 150。

5）支撑与柱一般采用高强度螺栓连接，也可采用安装螺栓加现场焊接。

6）柱间交叉支撑端部的连接要求：对单角钢支撑应计入强度折减，当抗震设防烈度为 8、9 度时不得采用单面偏心连接；交叉支撑有一杆中断时，交叉节点板应予以加强，其承载力不小于 1.1 倍杆件承载力；支撑杆件的截面应力比不宜大于 0.75。

7）柱间支撑应采用整根材料，超过材料最大长度规格时可采用对接焊缝等强度拼接。柱间支撑构件的连接，不应小于支撑杆件塑性承载力的 1.2 倍。

8）支撑与柱脚的连接位置和构造措施，应保证将地震作用直接传给基础，即支撑与柱的交点宜位于柱底，同时柱间支撑的基础顶部应设置混凝土拉梁与混凝土基础连成整体。

（三）阀塔吊梁及穿墙套管支架

1. 阀塔吊梁

（1）吊梁布置。阀塔承重吊梁应尽量布置在屋架下弦节点下方，或通过设置主次吊梁转换，将阀塔荷载传至屋架节点上。当必须将阀塔吊梁布置在屋架下弦节点中间时，应考虑屋架下弦在吊梁荷载作用下受弯的影响。

阀塔吊梁布置还应兼顾其他设备（如悬挂避雷器、绝缘子以及阀冷却管道、风道）的布置。当阀塔吊梁跨度较大、地震设防烈度较高时，可在吊梁之间设置支撑。

不带支撑阀塔吊梁平面布置实例如图 19-60 所示，带支撑阀塔吊梁平面布置实例如图 19-61 所示。

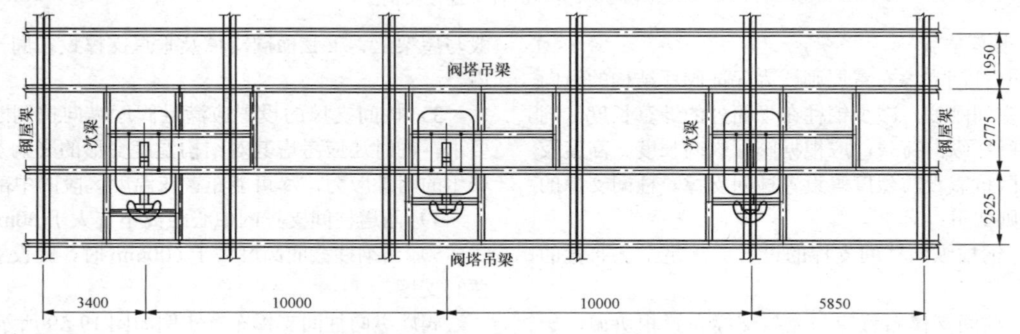

图 19-60　不带支撑阀塔吊梁平面布置实例图

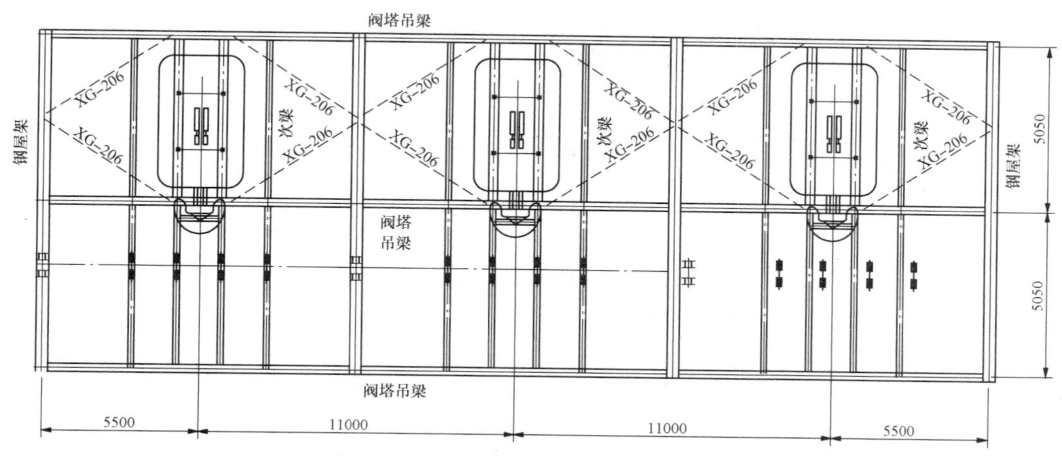

图 19-61　带支撑阀塔吊梁平面布置实例图

（2）吊梁截面设计。阀塔吊梁一般选用 H 型钢，阀塔悬挂点直接布置在 H 型钢梁下翼缘上，吊梁一般按受弯构件进行计算，当吊梁兼做支撑且承受轴力较大时宜按压弯构件进行计算。阀塔吊梁变形不宜大于 1/400。

（3）吊梁节点设计。阀塔吊梁与屋架下弦之间常用连接方式如图 19-62 所示，吊梁上翼缘与屋架下翼缘采用高强螺栓连接，吊梁及屋架下翼缘处均设置加劲肋。

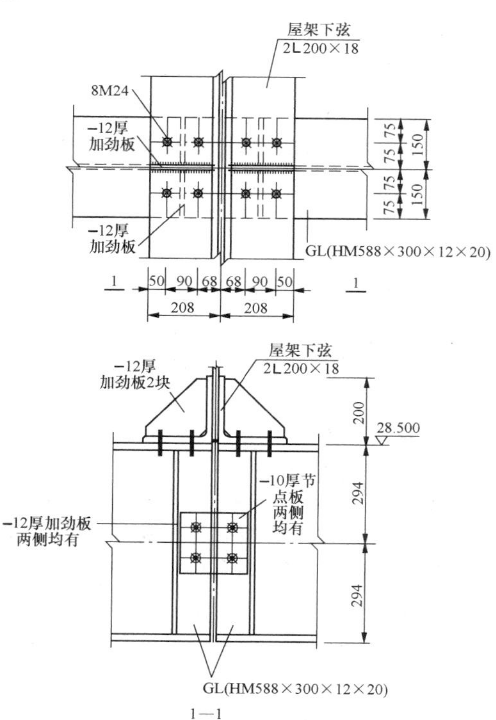

图 19-62　阀塔吊梁与屋架下弦之间常用连接方式图

阀塔吊梁次梁与主梁之间的连接宜采用节点处相对变形较小且可以防止梁端部发生扭转的连接方式（如端板连接）等，阀塔吊点处宜设置加劲肋。阀塔吊梁次梁与主梁连接实例如图 19-63 所示。

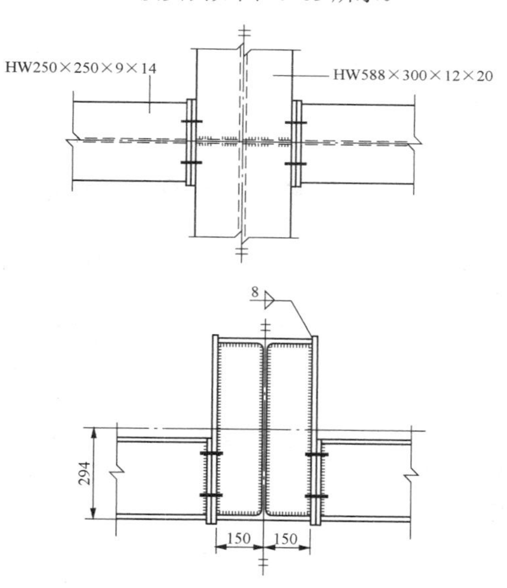

图 19-63　阀塔吊梁次梁与主梁连接实例图

2. 直流穿墙套管支架

直流套管通过穿墙套管支架固定在阀厅外墙上，根据电压等级不同，套管质量从几吨到十几吨、长度从几米到 20m 以上不等，穿墙套管支架主要承受套管重力、套管内外不平衡荷载及地震作用等，设计时应充分考虑各种荷载对支架的不利作用。

直流穿墙套管支架由法兰和钢梁组成，固定套管的法兰板应有足够的厚度，法兰板和钢梁之间宜设置加劲肋；法兰支撑钢梁除承受套管的重力外，还应考虑套管内外不平衡荷载产生的弯扭作用，其截面宜采用抗扭能力较强的箱型截面。另外套管支架设计时还应考虑方便安装和更换，支架横梁与两侧阀厅钢柱宜采用螺栓连接。直流穿墙套管支架实例见图19-64。当支撑钢梁跨度较大时，可将法兰上下支撑梁设计为桁架式结构，见图19-65。

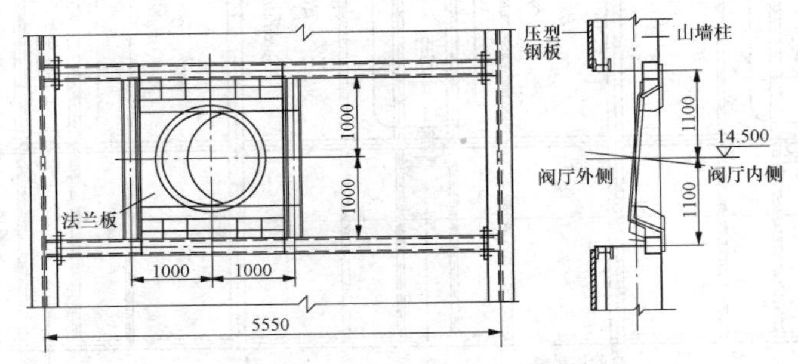

图19-64 直流穿墙套管支架实例图一

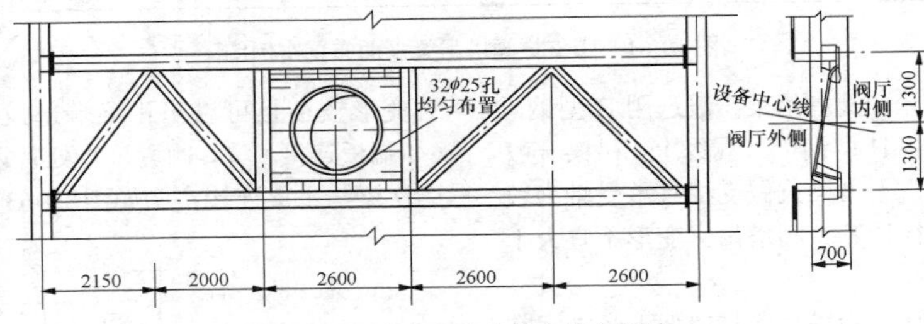

图19-65 直流穿墙套管支架实例图二

第三节 供暖通风及空调设计

换流阀因功率损耗所转换的发热量很大，尽管冷却水带走了大部分的热量，但是，换流阀仍会通过辐射及对流传热的方式向阀厅空气散热并导致室内温度的上升，过高的室内温度将影响换流阀的正常运行。并且，阀厅空间高、面积大，围护结构蓄热能力小，在冬季，当换流阀停运或检修时，如果寒冷和严寒地区阀厅无供暖设施，换流阀极易受冻而损坏。因此，阀厅全年均需要将室温维持在一定的范围之内。为了保证换流阀运行时不发生闪络现象，阀厅内相对湿度也必须加以控制。由于静电吸附的原因，阀厅内空气中的灰尘将会集聚在电气设备和套管周边并粘附在其表面，严重时将影响它们的绝缘性能，所以，首先应加强对阀厅围护结构的密封，在此基础上，还应采取其他措施防止灰尘通过围护结构的缝隙渗入，以保持阀厅内空气的洁净。

阀厅室内环境标准一般由换流阀制造厂提出，当未提具体要求时，阀厅室内环境一般按如下标准设计：温度10～50℃，相对湿度10%～60%，微正压5～10Pa。

一、供暖

（一）系统型式

（1）当严寒、寒冷地区的换流站附近有城市供暖热网、区域供暖热网、电厂蒸汽或热水等外部热源时，全站宜利用外部热源设置热水集中供暖系统，在此情况下，阀厅供暖热源宜采用95/70℃的热水。

（2）无可利用的站外热源时，阀厅应采用电热供暖方式。

（二）一般要求

（1）阀厅电气设备停运或检修期间，应尽量利用空调系统用于冬季供暖，供暖能力不足或空调系统无法运行时，应增加供暖设施。

（2）计算供暖热负荷时，不计入电气设备的散热量。

（3）严寒、寒冷地区，冬季换流阀正常运行时，通风系统应进行热量平衡计算，当达不到设计温度时，应增加供暖设施。

（4）供暖设备应设置温度传感器，可根据设定的温度范围自动启停。

（三）设计计算

供暖系统设计计算主要为冬季热负荷计算。冬季热负荷包括围护结构的基本耗热量和附加耗热量。

（1）围护结构的基本耗热量。围护结构基本耗热量为外门、外窗、外墙、地面和屋顶耗热量的总和。

（2）围护结构的附加耗热量。按GB 50019《工业建筑供暖通风与空气调节设计规范》的规定，具体要求如下：

1）朝向附加耗热量。由于阀厅一般有四个朝向的外墙，计算中可不考虑朝向附加。

2）风力附加耗热量。当阀厅位于不避风的高地、河边、旷野上时，应考虑风力附加耗热量，风力附加率宜取5%～10%。

3）高度附加耗热量。阀厅高度以4m为起点，每高出1m应附加2%，但总的附加率不应大于15%。

4）冷风渗透附加耗热量。按基本耗热量的30%计算冷风渗透附加耗热量。对设有空调的阀厅，冬季空调系统采用新风维持室内正压时，冷风渗透耗热附加率应综合考虑送风正压值与阀厅高度方向上的热压相互作用的因素。

5）外门附加耗热量。对于短时间开启的、无热风幕的外门，冷风侵入耗热量可采用外门基本耗热量乘以外门附加率进行计算，可按主入口外门基本耗热量的500%计算。

（3）供暖总热负荷。阀厅供暖总热负荷按式（19-2）计算

$$Q = 1.5\times1.15\sum KS(t_n - t_w) + 5\sum K_m S_m (t_n - t_w) \tag{19-2}$$

式中 Q——总热负荷，W；

K——各围护结构传热系数，W/（m^2·℃）；

K_m——门的传热系数，W/（m^2·℃）；

S——各围护结构面积，m^2；

S_m——外门面积，m^2；

t_n、t_w——室内、室外供暖计算温度，℃。

（四）设备及管道布置

阀厅采用热水供暖时，供暖热水管道应避免与阀冷却水管、电气套管、风管、电缆桥架等相互碰撞。

暖风机及供暖热水管应布置在电气设备的带电距离之外，且应避免在电气设备上方通过，以防暖风机和管道漏水时喷射到电气设备上。

挂墙式暖风机安装高度宜为2.5～3.5m，落地式暖风机可直接布置在阀厅地面。暖风机的分布应结合阀厅工艺设备、电缆桥架、阀冷却水管和电气套管等的位置和暖风机气流作用范围等因素综合考虑，并应尽可能使室内气流分布合理、温度场均匀。

二、通风

（一）系统型式

由于通风系统简单、投资节省、运行维护费用低，因此阀厅降温应优先考虑通风方式。蒸发冷却效率达到80%以上的中等湿度和干燥地区，宜采用喷水蒸发冷却通风方式，其他地区宜采用空气直接冷却通风方式。

1. 喷水蒸发冷却通风

喷水蒸发冷却通风物理过程如图19-66所示，室外热空气流过蒸发冷却器内被水淋湿的填料，喷洒到填料上的液态水通过吸收空气的显热而汽化，使流经填料的热空气被冷却，即干球温度降低，湿球温度不变，空气的含湿量增加。降温后的空气经过滤后由送风机送入阀厅，升温后的热空气则由排风机排出室外。

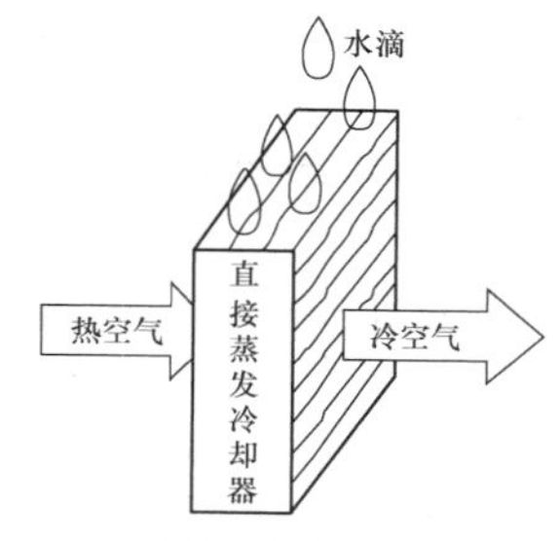

图19-66 喷水蒸发冷却通风物理过程

向阀厅送风的直接蒸发冷却设备主要包括空气过滤器、风机、循环水泵、布水排污系统、填料层及箱体等，其结构如图19-67所示。水泵将水从底部的集水箱（水槽）送到顶部的布水系统，由布水系统均匀地喷洒在填料上，水在重力的作用下流回集水箱，而室外空气通过填料时，空气在喷水蒸发的作用下被冷却。

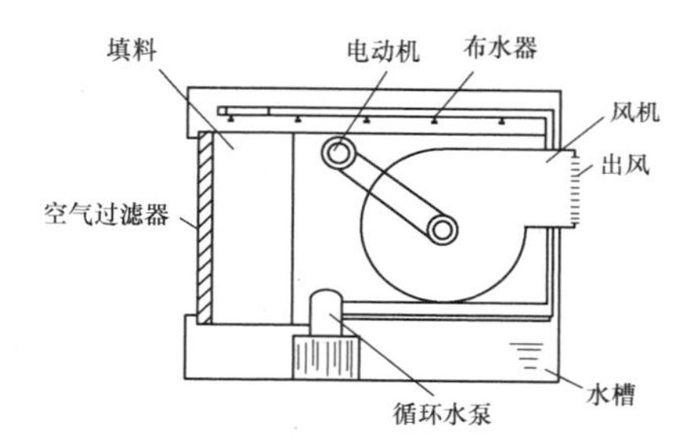

图19-67 直接蒸发冷却设备结构示意图

送风机、过滤器、循环水泵、布水系统、排污系统、填料层、消声器（如需）等组合在一个箱体内且户外布置时，箱体应设置厚度不小于40mm的聚氨酯发泡隔热层，箱体缝隙应采取密封措施以防止雨水进入。

排风机可以采用轴流风机，也可采用离心风机。

2. 空气直接冷却通风

该方式是指室外空气经过过滤后由送风机直接送入阀厅内，利用室外空气和室内空气的温差进行降温，升温后的空气再由排风机排出室外。室内空气状态的变化是一个等湿加热过程，在焓湿图查阅空气的状态变化过程，可以确定阀厅的相对湿度。

空气直接冷却通风设备主要包括空气过滤器、送风机和排风机，送风机一般采用离心风机，排风机可以采用轴流风机，也可采用离心风机。

（二）一般要求

（1）每座阀厅应设置独立的通风系统，并应采用机械送风、机械排风系统，通风设备应设100%

备用。

（2）进入阀厅的空气应设两级以上过滤，过滤等级应满足换流阀的要求，一般情况下，初效过滤器等级宜为 G4，中效过滤器等级宜为 F6，亚高效过滤器等级宜为 H10。

（3）阀厅通风换气次数宜为 0.6～2.5 次/h。

（4）阀厅应设置露点检测装置，并采取防止结露的有效措施。

（5）当系统风量较大时，送、回风机宜采用变频调速风机。

（6）通风设备应与火灾信号联锁。

（7）通风设备应采用双电源供电，并配置自动切换装置。

（8）通风系统应设置集中监控系统。

（三）设计计算

通风系统设计计算内容包括通风室内热负荷、通风量、蒸发冷却出风温度、蒸发冷却加湿耗水量。

1. 通风室内热负荷

夏季通风室内热负荷应按夏季空调区域冷负荷计算方法，并根据以下各项的热量进行逐时计算得出：①通过围护结构的传热量；②照明散热量；③换流阀及附属设备的散热量（换流阀制造厂提供）。热负荷按照 GB 50019 的有关规定进行计算。

2. 通风量

通风量按式（19-3）计算

$$q=\frac{Q}{0.28c\rho_{av}\Delta t} \tag{19-3}$$

$$\Delta t=t_{ex}-t_{in}$$

式中 q ——通风量，m^3/h；

Q ——阀厅热负荷，W；

c ——空气比热容，取值 1.01kJ/（kg·℃）；

ρ_{av} ——进排风平均密度，kg/m^3；

Δt ——进排风温差，℃；

t_{in}、t_{ex} ——进、排风温度，℃。

实际所需通风量在计算所得通风量的基础上，还应加上系统的漏风量，其中风管漏风量取计算通风量的 10%，设备漏风量取计算通风量的 5%。

3. 蒸发冷却出风温度

对于喷水蒸发冷却通风系统，空气处理过程在焓湿图上的情况如图 19-68 所示。

经过喷水蒸发冷却器的室外空气由状态点 1（冷却器进风空气的干球温度 t_{gw} ）沿等焓线向状态点 2（空气的湿球温度 t_{sw} ）移动，因蒸发冷却器效率达不到 100%，所以空气只能被冷却到状态点 3（冷却器出风空气的干球温度 t_{go} ），蒸发冷却效率可按式（19-4）计算

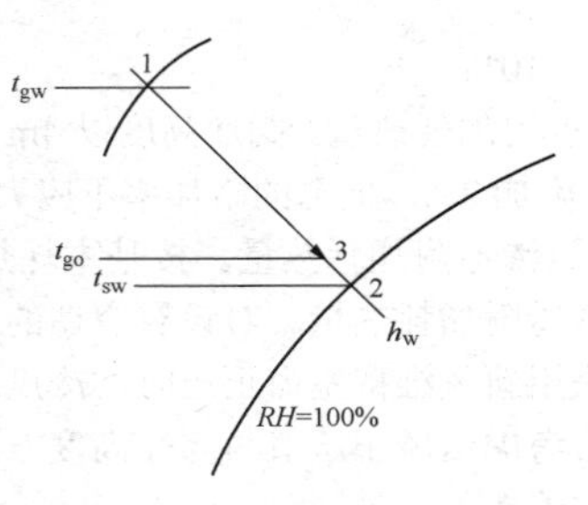

图 19-68 等焓冷却加湿过程

$$\eta_t=\frac{t_{gw}-t_{go}}{t_{gw}-t_{sw}} \tag{19-4}$$

式中 η_t ——直接蒸发冷却效率，按表 19-8 取值，%；

t_{gw} ——冷却器进风空气的干球温度，℃；

t_{go} ——冷却器出风空气的干球温度，℃；

t_{sw} ——空气的湿球温度，℃。

表 19-8　部分城市蒸发冷却效率

区域划分	湿球温度	城市名称	直接蒸发冷却效率 η_t
干燥地区	t_s<23℃	拉萨、西宁、乌鲁木齐、昆明、兰州、呼和浩特、银川	85%
中等湿度地区	23℃≤t_s<28℃	贵阳、太原、哈尔滨、长春、沈阳、西安、北京、成都、重庆、济南、天津、石家庄、郑州	80%

注 1. 表中湿球温度为夏季空调室外计算湿球温度。

2. 表中直接蒸发冷却效率为推荐值。

由式（19-5）可得蒸发冷却后出风空气的干球温度

$$t_{go}=t_{gw}-\eta_t(t_{gw}-t_{sw}) \tag{19-5}$$

4. 蒸发冷却加湿耗水量

蒸发冷却加湿耗水量可按式（19-6）计算

$$m_1=m(d_s-d_j) \tag{19-6}$$

式中 m_1 ——加湿耗水量，kg/h；

m ——处理空气量，即通风量，按式（19-3）计算，kg/h；

d_s ——冷却器出风空气的含湿量，kg/kg 干空气；

d_j ——冷却器进风空气的含湿量，kg/kg 干空气。

直接蒸发冷却设备的最大小时耗水量应包括水的蒸发损失、风吹损失和排污损失，最大小时耗水量应按式（19-7）计算

$$m_2=1.1\left(1+\frac{1}{R-1}\right)\frac{3600Q_z}{r} \tag{19-7}$$

式中 m_2 ——最大小时耗水量，kg/h；

R ——循环水的浓缩倍率，即循环水离子浓度

与补水离子浓度的比值，可按2～4取值；

Q_z——蒸发冷却设备的制冷量，即通风室内热负荷，kW；

r——水的汽化潜热，kJ/kg，可按20℃时2454kJ/kg取值；

1.1——风吹损失等安全裕量系数。

（四）设备及管道布置

（1）组合成箱体式的通风设备，宜布置在室外地面或控制楼屋面。

（2）当阀厅通风量较大，不适合将空气过滤器、离心风机等组合在箱体内时，可考虑在阀厅室外设置通风机房。图19-69示意了某换流站阀厅通风机房平面布置图。

（3）阀厅通风宜采用下送上回的气流组织形式。

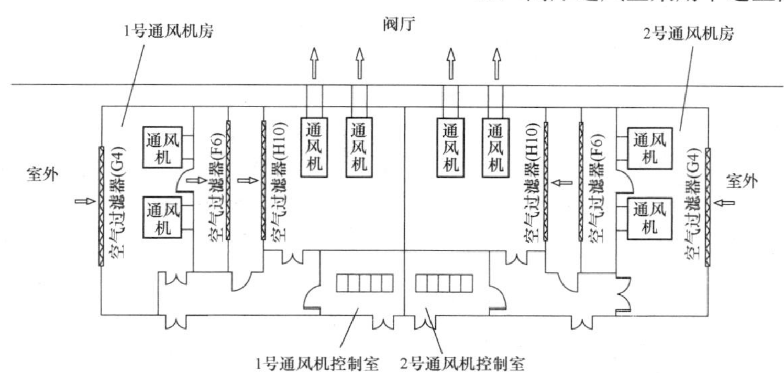

图19-69　换流站阀厅通风机房平面布置图

（4）所有室外电动执行机构和传感器应采用防雨型并设置防雨罩。寒冷地区的室外仪表、电动执行机构和传感器应采取防冻措施。

（5）吸风口下缘距室外地坪不宜小于2m，以免地面扬尘被吸入。在风沙大的地区，吸风口应采取防风沙措施，如设置沉沙井、防沙百叶等，排风机的外侧应安装带联动装置的百叶窗或电动阀门。

（6）室外风管法兰处及阀厅外墙上的排风口应采取防雨措施。

（7）阀厅内风管布置应合理规划，垂直风管应尽可能靠柱边和墙边布置，并满足与电气设备和套管之间的带电距离要求。风管应避免与阀冷却水管、屋架、光缆桥架冲突。

（8）地下风道内壁应光滑并刷防尘防霉涂料，地面格栅送风口宜采用不锈钢制作并带铝合金风量调节阀，格栅的强度应能够承受阀厅检修车的荷载。格栅风口与地下风道之间不需固定，可作为地下风道的清扫口，沟道断面尺寸应满足人工进入并清灰的需求。

三、空调

当通风系统无法保证阀厅室内温度和相对湿度时，特别是在一些高温、高湿地区，阀厅应采用空调系统降温和维持所需的相对湿度。

（一）系统型式

阀厅空调一般采用全空气集中式空调系统，采风冷螺杆式冷（热）水机组＋组合式空气处理机组＋送/回风管及风口的系统型式。图19-70所示为换流站阀厅空调系统流程图。

在夏季，由冷（热）水机组提供的冷水被送至空气处理机组内的表面冷却器，空气处理机组则从阀厅内抽取空气，在机组内进行冷却降温、除湿、过滤处理后再通过送风机送入阀厅，以维持阀厅的温湿度环境。在冬季，根据需要，空气处理机组利用冷（热）水机组提供的热水加热送入室内的空气，当室外气温低至冷（热）水机组无法启动时，则可启动组合式空气处理机组内的电加热器加热送入室内的空气。

通过调节空气处理机组新风阀门开度使新风量大于渗透风量可使阀厅维持一定的微正压。

在冬、夏之间的过渡季节，室外冷（热）水机组不运行，空气处理机组直接将室外空气过滤后送入阀厅以维持阀厅温湿度和微正压。

（二）一般要求

（1）每个阀厅的空调系统应独立设置，空气处理机组及制冷设备应设100%备用。

（2）进入阀厅的空气应设置不少于两级过滤，过滤等级应满足换流阀的要求。一般情况下，初效过滤器等级宜为G4，中效过滤器等级宜为F6，亚高效过滤器等级宜为H10。

（3）换气次数宜为0.6～2.0次/h。

（4）阀厅应设置露点检测装置，并采取防止结露的有效措施。

（5）空调系统应尽可能利用室外新风降温，以达到节能的目的。

（6）空气处理机组应与火灾信号联锁。

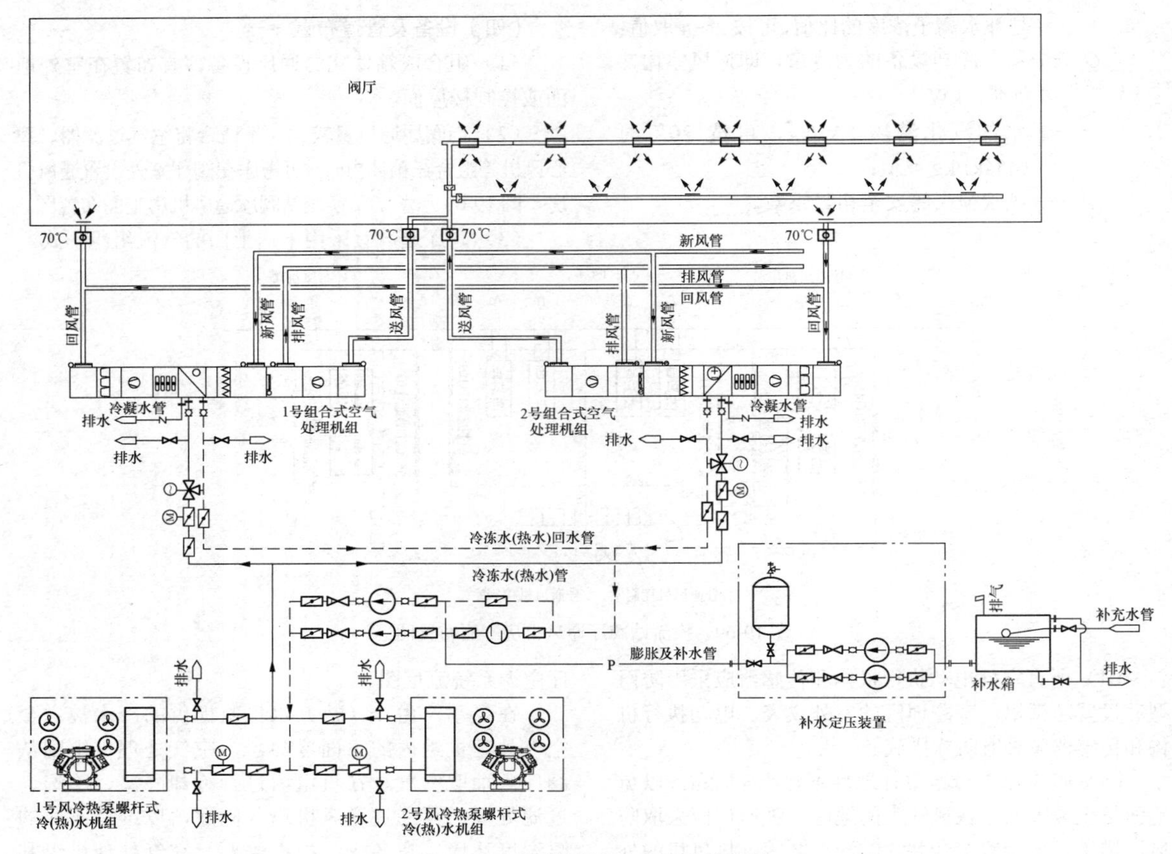

图 19-70 换流站阀厅空调系统流程图

（7）空调设备应采用双电源供电，并配置自动切换装置。

（8）空调系统应设置集中监控系统。

（三）设计计算

空调系统设计计算内容包括空调负荷、系统风量、设备容量、风管系统压力损失及水管回路总阻力等。

1. 空调负荷

（1）空调负荷基本构成。空调负荷包括夏季冷、湿负荷和冬季热、湿负荷，空调冷、热负荷均由空调区域负荷与空调系统负荷两大部分构成。

（2）夏季空调冷负荷。夏季空调冷负荷包括空调区域冷负荷和空调系统冷负荷。

1）空调区域冷负荷应根据以下各项的热量进行逐时计算得出：①通过围护结构传入的热量；②照明散热量；③电气设备散热量（由换流阀厂提供）。

2）空调系统冷负荷包括以下几项：①空调区域冷负荷；②新风冷负荷；③附加冷负荷，包括空气通过风机和风管的温升、风管的漏风量附加，制冷设备和冷水系统的冷量损失，孔洞渗透冷量损失。

（3）冬季空调热负荷。冬季空调热负荷包括空调区域热负荷和空调系统热负荷。

1）空调区域热负荷仅计算围护结构的耗热量，不考虑电气设备发热量。

2）空调系统热负荷包括：①空调区域热负荷；②加热新风所需的热负荷；③附加热负荷仅计算风管的漏风量附加。

（4）空调系统夏季及冬季湿负荷。对阀厅空调系统而言，仅为空调系统的新风湿负荷。

（5）计算方法。按照 GB 50019 中的相关规定进行计算。

2. 系统风量

空气处理系统风量应按排风干球温度和进风干球温度之差计算，并加上系统的漏风量，其中风管漏风量一般可取计算风量的 10%，设备漏风量可取计算风量的 5%。

3. 设备容量

设备制冷量则根据空气处理过程通过焓差计算确定，具体计算方法同第二十章第三节供暖通风及空调设计中有关控制楼全空气集中式空调系统的内容。

选择加热器、表冷器等设备时，应附加风管漏风量；选择通风机时，应同时附加风管和设备漏风量。

4. 风管系统压力损失

风管系统压力损失包括风管沿程压力损失、风管局部构件压力损失及设备内部压力损失。

（1）风管沿程压力损失计算为

$$\Delta p_1=\lambda\times\frac{1}{4R_s}\times\frac{v^2\rho}{2}\times L \qquad (19\text{-}8)$$

$$R_s=S/C$$

式中　Δp_1——风管沿程压力损失，Pa；

λ——摩擦阻力系数；

R_s——风管的水力半径，m；

v——风管内空气的平均流速，m/s；

ρ——空气密度，kg/m³；

S——风管的过流断面积，m²；

C——风管的周长，m；

L——风管长度，m。

（2）风管局部构件压力损失计算为

$$\Delta p_2=\sum\xi_i v_i^2/(2g) \qquad (19\text{-}9)$$

式中　Δp_2——风管局部构件压力损失，Pa；

v_i——风管内局部构件 i 处的空气流速，m/s；

ξ_i——局部构件 i 的阻力系数。

（3）设备内部压力损失计算为

$$\Delta p_3=\sum\Delta p_i \qquad (19\text{-}10)$$

式中　Δp_3——设备内部压力损失，kPa；

Δp_i——i 设备内部压力损失，kPa。

（4）风管系统压力损失计算为

$$\Delta p=\Delta p_1+\Delta p_2+\Delta p_3 \qquad (19\text{-}11)$$

式中　Δp——风管系统压力损失，Pa；

Δp_1——风管沿程压力损失，Pa；

Δp_2——风管局部构件压力损失，Pa；

Δp_3——设备内部压力损失，Pa。

5. 水管回路总阻力

空调冷冻（热）水回路总阻力包括水管沿程阻力、水管局部阻力及设备内部阻力。

（1）水管沿程阻力计算为

$$p_1=iL \qquad (19\text{-}12)$$

式中　p_1——水管沿程阻力，kPa；

i——特定流量、管径时每米管长水压降，kPa；

L——管道长度，m。

（2）水管局部阻力计算为

$$p_2=\sum\xi_i v_i^2/(2g) \qquad (19\text{-}13)$$

式中　p_2——水管局部阻力，kPa；

v_i——i 管段内冷却水流速，m/s；

ξ_i——局部构件 i 的阻力系数。

（3）设备内部阻力计算为

$$p_3=\sum p_i \qquad (19\text{-}14)$$

式中　p_3——设备内部阻力，kPa；

p_i——i 设备内部阻力，kPa。

（4）冷冻（热）水回路循环回路总阻力计算为

$$p=p_1+p_2+p_3 \qquad (19\text{-}15)$$

式中　p——热水循环回路总阻力，kPa；

p_1——水管沿程阻力，kPa；

p_2——水管局部阻力，kPa；

p_3——设备内部阻力，kPa。

（四）空气处理过程

空气的冷却、加热、加湿、净化、降噪处理过程参见第二十章第三节供暖通风及空调设计中有关控制楼全空气集中式空调系统的内容。

（五）空调系统冷热源

1. 冷源

阀厅空调系统的冷源宜采用人工冷源并独立设置。由于阀厅空调系统冷量一般在 150～800kW 范围内，且冷源设备普遍布置在室外，空调系统冷源宜采用由风冷螺杆压缩式冷水机组或风冷模块活塞压缩式冷水机组提供的冷水，根据阀厅对室内温、湿度无精度要求，允许的送风温差大，且室内设备散热负荷常年较大的特点，为了节能考虑，冷水供水温度宜按 10～12℃设计，供、回水温差宜为 5℃。

2. 热源

当全站利用外部热源设置集中供暖系统时，空调系统宜采用热水作为热源，热水供/回水温度宜为 60/50℃。其他情况下，采用热泵型风冷冷水机组，即风冷冷（热）水机组制备的热水作为热源，热水供/回水温度宜为 45/40℃。寒冷和严寒地区，当机组因室外温度过低无法启动时，采用电加热器作为空调系统的热源。

（六）空气处理设备

空气处理设备用于实现对空气的冷却、加热、加湿、净化、降噪处理，并通过调节新风、排风、回风的比例，控制阀厅内的微正压值。一般采用由回风段、回风消声段、回风机段、排风/新风调节和回风/新风混合段、初效/中效/亚高效过滤段、冷却/加热段、加湿段（需要时）、电加热段、送风机段、送风消声段、送风段及必要的中间段组成的组合式空气处理机组。

机组所配风机均采用离心式，宜采用双风机。当空调回风管较短时可采用单风机；当机组风量较小时，采用定频风机；当风量较大时，为实现调节不同季节的风量以及降低风机电机的启动电流，宜采用变频调速风机。

空气处理机组宜采用表面式空气冷却器，可同时作为风冷冷（热）水机组的热水换热设备用于冬季供暖。但寒冷和严寒地区，当采用供暖热水作为热源时，空气处理机组应另设热水加热盘管。

空气处理机组是否设置加湿器，应根据阀厅空调热湿负荷和室内温、湿度要求及室外气候特点，对空气处理过程进行校核后确定。

（七）空调气流组织

阀厅常用的空调气流组织型式有以下 3 种：

（1）上送下回。送风管布置在阀厅屋架上方，通过射流风口向下送风，回风口布置在阀厅下部，如图 19-71 所示。此种型式无地下风道，风管布置在屋架上方，为了使送风射流达到一定的距离，送风速度要高。当阀厅高度较高时，夏季冷气流往往不宜到达阀厅下部，冬季供热时，热气流更不易到达阀厅下部，为了克服上述缺陷，可在阀厅内增设扰流风机加强空气的循环，降低垂直方向的温度梯度和避免通风死角。

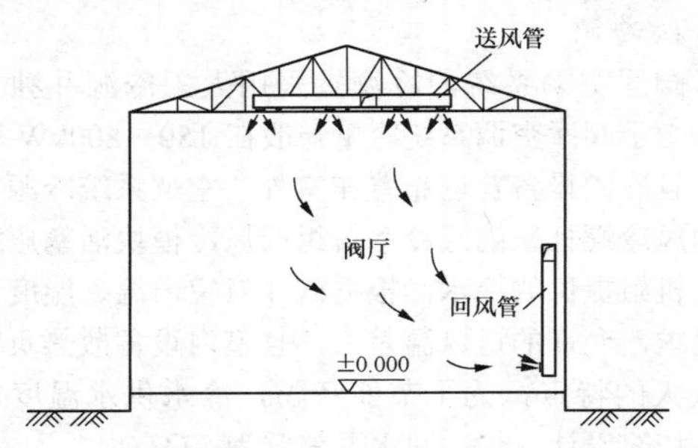

图 19-71　阀厅空调气流组织（上送下回）

（2）下送上回。通过地下风道和送风格栅向阀厅上部送风，回风口布置在阀厅屋架下方，如图 19-72 所示。

在夏季，气流受热自然上升，此种型式符合空气的热动力特性，所以气流顺畅，温度场呈下低上高分布，水平回风管布置在屋架下方，布置较为方便和灵活。但在地下岩石较多且坚硬地区，地下开挖难度和工程量均较大；在地下水位较高和相对湿度较大的地区，地下风道会导致送风含湿量增加。另外，地下风道与阀厅地下电缆沟存在交叉的可能。

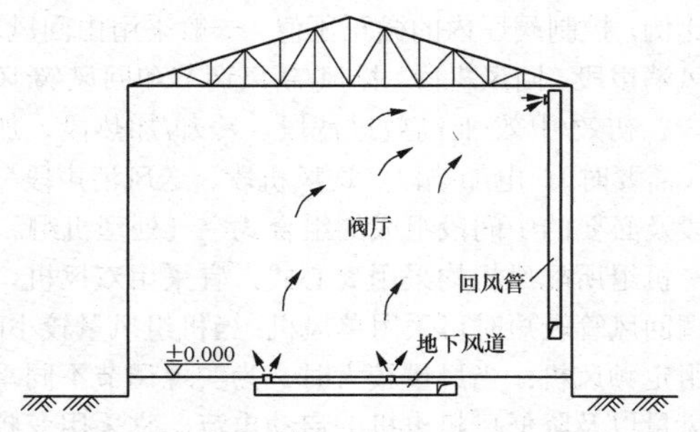

图 19-72　阀厅空调气流组织（下送上回）

（3）上下送风、中部回风。屋架上方布置风管和射流向下送风，地下风道和送风格栅向上送风，回风口布置在阀厅中部，如图 19-73 所示。

此种型式上部风口的气流所需射程短，阀塔区域内气流均衡且垂直方向温度梯度小，风管布置难易程度和安装工程量介于上送下回和下送上回之间，缺点同下送上回方式。

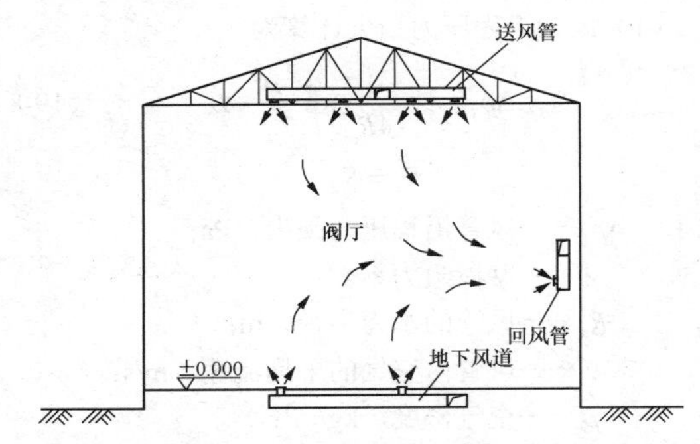

图 19-73　阀厅空调气流组织（上下送风、中部回风）

（八）设备及管道布置

（1）所有设备的布置和管道连接应符合工艺流程，应便于安装、操作与维修，以及风冷冷（热）水机组的散热。设备、水管、风管、电缆桥架的布置应排列有序，做到整齐美观。

（2）风冷冷（热）水机组可布置在阀厅室外地面（如图 19-74 所示），也可布置在控制楼屋面（如图 19-75 所示）。

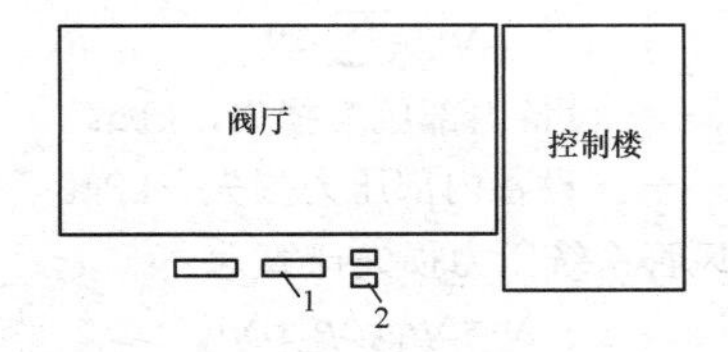

图 19-74　阀厅空调设备地面布置

1—组合式空气处理机组；2—风冷冷（热）水机组

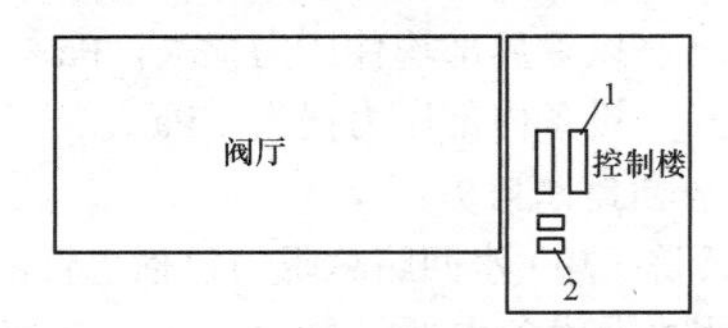

图 19-75　阀厅空调设备屋面布置

1—组合式空气处理机组；2—风冷冷（热）水机组

（3）对于空气处理机组而言，在天气寒冷的北方地区，为了防止设备受冻，主要是冷却盘管以及电气元器件，空气处理机组可布置在控制楼空调设备室，如图 19-76 所示。在气候比较温暖的南方地区，为节省控制楼建筑面积，组合式空气处理机组可布置在阀厅室外地面或控制楼屋面，见图 19-74 及图 19-75。

（4）室外布置的空气处理机组及风管，应加强机组功能段之间缝隙以及风管法兰处的密封，机组顶部可采取设置挡雨板的措施防雨，空气处理机组箱体应设置厚度不小于 40mm 的聚氨酯发泡隔热层。

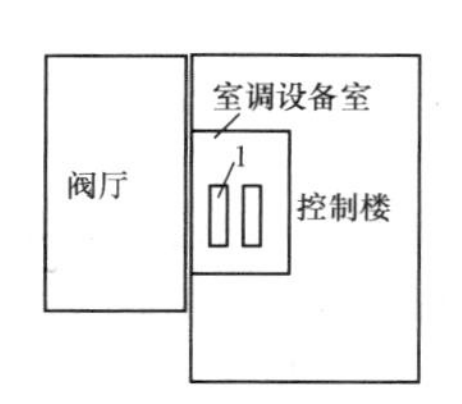

图 19-76　空气处理机组室内布置

1—组合式空气处理机组；2—风冷冷（热）水机组

（5）所有室外电动执行机构和传感器应为防雨型并设置防雨罩。寒冷地区，室外仪表、电动执行机构和传感器应采取防冻措施。

（6）空气处理机组新风口下缘距室外地坪不宜小于 2m，以免地面扬尘被吸入。在风沙大的地区，新风口应采取防风沙措施，如新风口处设置沉沙井、防沙百叶等。新风口及阀厅外墙上的排风口应采取防雨措施。

（7）阀厅内风管的布置应合理规划，垂直风管应尽可能靠柱边和墙边布置，并满足与电气设备和套管之间的带电距离要求。风管应避免与阀冷却水管、屋架、光缆桥架冲突。

（8）屋架上方风管的送风口宜选用可调节送风角度和风量的射流风口，屋架上方的送风口不应布置在阀塔正上方，以免风口表面的冷凝水滴落到阀塔上。

（9）地下风道应避免与阀冷却管沟、电缆及光缆沟道交叉，风道内壁应光滑并刷防尘防霉涂料，地面格栅送风口宜采用不锈钢制作并带铝合金风量调节阀，格栅的强度应能够承受阀厅检修车车轮的荷载。格栅风口宜作为地下风道的人工清扫口，沟道断面尺寸应满足人工进入并清灰的需求。

（10）寒冷和严寒地区，空气处理机组新风管上应设置电加热装置，防止室外冷风导致表面冷却器结冰冻裂。

（11）当空气处理机组及附属设备布置在空调设备室时，空调设备室宜靠近阀厅。图 19-77 所示为某换流站极 1 高端阀厅空调设备室设备及水管平面布置。

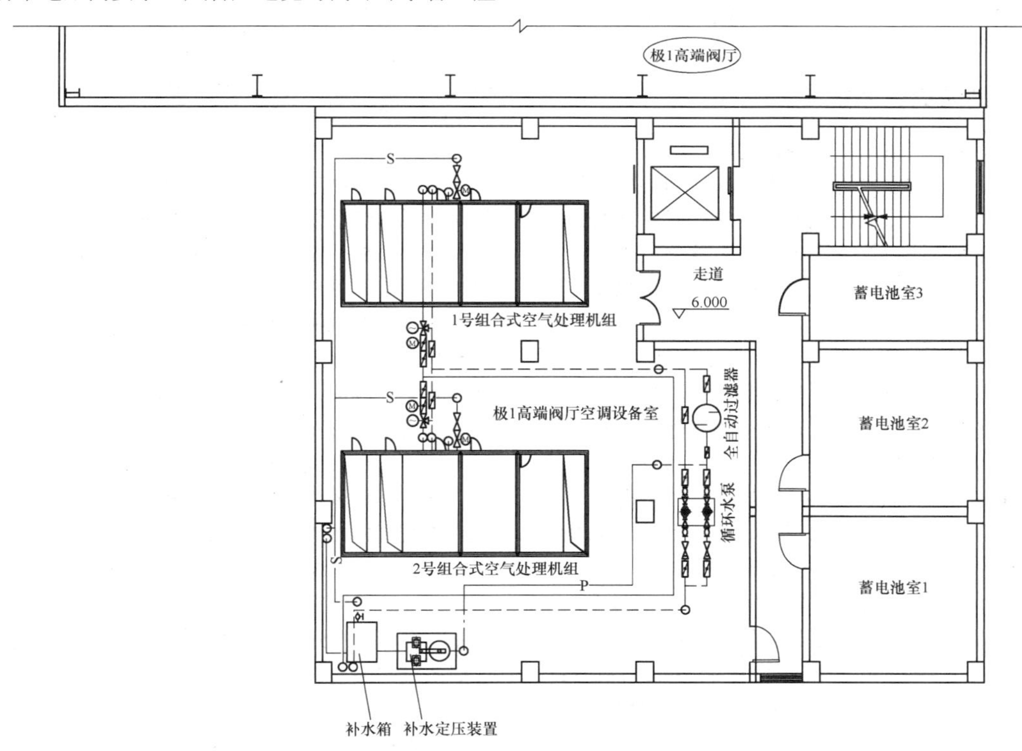

图 19-77　某换流站极 1 高端阀厅空调设备室设备及水管平面布置图

（12）空调设备及管道布置的其他要求参见第二十章第三节供暖通风及空调设计中有关控制楼全空气集中式空调系统设备及管道布置的内容。

（九）集中监控系统

阀厅通风或空调系统应设置集中监控系统，监控系统要求参见第二十章第三节供暖通风及空调设计中有关控制楼空调系统控制的内容。

第四节　消　防　设　计

阀厅是换流站的重要生产建筑物，其内部主要布置高压电气设备（如换流阀组、高压套管等），可燃物较少，根据GB/T 50789、DL/T 5459的规定，阀厅的火灾危险性类别为丁类，耐火等级为二级。

一、火灾自动报警系统

阀厅的主火灾探测系统应为吸气式火灾探测系统，由吸气式感烟火灾探测器、空气采样管网、吸气式感烟火灾探测联网系统组成，具有高灵敏度、主动式、阶段式报警等特点。其主要工作原理是通过分布在被保护区域内的采样管网采集各个阀塔上方的空气样品，经过一个过滤装置滤掉灰尘后送至激光探测器，空气样品在探测器中经分析，将空气中的微粒加以测定，由此给出准确的烟雾浓度值，并根据事先设定的报警烟雾浓度值发出火灾警报。

作为吸气式火灾探测系统的后备探测系统，在阀厅内宜装设点型红外探测器，以探测火情的早期发生；另宜装设点型紫外探测器，主要探测阀塔内产生的电弧。

各类火灾探测报警系统的报警信号通过报警总线传送至火灾报警控制器，与消防系统及通风空调系统实现联动。

二、消防灭火系统

在较早的直流输电工程中，阀厅消防灭火系统由国外厂商设计，阀厅内设置有换流阀自动喷淋系统。其后工程由于生产厂商已从电气设计、元件选型、阻燃材料选取等方面对换流阀采取了多重防火措施，因此阀厅消防灭火系统按室外消火栓灭火系统和移动式灭火器配置。

1. 室外消火栓灭火系统设计

室外消火栓接自站区消防给水系统，其干管在阀厅周围布置成环状。设置在管网上的室外消火栓布置间距不宜大于80m，环状管网干管直径不小于DN150mm，消防水泵房有两条出水管与环状管网相连，并保证当其中一条出水管检修时，另外一条出水管仍能满足阀厅消防的全部用水量。

室外消火栓的消防水量按GB 50974—2017《消防给水及消火栓系统技术规范》取值计算：当阀厅体积$V \leq 50000m^3$，室外消火栓的设计流量取15L/s；当$V > 50000m^3$，室外消火栓的设计流量取20L/s。火灾延续时间均按2h考虑。

2. 移动式灭火器设计

移动式灭火器设计应执行GB 50140《建筑灭火器配置设计规范》和DL 5027《电力设备典型消防规程》的相关规定。阀厅灭火级别按E（A）级、危险等级按中危险级考虑。

灭火器宜选择磷酸铵盐干粉灭火器，不得选用装有金属喇叭喷筒的二氧化碳灭火器。手提式灭火器放置在不锈钢灭火器箱内，灭火器箱采用翻盖式，开门方式为正上方开启，箱体为红色。

三、通风空调系统防火及排烟

（一）防火及排烟功能

（1）使通风空调系统与阀厅隔绝，防止火灾扩散和蔓延。

（2）在确认火灾已经被扑灭且不能复燃的情况下，启动机械排烟系统，消除阀厅内烟气、异味及有害物质，为工作人员进入阀厅迅速检修和恢复生产提供保障。

（二）一般要求

（1）阀厅通风空调系统防火及排烟设计应符合GB 50016《建筑设计防火规范》及GB 51251《建筑防烟排烟系统技术标准》的有关规定。

（2）阀厅通风及空气处理机组应与火灾信号联锁，火灾时其电源应被自动切断。

（3）送、回风总管穿过阀厅外墙及地下风道处应设置全自动防火阀。

（4）当阀厅建筑面积小于5000m^2时，阀厅应设置火灾后排烟系统，采用机械排烟方式，换气次数宜按0.25～0.5次/h计算。当阀厅建筑面积大于等于5000m^2时，阀厅应设置火灾时排烟系统，采用机械排烟方式并设置机械补风系统，补风量不应小于排烟量的50%。阀厅内任一点与最近的排烟口之间的水平距离不应大于30m，排烟口的风速不宜大于10m/s。机械排烟设备及阀门应与消防系统联锁。

（5）排烟口宜设置在靠近阀厅顶棚处。

（6）排烟风机进口处应设置280℃熔断关闭的全自动防火阀并与排烟风机联锁。

（7）排烟系统应在现场设置手动开启装置。

（8）当利用空调系统进行排烟时，必须采用安全可靠的措施，并应设有将空调系统自动或手动切换为排烟系统的装置。

（9）通风及空调设备、风道及附件、保温材料宜采用不燃材料，当确有困难时，可采用燃烧产物毒性较小且烟密度等级小于等于50的难燃材料。

（10）防火阀前后各2.0m、电加热器前后各0.8m范围内的管道及其绝热材料均应采用不燃材料。

第二十章

控　制　楼

第一节　建　筑　设　计

控制楼是工作人员监控操作及维护的中心场所，布置在换流区域，是换流站的主要生产建筑物。

控制楼内部布置有主控制室、控制保护设备室、交流配电室、直流屏室、交流不停电电源（UPS）室、通信机房、蓄电池室、阀冷却设备室、空调设备室等工艺设备用房，以及安全工器具室、二次备品及工作室、交接班室、会议室、办公室、资料室、卫生间等其他辅助及附属用房。

一、建筑技术要求

控制楼建筑设计应充分保障换流站设备及设施安全和人员生命安全，并为控制楼内的工作人员日常值班、办公及生活创造便利条件，满足工艺流程、设备布置及功能需求、运行维护需要，妥善考虑建筑防火、安全疏散、电磁屏蔽、保温隔热、隔声、防水、排水等相关技术要求。

（一）建筑防火

1. 火灾危险性

控制楼内无含油电气设备和易燃、易爆危险品，交流/直流配电屏、计算机监控设备、控制保护屏、换流变压器接口屏、通信屏、阀冷却设备、阀冷却控制保护屏、空调设备、蓄电池组等生产及辅助设备，以及电缆/光缆桥架、阀冷却水管道、空调送风/回风管道、给排水及消防管道等设施均采用常温环境下不易燃烧的材料制作，正常情况下其内部设备、设施及物品引发火灾事故的概率极低。根据 GB 50016《建筑设计防火规范》对生产的火灾危险性分类，以及 GB 50229《火力发电厂与变电站设计防火标准》、GB/T 50789《±800kV 直流换流站设计规范》、DL/T 5459《换流站建筑结构设计技术规程》对换流站建筑物火灾危险性的划分，控制楼的火灾危险性为戊类。

2. 耐火等级

根据 GB/T 50789、DL/T 5459 的相关规定，控制楼的耐火等级为二级。

3. 燃烧性能和耐火极限

（1）建筑构件。控制楼建筑构件的燃烧性能和耐火极限见表 20-1。

表 20-1　控制楼建筑构件的燃烧性能和耐火极限

序号	构件名称			燃烧性能	耐火极限（h）
1	墙体	防火墙		不燃性	≥3.00
		承重墙		不燃性	≥2.50
		非承重外墙		不燃性	不限
				难燃性	≥0.50
		楼梯间和前室的墙、电梯井的墙		不燃性	≥2.00
		走道两侧的隔墙		不燃性	≥1.00
		电缆竖井、管道竖井井壁		不燃性	≥1.00
		功能用房之间隔墙	交流配电室、直流屏室、交流不停电电源（UPS）室、蓄电池室、空调设备室的隔墙	不燃性	≥2.00
			其他功能用房的隔墙	不燃性	≥0.50
				难燃性	≥0.75
2	结构柱			不燃性	≥2.50
3	结构梁			不燃性	≥1.50
4	楼板		交流配电室、直流屏室、交流不停电电源（UPS）室、蓄电池室、空调设备室的楼板	不燃性	≥1.50
			其他功能用房的楼板	不燃性	≥1.00
5	屋顶承重构件			不燃性	≥1.00
6	屋面板			不燃性	≥1.00
7	疏散楼梯			不燃性	≥1.00
8	吊顶（包括吊顶格栅）			不燃性	≥0.25

当控制楼除防火墙外的非承重外墙采用外保温时，保温材料的燃烧性能不应低于B1级；当采用金属夹芯板材围护时，其内部保温隔热芯材应为A级不燃性材料，耐火极限不应低于0.50h。

当控制楼屋面采用复合压型钢板围护结构时，其保温隔热芯材应为A级不燃性材料。当采用现浇钢筋混凝土屋面时，屋面防水层宜采用不燃、难燃材料；当采用可燃防水材料且铺设在可燃、难燃保温材料上时，防水材料或可燃、难燃保温材料应采用不燃材料作防护层。

当控制楼采用钢结构梁、柱、屋顶承重构件时，应采取适当的防火保护措施。

（2）门窗。控制楼门窗的耐火性能见表20-2。

表20-2　控制楼门窗的耐火性能

序号	门窗部位		耐火性能（h）	
			耐火隔热性	耐火完整性
1	门	防火墙上的门，交流配电室、直流屏室、交流不停电电源（UPS）室、蓄电池室、空调设备室的门	≥1.50	≥1.50
		除交流配电室、直流屏室、交流不停电电源（UPS）室、蓄电池室、空调设备室以外的其他设备用房的门	≥1.00	≥1.00
		封闭楼梯间门	≥1.00	≥1.00
		电缆竖井、管道竖井检查门	≥0.50	≥0.50
		安全工器具室、二次备品及工作室、交接班室、会议室、办公室、资料室、卫生间等其他房间的门	不限	不限
2	窗	防火墙上的窗	≥1.50	≥1.50
		其他部位的窗	不限	不限

（3）内部装修材料。控制楼内部装修材料的燃烧性能应符合GB 50222《建筑内部装修设计防火规范》的相关规定，各功能用房和门厅、过厅、走道、楼梯间等的楼（地）面、内墙面、顶棚等部位内部装修材料的燃烧性能应满足表20-3的要求。

表20-3　控制楼各功能用房和门厅等部位内部装修材料燃烧性能

序号	功能用房和部位	楼（地）面	内墙面	顶棚
1	主控制室、控制保护设备室、交流配电室、直流屏室、交流不停电电源（UPS）室、通信机房、蓄电池室、阀冷却设备室、空调设备室	A级不燃性	A级不燃性	A级不燃性
2	安全工器具室、二次备品及工作室	B1级难燃性	A级不燃性	A级不燃性
3	交接班室、会议室、办公室、资料室、盥洗间、卫生间	B1级难燃性	A级不燃性	A级不燃性
4	门厅、过厅、走道	B1级难燃性	A级不燃性	A级不燃性
5	楼梯间	A级不燃性	A级不燃性	A级不燃性

注　安装在钢龙骨上燃烧性能达到B1级的纸面石膏板、矿棉吸声板可作为A级装修材料使用。

4. 防火分区

根据GB 50016对不同火灾危险性、不同耐火等级厂房的层数和每个防火分区的最大允许建筑面积的规定，作为火灾危险性为戊类、耐火等级为二级的多层厂房，每幢控制楼的最大允许建筑面积不限，宜将1幢控制楼作为1个独立的防火分区。

（二）安全疏散

控制楼的安全疏散包括安全出口设置、水平及垂直交通组织等，应满足如下要求：

（1）首层安全出口的数量不应少于2个，主安全出口应与站区道路衔接。

（2）安全出口应分散布置，其相邻2个安全出口最近边缘之间的水平距离不应小于5m。

（3）走道作为联系各楼层功能用房与楼梯的交通纽带，其布置应满足内部人员安全疏散的要求。

（4）当楼层建筑面积小于或等于400m²时，可设置1部楼梯；当楼层建筑面积大于400m²时，应设置不少于2部楼梯。

（5）楼梯间应能天然采光和自然通风，并宜靠外墙设置；当不能天然采光和自然通风时，应按防烟楼梯间的要求设置。

（6）安全出口、走道、楼梯等部位应设置灯光疏散指示标志和消防应急照明灯具。

（三）巡视观察

为便于控制楼内工作人员对阀厅内部设备的运行情况进行巡视观察，控制楼建筑布置应满足如下要求：

（1）控制楼与阀厅相邻的适当部位（二层或二层以上楼层）应设置1樘与阀厅内部架空巡视走道相衔接的联系门，联系门应为满足1.20h耐火隔热性及完整性、40dB（A）隔声性能要求的电磁屏蔽防火隔声门。

（2）控制楼与阀厅相邻的适当部位（二层或二层

以上楼层）应设置1樘用于工作人员肉眼观察阀厅内部设备运行情况的观察窗，观察窗应为满足1.20h耐火隔热性及完整性、40dB（A）隔声性能要求的电磁屏蔽防火隔声窗。阀厅观察窗实例如图20-1所示。

图20-1 阀厅观察窗照片

（四）电磁屏蔽

为防止邻近的户外配电装置区域设备（如换流变压器、平波电抗器、交流开关场设备、直流开关场设备）发出的电磁波信号对控制楼内控制保护设备形成骚扰，控制楼应采取电磁屏蔽措施。

1. 电磁屏蔽效能指标

控制楼对电磁波信号频率范围在10kHz～10MHz之间的磁场屏蔽效能不低于40dB，对电磁波信号频率范围在10～1000MHz之间的磁场屏蔽效能不低于30dB。

2. 电磁屏蔽技术方案

控制楼电磁屏蔽技术方案分为整体电磁屏蔽方案和局部电磁屏蔽方案，实际工程采用的方案应根据换流站工艺要求确定。

（1）整体电磁屏蔽方案：即对整幢控制楼采取电磁屏蔽措施，使之成为一个由六面体金属板（网）构成的、能够阻止电磁波信号进入或逃逸的电磁屏蔽体，并与主接地网形成可靠的导电连接。

（2）局部电磁屏蔽方案：即对控制楼内的部分功能用房（如主控制室、控制保护设备室等）单独采取电磁屏蔽措施，使之成为各自独立的电磁屏蔽体，并与主接地网形成可靠的导电连接。

3. 电磁屏蔽技术措施

电磁屏蔽技术措施可分为彩色压型钢板电磁屏蔽、镀锌焊接钢丝网电磁屏蔽两种措施。

彩色压型钢板电磁屏蔽具体措施参见第十九章第一节建筑设计的有关内容。

镀锌焊接钢丝网电磁屏蔽具体措施如下：楼地面铺设Φ4mm @ 50mm×50mm镀锌焊接钢丝网，内墙面和顶棚铺设Φ3mm @ 20mm×20mm镀锌焊接钢丝网，确保电磁屏蔽对象（整幢控制楼或主控制室、控制保护设备室等功能用房）成为导电性能优良的六面体金属网等电位体，并与主接地网形成可靠的导电连接。

（五）保温隔热

控制楼建筑围护结构保温隔热设计应结合换流站所处地区的气候特点，采用建筑热工分析计算方法，定量选择适当种类和厚度的墙体、屋面保温隔热材料，以及外墙节能门窗，使其综合传热系数满足GB 50189《公共建筑节能设计标准》规定的该地区建筑围护结构热工性能限值要求。

建筑外墙围护结构保温隔热可采用外墙外保温、外墙内保温和外墙夹芯保温三种方案。在换流站工程中，控制楼外墙围护结构保温隔热通常采用外墙外保温方案。

（六）隔声

控制楼内主要工作场所的噪声限值应符合GB/T 50087—2013《工业企业噪声控制设计规范》的相关规定，具体控制指标见表20-4。

表20-4 控制楼工作场所噪声控制指标

序号	工作场所	室内背景噪声等效声级限值[dB（A）]
1	控制保护设备室、交流配电室、直流屏室、交流不停电电源（UPS）室、通信机房、安全工器具室、二次备品及工作室	70
2	主控制室、会议室、办公室、交接班室	60

注 室内背景噪声等效声级是指由外部传入室内的噪声等效声级。

（七）防排水

作为换流站的重要生产建筑物，控制楼内部布置有交流/直流配电屏、计算机监控设备、控制保护屏、换流变压器接口屏、通信屏、蓄电池组等工艺设备，其屋面不允许出现雨水渗漏问题。

1. 屋面防水等级

控制楼屋面防水等级为Ⅰ级。

2. 屋面防水方案

控制楼屋面可分为现浇钢筋混凝土屋面和复合压型钢板屋面两种类型，具体防水方案如下：

（1）现浇钢筋混凝土屋面。采用2层柔性防水卷材（或1层柔性防水卷材和1道柔性防水涂料）进行防水设防，结构找坡方式的屋面排水坡度不应小于3%，材料找坡方式的屋面排水坡度宜为2%。

（2）复合压型钢板屋面。采用360°直立锁缝暗扣连接方式的外层压型钢板（纵向不允许搭接）及防水垫层组成的围护结构进行防水设防，屋面排水坡度宜为5%～10%。

3. 屋面排水方案

控制楼屋面宜采用有组织排水，水落管的数量和管径应根据当地暴雨强度经雨水流量计算确定，水落管的材质应根据当地气候条件合理选用。

4. 其他建筑部位防水

（1）控制保护设备室、交流配电室、直流屏室、交流不停电电源（UPS）室、通信机房、蓄电池室等设备用房对防水有严格的要求，上述房间不应布置在卫生间及其他易积水房间的正下方，且房间内部不应布置给排水管道。

（2）主控制室、控制保护设备室、交流配电室、直流屏室、交流不停电电源（UPS）室、通信机房等设备用房的顶棚送风口布置应结合设备、灯具布置综合考虑，应尽量不将送风口布置于设备的正上方，以免空调风口的冷凝水滴落到配电、控制保护、通信等设备表面。

（八）其他

1. 防潮

当换流站站址所在地区地下水位较高或土壤较潮湿时，控制楼应采取可靠的防潮措施。

（1）当控制楼设有地下室（或半地下室）时：地下室底板和侧壁外侧应均匀涂刷 2 道柔性防水涂料（纵、横向各涂刷 1 道），或铺设 2 层柔性防水卷材（上、下层错缝铺贴）。

（2）当控制楼不设地下室（或半地下室）时：①墙身–0.060m 标高处应设置防潮隔离层，采用 20mm 厚防水水泥砂浆（内掺水泥用量 5%的 JJ91 硅质密实剂）粉刷；②室内地坪应设置防潮隔离层，即在室内地坪细石混凝土垫层之上均匀涂刷 2 道柔性防水涂料（纵、横向各涂刷 1 道），或铺设 2 层柔性防水卷材（上、下层错缝铺贴）。

2. 防风沙

当换流站位于我国西北、华北北部、东北西部等风沙较大地区时，控制楼应采取可靠的防风沙措施。

（1）主出入口处宜增设防风沙前室。

（2）建筑围护结构的所有孔隙（包括设备开孔、管线开孔等）均应封堵密实。

（3）外墙门窗应具有优良的气密性能。

（4）室内电缆沟与室外的衔接部位应采取防风沙封堵措施。

3. 防坠落

控制楼的上人屋面、楼梯、吊物孔、回廊、阳台的临空处，以及窗台高度小于 0.9m 的采光通风窗均存在人员坠落风险，应采取安全防护措施。

（1）女儿墙、防护栏杆的高度应不小于 1.05m，当防护栏杆底部有宽度不小于 0.22m、高度不大于 0.45m 的可踏部位时，其高度应从可踏部位顶面计算。

（2）防护栏杆离楼（地）面或屋面 0.10m 高度内不应留空。

（3）防护栏杆应能承受不小于 1.0kN/m 的水平荷载，且应采用坚固、耐久的材料制作。

4. 防小动物

控制楼±0.000m 层各安全出口门，以及控制保护设备室、交流配电室、直流屏室、交流不停电电源（UPS）室、通信机房、蓄电池室等设备用房门的内侧应加装可拆卸式挡板，以防止老鼠、黄鼠狼、野兔、蛇等小动物闯入。

5. 采光与通风

主控制室、会议室、办公室等功能用房应尽量靠建筑外墙布置，且应设置采光通风窗，以充分利用天然采光和自然通风。

二、建筑布置

（一）两端直流输电换流站

1. 建筑设置

每极单 12 脉动换流器接线方案换流站和每极双 12 脉动换流器串联接线方案换流站的阀厅及控制楼建筑布置组合见第十九章第一节建筑设计的有关内容。

每极单 12 脉动换流器接线方案换流站设置控制楼 1 幢。

每极双 12 脉动换流器串联接线方案换流站的控制楼设置与阀厅及控制楼布置组合方案对应：①当阀厅及控制楼采用三列式布置组合方案时，全站设置主控制楼、极 1 高端阀厅辅控制楼、极 2 高端阀厅辅控制楼 3 幢建筑物；②当阀厅及控制楼采用“一”字形布置组合方案时，全站设置主控制楼、辅控制楼 2 幢建筑物。

两端直流输电换流站控制楼设置见表 20-5。

表 20-5　两端直流输电换流站控制楼设置一览表

序号	换流站类型	控制楼名称		数量（幢）
1	每极单 12 脉动换流器接线方案换流站	控制楼		1
2	每极双 12 脉动换流器串联接线方案换流站	三列式布置组合方案	主控制楼	1
			极 1 高端阀厅辅控制楼	1
			极 2 高端阀厅辅控制楼	1
		“一”字形布置组合方案	主控制楼	1
			辅控制楼	1

2. 建筑单体布置

（1）每极单 12 脉动换流器接线方案换流站。每极单 12 脉动换流器接线方案换流站控制楼内的主要功能用房包括主控制室、控制保护设备室、交流配电室、直流屏室、交流不停电电源（UPS）室、通信机房、电气蓄电池室、通信蓄电池室、阀冷却设备室、阀冷却控制设备室、空调设备室，以及安全工器具室、二次备品及工作室、交接班室、会议室、办公室、资料室、男女卫生间等。

控制楼宜采用 3 层布置，其平面布置实例如图 20-2 所示。

（2）每极双 12 脉动换流器串联接线方案换流站。

1）主控制楼。每极双 12 脉动换流器串联接线方案换流站主控制楼内的功能用房设置与每极单 12 脉动换流器接线方案换流站控制楼基本相同。

主控制楼宜采用 3～4 层布置，采用 3 层布置的主控制楼平面布置实例如图 20-3 所示，采用 4 层布置的主控制楼平面布置实例如图 20-4 所示。

2）辅控制楼。每极双 12 脉动换流器串联接线方案换流站辅控制楼内的主要功能用房包括控制保护设备室、交流配电室、电气蓄电池室、阀冷却设备室、阀冷却控制设备室、空调设备室等。

辅控制楼宜采用 2～3 层布置，采用 2 层布置的辅控制楼平面布置实例如图 20-5 所示，采用 3 层布置的辅控制楼平面布置实例如图 20-6 所示。

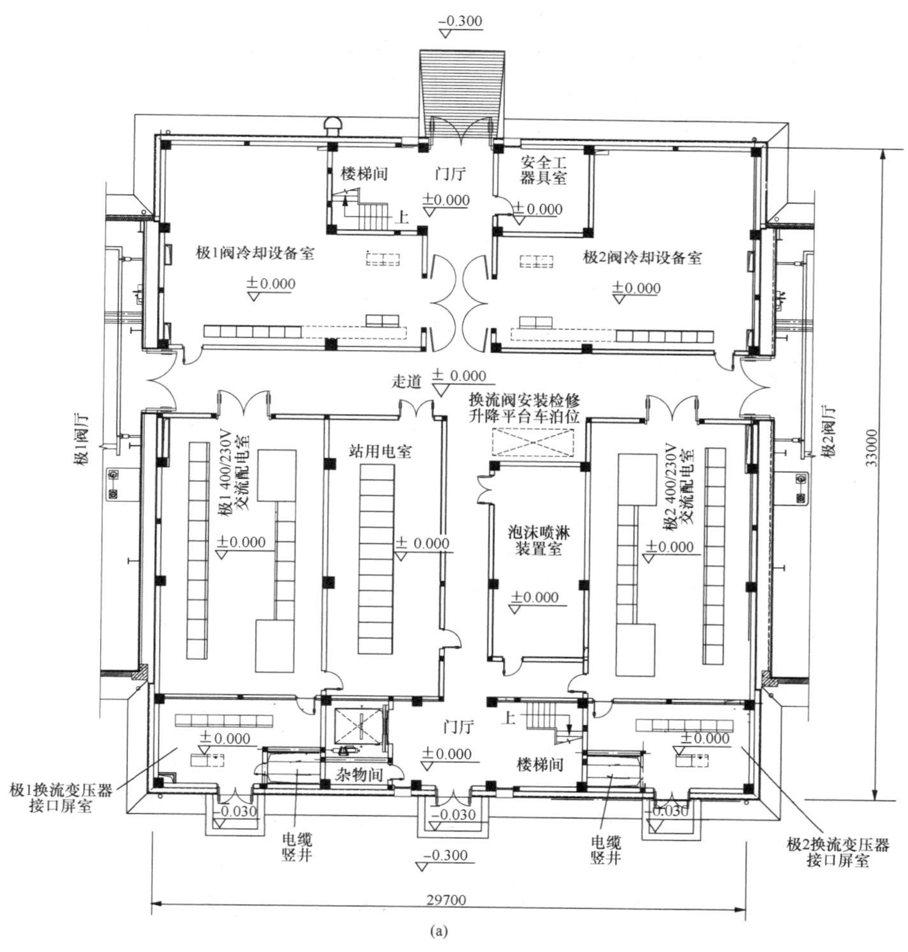

图 20-2　每极单 12 脉动换流器接线方案换流站控制楼平面布置实例图（一）

（a）首层平面图

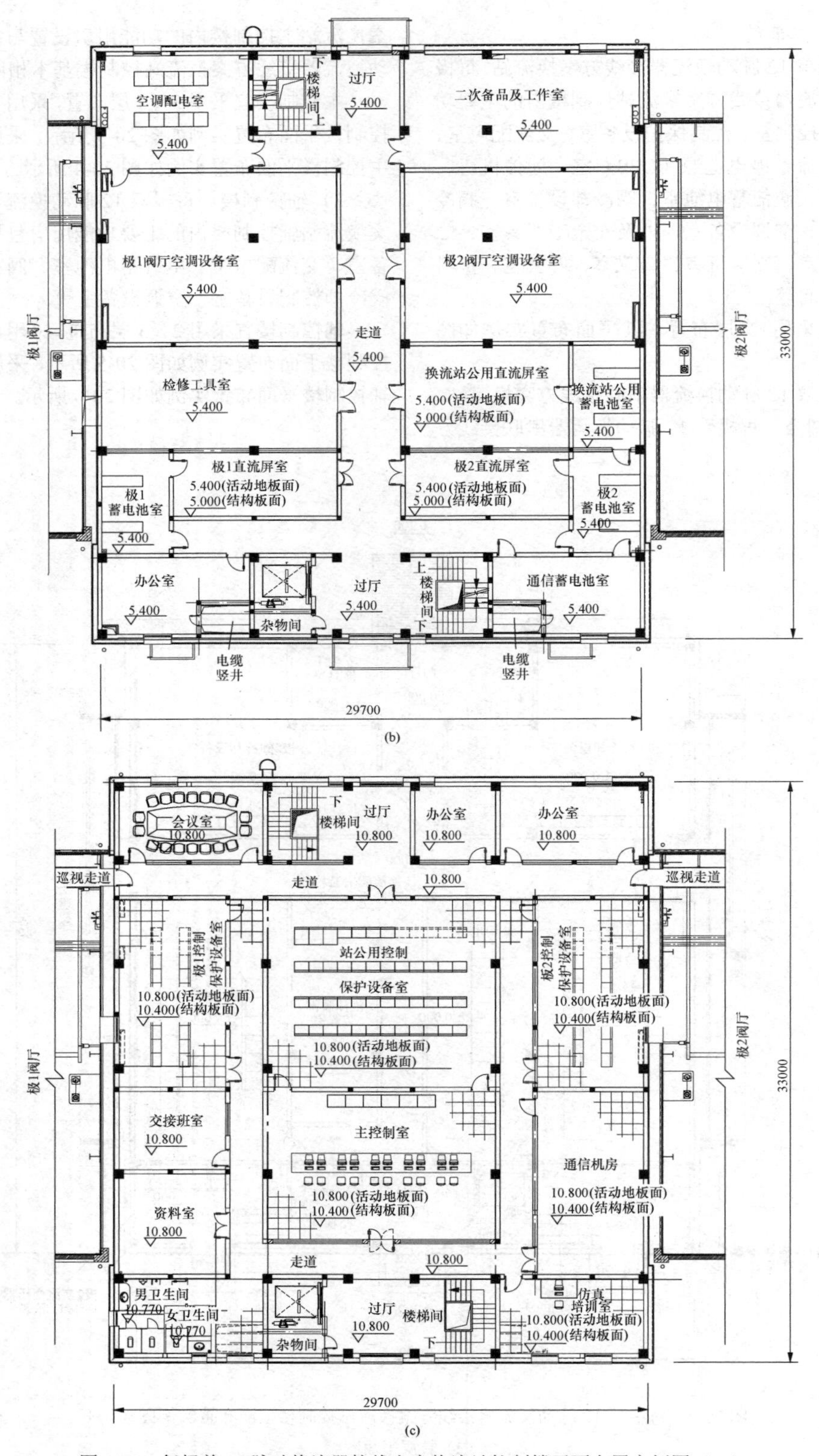

图 20-2 每极单 12 脉动换流器接线方案换流站控制楼平面布置实例图（二）

（b）二层平面图；（c）三层平面图

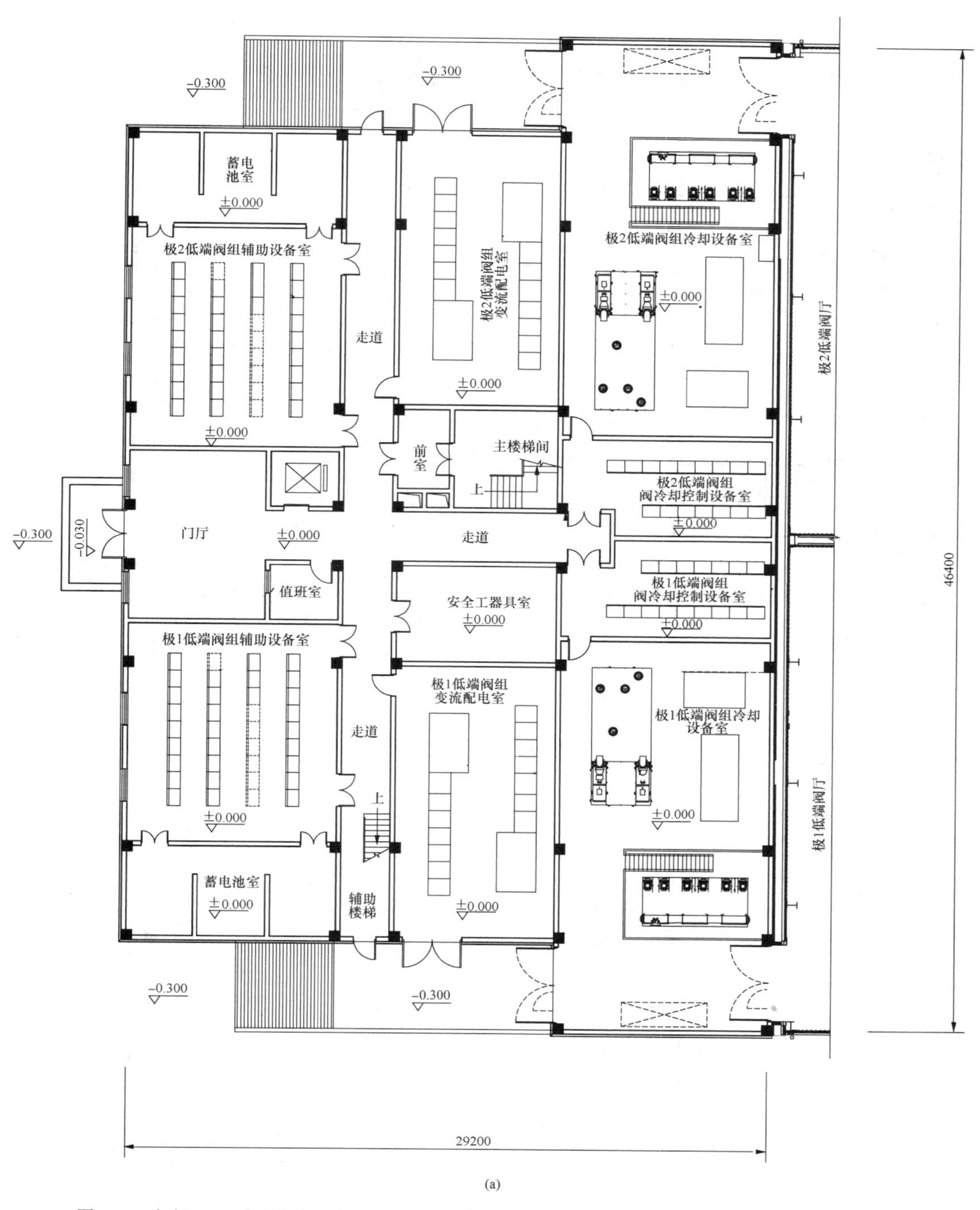

图 20-3　每极双 12 脉动换流器串联接线方案换流站主控制楼（3 层布置）平面布置实例图（一）

（a）首层平面图

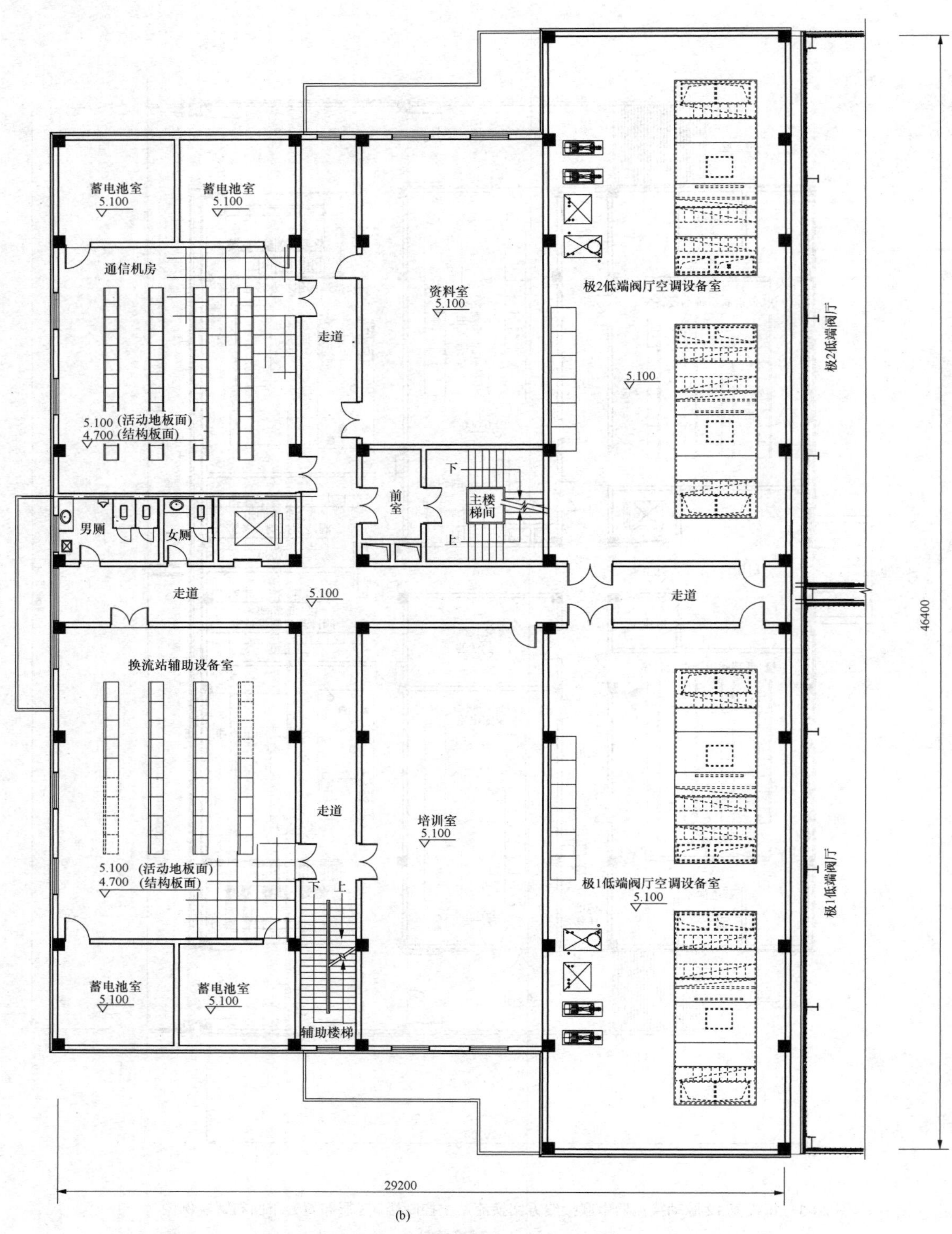

(b)

图 20-3　每极双 12 脉动换流器串联接线方案换流站主控制楼（3 层布置）平面布置实例图（二）

（b）二层平面图

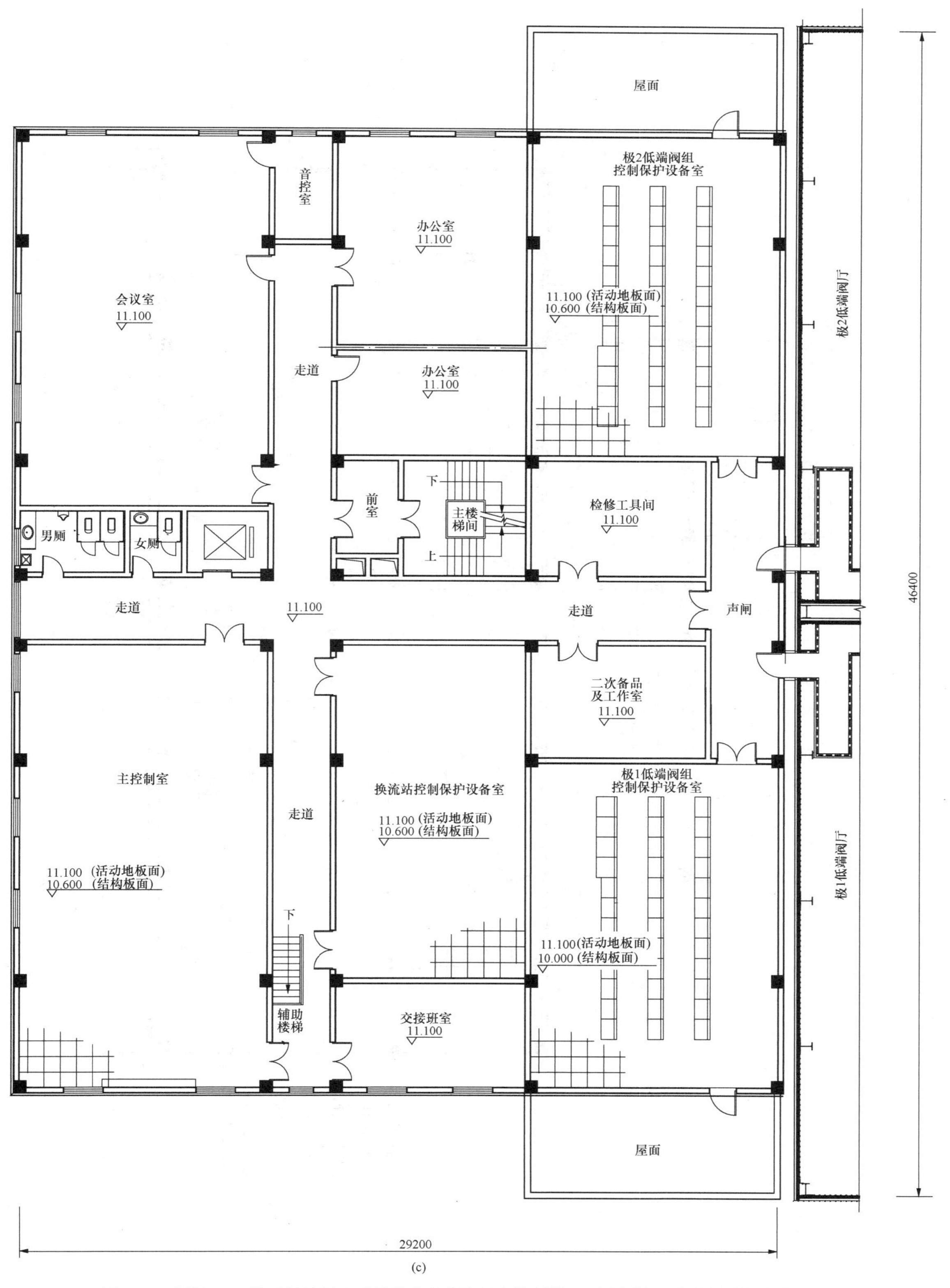

图20-3　每极双12脉动换流器串联接线方案换流站主控制楼（3层布置）平面布置实例图（三）

（c）三层平面图

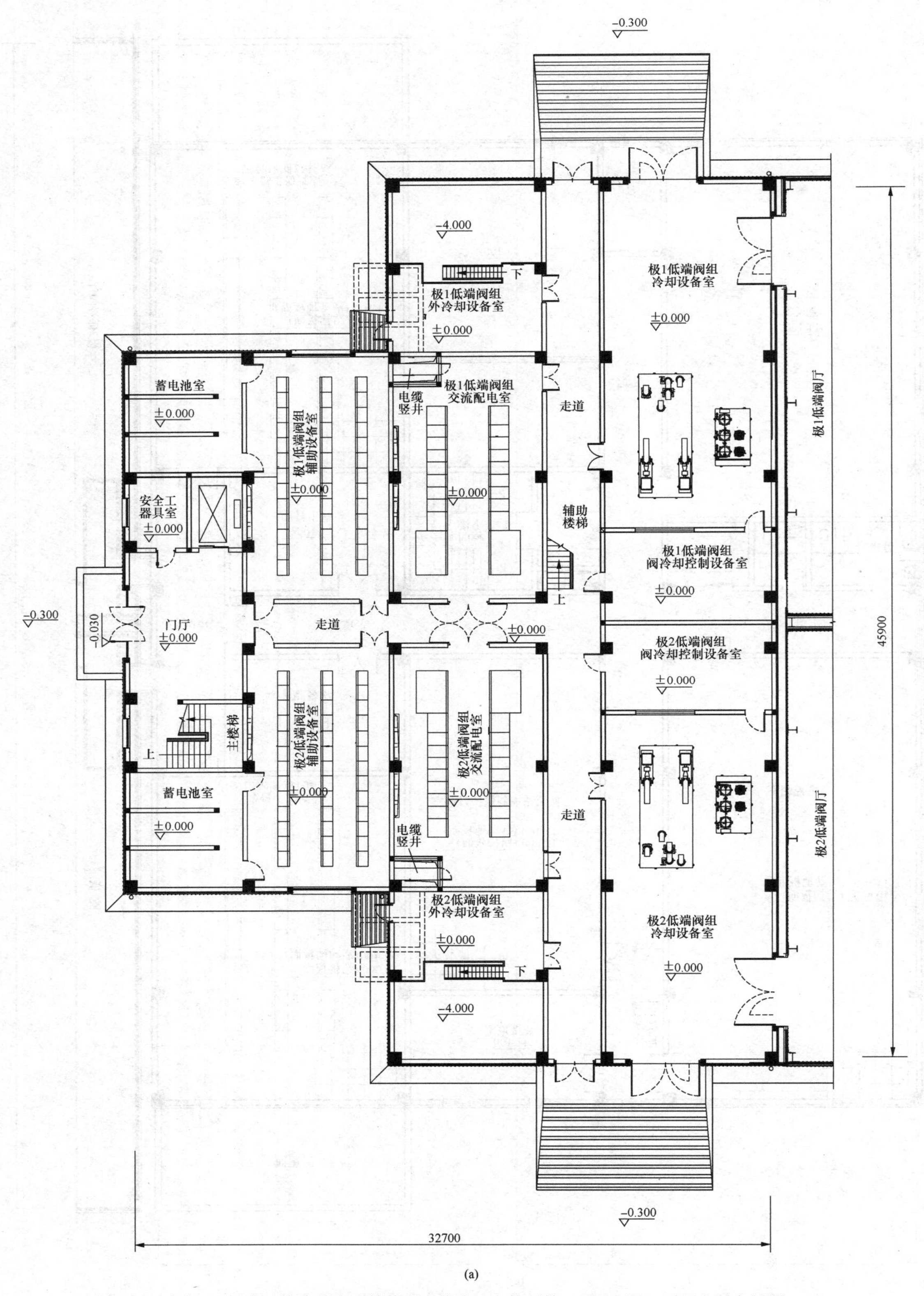

(a)

图 20-4 每极双 12 脉动换流器串联接线方案换流站主控制楼（4 层布置）平面布置实例图（一）

（a）首层平面图

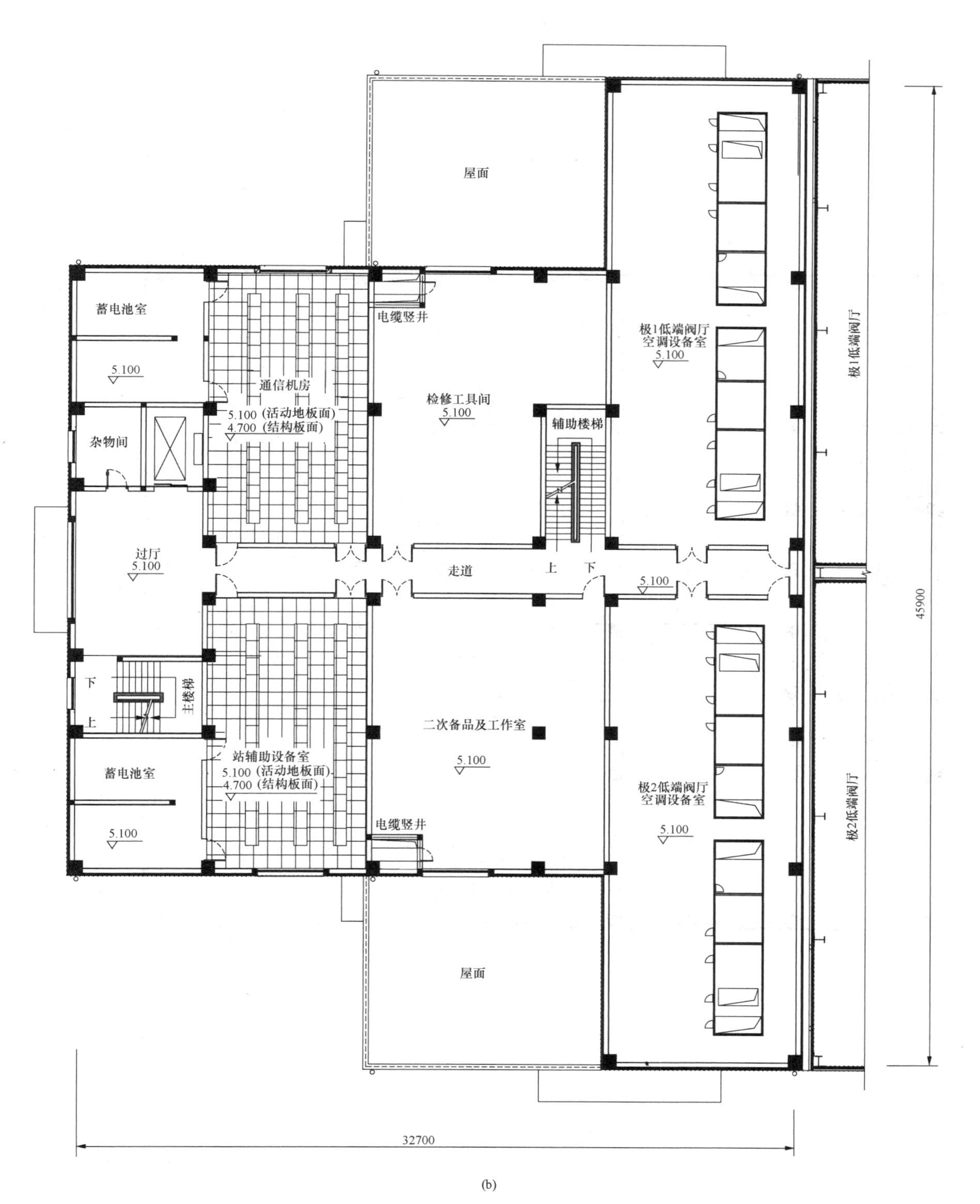

(b)

图 20-4　每极双 12 脉动换流器串联接线方案换流站主控制楼（4 层布置）平面布置实例图（二）

（b）二层平面图

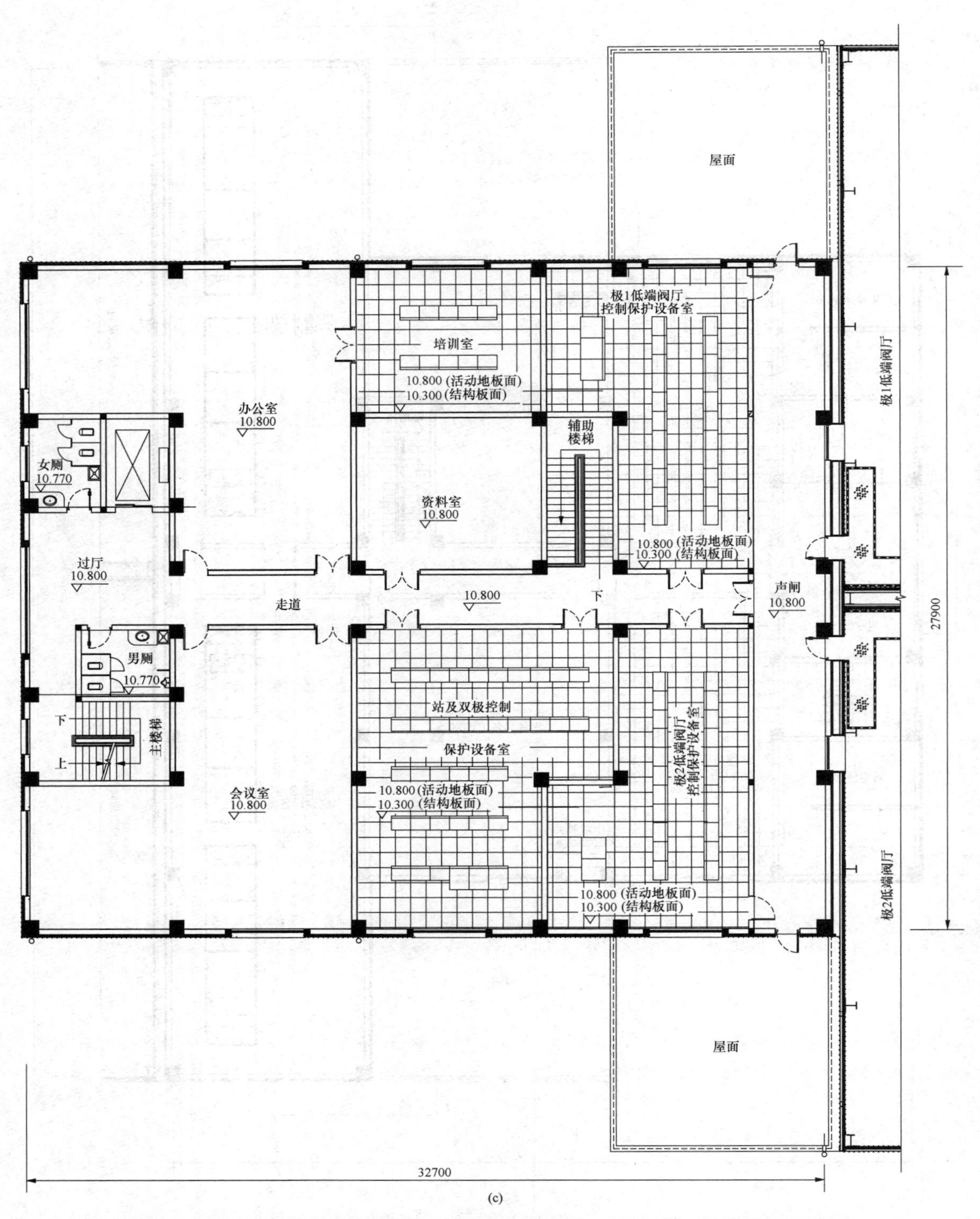

图 20-4　每极双 12 脉动换流器串联接线方案换流站主控制楼（4 层布置）平面布置实例图（三）

（c）三层平面图

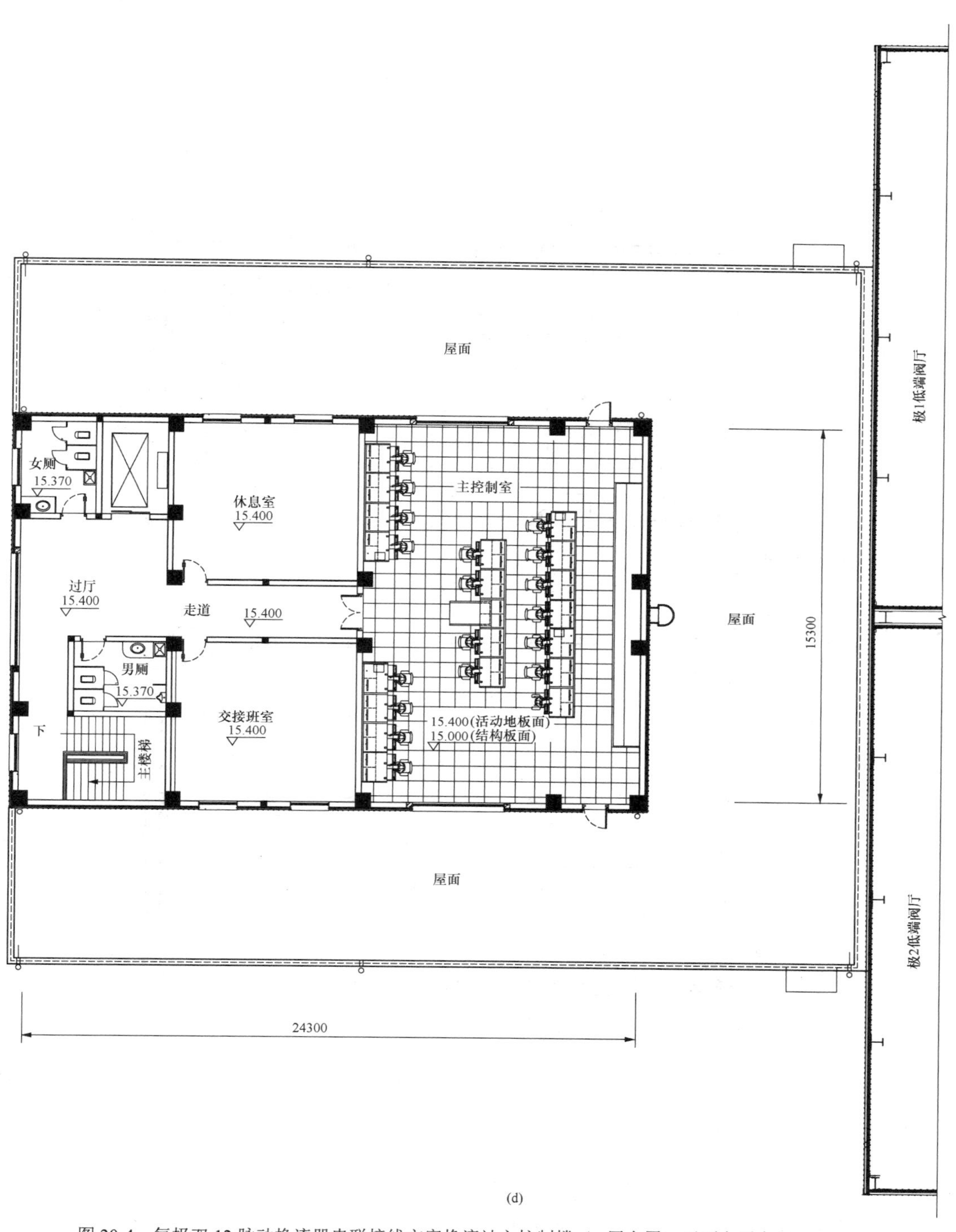

图 20-4 每极双 12 脉动换流器串联接线方案换流站主控制楼（4 层布置）平面布置实例图（四）

（d）四层平面图

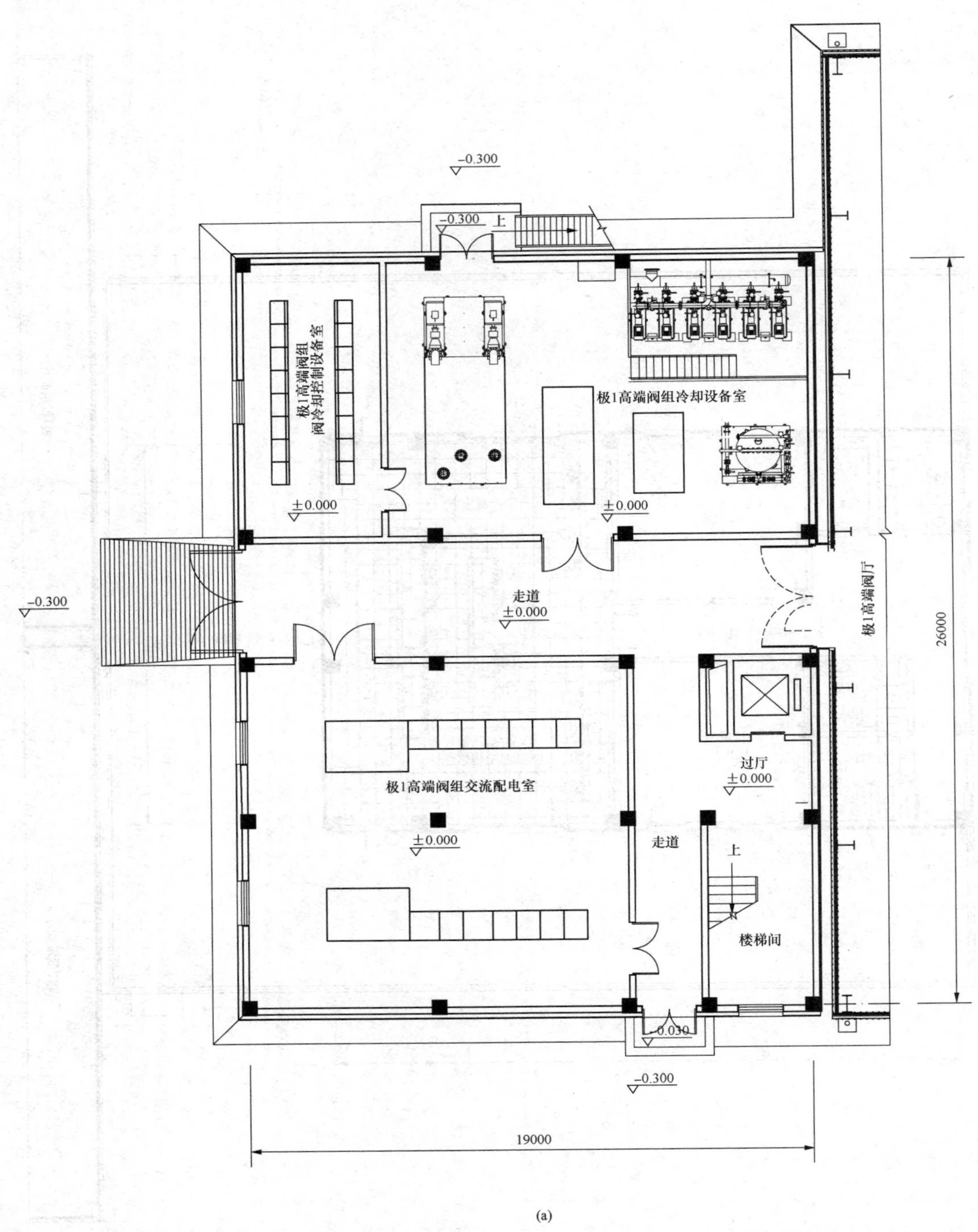

(a)

图 20-5　每极双 12 脉动换流器串联接线方案换流站辅控制楼（2 层布置）平面布置实例图（一）

（a）首层平面图

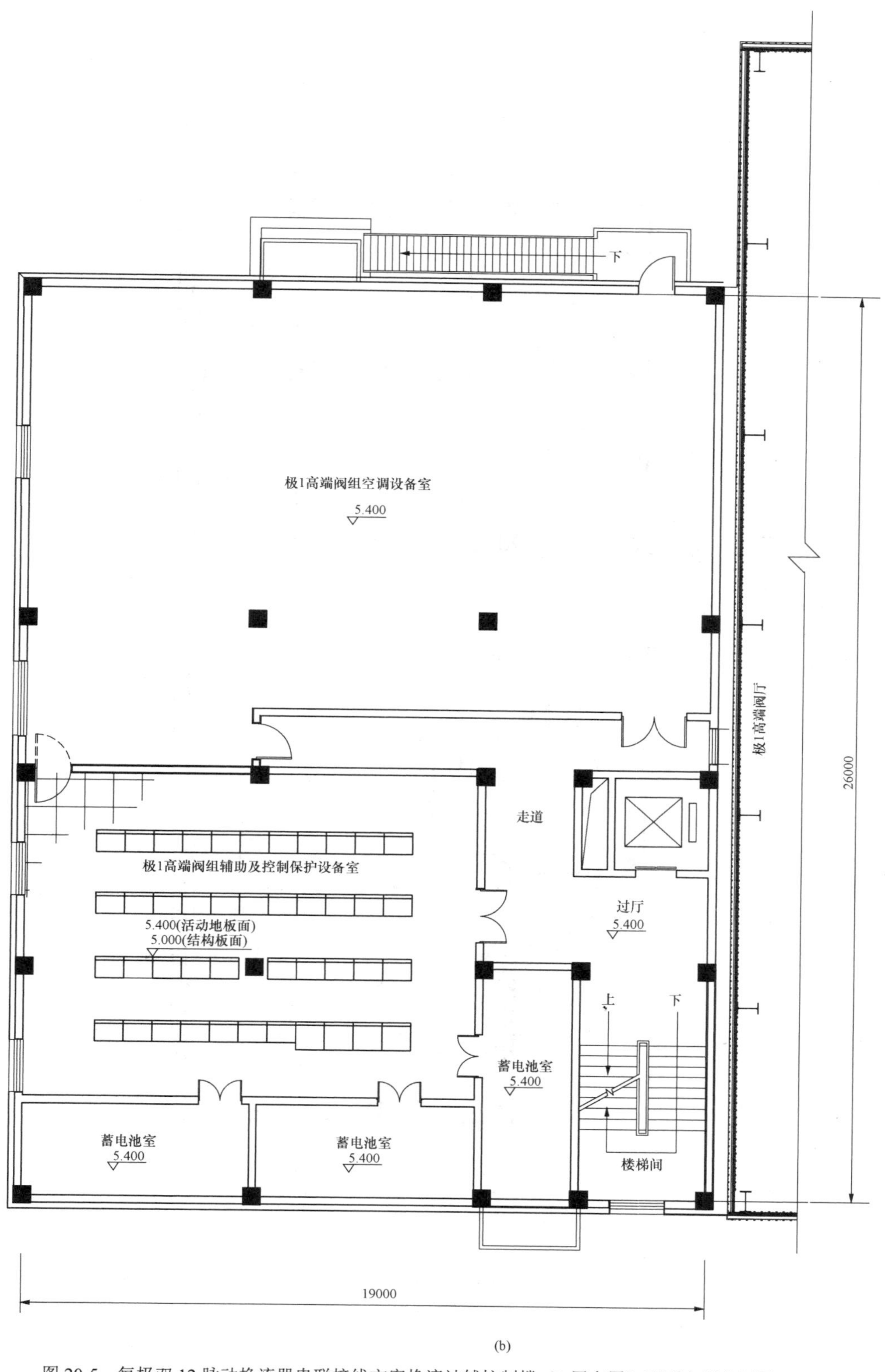

(b)

图 20-5 每极双 12 脉动换流器串联接线方案换流站辅控制楼（2 层布置）平面布置实例图（二）
（b）二层平面图

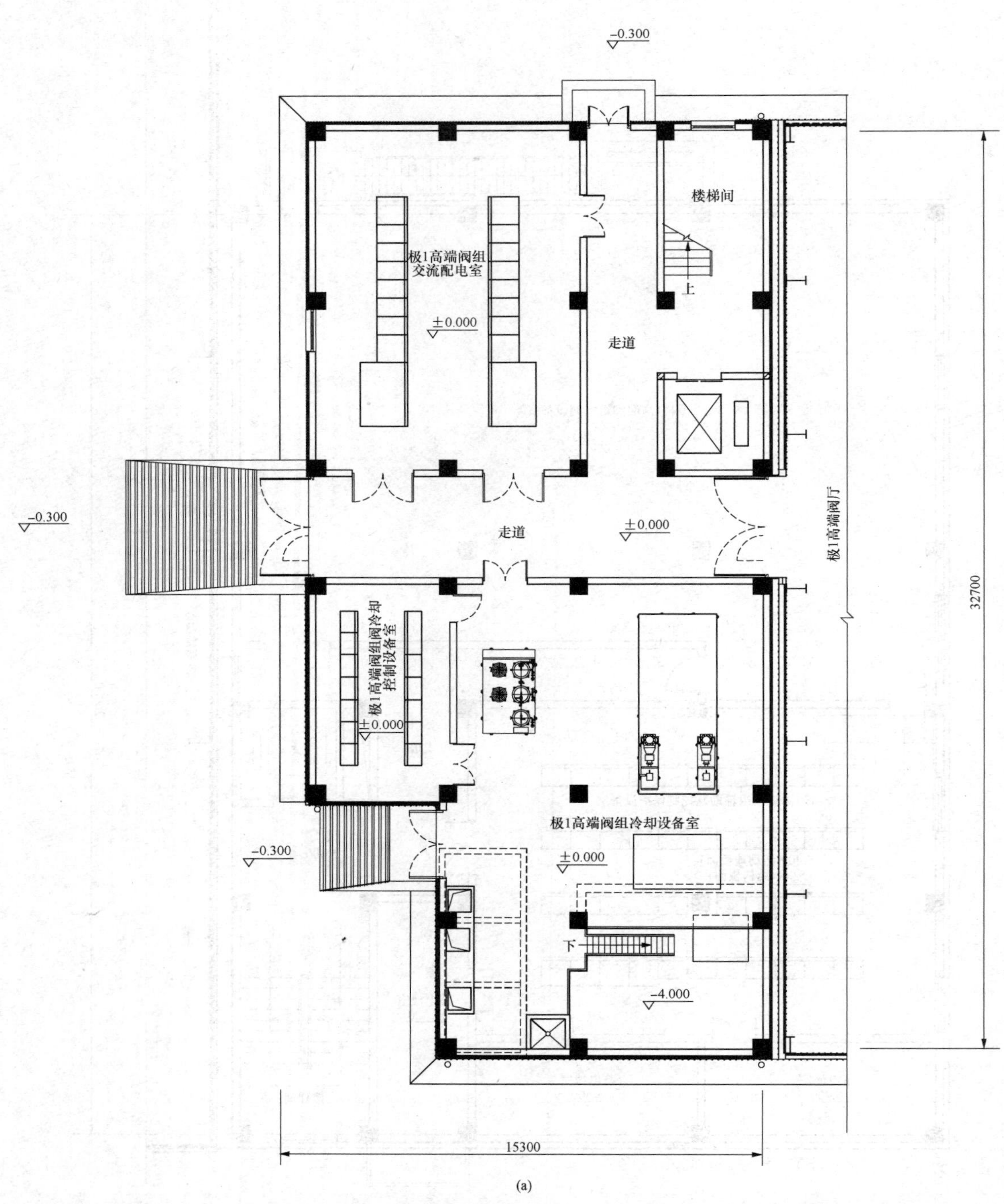

图 20-6　每极双 12 脉动换流器串联接线方案换流站辅控制楼（3 层布置）平面布置实例图（一）

（a）首层平面图

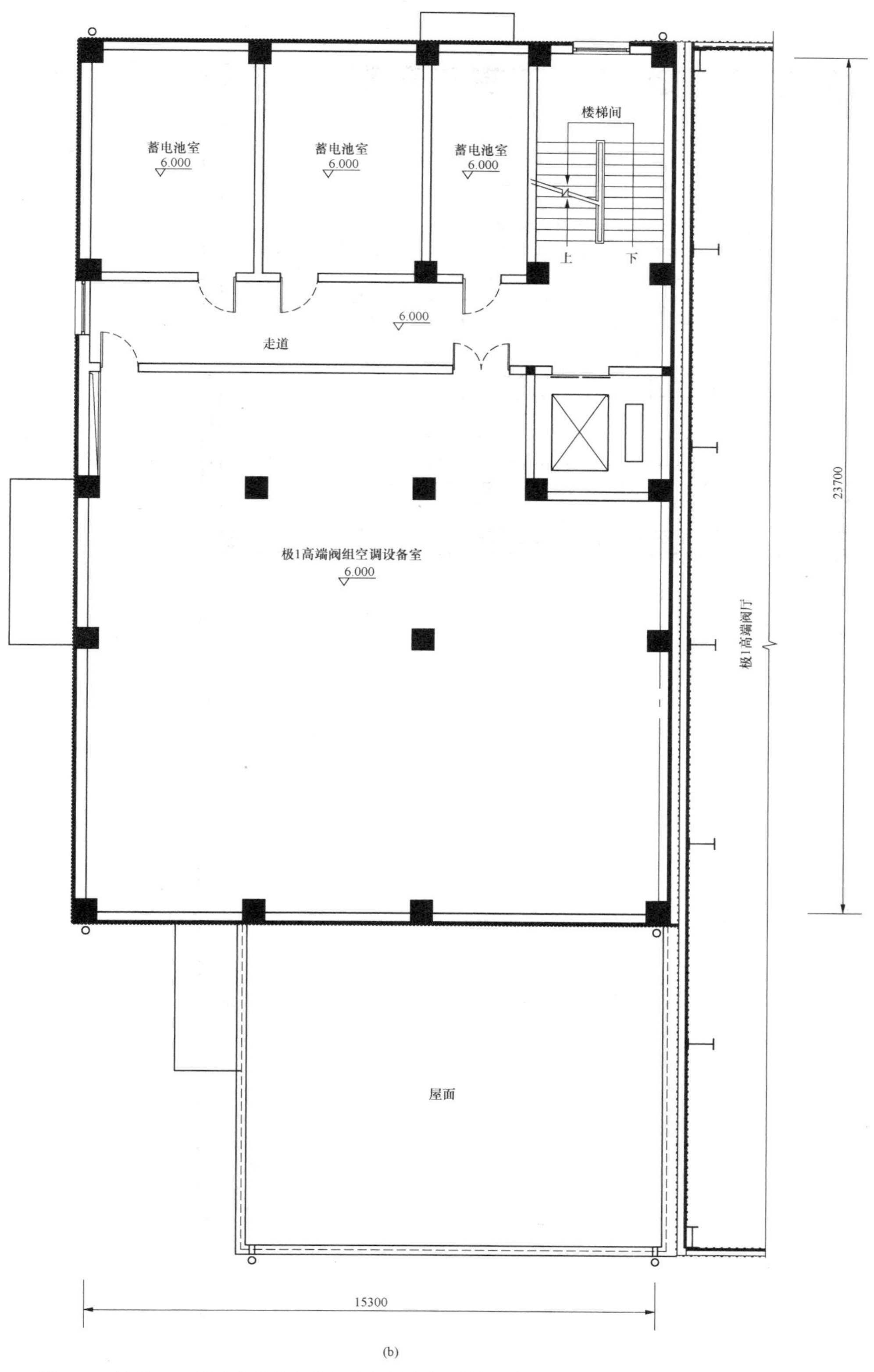

(b)

图 20-6 每极双 12 脉动换流器串联接线方案换流站辅控制楼（3 层布置）平面布置实例图（二）

（b）二层平面图

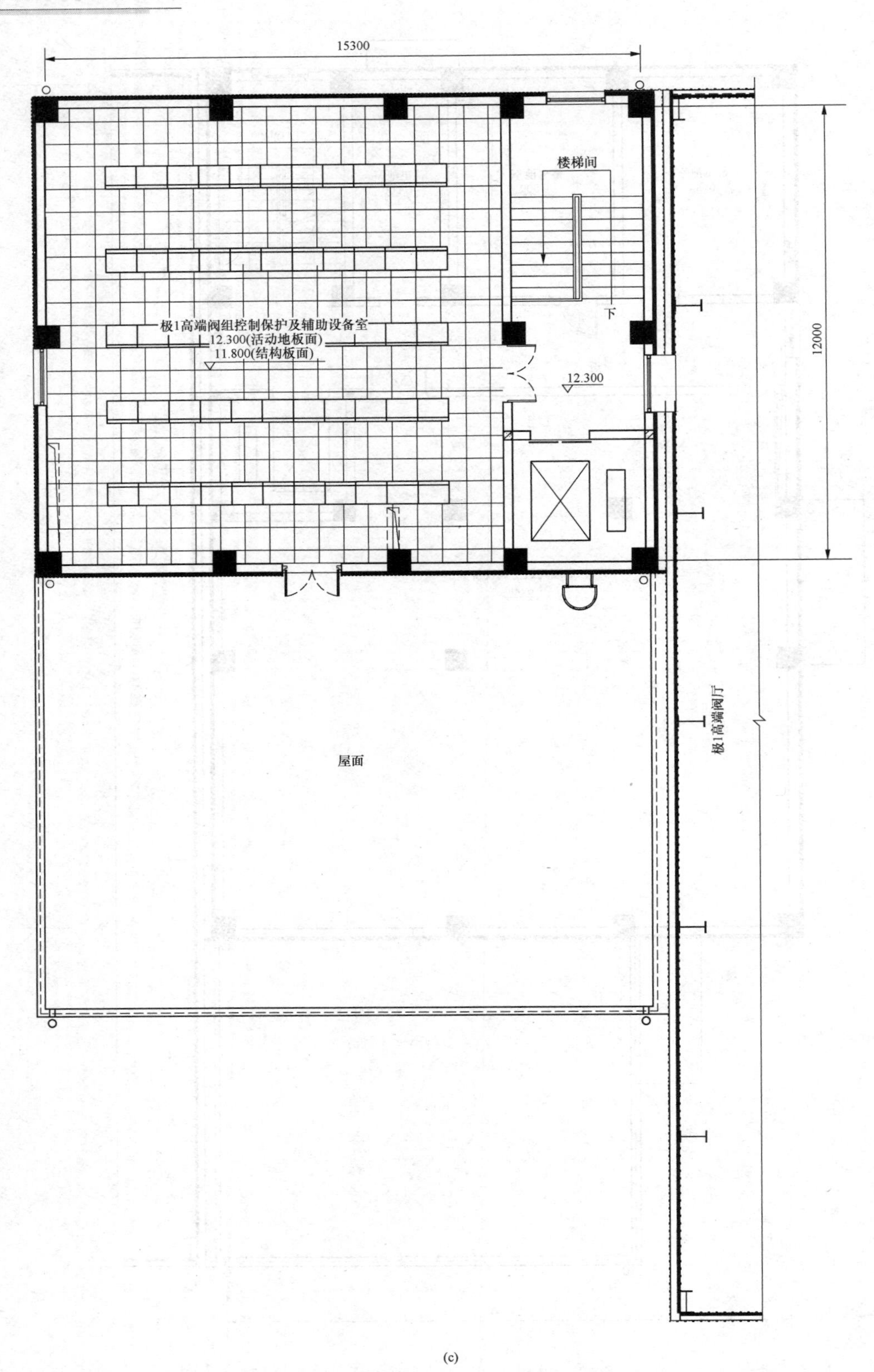

(c)

图 20-6 每极双 12 脉动换流器串联接线方案换流站辅控制楼（3 层布置）平面布置实例图（三）

（c）三层平面图

（二）背靠背换流站

1. 建筑设置

背靠背换流站阀厅及控制楼建筑布置组合见第十九章第一节建筑设计的有关内容。

背靠背换流站控制楼设置与换流器单元数量对应，具体设置见表20-6。

表20-6　背靠背换流站控制楼设置一览表

序号	换流站类型	控制楼名称	数量（幢）
1	1个换流器单元	控制楼	1
2	2个换流器单元	控制楼	1
3	4个换流器单元	主控制楼	1
		辅控制楼	1

2. 建筑单体布置

背靠背换流站控制楼内的功能用房设置与每极单12脉动换流器接线方案换流站控制楼基本相同。

控制楼宜采用3层布置，其平面布置实例如图20-7所示。

三、功能用房设计要点

（一）主控制室

主控制室是换流站的“神经中枢”，是工作人员24小时值班的场所，该功能用房布置应满足工艺布置合理性、运行维护便利性、办公环境舒适性等需求。

两端直流输电换流站控制楼内的主控制室实例如图20-8所示。

1. 房间布置

主控制室宜布置在控制楼的第3层（当采用3层布置方案时）或第4层（当采用4层布置方案时），若条件允许，主控制室宜尽量靠建筑外墙布置，并设采光通风窗。

2. 室内空间

（1）平面尺寸。主控制室的平面尺寸应按电气资料确定。

（2）净高。主控制室的净高宜为3.0～3.3m。

3. 装修材料

（1）楼（地）面。主控制室宜铺设抗静电活动地板［h（架设高度）≥400mm］。

（2）内墙面。主控制室宜采用内墙漆粉刷。

（3）顶棚：主控制室宜采用金属扣板吊顶。

4. 门窗

（1）门。当控制楼采用整体电磁屏蔽方案时，主控制室应设防火门；当控制楼采用局部电磁屏蔽方案时，主控制室应设电磁屏蔽防火门。

（2）窗。主控制室宜设电磁屏蔽断桥玻璃窗。

（二）控制保护设备室

1. 房间布置

控制保护设备室宜布置在控制楼的第2层或第3层，且宜邻近主控制室布置。

2. 室内空间

（1）平面尺寸。控制保护设备室的平面尺寸应按电气资料确定。

（2）净高。控制保护设备室的净高宜为3.0～3.3m。

3. 装修材料

（1）楼（地）面。控制保护设备室宜铺设抗静电活动地板［h（架设高度）≥400mm］。

（2）内墙面。控制保护设备室宜采用内墙漆粉刷。

（3）顶棚。控制保护设备室宜采用金属扣板吊顶。

4. 门窗

（1）门。当控制楼采用整体电磁屏蔽方案时，控制保护设备室应设防火门；当控制楼采用局部电磁屏蔽方案时，控制保护设备室应设电磁屏蔽防火门。

（2）窗。控制保护设备室可不设窗或设电磁屏蔽断桥玻璃窗。

（三）交流配电室、直流屏室、交流不停电电源（UPS）室、电气蓄电池室

1. 房间布置

（1）交流配电室宜布置在控制楼的首层。

（2）直流屏室、交流不停电电源（UPS）室宜布置在控制楼的第2层或第3层。

（3）电气蓄电池室宜布置在控制楼的首层或第2层。

2. 室内空间

（1）平面尺寸。交流配电室、直流屏室、交流不停电电源（UPS）室、电气蓄电池室的平面尺寸应按电气资料确定。

（2）净高。交流配电室、直流屏室、交流不停电电源（UPS）室的净高宜为3.0～3.3m；电气蓄电池室的净高宜不小于2.6m。

3. 装修材料

（1）楼（地）面。交流配电室宜铺贴石英玻化地砖；直流屏室、交流不停电电源（UPS）室宜铺设抗静电活动地板［h（架设高度）≥400mm］；电气蓄电池室宜铺贴耐酸地砖。

（2）内墙面。交流配电室、直流屏室、交流不停电电源（UPS）室宜采用内墙漆粉刷；电气蓄电池室宜采用耐酸碱内墙漆粉刷。

（3）顶棚：交流配电室、直流屏室、交流不停电电源（UPS）室宜采用金属扣板吊顶或内墙漆粉刷；电气蓄电池室不设吊顶，宜采用耐酸碱内墙漆粉刷。

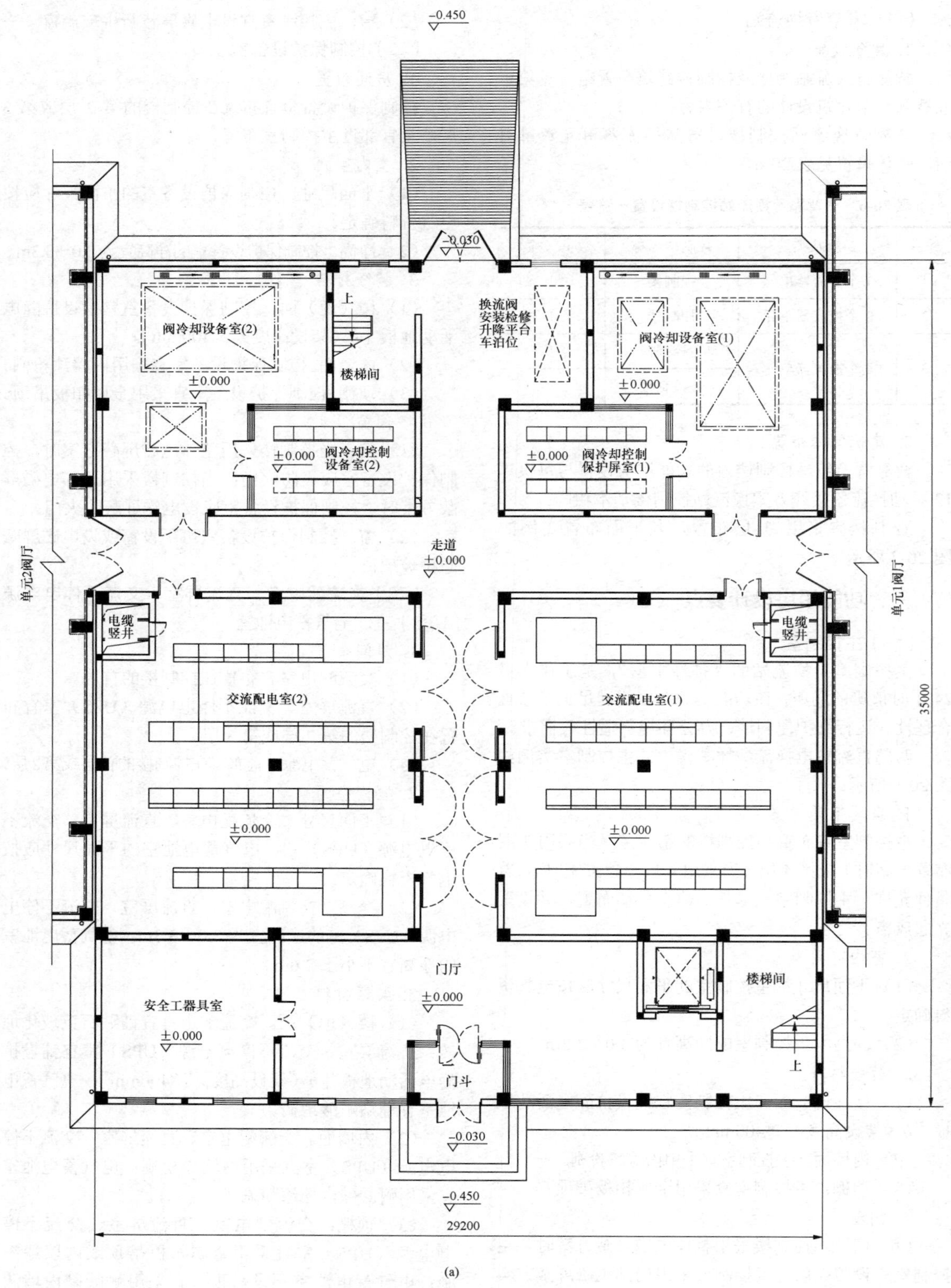

图 20-7 背靠背换流站控制楼平面布置实例图（一）

（a）首层平面图

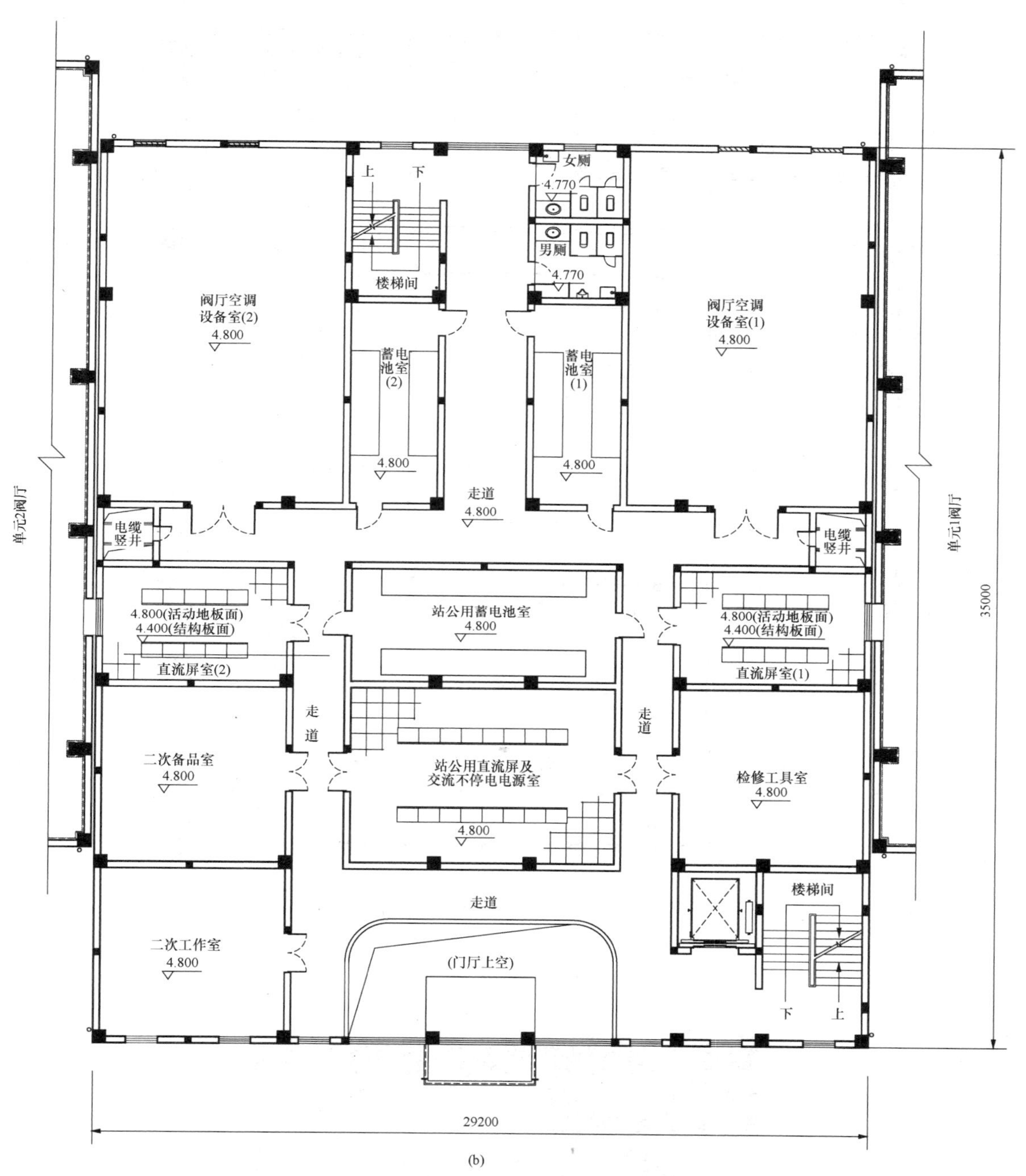

图 20-7 背靠背换流站控制楼平面布置实例图（二）

（b）二层平面图

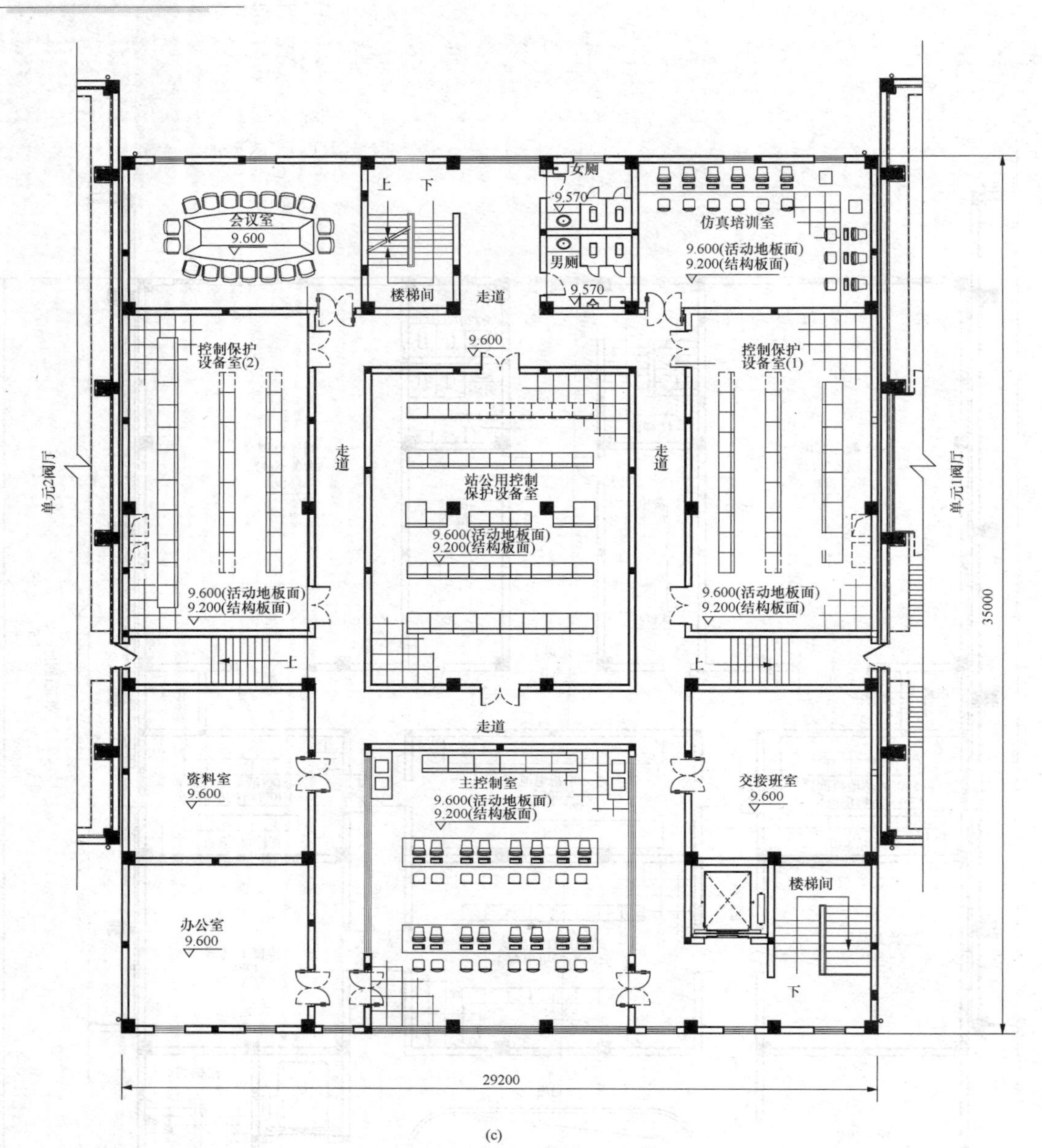

图 20-7　背靠背换流站控制楼平面布置实例图（三）

（c）三层平面图

图 20-8　某两端直流输电换流站主控制室照片

4. 门窗

（1）门。交流配电室、直流屏室、交流不停电电源（UPS）室、电气蓄电池室应设防火门。

（2）窗。交流配电室、直流屏室、交流不停电电源（UPS）室可不设窗或设断桥玻璃窗；电气蓄电池室不宜设玻璃窗，当设玻璃窗时，宜采用磨砂（或喷砂）玻璃。

（四）通信机房、通信蓄电池室

1. 房间布置

（1）通信机房宜布置在控制楼的第 2 层或第 3 层。

（2）通信蓄电池室宜邻近通信机房布置。

2. 室内空间

（1）平面尺寸。通信机房、通信蓄电池室的平面尺寸应按通信资料确定。

（2）净高。通信机房的净高宜为 3.0～3.3m，通信蓄电池室的净高宜不小于 2.6m。

3. 装修材料

（1）楼（地）面。通信机房宜铺设抗静电活动地板［*h*（架设高度）≥400mm］，通信蓄电池室宜铺贴耐酸地砖。

（2）内墙面。通信机房宜采用内墙漆粉刷，通信蓄电池室宜采用耐酸碱内墙漆粉刷。

（3）顶棚。通信机房宜采用金属扣板吊顶；通信蓄电池室不设吊顶，宜采用耐酸碱内墙漆粉刷。

4. 门窗

（1）门。当控制楼采用整体电磁屏蔽方案时，通信机房应设防火门；当控制楼采用局部电磁屏蔽方案时，通信机房应设电磁屏蔽防火门。通信蓄电池室应设防火门。

（2）窗。通信机房可不设窗或设电磁屏蔽断桥玻璃窗；通信蓄电池室不宜设玻璃窗，当设玻璃窗时，宜采用磨砂（或喷砂）玻璃。

（五）阀冷却设备室、阀冷却控制设备室

1. 房间布置

（1）阀冷却设备室应布置在控制楼的首层，且应有一面墙体作为建筑外墙与阀外冷却装置相毗邻，另一面墙体与阀厅相毗邻。

（2）阀冷却控制设备室应与阀冷却设备室毗邻布置。

2. 室内空间

（1）平面尺寸。阀冷却设备室、阀冷却控制设备室的平面尺寸应按阀冷却资料确定。

（2）净高。阀冷却设备室的净高宜为 3.5～4.0m；阀冷却控制设备室的净高宜为 3.0～3.3m。

3. 装修材料

（1）楼（地）面。阀冷却设备室宜铺贴防滑地砖，阀冷却控制设备室宜铺设抗静电活动地板［*h*（架设高度）≥400mm］。

（2）内墙面。阀冷却设备室宜铺贴内墙瓷砖或内墙漆粉刷，阀冷却控制设备室宜采用内墙漆粉刷。

（3）顶棚：阀冷却设备室宜采用内墙漆粉刷，阀冷却控制设备室宜采用金属扣板吊顶。

4. 门窗

（1）门。阀冷却设备室、阀冷却控制设备室应设防火门。

（2）窗。阀冷却设备室、阀冷却控制设备室可不设窗或设断桥玻璃窗。

（六）空调设备室

1. 房间布置

空调设备室宜布置在控制楼的第 2 层。

2. 室内空间

（1）平面尺寸。空调设备室的平面尺寸应按暖通空调资料确定。

（2）净高。空调设备室的净高宜为 3.5～4.0m。

3. 装修材料

（1）楼（地）面。空调设备室宜铺贴防滑地砖。

（2）内墙面。空调设备室宜采用内墙漆粉刷。

（3）顶棚。空调设备室宜采用内墙漆粉刷。

4. 门窗

（1）门。空调设备室应设防火门。

（2）窗。空调设备室可不设窗或设断桥玻璃窗。

（七）交接班室、会议室、办公室、资料室、卫生间

1. 房间布置

（1）交接班室应与主控制室同层布置，且宜尽量靠近主控制室。

（2）会议室、办公室、资料室宜邻近主控制室布置（同层或相邻楼层），且宜尽量靠建筑外墙布置，并设采光通风窗。

（3）卫生间应邻近主控制室、交接班室、会议室、办公室布置（同层或相邻楼层），不应布置在控制保护设备室、交流配电室、直流屏室、交流不停电电源（UPS）室、通信机房、蓄电池室等设备用房的正上方。

2. 室内空间

（1）使用面积。会议室宜为 60～80m²；交接班室、办公室（每间）、资料室宜为 20～30m²；男卫生间（每间）宜为 12～18m²，女卫生间（每间）宜为 8～12m²。

（2）净高。交接班室、办公室、资料室宜为 2.6～3.0m，会议室宜为 2.8～3.3m，卫生间宜为 2.4～2.8m。

3. 装修材料

（1）楼（地）面。交接班室、会议室、办公室、资料室宜铺贴石英玻化地砖，卫生间宜铺贴防滑地砖。

（2）内墙面。交接班室、会议室、办公室、资料

室宜采用内墙漆粉刷，卫生间宜铺贴内墙瓷砖。

（3）顶棚。交接班室、办公室、资料室宜采用内墙漆粉刷，会议室宜采用金属扣板吊顶（或纸面石膏板吊顶+内墙漆粉刷），卫生间宜采用金属扣板吊顶。

4. 门窗

（1）门。交接班室、办公室、资料室宜设实木门，会议室宜设实木门或断桥玻璃门，卫生间宜设实木门或塑钢门。

（2）窗。会议室、办公室、卫生间应设断桥玻璃窗，交接班室、资料室可不设窗或设断桥玻璃窗。

第二节　结　构　设　计

一、一般要求

（1）控制楼设计使用年限为50年，结构安全等级为一级，抗震设防类别为乙类。

（2）控制楼地基基础设计等级不应低于乙级，可根据地基复杂程度及地基问题可能造成建筑物破坏或影响正常使用的程度进行提高。

（3）控制楼基础之间沉降差不大于 1/500。当为高压缩性土时，基础绝对沉降量可适当加大，但应避免与紧邻阀厅间产生过大沉降差，造成对带电设备安全运行的不利影响。

（4）控制楼与阀厅联合布置时，两者之间应设置防震缝，其防震缝的设置原则见第十九章第二节结构设计的有关内容。

二、结构选型与布置

1. 结构

我国已建成换流站中，根据主要结构所用的材料、抗侧力结构的力学模型及其受力特性，控制楼常用结构有：①钢筋混凝土框架或钢筋混凝土框架–剪力墙结构，三维实例如图 20-9 和图 20-10 所示；②钢框架或钢框架–支撑结构，钢框架结构三维实例如图 20-11 所示。

国内已建成换流站控制楼的结构以钢筋混凝土框架结构应用最为广泛。在抗震设防烈度较高地区，因结构抗震需求，控制楼可采用钢筋混凝土框架–剪力墙结构；在少数严寒地区，为降低冬季施工对工程工期的不利影响，控制楼可采用钢框架–支撑结构。控制楼楼盖型式宜与主体结构相匹配，钢筋混凝土框架、框架–剪力墙结构采用现浇钢筋混凝土楼盖，而钢结构通常采用压型钢板–现浇钢筋混凝土组合楼盖。

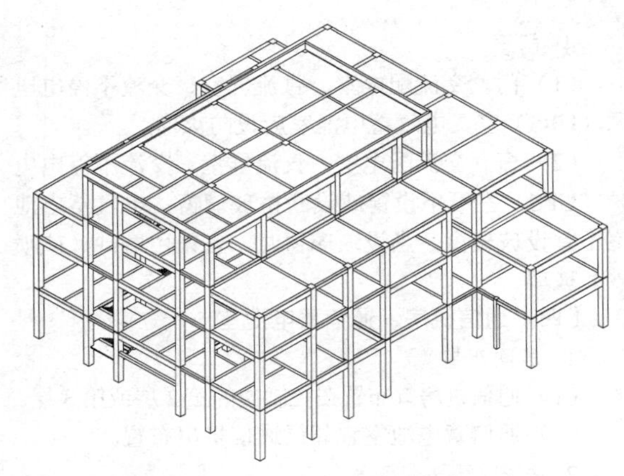

图 20-9　钢筋混凝土框架结构控制楼三维实例图

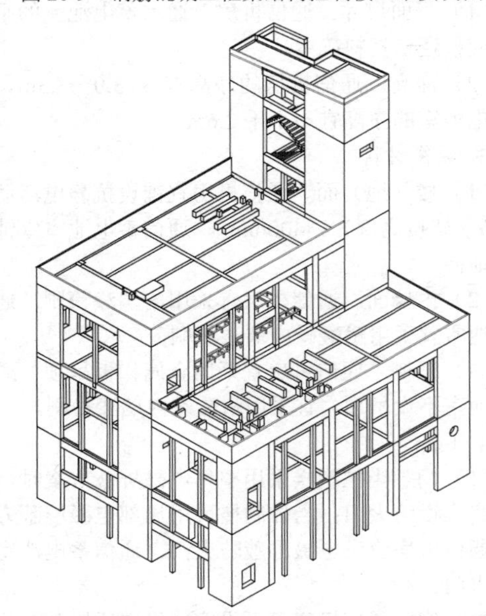

图 20-10　钢筋混凝土框架–剪力墙结构控制楼三维实例图

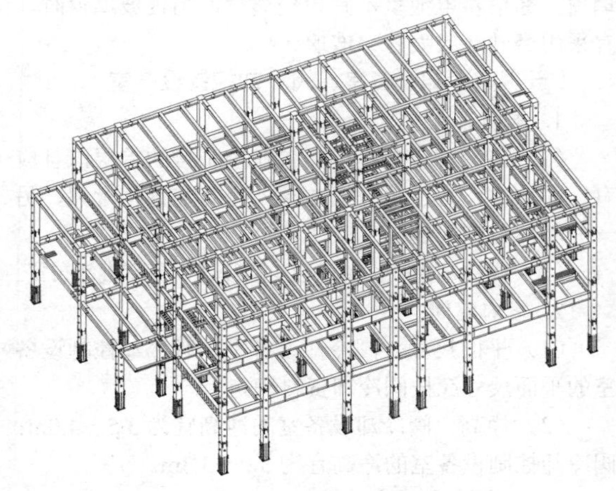

图 20-11　钢框架结构控制楼三维实例图

2. 结构布置

控制楼结构布置应尽量做到平面简单、规则、对称，竖向连续、均匀，承载力、刚度、质量分布对称、均匀，刚度中心和质量中心尽可能重合，应符合下列规定：①采用规则结构，不应采用严重不规则结构；②具有简明计算简图，其力学模型和数学模型明确；③具有合理的、直接传力途径，上部结构的竖向力和水平力能以明确路径传递到基础、地基；④具有整体牢固性和尽量多的冗余度，杜绝部分结构或构件破坏而引起大范围的连续倒塌；⑤构件或结构之间避免似连接非连接、似分离非分离的不明确状态。

（1）钢筋混凝土框架结构。钢筋混凝土框架结构的平面形状根据建筑使用及平面造型等因素确定，结构布置应结合建筑及工艺要求进行。

1）柱网宜采取方形或矩形布置方式，尽量避免建筑平面的特殊形状导致柱网的不规则布置。

2）抗震框架的平面布置应力求简单、规则、均匀和对称，使刚度中心与质量重心尽量减少偏差，并尽量使框架结构的纵向、横向具有相近的自振特性。

3）框架结构的柱网尺寸不仅要满足建筑使用要求，还需考虑框架梁及楼板的合理跨度及技术经济指标等因素，整个结构的柱网尺寸宜均匀相近，且不宜超过 10m。

4）框架结构应布置并设计为双向抗侧力体系，主体结构的梁柱不应采用铰接。

5）合理规划次梁布置，力求框架柱受力均衡。

钢筋混凝土框架控制楼结构布置实例如图 20-12 所示。

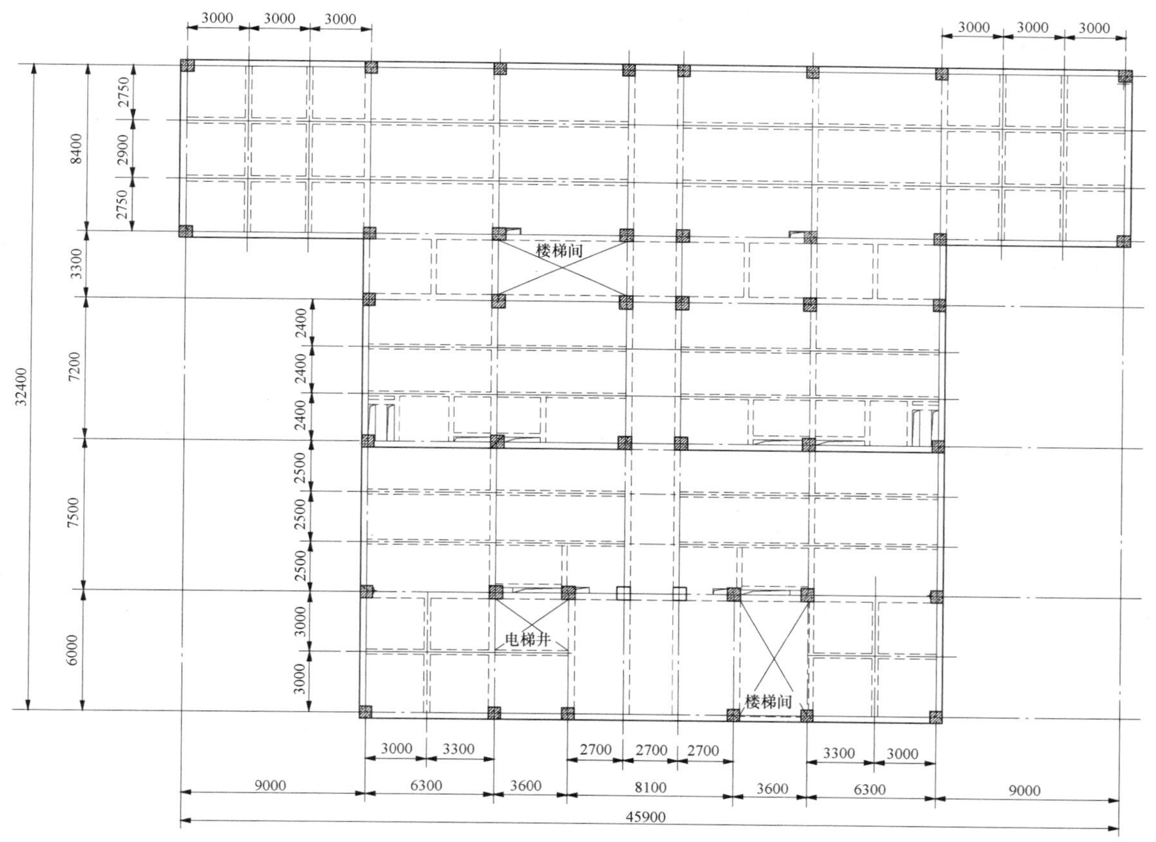

图 20-12　钢筋混凝土框架结构控制楼结构平面布置实例图

（2）钢筋混凝土框架–剪力墙结构。钢筋混凝土框架–剪力墙结构布置应结合建筑及工艺要求进行，剪力墙的布置原则为均匀、对称、分散、周边。

1）框架–剪力墙结构应设计为双向抗侧力体系，即纵、横主轴均应设置剪力墙架。

2）纵向与横向剪力墙宜相互交联成组布置成 T 形、L 形、□形等形状。

3）剪力墙宜贯通控制楼全高，避免沿高度方向突然中断而出现刚度突变。剪力墙厚度宜沿高度从下至上逐渐减薄。

4）剪力墙的截面高度不宜过大，否则应根据构造设置结构孔洞。

5）剪力墙适宜布置在电梯间、楼梯间、建筑平面复杂部位。横向剪力墙宜布置在接近房屋的端部但又非建筑物尽端的位置。

6）剪力墙最大间距应根据表 20-7 确定，同时保证楼盖应具有良好的整体性及足够平面刚度，确保楼层水平剪力可靠地传递给剪力墙。

表 20-7　剪力墙的最大间距

楼盖型式	非抗震设计	抗震设计		
		6 度、7 度	8 度	9 度
现浇	≤5*B*，且≤60m	≤4*B*，且≤50m	≤3*B*，且≤40m	≤2*B*，且≤30m

注　*B* 为楼盖的宽度。

钢筋混凝土框架–剪力墙结构辅控制楼结构平面布置实例如图 20-13 所示。

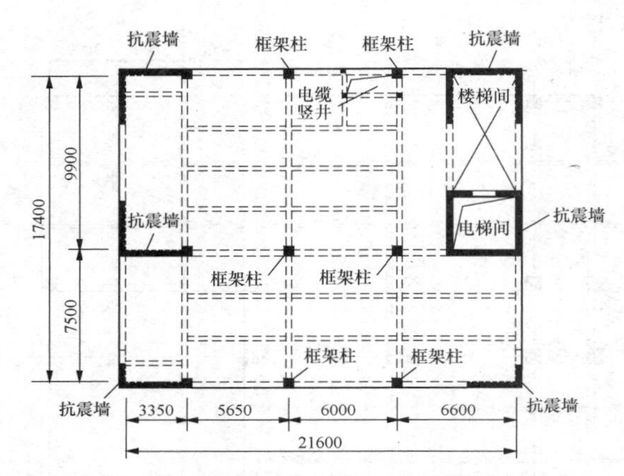

图 20-13　钢筋混凝土框架–剪力墙结构辅控制楼结构平面布置实例图

（3）钢框架或钢框架–支撑结构。结构布置应结合建筑及工艺要求进行，支撑设置的位置应考虑建筑门窗、工艺设备及管道布置等要求。

1）结构应设计为双向抗侧力体系，即纵向、横向柱网均应设置带支撑的框架。

2）在钢框架–支撑结构体系中，支撑框架是抵抗水平力的主要构件。支撑框架在平面两方向的布置宜规则对称，支撑框架之间的楼盖长宽比不宜大于 3。

3）建筑平面为方形或接近方形时，柱间垂直支撑可布置在四角及其中间部位。当建筑为狭长形时，宜在横向的两端及中部设置支撑，纵向宜布置在中部。钢框架支撑典型布置如图 20-14 所示。

4）支撑宜贯通控制楼连续布置，避免沿高度方向突然中断而出现刚度突变。

5）对于非抗震或抗震 6 度以下（含 6 度）设防区，当顶部贯通设置支撑有困难时，可不设置支撑而通过梁柱刚性连接来抵抗侧力。

6）对于设备、管道孔洞较多的楼层，应设置水平刚性支撑或采用钢筋混凝土组合楼板，以保证楼层有足够的平面整体刚度。

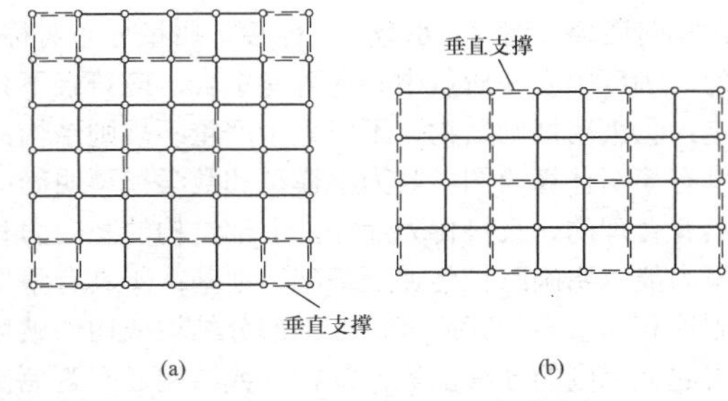

图 20-14　钢框架支撑典型布置图

（a）正方形；（b）长方形

钢框架结构控制楼结构平面布置实例如图 20-15 所示。

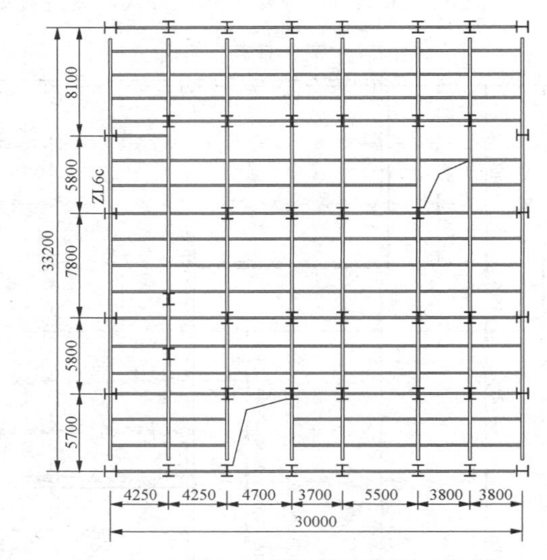

图 20-15　钢框架结构控制楼平面布置实例图

3. 基础

控制楼基础选型时，应根据地质条件、建筑高度及体型、结构类型、荷载情况、有无地下室和施工条件等，进行技术和经济的综合分析后确定基础型式。基础设计原则如下：

（1）无地下室、地基条件较好时，优先选用独立柱基，柱基之间宜设置拉梁，增强基础整体性和抗震性能。

（2）无地下室、地基承载力较低时，单独柱基不满足设计要求，可选用柱下条形基础。

（3）有地下室且有防水要求时，如地基条件较好，可选用单独柱基加防水板做法。防水板下应铺设有一定厚度的易压缩材料（如聚苯板），减少柱基沉降对防水板的不利影响。

（4）有地下室且有防水要求时，如地基条件较差，宜采用筏板基础。筏板基础可选用有梁式（反梁）或无梁式，满足地基允许承载力要求和上部结构允许变形要求。

（5）如地基土为软弱土层，采用天然地基不能满足设计要求时，可考虑进行地基处理，包括桩基（预制桩、灌注桩）、复合地基及其他地基处理措施。

（6）处于地下水位以下带地下室的筏板基础的防水等级不宜低于二级。

（7）当地基土或地下水具有腐蚀性时，基础部分应按照 GB/T 50046《工业建筑防腐蚀设计标准》采取相应的防腐蚀措施。

三、荷载及整体计算

1. 荷载

控制楼楼（地）面均布活荷载的标准值及其组合值、频遇值和准永久值系数和折减系数，不应小于表 20-8 的规定；屋面均布活荷载的标准值及其组合值、频遇值和准永久值系数和折减系数，不应小于表 20-9 的规定。在生产使用和安装检修过程中，当设备、管道、运输工具等产生的局部荷载大于规定数值时，地面及楼（屋）面应按实际荷载进行设计。

表 20-8　控制楼楼（地）面均布活荷载标准值及其组合值、频遇值、准永久值系数和折减系数

序号	类别	标准值（kN/m^2）	组合值系数 Ψ_c	准永久值系数 Ψ_q	频遇值系数 Ψ_f	计算主梁、柱及基础的折减系数
1	主控制室、控制保护设备室、交流配电室、通信机房	4.0	0.9	0.8	0.8	0.7
2	直流屏室、阀冷却设备室、空调设备室、安全工器具室、二次备品及工作室	5.0	0.9	0.8	0.6	0.7
3	蓄电池室、交流不停电电源室	8.0	0.9	0.8	0.6	0.7
4	会议室、办公室、资料室、卫生间	2.5	0.7	0.5	0.6	0.85
5	走廊、门厅、楼梯	4.0	0.7	0.6	0.7	0.85
6	地面	4.0	—	—	—	—

表 20-9　控制楼屋面均布活荷载标准值及其组合值、频遇值、准永久值系数和折减系数

序号	类别	标准值（kN/m^2）	组合值系数 Ψ_c	频遇值系数 Ψ_f	准永久值系数 Ψ_q	计算主梁、柱及基础的折减系数
1	上人屋面	2.0	0.7	0.6	0.5	1.0
2	不上人屋面	0.7	0.7	0.6	0.0	1.0

对于风荷载，基本风压的取值应根据建（构）筑物的重要性和结构风荷载的控制作用大小按以下规定确定：

（1）对于±660kV 及以下直流换流站的控制楼，基本风压应按 GB 50009《建筑结构荷载规范》规定的 50 年一遇的风压值采用。

（2）对于±800kV 换流站控制楼，基本风压应按 100 年一遇的风压值采用。

控制楼地震作用、其他荷载及荷载效应组合应遵循 GB 50011《建筑抗震设计规范》、GB 50009 及 DL/T 5459 的规定。

2. 内力及位移计算

控制楼通常采用 2～4 层布置，其层高较高，工艺设备房间的活荷载较大，楼层局部错层、开孔等情况普遍存在，且通常存在立面不规则收进，结构具有一定的不规则性和复杂性，因此，控制楼宜采用空间结构模型有限元程序进行结构内力及位移分析计算。

在风荷载标准值作用下，楼层层间最大弹性水平位移与层高之比 $\Delta u/h$（Δu 为水平位移，h 为层高）限值宜按表 20-10 采用。

表 20-10　风荷载作用下楼层间最大弹性水平位移与层高之比的限值

结构类型	$\Delta u/h$ 限值
钢筋混凝土框架	h/550
钢筋混凝土框架–剪力墙	h/800
多层钢框架结构	h/400

注　1. h 为计算楼层层高；
　　2. 对于多层钢框架结构，风荷载标准作用值作用下柱顶水平位移不宜超过 H/500（H 为基础顶面至柱顶的总高度）。

钢筋混凝土框架结构，楼层层间最大水平位移与层高之比不宜超过 1/550；钢筋混凝土框架–剪力墙结构，楼层层间最大水平位移与层高之比不宜超过 1/800；多层钢框架结构，柱顶水平位移不宜超过 H/500（H 为基础顶面至柱顶的总高度），楼层层间最大水平位移与层高之比不宜超过 h/400（h 为计算楼层层高）。

3. 抗震计算

（1）抗震设计应符合 GB 50011 和 DL/T 5459 的相关规定。

（2）抗震设防类别为重点设防类（简称乙类），地震作用应符合当地抗震设防烈度要求。当抗震设防烈度为 6～8 度时，应符合本地区抗震设防烈度提高一度的要求；当抗震设防烈度为 9 度时，应进行专题论证。

（3）应分别进行 2 个主轴方向的水平地震作用计算，对平面刚度和质量分布不均匀的结构应计入双向水平地震作用的扭转影响，宜采用振型分解反应谱法进行多遇地震作用下的内力和变形分析。

（4）如果存在结构不规则且具有明显薄弱部位可能导致重大地震破坏的情况，应进行罕遇地震作用下的弹塑性分析，可根据结构特点采用静力弹塑性分析或弹塑性时程分析。

（5）当采用底部剪力法时，突出屋面的小建（构）筑物［突出屋面的小建（构）筑物一般指其重力荷载小于标准层 1/3 的建（构）筑物，如屋顶间、女儿墙等］的地震效应应乘以增大系数 3，此增大部分不应向下传递，但与该突出部分相连的构件应予计入。

（6）当采用钢筋混凝土结构时，阻尼比可按 0.05 取值；当采用钢结构时，阻尼比可按 0.035 取值；当有可靠依据时，阻尼比可适当调整。

（7）在多遇地震标准值作用下，楼层最大弹性层间位移限值宜按表 20-11 采用。

表 20-11　楼层最大弹性层间位移限值

结构类型	弹性层间位移限值
钢筋混凝土框架	h/550
钢筋混凝土框架-剪力墙	h/800
多层钢框架结构	h/250

注　h 为计算楼层层高。

（8）抗震设防烈度为 7～9 度、楼层屈服强度系数小于 0.5 的钢筋混凝土框架结构和抗震设防烈度为 9 度时，应进行罕遇地震作用下薄弱层的弹塑性变形验算；在 8 度和Ⅲ、Ⅳ场地 7 度时，宜进行罕遇地震作用下薄弱层的弹塑性变形验算。弹塑性层间位移限值详见表 20-12。

表 20-12　弹塑性层间位移限值

结构类型	弹塑性层间位移限值
钢筋混凝土框架	h/50
钢筋混凝土框架–剪力墙	h/100
多层钢框架结构	h/50

注　h 为计算楼层层高。

第三节　供暖通风及空调设计

一、室内空气计算参数

控制楼设置供暖通风及空调系统是为了提供工艺设备的正常运行和运行人员舒适所需的室内环境，控制楼工艺房间的室内温湿度要求应由电气专业提出，当未提具体要求时可按表 20-13 选用。

表 20-13　控制楼室内空气计算参数推荐值

房间名称	夏季		冬季	
	温度（℃）	相对湿度（%）	温度（℃）	相对湿度（%）
主控制室	26±1	60±10	20±1	60±10
控制保护设备室	26～28	60±10	20±1	60±10
通信机房	26～28	60±10	20±1	60±10
阀冷却控制设备室	26±1	≤70	20±1	—
交流配电室	≤35	—	—	—
蓄电池室	≤30	—	20	—
阀冷却设备室	30～35	—	5	—
二次备品室	≤30	≤60	5	≤60
安全工器具室	≤30	≤60	5	≤60
办公室、会议室和交接班室	26～28		18	
资料室	26～28		18	

二、供暖

（一）系统型式

（1）严寒、寒冷地区的换流站，当换流站附近有城市供暖热网、区域供暖热网、电厂蒸汽或热水等外部热源时，全站应利用外部热源设置热水集中供暖系统，在此情况下，控制楼供暖热源宜采用 95/70℃的热水。

（2）无可利用的站外热源时，控制楼应采用分散式电热供暖方式。

（二）一般要求

（1）控制楼宜利用空调系统用于冬季供暖，供暖能力不足或空调系统无法运行时，应增加供暖设施。

（2）供暖热负荷应考虑设备和屏柜发热量。

（3）控制楼热水供暖系统宜采用同程式。

（4）供暖热水管不得进入电气盘柜间和通信设备室。

（5）蓄电池室热水散热器应采用耐腐蚀型，电取暖器应选用防爆型，防爆等级应为ⅡCT1（即为Ⅱ类，C 级，T1 组）。

（6）供暖设备应设置温度传感器，可根据设定的温度范围自动启停。

（7）严寒、寒冷地区的交流配电室，当冬季室内温度有可能低于–5℃时，应设置采暖设施，室内温度按5℃设计。

（三）设计计算

供暖系统设计计算包括冬季热负荷、热水循环回路总阻力及通风耗热量的计算。

1. 冬季热负荷

控制楼供暖冬季热负荷包括:

（1）围护结构基本耗热量和附加耗热量（包括朝向修正、高度附加率及无热风幕外门的短时开启附加率）。

（2）加热由门窗缝隙渗透入室内的冷空气的耗热量。

（3）加热由门、孔洞及相邻房间侵入的冷空气的耗热量。

（4）通风耗热量。

（5）工艺设备的耗热量。

（6）热管道及其他热表面的散热量。

围护结构基本耗热量按式（20-1）计算

$$Q=\alpha SK(t_n-t_w) \tag{20-1}$$

式中 Q——围护结构基本耗热量，W；

α——围护结构温差修正系数；

S——围护结构面积，m^2；

K——围护结构传热系数，W/（m^2·℃）；

t_n、t_w——室内、室外供暖计算温度，℃。

负荷计算按照GB 50019《工业建筑供暖通风与空气调节设计规范》中的相关规定执行。

2. 热水循环回路总阻力

热水循环回路总阻力包括水管沿程阻力、水管局部阻力及设备内部阻力，参照式（19-12）～式（19-15）计算。

3. 通风耗热量

冬季围护结构耗热量宜由散热器承担，冬季连续运行的排风热损失应由热风装置补偿，热风系统的通风耗热量按式（20-2）计算

$$Q_{tf}=0.28cq_S\rho_S(t_s-t_w) \tag{20-2}$$

式中 Q_{tf}——通风耗热量，W；

c——空气比热容，取1.01kJ/（kg·℃）；

q_S——送风量，m^3/h；

ρ_S——空气密度，kg/m^3；

t_s——送风温度，℃；

t_w——室外通风计算温度，℃。

（四）设备及管道布置

（1）有外窗的房间，散热器（或电热供暖设备，下同）不宜高位安装。进深较大的房间，宜在房间的内外侧分别布置散热器。

（2）楼梯间的散热器，应尽量布置在底层。

（3）散热器应明装，并宜布置在外窗的窗台下。室内有两个或两个以上朝向的外窗时，散热器应优先布置在热负荷较大的窗台下。

（4）门斗内不得设置散热器。

（5）对电气盘柜间和通信设备室进行热风供暖时，空气处理设备应布置在房间外。交流配电室通向室外的进、排风口应设置保温风阀。

（6）蓄电池室散热器与蓄电池之间的距离不应小于0.75m，且室内不得有丝扣、接头和阀门。

（7）供暖沟道不应敷设在蓄电池室的地下，供暖管道不宜穿越蓄电池室的楼板。

三、通风

（一）系统型式

控制楼通风设计仅包含交流配电室、蓄电池室、阀冷却设备室通风系统，其他常规房间的通风设计参见其他有关的设计手册。

交流配电室、蓄电池室、阀冷却设备室通风系统，按气流驱动方式分类包括自然进风、机械排风系统和机械送风、机械排风系统两种，按冷却方式分类包括空气直接冷却通风和降温通风。

1. 空气直接冷却通风

通风系统直接从室外机械进风或自然进风，在室内利用室外空气和室内空气的温差进行降温，升温后的空气再由风机排出室外。

2. 降温通风

降温通风主要用于高温和高湿地区，常用降温通风包括表面冷却器冷却降温通风和喷水蒸发冷却通风两种形式。

（1）表面冷却器冷却降温通风。高湿地区宜在机械送风系统设置表面冷却器降低送风温度。当室外通风设计温度高于室内设计温度、室外空气焓值高于室内焓值时，室外空气不进入室内，只有室内空气的循环流动，并通过表面冷却器对循环空气进行降温处理。通风系统宜设置可调节的新风口，以便在室外温度降低且焓值低于室内值时，通风系统的进风由循环风切换至新风。室外空气处理分区如图20-16所示。

表面冷却器冷源宜采用人工冷源，如利用控制楼空调系统冷水机组提供的冷冻水。

（2）喷水蒸发冷却通风。喷水蒸发冷却通风适用于蒸发冷却效率达到80%以上的中等湿度和干燥地区，详见第十九章第三节供暖通风及空调设计中有关阀厅通风设计的内容。

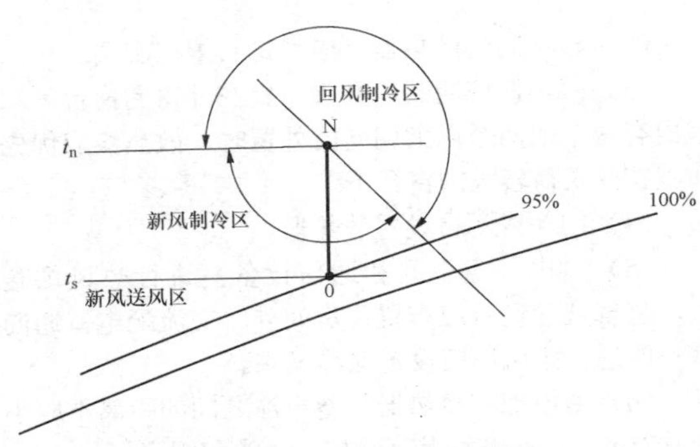

图 20-16 室外空气处理分区

t_n—室内温度；t_s—送风温度

（二）一般要求

1. 交流配电室通风

（1）当周围环境洁净时，宜采用自然进风、机械排风系统；当周围空气含尘严重时，应采用机械送风、机械排风系统，进风应过滤，室内保持正压。

（2）夏季通风室外计算温度不小于 30℃的地区，通风系统宜采取降温通风措施。在蒸发冷却效率达到 80%以上的中等湿度及干燥的地区，宜采用喷水蒸发冷却降温，其他地区则采用表面冷却器降温。

（3）无可开启外窗的交流配电室，应设换气次数不少于 6 次/h 的机械排风系统，用于排除室内设备散热的排风机，可兼作灭火后通风换气用。

（4）机械送风系统的空气处理设备宜按 2×50%设计风量配置。

（5）通风机应与火灾信号联锁。

（6）通风机应设置自动控制装置，可根据房间温度设定值或时间设定值自动启停，同时风机的启停也可手动控制。

（7）风沙较大地区，进风口和排风口都应考虑防风沙措施，如设置电动风阀或防沙百叶窗等。

2. 蓄电池室通风

（1）当室内未设置氢气浓度检测仪时，平时通风系统排风量应按换气次数不少于 3 次/h 计算，排风机宜按 2×100%配置；事故通风系统排风量应按换气次数不少于 6 次/h 计算。排风可由 2 台平时通风用排风机共同保证。

（2）当室内设置氢气浓度检测仪时，事故通风系统排风量应按换气次数不少于 6 次/h 计算，风机宜按 2×50%配置，且应与氢气浓度检测仪联锁，当空气中氢气体积浓度达到 0.7%时，事故排风机应自动投入运行。

（3）当夏季通风系统不能满足设备对室内温度的要求需要采取降温措施时，降温设备可采用防爆型空调机，并应与氢气浓度检测仪联锁，空气中氢气体积浓度达到 0.7%时，空调机应能自动停止运行。

（4）当采用机械进风、机械排风系统时，排风量应比送风量大 10%。

（5）进风宜过滤，室内应保持负压。

（6）送风温度不宜高于 35℃，并应避免热风直接吹向蓄电池。

（7）排风系统不应与其他通风系统合并设置，排风应排至室外。

（8）风机及电动机应采用防爆型，防爆等级应不低于氢气爆炸混合物的类别、级别、组别（ⅡCT1），通风机与电动机应直接连接。风机开关应布置在蓄电池门外。

（9）风机应与火灾信号联锁。

（10）通风系统的设备、风管及其附件，应采取防腐措施。

（11）风沙较大地区，进风口和排风口都应考虑防风沙措施，如设置电动风阀或防沙百叶窗等。

（12）通风沟道不应敷设在蓄电池室的地下。通风管道不宜穿越蓄电池室的楼板。

（13）通风机应设置自动控制装置，可根据时间设定值自动启停，同时风机的启停也可手动控制。

3. 阀冷却设备室通风

（1）阀冷却设备室夏季室内环境温度不宜高于 35℃。

（2）通风量应按排除室内设备及管道散热量来确定，同时满足通风换气次数不小于 5 次/h 的要求。

（3）当周围环境洁净时，宜采用自然进风、机械排风系统；当周围空气含尘严重时，应采用机械送风系统，进风应过滤，室内保持正压。

（4）当通风系统不能满足降温要求时，应设置降温措施。

（5）风沙较大地区，进风口和排风口都应考虑防风沙措施，如设置电动风阀或防沙百叶窗等。

（6）通风机应设置自动控制装置，可根据房间的温度设定值或时间设定值自动启停，同时风机的启停也可手动控制。

（三）设计计算

通风系统设计计算包括交流配电室通风负荷、空气直接冷却通风量、换气通风量、风管系统压力损失及其他等的计算。

1. 交流配电室通风负荷

（1）交流配电室盘柜散热量一般由设备制造厂提供，当缺乏数据时，可按表 20-14 取值。

表 20-14 电气盘柜散热量

电气盘柜类别	每面散热量（W）
10kV 及 35kV 高压开关柜	200～300
380/220V 低压配电柜	250～350
控制柜	200～250

注 本表数据来源于厂家，供参考。

（2）当交流配电室内布置有干式变压器时，应计

算干式变压器的散热量。干式变压器的散热量由负荷功率损耗（短路损耗）和空负荷功率损耗两部分组成，按式（20-3）计算

$$Q = P_{ul} + P_{lo} \tag{20-3}$$

式中 Q ——变压器散热量，W；

P_{ul} ——空负荷功率损耗，W；

P_{lo} ——负荷功率损耗，W。

干式变压器的负荷功率损耗和空负荷功率损耗应由设备制造厂提供，当缺乏数据时，可按表20-15取值。设置互备或专备变压器时，散热量为运行变压器的散热量与互备或专备变压器的空负荷功率损耗之和。

表20-15 干式变压器的空负荷功率损耗和负荷功率损耗

额定容量（kVA）	高压（kV）	低压（kV）	空负荷功率损耗（W）	不同绝缘耐热等级下的负荷功率损耗（W）		
				B（100℃）	F（120℃）	H（145℃）
30	6～11	0.4	220	710	750	800
50			310	990	1060	1130
80			420	1370	1460	1560
100			450	1570	1670	1780
125			530	1840	1960	2100
160			610	2120	2250	2410
200			700	2510	2680	2870
250			810	2750	2920	3120
315			990	3450	3670	3930
400			1100	3970	4220	4520
500			1310	4860	5170	5530
630			1510	5850	6220	6660
800			1710	6930	7360	7880
1000			1990	8100	8610	9210
1250			2350	9630	10260	10980
1600			2760	11700	12400	13270
2000			3400	14400	15300	16370
2500			4000	17100	18180	19460

（3）10kV或35kV交流配电室共箱母线的散热量（带负荷时）可按每根100～150W/m进行估算，主母线按80%计，分支母线按100%计。

（4）交流配电室通风负荷为干式变压器散热量、盘柜散热量和共箱母线散热量的总和，当采用降温通风且室内外温差大于5℃时，还应包括围护结构的得热量。

2. 空气直接冷却通风量

空气直接冷却通风量按式（20-4）计算

$$q = \frac{Q}{0.28c\rho_{av}\Delta t} \tag{20-4}$$

$$\Delta t = t_{ex} - t_{in}$$

式中 q ——通风量，m^3/h；

Q ——通风负荷，W；

c ——空气比热容，取值1.01kJ/（kg·℃）；

ρ_{av} ——进、排风平均密度，kg/m^3；

Δt ——进、排风温差，℃；

t_{in}、t_{ex} ——进、排风温度，℃。

3. 换气通风量计算

换气通风量按式（20-5）计算

$$q = nV \tag{20-5}$$

式中 q ——换气通风量，m^3/h；

n ——换气次数，1/h；

V ——房间体积，m^3。

4. 风管系统压力损失

风管系统压力损失包括风管沿程压力损失、风管局部构件压力损失及设备内部压力损失，参照式（19-8）～式（19-11）计算。

5. 其他计算

对于表面冷却器冷却降温通风系统，空气处理设备送风量应按排风干球温度和进风干球温度之差计算确定，设备制冷量则根据空气处理过程通过焓差计算确定。具体计算方法同本章全空气空调系统。

对于喷水蒸发冷却通风系统，蒸发冷却出风温度及蒸发冷却加湿耗水量计算详见第十九章第三节供暖通风及空调设计中的计算。

（四）设备及管道布置

（1）进风口应尽量设置在空气洁净、非太阳直射区。机械送风系统进风口下缘距室外地坪不宜小于2m。

（2）交流配电室及阀冷却设备室室内空气宜从低热强度区向高热强度区流动，排风口宜布置在房间的高热强度区，并设在房间的上部，同时应避免进风、排风短路。

（3）布置有干式变压器的交流配电室，当采用自然进风、机械排风系统时，排风口宜靠近干式变压器的排热口布置。当采用风管机械送风、机械排风系统时，应合理组织通风气流，避免干式变压器周围局部区域形成高温。

（4）蓄电池室排风系统的吸风口应设在靠近顶棚的部位，上缘距顶棚平面或屋顶的距离不应大于0.1m，如图20-17和图20-18所示，调酸室的吸风口下缘与地面距离不应大于0.3m。

蓄电池室不允许吊顶，为保证通风气流通畅，应与土建专业配合，尽量保证顶棚不被结构梁分隔成多个部分，蓄电池室通风布置见图20-17。当土建结构梁不能上翻，蓄电池室的顶棚被梁分隔时，每个分隔均应设置吸风口，见图20-18。

（5）所有通风进风口、排风口为防雨型，并设置防止小动物、昆虫进入室内的不锈钢网或铝板网。

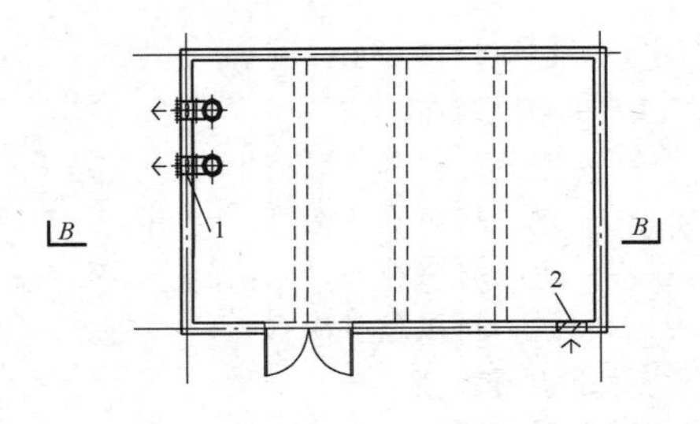

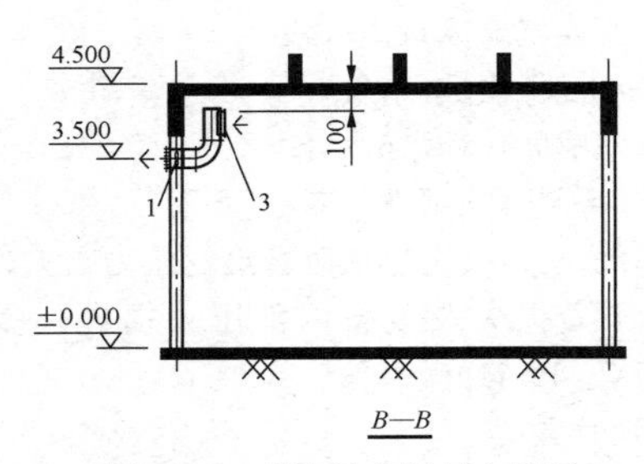

图 20-17　蓄电池室通风布置图一

1—防爆防腐轴流风机；2—进风百叶窗；3—吸风口

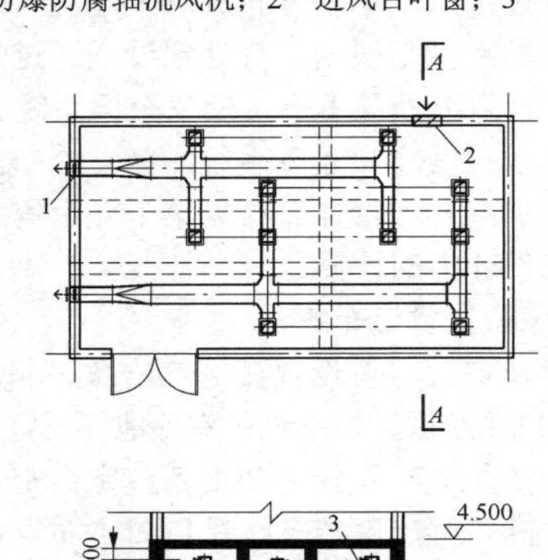

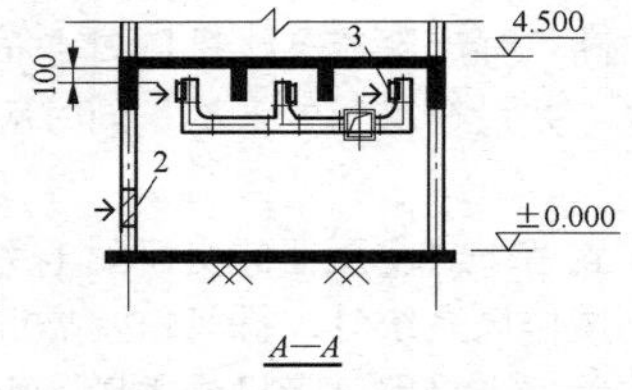

图 20-18　蓄电池室通风布置图二

1—防爆防腐轴流风机；2—进风百叶窗；3—吸风口

四、空调

（一）系统型式

控制楼常用空调系统主要包括全空气集中式空调系统、空气–水集中式空调系统、多联式空调系统以及分散式空调系统 4 种。

1. 全空气集中式空调系统

空调房间的冷湿负荷全部由送风空气承担，由空气处理机组实现对空气的冷却、加热、加湿、除湿、过滤、降噪等处理，并提供新风以保证室内空气品质。系统通过调节风阀的开度控制空调房间的正压值，通过调节新风量的比例实现空调系统的节能运行。

图 20-19 示意了换流站控制楼空调系统流程，其中三层的主控制室以及一层和二层的部分房间采用了全空气集中式空调系统，系统由风冷螺杆式冷（热）水机组、组合式空气处理机组、送/回风管及风口等组成，冷水管路设高位水箱进行补水和定压。

在夏季，由冷（热）水机组提供的冷水被送至空气处理机组内的表面冷却器，空气处理机组从控制楼各房间抽取空气，在机组内进行冷却降温、除湿、过滤处理后通过送风机送入各空调房间，以维持室内的温湿度环境。在冬季，空气处理机组根据需要利用冷（热）水机组提供的热水加热送入室内的空气。当室外气温低至冷热（水）机组无法启动时，可启动组合式空气处理机组内的电加热器加热送入室内的空气。

在冬、夏之间的过渡季节，室外冷（热）水机组不投入运行，空气处理机组直接将室外空气过滤后送入各空调房间以维持室内温湿度。

2. 空气–水集中式空调系统

空调房间的冷负荷由冷水系统承担，新风系统主要满足室内工作人员的卫生要求。由空调末端设备实现对空气的冷却、加热、除湿处理，空调末端设备一般采用风机盘管、柜式空气处理机组、新风机组等。

如图 20-19 所示，控制楼的蓄电池室以及办公室、会议室、交接班室等值班人员工作区域采用了空气–水集中式空调系统，各房间设置的末端设备包括风机盘管和新风机组。冷（热）水机组提供的冷（热）水对室内空气进行冷却或加热处理，以维持室内温湿度环境，新风机组将室外空气处理后送入各房间。

3. 多联空调系统

多联空调系统是由室外机连接数台相同或不同型式、容量的直接膨胀式室内机组成的单一制冷循环系统。室外机可根据需要调节压缩机制冷剂循环量并供给各室内机，因此多联空调系统也称变制冷剂流量（varied refrigerant volume，VRV）空调系统。室内机分布在不同的房间内承担对空气的冷却、加热、除湿功能。

如图 20-20 所示，多联空调系统由室外机、室内机、制冷剂配管（管道、管道分支配件等）和自动控制器件等组成，其中室外机由压缩机、换热盘管、风机、控制设备等组成；室内机由换热盘管、风机、电子膨胀阀等组成，室内机按其外形分为壁挂式、风管天井式、吊顶落地式、一面出风嵌入式、二面出风嵌入式、四面出风嵌入式等机型。

室内机与室外机间制冷剂连接的管路有两条，即液体管和气体管。管路系统有两种配管方式：一种是用“Y”形分支接头，依次分流和连接室内机，可用于垂直和水平分支；另外一种方式是采用分支集管，适宜用于同一楼层水平方向分支。

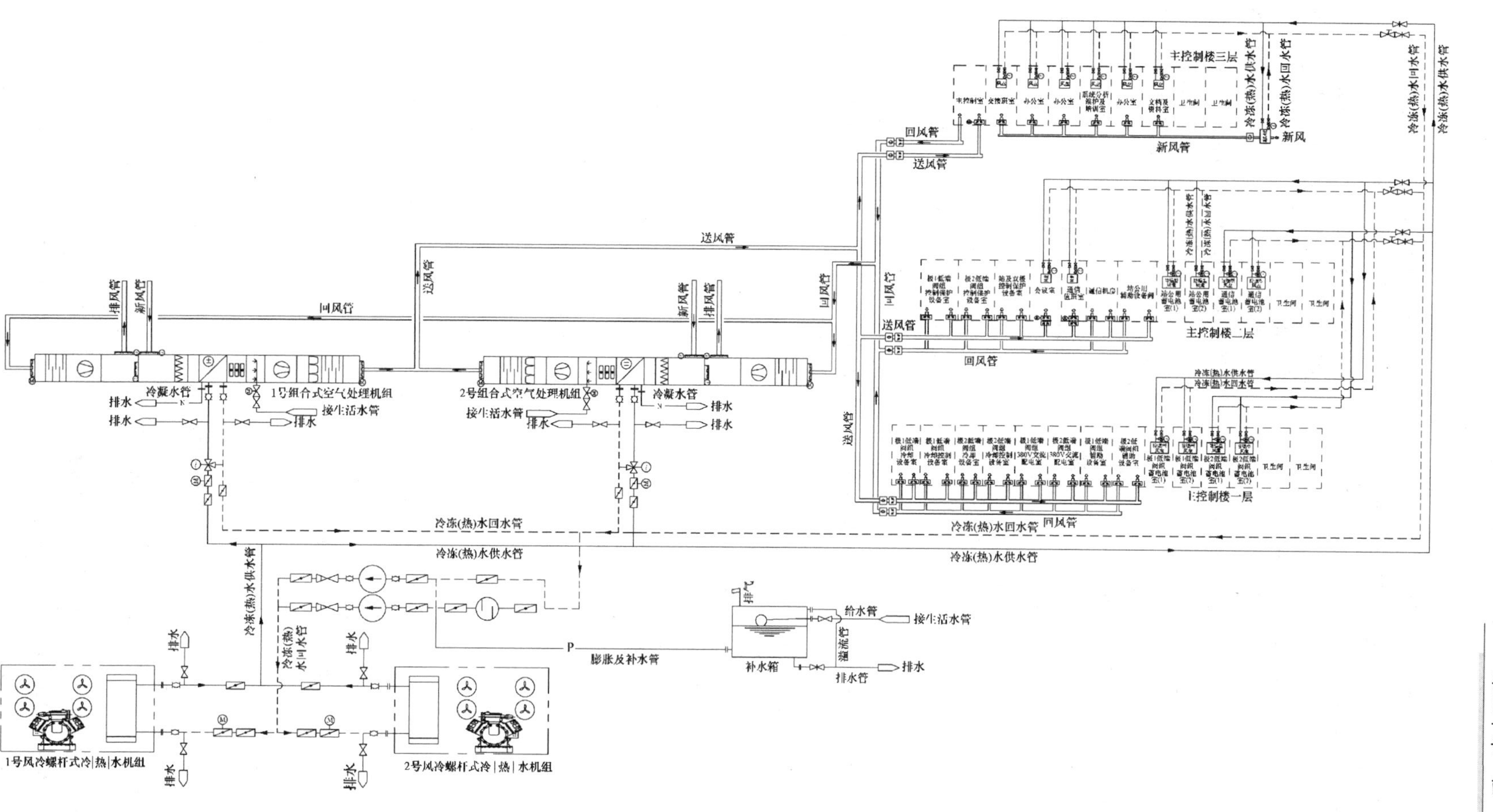

图 20-19 换流站控制楼空调系统流程图

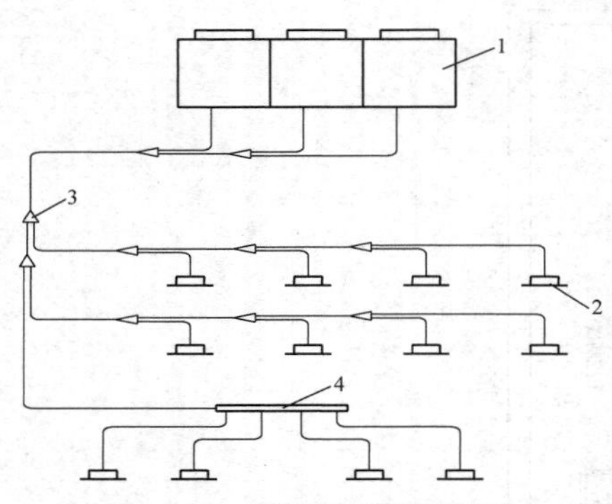

图 20-20　多联空调系统流程图

1—室外机；2—室内机；3—“Y”形分支接头；4—分支集管

4. 分散式空调系统

分散式空调系统利用风冷分体式空调机组承担空调房间的冷负荷，空调机组由室外机和室内机组成。

（二）一般要求

1. 系统型式选择原则

（1）高温、高湿地区，控制楼宜采用全空气集中式空调系统；干燥和凉爽地区，控制楼宜采用多联空调系统。

（2）当控制楼设置冷（热）水机组为空调系统提供冷（热）水时，对于允许冷（热）水管进入的房间（如办公室、会议室、交接班室、阀冷却设备室等），可设置空气–水集中式空调系统。

（3）当换流站设置主、辅控制楼时，辅控制楼工艺房间数量通常较少，宜设置多联空调系统或分散式空调系统。

2. 系统设计要求

（1）空调冷（热）水管不允许进入电气设备室，如主控制室、控制保护设备室、通信机房、阀冷却控制设备室、交流配电室等。

（2）规划全空气集中式空调系统、空气–水集中式空调系统及多联空调系统时，设备区和运行人员工作区空调系统宜分别或独立设置。

（3）长期有人工作或值班房间应提供满足卫生要求需要的风量，应保证每人不小于 30m³/h 的新鲜空气量。

（4）高温高湿地区的二次备品间及安全工器具室宜设置除湿机。

（5）风冷冷（热）水机组宜按 2×100%或 3×50%容量设计，配套的冷水循环泵按 2×100%配置，空气处理机组宜按照设计冷负荷及风量的 2×100%或 3×50%配置。

（6）空调冷水系统宜采用高位膨胀水箱补水和定压，不具备条件时，则采用囊式补水定压装置（由补水稳压水泵、气压罐、管路及控制盘等组成）补水和定压。

（7）当主控制室、控制保护设备室、通信机房、阀冷却控制设备室、阀冷却设备室、蓄电池室、交流配电室采用多联空调系统时，其室内外机均应设 100%备用；当设置分散式空调系统时，以上房间的空调设备备用率不应低于 50%。

（8）蓄电池室空调室内机应采用防腐防爆型，防爆等级应为ⅡCT1（即为Ⅱ类、C 级、T1 组）。

（9）空调设备的噪声和振动的频率特性及传播方式通过计算确定，对于受影响区域，不满足规范要求时，应采取降噪隔振措施。

（10）空调系统与供暖系统及通风系统应设置专用的电源柜，采用双电源供电并配自动切换装置。

（三）设计计算

空调系统设计计算包括空调负荷（夏季空调冷负荷、冬季空调热负荷、夏季空调湿负荷、冬季空调湿负荷）、风管系统压力损失和水管回路总阻力等计算。

1. 空调负荷

空调冷、热负荷均由空调区域负荷与空调系统负荷两大部分构成，负荷计算按照 GB 50019《工业建筑供暖通风与空气调节设计规范》中的相关规定进行。

（1）夏季空调冷负荷。

1）空调区域冷负荷应根据以下各项的热量进行逐时计算得出：

a）通过围护结构传入的热量。

b）外窗进入室内的太阳辐射热量。

c）人体散热量。

d）照明散热量。

e）设备散热量（应由设备制造厂提供）。

f）渗透空气带入的热量（仅对无新风的房间）。

2）空调系统冷负荷包括以下几项：

a）空调区域冷负荷。

b）新风冷负荷。

c）附加冷负荷，包括空气通过风机和风管的温升、风管的漏风量附加，制冷设备和冷水系统的冷量损失，孔洞渗透冷量损失。

（2）冬季空调热负荷。

1）空调区域热负荷仅计算围护结构的耗热量，不考虑设备发热量。

2）空调系统热负荷包括以下几项：

a）空调区域热负荷。

b）加热新风所需的热负荷。

c）附加热负荷（仅计算风管的漏风量附加）。

（3）夏季空调湿负荷。空调系统湿负荷包括人体散湿量和渗透空气带入的湿量（仅对无新风的房间）。

（4）冬季空调湿负荷。冬季室内的余湿量可以不计算。当室外新风的相对湿度较低时，则需要计算空调系统的加湿量。

2. 风管系统压力损失

风管系统压力损失包括风管沿程压力损失、风管局部构件压力损失及设备内部压力损失，参照式（19-8）～式（19-11）计算。

3. 水管回路总阻力

空调冷冻（热）水管回路总阻力包括水管沿程阻力、水管局部阻力及设备内部阻力，参照式（19-12）～式（19-15）计算。

（四）设计要点

1. 全空气空调系统

（1）送风量的确定。将空调系统所担负的各空调房间的风量相加，再加上系统的漏风量即可计算出系统的送风量。

系统的漏风量可按风管漏风量和设备漏风量分别计算。风管漏风量取计算风量的 10%，设备漏风量取计算风量的 5%。

选择加热器、表面冷却器等设备时，应附加风管漏风量；选择通风机时，应同时附加风管和设备漏风量。

（2）新风量的确定。新风量不应小于下列三项计算风量中的最大值：

1）全部设备室空调系统总送风量的 5%，加上其他人员值班和工作间空调系统总送风量的 10%。

2）满足卫生要求需要的风量，应保证每人不小于 30m³/h 的新鲜空气。

3）当电气设备室需要维持一定的正压值时，保持室内正压所需要的风量，室内正压值宜为 5Pa 左右。

（3）风道内风速。确定空调系统风管内的风速时，应综合考虑其经济性、消声要求和风管的断面尺寸限制等因素。根据换流站空调系统的特点，空调风道的设计风速可按下列数据选取：总风管和总支管为 8～12m/s；无送、回风口的支管为 6～8m/s；有送、回风口的支管为 3～5m/s。

（4）气流组织。

1）送风方式一般采用侧送、散流器平送或下送。采用侧送时，应尽量采用贴附射流，回风口宜设在空调房间的下部；采用散流器送风时，回风可采用上回方式。

2）送、回风口风速取值应满足下列要求：

a）采用侧送或散流器平送时，送风口的风速宜采用 3～5m/s。

b）采用散流器下送风时，送风口风速宜采用 3～4m/s。

c）回风口设在空调房间的上部时，回风口风速宜选用 4～5m/s。

d）回风口设在空调房间的下部，不靠近操作位置时，回风口的风速宜选用 3～4m/s；靠近操作位置时，宜选用 1.5～2m/s。

（5）设备制冷负荷。图 20-21 所示为控制楼空气处理过程焓湿图，空调设备的制冷负荷按式（20-6）计算

$$Q_{ch} = 0.28q(h_m - h_b) \tag{20-6}$$

式中 Q_{ch}——空调设备的制冷负荷，W；

q——空调系统送风量，kg/h；

h_b——表面冷却器空气最终状态点的热焓，kJ/kg；

h_m——混合空气状态点热焓，kJ/kg。

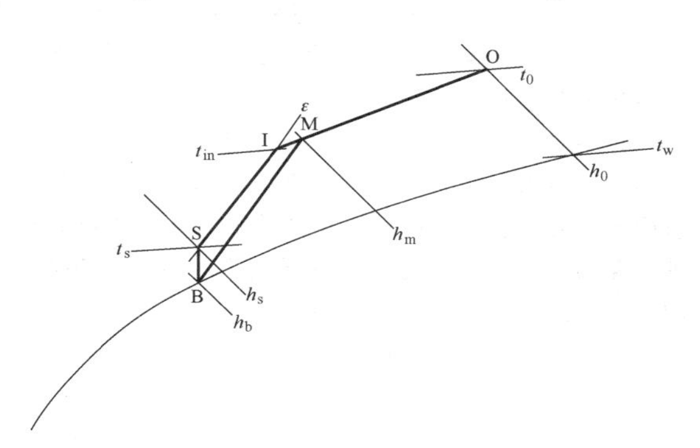

图 20-21 空气处理过程焓湿图

B—表面冷却器空气最终状态点；O—室外空气状态点；
I—室内空气状态点；M—混合空气状态点；
S—送风状态点；t_w—室外空气湿球温度

（6）空气的冷却。换流站控制楼空调系统宜采用人工冷源。按照冷媒种类，常用的表面冷却器有水冷式和直接膨胀式。水冷式表面冷却器以水作为冷媒，通过与空气进行间接热交换，带走空气的显热和潜热，达到冷却空气的目的；直接膨胀式空气冷却器（即蒸发器）则是以制冷剂作为冷媒，通过蒸发器与空气进行间接热交换。

采用表面冷却器或蒸发器时，应注意以下设计要点：

1）表面冷却器的冷却能力应在设计工况的计算负荷基础上附加 15%～20%的余量。

2）空气与冷媒应反向流动，表面冷却器或蒸发器迎风面的空气质量流速宜采用 2.5～3.5kg/（m²·s）。

3）表面冷却器的冷水进口温度，应比空气的出口干球温度至少低 3.5℃，冷水的温升宜低 2.5～6.5℃。目前常用的冷水进/出口的温度为 7/12℃，管内水流速宜采用 0.6～1.5m/s。

4）表面冷却器的排数应通过计算确定，一般情况下宜采用 4～6 排，不宜超过 8 排。用于新风处理时，一般宜为 4～8 排，不宜少于 4 排。

5）蒸发器的冷却能力应在设计工况的基础上附加 10%～15%的余量。

6）蒸发器的蒸发温度，应比空气的出口干球温

度至少低3.5℃，同时要考虑防止其表面结霜。

（7）空气的加热。当空调系统需要加热时，一次加热应在空气处理机组中进行，二次加热应根据具体工程情况，可在空气处理机内加热，也可在风道内加热。换流站空气加热器一般采用热水空气加热器和电加热器两种空气加热器。采用空气加热器时，应注意以下设计要点：

1）热水空气加热器面积应考虑积灰结垢等因素，传热面积宜在计算面积的基础上附加10%～20%。

2）计算热水空气加热器的压力损失时，空气侧应考虑1.1的安全系数，水侧应考虑1.2的安全系数。

3）电加热器的配用功率及级数，应按不同加热方式和调节方式计算确定。

4）电加热器应与风机联锁；安装有电加热器部分的金属风道，应有可靠的接地；安装电加热器处的前后800mm范围内的风管，应采用不导电的不燃材料进行保温，与电热段连接的风管法兰，其垫片和螺栓均应绝缘。

5）电加热器应设计超温保护装置。

（8）空气的加湿与除湿。

1）空气的加湿。通常采用高压喷雾加湿器、高压微雾加湿器、水喷淋湿膜加湿器等对空气进行加湿处理。

2）空气的除湿。常用除湿方法是利用表面冷却器将含湿量较高的空气进行等湿冷却至饱和状态，然后根据除湿量的大小进一步降温处理，使其在饱和状态下降低绝对含湿量，最后通过加热器升温至送风状态，达到除湿的目的。

（9）空气的净化。采用空气过滤器对空气进行净化时，应注意以下设计要点：

1）室外新风和室内回风，在进入热湿（质）交换处理之前，必须先经过过滤处理。

2）如果周围空气环境良好，可采用初效过滤器进行净化处理；当室外空气环境较差时，宜采用初效加中效两级过滤。

3）空气通过过滤器时的风速，宜取0.4～1.2m/s。

4）在空气过滤器的前、后，应设置压差指示装置，以便及时地更换过滤器，确保空调送风的品质。

5）过滤器选用易更换、易清洗型。

（10）噪声控制。空调设备和风道气流引起的噪声，均能通过风道等途径传入空调房间，并与其他噪声合并，形成室内复合噪声。控制楼内有人员值班、工作的房间和设备室的噪声控制标准可参照GB/T 50087的有关规定执行，主控制室、办公室、会议室、交接班室等房间的噪声控制标准为60dB（A），控制保护设备室、通信机房、交流配电室等的噪声控制标准为70dB（A）。噪声控制应注意以下设计要点：

1）动力设备（如离心风机、轴流风机、水泵等），应选用低噪声型。

2）组合式空调机组应设计消声段，尽可能把机组产生的噪声消除或最大限度地减弱，主送、回风道上应设计风道消声器，进一步控制机组产生的噪声向空调房间扩散。

3）送、回风道，特别是主风管内的空气流速不宜太高，空调风管内的风速宜按表20-16选用。

表20-16 空调风管内的风速

室内允许噪声级［dB（A）］	主管风速（m/s）	支管风速（m/s）
25～35	3～4	≤2
35～50	4～7	2～3
50～65	6～9	3～5
65～85	8～12	5～8

4）空调送风口应选用流线型，一般可选用方形或圆形散流器。

（11）空气处理机组。空气处理机组是全空气集中式空调系统的关键设备，机组具备的功能包括空气的加热和冷却、空气的加湿和减湿、空气的净化、空调系统的降噪、控制新风/排风/回风的比例。

空气处理机组采用功能段组合式结构，一般由回风段、排风/新风调节及回风/新风混合段、过滤段、表面冷却段、辅助加热段、加湿段、消声段、风机段、中间检修段、送风段等组成。按其结构可分为立式和卧式2种，换流站一般选用卧式机组。

（12）冷源设备。

1）冷源设备类型。换流站宜使用人工冷源，控制楼人工冷源通常由以下两种设备提供。

a）螺杆压缩式冷水机组。螺杆式制冷压缩机属于容积式气体压缩机，螺杆压缩式冷水机组以螺杆式制冷压缩机为动力，制取低温冷水作为空调系统的冷源。换流站一般使用风冷型机组，根据需要，机组可冬季运行并制取高温热水作为空调系统的热源。机组具有结构紧凑、运行平稳、制冷效率较高、运行调节方便、使用寿命长的优点，但与活塞式机组相比，噪声和耗电量较大。

b）活塞压缩式冷水机组。活塞式制冷压缩机是最传统的容积式气体压缩机，活塞压缩式冷水机组以活塞式制冷压缩机为动力，制取低温冷水作为空调系统的冷源，换流站一般采用风冷模块式，根据需要，机组可冬季运行并制取高温热水作为空调系统的热源。机组的特点是每台机组中包含若干个单元制冷机，可根据空调系统负荷的变化情况分别投入运行，所以运行调节方便，机组备用率低，占地面积小，但模块数量有限制，与螺杆式机组相比，设备投资较高。

2）冷源设备选择。控制楼空调系统冬季不需要提供空调热水时，选用单冷型，否则选用热泵型。冷水供/回水温度宜为 7/12℃，热水供/回水温度宜为 45/40℃。

（13）冷水管路。冷水管路设计要点如下：

1）空调冷水系统的调节宜采用变流量调节方式。

2）当冷水系统支管环路的压降较小、主干管路的压降起主要作用时，系统应采用同程式。

3）当冷水系统较大或分支管之间负荷差别较大时，宜在每个分支管路上安装平衡阀，保证系统各支路的流量分配符合需求。

4）冷水管道低点应设置泄水装置，高点设置排气装置。

2. 空气–水集中式空调系统

（1）冷源设备。冷源设备常用螺杆压缩式冷水机组或活塞压缩式冷水机组。

（2）末端设备。末端设备主要为风机盘管及柜式空气处理机组。风机盘管的类型很多，按结构可分为立式、卧式、立柱式、壁挂式和顶棚（卡）式；按安装方式可分为明装和暗装，按风压大小可分为高压型和低压型。

柜式空气处理机组按结构可分为立式、卧式，按安装方式可分为明装和暗装，按风压大小可分为高压型和低压型。

末端设备的选型与配置应注意以下设计要点：

1）各空调房间应根据房间平面形式、空调负荷大小、设备布置、装修、使用功能和管理要求选择合适的末端设备（型式、容量、台数）以及确定是否需要接风管送风。

2）夏热冬冷地区，仅人员工作和休息房间需要供暖设施时，可选用带辅助电热装置的末端设备，并设置欠风保护或送风超温保护。

3）柜式空气处理机组应配电动三通调节阀及恒温控制器，风机盘管应配电动二通阀及带三速开关的恒温控制器。

4）除了人员值班、休息及工作间外，阀冷却设备室以及需要空调的检修工具间、备品备件间也可采用末端设备。

（3）冷水管路。空气–水集中式空调系统的冷水管路宜采用两管制，其他要求同全空气空调系统冷水管路。

3. 多联空调系统

（1）北方地区设有供暖设施的建筑物，宜选用单冷型机组用于夏季空调；夏热冬冷地区，当冬季要求供暖且建筑物内无热水集中供暖设施时，可选用热泵型机组或带辅助电热装置的室内机。

（2）应根据建筑物房间的使用功能和使用时间的不同，以及建筑楼层和防火分区的划分情况，合理划分多联机系统，为设备区域服务的空调系统应与为人员工作和休息区域服务的空调系统分开设置。

（3）根据建筑物房间的平面形式、空调负荷大小、设备布置、装修型式、使用功能和管理要求，选择合适的室内机（型式、容量、台数）以及确定是否需要接风管送风。

（4）室内机总容量与室外机容量之比(配比系数）宜为 100%～130%。

（5）当设计条件与多联机产品样本给出的名义制冷量和名义制热量所对应的各项条件不一致时，应进行室内外机的容量修正。

（6）新风供应可采用以下几种方式：

1）室内机自吸新风。每层或整栋建筑物设置新风总管，然后通过送风支管与室内机相连，新风负荷由室内机承担。该方式因存在冬季防冻问题，不宜在寒冷地区使用。

2）采用带有全热交换器的新风机组，用排风预冷（热）新风。

3）采用专用分体式新风机组，经直接膨胀冷却处理新风后，再送入每个房间。

（7）室外机与室内机之间的高差及最远距离、室外机之间的高差、室内机之间的高差均不得超过设备生产厂家规定的限值。

（8）室内外机之间的制冷剂配管设计可参见多联机制造厂提供的技术手册。

（9）对于利用室内机集中送风的空调系统，需要进行空调房间气流组织、风量分配与风管的设计与计算。风管系统的总阻力（送风与回风管道）应小于空调机铭牌上给出的机外余压。如机外余压不足以克服管路系统的阻力，则需另设增压风机。对噪声有要求的空调房间，还需进行消声设计。

4. 分散式空调系统

（1）北方地区设有供暖设施的建筑物，宜选用单冷分体式空调机用于夏季空调；夏热冬冷地区，当冬季要求供暖且建筑物内无热水集中供暖设施时，可选用热泵型分体式空调机或带辅助电热装置的分体式空调机。

（2）分体式空调机的数量和总制冷（热）量应不小于空调房间冷、热负荷，总风量应符合房间换气次数的要求。

（3）根据空调房间的型式、使用功能、室内设备布置、装修情况，确定空调室内机的型式（如壁挂、柜式、吊顶式等）以及是否需要接风管送风。

（4）对于利用室内机集中送风的空调系统，需要进行空调房间气流组织、风量分配与风管的设计与计算。风管系统的总阻力（含送风与回风系统）应小于空调机铭牌上给出的机外余压。如机外余压不足以克服管路系统的阻力，则需另设增压风机。对噪声有要求的空调房间，还需进行消声设计。

（5）控制保护设备室、通信机房、阀冷却控制设备室、阀冷却设备室、蓄电池室、交流配电室空调机应设置备用，三台及以下备用一台，四台及以上宜备用两台。

（五）设备及管道布置

1. 全空气集中式空调系统

在北方天气寒冷地区，为了设备的防冻，空气处理机组、冷水循环泵、补水定压装置、冷水过滤装置一般布置在控制楼空调设备室。南方地区，空气处理机组及附属设备可布置在控制楼空调设备室，也可将组合式空气处理机组布置在控制楼屋面或室外地面。冷（热）水机组一般布置在室外地面或控制楼屋面。设备及管道布置应符合下列要求：

（1）空调设备室布置。

1）应有良好的通风及采光设施。在寒冷地区，应设计供暖系统以维持室内一定的环境温度。

2）宜有一面外墙便于设置新风口和排风口。

3）室内应设地漏以及清洗过滤器的水池，地面宜有 0.005 的排水坡度。

4）应考虑空气处理机组第一次进入设备室的通道，当从外门、楼梯无法搬运时，可考虑在外墙砌筑之前先将机组搬入设备室，或在外墙上预留孔洞，待设备进入后再封闭孔洞。

（2）设备布置和管道连接应符合工艺流程，并做到排列有序、整齐美观和便于安装、操作与维修。设备与配电盘之间的距离和主要通道的宽度不应小于 1.5m，机组与维护结构之间的距离以及非主要通道的宽度不应小于 0.8m。兼作检修场地的通道宽度，应根据拆卸或更换设备部件的尺寸确定。

（3）冷（热）水机组与维护结构、电气设备及其他障碍物之间应留有一定的距离，以利于冷（热）水机组的散热。

（4）空气处理机组冷凝水的积水盘排水点应设水封，并应考虑水封的安装空间。

（5）室外空气处理机组的顶部及室外风管应考虑防雨措施，以免雨水进入设备或风管内。

（6）风管、水管、电缆穿屋面处的预埋管或预留孔，应配合土建做好防水设计。电缆穿屋面处应设防火封堵。

（7）布置在室外地面的冷（热）水机组、空气处理机组及辅助设备，从空调配电控制柜至各设备的电缆宜布置在电缆沟内并辅以少量预埋管；设备布置在屋面且电缆较多时，电缆宜布置在专用桥架内。

（8）布置在楼板或屋面的冷（热）水机组、空气处理机组、冷水循环泵、补水定压装置等设备应设置减振装置。

（9）新风进风口应设置在室外空气较洁净的地点，新风口应考虑防雨措施。在风沙较大地区，新风口不应布置在主导风向，且新风口应设置防沙百叶或沉沙井等防沙措施。排风口也应采取防沙措施。

（10）室外配电柜面板应采用不锈钢材质，防护等级为 IP55，室外布置的电动机、传感器、电动执行机构均应设置不锈钢防雨罩。当有冻结可能时，空气处理机组及辅助设备的元器件、测量表计、传感器等要采取有效的防冻及防雪措施。

（11）空气处理机组及辅助设备布置在室外地面或屋面时，应放置在混凝土基础上，基础高出地面或建筑屋面的高度宜为 0.2～0.4m。

（12）空调系统的风管，当符合下列条件之一时，应设置公称动作温度为 70℃的设防火阀：

1）穿越防火分区处。

2）穿越通风、空气调节机房的房间隔墙和楼板处。

3）通过重要或火灾危险性大的场所的房间隔墙和楼板处。

4）穿越防火分隔处的变形缝两侧。

5）竖向风管与每层水平风管交接处的水平管段上。

（13）空调风管不宜穿过防火墙和非燃烧体楼板，如必须穿过，应在穿过处设置防火阀，且防火阀两侧各 2m 范围内的风管保温材料应采用不燃材料，穿越处的空隙应采用不燃材料填塞。

（14）下列空气调节设备及管道应保温：

1）冷（热）水管道和冷水箱。

2）冷风管及空气调节设备。

3）室内布置的冷凝水管。

（15）设备和管道保温及保护应符合下列要求：

1）保温层的外表面不得产生冷凝水。

2）保温层的外表面应设隔汽层。

3）管道和支架之间应采取防止“冷桥”的措施。

4）明装风管及水管保温层外应设金属保护层。

（16）室外布置的冷（热）水机组、空气处理机组，应考虑设备冲洗用水龙头和检修用电源箱，并设置方便夜间巡视或故障处理的照明。

（17）寒冷和严寒地区，空气处理机组新风管上应设置电加热装置，防止室外冷风导致表面冷却器结冰冻裂。

（18）寒冷和严寒地区，对于室外布置的冷（热）水机组、空气处理机组和水管，宜采用在循环介质水中加入防冻液（乙二醇）用于冬季防冻，必要时，还可采用设置保温棚的方式防冻。

2. 空气–水集中式空调系统

（1）末端设备凝结水管的排水坡度不应小于0.01。

（2）暗装设备的室内回风口宜带尼龙网式过滤器，并设置单层百叶风口，吊顶上应设置方便检修水系统阀门及软接管的检修门。

（3）为防止设备振动导致连接管断裂漏水以及拆卸检修的方便，供、回水管与设备连接处应采用软连接。

3. 多联空调系统

多联空调系统设备及管道布置应符合下列要求：

（1）空调室外机一般布置在控制楼屋面，并尽可能布置在视线盲区。图20-22所示为某换流站辅控制楼多联空调室外机平面布置情况。

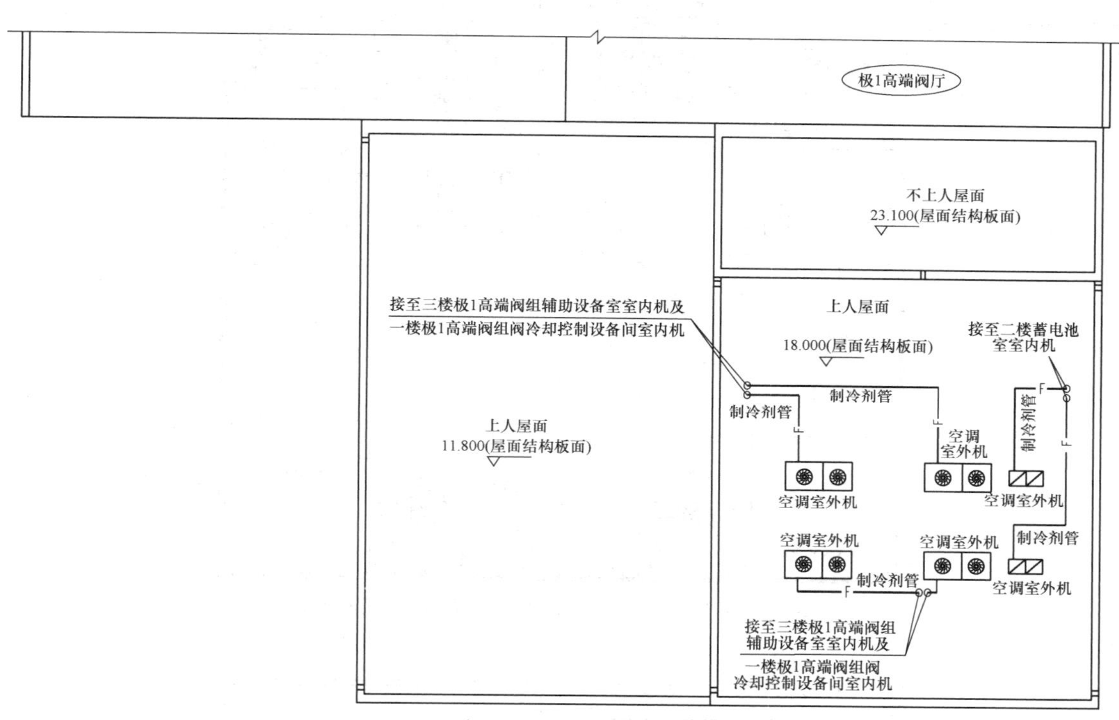

图20-22　某换流站辅控制楼多联空调室外机平面布置图

（2）空调室内机的布置应避免室内温度场的失衡，空调送风不应直接吹向电气盘柜以避免盘柜表面凝露，空调室内机及送风口不应布置在电气盘柜正上方。图20-23所示为某换流站控制楼多联空调室内机及风管平面布置情况。

（3）室内机及空调风口的布置应与灯具及吊顶布置密切配合，做到美观协调。

（4）空调冷凝水应收集后集中排放至室外雨水井、下水管和室内地漏、水池等排水设施，冷凝水管不应暴露在控制楼外立面。室内布置的立管需要进行掩蔽处理或预埋在墙体内。

（5）制冷剂管穿屋面如设套管，待制冷剂管安装后，套管出口应采用胶泥或其他防水材料进行密封。

（6）屋面室外机的制冷剂管及电缆应排列整齐，当管道和电缆较多时，宜布置在槽盒或桥架内。

（7）屋面宜设置照明和生活水管及水龙头，以方便夜间巡视、故障处理及设备的检修和清洗。

4. 分散式空调系统

（1）空调室外机一般布置在控制楼屋面，并尽可能处在视线盲区。图20-24所示为某换流站辅控制楼分体式空调机平面布置情况。

（2）室内、外机之间连接铜管的最长距离不宜超过15m。室内、外机之间的最大允许高差有两种情况：①当室内机高于室外机时，不应超过10m；②当室内机低于室外机时，不应超过5m。

（3）连接室内外机的制冷剂管和冷凝水管的布置，应尽量减少对室内和外墙立面美观的影响，必要时可对沿墙面敷设的制冷剂管、冷凝水管加设槽盒或进行掩蔽处理。

（4）室外机布置在屋面时，制冷剂管穿屋面应设套管。待制冷剂管安装后，套管出口应采用胶泥或其他防水材料进行严密封堵。

（5）空调冷凝水应接至排水系统，不得散排，排水立管不宜布置在建筑主立面。

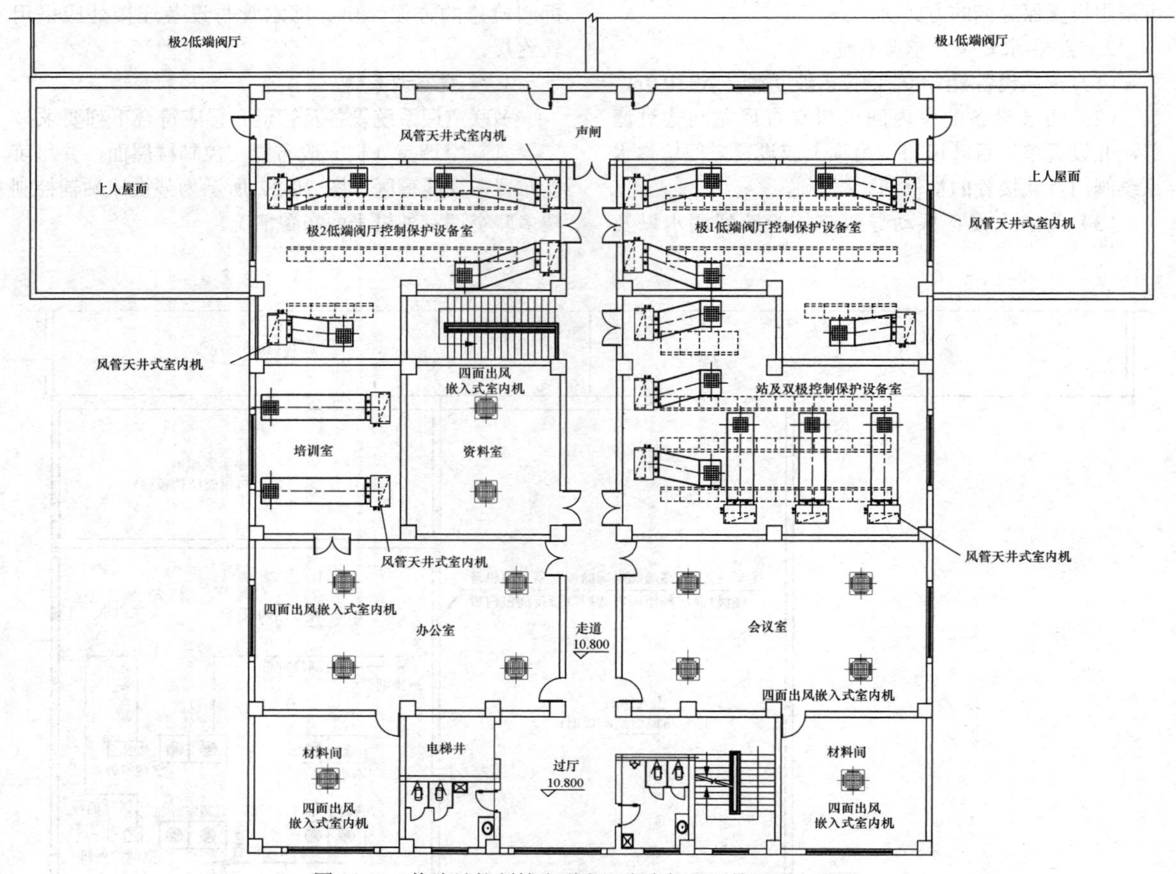

图 20-23　换流站控制楼多联空调室内机及风管平面布置图

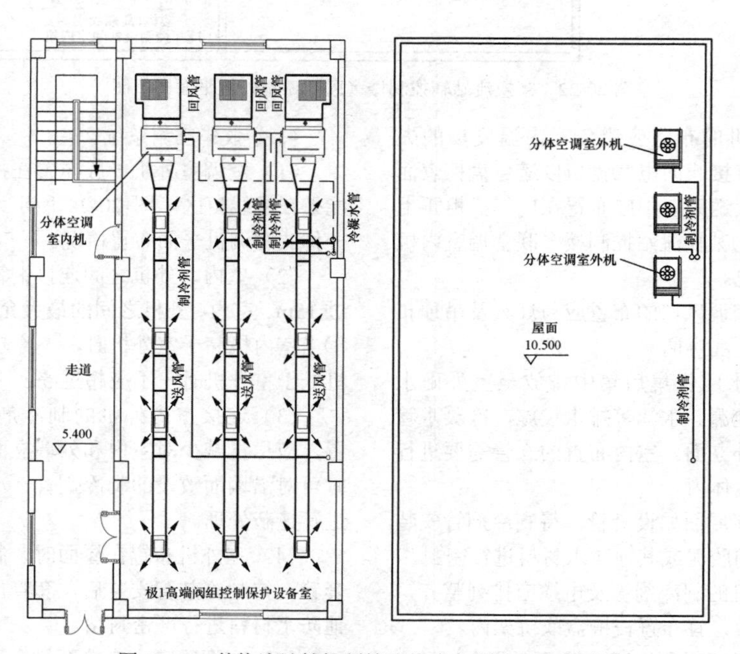

图 20-24　某换流站辅控制楼分体式空调机平面布置图

（6）空调室内机的布置应避免室内温度场的失衡。同时空调送风不应直接吹向电气盘柜，以免盘柜表面凝露。对于狭长房间，无法通过空调室内机的布置控制室内温度场的均衡时，宜通过风管送风形成合理的气流组织。

（六）空调系统控制

1. 空调系统控制方式

（1）分散式空调系统不设置集中监控系统，均采用就地控制。

（2）多联空调系统应设置集中控制器对空调室外机和室内机进行控制，此外，电气设备室及通信机房室内机应设线控器，其他房间宜设遥控器。

（3）全空气集中式空调系统和空气–水集中式空调系统应采取集中监控为主、手动控制为辅的控制方式，控制楼的集中监控应与阀厅、户内直流场（如有）的通风空调集中监控系统合并设置。

（4）多联空调系统集控器、全空气集中式空调系统和空气–水集中式空调系统的集中监控系统均应与全站智能辅助控制系统以通信方式连接，使运行人员能够实时监控空调系统运行状况。通信协议和通信接口应符合全站智能辅助控制系统的要求。

2. 集中监控系统组成及设计

（1）集中监控系统主要由中央管理站、集中控制柜、远程 I/O 站、就地控制柜、通信电缆、就地检测设备等硬件和相关软件所组成。

（2）集中监控系统控制对象主要包括风冷冷（热）水机组、组合式空气处理机组、循环水泵、风机盘管、柜式空调机组、补水定压装置（如有）及自动清洗过滤器等，主要对空调系统的水温、水压、水流量、空气温度、相对湿度、室内正压等参数进行监测、显示和自动调节以及对参数超限和设备故障进行报警。

（3）集中监控采用 PLC 或 DCS 方式，直流电源、传感器及控制器均冗余配置。

（4）中央管理站一般设置在主控制室内，在管理站上可实现对空调系统的集中监督管理及运行方案指导，并可实现设备的远动控制，能对空调系统中的各监控点的参数、各运转设备及部件的状态、故障报警信号、系统的动态图形及各项历史资料进行显示和打印。

（5）所有自动控制的设备均应设手动控制功能，以便在调试、检修或运行期间进行手动控制。

第四节 消 防 设 计

控制楼是换流站的主要生产建筑物，其内部主要为控制保护设备、通信设备、交流/直流配电设备、辅助系统设备及工作人员辅助及附属用房等，可燃物较少。根据 GB/T 50789、DL/T 5459 的规定，控制楼的火灾危险性类别为戊类，耐火等级为二级。

一、火灾自动报警系统

控制楼内的各功能房间宜按照天花板上顶棚区域、天花板与地板之间、活动地板以下划分为三个防火区域。火灾探测设备宜选择点型感烟探测器，其中控制楼内的蓄电池室应选择防爆类的点型感烟探测器；控制楼的通信设备室、站及双极控制保护设备室、极/阀组辅助设备室等重要功能房间及其对应的活动地板下的电缆区域可根据需要采用吸气式感烟火灾探测器或线性感温探测器。

火灾自动报警系统提供火灾报警的联动控制功能，可用于与消防系统、通风空调系统及门禁系统等的联动。

二、消防灭火系统

控制楼消防设计包括室内、外消火栓灭火系统设计和移动式灭火器的设计。

1. 室内、外消火栓灭火系统设计

室内、外消火栓灭火系统接自站区消防给水系统，站区消防给水系统设计详见第二十三章第三节消防给水系统。

控制楼各楼层均应设室内消火栓，且应设置带有压力表的试验消火栓。消火栓布置、选型及安装要求应满足 GB 50229 和 GB 50974 的相关规定。

室内消火栓的设计流量根据控制楼的体积、高度、耐火等级、火灾危险性等因素综合分析确定。

室外消火栓灭火系统的干管在控制楼周围布置成环状。设置在管网上的室外消火栓布置间距不大于 80m，环状管网干管直径不小于 DN150mm，消防水泵房有两条出水管与环状管网相连，并保证当其中一条出水管检修时，另外一条出水管仍能满足控制楼消防的全部用水量。

室外消火栓的设计流量根据建筑物的用途功能、体积、耐火等级、火灾危险性等因素综合分析确定。

火灾延续时间按 2h 考虑。

2. 移动式灭火器设计

灭火器设计应执行 GB 50140《建筑灭火器配置设计规范》和 DL 5027《电力设备典型消防规程》的相关规定。控制楼的控制室、通信机房的灭火级别按 E（A）级、危险等级为严重危险级考虑；控制保护设备室、配电装置室、电气辅助设备室等的灭火级别按 E（A）级、危险等级为中危险级考虑；蓄电池室的灭火级别按 C（A）级、危险等级为中危险级考虑；其他房间（如办公室、值班休息室、会议室、阀冷却设备室、空调设备间、工具间等）的灭火级别按 A 级、危险等级为轻危险级考虑。

控制楼的灭火器选择磷酸铵盐干粉灭火器。手提式灭火器放置在不锈钢灭火器箱内，灭火器箱采用翻盖式，开门方式为正上方开启，箱体为红色。

三、通风空调系统防火及排烟

（一）防火及排烟系统的功能

空调防火及排烟系统的功能包括：

（1）使通风空调系统与空调房间隔绝，防止火种通过风道进入空调房间。

（2）控制烟气蔓延，为人员疏散提供安全保障。

（3）在确认火灾已被扑灭且不能复燃的情况下，启动排烟系统，消除火灾房间内的烟气、异味及有害物质，为工作人员进入房间进行恢复操作提供保障。

（二）一般要求

（1）控制楼通风空调系统防火及排烟设计应符合GB 50016《建筑设计防火规范》及GB 51251《建筑防烟排烟系统技术标准》的有关规定。

（2）通风空调防火系统宜与建筑防火分区设置保持一致。

（3）通风空调设备应与火灾信号联锁，火灾时其电源应被自动切断。

（4）室内通风及空调设备、风道及附件、保温材料应采用不燃性材料。

（5）空调机电加热器采用套管式时，不允许采用电阻丝或电热棒直接加热送风。

（6）通风、空调系统的风管在下列部位应设置公称动作温度为70℃的应设防火阀：

1）穿越防火分区处。

2）穿越通风、空调机房的房间隔墙和楼板处。

3）通过重要或火灾危险性大的场所的房间隔墙和楼板处。

4）穿越防火分隔处的变形缝两侧。

5）竖向风管与每层水平风管交接处的水平管段上。

（7）风管不宜穿过防火墙和不燃性楼板，如必须穿过时，应在穿过处设防火阀。穿过防火墙两侧各2m范围内的风管保温材料应采用不燃材料，穿过处的缝隙应采用不燃材料堵塞。

（8）防火阀前后各 2.0m、电加热器前后各 0.8m范围内的管道及其绝热材料均应采用不燃材料。

（9）控制楼应优先采用自然排烟系统。

（10）设置排烟系统的场所或部位应采用挡烟垂壁、结构梁及隔墙等划分防烟分区。防烟分区不应跨越防火分区。

（三）排烟方式

（1）自然排烟。排烟房间至少含有一面外墙或外窗，或通过排烟口能够将烟气排至室外时，宜采用自然排烟方式。自然排烟设计应符合以下规定：

1）自然排烟窗（口）所需有效排烟面积按照GB 51251的有关规定执行。

2）自然排烟窗（口）设置在外墙时，应设在储烟仓以内，但走道、室内空间净高不大于3m的区域，可设置在房内净高度的1/2以上。

3）防烟分区内任一点与最近的自然排烟窗（口）之间的水平距离不应大于建筑内空间净高的2.8倍。

4）自然排烟窗（口）宜分散均匀布置，且每组的长度不宜大于3.0m。自然排烟窗（口）的开启形式应有利于火灾烟气的排出。

5）当房间面积不大于200m^{2}时，自然排烟窗（口）的开启方向可不限。

6）自然排烟窗（口）应设置手动开启装置，设置在高位不便于直接开启的自然排烟窗（口）应设置距离地面高度（1.3～1.5）m的手动开启装置。

（2）机械排烟。不具备自然排烟条件的房间应采用机械排烟系统，排烟设计应符合以下规定：

1）排烟风量按照GB 51251的有关规定执行。

2）排烟口宜设置在顶棚或靠近顶棚的墙面上，但走道、室内空间净高不大于3m的区域，可设置在房内净高度的1/2以上；当设置在侧墙时，吊顶与其最近的边缘的距离不应大于0.5m。

3）防烟分区内任一点与最近的排烟口之间的水平距离不应大于30m。

4）垂直排烟风管与每层水平排烟风管交接处的水平管段以及一个排烟系统担任多个防烟分区的排烟支管上。

5）排烟风机应选用专用风机，排烟风机入口处应设置排烟防火阀。

6）排烟口的风速不宜大于10m/s。

7）机械排烟设备及阀门应电动控制，并应与消防系统联锁。

第二十一章

户内直流场

第一节　建筑设计

户内直流场布置在直流开关场区域，是换流站的主要生产建筑物。

户内直流场用于大气污闪比较严重的两端直流输电换流站，其内部布置有平波电抗器、直流滤波器、直流电容器、直流电压分压器、直流避雷器、隔离开关、接地开关等电气设备及其连接导体、绝缘子，以及电缆/光缆桥架、空调送风/回风管、事故排烟风机等辅助系统设备与设施。

通常情况下，1 幢户内直流场布置 1 极的直流开关场相关设备。

一、建筑技术要求

户内直流场建筑设计应充分保障换流站设备及设施的安全和人员生命安全，满足工艺流程、设备布置及功能需求、运行维护需要，妥善考虑建筑防火、安全疏散、气密、保温隔热、隔声、防水、排水、抗风等相关技术要求。

（一）建筑防火

1. 火灾危险性

根据 GB 50229《火力发电厂与变电站设计防火规范》相关条文的规定，户内直流场火灾危险性类别根据其内部单台电气设备的充油量确定。户内直流场的火灾危险性分类见表 21-1。

表 21-1　户内直流场的火灾危险性分类

序号	内部电气设备类型		火灾危险性类别
1	单台电气设备充油量（kg）	＞ 60	丙类
		≤ 60	丁类
2	无充油电气设备		戊类

注　当户内直流场内火灾危险性较高的生产部分占整个防火分区建筑面积的比例小于 5%时，可按火灾危险性较低的生产部分确定其火灾危险性类别。

2. 耐火等级

根据 GB/T 50789《±800kV 直流换流站设计规范》和 DL/T 5459《换流站建筑结构设计技术规程》相关条文的规定，户内直流场的耐火等级为二级。

3. 燃烧性能和耐火极限

（1）建筑构件。户内直流场建筑构件的燃烧性能和耐火极限见表 21-2。

表 21-2　户内直流场建筑构件的燃烧性能和耐火极限

序号	构件名称		燃烧性能	耐火极限（h）
1	墙体	防火墙	不燃性	≥3.00
		承重墙	不燃性	≥2.50
		非承重外墙	不燃性	不限
			难燃性	≥0.50
		房间隔墙	不燃性	≥0.50
			难燃性	≥0.75
2	结构柱		不燃性	≥2.00
3	结构梁		不燃性	≥1.50
4	屋顶承重构件		不燃性	≥1.00
5	屋面板		不燃性	≥1.00

当户内直流场除防火墙外的非承重外墙采用复合压型钢板围护结构时，其内部保温隔热芯材应为 A 级不燃性材料。

户内直流场屋面复合压型钢板围护结构的保温隔热芯材应为 A 级不燃性材料。

当户内直流场采用钢结构梁、柱、屋顶承重构件时，应采取适当的防火保护措施。

（2）门窗。户内直流场门窗的耐火性能见表 21-3。

表 21-3　户内直流场门窗的耐火性能

序号	门窗部位		耐火性能（h）	
			耐火隔热性	耐火完整性
1	门	防火墙上的门	≥1.50	≥1.50
		其他部位的门	不限	不限

续表

序号	门窗部位		耐火性能（h）	
			耐火隔热性	耐火完整性
2	窗	防火墙上的窗	≥1.50	≥1.50
		其他部位的窗	不限	不限

4. 防火分区

根据 GB 50016《建筑设计防火规范》对各类火灾危险性、各级耐火等级厂房的层数和每个防火分区的最大允许建筑面积的规定，户内直流场每个防火分区的最大允许建筑面积见表 21-4。

表 21-4　户内直流场每个防火分区的最大允许建筑面积

序号	火灾危险性类别	每个防火分区最大允许建筑面积（m^2）
1	丙	8000
2	丁	不限
3	戊	不限

当户内直流场内布置有单台设备充油量在 60kg 以上的电气设备（如直流滤波器、直流电容器等）时，该设备布置区域宜设置阻火隔墙与其他部位隔离，阻火隔墙（含框架柱、梁、砖砌体）的耐火极限应不小于 3.00h。

（二）安全疏散

户内直流场安全出口的数量不应少于 2 个，且应有 1 个安全出口作为运输通道通往室外并与站区主要道路衔接，其净空尺寸应满足户内直流场内最大设备的搬运要求。

户内直流场室内任一点至最近安全出口的直线距离见表 21-5。

表 21-5　户内直流场内任一点至最近安全出口的直线距离

序号	火灾危险性类别	室内任一点至最近安全出口的直线距离（m）
1	丙	80
2	丁	不限
3	戊	不限

（三）气密

1. 气密性能指标 q_A

户内直流场的气密性能应满足

$$0.5m^3/(m^2 \cdot h) < q_A \leqslant 1.2m^3/(m^2 \cdot h)$$

式中　q_A——建筑整体（含开启部分）气密性能指标。

2. 气密技术措施

（1）墙体和屋面内、外层彩色压型钢板之间的搭接缝隙均应封堵密实。

（2）门窗应具有优良的气密性能。

（3）采光窗宜为固定窗，玻璃应选用不易破碎的夹胶或夹丝玻璃。

（4）通风百叶窗的叶片应安装自动启闭装置，事故排烟风机的外侧应安装带联动装置的百叶。

（四）保温隔热

户内直流场建筑围护结构的综合传热系数应满足 GB 50189《公共建筑节能设计标准》规定的该地区建筑围护结构热工性能限值要求。

户内直流场建筑围护结构可采用岩棉、玻璃纤维棉、硅酸铝纤维棉等保温隔热材料，与彩色压型钢板、防水卷材等建筑材料配套使用，达到其建筑围护结构保温隔热的目的。

（五）隔声

1. 隔声性能指标

户内直流场建筑围护结构隔声性能指标应满足

$$35dB \leqslant R_{tr,w} + C_{tr} < 40dB$$

式中　$R_{tr,w} + C_{tr}$——空气声隔声性能分级指标。

2. 隔声技术措施

（1）建筑围护结构所有孔隙均应实施严密的封堵，避免“声桥”现象。

（2）各出入口门、采光窗均应具有优良的隔声性能。

（六）防排水

1. 水密性指标

户内直流场建筑围护结构的整体水密性指标应满足 Δp（水密性能指标）≥2000Pa。

2. 屋面防水等级

户内直流场屋面防水等级为Ⅰ级。

3. 屋面防水方案

户内直流场屋面宜采用复合压型钢板屋面，选用 360° 直立锁缝暗扣连接方式的外层压型钢板（纵向不允许搭接）及防水垫层组成的围护结构进行防水设防，屋面排水坡度宜为 5%～10%。

4. 屋面排水方案

户内直流场屋面宜采用有组织排水，屋面雨水经外天沟、雨水斗和水落管收集之后排入站区雨水管网。

为避免天沟出水口被积污堵塞时，囤积在沟内的雨水渗入户内直流场内部，天沟侧壁宜设置一定数量的溢水孔。

（七）其他

1. 抗风

户内直流场屋面复合压型钢板围护结构抗风加强

构造措施包括：加强屋面抗风薄弱部位的固定、加强暗扣固定座与檩条的连接、加强屋面围护结构的缝隙封堵等，具体措施参见第十九章第一节建筑设计的有关内容。

2. 防潮

当换流站站址所在地区地下水位较高或土壤较潮湿时，户内直流场室内地坪应采取可靠的防潮措施：

（1）墙身–0.060m 标高处应设置防潮隔离层，采用 20mm 厚防水水泥砂浆（内掺水泥用量 5%的 JJ91 硅质密实剂）粉刷。

（2）室内地坪应设置防潮隔离层，即在细石混凝土垫层之上均匀涂刷 2 道柔性防水涂料（纵横向各涂刷 1 道），或铺设 2 层柔性防水卷材（上下层错缝铺贴）。

3. 防风沙

位于风沙较大地区的换流站，户内直流场可采取下列防风沙措施：

（1）建筑围护结构的所有孔隙（包括设备开孔、管线开孔等）均应封堵密实。

（2）出入口门应具有优良的气密性能，通风百叶窗的叶片应安装自动启闭装置，事故排烟风机的外侧应安装带联动装置的百叶。

（3）室内电缆沟、风道与室外的衔接部位应采取防风沙封堵措施。

4. 防坠落

户内直流场为单层高大空间厂房，屋面巡视检修钢爬梯应设置安全护笼，并采取防止未经授权人员随意攀爬的措施。

5. 防触电

户内直流场内布置有诸多高压电气设备，存在人员触电风险。通过对户内直流场的钢结构、压型钢板围护结构（含门窗）、其他金属构件（金属桥架、钢线槽、钢爬梯、风管、吊架、支架、灯具外壳、火灾探测器金属外壳、视频监控系统金属外壳和转接箱金属外壳、消防模块箱金属外壳、照明箱外壳、配电箱外壳、检修箱外壳等）采取与主接地网接地措施，以及对高压电气设备采取设置钢丝网隔离围栏等措施，能够有效降低人员触电风险。

6. 防小动物

户内直流场各安全出口门的内侧应加装可拆卸式挡板，以防止老鼠、黄鼠狼、野兔、蛇等小动物闯入。

二、建筑布置

（一）建筑布置组合

在两端直流输电换流站中，户内直流场通常与阀厅、控制楼联合布置，其布置组合分为两种方案：①户内直流场与阀厅、控制楼“U”形布置组合方案，其平面组合示意如图 21-1 所示；②户内直流场与阀厅、控制楼三列式布置组合方案，其平面组合示意如图 21-2 所示。

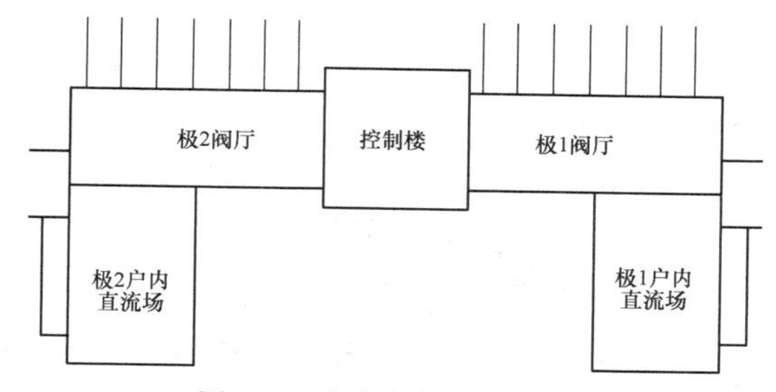

图 21-1 户内直流场与阀厅、控制楼“U”形布置组合示意图

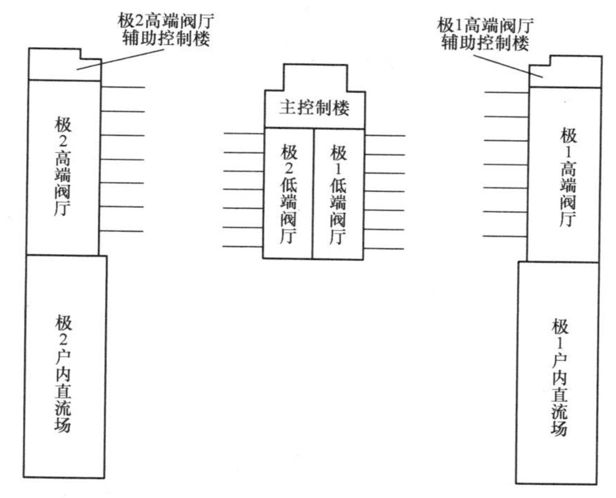

图 21-2 户内直流场与阀厅、控制楼三列式布置组合示意图

（二）建筑单体布置

户内直流场通常采用单层布置，其平面布置实例如图 21-3 和图 21-4 所示。

三、建筑构造

（一）墙体围护结构

户内直流场墙体围护结构采用现场复合压型钢板墙体围护结构或工厂复合压型钢板墙体围护结构，除无需采取电磁屏蔽措施外，其余建筑构造参见第十九章第一节建筑设计的有关内容。

（二）屋面围护结构

户内直流场屋面围护结构采用现场复合压型钢板屋面围护结构，除无需采取电磁屏蔽措施外，其余建筑构造参见第十九章第一节建筑设计的有关内容。

（三）地坪

户内直流场地坪除无需设置电磁屏蔽构造层外，其余建筑构造参见第十九章第一节建筑设计的有关内容。

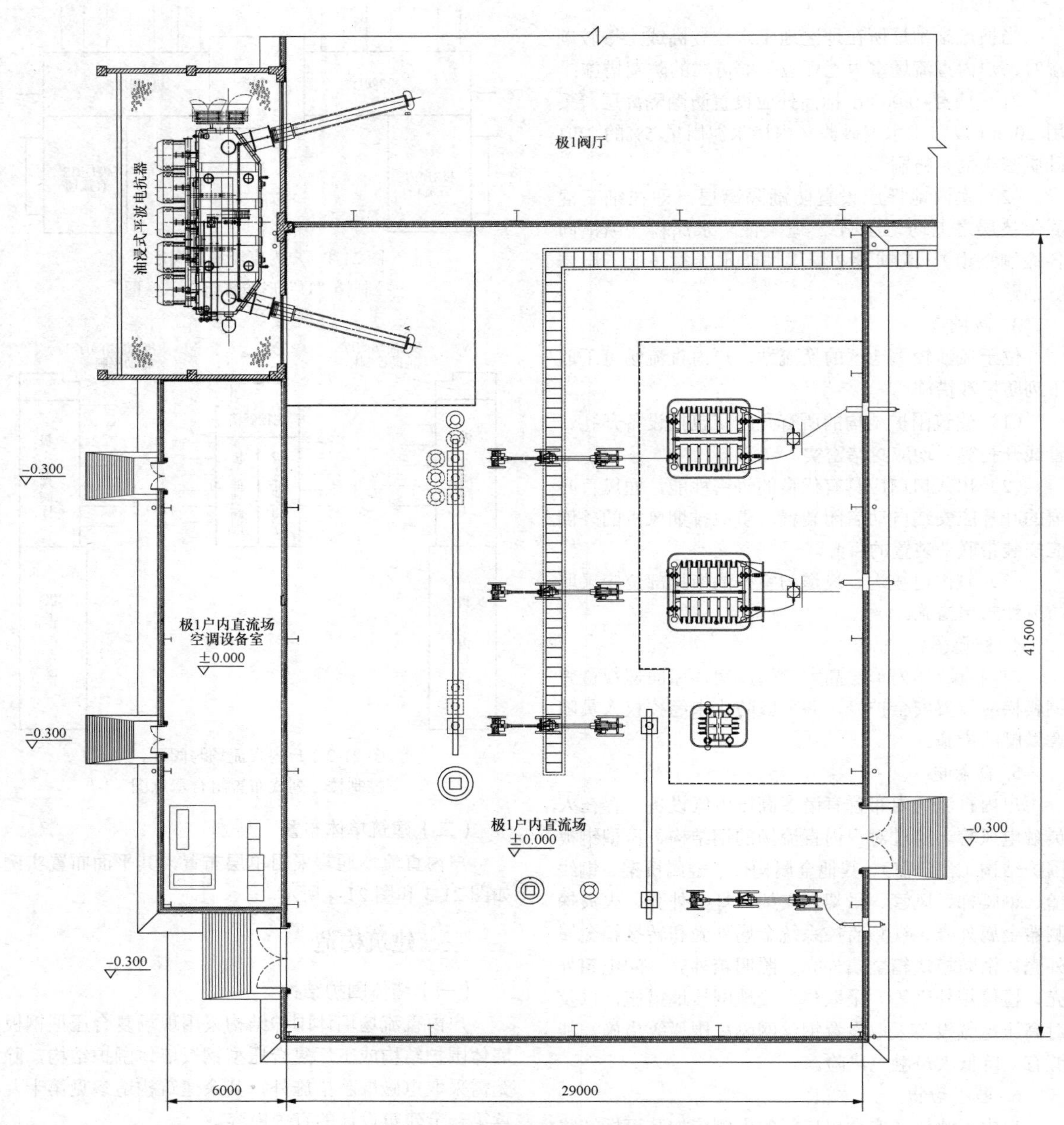

图 21-3　户内直流场平面布置实例图一

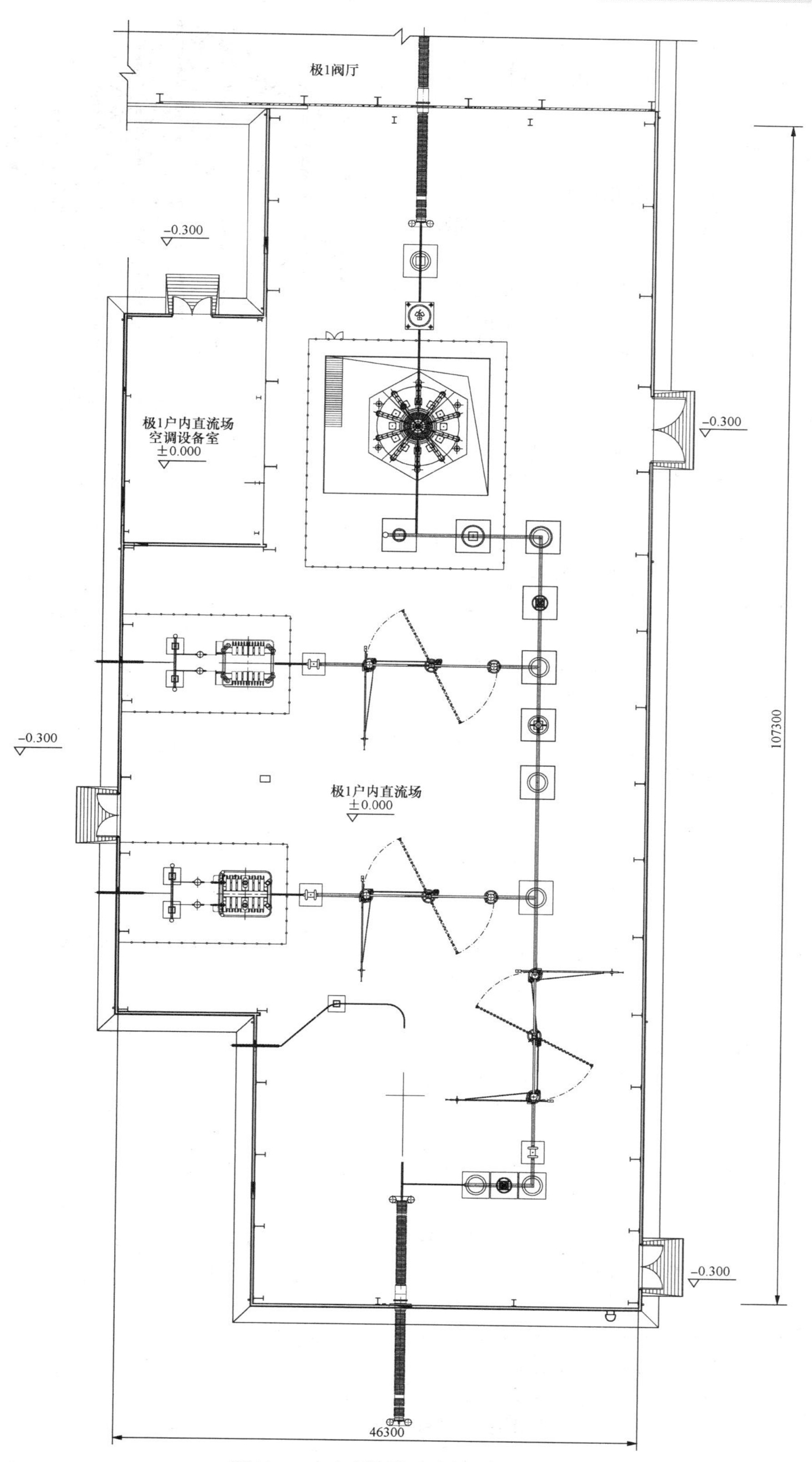

图 21-4 户内直流场平面布置实例图二

第二节　结　构　设　计

一、一般要求

（1）户内直流场结构设计使用年限为50年，结构安全等级为一级，抗震设防分类为乙类，地基基础设计等级不应低于乙级。

（2）户内直流场荷载和荷载效应组合应按GB 50009《建筑结构荷载规范》、GB 50011《建筑抗震设计规范》、DL/T 5459《换流站建筑结构设计技术规程》的有关规定进行设计计算。

（3）户内直流场采用单层钢结构厂房时，其纵向温度伸缩缝间距，在采暖和非采暖地区房屋一般不宜大于220m、在采暖地区非采暖房屋一般不宜大于180m。

（4）户内直流场通常与阀厅联合布置，二者之间应设置变形缝。变形缝应满足防震缝要求，防震缝宽度可采用100～150mm。当其中较低房屋高度大于15m时，防震缝宽度应适当加宽。

（5）户内直流场一般不设置桥式吊车，在风荷载标准值作用下，单层钢结构框架的柱顶水平位移不宜超过高度的1/150。

二、结构选型与布置

1. 结构选型

户内直流场为单层工业厂房，跨度和高度相对较大，承受的荷载相对比较简单，其承重结构可采用钢结构框排架结构体系，也可采用钢筋混凝土框排架结构体系。为了减小承重结构的截面尺寸、节约钢材，如无特殊要求，屋盖宜采用轻型屋面，屋盖结构体系宜采用钢桁架有檩屋盖体系，当跨度超过42m以上时，可采用钢网架有檩屋盖体系。

户内直流场应用的工程较少，已建换流站户内直流场承重结构均采用钢框排架结构体系，屋盖结构体系均采用钢桁架有檩屋盖体系。

户内直流场结构三维实例如图21-5所示。

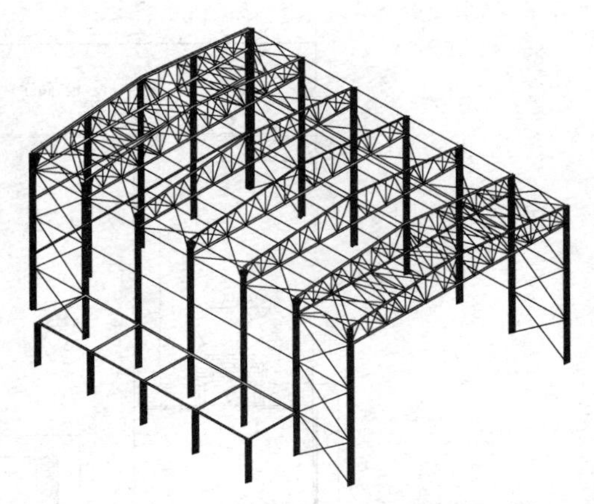

图21-5　户内直流场结构三维实例图

2. 结构受力体系及支撑布置

（1）结构受力体系。当户内直流场采用钢结构框排架结构体系时，承重结构主要由横向结构、纵向结构系统和屋盖系统组成。横向结构系统是由钢柱和钢屋架组成的排架结构，纵向结构系统由钢柱、连系梁、柱间支撑组成，屋盖系统由钢屋架和支撑组成，三者共同组成空间受力结构体系，主要承受屋面荷载、风荷载和地震作用。户内直流场结构平、剖面布置实例如图21-6和图21-7所示。

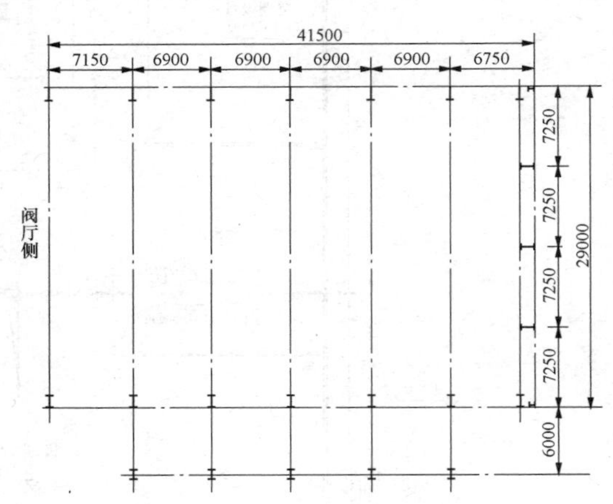

图21-6　户内直流场结构平面布置实例图

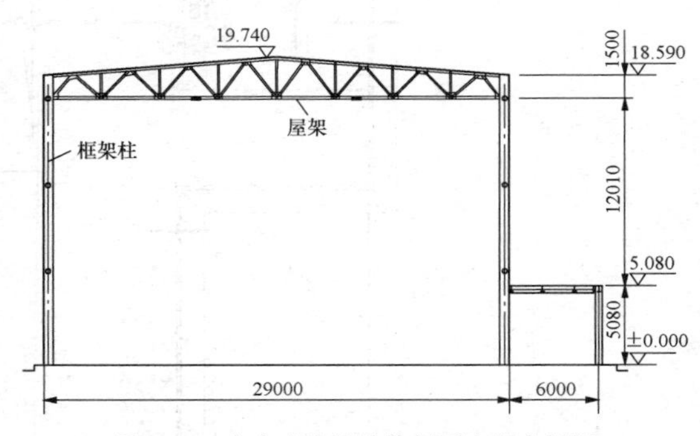

图21-7　户内直流场结构剖面布置实例图

（2）支撑布置。当户内直流场屋盖采用钢桁架有檩屋盖体系时，为保证屋架的整体稳定性及结构整体空间作用，应设置屋盖及柱间支撑系统。屋盖支撑系统包括横向支撑、纵向支撑、竖向支撑和系杆（刚性系杆和柔性系杆），屋盖及柱间支撑系统布置应满足下列规定：

1）屋架上下弦均应设置横向支撑，在厂房两端开间各设置一道，当厂房单元长度大于66m或抗震设防烈度9度、厂房单元长度大于42m时，在柱间支撑开间内应增设一道。

2）竖向支撑宜设置在设有横向支撑的屋架间，跨中和端部各设一道。

3）屋架下弦端节间应设置纵向支撑，纵向支撑与横向支撑应布置成封闭型，以增强厂房刚度。

4）在未设置竖向支撑的屋架间，相应于竖向支撑的屋架上下弦节点处应设置水平系杆，其余可根据上下弦长细比要求适当增设，一般间距不宜大于6m。

5）柱间支撑布置应满足建筑物纵向刚度的要求，同时还应考虑柱间支撑的设置对结构温度变形的影响，及由此产生的附加应力。

6）柱间支撑的设置应与屋盖支撑布置相协调，一般均与屋盖上、下弦横向支撑及垂直支撑设在同一柱距内。

户内直流场屋架下、上弦支撑结构布置实例如图21-8和图21-9所示，户内直流场柱间支撑结构布置实例如图21-10和图21-11所示。

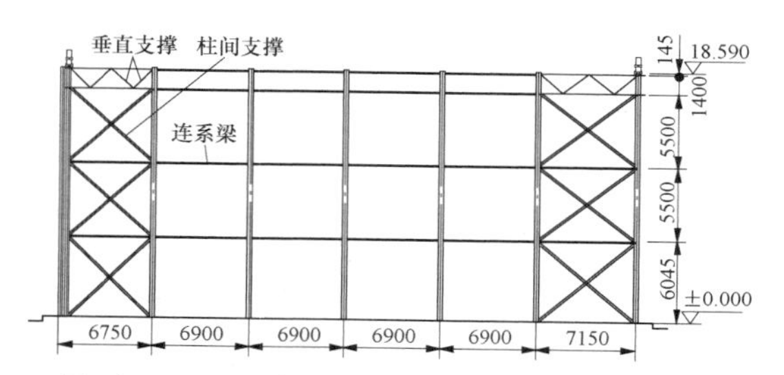

图21-10　户内直流场纵向柱间支撑结构布置实例图

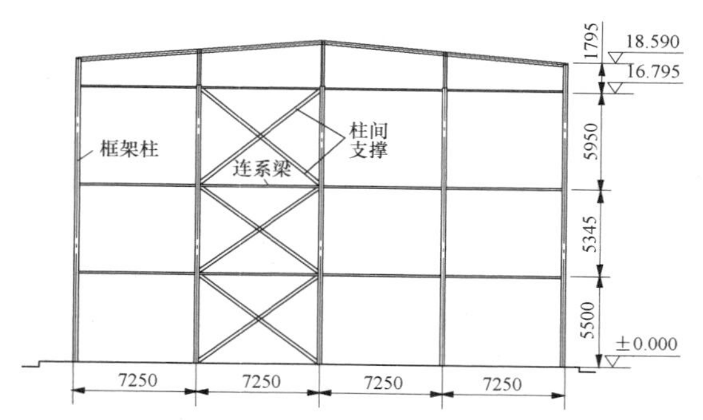

图21-11　户内直流场山墙柱间支撑结构布置实例图

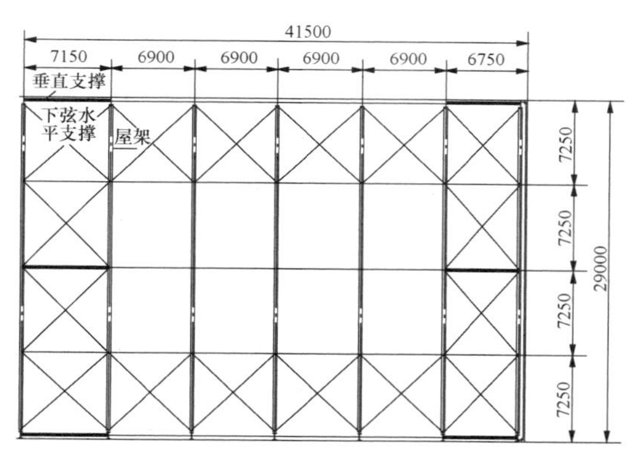

图21-8　户内直流场屋架下弦支撑结构布置实例图

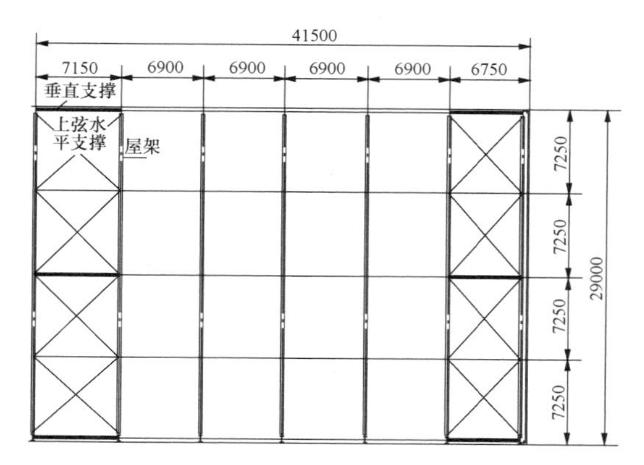

图21-9　户内直流场屋架上弦支撑结构布置实例图

三、节点设计要求

户内直流场钢结构节点设计应满足以下要求：

（1）排架柱与基础的连接宜采用固结。柱脚应能可靠传递柱身承载力，宜采用埋入式、插入式或外包式柱脚，6、7度时也可采用外露式柱脚。

（2）排架横梁与柱的连接宜采用螺栓刚性连接，排架纵向连系梁及柱间支撑与柱连接宜采用螺栓铰接连接。

（3）屋面支撑与屋架连接宜采用螺栓铰接连接。

（4）排架柱及屋架的拼接连接应采用钢结构用摩擦型高强度螺栓连接，其余连接可采用普通螺栓连接。

第三节　供暖通风及空调设计

户内直流场设备对室内温度、相对湿度、空气中悬浮物浓度等的要求应由设备制造厂提出，当未提出具体要求时，户内直流场室内环境一般按如下标准设计：温度10～50℃，相对湿度10%～65%。

一、供暖

户内直流场与阀厅冬季热负荷特性及室内温度要求相同，供暖系统设计参见第十九章第三节供暖通风及空调设计中有关阀厅供暖设计的内容。

二、通风

除空气过滤仅需设置初效过滤器外，通风系统的其他方面均与阀厅相同，通风系统设计参见第十九章第三节供暖通风及空调设计中有关阀厅通风设计的内容。

三、空调

当通风系统无法保证户内直流场室内温度和相对湿度时，特别是在一些高温、高湿地区，户内直流场应采用空调系统降温和维持所需的相对湿度。

户内直流场与阀厅空调冷、热负荷的特性相同，户内直流场空气过滤仅需设置初效过滤器，空调系统设计参见第十九章第三节供暖通风及空调设计中有关阀厅空调设计的内容。

第四节　消　防　设　计

户内直流场主要布置平波电抗器、直流滤波器、直流电容器、直流电压分压器、直流避雷器、隔离开关、接地开关等高压电气设备，可燃物较少。根据 GB 50229 相关规定，户内直流场的火灾危险性类别根据单台设备充油量来确定：单台设备充油量 60kg 以上为丙类，单台设备充油量 60kg 及以下为丁类，无含油电气设备为戊类；根据 GB/T 50789、DL/T 5459 相关规定，户内直流场的耐火等级为二级。

一、火灾自动报警系统

户内直流场火灾自动报警系统的探测设备宜选用红外光束感烟探测器，利用红外线组成探测源，基于烟雾的扩散性特点，探测红外线周围固定范围内的火灾。红外光束感烟探测器通常由分开安装的、经调准的红外发光器和收光器配对组成，其工作原理为利用烟雾减少红外发光器发射到红外收光器的光束光量来判定火灾的发生。

红外光束感烟探测器在安装和使用时，应确保探测器的接收端避开日光和人工光源照射，避免探测器受到干扰出现误报。

探测器的火灾报警信号应通过联动控制器实现与消防系统、通风空系统的联动控制。

二、消防灭火系统

户内直流场消防包括室外消火栓灭火系统和移动式灭火器的配置。

1. 室外消火栓灭火系统设计

室外消火栓接自站区消防给水系统，其干管在户内直流场周围布置成环状。设置在管网上的室外消火栓布置间距不宜大于 80m，环状管网干管直径不小于 DN150mm，消防水泵房有两条出水管与环状管网相连，并保证当其中一条出水管检修时，另外一条出水管仍能满足户内直流场消防的全部用水量。

室外消火栓的设计流量和火灾延续时间根据户内直流场的体积、高度、耐火等级、火灾危险性等因素综合分析确定。

2. 移动式灭火器设计

灭火器设计应执行 GB 50140《建筑灭火器配置设计规范》和 DL 5027《电力设备典型消防规程》的相关规定，户内直流场灭火级别按 E（A）级、危险等级按中危险级考虑。

灭火器宜选择磷酸铵盐干粉灭火器，不得选用装有金属喇叭喷筒的二氧化碳灭火器。手提式灭火器放置在不锈钢灭火器箱内，灭火器箱采用翻盖式，开门方式为正上方开启，箱体为红色。

三、通风空调系统防火及排烟

户内直流场通风空调系统防火及排烟同阀厅，参见第十九章第四节消防设计中有关通风空调系统防火及排烟的内容。

第二十二章

其他建（构）筑物

第一节 换流变压器运输广场

一、一般要求

换流变压器运输广场内主要设置有换流变压器搬运轨道（主轨道、支轨道）、电缆沟（隧）道、消防管道、事故排油管道、排水管道，设计时应考虑以下要求：

（1）广场结构层设计应满足大件运输车辆满载时的附加应力要求。

（2）广场坡度应满足大面积硬化场地排水、搬运小车对轨道纵坡限制要求。

（3）水泥混凝土的广场面板应设置消除温度应力的胀缝、缩缝。

（4）广场结构层设计应与搬运轨道及基础、电缆沟（隧）道布置相协调。

二、平面和竖向设计

为便于搬运轨道布置和广场地表雨水的排除，搬运广场的竖向布置应满足广场地面排水和轨道纵坡限坡的要求，一般采用沿搬运主轨道方向零纵坡，垂直于搬运轨道的换流变压器就位支轨道方向的广场地面设置排水坡度。参照GB 4387—2008《工业企业厂内铁路、道路运输安全规程》第5.1.6条的规定，采用3‰的场地坡度既满足场地排水的最小坡度需要，又便于换流变压器的牵引、搬运和防止在支轨道上搬运时发生溜坡。

为满足环境保护要求，应避免换流变压器运输广场的坡度坡向换流变压器的油坑，致使雨污中的泥沙和杂物污染换流变压器油池和事故油坑；也应避免场地大量雨水汇入和排入换流变压器油坑和事故油池，导致油坑和事故油池中遗漏的油污通过地下排水系统带入到自然环境中，导致污染事件的发生。

1.“面对面”换流区沟道布置

换流区阀厅“面对面”布置时，形成两个相对独立的换流变压器搬运广场，为满足换流变压器检修更换时搬运的需要，换流区搬运轨道形成“Π”形布置方式；同时，由于换流变压器侧与控制楼布设大量的电缆，广场侧设置有纵横方向的电缆隧道或沟道。因此，在换流变压器运输广场内，电缆沟道与搬运轨道基础多处交叉。广场设计时，应处理好搬运轨道与电缆沟道在平面和高程方向的交叉问题。

“Π”形布置方式中，平行于搬运轨道的电缆沟与安装轨道基础垂直交叉，局部与搬运轨道基础交叉，沟道与轨道布置方式如图22-1所示。

广场内非穿越搬运轨道基础部分的沟道，可采用暗沟加人孔方式，也可采用沟道加盖板的方式。暗沟加人孔可减少广场内活动盖板的数量，有利于广场的整齐美观，但不利于沟内电缆的敷设；沟道加盖板方式有利于电缆在沟道内的敷设和检修，不需加大沟道的断面尺寸和净空高度，有利于节省沟道的工程费用，但导致广场面层敷设长条的活动盖板，影响换流变压器运输广场的美观、行车的平顺性，并可能增加行车的噪声。

2.“一”字形换流区沟道布置

换流区的阀厅和控制楼呈“一”字形，换流变压器运输广场为长条形，位于换流变压器侧，沟道与轨道布置方式如图22-2所示。

3.“背靠背”换流区沟道布置

“背靠背”换流站的换流区不同于直流整流站和逆变站的布置。通常在阀厅的两侧均配置有换流变压器和换流变压器运输广场，为便于换流变压器的检修和维护，设置联通两侧广场的搬运轨道，换流区的沟道与安装轨道的基础交叉穿越较多。

“背靠背”换流变压器运输广场沟道与轨道布置如图22-3所示。

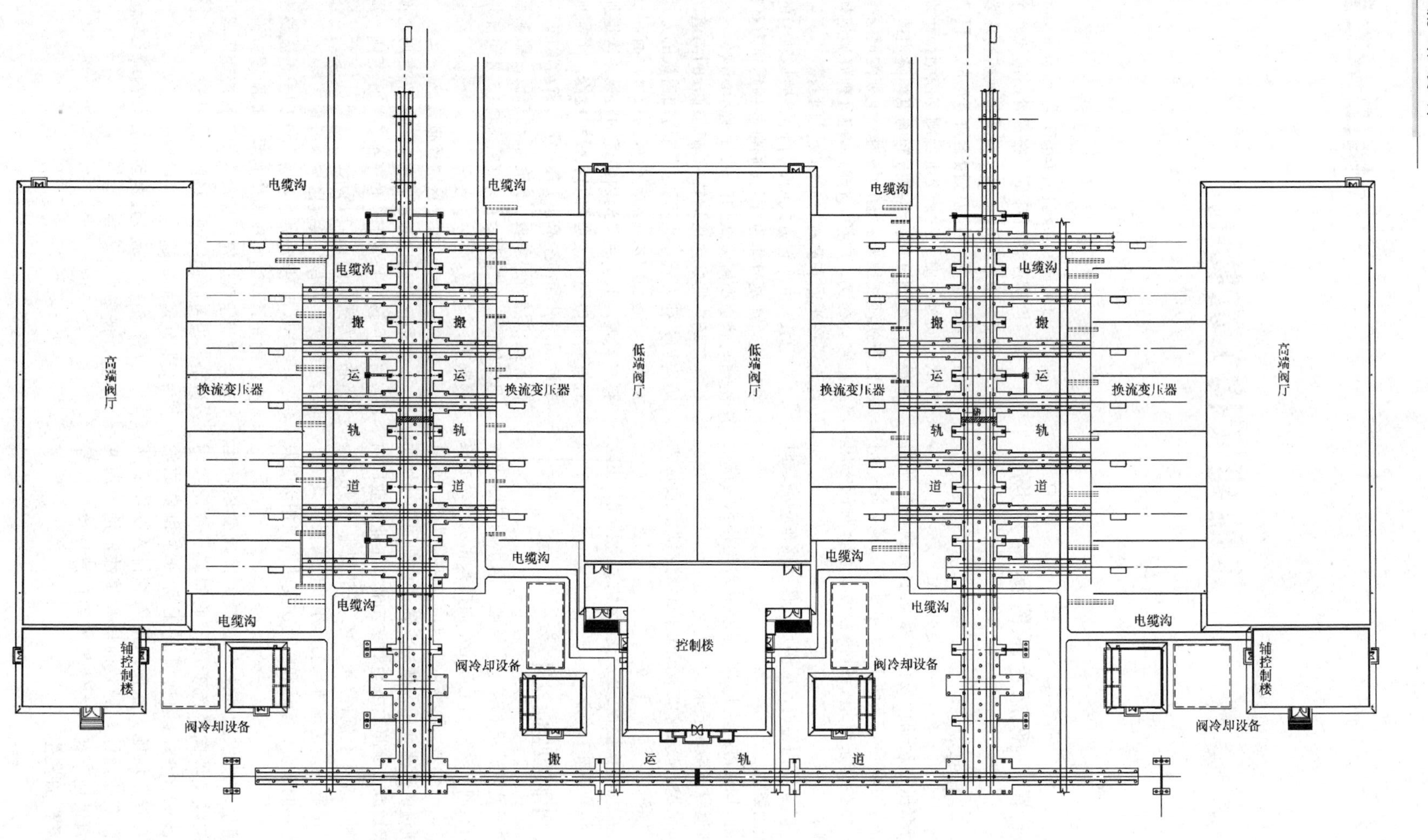

图 22-1 "Π"形换流变压器运输广场沟道与轨道布置

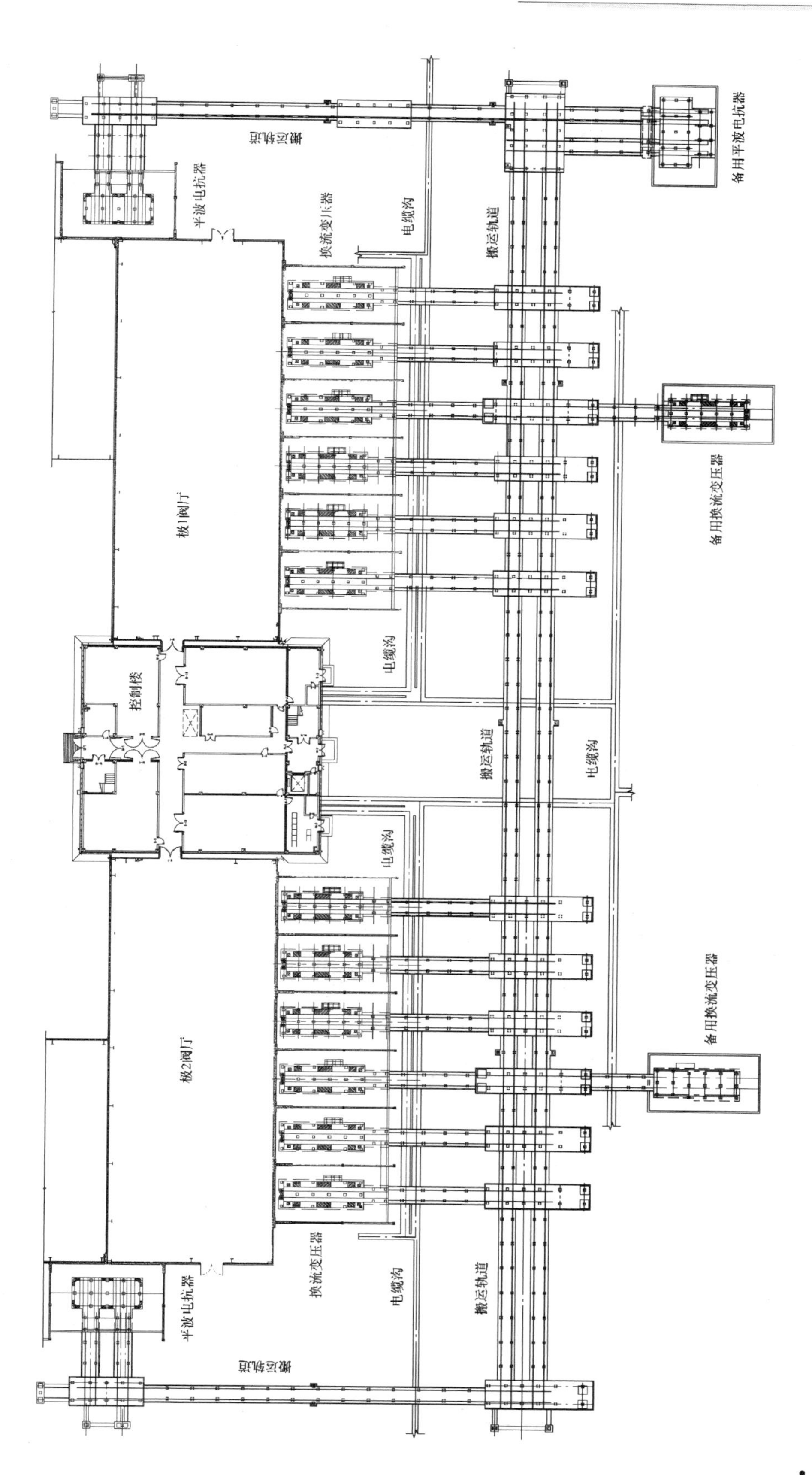

图 22-2 “一”字形换流变压器运输广场沟道与轨道布置

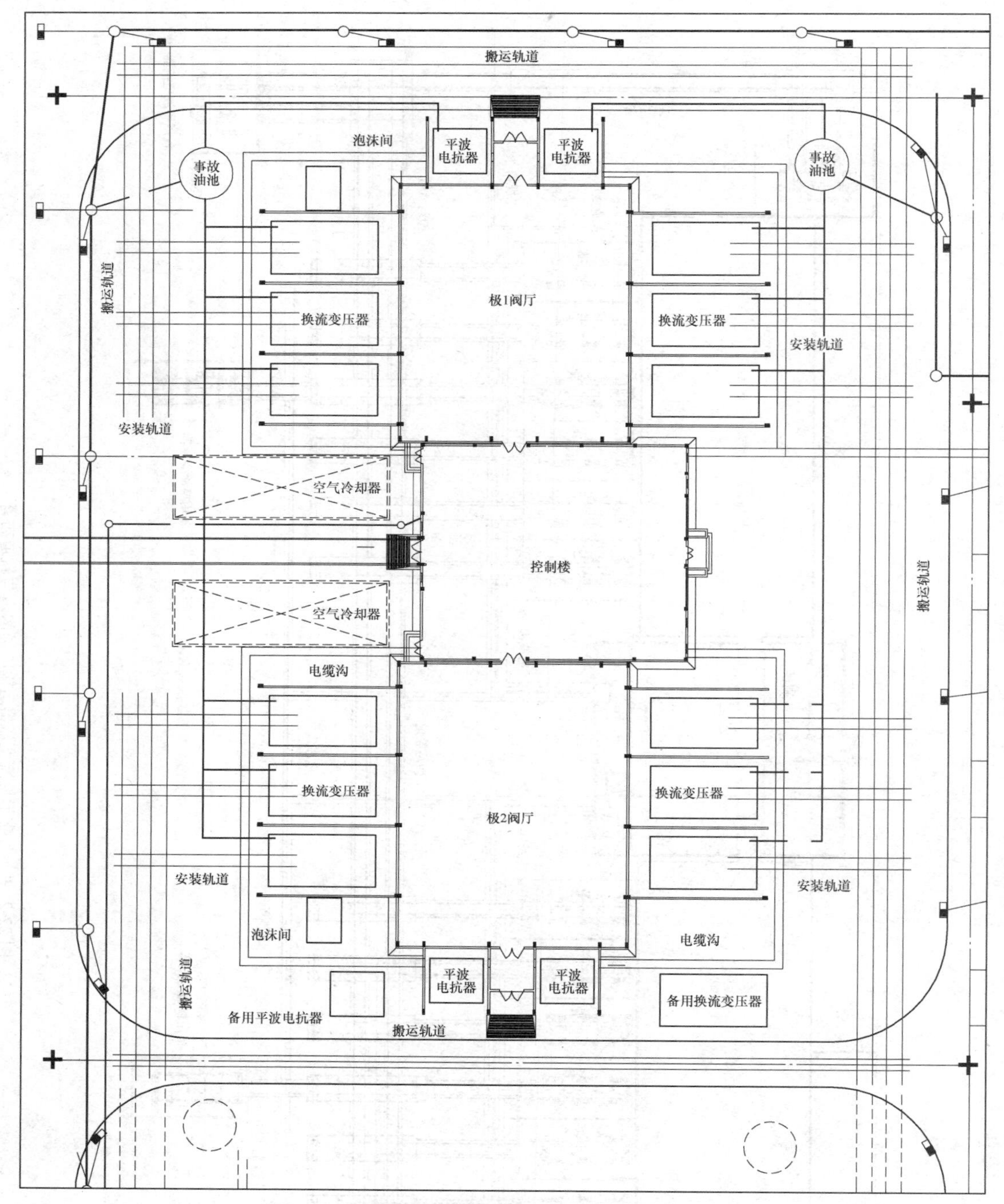

图 22-3 “背靠背”换流变压器运输广场沟道与轨道布置

三、结构层设计

1. 广场面层类型

按换流变压器运输广场的工作特性，实际工程中主要采用水泥混凝土面层和沥青混凝土面层。

（1）水泥混凝土面层。在车轮荷载作用下，其力学特点是：面层板具有较高的抗弯强度和较低变形能力，土基强度对面层整体强度的影响不像柔性面层那样显著。

（2）沥青混凝土面层。在车轮荷载作用下，沥青混凝土面层的力学特点是抗弯强度小，主要靠抗压、抗剪强度来抵抗车辆的荷载作用。其破坏取决于在荷载作用下的极限垂直变形和水平抗弯应变，当土基的水温状况产生变化时，将直接影响面层的强度。沥青面层包括铺筑在非刚性基层上的各种沥青面层和采用或不采用结合料的各种土壤面层与粒料面层。

石灰、水泥以及其他工业废料做结合料的稳定土壤面层，施工结束的初期，具有沥青面层的工作特点。随着强度逐渐增高，面层板体刚度增加，兼有水泥混凝土面层的工作特性。这类面层等级低、使用寿命短，国内工程项目中已较少使用。

2. 广场结构层

广场结构层按层位和作用，一般分为面层、基层和垫层。

（1）面层是直接承受自然影响和行车作用的结构层，起到清洁、隔水和排水、提供行车舒适性的作用。面层为双层时，则称为面层上层和面层下层。中级和低级路面及面层上设置的磨耗层和保护层均属于面层。常用面层材料有水泥混凝土和沥青混凝土。

（2）基层是设在连接层或面层之下，承受行车荷载的主要结构层。当基层为双层时，下面一层称为底基层，上面一层称为上基层。高级路面必须在面层与基层之间设置连接层。常用基层材料有水泥稳定碎石、水泥稳定土、级配碎石、级配砾石。

（3）垫层设在基层或底基层和土基之间，是处理软弱土基、提高土基强度，以保证路面整体强度的层次。为防止或减少路面不均匀冻胀而设的垫层称为防冻层或隔温层。为隔断地下毛细水上升或地表积水不渗而设的垫层称为隔离层。常用垫层材料有三七（或二八）灰土、水泥稳定土。

换流站搬运广场的结构层设计，应根据设备运输重量的大小计算确定，满足行车荷载和温度梯度综合作用及最重轴载和最大温度梯度作用下的要求。设计基准期内，在行车荷载和温度梯度综合作用下，以不产生疲劳断裂作为设计标准，以最重轴载和最大温度梯度综合作用下不产生极限断裂作为验算标准。

广场结构层的水泥混凝土面层结构如图 22-4 所示，沥青混凝土面层的结构如图 22-5 所示。

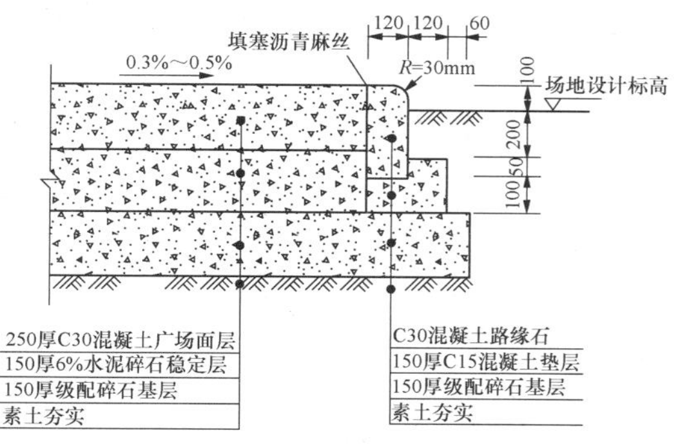

图 22-4 水泥混凝土面层结构（单位：mm）

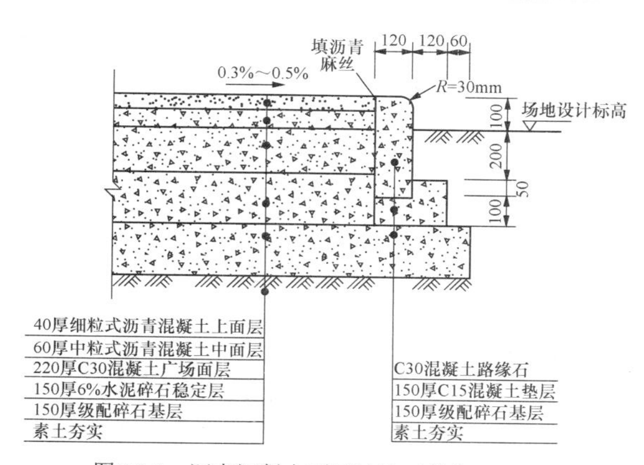

图 22-5 沥青混凝土面层结构（单位：mm）

水泥混凝土面层与沥青混凝土面层相接时，应设置不小于 3m 的过渡段。过渡段的面层应采用两种面层阶梯状叠合布置，下面铺设的变厚度混凝土过渡板的厚度不得小于 200mm。过渡板顶面应设横向拉槽，沥青层与过渡板之间应黏结良好。过渡板与混凝土面层板相接处的接缝内宜设置直径 25mm、长 700mm、间距 400mm 的拉杆。混凝土面层毗邻该接缝的 1～2 条横向接缝应采用胀缝形式。相接段的构造布置如图 22-6 所示。

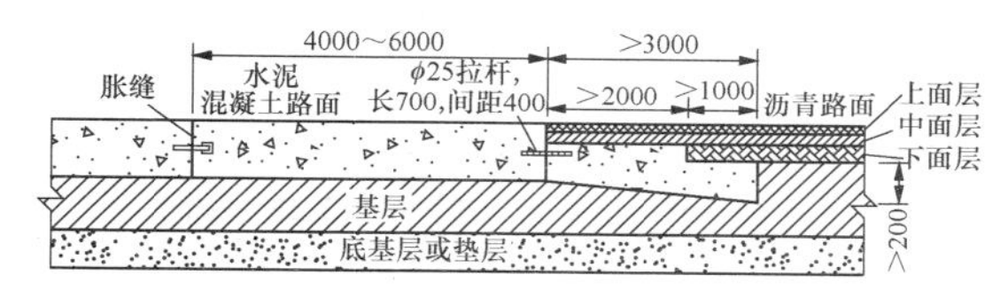

图 22-6 混凝土路面与沥青路面相接段的构造布置（单位：mm）

四、广场与运输轨道、沟道的交叉处理

换流变压器运输广场主要用于换流变压器的安装和检修时的搬运，广场内主要布置有换流变压器搬运轨道、电缆沟（隧）道、换流变压器事故排油管沟道和排水管道等设施，以上设施之间在地下相互交叉，因此，设计中应在平面和竖向布置中妥善处理它们相互之间的关系。

1. 广场内运输轨道与沟道的交叉

换流变压器外侧的广场内布设有满足动力和控制需要的大量电缆，通常情况下，为便于沟道内电缆敷设和维护检修，采用带活动盖板的沟道，沟道宽度按工艺专业要求设置，沟深应满足搬运轨道基础梁的设置。

近年来的工程中，为满足换流变压器运输广场整齐、美观的要求，也有采取电缆暗沟布置方式，将沟道设于地下，为便于电缆敷设施工，采用间隔 6～10m 设置通往地面的人孔。由于沟道内电缆数量繁多，施工人员需进入沟内进行电缆敷设，为满足施工人员在暗沟内进行支架固定、电缆敷设施工，应适当加大暗沟的宽度和净空高度。人体通过暗沟的净宽尺寸不宜小于 0.5m、沟顶与沟底的净空高度不宜小于 1.5m，并应按消防要求设置消防设施。当采用电缆隧道方式时，应满足 GB 50838《城市综合管廊工程技术规范》的相关技术和消防要求。

沟道穿轨道基础和轨道基础内排管如图22-7所示。

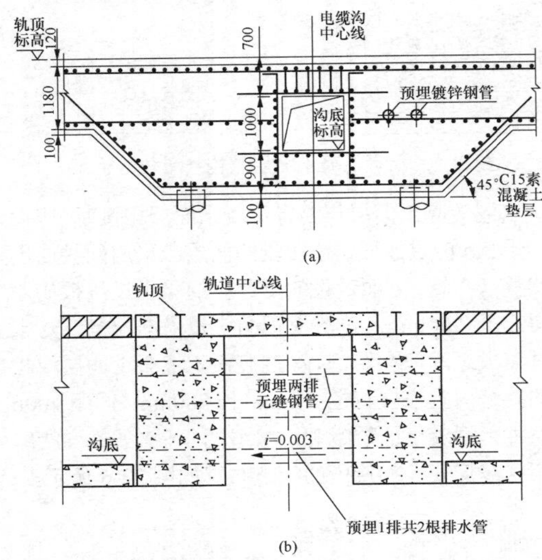

图 22-7　沟道穿轨道基础和轨道基础内排管示意图（单位：mm）
（a）沟道穿轨道基础；（b）轨道基础内排管
i—坡度

2. 广场内沟道处理

站区沟道通过道路时，一般采取在沟道顶部整体浇筑钢筋混凝土的面层板或配置重型沟盖板方式处理。整体浇筑的钢筋混凝土面层板具有整体平顺、美观的优点，但局部敷设电缆时不很方便；配置重型沟盖板方式具有方便电缆敷设的优点，但行车的平顺性和美观效果较差，且易损坏。站区沟道通过道路的断面形式见图 22-8 和图 22-9。

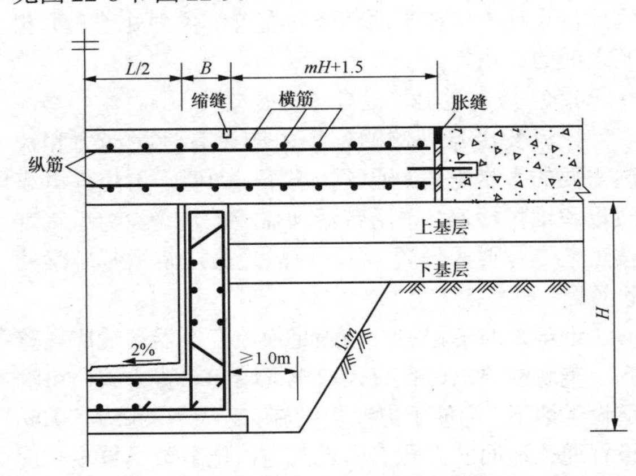

图 22-8　沟道顶部整体浇筑钢筋混凝土面板

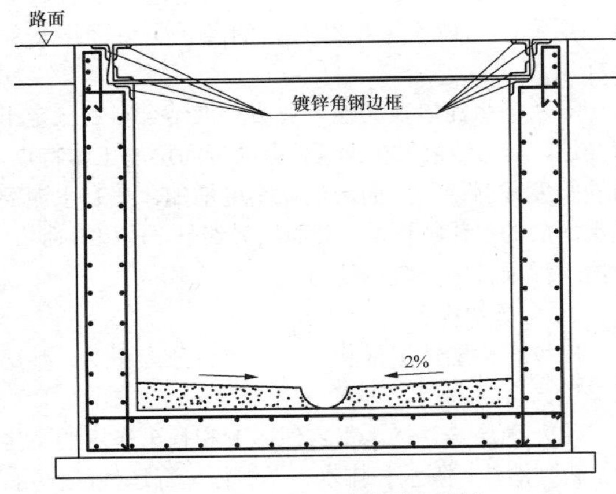

图 22-9　沟顶配置重型沟盖板

五、水泥混凝土面层防裂措施

采用水泥混凝土地坪时，因场地面积大且场地内搬运轨道纵、横交错，为防止混凝土施工和竣工后温度应力作用导致的混凝土板面开裂，应考虑以下因素和措施：

（1）降低混凝土浇筑时胶体材料水化热导致的裂缝。混凝土浇筑时，胶体材料产生的水化热是导致混凝土凝固过程中产生龟裂缝的主要因素，一般可通过提高混凝土强度、选择水泥品种、控制水灰比来进行面板裂缝的控制。

（2）控制水泥混凝土面板温度应力，参照 JTG D40《公路水泥混凝土面层设计规范》的规定，采用设置温度缝进行分缝处理。水泥混凝土道面层板浇筑方式宜采用条板和隔条浇筑施工方法，控制条板宽度 4.5m 以内，条板间设置纵缝，板面横向设置横缝。

（3）面层水泥混凝土中，加入防裂纤维，增大面层板内黏结强度，降低因温度应力引起的水泥混凝土面板膨胀、收缩导致裂缝发生的可能性。

第二节　换流变压器搬运轨道

一、一般要求

（1）搬运轨道基础设计使用年限为 50 年，工程结构安全等级为二级。

（2）搬运轨道基础设计等级一般为丙级。

（3）搬运轨道采用桩基时，桩基设计等级一般为丙级。

二、运输轨道布置

搬运轨道布置由电气专业确定，总的原则是任何一台工作换流变压器需要更换时，工作换流变压器可以通过搬运轨道移出停放在主轨道上，相应备用换流变压器可以通过搬运轨道移动至工作换流变压器基础。

搬运轨道可分为主轨道和支轨道，主轨道为连接工作变压器与备用变压器之间的轨道，支轨道为换流变压器基础与主轨道之间的部分。主轨道与支轨道通常垂直布置。换流变压器运输时，在主轨道与支轨道交叉处通过运输小车轮子转向来实现换流变压器运输转向。搬运轨道典型布置如图 22-10～图 22-12 所示。

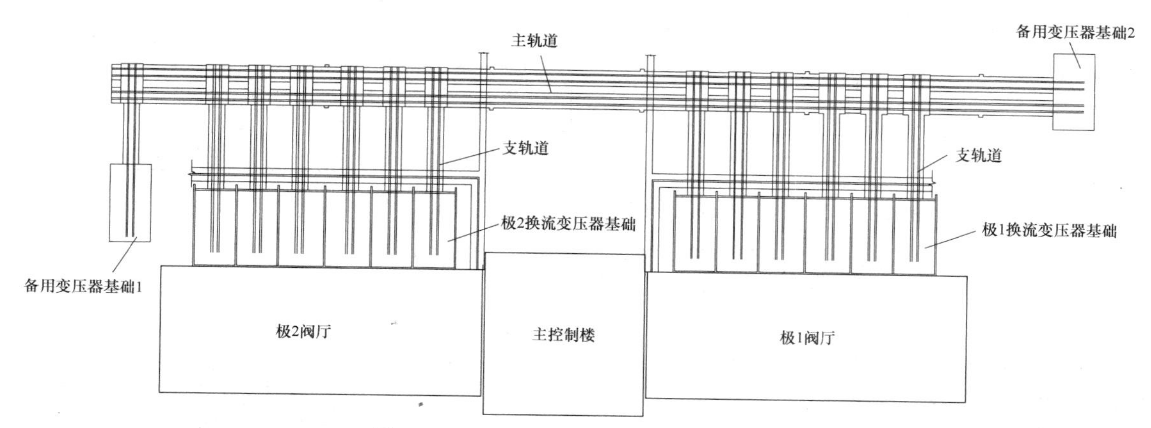

图 22-10 ±500、±660kV 换流站搬运轨道典型布置（“一”字形布置）

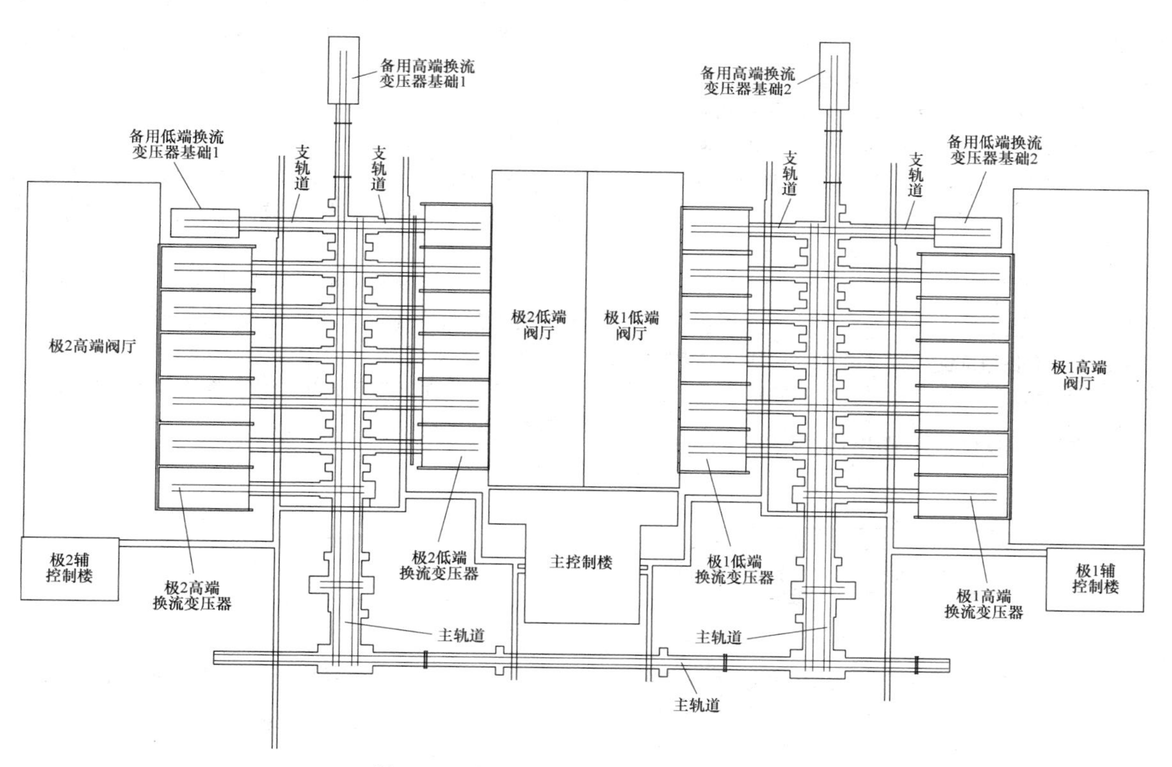

图 22-11 ±800、±1100kV 换流站搬运轨道典型布置一（“背靠背”布置）

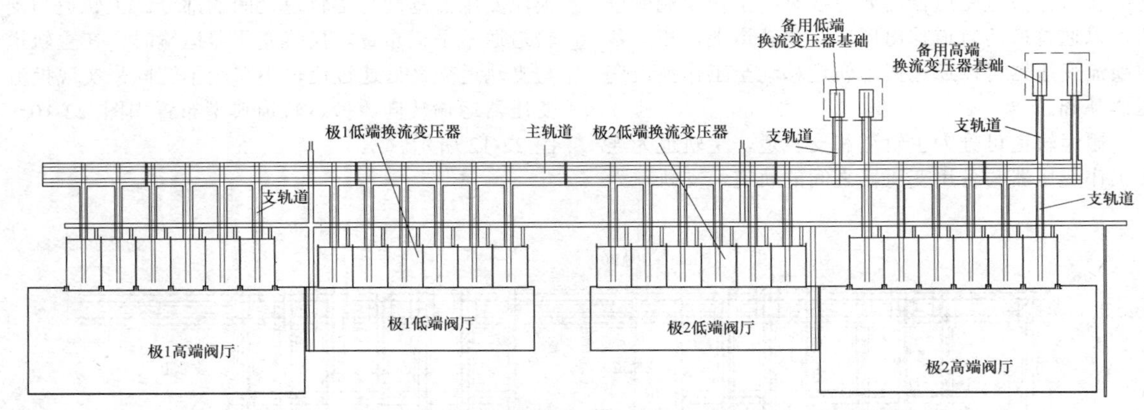

图 22-12　±800、±1100kV 换流站搬运轨道典型布置二（“一”字形布置）

换流变压器本体需要转向时，可以采用转向盘或者设置圆形的转向轨道，具体由换流变压器和换流变压器小车厂家确定。

换流变压器移动时，一般采用牵引机牵引，需在换流变压器前方设置牵引孔。牵引孔一般布置在广场外或与轨道基础联合布置。

三、轨道选择、安装及与基础连接

1. 轨道选择

搬运轨道可以选择的轨道有铁路用重轨和起重机用钢轨。铁路重轨有 38、43、50、60kg/m 和 75kg/m 规格，铁路用重轨应符合 GB 2585《铁路用热轧钢轨》的要求，截面形状如图 22-13 所示。起重机用钢轨有 QU70、QU80、QU100 和 QU120 规格，应符合 YB/T 5055《起重机用钢轨》的要求，截面形状如图 22-14 所示。

图 22-13　铁路用重轨截面形状

图 22-14　起重机用钢轨截面形状

起重机用钢轨相对铁路用重轨有以下特点：

（1）起重机用钢轨轨顶宽度较大，与车轮接触面较宽，可以减小接触应力。轨顶与腹板连接弧度半径较小，可以承受较大的轮压。

（2）起重机用钢轨腹板厚度厚，抗侧向能力强。

（3）起重机用钢轨截面高度较小，平面内抗弯刚度小，适合于轨道下有连续的支撑。

轨道的型号选择一般由换流变压器厂家提资，主要由换流变压器小车型号和换流变压器重量决定，选择铁路重轨时宜选择 50kg/m 及以上规格。搬运轨道承受荷载的特点是承受轮压大、使用频率低。换流变压器重量较重，一般选用起重机钢轨。一般±800kV 及以下换流站运输轨道选择 QU70 或 QU80，±1100kV 换流站运输轨道选择 QU120。

2. 轨道安装

搬运轨道一般采用焊接连接或夹板连接，在基础伸缩缝处宜采用夹板连接。轨道夹板连接如图 22-15 所示。

搬运轨道安装应满足误差要求，安装误差要求一般由换流变压器小车厂家提供，一般的误差要求如下：

（1）轨距（轨道内侧净距）容许误差 0/−5mm，如图 22-16 所示。

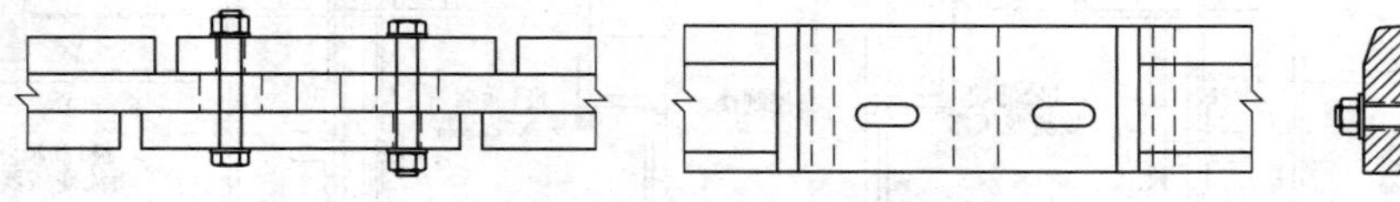

图 22-15　轨道夹板连接

（2）轨顶标高容许误差±5mm，如图 22-17 所示。

（3）同一轨道相对的两条钢轨顶标高容许误差 3mm，如图 22-18 所示。

（4）轨道纵向的倾斜偏差 3mm/2m。

（5）轨道纵向连接处最大缝宽 5mm。

（6）纵横轨道连接时上翼缘缝宽 50mm±3mm。

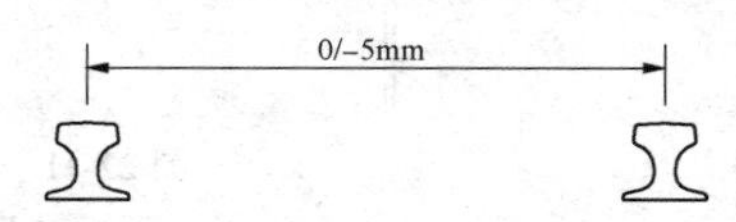

图 22-16　轨距容许误差

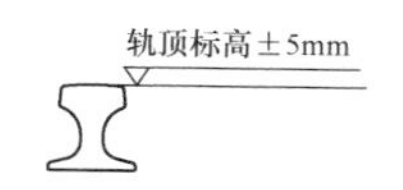

图 22-17　轨顶标高容许误差

图 22-18　平行轨道标高容许误差

3. 轨道与基础连接

搬运轨道使用频次低，轨道磨损小，更换可能性低，轨道两侧有混凝土面层限制其侧向位移。为方便施工，运输轨道一般与基础预埋件采用焊接连接，如图 22-19 所示，钢轨下按一定间距（通常约 800mm）预埋埋件。在极寒地区可采用基础预埋地脚螺栓、轨道通过压板与基础连接的方式，如图 22-20 所示。

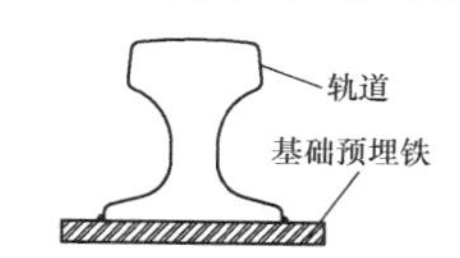

图 22-19　轨道与基础采用埋件焊接

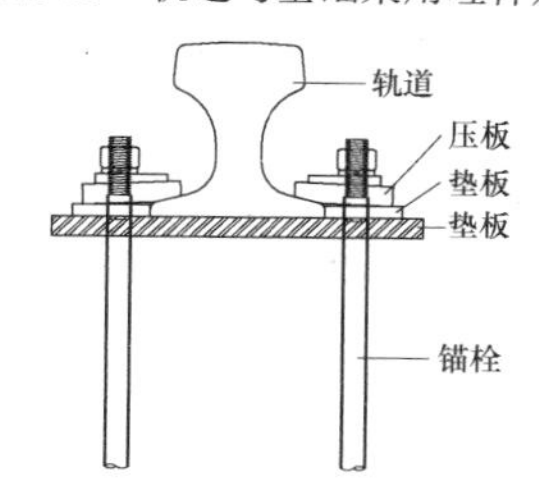

图 22-20　轨道与基础采用压板连接

由于轨道基础顶面标高存在施工误差，因此钢轨下翼缘与基础间存在一些缝隙，缝隙采用高强环氧树脂砂浆灌注密实，高强环氧树脂砂浆采用成品或现场配制，抗压强度设计值不小于 21MPa。

搬运轨道通常有部分位于换流变压器运输广场上，轨道顶面标高应与换流变压器运输广场一致，避免轨道对换流变压器运输广场使用的影响。轨道基础一般顶标高与轨道底面标高平齐，基础上二次浇筑与轨道同高的混凝土面层。

换流变压器搬运小车内侧有凸缘，混凝土面层在轨道内侧边应根据凸缘尺寸设置凹槽，一般凹槽尺寸为 50mm×50mm，凹槽阳角设置护边角钢。轨道交叉处，轨道应在凹槽两侧断开。为方便小车通过凹槽，可以常备比凹槽截面尺寸略小、长度与轨道顶面宽度相同的钢垫块，对应凹槽尺寸为 50mm×50mm，钢垫块尺寸为 45mm×50mm。轨道交叉处面层凹槽布置如图 22-21 所示，轨道基础上面层设置凹槽如图 22-22 所示。

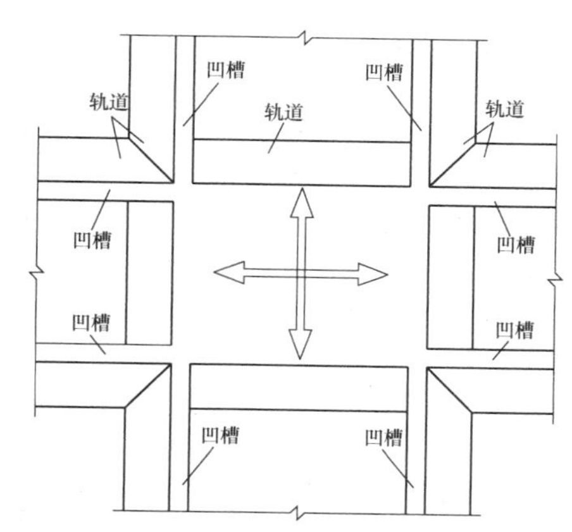

图 22-21　轨道交叉处面层凹槽设置

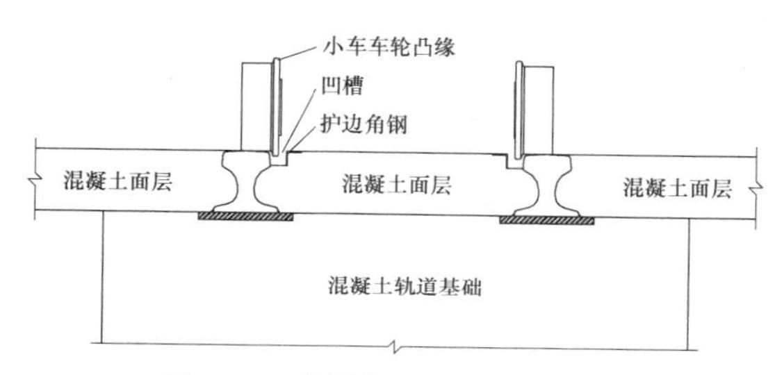

图 22-22　轨道基础上面层设置凹槽

四、轨道基础和牵引孔设计

轨道基础可采用平筏板基础或带肋筏板基础，基础的宽度根据地基承载力确定，平筏板轨道基础见图 22-23，带肋筏板轨道基础详见图 22-24。地基土承载力不满足时，轨道基础应采用桩基。

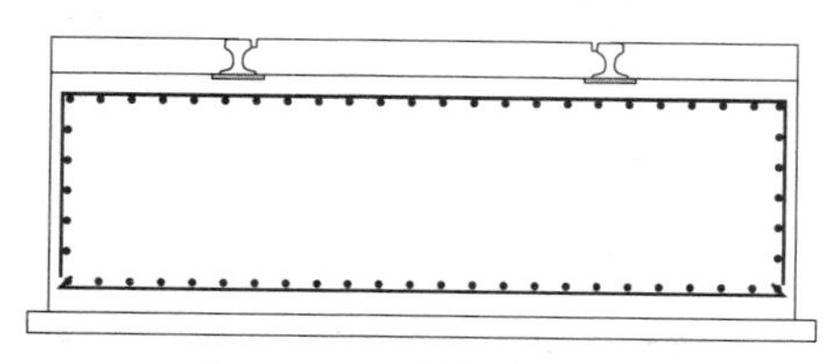

图 22-23　平筏板轨道基础

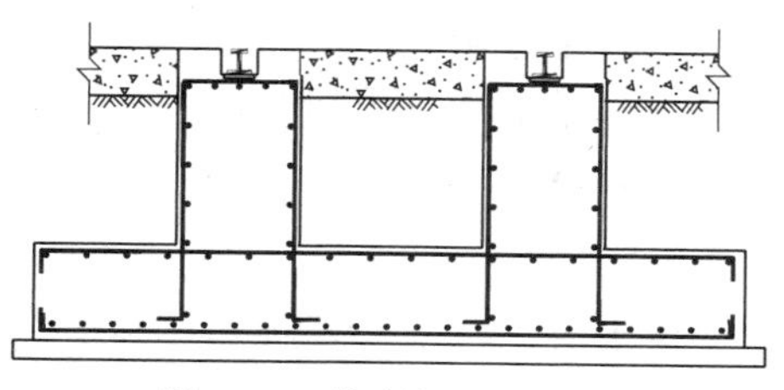

图 22-24　带肋筏板轨道基础

带肋筏板基础两肋之间难以采用重型机械压实回填土，回填土压实困难，且钢筋绑扎和模板支设均不如平板筏形基础施工方便，因此一般情况下优先采用平筏板基础。

轨道基础平面尺寸大，水平荷载小，在没有季节性冻土、膨胀土和湿陷性黄土等不良地质情况下，轨道基础埋深可根据基础高度确定，基础高度根据基础受力计算确定。

换流变压器需在轨道基础上进行检修和转向，检修和转向时需用千斤顶将换流变压器顶起，千斤顶受到荷载较大，不能直接作用在换流变压器运输广场面层上，需设置千斤顶基础，千斤顶基础的位置由换流变压器设备厂家确定。千斤顶基础一般与轨道基础联合，位于换流变压器运输广场上的千斤顶基础一般不设埋铁，以避免埋铁与换流变压器运输广场材料收缩系数不同引起广场面层裂缝。使用千斤顶时，在千斤顶下方设置临时钢板垫片，增加千斤顶基础的局部承压能力。

采用桩基时，轨道基础应按桩筏基础计算。采用天然基础时，轨道基础可按弹性地基梁计算。

运输轨道基础一般长度可达 100～400m，属于超长结构。根据工程设计经验，基础可每隔 80m 左右设置一道温度伸缩缝，两道温度缝之间在中部设置一道后浇带，伸缩缝宽 30mm，缝内填充填缝板，四周用硅酮耐候密封胶封口或用其他高效防水材料填塞。后浇带如图 22-25 所示，伸缩缝如图 22-26 所示。

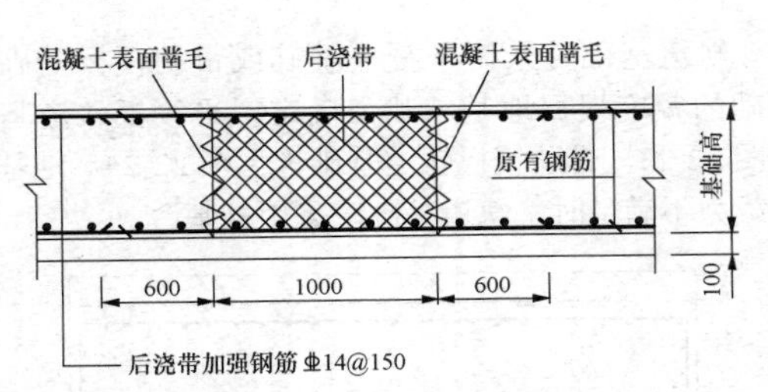

图 22-25　运输轨道基础后浇带详图

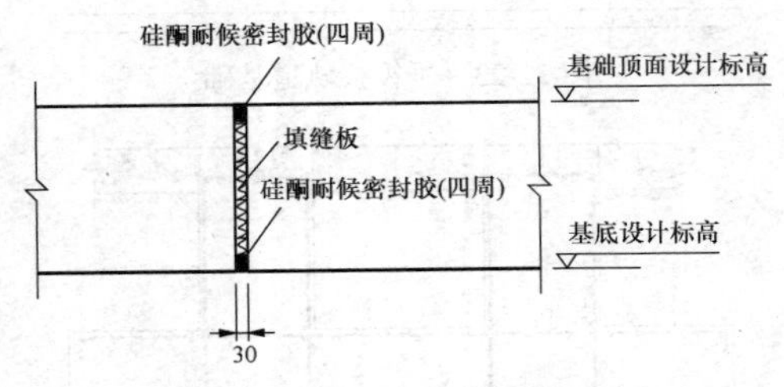

图 22-26　运输轨道基础伸缩缝详图

牵引孔采用圆形，采取预埋镀锌钢管成孔，避免牵引时对孔周围混凝土的挤压破坏，孔顶设置镀锌钢盖板，钢盖板与镀锌钢管之间设置橡胶垫，钢盖板与孔顶混凝土间设置扁铁边框保护，牵引孔四周设置加强钢筋。牵引孔如图 22-27 所示。

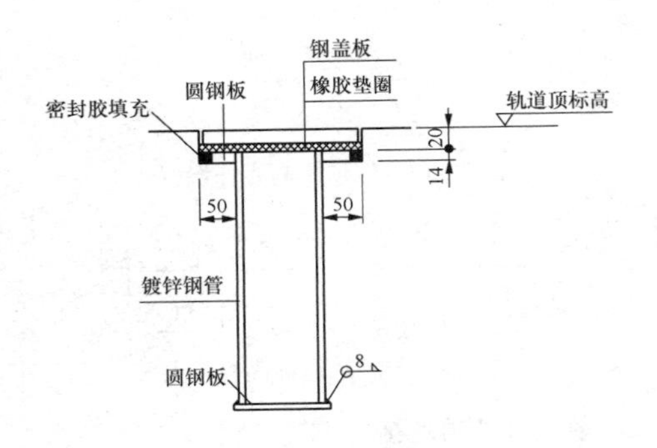

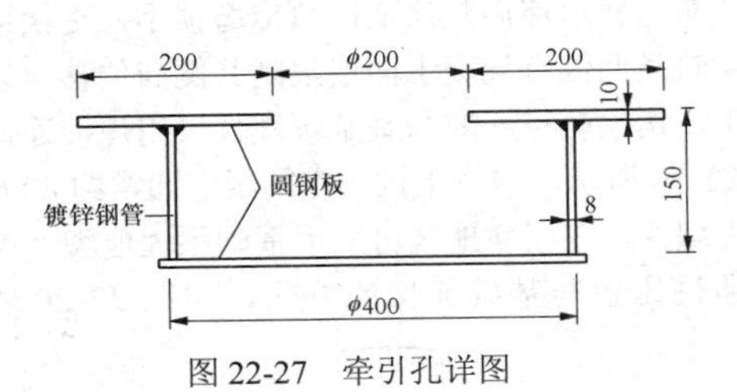

图 22-27　牵引孔详图

五、轨道基础与沟道的交叉处理

轨道基础的设计要考虑与电缆沟或电缆隧道、给水管道、排水管道及检修井、换流变压器排油管及检修井等的关系。

电缆沟在穿越轨道基础时，可以采用轨道基础中间开电缆孔，电缆孔截面尺寸同电缆沟，轨道基础在电缆孔顶部设置暗梁，电缆沟侧面和底部均设置加强钢筋，详见图 22-28。

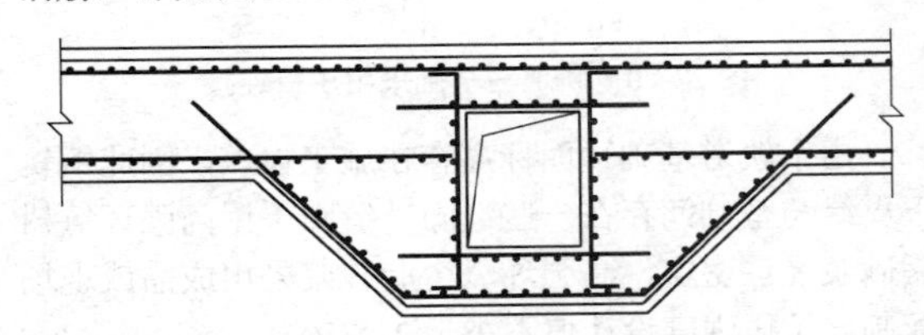

图 22-28　电缆沟穿越轨道基础详图

给水管道与轨道基础交叉处，给水管道可从基础下方通过，也可以在轨道基础中部预留套管，套管四周设置加强钢筋，详见图 22-29。

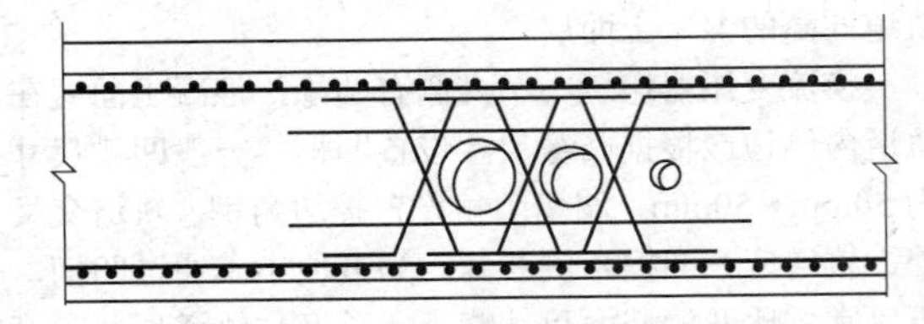

图 22-29　给水管道穿越轨道基础详图

排油管道、排水管道与轨道基础交叉处，管道一般应从基础下方通过，也可以在轨道基础中部预留套管，套管四周设置加强钢筋。一般换流变压器排油管需连续穿越分支管道基础，需设置排水坡度。由于各处轨道基础标高不一致，因此难以将全部排油管均设计为从基础下方通过，必要时也可在轨道基础中预埋排油管套管。

第三节 换流变压器基础

一、一般要求

（1）换流变压器基础是安装换流变压器的大型设备基础，是换流站主要生产构筑物，其结构设计使用年限为50年，结构安全等级为一级，地基基础设计等级不应低于乙级。

（2）换流变压器基础除应进行地基承载力和变形验算外，还应进行风荷载和地震作用下的倾覆稳定计算。

（3）换流变压器基础与阀厅之间的相对沉降应满足工艺要求，基础沉降差不宜大于 $L/500$（L 为基础纵向长度）。

（4）换流变压器基础为大体积混凝土基础，设计应采取措施减少大体积混凝土温度应力，如设置后浇带、配置温度钢筋、选用低水化热水泥、添加混凝土外加剂等。

（5）设备底座与基础之间宜采用预埋钢板焊接连接。每块预埋铁尺寸不宜过大，可采用分块组合方式，以减小施工安装难度，并满足预埋铁平整度要求。预埋件较大时应设置透气孔，孔直径不宜小于 20mm，以保证预埋铁下混凝土的密实度。

（6）换流变压器基础区域应设置储油坑及排油设施，储油坑容积应按容纳20%设备油量确定。储油坑底应设置坡度，通过排油管道将事故油排入事故集油池内，排油管道内径不小于100mm，管口应加装铁栅滤网。储油坑内应铺设不小于250mm厚的卵石层，卵石粒径应为 50～80mm，可起隔火降温作用，防止绝缘油燃烧扩散。储油坑底板的厚度不宜小于150mm，宜采用双向配筋，且底板下回填土密实度不应小于0.95。

（7）根据运行维护的要求，在换流变压器、油浸式平波电抗器的油坑内，应设置检修巡视走道，走道板宜采用镀锌钢格栅，走道板宽度不宜小于0.6m，走道临空侧（如有）应设置高度不小于1.05m的安全栏杆。

二、基础型式

换流变压器基础特点是设备荷载大、地基承载力和变形要求较高，基础型式宜采用钢筋混凝土板式基础。当地基条件较好时，换流变压器、油浸式平波电抗器基础宜独立设置，当地基条件较差、地基承载力或变形验算不满足工艺要求时，可与阀厅和防火墙基础联合设计成整板基础。

换流变压器基础平面布置及剖面实例如图 22-30 和图 22-31 所示。

当换流变压器设备（套管）难以满足相应抗震设防烈度的抗震要求，或对于抗震安全性和使用功能有特殊要求或专门要求时，可采取隔震设计。隔震装置宜均匀布置在换流变压器设备箱体（或设备托架）底部、土建基础与设备之间，其数量和分布应通过计算分析或试验综合确定。隔震装置应采用成熟技术，其使用寿命不低于50年，隔震效率不小于50%。常用铅芯橡胶隔震支座构造如图22-32所示。

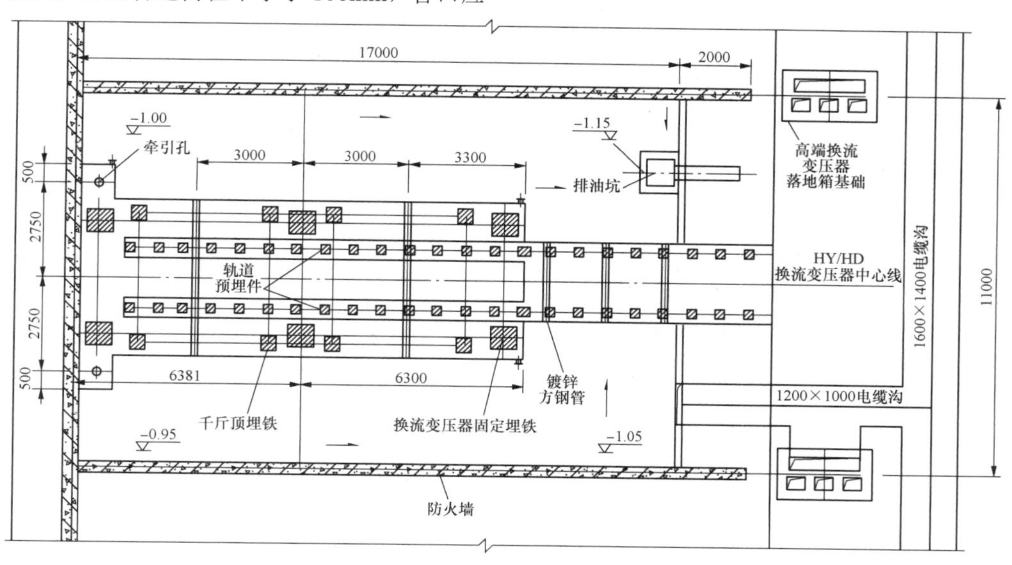

图 22-30 换流变压器基础平面布置实例图

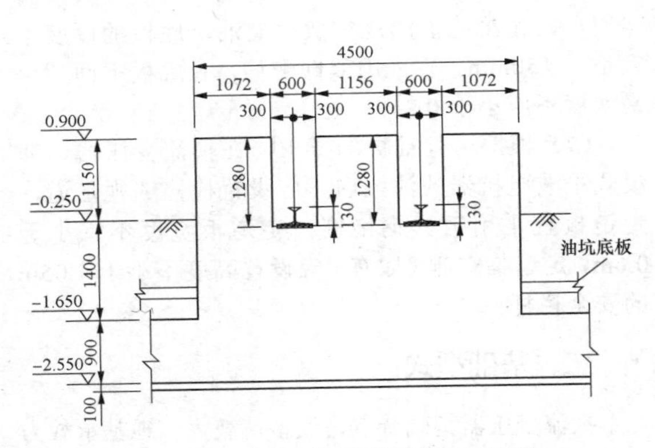

图 22-31　换流变压器基础剖面实例图

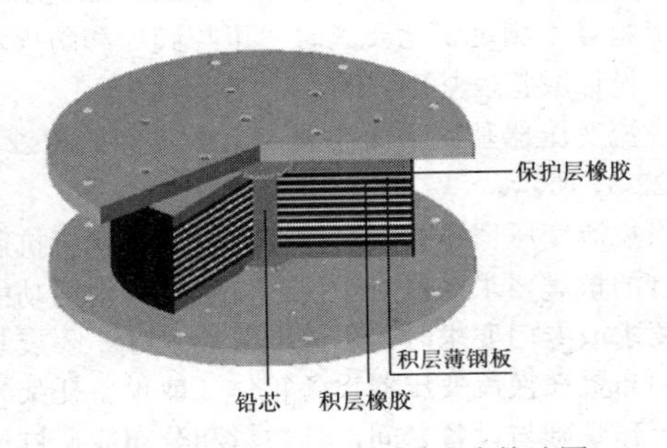

图 22-32　铅芯橡胶隔震支座构造图

第四节　检 修 备 品 库

检修备品库是为换流站的故障设备提供检修场所，并为工艺系统（电气一次、电气二次、阀冷却及其他辅助系统等）备品备件提供存放场所的建筑物，是换流站的附属生产建筑物。

一、建筑技术要求

（一）建筑防火

1. 火灾危险性

根据 GB/T 50789《±800kV 直流换流站设计规范》、DL/T 5459《换流站建筑结构设计技术规程》对换流站建筑物火灾危险性的划分，检修备品库的火灾危险性为丁类。

2. 耐火等级

根据 GB/T 50789、DL/T 5459 相关条文的规定，检修备品库的耐火等级为二级。

3. 燃烧性能和耐火极限

检修备品库建筑构件的燃烧性能和耐火极限见表 22-1。

表 22-1　检修备品库建筑构件的燃烧性能和耐火极限

序号	构件名称		燃烧性能	耐火极限（h）
1	墙体	承重墙	不燃性	≥2.50
		非承重外墙	不燃性	不限
			难燃性	≥0.50
2	结构柱		不燃性	≥2.00
3	结构梁		不燃性	≥1.50
4	屋顶承重构件		不燃性	≥1.00
5	屋面板		不燃性	≥1.00

当检修备品库的非承重外墙采用复合压型钢板围护结构时，其内部保温隔热芯材应为 A 级不燃性材料。

当检修备品库屋面采用复合压型钢板围护结构时，其保温隔热芯材应为 A 级不燃性材料；当采用现浇钢筋混凝土屋面时，屋面防水层宜采用不燃、难燃材料。当采用可燃防水材料且铺设在可燃、难燃保温材料上时，防水材料或可燃、难燃保温材料应采用不燃材料作防护层。

当检修备品库采用钢结构梁、柱、屋顶承重构件时，应采取适当的防火保护措施。

（二）安全疏散

1. 安全出口

为满足安全疏散要求，检修备品库的安全出口不应少于 2 个，安全出口可单独设置或与运输出入口合并设置，安全出口门应向室外开启。

2. 疏散距离

检修备品库室内任一点至安全出口的距离不限。

（三）设备运输

1. 运输出入口

检修备品库的运输出入口应与站区道路相衔接，以便于备品备件的运输。

检修备品库运输门宜采用电动卷帘门或电动推拉门，其净空尺寸应能满足最大备品备件的运输要求。

2. 起吊设施

检修备品库室内应设置电动单（双）梁起重机，起重机的主要技术参数（包括额定载重量、起升高度、行驶速度、自重等）及台数（通常配置 1～2 台）由工艺提供。

为方便工作人员操作、检修及维护，检修备品库端部应设置起重机配套作业钢梯。

（四）防排水

1. 屋面防水等级

检修备品库屋面防水等级为Ⅱ级。

2. 屋面防水方案

检修备品库屋面宜采用有组织排水，屋面防水方案按不同围护结构分为两种：

（1）钢筋混凝土屋面：宜采用1层柔性防水卷材（或1道柔性防水涂料）进行防水设防，结构找坡方式的屋面排水坡度不应小于3%，材料找坡方式的屋面排水坡度宜为2%。

（2）压型钢板屋面：当采用紧固件连接方式的压型钢板围护结构进行防水设防时，屋面排水坡度不宜小于10%。

（五）其他

（1）检修备品库应设置带安全护笼的屋面检修钢爬梯，该爬梯应与墙体连接牢固，并采取防止未经授权人员随意攀爬的措施。

（2）检修备品库宜设置洗涤池。当换流站位于严寒、寒冷、夏热冬冷地区时，洗涤池宜设于室内；当换流站位于夏热冬暖、温和地区时，洗涤池可设于室外。

二、建筑布置

通常情况下，检修备品库采用单层布置，其室内空间应满足故障设备检修和备品备件存放要求。

检修备品库建筑平面一般呈规则的矩形，其平面布置实例如图22-33所示，剖面实例如图22-34所示。

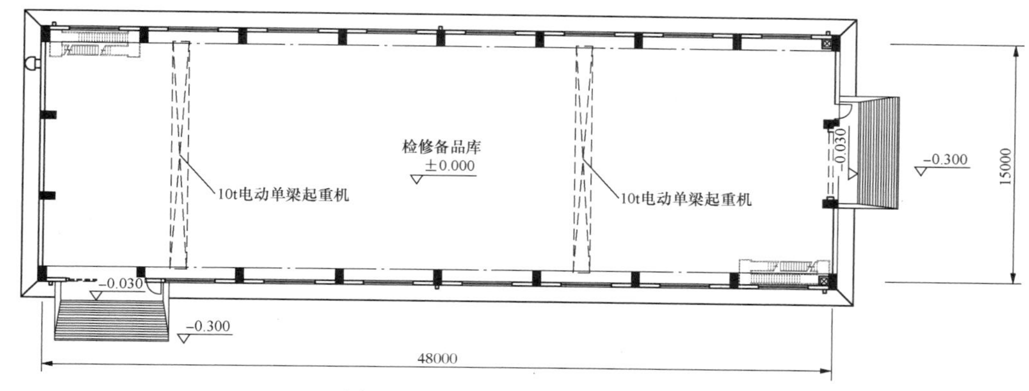

图22-33　检修备品库平面布置实例图

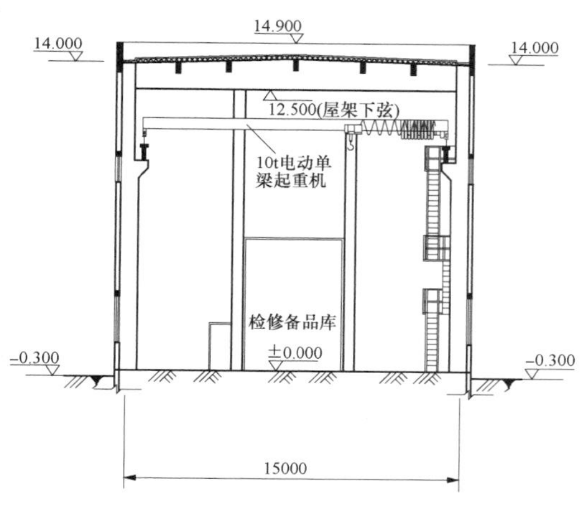

图22-34　检修备品库剖面实例图

三、建筑构造

（一）墙体围护结构

检修备品库墙体围护结构应根据具体工程的要求，并结合建筑物的主体结构进行合理选择，可分为下列两种：

（1）当主体结构采用钢筋混凝土框（排）架结构时，墙体围护结构宜采用砌体填充墙围护结构。

（2）当主体结构采用钢框（排）架结构时，墙体围护结构宜采用压型钢板围护结构。

（二）屋面围护结构

检修备品库屋面围护结构应根据具体工程的要求，并结合建筑物屋顶承重构件进行合理选择，可分为下列两种：

（1）当屋顶承重构件采用钢筋混凝土梁时，屋面围护结构宜采用钢筋混凝土围护结构。

（2）当屋顶承重构件采用钢屋架或钢梁时，屋面围护结构宜采用压型钢板围护结构。

（三）地坪

检修备品库地坪由基层、混凝土垫层、防水（防潮）隔离层（选用）、钢筋混凝土结构层、饰面层等构造层次组成，设计应满足以下要求：

（1）地坪的均布活荷载标准值不应小于$10kN/m^2$。

（2）防水（防潮）隔离层宜采用2道柔性防水涂料或2层柔性防水卷材（当地下水位较高或土壤较潮湿时采用）。

（3）地坪的钢筋混凝土结构层应设置纵、横向缩缝。

（4）地坪应采用耐磨、抗冲击、不起尘、防潮、防滑、易清洁的饰面材料。

（5）位于膨胀土地区、湿陷性黄土地区、软土地区、盐渍土地区、永冻土地区的换流站，其地基层应采取适当的构造处理，以消除不良地基条件的影响。

四、结构设计

（一）一般要求

（1）检修备品库结构设计使用年限为50年，结构安全等级为二级，抗震设防分类为丙类，地基基础设计等级为丙级。

（2）检修备品库的荷载和荷载效应组合应按 GB 50009《建筑结构荷载规范》、GB 50011《建筑抗震设计规范》的有关规定进行设计计算。

（二）结构选型

检修备品库为单层工业厂房，内设电动单（双）梁起重机，厂房跨度 15～21m，承受的荷载比较简单，主体承重结构宜采用钢筋混凝土框（排）架结构。当跨度较大时，也可采用钢框（排）架结构。屋盖结构可根据承重结构型式和厂房跨度确定，当承重结构采用钢筋混凝土框（排）架结构且厂房跨度不大于 15m 时，屋盖可采用现浇钢筋混凝土板；厂房跨度大于 15m 时，屋盖宜采用轻型钢结构；当承重结构采用钢框（排）架结构时，屋盖宜采用轻型钢结构。

第二十三章

给 水 系 统

第一节 生 产 给 水 系 统

一、系统组成

生产给水系统主要为换流阀外冷却水系统提供补充水，一般为独立设置，与生活、消防给水系统分开。该系统由生产水池、生产水泵及给水管网等组成。

1. 生产水池

为了提高生产供给水的可靠性，保障换流站的安全运行，应在换流站内设置生产用水贮水池，生产水池容积根据水源条件和生产用水量计算确定。

当换流站有两路可靠水源时，生产水池的有效容积一般按1d的最高日生产用水量确定；当换流站仅有一路可靠水源时，生产水池的有效容积一般按不小于3d的最高日生产用水量确定。

工程实际中生产水池和消防水池有合建和分建两种形式。为防止消防水长期不用水质恶化，一般将生产水池和消防水池合建，并采取相应的技术措施确保消防用水不作他用。

生产水池宜隔成两个相对独立的空间，相互之间通过管道和阀门连通，以便在某个水池检修、清洗时能维持正常生产。因水池容积较大，为防止水质变差，应避免水流在池内形成死角，除对水池的进出水管道进行合理布置外，同时在水池内设置导流墙。

2. 生产水泵及给水管网设置

每个阀厅均配备独立的阀冷却系统。每套给水系统设一用一备两台生产水泵和单独通往相应阀冷却设备间的给水管路，使每个阀厅的换流阀均有其独立的给水泵组及管路。生产水泵自生产水池取水，经水泵加压后，通过各自的生产给水管道分别送往阀外冷却系统。

图23-1所示为某换流站生产给水系统图。

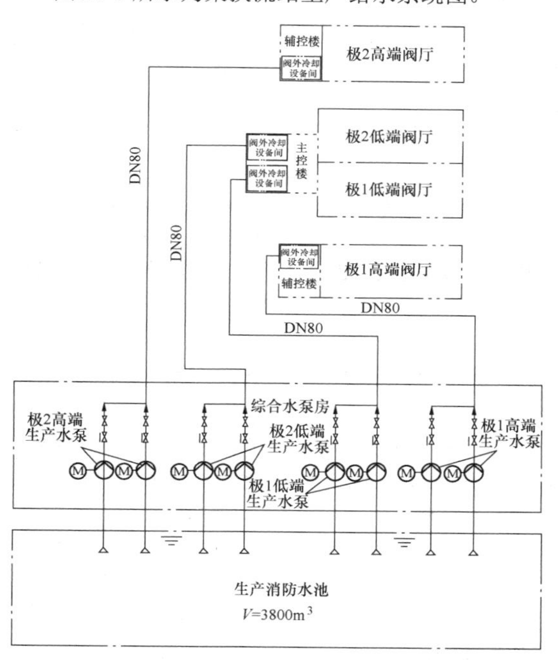

图23-1 某换流站生产给水系统图

二、系统计算及设备选型

（一）系统计算

1. 补充水水量计算

阀外冷却系统采用水冷却方式或空气–水联合冷却方式时，补充水量 q 按照冷却塔冷却容量、喷淋水循环水量、循环冷却水的浓缩倍数等计算确定，即

$$q=(1.1\sim1.15)(q_1+q_2+q_3) \tag{23-1}$$

式中 q_1——蒸发损失水量，L/s；

q_2——排污损失水量，L/s；

q_3——风吹飘逸损失水量，L/s。

有关 q_1、q_2、q_3 的详细计算见第二十四章。

阀内冷却系统的内冷水采用密闭循环的方式，正常运行时耗水量极少。为保障内冷水的水质，换流站均采用外购纯水进行补充。生产给水系统设计时不考虑其补充用水量。

2. 补充水水压计算

补充水的水压 p 应满足阀冷却厂家喷淋补给水系统接口处的压力要求，宜按下式计算

$$p=p_1+p_2+p_3+p_4 \tag{23-2}$$

式中 p_1——管道沿程水头损失，kPa；

p_2——管件和阀门等局部水头损失，kPa；

p_3——生产水池最低有效水位至接口处的几何高差损失，kPa；

p_4——接口处所需的喷射压力，kPa。

3. 生产水池容积计算

当换流站有两路可靠水源时，生产水池的有效容积一般按 1d 的最高日生产用水量确定，即

$$V=Nq \tag{23-3}$$

式中 V——生产水池有效容积，m^3；

N——阀冷却系统套数；

q——每套系统最大日供水量，m^3/d。

当换流站仅有一路可靠水源时，生产水池的有效容积一般按不小于 3d 的最高日生产用水量确定，即

$$V=3Nq \tag{23-4}$$

（二）设备选型

生产水泵宜采用占地面积小、噪声低、能耗低的立式离心泵。

生产水泵宜选用不锈钢材质的品牌水泵，水泵的轴封采用优质机械密封，电动机采用防潮密闭型（TEFC）电动机。

水泵驱动器为连续负荷的立式电动机，其功率可使水泵在额定工况下达到额定出力。电动机容量应满足在额定电压下，水泵在任何工况条件下都不会超过满负荷电流。

三、系统运行控制

生产水泵采用工频控制。

生产水泵的运行应与阀外冷却系统的运行控制联锁，水泵的启、停宜通过接收阀外冷却系统发出的联动触发信号自动控制。

具体控制信号要求由阀冷厂家提供。

四、设备及管道布置

1. 设备布置

生产水泵均设置在综合水泵房内。考虑自灌吸水，一般设置在泵坑内。水泵上方安装单轨吊，以方便生产水泵的安装起吊和搬运。生产水泵电动机端离坑壁至少应有 0.8m 以上的巡检通道，水泵之间的水平间距不宜小于 0.8m。生产水泵应有可靠接地措施。

2. 管道布置

管道布置应符合下列要求：

（1）每台生产水泵均设置独立的吸水管路。

（2）每套给水系统的一用一备两台生产水泵出水管连接成一根出水管至泵房外。

（3）管道穿越水池壁和泵房外墙处应预埋套管。

（4）各种金属水管应有可靠接地措施。

（5）阀门及仪表应布置在便于操作和检修的地方。

第二节 生活给水系统

一、系统组成

生活给水系统提供站内生活、淋浴、冲洗及绿化用水，同时为阀厅空调系统和换流阀内冷却水系统提供补充水，一般宜独立设置，与生产、消防给水系统分开。该系统由生活水箱（池）、给水机组、给水管网和用水设施等组成。

二、系统计算与设备选型

（一）系统计算

1. 用水量计算

综合生活用水量应根据换流站所在地区水资源充沛程度、用水习惯、站内人员编制等情况综合分析确定。换流站内综合生活用水定额见表 23-1。

表 23-1 换流站综合生活用水定额表

项目	用水定额	时变化系数	使用时间或次数	备注
生活用水	30～50 L/（人·班）	1.5～2.5	8h	
淋浴用水	40～60 L/（人·班）	1	1h	
冲洗汽车用水	250～400 L/（辆·d）	—	10min	按站内全部汽车每日冲洗一次计算
浇洒道路用水	1.0～1.5 L/（m^2·d）	—	2～3 次/d	根据路面种类及气候条件
绿化用水	1.0～2.0 L/（m^2·次）	—	1～2 次/d	根据站区绿化面积

根据表 23-1 并考虑 10%～15%的未预见水量，计算出生活用水最大日用水量及最大时用水量。

2. 水压计算

水压宜按下式计算

$$p=p_1+p_2+p_3+p_4 \tag{23-5}$$

式中 p_1——管道沿程水头损失，kPa；

p_2——管件和阀门等局部水头损失，kPa；

p_3——生活水池最低有效水位至最不利点处的几何高差损失，kPa；

p_4——最不利配水点所需的流出水头损失，kPa。

3. 生活水箱的调节容积

生活水箱的调节容积可按全站最高日生活用水量的15%～20%确定，对于远离城镇的换流站，应适当考虑停水对运行人员引起的不便将调节容积放大。

（二）设备选型

给水机组宜采用带气压罐的全自动恒压变频给水机组。

变频给水机组按最大时用水量进行选型计算。

气压水罐的调节容积按下式确定

$$V_{q2}=\frac{\alpha_a q^b}{4n} \tag{23-6}$$

式中 V_{q2}——气压罐调节容积，m^3；

α_a——安全系数，一般取1.0～1.3；

q^b——工作水泵计算流量，m^3/h；

n——水泵在1h内的启动次数，宜采用6～8次。

气压水罐的总容积按下式确定：

$$V_q=\frac{\beta V_{q1}}{1-\alpha_b} \tag{23-7}$$

式中 V_q——气压罐总容积，m^3；

V_{q1}——气压罐的水容积，应不小于调节容积，m^3；

α_b——气压罐内的工作压力比（绝对压力比），宜采用0.65～0.85；

β——气压罐的容积系数，隔膜式气压罐取1.05。

三、系统运行控制

全自动恒压变频给水机组由厂家配套控制柜，可在全流量范围内通过变频泵的连续调节和工频泵的分级调节相结合，使给水压力始终保持为恒定值。当流量为零或很小时，变频泵自动停机，靠气压罐来维持管网压力及少量供水。

四、设备及管道布置

1. 设备布置

不锈钢生活水箱和全自动恒压变频给水机组均设置在综合水泵房内，位于室内0.00m地坪。设备上方安装单轨吊，以方便安装起吊和搬运。水箱和全自动恒压变频给水机组应有可靠接地措施。

2. 管道布置

管道布置应符合下列要求：

（1）给水机组由厂家配套整体供货，生活水泵均设置独立的吸水管路。

（2）出水管布置需考虑不影响检修和维护，并入地接出泵房。

（3）管道穿越泵房外墙处应预埋套管。

（4）各种金属水管应有可靠接地措施。

（5）阀门及仪表应布置在便于操作和检修的地方。

第三节 消防给水系统

一、系统组成

换流站应设置独立的临时高压消防给水系统，并采用带气压水罐的稳压泵来维持系统的充水和压力。消防给水系统由消防水池、消防给水泵组、消防给水管网和水灭火设施等组成。

二、系统计算与设备选型

（一）系统计算

1. 消防用水量计算

站内同一时间内发生火灾次数按照一次考虑，消防用水量按照消防给水系统的保护对象中一次灭火最大用水量确定。

消防给水系统主要保护对象为控制楼、阀厅、综合楼、检修备品库、户内直流场、GIS室等建筑物及换流变压器等含油设备（采用水喷雾消防时），个别工程还包括换流变压器组装厂房。

消防水量的计算根据消防对象采取的水消防措施的设计流量及火灾延续时间分别计算。设计流量及火灾延续时间根据相关的消防规范取值。

2. 消防水压计算

消防给水的水压应满足所服务的各种水灭火系统最不利点处水灭火设施的压力要求。

消防给水的设计压力宜按下式计算

$$p=k_2(\sum p_f+\sum p_p)+0.01H+p_0 \tag{23-8}$$

式中 p——消防水泵或消防给水系统所需的设计扬程或压力，MPa；

k_2——安全系数，可取1.20～1.40；

p_f——管道沿程水头压力损失，MPa；

p_p——管件和阀门等局部水头压力损失，MPa；

H——消防水池最低有效水位至最不利水灭火设施的几何高差，m；

p_0——最不利点水灭火设施所需的设计压力，MPa。

（二）设备选型

消防泵宜根据可靠性、安装场所、消防水源、消防给水设计流量和扬程等综合因素确定水泵的型式。

消防泵的选择和应用需符合相关的消防规范要求。

换流站一般配置电动消防泵2台、电动稳压泵组2台、柴油机消防泵组1台，共计5台水泵。

电动消防泵作为消防时运行水泵，单台水泵的额定流量按50%的系统设计流量考虑。电动消防泵一般采用立式多级消防泵，水泵和电动机有公共底座，电动机容量应满足在额定电压下，水泵在任何工况条件下，都不会超过满负荷电流。

柴油机消防泵作为备用泵，其额定流量按100%的系统设计流量考虑。柴油机消防泵采用卧式多级消防泵，并设置燃油贮油箱及蓄电池。贮油箱的容积应根据火灾延续时间确定，且最小有效容积宜按1.5L/kW配置。蓄电池为铅酸型充放电式，重载。蓄电池的容量应能确保6min内反复连续启动12个周期的要求（15s启动，15s停止）。

三、系统运行控制

消防水泵的启停宜与消防给水系统出水干管的压力联锁。正常运行时，2台稳压泵（一运一备，互为备用）交替运行，维持消防给水系统压力；火灾发生时，电动消防水泵根据消防给水系统出水干管的压力依次投入运行，当主泵故障或启动失败时，备用泵自动投入运行。

消防泵控制装置具有自动巡检功能，可定期对各台水泵进行逐一启动检测，发现故障自动停机报警，以便及时维护保养，避免设备长期不用产生故障，使消防设备始终处于良好状态，从而提高换流站的安全保障率。

四、设备及管道布置

1. 设备布置

消防水泵均设置在综合水泵房内。考虑自灌吸水，一般设置在泵坑内。水泵上方安装单轨吊，以方便水泵的安装起吊和搬运。消防水泵电动机端离坑壁至少应有1.2m以上的巡检通道，水泵之间的水平间距不宜小于1.2m。消防水泵应有可靠接地措施。

2. 管道布置

泵房内消防管道布置应符合下列要求：

（1）每台消防水泵均设置独立的吸水管路。

（2）消防水泵出水管连接成一根出水管至泵房外。

（3）管道穿越水池壁和泵房外墙处应预埋套管。

（4）各种金属水管应有可靠接地措施。

（5）阀门及仪表应布置在便于操作和检修的地方。

（6）站区消防给水管网在控制楼、阀厅和换流变压器周围应布置成环状，设置在管网上的室外消火栓布置间距不宜大于80m。

第二十四章

阀 冷 却 系 统

换流阀在运行过程中因功率损耗所转换的热量会导致器件表面温度上升，长期高温运行将影响换流阀的可靠性和使用寿命，且一旦超过器件的耐温限值，器件将会损毁，所以换流阀需要使用冷却介质循环吸热，达到降温的目的。

阀冷却系统按其承担的功能，可划分为阀内冷却系统和阀外冷却系统。阀内冷却系统的功能是通过冷却介质的循环流动不断吸收换流阀的热量，并传递给阀外冷却系统；阀外冷却系统的功能则是利用水和空气吸收阀内冷却系统的热量，并传递到室外大气。

第一节　阀内冷却系统

阀内冷却系统可使用的冷却介质包括水、油、空气和氟利昂等，由于水在比热、传热系数和对环境的影响等方面具有综合优势，目前已建和在建的换流站均使用水作为冷却介质。

一、系统构成

阀内冷却系统为闭式单循环水冷却系统，主要由内冷却水主循环回路、水处理旁路和定压补水装置构成。

换流阀分为光触发阀（light triggered thyristor，LTT）、电触发阀（electrically triggered thyristor，ETT），两者内冷却系统的差别在于 ETT 需要除氧，而 LTT 则不需要，定压补水方式也有所差别，除此之外的其他部分均相同。

（1）ETT 阀内冷却系统主要设备：①内冷却水主循环回路主要设备包括主循环水泵、过滤器、电动三通阀、电加热器、脱气罐等；②水处理旁路主要设备包括精混床离子交换器、过滤器、氮气瓶、膨胀罐等；③定压补水装置包括膨胀罐、补充水泵、补水箱等。

（2）LTT 阀内冷却系统主要设备：①内冷却水主循环回路主要设备包括主循环水泵、过滤器、电动三通阀（如需）、电加热器、脱气罐等；②水处理旁路主要设备包括精混床离子交换器、过滤器等；③定压补水装置包括高位膨胀水箱、补充水泵、补水箱等。

ETT 阀内冷却系统流程如图 24-1 所示，LTT 阀内冷却系统流程如图 24-2 所示。

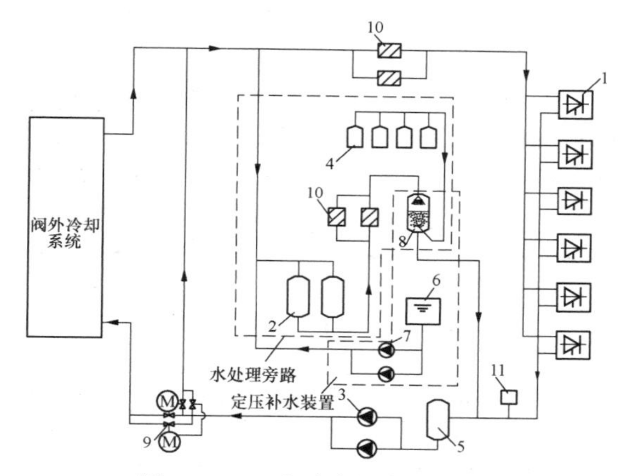

图 24-1　ETT 阀内冷却系统流程图

1—换流阀；2—精混床离子交换器；3—主循环水泵；4—氮气瓶；5—脱气罐；6—补水箱；7—补充水泵；8—膨胀罐；9—电动三通阀；10—过滤器；11—电加热器

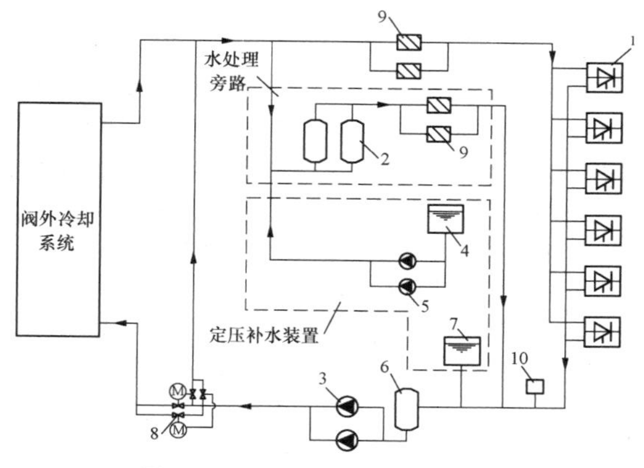

图 24-2　LTT 阀内冷却系统流程图

1—换流阀；2—精混床离子交换器；3—主循环水泵；4—补水箱；5—补充水泵；6—脱气罐；7—高位膨胀水箱；8—电动三通阀；9—过滤器；10—电加热器

（3）主循环回路。内冷却水进入换流阀塔，吸收热量后，由主循环水泵驱动进入阀外冷却系统闭式蒸发型冷却塔或空气冷却器内的换热盘管，在换热盘管中与热交换介质（空气或水）进行热量交换，降温后的内冷却水再返回换流阀，从而形成一个闭式循环回路。

过滤器用于防止内冷却水中的颗粒状杂质进入换流阀。

脱气罐用于去除内冷却水中的空气，防止水流因空气阻塞变小或出现断流的现象。

电加热器用于防止系统在极端低温条件下，阀内冷却系统降负荷或不带负荷运行时，室外内冷却水管道发生冻裂、内冷却水管和换流阀内冷却器外表面产生凝露。

电动三通调节阀用于调节流经室外换热设备的水量，控制低温环境及换流阀低负荷运行时内冷却水温度，避免水温过低或波动过大。

（4）水处理旁路。内冷却水电导率和pH值的具体数值应由换流阀制造厂提出，若制造厂未提出要求，则内冷却水及其补充水的水质至少应满足表24-1的要求。

表24-1　　内冷却水电导率和pH值

类　别	电导率（μS/cm）	pH值	备　注
内冷却水	≤0.5	6.5～8.5	水温为25℃时的测量值
离子交换器出水	≤0.3	6.5～8.5	
内冷却水的补充水	≤5.0	6.5～8.5	

为了达到上述水质标准，需对内冷却水进行处理，通常在主循环回路上并联一个水处理旁路，分流一部分内冷却水经旁路进入精混床离子交换器进行去离子处理和除氧。

1）去离子。内冷却水在循环使用时，水中的离子态杂质将析出，为了降低内冷却水的电导率，一部分内冷却水经水处理旁路进入精混床离子交换器，去除水中的离子态杂质后再返回主循环回路，精混床离子交换器出水电导率应控制在 0.3μS/cm（水温 25℃时）以下。精混床离子交换器出口处设置过滤器用于拦截可能破碎流出的树脂颗粒。

2）除氧。对于ETT阀而言，为了避免晶闸管冷却器产生氧化腐蚀，需要去除内冷却水中的溶解氧，其含量应不高于 200×10^{-12}（体积比）。通常在水处理旁路上设置氮气除氧装置，装置由氮气瓶、膨胀罐、减压阀、安全阀、电磁阀、压力传感器等组成，高压氮气瓶通过减压阀与膨胀罐底部连接，通过向膨胀罐底部注入氮气并使之与内冷却水混合接触，使溶解在水中的氧气析出并通过顶部的自动排气阀排出。

（5）定压补水装置。内冷却水主循环回路需要保持压力恒定以及防止空气进入系统，根据水温的变化，需要进行补水及泄压。

1）ETT阀。主循环回路通过设有带氮气密封的膨胀罐进行定压，当阀内冷却水温度上升导致体积膨胀压力增大时，通过打开膨胀罐顶部电磁阀，排出一部分氮气使阀冷系统压力下降；当阀内冷却水温度下降导致体积缩小压力降低时，通过打开氮气稳压回路的补气电磁阀，将氮气瓶内的氮气补到膨胀罐中，使阀内冷却系统压力增加。

阀内冷却系统补水主要通过监测膨胀罐液位来实现，当液位降低至下限值时，补充水泵将自动启动并补水，液位到达上限值时水泵将自动停止运行。补水过程中膨胀罐压力升高达到设定值时，膨胀罐顶部电磁阀自动打开，通过排出一部分氮气而泄压。

为了使补充的原水不引起内冷却水电导率的波动，原水首先进入水处理旁路，经精混床离子交换器处理后再进入主循环回路。

2）LTT阀。主循环回路利用开式高位膨胀水箱进行定压，主循环水泵进水管上设有膨胀管与开式高位膨胀水箱底部相连，当内冷却水受热膨胀导致压力上升时，将通过膨胀管转入膨胀水箱，水箱内的水位随之上升以缓冲主循环回路的压力，反之，膨胀水箱向主循环回路充水增压。

膨胀水箱设有液位传感器，当液位降低至低位设定值时，补充水泵将自动启动并补水，液位到达高位设定值时水泵将自动停止运行。

二、一般要求

（1）换流阀内冷却应采用闭式单循环水冷却系统。

（2）换流阀散发到内冷却水中的热量应取换流阀在各种运行工况下的最大值。

（3）内冷却水应满足换流阀对水温、水质、水压及流速的要求。

（4）内冷却水应设置去离子旁路，离子交换器的处理水量宜按2h将系统容积水处理一遍确定，去离子水的电导率应不大于0.3μS/cm。

（5）除氧装置应根据换流阀对内冷却水含氧量的要求设置，必要时应采用氮气置换除氧方式，且水中溶解氧的含量（体积比）应不大于 200×10^{-9}。

（6）内冷却水主循环回路应设置定压补水装置，补水应采用纯水或蒸馏水，补充水量宜取内冷却水循环水量的1%～2%。

（7）内冷却水在各阀组之间以及室外换热设备之间的流量分配应均衡，不平衡率应不大于5%。

（8）内冷却水管路系统最高点应设置自动排气装置，最低点应设置排水装置。

（9）进入换流阀的内冷却水的最低水温应保证换流阀表面不产生凝露。

（10）内冷却水主循环回路应设置过滤精度不低于 100μm 的过滤装置，去离子旁路应在离子交换器后设置过滤精度不低于 10μm 的过滤装置，过滤装置均应 100%备用。

（11）对于冬季最低温度低于-5℃的地区，内冷却系统宜设置旁通回路并配置电动三通阀，电动三通阀应 100%备用。

（12）管道、阀门、离子交换器、主循环水泵、过滤装置、电加热器、冷却塔或空气冷却器内的换热盘管等与一切内冷却水接触的物质均应采用不锈钢材料。

（13）主循环水泵、离子交换器、补水泵均应 100%备用。

（14）有运转部件的设备应设减振基础，水泵进、出口与管道之间宜设柔性接头。

（15）主循环水泵应配置电动起吊设备。

三、设计计算

阀内冷却系统设计计算包括内冷却水循环水流量、水处理旁路水流量和内冷却水循环回路总阻力计算。

进行阀内冷却系统各种计算之前，需要收集与阀内冷却系统设计有关的原始数据，具体项目及要求详见表 24-2。

表 24-2　　阀内冷却系统原始数据表

序号	项目	单位	备　注
1	换流阀散热量	kW	提供 25～50℃（增量为 5℃）不同阀厅温度条件下，额定工况、连续过负荷、3s 过负荷的数据
2	内冷却水电导率	μS/cm	
3	换流阀最高进水温度	℃	夏季正常运行工况
4	换流阀最低进水温度	℃	冬季正常运行工况，应高于换流阀冷却器外表面的凝露温度
5	换流阀进水报警水温	℃	
6	换流阀进水跳闸水温	℃	
7	换流阀最高出水水温	℃	
8	进、出换流阀水温差	℃	夏季正常运行工况
9	内冷却水溶解氧含量		
10	其他		指一些特殊要求，如水中悬浮物颗粒直径大小、pH 值等

1. 内冷却水循环水流量

内冷却系统循环水流量按式（24-1）计算

$$q_{ch}=\frac{3.6Q_{ch}}{c\Delta t} \tag{24-1}$$

式中 q_{ch}——内冷却水循环水流量，m³/h；

Q_{ch}——换流阀散发到内冷却水中的热量，取表 24-2 中换流阀散热量的最大值，kW；

c——水的比热容，kJ/（kg·K）；

Δt——换流阀进、出水温差，℃，当缺乏数据时，Δt 一般取 13℃。

2. 水处理旁路水流量

水处理旁路水流量按式（24-2）计算

$$q_{cx}=V/t \tag{24-2}$$

式中 q_{cx}——水处理旁路水流量，m³/h；

V——内冷却水系统水容量，m³；

t——时间，h，一般取 2h。

3. 内冷却水循环回路总阻力

内冷却水循环回路总阻力为水管沿程阻力、水管局部阻力、内冷却设备内部阻力和换流阀塔内部阻力之和。

（1）水管沿程阻力按式（24-3）计算

$$p_1=iL \tag{24-3}$$

式中 p_1——水管沿程阻力，kPa；

i——特定流量、管径时每米管长水压降，kPa/m；

L——管道长度，m。

（2）水管局部阻力按式（24-4）计算

$$p_2=\sum\xi_i v_i^2/(2g) \tag{24-4}$$

式中 p_2——水管局部阻力，kPa；

v_i——i 管段内冷却水流速，m/s；

ξ_i——局部构件 i 的阻力系数。

（3）内冷却设备内部阻力按式（24-5）计算：

$$p_3=\sum r_i \tag{24-5}$$

式中 p_3——内冷却设备内部阻力，kPa；

r_i——各内冷却设备内部阻力，由阀冷却设备厂家提供，kPa。

（4）内冷却水循环回路总阻力按式（24-6）计算

$$p_{ch}=p_1+p_2+p_3+p_4 \tag{24-6}$$

式中 p_{ch}——内冷却水循环回路总阻力，kPa；

p_1——水管沿程阻力，kPa；

p_2——水管局部阻力，kPa；

p_3——内冷却设备内部阻力，kPa；

p_4——换流阀塔内部阻力，由换流阀厂家提供，kPa。

4. 设备选型计算

阀内冷却系统设备选型计算由阀冷却设备厂家

完成。

四、设备选型及要求

1. 主循环水泵

（1）型式。主循环水泵一般采用单级单吸卧式离心水泵，泵与电动机应固定在一个单独的铸铁或钢座上。

（2）技术参数确定。主循环水泵的流量和扬程计算要求如下：

1）主循环水泵流量按式（24-7）计算

$$q_{chp}=1.15q_{ch} \quad (24\text{-}7)$$

式中 q_{chp}——主循环水泵流量，m^3/h；

q_{ch}——内冷却水循环水流量，m^3/h。

2）主循环水泵扬程按式（24-8）计算

$$H_{chp}=1.15H_{ch} \quad (24\text{-}8)$$

式中 H_{chp}——主循环水泵扬程，m；

H_{ch}——内冷却水循环回路总扬程，m。

（3）主循环水泵性能及结构要求如下：

1）泵体材质应采用不锈钢，轴封应采用机械密封，并配置轴封漏水检测装置。

2）泵体应通过弹性联轴器与电动机相连，且联轴器应有保护装置。

3）运行曲线应处在高效区。

4）电动机防护等级应不低于 IP54，绝缘等级应不低于 F 级。

5）电动机应使用耐磨含油轴承，轴承应至少能正常运行 50000h。

6）泵的振动应符合 GB/T 29531—2013《泵的振动测量与评价方法》表 3 中规定的 B 级振动级别要求。

7）距泵外壳 1.0m 处的噪声不应超过 85dB（A）。

8）电动机轴承应设置温度监测装置。

9）应设置就地检修开关。

2. 过滤器

（1）型式。过滤器为机械式，由外壳、滤芯、压差传感器（或压差表）及配套阀门等组成，外壳顶部设有手动排气阀，底部设有手动排水阀，如图 24-3 所示。

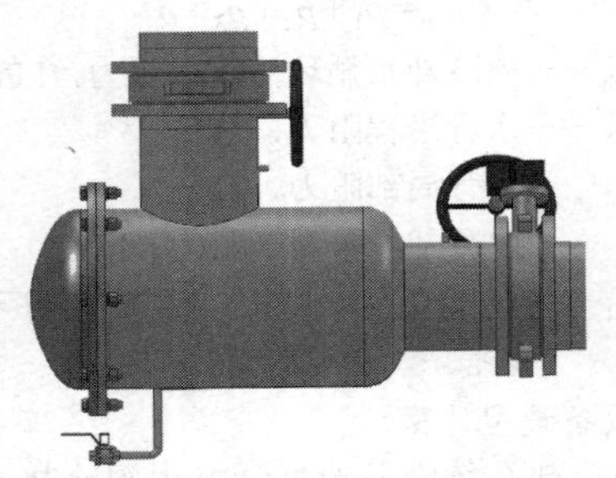

图 24-3　过滤器

（2）性能及结构要求。

1）可在不中断内冷却水流动的情况下清洗或更换滤芯。

2）滤芯、壳体均采用不锈钢材料，其滤芯过滤精度不应低于 100μm，滤芯的机械强度应能在 1.5 倍流速的冲刷下不发生破损现象。

3）水流阻力不宜大于 20kPa。

3. 脱气罐

脱气罐及配套的自动排气阀和泄水阀材质均为不锈钢。罐体的设计应保证微气泡在上升过程中不被水流带走，且能顺利上升至罐顶并排出，即水流速度应小于微气泡上升速度。

4. 电加热器

电加热器采用不锈钢材质，并可在线检修。电加热器所提供的热量应能补偿阀外冷却系统室外水管及室外换热设备的自然散热损失，包括辐射和对流散热损失。此计算由阀冷却设备制造厂完成。

5. 电动三通阀

电动三通阀材质为不锈钢，采用机械连杆式。

6. 精混床离子交换器

（1）型式。装有阴阳树脂的罐体为立式结构，一用一备的 2 个罐体安装在水处理设备的共用底座上，外形如图 24-4 所示。树脂采用非再生型阴阳混合树脂，粒径宜在 0.3～1.2mm 范围内，树脂使用寿命应不低于 1 年。出水管上应装设不锈钢过滤器，出水口配置电导率传感器用于监视树脂的活性。

图 24-4　精混床离子交换器

（2）技术参数确定。

1）离子交换器的处理水量按 2h 将阀内冷却系统容积内的全部水量处理一遍确定。

2）离子交换器直径应根据离子交换器处理水流量 q（m^3/h）和过滤速度 v（m/s）计算确定。一般滤速选择 0.0111～0.0167m/s，离子交换器直径 d（mm）可按式（24-9）计算

$$d=\sqrt{\frac{4Q}{\pi v}} \tag{24-9}$$

交换树脂层高度通常在700mm以上，并应考虑一定的膨胀量，离子交换器的具体高度由设备制造厂确定。

7. 氮气除氧装置

氮气除氧装置由膨胀罐、氮气瓶、减压阀、电磁阀、压力传感器、安全阀、氮气管路及其他附件等组成。氮气除氧装置应设置主备用切换装置，且氮气瓶应能在线更换。

8. 高位膨胀水箱

高位膨胀水箱的高度宜控制在2.0～2.5m范围内，液位波动范围在高度的35%～75%之间，其40%的有效容积即可满足阀内冷却水膨胀的需求，膨胀水箱有效容积的计算与内冷却水的物理特性以及温度均有关系，可按式（24-10）进行计算

$$\Delta V=\alpha\Delta t V_0 \tag{24-10}$$

式中 ΔV——膨胀水箱有效容积，即内冷却水的容积增量，L；

α——水的平均体积膨胀系数，L/℃；

Δt——内冷却水水温的最大变化值，℃；

V_0——内冷却水总水量，L。

9. 补充水泵及补水箱

补充水泵及补水箱材质均为不锈钢，补充水泵出口设置电动阀门，补水箱为密封式，补水箱设有液位传感器且顶部设有常闭电磁阀。

补充水泵的流量在满足内冷却水补充水量要求的基础上，应有15%的富裕度；补充水泵的扬程应根据补水点的静压值确定，并应有15%的富裕度。

原水泵及移动式原水箱材质均为不锈钢，原水泵启停采用手动控制。

10. 膨胀罐

膨胀罐材质为不锈钢并使用氮气进行密封，膨胀罐具有定压和除氧排气的双重功能，其有效容积可容纳内冷却水的容积增量，可参照式（24-10）进行计算，膨胀罐应设置压力传感器。

五、设备及管道布置

1. 主循环设备

主循环设备是由主循环水泵、过滤器、脱气罐、电加热器、水管及阀门、仪表、就地控制柜等和共同底座组成的整体机组，见图24-5。

主循环设备布置在控制楼一层阀冷却设备室，布置应符合下列要求：

（1）设备四周应留有通道，电控柜前通道不应小于1.5m，底座侧边至墙面的距离不得小于0.7m，底座端边至墙面的距离不得小于1.0m。

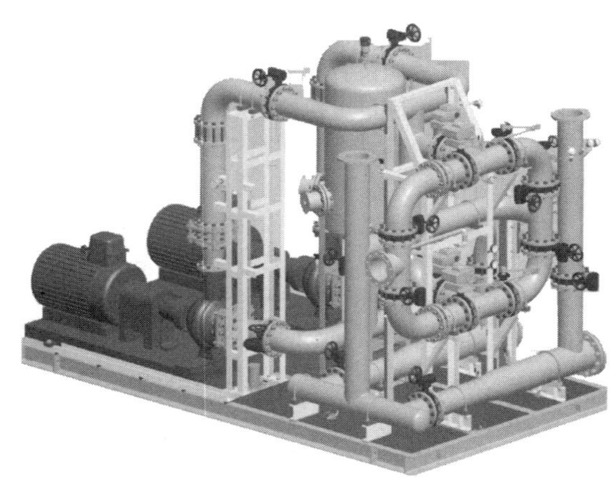

图24-5 阀内冷却系统主循环设备

（2）设备宜布置在埋地基础上，当布置在楼板上时，应考虑隔震措施。

（3）底座宜布置在土建基础上，并采用焊接方式固定在基础预埋铁上。

（4）基础平面尺寸应较底座每边宽0.10～0.15m，且宜高出地面0.1～0.2m。

（5）主循环水泵正上方应设置电动单轨吊，其起吊重量应满足电动机的起重要求，起吊高度宜在2.0m以上，起吊路径不应有障碍物。

（6）主循环设备应有可靠接地措施。

2. 水处理设备

水处理设备是由精混床离子交换器、过滤器、氮气除氧装置、膨胀罐、补充水泵及补水箱、水管及阀门、仪表等和共同底座组成的整体机组，见图24-6。

图24-6 阀内冷却系统水处理设备

水处理设备布置在控制楼一层阀冷却设备室，布置应符合下列要求：

（1）宜与主循环设备相邻布置。

（2）设备四周应留有不小于 0.7m 的通道，离子交换器前的通道应满足更换树脂对操作空间的要求，补水箱前的通道应满足人工补水对操作空间的要求，一般不宜小于 0.8m。

（3）宜布置在土建基础上，底座采用焊接方式固定在基础预埋铁上。

（4）基础平面尺寸应较设备底座每边宽 0.10～0.15m，且高出地面 0.1～0.3m。

（5）水处理设备应有可靠接地措施。

3. 膨胀水箱

膨胀水箱布置应符合下列要求：

（1）当膨胀水箱布置在阀厅屋架上方以及控制楼屋顶时，均应设置检修平台和楼梯，以便于阀门和传感器的巡检。图 24-7 示意了膨胀水箱布置在阀厅屋架上方的情况。

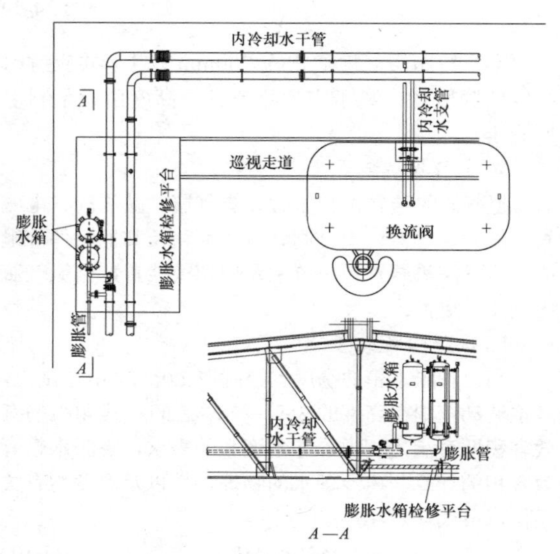

图 24-7　阀厅内膨胀水箱布置

（2）膨胀水箱底部应高出内冷却水管道最高点 2.0m 以上。

4. 水管布置

阀内冷却系统水管包括内冷却水管和水处理旁路水管。阀内冷却设备及管道平面布置见图 24-8，来自阀厅及室外换热设备的内冷却水供、回水管均在阀冷却设备室与主循环设备连接，水处理旁路水管与内冷却水供、回水管连接。

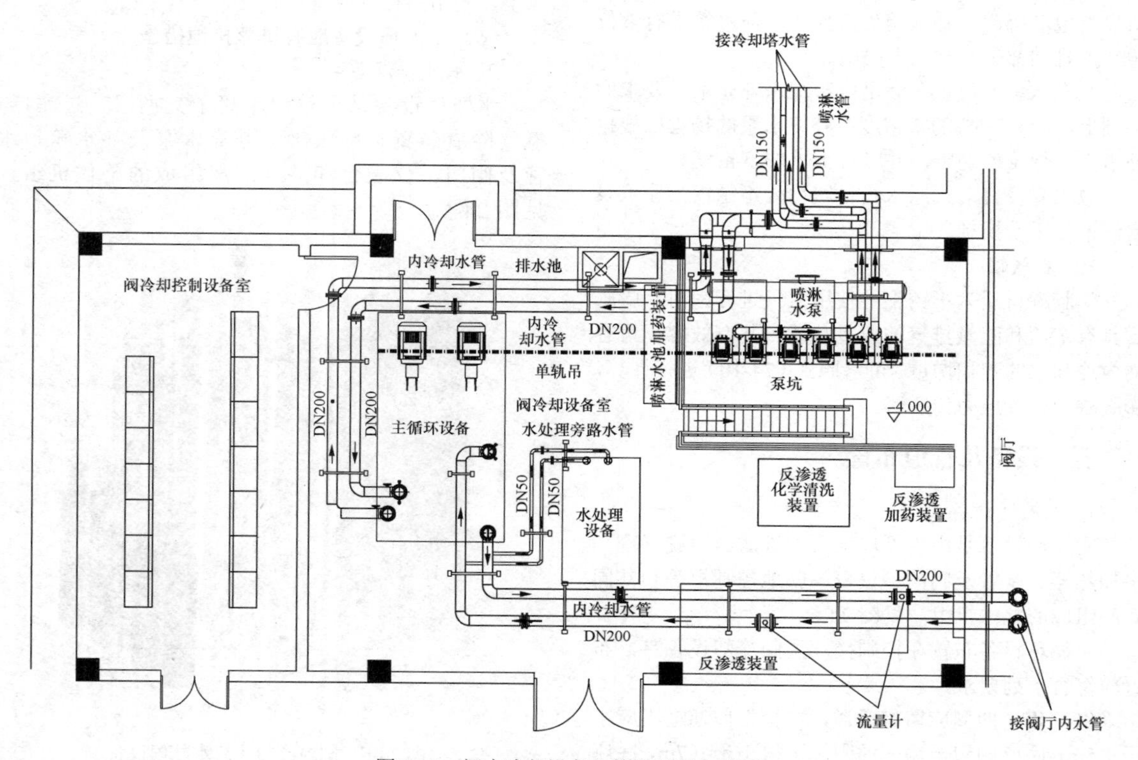

图 24-8　阀内冷却设备及管道平面布置图

阀内冷却水管布置应符合下列要求：

（1）水管路径力求短而直，应尽量避免管道交叉。

（2）室内水管应尽量沿墙、梁、柱直线明装敷设，且应便于安装和更换。管道应尽量共用支架，以避免支架过多。

（3）流量计前后应留有满足要求的直管段。

（4）阀冷却设备室水管布置不得影响电动单轨吊的运行，当阀厅检修车通过管道下方时，管道或支架的底标高应高于检修车顶部至少0.1m。

（5）室外水管架空布置时，不得妨碍运行人员及车辆通行。

（6）水管穿越墙壁和楼板处应设套管，且水管应有可靠接地措施。

（7）当换流阀塔采用悬吊式安装方式时，阀厅内的水管可布置在屋架上方（如图24-9所示），或者紧贴屋架下方布置，具体要求如下：

1）阀厅内的立管布置应满足与电气设备的带电距离要求。

2）换流阀进、出水支管上的手动阀门及仪表应布置在巡视走道便于操作和检修的地方。

3）阀厅内管道的支撑或固定点应设置在阀厅钢梁或檩条上，其最大间距应满足相关规范的要求。

4）内冷却水干管不宜布置在阀塔正上方，干管与连接换流阀进出水口的支管之间不得采用软管连接。

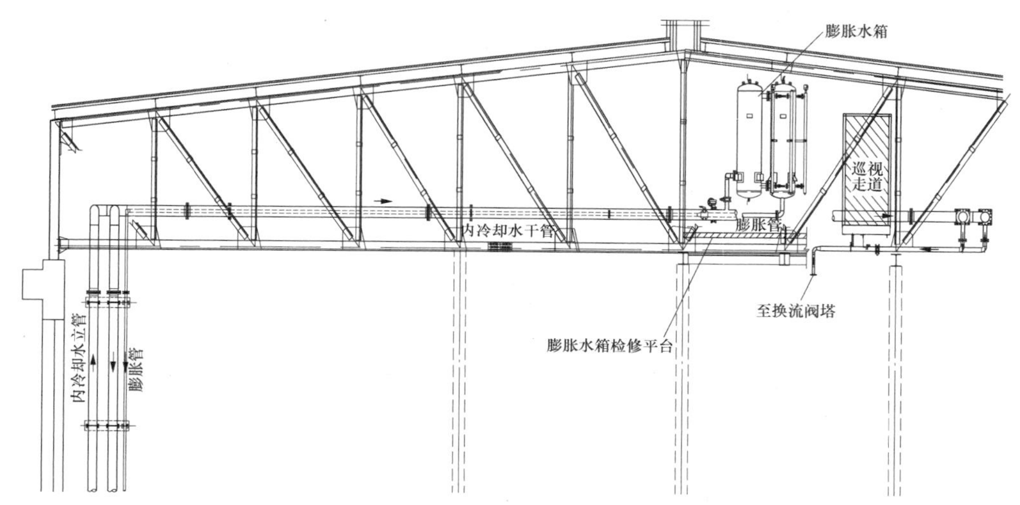

图24-9 阀厅水管布置（屋架上方）

（8）当换流阀塔采用地面支撑安装方式时，阀厅内的水管宜布置在地沟内，如图24-10所示，具体要求如下：

1）地沟的走向和布置应避免与电缆沟交叉。

2）沟底应设排水坡度，并应将水管非正常泄漏或检修时的泄水接至阀厅外的排水井，并应防止雨水倒灌进室内沟道。

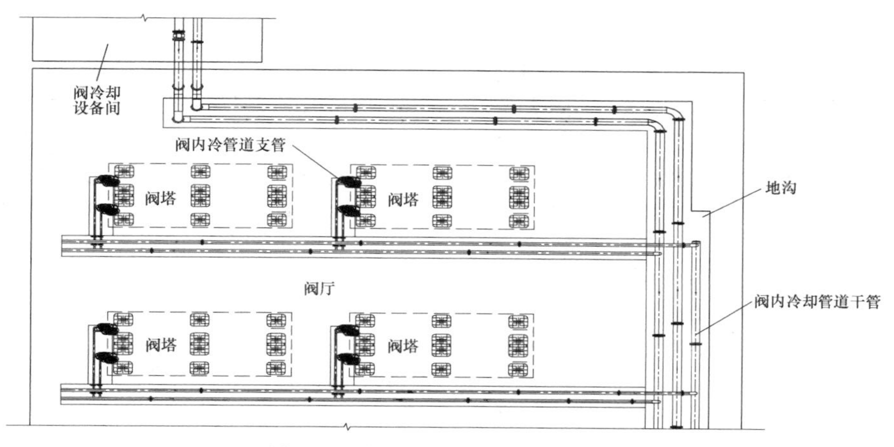

图24-10 阀厅水管布置（地沟方式）

3）地沟内应设水管支架，可在沟壁预埋铁或者在沟内预埋角钢或槽钢横梁，地沟的宽度和深度应便于水管的安装和检修，同时避免沟道过宽和过深带来土建费用高、沟盖板过重的问题，沟道断面尺寸可参照国标图集03R411-1《室外热力管道安装—地沟敷设》确定。

第二节　阀外冷却系统

根据热交换介质的不同，阀外冷却系统分为水冷却（水冷）型、空气冷却（空冷）型、空气–水联合冷却（空冷–水冷）型三种冷却方式。

阀外冷却系统冷却方式的选择主要受站址当地水源和气候条件的影响，应综合考虑水源情况、取水便利性、站址当地气候特点、设备投资、占地面积、运行维护等因素，经过技术经济比较后确定。

一、水冷却型

水冷却型阀外冷却系统的一般性选用原则如下：

（1）站址附近水资源丰富且取水方便。

（2）站址夏季月平均最高气温高于35℃，进阀水温与室外极端最高气温的温差低于 5℃（考虑周边热岛效应）。

1. 系统构成

水冷却型阀外冷却系统主要由喷淋水循环回路、水处理旁路、补水处理装置及加药装置组成。

喷淋水循环回路为开式系统，主要设备包括闭式蒸发型冷却塔、喷淋水泵等，并设置喷淋缓冲水池；水处理旁路为开式循环系统，主要设备包括砂滤器及旁滤水泵；补水处理装置为喷淋水循环回路提供喷淋补充水并对喷淋水进行过滤、软化或除盐处理，主要设备包括活性炭过滤器、全自动软水装置、反渗透装置等；加药装置用于改善喷淋水的水质，主要设备包括储药罐及加药计量泵。

水冷却型阀外冷却系统流程见图24-11。

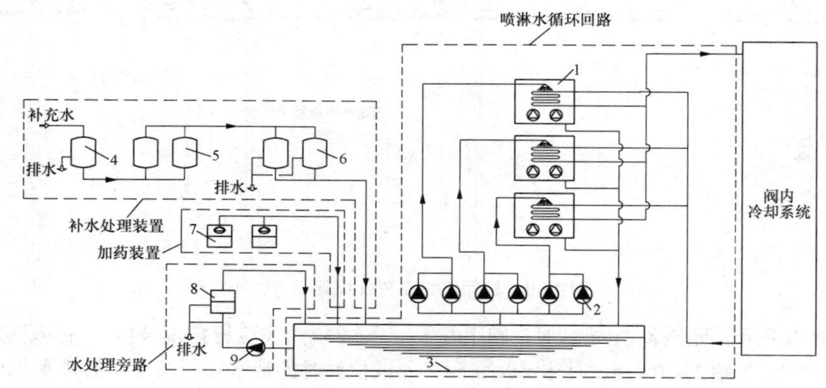

图24-11　水冷型阀外冷却系统流程图

1—闭式蒸发型冷却塔；2—喷淋水泵；3—喷淋缓冲水池；4—活性炭过滤器；5—全自动软水装置；6—反渗透装置；7—加药装置；8—砂滤器；9—旁滤水泵

（1）喷淋水循环回路。内冷却水因吸收换流阀热量升温后由主循环水泵驱动进入闭式蒸发型冷却塔换热盘管，喷淋水泵从喷淋缓冲水池抽水并均匀喷洒到换热盘管外表面，喷淋水吸热后由液态变为气态（水蒸气），由冷却塔风机排至大气，未蒸发的喷淋水再返回喷淋缓冲水池，如此周而复始地循环。喷淋水在变为水蒸气的相变过程中吸收大量的热，从而使冷却塔换热盘管内的内冷却水得到冷却。

每套阀外冷却系统配有多台冷却塔（50%冗余），冷却塔风机均可变频调速运行。内冷却水温度的控制主要通过调节冷却塔运行数量和冷却塔风机的转速来实现。通常，夏季室外气温较高时，所有冷却塔低速运行，当其中一台冷却塔故障或停机检修时，其余冷却塔的风机全部提速运行（即冷却塔满负荷运行）。冬季室外气温低时，为防止换流阀冷却器表面结露，进入换流阀的内冷却水温度不得低于最低设计水温（根据阀厅温、湿度确定），除调节冷却塔运行数量和风机转速外，还可利用三通阀使一部分升温后的内冷却水不经过冷却塔降温，通过旁路与经冷却塔降温后的水混合，将进阀水温控制在允许范围内。过渡季节在室外气温降低或换流阀负荷较小时，可首先调节冷却塔运行台数，再通过调节冷却塔变频调速风机的转速来实现对水温的控制。

（2）水处理旁路。喷淋缓冲水池由于多种原因常常会混入杂质，为了保持喷淋水的洁净，需要采取过滤的方式清除杂质，通常设置水处理旁路用于过滤喷淋水中的杂质及加强喷淋水的循环流动，防止水质变坏。水处理旁路为开式循环系统，旁滤水泵从喷淋缓冲水池内抽取一部分喷淋水，送入砂滤器或机械式过滤器进行过滤处理，洁净水再返回喷淋缓冲水池。

（3）补水处理装置。冷却塔运行时，喷淋水的不断蒸发以及风吹飘逸会造成损耗，另外，当喷淋缓冲水池中水的含盐浓度升高和杂质成分增多时，需排掉一部分喷淋水以保持水质良好。以上几种情况均导致喷淋水减少，因此，喷淋水需要补充。

夏天冷却塔换热盘管表面温度一般在 55～65℃，很容易在换热盘管表面形成水垢，水垢不仅影响换热盘管的换热效率，而且清除也十分困难。为了防止和改善结垢现象的发生，保证换热盘管的换热效率，换流站的站用水源一般为自来水、地下水或地表水，需对其进行软化或除盐处理，软化采用钠离子交换，除盐则采用反渗透。当补充水中有机物、余氯和悬浮物等含量较高时，还需设置活性炭过滤器对其进行预处理。经软化或除盐处理后的喷淋水的水质应满足表 24-3 的要求。

表 24-3　喷淋水的水质标准

项　目	控制值
pH 值	6.5～8.5
硬度（以 $CaCO_3$ 计）	50～300mg/L
总碱度	50～300mg/L
溶解性总固体	≤1000mg/L
氯化物	≤250mg/L
硫酸盐	≤250mg/L
电导率	<1800μS/cm
细菌总数	≤80CFU/mL

注　表中数据来源于厂家资料，供设计参考。

对喷淋补充水的处理应考虑工业水的水量充裕度、水质、喷淋水处理设备的投资、设备占地面积、运行维护费用等诸多因素，经过技术经济比较并听取建设和运行部门的意见后确定。国内换流站常用的喷淋补充水处理方式及流程有以下 3 种：

1）喷淋补充水→活性炭过滤器→全自动软水装置→反渗透装置。

2）喷淋补充水→活性炭过滤器→全自动软水装置。

3）喷淋补充水→活性炭过滤器→反渗透装置。

（4）加药装置。喷淋水加药装置设置原则及要求如下：

1）为了防止闭式蒸发型冷却塔换热盘管外表面结垢，对喷淋补充水进行软化处理后，一般还需设置水质稳定加药装置，通过向喷淋水中投加缓蚀阻垢剂以进一步改善水质。如已对喷淋补充水进行了除盐处理，由于出水水质较好，一般不需要再投加缓蚀阻垢剂。

2）为了控制喷淋水中微生物的滋生，需要向水中投加杀菌灭藻剂。

3）缓蚀阻垢剂和杀菌灭藻剂均使用环保产品，且杀菌灭藻剂宜选用氧化性和非氧化性制剂并交替使用。

2. 一般要求

（1）计算闭式蒸发型冷却塔传热量的大气湿球温度应取当地极端最高湿球温度。

（2）闭式蒸发型冷却塔喷淋补充水量应按照冷却塔蒸发损失、飘溢损失及排污损失之和计算，安全系数取 1.10～1.15。

（3）闭式蒸发型冷却塔冗余度不应小于 50%。

（4）每台闭式蒸发型冷却塔应配置喷淋水泵，喷淋水泵应 100%备用。

（5）多台冷却塔并联运行时，应采取措施保证水量在各台设备之间的均衡分配。

（6）应根据喷淋补充水的水质状况，选择合适的水处理方式，防止闭式蒸发型冷却塔换热盘管外表面结垢。

（7）闭式蒸发型冷却塔应设置喷淋水缓冲水池，水池应为地下式，水池有效容积宜按满足 24h 用水量的要求确定。水池水深宜为 1.5～3.0m，应设置液位实时监测装置，液位计应双重化配置，水池应具有排空、溢流和排气功能。

（8）喷淋水系统及缓冲水池内壁应采取抑制微生物生长的措施。

（9）喷淋水采用软化处理方案时，宜设置地下混凝土盐池，盐池的容积以保证三个月的用量为宜，加盐口宜布置在室内，盐池应分设化盐池和盐液池。

（10）喷淋水缓冲水池应设置定期或连续过滤装置，过滤精度不宜小于 150μm，循环水量宜为喷淋水循环水量的 5%。

（11）喷淋补充水和排水应设置计量装置。

（12）有运转部件且振动较大的设备宜设减振基础，设备进、出口与管道之间应采用柔性连接。

（13）喷淋水泵应配置电动起吊设备。

（14）阀外冷却水处理设备的排水应间接排至室外

雨水排水系统。

（15）与腐蚀性固体和液体接触的管道、阀门、容器及设备部件应采用耐腐蚀材质，与内冷却水或喷淋水接触的管道、阀门、容器及设备部件材质均应采用不锈钢材料。

（16）闭式蒸发型冷却塔的噪声及振动传播至周围环境的噪声级和振动级应符合国家现行有关标准的规定，如达不到要求，应采取隔声和隔振措施。

（17）寒冷和严寒地区，系统停运后应采取防止冷却塔内存水结冰的措施。

（18）阀外冷却系统废水应达标排放。

3. 设计计算

设计计算包括喷淋水补充水量计算、喷淋水回路总阻力计算和喷淋水循环水量计算。

（1）喷淋水补充水量计算。喷淋水补充水量为蒸发、排污和风吹飘逸损失三部分损失之和。

1）蒸发损失水量按式（24-11）计算

$$q_1 = P/M \tag{24-11}$$

式中 q_1——蒸发损失水量，L/s；

P——冷却塔冷却容量，kW；

M——水的汽化潜热，kJ/kg，取2260kJ/kg。

2）排污损失水量按式（24-12）计算

$$q_2 = \frac{q_1 N}{N-1} \tag{24-12}$$

式中 q_2——排污损失水量，L/s；

q_1——蒸发损失水量，L/s；

N——浓缩倍数，取3～5。

3）风吹飘逸损失水量按式（24-13）计算

$$q_3 = q_w \times 0.001\% \tag{24-13}$$

式中 q_3——风吹飘逸损失水量，L/s；

q_w——喷淋水循环水量，L/s；

0.001%——风吹飘逸损失率。

4）喷淋水补充水量按式（24-14）计算

$$q = k(q_1 + q_2 + q_3) \tag{24-14}$$

式中 q——喷淋水补充水量，L/s；

k——安全系数，取1.10～1.15；

q_1——蒸发损失水量，L/s；

q_2——排污损失水量，L/s；

q_3——风吹飘逸损失水量，L/s。

（2）喷淋水回路总阻力计算。喷淋水回路总阻力按式（24-15）计算

$$p = p_1 + p_2 + p_3 + p_4 \tag{24-15}$$

式中 p——喷淋水回路总阻力，kPa；

p_1——喷淋水回路水管沿程阻力，参照式（24-3）计算，kPa；

p_2——喷淋水回路水管局部阻力，参照式（24-4）计算，kPa；

p_3——冷却塔喷淋布水管与喷淋缓冲水池水面的高差，kPa；

p_4——喷淋水回路中冷却塔水力损失及所需喷射压力，kPa。

（3）喷淋水循环水量计算。喷淋水循环水量的计算与冷却塔结构、容量等有关，通常由冷却塔制造厂完成。

4. 废水来源及排放

（1）废水来源。水冷型阀外冷却系统由于喷淋补充水水处理工艺流程的需要以及喷淋缓冲水池的排污，必然会产生废水，主要有以下4个来源：

1）活性炭过滤器反冲洗后的废水。其主要成分基本与原水保持一致，包括悬浮颗粒物、各种有机物、细菌和氯离子等。

2）全自动软水装置反冲洗和再生废水。全自动软水装置反冲洗一般采用预先储存的软化水，反冲洗废水中含有少量盐分和悬浮物；树脂再生使用浓度为3.5%的盐水，再生废水含盐量较高。

3）反渗透装置正常运行时未通过渗透膜而被排出的一部分水（弃水）。弃水量可根据回收率进行调节，弃水中离子种类与进水相同，离子浓度则随回收率波动，如当回收率为75%时，弃水的总含盐量为进水的4倍，即相当于浓缩4倍。

另外，反渗透膜需要定期用化学药剂进行清洗，清洗后会产生废液，废液不直接排放，一般采取收集后运出站外处理的模式。

4）喷淋缓冲水池中的存水。当浓缩达到一定倍率后需要排污，排污废水中含杀菌灭藻剂、缓蚀阻垢剂、各种盐分。

（2）废水排放。换流站阀冷却系统的设计中，应遵守国家的环保法规，高度重视废水的达标排放，应建立防治结合、以防为主的意识，在喷淋补充水处理方案设计时应一并考虑废水处理工艺。所用药品或制剂应选用环保产品，尽可能将阀外冷废水统一收集并集中储存，通过检测其成分及浓度，对不符合排放标准的指标采取有效的处理措施，直到全部指标达标后再排出站外。

5. 设备选型及要求

（1）闭式蒸发型冷却塔。

1）型式。被冷却介质（内冷却水）与喷淋水不发生接触，且通过喷淋水的蒸发吸热带走被冷却介质的热量，因此换流站阀冷却系统采用的冷却塔被称为闭式蒸发型冷却塔（可简称为闭式冷却塔或冷却塔）。

按水和空气在冷却塔内的流动方向可分为逆流

式冷却塔和横流式冷却塔。逆流传热的换热平均温差大，具有较高的换热效率，换流站一般采用逆流式冷却塔。

按风机类型不同可分为引风式和鼓风式冷却塔，两种型式在换流站都有应用。

逆流鼓风式冷却塔如图 24-12 所示，在逆流鼓风式冷却塔中，被冷却介质（内冷却水）在冷却塔的盘管内循环流动，喷淋水由水泵送入冷却塔，塔内的配水系统将喷淋水均匀喷洒到高温换热盘管外表面，与换热盘管内的被冷却介质（内冷却水）进行热交换，同时塔外的空气由风机从塔底送入，与喷淋水的流动方向相反，空气向上流经盘管，喷淋水的一部分因吸收被冷却介质（内冷却水）的热量变成水蒸气，热湿空气从塔顶排放到大气中，剩余未蒸发部分的水将落入冷却塔底部的集水盘。

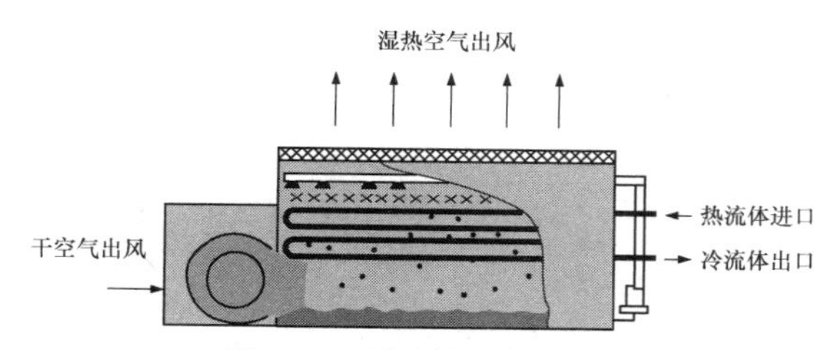

图 24-12 逆流鼓风式冷却塔

逆流鼓风式冷却塔具有垂直向上的气流设计，排风口与进风口保持着一定距离，热湿空气直接从排风口向上排入大气，减少了回流的可能。冷却塔的电动机和风机处于干空气区域，且安装位置较低，因此其运行不受热湿空气的影响，检修维护也方便。

逆流引风式冷却塔分为带热交换层和无热交换层两种类型，如图 24-13 所示。被冷却介质在冷却塔的盘管内循环流动，喷淋水通过喷淋泵送至冷却塔内的水分配系统，由水分配系统将喷淋水均匀喷洒在高温换热盘管外表面，一部分水将蒸发并带走被冷却介质的热量，剩余部分的水则落入底部集水盘，如果冷却塔设有热交换层，下落的水先落在热交换层上，由热交换层将水均匀分散为水膜状态以便与空气进行热交换，然后再落入底部水盘，依靠风机的抽引作用，热湿空气将从塔顶被排放到大气中。

目前换流站使用逆流引风式冷却塔较多，下面选取逆流引风式冷却塔进行介绍。逆流引风式冷却塔包括塔体、换热盘管、热交换层、动力传动系统、进风导叶板、挡水板、水分配系统、检修通道、集水盘等，整体外形结构如图 24-14 所示。

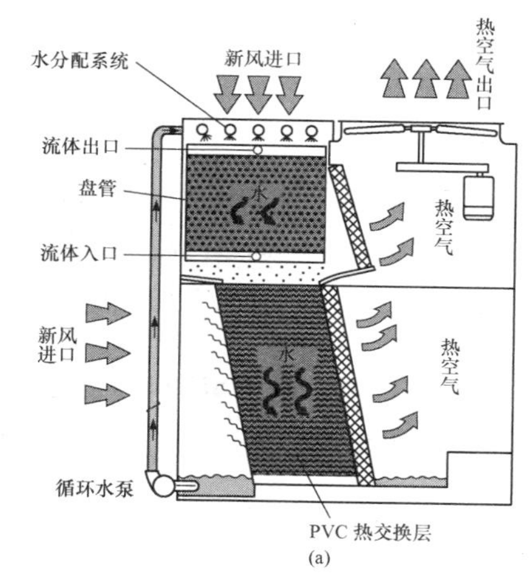

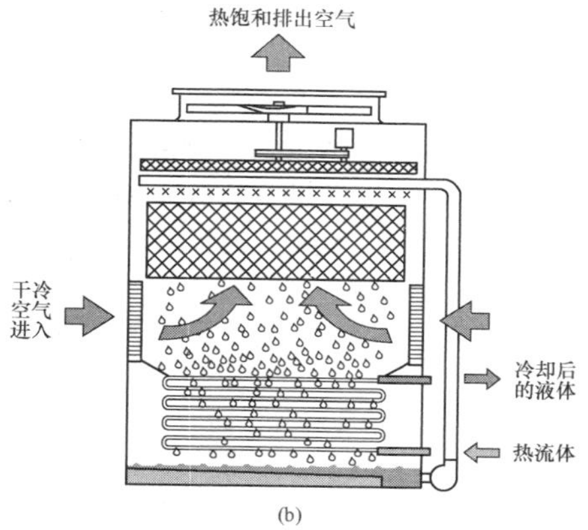

图 24-13 逆流引风式冷却塔

（a）逆流引风式冷却塔（带热交换层）；
（b）逆流引风式冷却塔（无热交换层）

图 24-14 逆流引风式冷却塔整体外形结构图

2）技术参数确定。冷却塔的技术参数通常由冷却塔制造厂根据换流阀散热量、内冷却水流量、进阀水温、出阀水温、湿球温度等原始数据，利用冷却塔选型软件完成计算和确定。

3）性能及结构要求。

a）宜采用垂直排风、汽水逆向流动的结构。

b）壁板、框架、底座、换热盘管、进风导叶板、检修平台、风筒、集水箱均应采用不锈钢，配水管网采用PVC或不锈钢，喷嘴应采用不容易堵塞的大孔径工程塑料喷嘴，填料应采用阻燃性硬质聚乙烯（PE）。

c）金属构件之间的连接应采用高强度不锈钢螺栓。

d）换热盘管材质应采用AISI316L不锈钢，设计压力应不小于1.6MPa，顶部应设置排气阀，底部设置排水阀。

e）风机应为全封闭扇冷型（TEFC）电动机，一台风机配一台电动机。电动机应采用变频调速，其外壳、绕组、接线盒、轴、轴承均应采取防潮和防腐措施。

f）风机电动机的防护等级应不低于IP55，绝缘等级应不低于F级。

g）风机和电动机采用皮带连接传动，电动机应设置在冷却塔箱体外且易于调整的不锈钢机座上，电动机顶部应设置防雨罩，底部应设置隔振装置，设计应便于皮带更换和松紧调节。

h）风机电动机轴承设计使用寿命应不低于131000h。

i）风机的出风侧应设置可拆卸的AISI 304及以上等级材质制成的防护网。

j）冷却塔内部的设计应保证换热盘管外壁和喷淋水管内壁清理淤泥方便。

k）集水箱的有效容积不应小于喷淋水量的4%，有效液位高度不小于350mm，落水口应设置可拆卸不锈钢滤网，过滤网通流面积应按照不小于喷淋管截面积的2倍进行设计。

l）满负荷运行时，在距离设备外壳1.5m及地面上1.0m处测得的声功率级应不超过95dB（A）。

（2）喷淋水泵。

1）型式。喷淋水泵应为单级单吸卧式离心水泵。

2）技术参数确定。喷淋水泵的流量和扬程计算要求如下：

a）喷淋水泵的流量与冷却塔结构、容量等有关，通常由冷却塔制造厂计算。

b）水泵扬程用于克服喷淋水回路的阻力，并保证喷淋水具有一定的喷射压力。喷淋水回路总阻力按式（24-15）计算，水泵扬程（阻力）应在总阻力的基础上，考虑15%的富裕度。

3）性能及结构要求。

a）泵体材质应采用不锈钢，轴封应采用机械密封。

b）应配防潮密闭型（TEFC）电动机。电动机应使用耐磨含油轴承，轴承应至少能正常运行50000h。

c）水泵与电动机直接连接，多台水泵宜组装在一个减振基座上。

d）水泵运行应处在运行曲线高效区。

e）泵的振动应符合GB/T 29531—2013《泵的振动测量与评价方法》表3中规定的B级振动级别要求。

f）电动机防护等级应不低于IP54，绝缘等级应不低于F级。

g）距泵外壳1.0m处的噪声不应超过80dB（A）。

（3）活性炭过滤器。

1）型式：一体化整体式。活性炭过滤器包括过滤器外壳、果壳活性炭滤料、石英砂垫层、进水装置、出水多孔板、排水帽、取样装置、测压装置管道及阀门、控制装置等。其整体外形结构如图24-15所示。

图24-15 活性炭过滤器整体外形结构图

2）技术参数确定。活性炭过滤器处理水量在喷淋水补充水量的基础上考虑10%～30%的裕度，与本体工艺有关的参数由设备制造厂计算和确定。

3）性能及结构要求。

a）出水水质应达到如下标准：游离余氯含量，≤0.05mg/L；一氯胺（总氯）含量，≤0.05mg/L；臭氧（O_3）含量，≤0.02mg/L；二氧化氯含量，≤0.02mg/L。

b）过滤器外壳应采用不锈钢材质，进水装置、滤网、出水多孔板、反冲洗水泵、阀门均应采用不锈钢材质；排水帽宜采用ABS塑料。

c）进、出水管应各设一套测压装置，材料应为不锈钢。

d）应采用PLC控制，实现反冲洗和正常运行的自动化，反洗时间间隔应能根据现场情况和水质调整。

（4）全自动软水装置。

1）型式：一体化整体式。全自动软水装置包括树脂罐、盐池（箱）、管道及阀门、控制装置等，如图 24-16 所示。

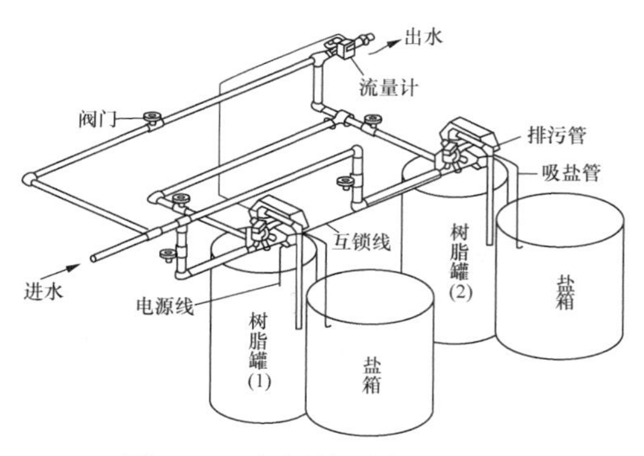

图 24-16 全自动软水装置结构图

2）技术参数确定。全自动软水装置处理水量在喷淋水补充水量的基础上考虑 10%～30%的裕度，与本体工艺有关的参数由设备制造厂计算和确定。

3）性能及结构要求。

a）一般情况下，树脂罐进水水质应符合表 24-4 的要求，出水硬度应不高于 0.03mmol/L。

表 24-4 树脂罐进水水质要求

项目		指标
浊度（NTU）	对流再生	<2
	顺流再生	<5
COD（$KMnO_4$法，mg/L）		<2
游离余氯（mg/L）		<0.1
铁（mg/L）		<0.3

注 表中数据来源于厂家资料，供设计参考。

b）树脂罐宜采用钢衬胶或不锈钢衬胶，管道、阀门均应采用不锈钢，盐箱材质应采用 PE。

c）盐箱应具有液位告警功能，液位开关应双重冗余配置，盐液池和盐箱均应设置盐液溢流管道。

d）装置运行应采用 PLC 控制，实现离子交换和树脂再生过程的自动化，并可根据现场情况调整再生周期和时间。

e）设备应双台配置，当一台设备检修时，另一台设备应能满足供水和自用水的要求。

（5）反渗透装置。

1）型式：一体化整体式。反渗透装置由保安过滤器、高压泵、反渗透膜组件、化学清洗装置、加药装置、管道及阀门、控制装置等组成。反渗透装置外形结构如图 24-17 所示。

图 24-17 反渗透装置外形结构图

反渗透装置各组件的主要功能：①保安过滤器的作用是截留细小颗粒物、胶体、悬浮物等，防止大颗粒物进入高压泵，以保护反渗透膜；②高压泵为通过反渗透膜的被过滤水提供动力；③反渗透膜用于阻挡水中的无机盐、重金属离子、有机物、胶体、细菌、病毒等通过，其构造及工作流程见图 24-18，反渗透膜组件膜元件的排列组合由膜制造厂采用软件进行计算；④化学清洗装置用于清除反渗透膜表面的污染物质，清洗装置包括化学清洗液箱、化学清洗液泵、清洗液过滤器、管道及阀门等，反渗透膜污染物通常有胶体、混合胶体、金属氧化物、微溶盐和细菌残骸等，有机成分一般采用碱液清洗，金属氧化物、胶体等一般采用酸洗，细菌藻类等一般采用杀菌类药剂清洗；⑤考虑膜元件对余氯的耐受能力以及防止微生物的滋生，通常在其前端配置一套非氧化性杀菌加药装置。

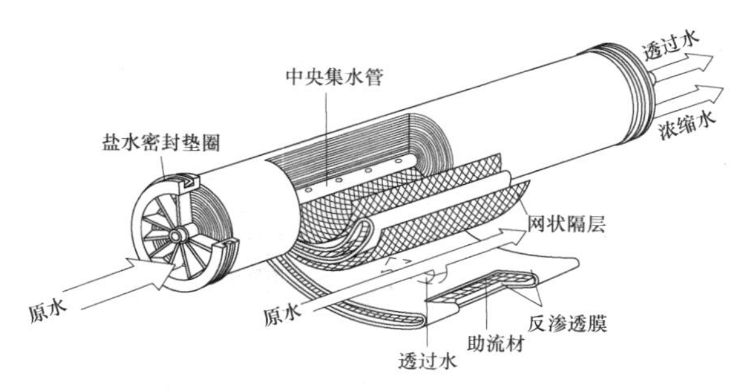

图 24-18 反渗透膜工作流程示意图

2）技术参数确定。反渗透装置产水量在喷淋水补充水量的基础上考虑 10%～30%的裕度，与本体工艺有关的参数由设备制造厂计算和确定。

3）性能及结构要求。

a）膜组件应安装在组合架上，组合架、管道、法兰、阀门及紧固件均应采用不锈钢。

b）组合架的设计应满足膜组件的膨胀要求。

c）反渗透回收率应不低于 75%，1 年内脱盐率不应小于 98.5%，3 年内脱盐率不应小于 97%。

d）膜组件设计寿命不应小于 3 年。

e）每根高压水管和浓水管应设取样点，取样点的数量及位置应能有效地诊断并确定系统的运行状况。

f）所有分析仪表应就近合并装于就地仪表箱内，就地仪表箱应为防水结构。

g）保安过滤器的结构应满足快速更换过滤单元的要求，外壳材料应采用不锈钢，进入保安过滤器的水管最低点应设排水阀，保安过滤器过滤精度宜为 5μm，运行滤速应不大于 $10m^3/(m^2 \cdot h)$（以滤芯表面积计）。

h）反渗透高压泵过流部分材料应采用不锈钢，密封方式应采用机械密封。

i）反渗透高压泵应采用变频控制，当温度和原水含盐量等变化时，应保持反渗透系统出力的稳定。

j）应设水旁通支路，当膜组件发生损坏或其他元件故障不能正常出水时，可保证喷淋缓冲水池补水不被中断。

k）应采用 PLC 控制，实现产水过程的自动化。

（6）旁滤设备。

1）型式。喷淋水旁滤设备主要由水泵、全自动反冲洗钢丝网过滤器或石英砂过滤器、管道及附件等组成，如图 24-19 所示。

图 24-19　喷淋水旁滤设备（石英砂过滤器）外形结构图

2）技术参数确定。

a）水处理流量宜为喷淋水循环流量的 5%，过滤器出水浊度应小于 3NTU。

b）当采用石英砂过滤器作为过滤设备时，推荐滤速一般为 30～60m/h，则砂滤器的直径可按式（24-16）计算

$$D=\sqrt{\frac{4q}{\pi v}} \tag{24-16}$$

式中　D——过滤器直径，m；

q——水处理流量，m^3/h；

v——过滤速度，30～60m/h。

3）性能及结构要求。

a）石英砂过滤器罐体应采用不锈钢材料。

b）宜配置一用一备两台不锈钢水泵。

c）设备应采用 PLC 控制，实现喷淋水过滤的自动化，并可根据现场情况调整运行时间。

（7）加药装置。

1）型式。加药装置主要由加药计量泵、贮药桶及液位计等组成。

2）技术参数确定。装置各部件技术参数以及药剂的选用，应根据喷淋补充水水质状况、国家排放标准以及喷淋水处理工艺，由设备制造厂计算和确定。

3）性能及结构要求。

a）加药设备应采用一体化设备，所有药剂均应采用环保型。

b）容器、计量泵、管道、阀门及其他附件均应采用耐化学腐蚀材料。

c）喷淋水中投加的药剂包括氧化性杀菌灭藻剂、非氧化性杀菌灭藻剂、缓蚀阻垢剂、分散剂等。投加药剂的种类、投加方式与投加量应在实验室进行静态模拟与动态模拟分析后确定。氧化性杀菌灭藻剂、非氧化性杀菌灭藻剂宜交替使用，用于控制喷淋水中微生物的生长。低磷系列缓蚀阻垢剂用于降低污垢在冷却塔换热盘管表面的沉积速率及腐蚀率。

冷却塔换热盘管腐蚀和污垢的控制指标见表 24-5。

表 24-5　冷却塔换热盘管腐蚀和污垢的控制指标

项　目	控制值
年腐蚀率	＜0.005mm/年
污垢沉积率污垢粘附速率	≤15mg/cm²
污垢热阻	$<3.44\times10^{-4}m^2\cdot K/W$

注　表中数据来源于厂家资料，供设计参考。

（8）泵坑排水泵。

1）型式。泵坑排水泵采用不锈钢潜水泵。

2）技术参数确定。水泵流量根据事故排水量确定，水泵扬程根据地面与泵坑高差及排水管阻力确定。

3）性能及结构要求。地下泵坑内集水坑配置一用一备潜水泵，水泵应根据集水坑水位自动启停，同时具有就地手动启停的功能，水泵工作状态及故障信号应发送至阀冷却控制系统。

6. 设备及管道布置

闭式蒸发型冷却塔一般布置在室外喷淋缓冲水池顶板上，如图 24-20 所示，喷淋水泵布置在阀冷却设备室泵坑或地下室内；水处理旁滤设备、补水处理装置及加药装置一般布置在阀冷却设备室 0m 层或地下室。

图 24-20 闭式蒸发型冷却塔及其进出水管布置

（1）闭式蒸发型冷却塔。闭式蒸发型冷却塔布置应符合下列要求：

1）冷却塔进、出风口与障碍物（墙壁、建筑物、电气设备等）之间应保持足够的距离，以保证气流通畅和便于散热，具体要求由设备制造厂提出。一般情况下，冷却塔进、出风口离障碍物的间距不应小于 2m，当两台冷却塔吸风口面对面布置时，相互之间的间距不应小于 2.5m。

2）冷却塔应布置在建筑物的下风向，避免或减轻飘滴、气雾和噪声对周边建筑物或其他设备的影响。

3）闭式蒸发型冷却塔四周应有充足的安装、操作和检修空间。单侧进风的冷却塔进风口宜面向夏季主导风向，双侧进风的冷却塔进风口宜平行夏季主导风向。

4）冷却塔的布置应减少湿热空气回流对冷却效果的影响。

5）应避免将冷却塔布置在有热源发生点的区域，以免导致其进风口的湿球温度上升。

6）宜采用焊接方式与水池顶板上的预埋铁固定。

7）应设置通向冷却塔顶部的检修爬梯或楼梯。

8）冷却塔应有可靠接地措施。

（2）喷淋水泵。如图 24-21 所示，喷淋水泵布置在阀冷却设备室泵坑内，水泵吸水端和吸水联箱面对喷淋缓冲水池。水泵正上方安装单轨吊，以方便喷淋水泵的安装起吊和搬运。喷淋水泵电动机端离坑壁至少应有 0.8m 以上的巡检通道，水泵之间的水平间距不宜小于 0.5m。喷淋水泵应有可靠接地措施。

图 24-21 泵坑内喷淋水泵布置

（3）其他设备。阀外冷却系统的水处理旁滤设备、补充水处理装置及加药装置，包括活性炭过滤器、反渗透装置、全自动软水装置、加药装置、旁滤设备、活性炭反洗装置、反渗透化学清洗装置等，均布置在阀冷却设备室，如图 24-22 所示。

设备布置应符合下列要求：

1）加药装置宜布置在阀冷却设备室 0m 层，旁滤设备宜布置在泵坑或地下室。

2）活性炭过滤器、反渗透装置、全自动软水装置应尽可能布置在阀冷却设备室 0m 层。

3）活性炭过滤器反洗装置、反渗透化学清洗装置由于维护、检修简单，当阀冷却设备室 0m 层面积紧张时，宜布置在地下室。

4）活性炭过滤器如图 24-15 所示，设备上部空间高度应满足设备的拆卸和操作要求。

5）反渗透装置如图 24-17 所示，其端部应预留反渗透膜的更换场地，具体要求应根据反渗透膜组件的长度确定。

6） 全自动软水装置的树脂再生需要盐溶液，为了减少运行人员加盐的频率，有条件时，宜设置地下混凝土盐池，盐池的容积以保证 3 个月的用量为宜。加盐口宜布置在室内，盐池应分设化盐池和盐液池。

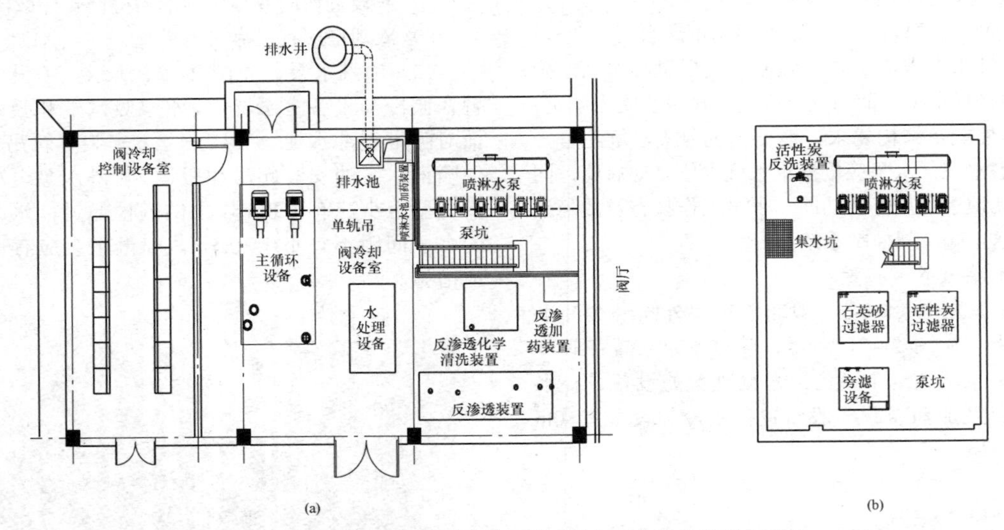

图 24-22　阀外冷却系统补水处理装置及加药装置等平面布置图

（a）0m 层布置图；（b）–4.00m 层布置图

7）阀外冷却设备的排水均应接至阀冷却设备室零米层的排水池（兼洗手池）内，通过水池排水管间接排至室外雨水检查井，以避免站内雨水倒灌进泵坑。

8）所有设备应有可靠接地措施。

（4）喷淋缓冲水池。喷淋缓冲水池的布置应符合下列要求：

1）水池应靠近阀冷却设备室泵坑，与泵坑之间的距离宜控制在 4.0m 之内。

2）当冷却塔布置在水池顶板上时，水池的长、宽尺寸应满足冷却塔的布置需求。

3）水池应为地下式，池顶一般高出室外地面 0.3～0.5m，喷淋缓冲水池及预埋管平面布置示意如图 24-23 所示。

4）水池应设有检修人孔及爬梯、通气管、溢流管等，水池底部应有 0.005 的坡度坡向集水坑。集水坑内宜设置泄水管通向排水检查井，当不能自流泄水时，可采用水泵抽排。溢流管宜布置在靠近雨水检查井的一侧。水池内壁宜贴瓷砖或涂刷杀菌防藻涂料。

5）为了便于巡视人员就地观察喷淋缓冲水池内的液位，水池宜设置浮球式液位计。

（5）水管布置。阀外冷却系统水管包括喷淋水管、水处理旁路水管、补水管及排水管。阀外冷却系统水管布置应符合下列要求：

1）从阀冷却设备室通向冷却塔的内冷却水管和喷淋水管，宜布置在同一管架内，室外架空敷设的水管支架之间的间距应满足国家有关标准的要求。

2）水管穿越水池壁和阀冷却设备室外墙处应预埋套管。

3）阀冷却设备室内阀外冷却系统水管的布置要求同阀内冷却水管。

4）各种金属水管应有可靠接地措施。

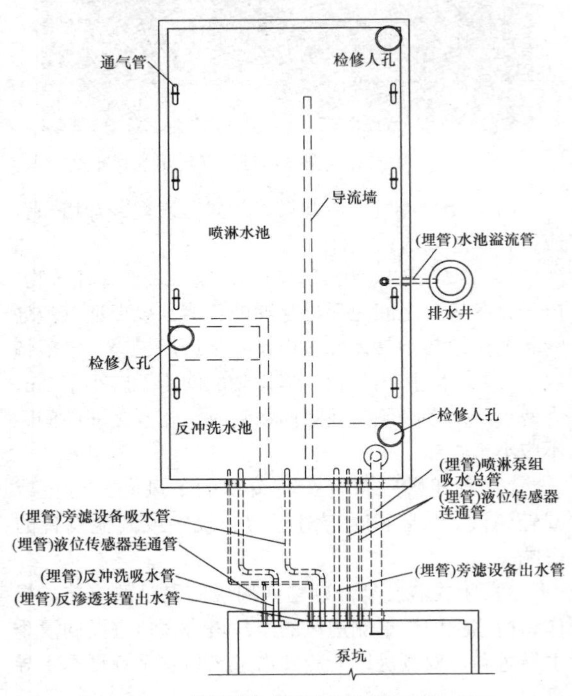

图 24-23　喷淋缓冲水池及预埋管平面布置图

二、空气冷却型

空气冷却型阀外冷却系统的一般性选用原则如下：

（1）站址附近水资源匮乏且取水困难。

（2）站址夏季月平均气温较低，进阀水温与室外极端最高气温的温差高于5℃（考虑周边热岛效应）。

1. 系统构成

空气冷却型阀外冷却系统设备只有空气冷却器（简称空冷器），每套阀外冷却系统由一组空气冷却器组成。空气冷却型阀外冷却系统流程图如图24-24所示。

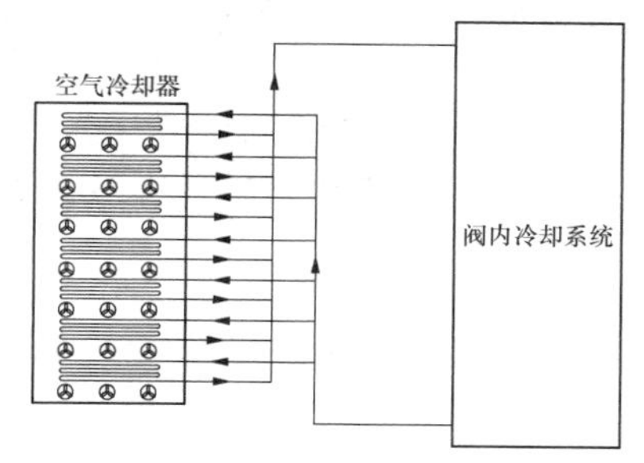

图24-24 空气冷却型阀外冷却系统流程图

吸收换流阀热量升温后的内冷却水进入室外空气冷却器，空气冷却器配置的风机驱动室外大气冲刷换热管束外表面，使换热盘管内的内冷却水得以冷却，降温后的内冷却水再返回至换流阀。

空气冷却器所配置的风机包括工频风机和变频风机两部分，通过调节投入运行的工频风机台数和变频风机的转速，实现对空气冷却器出水温度（换流阀进水温度）的控制。

2. 设计原则

空气冷却型阀外冷却系统设计原则如下：

（1）计算空气冷却器传热量的大气干球温度应取当地极端最高干球温度，并应考虑热岛效应对散热的影响，可采取现场实测和模拟试验的方法确定提高的幅度。在缺乏数据的情况下，宜按3℃考虑。

（2）空气冷却器换热管束数量按N（最不利情况所需）+1确定，且换热面积冗余应不小于20%（考虑污垢修正后）。

（3）空气冷却器变频调速风机的数量应不少于风机总数的25%。

（4）空气冷却器应设置进水和出水联箱，且每片（组）换热管束的进、出水口与联箱间应采用柔性连接。应采取措施保证各片（组）之间水量均衡分配。

（5）空气冷却器的噪声及振动传播至周围环境的噪声级和振动级应符合国家现行有关标准的规定，如达不到要求，应采取隔声和隔振措施。

（6）寒冷和严寒地区，系统停运后应采取防止空气冷却器内存水结冰的措施，必要时应设置防冻保温棚。

3. 设计计算

空气冷却器的技术参数，由空气冷却器制造厂根据室外气温、换流阀散热量、内冷却水流量、进阀水温、出阀水温等原始数据，利用空气冷却器选型软件完成计算和确定。

4. 设备选型及要求

（1）型式。空气冷却器是由带翅片的换热管束、工频和变频调速风机及电机、构架、百叶窗及检修平台等构成的整体换热设备。空气冷却器基本结构如图24-25所示。

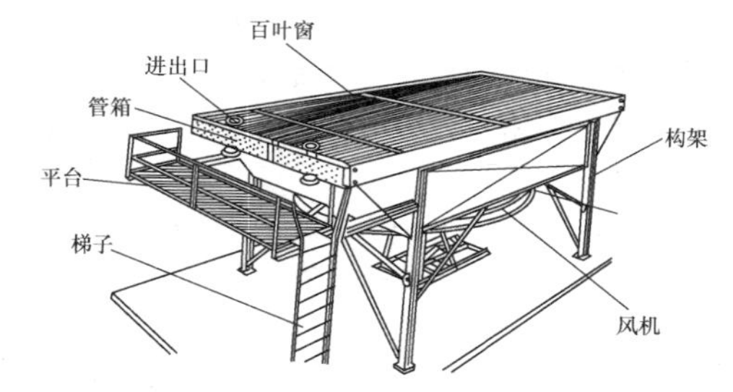

图24-25 空气冷却器基本结构图

空气冷却器按照管束布置方式分为水平式、斜顶式和立式（见图24-26），按照冷却方式分为干式和湿式，按照通风方式分为鼓风式和引风式（见图24-27和图24-28）。

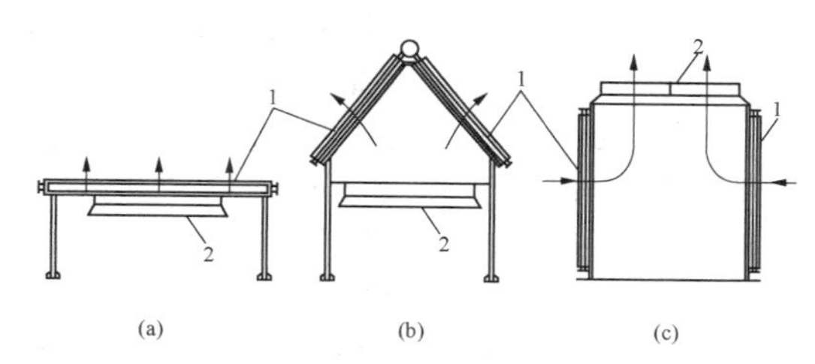

图24-26 空气冷却器的结构图
（a）水平式；（b）斜顶式；（c）立式
1—管束；2—风机

图24-27 鼓风式空气冷却器

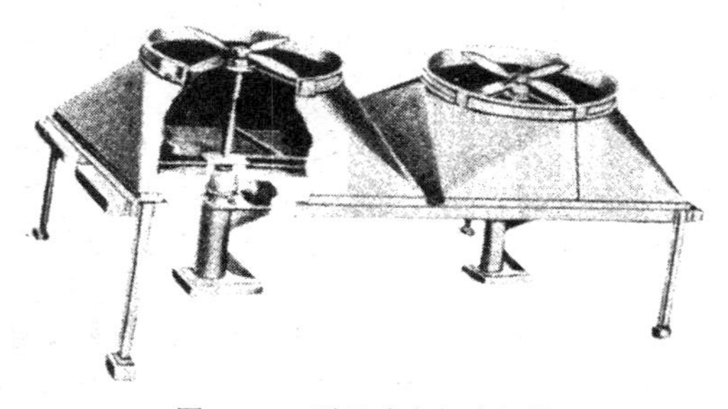

图24-28 引风式空气冷却器

采用鼓风式还是采用引风式应根据使用条件通过技术经济比较后确定。

（2）技术参数确定。空气冷却器的技术参数，由空气冷却器制造厂根据室外气温、换流阀散热量、内冷却水流量、进阀水温、出阀水温等原始数据，利用空气冷却器选型软件完成计算和确定。

（3）性能及结构要求。

1）空气冷却器宜采用干式，结构宜为水平鼓风式或引风式，换热管束应采用 AISI 304L 及以上等级不锈钢翅片管，密封材料不得使用含石棉、石墨、铜等影响水质的材质。

2）构架设计时应考虑的载荷包括设计压力、重力载荷、地震载荷、风载荷、雪载荷、偏心载荷、局部载荷、冲击载荷、温差应力和其他机械载荷。设备的各项载荷应考虑在安装、水压试验及正常工作状态下可能出现的最不利的载荷组合。

3）换热管束设计压力应不小于 1.6MPa，管束应设置一定的坡度，管程最低处应配置泄空阀。

4）风机应采用高效低噪声风机，风机叶片宜采用高强度铝合金材质，轮毂及风筒等宜采用钢制（Q235），风机与电动机宜采用皮带传动或直连传动形式，风机叶尖速度宜控制在 45m/s 以下。

5）风机电动机的防护等级应不低于 IP55，绝缘等级应不低于 F 级。

6）风机电动机轴承设计寿命不低于 131000h。

7）风机应设置就地检修开关。

8）构架应采用热浸锌型钢制作，巡视及检修用的楼梯和平台宜采用热镀锌碳钢制作。

9）鼓风式空气冷却器百叶窗应为手动调节型，叶片及框架应采用铝合金，转轴应采用耐腐蚀和耐磨材料。

10）管箱、管箱法兰、管板腐蚀裕量的最小值应不少于 3mm。

11）满负荷运行时，在距离设备外壳 1.5m 及地面上 1.0m 处测得的声功率级应不超过 105dB（A）。

5. 设备及管道布置

空气冷却器布置在室外地面，与阀冷却设备室共有 2 根内冷却水管相连。

（1）空气冷却器布置。空气冷却器占地面积较大，如图 24-29 所示，其布置应符合下列要求：

1）空气冷却器四周一定范围内应无建筑物、围墙、电气设备和杆件等障碍物遮挡，以保证气流通畅和便于散热，具体间距要求由空气冷却器制造厂提出。

2）空气冷却器宜布置在夏季主导风向的下侧，且应远离发热源（如换流变压器的散热器、室外空调设备等），以避免热岛效应的产生。

图 24-29　空气冷却器布置

3）为了节省内冷却水管长度，空气冷却器宜靠近阀冷却设备室布置，且不宜布置在控制楼主入口侧。

4）空气冷却器应尽可能远离人员工作和休息区布置，其噪声和振动的频率特性及传播方式通过计算确定，对于受影响区域，不满足规范要求时，应采取降噪隔振措施。

5）空气冷却器布置不应影响换流变压器的搬运。

6）空气冷却器的支腿应放置在混凝土支墩上，支墩离地面高度要满足钢支架防腐要求。

7）从阀冷却控制设备室到空气冷却器电动机的电缆，室外部分宜敷设在电缆沟内。

8）空气冷却器及配套电动机应有可靠接地措施。

（2）水管布置。水管布置应符合下列要求：

1）当水管采用架空方式敷设时，水管支架型式应相同，水管与电气设备之间应满足带电距离的要求，且不影响地面交通和电气设备的安装、转运。

2）当水管采用地沟方式敷设时，地沟宜为明沟，并应避免与电缆沟、其他地下水管交叉，尽可能沿道路两边布置。穿道路处应设暗沟或套管，穿换流变压器搬运轨道或换流变压器运输广场的地沟宜采用可通行暗沟，不具备条件时可采用半通行暗沟或不通行暗沟。沟底应放坡和设置排水点，用于水管非正常泄漏或检修时的泄水。室外阀冷却水管采用暗沟敷设平面布置示意如图 24-30 所示。

3）水管及支架应有可靠的接地措施。

6. 室外设备防冻措施

在寒冷和严寒地区，空气冷却器冬季停运期间，可采取的防冻措施如下：

（1）对于 ETT 换流阀，在内冷却水中加入防冻液（乙二醇），乙二醇混合液的冰点温度应不低于当地极端最低气温；对于 LTT 换流阀，可在内冷却水管上设置电加热装置，同时主循环水泵不停运。

（2）在空气冷却器上覆盖保温帆布，室外水管外壁设置保温伴热带（电热丝加热）。

（3）在空气冷却器上换热管束以及室外水管的

最低点设置泄空阀，有条件时，可利用空气压缩机将压缩空气注入设备换热管束内，快速排尽管束内的存水。

（4）关闭空气冷却器顶部百叶窗以减少空气对流。

（5）为空气冷却器设置防冻保温棚，如图 24-31 所示。保温棚屋顶设电动天窗，四周墙体可拆卸或设置电动百叶窗、电动卷帘，在冬季停运或检修期间，屋顶电动天窗、电动百叶窗及电动卷帘均关闭。此外，保温棚内还可配置暖风机，维持棚内温度 5℃以上。

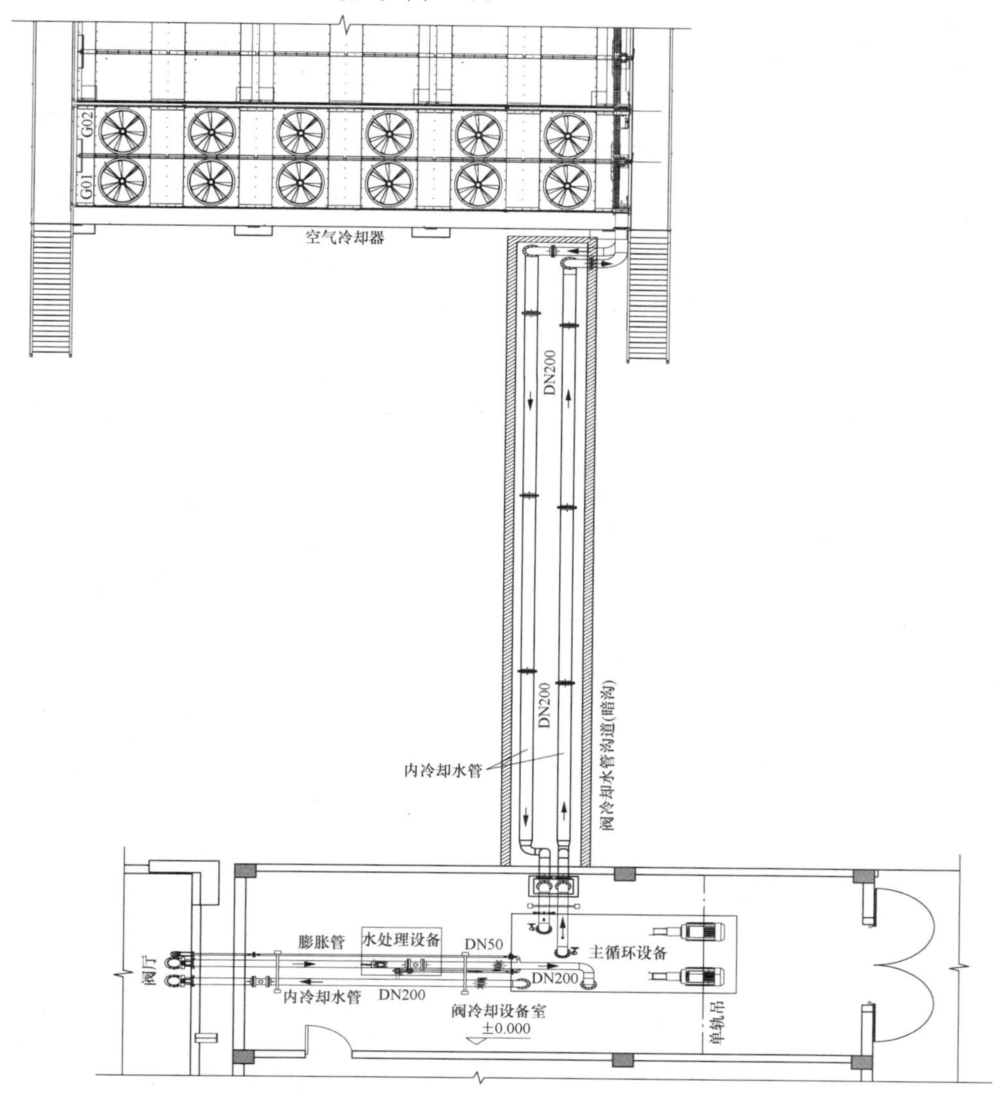

图 24-30　室外阀冷却水管暗沟敷设平面布置图

图 24-31　空气冷却器保温棚

三、空气–水联合冷却型

空气–水联合冷却型阀外冷却系统的一般性选用原则如下：

（1）站址夏季短时气温较高（夏季极端最高气温高于 40℃，但总时长不超过 500h），进阀水温与室外极端最高气温的温差低于 5℃（考虑周边热岛效应）。

（2）其他条件满足采用空气冷却型冷却系统的要求。

1. 系统构成

空气–水联合冷却型阀外冷却系统由空气冷却型和水冷却型阀外冷却系统联合构成，主要设备包括空气冷却器、闭式蒸发型冷却塔、补水处理装置和加药装置等。

空气–水联合冷却型阀外冷却系统流程如图24-32所示。

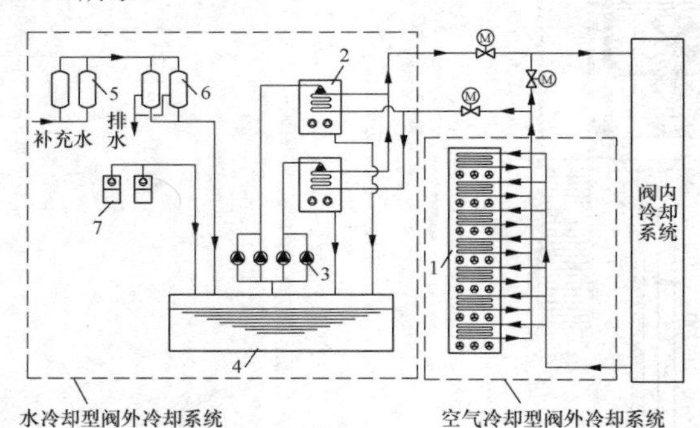

图24-32　空气–水联合冷却型阀外冷却系统流程图

1—空气冷却器；2—闭式蒸发型冷却塔；3—喷淋水泵；4—喷淋缓冲水池；5—全自动软水装置；6—反渗透装置；7—加药装置

当环境气温较低时，在换流阀内吸热后的高温内冷却水由主循环水泵驱动进入空气冷却器，经空气冷却器冷却降温后再返回换流阀，此时，空气冷却器承担100%热负荷。由于空气冷却器的散热能力随环境气温的上升而递减，当空气冷却器出水温度上升到临界设定值时，打开和关闭相应的电动阀门，经空气冷却器降温后的内冷却水将流入冷却塔，在冷却塔内二次降温后再进入换流阀，冷却塔承担超出空气冷却器冷却能力的热负荷；当环境气温下降，空气冷却器的出水温度满足换流阀对进水温度的要求时，冷却塔退出运行，仍由空气冷却器承担全部热负荷。

2. 一般要求

（1）空气冷却器和闭式蒸发型冷却塔所承担热负荷的分配比例应结合气象参数、设备投资、空气冷却器占地面积、冷却塔运行时间、耗水量等因素进行技术经济比较后确定。

（2）闭式蒸发型冷却塔应选用2台，按照2×100%容量配置，正常情况下，两台冷却塔降负荷同时运行，当其中1台冷却塔出现故障，且进、出水管阀门不关闭时，部分经过降温的低温冷却水与未经降温的高温冷却水混合，混合后的水温应不超过进阀水温报警值。

（3）喷淋补充水的水处理方案应根据补充水的水质、冷却塔运行时长、水处理设备投资、运行维护成本等因素，经综合比较后确定。由于冷却塔的年运行时间不长，喷淋水的总耗量也不大，水处理方案宜从简。

（4）空气冷却部分其他设计要点见本节空气冷却型阀外冷却系统。

（5）水冷却部分其他设计要点见本节水冷却型阀外冷却系统。

3. 其他

空气冷却器和水冷却部分设计计算、设备选型及要求、设备及管道布置均见本章空气冷却型阀外冷却系统和水冷却型阀外冷却系统。

第二十五章

噪声控制

第一节　噪声控制标准

换流站噪声控制应使站界、周围敏感点和各类工作场所噪声满足国家和地方环境保护有关批文要求：站界噪声符合GB 12348《工业企业厂界环境噪声排放标准》的规定；周围敏感点噪声符合GB 3096《声环境质量标准》的规定；各类工作场所噪声符合GB/T 50087《工业企业噪声控制设计规范》的规定。

一、环境噪声控制标准

GB 3096是为了防治噪声污染，保障城乡居民正常生活、工作和学习的声环境质量而制定的，它是换流站周围环境噪声控制标准的依据。

1. 声环境功能区分类

按换流站站址所在区域的使用功能特点和环境质量要求，声环境功能区分为以下五种类型：

（1）0类声环境功能区：指康复疗养区等特别需要安静的区域。

（2）1类声环境功能区：指以居民住宅、医疗卫生、文化教育、科研设计、行政办公为主要功能，需要保持安静的区域。

（3）2类声环境功能区：指以商业金融、集市贸易为主要功能，或者居住、商业、工业混杂，需要维护住宅安静的区域。

（4）3类声环境功能区：指以工业生产、仓储物流为主要功能，需要防止工业噪声对周围环境产生严重影响的区域。

（5）4类声环境功能区：指交通干线两侧一定距离之内，需要防止交通噪声对周围环境产生严重影响的区域，包括4a类和4b类两种类型。4a类为高速公路、一级公路、二级公路、城市快速路、城市主干路、城市次干路、城市轨道交通（地面段）、内河航道两侧区域；4b类为铁路干线两侧区域。

2. 声环境功能区划分

（1）城市声环境功能区的划分。城市区域应按照GB/T 15190《声环境功能区划分技术规范》的规定划分声环境功能区，分别执行该标准规定的0、1、2、3、4类声环境区环境噪声限值。

（2）乡村声环境功能的确定。乡村区域一般不划分声环境功能区，根据环境管理的需要，县级以上人民政府环境保护行政主管部门可按以下要求确定乡村区域适用的声环境质量要求：

1）位于乡村的康复疗养区执行0类声环境功能区要求。

2）村庄原则上执行1类声环境功能区要求，工业活动较多的村庄以及有交通干线经过的村庄（指执行4类声环境功能区要求以外的地区），可局部或全部执行2类声环境功能区要求。

3）集镇执行2类声环境功能区要求。

4）独立于村庄、集镇之外的工业、仓储集中区执行3类声环境功能区要求。

5）位于交通干线两侧一定距离（参考GB/T 15190）内的噪声敏感建筑物执行4类声环境功能区要求。

3. 环境噪声限值

换流站环境噪声应采用噪声敏感目标所受的噪声贡献值与背景噪声值按能量叠加后的预测值，各类声环境功能区的环境噪声等效声级L_{eq}限值应按表25-1规定确定。

表25-1　各类声环境功能区的环境噪声等效声级L_{eq}限值

声环境功能区类别		L_{eq}限值［dB（A）］	
		昼间	夜间
0类		50	40
1类		55	45
2类		60	50
3类		65	55
4类	4a类	70	55
	4b类	70	60

二、站界噪声控制标准

GB 12348 是为贯彻《中华人民共和国环境保护法》和《中华人民共和国环境噪声污染防治法》、防治工业企业噪声污染、改善声环境质量而制定的，是换流站站界噪声控制标准的依据。

新建工程站界噪声应采用噪声贡献值，改、扩建工程应采用噪声贡献值与受到已建工程影响的站界噪声值按能量叠加后的预测值。换流站站界环境噪声等效声级 L_{eq} 限值应按表 25-2 规定确定。

表 25-2　换流站站界环境噪声等效声级 L_{eq} 限值

站界声环境功能区类别	L_{eq} 限值［dB（A）］	
	昼间	夜间
0 类	50	40
1 类	55	45
2 类	60	50
3 类	65	55
4 类	70	55

三、工作场所噪声控制标准

换流站各类工作场所噪声等效声级限值 L_{eq} 应按表 25-3 规定确定。

表 25-3　换流站各类工作场所噪声等效声级 L_{eq} 限值

工作场所	噪声限值［dB（A）］
阀厅内、换流变压器隔声罩、交流滤波器场围栏内等生产和作业的工作地点	90
其他生产和作业的工作地点	85
生产场所的值班室、休息室室内背景噪声等效声级	70
主控制室、通信室、计算机室、办公室、会议室、设计室、实验室室内背景噪声等效声级	60
值班宿舍室室内背景噪声等效声级	55

注　室内背景噪声等效声级指室外传入室内的噪声等效声级。

第二节　设备噪声源及声学特性

一、主要设备噪声源

换流站主要设备噪声源有换流变压器、电抗器、电容器、闭式蒸发式阀冷却塔、空气冷却器等。

1. 换流变压器

（1）换流变压器是高压直流换流站单台设备中声功率最高的设备。换流变压器噪声产生的主要原因如下：①换流变压器铁芯在磁通作用下产生磁致伸缩引起的振动噪声；②换流变压器绕组在电磁力的作用下产生的振动噪声；③换流变压器冷却器中的冷却风扇和油泵运行时产生的振动噪声。

（2）换流变压器噪声特性如下：①换流变压器铁芯磁致伸缩产生的振动噪声频率主要是 100Hz 基频及其倍频；②换流变压器绕组的振动噪声水平主要与负荷电流和漏磁场等因素有关，其中负荷电流应同时考虑基波电流和谐波电流；③换流变压器冷却器噪声以中高频噪声为主，噪声水平主要与冷却器和油泵的选型等因素有关。

图 25-1 所示为某换流站换流变压器噪声频谱。图 25-2 所示为某换流站换流变压器冷却风扇噪声频谱。

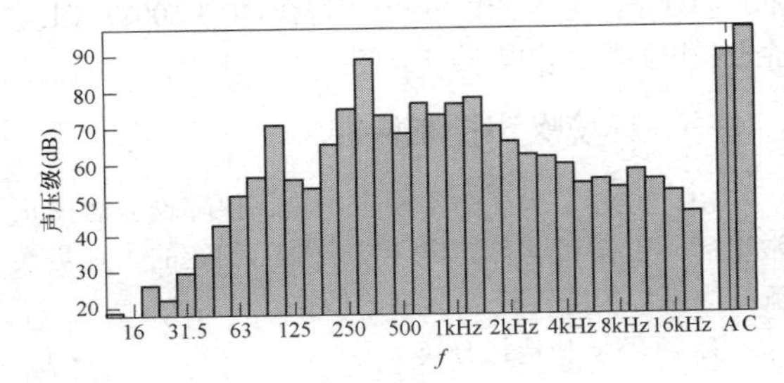

图 25-1　某换流站换流变压器噪声频谱

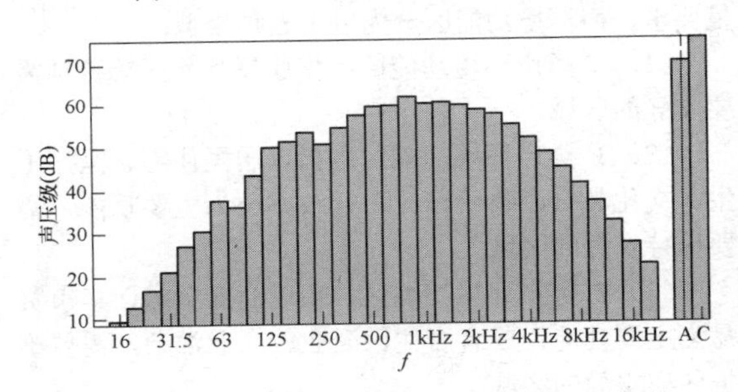

图 25-2　某换流站换流变压器冷却风扇噪声频谱

2. 电抗器

换流站中电抗器设备主要分为以下几类：①平波电抗器，采用油浸式铁芯或干式空心；②交/直流滤波器电抗器，一般采用干式空心；③电力线载波滤波器电抗器，一般采用干式空心；④无线电干扰滤波器电抗器，一般采用干式空心；⑤高压并联电抗器，一般采用油浸式铁芯；⑥低压并联电抗器，一般采用干式空心。

在换流站电抗器设备噪声源中，应重点关注平波电抗器、交/直流滤波器电抗器和高压并联电抗器噪声对换流站总声级的影响。

（1）对于油浸式平波电抗器和高压并联电抗器，其噪声主要是铁芯间隙材料伸缩而产生的铁芯振动引起，其他噪声与换流变压器的发声机理相似。

（2）对于各类干式空心电抗器，其噪声主要由绕组在电磁力的作用下产生的振动引起，噪声水平主要与电流和结构设计有关。

考虑电抗器的声学性能时：平波电抗器绕组电流应同时考虑直流电流和谐波电流；交流滤波器电抗器绕组电流应同时考虑基波电流和谐波电流；直流滤波器电抗器绕组电流应考虑谐波电流；并联电抗器绕组电流主要考虑基波电流，谐波电流可忽略不计。

图25-3所示为某换流站油浸式平波电抗器噪声频谱。图25-4所示为某换流站交流滤波电抗器噪声频谱。

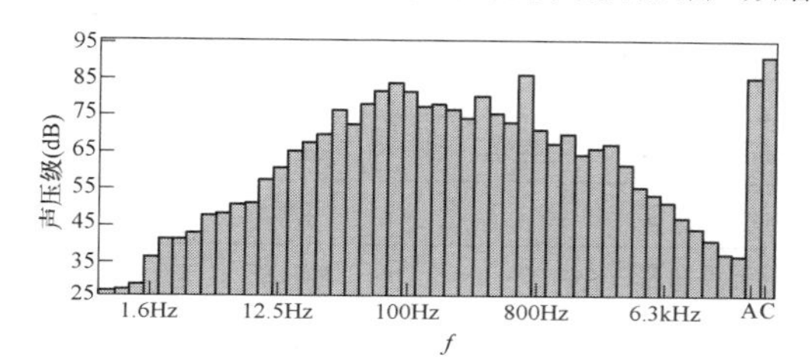

图25-3　某换流站油浸式平波电抗器噪声频谱

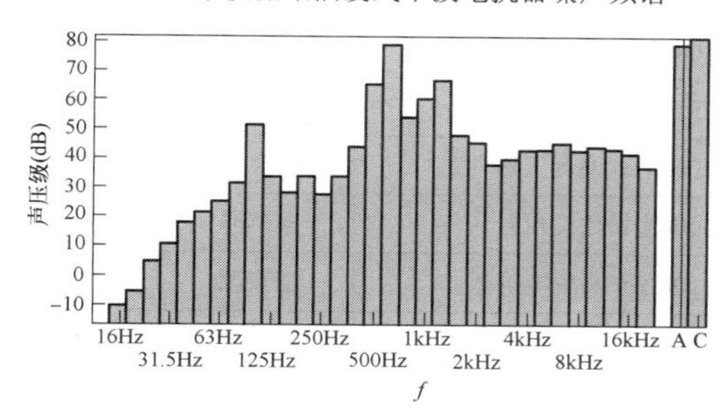

图25-4　某换流站交流滤波电抗器噪声频谱

3. 电容器

换流站中电容器设备主要分为以下几类：①交/直流滤波器电容器，一般采用壳式；②电力线载波滤波器电容器，一般采用壳式；③无线电干扰滤波器电容器，一般采用瓷套式。

在换流站电容器设备噪声源中，应重点关注交/直流滤波器电容器噪声对换流站总声级的影响。电容器噪声主要是由电容器单元介质内电极间的电场力及电磁力产生的元件振动引起，其中电磁力产生的振动噪声较小，可忽略不计。

电容器塔的声功率级可按所有电容器单元作为独立的声源相加确定，计算公式为

$$L_{w}^{stack}=L_{w}^{unit}+10\lg N \tag{25-1}$$

式中　L_{w}^{stack}——单个电容器塔的声功率级，dB（A）；

L_{w}^{unit}——单个电容器单元的声功率级，dB（A）；

N——电容器单元数量。

交/直流滤波器电容器噪声水平主要由下列因素决定：①电容器基波电压和谐波电压；②电容器单元和电容器塔的结构设计；③电容器单元数量。

图25-5所示为某换流站交流滤波电容器噪声频谱。

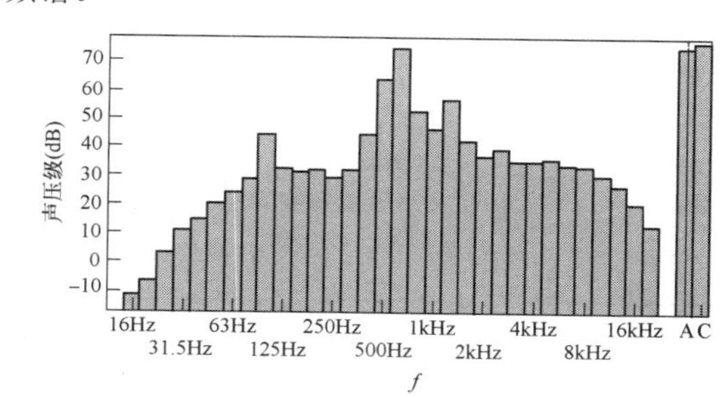

图25-5　某换流站交流滤波电容器噪声频谱

4. 空气冷却器噪声

（1）空气冷却器由管束、轴流通风机、构架三部分组成，其噪声主要由轴流通风机产生。

（2）空气冷却器轴流通风机主要包括空气动力性噪声、机械噪声和电磁噪声，其中空气动力性噪声的强度最大，电磁噪声强度最小。轴流风机噪声以中高频为主。

（3）轴流通风机噪声在最佳功率工况点的比A声压级L_{SA}不应大于35dB。轴流通风机噪声在测试工况点的比A声压级的计算公式为

$$L_{SA}=L_{A}-10\lg(Qp^{2})+19.8 \tag{25-2}$$

式中　L_{SA}——轴流通风机进气口（或出气口）的比A声压级，dB；

L_{A}——轴流通风机进气口（或出气口）的A声压级，dB（A）；

Q——轴流通风机测试工况点流量，m^3/min；

p——轴流通风机测试工况点压力，Pa。

5. 交流变压器噪声

交流变压器的噪声发声机理与换流变压器相似。交流变压器的噪声水平通常低于换流变压器，主要由以下两个因素决定：①交流变压器的谐波电流含量较低；②交流变压器的直流偏磁电流含量较低或无直流偏磁电流。

二、声功率级确定方法

确定换流站设备声功率的方法主要有三种：①计算；②测量，包括声压测量法（根据声音测量标准在声学测量室或户外完成）、声强测量法、振动测量法；③计算和测量相结合。确定设备声功率级的三种测量法见表25-4。

表 25-4　确定设备声功率级的三种方法

方法	所需设备	优点	缺点
声压测量法	声级计（配有FFT分析仪或实时滤波器）	（1）简单且快速； （2）低成本测量设备	（1）需要某种测量试验室或自由场条件； （2）对背景噪声和声音反射敏感
声强测量法	声强仪	（1）正确操作下最精确的方法； （2）不受持续的背景噪声的影响	（1）耗时较长； （2）需要两个传声器和专用软件，使用的设备比声压测量法昂贵
振动测量法	振动传感器或激光设备	通过简单扫描较快地得到声功率计算值	（1）由于辐射效率或平均振幅的不确定性，会产生较大误差； （2）需要昂贵的激光设备

三、典型声功率级值及频谱

当没有实测的设备噪声源声学特性参数时，主要设备噪声源的声源类型和 A 计权声功率级可按表 25-5 采用，主要设备噪声源倍频程中心频率的 A 计权声功率级可按表 25-6 采用。

表 25-5　主要设备噪声源的声源类型和 A 计权声功率级

噪声源	声源类型	A 计权声功率级［dB（A）］
换流变压器（±800kV 换流站）	面声源	120
换流变压器（±500kV 换流站和背靠背换流站）	面声源	115
油浸式平波电抗器（±500kV 换流站）	面声源	110
换流变压器冷却风扇	面声源	98
1000kV 交流滤波器电容器	线声源	88
1000kV 交流滤波器电抗器	点声源	88
750kV 交流滤波器电容器	线声源	87
750kV 交流滤波器电抗器	点声源	87
500kV 交流滤波器电容器	线声源	85
500kV 交流滤波器电抗器	点声源	85
直流滤波器高压电容器	线声源	80
直流滤波器电抗器	点声源	80
空气冷却器（空冷）	面声源	100
闭式蒸发式阀冷却塔（水冷）	面声源	95
极性母线平波电抗器（干式空心）	点声源	92
1000kV 主变压器	面声源	102
750kV 联络变压器	面声源	100
500kV 联络变压器	面声源	98
500kV 站用变压器	面声源	93
320Mvar 高压电抗器	面声源	104
280Mvar 高压电抗器	面声源	102
240Mvar 高压电抗器	面声源	101
200Mvar 高压电抗器	面声源	98

表 25-6　主要设备噪声源倍频程中心频率的 A 计权声功率级

设备名称	倍频程中心频率的 A 计权声功率级［dB（A）］								总的 A 计权声功率级［dB（A）］
	63	125	250	500	1000	2000	4000	8000	
换流变压器（±800kV 换流站）	81	101	105	120	102	99	94	84	120
换流变压器（±500kV 换流站和背靠背换流站）	76	96	100	115	97	94	89	79	115
油浸式平波电抗器（±500kV 换流站）	87	102	98	103	106	102	95	82	110
1000kV 交流滤波器电容器	53	63	61	88	74	66	57	44	88
1000kV 交流滤波器电抗器	67	74	82	84	81	79	55	47	88
750kV 交流滤波器电容器	52	62	60	87	73	65	56	43	87
750kV 交流滤波器电抗器	66	73	81	83	80	78	54	46	87
500kV 交流滤波器电容器	50	60	58	85	71	63	54	41	85
500kV 交流滤波器电抗器	64	71	79	81	78	76	52	44	85

续表

设备名称	倍频程中心频率的 A 计权声功率级［dB（A）］								总的 A 计权声功率级［dB（A）］
	63	125	250	500	1000	2000	4000	8000	
直流滤波器高压电容器	29	40	40	77	75	71	65	55	80
直流滤波器电抗器	60	75	67	76	73	70	45	40	80
换流变压器冷却风扇	77	80	86	90	93	93	88	80	98
空气冷却器（空冷）	66	74	83	92	95	94	93	87	100
闭式蒸发式阀冷却塔（水冷）	90	89	90	84	76	73	70	67	95
极性母线平波电抗器（干式空心）	58	68	72	92	77	75	65	52	92
1000kV 主变压器	71	102	79	92	79	73	70	63	102
750kV 联络变压器	69	100	78	90	77	71	68	61	100
500kV 联络变压器	67	98	76	88	75	69	66	59	98
500kV 站用变压器	61	92	76	82	76	63	60	54	93
320Mvar 高压电抗器	80	101	95	98	94	90	82	67	104
280Mvar 高压电抗器	78	99	93	96	92	88	80	65	102
240Mvar 高压电抗器	77	98	92	95	91	87	79	64	101
200Mvar 高压电抗器	74	95	89	92	88	84	76	61	98

第三节　噪　声　预　测

换流站噪声预测的基本思路就是在确定的设备声源源强基础上，计算出声波传播途径中的各种衰减和对各种影响因素的修正后，预测出到达预测点上的声波强度，这是建立噪声预测基本模型的基础。

一、预测模型

换流站噪声预测模型应包括地形模型、建（构）筑物模型、设备噪声源模型。

1. 地形模型

根据换流站竖向布置和站外地形图，可采用 AutoCAD Civil 3D、鸿业等软件建立换流站整平后的三维数字地形模型，可以通过原始测量点数据、现有等高线图形、DEM 文件、LandXML 格式文件等任意一种源数据，也可以混合使用多种源数据生成曲面，建立三维数字地形模型（三维数字地形模型应包括换流站竖向布置、挖填方边坡、站址周围等高线等信息），然后将生成的三维数字地形模型导入到噪声预测软件中即可。某换流站整平后的地形模型如图 25-6 所示。

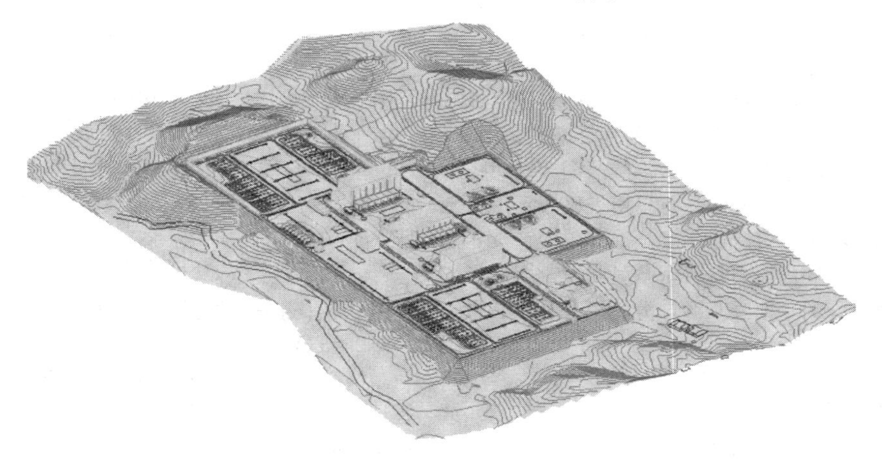

图 25-6　某换流站整平后的地形模型

2. 建（构）筑物模型

换流站噪声预测时需要建立的建（构）筑物模型有阀厅、控制楼、继电器室、综合楼、综合水泵房、检修备品库、警传室、防火墙、围墙和声屏障等建(构)筑物，构架和设备支架可以忽略不计。

建（构）筑物模型应包括几何尺寸、反射损失、吸声系数等参数。建（构）筑物不同表面的反射损失和吸声系数可按表 25-7 取值。

表 25-7　建（构）筑物不同表面的反射损失和吸声系数值

建筑物表面类型	反射损失（dB）	吸声系数
光滑的表面	1	0.21
带阳台的面和粗糙的表面	2	0.37
吸声墙	4	0.6
高吸声墙	8～11	0.84～0.92

防火墙、围墙、声屏障可简化为具有一定高度的薄屏障，建筑物、土堤可简化为具有一定高度的厚屏障。屏障应包含几何尺寸、吸声系数或反射损失等参数。

3. 噪声源模型

设备噪声源主要参数应包括声源几何尺寸、声源类型、声功率级、倍频程频谱或 1/3 倍频程频谱。根据设备噪声源特性及预测点与声源之间的距离等情况，声源可简化为点声源、线声源、面声源。当没有实测的设备噪声源声学特性参数时，设备噪声源类型、声功率级等可按表 25-5 和表 25-6 的规定取值。

二、预测内容

换流站噪声预测按以下工作内容分别进行预测，给出相应的预测结果。

（1）站界噪声预测。预测站界噪声贡献值，给出站界噪声贡献值的最大值及位置。

（2）敏感目标噪声预测。预测敏感目标预测值、敏感目标所受噪声的影响程度，确定噪声影响的范围。

（3）绘制等声级线图。绘出等声级线图，说明噪声超标的范围和程度。必要时，可采用表格表示厂界贡献值和敏感目标预测值。

（4）根据厂界和敏感目标受影响的状况，明确影响厂界和敏感目标的主要噪声源，分析厂界和敏感目标的超标原因。

三、预测方法

噪声预测方法大致上有物理学和几何声学法、实验室缩尺模型法、计算机模拟法等。换流站噪声预测通常采用计算机模拟法，目前普遍采用的噪声软件包括德国的 SoundPLAN、Cadna/A、IMMI、LIMA 和法国的 Mithra、英国的 Noisemap 等。下面主要介绍物理学和几何声学法。

（一）预测步骤

（1）建立坐标系，确定各声源坐标和预测点坐标，并根据声源性质以及预测点与声源之间的距离等情况，把声源简化成点声源或线声源、面声源。

（2）根据已获得的声源源强的数据和各声源到预测点的声波传播条件资料，计算出噪声从各声源传播到预测点的声衰减量，由此计算出各声源单独作用在预测点时产生的 A 声级或等效连续 A 声级。

（3）声级和传播衰减的计算应符合 HJ 2.4《环境影响评价技术导则 声环境》中的有关规定。

（二）声传播衰减计算

1. 基本公式

换流站噪声传播衰减包括几何发散 A_{div}、大气吸收 A_{atm}、地面效应 A_{gr}、屏障屏蔽 A_{bar}、其他多方面效应 A_{misc} 引起的衰减。

（1）在环境影响评价中，应根据声源声功率级或靠近声源某一参考位置处的已知声级（如实测得到的）、户外声传播衰减，计算距离声源较远处的预测点的声级。在已知距离无指向性点声源参考点 r_0 处的倍频带（用 63～8000Hz 的 8 个标称倍频带中心频率）声压级 $L_p(r_0)$ 和计算出参考点 (r_0) 和预测点 (r) 处之间的户外声传播衰减后，预测点 8 个倍频带声压级 $[L_p(r)]$ 按式（25-3）计算

$$L_p(r)=L_p(r_0)-(A_{div}+A_{atm}+A_{gr}+A_{bar}+A_{misc}) \tag{25-3}$$

（2）预测点的 A 声级 $L_A(r)$ 按式（25-4）计算，即将 8 个倍频带声压级合成，计算出预测点的 A 声级 $L_A(r)$。

$$L_A(r)=10\lg\left(\sum_{i=1}^{8}10^{0.1[L_{pi}(r)-\Delta L_i]}\right) \tag{25-4}$$

式中　$L_A(r)$ ——预测点 (r) 处的 A 声级，dB（A）；

$L_{pi}(r)$ ——预测点 (r) 处，第 i 倍频带声压级，dB；

ΔL_i ——第 i 倍频带 A 计权网络修正值，dB。

（3）在只考虑几何发散衰减时，可按式（25-5）计算

$$L_A(r)=L_A(r_0)-A_{div} \tag{25-5}$$

式中　$L_A(r_0)$ ——预测点 (r_0) 处的 A 声级，dB（A）。

2. 衰减计算

（1）点声源的几何发散衰减可按无指向性声源进行计算，并考虑反射体修正；线声源的几何发散衰减可按有限长线声源进行计算；面声源的几何发散衰减可按无数点声源能量叠加法计算。

（2）大气吸收引起的衰减计算。大气吸收引起的衰减按式（25-6）计算

$$A_{atm}=\frac{\alpha(r-r_0)}{1000} \quad (25\text{-}6)$$

式中 A_{atm}——大气吸收衰减，dB；

α——大气吸收衰减系数，预测中可根据站址所在区域常年平均气温和相对湿度按表25-8选择相应的大气吸收衰减系数，dB/km；

r——预测点到声源的距离，m；

r_0——参考点到声源的距离，m。

表 25-8 倍频带噪声的大气吸收衰减系数 α

温度（℃）	相对湿度（%）	大气吸收衰减系数 α（dB/km）							
		倍频带中心频率（Hz）							
		63	125	250	500	1000	2000	4000	8000
10	70	0.1	0.4	1.0	1.9	3.7	9.7	32.8	117.0
20	70	0.1	0.3	1.1	2.8	5.0	9.0	22.9	76.6
30	70	0.1	0.3	1.0	3.1	7.4	12.7	23.1	59.3
15	20	0.3	0.6	1.2	2.7	8.2	28.2	28.8	202.0
15	50	0.1	0.5	1.2	2.2	4.2	10.8	36.2	129.0
15	80	0.1	0.3	1.1	2.4	4.1	8.3	23.7	82.8

（3）地面效应衰减与声源区域和接收区域地面类型有关。地面类型可分为以下 3 类：①坚实地面，包括铺筑过的路面、水面、冰面，以及夯实地面；②疏松地面，包括被草或其他植被覆盖的地面，以及农田等适合于植物生长的地面；③混合地面，由坚实地面和疏松地面组成。

（4）在任何频带上，屏障衰减计算应符合下列规定：①薄屏障衰减按单绕射计算，衰减最大取 20dB；②厚屏障衰减按双绕射计算，衰减最大取 25dB；③计算屏障衰减后，不再考虑地面效应衰减。

（5）绿化林带噪声衰减计算与树种、林带结构和密度等因素有关。在声源附近的绿化林带，或在预测点附近的绿化林带，或两者均有的情况下都可以使声波衰减，见图 25-7。

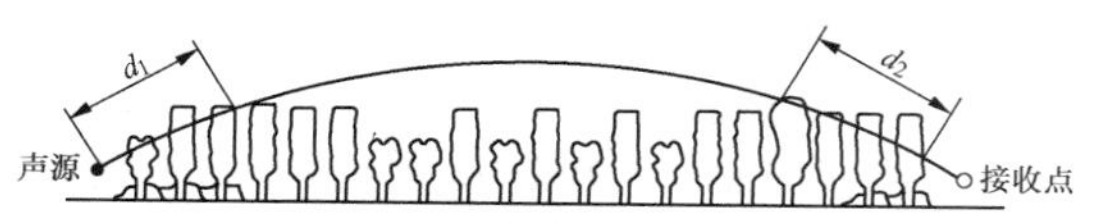

图 25-7 通过树和灌木时噪声衰减示意图

通过树叶传播造成的噪声衰减随通过树叶传播距离 d_f 的增长而增加，其中 $d_f=d_1+d_2$，为计算 d_1 和 d_2，可假设噪声传播弯曲路径的半径为 5km。

倍频带噪声通过密叶传播时产生的衰减见表 25-9。当通过密叶的路径长度大于 200m 时，可使用 200m 的衰减值。

表 25-9 倍频带噪声通过密叶传播时产生的衰减

项目	传播距离 d_f（m）	倍频带中心频率（Hz）							
		63	125	250	500	1000	2000	4000	8000
衰减量（dB）	$10\leqslant d_f<20$	0	0	1	1	1	1	2	3
衰减系数（dB/m）	$20\leqslant d_f<200$	0.02	0.03	0.04	0.05	0.06	0.08	0.09	0.12

（6）其他多方面引起的衰减主要包括通过工业场所的传播衰减、通过房屋群区的传播衰减。在噪声预测中，可不考虑自然条件（如风、温度梯度、雾）变化引起的附加修正。

第四节 噪 声 控 制 措 施

换流站噪声控制设计时要遵循的主要原则如下：①新建和改、扩建换流站的噪声控制设计应与工程设计同步进行；②噪声控制应从设备噪声源、噪声传播途径、噪声接收者的防护等方面采取控制措施；③噪声控制设计，应对站址周围环境、设备噪声源、降噪效果及其经济性进行综合分析，在满足工艺要求的前提下，积极慎重地采用新技术、新设备和新材料。

一、噪声源控制

控制噪声源是降低环境噪声的最根本和最有效的方法。它是通过研制和选择低噪声的设备（如采取改进设备构造、提高加工工艺和加工精度等方法生产的低噪声设备），使发声体的噪声功率降低。

1. 换流变压器、油浸式平波电抗器和高压并联电抗器

从设备本体噪声控制角度来说，降低换流变压器、油浸式平波电抗器和高压并联电抗器设备噪声的措施有：

（1）铁芯优化设计：①采用合适的磁通密度；②选择高磁导率和低磁致伸缩的铁芯材料；③采用合理接缝技术的铁芯结构；④在铁芯硅钢片之间加橡胶薄膜；⑤合理控制铁芯的绑扎力和夹件的夹紧力；⑥对于油浸式电抗器，采用硬度高的铁芯间隙材料。

（2）油箱噪声控制措施：①在铁芯垫脚与油箱接触的部位增加减振胶垫；②在油箱外壁的槽型加强铁

内填充干燥的细沙，或在加强铁之间加装隔声板。

（3）绕组噪声控制措施：①在绕组端部加装磁屏蔽；②应用先进的绕组设计减小阻抗制造公差。

（4）冷却器噪声控制措施是采用低噪声的风扇和油泵。

根据现有的经验可知，换流变压器、油浸式平波电抗器和高压并联电抗器本体的降噪措施随着降噪效果的增加其制造成本急剧上升，并且其声功率值降低程度非常有限，因此即使对其投入大量的降噪措施，其噪声水平仍然较高。

2. 干式空心电抗器

干式空心电抗器可采用下列降噪措施：①各层导线均采用环氧玻璃纱进行包封，降低振动幅度；②优化电抗器结构和重量，使设备的自振频率偏离主要的振动频率；③绕组周围设置装设吸声材料的玻璃纤维隔声罩。

目前换流站干式空心电抗器通常的降噪方法是在电抗器周围加隔声罩，隔声罩的设计必须和干式空心电抗器的设计相结合，需满足设备通风散热和电气净距的要求。干式空心电抗器隔声罩最大降噪的典型值为：顶部和底部隔声板，5dB（A）；周围加装圆筒式隔声罩，10dB（A）；加装完整声罩，15dB（A）。

3. 电容器

降低电容器噪声的关键在于降低电容器表面的振动，通常采用的降噪措施包括：①适当降低电容器介质的工作场强；②增加电容器单元壳体的刚度；③提高电容芯子的压紧系数；④电容器单元内部安装隔声材料；⑤电容器单元与支撑构架之间安装减振垫。

由于电容器塔高度高，噪声辐射复杂，并有一定的方向性，因此需在换流站布置时对其位置和方向进行优化。目前换流站通常采用双塔结构电容器组，以降低声源的高度，有效地减小其噪声的传播范围。

4. 冷却风扇

目前低噪声风扇的设计技术已经成熟，而且很多技术对降低冷却风扇的噪声都是很有效的，包括：①采用大直径低转速轴流风扇；②采用消声器和空气挡板。

二、传播途径控制

由于声能量随着离开声源距离的增加而衰减，在噪声源确定的情况下，主要考虑尽量加大噪声源与噪声敏感点之间的距离或在噪声源与噪声敏感点之间增设吸隔声降噪设施。

（一）站址选择及总平面布置

1. 站址选择

在站址选择时，宜遵循下列原则：

（1）站址宜避开噪声敏感建筑物集中区域（如居民区、医疗区、文教区等）。

（2）由于声线弯折方向的不同，噪声沿顺风方向和逆风方向传播会有很大的差异。为使居住区受到的影响最小，站址宜位于城镇居民集中区的当地常年夏季最小频率风向的上风侧。

（3）由于建筑物室内噪声污染程度与建筑物的门窗开闭状况关系很大，夏季是受噪声干扰最严重的季节，站址宜位于周围主要噪声源的当地常年夏季最小频率风向的下风侧。

（4）站址应充分利用天然缓冲地域使噪声敏感区与高噪声设备隔开。天然缓冲地域是指站址附近在近期或远期都不会设置噪声敏感建筑物的天然隔离带，诸如沙石荒滩、宽阔水面、农田森林、山丘丘陵等。

2. 总平面布置

换流站总平面布置在满足工艺布置要求的前提下，宜遵循下列原则：

（1）主要设备噪声源宜相对集中，并宜远离站内外要求安静的区域。

（2）应充分利用阀厅、备品备件库、GIS 室等高大建筑物对噪声的隔离作用。

（3）主要设备噪声源宜低位布置，以缩小噪声传播距离。

（4）对于室内要求安静的建筑物，门窗不要面向噪声源，其排列应使建筑多数面积位于较安静的区域中，其高度的设计不宜使其暴露在许多强声源的直达声场中。

（二）换流变压器隔声罩

换流变压器隔声罩是用带有通风散热消声器的隔声室把换流变压器本体封闭起来，把冷却风扇放在隔声室外面，为了减小隔声室里的混响声，在隔声室里换流变压器两侧防火墙和阀厅侧防火墙上贴吸声体。隔声罩相比隔声屏障和消声屏障，可以有效地阻隔噪声向外传播，尤其是对低频噪声有很好的降噪效果。通过对已建换流变压器隔声罩进行噪声测试，其隔声罩内外声压级差为 20～25dB（A）。隔声罩是目前换流变压器采用最多的一种降噪措施。

目前国内已建和在建的换流变压器隔声罩发展经历了 2 个阶段：第一阶段为拆卸式隔声罩；第二阶段为移动式隔声罩。

1. 隔声罩结构

（1）可拆卸式隔声罩结构。可拆卸式隔声罩由 4 部分组成，具体细分为顶部固定部分、顶部可拆卸部分、前端固定部分、前端可拆卸部分。当换流变压器需要检修时，只需拆除可拆卸部分。可拆卸式隔声罩钢结构如图 25-8 所示，可拆卸式隔声罩设计效果如图 25-9 所示。

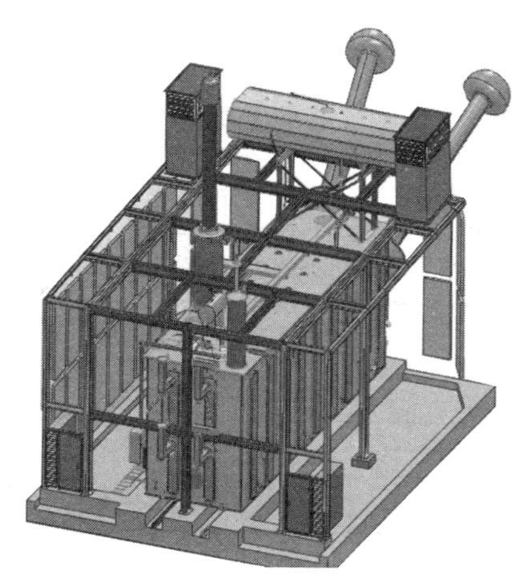

图 25-8 可拆卸式隔声罩钢结构图

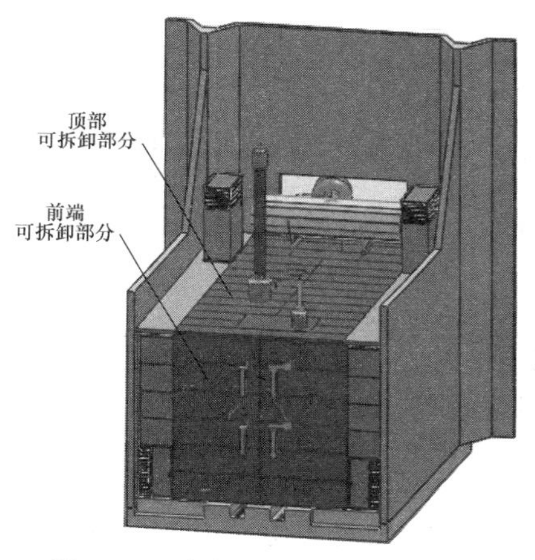

图 25-9 可拆卸式隔声罩设计效果图

（2）移动式隔声罩结构。移动式隔声罩的特点是一部分隔声罩钢结构固定在换流变压器上，它们可以随换流变压器整体一起移动。

移动式隔声罩由 4 部分组成，具体细分为顶部固定部分、顶部移动部分、前端固定部分、前端移动部分。顶部固定部分的隔声围护结构与换流变压器两侧防火墙连接，前端固定部分与换流变压器基础连接，在更换换流变压器时不用拆除；移动部分的隔声围护结构固定在换流变压器本体上，在更换换流变压器时此部分与换流变压器一同移出。

移动部分吸隔声板通过钢架与换流变压器本体连接在一起，当换流变压器运行时，其自身振动会通过支撑钢架向外传递，从而引起吸隔声板振动向外辐射噪声，导致隔声罩整体降噪效果下降。为防止出现这种固体传声现象，在吸隔声板与支撑钢架之间设置隔振器，以切断吸隔声板与换流变压器本体之间声桥，从而保证隔声罩的降噪效果。

2. 隔声罩防水处理

顶部隔声罩吸隔声板的防水处理有两种类型：①板与板拼接处、安装螺栓处等直接利用耐候密封胶进行防水处理；②顶部固定部分与防火墙的交接处采用泛水板进行防水处理。顶部固定部分与防火墙交接处防水处理详图如图 25-10 所示。

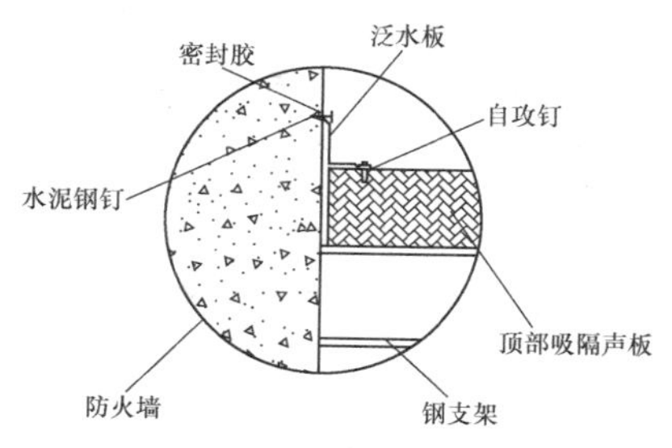

图 25-10 顶部固定部分与防火墙交接处防水处理详图

3. 隔声罩通风散热

换流变压器的损耗包括空载损耗和负载损耗，余热量近似为两者损耗之和。换流变压器的余热主要通过换流变压器的冷却器排出，但仍有一部分热量会通过换流变压器本身的壳体散发。采用隔声罩时，换流变压器本体置于密闭的隔声室内，壳体所散发的热量需要及时排至隔声罩外面。换流变压器隔声罩通风计算的重要参数是换流变压器的空载损耗和负载损耗，其通风量可按式（25-7）进行计算

$$q = \frac{Q}{0.28c\rho_{av}\Delta t} \tag{25-7}$$

$$\Delta t = t_{ex} - t_{in}$$

式中 q ——通风量，m^3/h；

Q ——换流变压器本体散热量，W；

c ——空气比热容，取 $c=1.01$kJ/（kg·℃）；

ρ_{av} ——进排风平均密度，kg/m^3；

Δt ——进排风温度差，不应超过 15℃，℃；

t_{in}、t_{ex} ——进、排风温度，t_{in} 可取当地通风室外计算温度，t_{ex} 宜不大于 45℃。

以某换流站±800kV 换流变压器为例，换流变压器单台容量 240MVA，损耗最大值为 700kW，本体余热量近似按 70kW 考虑，其他余热量由换流变压器散热器带走。室外通风计算温度 31℃，BOX-IN 内设计温度为 45℃，忽略 BOX-IN 由内到外的传热。由式（25-7）可以得出，通风量为 15370m³/h，即配置 2 台风量不小于 7685m³/h 的轴流风机一般可满足换流变压器 BOX-IN 的通风散热要求。

综上所述，为了保证换流变压器的安全运行，改善运行检修人员的工作环境，换流变压器隔声罩宜采用自然进风和机械排风的通风方案，进风通常布置在隔声罩内的 2 台消声器进入室内，排风通常布置在隔声罩顶部的 2 台轴流风机排至室外，每个排风管上应

安装消声器。

4. 隔声罩温度控制

每台轴流风机设有远程/就地切换开关：远程控制通过站内监控系统来实现，就地控制设有手动/自动控制，分别通过启停按钮和PLC控制单元来实现。

自动控制采用PLC单元，由隔声罩内的温度探头根据隔声罩内温度单独控制风机启停，隔声罩内温度达到40℃启动第1台风机，隔声罩内温度达到45℃启动第2台风机，隔声罩内温度降到40℃停止1台风机，隔声罩内温度降到35℃停止另1台风机。

同时，PLC控制单元能与火灾报警系统进行联动，接收火灾报警系统的信号后断开风机电源，并采集风机状态信号。

5. 隔声罩降噪效果

通过对某换流站换流变压器隔声罩内、外噪声进行现场噪声测试，得到换流变压器隔声罩的降噪效果如下：

测点1在隔声罩内，距隔声罩前端声屏障板1m；测点2在隔声罩的外部，距防火墙端部距离为1m；测点3、4、5在隔声罩的外部，分别离冷却风扇表面为3.7、10.7、22.7m。

测点1噪声频谱图如图25-11所示，测点2的噪声频谱图如图25-12所示。

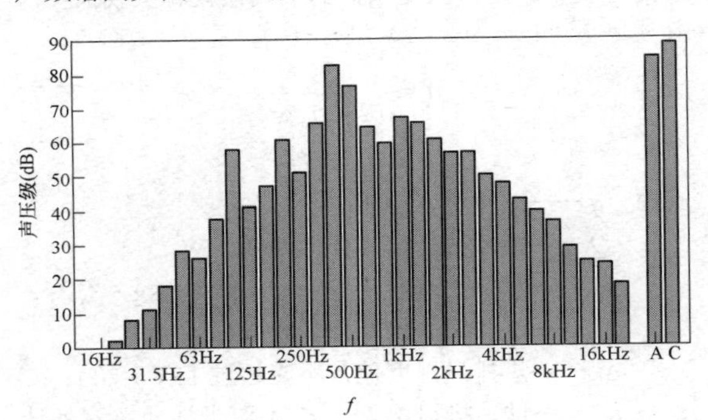

图25-11 测点1噪声频谱图

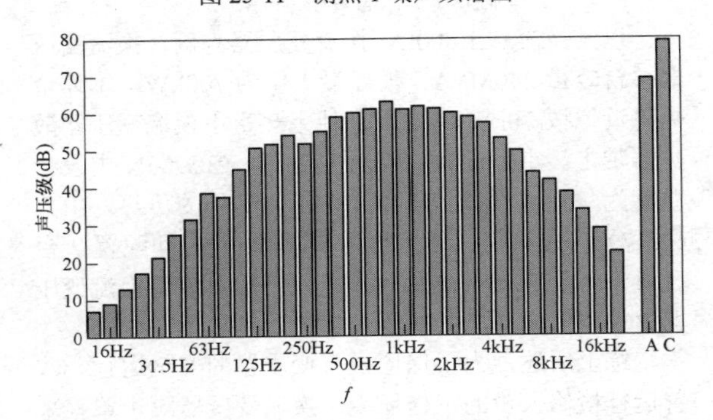

图25-12 测点2噪声频谱图

测点1的声压级为84.7dB（A），测点2的声压级为69.9dB（A），二者相差14.8dB（A）。测点1的频谱显示出的最大噪声频率为400Hz，其次为500Hz，但这些频率特征在测点2的频谱中都没有明显地显示出来。测点1和测点2的主要频率处的噪声声压级比较见表25-10。

表25-10 测点1和测点2的主要频率处的噪声比较

主要频率（Hz）	噪声声压级［dB（A）］		
	测点1	测点2	差值
400	83.7	57.5	26.2
500	76.8	59.4	17.2

注 表中测点1和测点2声压级为某换流站换流变压器隔声罩内外现场测量数据。

测点1反映的是换流变压器本体的噪声频谱特征，而测点2反映的是冷却风扇的中频噪声频谱特征。

测点3～5的噪声比较见表25-11。这3个测点的频谱特征与测点2基本一样，反映的都是冷却风扇的频谱特征。从测点1和测点2的测试还说明：换流变压器本体噪声远大于冷却风扇的噪声。

表25-11 测点3～5的噪声测量值

测点号	距风扇的距离（m）	噪声声压级［dB（A）］
3	3.7	69.2
4	10.7	64.7
5	22.7	61.7

注 表中测点3、测点4、测点5声压级为某换流站换流变压器隔声罩内外现场测量数据。

（三）声屏障

1. 换流变压器和油浸式平波电抗器声屏障

目前国内换流变压器和油浸式平波电抗器声屏障有隔声屏障和消声屏障两种型式。

（1）在距换流变压器（油浸式平波电抗器）两端防火墙前一定距离设置隔声屏障。同时，为了减小噪声的反射，在换流变压器（油浸式平波电抗器）两侧防火墙和背面侧防火墙上贴吸声体。为方便运行人员巡视以及换流变压器（油浸式平波电抗器）通风散热，在隔声屏障一侧设置隔声门，另一侧设置通风风道，并在每台换流变压器（油浸式平波电抗器）前方声屏障板上安装一台轴流风机。换流变压器前设置隔声屏障实例如图25-13所示。

图 25-13　换流变压器前设置隔声屏障实例

（2）在换流变压器（油浸式平波电抗器）两端防火墙前一定距离设置片式阻性消声器，其插入损失应不小于 25dB（A），其基于迎面风速的阻力系数不应大于 1.6。在换流变压器（油浸式平波电抗器）两侧防火墙和背面防火墙上贴吸声体，并在消声屏障两侧设置隔声门。换流变压器前设置消声屏障实例如图 25-14 所示。

图 25-14　换流变压器前设置消声屏障实例

（3）隔声屏障和消声屏障相比较，主要特点如下：

1）隔声屏障的降噪量与噪声频率、屏障高度及声源与接收点之间的距离等因素有关。声屏障的降噪效果与噪声频率成分关系很大，对大于 2000Hz 的高频声比 800～1000Hz 左右的中频声的降噪效果要好，但对于 25Hz 左右的低频声，则由于声波波长比较长而很容易从屏障上方绕射过去，因此效果就差，且声屏障的降噪效果随着距离的增加而减小。隔声屏障多用于站界和周围环境噪声控制标准为 3 类及以下的情况。

2）消声屏障主要优点是解决设备通风散热问题。消声屏障中片式阻性消声器对消除中、高频噪声效果显著，但对低频噪声的消除则不是很有效，一般用于封闭空间进出气通风口。由于目前换流站中换流变压器（油浸式平波电抗器）消声屏障顶部没有封闭，其降噪效果同隔声屏障，但相比于隔声屏障，其造价高，体积大（片式阻性消声器厚度约为 1～2m）。

综合以上分析，隔声屏障和消声屏障相比较，宜优先采用隔声屏障。

2. 高压并联电抗器和主变压器隔声屏障

换流站高压并联电抗器和主变压器通常采用在其前方设置隔声屏障的降噪措施。为减小噪声的反射，在两侧防火墙上贴吸声体，通过对防火墙上贴吸声体和不贴吸声体分别进行噪声计算可知，防火墙上贴吸声体时接收点的噪声值比防火墙上不贴吸声体时低了 2dB（A）左右，降噪效果比较明显。

3. 交流滤波器场隔声屏障

由于交流滤波器场一般离围墙比较近，因此可以采取在靠近围墙侧的围栏处或在附近的围墙上设置隔声屏障来降低站界和周围环境噪声。交流滤波器场隔声屏障设计应遵循以下原则：

（1）当交流滤波器场靠近站前区时，可选择在交流滤波器组围栏处设置隔声屏障，以减小交流滤波器组噪声对站内运行人员影响。隔声屏障应每隔一定距离设置隔声门，隔声屏障离地 1～3m 应采用透明声屏障，以方便运行人员巡视。

（2）其余情况一般采用在围墙上设置隔声屏障的降噪措施。通常的做法是围墙做成 5～6m 高框架围墙，再在其上加 2～3m 高隔声屏障。

（3）隔声屏障宜采用 H 型钢结构。当隔声屏障高度较高时，立柱宜采用格构式结构。隔声屏障立柱与基础采用地脚螺栓连接。

（4）围墙上隔声屏障立柱宜采用 H 型钢结构，立柱与围墙结构宜采用地脚螺栓连接。

（5）站内隔声屏障板跨度不宜超过 3m，站内隔声屏障吸隔声板宜采用嵌入式安装方式。吸隔声板嵌入式安装示意如图 25-15 所示。

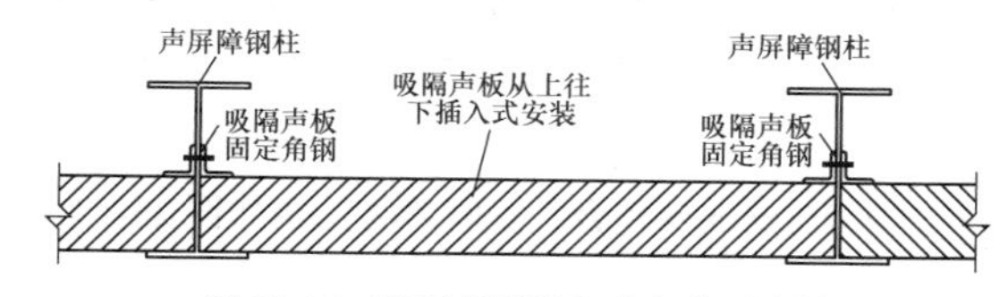

图 25-15　吸隔声板嵌入式安装示意图

（6）通过噪声计算可知，在围墙上设置隔声屏障和在围栏处设置隔声屏障，两者站界噪声相差 0～2dB(A)，降噪效果相差不大；从经济上比较，在围墙上设置隔声屏障的面积和钢结构用量均小于在围栏处设置隔声屏障；从视觉效果上比较，在围墙设置隔声屏障相比于直接在围栏处设置隔声屏障，能更好地保持换流站的空间完整性，给人较好的视觉感受。因此，对于交流滤波器组，宜优先选用在围墙上设置隔声屏障的降噪措施。

4. 闭式蒸发式阀冷却塔、空气冷却器和空调机组声屏障

闭式蒸发式阀冷却塔、空气冷却器和空调机组设

置声屏障主要遵循以下原则：

（1）阀冷却塔和空气冷却器气流方向是：从下方进风，上方排风。为不影响设备通风散热，闭式蒸发式阀冷却塔和空气冷却器宜采用消声屏障和隔声屏障相组合的方式。消声屏障应采用阻性消声器，设置在隔声屏障下方。

（2）对于空调机组，一般采用在前方设置隔声屏障。

（四）常用声学材料的规格及性能要求

下文表25-12～表25-16中数据来源于专业声学厂家降噪材料声学性能检测报告。

1. 声屏障板

（1）100mm和150mm厚声屏障板结构如图25-16所示。

（2）100mm 和 150mm 厚声屏障板吸声系数α见表 25-12，100mm 和 150mm 厚声屏障板隔声量见表25-13。

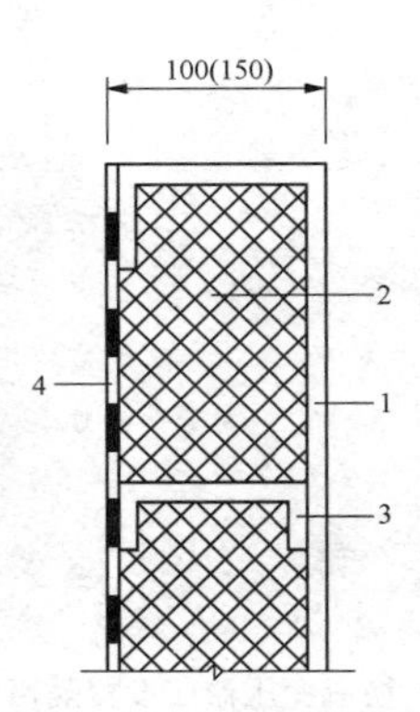

图 25-16　100mm 和 150mm 厚声屏障板结构图
1—2mm 热镀锌钢板；2—48kg/m³ 离心玻璃棉；
3—1.5mm 热镀锌钢骨架；4—1mm 热镀锌穿孔钢板，
孔径 2.5mm，穿孔率 25%

表 25-12　　100mm 和 150mm 厚声屏障板吸声系数α

频率（Hz）	100	125	160	200	250	315	400	500	630	800	1000	1250	1600	2000	2500	3150	4000	5000	降噪系数
100mm 厚声屏障板	0.42	0.75	0.89	0.93	0.94	0.95	0.93	0.95	0.96	0.93	0.94	0.95	0.96	0.97	0.96	0.92	0.93	0.94	0.95
150mm 厚声屏障板	0.43	0.80	0.94	0.96	0.95	0.96	0.97	0.96	0.96	0.94	0.93	0.95	0.97	0.94	0.96	0.95	0.96	0.97	0.95

表 25-13　　100mm 和 150mm 厚声屏障板隔声量　　（dB）

频率（Hz）	100	125	160	200	250	315	400	500	630	800	1000	1250	1600	2000	2500	3150	4000	5000	计权隔声量
100mm 厚声屏障板	15.9	21.3	24.8	28.5	29.0	33.4	41.0	43.0	46.2	50.2	51.3	52.1	51.8	48.3	48.5	46.5	44.5	43.8	42
150mm 厚声屏障板	19.5	24.3	34.7	35.7	33.6	37.2	36.6	41.4	43.5	44.4	47.7	49.8	50.3	51.6	49.3	48.1	47.6	47.3	44

2. 吸声体

（1）100mm厚复合共振吸声体结构如图25-17所示。

（2）100mm 厚复合共振吸声体吸声系数α见表25-14。

3. 消声器

（1）1500mm和2400mm长片式阻性消声器结构如图25-18所示。

（2）1500mm和2400mm长片式阻性消声器在不同流速下的插入损失 D_i 见表 25-15，1500mm 和2400mm 长片式阻性消声器在不同流速下的全压损失 Δp_t 和阻力系数 ξ 见表25-16。

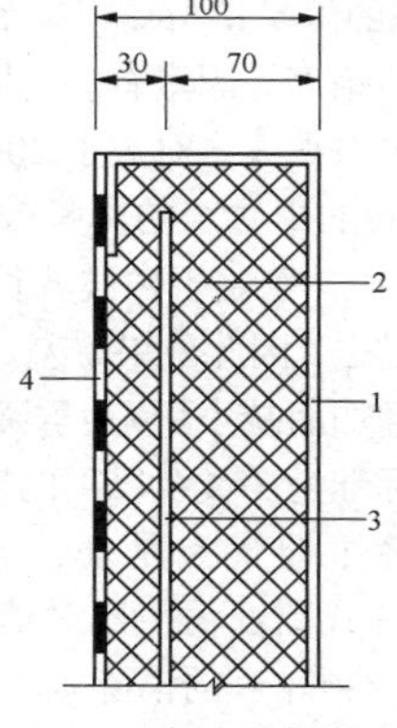

图 25-17　100mm 复合共振吸声体结构图
1—1mm 热镀锌钢板；2—48kg/m³ 离心玻璃棉；
3—1mm 热镀锌复合共振钢板；4—1mm 热镀锌穿孔钢板，
孔径 2.5mm，穿孔率 25%

表 25-14　　**100mm 厚复合共振吸声体吸声系数 α**

频率（Hz）	100	125	160	200	250	315	400	500	630	800	1000	1250	1600	2000	2500	3150	4000	5000	降噪系数
100mm 厚复合共振吸声体	0.58	0.59	0.63	0.74	0.8	0.81	0.88	0.87	0.89	0.93	0.97	0.99	1.02	1.01	0.95	0.92	0.93	0.92	0.9

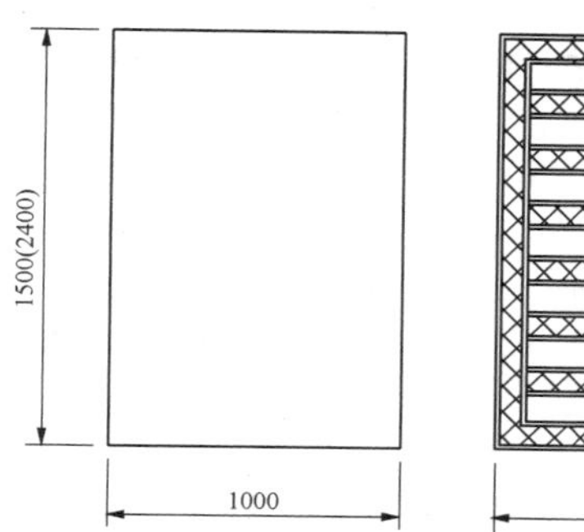

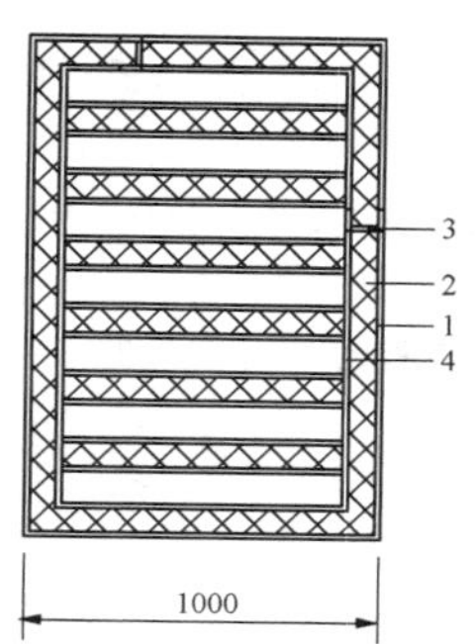

图 25-18　1500mm 和 2400mm 长片式阻性消声器结构图

1—1mm 热镀锌钢板；2—48kg/m³ 离心玻璃棉；3—1.5mm 厚热镀锌钢骨架；
4—1mm 热镀锌穿孔钢板，孔径 2.5mm，穿孔率 25%

表 25-15　　**1500mm 和 2400mm 长片式阻性消声器在不同流速下的插入损失 D_i**

消声器	迎面风速 v（m/s）	插入损失 D_i（dB）							
		63Hz	125Hz	250Hz	500Hz	1000Hz	2000Hz	4000Hz	8000Hz
1500mm 长片式阻性消声器	0	4	9	17	28	36	23	18	12
	2	4	8	16	28	33	23	17	11
	4	3	8	15	27	34	22	18	10
	6	3	7	15	25	32	21	15	11
2400mm 长片式阻性消声器	0	5	12	34	43	47	35	29	19
	2	4	12	32	42	45	33	28	18
	4	4	11	33	40	41	31	28	16
	6	3	11	33	39	40	29	27	15

表 25-16　　**1500mm 和 2400mm 长片式阻性消声器在不同流速下的全压损失 Δp_t 和阻力系数 ξ**

消声器	迎面风速 v（m/s）	全压损失 Δp_t（Pa）	阻力系数 ξ
1500mm 长片式阻性消声器	2	3.4	1.38
	4	13.2	
	6	29	
2400mm 长片式阻性消声器	2	3.8	1.45

三、接收者的听力保护

对于采取相应噪声控制措施后其等效声级仍不能达到噪声控制设计限值的工作和生活场所，应采取适宜的个人防护措施，以减少换流站噪声对运行人员健康的损害。换流站通常采取以下措施：

（1）在控制楼内阀厅巡视走道入口处应设置声闸，并设置双道隔声门，在两道隔声门之间设置吸声体。

（2）对于室内要求安静的建筑物，宜设置隔声门和隔声窗。

（3）在高噪声环境工作时应佩戴防噪声耳塞。

第五节　噪声预测实例

一、预测条件

1. 站址区域环境及控制标准

某换流站站址区域山岗纵横，丘壑交错，为典型丘陵地貌，地势起伏不平。站址附近房屋较多，附近山丘分布大量村庄，有2～3间民房聚集而住，也有大片民房聚集的村庄，站址地形地貌如图25-19所示。

换流站站界噪声符合GB 12348规定的2类标准，即昼间小于60dB（A），夜间小于50dB（A）；同时确保工程周围居民区噪声符合GB 3096规定的2类标准，即昼间小于60dB（A），夜间小于50dB（A）。

图25-19　站址地形地貌图

2. 主要设备噪声源

换流站主要设备噪声源有换流变压器、干式平波电抗器、500kV变压器、交流滤波器场中电抗器和电容器、直流滤波器场中电抗器和电容器、阀冷却塔、空调机组。主要设备噪声源声功率级见表25-17。

表25-17　主要设备噪声源声功率级

序号	设备名称	声功率级 dB（A）	序号	设备名称	声功率级 dB（A）
1	换流变压器	120	6	交流滤波器场中电容器、电抗器（低噪声设备）	85
2	换流变压器冷却风扇	98	7	直流滤波器场中电容器、电抗器（低噪声设备）	80
3	干式平波电抗器	92	8	闭式蒸发式阀冷却塔（水冷）	95
4	500kV变压器	93	9	阀厅和主、辅控制楼空调设备	90
5	35kV变压器	88			

二、未采取降噪措施时的预测结果

没有采取降噪措施时的噪声区域如图 25-20 所示。

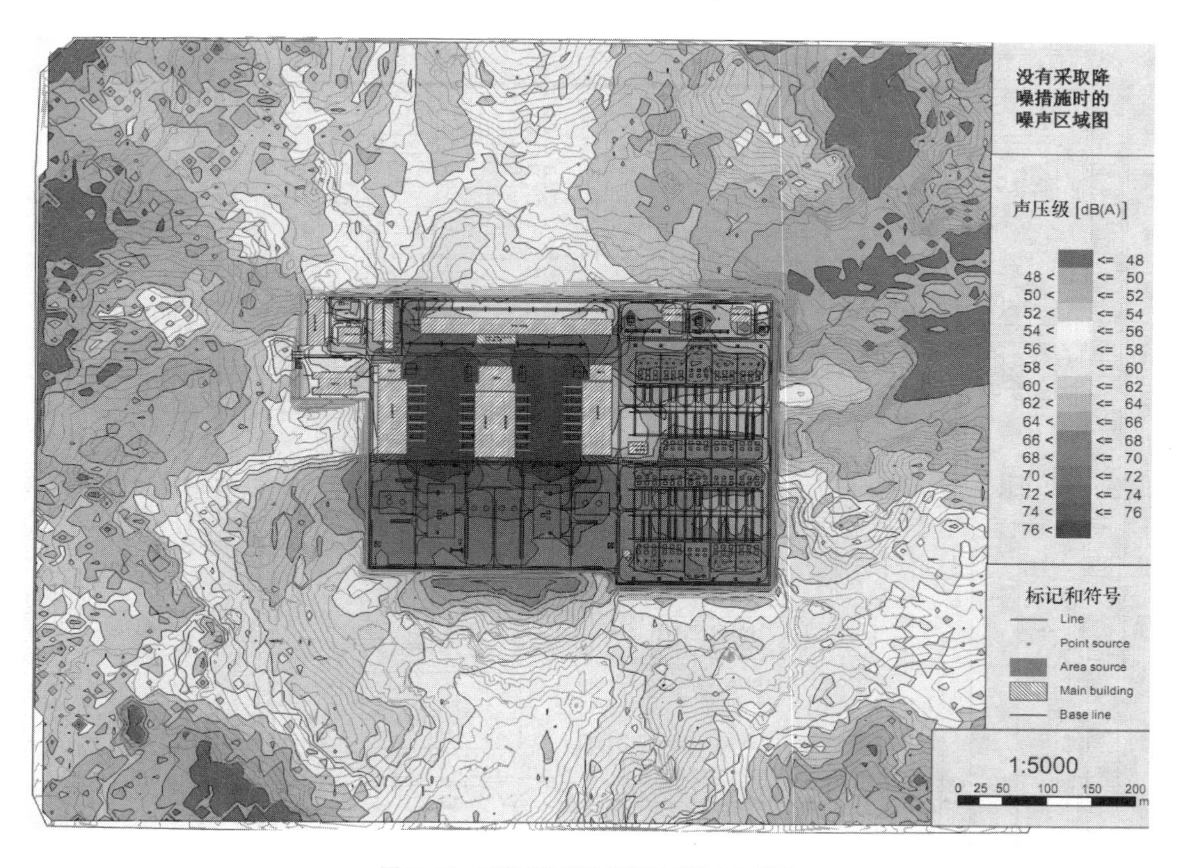

图 25-20 没有采取降噪措施时的噪声区域图

由图 25-20 可知，在不采取任何降噪措施的情况下：①站界噪声超过 GB 12348 规定的 2 类夜间 50dB（A）的限值标准，南侧站界噪声最大，约为 70～72dB（A）；②换流站站址所在区域环境噪声超过 GB 3096 规定的 2 类夜间 50dB（A）的限值标准；③交流滤波器场附近的噪声基本在 68～70dB（A），直流场附近噪声在 70～72dB（A），而最严重的换流变压器附近区域的噪声超过了 90dB（A），对在换流变压器内巡视人员有比较大的影响；④综合楼附近噪声也达到 62～64dB（A），对综合楼内运行人员有一定的影响。

三、采取降噪措施后的噪声预测结果

为了使站界和周围敏感点噪声达标，换流站采取以下降噪措施：

（1）换流变压器采用 BOX-IN。

（2）交流滤波器场东侧附近围墙做到 6m，再在其上加 3m 高声屏障；交流滤波器场南侧、直流场南侧和西侧附近的围墙做到 6m，其中直流场南侧有一段挖方边坡，此段长度围墙高 4m，做到挖方边坡坡顶。

换流站降噪措施示意如图 25-21 所示，采取以上降噪措施后的噪声区域如图 25-22 所示。

由图 25-22 可知，采取以上降噪措施后，站界和周围环境噪声均满足 GB 12348 和 GB 3096 规定的 2 类夜间 50dB（A）的限值标准，综合楼噪声小于 48dB（A）。

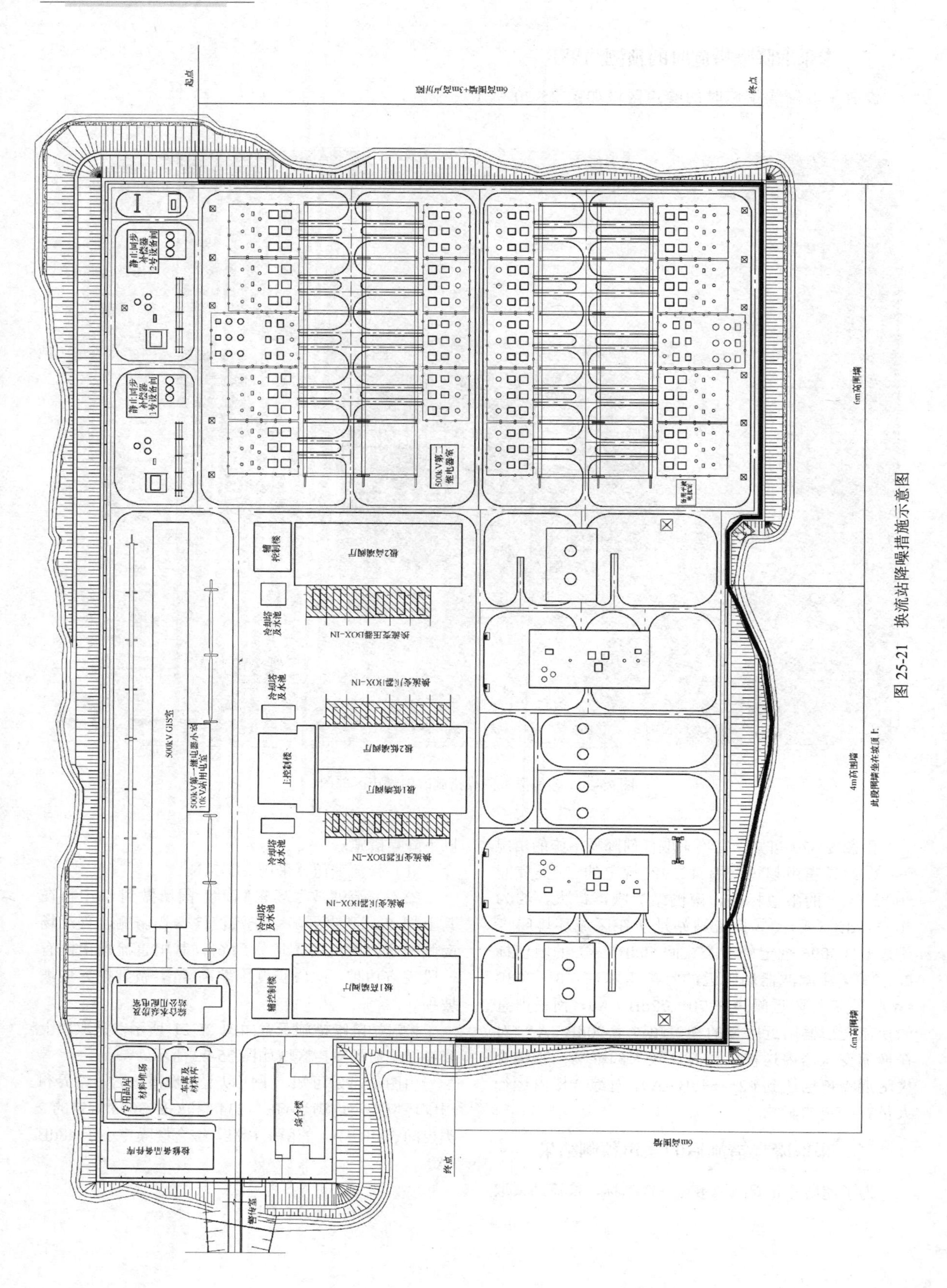

图 25-21 换流站降噪措施示意图

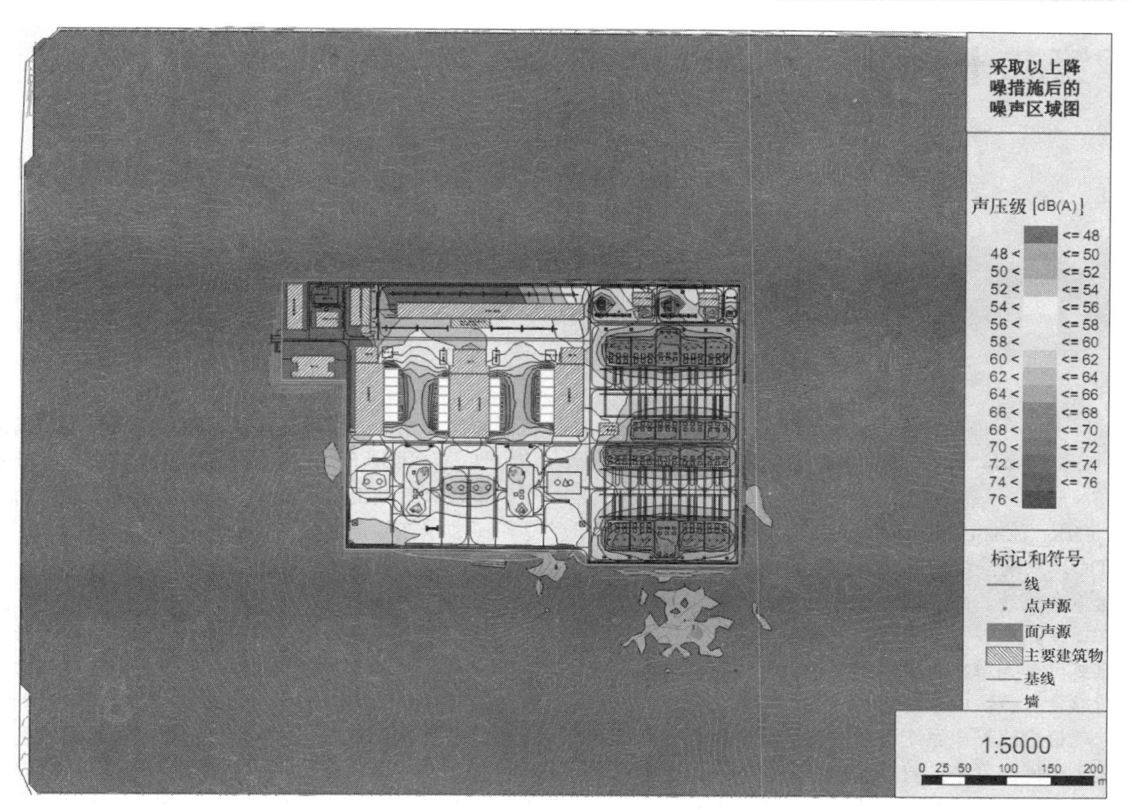

图 25-22 采取降噪措施后的噪声区域图

第二十六章

接 地 极 设 计

第一节 接 地 极 种 类

高压直流输电（high voltage direct current transmission，HVDC）系统按结构可分为两端直流输电系统和多端直流输电系统。两端或多端直流输电系统主要由整流站、逆变站和直流输电线路三部分组成。两端直流输电系统可分为单极直流输电系统、双极直流输电系统和背靠背直流输电系统。

单极直流输电系统可以分为单极金属回线系统和单极大地回线系统：直流输电线路短的直流工程可采用单极金属回线系统；直流输电线路长的直流工程，一般利用大地作为回流通道，从而形成了单极大地回线系统。采用大地作为回流通道可以节省直流工程投资，但要注意其对邻近设施的影响。

目前世界上绝大多数的直流输电工程采用的是双极直流输电系统，它可看成由正负两组单极系统组成，其大地回流的应用方式与单极类似。

背靠背直流输电方式的整流站和逆变站是建在一起的，即直流输电线路长度近似为零，此时采用金属回线连接整流和逆变两端系统即可，无需设置大地回线，因此背靠背直流输电时无需设置接地极。

目前世界上已投入运行的接地极可分为两类：一类是陆地接地极，另一类是海洋接地极。

一、陆地接地极

陆地接地极主要是以土壤中电解液作为导电媒质，其敷设方式分为两种：①水平型（也称沟型）电极，它平行于地面布置；②垂直型（又称井型）电极，它是由若干根垂直于地面布置的子电极组成。陆地电极馈电棒一般采用导电性能良好、耐腐蚀、连接容易、无污染的金属或石墨材料，并且在其周围填充石油焦炭。

1. 水平型电极

水平型电极埋设深度一般为2～5m，一般可充分利用电阻率较低的浅层土壤进行散流。水平型电极埋设深度较浅，设计人员可以将其布置成水平圆环形或任意首尾相接的光滑环形，从而容易获得较均匀的散流特性，有利于降低电极温升和跨步电位差。此外水平型电极具有施工运行方便、造价低廉等优点，特别适用于要求在额定电流下较长时间运行、极址表层土壤电阻率低、场地宽阔且地形较平坦的情况。

2. 垂直型电极

垂直型电极底端埋深一般为数十米，少数达数百米（又称为深井型接地极）。如在瑞典南部穿越波罗的海直流电缆输电工程中的试验电极，采用了深井型电极，其下端部埋深达550m。垂直型电极最大的优点是由于跨步电位差较低而使得其占地面积较小（且随着子电极长度增加该优点更显突出）。垂直型电极也存在一些缺点，主要表现在运行时端部溢流密度高（发热严重）、产生的气体不易排出、施工难度较大（费用较贵）等方面。此外，由于子电极之间是相对独立的，若将这些子电极连起来，无疑增加了导（流）线接线的难度。因此，垂直型电极较适用于额定电流下运行时间短（如不超过15d）、土壤覆盖层较厚（大于10m）、大地深层土壤电阻率低、极址场地受到限制的地方。

水平型电极和垂直型电极在技术特性上具有较强的互补性，设计时可根据系统条件和极址条件选择合适的电极型式。

二、海洋接地极

海洋接地极主要是以海水作为导电媒质。海水是一种导电性比土壤更好的回流电路，海水电阻率约为0.2Ω·m，而陆地则为10～1000Ω·m，甚至更高。海洋电极在布置方式上又分为海岸电极和海水电极两种。

1. 海岸电极

海岸电极的导电元件必须有支持物，并设有牢固的围栏式保护设施，以防止受波浪、冰块的冲击而损害。在这些保护设施上设有很多孔洞，保证电极周围的海水能够不断循环流散，以便电极散热和排放阳极周围所产生的氯气与氧气。海岸电极多数采用沿海岸直线形布置，以获得最小的接地电阻值和最大散流通道。

2. 海水电极

海水电极的导电元件放置在海水中，并采用专门支撑设施和保护设施，使导电元件保持相对固定和免受海浪或冰块冲击。如果仅作为阴极运行，采用海水电极是比较经济的。如果运行中因潮流反转需要变更极性，则每个接地极均应按阳极要求设计，并应考虑因鱼类有向阳极聚集的习性而受到伤害的预防措施。此外，还应考虑阳极附近生成氯气对电极的腐蚀作用，需选择耐氯气腐蚀的材料作为电极材料。

由于海岸或海洋电极比陆地电极有更小的接地电阻和电场强度，因而在有条件的地方海岸或海洋电极得到了广泛采用。

此外，在陆地电极中，还存在深井、共用、分体和紧凑型等有别于传统接地极设计布置方式的特殊类型接地极。鉴于海洋接地极、深井接地极、紧凑型接地极在国内尚无应用，下面仅对其他陆地型接地极设计做出相关介绍。

第二节　系统条件和技术要求

一、系统条件

（一）接线方式和运行方式

1. 接线方式

按照工程需要，与接地极有关的直流输电系统主要接线方式有：①单极大地回线方式；②单极金属回线方式；③双极两端接地方式；④双极一端接地方式。其中②和④接线方式由于只是单点接地，因而地中无电流，接地极只是起钳制中性点电位的作用。①和③接线方式中的接地极不但起着钳制中性点电位的作用，而且还可为直流输电系统单极大地回线运行电流提供通路。因此，①和③接线方式对接地极设计有特殊要求，本节仅对这两种接线方式予以叙述。采用单极大地回线接线方式的直流系统接线示意如图 26-1 所示，采用双极两端接地接线方式的直流系统接线示意如图 26-2 所示。

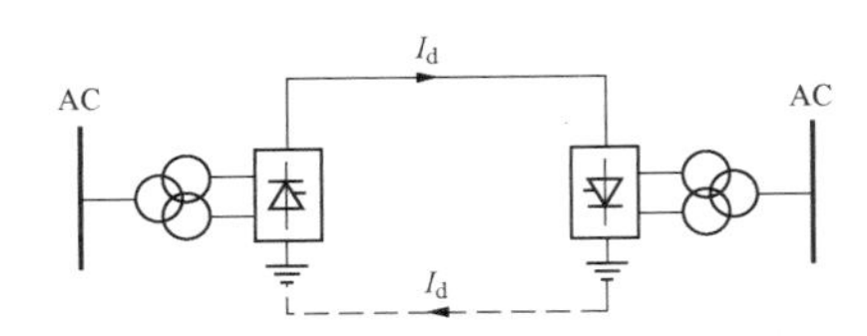

图 26-1　单极大地回线接线方式直流系统接线

2. 运行方式

（1）单极大地回线方式。在高压直流输电系统建设初期，为了尽快地发挥经济效益，往往要将先建起

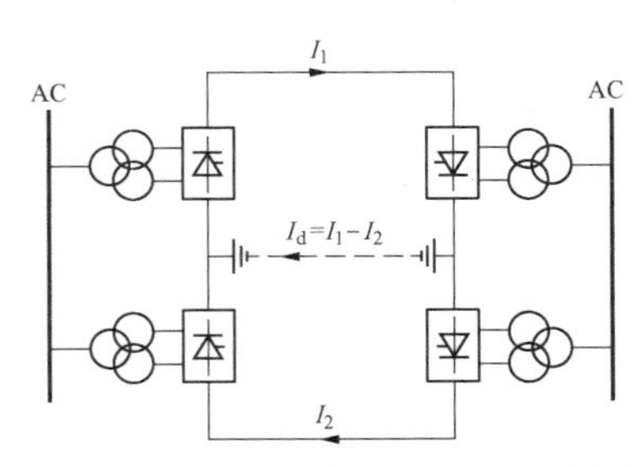

图 26-2　双极两端接地接线方式直流系统接线

来的一极投入运行。此时，流过接地极的电流等于线路上的运行电流，接地极承担着为直流输电系统传送电流的重要作用。

（2）双极对称运行方式。对于双极两端中性点接地方式，当双极对称运行时，在理想的情况下，正负两极的电流相等，地中无电流。然而在实际运行中，由于两极间的换流变压器阻抗和触发角等有偏差，两极的电流不是绝对相等的，有不平衡电流流过接地极。这种不平衡电流通常可由控制系统自动调节两极的触发角，使其小于额定直流电流的 1%。当任意一极输电线路或换流阀发生故障退出运行时，直流系统自动处于单极大地回线运行方式，健全极将继续运行输送一半的电力，从而有效地提高了系统供电的可靠性和可用率，此时流过接地极的电流与健全极上的电流相同。

（3）双极不对称运行方式。包括双极电流不对称和双极电压不对称两种情况，前者指正负两极中的电流不相等，流经接地极中的电流为两极电流之差值，并且当两极中的电流大小关系发生变化时，接地极中的电流大小甚至方向随之而变；后者一般指两极电压不相等而电流相等（此时两极输送功率不等），保持接地极中的电流小于直流额定电流的 1%。在国外有些直流输电扩建项目中有此运行方式。

（4）单极双导线并联大地回线运行方式。单极双导线并联运行是将两个或更多的同极性电极并联，以大地为回线运行。显然该系统流过接地极的电流等于流过线路上电流的总和。单极双导线并联运行最大的优点是节省电能，减少线路损耗。目前，国内大部分工程都取消了此运行方式。

综上所述，接地极作用主要表现为两个方面：①直接为输电系统传送电流，提高系统运行的可靠性；②钳制换流站中性点电位，避免两极电压不平衡而损害设备。因此，若接地极设计不当出现故障，会直接影响到整个直流输电系统的可靠性和单极大地回线运行方式的安全性。

（二）运行时间

入地电流持续（运行）时间是设计直流输电大地回线方式运行系统的重要参数，它在很大程度上影响到工程造价。

入地电流及其持续时间应根据直流输电系统的功能和建设要求确定。如无资料，设计时可按下列取值：

（1）设计寿命。接地极设计寿命可以根据条件分为可更换和不更换（一次性建设）两种型式，大多数工程按不更换设计安装，其设计寿命与换流站相同。

（2）额定电流及持续运行时间。额定电流为系统额定直流电流，该电流最长持续时间为额定持续运行时间。对于双极一次性建成的工程，额定持续时间宜按不超过 30d 考虑。

（3）最大过负荷电流持续运行时间。最大过负荷电流宜取 1.1 倍额定电流，该电流最长持续时间宜取冷却设备投运后最大过负荷电流下持续运行时间，一般取不小于 2h。

（4）最大短时电流持续时间。该电流系指当系统发生故障，尤其是双极直流系统一极因故障退出运行，要求另一极具有暂态过负荷能力时，流过接地极的暂态过电流，持续时间应由系统稳定计算确定，一般仅为 3～5s。

（三）入地电流

直流接地极的入地电流一般分为额定电流、最大过负荷电流、最大暂态电流和不平衡电流。其具体取值应根据直流输电系统的功能和建设要求确定。如无资料，设计时可按下列取值：

（1）额定电流。额定电流指直流系统以大地回线方式运行时，流过接地极的最大正常工作电流。在对称双极直流系统中

$$I_{\rm N}=\frac{P_{\rm N}}{2U_{\rm N}} \tag{26-1}$$

式中 $I_{\rm N}$——额定电流，A；

$P_{\rm N}$——双极额定输送容量，kW；

$U_{\rm N}$——额定直流电压，kV。

（2）最大过负荷电流。最大过负荷电流是指直流输电系统在最高环境温度时，能在一定时间内可输送的最大负荷电流。最大过负荷电流 $I_{\rm m}$ 一般取 1.05～$1.1I_{\rm N}$。

（3）最大暂态电流。最大暂态电流是指当直流系统发生故障时，流过接地极的最大暂态过电流。最大暂态过电流一般取 1.25～$1.50I_{\rm N}$。

（4）不平衡电流。不平衡电流为两极电流之差。对于双极对称运行方式，也应考虑不平衡电流流过，其值大小可由控制系统自动控制在额定电流的 1%之内。当双极电流不对称运行时，流过接地极的电流为两极运行电流之差。

（5）等效入地电流。等效入地电流是指接地极以阴极或阳极运行的总安时（A·h）数与设计寿命（h）之比。等效入地电流是基于腐蚀的累计效应，将在设计寿命期间的间歇式和波动的腐蚀电流等效为持续恒定的电流，其意义是：①便于设计人员评价接地极电流对周边埋地金属管道的影响；②协助相关方理解接地极电流对周边埋地金属管道的影响。

二、技术要求

（一）最大跨步电位差（电压）

当人在接地极附近行走或作业时，人的两脚处于大地表面的不同电位点上，其电位差称为跨步电位差（跨步电压）。GB/T 50065—2011《交流电气装置的接地设计规范》规定：地面上水平距离为 0.8m 的两点间的电位差称之为跨步电位差。基于与国际标准接轨，DL/T 5224—2014《高压直流输电大地返回系统设计技术规范》以及 IEC 62344《General guidelines for the design of ground electrodes for hight-voltage direct current（HVDC）links》均定义跨步电位差为人两只脚接触该地面上水平距离为 1m 的任意两点间的电位差——在数值上与地面场强相同（甚至习惯于用场强表示）。因此，本章定义最大跨步电位差是指人两脚水平距离为 1m 所能接触到的最大电位差。显然，当最大跨步电位差超过某一安全数值时，可能会对人和动物的安全产生影响。因此，必须对接地极最大跨步电位差加以限制或采用相应的安全措施来保证人身和动物的安全。

在土壤电阻率各向均匀的情况下，对于单圆环形浅埋型接地极而言，地面任意点处的跨步电位差和最大跨步电位差为

$$U_{\rm k}=\frac{\rho I_{\rm d}}{2\pi^2[(r+R)^2+h^2]^{3/2}}\int_0^{\pi/2}\frac{r-R\cos\theta}{(1-k^2\cos^2\theta)^{3/2}}{\rm d}\theta \tag{26-2}$$

$$U_{\rm max}\approx\frac{\rho\tau}{2\pi h} \tag{26-3}$$

$$k=\sqrt{\frac{4rR}{(r+R)^2+h^2}} \tag{26-4}$$

式中 $U_{\rm k}$——地面任意点的跨步电位差，V/m；

ρ——馈电棒埋设处土壤电阻率，Ω·m；

$I_{\rm d}$——直流入地电流，A；

r——距离接地极中心的径向距离，m；

R——接地极半径，m；

h——接地极埋深，m；

$U_{\rm max}$——地面最大跨步电位差，V/m；

τ——接地极上线溢流密度，A/m。

式（26-2）有一个椭圆积分因子，其原函数不能用简单的初等函数表达。尽管如此，但从式（26-2）不难看出，地面任意点跨步电位差与土壤电阻率和入地电流成正比；在 $r\gg h$ 情况下几乎与离开接地极的水平距离 r 的平方成反比。这表明：①跨步电位差在径向 r 方

向衰减得很快；②最大跨步电位差发生在接地极附近（$r \approx h$），且近似与埋深 h 成反比；③接地极埋设处附近表层土壤电阻率对最大跨步电位差的影响更明显。

必须指出，对于土壤电阻率各向非均匀分布和非单圆环形的接地极，计算跨步电位差需要采用专门的计算软件。

现行有效技术标准对最大允许跨步电位差的限值要求为

$$U_{\mathrm{pm}} = 7.42 + 0.0318\rho_{\mathrm{s}} \tag{26-5}$$

式中　U_{pm}——最大允许跨步电位差，V；

ρ_{s}——表层土壤电阻率，Ω·m。

（二）最高允许温升

1. 接地极温升特性

当强大的直流电流持续地通过接地极注入大地后，极址土壤的温度将缓慢上升，紧靠接地极表面的土壤温度上升最快、温度最高。如果土壤温度超过水的沸点，土壤中的水将很快被蒸发驱散，从而容易导致接地极故障。因此，接地极最高温度必须严格控制在水的沸点以下。

如果持续给接地极注入一恒定的电流，如单极直流输电系统，则接地极温度将逐步上升，直至达到稳态温度。根据热力学理论，接地极附近任意点土壤温度可用式（26-6）或图 26-3 描述。

$$\theta(t) = \theta_{\max}\left(1 - \mathrm{e}^{-k\frac{t}{T}}\right) + \theta_{\mathrm{c}} \tag{26-6}$$

式中　$\theta(t)$——任意时间 t 时刻的土壤温度，℃；

$\theta_{\max}$——接地极到达稳态的最高温升，℃；

k——配合系数，与馈电元件形状、土壤特性及环境条件等因素有关；

T——接地极热时间常数，s；

θ_{c}——$t=0$ 时的环境温度，℃。

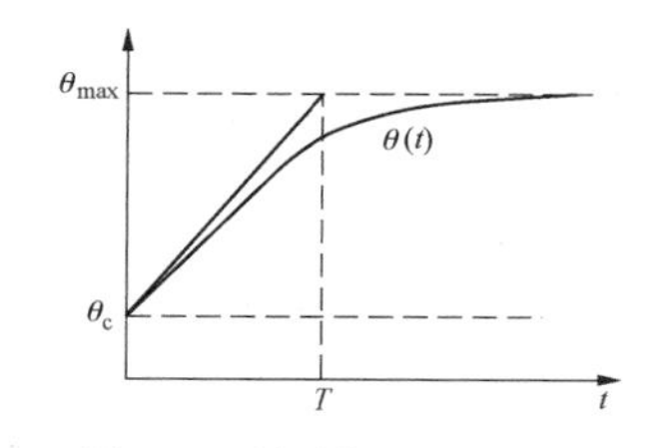

图 26-3　接地极温升示意图

由式（26-6）容易看出，对于土壤中某特定点，其温度与环境温度、稳态最高温升、热时间常数和入地电流持续时间有着密切关系。当极址确定后，极址的环境温度和影响温升的土壤参数就确定了，影响接地极温度只有稳态最高温升 $\theta_{\max}$、热时间常数 T 和入地电流持续时间 t 这三个参数。t 属于系统输入参数，$\theta_{\max}$ 和 T 则均与接地极型式和尺寸等要素紧密相关。对于设计者而言，控制接地极温度实际上就是选择合适的接地极型式及尺寸。

2. 热时间常数

式（26-6）看似简单，但欲获得准确的计算结果仍然较困难，原因在于 $\theta_{\max}$ 和 k 很难准确确定。在接地极设计中，考虑到接地极址土壤电阻率、热导率和热容率等参数的测量、取值和分布很难准确界定，设计中可认为极址土壤任意点温度以线性上升，其速度为 $t=0^+$ 时的速度。在此情况下，如果将时间常数 T 定义为馈电元件到达稳态温度所需要的时间（$k=1$），则热时间常数可表示为

$$T = \frac{C}{2\lambda}\left(\frac{U_{\mathrm{e}}}{\rho J}\right)^2 \tag{26-7}$$

式中　T——接地极热时间常数，s；

C——土壤热容率，J/（$\mathrm{m^3 \cdot K}$）；

λ——土壤热导率，W/（m·K）；

U_{e}——土壤承受的电压，V；

ρ——土壤电阻率，Ω·m；

J——馈电元件表面溢流密度，$\mathrm{A/m^2}$。

按照上述假设条件和热时间常数的定义，如果将接地极最高温度控制为不超过 100℃，就可得到如下概念性的结论：

（1）如果接地极最高稳态温度小于或等于 100℃，额定电流持续时间 t 将不受限制，且可能有大于 1/e 的允许温升裕度。

（2）如果接地极最高稳态温度等于或略大于 100℃，额定电流持续时间 t 不宜超过热时间常数 T，但可能有小于 1/e 的允许温升裕度。

（3）如果接地极最高稳态温度远高于 100℃，额定电流持续时间 t（$t \ll T$）将受到严格控制，且裕度很小，甚至没有裕度。

3. 最大允许温升

接地极最大允许温升应不大于水的沸点温度与其环境温度之差。水的沸点温度与水的压力或海拔有关，设计时可以根据接地极址所处的海拔参照表 26-1 取值。

表 26-1　　水的沸点与海拔的关系

海拔（m）	水的沸点（℃）	备　注
0	100	考虑到常用交联聚乙烯电缆允许温度以及土壤电阻率和电流密分布不均匀等因素，土壤最高允许温度取值宜低于 90℃或低于水的沸点 5～10℃
500	98	
1500	95	
2000	93	
3000	91	
4000	88	
5000	83	

（三）溢流密度

在接地极设计中，涉及线溢流密度和面溢流密度两个溢流密度概念，这两种不同概念的溢流密度分别用于接地极电流场计算和温升计算。

1. 线溢流密度

所谓线溢流密度（也称线电流密度），就是单位长度馈电元件泄入地中的电流，单位为A/m。

在恒定电流场计算中，为了方便（简化）计算，通常将沿着导体（表面）分布的电流看成是集中在沿导体（中心）线上分布，也即是将面溢流密度转换为线溢流密度。严格上讲，将面电流密度转换为线溢流密度进行恒定电流场分析计算是有误差的，但这种误差在工程上是完全可以接受的。

在接地极设计中，线溢流密度是一个非常重要的物理量，它直接影响到接地极跨步电位差大小、温升高低和馈电元件寿命长短等特征参数的计算，并且接地极线溢流密度分布与接地极布置型式、形状密切相关。因此，设计中应高度重视线溢流密度分布特性，通过合适地选择接地极型式和优化接地极布置形状，力求使之分布均匀。

迄今为止，几乎所有关于接地极设计技术标准都没有对线溢流密度进行直接限制，而是对其相关的特征参数进行限制。尽管如此，由于线溢流密度对接地极关联参数的特殊贡献作用，DL/T 5224—2014引入了线溢流密度分布偏差系数概念，用于评价接地极的溢流密度特性。平均线溢流密度分布偏差系数可表示为

$$k_{\mathrm{er}}=\frac{1}{I_{\mathrm{d}}}\int_{0}^{L}|\alpha(l)-\alpha_{\mathrm{av}}|\,\mathrm{d}l \tag{26-8}$$

式中 k_{er}——平均线溢流密度偏差分布偏差系数；

I_{d}——接地极入地电流，A；

L——馈电元件总长度，m；

$\alpha(l)$——馈电元件上任意点的线溢流密度，A/m；

α_{av}——平均线溢流密度，A/m。

偏差系数k_{er}值越大，表明线溢流密度越不均匀，接地极的效率越低。最大线溢流密度偏差系数定义为

$$k_{\mathrm{erm}}=\alpha_{\max}/\alpha_{\mathrm{av}} \tag{26-9}$$

式中 k_{erm}——最大线溢流密度偏差系数，一般情况下不宜大于2；

$\alpha_{\max}$——最大线溢流密度，A/m。

2. 最大允许面溢流密度

面溢流密度是指接地极表面单位面积泄入地中的电流，单位为$\mathrm{A/m^2}$。

在接地极设计中，控制面溢流密度值主要是为了避免发生电渗透效应。DL/T 5224—2014规定：对于长期处于单极运行或土壤水分含量少的阳极接地极，额定电流下最大面溢流密度应不超过$1\mathrm{A/m^2}$。同时还规定：对于垂直型接地极，额定电流下最大允许面溢流密度按下式进行修正

$$J_{\mathrm{v}}=J_{\mathrm{L}}\left(1+\frac{\rho g}{101300}h\right) \tag{26-10}$$

式中 J_{v}——垂直型接地极允许面溢流密度，$\mathrm{A/m^2}$；

J_{L}——水平型接地极（$h=0$）允许面溢流密度，$\mathrm{A/m^2}$；

ρ——水密度，取$1000\mathrm{kg/m^3}$；

g——单位换算系数，取9.8N/kg；

h——接地极的水下深度，m。

由式（26-10）可见，随着垂直型接地极的水下深度增加，允许的面溢流密度也可随之增加。

（四）临界接地电阻

接地极属于工作性接地，要求为：①接地电阻应满足系统对中性点电位漂移的限制；②在任何工况下接地极的温升不得超过允许值。

因此，DL/T 5224—2014规定，对处于单极大地回线运行状态的接地极，在额定电流（持续时间大于其热时间常数）情况下，接地极温升可能受其接地电阻控制，其临界接地电阻可按式（26-11）计算

$$R_{\mathrm{o}}=\frac{1}{I_{\mathrm{N}}}\sqrt{2\lambda_{\mathrm{m}}\frac{\rho_{\mathrm{eq}}^{2}}{\rho_{\mathrm{m}}}(\theta_{\mathrm{pm}}-\theta_{\mathrm{c}})} \tag{26-11}$$

式中 R_{o}——接地极的临界接地电阻，Ω；

I_{N}——额定电流，A；

λ_{m}——接地极埋设层的土壤等效热导率，W/（m·K）；

ρ_{eq}——极址整体大地等效电阻率，Ω·m；

ρ_{m}——接地极埋设层的土壤等效电阻率，Ω·m；

θ_{pm}——设计允许的接地极最高温度，℃；

θ_{c}——土壤自然最高温度，℃。

对于共用接地极，确定临界接地电阻还应考虑当其中一回以单极大地回线运行时对其他双极系统的中性点电位偏移的影响。

从理论上讲，按照式（26-11）条件确定的电极尺寸是有裕度的：①有相当的热产生在距离接地极很远的地方，因而对接地极温升影响不大；②即使在接地极附近范围里，除电极表面外，土壤中的溢流密度都小于约定控制值；③没有考虑空气中耗散的热量。

（五）腐蚀寿命

影响接地极使用寿命的主要因素是电极的材料溶解——电腐蚀。当直流电流通过电解液时，在电极上将产生氧化还原反应，电解液中的正离子移向阴极，在阴极和电子结合而进行还原反应；负离子移向阳极，在阳极给出电子而进行氧化反应。大地（土壤、水等）相当于电解液，因此当直流电流通过大地返回时，在

阳极产生氧化反应，即产生电腐蚀。根据法拉第（Faraday）电解作用定律，阳极的腐蚀量可表示为

$$m=\frac{m_a}{VK_f}\int_{t_1}^{t_2}i(t)\mathrm{d}t \tag{26-12}$$

式中　m——在 t_1～t_2 时间流失的金属质量，kg；

m_a——金属的摩尔质量，g/mol；

V——材料化合价；

K_f——法拉第电解常数=9.65×10^7C/（kg·mol）；

t_1、t_2——时间，s；

$i(t)$——流过电极的电流，A。

法拉第定律表明，阳极电腐蚀量不但与材料有关，而且与电流和作用时间之积成正比。因此，电极设计寿命不同于腐蚀寿命：前者为服役年限，一般与换流站相同（35～40 年）；后者除与服役年限有关外，还与运行方式有关，即采用以阳极运行的电流与时间之积（安培时或安培年）来表示。阳极腐蚀寿命是接地极选材及用量的重要具体设计参数。计算电极腐蚀寿命一般应考虑下列因素：

（1）单极运行。在建设初期单极运行期间，接地极的极性一般是固定的，一端为阴极，另一端为阳极。对于双极中性点两端接地的直流系统，通常是先建成一极，隔一段时间后，再建成另一极。在此情况下，往往是先利用已建成的一极单极运行，这期间阳极的安时数为

$$F_1=8760I_Nt_0 \tag{26-13}$$

式中　F_1——单极投运期间阳极的安时数，Ah；

I_N——额定电流，A；

t_0——建设初期单极运行时间，年。

（2）一极强迫停运。在双极投运后，当一极出现故障，另一健全极继续以大地回线方式运行。由于出现故障和接地极出现以阳极运行情况都是随机的，所以两端换流站接地极出现以阳极运行的安时数为

$$F_{2q}=8760I_NP_{qy}P_{qt}F\times2 \tag{26-14}$$

式中　F_{2q}——一极强迫停运时，任意一端接地极出现以阳极运行的安时数，Ah；

P_{qy}——一极强迫停运时，任意一端接地极出现以阳极运行的概率（对于两端对称的双极直流系统，P_{qy} 理论值为 50%）；

P_{qt}——一极强迫停运时，任意一端接地极出现以阳极运行的年时间比（在故障情况下，为全年累积出现以阳极运行的小时数/8760）；

F——直流系统设计寿命，年。

（3）一极计划停运。在双极投运后，当一极停电检修，允许另一极以大地回线方式继续运行。同理，两端换流站接地极出现以阳极运行的安时数为

$$F_{2j}=8760I_NP_{jy}P_{jt}F\times2 \tag{26-15}$$

式中　F_{2j}——一极计划停运时，任意一端接地极出现以阳极运行的安时数，Ah；

P_{jy}——一极计划停运时，任意一端接地极出现以阳极运行的概率（对于两端对称的双极直流系统，P_{jy} 理论值为 50%）；

P_{jt}——一极计划停运时，任意一端接地极出现以阳极运行的年时间比（在计划检修情况下，为全年累积出现以阳极运行的小时数/8760）。

（4）不平衡电流。双极投运后，在不平衡电流作用下的两端换流站接地极出现以阳极运行的安时数为

$$F_2=8760I_N(F-t_0) \tag{26-16}$$

式中　F_2——双极运行期间，任意一端接地极出现以阳极运行的安时数，Ah。

每个接地极在规定的运行年限里，以阳极运行的总的安时数 F_y 即为

$$F_y=F_1+F_{2q}+F_{2j}+F_2$$

应该指出，按上述方法计算得到的腐蚀寿命 F_y 只是用于设计的预期计算值，在实际运行中，往往并不严格按设计时规定的运行方式运行。因此，为了确保接地极在规定的运行年限里正常运行，在接地极设计时应留有一定的裕度。

【例 26-1】 根据某一高压直流输电接地极工程设计条件计算该接地极阳极腐蚀寿命。设计条件如下：

设计寿命（年）：35；

建设初期单极大地回线运行极性：阳极；

单极大地回线运行最长持续时间（d）：≤30；

额定电流（A）：3000；

（2h）最大过负荷电流（A）：3300；

双极不平衡额定电流（A）：30；

每极强迫停运出现阳极的概率 P_{qy}：70%；

每极计划停运出现阳极的概率 P_{jy}：50%；

每极年强迫停运时间比 P_{qt}：0.75%；

每极年计划停运时间比 P_{jt}：1.5%。

（1）在建设初期，该接地极将以单极大地回线方式运行 30d，极性为阳极。根据式（26-13），运行期间阳极运行安时数为

$$F_1=8760\times3000\times30/365=2.16\times10^6\text{（Ah）}$$

（2）双极投运后，当一极出现故障，另一健全极继续并以大地回线方式运行。根据式（26-14），接地极出现以阳极运行的安时数为

$$F_{2q}=8760\times3000\times70\%\times0.75\%\times35\times2$$
$$=9.658\times10^6\text{（Ah）}$$

（3）双极投运后，在一极检修下，允许另一极继续以大地回线方式运行。根据式（26-15），接地极出

现以阳极运行的安时数

$$F_{2j}=8760\times3000\times50\%\times1.5\%\times35\times2$$
$$=13.797\times10^{6}\ (\mathrm{Ah})$$

（4）双极运行情况下，根据式（26-16），不平衡电流使该接地极出现以阳极运行的安时数

$$F_2=8760\times30\times(35-30/365)=9.176\times10^{6}\ (\mathrm{Ah})$$

在设计寿命期间，该接地极总的阳极运行安时数（腐蚀寿命）为

$$F_y=F_1+F_{2q}+F_{2j}+F_2\approx33\times10^{6}\ (\mathrm{Ah})$$

（六）大地电位升

1. 大地电位升分布特性

在电流经接地极注入大地（土壤）时，极址周边形成稳定的电流场，大地（土壤）电位上升，并随着离开接地极距离增加而衰减。在土壤电阻率各向均匀的情况下，对于单圆环形水平型接地极而言，地面任意点处的电位升为

$$V_p=\frac{\rho I_d}{2\pi^2\sqrt{(r^2+R^2)+h^2}}\int_0^{\pi/2}\frac{d\theta}{\sqrt{1-k^2\cos^2\theta}} \tag{26-17}$$

$$V_p\approx\frac{\rho I_d}{2\pi r}\quad(r>10R) \tag{26-18}$$

式中　V_p——地面任意点跨步电位升，V。

当计算远离接地极地面（$r\gg R$）（如变电站）电位升时，计算公式即可简化为式（26-18）。

式（26-18）表明：地面任意点电位升与土壤电阻率、入地电流成正比；在 $r\gg R$ 情况下，电位升几乎与离开接地极的水平距离 r 成反比。这表明电位升在径向 r 方向开始衰减得较快，但速度逐渐变缓慢，特别是深层土壤电阻率大于浅层土壤电阻率时情况更是如此。

对于土壤电阻率各向非均匀分布或非单圆环形的接地极，计算电位升需要采用专门的计算软件。

2. 接触电位差及其最大允许值

接触电位差又称接触电动势。在DL/T 5224—2014中，对接触电位差有两个定义：

（1）人站在离导电金属物水平距离为1m处的地面上，触摸离地面的垂直距离为1.8m处金属物件时人体承受的电位差。在一极最大过负荷电流下，接触电位差应不大于 $7.42+0.008\rho_s$。接触电位差通常发生在人站在地面触摸杆塔、金属栅格等金属物时。

（2）人站在构架（杆塔）上触摸接地极导体（线路导线）或人站在地面触摸接地导体时人体所承受的电位差。在单极额定电流下，接地极导体对导流构架（杆塔）间的电压，不宜大于50V。该接触电位差实为带电检修时人能承受的最大安全电压。

显然，接触电位差的定义不同，对其要求也当然不同，设计时都应进行计算，并使其满足安全要求。

3. 转移电位差及其最大允许值

转移电位差又称转移电动势，指接地极运行时，人站在接地极附近地面触摸远方引入的接地导体，或人站在远处地面触摸极址附近引出的接地导体所承受的接触电压差。DL/T 5224—2014 规定：在过负荷电流时，通信电缆接地点的电位升不应超过60V。

转移电位差问题过去都发生在通信系统，所以现行设计规程对发生在通信系统中的转移电位差做了明确规定。但事实上，随着我国输油输气管道的发展与建设，转移电位差问题开始在输油输气管检修时出现，尤其是在检修时，应引起关注。

4. 对周边设施的影响

接地极地电位升除了可能引发诸如上述人身安全问题外，还可能导致电力变压器磁饱和、埋地金属管道（构架）电腐蚀或影响阴极保护、老式铁路信号灯误动作等问题，应对其进行评估。

第三节　接地极极址选择

一、极址选择的一般要求

接地极极址是设计接地极的基础，极址土壤物理参数与接地极设计造价及运行性能有密切的关系。为了使接地极在持续大电流情况下也能安全可靠地运行，降低工程造价，并且不影响或尽可能少影响其他设施，合理选择极址十分重要。

考虑到接地极运行特性和电磁环境问题，选择接地极极址一般应考虑下列因素：

（1）离换流站要有一定距离，但不宜过远，一般宜在20～60km（但并不意味着在此区间就认为直流电流对换流变压器没有影响）。过近，容易导致换流站接地网拾起较多的直流电流，影响电网变压器磁饱和及设备安全运行甚至腐蚀接地网；过远，会增大线路投资和造成换流站中性点电位过高。此外，接地极极址离重要的220kV及以上电压等级的交流变电站、电厂（升压站）也要有足够的距离。

（2）有宽敞而又导电性能良好（土壤电阻率低）的大地散流区，特别是在极址附近范围内，土壤电阻率应在100Ω·m以下。这对于降低接地极造价、减小地面跨步电位差和保证接地极安全稳定运行起着极其重要的作用。

（3）极址土壤最好有足够的水分。表层（靠近电极）的土壤最好有较好的热特性（热导率和热容率高）。接地极焦炭尺寸大小往往受到发热控制，因此土壤具有好的热特性对于减少接地电极的尺寸（焦炭用量）

是很有意义的。

（4）尽量避开城镇居民区和经济发达地区，适应地方的经济建设发展规划。

（5）尽可能远离埋地金属管线和电气设施，或者保持与这些设施的距离满足相关规程规范规定的最小距离要求，尽可能减小地电流对这些设施造成的电腐蚀以及避免增加防腐蚀措施的困难。

（6）保持与铁路尤其是电气化铁路有合理的距离，以免直流电流引起（老式）铁路信号灯误动、动力系统变压器磁饱和，以及可能因转移电位差引发的安全问题。

（7）接地极埋设处的地面应该平坦，这不但能给施工和运输带来方便，而且能给接地极运行性能带来好处。

（8）接地极引线走线方便，尽量避免线路出现大跨越，防止出现线路路径不畅情况。

二、极址场地尺寸估算

在进行规划选址前，设计人员首先要根据现行技术规程和当前工程的系统条件，估算出接地极的尺寸或占地面积，建立最小极址场地尺寸概念。

接地极最小尺寸一般受跨步电位差控制，而跨步电位差大小除了与系统入地电流、土壤电阻率等客观参数有关外，还与接地极类型、形状布置和埋深等主观（设计）因素密切相关。在规划选址阶段，由于受到各种未知条件的限制，设计人员无法也无需对接地极最小尺寸做出准确地计算，但估算出误差在允许范围内的接地极最小尺寸仍然是非常必要的，也是可能的，具体操作如下：

（1）基于土壤参数分布均匀下的单圆环最小直径。根据 DL/T 5224—2014 规定的跨步电位差控制条件［见式（26-5）］，图 26-4 给出了浅埋型单圆环形布置的接地极最小直径与入地电流、埋深和土壤电阻率的关系曲线。设计人员可根据极址现场实测浅层等效电阻率 ρ（Ω • m）和入地电流/埋深比，查得接地极最小圆环直径 D（m）。

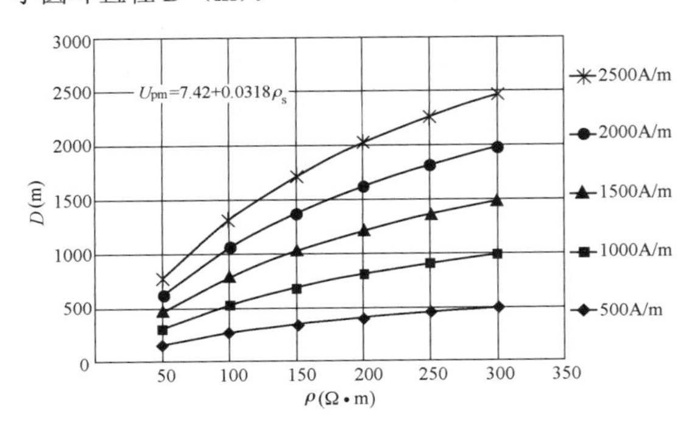

图 26-4 单圆环电极最小直径与入地电流、埋深、土壤电阻率的关系曲线

ρ_s—表层土壤电阻率

例如：某直流工程入地电流为 3000A，极址土壤（等效）电阻率为 100Ω • m，在埋深为 3m 情况下［入地电流/埋深之比为 3000/3＝1000（A/m）］，查图 26-4 所示曲线得到接地极最小直径为 530m。同理，在入地电流为 5000A 和埋深为 5m 的情况下（入地电流/埋深比值相同），接地极最小直径也为 530m。

（2）多个同心圆环形最小外缘尺寸。如果采用同心双圆环或同心三圆环布置，接地极的外缘尺寸可缩小，即在查得单圆环最小直径基础上，加乘效果系数可得到同心双圆环最小直径。不同圆环数的跨步电位差和接地电阻效果系数见表 26-2。根据表 26-2，加乘 0.6692 效果系数可得到同心双圆环最小直径为 355m。同理，分别加乘 0.5558、0.5076 和 0.4890 系数可得到同心三、四、五圆环的最小直径。

表 26-2 不同圆环数的跨步电位差和接地电阻效果系数

系数类别	单圆环（外环）	双圆环	三圆环	四圆环	五圆环
跨步电位差效果系数	1	0.6692	0.5558	0.5076	0.4890
接地电阻效果系数	1	0.8190	0.7500	0.7240	0.7160

（3）两层土壤模型。在更多情况下，土壤参数分布并非均匀，甚至十分复杂，但在规划选址中按两层土壤模型估算接地极外缘尺寸，还是较适用的。

假设土壤模型如图 26-5 所示，电极埋设在上层 ρ_1 土壤中，图 26-6 给出了两层土壤模型最小尺寸校正系数曲线。该校正曲线横坐标是上下层土壤电阻率之比 ρ_2/ρ_1，纵坐标是修正系数 C_o，设计人员可根据层厚（H）与埋深（h）之比 H/h 选择曲线查得修正系数 C_o。在使用两层土壤模型时，先按照上述（1）和（2）方法得到最小外缘尺寸，然后再加乘校正系数 C_o，即可得到两层土壤模型下接地极最小外缘尺寸。

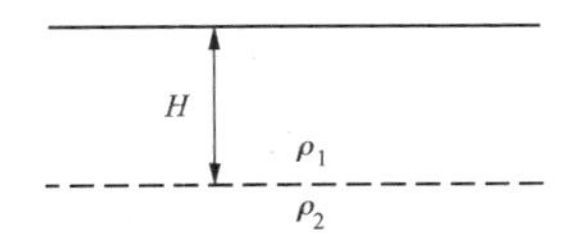

图 26-5 假设土壤模型（两层结构极址模型）

应当指出，按上述方法估算接地极尺寸是有误差的，但其误差范围完全可以满足规划选址技术要求。

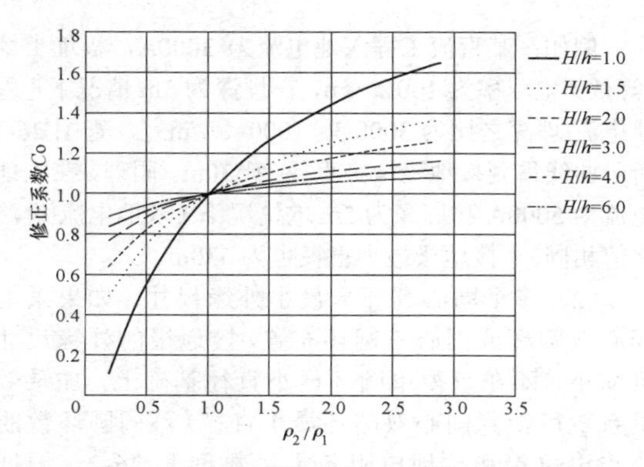

图 26-6　两层土壤模型最小尺寸校正系数曲线

【例 26-2】 设某直流工程额定电流为 3000A，过负荷系数为 1.1；极址场地适合布置浅埋圆环形电极；土壤电性分层为两层，土壤电阻率 $\rho_1=100\Omega\cdot m$，$\rho_2=200\Omega\cdot m$，其厚度 6m。试根据 DL/T 5224—2014 对跨步电位差的要求，分别估算出单圆环和双圆环形外缘尺寸。

（1）确定均匀大地参数下单圆环形电极最小尺寸。入地电流/埋深比为 3000×1.1/3.0＝1100（A/m）。

查图 26-4 中曲线：在入地电流/埋深比为 1100A/m 和电阻率为 100Ω·m 情况下，查得均匀大地参数下单圆环形电极最小直径为 580m。

（2）确定均匀大地参数下双圆环形电极最小尺寸。根据上述均匀大地参数下单圆环与双圆环形电极的关系，可得到双圆环形电极最小外缘直径为 580×0.6692≈389（m）。

（3）确定大地电性参数为两层情况下的双圆环形电极最小尺寸。层厚与埋深比为 $H/h=6/3=2$，下层与上层电阻率比为 $\rho_2/\rho_1=200/100=2$；查图 26-6 中 $H/h=2.0$ 曲线，可得到 $\rho_2/\rho_1=2$ 情况下系数 $C_o=1.18$。

从而可得到，该直流工程接地极大地电性分层为两层时，如采用单圆环布置方案，最好圆环直径不应小于 580×1.18＝684（m）；如采用双圆环布置方案，最小外缘直径不应小于 389×1.18＝459（m）。

同理，还可以很方便地估算得到接地极在不同埋深条件下的最小尺寸。

三、土壤特性

土壤（岩石）电阻率参数见表 26-3，土壤热容率见表 26-4，土壤热导率见表 26-5。

收集接地极极址位置的区域地质（结构）资料很重要，其主要目的就是无需进行实地勘探，而是通过收集的地质及结构资料并借助于表 26-3 所列电阻率参数，就可大致了解预选极址深层电阻率及结构，从而可为评估接地极地电流对环境的影响提供计算依据。特别值得一提的是，如果区域地质是泥岩、泥质页岩、砂岩、发育灰岩、铜矿、铁矿等导电性能良好的岩石，可优先在此选址。此外，通过收集的地质资料还可以借助表 26-4 和表 26-5 所列数据，预估出土壤电阻率、热导率和热容率等参数，为评估工程造价提供计算依据。

表 26-3　土壤（岩石）电阻率参数

物质类型	土壤（岩石）名称	电阻率（Ω·m）	备　注
水	雨水	＞10^3	与水中导电物质含量相关
	河水	10～10^2	
	海水	（5×10^{-2}）～1	
	地下水	10^{-1}～（3×10^2）	
	冰	10^4～10^8	
土壤	黏土、粉质黏土	10～10^3	与水和导电物质含量相关
	粉土		
	湿砂		
	干砂、卵石	10^3～10^5	
砂岩	泥质页岩	20～10^3	
	致密砂岩		
	红砂岩	10～10^2	
灰岩	泥灰岩	50～（8×10^2）	
	石灰岩	（3×10^2）～10^4	
岩石	花岗岩	（2×10^2）～10^5	与含水量关系很大
	闪长岩	（5×10^2）～10^5	
	正长岩		
	玄武岩		
	辉长岩		
	玢岩		
	橄榄岩		
	片岩	（2×10^2）～10^4	
	片麻岩	（2×10^2）～（2×10^4）	
	白云岩	10^2～10^4	
	盐岩	10^4～10^8	
地矿	石膏	10^2～10^8	与矿物质、含水量有关系
	黄铜矿	10^{-4}～10^{-1}	
	磁铁矿	10^{-4}～10^3	
	赤铁矿	1～10^5	
	石英	＞10^6	
	云母	＞10^8	

注　此表数据摘自 DL/T 5159—2012《电力工程物探技术规程》。

表 26-4 土 壤 热 容 率

土壤名称	热容率 [$\times10^6$，J/(m^3·K)]		
	干	50% 湿饱和度	100% 湿饱和度
砂	1.26	2.13	3.01
黏土	1.00	2.22	3.43
腐殖土	0.63	2.18	3.77

注 此表数据摘自 DL/T 5224—2014。

表 26-5 土 壤 热 导 率

土壤名称	热导率 [W/(m·K)]	
	干	湿
砂	0.27	1.85
带淤泥及黏土	0.43	1.90
细砂质土壤	0.33	2.3
粉砂土壤	0.37	0.88
带砂的黏土	0.42	1.95
火山土	0.13	0.62
黑色耕种土（冰冻）	0.18	1.13
褐色底土（冰冻）	0.08	1.20
黄褐色底土（冰冻）	0.10	0.82
带砂及淤泥的砾石	0.55	2.55
冰（0℃）	—	2.22

注 此表数据摘自 DL/T 5224—2014。

四、土壤（大地）物理参数测量要求与数据处理

（一）土壤电阻率测量

（1）现场测量。大地（土壤）电阻率定义为两相对面面积为 $1m^2$、距离为 1m 的立方体电阻。由于土壤的取样将破坏其结构和水分从而不能得到其真正的电阻率，因此测量极址大地（土壤）电阻率应在现场进行。迄今为止，几乎所有在现场测试土壤电阻率的方法都是以稳定电流场为基础，假设大地在各个方向上都是均匀的。然而实际上在大多数区域里，土壤在各个方向上是不均匀的，因而实际测得的数据不是真正的电阻率，而是视在电阻率。

（2）测量范围。接地极尺寸及其技术特性与极址附近土壤参数关系十分密切，深层土壤参数对于评估地电流对环境设施的影响不可忽视。因此为了得到可信赖的计算结果，设计人员希望能够获得不小于 $1km^2$ 极址范围内的详细土壤电阻率测量参数，甚至期望了解到离开接地极数十千米范围内的大地电阻率。在如此之大的范围里，为了减少测试工作量，同时也能满足计算精度要求（基于工程观点），通常对极址附近 1～$2km^2$ 范围内的土壤电阻率进行较详细勘测，对于远离这个范围直至数十千米远，采取抽样勘测或者通过搜集资料确定。

（3）测量深度。为了保证接地极特征参数的计算精度以提高接地极地电流对环境影响评估的可靠性，设计人员希望能获得地表至地壳（数十千米甚至上百千米）深处土壤（大地）电阻及其结构分布的可靠参数，因此通常分别采用四极电探法、电位拟合法和 MT 法等测量方法来实现上述要求。应采取分层测量，以便探明纵向分布不均匀特性。考虑到工程量、费用和工期等因素的限制，通常极距 s 为 0～1000m 时采用四极电探法、数百米至地壳时采用 MT 法测量，电位拟合法适用于数十米至数千米深且地形地貌复杂地带。

（4）测量密度。由于土壤电阻率参数分布往往是不均匀的，因此测量应分块进行。先用方形网格或射线网格将极址分成若干小块，然后在每个网格的节点处进行不同深度的测量。对于电极埋设处，应适当增加测点。测点密度视土壤电阻率分布均匀程度和测深来定：土壤电阻率分布不均匀时，测点密度可以大些，反之则可小些；测深越深，测点密度可越小。根据 DL/T 5224—2014，测点密度不应小于表 26-6 要求，否则其结果可信度难以满足工程要求。

表 26-6 不同极距下的布点最小密度

<table>
<tr><td>极 距 s（m）</td><td>2</td><td>5</td><td>10</td><td>15</td><td>20</td><td>30</td><td>50</td><td>70</td><td>100</td><td>150</td><td>200</td><td>300</td><td>500</td><td>700</td><td>1000</td></tr>
<tr><td>密度（个/km²）</td><td colspan="5">49</td><td colspan="4">36</td><td colspan="2">25</td><td colspan="2">16</td><td>9</td><td>4</td></tr>
</table>

（5）测量精度。为了获得比较准确的测试结果，选择试验电源和电流值也是重要的。接地极在直流电流情况下运行，因此，用直流电源测试的土壤电阻率较能代表运行情况的电阻率。除此之外，对于深层电阻率的测试，由于电压探针极距较大，须考虑地中干扰电流对测试结果的影响。减少这种影响最有效的方法是增大试验电流，最小测试电流可表示为

$$I = 2\pi s\frac{U_{\mathrm{g}}}{\rho\varepsilon}\times 100\% \quad (26\text{-}19)$$

式中 I——最小测试电流，A；

s——电压探针极距，m；

U_{g}——干扰（背景）电压，V；

ρ——土壤电阻率，Ω·m；

ε——允许误差，%。

当电压探针极距 $s>300\mathrm{m}$ 时，应采取措施（如增大测试电流、补偿等），减少地中干扰电流对测试结果的影响。如同极距下同一测点的测试结果误差大于5%，应重新测量，保证测试结果误差不大于5%。

电压探针极距 $s>300\mathrm{m}$ 时，宜在相互垂直的两个方向布线测量。

（二）其他参数测量

一般情况下，与接地极设计有关的参数除土壤电阻率外，还主要有热导率、热容率和极址地形、基岩埋深、湿度（地下水位）、地温等。

1. 热导率和热容率测量

土壤热导率是指单位长度和面积土壤两端温差为1℃时每秒传递的热量。土壤热导率测试分为实验室测试和现场测试两种。

热容率是指单位体土壤每升高 1℃所需的热量。土壤热容率通常是在实验室用绝热的热量计测量。

送往实验室的土壤样品，应是取自所选极址场地的每种典型土壤抽样或在此地区内的各种土壤。取样土壤最好是取自电极埋深处的土壤，取样数目不宜低于极址土壤分类数。

2. 接地极极址地形测量

为了能使设计人员更贴近工程实际地开展接地极概念设计，对拟推荐的极址方案开展地形图测量是必要的，尤其是地形地貌比较复杂的极址更应实地测量。地形图测量比例宜不小于1:2000。

3. 基岩埋深（岩土）测量

对于位于山区、喀斯特地貌的极址或采用垂直型接地极方案的极址，有必要测量极址基岩埋深。测量基岩埋深主要目的：①用于评价极址是否可埋下接地极；②便于设计人员确定接地极埋深，避免将接地极埋在岩石中。

4. 地下水位

在进行地质勘探的过程中，需收集极址区域地下水位埋深资料。

5. 地温

对温泉地区的极址，应对区域内地温进行测量。

（三）测量数据处理

从现场测得的土壤电阻率、热导率、热容率、地下水位等土壤参数的原始数据可能呈现出较大的分散性。导致这些数据各异的原因可归纳为三类：①测量误差；②由湿度或温度变化引起的差别；③其他客观上存在的差异。为了便于分析计算，有必要对测量数据进行统计、校正和等效简化处理。

1. 数理统计

理论上，测量误差可以采用数据统计的方法进行修正，但这需要（对同一测量对象）有较多的测量数据。根据统计学理论，若对同一标本进行 J 次抽样检查，并且其检验参数（X_j）遵循高斯（正态）分布，则检验参数平均值（$\bar{X}$）和标准偏差（σ）分别为

$$\bar{X} = \frac{1}{J}\sum_{j=1}^{J} X_j \quad (26\text{-}20)$$

$$\sigma = \sqrt{\frac{1}{J}\sum_{j=1}^{J}(X_j - \bar{X})^2} \quad (26\text{-}21)$$

若取置信度为95%，则

$$X = \bar{X} \pm 1.96\sigma \quad (26\text{-}22)$$

对于土壤电阻率，须按各自的测深和测位分别进行处理。假定在测位为 n 处对第 i 层的土壤进行了 J 次测试，其值为ρ_{inj}，根据式（26-20）和式（26-21），则第 n 号测点处的第 i 层土壤平均电阻率（$\bar{\rho}_{in}$）和标准偏差（σ_{p}）分别为

$$\bar{\rho}_{in} = \frac{1}{J}\sum_{j=1}^{J}\rho_{inj}$$

$$\sigma_{\mathrm{p}} = \sqrt{\frac{1}{J}\sum_{j=1}^{J}(\rho_{inj} - \bar{\rho}_{in})^2}$$

基于安全考虑，土壤电阻率参数取其极大值，即

$$\rho_{in} = \bar{\rho}_{in} + 1.96\sigma_{\mathrm{p}} \quad (26\text{-}23)$$

式（26-23）表明：该处的电阻率小于ρ_{in}的概率为95%，而大于ρ_{in}的概率只有5%。

同理，关于土壤热导率、热容率和地温的测量数据取值分别为

$$\lambda = \bar{\lambda} - 1.96\sigma_{\lambda} \quad \mathrm{W/(m\cdot ^\circ C)} \quad (26\text{-}24)$$

$$C = \bar{C} - 1.96\sigma_{C} \quad \mathrm{J/(m^3\cdot ^\circ C)} \quad (26\text{-}25)$$

$$t_t = \bar{t}_t + 1.96\sigma_t \quad ^\circ\mathrm{C} \quad (26\text{-}26)$$

式（26-24）或式（26-25）表明：该极址土壤的热导率或热容率大于λ或 C 的概率为95%，小于λ或 C 的概率则为5%，而式（26-26）表达的最高温度概率刚好与此相反。

对于极址地下水位测试数据的处理方式，应视测试结果而定。如果在同一时期里，各个测位的测试数据（海拔）基本相同，则也可以将测得的全部数据看作是对同一标本的抽样结果。此时，可先按式（26-20）和式（26-21）计算出平均值和偏差，然后再按式（26-22）计算出的极址的最高水位（取正）和最低水位（取负）。

2. 年平均值

同一测点位置，土壤湿度或温度不同可能引起测量数据有较大的差别，也可以说上述参数值与季节（温度和湿度）变化有关。对于这些测量数据，如果都取不利于电极运行的极值（最大值或最小值）来设计接地极是不经济的。现实情况下：①土壤温度上升的速度往往非常慢，电极温升过程甚至会跨越季节变化期；②季节变化对地面 3m 及以下深处的土壤电阻率、热特性、地温等参数值通常影响相对较小；③系统以额定电流和最大持续时间运行的概率不大，尤其对双极对称接线系统更是如此；④接地极以额定电流运行时，上述有关参数同时出现对接地极运行最不利条件（季节）的概率也是很小的。基于这些因素，在计算温升及相关参数时，可结合工程具体情况选择采用年平均最大或最小数值，甚至采用年平均值。

3. 等效值

对于一个庞大的接地极而言，在更多的情况下土壤参数并非各向均匀，有时甚至相差颇大，设计中如何使用这些参数非常重要。在充分考虑这些参数对电极设计作用的同时，将非均匀分布的大地物理参数等效为均匀分布参数，可使计算大为简化。

通常，极址土壤电阻率采用温纳尔四极法探测获得，测得的值是视在电阻率值。设第 m 层（探测深度）共测了 N 个测点，测得土壤（视在）电阻率值分别为 ρ_1，ρ_2，ρ_3，…，ρ_N。如果将该区域土壤电阻率参数视为单一均匀值 ρ_m，且当测点数目足够多或者电阻率值接近的测点数目同该区域范围大致成比例时，根据恒定电流场基本原理，则第 m 层（探测深度）的等效视在电阻率值 ρ_m 为

$$\rho_m = \frac{N}{\sum_{n=1}^{N} \frac{1}{\rho_n}} \tag{26-27}$$

第四节　本　体　设　计

一、接地极布置、长度及埋深

接地极一般由馈电元件和活性填充材料构成，馈电元件位于中央，四周填充活性填充材料，其断面如图 26-7 所示。接地极一般采用水平浅埋型或垂直型布置。水平浅埋型宜采用方形断面，垂直型宜采用圆形断面。

（一）接地极布置

1. 选择接地极布置形状的基本原则

（1）力求使溢流密度分布均匀。为了获得比较均匀的溢流密度分布特性，根据世界上已投运的接地极设计运行经验和上述理论分析结果，在进行接地极平面布置设计中，宜遵循下列选形规则：

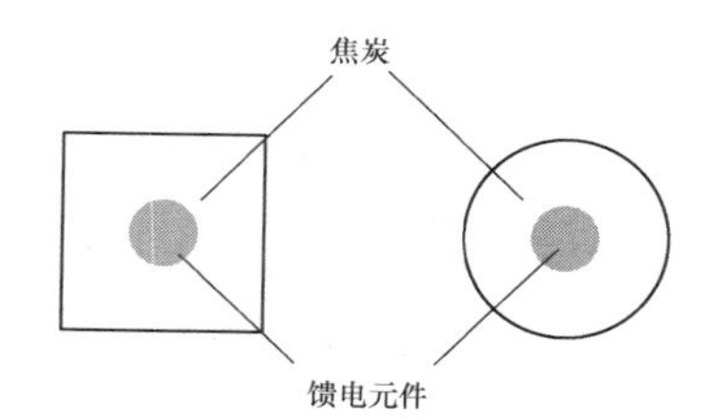

图 26-7　接地极断面示意图

1）在场地允许的情况下，一般应优先选择单圆环形布置，其次是多个同心圆环形布置，但同心圆环数一般不超过 3 个（过多不经济）。

2）在场地条件受到限制而不能采用圆环形电极的情况下，宜采用首尾衔接的环形布置，且应尽可能地使电极布置得圆滑些（尽量减少圆弧的曲率，也即增大圆弧的半径）。

3）如果地形整体性较差或呈长条状（如山岔、河岸），可采用星形（直线形）电极。如端部溢流密度过高，可在端部增加一个大小合适的均流环，以降低端点溢流密度。特别的，在出现电极埋设层土壤电阻率高于相邻土壤层情况下，即使采用星形或直线形布置，也有可能获得比较均匀的溢流密度分布特性。

4）在条件允许的情况下，电极应尽可能对称布置。电极对称布置不仅有利于降低跨步电位差，改善接地极运行性能，也有利于导流系统布置，提高导流系统分流的均衡度和可靠性，降低导流系统的工程造价。

（2）接地极的分段。为了便于维修和更换损坏的电极，接地极一般应分成若干段，运行时通过测量每一独立的电极注入点的电流，并根据电流的平衡或差异，则可判断哪一部分电极发生故障。当发现故障时，可以切断该部分电极的电流开关，并可在不影响整个接地极工作情况下检修故障部分。接地极分段也会带来一些问题，主要表现在电流分配发生畸变，断开点溢流密度会明显增加，其程度与断开距离密切相关。因此，接地极分段应控制断开距离，一般不大于 2m。

（3）充分利用极址场地。受温升和跨步电位差（极址土壤导电性能差，并且入地电流大和持续时间长）控制的接地极，可优先选择多个同心圆环形布置。选用单圆环布置容易产生两个问题：①因要求环径较大，极址（中央）不能充分利用，容易受到极址场地面积的限制；②若极址（或环径）受到限制，为了满足温升和跨步电位差的要求，势必要增加焦炭断面尺寸和埋设深度（或采取其他措施），因此焦炭用量大，工程造价高。而选用双圆环或三圆环同心布置，正好可弥补单圆环布置的上述缺点，整个极址得到了利用，分散了热量（意味着可减少焦炭断面尺寸）。虽然电极总

长度增加了，但同时可减少电极外缘尺寸，降低跨步电位差，从而获得较好的技术经济特性。

2. 选择接地极布置型式的原则

水平型和垂直型两种接地极在技术特性及工程造价上差异明显，设计时应注意正确选用。值得一提的是，由于接地极尺寸往往受到跨步电位差和最大温升技术条件的控制，因此在选择接地极布置型式时，宜遵循下列原则：

（1）在极址场地允许的情况下，可优先选择常规水平型布置。由于水平型接地极具有溢流密度分布较均匀、运行特性良好和施工运行方便等优点，因此迄今为止，我国几乎所有在建和投入运行的接地极均是浅埋型水平布置。但水平型接地极跨步电位差较大，往往要求极址场地面积较大、地形较平坦，导致选址相对较困难。

（2）在极址场地受限和额定电流持续时间较短的情况下，可考虑选择垂直型布置。垂直型接地极由多根垂直于地面布置的子电极组成，子电极间是相对独立的。研究结果表明：如将垂直子电极布置成单圆环形状，则每根子电极可以获得相同的电流；否则，就有可能出现某些子电极得到的电流较大，而另一些子电极得到的电流较小（譬如子电极布置成直线形状，就可能出现位于端部的子电极得到的电流大大地高于其他子电极）。因此，为了获得比较好的溢流密度特性，充分发挥每一根子电极的作用，在条件允许的情况下，子电极应尽可能布置成圆环形。与水平型接地极相比，采用垂直型布置，可以有效甚至成倍地降低跨步电位差，对场地条件的要求相对较宽松些，可允许高差稍大，降低对极址场地尺寸的要求，且随着子电极长度的增加，降低效果更明显。因此，垂直型接地极较适用于跨步电位差值达标困难、额定电流持续时间较短和极址场地高差较大的直流输电接地极工程。但采用垂直型布置，应特别关注两点：①表层土壤覆盖层（含导电良好且松软的岩石层）一般要大于 10m，否则由于子电极长度受限而难以发挥其效果；②保证下端点处的溢流密度和温升要符合设计技术条件。

（3）在极址场地受限和额定电流持续时间较长的情况下，可考虑选择诸如共用、分体式和紧凑型等特殊型接地极。

在此必须指出：在同一个接地极单元，水平型和垂直型接地极不宜混合采用。混合采用不仅会严重影响到各自优势的发挥，而且还容易凸显其各自的劣势。

（二）电极长度

在特定的极址模型、电极形状布置和埋深条件下，接地极的接地电阻值主要与电极长度有关。换言之，确定电极最小允许长度实际上是确定其最大允许接地电阻。

对于接地极而言，满足直流输电系统安全运行的电极最小尺寸通常不受中性点电位（漂移）控制，而是在长时间（如连续运行时间大于数月）额定电流运行下，可能受电极最大允许温升控制；在短时间运行可能受最大允许跨步电位差控制。因此，计算确定电极尺寸有两种途径：①先根据允许最大温升作为控制条件，计算出电极最小尺寸，然后校核跨步电位差，判断其是否满足要求；②先以最大跨步电位差为控制条件，获取电极所需最小尺寸，然后校核最大温升，判断其是否满足要求。前者通常适用于接地极受温升条件控制时，而后者往往更适用于接地极受跨步电位差条件控制时。下面仅就温升要求来讨论电极的最大允许接地电阻。

1. 稳态温升条件

假设接地极埋设在多层电性结构的土壤中，电极埋设 m 层的土壤电阻率、热导率和热容率分别是 ρ_m、λ_m 和 C_m。如果无限期地给该接地极注入恒定电流 I_d，则该接地极附近土壤温度将逐渐上升，直至到达稳态温度。根据热力学理论，接地极温度 $\theta(t)$ 可用图 26-3 或式（26-6）描述。由于被加热的对象是敞开边界的大地，因此极址土壤温升速度往往非常缓慢。在接地极设计中，考虑到接地极址土壤电阻率、热导率和热容率等参数的测量、取值和分布很难准确地界定，因此为了慎重起见，在设计时做两点假设：①认为极址土壤任意点温度以线性上升，其速度为 $t=0^+$ 时的速度；②定义热时间常数 T 为土壤温度按其初始速度线性上升到稳态温度 θ_{max} 所需要的时间（此时 $k=1$）。基于上述假设和焦耳–楞次定律，并通过公式变换，可以得到接地极满足稳态温升的条件是

$$R_e \leqslant R_o \qquad (26\text{-}28)$$

式中 R_e——接地极的接地电阻，Ω；

R_o——临界接地电阻，可按式（26-11）计算，Ω。

对于 R_e 的计算，一般需要采用计算软件进行，特别是对于任意布置形状和复杂边界的极址模型。但对于极址土壤电阻率分布均匀且水平单圆环形布置的接地极，接地电阻为

$$R_e = \frac{\rho}{2\pi^2 R}\ln\left(\frac{4R}{\sqrt{ah/\pi}}\right) \qquad (26\text{-}29)$$

式中 R_e——接地极的接地电阻，Ω；

ρ——土壤电阻率，Ω·m；

R——圆环半径，m；

a——焦炭断面边长，m；

h——接地极埋深，m。

令 $R_e=R_o$，即可确定满足稳态温升要求的最小电极尺寸。

$R_e \leqslant R_o$ 的物理意义可以理解为：当入地电流为

I_d、持续时间为 t 时，土壤吸收的电能等于 $I_d{}^2R_0t$；当电能全部转换成热能时，可导致土壤最高温升为 $(\theta_{max}-\theta_c)$；建立了温升与接地电阻的关系，与接地极形状无关。换言之，对于一个无限期以大地回线运行的直流系统，在给定温升（$\theta_{max}-\theta_c$）和入地电流的条件下，使其接地极电阻满足 $R_e=R_o$ 要求，即可得到最小电极长度。由此可见，确定接地极满足稳态温升的最小电极长度的过程实际上是计算 R_e 和 R_o 的过程。

前面已提到，按照 $R_e=R_o$ 条件确定的电极尺寸还是有些裕度的，这些潜在的裕度给接地极安全运行增加了安全系数。

2. 暂态温升条件

对于大多数直流输电系统，特别是对称双极系统，单极大地回线方式只是发生在建设初期和单极故障或检修期间，并且单极大地回线方式运行的时间一般较短，最多不超过半年。也就是说，接地极温度尚未进入稳态或者离允许温度相差甚远，电流就切断了。这样，接地极长度尺寸可以不受 $R_e \leqslant R_o$ 要求控制，而受跨步电位差控制。

尽管如此，在此情况下还是要校验局部的暂态温度。为了安全起见，在计算接地极暂态温升时，可不考虑耗散的热量，认为电能全部转换成热量。根据能量平衡关系，当直流系统以单极大地回线方式运行时，欲使接地极最高温度不超过允许值 θ_{pm}，要求接地极上任一点 P 处的面电流密度应满足

$$J_P \leqslant \sqrt{\frac{(\theta_{pm}-\theta_c)C_P}{\rho_P t_0}} \qquad (26\text{-}30)$$

式中　J_P——点 P 处焦炭与土壤接触面处面电流密度，A/m²；

θ_{pm}——接地极最高允许温度，℃；

θ_c——接地极环境温度，℃；

C_P——点 P 处土壤热容率，J/（m³·K）；

ρ_P——点 P 处土壤电阻率，Ω·m；

t_0——额定电流最长持续运行时间，s。

由此可见，只要土壤中任一点的电流密度满足式（26-30）的要求，则土壤中任意点的暂态温度就不会超过允许温度 θ_{pm}。因此，设计中可以通过增加接地极表面面积来满足接地极最大暂态温升要求。增加电极表面面积可以是增大焦炭断面尺寸，也可以是增加电极长度，设计时，需要结合极址条件，通过技术经济比较优化确定。

（三）电极埋深

接地极埋深是影响最大跨步电位差的重要因素，且涉及土壤参数的设计取值，关系到施工土方开挖量和施工费用。对此，在设计接地极时应通过技术经济比较后择优确定接地极埋设深度。一般应考虑下述几个方面因素：

（1）控制最大跨步电位差。通常，电极埋设深度对最大跨步电位差影响十分敏感，故可以改变电极埋设深度使跨步电位差满足要求。在电极长度远大于电极埋深并且溢流密度分布均匀情况下，接地极最小埋设深度为

$$h=\frac{\rho_1\alpha}{2\pi U_{pm}} \qquad (26\text{-}31)$$

式中　h——接地极最小埋设深度，m；

ρ_1——地面土壤等效电阻率，Ω·m；

α——接地极溢流密度，A/m；

U_{pm}——最大允许跨步电位差，V。

（2）电极埋设层土壤性能应良好。接地极埋设深度的设计取值除了必须服从于地面任意点最大跨步电位差的要求外，最好能将接地极铺在土壤电阻率低、热特性好、水分充足的土壤中，而不应放在诸如岩石、砂卵石层和干燥无水的高电阻率层中。这是因为接地极尺寸及接地极所反映出的技术指标在很大程度上取决于它周围土壤参数的物理特性。换言之，如果能将接地极铺设在土壤电阻率低、热特性能好、水分充足的土壤中，对缩小接地极尺寸，提高接地极运行的安全性、可靠性是十分有好处的。

（3）尽可能减少土方开挖量。在满足上述条件要求的情况下，应尽可能减小电极的埋设深度，水平布置接地极最大埋深不应超过 5m，这对于减少土方开挖量和环境保护是重要的，特别是在极址地形不平坦情况下尤为重要。通常极址地形是不平坦的，即使在平原地带，仍可能存在沟、塘、渠之类的低洼地带。对于接地电极穿越这些低洼地带，如果以这些低洼地带标高来确定整个接地极的埋设深度，土方开挖量将达到难以接受的地步。在此情况下，可根据地形地貌条件，采用不等埋设深度分段埋设，在电极穿越沟、塘、渠之类低洼地带，可采用电缆跳线跨接。这样既可以减少土方开挖量和对环境的破坏，同时在这些低洼地带的跨步电位差不会超过允许值。

（4）避免外部因素破坏。接地极埋深也不宜过浅，以免可能受到来自田间作业、机耕等方面的外力破坏，同时可避免大气温度对电极运行性能的影响。一般接地极埋深不应小于 2.0m。

综上所述，设计中确定接地极埋深取决于多方面的因素，合理的设计取值应根据具体情况进行技术经济比较，择优取值。

二、电极材料选择和尺寸

（一）电极材料类型及选择

在选择电极材料时，应根据导电性能良好、抗腐

蚀性强、机械加工方便、无毒副作用、经济性好的原则，结合工程和市场条件，通过技术经济比较选择电极材料，具体如下：

（1）用于接地极的电极材料宜为碳钢、高硅铸铁、高硅铬铁、石墨等材料。根据上述常用电极材料的腐蚀特性，要求碳钢的含碳量宜小于 0.5%，石墨材料必须经过亚麻油浸泡处理，高硅铸铁和高硅铬铁电极的化学成分应符合表 26-7 的要求。

表 26-7　高硅铸铁和高硅铬铁电极的化学成分要求　（%）

化学成分	高硅铸铁	高硅铬铁
硅（Si）	14.25～15.25	14.25～15.25
锰（Mn）	<0.5	≤0.5
碳（C）	<1.4	<1.4
磷（P）	<0.25	<0.25
硫（S）	<0.1	<0.1
铬（Cr）	0	4～5
铁（Fe）	余量	余量

（2）对于阳极运行寿命小于 20×10^6Ah 且极址地下水属于弱腐蚀性的接地极，电极材料宜选择碳钢，以简化导流系统设计。

（3）对于阳极运行寿命大于 40×10^6Ah 或者极址地下水达到中等及以上腐蚀性接地极，电极材料宜采用高硅铸（铬）铁或石墨。

（4）对土壤含氯（Cl）较高的接地极，电极材料应采用高硅铬铁。

（5）如选择碳钢且因腐蚀寿命要求其直径大于 60mm，宜选择高硅铸（铬）铁或石墨，以降低施工难度。

选择电极尺寸时，除了应遵循在满足腐蚀寿命的技术要求下，还应尽可能地选择尺寸规格符合标准的定型产品。

（二）电极材料的截面尺寸

接地极在运行中起着导流作用。在电极将电流导入焦炭中的同时，也伴随着被溶解（电腐蚀）。对电极直径的确定，务必保证在规定腐蚀寿命内，不仅要保持电流畅通，还应始终使其载流能力和温升控制满足技术要求。为此，电极尺寸应同时满足

$$\left.\begin{aligned} D_P &\geqslant \sqrt{\frac{4k_1k_2\rho_P\tau_PFv_\mathrm{f}+\pi D^2g\rho_\mathrm{m}I_\mathrm{N}\times10^{-3}}{\pi g\rho_\mathrm{m}I_\mathrm{N}\times10^{-3}}} \\ D_P &\geqslant \frac{4a}{\pi}\sqrt{\frac{\rho C_P}{\rho_P C}}\times10^{-3} \end{aligned}\right\} \quad (26\text{-}32)$$

式中　D_P——点 P 处电极等效直径，mm；

k_1——保护系数，焦炭中单位面积泄入地中的离子流与总电流之比；

k_2——电腐蚀汇集效应系数；

τ_P——点 P 处的溢流密度，A/m；

F——阳极运行寿命，A·年；

v_f——电极材料在土壤中的电腐蚀速率，kg/（A·年）；

D——接地极运行时间到达设计寿命时的电极残余等效直径，mm；

g——电极材料密度，g/cm³；

I_N——额定电流，A；

ρ——焦炭电阻率，Ω·m；

C——焦炭热容率，J/（m³·K）。

在使用式（26-32）时应注意以下参数的取值：

（1）保护系数 k_1。前面已提到，焦炭有保护馈电棒的作用，这是因为在焦炭与馈电棒间存在电子导电。为此式中引入了保护系数 k_1，定义为焦炭中单位面积泄入地中的离子流与总电流之比。一般来讲，k_1 的取值与焦炭的物理特性、断面尺寸、夯实程度及水的化学成分等有关，可以通过实际试验结果确定。根据试验，k_1 取值在 0.1～0.6 之间。

（2）汇集效应系数 k_2。电腐蚀有汇集效应，即电腐蚀并非均匀，腐蚀可以发生在某一部分，甚至一点。试验结果表明，汇集效应程度与馈电棒材料有关，碳钢材料的腐蚀汇集效应较其他材料更明显。对此，在设计接地极和选定馈电棒尺寸时引入系数 k_2。根据试验结果，碳钢材料的汇集系数 k_2 不宜小于 2.5，其他材料不宜小于 1.5。

在没有针对具体工程试验数据情况下，设计时可根据极址土壤条件和电极材料并参照表 26-8 试验结果取值。

表 26-8　常用材料电腐蚀数据

材料名称	密度（g/cm³）	腐蚀速率［kg/（A·年）］	汇集效应系数 k_2
铁（钢）	7.86	9.1	3.0
高硅铸铁	7.03	2.0	2.0/3.0（海水中）
高硅铬铁	7.02	1.0	2
石墨	2.1	1.0	>3.0

（3）电极残余等效直径 D。随着接地极运行时间变长，电极可能逐步被腐蚀、变细。但要求在设计寿命期间（包括退役前），电极应保持正常散流，且满足载流要求。因此式（26-32）中引入残余等效直径。对于铁材料，残余等效直径 D 一般应不小于 20mm。

（4）在使用式（26-32）计算电极尺寸时，a 值宜是根据水的沸点确定的焦炭断面最小尺寸。

值得指出：如电极表面各处电流密度不相同，设计中可以根据电流密度大小，按式（26-32）计算分段确定馈电棒尺寸；特别地，若某处溢流密度很大，可以加大该段馈电棒尺寸或使用抗电腐蚀能力强的材料。这不仅可节省材料，而且也给施工安装带来很大的方便。

三、活性填充材料选择和尺寸

（一）活性填充材料特性及选择

目前，焦炭碎屑是成功地用于接地极的唯一填充材料。经过对比试验，发现未经过煅烧的焦炭的挥发性达 15%～20%，其电阻率高于煅烧后的焦炭约 4 个数量级，所以用于接地极的焦炭必须经过煅烧。

焦炭通过电流也会有损耗。电流流过焦炭，将使焦炭发热，部分氧化，尤其是焦炭颗粒状接触为点接触，点接触处发热首先被氧化成灰分。灰分为不导电材料，因此，散流金属与焦炭的电子导电特征部分被破坏，以离子导电代替部分电子导电，散流金属的电解腐蚀随之增加。焦炭的损耗速率为 0.5～1.0kg/（A・年），损耗速率取决于焦炭表面的电流密度。

基于接地极填充材料的功能、运行环境和工程经验，对成品焦炭（颗粒状）的技术条件主要包括以下三个方面。

（1）化学成分。根据当前石油煅烧焦炭原材料的主要化学成分，对成品焦炭的化学成分的要求如下：

湿度（含水率）：≤0.1%；

挥发性：≤0.7%；

灰尘：≤2%；

含硫率：≤1%；

含铁量：0.04%；

含硅量：0.06%；

含碳率：≥95%。

（2）物理特性。对焦炭的物理特性有以下几个方面的要求：

电阻率（在 1100kg/m^3 下）：≤0.3Ω・m；

容重：1040～1150kg/m^3；

密度：2.0g/cm^3；

孔隙率：45%～55%；

热容率：≥1.0 [J/（m^3・K）]×10^6。

（3）颗粒成分。焦炭原材料是成块状的，应捣碎成碎屑方能使用。一般来讲，捣碎焦炭颗粒越小，导电性能越好，但透气性越差；反之则相反。为了使捣碎的焦炭既导电性能好，又有较好的透气性，其颗粒成分（筛号）一般宜符合下列要求：

13×25（cm）：5%～7%；

25×40（cm）：15%～20%；

40×80（cm）：30%～35%；

80×80（cm）：38%～50%。

顺便指出，传统的筛号单位为“目”，即指单位平方英寸面积的网孔数。目数越高，颗粒越细。这里的颗粒成分表达了类似的概念，即单位平方厘米面积占有的网孔数，且部分为长方形颗粒。

因焦炭在运输、敷设等过程中容易发生损耗，设计（或订购）中应根据运输、极址条件情况，考虑 10%～15%的用量裕度。

（二）活性填充材料的尺寸

焦炭有两方面的作用：①增加电极表面积，降低电极表面的溢流密度，从而降低温升及温升速度，同时可避免电渗透现象发生；②保护馈电棒，使之不受或少受电腐蚀。

对于非稳态温升条件下的接地极，如果电极表面的电流密度各处相同（如单圆环布置），电极焦灰截面应满足

$$a \geqslant \frac{I_\text{d}}{4L}\sqrt{\frac{\rho t_0}{C(\theta_\text{pm}-\theta_\text{c})}} \tag{26-33}$$

式中　a——电极焦炭截面边长，m；

L——电极总长度，m；

θ_pm、θ_c——接地极最高允许温度和环境温度，℃；

ρ——土壤电阻率，Ω・m；

C——土壤热容率，J/（m^3・K）。

在实际工程中，由于受电极形状和土壤参数分布不均匀等因素的影响，电极表面各处电流密度往往是不一样的，有时相差可能达数倍。如果出现电流密度不均匀，特别是严重不均匀情况，就可能出现接地电阻满足热稳定要求，但局部温度不满足要求的情况。因此，如果说以接地电阻作为控制条件来确定接地极尺寸，是为了使接地极满足稳态温升条件下发热要求的全局控制，那么用热时间常数来决定焦炭截面，则是为了使接地极满足非稳态温升条件下发热要求的局部控制。

如果接地极溢流密度不均匀，为了保证任意点 P 处最高温度不超过给定的允许值，电极任意点 P 处的焦炭截面边长应满足

$$a_P \geqslant k_P \alpha_P \sqrt{\frac{\rho_P t_0}{C_P(\theta_\text{pm}-\theta_\text{c})}} \tag{26-34}$$

式中　a_P——任意点 P 处焦炭截面边长，m；

k_P——土壤电阻率不均匀系数；

α_P——土壤电阻率各向均匀分布时点 P 处的溢流密度，A/m。

影响溢流密度分布主要因素来自两个方面：①电极形状；②土壤电阻率分布。因此式（26-34）中引入

α_P和 k_P，前者仅与电极形状有关，后者与接地极埋设层（含相邻层）土壤电阻率参数分布相关。

在接地极水平穿越 n 个土壤电阻率分别为 ρ_1，ρ_2，…，ρ_m，…，ρ_n 情况下，如果不计相邻层的影响，k_P和ρ_P的计算为

$$k_P=\frac{\rho_d}{\rho_P} \tag{26-35}$$

如果考虑相邻层的影响，式（26-36）中的ρ_n可按式（26-37）修正为ρ_n'

$$\rho_d=\frac{N}{\sum_1^N \frac{1}{\rho_n}} \tag{26-36}$$

$$\rho_n' \approx \rho_n\left[1+\frac{(\rho_{down}-\rho_n)a}{(2h-a)(\rho_{up}+\rho_n)}+\frac{(\rho_{down}-\rho_n)a}{(2H-2h-a)(\rho_{down}+\rho_n)}\right] \tag{26-37}$$

式中 ρ_{down}——下层土壤电阻率，Ω・m；

ρ_{up}——上层土壤电阻率，Ω・m；

h——上层界面至电极中心的距离，m；

a——焦炭截面边长，m；

H——上下层间界面的距离，m。

依照式（26-37），可求得任意段（点）电极满足发热条件要求的最小焦炭截面尺寸。

不难看出：如果接地极形状是非圆环形，必然存在α_P大于平均值；若土壤电阻率非均匀分布，必然存在 $k_P>1$。在此情况下，如果整个接地极的焦炭截面采用一个尺寸，并且按发热最严重段点取值，显然其焦炭用量较电流均匀条件下焦炭用量多。因此，在接地极的溢流密度不均匀情况下，特别是在α_P远大于平均值或$k_P \ll 1$的情况下，整个接地极焦炭截面采用一个尺寸是很不经济的，而根据溢流密度大小采用两种或多种尺寸，不仅运行安全，而且可以获得很好的经济效益。

值得指出，按以上方法计算确定的接地极焦炭截面尺寸，只是反映出电极任意部位受发热控制必须满足的条件。对于长时间以阳极运行的接地极，还应将最大面电流密度控制在允许范围内，以免发生电渗透。

此外，当 t_0 较小时，计算得到的焦炭截面尺寸可能很小，若焦炭截面尺寸太小，馈电棒容易失去焦炭的保护。在此情况下，即使焦炭截面尺寸不受发热控制，为了使馈电棒少受电腐蚀，焦炭截面尺寸也不能太小。因此，焦炭截面边长不宜小于 300mm，否则欲使整个馈电棒可靠地置于焦炭之中并受到一定的保护，将导致施工比较困难。

四、算例

应该指出，对于接地极的各项技术指标计算，应优先考虑采用专用程序。对于单圆环形接地极和极址土壤参数各向分布均匀的，可以采用手工计算。本例的提出，旨在介绍接地极设计流程及其主要考核的技术指标。

【例 26-3】设某一高压直流输电接地极址为平地，土壤电阻率值为 100Ω・m，土壤热导率值为 1.0W/(m・K)、热容率为 2.0J/(cm³・K)，最高环境温度为30℃，且土壤参数分布各向均匀。其他设计条件如下：

（1）系统条件：见［例 26-1］。

（2）技术条件：

1）允许最大跨步电位差（V）：≤$7.42+0.0318\rho_s$（ρ_s是表层土壤电阻率）；

2）电极允许最高温度（℃）：≤90；

3）土壤最高环境温度（℃）：≤30；

4）电极表面最大允许面电流密度（A/m²）：≤1.0。

试分别论证在额定电流持续运行 30d 和 180d 情况下，该接地极的最小尺寸。

根据题意（极址为平地，且场地面积不受限制），优先采用单/双圆环布置。下面分别论证其最小尺寸。

1. 判断受控条件

接地极尺寸主要受最大温升和跨步电位差条件控制。假设该接地极长期以单极大地回线运行，根据式（26-11），满足稳态温升下的临界接地电阻为

$$R_o=\sqrt{2.0\times1.0\times100\times(90-30)}/3000=0.0365\ (\Omega)$$

根据式（26-28）和式（26-29），即有

$$0.0365=\frac{100}{2\pi^2 R}\ln\left(\frac{4R}{\sqrt{0.6\times3.0/\pi}}\right)$$

解方程可得到满足长时间持续运行热稳定要求下的接地极最小半径 $R=1216$m。

根据式（26-7），热时间常数

$$T=\frac{2.0\times10^6}{2\times1.0}\left[\frac{0.0365\times3000}{100\times3000/(4\times0.6\times2\times1216\times\pi)}\right]^2$$
$$=518.5\ (\mathrm{d})$$

根据式（26-3），地面最大跨步电位差

$$U_{max}\approx\frac{100}{2\times\pi\times3}\times\frac{3300}{2\times\pi\times1216}=2.083\ (\mathrm{V})$$

接地极允许最大跨步电位差

$$U_{pm}=7.42+0.0318\times100=10.6\ (\mathrm{V})$$

$U_{max}<U_{pm}$ 表明，在长时间持续运行情况下，接地极布置尺寸不受最大允许跨步电位差要求控制，而是受热稳定要求控制。

2. 额定电流持续运行 30d

（1）阳极运行寿命。根据［例 26-1］计算结果，$F_y=33\times10^6$Ah。

（2）接地极尺寸。接地极以单极大地回线运行最长持续时间不超过30d，远小于热时间常数T，因此可以判断接地极尺寸受跨步电位差控制。在此情况下，可先根据跨步电位差控制条件确定接地极布置半径最小R_{min}，然后再根据最大允许温升确定最小焦炭断面尺寸a_{min}，最后按照腐蚀寿命和发热确定电极最小直径D_{min}。

采用单圆环布置，在埋深3m情况下，接地极最小半径

$$R_{min}=\frac{\rho I_d}{2\pi^2 hU_{pm}}=\frac{100\times3300}{4\times\pi^2\times3\times10.6}=263(\mathrm{m})$$

最小焦炭断面尺寸

$$a_{min}\geqslant\frac{3000}{4\pi\times526}\sqrt{\frac{100\times30\times24\times3600}{2\times10^6\times(90-30)}}=0.667(\mathrm{m})$$

在采用碳钢材料作为电极情况下，电极最小直径

$$D_{min1}\geqslant\sqrt{\frac{4\times0.3\times3.0\times100\times1.652\times33\times10^6/8760\times9.1+\pi\times25^2\times7.86\times100\times3000\times10^{-3}}{\pi\times7.86\times100\times3000\times10^{-3}}}=58.1(\mathrm{mm})$$

或

$$D_{min2}\geqslant\frac{4\times0.667}{\pi}\sqrt{\frac{0.3\times2\times10^6}{100\times1\times10^6}}\times10^3=65.7(\mathrm{mm})$$

因为$D_{min2}>D_{min1}$，故电极最小直径D_{min}应选择65.7mm，取66mm。

3. 额定电流持续运行180d

（1）阳极运行寿命。参照［例26-1］计算

$$F_1=8760\times3000\times180/365=12.96\times10^6(\mathrm{Ah})$$

$$F_2=8760\times30\times(35-180/365)=9.068\times10^6(\mathrm{Ah})$$

$$F_{2q}=8760\times3000\times70\%\times0.75\%\times35\times2=9.658\times10^6(\mathrm{Ah})$$

$$F_{2j}=8760\times3000\times50\%\times1.5\%\times35\times2=13.8\times10^6(\mathrm{Ah})$$

$$F_y=F_1+F_{2q}+F_{2j}+F_2\approx46\times10^6(\mathrm{Ah})$$

（2）接地极尺寸。单极大地回线运行最长持续时间不超过180d，仍然小于热时间常数T，因此可以判断接地极尺寸由跨步电位差控制。同理，仍可先根据跨步电位差控制条件确定接地极布置最小半径R_{min}，然后再确定最小焦炭断面尺寸a_{min}和电极最小直径D_{min}。

1）单圆环布置。根据上述计算结果，在埋深3m情况下，接地极最小半径$R_{min}=289$m。

在$t_0=180$d情况下，要求最小焦炭断面尺寸

$$a_{min}\geqslant\frac{3000}{4\pi\times526}\sqrt{\frac{100\times180\times24\times3600}{2\times10^6\times(90-30)}}=1.634(\mathrm{m})$$

在采用碳钢材料作为电极情况下，要求电极最小直径

$$D_{min1}\geqslant\sqrt{\frac{4\times0.3\times3.0\times100\times1.816\times46\times10^6/8760\times9.1+\pi\times25^2\times7.86\times100\times3000\times10^{-3}}{\pi\times7.86\times100\times3000\times10^{-3}}}=70.0(\mathrm{mm})$$

或

$$D_{min2}\geqslant\frac{4\times1.634}{\pi}\sqrt{\frac{0.3\times2\times10^6}{100\times1\times10^6}}\times10^3=161.2(\mathrm{mm})$$

因为$D_{min2}>D_{min1}$，故电极最小直径D_{min}应选择161.2mm，取162mm。

2）双圆环布置。如采用双圆环布置，接地极外环最小半径为176（=0.6692×263）m，内环最小半径为132（=176×0.75）m。在此情况下，要求最小焦炭断面尺寸和电极最小直径为

$$a_{min}\geqslant\frac{3000}{4\pi\times616}\sqrt{\frac{100\times180\times24\times3600}{2\times10^6\times(90-30)}}=1.395(\mathrm{m})$$

$$D_{min1}\geqslant\sqrt{\frac{4\times0.3\times3.0\times100\times1.551\times46\times10^6/8760\times9.1+\pi\times25^2\times7.86\times100\times3000\times10^{-3}}{\pi\times7.86\times100\times3000\times10^{-3}}}=60.1(\mathrm{mm})$$

或

$$D_{min2}\geqslant\frac{4\times1.395}{\pi}\sqrt{\frac{0.3\times2\times10^6}{100\times1\times10^6}}\times10^3=137.6(\mathrm{mm})$$

同理，电极最小直径D_{min}应选择137.6mm，取138mm。

上述算例计算结果表明，在额定电流持续运行180d下，如仍然采用半径为263m的单圆环布置，虽然跨步电位差和温度也能满足要求，但与持续运行30d相比，焦炭和电极用量增加了约5倍。由此可见，对于受温升条件控制的接地极，适当增大接地极布置半径可以有效降低焦炭和电极用量。

第五节　导流系统

接地极导流系统一般是由构架（塔）、母线、导流干线、导流支线（配电电缆、引流电缆）、电缆跳线和辅助设施等组成。合理地选择导流系统结构和布置方式十分重要，否则可能会出现部分支路电流过大、而另一些支路电流很小甚至无电流的不平衡现象。设计导流系统时，应力求使流过同级别路线上的电流相等或大体相等。

一、导流系统设计

（一）导流系统设计基本原则

接地极导流系统布置设计一般应遵循如下原则：

（1）结构。导流系统的接线顺序为：来自换流站的接地极线路应先接到导流系统母线上，然后依次连接为隔离开关–导流干线–导流支线（配电电缆或引流电缆）–各电极，且导流支路（数）应是链式分裂结构。接地极地电流也按上述流动次序由单点母线流入，多点导入各电极。导流干线可以是架空线，也可以是电缆。图 26-8 所示的是针对单圆环形布置电极的两种典型型式导流干线布置及其接线。

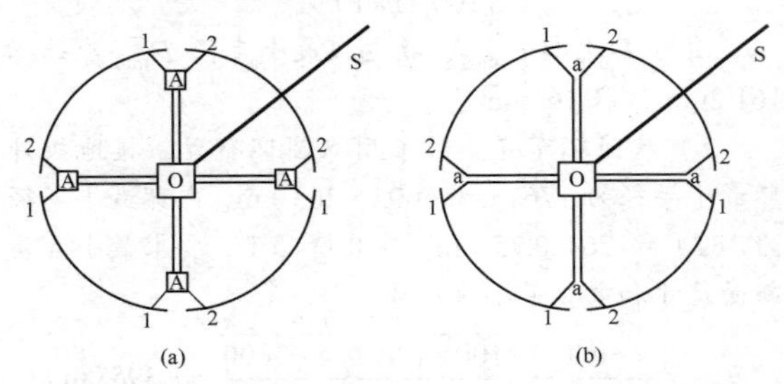

图 26-8　典型的导流干线布置及其接线示意图

（a）采用架空线；（b）采用电缆

S-O—接地极引线；O—中心构架；A—分支构架；A-O—架空导流干线；a-O—电缆导流干线；a-1、a-2、A-1、A-2—馈电电缆

（2）布置。理论分析和运行经验得出，导流干线布置与电极形状合理配合是获得较好分流特性的关键。具体而言，中心构架（母线）应尽可能位于电极几何中心位置。对称形布置的接地极，导流干线一般也应是对称形布置；非对称形布置的接地极，导流干线一般也是非对称形布置。

（3）导流干线。导流干线是连接母线与配电电缆（或引流电缆）的主干支路线，可以采用 ASCR 架空线，也可以采用电缆，两者都已用于实际工程。采用 ASCR 架空线需要多个分支构架，但无需专门设置母线（用跳线代替母线）；采用电缆则只需要中心构架，但需要专门设置（管）母线。前者较后者往往更经济。导流干线分支数要适当，导流干线分支数过多会造成接线复杂；导流干线分支数过少则会降低均流效果和可靠性。设计时应根据工程具体情况择优选择导流干线型式及其分支数。

（4）导流支线。导流支线是连接导流干线与电极的支路线，采用电缆连接。根据电极材料不同，导流支线又分为配电电缆和引流电缆。

1）配电电缆。如果电极采用非碳钢材料，则必须设置配电电缆，原因在于非碳钢材料接续较困难，且导电性能较差。配电电缆是连接导流干线与电极的支路线（也可以是导流干线的延伸线），沿着接地极附近敷设，如图 26-9（a）所示。

2）引流电缆。引流电缆是连接导流线或配电电缆与电极的支路线。如果电极采用碳钢材料，可无需设置配电电缆（引流电缆直接接到碳钢上），如图 26-9（b）所示。

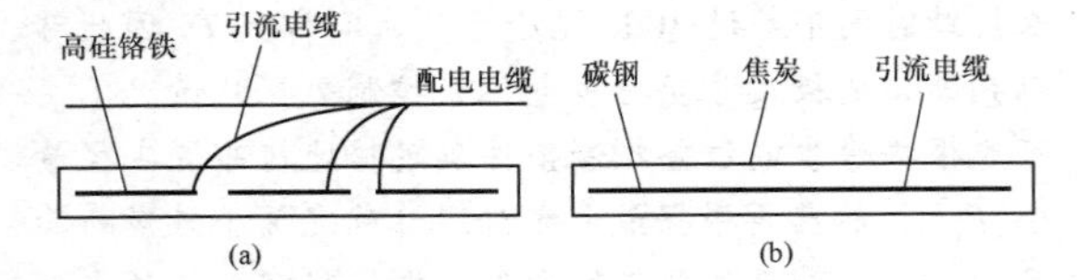

图 26-9　配电和引流电缆接线示意图

（a）配电电缆；（b）引流电缆

对每个在电气上独立的电极段，至少应在其首尾部位各配置 1 条支路线（即至少有两条配电电缆或引流电缆与该段电极相连接），且要求与之相连接的两条导流线不在同一沟道里，以保证当一条支路线停运（损坏检修）时，不影响该段电极运行，也不影响到其他支路线安全运行。

（5）电缆跳线。在电极穿越如沟、塘、渠、堤等严重地形不平坦地段，电极可以不连续，但应用电缆跳线使电极保持电气连接。电缆跳线应使用双电缆错位并联跨接。

（6）连接点位置。对采用非碳钢材料的电极，宜将每 6～8 支电极的引流电缆并联后就近接入配电电缆上的一个连接点；对采用碳钢的电极，引流电缆和电缆跳线应尽量避免接在电流溢流密度大且离开馈电棒端点至少 5m 远的地方，避免引流电缆连接点受到腐蚀。

（7）其他设施。对于多换流站共用接地极，宜在导流系统母线前串接隔离开关，且宜将其安装在中心构架（塔）上或附近位置；对于可能需要在接地极端串接接地极线路监视电抗器的工程，一般应将其安装在中心构架（塔）附近位置。这些设施的选型虽属于换流站的设计内容，但在接地极设计中应考虑它们的安装位置。

（二）电缆选型

电缆选型是导流系统设计中的一项重要工作内容，要求所选择电缆的技术条件原则上应符合 GB 50217—2018《电力工程电缆设计标准》的要求。但因接地极用电缆有其特殊性，故其选型应予以重视。具体来说，设计人员在选择接地极用电缆时，首先应分别计算出导流系统在正常和事故情况下流过各支路（电缆）的最大电流，然后再结合电缆敷设方式、环境条件及接地极运行特点等因素，做出符合以下条件要求的选择：

（1）接地极电流具有同极性，一般采用不带金属铠装的交联聚乙烯绝缘的单芯电缆。电缆芯应为铜材，以方便与电极的连接。

（2）接地极导流线对地工作电压虽低（一般不超过 1000V），但要求所选电缆的标称绝缘强度不宜低于 6kV，以使其具有足够的电气强度和一定抗土壤压力的机械强度。

（3）水平型接地极表面最高温度可达90℃（局部可能更高），要求绝缘外套特性应具有良好的热稳定性，缆芯可在最高工作温度不低于90℃下持续工作。对垂直型接地极，电缆最高工作温度应与接地极的设计最高温度相适应。

（4）电缆应有足够的载流容量储备，即确保在一回支路（一根电缆）断开的情况下，流过健全回路电缆的最大电流仍应能满足

$$I_{\max} \leqslant k_1 k_2 k_3 I_o \tag{26-38}$$

式中 $I_{\max}$——流过健全回路电缆的最大持续电流，A；

k_1、k_2、k_3——温度、土壤热阻和平行敷设校正系数；

I_o——单根电缆允许持续载流量（基础值），A。

根据GB 50217—2018规定，在使用式（26-38）时，温度系数k_1计算为

$$k_1=\sqrt{\frac{\theta_m-\theta_2}{\theta_m-\theta_1}}$$

式中 θ_m——缆芯最高工作温度，℃；

θ_2——实际环境温度，℃；

θ_1——对应于额定载流量的基准环境温度，℃。

单根电缆允许持续载流量（基础值）I_o、土壤热阻校正系数k_2和平行敷设校正系数k_3可根据工程具体情况按表26-9取值。

表26-9 直埋交联聚乙烯铜芯电缆截面积选择相关参数取值表

<table>
<tr><th colspan="2">基准允许载流量 I_o</th><th colspan="7">不同土壤热阻的校正系数 k_2</th></tr>
<tr><th>电缆截面积（mm²）</th><th>允许载流（A）</th><th>土壤热阻系数（km/W）</th><th colspan="5">土壤特征描述</th><th>校正系数 k_2</th></tr>
<tr><td>70</td><td>226</td><td>0.8</td><td colspan="5">土壤很湿，常下雨，如湿度大于9%的沙土</td><td>1.05</td></tr>
<tr><td>95</td><td>269</td><td>1.2</td><td colspan="5">土壤潮湿，常下雨，如湿度不大于9%且不小于7%的沙土</td><td>1.0</td></tr>
<tr><td>120</td><td>300</td><td>1.5</td><td colspan="5">土壤较干燥，如湿度不大于12%且不小于8%的沙土</td><td>0.93</td></tr>
<tr><td>150</td><td>339</td><td>2.0</td><td colspan="5">土壤干燥，如湿度不大于7%且不小于4%的沙土</td><td>0.87</td></tr>
<tr><td>185</td><td>382</td><td>3.0</td><td colspan="5">多石地层，非常干燥，如湿度不大于4%的沙土</td><td>0.75</td></tr>
<tr><td>240</td><td>435</td><td colspan="7">多根电缆并行敷设下校正系数 k_3</td></tr>
<tr><td rowspan="2">300</td><td rowspan="2">495</td><td rowspan="2">净间距（mm）</td><td colspan="6">根数</td></tr>
<tr><td>1</td><td>2</td><td>3</td><td>4</td><td>5</td><td>6</td></tr>
<tr><td>400</td><td>574</td><td>100</td><td>1</td><td>0.90</td><td>0.85</td><td>0.80</td><td>0.75</td><td>0.75</td></tr>
<tr><td>500</td><td>635</td><td>200</td><td>1</td><td>0.92</td><td>0.87</td><td>0.84</td><td>0.82</td><td>0.81</td></tr>
<tr><td>630</td><td>704</td><td>300</td><td>1</td><td>0.93</td><td>0.90</td><td>0.87</td><td>0.86</td><td>0.85</td></tr>
</table>

（三）电极连接与续接

国内外工程接地极导流系统曾发生过多起电缆被烧坏的事故，绝大多数发生在导流系统连接点位置。换言之，接地极导流系统连接与续接点是薄弱点，必须特别重视和妥善处置。接地极导流系统导线的连接与续接技术要点如下：

（1）除分支连接点外，所有的电缆中间不应有接头，以减少安全风险。

（2）地面铝材与铜材（如母线与主干电缆）的连接，应通过铜–铝过渡板用螺栓可靠连接，防止接触点（面）被电蚀增大接触电阻，铜–铝过渡板额定载流量应与该支路的电缆载流量相匹配。

（3）对于地下导体的连接（如碳钢电极的续接、电缆与碳钢电极连接、电缆与电缆连接），宜采用焊接，不宜采用压接或螺栓连接。焊接质量必须牢固可靠，焊接的接触电阻应不大于同等长度原规格及材料的电阻。所有的电缆连接点必须牢固可靠、绝缘长效。

（4）地下所有的电缆接头（如电缆与电缆接头、电缆与碳钢电极接头），都应用环氧树脂进行密封，且务必确保接头密封可靠、长效，防止接头被电腐蚀。

二、极址电气设备接线及典型布置

1. 电气设备接线

基于对接地极线路故障检测原理的不同，接地极电气接线有两种典型方式，如图26-10和图26-11所示。

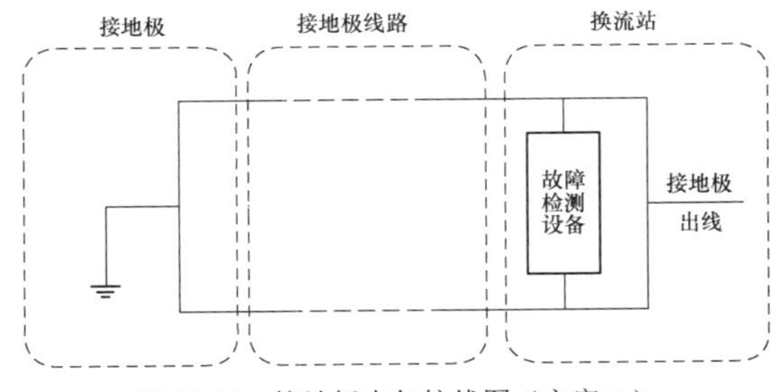

图26-10 接地极电气接线图（方案A）

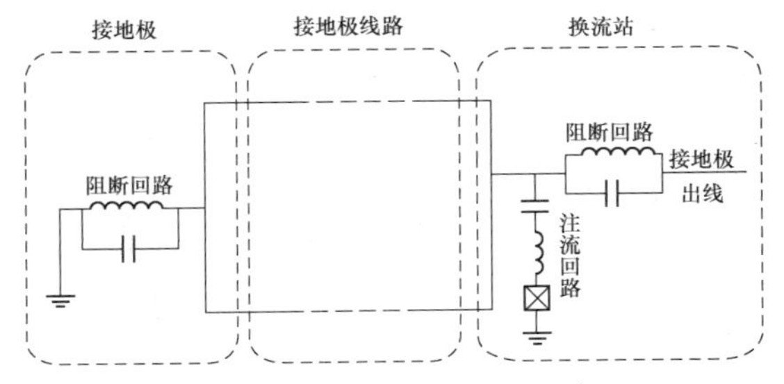

图26-11 接地极电气接线图（方案B）

方案A中接地极线路到达接地极中心后直接引接至接地极母线，通过换流站内故障检测设备即可检测定位线路故障。这种方案多采用利用架空线的导流系统方案。

方案B中接地极线路先接入中心区内的阻断电抗器/阻断电容器后再接至接地极母线，通过连接在管形母线上的导流电缆引接至接地极。接地极中心设备区的电容和电抗是构成线路故障检测的重要组成部分，此电容、电抗通过与换流站内的设备配合即可实现线路故障检测定位。这种方案多采用利用电缆的导流系统方案。

国内直流工程，大多采用方案B的接线方案。

2. 电气设备布置

为了确保流过各导流线中的电流均匀或大致均匀，一般将母线及其设备设置在接地极中心区域。接地极线路接入母线后，再由导流线将电流导入接地极，典型接地极本体布置如图26-12所示。

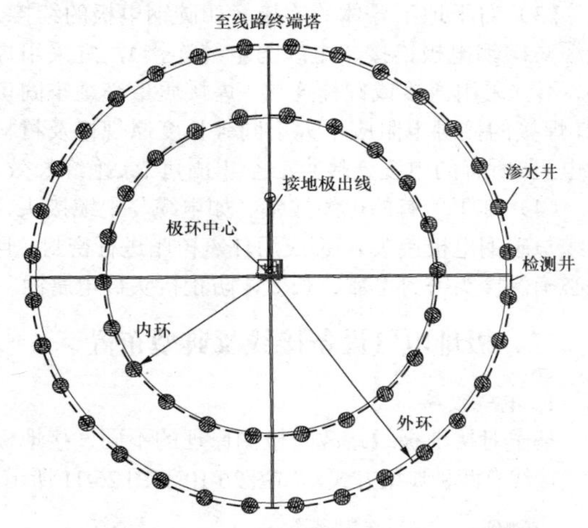

图26-12 典型接地极本体布置图

典型接地极中心区设备布置图及断面图如图26-13和图26-14所示。在母线区需增设围墙，以保护区域内设备及保证工作人员的人身安全。

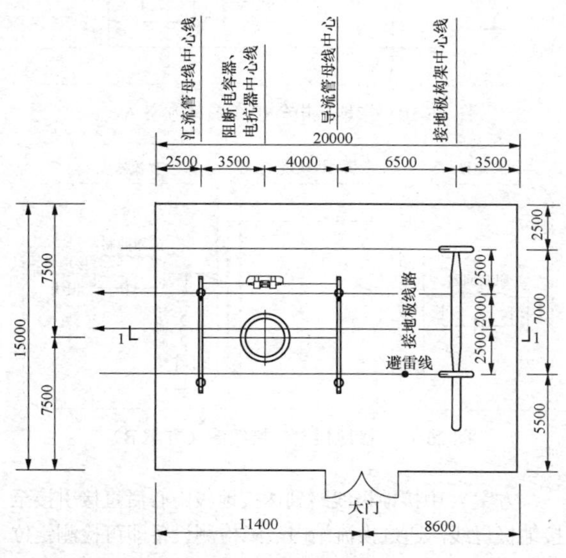

图26-13 典型接地极中心区设备布置图

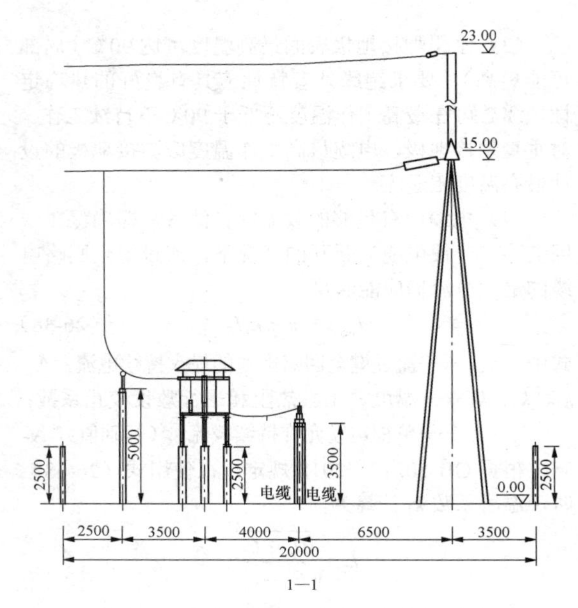

图26-14 典型接地极中心区设备断面图

第六节 在线监测系统及辅助设施

一、接地极在线监测系统

为了实现对接地极重要设备的运行和安全状态进行全面实时监测，保证直流输电系统的安全稳定运行，考虑在换流站接地极极址设置一套接地极监测系统。接地极监测系统主要由接地极极址现场监测设备和布置于换流站内的后台设备两部分组成。接地极极址现场监测设备主要包含各种传感器、采集设备及通信接口设备等，布置于换流站内的后台设备包括与接地极极址现场监测设备通信的通信接口设备和数据服务器等。

接地极的监测工作主要包括：

（1）接地极极址设备红外测温。在接地极极址配置红外测温系统，用于监测极址中心构架、隔离开关、接地极阻断滤波器及导流电缆等关键设备的运行状态和运行温度。在极址中心区域内的对角位置，设置2套带云台控制的红外测温设备，同时利用红外测温系统里的可见光摄像机对极址区域进行图像监视。

（2）图像监视和安全防护。图像监视范围包括极址区域、极址围墙、就地设备和极址平台上的预制仓内。极址处，户外的图像监视可单独配置2台一体化球形摄像机，也可以考虑使用极址红外测温系统的可见光摄像机兼作极址户外图像监视。

当极址建设在3m及以下平台上时，沿极址围墙配置1套安全防护的电子围栏。

（3）导流电缆的入地电流监测。导流电缆入地电流监测系统用于监测接地引线电流，以监测接地极土壤的干燥情况和接地极的电腐蚀情况。导流电缆入地电流监测系统由霍尔电流传感器和采集单元组成。每根入地电缆宜配置1套霍尔电流互感器，传感器输出4～20mA模拟量至相应采集单元。

二、接地极保护

接地极保护是为接地极线路配置光纤电流差动保护，保护范围为整条接地极线路。其目的是为了保护接地极线路，检测接地极线路断线和接地故障。单极运行时，保护的动作出口为延时移相，移相重启不成功延时闭锁换流器；双极运行时，保护的动作出口为延时请求双极平衡运行。

在接地极线路的极址侧装设两台电子式直流电流测量装置，测点电流 I_{dEE1} 和 I_{dEE}，与站内的接地线侧 I_{dEL1} 和 I_{dEL2} 测点一起完成接地极线路差动保护。图26-15所示为接地极线路保护配置图。

接地极线路差动保护原理为

$$|I_{dEL1}-I_{dEE1}|>\max(0.02,0.1^*|I_{dEL1}|$$

或

$$|I_{dEL2}-I_{dEE2}|>\max(0.02,0.1^*|I_{dEL2}|$$

在极址内配置2台光电型直流电流测量装置。光电型直流电流测量装置需配置2面合并单元屏，每极1面。每面合并单元屏里配置的合并单元装置数量应满足直流控制保护系统冗余配置的要求。

接地极线路的极址侧采用电子式直流电流测量装置时，与换流站内的接地极线路电流1（I_{dEL1}）和接地极线路电流2（I_{dEL2}）的测量装置类型不一致，可以通过延时来躲过电流特性不一致的情况，不会导致保护误动。

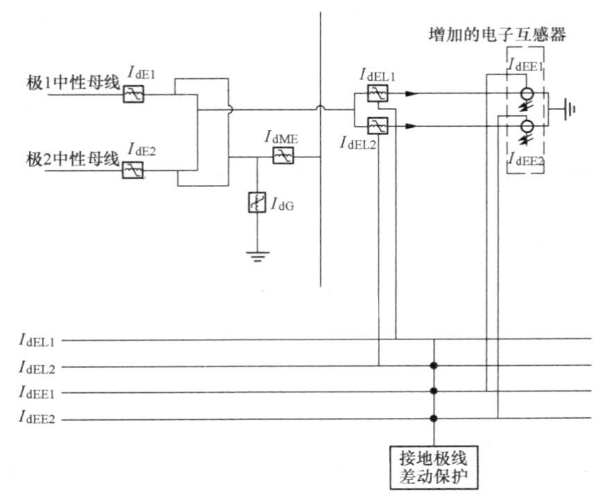

图26-15 接地极线路保护配置图

三、通信系统

接地极监视及保护测量的信息，需要传输回换流站内，为满足接地极极址处与换流站之间的监测信息和保护测量信息的传输要求，可采用光缆通信的方式传输信息，即随接地极架空地线线路架设1条24芯光纤复合架空地线（OPGW光缆），形成换流站–接地极极址的光缆电路，同时在极址处和换流站内各配置相应的通信模块。通过OPGW光缆，极址处所有监测设备信息及保护测量信息可通过光纤通道与换流站内的后台设备进行通信。接地极在线监测系统通信配置方案如图26-16所示。

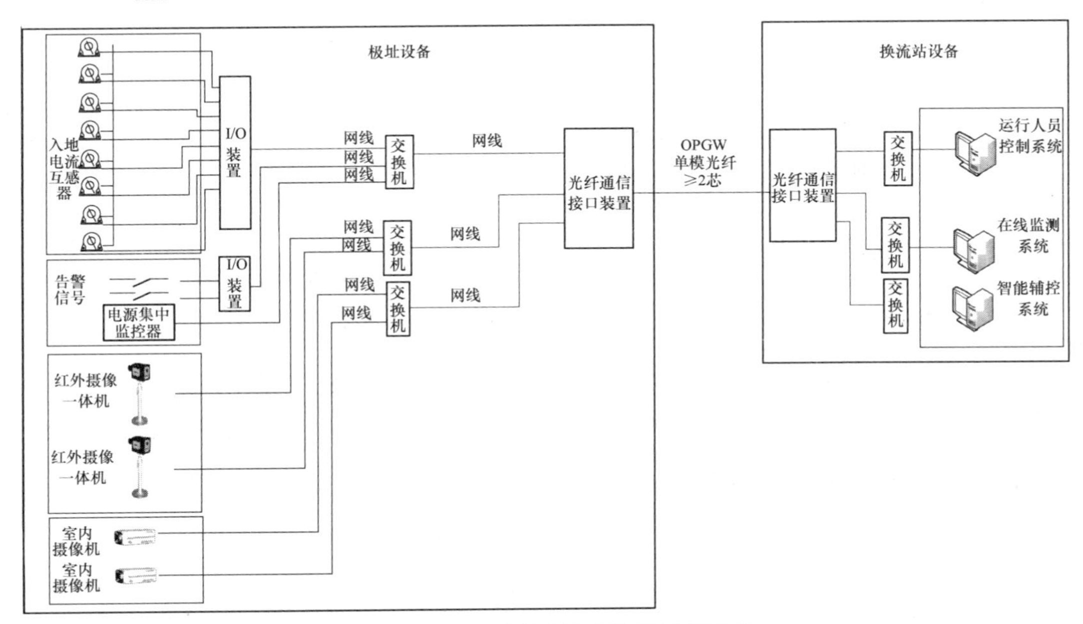

图26-16 接地极在线监测系统通信配置方案

四、电源系统

由于接地极配置有测量装置、监测设备及光通信设备，其对供电可靠性的要求较高，因此考虑采用外引电源接入方案。由于接地极在线监测系统的负荷总容量并不大，外引电源方案无需采取 35kV 以上高压交流专线电源供电。根据接地极选址情况，可采用 10kV 线路至接地极址的直供电源模式。

站用电源配置一套 10/0.4kV 干式变压器、10kV 及 400V 开关柜，10kV 和 400V 系统接线均采用单母线接线。400V 站用电源给极址内所有用电负荷供电。

考虑到极址处控制保护二次设备需要直流电源供电，在极址处配置一套直流电源系统。由于接地极极址区域设备直流负荷较小，同时考虑到接地极极址区域面积有限，不宜放置过多的蓄电池，因此建议直流电源系统电压等级取 DC 110V。直流电源系统采用 2 组蓄电池 3 套充电装置接线形式。极址处直流电源系统设备均组屏安装。极址处直流电源系统蓄电池容量需能满足接地极监测和保护设备的用电需求，其备用蓄电池的容量按维护人员在接到失电告警后的到达时间来确定。直流电源系统的设计详见第十五章。

另外考虑配置一套交流不间断电源 UPS，直流备用电源从极址直流电源系统的直流母线引接，不设置 UPS 专用蓄电池组。UPS 主机容量需能满足接地极监视系统的用电要求，其备电蓄电池的容量按维护人员在接到失电告警后的到达时间来确定。交流不间断电源的设计详见第十五章。

五、其他辅助设施

接地极辅助设施包括检测井、渗水井、注水装置等。

（1）检测井。为了在现场随时获取接地极运行时的温度、湿度等信息，陆地接地极一般应设置检测井。检测井一般设置在电极溢流密度较大或温升高、馈电电缆接入点的地方。检测井采用 PVC 管，垂直布置在电极的上方和靠近电极的两侧，底部开露，与电极平齐，上端齐地面。检测时，温度计或湿度计可伸到电极顶部。

（2）渗水井。渗水井具有双重功能：①将地面的水引入到电极，使电极保持潮湿；②为接地极运行时产生的气体提供排出通道，使接地极保持良好的工作状态。渗水井一般布置在地面有水（如水稻田）的地方，且在电极的正上方，间距约 40～60m 一个。为了有利于水渗入和气体的排出，渗水井一般采用渗水性好的卵石和砂子。渗水井地面采用砂子填充，并设置防淤池，以免淤泥堵塞井口。

（3）注水装置。如果接地极的极址为旱地，且单极大地回线运行时间较长（接地极温升受到控制），可能需要专设注水装置，使用水泵通过管道向电极注水。注水装置由水泵、主水管、控制水阀、渗水管等组成。水泵将水源的水通过埋在地下的 PVC 主管线送到设立在接地极地面上各个控制水阀，然后通过渗水管将水注入电极。渗水管道采用 PVC 管，沿着电极敷设在电极的上方。为了让水能均匀顺利地渗入到焦炭中和防止水流冲刷焦炭，在 PVC 管的下方每隔数米开一孔洞，孔洞下面应垫一块水泥预制板。水可以取自附近的沟、塘、河、渠等水源。为了使注水设施能正常工作，设计时，应对水泵功率和管径尺寸大小、控制阀数量及其布置等进行论证。

（4）排气。对于垂直型（深井）接地极，排放因电解而产生的气体要比浅层水平接地极困难得多，特别是深井接地极。若接地极排气不畅，气体积聚过多，就会产生气阻效应。气阻效应会直接增大接地电阻，加重接地极发热，甚至发生热不稳定性。气阻已成为深井接地极一大难题，在国内阴极保护中已有数个 100m 左右的深井阳极因气阻不能正常工作而报废。

因此，当垂直接地极深度超过 10m 时，一般需考虑设置专门的排气管。排气管可用直径 10cm 左右并钻有较密孔隙的塑料管。在接地极使用期限内，塑料管的孔洞有可能被堵塞。由于气体堵塞而引起接地极电阻增大，是垂直（井）型接地极的一个缺点。国外采用高压空气冲洗排气管堵塞的方法，从有关资料来看，似乎是不成功的。国内在阴极保护中采用预制阳极的办法，即将深井阳极分段组合，各有一个封闭的排气室，该组阳极产生的气体，聚在排气室内只能从公共通道的排气管逸出，而不进入其他分段阳极。它好像现代高层建筑的通风系统，不论楼层多高，由于每个房间都是互相独立封闭的，只与公共通道有关，永远保持空气畅通。该方法基本解决了气阻问题，从实际应用中来看，效果不错。

（5）标识桩。在接地极施工完后，有必要在其正上地面且沿着接地极（尤其在转弯位置）设置水泥标识桩。设置标识桩的目的为：①方便运行维护；②起警示作用，避免无意识的人为破坏。

第七节　共用接地极和分体式接地极设计

为了解决高压直流输电接地极选址日趋困难的问题，节省工程投资，我国自 21 世纪初就相继开展了共用接地极、分体式接地极等特殊型接地极的设计技术研究，并且其中部分成果已陆续用于实际工程，取得了较好的经济效益和社会效益。

一、共用接地极（址）

共用接地极是指被两个及以上换流站共同使用的单个接地极或分体式接地极。与常规型接地极相比，共用接地极（址）在入地电流、设计原则等方面均有别于常规型接地极，设计中应予以注意。

（一）入地电流

为了便于分析，以图 26-17 所示的两换流站共用一个接地极为例，介绍多换流站共用接地极运行特点及设计应注意的问题。

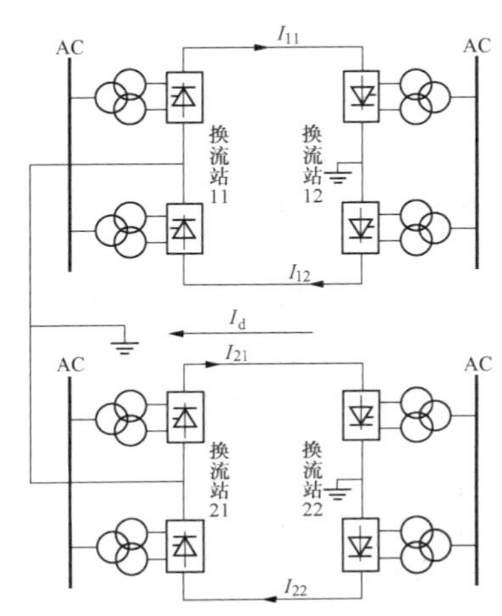

图 26-17 两换流站共用一个接地极示意图

假设换流站 11 和站 21 分别隶属于两个不同的双极直流系统的一侧换流站，接地极和换流站 11 同时建设；换流站 21 建设时不再建设新的接地极，而是通过引线将换流站 21 与接地极连接起来，形成两个换流站共用一个接地极的情形。另侧换流站 22 和站 21 类似。两换流站共用接地极有以下几种主要运行方式：

（1）两站对称双极运行。此运行工况下，流过接地极的电流 $I_d = I_{d1} + I_{d2} = I_{11} - I_{12} + I_{21} - I_{22} \approx 0$，中性点电位漂移 $V_0 \approx 0$，接地极电位升 $V_e \approx 0$。因此两站对称双极运行时，相当于两独立直流系统双极对称运行。

（2）一站双极对称运行，另一站以单极大地返回方式运行。此运行工况相当于一个换流站单极运行。若换流站 11 正极运行，换流站 21 双极对称运行，则 $I_d \approx I_{11}$，中性点电位漂移 $V_0 \approx (R_e + R_l)I_{11}$（$R_e$ 和 R_l 分别是接地极接地电阻及其线路电阻，下同），接地极电位升 $V_e \approx R_e I_{11}$。

（3）两站异极性单极大地返回方式运行。若换流站 11 正极运行，换流站 21 负极运行，则系统变成两站异极性单极运行。在此运行工况下，流过接地极的电流 $I_d = I_{11} - I_{22}$，中性点电位漂移 $V_0 = (R_e + R_l)(I_{11} - I_{22})$，接地极电位升 $V_0 = R_e(I_{11} - I_{22})$。特别的，当 $I_{11} = I_{22}$ 时，如地电流为 0，相当于构成了一个新的对称双极系统在运行。

（4）两站同极性单极大地返回方式运行。若换流站 11 正（负）极运行，换流站 21 也正（负）极运行，则系统变成两站同极性单极运行。当两站同极性单极运行时，流过接地极的电流 $I_d = I_{11} + I_{21}$，中性点电位漂移 $V_0 = (R_e + R_l)(I_{11} + I_{21})$，接地极电位升 $V_0 = R_e(I_{11} + I_{21})$。

容易看出，当两个直流系统同时以同极性单极大地回路方式运行时，共用接地极出现最大入地电流，其值为两直流系统直流电流之和。这是最严重的运行工况，应予以限制。

（二）设计条件

由于各个直流系统建设周期可能不同和多换流站（长时间）持续地同时出现同极性大地返回方式运行的可能性极小，因此共用接地极的设计原则与“一站一极”有区别，一般应结合出现影响接地极设计尺寸的运行工况的概率，按以下组合确定：

（1）额定入地电流。接地极额定入地电流及其持续时间，影响到接地极温升。因此共用接地极的额定电流应取最大的一个直流系统以单极大地返回方式运行电流与其他双极系统不平衡的电流之和。

（2）一站单极运行时最大暂态电流。考虑额定电流最大的一个直流系统以单极大地返回方式运行，其他直流系统双极运行。

（3）两站同时单极运行时最大暂态电流。该电流往往直接影响到接地极的尺寸，应合理取值。因出现暂态电流的时间非常短暂，所以两个或多个直流系统同时出现同极性最大暂态电流的概率十分小，以至可以不考虑。相比之下，共用接地极中的两个直流系统同时出现同极性以大地返回方式运行的可能性较大，且电流大于一个单极的最大暂态电流，故应予考虑。出现这种情况时，宜尽快转换运行方式（将单极大地运行方式转换为单极金属运行方式），考虑到极性转换需要时间，建议持续运行时间不小于 20min。

（4）不平衡电流。受控制系统和设备的影响，共用接地极在运行时会出现不平衡电流，一般取为额定入地电流的 1%左右。

（5）设计寿命。电极的设计寿命取决于该接地极以阳极运行的累计安时数，因此共用接地极的设计寿命应是各个直流输电系统分别以阳极运行的安时数之和。

二、分体式接地极

分体式接地极是由两个及以上分接地极并联后通过接地极线路连接到一个换流站中性点的接地极。这意味着分体式接地极比较适用于单个极址面积较小（单个极址不能满足要求）、而附近有两个及以上且相距较近的小极址群区域。由此可见，对于丘陵地区，特别是山区，分体式接地极技术的应用具有现实意义。

理论上，分体式接地极可以由 N 个小型接地极并联组成，但随着 N 的增大，除了电流分配更难以掌控外，无疑增加了运行维护与管理的困难，所以 N 最好不要大于 3。

如果将分体式接地极看成是各小型接地极的组合，上述接地极设计理念、技术条件和计算方法等都可以用于分体式接地极。

（一）设计技术条件

1. 极址土壤参数测量与建模

由于分体式接地极中单个极址往往相距数千米甚至更远，所以土壤参数测量与建模应符合下列要求：

（1）分别测量各单个接地极址（0～1000m）浅层土壤电阻率参数。

（2）对于（MT 法）深层大地电阻率参数的测量，可以根据各单个接地极址地形地貌、地质条件，结合它们的位置（距离），确定是否需要分开测量。

（3）分别测量各单个接地极址地形图，并给出它们的相对位置。

（4）对各单个接地极址分别开展热导率、热容率等其他参数的测量。

（5）根据各单个接地极址测的数据，分别创建计算模型。

2. 入地电流

对于分体式接地极，单个接地极位置是相对独立的，且各单个接地极额定入地电流之和等于换流站额定电流。不难看出，如果知道各单个接地极入地电流，设计分体式接地极就简单了——用各自的入地电流分开设计，其方法与常规型接地极就没有差异了。

与常规型接地极设计相比，分体式接地极设计首要问题或难点是如何确定各单个接地极的入地电流。一般采用两种方法确定单个接地极入地电流：

（1）在单个接地极之间距离较远，至使它们间的互阻抗对电流的影响可以忽略不计或者它们的极址模型差异很大的情况下，可以先分别计算出各单个接地极的接地电阻，然后按照电流分配公式，（考虑架空线路阻抗）计算出各自的分配电流。

（2）与上述情况相反，在单个接地极之间距离较近，致使它们间的互阻抗对电流的影响不可忽略的情况下，计算电流分配时应考虑它们间相互影响，也即联合各单个接地极（包括架空线路阻抗）一并计算出各自分配电流。

3. 跨步电位差

DL/T 5224—2014 明确规定：对于分体式接地极，当一个接地极因事故原因退出运行时（≤30min），额定电流下的最大跨步电位差应不大于 $2.5U_{pm}$，且不应超过 50V。这是基于以下两点要素考虑的：

（1）考虑地面架空线出现一根断线事故。对于导流线设计，DL/T 5224—2014 规定：当一根导流线或一段电极停运（损坏或检修）时，不影响到其他导流线和馈电电缆的安全运行。地面架空线是分体式接地极导流线的一部分，应考虑一根导流线断开情况。

（2）当架空线出现一根断线事故时，需要判断（分裂导线中的）健全导线是否能满足继续运行要求。如果不能满足要求，意味着与事故架空线连接的接地极可能退出运行。在此情况下，健全接地极将自动承担更大的电流。分体式接地极中单个接地极间电流分配差别不宜太大，两分体式接地极中的单个接地极电流分配比不宜大于 3:2。

（二）电流分配的控制

分体式接地极设计的基本目标应是尽可能地使各单个接地极在正常运行情况下，各项特性指标（而不仅是电流）达到平衡或基本平衡，切忌严重不平衡。实现这一目标的设计技术关键归结到两点：①根据自然分配的电流和极址条件，优化单个接地极设计；②充分利用极址条件并优化电极设计后，调节电流分配。对前者，与普通接地极设计无差异，在此不做叙叙；对后者，这里以如图 26-18 所示两分体式接地极为例，简要论述控制电流分配的设计方法或措施。

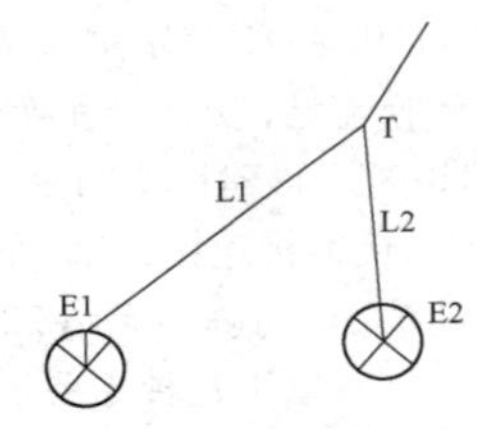

图 26-18　两分体式接地极接线示意图

T—接地极分支塔；L1、L2—两接地极架空分流线；E1、E2—两接地极

（1）优化单个接地极配合设计。根据各单个接地极极址场地和电性模型，优化单个接地极布置，计算出各自的接地电阻和自然分配电流，并根据自然分配电流完成各接地极优化。接下来，比较各接地极优化设计后主要技术指标，如最大跨步电位差、最高温度等主要指标差别较大，需要调整单个接地极布置设计。总之，力求通过单个接地极布置设计使主要技术指标达到平衡或比较平衡并满足规程规定的技术要求。

（2）选择合适的分流点。合理选择分支塔 T 的位置，即可通过调节 L1 或 L2 的长度改变线路阻抗，来调节电流分配。该方法随着 E1 和 E2 间距的增大，效果随之明显。

（3）选择分支架空线路采用的导线型号。如果通过改变分支塔T的位置，其分流结果仍不能满足要求，还可将分支架空线路 L1 导线由良导体改为非良导体导线，譬如将分支架空线路L1改为耐热合金绞线甚至钢绞线，增加线路L1支路的阻抗。

（4）串接均流装置。对于采用上述（2）和（3）措施后，其分流结果还是不能满足要求的，可在分支架空线路L1中串入合适的均流电阻。

第八节　对邻近设施的影响及防护

当强大的直流电流经接地极注入大地时，在极址土壤中形成一个恒定的直流电流场。此时，如果极址附近有（变压器中性点接地）变电站、埋地金属管道或铠装电缆等金属设施，由于这些设施可能给地电流提供了比大地土壤更为良好的导电通道，因此一部分电流将沿着并通过这些设施流向远方，从而可能给这些设施带来不良影响。对此，在接地极选址过程中，应进行充分论证甚至避让。

一、对电力系统的影响及防护

我国110kV及以上电压等级的变压器中性点几乎都是直接接地的。假若变电站位于接地极电流场范围内，那么在场内变电站间会产生电位差，直流电流将会通过大地、交流输电线路，由一个变电站（变压器中性点）流入，在另一个变电站（变压器中性点）流出。如果流过变压器绕组的直流电流较大，可能给电力系统带来下列不良影响：

（1）引起变压器铁芯磁饱和。变压器铁芯磁饱和可导致变压器噪声增加、损耗增大和温升增高。如磁饱和严重，可能影响变压器使用寿命甚至损坏变压器。

（2）对电磁感应式电压互感器的影响。这种互感器可能通过直流电流，从而可能导致与其有关的继电保护装置的误工作。但一般情况下，此问题不突出。

（3）电腐蚀。理论上讲，当直流地电流流过电力系统接地网时，可能对接地网材料产生电腐蚀，但由于窜入接地网直流电流通常相对较小，因此直流电流产生的腐蚀也很小，可以忽略。

由此可见，目前接地极电流对电网的影响主要集中在对电力变压器的磁饱和影响。

（一）对变压器影响的分析

电力变压器铁芯磁通与励磁电流关系曲线并非是线性的。对于热轧硅钢片，当磁通密度在 0.8～1.3T时，磁化曲线进入弯曲部分，而当磁通密度超过1.3T时，磁化曲线进入饱和部分。现代变压器铁芯多采用冷轧硅钢片，其磁导率较热轧硅钢片高。一般采用热轧硅钢片的电力变压器，磁通密度选择在 1.25～1.45T，冷轧硅钢片的磁通密度为 1.5～1.7T。现代变压器几乎都采用冷轧硅钢片。

由于变压器铁芯磁化曲线存在饱和以及铁芯磁化曲线对称于原点等现象，因此磁通及励磁电流波形也对称于原点，如图26-19实线所示。

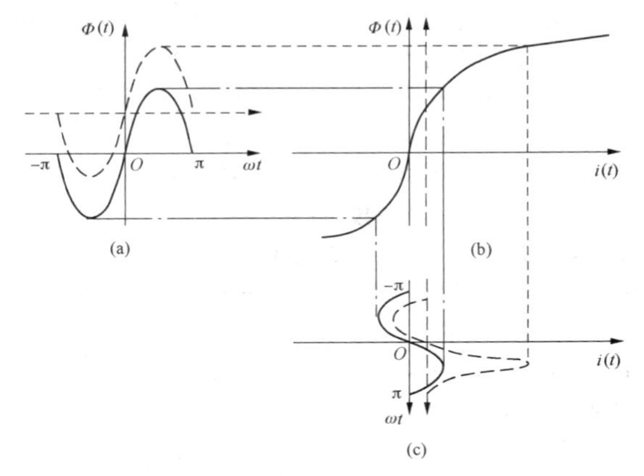

图26-19　直流电流对变压器励磁电流的影响
（a）铁芯中磁通曲线；（b）铁芯材料励磁曲线；（c）变压器绕组中励磁电流

对典型的电力变压器的励磁电流波形进行分析可以发现，在无直流分量情况下，除基波外，还含奇次谐波，在额定电压下各谐波电流的幅值如下：

1次	3次	5次	7次	9次	11次
100%	50%	10%	2%	1%	0.5%

励磁电流中的高次谐波电流对电流有效值影响不大，其标幺有效值 I_e 仅为

$$I_e=\sqrt{1+0.5^2+0.1^2+0.02^2}=1.13$$

虽然变压器绕组中励磁电流包含有高次谐波分量，但由于变压器低（中）压绕组一般为三角形接线，为3次谐波电流提供了通道，从而使得通过铁芯的磁通仍为正弦波，保证了电压波形不变。

接地极电流对变压器磁饱和影响可借助于图26-19叙述。当变压器绕组无直流分量，励磁电流 $i(t)$ 工作在铁芯磁化曲线 $\Phi(t)$ 的直线段，此时若铁芯中磁通为正弦波时，励磁电流 I_e 也是正弦波，如图26-19实线所示。

当变压器绕组中有直流电流流过时，由于直流电流的偏磁影响，可能使得励磁电流工作在铁芯磁化曲线的饱和区，导致励磁电流的正半波出现尖顶，负半波可能是正弦波，如图26-19（c）虚线所示。显然其幅值的大小除了与变压器设计有关外，还与直流电流值密切相关。容易看出，此时的励磁电流波形既非对称于原点，也非对称于 y 轴。将其分解为傅里叶级数，除了含有1、3、5等奇次倍频谐波外，还包含有0、2、

4等偶次倍频谐波。对各个倍频谐波电流进一步分析，3倍频谐波电流属于零序电流，1、4、7、10等为正序电流，2、5、8、11等为负序电流。

励磁电流幅值和波形的变化对变压器影响主要表现在以下几个方面：

（1）噪声增大。当变压器线圈中有直流电流流过时，励磁电流会明显增大。对于单相变压器，当直流电流达到额定励磁电流时，噪声增大10dB；若达到4倍额定励磁电流，噪声增大20dB。此外，变压器中增加了谐波成分，会使变压器噪声频率发生变化，可能会因某一频率与变压器结构部件发生共振使噪声增大。

（2）对电压波形的影响。在我国，110kV及以上变压器一般采用YNd连接，超高压、大容量变压器，特别是自耦变压器一般采用YNdyn连接。对于YNd和YNdyn连接的三相变压器，虽然当接地极电流流过YN绕组时增加励磁谐波电流，但由于一次和二次绕组都可以为3的倍频谐波电流提供通道，直接为变压器提供所需的3的倍频谐波电流，使得主磁通接近正弦波，从而使电动势波形也接近于正弦波。然而事实上，当铁芯工作在严重饱和区时，漏磁通会增加，在一定的程度上会使电压波峰变平。

（3）变压器铜耗增加。变压器铜耗包括基本铜耗和附加铜耗。在直流电流的作用下，变压器励磁电流可能会大幅度增加，因此变压器基本铜耗可能会急剧增加。但由于主磁通仍为正弦波，且磁密变化相对不大，所以直流偏磁电流对附加铜耗产生的影响相对较小，铜耗主要是基本铜耗。

（4）变压器铁耗增大。变压器铁耗包括基本铁耗（磁滞和涡流损耗）和附加铁耗（漏磁损耗）。基本铁耗与通过铁芯磁密的平方成正比，与频率成正比。对于采用YNd和YNdyn接线的变压器，尽管励磁电流包含谐波分量，但由于主磁通仍然维持着正弦波，因此变压器绕组中的直流电流不会对基本铁耗（铁芯中的磁滞和涡流损耗）产生太大的影响。然而由于励磁电流进入了磁化曲线的饱和区，使得铁芯和空气的磁导率接近（$\mu/\mu_o\to1$），从而导致变压器的漏磁大大增加。变压器漏磁通会穿过压板、夹件、油箱等构件，并在其中产生涡流损耗，即附加铁耗。附加铁耗会随着铁芯磁密的增加而显著增加。附加铁耗应引起重视，即使在无直流情况下，大型变压器的附加铁耗与基本铁耗相当，甚至更大，这意味着随着变压器绕组中直流分量的增加，变压器的附加铁耗会增加。

（二）流过变压器绕组的直流电流的计算

1. 计算方法

流过变压器的电流是可以计算的。假设变电站A和变电站B分别位于接地极地电流场，根据欧姆定律，流过变压器每相绕组的直流电流可表示为

$$I_o=\frac{V_a-V_b}{3R_{ga}+3R_{gb}+R_{ta}+R_{tb}+R_l}$$

式中 I_o——流过变压器每相绕组的直流电流，A；

V_a、V_b——变电站A和变电站B的电位，V；

R_{ga}、R_{gb}——两变电站的接地电阻，Ω；

R_{ta}、R_{tb}——两变压器每相线圈直流电阻，Ω；

R_l——每相导线的直流电阻，Ω。

在实际工程中，计算流过电力系统各变压器绕组的直流电流往往远非如单元支路那样简单，而是一个网络，其网络可以用如图26-20所示模型表示。图中：i、j和k表示三个变电站；R_{ij}^L和R_{jk}^L分别为连接变电站的线路ij和线路jk的直流电阻，其值为相应线路各回路三相所有子导线的直流电阻并联值；R_i^T、R_j^T和R_k^T分别为各相应变电站中性点接地变压器的等效直流电阻；V_i^d、V_j^d和V_k^d分别为各相应变电站的地电位。

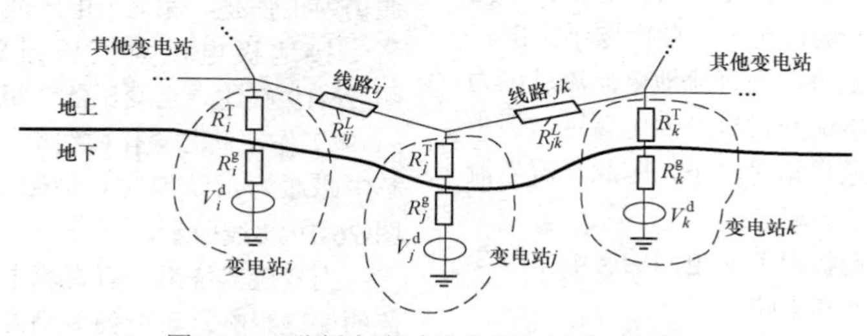

图26-20 分析交流系统直流分布的电路模型

如果只计算接地极电流和变电站自身入地的直流电流所产生的地电位，即忽略其他变电站入地直流电流产生的转移电位，则所有流入地的直流电流都会在地中任意点产生电位

$$V_i^g=V_i^d+R_i^gI_i=R_{id}I_d+R_i^gI_i \quad (26\text{-}39)$$

式中 V_i^d——由直流入地电流在相应变电站产生的地电位，V；

R_i^g——变电站i的接地电阻，Ω；

I_i——流过变电站i的直流电流，A；

R_{id}——接地极和变电站i之间的转移电阻，Ω；

I_d——接地极的入地电流，A。

如接地系统中存在 n 个接地体，并令 $V_d=R_{id}I_d$，各接地体电位可以用矩阵的形式表示为

$$V=V_d-RI \tag{26-40}$$

式中　V——n 个接地体的电位，V；

V_d——由接地极的入地电流在 n 个变电站产生的地电位，也就是变压器中性点不接地时相应变电站的地电位，V；

I——n 个接地体的电流，A；

R——对角线元素 R_{ii} 和非对角线元素 R_{ik} 分别为接地体 i 的自电阻、接地体 i 和接地体 k 间的互电阻，Ω。

当求得由接地极的入地电流在相应变电站产生的地电位 V_d 后，即可列出节点电压方程

$$I=GV \tag{26-41}$$

式（26-41）中 G 为 $n\times n$ 的矩阵，其元素 G_{ij} 可以由各段线路的电阻求得。

把式（26-41）代入式（26-40），即可求得直流电流在交流系统中的电流分布和各变电站接地网电位，即

$$I=[E+GR]^{-1}GV_d \tag{26-42}$$

$$V=[E+RG]^{-1}V_d \tag{26-43}$$

式中　E——单位阵；

-1——求逆阵。

2. 计算范围

随着我国电力系统不断发展，电网接线变得越来越庞大和复杂。理论上，将更多的变电站（电厂）和线路纳入网络计算，有利于提高计算准确度，但计算工作量会急剧增加。为了平衡计算工作量和计算准确度的关系，DL/T 5224—2014 规定：对电位升高于 3V 的变电站和与其在电气上相关联的其他变电站，均应纳入计算范围。因此，在创建计算网络前，应根据极址电性模型和入地电流，确定地电位升高于 3V 边界线。意在确定，不仅边界线以内的变电站（电厂）、线路要纳入计算网络，而且与它们在电气上有直接连接的所有其他变电站（电厂）、线路，无论它们与接地极有多远，均应纳入计算网络。

应该指出，在十分广域的范围内，准确地计算直流电流在交流系统中的分布是比较困难，原因为：①大地土壤电阻率分布并非各向均匀，很难真实模拟；②电网系统很大，需要收集大量的系统资料（如系统接线图，变电站变压器型式及相关参数，以及接地电阻、线路等参数），且难以收到可靠数据。但可以肯定的是：①流过各变压器绕组的直流电流大小不仅与接地极的距离相关，同时还与极址土壤导电性能、电力系统网络接线及其参数（如变电站接地电阻，导线型号及长度、变压器容量及台数等）有关；②在一个变电站里，单台运行的变压器比多台投运的变压器更容易受到影响；③靠近接地极变电站和与接地极成径向布置的变电站较容易流过更多的地电流。

（三）变压器允许的直流电流

当直流电流流过变压器时，理论上总会对变压器产生影响，只是个体影响程度不同。变压器能容许多大的直流电流，迄今为止我国尚无标准，也没有开展真型试验测试研究，设计人员可依次按下列途径或方法酌情确定。

1. 询问变压器生产厂商

变压器容许的直流电流在很大程度上取决于变压器设计制造，其值与变压器结构、铁芯材料、磁通密度取值等因素有关，对此可向制造厂家咨询。

部分厂家生产的变压器容许直流电流见表 26-10。

表 26-10　部分厂家生产的变压器容许的直流电流

厂家	容量（MVA）	额定电压（kV）	类型	硅钢片/磁密（T）	允许直流电流（A/相）
国外某厂商	3×250	500	单相自耦	冷轧/1.7	≤4
	3×250	500	单相自耦	冷轧/1.6	≤5
国内某厂商	150	220	三相三柱	冷轧/—	≤2.07
	150	220	三相三柱	热轧/—	≤3.9

由表 26-10 可得到以下一些经验数据：对于冷轧硅钢片，当磁密为 1.65～1.7T 时，变压器绕组允许通过的直流电流为额定电流的 0.45%～0.55%；对于热轧硅钢片，允许通过的直流电流为额定电流的 1.0%。

2. 借鉴实际工程经验

在直流输电建设过程中，我国一直十分重视变压器直流偏磁问题：在选择接地极址过程中，将直流电流对交流变压器偏磁影响作为极址论证重要依据；在采购换流变压器时，将其容许流过的直流电流写进采购合同。

3. 参照国内交流标准

220kV 及以上大容量变压器在额定电压下，如采用热轧硅钢片，励磁电流通常不超过额定电流的 1%；如采用优质冷轧硅钢片，励磁电流仅是额定电流的 0.1%。励磁电流的大小随着外加电压的增大而急剧增加，对于普通热轧矽钢片：当外加电压在额定电压之上增加 10%时，励磁电流几乎增加 1 倍。如对于优质

冷轧硅钢片：当外加电压在额定电压之上增加10%时，励磁电流增加约3.5倍；当电压增加15%时，励磁电流则增加约8倍。

电力变压器在超过5%的额定电压下也应能长期安全运行，在此时的励磁电流将较额定电压下的励磁电流大50%。CIGRÉ导则认为，现代（高导磁率铁芯）单相变压器的励磁电流大约只有额定电流的0.1%。同时认为当直流电流达到励磁电流，可听噪声将增加10dB；当直流电流达到4倍励磁电流，可听噪声将增加20dB。

综合上述因素，与变压器在额定电压下运行比较，只要流过变压器绕组的直流电流所引起的励磁电流增量不大于50%，意味着可听噪声增量不大于10～15dB，直流电流对变压器的影响是可以接受的。

4. 理论分析判断

通过对部分国内外变压器厂家提供的资料和工程应用情况进行分析，可以得到下列结论：

（1）变压器可允许的直流电流与磁密取值有关。对于冷轧硅钢片，当磁密在1.65～1.7T之间时，变压器绕组允许通过的直流电流为额定电流的0.45%～0.55%。

（2）变压器可允许的直流电流与变压器硅钢片磁导率特性有关。磁导率愈高（优质冷轧硅钢片），允许通过的直流电流愈小。对于热轧硅钢片（老式变压器），变压器绕组允许通过的直流电流较大，可达到额定电流的1%。

（3）变压器可允许的直流电流与变压器类型有关。单相变压器具有独立的磁回路，由于磁阻低，直流较容易引起磁饱和，绕组中只能容许较少的直流电流；三相五柱式变压器有磁回路，但一般铁芯面积只有单相变压器的39%，因此绕组中能允许较大（是单相变压器的2.5倍）的直流电流；三相变压器没有独立的磁回路，直流电流引起的磁通只能通过外壳返回，直流磁阻大，所以绕组中能允许更大的直流电流。

综上所述，在无可靠资料情况下，可按噪声增量不大于15dB考虑，即现代（磁密设计取值1.7T）变压器绕组中允许流过的接地极直流电流可按式（26-44）或式（26-45）估算。

$$I_1=\frac{kS_m}{\sqrt{3}U_1}\pm\frac{U_2}{U_1}I_2 \qquad (26\text{-}44)$$

对YN或YN/yn接线的220kV及以上电压等级的自耦变压器，绕组中允许流过的接地极直流电流为

$$I_1=\frac{kS_m}{\sqrt{3}(U_1-U_2)}\pm\frac{U_2}{U_1-U_2}I_2 \qquad (26\text{-}45)$$

式中 I_1——高压绕组中允许流过的直流电流，A；

k——与变压器设计有关的系数，单相式变压器一般取0.3%，三相五柱式变压器取0.5%；

S_m——变压器额定容量，MVA；

U_1——高压绕组额定电压，kV；

U_2——低压绕组额定电压，kV；

I_2——低压绕组中流过的直流电流，A。

式（26-44）和式（26-45）中，当I_1和I_2同方向时取负号，反方向时取正号。

5. 参照企业标准

（1）国家电网有限公司在《国家电网公司物资采购标准 变压器卷》中规定变压器允许流过最大允许直流电流应符合表26-11规定值。

表26-11 变压器允许流过最大允许直流电流

电压等级（kV）	最大容量（MVA）	最大允许直流电源（A）
220	240（三相）	12（三相绕组中性点接处地直流电流）
330	360（三相）	12（三相绕组中性点接处地直流电流）
500	400（单相自耦）	4（每相绕组中性点接地直流电流）
500	750（三相）	12（三相绕组中性点接处地直流电流）
750	700（单相自耦）	6（每相绕组中性点接地直流电流）

注 每台换流变压器中性点允许直流电流不能超过10A（根据近年工程经验以及网联提供的数据，在除去触发角不平衡、换流器交流母线上存在正序2次谐波电流以及交流输电线在直流输电线中感应的基频交流电压外，留给接地极产生直流偏磁的允许值约为2A）。

（2）Q/CSG 1101008—2013《500kV单相自耦交流电力变压器技术规范》中规定：变压器应能耐受不小于10A的直流偏磁。在Q/CSG 1101007—2013《220kV三相一体交流电力变压器技术规范》中规定：变压器应能耐受不小于10A的直流偏磁。在长时间最大直流偏磁（如果存在）作用下，变压器铁芯和绕组温升、振动等不超过技术规范的规定值，变压器油色谱分析结果正常。

（3）南方电网公司提供的换流变压器设备规范书中明确指出：每台换流变压器应具备长时承受10A直

流偏磁电流的能力，并应满足相关系统研究的要求。投标人应提供分析报告，阐述直流偏磁电流对变压器安全运行的影响，并阐明所采用的提升变压器直流偏磁电流耐受能力的措施。

（四）抑制直流偏磁的措施

1. 措施的选择

缓解接地极地电流对变压器影响的最好方法是尽可能地使接地极远离变电站。但如果受到客观条件的限制，可以根据情况选择采取以下缓解措施：

（1）110kV 变压器中性点不接地。在我国，不是每个 110kV 变电站的变压器中性点都需要接地，因此可以调整 110kV 变电站接地位置，让受影响变电站不接地。

（2）让变压器满足直流偏磁电流要求。变压器可承受的直流偏磁电流与变压器设计密切相关，因此，对于新建工程，可在电力变压器设备订货技术规范书中明确要求制造厂家须满足直流偏磁电流的技术要求。

（3）在变压器中性点串接隔直装置。对已投运的变压器，如计算得到的流过变压器绕组的直流电流值大于其允许值，可以在关键变压器或受影响变压器的中性点位置加装隔直装置，减少或隔断直流电流。隔直装置的主体元件可分为电阻器和电容器两种，前者主要优点是较容易控制电流，但缺点是该装置可承受的短路电流较小；后者主要优点是该装置制造较容易，且可承受较大的短路电流。简言之，两者优缺点具有互补性，但后者应用更广泛。

需要说明的是，选择加装隔直装置的位置应通过仿真计算优化确定。事实上，不是每个受影响的变压器都需要加装隔直装置，往往只需在部分（电流从大地流入或从大地流出）变压器的中性点位置串接隔直装置即可，选择在电压等级较低、短路电流较小的变压器中性点加装隔直装置可能更经济和更可靠。

（4）在线路上加装串联补偿装置。从理论上讲，在关键和需要的交流线路上加装串联补偿装置不仅可以隔断直流电流，而且还可减少线路阻抗，有利于提高线路的自然输送功率。不过，由于在交流线路上加装串联补偿装置不仅费用高，而且涉及电力系统的方方面面，目前还没有工程实例。

（5）尽可能地减少单极大地返回方式运行。以前的高压直流输电工程，在建设初期、计划检修和一极出现故障时，允许已建成极、未检修极和健全极以单极大地返回方式长时间（30d 以上）运行。现在有的（特）高压直流工程，由于受到直流偏磁和埋地金属管线腐蚀影响，仅允许在一极出现故障时以单极大地返回方式（不超过 30min）短时运行。

2. 电阻器隔直装置

目前，采用中性点串联电阻装置在国内外有一定的应用，例如：在新西兰北岛－南岛连接工程中，大量采用串入电阻的方案抑制中性点直流；印度国家高压直流输电项目，也有对变压器中性点加装电阻以限制直流电流的做法。近年来，在国内部分变电站也加装了电阻器隔直装置。这种方案十分简单明确：在中性点和地网之间串入一个阻值为数欧姆的小电阻，可以使得中性点流入的直流电流明显减小，达到工程上可以接受的程度。

电阻器隔直装置原理如图 26-21 所示。

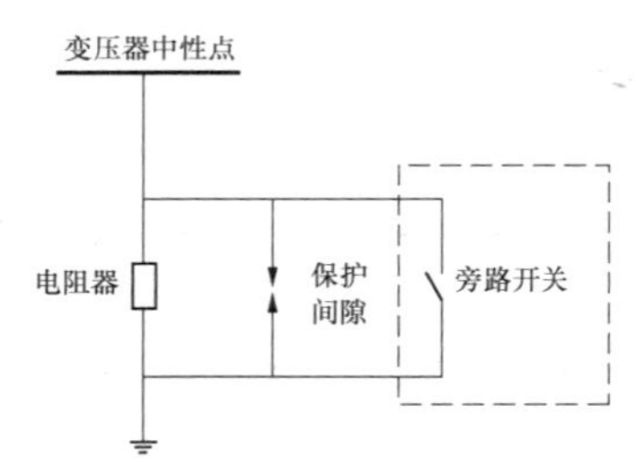

图 26-21 电阻器隔直装置原理图

系统正常运行时，旁路开关处于闭合状态，电阻器被短接，装置整体呈旁路状态，变压器中性点为直接接地状态；当变压器中性点电流测量装置检测到变压器中性线直流电流超过设定限值且持续时间达到时限时，旁路开关将会打开，变压器中性点通过串联电阻器与地网相连，装置整体为直流电流限流运行状态；当变压器中性线直流电流消失或减小至设定限值以下时，旁路开关将重新闭合，变压器中性点恢复到直接接地状态。

在电阻器接入期间，若交流系统发生不对称接地故障，保护间隙将会被击穿，同时间隙保护控制旁路开关闭合，使电阻器退出运行状态。

需要注意的是，串入的小电阻应选择合适的参数。当地中直流电流流入时，该小电阻只需要承受几百伏以下的直流电压；没有直流流入，正常运行时，只需要承受微弱的交流电压；而当线路发生不对称故障，产生较大零序电流分量时，流过小电阻的电流有可能较大，需要认真计算校核。另外，中性点串入电阻对系统零序参数产生了影响，进而也会影响到继电保护的整定。

这种方案的缺点是无法完全抵消直流从中性点流入，但是由于其概念明确，相对易于实现，对系统的影响也较小。相比较而言，中性点串联电阻装置的最大优势是结构简单、经济可靠。

国内某电阻器隔直装置的产品性能参数见表 26-12。

表 26-12　电阻器隔直装置的产品性能参数

参数	指　标
适用范围	抑制电流范围为 0～200A
电阻阻值	0.5～3Ω 可调
间隙放电电压	2000V
间隙电流保护动作时间	20～30ms
动稳定电流	31.5kA（峰值）/0.2s
热稳定电流	12.5kA（峰值）/1.0s
控制系统	全数字化控制，控制精度 1A，具备报警、录波和故障诊断等功能，免维护设计，可无人值守
尺寸（长×宽×高）	2200mm×1500mm×2600mm

3. 电容器隔直装置

目前，国内中国电力科学研究院和广东省电力科学研究院等已研发了电容器隔直装置，并陆续用于工程。2010 年，南方电网在岭澳核电站 1、2 号主变压器中性点成功地安装了我国首台电容器隔直装置。

电容器隔直装置的优点是：为无源方式，安全性较高；隔直效率高；对系统继电保护的影响小至可以忽略；运行维护方便。

（1）基本原理。电容器隔直装置原理如图 26-22 所示。正常情况下，晶闸管旁路在关断状态，机械旁路开关 S1 和 S2 闭合，变压器中性点经旁路开关直接接地。在检测到变压器中性点直流偏磁电流超过限值并达到时限时，电容器隔直装置会自动打开机械旁路开关 S1，将电容器串入变压器中性点与地网之间，利用电容器隔直通交的特点，有效隔断流过变压器中性线的直流电流。选取工频阻抗足够小的电容器，可以保证交流系统的有效接地及交流零序电流的正常流通。电容器隔直装置在电容器支路上并联了一个双向晶闸管支路及一个机械开关 S3 作为电容器的旁路保护系统。当交流系统发生不对称短路故障时，装置会立即触发导通双向晶闸管旁路，并同时发出机械旁路 S3 开关的合闸信号。故障电流会先通过晶闸管旁路流向大地，达到快速保护电容器的目的。当机械旁路开关 S3 合上后，故障电流将由晶闸管旁路转移到机械旁路开关。双向晶闸管支路与机械开关 S3 构成了双旁路保护，对电容器会起到更可靠的保护作用。

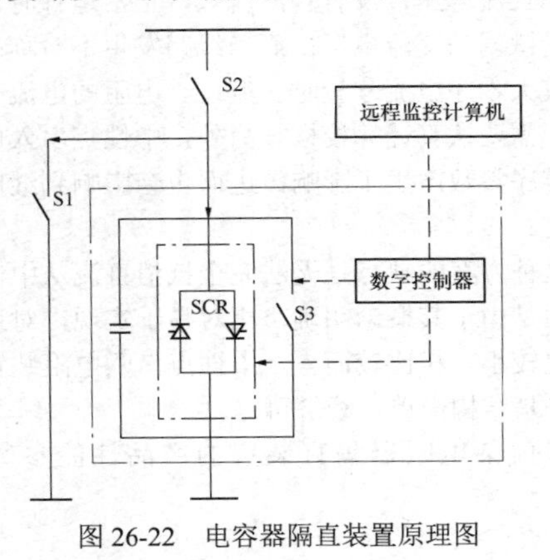

图 26-22　电容器隔直装置原理图

（2）运行控制。电容器隔直装置设置有手动/自动模式。

1）自动控制模式。旁路开关 S3 完全由预设的控制策略进行自动控制，在正常运行时选用。

2）手动控制模式。旁路开关 S3 由装置就地面板按钮控制，在检修方式或试验时选用。

（3）监测功能。监控主站放置在主控制室，与电容器隔直装置就地控制器以光纤通信，实现远方监控。其他人员可通过局域网以 Web 浏览方式访问监测页面（需配置局域网固定 IP 地址），实现远方实时监测。监控系统对旁路开关 S3 及重要模拟量实时监测内容包括：远方控制旁路开关 S3 的动作；实时监测和提供历史数据记录查询；故障报警实时数字信号、历史记录的查询。

（4）型号及主要参数。表 26-13 列出了国内某厂家生产的电容器隔直装置型号及主要参数，可供设计选型参考。

表 26-13　电容器隔直装置型号及主要参数

参数	SYNG/DCBD-CTS-A	SYNG/DCBD-CTS-B
适用范围	220kV 电压等级，240MVA 及以下变压器可与中性线限流电抗器串接使用	500kV 电压等级，1000MVA 及以下变压器可与中性线限流电抗器串接使用
工频阻抗（Ω）	＜0.1	＜0.05
固态开关旁路	双向晶闸管/单支路	双向晶闸管/双支路
机械旁路开关	5 万次可靠动作	5 万次可靠动作
就地控制器	工业级测控装置	工业级测控装置
暂态电流耐受能力	15kA（有效值）/300ms	25kA（有效值）/300ms
短时电流耐受能力	20kA（有效值）/4s	25kA（有效值）/4s
电容器组大电流耐受能力（无旁路保护）	11.8kA（有效值）/4s	20kA（有效值）/320ms
主回路对外壳绝缘水平（kV）	10/35kV	10/35kV
报警信号输出触点	7 个/干触点	7 个/干触点
通信方式	光纤/数模转换器	光纤/数模转换器

续表

参数	SYNG/DCBD-CTS-A	SYNG/DCBD-CTS-B
监控计算机	工作站	工作站
尺寸（长×宽×高）	2300mm×1700mm×2500mm	2900mm×1900mm×2500mm
外壳防护等级	IP55	IP55

二、对埋地金属构件的影响及防护

长期以来，埋地金属管线腐蚀是困扰行（企）业的重要问题，且经济损失巨大。相关资料显示，我国每年因管道由于各种原因导致的腐蚀量高达 6000 多万 t，造成经济损失高达 2800 亿元。埋地金属管线除了受到自然腐蚀外，接地极电流可能对接地极附近的埋地金属构件（金属管线、铠装电缆）带来额外的负面影响，如电腐蚀、干扰阴极保护系统工作、影响检修人员工作等。

（一）电腐蚀特性

在自然条件下，埋在土壤中的金属构件由于各种原因，管道表面将呈现阳极区和阴极区，并在阳极区局部发生腐蚀。在接地极地电流的作用下，可能使这一现象更加明显。这是由于这些埋地金属设施为地电流提供了比周围土壤更强的导电特性，致使在埋地金属构件的一部分（段）汇集地中电流，又在构件的另一部分（段）将电流释放到土壤中去的结果。

图 26-23（a）描述了接地极以阳极运行时，埋地金属管道上的可能产生电腐蚀情况。在这种情况下，靠近电极的一段管道吸取来自阳极的电流，然后在远离电极的一段管道处将电流释放到土壤中去。这表明，在电极附近的这一段管道相对土壤的电位为负，受到阴极保护；在远离电极的那一段管道相对土壤的电位为正，以致产生腐蚀（阴影部分）。

假若接地极是以阴极运行，则管道上的直流电流的流向情况与上述情况正好相反：在离开接地极远处的一段管道汇集来自阳极的电流，再由在靠近电极的一段管道将电流释放给阴极。因此，在远离电极的那一段管道受到了阴极保护，而在电极附近的这一部分管道上产生电腐蚀，如图 26-23（b）所示。

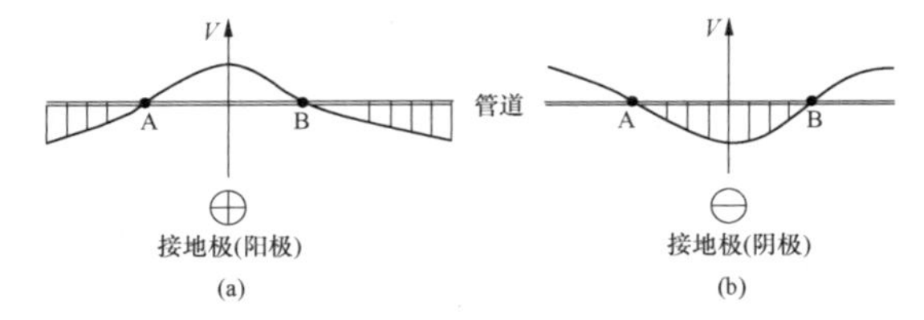

图 26-23 接地极对地下管道的腐蚀范围示意图

（a）接地极为阳极；（b）接地极为阴极

理论分析结果表明，直流地电流对埋地金属管道的电腐蚀程度除了与入地电流大小及持续时间、土壤电阻率、接地极与埋地金属设施的距离 d、走向等因素有关外，还与埋地金属设施几何长度 L 密切相关。在其他条件不变情况下，设施 L 越大，电腐蚀程度越严重。一般情况下，当 $L/d<1$ 时，几乎不受电腐蚀影响。由此，接地极地电流主要是对埋地金属管道、铠装电缆、电力线路杆塔基础等这类大跨度的埋地设施金属构件产生电腐蚀影响。

（二）对埋地金属构件的电腐蚀计算

计算接地极地电流对金属管线或电缆铠装的电腐蚀，应根据埋地金属构件防腐结构的不同，采用适当的计算模型。对于这些线形布置的金属构件设施，无论是管线还是电缆，在计算管线或电缆的电腐蚀问题上，数学模型是相同的，区别在于管壁或铠装是否对地绝缘。当管壁或铠装对地绝缘时，受腐蚀的是接地装置，否则受腐蚀的是管壁或铠装。

1. 管壁或铠装对地不绝缘

小型管线的管壁或电缆的铠装可能没有采取包裹防腐措施，而是直接埋在地下。当一条裸金属管道或外套为铠装的电缆经过接地极附近时，在直流电流场的作用下，根据分布参数理论，管道或铠装上任意两点间 dx 段满足式（26-46）微分方程

$$\frac{\mathrm{d}^2 I(x)}{\mathrm{d}x}=\Gamma^2 I(x)-GE(x) \tag{26-46}$$

$$\Gamma=\sqrt{RG}$$

式中 $I(x)$——流过管线或铠装 dx 段的纵向电流，A；

G——dx 段管线或铠装对地泄漏电导，S；

$E(x)$——沿着管线方向的直流场强，V/m；

R——dx 段管线或铠装的纵向电阻，Ω。

对于管线或铠装上任意从 a 到 b 两点，式（26-46）微分方程的通解矩阵式可以表达为

$$\begin{bmatrix} I_1(x) \\ I_2(x) \end{bmatrix}=\begin{bmatrix} \cos h(\Gamma(x-a)) & \dfrac{1}{\Gamma}\sinh(\Gamma(x-a)) \\ \Gamma\sinh(\Gamma(x-a)) & \cosh(\Gamma(x-a)) \end{bmatrix}\begin{bmatrix} A \\ B \end{bmatrix}+\begin{bmatrix} Z_1(x) \\ Z_2(x) \end{bmatrix} \tag{26-47}$$

$$\left.\begin{aligned} Z_1(x)&=P(x)\mathrm{e}^{-\Gamma x}-Q(x)\mathrm{e}^{\Gamma x} \\ Z_2(x)&=-\Gamma[P(x)\mathrm{e}^{-\Gamma x}-Q(x)\mathrm{e}^{\Gamma x}] \end{aligned}\right\} \tag{26-48}$$

$$\left.\begin{aligned} P(x)&=\frac{G}{2\Gamma}\int_a^x E(x)\mathrm{e}^{\Gamma x}\mathrm{d}x \\ Q(x)&=\frac{G}{2\Gamma}\int_a^x E(x)\mathrm{e}^{-\Gamma x}\mathrm{d}x \end{aligned}\right\} \tag{26-49}$$

式中 $I_1(x)$——流过管线或铠装 dx 段的电流，A；

$I_2(x)$——dx 段对地泄漏电流，A；

A、B——常数，根据边界条件确定；

$Z_1(x)$、$Z_2(x)$——积分函数。

欲得到式（26-47）的特解，需要给定 a 点和 b 点的边界条件。边界条件根据具体情况给定，一般有以下几种情况：

（1）在离开接地极最近点或有绝缘接头处，$I_1(x)=0$；

（2）在如图 26-23 的 A 和 B 处，有 $I_2(x)=0$；

（3）在离开接地极足够远（如大于 100km）处，$I_1(x)=0$ 和 $I_2(x)=0$；

（4）对于有阴极保护的，由于阴极保护电流由一端注入并在大地的遥远处释放电流，这意味着 $E(x)=0$、$Z_1(x)=0$ 和 $Z_2(x)=0$，所以式（26-47）的特解可简化为

$$\left.\begin{aligned} I_1(x)&=A\mathrm{e}^{-\Gamma x}-B\mathrm{e}^{\Gamma x}\\ I_2(x)&=-\Gamma(A\mathrm{e}^{-\Gamma x}+B\mathrm{e}^{\Gamma x})\end{aligned}\right\} \tag{26-50}$$

此时，如果阴极保护电流 I_c 在 A 端注入，边界条件有 $I_1(a)=I_c$ 和 $I_1(b)=0$。

当 A 到 B 段的场强分布变化时，可以将该段分成 $x=x_1<x_2<\cdots<x_n$（$a=x_1<x_2<x_3<\cdots<x_{n-1}<x_n=b$）若干小段，如果用 x_n 代替 a，那么每小段的通解具有与式（26-47）相同的形式，特解结果是：$A=I_1(x_n)$，$B=I_2(x_n)$。为了保证在泄漏电导突变地方导体上的电流 $I_1(x_n)$ 和电位 $V(X_n)$ 连续，将式（26-47）改写成式（26-50）关于 $I_1(x_n)$ 和 $V(X_n)$ 的函数式

$$\begin{bmatrix} \cosh\Gamma(x-x_n) & -\dfrac{1}{\Gamma G}\sinh\Gamma(x-x_n) & -1 & 0\\ \sinh\Gamma(x-x_n) & -\dfrac{1}{G}\cosh\Gamma(x-x_n) & 0 & -1\end{bmatrix}\begin{bmatrix} I_1(x_n)\\ V(x_n)\\ I_1(x)\\ V(x)\end{bmatrix}=-\begin{bmatrix} Z_1(x)\\ Z_2(x)\end{bmatrix} \tag{26-51}$$

式中 $V(x_n)$——x_n 处金属管道或铠装对土壤的电位，V。

由此可以得到包含有 $I_1(x_1)$，$I_1(x_2)$，…，$I_1(x_n)$ 和 $V(x_1)$，$V(x_2)$，…，$V(x_n)$ 共 $2n$ 个未知数的 2（n-1）个独立方程组。根据 $I_1(x_1)=I_1(x_n)=0$ 边界条件，可以采用高斯消元法求解得到 $V(x_1)$，$V(x_2)$，…，$V(x_n)$，从而得到 X_n 处金属管道或铠装泄漏电流 $I_2(x_n)$。

根据法拉第腐蚀定律，在直流系统整个设计寿命期间，直流电流对金属管道或铠装壁厚累计的电腐蚀为

$$\delta(x_n)=\frac{kv_{\mathrm{f}}I_2(x_n)F_{\mathrm{y}}}{8.76\pi D\rho I_{\mathrm{d}}\Delta x} \tag{26-52}$$

式中 $\delta(x_n)$——电腐蚀厚度，mm；

k——电流不均匀系数，$k>1$；

v_{f}——材料电腐蚀速率，kg/（A·年）；

$I_2(x_n)$——x_n 处泄漏到大地的电流，A；

F_{y}——直流系统以阴极或阳极的累计运行安时数，Ah；

D——管道或铠装的直径，mm；

ρ——材料密度，g/cm³；

I_{d}——接地极入地电流，A；

Δx——每小段（x_n–x_{n-1}）管道或铠装的长度，m。

理论计算表明，如果在合适的位置将管道或铠装分段绝缘，可以大幅度地降低电腐蚀程度。因此，对于管壁或铠装对地不绝缘情况，可以采用此方法来减少电腐蚀影响。

2. 管道壁或电缆铠装对地绝缘

对于大型埋地金属管线，如石油和天然气管线，为了防止自然腐蚀，通常用三层 PE（环氧粉末＋胶粘剂＋聚乙烯）防腐材料将管道包裹起来，融为一体。电缆有通信电缆和电力电缆，前者铠装对地一般是绝缘的，后者铠装对地有绝缘和非绝缘两种。如果管道壁或铠装对地是绝缘的，可以在增压站或在合适位置接地，以防止雷害。

如果一条对地绝缘（分段接地）的金属管道或铠装电缆通过接地极附近，可以采用集中参数计算流过接地装置的直流电流，其等效电路如图 26-24 所示。

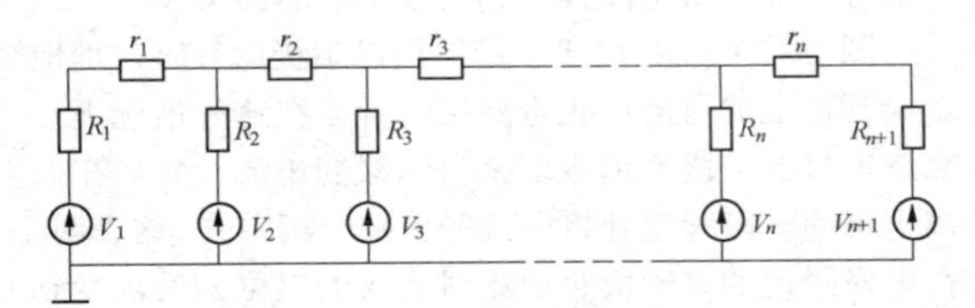

图 26-24 管壁或铠装对地绝缘下的等效电路

V_n—第 n 个接地装置处的地电位升，V；

R_n—第 n 个接地装置的接地电阻，Ω；

r_n—第 n～$n+1$ 段管道或铠装体的直流电阻，Ω

根据图 26-24 所示等效电路图，设网孔的回路电流分别为 I_1'，I_2'，…，I_n'，则可以得到

$$\begin{aligned}&(R_1+r_1+R_2)I_1'-R_2I_2'=V_1-V_2\\&-R_2I_1'+(R_2+r_2+R_3)I_2'-R_3I_3'=V_2-V_3\\&-R_3I_2'+(R_3+r_3+R_4)I_3'-R_4I_4'=V_3-V_4\\&\cdots\\&-R_nI_{n-1}'+(R_n+r_n+R_{n+1})I_n'=V_n-V_{n+1}\end{aligned} \tag{26-53}$$

式（26-53）具有 $n+1$ 个未知数和方程组，具有唯一解。借助于计算机软件，可以很方便地求得各网孔回路电流 I_1'，I_2'，…，I_n'，从而可以很方便地求得

流过各杆塔的直流电流 I_1，I_2，…，I_n，I_{n+1}。

若计算出的电流由接地装置流入大地（正值），则表明该接地装置可能存在电腐蚀。在直流系统整个设计寿命期间，第 n 个接地装置腐蚀的质量可以按式（26-54）计算

$$m_n = \frac{v_f I_n F_y}{8760 I_d} \qquad (26\text{-}54)$$

式中　m_n——在直流系统整个设计寿命期间，对接地装置的累计电腐蚀质量，kg。

解决接地极地电流对接地装置的电腐蚀影响的措施简单，可以加大接地装置材料的尺寸，也可以将接地装置材料换成抗电腐蚀能力强的材料，如高硅铸铁、带涂层或包裹有机导电材料等。

3. 绝缘有破损的金属管线

理论分析和计算结果显示，接地极地电流对外层绝缘良好的埋地金属管道基本没有影响，对全裸的埋地金属管道的电腐蚀影响往往并不严重，而对包裹层有破损（绝缘遭破坏）的埋地金属管道电腐蚀影响往往更为严重。由于金属管线产品有缺陷或施工过程中不注意等原因，导致金属管线包裹层局部破损情况时有发生，因此设计时宜考虑此情况。

对于包裹层有破损的埋地金属管道电腐蚀计算，由于无法有效地界定破损状况及边界条件，故很难建立有意义的仿真计算模型。基于对工程评估，设定包裹层破损不改变管道壁对地的场强，计算方法将变得很简单。

如果接地极附近有一条足够长的金属管线穿过，在电流场的作用下则可以认为其管道壁对地的场强是稳定的。若该管道包裹层局部存在破坏，则电流可通过破损部位流入土壤中，根据欧姆定律即有

$$J = E / \rho \qquad (26\text{-}55)$$

式中　J——流过管道的面电流密度，A/m²；

E——管道壁对地的场强，V/m；

ρ——破损管道处土壤电阻率，Ω·m。

例如：按照 GB/T 50991—2014《埋地钢质管道直流干扰防护技术标准》，管道对地场强 E 为 2.5mV/m，如电阻率取 25Ω·m，则电流密度 J 为 0.01μA/cm²，由此引起的年平均腐蚀厚度仅约为 0.0001162mm。

由此可见，计算包裹层有破损的埋地金属管道电腐蚀的技术难点是计算包裹层有破损点管壁对地的场强。

4. 对输电线路基础的腐蚀

高压输电线路的架空地线一般是对杆塔绝缘的，但也有不绝缘的，其中包括接地极引线。对于地线与杆塔不绝缘的线路，如果它经过接地极附近，在接地极入地电流的作用下，两杆塔间形成电位差，直流电流则经过地线由一个杆塔流入（出）到另一个杆塔流出（入）。因此，在电流流入大地的杆塔基础处将产生电腐蚀。

计算流过各杆塔的直流电流的等效电路与图 26-24 相同，其中：V_n 是第 n 号杆塔处地电位升，V；I_n 是流过第 n 号杆塔的直流电流，A；R_n 是第 n 号杆塔接地电阻，Ω；r_n 是第 n～$n+1$ 号塔间架空地线的直流电阻，Ω。

对每一基杆塔基础的腐蚀质量可以按式（26-54）计算。

消除接地极对输电线路铁塔基础腐蚀的方法是：对于计算有影响的（长 10～25km）一段线路，将地线与杆塔绝缘即可；对于紧靠极址（如小于 2km）的杆塔，由于该处地面场强较大，应用沥青或其他绝缘材料将基础与地绝缘，并用玻璃钢板垫在塔脚处，使塔与基础绝缘。如果使用拉线塔，可在拉线中串入一片绝缘子。

（三）对阴极保护系统的影响

1. 阴极保护系统工作原理

腐蚀专家认为：对于钢（铁）质金属材料，其电位低于－0.85V vs.CSE（相对于硫酸铜参比电极，下同）将受到阴极保护，参比电位低于－1.5V vs.CSE，将会导致其防护层脱落。因此，美国腐蚀工程师全国协会（NACE）推荐－0.85～－1.5V vs.CSE 为对埋地金属构件保护的上下限控制标准。阴极保护就是利用外加手段迫使埋在电解质中的被保护的金属构件表面的电位限制在－1.5～－0.85V vs.CSE 范围内，以达到抑制腐蚀的目的。使金属腐蚀下降到最低程度或停止所需要的保护电流密度称之为最小电流密度。新建沥青涂层管道最小保护电流密度一般为 30～50μA/m²，环氧粉末涂层管道一般为 10～30μA/m²。

对于大型或重要的埋地金属管道，如石油和煤气管道等，一般都采用沥青浸渍的玻璃布包裹。其作用一方面是为避免自然腐蚀；另一方面，当采用了阴极保护时，可减少阴极保护电流。值得指出，由于这些防护层不可能是理想的绝缘材料，甚至可能出现小孔，如果管道汇集的电流可能集中在管道裸露于土壤处释放电流，从而会加速该部位腐蚀。因此，几乎所有的大型埋地金属构件，尤其是大型金属管线，都采用阴极保护技术。

阴极保护技术可分为牺牲阳极法和强制排流法两种，如图 26-25 所示。虽然两者方法不一样，但保护的基本原理是一样的，都是使被保护构件相对于周边土壤为负的电位。

如图 26-25（a）所示，牺牲阳极法是采用比被保护构件更活泼的金属（镁合金棒或锌合金棒）与被保

护构件连接，从而在构件和阴极材料之间形成原电池而保护设备，被保护的电位为阴极（采用高纯镁棒为 – 1.75V vs.CSE，高纯锌棒为 – 1.1V vs.CSE）。牺牲阳极一般埋设在垂直于管道方向且离开管道水平距离为 3～5m 的土壤中。

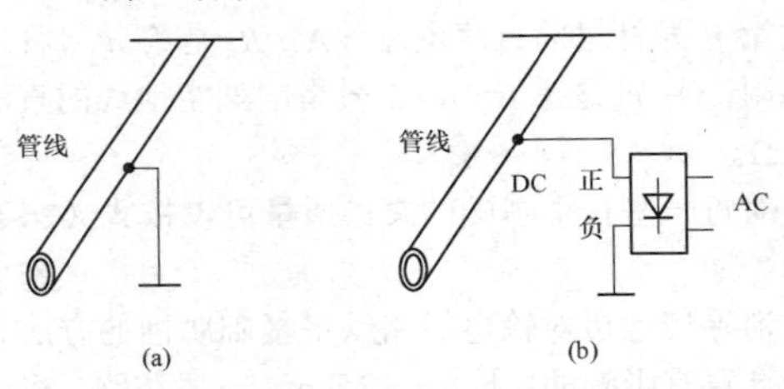

图 26-25　阴极保护接线示意图

（a）牺牲阳极法；（b）强制排流法

如图 26-25（b）所示，强制排流法是在被保护构件上施加相对于地为负极性的电压，使被保护构件得到电流。强制排流法采用交流供电，整流后负极接到被保护构件上，正极接到离开管道垂直距离一般在 30～50m 的接地装置上。接地装置采用高硅铸（铬）铁、石墨等耐电腐蚀的材料。整流装置输出的直流电压可根据需要进行调节。

为了降低阴极保护设施所需功率，一般要求被保护构件具有良好的对地绝缘，必要时还需对被保护构件进行分段（保护）。

2. 对阴极保护系统的影响及计算

在接地极直流入地电流的作用下，由于存在电位升，因此可能对阴极保护系统产生不良的影响。

（1）干扰阴极保护系统。在正常情况下，阴极保护系统工作状况（输出的电压或电流）是调整好的。在接地极电流的影响下，可能会改变阴极保护输出电压（当改变量超过允许值可能引发报警）。接地极与阴极保护系统相对位置示意如图 26-26 所示。

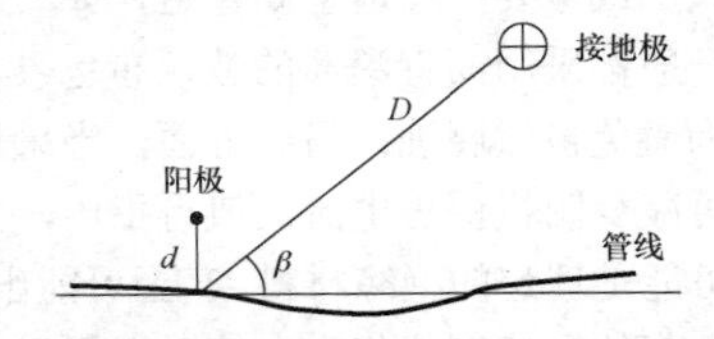

图 26-26　接地极与阴极保护系统相对位置示意图

判断接地极电流引起地电位升对阴极保护系统的影响计算为

$$D \approx \sqrt{\frac{\rho I_{\mathrm{d}}}{2\pi} \times \frac{d}{\Delta U} \sin\beta} \qquad (26\text{-}56)$$

式中　D——接地极与被保护物（阴极连接点处）的水平距离，m；

ρ——土壤电阻率，Ω · m；

I_{d}——接地极入地电流，A；

d——阴极保护系统中正负极连接点间的水平距离，m；

ΔU——由接地极入地电流导致阴极保护系统中的被保护物对地允许的波动电压，V；

β——接地极和被保护物（阴极接点处）连线与管道走向间的夹角，（°）。

式（26-56）表明，在其他条件不变的情况下，ΔU 允许值越大，允许的距离 d 越小；反之则要求 d 增大。GB/T 50991—2014 规定：对于施加阴极保护的管道，当干扰引起的管道激化电位不满足阴极保护准则要求时（–0.85～– 1.5V vs.CSE），干扰程度为不可接受。但该标准对 ΔU 允许值没有做出明确的规定。ΔU 与激化电位虽概念不同，但会受到激化电位的影响。

（2）在接头处可能产生电火花。在设计大型管线时，往往采用绝缘法兰对管道进行绝缘（尤其是采用了阴极保护技术的管道），以减少干扰电流对管道的影响范围和程度以及降低阴极保护的电流。对于采用绝缘法兰连接的管线，虽可大大增强管线抗干扰电流的能力，但容易导致来自雷电流、其他干扰电流在法兰绝缘层处放电的可能性。对此，在管线设计时，要求采取诸如用玻璃布包缠并涂装等措施以防止发生火花，甚至安装带有防爆火花间隙的绝缘法兰。相对于雷击电流或交流短路电流，接地极的电流在绝缘法兰两端产生的电位差往往是很低的，不会引发火花放电，但不排除由于绝缘法兰（绝缘垫片或施工）存在质量问题且离开接地极太近引发放电的可能性。

（四）防护措施

随着我国经济建设的快速发展，直流输电和埋地钢质管线项目逐年增加。在设计过程中，应尽可能使接地极（址）与管线保持合理的距离。完全避免接地极地电流对金属管线的影响是很困难的，甚至是不可能的。为了协调相关行业发展，GB/T 50991—2014 中针对直流干扰明确了基本原则：管道侧应根据调查与测试的结果，选择排流保护、阴极保护、防腐层修复、等电位连接、绝缘隔离、绝缘装置跨接和屏蔽等干扰防护措施；高压直流输电接地极与管道之间的距离及干扰防护应符合现行行业标准 DL/T 5224—2014 的有关规定。

针对直流输电接地极电流的干扰特点，如确认接地极地电流对管线有影响，可根据具体情况选择采用下列防护措施：

（1）排流保护。排流保护可以理解为旁路保护，即让干扰电流通过旁路返回到负极，而不是通过被保护物返回到负极。常用的排流保护方式有接地排流、直接排流、极性排流和强制排流等方式。针对接地极干扰电源，可选用图 26-27 所示排流方式，图 26-27（a）适用于管道阳极区较稳定的排流的场合，图 26-27（b）

适用于管道阳极区不稳定的排流的场合。排流接地装置与管道的距离不宜小于 20m。

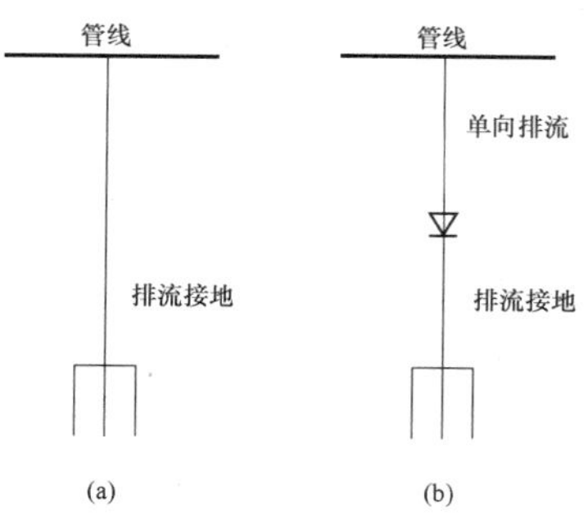

图 26-27 排流方式接线示意图

（a）接地排流；（b）极性排流

（2）阴极保护。阴极保护（含牺牲阳极保护）是一种经典的保护方式，已广泛应用于埋地金属设施中。阴极保护方法也可用于防护接地极电流对埋地金属管线的防腐。当确定干扰源是接地极电流后，对埋地金属管线采用阴极保护防护措施应做好下列工作：

1）根据接地极入地电流大小，计算确定需要对埋地管线采取保护的范围（区段）。

2）按照界定的保护范围，计算确定满足阴极保护技术要求的电流需求。

3）对于已采用阴极保护措施的管线，要校核现有阴极保护系统是否能覆盖界定的保护范围。必要时，要调整运行参数或运行方式，以满足保护技术要求。

4）对于增加设置的阴极保护系统，应将其布置在受干扰管线的阳极区。

5）要评价接地极入地电流对阴极保护系统的输出电压或电流的影响。

6）考虑到接地极的极性是变化的，应在管线与电源负极（或牺牲阳极）连线中串接导电器件。

（3）防腐层修复。由于产品的缺陷或运输施工过程疏忽大意以及运行中其他原因，可能导致防腐层存在缺陷。GB/T 50991—2014 规定，对处于干扰区域的管道，每年应进行防腐层缺陷检测，发现防腐层存在缺陷应及时修复。防腐层修复所用材料的绝缘性能不应低于原防腐层。

（4）绝缘隔离。理论分析与仿真计算结果表明，对管线进行分段绝缘隔离，可以大幅度地降低接地极地电流对管线的影响。采用绝缘法兰对管道进行绝缘隔离已广泛地用于埋地管线工程，近些年来，整体埋地型绝缘接头技术也开始用于工程。采用分段绝缘隔离的管线应符合下列要求：

1）绝缘隔离装置两侧各 10m 范围内，管道不应存在防腐层缺陷，以增强隔离效果。

2）绝缘隔离装置应安装高电压防护设施，以防止放电火花。

3）从阴极保护中隔离的管线段，应增加设置独立的阴极保护装置单独进行保护。

【例 26-4】 设增压站 A—增压站 B—增压站 C，有一条长度为 60km、直线状水平敷设、离开接地极最小距离为 10km 的输油管道对称地从接地极附近通过，埋地 0.8m。该管道采用钢质材料，直径为 169mm，管壁厚 4mm；管道外层用 PE 材料包封（绝缘），PE 材料层厚 2.5mm，电阻率为 $1\times10^{9}\Omega\cdot m$；每 500m 长考虑一个 $1.0cm^2$ 面积的 PE 材料完全破损（穿孔）。极址电性模型如图 26-5 所示，$\rho_1=100\Omega\cdot m$，$\rho_2=500\Omega\cdot m$，$h_1=10m$。试计算，在接地极入地电流为 3000A 和设计累积以阳极运行的寿命为 30MAh 情况下，直流地电流对管道的电气及腐蚀影响及分布特性，并评价分段绝缘措施的效果。

根据上述条件，采用 ETTG 软件，得到直流地电流对管道的电气及腐蚀影响计算结果见表 26-14。

表 26-14 直流地电流对管道的电气及腐蚀影响计算结果明细表

基本信息				PE 绝缘管线					PE 绝缘管线（在 D 和 H 处分段绝缘）				裸管线直接埋地			
站（位置）名称	x 坐标（km）	y 坐标（km）	电位升（V）	管地电压（V）	IR 压降（V）	纵向电流（A）	泄漏电流（mA/km）	孔蚀深度（mm）	管地电压（V）	纵向电流（A）	泄漏电流（mA/km）	孔蚀深度（mm）	管地电压（V）	纵向电流（A）	泄漏电流（mA/km）	腐蚀深度（mm）
增压站 A	30	10	7.518	6.79	14.313	0.006	15	74.441	1.375	0.001	2.5	15.076	0.138	1.397	3492	0.004
A	27.5	10	8.173	6.137	14.314	0.044	12.5	67.274	0.72	0.007	0	7.898	0.083	7.583	2097	0.002
B	25	10	8.829	5.485	14.317	0.077	12.5	60.131	0.065	0.009	0	0.772	0.069	11.954	1742	0.002
C	22.5	10	9.73	4.589	14.323	0.107	10	50.312	−0.835	0.006	−2.5	−9.149	0.053	15.449	1597	0.001

续表

基本信息				PE 绝缘管线					PE 绝缘管线（在 D 和 H 处分段绝缘）				裸管线直接埋地			
站（位置）名称	*x* 坐标（km）	*y* 坐标（km）	电位升（V）	管地电压（V）	*IR* 压降（V）	纵向电流（A）	泄漏电流（mA/km）	孔蚀深度（mm）	管地电压（V）	纵向电流（A）	泄漏电流（mA/km）	孔蚀深度（mm）	管地电压（V）	纵向电流（A）	泄漏电流（mA/km）	腐蚀深度（mm）
D	20	10	10.632	3.695	14.33	0.13	7.5	40.511	0.091	0（分段）	0	1.002	0.064	18.93	1615	0.002
E	17.5	10	11.91	2.426	14.338	0.148	5	26.599	1.534	0.012	2.5	16.82	0.051	22.245	1302	0.001
F	15	10	13.188	1.158	14.347	0.158	2.5	12.696	0.258	0.017	0	2.829	0.064	25.712	1635	0.002
G	12.5	10	14.999	–0.643	14.356	0.158	–2.5	–7.047	–1.552	0.012	–5	–17.006	0.032	28.39	820	0.001
H	10	10	16.811	–2.445	14.365	0.148	–7.5	–26.79	0.057	0（分段）	0	0.624	0.016	29.729	407	0
I	7.5	10	19.038	–4.663	14.373	0.126	–10	–51.11	1.806	0.016	2.5	19.798	–0.053	28.321	–1327	–0.002
J	5	10	21.266	–6.882	14.38	0.091	–17.5	–75.44	–0.419	0.019	–2.5	–4.592	–0.148	22.009	–3720	–0.005
K	2.5	10	22.521	–8.132	14.384	0.047	–20	–89.14	–1.673	0.012	–5	–18.33	–0.174	12.516	–4380	–0.006
增压站 B	0	10	23.776	–9.385	14.386	–0.005	–25	–102.9	–2.926	–0.002	–7.5	–32.074	–0.286	–1.442	–7207	–0.009
A	–2.5	10	22.521	–8.132	14.384	–0.056	–20	–89.14	–1.673	–0.015	–5	–18.33	–0.174	–14.269	–4380	–0.006
B	–5	10	21.266	–6.882	14.38	–0.099	–17.5	–75.14	–0.419	–0.02	–2.5	–4.592	–0.148	–23.498	–3720	–0.005
C	–7.5	10	19.038	–4.663	14.373	–0.132	–10	–51.11	1.806	–0.015	2.5	19.798	–0.053	–28.852	–1327	–0.002
D	–10	10	16.811	–2.445	14.365	–0.152	–7.5	–26.79	0.057	0（分段）	0	0.624	0.016	–29.566	407	0
E	–12.5	10	14.999	–0.643	14.356	–0.16	–2.5	–7.047	–1.552	–0.014	–5	–17.006	0.032	–28.062	820	0.001
F	–15	10	13.188	1.158	14.347	–0.157	2.5	12.696	0.258	–0.017	0	2.829	0.064	–25.058	1635	0.002
G	–17.5	10	11.91	2.426	14.338	–0.146	5	26.599	1.534	–0.011	2.5	16.82	0.051	–21.724	1302	0.001
H	–20	10	10.632	3.695	14.33	–0.128	7.5	40.511	0.091	0（分段）	0	1.002	0.064	–18.284	1615	0.002
I	–22.5	10	9.73	4.589	14.323	–0.103	10	50.312	–0.835	–0.008	–2.5	–9.148	0.053	–14.911	1597	0.001
J	–25	10	8.829	5.485	14.317	–0.073	12.5	60.131	0.065	–0.01	0	0.722	0.069	–11.258	1742	0.002
K	–27.5	10	8.173	6.137	14.314	–0.039	12.5	67.274	0.72	–0.007	0	7.898	0.083	–6.744	2097	0.002
增压站 C	–30	10	7.518	6.79	14.313		15	74.441	1.375		2.5	15.076	0.138		3492	0.004

注 1. 正值表明有腐蚀，正负值取决于接地极极性。

2. 接地极额定入地电流为 3000A，接地极阳极运行为 31MAh。

3. 纵向电流为 K 指向 A 方向。

［例 26-4］计算结果表明：

影响特性分布具有对称性。由于［例 26-4］接地极位于管线的中间位置，所以管线上地面电位升、管地电压、泄漏电流在绝缘层产生的压降、泄漏电流（密度）和腐蚀深度也具有对称性。

对管道的腐蚀影响主要是孔蚀。如管道外层 PE 绝缘良好可靠，地电流对管线几乎不产生腐蚀影响；在 PE 绝缘材料有破损的情况下，地电流对管线孔蚀影响可能十分突出；对裸埋的管线，地电流对管线的腐蚀影响甚微。

对管线进行分段绝缘可有效降低影响。在管线适当的位置安装绝缘法兰盘（实现纵向绝缘），不仅可有效降低腐蚀，而且还可以有效降低管地电压。

减少单极大地返回运行时间可减少腐蚀。减少单极大地返回运行时间（减少阳极运行寿命）虽可降低腐蚀影响，但按 GB/T 50991—2014 定义要求，不能降低管地电压。

三、对铁路系统的影响及防护

理论上讲，如果接地极离铁路太近，在单极大地返回运行时，接地极地电流可能导致铁路附近大地电位升高、轨对地和轨对轨产生电压。铁路附近大地电位升高可能引发中性点接地的牵引变压器磁饱和；轨对地电压可能对轨道产生电腐蚀，甚至影响到维护人员安全；轨对轨电压可能导致铁路系统中老式信号灯误动作。然而值得庆幸的是，现实中铁路系统基于自身防护的需要（电气化铁路的普及、控制系统科技进步）已采用了相应的措施，因此上述问题通常并不突出。

但设计时必须注意到，在一些支线或矿山铁路中，可能仍有老式机车、信号灯在运行。因此，保持接地极与铁路间有适当的距离仍然是必要的。

旧的铁路信号系统采用低压直流电池和继电器，这种型式的典型信号系统由一根用绝缘铁轨接头隔离的轨道构成，其一端的两根铁轨与电池连接，另一端的两根铁轨与继电器连接，如图 26-28 所示。继电器线圈平时是带电的，直到火车开来时，由于电池被短路，使继电器动作，合上闭锁开关，从而使该区段显示出“停止”信号。

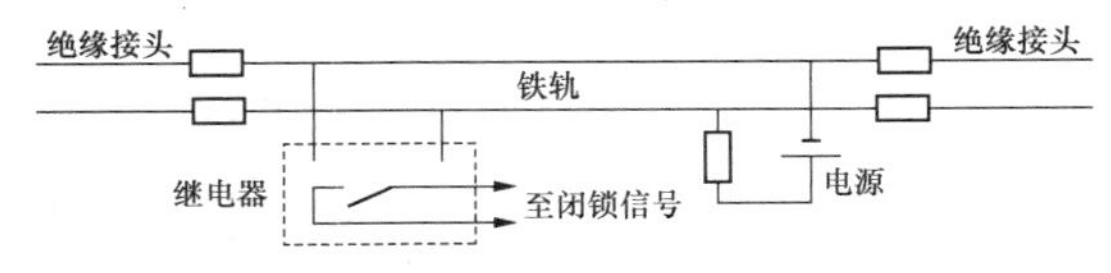

图 26-28　铁路信号系统接线示意图

在铁路穿过接地极地电流场情况下，信号系统从铁轨上拾取接地极入地电流，有可能抵消继电器在正常情况下的电流（特别是信号系统的电池接近耗尽时），这样，即使在没有火车开来的情况下，该铁路区段仍然有可能显示“停止”的信号。

解决接地极入地电流对铁路信号系统的影响方法较多，也较简单，主要有：

（1）用绝缘铁轨接头将两根铁轨都予以隔开，不但可使分段的铁轨比连续的铁轨拾取的电流少，而且两根铁轨的电流、电阻和电压降也近似相等，一般不会出现错误信号。

（2）采用较高电压的电池和灵敏度较低的继电器。

（3）假若问题严重到采用上述办法还不能满足要求时，可将信号电路改为交流系统或数码电路系统。

主要量的符号及其计量单位

量 的 名 称	符号	计量单位	量 的 名 称	符号	计量单位
电压	U	V，kV	效率	η_t	%
额定电压	U_N	V，kV	相对空气密度	δ	
电流	I	mA、A、kA	温度	t、θ	℃
额定电流	I_N	A，kA	海拔	H	m
直流电流	I_d	A，kA	偏差	σ	
电阻	R	Ω	面积	S	mm^2，m^2
电抗	X	Ω	容积、体积	V	m^3、L
额定容量	S	MVA，kVA	经济电流密度	j	A/ mm^2
有功功率	P	MW	空气介电常数	ε	F/m
无功功率	Q	Mvar	电场强度	E	V/m，kV/cm
阻抗	Z	Ω	磁感应强度	B	T
整流侧触发角	α	（°）	空气磁导率	μ	T·m/A
逆变侧关断角	γ	（°）	气密性能指标	q_A	$m^3/(m^3 \cdot h)$
整流器换相角	μ_R	（°）	空气声隔声性能指标	$R_{tr,w}+C_{tr}$	dB
逆变器换相角	μ_I	（°）	流量、风量	q	L/s，m^3/h，m^3/d
换流变压器变比	n_{nom}		比热容	c	kJ/（kg·℃）
功率因数角	φ	（°）	密度	ρ	kg/m^3
系数，因数	K，k		频率	f	Hz
爬电距离	λ	m	热容率	C	J/（m^3·K）
压力	p	Pa，kPa，MPa	热导率	λ	W/（m·K）
等效连续 A 声级	L_{eq}	dB(A)	面溢流密度	J	A/m^2
A 声级	L_A	dB(A)	线溢流密度	α	A/m
几何发散衰减	A_{div}	dB	长度	$L(l)$	m
速度（速率）	v	m/s，m/min，m/h	质量	m	kg

续表

量 的 名 称	符号	计量单位	量 的 名 称	符号	计量单位
衰减	A	dB	半径	$R\,(r)$	mm，cm，m
吸声系数	α		直径	D	mm，cm，m
隔声量	R	dB	深度（高度）、扬程	$H(h)$	m
插入损失	D_i	dB	干空气含湿量	d	kg/kg
阻力系数	ξ		电阻率	ρ	Ω·m
时间	t	s，min，h	水的汽化潜热	r	kJ/kg
电阻率	ρ	Ω·m	热焓	h	kJ/kg

参考文献

[1] 中国电力工程顾问集团中南电力设计院有限公司. 高压直流输电设计手册. 北京：中国电力出版社，2017.

[2] 赵婉君. 高压直流输电工程技术. 2版. 北京：中国电力出版社，2011.

[3] 丁扬，石路. 高压直流输电系统成套标准化设计. 北京：中国电力出版社，2012.

[4] 《中国电力百科全书》编辑委员会. 中国电力百科全书：输电与变电卷. 3版. 北京：中国电力出版社，2014.

[5] 刘振亚. 特高压直流输电技术研究成果专辑（2005年）. 北京：中国电力出版社，2006.

[6] 林福昌. 高电压工程. 北京：中国电力出版社，2016.

[7] 中国电力科学研究院. 特高压输电技术：直流输电分册. 北京：中国电力出版社，2012.

[8] 杨庆，司马文霞，袁涛，等. 1000kV/500kV同塔混压四回输电线路反击耐雷性能. 高电压技术，2012，38（1）：132-139.